普通高等教育“十一五”规划教材
普通高等院校数学精品教材

微 积 分

（第二版）

王汉蓉　毕志伟　魏　宏　林　益
刘国钧　乔维佳　谢　鹏

华中科技大学出版社
中国·武汉

内容提要

本书依据教育部颁布的“高等数学课程教学基本要求”编写。全书共十二章，依次为函数、极限与连续、导数与微分、微分中值定理及应用、不定积分、定积分及其应用、矢量代数与空间解析几何、多元函数微分学、重积分、曲线积分与曲面积分，无穷级数及常微分方程。

本书可供高等学校理工科各专业的本科使用，亦可作为网络教育与自学考试相应专业的教学用书。

第二版前言

本次修订工作有以下几个方面：

(1)修订了第一版的一些错误,更换了一些更适合的例子,修饰了一些语句。

(2)考虑到教学实际情况,将微分方程提前,安排在第七章。

(3)在曲线积分与曲面积分一章,增加了斯托克斯公式的内容。

修订工作仍由原作者完成,分工同第一版安排。

编　者

2009 年 6 月

前　言

本教材由长期从事高等数学教学和研究的资深教师，按照教育部“高等数学课程教学基本要求”，结合长期的教学实践经验编写而成。

本书在内容上力求实用、够用；在例题选择上力求典型、全面；在论述形式上力求详尽、易懂。本书配备了比较全面的基础练习题与综合性练习题。为满足读者进行阶段性复习与自我检测，在每一章末安排了小结及自测题。小结写得比较详细，有基本要求、内容提要及学习指导。所有习题均附有答案。

全书共分十二章，其中第一章与第二章由毕志伟撰稿；第三章与第四章由王汉蓉撰稿；第五章与第六章由魏宏撰稿；第七章与第八章由乔维佳撰稿；第九章与第十章由刘国钧撰稿；第十一章与第十二章由林益撰稿。全书插图由谢鹏绘制，习题由刘国钧审校。

陈爱兰，杨林锡，陈久明等老师认真仔细地审阅了全部书稿，提出了许多宝贵的意见，在此表示感谢。

本书难免有不足甚至错误之处，恳请读者指正。

编　者

2001 年 6 月

目　录

第一章　函　　数

本章介绍变量与函数的概念、函数的基本性质、基本运算以及初等函数.在初等数学中,读者已学习了许多具体的函数,如幂函数、三角函数及反三角函数、指数函数与对数函数,从中对函数的概念及性质已有了一个初步的认识,本章将着重于这些内容的系统归纳.由于函数是高等数学课程的主要研究对象,因此本章内容构成全书的基础.

1.1　变量与函数

本节介绍变量、函数的概念,函数的几何解释及几个重要的几何性态.

1.1.1　变量与常量

在对自然现象与社会现象的观察与研究过程中,人们会遇到许多用来表示不同事物的量,通常可将它们分为两类:一类是在考察过程中保持不变,即始终取一固定的值的量,称之为**常量**;一类是在考察过程中会出现变化,即可以取不同的值的量,称之为**变量**.

以学校的运动场为例.运动场的面积、跑道的长度保持不变,是常量;而每天来运动场运动的人数、运动场的气温、风向等则会出现变化,因而是变量.

又如,将一密闭的容器中的气体进行加热,在加热过程中,容器中气体的体积、分子数保持不变,是常量;气体的温度、容器内的气压在不断变化,是变量.

一个量是变量还是常量,依赖于其相关的考察过程.例如对于重力加速度 g,从地球表面的各点分布值来看,它是变量(因为地球表面各点的地心距不完全一样);而在考察某一点处的自由落体运动过程中,它却是一个常量.

表示事物中的量通常是用实数,如上述问题中的面积、长度、人数、气温、气压、体积等等.但也有许多量须用复数、矢量等来表示,如风向常用矢量表示,方程 $x^2+1=0$ 的根则是用复数来表示.在本课程中如不特别说明,所涉及的量均是指用实数表示的量.

通常用字母 a、b、c、λ、μ 等表示常量,用字母 x、y、z、s、t 等表示变量.在一个考察过程中,变量 x 所取的数值的全体组成一个数集,记作 M,称为变量 x 的**变域**.表示数集 M 的方法主要有两种:一种是**列举式**,如百分制下学生分数 x 的变域是 $M=\{0,1,2,\cdots,100\}$;另一种是**命题式**,如方程 $P(x)=0$ 的根 x 的变域是 $M=\{x\mid P(x)=0\}$,其一般形式为

$$M = \{x \mid x \text{ 满足命题 } P\},$$

数 x 属于数集 M 的充分必要条件是 x 满足命题 P.

在几何上,可以用数轴表示全体实数集,从而数轴上的点集可以用来表示实数集.本课程中用得较多的实数集是下列被称为区间的数集:

$$[a,b] = \{x \mid a \leqslant x \leqslant b\} \tag{1}$$

$$(a,b) = \{x \mid a < x < b\} \tag{2}$$

$$[a,b) = \{x \mid a \leqslant x < b\} \tag{3}$$

$$(a,b] = \{x \mid a < x \leqslant b\} \tag{4}$$

$$[a,+\infty) = \{x \mid a \leqslant x\} \tag{5}$$

$$(a,+\infty) = \{x \mid a < x\} \tag{6}$$

$$(-\infty,b] = \{x \mid x \leqslant b\} \tag{7}$$

$$(-\infty,b) = \{x \mid x < b\} \tag{8}$$

$$(-\infty,+\infty) = \{x \mid x \text{ 是实数}\} \tag{9}$$

其中,a、b 是给定实数,$a < b$;$+\infty$ 与 $-\infty$ 是两个记号(不是实数),分别读作正无穷大与负无穷大.称(1) ~ (4) 区间为有限区间,$b-a$ 是这些区间的长度,(5) ~ (9) 区间为无限区间.称区间(1) 为闭区间,(2) 为开区间,(3) 为左闭右开区间,(4) 为左开右闭区间.

以 a 为中心的开区间$(a-\delta,a+\delta)(\delta > 0)$ 称为 a 的**邻域**,δ 称为此邻域的半径.常将邻域$(a-\delta,a+\delta)$ 记作 $N(a,\delta)$ 或 $N(a)$.在 $N(a,\delta)$ 中去掉中心点 a 后,称为 a 的**去心邻域**,记作 $N^0(a,\delta)$ 或 $N^0(a)$.邻域是极限论中的一个基本概念,可用来表示点 x 与点 a(即数 x 与数 a) 的接近程度.如

$$|x-a| < \delta \Leftrightarrow x \in N(a,\delta),$$

$$0 < |x-a| < \delta \Leftrightarrow x \in N^0(a,\delta).$$

以后用字母 I 泛指区间(1) ~ (9).

1.1.2 函数概念

在一个问题的考察过程中,往往有几个变量同时出现,并且这些变量之间有一定的联系.相联系的变量可以是两个,也可能更多,先看以下几个例子.

例 1 在物体作自由落体运动的过程中,物体的高度 h,运动的速度 v,下落时间 t,下落的距离 s 都是变量;下落开始时初始高度 h_0 及加速度 g 都是常量.由物理学可以得到它们之间的以下关系式:

$$s + h = h_0, \quad v = gt, \quad s = \frac{1}{2}gt^2.$$

例 2 考察圆的半径 r 及面积 A.r 和 A 的变域是$(0,+\infty)$,它们之间的相互关系为

$$A = \pi r^2.$$

例 3　考察矩形的长 a，宽 b，周长 l，面积 A，它们满足以下关系式：

$$l = 2(a+b),\quad A = ab.$$

从这些例子中可以观察到同一过程中变量之间的依从关系：一些变量的变动会影响到另外一些变量之值的大小.变量之间的这种依从或制约关系称作函数关系，如

$$s = h_0 - h,\quad v = gt,\quad s = \frac{1}{2}gt^2,\quad A = \pi r^2.$$

这些关系式反映了两个变量之间的依从关系，称之为一元函数关系.而

$$l = 2(a+b),\quad A = ab,$$

描述的是三个变量之间的依从关系，称之为二元函数关系或多元函数关系.为简便起见，先研究一元函数关系，以下简称函数.

函数是本课程的主要研究对象，其定义如下.

定义 1　设 x、y 是两个变量，D 是一非空数集，f 是某一确定的规则.若变量 x 在 D 中任取一值 x_0 时，依据规则 f 变量 y 有唯一确定的值 y_0 与 x_0 对应，则称 f 是从变量 x 到变量 y 的一个**函数**，记作

$$y = f(x),\quad x \in D.$$

称 x 是函数 f 的**自变量**，y 是函数 f 的**因变量**.与 x_0 对应的 y_0 称为函数 f 在 x_0 的**函数值**，记作 $f(x_0)$，即 $y_0 = f(x_0)$.D 称为函数 f 的**定义域**，函数 f 在 D 上的函数值的全体构成一个数集：

$$W = \{f(x) \mid x \in D\},$$

称 W 为函数 f 的**值域**.

由定义 1 知，函数 f 是一个对应规则.由于此规则是通过函数值 $f(x)(x \in D)$ 来表示的，故也可以用 $f(x)$ 来表示函数.在不致混淆时亦可以用 $y(x)$ 表示 $f(x)$，用或 y 来表示函数.

一个函数由对应规则 f 及定义域 D 所完全确定.也就是说，两个函数相等的充分必要条件是其定义域与对应规则完全一致.

例 4　判断以下各对函数是否相同.

(1) $f(x) = x^2, g(x) = (2x)^2$；　　(2) $f(x) = 2\lg x, g(x) = \lg x^2$；

(3) $f(x) = x, g(x) = \dfrac{x^2 - x}{x - 1}$；　　(4) $f(x) = x, g(x) = \dfrac{x^3 + x}{x^2 + 1}$.

解　以上函数的定义域均未写出，这时约定其定义域是使表达式有意义的 x 的全体值，称为**自然定义域**.

(1) f 与 g 不相同.因为对于同一个 x_0，$f(x_0) = x_0^2$，而 $g(x_0) = 4x_0^2$，这说明对应规则不同，故不是同一函数.

(2) f 与 g 不相同.因为 f 的定义域是 $(0, +\infty)$，而 g 的定义域是 $(-\infty, +\infty) - \{0\}$.定义域不同，故不是同一个函数.

(3) f 与 g 不相同. 因为 f 的定义域是 $(-\infty,+\infty)$, 而 g 的定义域是 $(-\infty,1)$ 及 $(1,+\infty)$, 定义域不同.

(4) f 与 g 相同. 首先是因为定义域相同, 均为 $(-\infty,+\infty)$; 其次是对应规则相同, 因为 $g(x)=\dfrac{x(x^2+1)}{x^2+1}=x=f(x)$.

值得注意的是, 选用什么字母来表示函数不是本质的. 例如, $\sin x$ 与 $\sin y$ 是同一个函数, $f(x)=1+x^2$ 与 $g(t)=1+t^2$ 也是同一个函数. 一般的, $f(x)(x\in D)$ 与 $f(y)(y\in D)$ 是同一个函数, 因为其定义域与对应规则相同.

另外, 在一些实际问题中, 函数 $f(x)$ 的定义域是由变量 x 的实际含义来确定, 而不是由代数式 $f(x)$ 的自然定义域来确定. 例如, 圆面积公式 $A=\pi r^2$ 中, 半径 r 的实际变化范围 $(0,+\infty)$ 是该函数的定义域, 而不是自然定义域 $(-\infty,+\infty)$.

函数关系 $y=f(x)(x\in D)$ 可以在 xy 平面上直观表示, 称平面点集

$$G=\{(x,y)\mid y=f(x),x\in D\}$$

为函数 $y=f(x)$ 的**图形**(见图 1.1). 图形 G 常常是一段或几段曲线, 因此也称 G 为"函数 $y=f(x)$ 的曲线".

利用函数 f 的图形, 可以直观地了解变量 x 与变量 y 的对应关系, 尤其是函数 f 的整体特征. 因而在研究函数时, 常常画出其图形, 以期发现变量之间的变化规律. 用图形的几何特征解释函数的相关概念或性质, 常说成是**几何解释**.

以下举出一些函数的例子, 这些函数以后将经常用到.

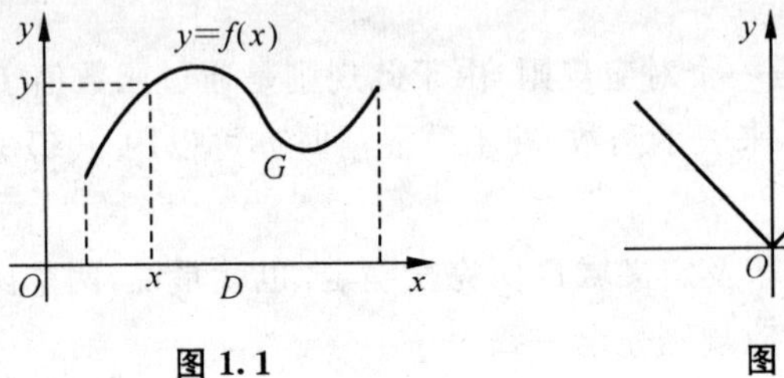

图 1.1　　　　图 1.2

例 5　绝对值函数

$$y=|x|=\begin{cases}x, & x\geqslant 0;\\ -x, & x<0.\end{cases}$$

这个函数的定义域是 $(-\infty,+\infty)$, 值域是 $[0,+\infty)$, 其图形关于 y 轴对称(见图 1.2).

例 6　符号函数

$$y=\operatorname{sgn}x=\begin{cases}1, & x>0;\\ 0, & x=0;\\ -1, & x<0.\end{cases}$$

这个函数的定义域是 $(-\infty,+\infty)$, 值域是 $\{-1,0,1\}$, 其图形关于原点对称(见图 1.3).

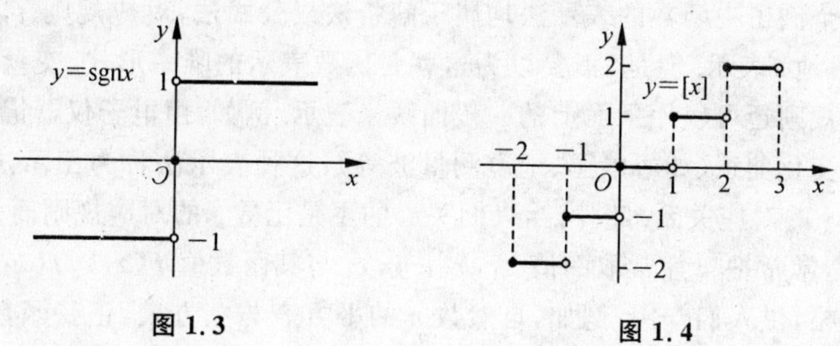

图 1.3　　　　图 1.4

例 7　取整函数

$$y = [x]$$

对任意实数 x,记$[x]$为不超过 x 的最大整数. 例如,$[\sqrt{2}] = 1$,$[-\pi] = -4$,$[\pi] = 3$,$[0] = 0$. 这个函数的定义域是$(-\infty, +\infty)$,值域是整数集,其图形如图 1.4 所示.

例 8　Dirichlet 函数

$$y = D(x) = \begin{cases} 1, & x \text{ 为有理数}; \\ 0, & x \text{ 为无理数}. \end{cases}$$

这个函数的定义域是$(-\infty, +\infty)$,值域是$\{0,1\}$,其图形是分布在直线 $y = 0$ 及 $y = 1$ 上的无限个点构成的集合(见图 1.5),无法准确画出来.

以上几个函数与初等数学中所熟悉的一些函数在表达方式上有所不同. 如 $y = x^2$,$y = \sin x$ 都是由一个公式给出 x 与 y 的对应规则. 而$|x|$,$\operatorname{sgn} x$,$D(x)$ 则是针对 x 所属范围不同而用不同的公式表示 x 与 y 的对应规则. 或者说,函数对应规则 f 是由一些分规则组合而成. 依这种方式定义的函数通常称为**分段函数**. 下面再举一例说明.

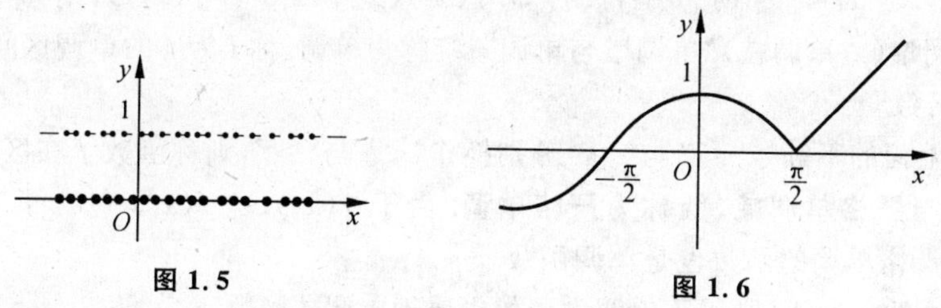

图 1.5　　　　图 1.6

例 9　函数

$$y = f(x) = \begin{cases} x - \pi/2, & x > \pi/2; \\ \cos x, & x \leqslant \pi/2 \end{cases}$$

是一个分段函数,函数规则 f 在 $x \leqslant \pi/2$ 及 $x > \pi/2$ 时分别由 $\cos x$ 及 $x - \pi/2$ 表示. f 的定义域是$(-\infty, +\infty)$,值域是$[-1, +\infty)$(见图 1.6). 在计算函数值 $f(x_0)$ 时,应视 x_0 的大小情况而用不同的公式,如 $f(0) = \cos 0 = 1$,$f(2\pi) = 2\pi - \dfrac{\pi}{2} = \dfrac{3}{2}\pi$.

上述各个例子中函数的表示法均属于**解析法**或**公式法**,对应规则 f 用数学公式(分段或整段地)表示.但是,不要以为这就是函数表示的唯一形式.变量 x 与变量 y 之间的对应规则还可以用平面上的一段曲线来表示.例如,由电子仪器记录的某种信号随时间的变化曲线(如心电图、地震测量波等),这种表示法称为**图示法**.它能直观地表达 x 与 y 的对应关系.此外,当人们关心的不是函数 f 的对应规则而是 x_0 的函数值 $f(x_0)$ 时,常常把 x 经常取的值 $x_1,x_2,\cdots,x_n$ 与其函数值 $f(x_1),f(x_2),\cdots,f(x_n)$ 列成一个表格,供人们查用.例如,自然数 n 的平方表与立方表,正弦函数表,常用对数表等等.这种表示法称作**表格法**.

函数的以上三种表示法各有所长.解析法便于对函数 f 进行理论研究与数值计算.图示法便于直观了解 f 的动态以及整体性质.表格法则使得函数值便于查找.本课程中以解析法为主,并尽可能地辅以图形说明,以期获得代数与几何上的全面了解.

1.1.3　函数的几何性态

当函数值 $f(x)\geqslant 0$ 时,称此函数为非负函数.函数的非负性在几何上表现为其图形始终在 x 轴上方(可以与 x 轴相切),如图 1.7 所示.因此若知道函数的图形,则从几何上可以一眼看出,它是否为非负函数.

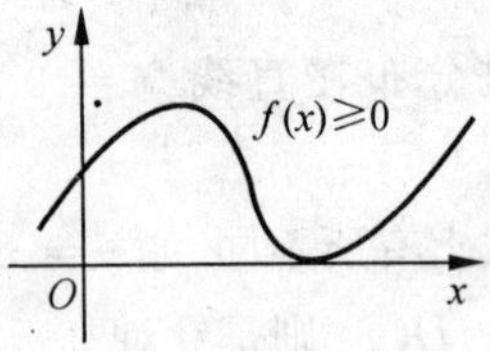

图 1.7

以下几种重要的函数性质均具有非常明确的几何特性,分别予以介绍.

1. 单调性

设函数 $f(x)$ 在区间 I 上有定义,若对区间 I 中任意两个值 x_1、x_2,当 $x_1<x_2$ 时总有 $f(x_1)\leqslant f(x_2)$(或 $f(x_1)\geqslant f(x_2)$),则称 $f(x)$ 在区间 I 上**单调增**(或**单调减**).单调增与单调减统称为**单调**.称 I 为 f 的单调区间,称 f 为 I 上**单调函数**.

若将上面的不等号"$\leqslant$"与"$\geqslant$"分别换作"$<$"与"$>$",则称函数 f 在区间 I 上**严格单调增**与**严格单调减**,统称为**严格单调**.由于 $f(x_1)\leqslant f(x_2)$ 包含了 $f(x_1)<f(x_2)$,故严格单调的函数也是单调函数.

常数函数 $y=C$,既属于单调增函数也属于单调减函数.

在几何上,$f(x)$ 在区间 I 上单调增(或单调减)表现为 $f(x)$ 的图形沿 x 轴的正向逐渐上升(或下降)(见图 1.8).利用这一几何特性很容易判别曲线 $y=f(x)$ 所对应的函数的单调性.

例 10　确定以下函数的单调性.

(1) $y=x^2$;　(2) $y=x^3$.

解　从初等数学知道,这两个函数的图形如图 1.9 所示,从而直接看出,函数 $y=x^2$ 在 $(-\infty,0]$ 上严格单调减,在 $[0,+\infty)$ 上严格单调增,但在 $(-\infty,+\infty)$ 上它

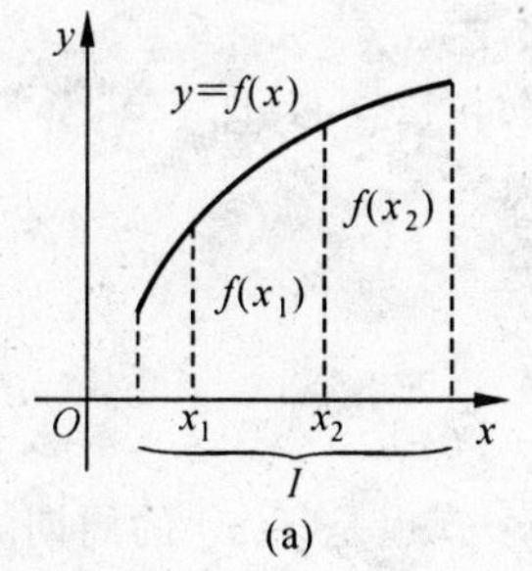

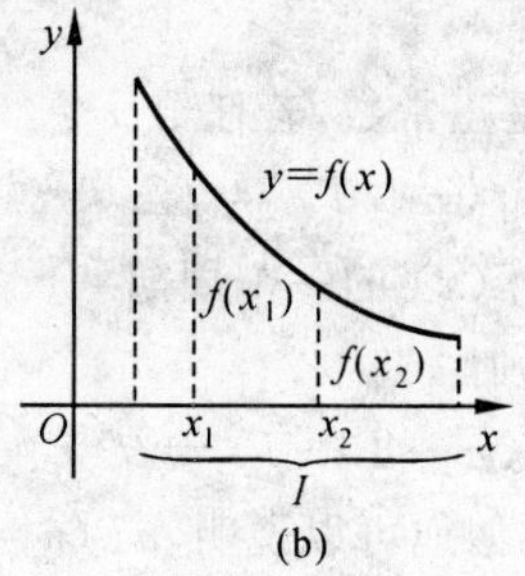

图 1.8

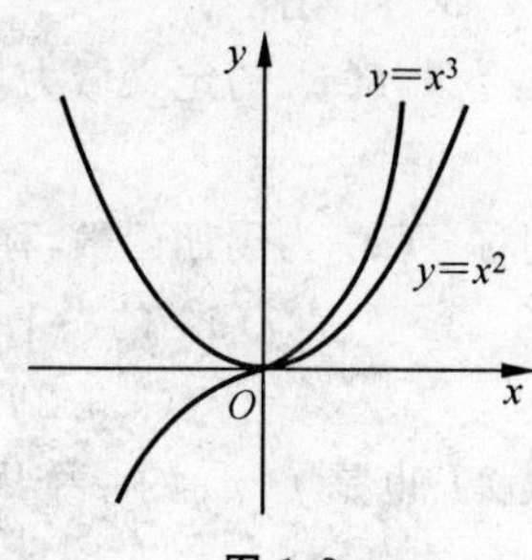

图 1.9

不是单调函数;而函数 $y = x^3$ 在$(-\infty, +\infty)$ 上严格单调增.

在论及函数 $f(x)$ 的单调性时,应当指明单调区间.

2. 奇偶性

设函数 $f(x)$ 的定义域 D 关于原点对称(即若 $x \in D$,则 $-x \in D$),若对每个 $x \in D$ 有

$$f(-x) = -f(x),$$

则称 $f(x)$ 为**奇函数**;若对每个 $x \in D$ 有

$$f(-x) = f(x),$$

则称 $f(x)$ 为**偶函数**.

在几何上,$f(x)$ 是奇函数,表现为其图形关于原点对称;而$f(x)$ 是偶函数表现为其图形关于 y 轴对称(见图 1.10).

可以验证,以下函数是$(-\infty, +\infty)$ 上的奇函数

$$x,\quad x^3,\quad \sin x,\quad \operatorname{sgn} x,$$

而以下函数是$(-\infty, +\infty)$ 上的偶函数

$$1,\quad x^2,\quad \cos x,\quad D(x).$$

必须注意,不能说函数 $f(x)$ 非奇即偶或非偶即奇. 如 $f(x) = x + 1$ 既不是奇函数,也不是偶函数,因 $f(-1) = 0$,$f(1) = 2$,既无 $f(-1) = -f(1)$,也无 $f(-1) = f(1)$. 从图形上也可看出这一点(见图 1.11).

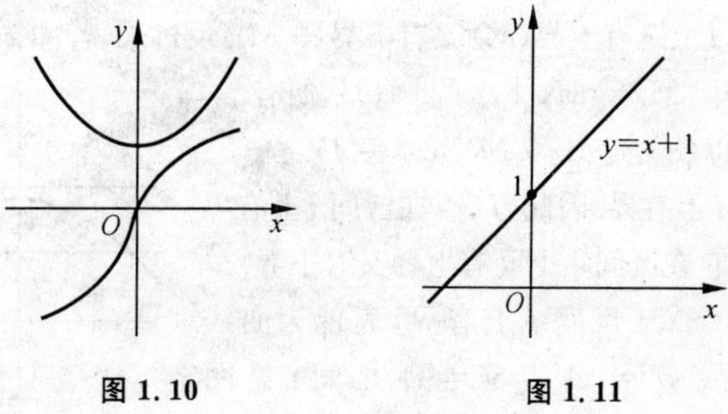

图 1.10　　图 1.11

3. 周期性

设 $f(x)$ 的定义域为 D, T 是正常数,若任给 $x \in D$,有 $x+T \in D$,且

$$f(x+T)=f(x),$$

则称 $f(x)$ 为**周期函数**,称 T 为 $f(x)$ 的一个**周期**.

若 T 是 $f(x)$ 的一个周期,则因

$$f(x+2T)=f(x+T+T)=f(x+T)=f(x),$$

故 $2T$ 也是 $f(x)$ 的一个周期.类似地可以说明,$nT(n=3,4,\cdots)$ 也是 $f(x)$ 的周期.因此,周期函数会有无限多个周期,若这些周期中有一个最小的正周期 T,则称 T 为 $f(x)$ 的**基本周期**.例如,函数 $\sin x$, $\cos x$ 以 2π 为基本周期,$\tan x$, $\cot x$ 以 π 为基本周期.

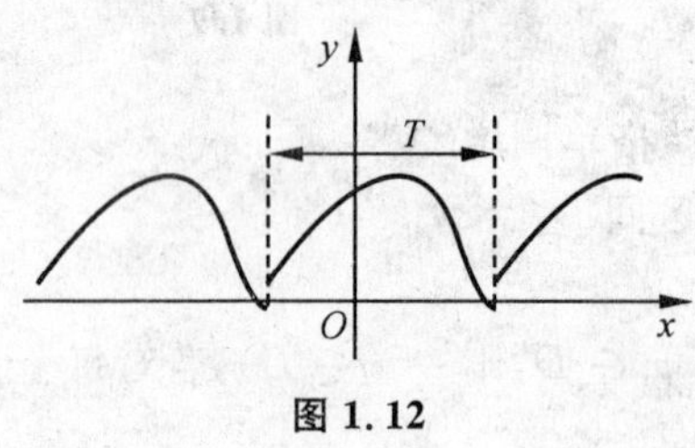

图 1.12

在几何上,若将定义区间划成长度为 T 的等分段,则 $f(x)$ 以 T 为周期就表现为其图形在每个段上有相同的形状(见图 1.12).

4. 有界性

设 $f(x)$ 在区间 I 上有定义,若有常数 B,使得

$$f(x) \leqslant B$$

对每个 $x \in I$ 都成立,则称 $f(x)$ 在区间 I 上**有上界**,且称 B 是 $f(x)$ 在区间 I 上的一个**上界**.若有常数 A,使得

$$A \leqslant f(x)$$

对每个 $x \in I$ 都成立,则称 $f(x)$ 在区间 I 上**有下界**,且称 A 是 $f(x)$ 在区间 I 上的一个**下界**.若有常数 $M>0$,使得

$$|f(x)| \leqslant M$$

对每个 $x \in I$ 都成立,则称 $f(x)$ 在区间 I 上**有界**,且称 M 是 $f(x)$ 在区间 I 上的一个界.若对任何正数 M,总有 $x \in I$ 使得 $|f(x)|>M$,则称 $f(x)$ 在区间 I 上**无界**.

$f(x)$ 在区间 I 上有界,相当于有 $M>0$,使得

$$-M \leqslant f(x) \leqslant M \quad (x \in I).$$

这说明 $f(x)$ 在区间 I 上既有上界 (M) 又有下界 $(-M)$.反过来,若 $f(x)$ 在区间 I 上既有下界 A 又有上界 B,则记 $M=\max\{|A|,|B|\}$,便有

$$-M \leqslant A \leqslant f(x) \leqslant B \leqslant M \quad (x \in I).$$

这说明 $f(x)$ 在区间 I 上有界.因此,$f(x)$ 在区间 I 上有界的充分必要条件是,它在区间 I 上既有上界又有下界.

从几何上看,$f(x)$ 于区间 I 上有界,表现为曲线 $y=f(x)$ 介于直线 $y=A$ 与 $y=B$ 之间(见图 1.13).

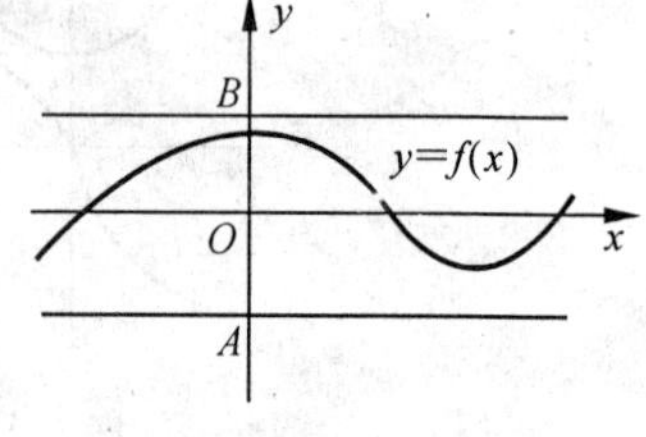

图 1.13

利用几何解释很容易判定函数 $\sin x,\cos x$ 在 $(-\infty,+\infty)$ 上有界.事实上有

$$|\sin x|\leqslant 1,\ |\cos x|\leqslant 1\quad (x\in(-\infty,+\infty)).$$

又如函数 $\frac{1}{x}(0<x<1)$ 及 $\tan x\left(-\frac{\pi}{2}<x<\frac{\pi}{2}\right)$ 在所给区间上是无界函数.

例 11　证明闭区间 $[a,b]$ 上的单调函数 $f(x)$ 是 $[a,b]$ 上的有界函数.

证　不妨设 $f(x)$ 为单调增函数,则对任意 $x\in[a,b]$,因为 $a\leqslant x\leqslant b$,故

$$f(a)\leqslant f(x)\leqslant f(b)\quad (a\leqslant x\leqslant b).$$

可见 $f(a)$、$f(b)$ 分别是 $f(x)$ 在区间 $[a,b]$ 上的下界与上界,从而 $f(x)$ 在 $[a,b]$ 上有界.

注意,开区间上的单调函数可能有界也可能无界.

例如,函数 $f(x)=\frac{1}{x}$ 在开区间 $(0,1)$ 上严格单调,但当 x 无限靠近于 0 时,$f(x)$ 任意地增大而没有上界,故为无界函数;而在开区间 $(1,2)$ 上 $f(x)$ 则是有界函数,因为对每个 $x\in(1,2)$ 均有

$$\frac{1}{2}<f(x)<1.$$

习题 1.1

1. 解下列不等式,用区间表示不等式的解的范围.

(1) $x^2<9$;　　(2) $0<|x-2|<4$;

(3) $|x+1|\geqslant 2$;　　(4) $1<|x-1|<2$.

2. 求下列函数的定义域 D 与值域 W.

(1) $y=\frac{1}{1-x}$;　　(2) $y=\frac{1}{1-x^2}$;

(3) $y=\frac{1}{\sqrt{1-x}}$;　　(4) $y=\arccos\frac{2x}{1+x}$;

(5) $y=\arcsin(\lg(x/10))$;　　(6) $y=\sqrt{x-1}+\sqrt{1-x}+1$;

(7) $y=\arcsin\frac{1}{x}$;　　(8) $y=\begin{cases}\sin\frac{1}{x}, & x\neq 0;\\ 0, & x=0.\end{cases}$

3. 判断下列函数的奇偶性.

(1) $y=x\sin x$;　　(2) $y=x\arcsin x$;

(3) $y=x-x^3$;　　(4) $y=\arccos x$;

(5) $y=x^2\operatorname{sgn}x$;　　(6) $y=\lg\frac{1-x}{1+x}$.

4. 判断函数 $f(x)=\log_a(x+\sqrt{1+x^2})$ 的奇偶性 $(0<a\neq 1)$.

5. 下列函数 f 与 g 是否相等?为什么?

(1) $f(x)=1, g(x)=\frac{x}{x}$;　　(2) $f(x)=x, g(x)=\sqrt{x^2}$;

(3) $f(x)=1, g(x)=\sin^2 x+\cos^2 x$;　　(4) $f(x)=\tan x, g(t)=\tan t$;

(5) $f(x)=\sin x(-\infty<x<+\infty), g(x)=\sin x(0\leqslant x\leqslant 1)$.

6. 指出下列函数中哪些是周期函数,并写出其基本周期 T.

(1) $y=\sin 2x$;　　(2) $y=\sin x^2$;

(3) $y=\sin^2 x$;　　(4) $y=2\sin x$;

(5) $y=\sin(x+2)$;　　(6) $y=\sin\frac{x}{2}$.

7. 判断以下函数的有界性.

(1) $y=\sin^2 x+1(-\infty<x<+\infty)$;　　(2) $y=\frac{x}{1+x^2}(-\infty<x<+\infty)$;

(3) $y=2^{\frac{1}{x}}(0<x<1)$;　　(4) $y=2^{\frac{1}{x}}(-1<x<0)$;

(5) $y=\ln(x^2+1)(0<x<2)$;　　(6) $y=\frac{x+1}{x^2-x-2}(-1<x<0)$.

1.2　函数运算·初等函数

本节介绍函数的四则运算、复合函数及反函数概念,给出基本初等函数和初等函数的定义.

1.2.1　函数的四则运算

设 f、g 是分别定义于 D_1 与 D_2 上的函数,D_1 与 D_2 的交集 $D=D_1\cap D_2$ 非空. 对每个 $x\in D$,分别依以下算式

$$f(x)+g(x),\quad f(x)-g(x),\quad f(x)g(x),\quad f(x)/g(x)\quad (g(x)\neq 0)$$

定义函数 $f+g, f-g, fg, f/g$,依次称作函数 f 与 g 的和、差、积、商,亦即

$$(f\pm g)(x)=f(x)\pm g(x),\quad x\in D;$$
$$(fg)(x)=f(x)g(x),\quad x\in D;$$
$$(f/g)(x)=f(x)/g(x),\quad x\in D.$$

函数的四则运算也称作有理运算. 从定义看出,函数的和、差、积、商实际上是用函数值的和、差、积、商来定义的.

如果 f、g 具备某种性质(如奇偶性、单调性、有界性及周期性),那么其四则运算后的函数是否仍具备该性质呢?我们看以下几个例子.

例 1　若 f、g 是 $(-\infty,+\infty)$ 上的奇函数,则在 $(-\infty,+\infty)$ 上 $f\pm g$ 是奇函数,fg,f/g 是偶函数.

证 对任意 $x \in (-\infty, +\infty)$ 由于 f,g 是奇函数,故有

$$(f \pm g)(-x) = f(-x) \pm g(-x) = -(f(x) \pm g(x)) = -(f \pm g)(x);$$

$$(fg)(-x) = f(-x)g(-x) = (-f(x))(-g(x)) = f(x)g(x) = (fg)(x);$$

$$(f/g)(-x) = f(-x)/g(-x) = f(x)/g(x) = (f/g)(x).$$

这表明 $f \pm g$ 是奇函数,fg 及 f/g 是偶函数.

类似地可以证明,两个偶函数的和、差、积、商仍是偶函数;而奇函数与偶函数的积与商是奇函数.

由以上结果推知,$x \pm \sin x, x^2 \sin x, x\cos x$ 是奇函数;$x\sin x, 1+x^2, x^3 \operatorname{sgn} x$ 是偶函数.

例 2 若 f、g 是区间 I 上的非负单调增函数,则 $f+g$ 与 fg 也是 I 上的非负单调增函数.

证 设 $x_1 < x_2, x_1, x_2 \in I$,则从条件得

$$0 \leqslant f(x_1) \leqslant f(x_2), \quad 0 \leqslant g(x_1) \leqslant g(x_2).$$

从而

$$0 \leqslant f(x_1) + g(x_1) \leqslant f(x_2) + g(x_2);$$

$$0 \leqslant f(x_1)g(x_1) \leqslant f(x_2)g(x_2).$$

这表明 $f+g$ 与 fg 是区间 I 上的非负单调增函数.

由例 2 可推得以下函数在 $(0, +\infty)$ 上是单调增函数:

$$x + 2^x, \quad x + \arctan x, \quad x\lg(1+x).$$

例 3 若 f、g 是 D 上有界函数,则 $f \pm g$ 与 fg 也是 D 上有界函数.

证 由于 f、g 有界,故有正常数 M、N,使得

$$|f(x)| \leqslant M, |g(x)| \leqslant N \quad (x \in D).$$

于是

$$|f(x) \pm g(x)| \leqslant |f(x)| + |g(x)| \leqslant M + N \quad (x \in D);$$

$$|f(x)g(x)| \leqslant |f(x)||g(x)| \leqslant MN \quad (x \in D).$$

这表明 $f \pm g$ 与 fg 是 D 上有界函数.

由例 3 推得以下函数在 $(-\infty, +\infty)$ 上有界.

$$\cos x + \frac{x}{1+x^2}, \quad \sin x \cdot \frac{x}{1+x^2}.$$

1.2.2 复合函数

设在某个问题中,出现几个相互关联的变量 t、x、y,且这些变量的依从关系呈"链"式结构:$y = g(x)$,且 $x = f(t)$. 若函数 f、g 为已知,则从 t 到 y 的函数关系便可以由 f 与 g 来确定,称此函数为复合函数,确切地有以下定义.

定义 1 设 $x = f(t)(t \in D_f)$ 与 $y = g(x)(x \in D_g)$ 为给定函数(D_f、D_g 分别指 f、g 的定义域),若 f 的值域 W 包含在 g 的定义域 D_g 中,则称依下式

$$\varphi(t) = g(f(t)) \quad (t \in D_f)$$

定义的 D_f 上的函数 φ 为 f 与 g 的**复合函数**,记作 $g\circ f$ 或 $g(f(t))$,分别称 t、x、y 为复合函数 $g\circ f$ 的自变量、中间变量及因变量.

例 4 设 $y=x^2$,$x=1-t^2$,则以 x 为中间变量的复合函数为

$$y=(1-t^2)^2 \quad (-\infty<t<+\infty).$$

例 5 设 $y=\sqrt{x}$,$x=1-t^2$,则以 x 为中间变量的复合函数为

$$y=\sqrt{1-t^2} \quad (-1\leqslant t\leqslant 1).$$

虽然函数 $x=1-t^2$ 的定义域是 $(-\infty,+\infty)$,但为了使复合后的函数有意义,必须使 $x\geqslant 0$,故限制 t 的范围为 $[-1,1]$.

例 6 设 $y=g(x)=\sqrt{1-x^2}$,$x=f(t)=2+t^2$,则无论 t 取何值均有 $x\geqslant 2$,故 f 的值域 $[2,+\infty)$ 不会落在 g 的定义域 $[-1,1]$ 中,因此 $g\circ f$ 没有定义,此时称 $g\circ f$ 不能复合.

两个函数的复合是有顺序的.以上几例均是用中间变量来表明这种顺序,有时亦可以用复合记号 $g\circ f$ 或 $f\circ g$ 来表示其复合顺序.

例 7 设 $f(x)=x^2$,$g(x)=2x$,求 $f\circ g$ 及 $g\circ f$.

解

$$f\circ g(x)=f(g(x))=f(2x)=(2x)^2=4x^2;$$

$$g\circ f(x)=g(f(x))=g(x^2)=2x^2=2x^2.$$

此例说明 $f\circ g$ 与 $g\circ f$ 一般来说不相同.

对给定的复合函数,有时需要分析其复合结构,确定参与复合的函数.例如,函数

$$y=\cos(1+2x)^2$$

可以看做是由函数 $y=\cos u$,$u=v^2$,$v=1+2x$ 复合而成.

例 8 设 $f(\sin t)=1+\cos 2t$,求 $f(x)(|x|\leqslant 1)$.

解 因为 $1+\cos 2t=2(1-\sin^2 t)$,故

$$f(\sin t)=2(1-\sin^2 t).$$

它可以看做是 $f(x)=2(1-x^2)$ 与 $x=\sin t$ 的复合,故 $f(x)=2(1-x^2)$.

例 9 设 $\varphi(x+1)=\begin{cases}x^2, & 0\leqslant x\leqslant 1;\\ 2x, & 1<x\leqslant 2,\end{cases}$ 求 $\varphi(x)$.

解 因为 $\varphi(x+1)=\begin{cases}(x+1-1)^2, & 1\leqslant x+1\leqslant 2;\\ 2(x+1-1), & 2<x+1\leqslant 3,\end{cases}$ 令 $t=x+1$,即得

$$\varphi(t)=\begin{cases}(t-1)^2, & 1\leqslant t\leqslant 2;\\ 2(t-1), & 2<t\leqslant 3.\end{cases}$$

1.2.3 反函数

在函数 $y=f(x)$ 的表达式中 x 与 y 的地位并不一样:在 D 中任意取定 x 的值,均有唯一的 y 与之对应.但是,在 W 中任取一个 y,D 中与之对应的 x(使 $y=f(x)$)

却不一定唯一.看两个例子.

考虑函数 $y=f(x)=x^3$,$D=W=(-\infty,+\infty)$.任给 $y\in W$,可以找到唯一的一个数 $x=\sqrt[3]{y}$,使得 $f(x)=(\sqrt[3]{y})^3=y$;再看函数 $y=f(x)=x^2$,$D=(-\infty,+\infty)$,$W=[0,+\infty)$,对 W 中的 $y=1$,在 D 中却有两个数 $x=1$,$x=-1$,均满足 $f(x)=y$.

因此,并非从每个函数 $y=f(x)$ 中都可确定由 y 到 x 的函数关系.鉴于此,有以下定义.

定义 2　设函数 $y=f(x)$ 的定义域是 D,值域是 W.若对每个 $y\in W$,存在唯一的 $x\in D$,满足 $y=f(x)$,则称函数 $y=f(x)$ 有反函数或为**可逆函数**,它所确定的由 y 到 x 的函数称为 f 的**反函数**,记作 f^{-1}.即

$$x=f^{-1}(y)\quad(y\in W).$$

这时也称 f 是 f^{-1} 的反函数,或者说,f、f^{-1} 互为反函数.

依此定义,函数 $y=x^3$ 在 $(-\infty,+\infty)$ 上是可逆函数,其反函数是 $x=\sqrt[3]{y}$(亦可记作 $y=\sqrt[3]{x}$,因为函数与变量字母的选择无关).而函数 $y=x^2$ 在 $(-\infty,+\infty)$ 上不是可逆函数,因为由 y 到 x 的对应不是唯一的,但是,若限制其定义域为 $[0,+\infty)$ 或 $(-\infty,0]$ 之一,则 $y=x^2$ 便可逆.即

$$y=x^2(x\geqslant 0)\text{ 的反函数是 }x=\sqrt{y}\quad(y\geqslant 0);$$

$$y=x^2(x\leqslant 0)\text{ 的反函数是 }x=-\sqrt{y}\quad(y\geqslant 0).$$

为了了解反函数的几何特性,可分别将 $y=f(x)$ 与 $x=f^{-1}(y)$ 及 $y=f^{-1}(x)$ 画在同一个坐标系中,如图 1.14 所示.

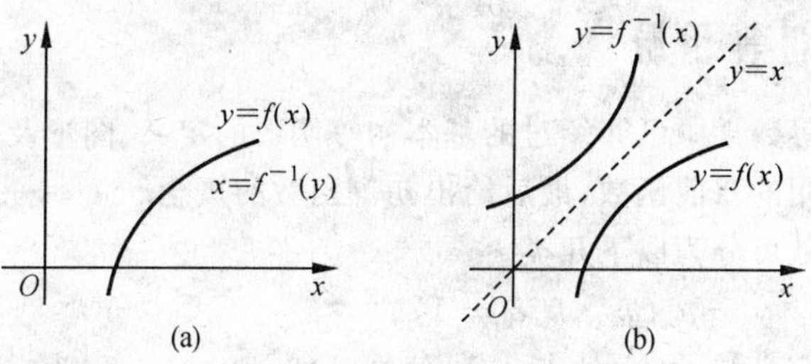

图 1.14

可见,由函数 $y=f(x)$ 与 $x=f^{-1}(y)$ 描绘出的是同一条曲线;而由 $y=f(x)$ 与 $y=f^{-1}(x)$ 所描绘的曲线关于直线 $y=x$ 对称.事实上,点 (a,b) 在曲线 $y=f(x)$ 上等价于 $b=f(a)$,即 $a=f^{-1}(b)$,这说明点 (b,a) 在曲线 $y=f^{-1}(x)$ 上.而点 (a,b) 与点 (b,a) 恰好关于直线 $y=x$ 对称.

例 10　求函数 $y=\lg(x+\sqrt{x^2-1})(x\in[1,+\infty))$ 的反函数.

解 由 $y=\lg(x+\sqrt{x^2-1})$，得 $10^y=x+\sqrt{x^2-1}$ 及 $10^{-y}=x-\sqrt{x^2-1}$，故 $10^y+10^{-y}=2x$，于是 $x=(10^y+10^{-y})/2(y\geqslant 0)$ 为所求反函数.

判定函数的反函数是否存在，可以用以下定理.

定理1 设函数 f 的定义区间是 D，值域是区间 W. 若 f 在 D 上严格单调增(或严格单调减)，则在 W 上 f 的反函数 f^{-1} 存在，且 f^{-1} 在 W 上也是严格单调增(或严格单调减).

此定理的证明略去. 要注意的是，严格单调是函数 f 为可逆函数的一个充分条件而非必要条件. 例如，下面的函数并非严格单调，但却有反函数.

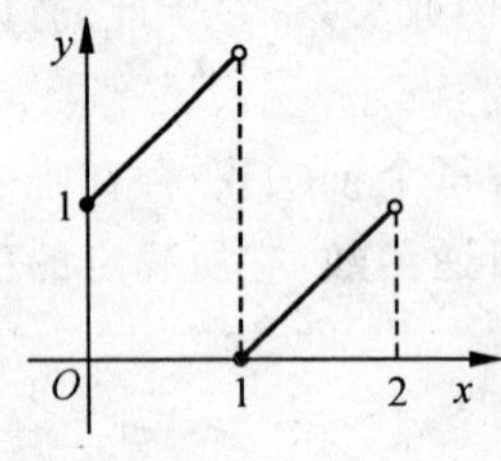

图 1.15

例11 函数(见图 1.15)

$$f(x)=\begin{cases}x+1, & 0\leqslant x<1;\\ x-1, & 1\leqslant x<2,\end{cases}$$

在区间$[0,2)$上并不单调，但却有反函数. 因为在值域$[0,2)$中，对于每个 y 有唯一确定的 x，使得 $y=f(x)$. 事实上

$$f^{-1}(y)=\begin{cases}y+1, & 0\leqslant y<1;\\ y-1, & 1\leqslant y<2.\end{cases}$$

在几何上，判别 $f(x)$ 是否可逆的一个简便方法是，任取值域中点 y_0，看直线 $y=y_0$ 与曲线 $y=f(x)$ 是否有唯一的交点. 若交点均唯一，则 f 可逆，否则不可逆.

将函数 f 与其反函数 f^{-1} 进行复合得到以下两个恒等式：

$$f^{-1}(f(x))=x\quad(x\in D);$$
$$f(f^{-1}(y))=y\quad(y\in W).$$

它们可用来检验所求的 f^{-1} 是否正确.

1.2.4 初等函数

以下列出初等数学中已介绍过的基本初等函数的定义、图形及主要性质，并介绍在工程技术中常用的双曲函数，最后给出初等函数的概念.

基本初等函数可分为以下几类.

1. 指数函数 $y=a^x(a>0,a\neq 1)$

指数函数的定义域是$(-\infty,+\infty)$，值域是$(0,+\infty)$，a 称为它的底. 它的图形位于 x 轴上方，曲线 $y=a^x$ 与曲线 $y=\left(\dfrac{1}{a}\right)^x=a^{-x}$ 关于 y 轴对称.

指数函数当 $a>1$ 时是严格单调增函数，当 $0<a<1$ 时是严格单调减函数(见图 1.16).

以 e 为底的指数函数是一种特殊的指数函数.

工程中 e^x 使用得较多，其中常数 e 的值为

$$e=2.7182818284\cdots$$

它的定义将在第二章中介绍.

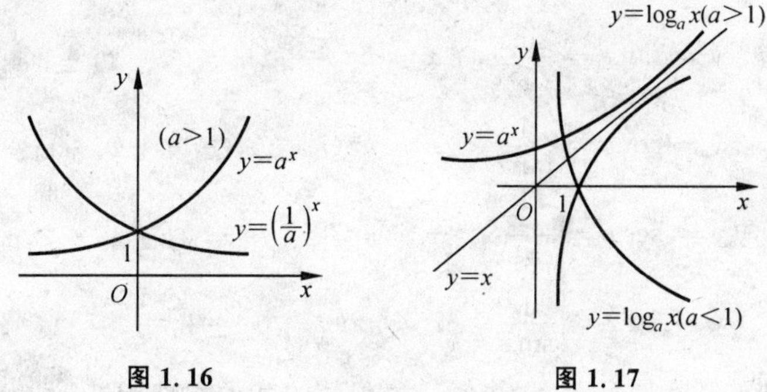

图 1.16　　　　图 1.17

2. 对数函数　$y = \log_a x$　$(a > 0, a \neq 1)$

对数函数的定义域是$(0, +\infty)$，值域是$(-\infty, +\infty)$，a 称为它的底，其图形位于 y 轴右方，曲线 $y = \log_a x$ 与曲线 $y = a^x$ 关于直线 $y = x$ 对称. 对数函数当 $a > 1$ 时为严格单调增函数，当 $0 < a < 1$ 时为严格单调减函数(见图 1.17).

以 e 为底的对数函数称作自然对数，记作

$$\ln x = \log_e x.$$

它在$(0, +\infty)$上严格单调增，交 x 轴于 $x = 1$ 处.

3. 幂函数　$y = x^a$　$(a \neq 0)$

幂函数的定义域与 a 相关. 以下仅就 $a > 0$ 的情形来表述其定义及定义域. 当 $a < 0$ 时，可以依 $x^a = 1/x^{-a}$ 来定义.

(1) 当 a 为正整数 n 时，其定义为 $y = x^n = \overbrace{x \cdot \cdots \cdot x}^{n}$；定义域为$(-\infty, +\infty)$.

(2) 当 a 为有理数$\dfrac{m}{n}$(n, m 互质，$n \neq 1$)时，其定义为 $y = x^{\frac{m}{n}} = (x^{\frac{1}{n}})^m$，其中，$y = x^{\frac{1}{n}}$ 是 $x = y^n$ 的反函数. 当 n 取奇数时，定义域为$(-\infty, +\infty)$；当 n 取偶数时，定义域为$[0, +\infty)$.

(3) 当 a 为无理数时，其定义为 $y = x^a = e^{a\ln x}$，定义域为$(0, +\infty)$.

经常使用的幂函数有

$$y = x,\quad y = x^2,\quad y = x^3,\quad y = \sqrt{x},\quad y = 1/x$$

等. 建议读者绘出它们的图形.

4. 三角函数　$\sin x, \cos x, \tan x, \cot x, \sec x, \csc x$

正弦函数 $y = \sin x$ 是借助直角三角形的边长关系定义的函数. 它是以 2π 为周期的奇函数，定义域为$(-\infty, +\infty)$，值域为$[-1, 1]$. 在$\left[-\dfrac{\pi}{2}, \dfrac{\pi}{2}\right]$上严格单调增.

其他三角函数都可以由 $\sin x$ 通过复合或四则运算来表示：

余弦函数　$y=\cos x=\sin(x+\frac{\pi}{2})$，　$-\infty<x<+\infty$；

正切函数　$y=\tan x=\frac{\sin x}{\cos x}$，　$x\neq n\pi+\frac{\pi}{2}(n=0,\pm 1,\pm 2,\cdots)$；

余切函数　$y=\cot x=\frac{1}{\tan x}$，　$x\neq n\pi(n=0,\pm 1,\pm 2,\cdots)$；

正割函数　$y=\sec x=\frac{1}{\cos x}$，　$x\neq n\pi+\frac{\pi}{2}(n=0,\pm 1,\pm 2,\cdots)$；

余割函数　$y=\csc x=\frac{1}{\sin x}$，　$x\neq n\pi(n=0,\pm 1,\pm 2,\cdots)$.

正切、余切函数的基本周期为 π，其他三角函数的基本周期为 2π. 它们的图形如图 1.18 所示.

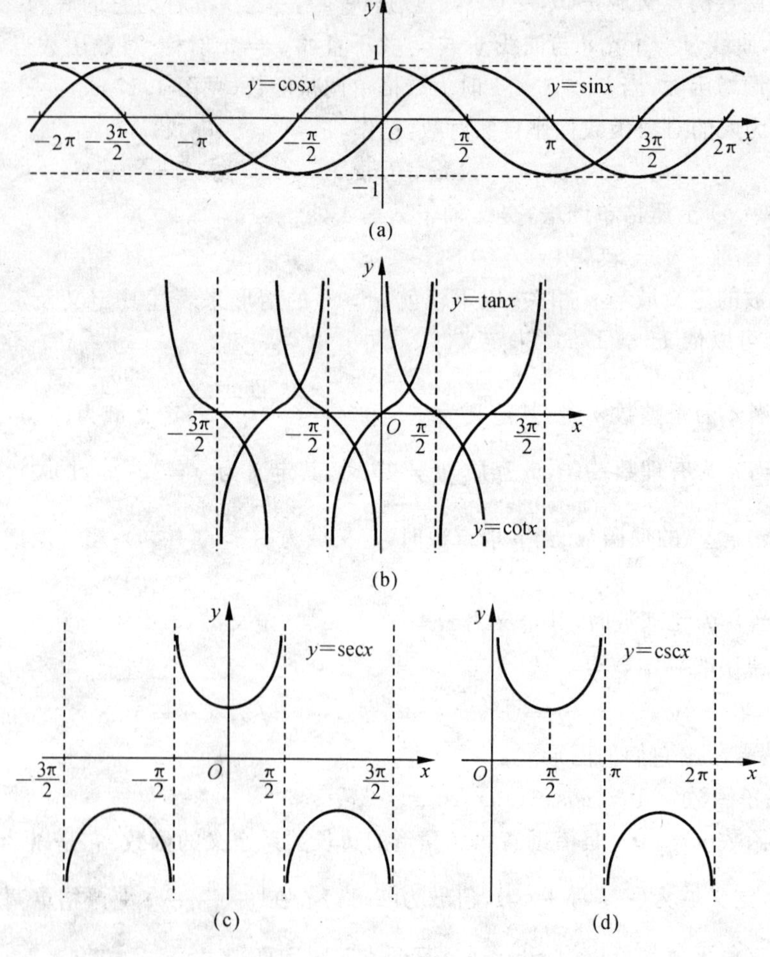

图 1.18

5. 反三角函数 $\arcsin x, \arccos x, \arctan x, \operatorname{arccot} x$

三角函数在其某个严格单调区间上的反函数称作反三角函数，它们分别如下.

(1) 反正弦函数 $y=\arcsin x$，它是 $y=\sin x$ 在 $\left[-\frac{\pi}{2}, \frac{\pi}{2}\right]$ 上的反函数，其定义域是 $[-1,1]$，值域是 $\left[-\frac{\pi}{2}, \frac{\pi}{2}\right]$.

(2) 反余弦函数 $y=\arccos x$，它是 $y=\cos x$ 在 $[0,\pi]$ 上的反函数，其定义域是 $[-1,1]$，值域是 $[0,\pi]$.

(3) 反正切函数 $y=\arctan x$，它是 $y=\tan x$ 在 $\left(-\frac{\pi}{2}, \frac{\pi}{2}\right)$ 上的反函数，其定义域是 $(-\infty,+\infty)$，值域是 $\left(-\frac{\pi}{2}, \frac{\pi}{2}\right)$.

(4) 反余切函数 $y=\operatorname{arccot} x$ 是 $y=\cot x$ 在 $(0,\pi)$ 上的反函数，其定义域是 $(-\infty,+\infty)$，值域是 $(0,\pi)$.

反三角函数的图形如图 1.19 所示.

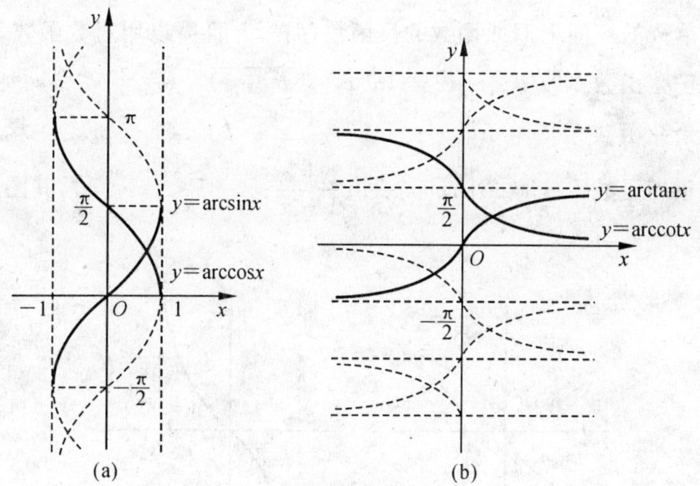

图 1.19

将以上五类基本初等函数与常数经过有限次四则运算和有限次复合步骤所构成的能用一个式子表示的函数称为**初等函数**.

以下是初等函数的例子：

$$y=|x|=\sqrt{x^2}, \quad y=(1+\sin x)/\sqrt{e^x-1}, \quad y=e^{\sin x}+\sqrt{2}\ln\tan^2 x.$$

最后，介绍在工程技术中使用的一种初等函数：双曲函数及反双曲函数.

双曲正弦函数 $y=\operatorname{sh} x=\dfrac{e^x-e^{-x}}{2} \quad (-\infty<x<+\infty)$；

双曲余弦函数　$y = \mathrm{ch}x = \dfrac{\mathrm{e}^x + \mathrm{e}^{-x}}{2}$　$(-\infty < x < +\infty)$；

双曲正切函数　$y = \mathrm{th}x = \mathrm{sh}x/\mathrm{ch}x$　$(-\infty < x < +\infty)$.

$\mathrm{sh}x$、$\mathrm{th}x$ 是奇函数，$\mathrm{ch}x$ 是偶函数. 其图形如图 1.20 所示. 由图形看出，$\mathrm{sh}x$、$\mathrm{th}x$ 在 $(-\infty, +\infty)$ 上严格单调增；$\mathrm{sh}x$、$\mathrm{ch}x$ 是无界函数；$\mathrm{th}x$ 是有界函数，$|\mathrm{th}x| \leqslant 1$.

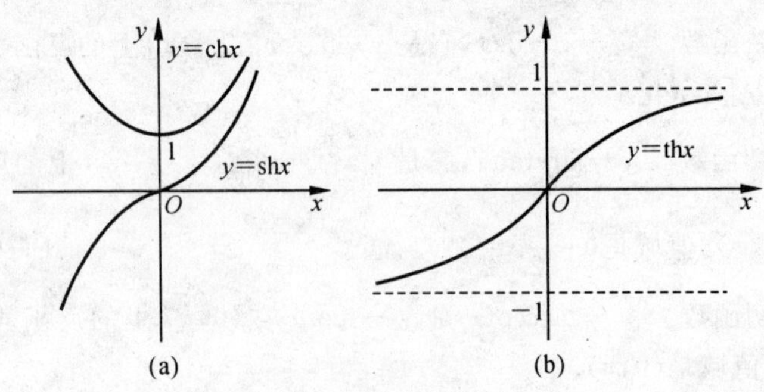

图 1.20

在严格单调的区间上双曲函数的反函数存在，并且可以用对数函数表示出来. 即

反双曲正弦函数　$y = \mathrm{arsh}x = \ln(x + \sqrt{x^2 + 1})$　$(-\infty < x < +\infty)$；

反双曲余弦函数　$y = \mathrm{arch}x = \ln(x + \sqrt{x^2 - 1})$　$(1 \leqslant x < +\infty)$；

反双曲正切函数　$y = \mathrm{arth}x = \dfrac{1}{2}\ln\dfrac{1+x}{1-x}$　$(-1 < x < 1)$，其图形如图 1.21 所示.

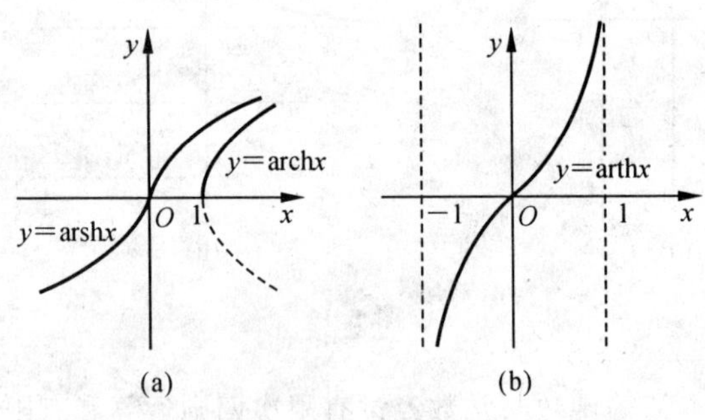

图 1.21

下面给出双曲函数类似于三角函数的一些恒等式：

$$\mathrm{sh}(x \pm y) = \mathrm{sh}x\mathrm{ch}y \pm \mathrm{ch}x\mathrm{sh}y;\quad \mathrm{ch}(x \pm y) = \mathrm{ch}x\mathrm{ch}y \pm \mathrm{sh}x\mathrm{sh}y;$$

$$\mathrm{sh}2x = 2\mathrm{sh}x\mathrm{ch}x;\quad \mathrm{ch}2x = 2\mathrm{ch}^2 x - 1;\quad \mathrm{ch}^2 x - \mathrm{sh}^2 x = 1.$$

习题 1.2

1. 证明：

(1) 两个偶函数的和、差、积、商仍是偶函数；

(2) 奇函数与偶函数的积与商是奇函数.

2. 指出下列函数由哪几个基本初等函数复合而成.

(1)$y=3^{2\sin x}$；　　(2)$y=3^{\sin 2x}$；

(3)$y=\tan\lg^{2x}$；　　(4)$y=(\arccos 2^x)^2$.

3. 设 $f(x)=\dfrac{1}{1-x}$，求 $f\circ f\circ f$.

4. 设 $f(x+x^{-1})=x^2+x^{-2}$，求 $f(x)$ 及 $f(\sin x)$.

5. 设 $f(x)=x^2\ln(1+x)$，求 $f(\mathrm{e}^x-1)$ 及 $f(1)$.

6. 设 $f(x)=x^2, g(x)=2^x$，求 $f(g(x))$ 及 $g(f(x))$.

7. 判断以下函数在所给区间上是否可逆，可逆时写出其反函数.

(1)$y=x^2(-\infty<x<+\infty)$；　　(2)$y=x^2(x\geqslant 0)$；

(3)$y=x^2(x\leqslant 0)$；　　(4)$y=\sin x(\dfrac{\pi}{2}\leqslant x\leqslant\dfrac{3}{2}\pi)$；

(5)$y=\dfrac{1}{x}(x>0)$；　　(6)$y=\mathrm{sgn}x(-\infty<x<+\infty)$.

8. 设复合函数 $g\circ f$ 有定义，f 是 $(-\infty,+\infty)$ 上的偶函数，证明 $g\circ f$ 是 $(-\infty,+\infty)$ 上的偶函数.

小　结

一、基本要求

- 理解函数概念的实质，弄清函数定义中的两个要素：定义域与对应法则. 能判别两个函数的异同. 知道函数的三种表示形式. 了解分段函数.
- 熟记基本初等函数的定义域，会求函数的定义域.
- 准确理解函数的单调性、奇偶性、周期性及有界性的定义，能依据定义进行判定. 了解这些函数性态的几何意义.
- 弄清函数可复合的条件，会求简单函数的复合以及分析复合函数的结构.
- 理解反函数的定义，知道反函数存在的条件. 了解反函数的图形特点. 会求简单函数的反函数.
- 了解初等函数的定义与构成. 熟悉基本初等函数的图形及性质.

二、内容提要

1. 函数概念

变量与常量 在一个确定的考察过程中,保持不变的量称为常量,否则称为变量.

在论及变量时应指明考察过程.

函数 设 x,y 是两个变量,若 x 的变化会使 y 按照某个确定的规则 f 而随之变化,则称 f 是变量 x 到变量 y 的函数.也称 y 是 x 的函数,记作 $y=f(x)$.

定义域 使函数 $f(x)$ 有定义的自变量 x 的集合 D.

值域 当 x 在定义域 D 中变动时,函数值 $f(x)$ 的集合.

分段函数 当自变量 x 在定义域中的不同范围内变化时,规则 f 用不同式子表示的函数称为分段函数.

函数的相等 当两个函数的定义域与对应规则都相同时,称这两个函数相等.

2. 函数性态

单调性 $f(x)$ 在 (a,b) 上单调增(或单调减)是指 $x_1<x_2$ 时 $f(x_1)\leqslant f(x_2)$(或 $f(x_1)\geqslant f(x_2)$).不等号"$\leqslant$"(或"$\geqslant$")换作严格不等号即为严格单调.

单调性的判定,目前只能从定义出发,例如判别 $f(x_2)-f(x_1)$ 的符号.以后(第四章)将会介绍用导数判定的方法.

奇偶性 当 $f(-x)=-f(x)(x\in D)$ 时,f 为奇函数,它的图形关于原点对称;当 $f(-x)=f(x)(x\in D)$ 时,f 为偶函数,它的图形关于 y 轴对称.

四则运算对奇偶性的影响如下表所示:

f	g	$f\pm g$	$f\cdot g$ 或 f/g
奇	奇	奇	偶
奇	偶	/	奇
偶	偶	偶	偶

周期性 满足 $f(x+T)=f(x)(x\in D,T$ 为正常数) 的函数叫周期函数.

最小正周期叫基本周期.

有界性 $f(x)$ 在区间 I 上有界是指存在正常数 M,使得

$$|f(x)|\leqslant M\quad(x\in I).$$

3. 复合函数与反函数 · 初等函数

复合函数 要使复合函数 $f(g(x))$ 有意义,g 的值域必须包含在 f 的定义域中.复合运算就是代入运算.

反函数 严格单调函数必有反函数.从 $y=f(x)$ 中解出 $x=f^{-1}(y)$ 便得到反函

数的表达式. 由于函数的表示与变量记号无关，$x = f^{-1}(y)$ 与 $y = f^{-1}(x)$ 在代数上是同一个函数，但在同一个坐标系中所画的曲线不一样. 曲线 $y = f(x)$ 与曲线 $x = f^{-1}(y)$ 是相同的，而 $y = f(x)$ 与 $y = f^{-1}(x)$ 两曲线则关于直线 $y = x$ 对称.

初等函数 由基本初等函数及常数函数经有限次四则运算与复合运算构成的函数(由一个解析式表示) 称为初等函数.

三、学习指导

● 本章的特点是概念较多. 在学习概念时要仔细推敲，准确理解. 要使自己的理解比较深刻，可以从以下几点着手.

▲ 研究几个各具特色的例子. 一个举不出例子的概念是很难理解的. 学习时，应当结合一些简单而有特点的例子，从特殊中理解一般. 例如，学习周期函数时，应重点剖析一下 $\sin x$(有最小正周期) 及 $D(x)$(无最小正周期) 这两个函数. 学习单调性时，应分析函数 $y = 1$(既单调增又单调减的函数)，$y = x^3$(严格单调增) 以及 $y = x^{-1}(x > 0)$(严格单调减). 这些例子往往就在例题或习题中.

▲ 了解函数的几何特征. 由于函数的几何解释是平面上的曲线，故函数在代数或分析上的特征必在几何上有所反映. 几何上的直观是十分重要的，它有助于视觉记忆而加深印象，也是开发几何或空间想象力的基础. 在学习新的函数或函数性质时，只要有可能便应当画出其图形以帮助理解.

▲ 换角度理解. 定义通常分为两种：构造性定义(如 Dirichlet 函数) 与描述性定义(如奇函数). 对于后一种概念，常常可以从反面去了解以加深印象. 例如，可以考虑非奇函数应是怎样的，是否非奇则偶? 如何说明一个函数在区间 (a,b) 上不是单调增的? 这样的换角度、反向思维可以产生出一系列问题，从而打开思维的大门.

● 本章中的一些内容，读者在中学阶段可能已经十分熟悉，如基本初等函数，求定义域、值域等. 学习中只需要关注过去没有学过的内容，以便加快进度.

自 测 题

一、单项选择题(每小题 4 分，共 40 分)

1. $y = \lg(x+1) + \dfrac{1}{\sqrt{2+x}} + \arccos x$ 的定义域是(　　).

A. $(-1, +\infty)$　　B. $(-1,1]$　　C. $(-1,1)$

2. 设 $f(x)$ 是二次多项式，$f(0) = 4, f(1) = 2, f(2) = 1$，则 $f(x) =$ (　　).

A. $\dfrac{1}{2}(x^2 - 5x + 8)$　　B. $-\dfrac{1}{2}(x^3 + x - 4)$　　C. $\dfrac{1}{2}(x^2 - 4x + 8)$

3. 设 $f(x) = \lg(x + \sqrt{x^2+1})$，它是 $(-\infty, +\infty)$ 上的(　　).

A. 有界函数　　B. 偶函数　　C. 奇函数

4. 设 $f(x)=\begin{cases}1+x & x<2\\ x^2-1 & x\geqslant 2\end{cases}$,则 $f(f(1))=$(　　).

A. 3　　B. 2　　C. 0

5. 下列函数 $f(x)$ 与 $g(x)$ 是相同的有(　　).

A. $f(x)=\cos(\arccos x)$, $g(x)=x$,其中 $|x|\leqslant 1$

B. $f(x)=x-3$, $g(x)=\sqrt{(x-3)^2}$

C. $f(x)=\lg\left(\dfrac{x-1}{x+1}\right)$, $g(x)=\lg(x-1)+\lg(x+1)$

6. 设 $f(x)=\dfrac{1}{x}$, $g(x)=1-x$,则 $f(g(x))=$(　　).

A. $1-\dfrac{1}{x}$　　B. $1+\dfrac{1}{x}$　　C. $\dfrac{1}{1-x}$

7. $y=x^3$ 与 $y=\sqrt[3]{x}$ 关于(　　)对称.

A. x 轴或 y 轴　　B. 直线 $y=x$　　C. 原点

8. $y=x^3$ 与 $x=y^{\frac{1}{3}}$(　　).

A. 关于 x 轴或 y 轴对称　　B. 关于直线 $y=x$ 对称　　C. 是同一条曲线

9. 在 $(-\infty,+\infty)$ 内单调减少的函数是(　　).

A. $y=x^2$　　B. $y=x^3$　　C. $y=0.1^x$

10. 在所给区间上无界的函数是(　　).

A. $y=\ln(1+x)[0,1]$　　B. $y=\cos x(-\infty,+\infty)$　　C. $y=x^2(0,+\infty)$

二、填空题(每小题 5 分,共 40 分)

1. 设 $f(3x)=2x+1$, $f(a)=5$,则 $a=$________.

2. 设 $f(x)=\dfrac{1-x}{1+x}$,则 $f(f(x))=$________.

3. 设 $f(x)=x^3+1$,则 $f(x^2)=$________.

4. 设 $f(x)=3x+5$,则 $f(f(x)-2)=$________.

5. 设 $f\left(x+\dfrac{1}{x}\right)=x^2+\dfrac{1}{x^2}+3$,则 $f(x)=$________.

6. 设 $f\left(\dfrac{1}{x}-1\right)=\dfrac{x}{2x-1}$,则 $f(x)=$________.

7. $f(x)=x^2-6x+5$ 的值域是________.

8. $f(x)=2+3\cos x$ 的值域是________.

三、某单位有汽车一辆,一年中的税费、保险费及司机工资等支出共为 a,另外每行驶 1km 需油费 b,试写出一年中平均每公里费用 y 与行驶公里数 x 的函数关系式.(10 分)

四、证明 Dirichlet 函数 $D(x)$ 以任何正有理数为其周期.(10 分)

自测题解答

一、1. B.　2. A.　3. C.　4. A.　5. A.　6. C.　7. B.　8. C.　9. C.　10. C.

二、1. 6　2. x　3. x^6+1　4. $9x+14$　5. x^2+1　6. $\frac{1}{1-x}$　7. $[-4,+\infty)$　8. $[-1,5]$

三、依题设，一年中总费用为 $a+bx$，而平均每公里费用应为 $(a+bx)/x$，即 $y=(a+bx)/x$.

四、设 r 为任意给的正有理数，对任何实数 x，因为 $x+r$ 与 x 同为有理数或无理数，故 $D(x)=D(x+r)$，这说明 r 是函数 $D(x)$ 的一个周期.

第二章　极限·连续

本章将系统介绍极限运算.为了便于读者理解函数极限的概念,先介绍一种特殊形式的函数 —— 数列的极限.在此基础上介绍函数极限的一般概念与性质,接着分析两种特殊的变量:无穷小量与无穷大量.最后,作为极限方法的初步运用将研究函数的一个重要属性 —— 连续性.

2.1　数列的极限

2.1.1　数列概念

以自然数作下标编号并顺次排列的一列实数

$$x_1, x_2, \cdots, x_n, \cdots \tag{1}$$

称为**实数列**,简称为**数列**或**序列**,记作$\{x_n\}_{n=1}^{\infty}$或$\{x_n\}$.称数列(1)中每个数为数列的**项**,第一项称为**首项**,x_n称为**通项**.有时也用通项x_n表示数列$\{x_n\}$.

若对每个$n \in \mathbf{N}$($\mathbf{N}$为自然数集),定义$f(n) = x_n$,则数列(1)由函数f的函数值构成.因此也可把数列看做是集合$\mathbf{N}$上的一个函数.类似于函数的单调性与有界性,可以定义数列的单调性与有界性.

定义 1　设$\{x_n\}$是一数列.若对每个$n \in \mathbf{N}$,有$x_n \leqslant x_{n+1}$(或$x_n < x_{n+1}$),则称$\{x_n\}$是**单调增**(或**严格单调增**)数列;若对每个$n \in \mathbf{N}$,有$x_n \geqslant x_{n+1}$(或$x_n > x_{n+1}$),则称$\{x_n\}$是**单调减**(或**严格单调减**)数列.单调增数列与单调减数列合称为**单调数列**.

定义 2　设$\{x_n\}$是一个数列.若有常数B,使得

$$x_n \leqslant B$$

对每个$n \in \mathbf{N}$都成立,则说$\{x_n\}$**有上界**,B是$\{x_n\}$的一个**上界**.若有常数A,使得

$$A \leqslant x_n$$

对每个$n \in \mathbf{N}$都成立,则说$\{x_n\}$**有下界**,A是$\{x_n\}$的一个**下界**.若有常数$M > 0$,使得

$$| x_n | \leqslant M$$

对每个$n \in \mathbf{N}$都成立,则说$\{x_n\}$**有界**,M是$\{x_n\}$的一个**界**.

类似于函数情形,数列$\{x_n\}$有界的充分必要条件是$\{x_n\}$既有上界又有下界.

将数列$\{x_n\}$中的数x_n描在数轴Ox上,得到数轴上的一个点集,仍记作$\{x_n\}$.点x_n在数轴上的分布可以用来对相应数列作出几何解释.

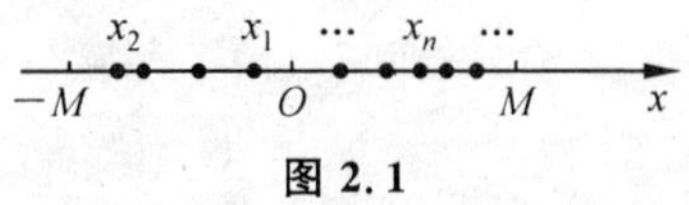

例如,数列$\{x_n\}$是有界数列,在几何上即为存在$M > 0$,使得点$x_n (n \in \mathbf{N})$全落在区间$[-M, M]$中(见图 2.1).

x_2　x_1　…　x_n　…
$-M$　O　M　x

图 2.1

以下是几个常用的数列：

调和数列$\left\{\frac{1}{n}\right\}$：$1,\frac{1}{2},\frac{1}{3},\cdots,\frac{1}{n},\cdots \quad (n \in \mathbf{N})$ (2)

等比数列$\{ar^{n-1}\}$：$a,ar,ar^2,\cdots,ar^{n-1},\cdots \quad (a \neq 0, n \in \mathbf{N})$ (3)

常数列　$\{c\}$：$c,c,c,\cdots,c,\cdots$ (4)

摆动数列$\{(-1)^{n-1}\}$：$1,-1,1,\cdots,(-1)^{n-1},\cdots \quad (n \in \mathbf{N})$ (5)

从定义直接看出，调和数列是严格单调减的有界数列；等比数列当$|r| \leqslant 1$时有界；常数列是有界的单调数列；摆动数列是有界但不单调的数列.

例 1　判定以下数列的有界性.

(1)$x_n = \frac{1+n}{n}$；　(2)$x_n = 2 + \sin n$；　(3)$x_n = 2^n$.

解　(1) 因为$|x_n| = |1 + \frac{1}{n}| \leqslant 2 (n \in N)$，故$\{x_n\}$有界.

(2) 因为$|2 + \sin n| \leqslant |2| + |\sin n| \leqslant 3 (n \in N)$，故$\{x_n\}$有界.

(3) 对任意给定正数M，只要$n > \ln M/\ln 2$，便有$2^n > M$. 这说明不可能找到$M > 0$，使$2^n < M$对每个$n \in \mathbf{N}$都成立，即数列$\{x_n\}$无上界，从而无界.

2.1.2　数列极限的概念

对一些简单的数列，如$\left\{\frac{1}{n}\right\}$及$\left\{\frac{n+1}{n}\right\}$，不难发现，当$n$无限增大(记作“$n \to \infty$”)时，数列的通项$x_n$无限趋近于某个常数$a$(如$\frac{1}{n}$无限趋近于0，$\frac{n+1}{n}$无限趋近于1)，此时称$x_n$的极限为$a$. 然而对一些较为复杂的数列，如$\left\{(1+\frac{1}{n})^n\right\}$及$\{n^{\frac{1}{n}}\}$，便不易看出通项$x_n$将趋近于哪个常数$a$. 解决这类问题首先要弄清$x_n$无限趋近于$a$的确切意义. 为此，先介绍以下定义.

定义 3　设$\{x_n\}$是一数列，a是一常数. 若对任给正数ε，总存在自然数N，使得不等式

$$|x_n - a| < \varepsilon \tag{6}$$

对所有大于N的n都成立，则说**当**$n \to \infty$ **时**，x_n **无限趋近于**a，或简称为x_n **趋近于**a 或**收敛于** a. 称a为数列$\{x_n\}$的**极限**，记作

$$\lim_{n \to \infty} x_n = a \text{ 或 } x_n \to a (n \to \infty).$$

当$\{x_n\}$收敛于某极限时，称它为**收敛数列**，否则称它为**发散数列**.

在定义中，为保证x_n与a的距离能任意地小，须使不等式(6)中的$\varepsilon > 0$可以任意地小. 有时为简便起见，可以限制ε在(0,1)中变动或用$K\varepsilon$(K为正常数)代替ε. 例如，$\lim\limits_{n \to \infty} x_n = a$亦等价于：

对任给 $\varepsilon > 0$,存在 N,当 $n > N$ 时,$|x_n - a| < K\varepsilon (K > 0)$. (7)

定义中要求不等式(6)对某个自然数 N 之后的所有 n 都成立,而对 N 之前的 x_n 如何则不作要求,因此改动 $\{x_n\}$ 的有限项不影响其敛散性及极限.或者说,两个数列若在某项后全同,则它们的敛散性与极限也全同.一般来说,定义中的 N 与 ε 相关但并不唯一,只要找到一个便可.

为使关于极限的论述简便一些,以下约定用"当 n 充分大时……"来表示"存在 N,当 $n > N$ 时……",其次注意到

$$|x_n - a| < \varepsilon \Leftrightarrow x_n \in N(a,\varepsilon).$$

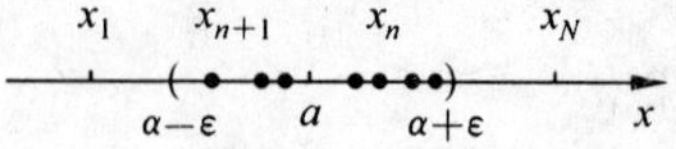

于是,数列 $\{x_n\}$ 收敛于 a 的几何描述即为(见图 2.2):

图 2.2

$$\lim_{n\to\infty} x_n = a \Leftrightarrow \text{任给 } \varepsilon > 0, \text{当 } n \text{ 充分大时}, x_n \in \mathbf{N}(a,\varepsilon). \tag{8}$$

式(8)表示:x_n 趋近于 a,等价于对任给 $\varepsilon > 0$,当 n 充分大之后,x_n 便全部落入开区间 $(a-\varepsilon, a+\varepsilon)$ 中.

以下举例介绍依据定义判定数列的极限.

例 2 证明常数列 $\{c\}$ 以 c 为极限.

证 令 $x_n = c (n \in \mathbf{N})$.任给 $\varepsilon > 0$,易知从 $n = 1$ 开始 x_n 便全部落入 $N(c,\varepsilon) = (c-\varepsilon, c+\varepsilon)$ 中,故从式(8)知 $x_n \to c (n \to \infty)$.

例 3 证明 $\lim\limits_{n\to\infty} \dfrac{n+1}{n} = 1$.

证 任给 $\varepsilon > 0$,欲使不等式 $|x_n - a| = \left|\dfrac{n+1}{n} - 1\right| = \dfrac{1}{n} < \varepsilon$,即不等式 $\dfrac{1}{\varepsilon} < n$ 在某个 $\mathbf{N}$ 之后恒成立,只需取 N 为大于 $\dfrac{1}{\varepsilon}$ 的自然数即可.例如,取 $N = 1 + \left[\dfrac{1}{\varepsilon}\right]$($\left[\dfrac{1}{\varepsilon}\right]$ 为 $\dfrac{1}{\varepsilon}$ 的整数部分),则当 $n > N$ 时,有

$$|x_n - a| = \left|\frac{n+1}{n} - 1\right| = \frac{1}{n} < \frac{1}{N} < \frac{1}{1/\varepsilon} = \varepsilon,$$

故从定义知

$$\frac{n+1}{n} \to 1 (n \to \infty).$$

例 4 证明 $\lim\limits_{n\to\infty} \sqrt[n]{n} = 1$.

证 因 $n \geqslant 1$,故 $\sqrt[n]{n} \geqslant 1$.记 $\alpha_n = \sqrt[n]{n} - 1$,则从

$$n = (1+\alpha_n)^n = 1 + n\alpha_n + \frac{n(n-1)}{2}\alpha_n^2 + \cdots + \alpha_n^n > \frac{n(n-1)}{2}\alpha_n^2$$

得 $n > \dfrac{n(n-1)}{2}\alpha_n^2$,即 $0 \leqslant \alpha_n < \sqrt{\dfrac{2}{n-1}} (n > 1)$.于是任给 $\varepsilon > 0$,欲使 $|\sqrt[n]{n} - 1| =$

$\alpha_n < \varepsilon$，只要使$\sqrt{\dfrac{2}{n-1}} < \varepsilon$，即$n > 1 + \dfrac{2}{\varepsilon^2}$便可，因此若取$N = 1 + [1 + \dfrac{2}{\varepsilon^2}]$，则当$n > N$时便有

$$|\sqrt[n]{n} - 1| = \alpha_n < \sqrt{\frac{2}{n-1}} < \varepsilon.$$

这表明$\sqrt[n]{n} \to 1(n \to \infty)$.

例 5　证明$x_n = (-1)^n$不收敛于任何常数a.

证　由于x_n落在数轴上的点是1与-1，对任意常数a，取正数$\varepsilon = 1/4$. 因为区间$N(a,\varepsilon)$的长度为$1/2$，故它不可能同时包含1及-1，即不可能当n充分大之后x_n全落入$N(a,\varepsilon)$，这说明x_n不收敛于a. 由a的任意性即知，$x_n = (-1)^n$不收敛于任何常数.

从数列极限的定义可以推出收敛数列的两个重要性质.

定理 1　收敛数列是有界数列且其极限是唯一的.

证　设$\{x_n\}$的极限是a，则对$\varepsilon = 1$，存在N. 当$n > N$时，x_n全落入区间$N(a,1) = (a-1, a+1)$中，而落在此区间之外的x_n至多有N项，于是可找到一个有限区间$[A,B]$，既包含区间$(a-1,a+1)$，又包含$x_1, x_2, \cdots, x_N$(如取$A = \min\{x_1, x_2, \cdots, x_N, a-1\}$，$B = \max\{x_1, x_2, \cdots, x_N, a+1\}$). 这说明每个$x_n$均含在区间$[A,B]$中，即$\{x_n\}$有界.

极限的唯一性是指：若a、b均是$\{x_n\}$的极限，则一定有$a = b$. 若$a \neq b$，不妨设$a < b$，则因为$x_n \to a$及$x_n \to b$，对$\varepsilon = (b-a)/2$，当n充分大时，x_n应当既落入邻域$N(a,\varepsilon)$，同时又落入邻域$N(b,\varepsilon)$，但这两个邻域却不相交，故出现矛盾. 这说明$a = b$，即极限是唯一的. □

由定理1直接推出"无界数列为发散数列". 例如，数列$\{2^n\}$、$\{n\}$都是无界的，因而均是发散数列. 但须注意，有界数列并不一定都是收敛数列. 如例5中的数列$\{(-1)^n\}$是有界数列但却不收敛.

定理 2　设$x_n \to c(n \to \infty)$，$a < c < b$，则当n充分大时，$a < x_n < b$.

证　因为$a < c < b$，可选取适当的$\varepsilon > 0$，使得$N(c,\varepsilon)$包含在(a,b)中. 由于$x_n \to c(n \to \infty)$，故当n充分大时，$x_n \in N(c,\varepsilon)$，从而$x_n \in (a,b)$，即当n充分大时，$a < x_n < b$(见图2.3). □

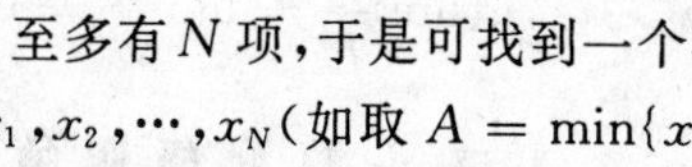

图 2.3

定理2是在$a < c < b$情形下推出$a < x_n < b$(n充分大时). 类似地，当$\lim\limits_{n\to\infty} x_n = c$时可以推出以下结论：

(1) $a < c \Rightarrow a < x_n$($n$充分大时)；

(2) $c < b \Rightarrow x_n < b$($n$充分大时).

推论(极限的保号性) 设$\lim\limits_{n\to\infty}x_n=c$,则有

(1) 若$c>0$(或$c<0$),则当n充分大时$x_n>0$(或$x_n<0$);

(2) 若当n充分大时$x_n\geqslant a$(或$x_n\leqslant b$),则$c\geqslant a$(或$c\leqslant b$).

证 (1) 当$c>0$时,直接从定理2中令$a=0$而得证,而当$c<0$时,令$b=0$即可.

(2) 设n充分大时$x_n\geqslant a$,但结论$c\geqslant a$不成立,即有$c<a$,则由定理2,当n充分大时$x_n<a$,这与条件$x_n\geqslant a$(n充分大时)矛盾,从而所述结论$c\geqslant a$成立.类似地可证明$x_n\leqslant b$(n充分大时)时必有$c\leqslant b$成立. □

推论(1)表明:若$\lim\limits_{n\to\infty}x_n=c\neq 0$,则当$n$充分大时,$x_n$与$c$同号.而推论(2)表明:只要极限存在,则由$x_n\geqslant a$可得$\lim\limits_{n\to\infty}x_n\geqslant a$.这相当于说可以在不等号"$\geqslant$"两边同时取极限(注意,$a$的极限还是$a$).这些性质称作极限的保号性.

注意,在不等号"$>$"两边取极限后,不等号"$>$"可能变作"$\geqslant$".例如,$\dfrac{2}{n}>\dfrac{1}{n}$($n>1$),但$\lim\limits_{n\to\infty}\dfrac{2}{n}=\lim\limits_{n\to\infty}\dfrac{1}{n}=0$.

2.1.3 数列极限的四则运算

当一个数列是由收敛数列x_n、y_n经四则运算所构成时,其极限将与x_n、y_n的极限相关.

定理3 设$\{x_n\}$、$\{y_n\}$均为收敛数列,$\lim\limits_{n\to\infty}x_n=A$,$\lim\limits_{n\to\infty}y_n=B$,则有

(1) 和差规则 $\lim\limits_{n\to\infty}(x_n\pm y_n)=\lim\limits_{n\to\infty}x_n\pm\lim\limits_{n\to\infty}y_n=A\pm B$;

(2) 积规则 $\lim\limits_{n\to\infty}x_ny_n=\lim\limits_{n\to\infty}x_n\lim\limits_{n\to\infty}y_n=AB$;

(3) 商规则 $\lim\limits_{n\to\infty}x_n/y_n=\lim\limits_{n\to\infty}x_n/\lim\limits_{n\to\infty}y_n=A/B(B\neq 0)$.

证 由条件知,对任给$\varepsilon>0$,当n充分大时,$|x_n-A|<\varepsilon$及$|y_n-B|<\varepsilon$.

(1) 仅证和规则.利用不等式

$$|x_n+y_n-A-B|=|x_n-A+y_n-B|\leqslant|x_n-A|+|y_n-B|$$

及条件知,当n充分大时,$|x_n+y_n-A-B|<\varepsilon+\varepsilon=2\varepsilon$.此即$x_n+y_n\to A+B$$(n\to\infty)$.

(2) 因收敛数列必有界,不妨设$|x_n|\leqslant M(M>0,n\in\mathbf{N})$.利用不等式

$$|x_ny_n-AB|=|x_ny_n-x_nB+x_nB-AB|\leqslant|x_n||y_n-B|+|B||x_n-A|$$

及条件知,当n充分大时,$|x_ny_n-AB|\leqslant M\varepsilon+|B|\varepsilon=(M+|B|)\varepsilon$.此即$x_ny_n\to AB(n\to\infty)$.

(3) 先证明$1/y_n\to 1/B(n\to\infty)$.由于$B\neq 0$,不妨设$B>0$,则由定理2知,当n充分大时,$y_n>B/2$(因$B>B/2$).于是结合条件知,当n充分大时,

$$\left|\frac{1}{y_n}-\frac{1}{B}\right|=\frac{|y_n-B|}{|y_nB|}\leqslant\frac{|y_n-B|}{(B/2)\cdot B}<\frac{2}{B}\varepsilon,$$

即 $1/y_n\to 1/B(n\to\infty)$. 从而由积规则得

$$\frac{x_n}{y_n}=x_n\cdot\frac{1}{y_n}\to A\cdot\frac{1}{B}=\frac{A}{B}\quad(n\to\infty).$$ □

以上极限的四则运算规则是对两个数列而言的，对两个以上的有限个收敛数列，和差与积规则仍成立. 由积规则还可推得以下结论(设 $\{x_n\}$ 收敛)：

1° $\lim\limits_{n\to\infty}Kx_n=K\lim\limits_{n\to\infty}x_n$　(K 为常数)；

2° $\lim\limits_{n\to\infty}x_n^m=(\lim\limits_{n\to\infty}x_n)^m$　(m 为正整数)；

3° $\lim\limits_{n\to\infty}x_n^{\frac{1}{m}}=(\lim\limits_{n\to\infty}x_n)^{\frac{1}{m}}$　($\lim\limits_{n\to\infty}x_n>0,m\in N$).

其中，1° 由积规则取 $y_n\equiv K$ 直接得到；2° 相当于对 m 个相同数列 $\{x_n\}$ 使用积规则；3° 可从 2° 推出，因

$$\lim_{n\to\infty}x_n=\lim_{n\to\infty}(x_n^{\frac{1}{m}})^m=(\lim_{n\to\infty}x_n^{\frac{1}{m}})^m,$$

故推出

$$(\lim_{n\to\infty}x_n)^{\frac{1}{m}}=\lim_{n\to\infty}x_n^{\frac{1}{m}}.$$

利用极限四则运算规则便可计算较多的数列极限.

例 6　计算以下极限.

(1) $l=\lim\limits_{n\to\infty}(3\sqrt[n]{n}+\frac{1}{n^2})$；　(2) $l=\lim\limits_{n\to\infty}\dfrac{2n^2+1}{n^2+2n+3}$.

解　(1) $l=\lim\limits_{n\to\infty}3\sqrt[n]{n}+\lim\limits_{n\to\infty}\dfrac{1}{n^2}=3\lim\limits_{n\to\infty}\sqrt[n]{n}+\lim\limits_{n\to\infty}\dfrac{1}{n^2}=3$；

(2)
$$\begin{aligned}l&=\lim_{n\to\infty}\frac{2+1/n^2}{1+2/n+3/n^2}=\lim_{n\to\infty}(2+\frac{1}{n^2})/\lim_{n\to\infty}(1+\frac{2}{n}+\frac{3}{n^2})\\&=(2+\lim_{n\to\infty}\frac{1}{n^2})/(1+2\lim_{n\to\infty}\frac{1}{n}+3\lim_{n\to\infty}\frac{1}{n^2})=2.\end{aligned}$$

为了表明以上每步所使用的规则，上述步骤写得比较详细，一旦熟练后便可省略一些简单的步骤.

例 7　计算以下极限.

(1) $l=\lim\limits_{n\to\infty}\dfrac{1+2+\cdots+n}{n^2}$；　(2) $l=\lim\limits_{n\to\infty}\left(\dfrac{1}{1\cdot 2}+\dfrac{1}{2\cdot 3}+\cdots+\dfrac{1}{n(n+1)}\right)$.

解　(1) $l=\lim\limits_{n\to\infty}\dfrac{n(n+1)/2}{n^2}=\lim\limits_{n\to\infty}\dfrac{1}{2}(1+\dfrac{1}{n})=\dfrac{1}{2}$；

(2) $l=\lim\limits_{n\to\infty}\left(1-\dfrac{1}{2}+\dfrac{1}{2}-\dfrac{1}{3}+\cdots+\dfrac{1}{n}-\dfrac{1}{n+1}\right)=\lim\limits_{n\to\infty}\left(1-\dfrac{1}{n+1}\right)=1.$

2.1.4　数列极限的存在准则

依据数列极限定义只能检验常数 a 是否为数列 x_n 的极限. 如果 a 预先不知道，或

不等式 $|x_n-a|<\varepsilon$ 较复杂而解不出 n,则不易判断数列的收敛性.为此介绍以下两个判别数列的收敛性的准则,称作数列极限存在准则.

定理 4(夹挤准则) 设 n 充分大时 $a_n\leqslant x_n\leqslant b_n$.若 $\{a_n\}$ 与 $\{b_n\}$ 均收敛于同一极限 l,则 $\{x_n\}$ 也收敛并且 $\lim\limits_{n\to\infty}x_n=l$.

证 由条件知,对任给 $\varepsilon>0$,当 n 充分大时,$a_n,b_n\in N(l,\varepsilon)$,由于 $a_n\leqslant x_n\leqslant b_n$,从而有 $x_n\in N(l,\varepsilon)$,此即 $x_n\to l(n\to\infty)$. □

例 8 证明 $x_n=\dfrac{n}{n^2+1}+\dfrac{n}{n^2+2}+\cdots+\dfrac{n}{n^2+n}$ 收敛并求其极限.

证 将分式放大及缩小得

$$\begin{aligned}\frac{n^2}{n^2+n}&=\frac{n}{n^2+n}+\frac{n}{n^2+n}+\cdots+\frac{n}{n^2+n}<x_n\\&<\frac{n}{n^2+1}+\frac{n}{n^2+1}+\cdots+\frac{n}{n^2+1}=\frac{n^2}{n^2+1},\end{aligned}$$

由于 $n\to\infty$ 时 $\dfrac{n^2}{n^2+n}=1/(1+\dfrac{1}{n})\to1$,$\dfrac{n^2}{n^2+1}=1/(1+\dfrac{1}{n^2})\to1$,故由夹挤准则得 $\{x_n\}$ 收敛且极限为 1.

例 9 证明 $\lim\limits_{n\to\infty}\sqrt[n]{a}=1(a>0)$.

证 当 $a\geqslant1$ 时,由 $\sqrt{x}$ 的单调性得

$$1\leqslant\sqrt[n]{a}\leqslant\sqrt[n]{n}\quad(n>a),$$

由于 $\sqrt[n]{n}\to1(n\to\infty)$(见例 4),故由夹挤准则得 $\sqrt[n]{a}\to1(n\to\infty)$;当 $0<a<1$ 时,$\sqrt[n]{a}=1/\sqrt[n]{1/a}$,其中 $1/a>1$,故 $\sqrt[n]{1/a}\to1(n\to\infty)$,从而由极限的商规则知依然有 $\sqrt[n]{a}\to1(n\to\infty)$.

例 10 证明 $\lim\limits_{n\to\infty}\sqrt[n]{2^n+3^n}=3$.

证 由不等式

$$3=\sqrt[n]{3^n}<\sqrt[n]{2^n+3^n}<\sqrt[n]{3^n+3^n}=3\sqrt[n]{2}$$

及 $\sqrt[n]{2}\to1(n\to\infty)$(见例 9),应用夹挤准则便得 $\sqrt[n]{2^n+3^n}\to3(n\to\infty)$.

定理 5(单调有界收敛准则) 单调增且有上界的数列或单调减且有下界的数列均为收敛数列.

此定理的证明超出大纲要求,在此略去.在应用中要注意有界性、单调性缺一不可.

例 11 设 $x_n=\left(1+\dfrac{1}{n}\right)^n$,证明 $\{x_n\}$ 收敛.

证 首先由著名的均值不等式

$$\sqrt[m]{a_1a_2\cdots a_m}\leqslant(a_1+a_2+\cdots+a_m)/m\qquad(a_i\geqslant0,1\leqslant i\leqslant m)$$

推出

$$x_n = \overbrace{1\cdot\left(1+\frac{1}{n}\right)\cdot\cdots\cdot\left(1+\frac{1}{n}\right)}^{n+1\text{个}} \leqslant \left(\frac{1}{n+1}\overbrace{\left(1+\left(1+\frac{1}{n}\right)+\cdots+\left(1+\frac{1}{n}\right)\right)}^{n+1\text{个}}\right)^{n+1}$$

$$= \left(\frac{n+2}{n+1}\right)^{n+1} = \left(1+\frac{1}{n+1}\right)^{n+1} = x_{n+1} \quad (n \geqslant 1).$$

可见$\{x_n\}$单调增.其次由二项展开式有

$$x_n = 1 + C_n^1\frac{1}{n} + C_n^2\frac{1}{n^2} + \cdots + C_n^n\frac{1}{n^n} = 1 + 1 + \frac{n(n-1)}{2}\cdot\frac{1}{n^2} + \cdots + \frac{n!}{n!}\cdot\frac{1}{n^n}$$

$$\leqslant 1 + 1 + \frac{1}{2!} + \cdots + \frac{1}{n!} \leqslant 1 + 1 + \frac{1}{2} + \cdots + \frac{1}{2^{n-1}}$$

$$< 1 + 1 + \frac{1}{2} + \cdots + \frac{1}{2^{n-1}} + \frac{1}{2^n} + \cdots = 1 + \frac{1}{1-\frac{1}{2}} = 3. \quad \text{（等比级数）}$$

这说明$\{x_n\}$有上界.于是由定理5推出$\{x_n\}$是收敛数列.将其极限记作e,即

$$\mathrm{e} = \lim_{n\to\infty}\left(1+\frac{1}{n}\right)^n. \tag{9}$$

可以证明e是一个无理数.其值

$$\mathrm{e} = 2.718281828459\cdots$$

数e是一个重要的常数,以e为底的指数函数e^x及对数函数$\ln x$出现在许多重要问题之中.

极限式(9)称为重要极限.注意到数列$x_n = \left(1+\frac{1}{n}\right)^n$的特点是当$n\to\infty$时,其底$\left(1+\frac{1}{n}\right)$趋于1而其指数$n$趋于$\infty$.这一类型的极限$a_n^{b_n}(a_n\to 1, b_n\to\infty)$常可归结到极限式(9)计算.

例12 求以下数列的极限.

(1)$l = \lim\limits_{n\to\infty}\left(1+\frac{1}{n}\right)^{n+1}$; (2)$l = \lim\limits_{n\to\infty}\left(1+\frac{1}{n+1}\right)^n$;

(3)$l = \lim\limits_{n\to\infty}\left(1-\frac{1}{n}\right)^n$; (4)$l = \lim\limits_{n\to\infty}\left(\frac{n}{n+1}\right)^{n+1}$.

解 (1)$l = \lim\limits_{n\to\infty}\left(1+\frac{1}{n}\right)^n\left(1+\frac{1}{n}\right) = \lim\limits_{n\to\infty}\left(1+\frac{1}{n}\right)^n\lim\limits_{n\to\infty}\left(1+\frac{1}{n}\right) = \mathrm{e}\cdot 1 = \mathrm{e}$;

(2)$l = \lim\limits_{n\to\infty}\left(1+\frac{1}{n+1}\right)^{n+1-1} = \lim\limits_{n\to\infty}\left(1+\frac{1}{n+1}\right)^{n+1}\Big/\lim\limits_{n\to\infty}\left(1+\frac{1}{n+1}\right) = \mathrm{e}/1 = \mathrm{e}$;

(3)$l = \lim\limits_{n\to\infty}\left(\frac{n-1}{n}\right)^n = \lim\limits_{n\to\infty}\left(1+\frac{1}{n-1}\right)^{-n} = 1/\lim\limits_{n\to\infty}\left(1+\frac{1}{n-1}\right)^{n-1+1}$

$$= 1/\lim_{n\to\infty}\left(1+\frac{1}{n-1}\right)^{n-1}\cdot\lim_{n\to\infty}\left(1+\frac{1}{n-1}\right) = 1/\mathrm{e}\cdot 1 = \mathrm{e}^{-1};$$

(4)$l = \lim\limits_{n\to\infty}\left(1-\dfrac{1}{n+1}\right)^{n+1} = e^{-1}$(由题(3)得).

注:在题(2)、(3)、(4)中用到了以下结论:

若$\lim\limits_{n\to\infty}x_n = a$,则$\lim\limits_{n\to\infty}x_{n+l} = a$($l$为确定的数).这一结论可由定义直接推出.

习题 2.1

1. 证明:单调增数列必有下界,单调减数列必有上界.

2. 写出以下数列$\{x_n\}$的前m项.

(1)$x_n = \dfrac{2n-1}{3n+2}(m=5)$;　　(2)$x_n = \dfrac{1-(-1)^n}{n^2}(m=5)$;

(3)$x_n = n^{(-1)^n}n(m=5)$;　　(4)$x_{n+1} = \sqrt{2+x_n}, x_1 = \sqrt{2}(m=3)$.

3. 以下哪些说法等价于"$\lim\limits_{n\to\infty}x_n = a$"?

(1) 对任给正数ε,落在$N(a,\varepsilon)$之外的x_n为至多有限个.

(2) 对任给正数ε,满足不等式$|x_n - a| < \varepsilon$的x_n有无限个.

(3) 对某个很小的正常数ε,当n充分大时,$|x_n - a| < \varepsilon$.

4. 计算以下极限.

(1) $\lim\limits_{n\to\infty}\dfrac{2n+3}{5n+4}$;　　(2) $\lim\limits_{n\to\infty}\dfrac{2n^2+n-1}{n^2+n+1}$;

(3) $\lim\limits_{n\to\infty}\left(1+\dfrac{1}{n}\right)^4$;　　(4) $\lim\limits_{n\to\infty}(\sqrt{n+1}-\sqrt{n})$;

(5) $\lim\limits_{n\to\infty}\dfrac{2^{n+1}+3^{n+1}}{2^n+3^n}$;　　(6) $\lim\limits_{n\to\infty}\left(\dfrac{1}{2}+\dfrac{1}{4}+\dfrac{1}{8}+\cdots+\dfrac{1}{2^n}\right)$;

(7) $\lim\limits_{n\to\infty}\sqrt{2}\cdot\sqrt[4]{2}\cdot\sqrt[8]{2}\cdot\cdots\cdot\sqrt[2^n]{2}$.

5. 用夹挤准则求以下极限.

(1) $\lim\limits_{n\to\infty}\dfrac{\sin n}{n}$;　　(2) $\lim\limits_{n\to\infty}\dfrac{n!}{n^n}$;

(3) $\lim\limits_{n\to\infty}\dfrac{1}{n\sqrt{n}}(1+\sqrt[3]{2}+\sqrt[3]{3}+\cdots+\sqrt[3]{n})$.

6. 用单调有界收敛准则证明$\{x_n\}$收敛.

(1)$x_1 = \sqrt{2}, x_{n+1} = \sqrt{2x_n}\quad(n\geqslant 1)$;(2)$x_n = \dfrac{5}{1}\cdot\dfrac{6}{3}\cdot\cdots\cdot\dfrac{n+4}{2n-1}$.

7. 证明 $\lim\limits_{n\to\infty}x_n = 0 \Leftrightarrow \lim\limits_{n\to\infty}|x_n| = 0$.

8. 求极限$\lim\limits_{n\to\infty}\dfrac{a^n}{1+a^n}\quad(a\geqslant 0)$.

9. 依定义证明以下极限.

(1) $\lim\limits_{n\to\infty}\dfrac{\sqrt{n^2+a^2}}{n}=1$；　　　　(2) $\lim\limits_{n\to\infty}\left(\dfrac{1}{2}\right)^n=0$.

2.2　函数的极限

在这一节中，我们回到函数问题上来，主要讨论当自变量 x 依以下方式变化时，因变量 $y=f(x)$ 的变化趋势，即函数 $f(x)$ 的极限.

x 的变化方式有以下几种：

$x\to x_0$　　指 x 与 x_0 的距离无限接近但 $x\neq x_0$；

$x\to x_0^+$　　指 x 与 x_0 的距离无限接近且 $x>x_0$；

$x\to x_0^-$　　指 x 与 x_0 的距离无限接近且 $x<x_0$；

$x\to\infty$　　指 $|x|$ 无限增大(读作 x 趋向无穷大)；

$x\to+\infty$　　指 $|x|$ 无限增大且 $x>0$(读作 x 趋向正无穷大)；

$x\to-\infty$　　指 $|x|$ 无限增大且 $x<0$(读作 x 趋向负无穷大).

在介绍函数极限定义之前先看以下两例.

例 1(瞬时速度计算)　研究作直线运动的某物体在时刻 t_0 的瞬时速度 $v(t_0)$. 设路程 s 与时间 t 的函数 $s(t)$ 为已知.

解　由物理学，物体在时间段 $[t_0,t]$ 上的平均速度为

$$\bar{v}(t)=\frac{s(t)-s(t_0)}{t-t_0}\quad(t\neq t_0),$$

瞬时速度 $v(t_0)$ 定义为当区间段 $[t_0,t]$ 无限变小(即 $t\to t_0$)时，$\bar{v}(t)$ 的最终趋势. 注意到 $t=t_0$ 时 $\bar{v}(t)$ 没有意义，因而求解此问题即考虑 $t\to t_0$ 时函数 $\bar{v}(t)$ 的极限.

例 2(生物总量估计)　设某种生物的增长率 $v(t)$ 满足以下关系式

$$v(t)=aN(t)-bN^2(t),$$

其中，a,b 为非负常数，$N(t)$ 是 t 时刻此生物的总量. 求 $N(t)$.

解　由微分方程理论可以求得(参见第七章)

$$N(t)=aN_0/(bN_0+(a-bN_0)\mathrm{e}^{-a(t-t_0)}).$$

其中，$N_0=N(t_0)$ 为开始($t=t_0$)时 N 的值. 人们关心的一个问题是：随着时间 t 的无限推移($t\to+\infty$)，$N(t)$ 的变化趋势如何？是无限增多还是趋近于 0？或是趋近于某个非零值？这种趋势与 N_0 是否相关？回答这些问题必须考虑 $t\to+\infty$ 时函数 $N(t)$ 的极限.

以下依据 x 的不同变化方式分别介绍函数 $f(x)$ 的极限概念.

2.2.1　x 趋于有限值时 $f(x)$ 的极限

定义 1　设 $f(x)$ 于 x_0 的某个去心邻域上有定义，A 为一常数. 若对任给正数 ε，

总有正数 δ 使不等式

$$|f(x)-A|<\varepsilon \tag{1}$$

对每个 $x \in N^0(x_0,\delta)$ 都成立，则说当 $x \to x_0$ 时 $f(x)$ 趋近于 A 或收敛于 A. 称 A 为 $f(x)$ 当 $x \to x_0$ 时的**极限**，记作

$$\lim_{x \to x_0} f(x) = A \quad 或 \quad f(x) \to A(x \to x_0). \tag{2}$$

若当 $x \to x_0$ 时，$f(x)$ 不收敛于任何常数，则说 $\lim\limits_{x \to x_0} f(x)$ 不存在.

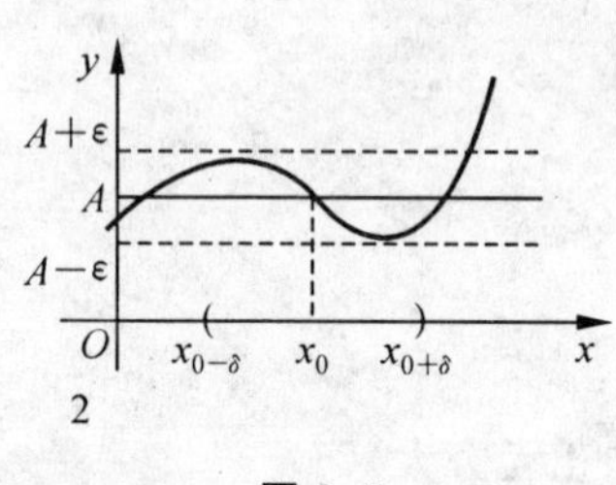

图 2.4

几何解释 注意到不等式(1) 在 $N^0(x_0,\delta)$ 上成立相当于曲线 $y=f(x)(x \in N^0(x_0,\delta))$ 介于直线 $y=A-\varepsilon$ 及 $y=A+\varepsilon$ 之间. 因此，$\lim\limits_{x \to x_0} f(x)=A$ 等价于对任给正数 ε，能找到 $\delta>0$，使得区间 $N^0(x_0,\delta)$ 上的曲线 $y=f(x)$ 介于直线 $y=A-\varepsilon$ 与 $y=A+\varepsilon$ 之间(见图 2.4).

由定义 1 知，极限 $\lim\limits_{x \to x_0} f(x)$ 的存在性及极限值的大小与函数 $f(x)$ 在 x_0 是否有定义或有定义时 $f(x_0)$ 为何值无关. 极限 $\lim\limits_{x \to x_0} f(x)$ 的存在性与极限值只取决于 $f(x)$ 在 x_0 的某个空心邻域 $N_0(x_0,\delta)$ 上的特征. 这个 δ 可以是任意小的正数.

在许多应用问题中，需要考虑当 x 从 x_0 的一侧去趋近 x_0 时 $f(x)$ 的极限，称为单侧极限. 定义如下.

定义 2 设 $f(x)$ 在某个区间 (a,x_0)(或 (x_0,b)) 上有定义，A 为一常数. 若对任给正数 ε，总有正数 δ 使不等式

$$|f(x)-A|<\varepsilon$$

对每个 $x \in (x_0-\delta,x_0)$(或 $x \in (x_0,x_0+\delta)$) 都成立，则说 $x \to x_0^-$(或 $x \to x_0^+$) 时 $f(x)$ 无限趋近于 A 或收敛于 A. 称 A 为 $f(x)$ 当 $x \to x_0^-$(或 $x \to x_0^+$) 时的**左极限**(或**右极限**). 记作

$$\lim_{x \to x_0^-} f(x) = A \quad 或 \quad f(x_0^-)=A \quad 或 \quad f(x) \to A(x \to x_0^-), \tag{3}$$

$$\left(\lim_{x \to x_0^+} f(x) = A \quad 或 \quad f(x_0^+)=A \quad 或 \quad f(x) \to A(x \to x_0^+)\right), \tag{4}$$

左极限与右极限统称为**单侧极限**. 若 $x \to x_0^-$(或 $x \to x_0^+$) 时 $f(x)$ 不收敛于任何常数，则说此单侧极限不存在.

与定义 1 对比，单侧极限概念的要点是不等式(1) 在某个 $N^0(x_0,\delta)=(x_0-\delta,x_0)\cup(x_0,x_0+\delta)$ 的一半区间上成立. 因此得出以下定理.

定理 1 设 $f(x)$ 于 x_0 的某空心邻域有定义，A 为一常数，则

$$\lim_{x \to x_0} f(x) = A \Leftrightarrow f(x_0^+) = f(x_0^-) = A. \qquad \square$$

由于讨论单侧极限比较容易，故常常(尤其是对以 x_0 为分段点的分段函数）先分析 $f(x)$ 在 x_0 的左、右极限 $f(x_0^-)$ 及 $f(x_0^+)$，然后依以下准则作出结论：

(1) 若 $f(x_0^+)$ 与 $f(x_0^-)$ 都存在且相等设为 A，则 $\lim\limits_{x\to x_0}f(x)$ 存在且等于 A；

(2) 若 $f(x_0^+)$ 与 $f(x_0^-)$ 至少有一个不存在或者都存在但不相等，则 $\lim\limits_{x\to x_0}f(x)$ 不存在.

例 3 设 $f(x)$ 在 x_0 的某空心邻域 $N^0(x_0)$ 上恒为常数 C，则 $\lim\limits_{x\to x_0}f(x)=C$.

证 用定义证明 $\lim\limits_{x\to x_0}f(x)=A$ 的关键是对任给正数 ε，证明存在一个适当的邻域 $N^0(x_0,\delta)$(或者说寻找 $\delta>0$) 使不等式 $|f(x)-A|<\varepsilon$ 在 $N^0(x_0,\delta)$ 上成立. 对于常数函数 $f(x)=C$，因为 $|f(x)-C|=0<\varepsilon$ 在 $N^0(x_0)$ 上成立，故结论成立.

类似地，若 $f(x)$ 在 x_0 的某一侧恒为常数 C，则 $f(x)$ 在 x_0 该侧的单侧极限也为 C.

例 4 证明 $\lim\limits_{x\to x_0}x=x_0$.

证 对任给正数 ε，取 $\delta=\varepsilon$，则在 $N^0(x_0,\delta)$ 上，有

$$|x-x_0|<\delta=\varepsilon,$$

故 $\lim\limits_{x\to x_0}x=x_0$.

例 5 讨论极限 $\lim\limits_{x\to 0}\dfrac{|x|}{x}$ 是否存在？

解 记 $f(x)=\dfrac{|x|}{x}$，因 $x>0$ 时 $f(x)\equiv 1$，故 $f(0^+)=1$，而当 $x<0$ 时 $f(x)\equiv -1$，故 $f(0^-)=-1$，即 $f(0^+)\neq f(0^-)$，故由定理 1 知所论极限不存在.

例 6 设 $f(x)=\begin{cases}1, & x\neq 0;\\ 0, & x=0,\end{cases}$ 讨论 $\lim\limits_{x\to 0}f(x)$ 的存在性.

解 由例 3 知 $\lim\limits_{x\to 0}f(x)=1$，它与 $f(x)$ 在 $x=0$ 的值无关.

2.2.2 x 趋于无穷大时 $f(x)$ 的极限

定义 3 设 $f(x)$ 于无穷区间 $[a,+\infty)$ 上有定义，A 为一常数. 若对任给正数 ε，总有 $X>a$，使不等式

$$|f(x)-A|<\varepsilon$$

对每个 $x\in(X,+\infty)$ 成立，则称当 $x\to+\infty$ 时 $f(x)$ 趋近于 A 或收敛于 A. 称 A 为 $f(x)$ 当 $x\to+\infty$ 时的极限，记作

$$\lim_{x\to+\infty}f(x)=A \quad 或 \quad f(+\infty)=A \quad 或 \quad f(x)\to A(x\to+\infty). \tag{5}$$

若 $x\to+\infty$ 时 $f(x)$ 不收敛于任何常数，则说极限 $\lim\limits_{x\to+\infty}f(x)$ 不存在.

几何解释 $\lim\limits_{x\to+\infty}f(x)=A$ 在几何上相当于对任给正数 ε，有正数 X，使区间 $(X,$

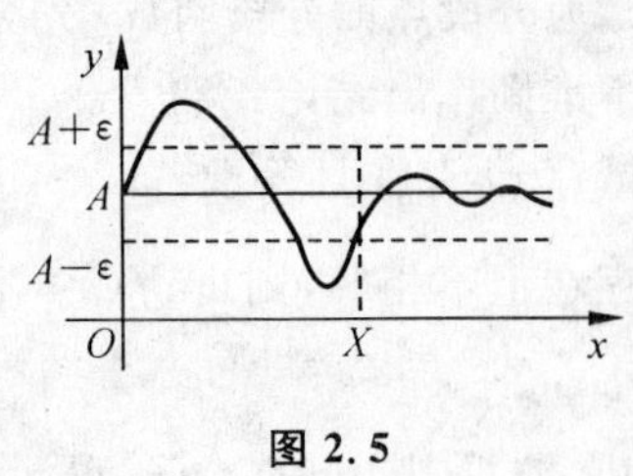

图 2.5

$+\infty$) 上的曲线 $y=f(x)$ 介于直线 $y=A-\varepsilon$ 与 $y=A+\varepsilon$ 之间(见图 2.5).

与定义 3 对应,可定义 x 趋向负无穷大时$f(x)$ 的极限如下.

定义 4 设 $f(x)$ 在无穷区间$(-\infty,a]$上有定义,A 为一常数.若对任给正数 ε,总有$X<a$,使不等式

$$|f(x)-A|<\varepsilon$$

对每个 $x\in(-\infty,X)$ 成立,则说当$x\to-\infty$时 $f(x)$ 趋于A或收敛于A.称A为$f(x)$当 $x\to+\infty$ 时的极限,记作

$$\lim_{x\to+\infty}f(x)=A \quad 或 \quad f(-\infty)=A; \quad 或 \quad f(x)\to A(x\to-\infty). \tag{6}$$

若 $x\to+\infty$ 与 $x\to-\infty$ 时均有 $f(x)\to A$,则说 $x\to\infty$ 时 $f(x)$ 趋于 A 或收敛于 A,记作

$$\lim_{x\to\infty}f(x)=A \quad 或 \quad f(x)\to A(x\to\infty). \tag{7}$$

类似于定理 1 有

$$\lim_{x\to\infty}f(x)=A\Leftrightarrow f(+\infty)=f(-\infty)=A. \tag{8}$$

例 7 证明 $\lim\limits_{x\to+\infty}\dfrac{1}{x^\alpha}=0(\alpha>0)$.

证 对任给正数ε,欲使不等式$\left|\dfrac{1}{x^\alpha}-0\right|=\dfrac{1}{x^\alpha}<\varepsilon$成立,相当于使$\left(\dfrac{1}{\varepsilon}\right)^{1/\alpha}<x$成立,故只要取 $X=\left(\dfrac{1}{\varepsilon}\right)^{1/\alpha}$,则当$x>X$时,$|x^{-\alpha}-0|<\varepsilon$. 亦即 $x^{-\alpha}\to0(x\to+\infty)$.

至此,已介绍了六种形式的函数极限(式(2) ~ 式(7)),这些极限的定义虽各不相同,但它们的性质却十分类似.以下仅对$\lim\limits_{x\to x_0}f(x)$ 来叙述这些性质,由于其证明与数列极限相应结果相似,故予以省略.

定理 2 若 $x\to x_0$ 时,$f(x)$ 收敛,则 $f(x)$ 在 x_0 的某个空心邻域 $N^0(x_0,\delta)$ 上有界,且极限是唯一的.

定理 3 若 $x\to x_0$ 时,$f(x)\to l$,$A<l<B$,则在 x_0 的某个空心邻域 $N^0(x_0,\delta)$ 上有

$$A<f(x)<B.$$

特别地,有

(1)$A<l\Rightarrow$ 在 x_0 的某邻域上,$A<f(x)$;

(2)$l<B\Rightarrow$ 在 x_0 的某邻域上,$f(x)<B$.

推论(保号性) 设$\lim\limits_{x\to x_0}f(x)=l$,则有

(1) 若 $l\neq0$,则在 x_0 的某邻域上 $f(x)$ 与 l 同号;

(2) 若在 x_0 的某邻域上 $f(x) \geqslant A$(或 $f(x) \leqslant B$)，则 $l \geqslant A$ (或 $l \leqslant B$).

2.2.3　函数极限的运算规则

与数列极限相同，函数极限也有相应的四则运算规则.

定理 4　设 $\lim\limits_{x \to x_0} f(x) = A, \lim\limits_{x \to x_0} g(x) = B$，则有

(1) **和差规则**

$$\lim_{x \to x_0}(f(x) \pm g(x)) = \lim_{x \to x_0} f(x) \pm \lim_{x \to x_0} g(x) = A \pm B;$$

(2) **积规则**

$$\lim_{x \to x_0} f(x) g(x) = \lim_{x \to x_0} f(x) \lim_{x \to x_0} g(x) = AB;$$

(3) **商规则**

$$\lim_{x \to x_0} f(x)/g(x) = \lim_{x \to x_0} f(x)/\lim_{x \to x_0} g(x) = A/B (B \neq 0).$$

由上述规则可以推出以下结论(设极限 $\lim\limits_{x \to x_0} f(x)$ 存在).

(1) $\lim\limits_{x \to x_0} K f(x) = K \lim\limits_{x \to x_0} f(x)$　　(K 为常数);

(2) $\lim\limits_{x \to x_0}[f(x)]^m = [\lim\limits_{x \to x_0} f(x)]^m$　(m 为正整数);

(3) $\lim\limits_{x \to x_0}[f(x)]^{\frac{1}{m}} = [\lim\limits_{x \to x_0} f(x)]^{\frac{1}{m}}$　(m 为正整数，$\lim\limits_{x \to x_0} f(x) > 0$).

以上规则的证明与数列情形的证明方法相似，在此略去. 并且这些规则对 x 的其他变化过程的极限也是成立的.

利用极限四则运算规则可以简化极限的计算.

例 8　求证 $\lim\limits_{x \to x_0} P_n(x) = P_n(x_0)$. 其中 $P_n(x) = a_0 x^n + a_1 x^{n-1} + \cdots + a_{n-1} x + a_n$ 为 n 次多项式.

证　由定理 4 得

$$\begin{aligned}\lim_{x \to x_0} P_n(x) &= a_0 \lim_{x \to x_0} x^n + a_1 \lim_{x \to x_0} x^{n-1} + \cdots + a_n \\ &= a_0 x_0^n + a_1 x_0^{n-1} + \cdots + a_n = P_n(x_0).\end{aligned}$$

两个多项式 $P_n(x)$ 与 $Q_m(x)$ 的商 $R(x) = P_n(x)/Q_m(x)$ 称作**分式或有理函数**. 由例 8 及商规则推知，若 $Q_m(x_0) \neq 0$，则

$$\lim_{x \to x_0} R(x) = \lim_{x \to x_0} P_n(x)/\lim_{x \to x_0} Q_m(x) = P_n(x_0)/Q_m(x_0) = R(x_0).$$

可见，多项式与分式在其定义点 x_0 的极限就是它们在该点的函数值.

例 9　求 $l = \lim\limits_{x \to 1} \dfrac{x^2 + x - 2}{x^2 - 1}$.

解　因为 $x \to 1$ 时，分母 $x^2 - 1 \to 0$，故不能直接应用商规则. 注意到 $x \to 1$ 时 $x \neq 1$，故可以先约去分子与分母中的非零因子 $x - 1$，再使用商规则求极限:

$$l=\lim_{x\to 1}\frac{(x-1)(x+2)}{(x-1)(x+1)}=\lim_{x\to 1}\frac{x+2}{x+1}=\lim_{x\to 1}(x+2)/\lim_{x\to 1}(x+1)=\frac{3}{2}.$$

例 10 求 $l=\lim\limits_{x\to+\infty}\dfrac{7x^3-2x+1}{2x^3+x+1}$.

解 不可直接应用商规则,因为当 $x\to+\infty$ 时分子分母的极限均不存在.可先用 x^3 分别除分式的分子和分母,再用商规则求极限:

$$\begin{aligned}l&=\lim_{x\to+\infty}\frac{7-2x^{-2}+x^{-3}}{2+x^{-2}+x^{-3}}\\&=\lim_{x\to+\infty}(7-2/x^2-1/x^3)/\lim_{x\to+\infty}(2+x^{-2}+x^{-3})=7/2.\end{aligned}$$

例 11 求 $l=\lim\limits_{x\to 1}\left(\dfrac{1}{1-x}-\dfrac{3}{1-x^3}\right)$.

解 不可直接应用和规则,因 $x\to 1$ 时$\dfrac{1}{1-x}$及$\dfrac{3}{1-x^3}$的极限均不存在,应当先合并,化简后再求极限:

$$\begin{aligned}l&=\lim_{x\to 1}\frac{1+x+x^2-3}{1-x^3}=\lim_{x\to 1}\frac{(x-1)(x+2)}{(1-x)(1+x+x^2)}\\&=-\lim_{x\to 1}\frac{x+2}{1+x+x^2}=-\frac{3}{3}=-1.\end{aligned}$$

下面考虑复合函数的极限及相关问题.

设 $t\to t_0$ 时 $\varphi(t)\to x_0$,且 $x\to x_0$ 时 $f(x)\to A$,则对复合函数 $f(\varphi(t))$ 是否有 $f(\varphi(t))\to A(t\to t_0)$?由于 $x\to x_0$ 时应要求 $x\neq x_0$,故当 $\varphi(t)\to x_0$ 时应使 $\varphi(t)\neq x_0$.注意到这一点即有以下结论.

定理 5 设 $\lim\limits_{x\to x_0}f(x)=A$,$\lim\limits_{t\to t_0}\varphi(t)=x_0$,$t\neq t_0$ 时 $\varphi(t)\neq x_0$,且复合函数 $f(\varphi(t))$ 在 t_0 的某个空心邻域 $N^0(t_0)$ 上有定义,则

$$\lim_{t\to t_0}f(\varphi(t))=\lim_{x\to x_0}f(x)=A.$$

证 对任给正数 ε,由条件 $f(x)\to A(x\to x_0)$ 知存在 $\delta>0$ 使

$$|f(x)-A|<\varepsilon,\quad x\in N^0(x_0,\delta).\tag{9}$$

又由条件 $\varphi(t)\to x_0(t\to t_0)$ 及 $\varphi(t)\neq x_0(t\neq t_0)$ 知,存在 $\sigma>0$ 使

$$0<|\varphi(t)-x_0|<\delta,\quad t\in N^0(t_0,\sigma).\tag{10}$$

(式(10)中的 δ 与式(9)中 ε 作用类似).于是当 $t\in N^0(t_0,\sigma)$ 时从(10)知 $\varphi(t)\in N^0(x_0,\delta)$,从而由式(9)得

$$|f(\varphi(t))-A|<\varepsilon,\quad t\in N^0(t_0,\sigma),\tag{11}$$

这表明 $f(\varphi(t))\to A(t\to t_0)$. □

变量代换法 根据定理5,在计算函数极限时可以引进适当的变量代换 $x=\varphi(t)$ 或 $t=h(x)$ 使函数 $f(x)$ 转化为比较易于求极限的表达式 $f(\varphi(t))$ 或 $f(h^{-1}(t))$.从而简化极限计算,现举例说明.

例 12 求 $l=\lim\limits_{x\to 0}\dfrac{\sqrt[n]{1+x}-1}{x}$ （n 为自然数）.

解 记 $f(x)=\dfrac{\sqrt[n]{1+x}-1}{x}$，其中所含根式不易处理，可作代换 $t=\sqrt[n]{1+x}$，即 $x=t^n-1$，再进行化简（此时 $x\to 0$ 对应着 $t\to 1$）：

$$l=\lim_{t\to 1}\frac{t-1}{t^n-1}=\lim_{t\to 1}\frac{1}{1+t+t^2+\cdots+t^{n-1}}=\frac{1}{n}.$$

例 13 求 $l=\lim\limits_{x\to 1^+}\left(\sqrt{\dfrac{1}{x-1}+1}-\sqrt{\dfrac{1}{x-1}-1}\right)$.

解 作代换 $t=\dfrac{1}{x-1}$，则 $x\to 1^+$ 对应着 $t\to+\infty$，故有

$$l=\lim_{t\to+\infty}(\sqrt{t+1}-\sqrt{t-1})=\lim_{t\to+\infty}\frac{2}{\sqrt{t+1}+\sqrt{t-1}}=0.$$

2.2.4 函数极限的存在准则

数列极限的存在准则 2.1.4 亦可推广到函数极限. 以下仅写出夹挤准则，它可以用来计算一些重要的函数极限.

定理 6（夹挤准则） 设在 x_0 的某空心邻域上有 $g_1(x)\leqslant f(x)\leqslant g_2(x)$，且 $\lim\limits_{x\to x_0}g_1(x)=\lim\limits_{x\to x_0}g_2(x)=l$，则 $\lim\limits_{x\to x_0}f(x)=l$.

夹挤准则是就 $x\to x_0$ 叙述的，同样，此准则亦适用于 x 的其他变化过程.

以下两个函数极限称为重要极限.

重要极限 Ⅰ
$$\lim_{x\to 0}\frac{\sin x}{x}=1, \tag{12}$$

重要极限 Ⅱ
$$\lim_{x\to\infty}\left(1+\frac{1}{x}\right)^x=\mathrm{e}. \tag{13}$$

先证明重要极限 Ⅰ. 如图 2.6 所示，考虑第一象限中的单位圆及三角形 AOB、扇形 AOB 及直角三角形 AOC. 它们的面积依次递增，即

$$\frac{1}{2}\sin x<\frac{1}{2}x<\frac{1}{2}\tan x\qquad\left(0<x<\frac{\pi}{2}\right), \tag{14}$$

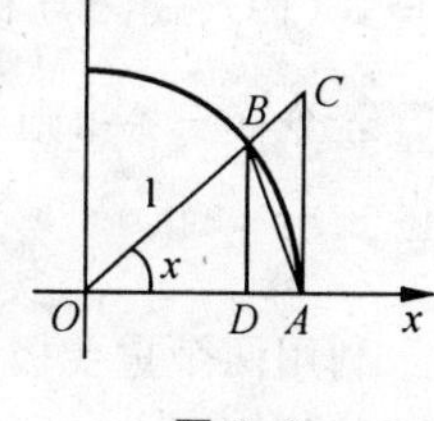

图 2.6

亦即
$$\cot x<\frac{1}{x}<\frac{1}{\sin x}.$$

这时可推出

$$\cos x<\frac{\sin x}{x}<1\quad\left(0<x<\frac{\pi}{2}\right). \tag{15}$$

由于
$$0\leqslant 1-\cos x=\overline{AD}<\overline{AB}<\widehat{AB}=x\quad\left(0<x<\frac{\pi}{2}\right), \tag{16}$$

在式(16) 两端令 $x \to 0^+$,则由夹挤准则推出 $1-\cos x \to 0(x \to 0^+)$,此即 $\cos x \to 1$ $(x \to 0^+)$. 再在式(15) 两端令 $x \to 0^+$,便得到(还是由夹挤准则)

$$\lim_{x\to 0^+}\frac{\sin x}{x}=1.$$

用变量代换 $x=-t$ 又推得 $\lim\limits_{x\to 0^-}\dfrac{\sin x}{x}=\lim\limits_{t\to 0^+}\dfrac{\sin(-t)}{-t}=\lim\limits_{t\to 0^+}\dfrac{\sin t}{t}=1$,于是由定理1,式(12) 得证.

从式(15) 得 $\left|\dfrac{\sin x}{x}\right|<1\left(0<x<\dfrac{\pi}{2}\right)$,因 $\dfrac{\sin x}{x}$ 是偶函数,故当 $-\dfrac{\pi}{2}<x<0$ 时,此不等式也成立. 而当 $|x|\geqslant\dfrac{\pi}{2}$ 时,因分子 $|\sin x|\leqslant 1$, 此不等式仍成立,故有

$$|\sin x|\leqslant|x| \quad (-\infty<x<\infty), \tag{17}$$

由此即得

$$\lim_{x\to 0}\sin x=0. \tag{18}$$

再证明重要极限 Ⅱ. 用 n 记不超过 x 的最大整数,则当 $x\geqslant 1$ 时有

$$\left(1+\frac{1}{n+1}\right)^n\leqslant\left(1+\frac{1}{x}\right)^x\leqslant\left(1+\frac{1}{n}\right)^{n+1}.$$

当 $x\to+\infty$ 时 $n\to\infty$,由 2.1.4 例12 知

$$\lim_{n\to\infty}\left(1+\frac{1}{n+1}\right)^n=\lim_{n\to\infty}\left(1+\frac{1}{n}\right)^{n+1}=\mathrm{e},$$

故由夹挤准则得

$$\lim_{x\to+\infty}\left(1+\frac{1}{x}\right)^x=\mathrm{e}. \tag{19}$$

用变量代换 $x=-(t+1)$ 推得

$$\lim_{x\to-\infty}\left(1+\frac{1}{x}\right)^x=\lim_{t\to+\infty}\left(1-\frac{1}{t+1}\right)^{-(t+1)}=\lim_{t\to+\infty}\left(1+\frac{1}{t}\right)^t\left(1+\frac{1}{t}\right)=\mathrm{e}. \tag{20}$$

综合式(19)、式(20) 即知式(13) 得证.

若令 $x=\dfrac{1}{t}$,则式(13) 等价于以下极限

$$\lim_{x\to 0}(1+x)^{\frac{1}{x}}=\mathrm{e}. \tag{21}$$

利用两个重要极限,可以求得一系列涉及三角函数及幂指函数 $u(x)^{v(x)}$ 的极限. 以下举例说明.

例 14 求以下极限.

(1) $l=\lim\limits_{x\to 0}\dfrac{\tan x}{x}$; (2) $l=\lim\limits_{x\to 0}\dfrac{1-\cos x}{x^2}$;

(3) $l=\lim\limits_{x\to 0}\dfrac{\sin 3x}{\sin 4x}$; (4) $l=\lim\limits_{x\to 0}\dfrac{\tan x-\sin x}{x^3}$;

(5) $l=\lim\limits_{x\to\pi/2}\dfrac{\sin 2x}{\cos x}$； (6) $l=\lim\limits_{x\to\infty}\dfrac{2x-1}{x^2\sin(2/x)}$.

解 (1) $l=\lim\limits_{x\to 0}\dfrac{\sin x}{x}/\cos x=\lim\limits_{x\to 0}\dfrac{\sin x}{x}/\lim\limits_{x\to 0}\cos x=1/1=1$；

(2) $l=\lim\limits_{x\to 0}\dfrac{2\sin^2(x/2)}{x^2}=\dfrac{1}{2}\lim\limits_{x\to 0}\left(\dfrac{\sin(x/2)}{x/2}\right)^2\xlongequal{t=\frac{x}{2}}\dfrac{1}{2}\lim\limits_{t\to 0}\left(\dfrac{\sin t}{t}\right)^2$

$=\dfrac{1}{2}\left(\lim\limits_{t\to 0}\dfrac{\sin t}{t}\right)^2=\dfrac{1}{2}$；

(3) $l=\lim\limits_{x\to 0}\dfrac{\sin 3x}{3x}\cdot\dfrac{4x}{\sin 4x}\cdot\dfrac{3}{4}=\dfrac{3}{4}\lim\limits_{x\to 0}\dfrac{\sin 3x}{3x}/\lim\limits_{x\to 0}\dfrac{\sin 4x}{4x}=\dfrac{3}{4}$；

(4) $l=\lim\limits_{x\to 0}\dfrac{\sin x}{x}\cdot\dfrac{1-\cos x}{x^2}\cdot\dfrac{1}{\cos x}=\lim\limits_{x\to 0}\dfrac{\sin x}{x}\lim\limits_{x\to 0}\dfrac{1-\cos x}{x^2}\lim\limits_{x\to 0}\dfrac{1}{\cos x}$

$=1\cdot\dfrac{1}{2}\cdot 1=\dfrac{1}{2}$；

(5) $l\xlongequal{\text{令}x=\frac{\pi}{2}-t}\lim\limits_{t\to 0}\dfrac{\sin(\pi-2t)}{\sin t}=\lim\limits_{t\to 0}\dfrac{\sin 2t}{\sin t}=2$；

(6) $l=\dfrac{1}{2}\lim\limits_{x\to\infty}\left(2-\dfrac{1}{x}\right)\dfrac{2/x}{\sin(2/x)}\xlongequal{\text{令}t=\frac{1}{x}}\dfrac{1}{2}\lim\limits_{t\to 0}(2-t)\dfrac{2t}{\sin 2t}=1$.

例 15 求以下极限.

(1) $l=\lim\limits_{x\to 0}(1+2x)^{\frac{1}{x}}$； (2) $l=\lim\limits_{x\to\infty}\left(1+\dfrac{1}{x}\right)^{x+2}$；

(3) $l=\lim\limits_{x\to\infty}\left(1+\dfrac{1}{x+2}\right)^{x}$； (4) $l=\lim\limits_{x\to\infty}\left(1+\dfrac{1}{x}\right)^{2x}$；

(5) $l=\lim\limits_{x\to\infty}\left(\dfrac{x+4}{x+2}\right)^{x}$； (6) $l=\lim\limits_{x\to 0}(\cos^2 x)^{\csc^2 x}$.

解 (1) $l=\lim\limits_{x\to 0}(1+2x)^{\frac{1}{2x}\cdot 2}\xlongequal{t=2x}(\lim\limits_{t\to 0}(1+t)^{\frac{1}{t}})^2=e^2$；

(2) $l=\lim\limits_{x\to\infty}\left(1+\dfrac{1}{x}\right)^{x}\lim\limits_{x\to\infty}\left(1+\dfrac{1}{x}\right)^{2}=e\cdot 1=e$；

(3) $l=\lim\limits_{x\to\infty}\left(1+\dfrac{1}{x+2}\right)^{x+2-2}\xlongequal{t=x+2}\lim\limits_{t\to\infty}\left(1+\dfrac{1}{t}\right)^{t}\left(1+\dfrac{1}{t}\right)^{-2}=e$；

(4) $l=\left(\lim\limits_{x\to\infty}\left(1+\dfrac{1}{x}\right)^{x}\right)^2=e^2$；

(5) $l=\lim\limits_{x\to\infty}\left(1+\dfrac{2}{x+2}\right)^{x}=\left(\lim\limits_{x\to\infty}\left(1+\dfrac{2}{x+2}\right)^{\frac{x+2}{2}-1}\right)^2\xlongequal{t=\frac{x+2}{2}}\left(\lim\limits_{t\to\infty}\left(1+\dfrac{1}{t}\right)^{t-1}\right)^2$

$=\left(\lim\limits_{t\to\infty}\left(1+\dfrac{1}{t}\right)^{t}\lim\limits_{t\to\infty}\left(1+\dfrac{1}{t}\right)^{-1}\right)^2=e^2$；

(6)$l=\lim\limits_{x\to 0}(1+\cos^2 x-1)^{\frac{-1}{\cos^2 x-1}} \xlongequal{t=\cos^2 x-1} \lim\limits_{t\to 0}(1+t)^{\frac{-1}{t}}=\dfrac{1}{\lim\limits_{t\to 0}(1+t)^{1/t}}=\mathrm{e}^{-1}$.

习题 2.2

1. 计算下列极限.

(1) $\lim\limits_{x\to 0}\dfrac{x^2-1}{2x^2-x-1}$;　(2) $\lim\limits_{x\to 1}\dfrac{x^2-1}{2x^2-x-1}$;　(3) $\lim\limits_{x\to \infty}\dfrac{x^2-1}{2x^2-x-1}$.

2. 计算下列极限.

(1) $\lim\limits_{x\to 0^+}\dfrac{1-\mathrm{e}^{1/x}}{1+\mathrm{e}^{1/x}}$;　(2) $\lim\limits_{x\to 0^-}\dfrac{1-\mathrm{e}^{1/x}}{1+\mathrm{e}^{1/x}}$;　(3) $\lim\limits_{x\to 16}\dfrac{\sqrt[4]{x}-2}{\sqrt{x}-4}$;

(4) $\lim\limits_{x\to +\infty}(\sqrt{x+1}-\sqrt{x})$.

3. 讨论$\lim\limits_{x\to 0}\mathrm{sgn}x$ 是否存在?

4. 计算下列极限.

(1) $\lim\limits_{x\to 0}\dfrac{\tan 2x}{\tan 3x}$;　(2) $\lim\limits_{x\to 0}\dfrac{\arcsin x}{x}$;　(3) $\lim\limits_{x\to 0}\dfrac{\arctan x}{x}$;

(4) $\lim\limits_{x\to 0}\dfrac{\sin 2x}{\tan 3x}$;　(5) $\lim\limits_{x\to 0}\sqrt[x]{1-2x}$;　(6) $\lim\limits_{t\to \infty}\left(1-\dfrac{2}{t}\right)^{3t}$;

(7) $\lim\limits_{x\to \infty}\left(\dfrac{x+a}{x-a}\right)^{x}$;　(8) $\lim\limits_{x\to \frac{\pi}{2}}(1+\cos x)^{3\sec x}$.

2.3　无穷小量·无穷大量

至此,已介绍了用数列形式$\{x_n\}$及函数形式 $f(x)$ 表示的变量及其极限.在所考虑的极限过程($n\to\infty,x\to x_0,x\to\infty$ 等)中,这些变量既有收敛的也有发散的.本节将着重研究两类特殊的变量:趋于零的变量(无穷小量)以及趋于无穷大的变量(无穷大量).为了叙述方便,本节约定用 u、v、w 表示数列变量或函数变量,而 $\lim u$ 泛指数列极限或各种类型的函数极限.

2.3.1　无穷小量及无穷大量的概念

定义 1　若 $\lim u=0$,则称变量 u 为该极限过程中的**无穷小量**.

例如,当 $n\to\infty$ 时$\left\{\dfrac{1}{n}\right\}$是无穷小量,当 $x\to 1$ 时$(x-1)^2$ 是无穷小量,$x\to+\infty$ 时$\dfrac{1}{\sqrt{x}}$是无穷小量等等.

在论及具体的无穷小量时应当指明其极限过程,否则会使含义不清.例如,函数

$u=x^2$ 当 $x\to 0$ 时是无穷小量，当 $x\to 1$ 时便不是无穷小量. 其次，不可把无穷小量与"很小的量"混为一谈. 非零的常量均不是无穷小量. 常量 0 由于可以看做是恒取零的变量且极限是零，故可视其为无穷小量.

由于 $\lim u=0$ 等价于 $\lim|u|=0$，故无穷小量可以说成是绝对值趋于零的变量.

若对某个极限过程，变量 u 收敛于常数 A（此时称 u 为收敛变量），则变量 $u-A$ 趋于零，即变量 $u-A$ 是同一极限过程中的无穷小量. 反过来，若变量 $u-A$ 是无穷小量，则 u 收敛于 A. 记 $\alpha=u-A$，则收敛变量与无穷小量有如下关系.

定理 1　$\lim u=A \Leftrightarrow u=A+\alpha$，$\alpha$ 是同一极限过程中的无穷小量.

无穷大量的定义如下.

定义 2　(1) 若对任给正数 M，当 n 充分大时有 $x_n>M$，则说数列 $\{x_n\}$ 是**正无穷大量**，或 $n\to\infty$ 时 x_n 趋向正无穷大，记作 $\lim\limits_{n\to\infty}x_n=+\infty$.

(2) 若对任给正数 M，存在正数 δ，使得不等式

$$f(x)>M,\quad x\in N^0(x_0,\delta)$$

成立，则说当 $x\to x_0$ 时函数 $f(x)$ 是正无穷大量，记作 $\lim\limits_{x\to x_0}f(x)=+\infty$.

以上只给出了数列 $\{x_n\}$ 及函数 $f(x)$ 当 $x\to x_0$ 时为正无穷大量的定义，对 x 的其他变化过程，函数 $f(x)$ 为正无穷大量的定义可类似给出. 例如，$\lim\limits_{x\to+\infty}f(x)=+\infty \Leftrightarrow$ 任给正数 M，存在 X，当 $x>X$ 时，

$$f(x)>M. \tag{1}$$

数列 $\{x_n\}$ 为正无穷大量的几何意义为：对任给正数 M，当 n 充分大时，$x_n\in(M,+\infty)$.

定义 3　当 $\lim(-u)=+\infty$，即变量 $-u$ 是正无穷大量时，称 u 为**负无穷大量**，记作 $\lim u=-\infty$. 当 $\lim|u|=+\infty$ 时称 u 为无究大量，记作 $\lim u=\infty$.

例如，$n\to\infty$ 时 $\{n^2\}$ 是正无穷大量，$\{-n^2\}$ 是负无穷大量，$\{(-1)^n n\}$ 是无穷大量.

同样，在论及无穷大量时要指明极限过程，并且不要把无穷大量与"很大的量"混为一谈.

例 1　证明 $\lim\limits_{x\to+\infty}a^x=+\infty\ (a>1)$.

证　对任给正数 M，因 $a^x>M$ 等价于 $x>\ln M/\ln a$，故取 $X=\ln M/\ln a$，则当 $x>X$ 时便有 $a^x>M$，这即 $\lim\limits_{x\to+\infty}a^x=+\infty$.

依据定义来验证无穷大量比较复杂，以下的定理建立了无穷小量与无穷大量的关系，可以用来判定无穷大量.

定理 2　若 $u\neq 0$，则 u 是无穷大量 $\Leftrightarrow 1/u$ 是无穷小量.

由于变量$\frac{1}{n^2}$,$\sin x(x\to 0)$,$x(x\to 0)$,$1-x(x\to 1)$ 是无穷小量,因此变量 n^2,$\frac{1}{\sin x}(x\to 0)$,$\frac{1}{x}(x\to 0)$,$\frac{1}{1-x}(x\to 0)$ 均为无穷大量.

无穷大量与无界变量也是不能混淆的.无穷大量一定是无界的,但无界变量不一定是无穷大量.

例 2 证明数列 $x_n = n^{(-1)^n}$ 是无界变量但不是无穷大量.

证 当 n 为偶数 $2k$ 时,$x_n = 2k$,可任意地大,可见$\{x_n\}$ 是无界的.而当 n 为奇数 $2k+1$ 时,$x_n = \frac{1}{2k+1}$,由于$\frac{1}{2k+1} \leqslant 1(k=0,1,2,\cdots)$,故对 $M=2$,便不可能当 n 充分大时使得 $|x_n| > M$ 恒成立.这说明$\{x_n\}$ 不是无穷大量.

无穷小量的运算有以下性质.

定理 3 (1) 有限个无穷小量的和与积仍是无穷小量;(2) 有界量与无穷小量之积仍是无穷小量.

证 (1) 直接由极限运算规则推出.(2) 以数列为例证明.设$\{x_n\}$ 是有界量,即有 $M>0$,使 $|x_n| \leqslant M(n=1,2,\cdots)$,$\{y_n\}$ 是无穷小量.对不等式

$$0 \leqslant |x_n y_n| \leqslant |x_n||y_n| \leqslant M|y_n|$$

两边令 $n\to\infty$,因 $|y_n|\to 0$,从而 $M|y_n|\to 0$,于是由夹挤法则知 $x_n y_n \to 0(n\to\infty)$,即$\{x_n y_n\}$ 是无穷小量. □

例如,$x\to 0$ 时,$x\sin\frac{1}{x}\to 0$.

由于常量与收敛变量也是有界的,故它们与无穷小量的积也是无穷小量.

在应用定理 3 之(1) 时必须注意,其中所指的"有限个"是一个确定的个数,不能在极限过程中变动.例如,不可将

$$\frac{n}{n^2+1}+\frac{n}{n^2+2}+\cdots+\frac{n}{n^2+n}$$

看做是有限个无穷小量$\left(\frac{n}{n^2+i}\right)(i=1,2,\cdots,n)$ 之和.否则将会得出其极限为 0 的错误结论.而事实上,由夹挤准则已经证明其极限是 1(见 2.1 节例 8).

2.3.2 无穷小量的比较

当 $n\to\infty$ 时,$1/n$ 与 $1/n^2$ 都是无穷小量,但趋于零的方式不一样,对相同的 n,$1/n^2$ 要比 $1/n$ 更靠近于零.为了比较无穷小量趋近于零的过程的差异,建立了下面的比较准则.

定义 4 设 u,v 均为同一极限过程的无穷小量.

(1) 若 $\lim(u/v)=0$,则说 u 是比 v **高阶的无穷小**或说 v 是比 u **低阶的无穷小**.记

作 $u=o(v)$.

(2) 若 $\lim(u/v)=C(C\neq 0)$，则说 u,v 是**同阶无穷小**，记作 $u=o(v)$ 或 $v=o(u)$. 特别，当 $C=1$ 时，则说 u 与 v 是**等价无穷小**. 记作 $u\sim v$ 或 $v\sim u$.

直接从定义可得，当 $x\to 0$ 时，x^2 是 x 的高阶无穷小；$2x$ 与 x 是同阶无穷小；$x+x^2$ 与 x 是等价无穷小.

进一步，利用 2.2 节的例题 12,14 可得出如下常用的无穷小的等价关系：

$$\sin x\sim\tan x\sim x\quad(x\to 0);\tag{2}$$

$$1-\cos x\sim\frac{1}{2}x^2\quad(x\to 0);\tag{3}$$

$$\tan x-\sin x\sim\frac{1}{2}x^3\ (x\to 0);\tag{4}$$

$$\sqrt[n]{1+x}-1\sim\frac{1}{n}x\quad(x\to 0).\tag{5}$$

若选定一个无穷小量作为共同的比较对象，则可以对无穷小量作出更细致的刻画.

定义 5　设 $x\to x_0$ 时 $u(x)\sim c(x-x_0)^r(c\neq 0,r>0)$，则说 $u(x)$ 是关于基本无穷小 $x-x_0$ 的 r 阶无穷小，简称为 **r 阶无穷小**. 并称 $c(x-x_0)^r$ 是 $u(x)$ 的**主部**，r 是 $u(x)$ 的**阶数**.

例如，由式(2)— 式(5)，当 $x\to 0$ 时，$\sin x,\tan x$ 是关于 x 的一阶无穷小，主部是 x；$1-\cos x^2$ 是二阶无穷小，主部是 $\frac{1}{2}x^2$；$\tan x-\sin x$ 是三阶无穷小，主部是 $\frac{1}{2}x^3$；$\sqrt[n]{1+x}-1$ 是一阶无穷小，主部是 $\frac{1}{n}x$.

定理 4(等价代换法则)　设在某一极限过程中有 $u\sim v$，则(当下列等式任一端的极限存在时)有

(1) $\lim uw=\lim vw$；　(2) $\lim\frac{w}{u}=\lim\frac{w}{v}$.

证　(1) $\lim uw=\lim vw\lim\frac{u}{v}=\lim uw$，其中 $\lim\frac{u}{v}=1$ 来自条件 $u\sim v$；

(2) 与上类似，$\lim\frac{w}{u}=\lim\frac{w}{v}\lim\frac{v}{u}=\lim\frac{w}{v}$.　□

定理 4 的证明中仅用到 $\lim\frac{u}{v}=1$ 这一关系. 在极限计算时，有时 u,v 可能不是无穷小量，但只要其比值趋近于 1，则也可以进行类似的代换.

在使用等价代换法则时必须注意，要代换的量 u 必须是极限式 $\lim f(x)$ 中 $f(x)$ 的**因式**(若 $f(x)$ 是分式，也可以是分母的因式). 不注意这一点可能会导致错误. 例如当 $x\to 0$ 时 $\sin x\sim\tan x$，若允许两者互相替换，则得出

$$\lim_{x\to 0}\frac{\tan x-\sin x}{x^3}=\lim_{x\to 0}\frac{\sin x-\tan x}{x^3},$$

而事实上,左边极限为$\frac{1}{2}$,右边为$-\frac{1}{2}$,矛盾.

利用等价代换法则可以简化极限的计算.

例 3 求 $l=\lim\limits_{x\to 0}\frac{\sqrt{1+x^2}-1}{2\sin^2 x}$.

解 当 $x\to 0$ 时 $x^2\to 0$,故由式(5)得$\sqrt{1+x^2}-1\sim\frac{1}{2}x^2$. 而由式(2)得 $\sin^2 x=\sin x\cdot\sin x\sim x\cdot x=x^2$,故

$$l=\lim_{x\to 0}\frac{\frac{1}{2}x^2}{2\cdot x^2}=\frac{1}{4}.$$

注 在式(2) ~ 式(5) 的使用中,变量 x 可以换作 x 的函数$\varphi(x)$,只要在相应的极限过程中 $\varphi(x)$ 是无穷小量便可. 上例中$\sqrt{1-x^2}-1\sim\frac{1}{2}x^2\ (x\to 0)$,即是把 x^2 看作 x 而推出.

例 4 求 $l=\lim\limits_{x\to 0}\frac{\sin 3x}{\sin 4x}$.

解 当 $x\to 0$ 时,$\sin 3x\sim 3x$,$\sin 4x\sim 4x$,故

$$l=\lim_{x\to 0}\frac{3x}{4x}=\frac{3}{4}.$$

例 5 求 $l=\lim\limits_{x\to 0}\frac{\tan x-\sin x}{x(\sqrt{\cos x}-1)}$.

解 当 $x\to 0$ 时,$\tan x-\sin x\sim\frac{1}{2}x^3$;$\sqrt{\cos x}-1=\sqrt{1+\cos x-1}-1\sim\frac{1}{2}(\cos x-1)\sim\frac{1}{2}(-\frac{1}{2}x^2)=-\frac{1}{4}x^2$,故 $l=\lim\limits_{x\to 0}\frac{\frac{1}{2}x^3}{(-\frac{1}{4}x^3)}=-2$.

例 6 求 $l=\lim\limits_{x\to 0}\frac{1-\cos x}{x^2+x}$.

解 当 $x\to 0$ 时,$1-\cos x\sim\frac{1}{2}x^2$,$x^2+x\sim x$,故

$$l=\lim_{x\to 0}\frac{\frac{1}{2}x^2}{x}=\frac{1}{2}\lim_{x\to 0}x=0.$$

由以上例子看出,能求出无穷小量的主部是十分重要的,通常可以用以下规则:

(1) 若 $u=o(v)$,则 $u+v\sim v$;

(2) 若 $u \sim v, w \neq 0$,则 $uw \sim vw$;

(3) 若 $u \to A \neq 0$,则 $uw \sim Aw$(A 为常数).

例 7　求以下无穷小量的主部($x \to 0$).

(1)$x^2 + \sqrt{x}$;　　(2)$\sqrt{1+\sin x} - 1$;　　(3)$1 - \cos\sqrt[3]{x}$;

(4)$\sqrt{1+x} - \sqrt{1-x}$.

解　(1)$x^2 + \sqrt{x} \sim \sqrt{x}$,因为 $x^2 = o(\sqrt{x})$;

(2)$\sqrt{1+\sin x} - 1 \sim \dfrac{1}{2}\sin x \sim \dfrac{1}{2}x$;

(3)$1 - \cos\sqrt[3]{x} \sim \dfrac{1}{2}(\sqrt[3]{x})^2 = \dfrac{1}{2}x^{\frac{2}{3}}$;

(4)$\sqrt{1+x} - \sqrt{1-x} = \dfrac{2x}{\sqrt{1+x} + \sqrt{1-x}} \sim \dfrac{2x}{2} = x$(分母趋于 $A = 2$).

例 8　求无穷小量 $\sqrt[3]{x} - 1(x \to 1)$ 的主部.

解　当 $x \to 1$ 时,$x - 1 \to 0$,由式(5) 得

$$\sqrt[3]{x} - 1 = \sqrt[3]{1 + (x-1)} - 1 \sim \frac{1}{3}(x-1),$$

故 $\dfrac{1}{3}(x-1)$ 是所求无穷小量的主部.

习题 2.3

1. 当 $x \to 0$ 时以下函数均为无穷小量,分别求出与它们等价的形如 cx^r 的无穷小量.

(1)$x + x^2$;　　(2)$x + \sin x$;

(3)$\sqrt[3]{\cos x} - 1$;　　(4) $\sqrt[3]{x} - \sqrt[3]{x/(x+1)}$.

2. 计算下列极限.

(1) $\lim\limits_{x\to 0}\dfrac{\sin 2x}{x + x^2}$;　　(2) $\lim\limits_{x\to 0}\dfrac{\sqrt{1+\sin x - 1}}{x}$;

(3) $\lim\limits_{x\to 0^+}\dfrac{1 - \sqrt{\cos x}}{(1 - \cos\sqrt{x})^2}$;　　(4) $\lim\limits_{x\to\infty} x\sin\dfrac{1}{x}$;

(5) $\lim\limits_{x\to 0} x\sin\dfrac{1}{x}$;　　(6) $\lim\limits_{x\to a}\dfrac{\sin x - \sin a}{x - a}$.

3. 写出以下极限式的定义.

(1) $\lim\limits_{x\to x_0^+} f(x) = -\infty$;　　(2) $\lim\limits_{x\to -\infty} f(x) = \infty$;

(3) $\lim\limits_{x\to x_0} f(x) = \infty$;　　(4) $\lim\limits_{n\to\infty} x_n = \infty$.

2.4 函数的连续性

2.4.1 连续与间断

考察函数 $y=f(x)$，当其自变量由 x 变到 $x+\Delta x$ 时，因变量 $f(x)$ 也会随之产生变化. 通常将 x 的变化值 Δx 称为 x 的改变量或增量，它可以是正的，也可以是负的. 因变量 $y=f(x)$ 随之产生的变化值称为 y 的改变量，记作 Δy，即

$$\Delta y=f(x+\Delta x)-f(x).$$

例如对函数 $y=x^2$，$\Delta y=(x+\Delta x)^2-x^2=2x\Delta x+(\Delta x)^2$. 对同一函数 $f(x)$，Δy 的大小取决于 x 与 Δx，本节将要考虑的问题是：当 Δx 无限趋于 0 时，Δy 是否也无限趋于 0? 即是否有

$$\lim_{\Delta x\to 0}\Delta y=0\left(\text{或等价地}\lim_{\Delta x\to 0}f(x+\Delta x)=f(x)\right). \tag{1}$$

在实际生产活动中常遇到与式(1) 相关的问题. 例如某项化工生产过程中需要添加某制剂 x_0，但由于称量器具的精度所限，实际添加的量 x 与 x_0 有误差，误差 $\Delta x=x-x_0$. 设 $y=f(x)$ 是添加该制剂的量为 x 时所对应的质量指标函数，那么当 Δx 很小时，$f(x)$ 与目标值 $f(x_0)$ 能否很接近十分重要. 如果 Δx 变小时 $\Delta y=f(x)-f(x_0)$ 也随之变小，则称 x_0 是 $f(x)$ 的稳定点. 因为有少许误差不会导致大的问题.

定义 1 设函数 $y=f(x)$ 在 x_0 的某邻域内有定义，若 $\lim\limits_{x\to x_0}f(x)$ 存在，且

$$\lim_{x\to x_0}f(x)=f(x_0), \tag{2}$$

则称函数 $f(x)$ 在 x_0 处**连续**，否则称函数 $f(x)$ 在 x_0 处**间断**.

当 $f(x)$ 在 x_0 处连续(间断) 时，称 x_0 是函数 $f(x)$ 的**连续点**(**间断点**). 有时将式(2) 写成以下形式：

$$\lim_{x\to x_0}[f(x)-f(x_0)]=0 \quad \text{或} \quad \lim_{\Delta x\to 0}f(x_0+\Delta x)=f(x_0). \tag{3}$$

例如，函数 $y=x^2$ 在每个点 x 都是连续的，因为

$$\lim_{\Delta x\to 0}(x+\Delta x)^2=\lim_{\Delta x\to 0}[x^2+2x\Delta x+(\Delta x)^2]=x^2.$$

又例如，函数 $y=\operatorname{sgn}x$ 在 $x_0=0$ 间断，因为 $\lim\limits_{x\to 0}\operatorname{sgn}x$ 不存在.

从定义 1 知，函数 $f(x)$ 在 x_0 连续相当于满足以下三个条件：

(1) $f(x)$ 在 x_0 有定义；

(2) 极限 $\lim\limits_{x\to x_0}f(x)$ 存在，即 $f(x_0^+)$，$f(x_0^-)$ 存在且相等；

(3) 极限值 $\lim\limits_{x\to x_0}f(x)$ 等于函数值 $f(x_0)$.

若这些条件不满足，便会出现间断. 根据间断时左右极限的特性可将间断点分为以下几种：

1° **跳跃间断点**　左极限 $f(x_0^-)$ 与右极限 $f(x_0^+)$ 都存在但不相等；

2° **可去间断点**　左极限 $f(x_0^-)$ 与右极限 $f(x_0^+)$ 都存在且相等，但它们与 $f(x_0)$ 不相等或 $f(x)$ 在 x_0 无定义.

以上两种间断点统称为**第一类间断点**.

3° **第二类间断点**　左极限 $f(x_0^-)$ 不存在或右极限 $f(x_0^+)$ 不存在.

当 x_0 是可去间断点时，可以对函数 $f(x)$ 重新定义或补充定义（若 $f(x_0)$ 未定义），使 $f(x)$ 在 x_0 的值为 $\lim\limits_{x\to x_0}f(x)$，从而使变动后的 $f(x)$ 在 x_0 连续.

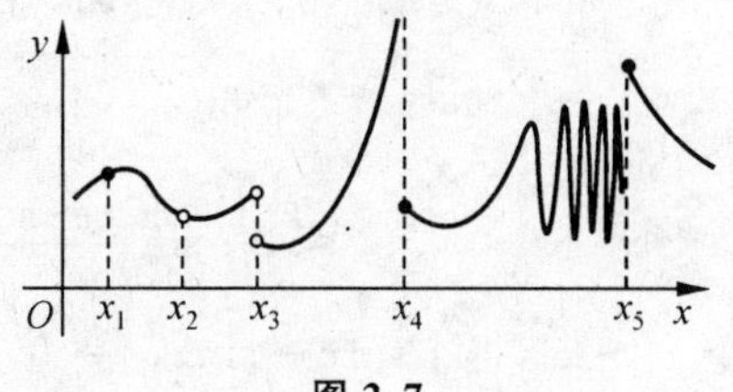

图 2.7

图 2.7 所示，点 x_1、x_2、x_3 依次是连续、可去间断、跳跃间断点，点 x_4、x_5 是第二类间断点.

例 1　讨论以下函数在 $x_0=0$ 处的连续性，指明间断点的类型.

(1) $f(x)=\dfrac{|x|}{x}(x\neq 0)$；　　(2) $f(x)=\dfrac{\sin x}{x}(x\neq 0)$；

(3) $f(x)=\begin{cases}\dfrac{\sin x}{x}, & x\neq 0,\\ 1, & x=0;\end{cases}$　　(4) $f(x)=\begin{cases}\dfrac{1}{x}, & x>0,\\ 1, & x\leqslant 0.\end{cases}$

解　(1) 由于 $f(0^-)=-1, f(0^+)=1$，故 $x=0$ 是 $f(x)$ 的跳跃间断点；

(2) 因 $\lim\limits_{x\to 0}f(x)=1$，即 $f(0^-)=f(0^+)$，但 $f(x)$ 在 $x=0$ 处无定义，故 $x=0$ 是 $f(x)$ 的可去间断点；

(3) 因 $\lim\limits_{x\to 0}f(x)=1$，而 $f(0)=1$，故 $f(x)$ 在 $x=0$ 处为连续；

(4) 因 $f(0^+)=\infty$，故 $x=0$ 是 $f(x)$ 的第二类间断点.

定义 2　(1) 若 $f(x)$ 在 x_0 的某个左邻域 $(x_0-\delta,x_0]$ $(\delta>0)$ 内有定义，且

$$\lim_{x\to x_0^-}f(x)=f(x_0),$$

则称 $f(x)$ 在 x_0 处**左连续**；若 $f(x)$ 在 x_0 的某个右邻域 $[x_0,x_0+\delta)$ $(\delta>0)$ 内有定义，且

$$\lim_{x\to x_0^+}f(x)=f(x_0),$$

则称 $f(x)$ 在 x_0 处**右连续**.

(2) 设 $f(x)$ 在开区间 (a,b) 上有定义，若 $f(x)$ 在 (a,b) 内每个点都连续，则说 $f(x)$ 在**开区间 (a,b) 上连续**.

(3) 设 $f(x)$ 在闭区间 $[a,b]$ 上有定义. 若 $f(x)$ 在开区间 (a,b) 上连续，且在左端点 $x=a$ 右连续，在右端点 $x=b$ 左连续，则说 $f(x)$ 在**闭区间 $[a,b]$ 上连续**.

由左、右极限与极限的相互关系（见 2.2.1 节）知，$f(x)$ 在 x_0 处连续的充分必要

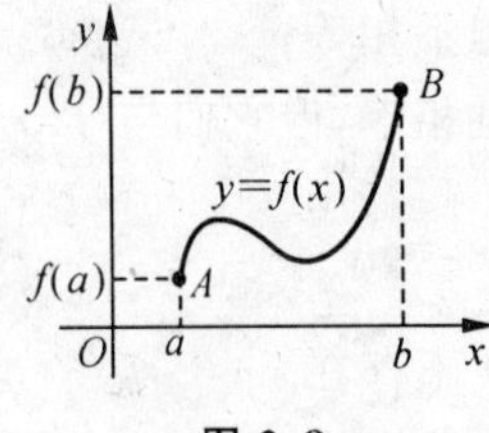

图 2.8

条件是 $f(x)$ 在 x_0 既左连续又右连续.

若 $f(x)$ 在区间 $[a,b]$ 上连续,则其图形是一条无间断的曲线,即从点 $A(a,f(a))$ 到点 $B(b,f(b))$ 的一笔画成的曲线(见图 2.8).

例 2 证明 $f(x)=\sin x$ 在 $(-\infty,+\infty)$ 上连续.

证 任给 x_0,因为

$$0\leqslant|\sin x-\sin x_0|=2\left|\sin\frac{x-x_0}{2}\cos\frac{x+x_0}{2}\right|$$

$$\leqslant 2\left|\sin\frac{x-x_0}{2}\right|\leqslant 2\frac{|x-x_0|}{2}=|x-x_0|,$$

令 $x\to x_0$,得 $|\sin x-\sin x_0|\to 0$,此即 $\lim\limits_{x\to x_0}\sin x=\sin x_0$,这说明 $\sin x$ 在 x_0 处连续. 由 x_0 的任意性即知 $f(x)$ 在 $(-\infty,+\infty)$ 上连续.

2.4.2 连续函数的运算性质

根据连续函数的定义,可以从函数极限的运算性质中推出如下性质.

定理 1(四则运算的连续性) 设 $f(x)$ 与 $g(x)$ 在点 x_0 处连续,则 $f(x)\pm g(x)$, $f(x)g(x)$, $f(x)/g(x)$ $(g(x_0)\neq 0)$ 在 x_0 处也连续.

证 由条件知 $\lim\limits_{x\to x_0}f(x)=f(x_0)$, $\lim\limits_{x\to x_0}g(x)=g(x_0)$,于是

$$\lim_{x\to x_0}(f(x)\pm g(x))=\lim_{x\to x_0}f(x)\pm\lim_{x\to x_0}g(x)=f(x_0)\pm g(x_0),$$

即 $f(x)\pm g(x)$ 在 x_0 处连续. 类似地可以证明积与商也在 x_0 连续. □

定理 2(复合函数的连续性) 设 $g(f(x))$ 在 x_0 的某邻域上有定义, $f(x)$ 在 x_0 处连续, $g(y)$ 在 $y_0=f(x_0)$ 处连续,则 $g(f(x))$ 在 x_0 处连续.

证 由于 $\lim\limits_{x\to x_0}f(x)=f(x_0)$, $\lim\limits_{y\to y_0}g(y)=g(y_0)$,于是

$$\lim_{x\to x_0}g(f(x))\xlongequal{y=f(x)}\lim_{y\to y_0}g(y)=g(y_0)=g(f(x_0)),$$

这表明 $g(f(x))$ 在 x_0 处连续. □

定理 3(反函数的连续性) 设 $f(x)$ 是区间 I 上严格单调的连续函数,则 $f(x)$ 的值域 J 是一个区间,且 $f(x)$ 的反函数 $f^{-1}(y)$ 也是 J 上严格单调(单调性与 f 相同)的连续函数.

此定理的证明从略. 下面利用这些定理来讨论初等函数的连续性.

先考虑基本初等函数的连续性.

1. 三角函数

由例 2 知 $\sin x$ 在定义区间 $(-\infty,+\infty)$ 上连续,而 $\cos x=\sin(x+\pi/2)$ 是连续函数 $\sin y$ 与 $y=x+\pi/2$ 的复合,故由定理 2 知, $\cos x$ 也在 $(-\infty,+\infty)$ 上连续. 又由

$$\tan x=\frac{\sin x}{\cos x},\quad \cot x=\frac{\cos x}{\sin x},\quad \sec x=\frac{1}{\cos x},\quad \csc x=\frac{1}{\sin x},$$

从定理 1 知，它们在各自的定义区间上连续.

2. 指数函数

指数函数 $a^x(a>0,a\neq 1)$ 的图形见图 1.16，它在 $(-\infty,+\infty)$ 上严格单调并且连续. 证明从略.

3. 对数函数，反三角函数

对数函数 $\log_a x$ 是指数函数的反函数，由于指数函数严格单调而连续，故由定理 3 知，对数函数在 $(0,+\infty)$ 上连续. 类似地可以推出，反三角函数 $\arcsin x$，$\arccos x$，$\arctan x$，$\operatorname{arccot} x$ 在各自的定义区间上连续.

4. 幂函数

当 α 为无理数时，x^α 定义为指数函数与对数函数的复合，$x^\alpha=e^{\alpha\ln x}$，故由定理 2 知，它在区间 $(0,+\infty)$ 上连续. 对 $y=x^n$，$y=x^{\frac{q}{p}}$（n 为自然数，p，q 互质）等亦可证明均在各自的定义区间上连续.

综上所述，基本初等函数在其定义区间上连续. 于是由定理 1 及定理 2 知，由基本初等函数作有限次四则运算及有限次复合所得到的函数也连续，故推得以下结果.

定理 4　初等函数在其定义区间上连续.

最后，我们介绍连续性在极限计算中的应用.

当 $f(u)$ 在 u_0 连续时，依定义有

$$\lim_{u\to u_0}f(u)=f(u_0)=f(\lim_{u\to u_0}u).\tag{4}$$

从形式上看，式(4) 意味着极限运算与函数的赋值运算可以交换顺序. 结合极限的变量代换法（见 2.2.3 节）有以下的极限计算简化法则.

利用连续性求极限：

(1) 若 x_0 是初等函数 $f(x)$ 的连续点（即有定义的点），则

$$\lim_{x\to x_0}f(x)=f(x_0).$$

(2) 设 $u_0=\lim u(x)$（极限过程可以是 $x\to+\infty$，$x\to x_0^-$ 等等）是 $f(u)$ 的连续点，则

$$\lim f(u)=f(\lim u).$$

利用以上两条可大大简化函数极限的计算.

例 3　证明以下极限式.

(1) $\lim\limits_{x\to 0}\dfrac{\ln(1+x)}{x}=1$；　(2) $\lim\limits_{x\to 0}\dfrac{a^x-1}{x}=\ln a$；　(3) $\lim\limits_{x\to 0}\dfrac{(1+x)^\alpha-1}{x}=\alpha(\alpha\neq 0)$.

证　(1) 因为 $e=\lim\limits_{x\to 0}(1+x)^{\frac{1}{x}}$ 是 $\ln u$ 的连续点，故

$$\lim_{x\to 0}\frac{\ln(1+x)}{x}=\lim_{x\to 0}\ln(1+x)^{\frac{1}{x}}=\ln(\lim_{x\to 0}(1+x)^{\frac{1}{x}})=\ln e=1;$$

(2) 令 $y = a^x - 1$,则 $x = \ln(1+y)/\ln a$,故由(1)得

$$\lim_{x\to 0}\frac{a^x-1}{x} = \lim_{y\to 0}\frac{y\ln a}{\ln(1+y)} = \ln a;$$

(3) 当 $x \to 0$ 时,$t = \alpha\ln(1+x) \to 0$,因$(1+x)^\alpha = e^{\alpha\ln(1+x)} = e^t$,故由式(1),式(2)得

$$\lim_{x\to 0}\frac{(1+x)^\alpha-1}{x} = \lim_{t\to 0}\frac{e^t-1}{t}\lim_{x\to 0}\frac{\alpha\ln(1+x)}{x} = 1\cdot\alpha = \alpha.$$

从例 3 的极限式得以下常用的等价代换公式:

$$\ln(1+x) \sim x \qquad (x\to 0); \tag{5}$$

$$a^x - 1 \sim x\ln a \qquad (x\to 0); \tag{6}$$

$$(1+x)^\alpha - 1 \sim \alpha x \qquad (x\to 0). \tag{7}$$

例 4 求以下函数极限.

(1)$l = \lim\limits_{x\to 0}\dfrac{\ln(1+x)}{2x}$; (2)$l = \lim\limits_{x\to 0}\dfrac{e^x-1}{\tan 2x}$;

(3)$l = \lim\limits_{x\to 0}\dfrac{\ln\cos 2x}{\ln\cos 3x}$; (4)$l = \lim\limits_{x\to 0}\dfrac{(\cos x)^\alpha-1}{x^2}$.

解 (1) 因 $\ln(1+x) \sim x(x\to 0)$,故由等价代换法则

$$l = \lim_{x\to 0}\frac{x}{2x} = \frac{1}{2}.$$

(2) 因 $e^x - 1 \sim x, \tan 2x \sim 2x(x\to 0)$,故

$$l = \lim_{x\to 0}\frac{x}{2x} = \frac{1}{2}.$$

(3) 因 $x\to 0$ 时,$u = \cos 2x - 1 \to 0$,而 $\ln(1+u) \sim u$,于是 $\ln\cos 2x = \ln(1+\cos 2x - 1) \sim \cos 2x - 1 \sim -\frac{1}{2}(2x)^2$.类似地,$\ln\cos 3x \sim -\frac{1}{2}(3x)^2$,于是

$$l = \lim_{x\to 0}\frac{-\frac{1}{2}(2x)^2}{-\frac{1}{2}(3x)^2} = \lim_{x\to 0}\frac{4x^2}{9x^2} = \frac{4}{9}.$$

(4) 因 $x\to 0$ 时,$u = \cos x - 1 \to 0$,而$(1+u)^\alpha - 1 \sim \alpha u$,于是$(\cos x)^\alpha - 1 = (1+\cos x - 1)^\alpha - 1 \sim \alpha(\cos x - 1) \sim -\frac{1}{2}\alpha x^2$,即

$$l = \lim_{x\to 0}\frac{-\frac{1}{2}\alpha x^2}{x^2} = -\frac{1}{2}\alpha.$$

2.4.3 闭区间上连续函数的性质

以下介绍闭区间上连续函数的几个重要性质,其证明超出大纲要求而略去.

先介绍函数 $f(x)$ 的最大值与最小值概念.

定义 3　设 $f(x)$ 的定义域是 D，$x_0 \in D$. 若对每个 $x \in D$ 都有 $f(x) \leqslant f(x_0)$，则称 $f(x_0)$ 是 $f(x)$ 在 D 上的**最大值**；若对每个 $x \in D$ 都有 $f(x) \geqslant f(x_0)$，则称 $f(x_0)$ 是 $f(x)$ 在 D 上的**最小值**. 最大值与最小值统称为**最值**，分别记作 $\max\limits_{x\in D} f(x)$ 及 $\min\limits_{x\in D} f(x)$ 或简记作 $f_{\max}$ 及 $f_{\min}$.

显然，最大值与最小值是函数 $f(x)$ 的两个十分重要的值. 讨论最值的存在性和计算函数的最值简称为最值问题. 例如，$f(x) = x^2$ 在闭区间 $[0,1]$ 上有最小值 0 及最大值 1；但它在开区间 $(0,1)$ 上则没有最小值和最大值. 在后一种情形，0 与 1 只是 $f(x) = x^2$ 在区间 $(0,1)$ 上的下界及上界，但由于不是函数值，因而不是 $f(x)$ 在 $(0,1)$ 上的最值.

关于函数 $f(x)$ 的最值存在性有以下定理.

定理 5　设 $f(x)$ 是闭区间 $[a,b]$ 上的连续函数，则 $f(x)$ 在 $[a,b]$ 上有最大值和最小值，从而是 $[a,b]$ 上的有界函数.

若分别记 m、M 为连续函数 $f(x)$ 在闭区间 $[a,b]$ 上的最小值及最大值，则 $f(x)$ 在 $[a,b]$ 上的值域应当在闭区间 $[m,M]$ 中，那么 $[m,M]$ 是否就是 $f(x)$ 的值域呢？

从几何上看（见图 2.9），连续函数 $f(x)$ 的曲线 $y = f(x)$ 是一条连续不断的曲线. 如果 C 是介于 m 与 M 之间的数，则一定有 $x_0 \in (a,b)$ 使 $f(x_0) = C$. 这就引导出以下的结论.

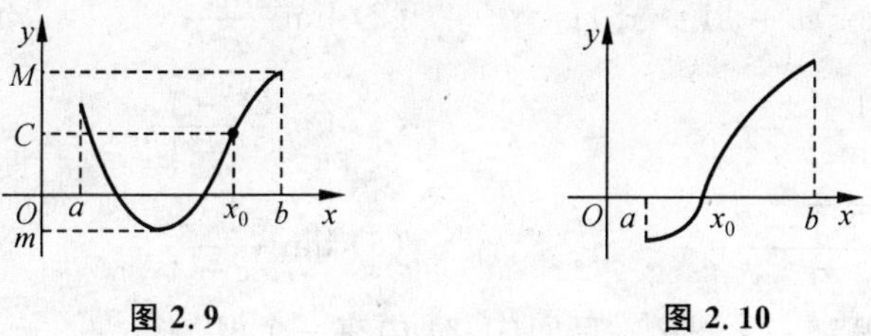

图 2.9　　　　图 2.10

定理 6（介值定理）　设 $f(x)$ 是区间 $[a,b]$ 上的连续函数，则对介于 $f(a)$ 与 $f(b)$ 之间任一实数 C，必有 $x_0 \in (a,b)$ 使 $f(x_0) = C$.

若 $[a,b]$ 上连续函数 $f(x)$ 在端点 a,b 的函数值异号，则 $C = 0$ 便介于 $f(a)$ 及 $f(b)$ 之间，从而由定理 6，必有 $x_0 \in (a,b)$ 使 $f(x_0) = 0$（见图 2.10）. 此时，称 x_0 是函数 $f(x)$ 的零点或方程 $f(x) = 0$ 的根，即有以下结论.

定理 7（零点存在定理）　设 $f(x)$ 在 $[a,b]$ 上连续，$f(a)f(b) < 0$，则存在 $x_0 \in (a,b)$ 使 $f(x_0) = 0$.

例 5　证明方程 $x^5 - 3x = 1$ 在区间 $(1,2)$ 内有一个根.

证　记 $f(x) = x^5 - 3x - 1$，因 $f(x)$ 在 $[1,2]$ 上连续且 $f(1) = -3$，$f(2) = 25$，$f(1)f(2) < 0$，故依定理 7，存在 $x_0 \in (1,2)$ 使 $f(x_0) = x_0^5 - 3x_0 - 1 = 0$，即 $x_0^5 -$

$3x_0=1$. 这表明该方程在(1,2)内必有根 x_0.

例 6 设 $f(x)$ 在 $[a,b]$ 上连续,没有零点,则 $f(x)$ 在 $[a,b]$ 上保持恒正或恒负.

证 设结论不成立,即 $f(x)$ 在 $[a,b]$ 上可取正值及负值. 设 $x_1,x_2\in[a,b]$,且 $f(x_1)$ 及 $f(x_2)$ 异号,则 $f(x_1)f(x_2)<0$. 于是由定理 6,在 x_1 与 x_2 之间有 x_0,使 $f(x_0)=0$,但 $x_1,x_2\in[a,b]$,故 $x_0\in[a,b]$,这与条件矛盾,故结论成立.

习题 2.4

1. 求以下函数的间断点并指明间断点的类型.

(1) $f(x)=\dfrac{x}{1+x}$;　　(2) $f(x)=\begin{cases}2x+3, & x>0,\\ x+1, & x\leqslant 0;\end{cases}$

(3) $f(x)=\dfrac{x^2-x}{|x|(x^2-1)}$;　　(4) $f(x)=(1+2^{\frac{1}{x-1}})^{-1}$;

(5) $f(x)=\lim\limits_{n\to\infty}\dfrac{1}{1+x^n}(x>0)$;　　(6) $f(x)=\lim\limits_{n\to\infty}\dfrac{nx}{nx^2+1}$.

2. a 取何值时下列函数在定义域内连续?

(1) $f(x)=\begin{cases}ax^2, & 0\leqslant x\leqslant 2,\\ 2x-1, & 2<x\leqslant 4;\end{cases}$　　(2) $f(x)=\begin{cases}\dfrac{\ln(1+ax)}{x}, & x>0;\\ 1, & x\leqslant 0.\end{cases}$

3. 求下列函数的极限:

(1) $\lim\limits_{x\to 0}\ln(\cos^2 x+\sqrt{1-x^2})$;　　(2) $\lim\limits_{x\to 1}\dfrac{\sin x}{2x}$;

(3) $\lim\limits_{x\to 0}\dfrac{\ln(1+x)}{\sin 2x}$;　　(4) $\lim\limits_{x\to 0}\dfrac{2^x-1}{3^x-1}$;

(5) $\lim\limits_{x\to 0}\dfrac{\sqrt{4+x}-2}{x}$;　　(6) $\lim\limits_{x\to 1}\dfrac{e^{x^2}-e}{x-1}$.

4. 证明方程 $e^x-x=2$ 在区间(0,2)内有一个根.

5. 证明方程 $x2^x=1$ 在区间(0,1)内有一个根.

6. 设 $f(x)$ 在 $[0,+\infty)$ 上连续,$f(+\infty)=0$,证明 $f(x)$ 在 $[0,+\infty)$ 上有界.

小　结

一、基本要求

● 关于极限概念. 着重理解数列极限、函数极限的含义. 对于极限的 $\varepsilon-N$,$\varepsilon-\delta$ 等方法的运用不作过高要求. 知道极限的唯一性及有界性定理. 知道极限 $\lim\limits_{x\to x_0}f(x)$ 与左右极限的关系.

● 掌握极限的四则运算法则及两个重要极限,能运用它们求一些简单的极限.会求分段函数在分段点的极限.

● 知道判别极限存在的两个准则(单调有界准则及夹挤准则).知道极限的保号性.

● 了解无穷小、无穷大的概念及其相互关系.知道无穷小的性质.会对无穷小进行比较,会用等价代换法化简极限.

● 理解函数在一点连续的概念、了解间断点的概念.会判断间断点的类型.会判断分段函数在分段点的连续性.

● 知道初等函数的连续性.知道闭区间上连续函数的性质(最值定理、介值定理等).会用介值定理证明方程的根的存在性.

二、内容提要

1. 数列极限

● 概念

单调列　称$\{x_n\}$为单调增,若$x_n \leqslant x_{n+1}(n \in \mathbf{N})$;称$\{x_n\}$为单调减,若$x_n \geqslant x_{n+1}(n \in \mathbf{N})$.

将以上定义中不等号换作严格不等号即得严格单调数列定义.

有界列　存在$M > 0$,使$|x_n| \leqslant M(n \in \mathbf{N})$.

$\lim\limits_{n\to\infty} x_n = A$　若对任给$\varepsilon > 0$,存在$\mathbf{N}$,当$n > \mathbf{N}$时$|x_n - A| < \varepsilon$.

● 性质

唯一性与有界性　若$\lim\limits_{n\to\infty} x_n = A$,则极限唯一确定且$\{x_n\}$有界.

收敛判别准则　(1) 单调有界准则:单调有界数列是收敛数列.(2) 夹挤准则:若$a_n \leqslant x_n \leqslant b_n(n \in \mathbf{N})$,且$\lim\limits_{n\to\infty} a_n = \lim\limits_{n\to\infty} b_n = A$,则$\lim\limits_{n\to\infty} x_n = A$.

● 计算

四则运算法则　若$\lim\limits_{n\to\infty} x_n = A$,　$\lim\limits_{n\to\infty} y_n = B$,则

$$\lim_{n\to\infty}(x_n \pm y_n) = A \pm B, \lim_{n\to\infty} x_n y_n = AB, \quad \lim_{n\to\infty} x_n / y_n = A/B(B \neq 0).$$

常用极限　$\lim\limits_{n\to\infty}(1 + \dfrac{1}{n})^n = \mathrm{e}, \lim\limits_{n\to\infty} \sqrt[n]{n} = \lim\limits_{n\to\infty} \sqrt[n]{a} = 1(a > 0)$,

$$\lim_{n\to\infty} a^n = 0(|a| < 1).$$

2. 函数的极限

● 概念

函数$f(x)$趋于常数A依x变化方式不同而分为以下六种:

①	$\lim\limits_{x\to x_0} f(x)=A$	对任给 $\varepsilon>0$	存在 $\delta>0$	当 $x\in N^0(x_0,\delta)$ 时	$\lvert f(x)-A\rvert<\varepsilon$
②	$\lim\limits_{x\to x_0^-} f(x)=A$			当 $x\in(x_0-\delta,x_0)$ 时	
③	$\lim\limits_{x\to x_0^+} f(x)=A$			当 $x\in(x_0,x_0+\delta)$ 时	
④	$\lim\limits_{x\to+\infty} f(x)=A$		存在 $X>0$	当 $x\in(X,+\infty)$ 时	
⑤	$\lim\limits_{x\to-\infty} f(x)=A$			当 $x\in(-\infty,-X)$ 时	
⑥	$\lim\limits_{x\to\infty} f(x)=A$			当 $\lvert x\rvert\in(X,+\infty)$ 时	

● 性质

保号性 若 $\lim\limits_{x\to x_0} f(x)=A>0$,则存在 $\delta>0$,使

$$f(x)>0,\quad x\in N^0(x,\delta).$$

注 这是以 ① 为例写的,其余几种可类比写出,下同.

左右极限 $\lim\limits_{x\to x_0} f(x)=A\Leftrightarrow\lim\limits_{x\to x_0^-} f(x)=\lim\limits_{x\to x_0^+} f(x)=A.$

夹挤准则 若 $a(x)\leqslant f(x)\leqslant b(x)(x\in N^0(x_0))$ 且 $\lim\limits_{x\to x_0} a(x)=\lim\limits_{x\to x_0} b(x)=A$,则 $\lim\limits_{x\to x_0} f(x)=A.$

● 计算

四则运算法则 若 $\lim\limits_{x\to x_0} f(x)=A,\lim\limits_{x\to x_0} g(x)=B$,则

$$\lim_{x\to x_0}(f(x)\pm g(x))=A\pm B,\quad \lim_{x\to x_0} f(x)g(x)=AB,$$

$$\lim_{x\to x_0} f(x)/g(x)=A/B(B\neq 0).$$

变量代换 若 $x\to x_0$ 时 $\varphi(x)\to l$(l 为有限或无穷),则令 $y=\varphi(x)$,便有

$$\lim_{x\to x_0} f(\varphi(x))=\lim_{y\to l} f(y).$$

重要极限

$$\lim_{x\to 0}\frac{\sin x}{x}=1,\quad \lim_{x\to 0}(1+x)^{\frac{1}{x}}=\lim_{x\to\infty}(1+\frac{1}{x})^x=\mathrm{e}.$$

3. 无穷小量与无穷大量

● 概念

无穷小量 以零为极限的函数变量或数列;

无穷大量 趋向无穷大的函数变量或数列.

$\alpha=o(\beta)$ 若 $\dfrac{\alpha}{\beta}\to 0$,称 α 较 β 高阶;

$\alpha=o(\beta)$ 若 $\dfrac{\alpha}{\beta}\to l\neq 0$,称 α 与 β 同阶;

$\alpha \sim \beta$　　若$\dfrac{\alpha}{\beta} \to 1$,称$\alpha$与$\beta$等价.(其中$\alpha,\beta$均为同一过程的无穷小量.)

● 性质

运算规则　$\alpha \pm \beta \to 0, \alpha \cdot \beta \to 0, \alpha \cdot B \to 0$.

(其中α,β为无穷小量,B为有界量.)

等价代换法则　若$\alpha \sim \beta$,则当等式一端极限存在时,

$$\lim \alpha\gamma = \lim \beta\gamma, \quad \lim \frac{\gamma}{\alpha} = \lim \frac{\gamma}{\beta}.$$

4. 连续函数

● 概念

在一点连续　若$\lim\limits_{x \to x_0} f(x) = f(x_0)$,则称$f(x)$在$x_0$连续;

在(a,b)上连续　若$f(x)$在每个$x_0 \in (a,b)$处连续;

在$[a,b]$上连续　若$f(x)$在(a,b)上连续,且在a点右连续,b点左连续;

间断点　若$\lim\limits_{x \to x_0} f(x) = f(x_0)$不成立,则$x_0$如下.

第一类间断点:	$f(x_0^+)$与$f(x_0^-)$都存在	$f(x_0^+) = f(x_0^-) \neq f(x_0)$(可去)
		$f(x_0^+) \neq f(x_0^-)$(跳跃)
第二类间断点:	$f(x_0^+)$与$f(x_0^-)$至少有一个不存在	

● 性质

最值定理　$[a,b]$上的连续函数$f(x)$在$[a,b]$上是有界函数,能达到最大值$\max f(x)$及最小值$\min f(x)$.

介值定理　设$f(x)$在$[a,b]$上连续,则对$f(a)$与$f(b)$间任何实数A均有$x_0 \in (a,b)$使$f(x_0) = A$.

零点存在定理　设$f(x)$在$[a,b]$上连续,若$f(a)f(b) < 0$,则存在$x_0 \in (a,b)$使$f(x_0) = 0$.

初等函数的连续性　初等函数在其定义区间内处处连续.

三、学习指导

● 本章介绍的极限概念是学习导数、积分、级数等的基础.极限运算是一种基本的计算工具,须熟练掌握.连续函数作为利用极限描述的一类特殊函数,其应用亦十分广泛,这从它所满足的最值定理,介值定理,零点存在定理,以及初等函数均在定义区间上连续的性质上可以看出.

● 可将数列极限与函数极限的定义、性质、运算法则对比着看,会找到较多的

共性,对不同之处进行比较亦可加深印象.比如极限的唯一性,四则运算法则,夹挤准则是完全一致的.而有界性则略有不同:数列$\{x_n\}$收敛时可以说它是有界数列,因为N之前的x_n是有限个,从中能找出最大最小者.但函数$f(x)$收敛时不能说它在定义域上有界,如$f(x)=\dfrac{x}{x+1}$,极限$\lim\limits_{x\to+\infty}f(x)=1$,可以说$f(x)$在某个区间$[X,+\infty)$上有界,但不能说$f(x)$在定义域$(-\infty,-1)\cup(-1,+\infty)$上有界.

● 计算极限的方法较多.例如第四章中的洛必达法则.目前,主要是掌握四则运算规则、等价代换法则以及初等变形、变量代换来进行计算.计算时可以从以下几点来考虑:

▲ 若a是$f(x)$的连续点(如初等函数的定义点),则$\lim\limits_{x\to a}f(x)=f(a)$.例如

$$\lim_{x\to\pi}\mathrm{e}^{\sin x}/x^2=\mathrm{e}^{\sin\pi}/\pi^2=1/\pi^2,\quad \lim_{x\to\pi/2}\frac{\sin x}{x}=\frac{2}{\pi}.$$

▲ 若a是基本初等函数的定义区间的端点,但在端点处该函数无定义,则可根据基本初等函数的定义来分析极限.如

$$\lim_{x\to0^+}\ln x=-\infty,\quad \lim_{x\to+\infty}\mathrm{e}^x=+\infty,\quad \lim_{x\to-\infty}\mathrm{e}^x=0;$$

$$\lim_{x\to(\pi/2)^+}\tan x=+\infty,\quad \lim_{x\to+\infty}\arctan x=\frac{\pi}{2},\quad \lim_{x\to0}\frac{1}{x}=\infty.$$

▲ 利用两个重要极限(见2.1节例12;2.2节例14,15).

▲ 利用夹挤准则(见2.1节例8,9,10).

▲ 利用等价代换(见2.3节例4,5,6,7).

▲ 利用变量代换(见2.2节例12,13).

▲ 利用初等变形(如$\lim\limits_{n\to\infty}(\sqrt{n+1}-\sqrt{n})=\lim\limits_{n\to\infty}\dfrac{1}{\sqrt{n+1}+\sqrt{n}}=0$).

(又如$\lim\limits_{n\to\infty}\dfrac{2n^2-n}{n^2+1}=\lim\limits_{n\to\infty}\dfrac{2-1/n}{1+1/n^2}=\lim\limits_{n\to\infty}(2-1/n)/\lim\limits_{n\to\infty}(1+1/n^2)=2$.)

● 对于分段函数,常常讨论它在分段点x_0的极限与连续问题(第三章中还要讨论可导性问题).通常要考虑单侧极限.仅当$f(x_0^+)=f(x_0^-)=f(x_0)$时,函数$f(x)$在x_0为连续.另外,有些分段函数$f(x)$,在x_0两侧的表达式完全一样,但两侧的左右极限不相同,因而也须分侧考虑.例如

$$f(x)=\begin{cases}\dfrac{2^{\frac{1}{x}}+1}{2^{\frac{1}{x}}-1}, & x\neq0;\\ 0, & x=0,\end{cases}$$

在分段点$x=0$,$f(0^+)=1$,$f(0^-)=-1$,所以,$x=0$是$f(x)$的跳跃间断点.

自　测　题

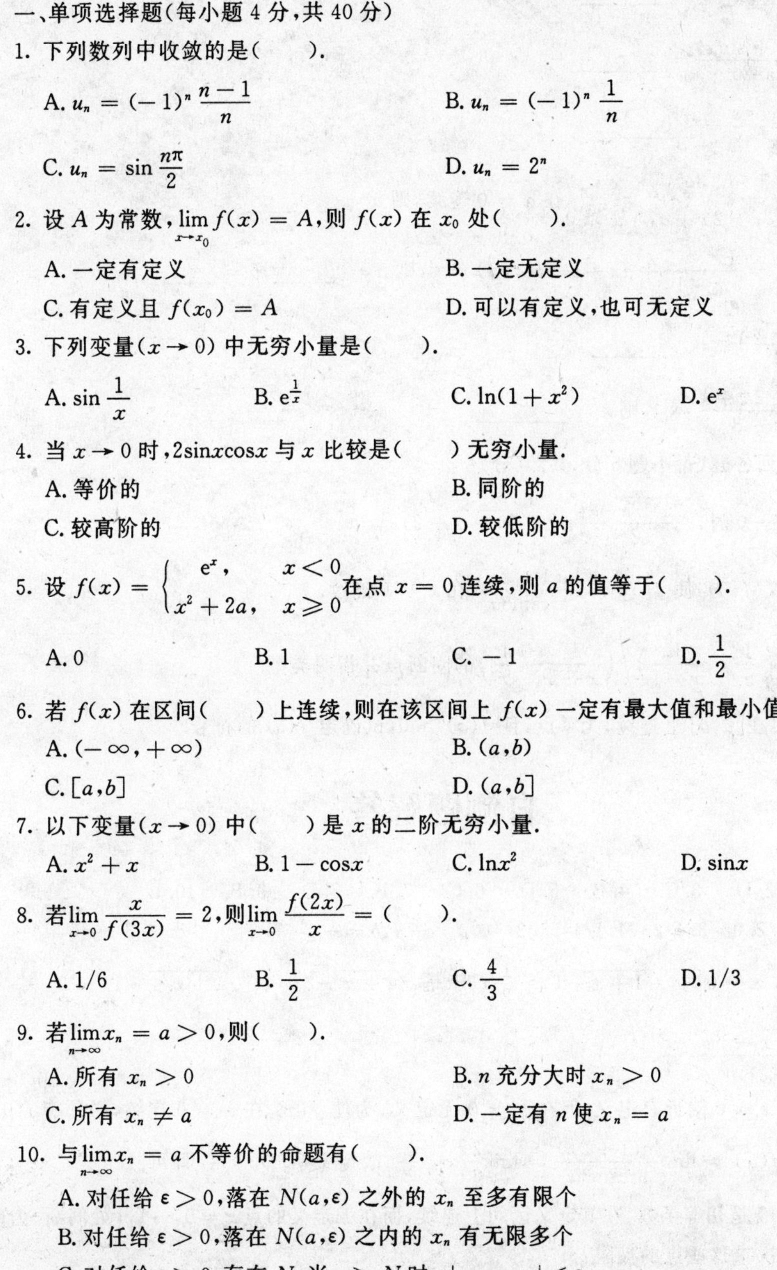

一、单项选择题(每小题 4 分,共 40 分)

1. 下列数列中收敛的是(　　).

A. $u_n=(-1)^n\dfrac{n-1}{n}$　　B. $u_n=(-1)^n\dfrac{1}{n}$

C. $u_n=\sin\dfrac{n\pi}{2}$　　D. $u_n=2^n$

2. 设 A 为常数,$\lim\limits_{x\to x_0}f(x)=A$,则 $f(x)$ 在 x_0 处(　　).

A. 一定有定义　　B. 一定无定义

C. 有定义且 $f(x_0)=A$　　D. 可以有定义,也可无定义

3. 下列变量($x\to 0$)中无穷小量是(　　).

A. $\sin\dfrac{1}{x}$　　B. $e^{\frac{1}{x}}$　　C. $\ln(1+x^2)$　　D. e^x

4. 当 $x\to 0$ 时,$2\sin x\cos x$ 与 x 比较是(　　)无穷小量.

A. 等价的　　B. 同阶的

C. 较高阶的　　D. 较低阶的

5. 设 $f(x)=\begin{cases}e^x, & x<0\\ x^2+2a, & x\geqslant 0\end{cases}$ 在点 $x=0$ 连续,则 a 的值等于(　　).

A. 0　　B. 1　　C. -1　　D. $\dfrac{1}{2}$

6. 若 $f(x)$ 在区间(　　)上连续,则在该区间上 $f(x)$ 一定有最大值和最小值.

A. $(-\infty,+\infty)$　　B. (a,b)

C. $[a,b]$　　D. $(a,b]$

7. 以下变量($x\to 0$)中(　　)是 x 的二阶无穷小量.

A. x^2+x　　B. $1-\cos x$　　C. $\ln x^2$　　D. $\sin x$

8. 若 $\lim\limits_{x\to 0}\dfrac{x}{f(3x)}=2$,则 $\lim\limits_{x\to 0}\dfrac{f(2x)}{x}=$(　　).

A. 1/6　　B. $\dfrac{1}{2}$　　C. $\dfrac{4}{3}$　　D. 1/3

9. 若 $\lim\limits_{n\to\infty}x_n=a>0$,则(　　).

A. 所有 $x_n>0$　　B. n 充分大时 $x_n>0$

C. 所有 $x_n\neq a$　　D. 一定有 n 使 $x_n=a$

10. 与 $\lim\limits_{n\to\infty}x_n=a$ 不等价的命题有(　　).

A. 对任给 $\varepsilon>0$,落在 $N(a,\varepsilon)$ 之外的 x_n 至多有限个

B. 对任给 $\varepsilon>0$,落在 $N(a,\varepsilon)$ 之内的 x_n 有无限多个

C. 对任给 $\varepsilon>0$,存在 N,当 $n>N$ 时,$|x_n-a|<\varepsilon$

D. 对任给 $\varepsilon\in(0,1)$,存在 N,当 $n>N$ 时,$|x_n-a|<2\varepsilon$

二、填空题(每小题 5 分,共 40 分)

1. $\lim\limits_{n\to\infty}(\sqrt{n^2+n}-n)=$ ________.

2. $\lim\limits_{x\to1}\dfrac{x^2-2x+1}{x^3-x}=$ ________.

3. $\lim\limits_{x\to0}\dfrac{\ln(1+\sin x)}{\tan 2x}=$ ________.

4. $\lim\limits_{x\to0}\dfrac{1-\cos x}{2x^2}=$ ________.

5. 设 $f(x)=\begin{cases}3e^x, & x<0\\ 2x+a, & x\geqslant 0\end{cases}$ 在 $x=0$ 连续,则 $a=$ ________.

6. 设 $f(x)=\dfrac{4x^2+3}{x-1}+ax+b$, $\lim\limits_{x\to\infty}f(x)=0$,则 $a=$ ______, $b=$ ______.

7. $\lim\limits_{x\to0}\left(\dfrac{2-x}{2}\right)^{\frac{2}{x}}=$ ________.

8. $\lim\limits_{x\to3}\dfrac{x^2-2x+k}{x-3}=4$,则 $k=$ ________.

三、求解下列各题(每小题 5 分,共 20 分)

1. 证明:$x\to0$ 时,$\dfrac{\sqrt{1+x}-1}{2}\sim(\sqrt{4+x}-2)$.

2. 补充定义 $f(0)$,使 $f(x)=\dfrac{\ln(1+2x)}{\arcsin 3x}$ 在 $x=0$ 连续.

3. 求 $y=\left(\dfrac{1}{x}-\dfrac{1}{x+1}\right)\bigg/\left(\dfrac{1}{x-1}-\dfrac{1}{x}\right)$ 的间断点并指明类型.

4. 设 $f(x)$ 在 $[a,b]$ 上连续,无零点,且 $f(a)>0$,试确定 $f(b)$ 的符号.

自测题解答

一、1. B.　2. D.　3. C.　4. B.　5. D.　6. C.　7. B.　8. D.　9. B.　10. B.

二、1. 1/2　2. 0　3. 1/2　4. 1/4　5. 3　6. $a=-4$, $b=-4$　7. e^{-2}　8. -3

三、1. 因为 $x\to0$ 时,$\sqrt{1+x}-1\sim\dfrac{1}{2}x$,于是 $\sqrt{4+x}-2=2(\sqrt{1+x/4}-1)\sim2\cdot\dfrac{1}{2}\cdot\dfrac{x}{4}$ $=\dfrac{x}{4}$,故 $\dfrac{\sqrt{1+x}-1}{2}\sim\dfrac{x}{4}$.

2. $f(x)$ 在 $x=0$ 附近有定义,但在 $x=0$ 无定义,为使 $f(x)$ 在 $x=0$ 连续,必须有 $f(0)=\lim\limits_{x\to0}f(x)$,而 $\lim\limits_{x\to0}f(x)=\lim\limits_{x\to0}\dfrac{\ln(1+2x)}{\arcsin 3x}=\lim\limits_{x\to0}\dfrac{2x}{3x}=\dfrac{2}{3}$,故定义 $f(0)=\dfrac{2}{3}$ 即可.

3. 函数 $y(x)$ 是初等函数,在其定义区间上连续,而在无定义的点 $x=0,-1,1$ 处间断. 为确定间断点类型,依次求这些点的极限:

因 $y=\dfrac{x-1}{x+1}(x\neq0,\pm1)$,故

$$\lim_{x\to 0} y=-1,\lim_{x\to -1} y=\infty,\lim_{x\to 1} y=0.$$

可见在 $x=0$ 及 $x=1$ 处，函数极限存在而且是可去间断点，而 $x=-1$ 为第二类间断点(无穷型).

4. $f(b)>0$. 因为若 $f(b)=0$，则与条件 $f(x)$ 于 $[a,b]$ 上无零点矛盾. 若 $f(b)<0$，则由连续函数的介值定理以及 $f(a)f(b)<0$ 可推出 $f(x)$ 在 (a,b) 内有零点，这仍与条件矛盾，故 $f(b)$ 只能为正值.

第三章　导数与微分

导数概念是微积分学中的一个核心概念，与导数概念密切相关的是微分，它们的理论和算法构成微分学的基本内容. 本章将在极限概念的基础上引进导数与微分的定义，讨论导数与微分的基本运算，介绍导数与微分的某些应用.

3.1　导数概念

前面介绍的函数表述了变量间的依从关系，但在科学研究与实践活动中有许多重要问题仅仅知道变量间的依从关系是不够的，还须确定变量的改变量之间的关系，即函数的变化率问题。把实际问题中的变化率问题加以概括和抽象就得出导数概念.

3.1.1　典型实例

1. 变速直线运动的瞬时速度

设作变速直线运动的质点在 t 时刻走过的路程为 s，即路程 s 是时间 t 的函数 $s=s(t)$，称此方程为质点的运动方程. 下面研究质点在 t_0 时刻的瞬时速度.

当时间 t 从 t_0 变到 $t_0+\Delta t$ 时，质点在 Δt 内走过的路程为

$$\Delta s = s(t_0+\Delta t)-s(t_0)\quad（其中\ t_0\ 是常量）.$$

若质点运动是匀速的，比值

$$\bar{v}=\frac{\Delta s}{\Delta t}=\frac{s(t_0+\Delta t)-s(t_0)}{\Delta t}$$

便是一个与 Δt 无关的常数，它表示在时间段 $[t_0,t_0+\Delta t]$ 内质点运动的平均速度. 若质点运动是非匀速的，则 $\bar{v}$ 不是常数（与 Δt 相关）. 易见，Δt 愈小，Δt 时间内的平均速度 $\bar{v}$ 的值就愈接近 t_0 时刻的速度. 因此，当 $\Delta t\to 0$ 时，若 $\bar{v}$ 有极限，则称此极限值为质点在 t_0 时刻的瞬时速度，并记为 $v(t_0)$，即定义

$$v(t_0)=\lim_{\Delta t\to 0}\frac{\Delta s}{\Delta t}=\lim_{\Delta t\to 0}\frac{s(t_0+\Delta t)-s(t_0)}{\Delta t}. \tag{1}$$

式(1)对于匀速运动也是适用的，因为这时平均速度是常量，当 $\Delta t\to 0$ 时，平均速度的极限还是这个常量且它等于质点运动在任何时刻的速度.

例 1　求自由落体在 t_0 时刻的瞬时速率.

解　由物理学知，自由落体运动方程为

$$s(t)=\frac{1}{2}gt^2,$$

于是
$$s(t_0+\Delta t)=\frac{1}{2}g(t_0+\Delta t)^2.$$
在$[t_0,t_0+\Delta t]$内，落体经过的路程为
$$\begin{aligned}\Delta s=s(t_0+\Delta t)-s(t_0)&=\frac{1}{2}g(t_0+\Delta t)^2-\frac{1}{2}g{t_0}^2\\&=\frac{1}{2}g[{t_0}^2+2t_0\Delta t+\Delta t^2-{t_0}^2]=gt_0\Delta t+\frac{1}{2}g\Delta t^2.\end{aligned}\tag{2}$$
由式(2)得落体在t_0时刻的瞬时速率为
$$v(t_0)=\lim_{\Delta t\to 0}\frac{\Delta s}{\Delta t}=\lim_{\Delta t\to 0}\frac{gt_0\Delta t+\frac{1}{2}g\Delta t^2}{\Delta t}=\lim_{\Delta t\to 0}(gt_0+\frac{1}{2}g\Delta t)=gt_0.\tag{3}$$

2. 曲线的切线斜率

给定平面上一已知曲线C，设其方程为$y=f(x)$，$M_0(x_0,y_0)$是曲线C上的一点，求曲线C在点M_0处的切线方程.

设$M(x_0+\Delta x,y_0+\Delta y)$为曲线$C$上$M_0$邻近的另一点(见图3.1所示)，连接$M_0$、$M$两点，得割线$\overline{M_0M}$，割线$\overline{M_0M}$的斜率为
$$\bar{k}=\frac{\Delta y}{\Delta x}=\frac{f(x_0+\Delta x)-f(x_0)}{\Delta x}.$$

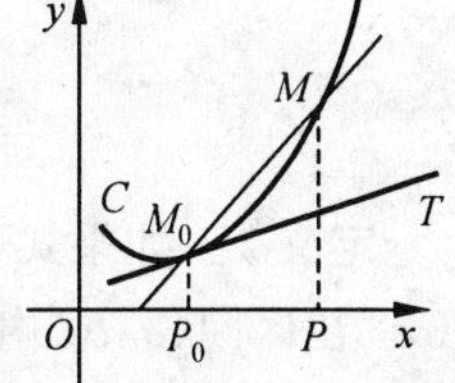

图 3.1

当$\Delta x\to 0$时，动点M沿着曲线$y=f(x)$趋于M_0，此时定义割线的极限位置M_0T为曲线$y=f(x)$在M_0处的切线，即曲线C在M_0处的切线斜率为
$$k=\lim_{\Delta x\to 0}\frac{\Delta y}{\Delta x}=\lim_{\Delta x\to 0}\frac{f(x_0+\Delta x)-f(x_0)}{\Delta x}.\tag{4}$$
当k为有限值时，曲线C在点M_0处的切线方程为
$$y-y_0=k(x-x_0).\tag{5}$$
当k为$\pm\infty$时，M_0T的方程为$x=x_0$，此时点M_0处的切线垂直于x轴.

例 2　求抛物线$y=x^2$在点(1,1)处的切线方程和法线方程.

解　由式(4)知，抛物线在$x=1$处的切线斜率为
$$\begin{aligned}k&=\lim_{\Delta x\to 0}\frac{f(1+\Delta x)-f(1)}{\Delta x}=\lim_{\Delta x\to 0}\frac{(1+\Delta x)^2-1}{\Delta x}\\&=\lim_{\Delta x\to 0}\frac{2\Delta x+\Delta x^2}{\Delta x}=\lim_{\Delta x\to 0}(2+\Delta x)=2.\end{aligned}$$
由此即可写出所求切线方程为
$$y-1=2(x-1)\quad 或\quad y=2x-1.$$
所求法线方程为
$$y-1=-\frac{1}{2}(x-1)\quad 或\quad y=-\frac{1}{2}x+\frac{3}{2}.$$

3.1.2 导数的定义

除了 3.1.1 节所举的两例外,还有许多概念如物理学中的电流强度、角速度、非均匀棒的线密度、物体温度,经济学中的边际成本,边际利润等,其定义中均出现形如式(1) 或式(4) 的极限,从中抽去它们具体的物理意义而单独研究变量间的内在联系时,我们就得到下面的导数概念.

定义 1 设函数 $y=f(x)$ 在点 x_0 的某邻域 $N(x_0)$ 内有定义,当自变量 x 在 x_0 处取得改变量 Δx,且 $x_0+\Delta x\in N(x_0)$ 时,相应的函数改变量为 $\Delta y=f(x_0+\Delta x)-f(x_0)$,如果当 $\Delta x\to 0$ 时,比值 $\dfrac{\Delta y}{\Delta x}$ 的极限存在(或无限时),则称此极限值为函数 $y=f(x)$ 在点 x_0 处的**导数**,记作 $f'(x_0)$,$\left.\dfrac{\mathrm{d}y}{\mathrm{d}x}\right|_{x=x_0}$ 或 $y'(x_0)$,即

$$f'(x_0)=\lim_{\Delta x\to 0}\frac{\Delta y}{\Delta x}=\lim_{\Delta x\to 0}\frac{f(x_0+\Delta x)-f(x_0)}{\Delta x}$$

$$\overset{\text{或}}{=\!=}\lim_{h\to 0}\frac{f(x_0+h)-f(x_0)}{h}(\text{若记 } h=\Delta x). \tag{6}$$

定义 2 如果式(6) 中极限为有限值,则称函数 $f(x)$ 在 x_0 处**可导**. 如果函数 $y=f(x)$ 在区间(a,b) 内每一点处都可导,则称此函数在区间(a,b) 上可导. 在任意点 x 处,$y=f(x)$ 的导数记作 y'、$f'(x)$ 或 $\dfrac{\mathrm{d}y}{\mathrm{d}x}$、$\dfrac{\mathrm{d}f(x)}{\mathrm{d}x}$.

若记 $\Delta x=x-x_0$,因 $\Delta x\to 0$ 时 $x\to x_0$,故式(6) 等价于以下形式:

$$f'(x_0)=\lim_{x\to x_0}\frac{f(x)-f(x_0)}{x-x_0}. \tag{7}$$

根据导数定义知,$f'(x_0)$ 是一个极限值. 由于函数在一点的极限存在的充分必要条件是函数在该点处的左、右极限存在且相等,现记

$$f'_-(x_0)=\lim_{x\to x_0^-}\frac{f(x)-f(x_0)}{x-x_0},\quad f'_+(x_0)=\lim_{x\to x_0^+}\frac{f(x)-f(x_0)}{x-x_0},$$

因此
$$f'(x_0)\text{ 存在}\Longleftrightarrow f'_+(x_0)=f'_-(x_0). \tag{8}$$

$f'_+(x_0)$、$f'_-(x_0)$ 分别称为函数 $f(x)$ 在 x_0 处的**右导数**与**左导数**,式(8) 常用来判定分段函数在分段点处的可导性.

如果函数 $y=f(x)$ 在区间(a,b) 内可导,则对于该区间内每一点 x 都有对应的导数值 $f'(x)$,故 $f'(x)$ 也是 x 的函数,称 $f'(x)$ 为导函数. 由导数定义知,对区间(a,b) 内每一点 x,有

$$f'(x)=\lim_{h\to 0}\frac{f(x+h)-f(x)}{h}. \tag{9}$$

有时也可用 y' 来表示 $f'(x)$.

式(9) 中虽然 x 可取(a,b) 内的任何数值,但在求极限过程中,x 是常量,h 是变

量，$f(x)$ 在 x_0 处的导数就是导函数 $f'(x)$ 在点 x_0 处的值，即

$$f'(x_0)=f'(x)\Big|_{x=x_0}.$$

下面根据导数定义求一些简单函数的导数.

例 3　求函数 $f(x)=c$(c 为常数) 的导数.

解　$f'(x)=\lim\limits_{h\to 0}\dfrac{f(x+h)-f(x)}{h}=\lim\limits_{h\to 0}\dfrac{c-c}{h}=0$,

即
$$(c)'=0.$$

此例表明，常数的导数等于零.

例 4　设 $f(x)=\begin{cases}-x, & x\leqslant 0;\\ x^2, & x>0,\end{cases}$ 讨论函数 $f(x)$ 在 $x=0$ 处的可导性(见图 3.2).

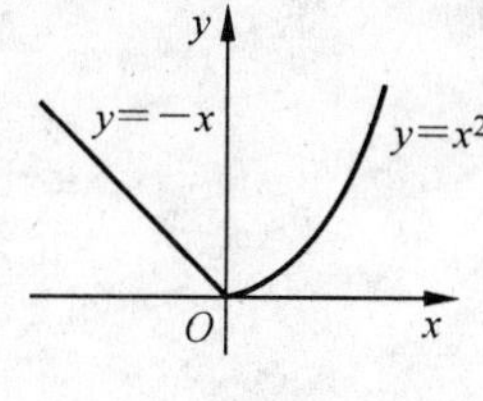

图 3.2

解　因

$$f'_-(0)=\lim_{x\to 0^-}\frac{f(x)-f(0)}{x-0}=\lim_{x\to 0^-}\frac{-x-0}{x}=-1;$$

$$f'_+(0)=\lim_{x\to 0^+}\frac{f(x)-f(0)}{x-0}=\lim_{x\to 0^+}\frac{x^2-0}{x}=0,$$

所以，由 $f'_-(0)\neq f'_+(0)$ 知，函数 $f(x)$ 在 $x=0$ 处不可导.

例 5　设函数 $f(x)=\begin{cases}x^2\sin\dfrac{1}{x}, & x\neq 0;\\ 0, & x=0,\end{cases}$ 求 $f'(0)$.

解　$f'(0)=\lim\limits_{x\to 0}\dfrac{f(x)-f(0)}{x}=\lim\limits_{x\to 0}\dfrac{x^2\sin\dfrac{1}{x}-0}{x}=\lim\limits_{x\to 0}x\sin\dfrac{1}{x}=0$.(有界量与无穷小的积仍是无穷小)

例 4，例 5 表明，对分段函数在分段点处的可导性一定要用导数定义分侧判定.

例 6　设 $y=\sin x$，求 y'.

解　因 $\Delta y=\sin(x+\Delta x)-\sin x=2\cos(x+\dfrac{\Delta x}{2})\sin\dfrac{\Delta x}{2}$，所以得

$$y'=\lim_{\Delta x\to 0}\frac{\Delta y}{\Delta x}=\lim_{\Delta x\to 0}\frac{2\cos\left(x+\dfrac{\Delta x}{2}\right)\sin\dfrac{\Delta x}{2}}{\Delta x}=\lim_{\Delta x\to 0}\cos\left(x+\frac{\Delta x}{2}\right)\cdot\frac{\sin\dfrac{\Delta x}{2}}{\dfrac{\Delta x}{2}}=\cos x,$$

即
$$(\sin x)'=\cos x.$$

用类似的方法可求得 $(\cos x)'=-\sin x$.

例 7　求函数 $f(x)=a^x(a>0,a\neq 1)$ 的导数.

解　$$f'(x)=\lim_{h\to 0}\frac{f(x+h)-f(x)}{h}=\lim_{h\to 0}\frac{a^{x+h}-a^x}{h}=a^x\lim_{h\to 0}\frac{a^h-1}{h}$$

$$\xlongequal{\text{令 } a^h-1=\Delta x} a^x \lim_{\Delta x\to 0}\frac{1}{\log_a(1+\Delta x)^{\frac{1}{\Delta x}}}=a^x\ln a,$$

故
$$(a^x)'=a^x\ln a \quad (a>0, a\neq 1).$$

特别,当 $a=\mathrm{e}$ 时,由 $\ln\mathrm{e}=1$ 得

$$(\mathrm{e}^x)'=\mathrm{e}^x\ln\mathrm{e}=\mathrm{e}^x. \tag{10}$$

式(10)表明,以 e 为底的指数函数的导数是它本身,这是以 e 为底的指数函数的一个重要性质.

例 8 求函数 $f(x)=\log_a x(a>0, a\neq 1, x>0)$ 的导数.

解
$$f'(x)=\lim_{h\to 0}\frac{f(x+h)-f(x)}{h}=\lim_{h\to 0}\frac{\log_a(x+h)-\log_a x}{h}$$

$$=\lim_{h\to 0}\frac{1}{h}\log_a\frac{x+h}{x}=\lim_{h\to 0}\frac{1}{h}\frac{\ln\left(1+\frac{h}{x}\right)}{\ln a}$$

$$=\lim_{h\to 0}\frac{\ln\left[\left(1+\frac{h}{x}\right)^{\frac{x}{h}}\right]^{\frac{1}{x}}}{\ln a}=\frac{1}{x\ln a},$$

即
$$(\log_a x)'=\frac{1}{x\ln a}.$$

特别,当 $a=\mathrm{e}$ 时,由上式得 $(\ln x)'=\dfrac{1}{x}$.

例 9 求函数 $f(x)=x^a$ 的导数($x\neq 0$).

解
$$f'(x)=\lim_{h\to 0}\frac{f(x+h)-f(x)}{h}=\lim_{h\to 0}\frac{(x+h)^a-x^a}{h}$$

$$=\lim_{h\to 0}\frac{x^a[(1+h/x)^a-1]}{h}=\lim_{h\to 0}\frac{x^a\cdot a\cdot h/x}{h}$$

$$=ax^{a-1}\left(\text{因 } h\to 0 \text{ 时},\left(1+\frac{h}{x}\right)^a-1\sim a\cdot\frac{h}{x}\right),$$

故
$$(x^a)'=ax^{a-1}. \tag{11}$$

$$(x^n)'=nx^{n-1},\left(\frac{1}{x}\right)'=-\frac{1}{x^2},(\sqrt{x})'=\frac{1}{2\sqrt{x}}.$$

3.1.3 导数的几何意义

从 3.1.1 节对曲线切线斜率问题的讨论中知道曲线 $y=f(x)$ 在 $M_0(x_0, y_0)$ 处的切线斜率为

$$k=\lim_{\Delta x\to 0}\frac{f(x_0+\Delta x)-f(x_0)}{\Delta x},$$

此即
$$f'(x_0)=k=\tan\alpha.$$

其中，α 是切线的倾角(见图 3.3). 因此，导数 $f'(x_0)$ 表示曲线 $y = f(x)$ 在点 M_0 的切线斜率，这就是导数的几何意义.

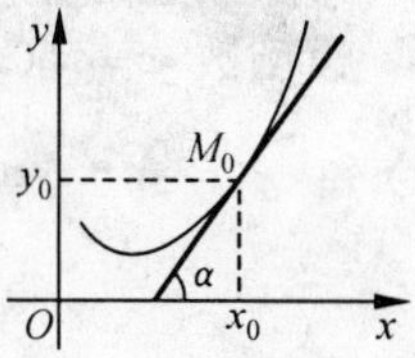

当 $f'(x_0) \neq \infty, 0$ 时，由几何意义即得曲线 $y = f(x)$ 在点 M_0 处的切线方程为

$$y - y_0 = f'(x_0)(x - x_0). \tag{12}$$

图 3.3

法线方程为

$$y - y_0 = -\frac{1}{f'(x_0)}(x - x_0). \tag{13}$$

而当 $f'(x_0) = \infty$ 时，切线方程为 $x = x_0$，法线方程为 $y = y_0$；当 $f'(x_0) = 0$ 时，切线方程为 $y = y_0$，法线方程为 $x = x_0$.

从几何上看，$f'(x_0) = 0$ 时，曲线在 M_0 处有水平切线；$f'(x_0) = \infty$ 时，曲线在 M_0 处有垂直切线.

例 10　求抛物线 $y = 2x^2$ 在曲线上点 $M_0(1,2)$ 处的切线方程与法线方程.

解　根据导数定义，易得出 $y' = 4x$，在 $x = 1$ 处 $y'(1) = 4$，由此可写出 M_0 处的切线方程为

$$y - 2 = 4(x - 1) \quad 或 \quad 4x - y = 2.$$

法线方程为

$$y - 2 = -\frac{1}{4}(x - 1) \quad 或 \quad x + 4y = 9.$$

例 11　求两曲线 $y = x^2$ 与 $y = \dfrac{1}{x}$ 在交点处的夹角.

解　所谓两条曲线在交点处的夹角是指在该交点处两曲线的切线之间的夹角，因为由公式(11) 知

$$(x^2)' = 2x, \quad \left(\frac{1}{x}\right)' = -\frac{1}{x^2}.$$

所以两曲线在交点(1,1) 处的切线斜率分别为

$$k_1 = (x^2)'\Big|_{x=1} = 2, \quad k_2 = \left(\frac{1}{x}\right)'\Big|_{x=1} = -\frac{1}{x^2}\Big|_{x=1} = -1.$$

若记两切线夹角中不超过 $\dfrac{\pi}{2}$ 的那个角为 α，则由两直线的夹角公式得

$$\tan\alpha = \left|\frac{k_1 - k_2}{1 + k_1 k_2}\right| = 3,$$

故

$$\alpha = \arctan 3 = 71.6°.$$

3.1.4　函数的可导性与连续性的关系

函数在一点的可导性与连续性均反映了函数在一点的局部性质.

设函数 $y=f(x)$ 在 x 处可导,则 $f'(x)=\lim\limits_{\Delta x\to 0}\dfrac{\Delta y}{\Delta x}$ 存在,根据极限理论(见2.3.1节)知

$$\frac{\Delta y}{\Delta x}=f'(x)+\alpha,$$

其中,$\lim\limits_{\Delta x\to 0}\alpha=0$,从而 $\Delta y=f'(x)\Delta x+\alpha\Delta x$. 由此可知

$$\lim_{\Delta x\to 0}\Delta y=\lim_{\Delta x\to 0}[f'(x)\Delta x+\alpha\Delta x]=0. \tag{14}$$

由函数在一点连续的定义,式(14) 表明函数 $y=f(x)$ 在 x 处连续.

结论:若函数 $f(x)$ 在点 x 处可导,则函数在该点处必连续.

值得注意的是:上述结论反过来不一定成立,即函数在某点连续时不一定在该点可导.

例 12 讨论函数 $f(x)=\sqrt[3]{x}$ 在 $x=0$ 处的连续性与可导性.

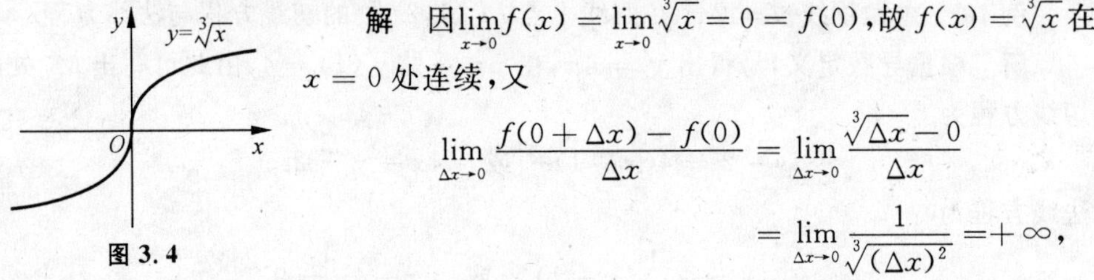

图 3.4

解 因 $\lim\limits_{x\to 0}f(x)=\lim\limits_{x\to 0}\sqrt[3]{x}=0=f(0)$,故 $f(x)=\sqrt[3]{x}$ 在 $x=0$ 处连续,又

$$\lim_{\Delta x\to 0}\frac{f(0+\Delta x)-f(0)}{\Delta x}=\lim_{\Delta x\to 0}\frac{\sqrt[3]{\Delta x}-0}{\Delta x}=\lim_{\Delta x\to 0}\frac{1}{\sqrt[3]{(\Delta x)^2}}=+\infty,$$

故 $f(x)=\sqrt[3]{x}$ 在 $x=0$ 处不可导(见图 3.4).

例 13 讨论函数

$$f(x)=\begin{cases}x\sin\dfrac{1}{x}, & x\neq 0;\\ 0, & x=0\end{cases}$$ 在 $x=0$ 处的连续性与可导性.

解 因 $$\lim_{x\to 0}f(x)=\lim_{x\to 0}x\sin\frac{1}{x}=0=f(0),$$

故 $f(x)$ 在 $x=0$ 处连续. 但

$$\lim_{\Delta x\to 0}\frac{f(0+\Delta x)-f(0)}{\Delta x}=\lim_{\Delta x\to 0}\frac{\Delta x\sin\dfrac{1}{\Delta x}-0}{\Delta x}=\lim_{\Delta x\to 0}\sin\frac{1}{\Delta x}$$

不存在,所以 $f(x)$ 在 $x=0$ 处不可导.

例 14 讨论函数 $f(x)=|x|$ 在 $x=0$ 处的连续性与可导性.

解 因

$$\lim_{x\to 0^+}f(x)=\lim_{x\to 0^+}x=0,$$

$$\lim_{x\to 0^-}f(x)=\lim_{x\to 0^-}(-x)=0,$$

由 $\lim\limits_{x\to 0}f(x)=0=f(0)$ 知,$f(x)=|x|$ 在 $x=0$ 处连续. 又

$$f'_+(0)=\lim_{\Delta x\to 0^+}\frac{f(0+\Delta x)-f(0)}{\Delta x}=\lim_{\Delta x\to 0^+}\frac{\Delta x-0}{\Delta x}=1,$$

$$f'_-(0)=\lim_{\Delta x\to 0^-}\frac{f(0+\Delta x)-f(0)}{\Delta x}=\lim_{\Delta x\to 0^-}\frac{-\Delta x-0}{\Delta x}=-1,$$

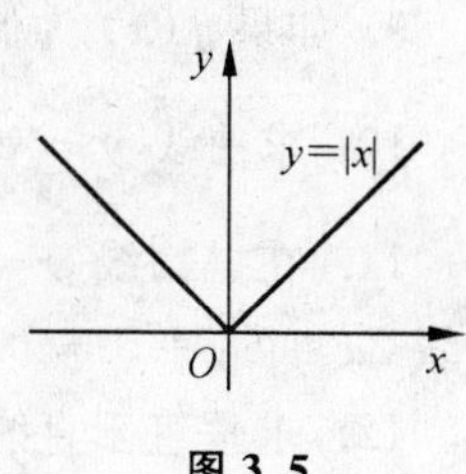

图 3.5

因 $f'_+(0)\neq f'_-(0)$，所以 $f(x)=|x|$ 在 $x=0$ 处不可导(见图 3.5).

习题 3.1

1. 研究下列函数在指定点处的可导性.

(1) $f(x)=\begin{cases}x, & x\leqslant 1\\ 2-x, & x>1\end{cases}$ $(x_0=1)$；　(2) $f(x)=\begin{cases}\sin x, & x<0\\ x^2, & x\geqslant 0\end{cases}$ $(x_0=0)$；

(3) $f(x)=\begin{cases}x, & x\leqslant 0\\ \sin x, & x>0\end{cases}$ $(x_0=0)$.

2. 设 $f(x)=\begin{cases}\dfrac{1}{2}x^2, & x\leqslant 2\\ ax+b, & x>2\end{cases}$，且 $f(x)$ 在 $x=2$ 处可导，求 a 与 b 的值.

3. 一质点作直线运动，它所经过的路程和时间的关系是 $s=3t^2+1$，求 $t=2$ 时的瞬时速度.

4. 在三次抛物线 $y=x^3$ 上哪一点的切线斜率等于 3？

5. 在下列各题中，假设 $f'(x_0)$ 存在，按照导数定义观察下列极限，并指出 A 表示什么？

(1) $\displaystyle\lim_{x\to x_0}\frac{f(x)-f(x_0)}{x-x_0}=A$；　(2) $\displaystyle\lim_{\Delta x\to 0}\frac{f(x_0-\Delta x)-f(x_0)}{\Delta x}=A$；

(3) $\displaystyle\lim_{h\to 0}\frac{f(x_0+h)-f(x_0)}{h}=A$；　(4) $\displaystyle\lim_{h\to 0}\frac{f(x_0+h)-f(x_0-h)}{h}=A$；

(5) $\displaystyle\lim_{x\to 0}\frac{f(x)}{x}=A$，其中 $f(0)=0$，且 $f'(0)$ 存在.

6. 设函数 $f(x)=\begin{cases}x\sin\dfrac{1}{x}, & x<0,\\ x, & x\geqslant 0\end{cases}$，证明 $f(x)$ 在 $x=0$ 处连续但不可导.

7. 已知 $f(x)=\begin{cases}g(x)\cos\dfrac{1}{x}, & x\neq 0\\ 0, & x=0\end{cases}$，其中 $g(0)=g'(0)=0$，求 $f'(0)$.

8. 求曲线 $y=\dfrac{1}{x}$ 在点 $\left(2,\dfrac{1}{2}\right)$ 处的切线方程与法线方程.

9. 如果 $f(x)$ 为偶函数，$f'(0)$ 存在，证明 $f'(0)=0$.

10. 求曲线 $y=\cos x$ 上点 $\left(\frac{\pi}{3},\frac{1}{2}\right)$ 处的切线方程与法线方程.

11. 在抛物线 $y=x^2$ 上哪一点的切线，(1) 平行于直线 $y=4x-5$；(2) 垂直于直线 $2x-6y+5=0$.

12. 求垂直于直线 $x-3y+1=0$，且与曲线 $y=x^3+3x^2-1$ 相切的直线方程.

3.2　导数的计算

导数的定义不仅阐明了导数的实质，而且也给出了计算导数的方法，但是若对每一个给定的函数都按定义去求其导数，则显得比较繁琐，为此我们总结出一些基本公式与基本规则，以简化求导过程.

3.2.1　函数的基本求导规则

定理 1　(和、差规则) 若函数 $u(x)$、$v(x)$ 都在 x 处可导，则 $u(x)\pm v(x)$ 在 x 处也可导，且

$$[u(x)\pm v(x)]'=u'(x)\pm v'(x).\tag{1}$$

证　令 $y=u(x)\pm v(x)$，则

$$\begin{aligned}\Delta y&=[u(x+\Delta x)\pm v(x+\Delta x)]-[u(x)\pm v(x)]\\&=[u(x+\Delta x)-u(x)]\pm[v(x+\Delta x)-v(x)]=\Delta u\pm\Delta v.\end{aligned}$$

因 $u(x)$、$v(x)$ 在 x 处均可导，即 $u'(x)=\lim\limits_{\Delta x\to 0}\frac{\Delta u}{\Delta x}$，$v'(x)=\lim\limits_{\Delta x\to 0}\frac{\Delta v}{\Delta x}$ 存在，所以根据极限和、差运算规则有

$$y'=\lim_{\Delta x\to 0}\frac{\Delta y}{\Delta x}=\lim_{\Delta x\to 0}\frac{\Delta u\pm\Delta v}{\Delta x}=\lim_{\Delta x\to 0}\frac{\Delta u}{\Delta x}\pm\lim_{\Delta x\to 0}\frac{\Delta v}{\Delta x}=u'(x)\pm v'(x),$$

即

$$[u(x)\pm v(x)]'=u'(x)\pm v'(x).$$

□

说明：此定理可推广到任意有限个可导函数情形，即

$$[u(x)\pm v(x)\pm\cdots\pm w(x)]'=u'(x)\pm v'(x)\pm\cdots\pm w'(x).$$

定理 2　(积规则) 若函数 $u(x)$、$v(x)$ 在 x 处可导，则 $u(x)v(x)$ 在 x 处也可导，且

$$[u(x)v(x)]'=u'(x)v(x)+u(x)v'(x).\tag{2}$$

证　令 $y=u(x)v(x)$，则由导数定义及条件得

$$\begin{aligned}y'&=\lim_{\Delta x\to 0}\frac{\Delta y}{\Delta x}=\lim_{\Delta x\to 0}\frac{u(x+\Delta x)v(x+\Delta x)-u(x)v(x)}{\Delta x}\\&=\lim_{\Delta x\to 0}\frac{u(x+\Delta x)v(x+\Delta x)-u(x)v(x+\Delta x)+u(x)v(x+\Delta x)-u(x)v(x)}{\Delta x}\end{aligned}$$

$$= \lim_{\Delta x \to 0}\left[\frac{u(x+\Delta x)-u(x)}{\Delta x}v(x+\Delta x)\right]+\lim_{\Delta x \to 0}\left[\frac{v(x+\Delta x)-v(x)}{\Delta x}u(x)\right]$$
$$= u'(x)v(x)+v'(x)u(x),$$

即式(2)成立. □

说明：(1) 式(2)中若 $v(x)=c$(常数)，则 $v'(x)=0$，从而有

$$[cu(x)]' = cu'(x). \tag{3}$$

(2) 定理2可推广到任意有限个可导函数的乘积，例如若 $u(x)$、$v(x)$、$w(x)$ 都在 x 处可导，则

$$(uvw)' = u'vw + uv'w + uvw'. \tag{4}$$

定理3(商规则)　若函数 $u(x)$、$v(x)$ 都在 x 处可导，且 $v(x)\neq 0$，则函数 $\frac{u(x)}{v(x)}$ 在 x 处也可导，且

$$\left[\frac{u(x)}{v(x)}\right]' = \frac{u'(x)v(x)-u(x)v'(x)}{v^2(x)}. \tag{5}$$

证　先证 $\left[\frac{1}{v(x)}\right]' = -\frac{v'(x)}{v^2(x)}$，令 $y=\frac{1}{v(x)}$，由导数定义得

$$y' = \lim_{\Delta x \to 0}\frac{\Delta y}{\Delta x} = \lim_{\Delta x \to 0}\frac{\frac{1}{v(x+\Delta x)}-\frac{1}{v(x)}}{\Delta x} = \lim_{\Delta x \to 0}\frac{v(x)-v(x+\Delta x)}{\Delta x v(x+\Delta x)v(x)}$$
$$= \lim_{\Delta x \to 0}\frac{-[v(x+\Delta x)-v(x)]}{\Delta x}\lim_{\Delta x \to 0}\frac{1}{v(x+\Delta x)v(x)} = -\frac{v'(x)}{v^2(x)}.$$

再根据定理2有

$$\left[\frac{u(x)}{v(x)}\right]' = \left[u(x)\cdot\frac{1}{v(x)}\right]' = u'(x)\cdot\frac{1}{v(x)} + u(x)\left[\frac{1}{v(x)}\right]'$$
$$= \frac{u'(x)}{v(x)} - \frac{v'(x)}{v^2(x)}u(x) = \frac{u'(x)v(x)-v'(x)u(x)}{v^2(x)},$$

即式(5)成立. □

总结式(1)、式(2)、式(3)、式(5)知，当 $u=u(x)$，$v=v(x)$ 都在点 x 处可导时，便有以下求导规则：

1° $(u\pm v)' = u'\pm v'$；　　2° $(uv)' = u'v+uv'$；

3° $(cu)' = cu'$(c 为常数)；　　4° $\left(\frac{u}{v}\right)' = \frac{u'v-uv'}{v^2}$ $(v\neq 0)$.

特别，

$$\left(\frac{1}{v}\right)' = \frac{-v'}{v^2}. \tag{6}$$

借助以上规则，可以方便地求出一些较简单函数的导数.

例1　求 $(\tan x)'$，$(\cot x)'$.

解　由规则4°知

$$(\tan x)' = \left(\frac{\sin x}{\cos x}\right)' = \frac{\cos x(\sin x)' - \sin x(\cos x)'}{\cos^2 x}$$

$$\xlongequal{3.1.2\text{例}6} \frac{\cos x \cdot \cos x - \sin x(-\sin x)}{\cos^2 x} = \frac{1}{\cos^2 x},$$

$$(\cot x)' = \left(\frac{\cos x}{\sin x}\right)' = \frac{(\cos x)'\sin x - \cos x(\sin x)'}{\sin^2 x}$$

$$= \frac{-\sin x\sin x - \cos x\cos x}{\sin^2 x} = \frac{-1}{\sin^2 x}.$$

例 2 设 $y = \dfrac{ax^3 + bx^2 + c}{(a+b)x}$,求 y'.

解 此题若直接用商的求导法则,做起来较繁琐.简单做法是先进行分解:

$$y = \frac{ax^2}{a+b} + \frac{bx}{a+b} + \frac{c}{(a+b)x},$$

然后按求导运算法则 1° 及 3.1.2 节中的公式(11) 求出

$$y' = \left(\frac{ax^2}{a+b}\right)' + \left(\frac{bx}{a+b}\right)' + \left[\frac{c}{(a+b)x}\right]'$$

$$= \frac{2ax}{a+b} + \frac{b}{a+b} - \frac{c}{(a+b)x^2} = \frac{2ax^3 + bx^2 - c}{(a+b)x^2}.$$

例 3 设 $y = (1+x^3)\left(5 - \dfrac{1}{x^2}\right)$,求 y',$y'(1)$.

解
$$y' = (1+x^3)'\left(5 - \frac{1}{x^2}\right) + (1+x^3)\left(5 - \frac{1}{x^2}\right)'$$

$$= 3x^2\left(5 - \frac{1}{x^2}\right) + (1+x^3)\frac{2}{x^3} = 15x^2 + \frac{2}{x^3} - 1,$$

$$y'(1) = 15 \cdot 1 + \frac{2}{1} - 1 = 16.$$

例 4 设 $y = \dfrac{x}{1-\cos x}$,求 y'.

解
$$y' = \frac{(x)'(1-\cos x) - x(1-\cos x)'}{(1-\cos x)^2} = \frac{1-\cos x - x\sin x}{(1-\cos x)^2}.$$

例 5 设 $y = x\ln x + \tan x$,求 y'.

解
$$y' = (x)'\ln x + x(\ln x)' + (\tan x)'$$

$$= \ln x + x \cdot \frac{1}{x} + \frac{1}{\cos^2 x} = \ln x + 1 + \sec^2 x.$$

例 6 设 $y = \dfrac{1-\ln x}{1+\ln x}$,求 y'.

解 由求导规则 3° 得

$$y' = \frac{(1-\ln x)'(1+\ln x) - (1-\ln x)(1+\ln x)'}{(1+\ln x)^2}$$

$$= \frac{-\frac{1}{x}(1+\ln x)-(1-\ln x)\frac{1}{x}}{(1+\ln x)^2} = \frac{-2}{x(1+\ln x)^2}.$$

例 7　设 $y = x\sin x\ln x$，求 y'.

解　$$y' = (x)'\sin x\ln x + x(\sin x)'\ln x + x\sin x(\ln x)'$$

$$= \sin x\ln x + x\cos x\ln x + x\sin x \cdot \frac{1}{x} = \sin x(\ln x + 1) + x\cos x\ln x.$$

例 8　设 $y = \frac{1}{\cos x}$，求 y'.

解　由式(6)得

$$y' = \frac{-(\cos x)'}{\cos^2 x} = \frac{\sin x}{\cos^2 x} = \tan x \cdot \sec x,$$

即 $$(\sec x)' = \tan x\sec x.$$

用同样的方法可求出 $$(\csc x)' = -\csc x\cot x.$$

3.2.2　复合函数的导数

定理 4(链规则)　设函数 $y = f(u), u = \varphi(x)$；$\varphi(x)$ 在点 x 处可导，$f(u)$ 在对应点 u 处可导，则复合函数 $f[\varphi(x)]$ 在点 x 处亦可导，且

$$\{f[\varphi(x)]\}' = f'[\varphi(x)]\varphi'(x). \tag{7}$$

或简记为 $$y'_x = \frac{\mathrm{d}y}{\mathrm{d}u}\frac{\mathrm{d}u}{\mathrm{d}x} = y'_u u'_x.$$

证　因为 $y = f(u)$ 在点 u 处可导，所以

$$\lim_{\Delta u \to 0}\frac{\Delta y}{\Delta u} = f'(u)$$

存在，从而

$$\frac{\Delta y}{\Delta u} = f'(u) + \alpha \quad (\text{其中} \lim_{\Delta u \to 0}\alpha = 0). \tag{8}$$

当 $\Delta u \neq 0$ 时，用 Δu 乘以式(8)两边得

$$\Delta y = f'(u)\Delta u + \alpha\Delta u. \tag{9}$$

当 $\Delta u = 0$ 时，因 $\Delta y = f(u+\Delta u) - f(u) = 0$，故式(9)仍然成立，现用 $\Delta x \neq 0$ 除式(9)两边，得

$$\frac{\Delta y}{\Delta x} = f'(u)\frac{\Delta u}{\Delta x} + \alpha\frac{\Delta u}{\Delta x},$$

从而 $$\lim_{\Delta x \to 0}\frac{\Delta y}{\Delta x} = \lim_{\Delta x \to 0}\left[f'(u)\frac{\Delta u}{\Delta x} + \alpha\frac{\Delta u}{\Delta x}\right] = f'(u)\lim_{\Delta x \to 0}\frac{\Delta u}{\Delta x} + \lim_{\Delta x \to 0}\alpha\frac{\Delta u}{\Delta x}. \tag{10}$$

又因为 $\varphi(x)$ 在点 x 处可导，所以 $\varphi(x)$ 在点 x 处连续，当 $\Delta x \to 0$ 时，有 $\Delta u = \varphi(x+\Delta x) - \varphi(x) \to 0$，从而

$$\lim_{\Delta x\to 0}\alpha = \lim_{\Delta u\to 0}\alpha = 0.$$

于是,由式(10)得

$$\frac{\mathrm{d}y}{\mathrm{d}x} = f'(u)\frac{\mathrm{d}u}{\mathrm{d}x} = f'[\varphi(x)]\varphi'(x). \qquad \square$$

注 复合函数的求导法则亦称为链规则,此规则可推广到含多层中间变量的情况,例如设 $y = f[u(v(x))]$,f、u、v 可导,则

$$y' = f'[u(v(x))]u'[v(x)]v'(x).$$

或简记为

$$\frac{\mathrm{d}y}{\mathrm{d}x} = \frac{\mathrm{d}y}{\mathrm{d}u}\frac{\mathrm{d}u}{\mathrm{d}v}\frac{\mathrm{d}v}{\mathrm{d}x} = y'_u u'_v v'_x.$$

例 9 设 $y = (x-10)^{1000}$,求 y'.

解 若先展开再求导,则很繁琐.若设 $u = x-10$,则函数 y 由 $y = u^{1000}$,$u = x-10$ 复合而成,由链规则得

$$y' = y'_u u'_x = 1000u^{999} = 1000(x-10)^{999}.$$

例 10 设 $y=\sqrt{1-x^2}$,求 y'.

解 因为函数 y 由 $y = \sqrt{u}$,$u = 1-x^2$ 复合而成,故由链规则得

$$y' = y'_u u'_x = (\sqrt{u})'(1-x^2)' = \frac{1}{2\sqrt{u}}(-2x) = \frac{-x}{\sqrt{1-x^2}}.$$

例 11 设 $y = \cos(\sin\sqrt{1-x^2})$,求 y'.

解 函数 $y = \cos(\sin\sqrt{1-x^2})$ 可看作由 $y = \cos u$,$u = \sin v$,$v = \sqrt{w}$,$w = 1-x^2$ 复合而成,故由链规则得

$$\begin{aligned}
y' = y'_u u'_v v'_w w'_x &= (-\sin u)\cdot\cos v\cdot\frac{1}{2\sqrt{u}}\cdot(-2x)\\
&= \sin(\sin\sqrt{1-x^2})\cos\sqrt{1-x^2}\cdot\frac{x}{\sqrt{1-x^2}}\\
&= \frac{x}{\sqrt{1-x^2}}\sin(\sin\sqrt{1-x^2})\cos\sqrt{1-x^2}.
\end{aligned}$$

例 12 设 $y = \mathrm{e}^{\sin\sqrt{x}}$,求 y'.

解 $y = \mathrm{e}^{\sin\sqrt{x}}$ 可看作由 $y = \mathrm{e}^u$,$u = \sin v$,$v = \sqrt{x}$ 复合而成,故由链规则得

$$y' = y'_u u'_v v'_x = \mathrm{e}^u\cos v\frac{1}{2\sqrt{x}} = \frac{1}{2\sqrt{x}}\mathrm{e}^{\sin\sqrt{x}}\cos\sqrt{x}.$$

在熟悉了链规则之后可以不写出中间变量,直接利用链规则与求导规则进行计算.计算复合函数的导数时关键是要搞清楚每一步是对哪个变量求导.

例 13 设 $y = \left(\sin\frac{1}{x}\right)\ln\tan x$,求 y'.

解 $y'=\left[\sin\frac{1}{x}\ln\tan x\right]'=\left(\sin\frac{1}{x}\right)'\ln\tan x+\sin\frac{1}{x}(\ln\tan x)'$

$$\overset{*}{=}\ln\tan x\frac{\mathrm{d}}{\mathrm{d}\left(\frac{1}{x}\right)}\left(\sin\frac{1}{x}\right)\frac{\mathrm{d}}{\mathrm{d}x}\left(\frac{1}{x}\right)+\sin\frac{1}{x}\frac{\mathrm{d}}{\mathrm{d}(\tan x)}(\ln\tan x)\frac{\mathrm{d}}{\mathrm{d}x}(\tan x)$$

$$=\ln\tan x\cos\frac{1}{x}\left(-\frac{1}{x^2}\right)+\sin\frac{1}{x}\cdot\frac{1}{\tan x}\cdot\sec^2 x$$

$$=-\frac{1}{x^2}(\ln\tan x)\cos\frac{1}{x}+\sin\frac{1}{x}\sec^2 x\cot x.$$

注 为了指明每一步骤中对哪个变量求导,解答中采用了式(7)的形式,一旦熟练,步骤 * 便可以省去.

例 14 设 $y=\sqrt[3]{1-\sin 2x^2}$,求 y'.

解
$$y'=(\sqrt[3]{1-\sin 2x^2})'=\frac{1}{3}(1-\sin 2x^2)^{-\frac{2}{3}}(1-\sin 2x^2)'$$

$$=\frac{1}{3}(1-\sin 2x^2)^{-\frac{2}{3}}(-\cos 2x^2)(2x^2)'$$

$$=-\frac{1}{3}(1-\sin 2x^2)^{-\frac{2}{3}}\cos 2x^2(4x)$$

$$=-\frac{4}{3}x(1-\sin 2x^2)^{-\frac{2}{3}}\cos 2x^2.$$

例 15 设 $y=\ln|x|$,求 y'.

解
$$y=\ln|x|=\begin{cases}\ln x, & x>0;\\ \ln(-x), & x<0.\end{cases}$$

因 $y'=(\ln|x|)'=\begin{cases}\dfrac{1}{x}, & x>0\\ -\dfrac{1}{x}(-1), & x<0\end{cases}=\begin{cases}\dfrac{1}{x}, & x>0;\\ \dfrac{1}{x}, & x<0,\end{cases}$

故
$$y'=(\ln|x|)'=\frac{1}{x},\quad x\neq 0.$$

例 16 设 $y=\ln(\tan\frac{1}{x})$,求 y'.

解 $y'=\left(\ln\tan\frac{1}{x}\right)'=\frac{1}{\tan\frac{1}{x}}\left(\tan\frac{1}{x}\right)'=\cot\frac{1}{x}\cdot\sec^2\frac{1}{x}\left(\frac{1}{x}\right)'$

$$=-\frac{1}{x^2}\cot\frac{1}{x}\sec^2\frac{1}{x}.$$

例 17 求幂函数 $y=x^\mu$($x>0$,μ 为任意实数)的导数.

解 由于 $y=x^\mu=\mathrm{e}^{\mu\ln x}$ 可看作是由指数函数 e^u 与对数函数 $u=\mu\ln x$ 复合而成的函数,故由公式(7)得

$$y' = e^u u' = e^u \cdot \frac{\mu}{x} = e^{\mu \ln x} \cdot \frac{\mu}{x} = x^\mu \cdot \frac{\mu}{x} = \mu x^{\mu-1},$$

即

$$(x^\mu)' = \mu x^{\mu-1} \quad (x > 0).$$

例 18 求 $y = e^{-x}$ 的导数.

解

$$y' = (e^{-x})' = e^{-x} \cdot (-x)' = -e^{-x}.$$

例 19 求 $y = \mathrm{sh}x = \dfrac{e^x - e^{-x}}{2}$ 的导数 y'.

解 $y' = (\mathrm{sh}x)' = \left(\dfrac{e^x - e^{-x}}{2}\right)' = \dfrac{1}{2}[(e^x)' - (e^{-x})'] = \dfrac{e^x + e^{-x}}{2} = \mathrm{ch}x$,

即

$$(\mathrm{sh}x)' = \mathrm{ch}x.$$

类似地可求出

$$(\mathrm{ch}x)' = \mathrm{sh}x,\quad (\mathrm{th}x)' = \frac{1}{\mathrm{ch}^2 x},\quad (\mathrm{cth}x)' = -\frac{1}{\mathrm{sh}^2 x}.$$

3.2.3 对数求导法

设 $y(x) > 0$,则由链规则得

$$(\ln y(x))' = \frac{1}{y(x)} y'(x),$$

即

$$y'(x) = y(x)(\ln y(x))'. \tag{11}$$

式(11)是用 $\ln y(x)$ 的导数来表示 $y(x)$ 的导数,当函数 $y(x)$ 是连乘、连除或乘幂时,利用 $\ln y(x)$ 计算便比较简单,因此对这类函数常用式(11)进行求导,这种方法称为对数求导法.

例 20 求 $y = \sqrt{\dfrac{(x-1)(x-2)}{(x-3)(x-4)}}$ 的导数.

解 此函数的定义域是 $(-\infty,1) \cup (2,3) \cup (4,+\infty)$. 当 $x > 4$ 时,由式(11)得

$$\begin{aligned} y' &= y(\ln y)' \\ &= y \cdot \frac{1}{2}[\ln(x-1) + \ln(x-2) - \ln(x-3) - \ln(x-4)]' \\ &= \frac{y}{2}\left(\frac{1}{x-1} + \frac{1}{x-2} - \frac{1}{x-3} - \frac{1}{x-4}\right) \\ &= \frac{1}{2}\sqrt{\frac{(x-1)(x-2)}{(x-3)(x-4)}}\left(\frac{1}{x-1} + \frac{1}{x-2} - \frac{1}{x-3} - \frac{1}{x-4}\right). \end{aligned}$$

类似地推出,在 $(-\infty,1)$ 及 $(2,3)$ 上 y' 有相同的结果.

例 21 设 $u(x)(u(x) > 0)v(x)$ 为可导函数,求幂指函数 $y = u(x)^{v(x)}$ 的导数.

解

$$\begin{aligned} y' &= y(\ln u(x)^{v(x)})' = y[v(x)\ln u(x)]' \\ &= y[v'(x)\ln u(x) + v(x)u'(x)/u(x)] \\ &= u(x)^{v(x)}[v'(x)\ln u(x) + v(x)u'(x)/u(x)]. \end{aligned}$$

例 22　设 $y=\sqrt{e^{1/x}\sqrt{x\sqrt{\sin x}}}(0<x<\pi)$,求 y'.

解　$y'=y(\ln y)'=y\left[\ln\sqrt{e^{1/x}\sqrt{x\sqrt{\sin x}}}\right]'=y[\ln(e^{\frac{1}{2x}}x^{\frac{1}{4}}(\sin x)^{\frac{1}{8}})]'$

$=y\left[\frac{1}{2x}+\frac{1}{4}\ln x+\frac{1}{8}\ln(\sin x)\right]'=y\left(-\frac{1}{2x^2}+\frac{1}{4x}+\frac{1}{8}\frac{\cos x}{\sin x}\right)$

$=\sqrt{e^{1/x}\sqrt{x\sqrt{\sin x}}}\left(\frac{1}{4x}-\frac{1}{2x^2}+\frac{1}{8}\cot x\right).$

此题若用复合函数求导的链规则来做,即

$$y'=\left(e^{\frac{1}{x}}\sqrt{x\sqrt{\sin x}}\right)'\Big/2\sqrt{e^{1/x}\sqrt{x\sqrt{\sin x}}}=\cdots$$

计算则要繁琐得多.

例 23　设 $y=x^{\sin x}(x>0)$,求 y'.

解　$y'=y(\ln y)'=y(\sin x\ln x)'=x^{\sin x}(\cos x\ln x+\frac{\sin x}{x}).$

3.2.4　反函数的导数

从前面研究中知道,当函数 $y=f(x)$ 在某区间 (a,b) 内连续且严格单调时,其反函数 $x=\varphi(y)$ 在相应的区间内也是连续且严格单调的.

对于反函数 $x=\varphi(y)$,当自变量在点 y 处取得改变量 $\Delta y(\Delta y\neq 0)$ 时,相应地因变量在点 x 处取得改变量 Δx,由于反函数 $x=\varphi(y)$ 严格单调,所以有 $\Delta x\neq 0$.

现假设 $y=f(x)$ 在区间 (a,b) 内处处可导,且 $f'(x)\neq 0$,由 $x=\varphi(y)$ 的连续性知,当 $\Delta y\to 0$ 时 $\Delta x\to 0$,从而得

$$\lim_{\Delta y\to 0}\frac{\Delta x}{\Delta y}=\frac{1}{\lim\limits_{\Delta y\to 0}\frac{\Delta y}{\Delta x}}=\frac{1}{\lim\limits_{\Delta x\to 0}\frac{\Delta y}{\Delta x}}=\frac{1}{f'(x)}\quad(f'(x)\neq 0).$$

这表明反函数 $x=\varphi(y)$ 在点 y 处可导,且 $\varphi'(y)=\frac{1}{f'(x)}$.

从上面分析得出下面结论.

定理 5　若函数 $y=f(x)$ 在区间 (a,b) 内单调可导,且 $f'(x)\neq 0$,则其反函数 $x=\varphi(y)$ 在其对应的区间内可导且有

$$\varphi'(y)=\frac{1}{f'(x)}\quad\text{或}\quad\frac{dx}{dy}=\frac{1}{dy/dx}.\qquad(12)$$

式(12) 表明反函数的导数等于直接函数导数的倒数.

对式(12) 可以从几何上来解释其正确性. 因为在同一直角坐标系中函数 $y=f(x)$ 与其反函数 $x=\varphi(y)$ 表示同一图形(见图3.6). 根据导数的几何意义知

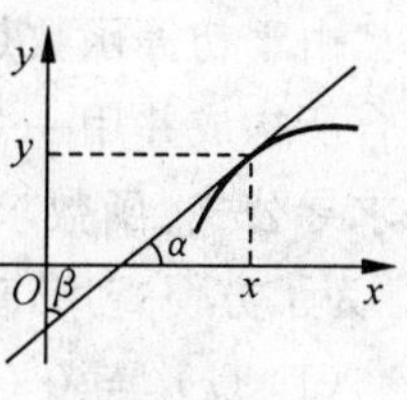

图 3.6

$$f'(x)=\tan\alpha,\quad\varphi'(y)=\tan\beta.$$

又 $\alpha+\beta=\pi/2$,所以

$$\tan\beta=\tan\left(\frac{\pi}{2}-\alpha\right)=\cot\alpha=\frac{1}{\tan\alpha},$$

即
$$\varphi'(y)=\frac{1}{f'(x)}.$$

下面利用公式(12) 推导几个反三角函数的导数公式.

例 24 求 $y=\arcsin x$ 的导数.

解 由于 $y=\arcsin x(-1\leqslant x\leqslant 1)$ 是 $x=\sin y(-\pi/2\leqslant y\leqslant \pi/2)$ 的反函数,而 $x=\sin y$ 在 $(-\pi/2,\pi/2)$ 内是严格单调增的连续函数,且 $(\sin y)'=\cos y>0$,于是在 $(-1,1)$ 内 $y=\arcsin x$ 处处可导,由 $y'_x=1/x'_y$ 得

$$y'=(\arcsin x)'=\frac{1}{(\sin y)'}=\frac{1}{\cos y}.$$

再注意到在 $(-\pi/2,\pi/2)$ 内 $\cos y=\sqrt{1-\sin^2 y}=\sqrt{1-x^2}>0$,所以有

$$(\arcsin x)'=1/\sqrt{1-x^2}\quad(-1<x<1).$$

用同样的方法可推得

$$(\arccos x)'=-1/\sqrt{1-x^2}\quad(-1<x<1).$$

例 25 求 $y=\arctan x$ 的导数.

解 由于 $y=\arctan x(-\infty<x<+\infty)$ 是 $x=\tan y(-\pi/2<y<\pi/2)$ 的反函数,而 $x=\tan y$ 在 $(-\pi/2,\pi/2)$ 内是严格单调增的连续函数,且 $(\tan y)'=\sec^2 y>0$,所以其反函数 $y=\arctan x$ 在 $(-\infty,+\infty)$ 内处处可导,且

$$(\arctan x)'=1/(\tan y)'=1/\sec^2 y.$$

注意到
$$\sec^2 y=1+\tan^2 y=1+x^2,$$

于是得
$$(\arctan y)'=\frac{1}{1+x^2}\quad(-\infty<x<+\infty).$$

用同样的方法可推得

$$(\text{arccot}\, x)'=\frac{-1}{1+x^2}\quad(-\infty<x<+\infty).$$

3.2.5 导数基本公式

由于初等函数是由常数和基本初等函数经过有限次的四则运算和有限次的函数复合所构成并用一个数学式子表示的函数,所以利用前面推出的一些基本初等函数的求导公式、函数求导法则、复合函数求导的链规则就可以解决初等函数的求导问题. 为了方便查用,现将基本初等函数的求导公式列出:

(1) $(c)'=0$ (c 为常数);

(2) $(x^\alpha)'=\alpha x^{\alpha-1}$($x>0$,$\alpha$ 为实常数);

(3) $(a^x)' = a^x \ln a$;　　(4) $(\log_a x)' = \dfrac{1}{x \ln a}$;

(5) $(e^x)' = e^x$;　　(6) $(\ln x)' = \dfrac{1}{x}$;

(7) $(\sin x)' = \cos x$;　　(8) $(\cos x)' = -\sin x$;

(9) $(\tan x)' = \sec^2 x$;　　(10) $(\cot x)' = -\csc^2 x$;

(11) $(\sec x)' = \sec x \tan x$;　　(12) $(\csc x)' = -\csc x \cot x$;

(13) $(\arcsin x)' = \dfrac{1}{\sqrt{1-x^2}}\ (-1 < x < 1)$;

(14) $(\arccos x)' = -\dfrac{1}{\sqrt{1-x^2}}\ (-1 < x < 1)$;

(15) $(\arctan x)' = \dfrac{1}{1+x^2}$;　　(16) $(\mathrm{arccot}\, x)' = -\dfrac{1}{1+x^2}$;

(17) $(\mathrm{sh}x)' = \mathrm{ch}x$;　　(18) $(\mathrm{ch}x)' = \mathrm{sh}x$;

(19) $(\mathrm{th}x)' = \dfrac{1}{\mathrm{ch}^2 x}$;　　(20) $(c\mathrm{th}x)' = \dfrac{-1}{\mathrm{sh}^2 x}$.

习题 3.2

1. 求下列函数的导数.

(1) $f(x) = (x^2+1)^3(x^3+1)^{-2}$;　　(2) $f(x) = \sin^3 x + \cos^3 x$;

(3) $f(x) = \dfrac{x}{1+x^2}$;　　(4) $f(x) = \dfrac{x^5 + \sqrt{x} + 2}{x^3}$;

(5) $f(x) = x \tan x - \cot x$;　　(6) $y = \dfrac{1-x^3}{\sqrt{\pi}}$;

(7) $y = \dfrac{2}{x^3 - 1}$;　　(8) $y = x \ln x$;

(9) $y = \dfrac{x^3 + x - 1}{x^2 + 1}$;　　(10) $y = \pi x^{\frac{5}{2}} + \dfrac{\cos x}{x}$;

(11) $y = \dfrac{\sin x}{1 + \cos x}$;　　(12) $y = x^2 e^x \sin x$;

(13) $y = \dfrac{1-e^x}{1+e^x}$;　　(14) $y = a^x + \ln 2\ (a > 0, a \neq 1)$;

(15) $y = e^x \sec x$;　　(16) $y = \dfrac{x}{4^x}$.

2. 证明奇函数的导数是偶函数,偶函数的导数是奇函数.

3. 求下列复合函数的导数.

(1) $y = \dfrac{1}{\sqrt{1-x^2}}$;　　(2) $y = \dfrac{x^3}{(1-x)^2}$;

(3) $y=3\sin^2(3x+5)$；　　(4) $y=\sqrt{1+\ln^2 x}$；

(5) $y=(1+\cos^2 x)^4$；　　(6) $y=\sqrt{\tan\frac{x}{2}}$；

(7) $y=e^{\sqrt{x+1}}$；　　(8) $y=\sqrt{1+e^x}$；

(9) $y=\sin(2^x)$；　　(10) $y=\ln(\tan x)$；

(11) $y=\ln\frac{a+x}{a-x}$；　　(12) $y=e^{\tan\frac{1}{x}}$；

(13) $y=\sqrt{x}\arctan(x^2)$；　　(14) $y=\arctan\frac{x+1}{x-1}$；

(15) $y=\sqrt{4x-x^2}+4\arcsin\frac{\sqrt{x}}{2}$；　　(16) $y=(\ln x)^x$；

(17) $y=x^x$；　　(18) $y=\sin^2 x\sin x^2$；

(19) $y=\ln\frac{1-e^x}{e^x}$.

3.3 高阶导数

设一物体作直线运动，路程 s 与时间 t 的关系是 $s=s(t)$. 由导数概念知，在 t 时刻物体运动的瞬时速度 $v=\mathrm{d}s/\mathrm{d}t=s'(t)$，表明速度是路程对时间的导数. 而物理学上将速度 v 对时间 t 的变化率 $a=\mathrm{d}v/\mathrm{d}t=v'(t)$ 称为物体的加速度，它是速度对时间的导数，即

$$a=v'(t)=(s'(t))'.$$

通常称 v 为 $s(t)$ 的一阶导数，a 为 $s(t)$ 的二阶导数. 例如，自由落体运动中，$s=\frac{1}{2}gt^2$，$v=s'=gt$，$a=v'=(gt)'=g$.

这里出现了一个函数 $s(t)$ 的导数 $v(t)$ 的导数 a. 一般的有以下定义.

定义 1　若函数 $y=f(x)$ 的导函数 $f'(x)$ 在点 x 处可导，则称 $f'(x)$ 在点 x 处的导数为函数 $y=f(x)$ 在点 x 处的二阶导数，记作 $f''(x)$，即

$$f''(x)=(f'(x))'=\lim_{\Delta x\to 0}\frac{f'(x+\Delta x)-f'(x)}{\Delta x}.$$

二阶导数 $f''(x)$ 还可记为 y''，$\frac{\mathrm{d}^2 y}{\mathrm{d}x^2}$，或 $\frac{\mathrm{d}^2 f(x)}{\mathrm{d}x^2}$.

类似地，如果二阶导函数 $f''(x)$ 仍可导，则称 $f''(x)$ 的导数为原来函数 $y=f(x)$ 的三阶导数，并记为 y'''，$f'''(x)$，$\frac{\mathrm{d}^3 y}{\mathrm{d}x^3}$ 或 $\frac{\mathrm{d}^3 f}{\mathrm{d}x^3}$.

一般的，如果函数 $y=f(x)$ 的 $n-1$ 阶导数 $y^{(n-1)}=f^{(n-1)}(x)$ 的导数存在，则称

$[f^{(n-1)}(x)]'$ 为 $y=f(x)$ 的 n 阶导数，且记为 $y^{(n)}$，$f^{(n)}(x)$ 或 $\frac{\mathrm{d}^n y}{\mathrm{d}x^n}$，即

$$f^{(n)}(x)=\lim_{\Delta x\to 0}\frac{f^{(n-1)}(x+\Delta x)-f^{(n-1)}(x)}{\Delta x}.$$

二阶及二阶以上的导数统称为高阶导数.从定义可以看出求高阶导数不需要新的公式，而只要对 $f'(x)$ 继续求导即可.

例 1　设 $y=x^n$（n 为正整数），求 $y^{(n)}$，$y^{(n+1)}$.

解　因 $y=x^n$，$y'=nx^{n-1}$，$y''=n(n-1)x^{n-2}$，… 故

$$y^{(n)}=n!,\quad y^{(n+1)}=0.$$

例 2　设 $y=\ln(1+x)$，求 $y^{(n)}$.

解　因为 $y'=\frac{1}{1+x}$，继续求导得

$$y''=\frac{-1}{(1+x)^2},\quad y'''=\frac{2\cdot 1}{(1+x)^3},$$

$$y^{(4)}=-\frac{3\cdot 2\cdot 1}{(1+x)^4}=-\frac{3!}{(1+x)^4},\cdots$$

由数学归纳法得

$$y^{(n)}=(-1)^{n+1}\frac{(n-1)!}{(1+x)^n}(x>-1).$$

例 3　设 $y=\sin x$，求 $y^{(n)}$.

解

$$y'=(\sin x)'=\cos x=\sin\left(x+\frac{\pi}{2}\right),$$

$$y''=\cos\left(x+\frac{\pi}{2}\right)=\sin\left(x+2\cdot\frac{\pi}{2}\right),$$

$$y'''=\cos\left(x+2\cdot\frac{\pi}{2}\right)=\sin\left(x+3\cdot\frac{\pi}{2}\right),$$

$$\cdots$$

由数学归纳法得

$$y^{(n)}=\sin\left(x+n\cdot\frac{\pi}{2}\right)\quad(n=1,2,3,\cdots).$$

类似地可求得

$$(\cos x)^{(n)}=\cos\left(x+n\cdot\frac{\pi}{2}\right)\quad(n=1,2,3,\cdots).$$

例 4　设 $y=\mathrm{e}^x$，求 $y^{(n)}$.

解　因 $y'=\mathrm{e}^x$，$y''=(\mathrm{e}^x)'=\mathrm{e}^x$，故

$$(\mathrm{e}^x)^{(n)}=\mathrm{e}^x.$$

例 5　已知 $f(x)=\arctan x$，求 $f'''(0)$.

解 因 $f'(x)=\dfrac{1}{1+x^2}, f''(x)=\dfrac{-2x}{(1+x^2)^2}, f'''(x)=\dfrac{2(3x^2-1)}{(1+x^2)^3}$,

故
$$f'''(0)=\left.\frac{2(3x^2-1)}{(1+x^2)^3}\right|_{x=0}=-2.$$

高阶导数运算规则.

如果函数 $u=u(x)$、$v=v(x)$ 在 x 处具有 n 阶导数,则

1° $(u\pm v)^{(n)}=u^{(n)}\pm v^{(n)}$;

2° $(cu)^{(n)}=cu^{(n)}$;

3° $(uv)^{(n)}=u^{(n)}v+nu^{(n-1)}v'+\dfrac{n(n-1)}{2!}u^{(n-2)}v''+\cdots$
$$+\frac{n(n-1)\cdots(n-k+1)}{k!}u^{(n-k)}v^{(k)}+\cdots+uv^{(n)}.$$

规则 3° 为莱布尼兹公式,利用此公式可解决求两函数乘积的高阶导数问题.

例 6 设 $y=x^3\mathrm{e}^x$,求 $y^{(5)}$.

解 视 e^x 为 u,x^3 为 v,且注意到 $(x^3)'''=6,(x^3)^{(4)}=0,(x^3)^{(5)}=0$,运用莱布尼兹公式得

$$y^{(5)}=(\mathrm{e}^x)^{(5)}x^3+5(\mathrm{e}^x)^{(4)}(x^3)'+\frac{5\cdot 4}{1\cdot 2}(\mathrm{e}^x)'''(x^3)''+\frac{5\cdot 4\cdot 3}{1\cdot 2\cdot 3}(\mathrm{e}^x)''(x^3)'''$$
$$=\mathrm{e}^x x^3+5\mathrm{e}^x\cdot 3x^2+10\mathrm{e}^x\cdot 6x+10\mathrm{e}^x\cdot 6=(x^3+15x^2+60x+60)\mathrm{e}^x.$$

例 7 设 $y=|\sin x|,-\dfrac{\pi}{2}<x<\dfrac{\pi}{2}$,求 $\dfrac{\mathrm{d}^2y}{\mathrm{d}x^2}$.

解
$$y=|\sin x|=\begin{cases}-\sin x, & -\dfrac{\pi}{2}<x<0;\\ \sin x, & 0<x<\dfrac{\pi}{2}.\end{cases}$$

因 $y'_+(0)=\lim\limits_{x\to 0^+}\dfrac{\sin x-0}{x}=1, y'_-(0)=\lim\limits_{x\to 0^-}\dfrac{-\sin x-0}{x}=-1, y'_+(0)\neq y'_-(0)$,

故 $y=|\sin x|$ 在 $x=0$ 处不可导,即

$$y'=\begin{cases}-\cos x, & -\dfrac{\pi}{2}<x<0;\\ \cos x, & 0<x<\dfrac{\pi}{2}.\end{cases}\qquad y''=\begin{cases}\sin x, & -\dfrac{\pi}{2}<x<0;\\ -\sin x, & 0<x<\dfrac{\pi}{2}.\end{cases}$$

例 8 $y=a^x(a>0,a\neq 1)$,求 $y^{(n)}$.

解 $y'=a^x\ln a, y''=(a^x\ln a)'=a^x\ln^2 a,\cdots$ 继续求导后可推得
$$y^{(n)}=a^x(\ln a)^n.$$

例 9 设 $y=\ln x$,求 $y^{(n)}$.

解　$y'=\frac{1}{x}, y''=-\frac{1}{x^2}, y'''=\frac{2}{x^3}, \cdots$ 由数学归纳法得

$$y^{(n)}=(-1)^{n-1}\frac{(n-1)!}{x^n}.$$

下面列出一些基本初等函数的 n 阶求导公式，以便查用.

1° $(\sin x)^{(n)}=\sin\left(x+n\cdot\frac{\pi}{2}\right)$；

2° $(\cos x)^{(n)}=\cos\left(x+n\cdot\frac{\pi}{2}\right)$；

3° $\left(\frac{1}{ax+b}\right)^{(n)}=\frac{(-1)^n n!a^n}{(ax+b)^{n+1}}\ (a\neq 0)$；

4° $(a^x)^{(n)}=a^x\ln^n a\ (a>0)$；

5° $(e^x)^{(n)}=e^x$；

6° $[\ln(1+x)]^{(n)}=\frac{(-1)^{n-1}(n-1)!}{(1+x)^n}\ (x>-1)$；

7° $(x^\alpha)^{(n)}=\alpha(\alpha-1)\cdots(\alpha-n+1)x^{\alpha-n}$.

习题 3.3

1. 求下列函数 y 的二阶导数 y''.

(1) $y=\pi x^{\frac{5}{2}}+\frac{\cos x}{x}$；　(2) $y=(1-x^2)^{\frac{3}{2}}$；

(3) $y=\sqrt{1+\sin x}$；　(4) $y=(10+x)^6$；

(5) $y=x^3\ln x$；　(6) $y=xe^{x^2}$；

(7) $y=\ln\sin x$；　(8) $y=2x^2+\ln x$.

2. 求下列函数的 n 阶导数的一般表达式.

(1) $y=\frac{1-x}{1+x}$；　(2) $y=\sin^2 x$；

(3) $y=xe^x$；　(4) $y=x^n+a_1x^{n-1}+a_2x^{n-2}+\cdots+a_{n-1}x+a_n$.

3. 设 $x=\varphi(y)$ 是 $y=f(x)$ 的反函数，$f'(x)\neq 0$，试用 $f'(x)$、$f''(x)$ 表达 $\varphi''(y)$.

4. 设 $f(x)=\begin{cases}e^x, & x<0;\\ ax^2+bx+c, & x\geqslant 0,\end{cases}$ 且 $f''(0)$ 存在，求 a、b、c.

5. 设 $f''(x)$ 存在，且 $f(x)>0$，求函数 $y=\ln f(x)$ 的二阶导数 $\frac{d^2y}{dx^2}$.

6. 设 $\varphi(u)$ 具有二阶导数，而 $f(x)=x\varphi(x^2)$，求 $f''(x)$.

7. 设 $y=a^{bx}$，求 $y^{(n)}$.

3.4 隐函数、参数方程确定的函数的导数,相关变化率

3.4.1 隐函数的导数

用解析式表示的函数通常有两种表达方式,一种是因变量 y 能明显地表达为自变量 x 的函数式.例如 $y=2x^2+\cos\sqrt{x-1}$,$y=e^x\ln x$ 等,这种函数叫**显函数**;另一种是因变量 y 隐含于某一方程之中,如方程 $x^2+y^2=1$ 可以确定 y 是 x 的函数,且可以从方程中解出 $y=\sqrt{1-x^2}$ 或 $y=-\sqrt{1-x^2}$,这时称 y 是由方程确定的 x 的**隐函数**.不过值得注意的是,并非由所有方程确定的隐函数都能以显函数形式表达出来.例如由 $e^{xy}+x+y=0$ 确定的隐函数就无法用显函数形式表达,那么在这种情况下如何求函数的导数呢?

从理论上讲,若方程 $F(x,y)=0$ 确定可导函数 $y=f(x)$,则在 $F(x,f(x))=0$ 两边对 x 求导得

$$\frac{d}{dx}(F(x,f(x)))=0,$$

然后解出 $\frac{dy}{dx}$,这种方法称为**隐函数求导法**,下面通过具体例子来说明这种方法.

例 1 求由方程 $e^{xy}+x+y=0$ 确定的隐函数 y 的导数 $\frac{dy}{dx}$.

解 视 y 为 x 的函数,将方程两边对 x 求导得

$$(e^{xy}+x+y)'=(0)',$$

即

$$e^{xy}(xy)'+1+y'=0,$$

$$e^{xy}(y+xy')+1+y'=0,$$

$$1+ye^{xy}+(xe^{xy}+1)y'=0,$$

故

$$y'=-\frac{1+ye^{xy}}{1+xe^{xy}}.$$

例 2 求椭圆 $\frac{x^2}{4}+\frac{y^2}{9}=1$ 在点 $\left(\sqrt{2},\frac{3}{2}\sqrt{2}\right)$ 处的切线方程.

解 将椭圆方程两边分别对 x 求导得

$$\frac{2x}{4}+\frac{2yy'}{9}=0,\quad y'=-\frac{9x}{4y}.$$

由导数的几何意义知,所求切线斜率为

$$y'\Big|_{\left(\sqrt{2},\frac{3}{2}\sqrt{2}\right)}=-\frac{9x}{4y}\Big|_{\left(\sqrt{2},\frac{3}{2}\sqrt{2}\right)}=-\frac{3}{2}.$$

于是所求切线方程为 $y-\frac{3}{2}\sqrt{2}=-\frac{3}{2}(x-\sqrt{2})$，即

$$3x+2y-6\sqrt{2}=0.$$

例 3　已知方程 $xy^2+y^2\ln x-4=0$，求 $\frac{\mathrm{d}y}{\mathrm{d}x}$.

解　在方程中视 y 为 x 的函数，将方程两边对 x 求导得

$$y^2+2xy\frac{\mathrm{d}y}{\mathrm{d}x}+2y\ln x\frac{\mathrm{d}y}{\mathrm{d}x}+\frac{y^2}{x}=0.$$

从上式解出

$$\frac{\mathrm{d}y}{\mathrm{d}x}=\frac{-y^2-\frac{y^2}{x}}{2xy+2y\ln x}=\frac{-(x+1)y^3}{8x}.$$

例 4　求由方程 $\frac{x^2}{a^2}+\frac{y^2}{b^2}=1$ 所确定的函数 y 的二阶导数 y''.

解　视 y 为 x 的函数，将方程两边对 x 求导得

$$\frac{2x}{a^2}+\frac{2y}{b^2}y'=0,\quad y'=-\frac{b^2}{a^2}\frac{x}{y}. \tag{1}$$

将式(1)两边再对 x 求导得

$$\frac{1}{a^2}+\frac{1}{b^2}(yy''+y'y')=0. \tag{2}$$

从式(2)解出

$$y''=-\frac{b^2+a^2y'^2}{a^2y}. \tag{3}$$

将式(1)代入式(3)且化简后得

$$y''=-\frac{b^2+a^2\left(-\frac{b^2}{a^2}\cdot\frac{x}{y}\right)^2}{a^2y}=-\frac{b^2(a^2y^2+b^2x^2)}{a^4y^3}=-\frac{b^4}{a^2y^3}.$$

例 5　设方程 $x^4=y^4+\sin y+1$ 确定 $y=y(x)$，求 $\left.\frac{\mathrm{d}y}{\mathrm{d}x}\right|_{x=1}$.

解　将原方程两边对 x 求导得

$$4x^3=4y^3\frac{\mathrm{d}y}{\mathrm{d}x}+\cos y\frac{\mathrm{d}y}{\mathrm{d}x},$$

解出

$$\frac{\mathrm{d}y}{\mathrm{d}x}=\frac{4x^3}{4y^3+\cos y}.$$

又由方程知 $x=1$ 时 $y=0$，故

$$\left.\frac{\mathrm{d}y}{\mathrm{d}x}\right|_{x=1,y=0}=\frac{4\cdot 1}{0+\cos 0}=4.$$

例 6　求曲线 $(5y+2)^3=(2x+1)^5$ 在 $\left(0,-\frac{1}{5}\right)$ 处的切线方程与法线方程.

解 将方程两边对 x 求导得

$$3(5y+2)^2\cdot 5\frac{\mathrm{d}y}{\mathrm{d}x}=5(2x+1)^4\cdot 2.$$

由上式解出
$$\frac{\mathrm{d}y}{\mathrm{d}x}=\frac{2(2x+1)^4}{3(5y+2)^2},$$

即
$$\left.\frac{\mathrm{d}y}{\mathrm{d}x}\right|_{(0,-\frac{1}{5})}=\left.\frac{2(2x+1)^4}{3(5y+2)^2}\right|_{(0,-\frac{1}{5})}=\frac{2}{3}.$$

在$\left(0,-\frac{1}{5}\right)$处切线方程为

$$y+\frac{1}{5}=\frac{2}{3}(x-0),\quad 即\quad y=\frac{2}{3}x-\frac{1}{5}.$$

法线方程为
$$y=-\frac{3}{2}x-\frac{1}{5}.$$

3.4.2 由参数方程确定的函数的导数

在物理学及平面几何学中,参数方程

$$\begin{cases}x=\varphi(t)\\ y=f(t)\end{cases}\quad(a\leqslant t\leqslant b)\tag{4}$$

表示动点(x,y)的运动轨迹,其中参数 t 表示时间或角度等.舍弃参数 t 的具体含义,我们考虑,从式(4)中能否确定出函数关系$y=y(x)$及 y 关于 x 的导数的计算问题.

例如参数方程$\begin{cases}x=k\cos t\\ y=k\sin t\end{cases}(0\leqslant t\leqslant 2\pi)$,将方程两边平方后再相加得 $x^2+y^2=k^2(-k\leqslant x,y\leqslant k)$,从中解出 $y(x)$ 为

$$y=\sqrt{k^2-x^2}\quad 及\quad y=-\sqrt{k^2-x^2}.$$

在一般情形下,通过消去 t 而得到具体的函数 $y=y(x)$ 是很困难的,有时甚至是不可能的.但是,值得庆幸的是,无论能否得到 $y=y(x)$,导数 $y'=\mathrm{d}y/\mathrm{d}x$ 却可以从条件中推导出来.

在式(4)中,若 $x=\varphi(t)$ 是连续的严格单调函数,则其反函数 $t=\varphi^{-1}(x)$ 存在,从而 $y=y(x)$ 可看作是由 $y=f(t)$ 与 $t=\varphi^{-1}(x)$ 复合而成的.

现假定 $x=\varphi(t)$,$y=f(t)$ 均可导,且 $\varphi'(t)\neq 0$,根据复合函数的求导法则与反函数导数公式有

$$\frac{\mathrm{d}y}{\mathrm{d}x}=\frac{\mathrm{d}y}{\mathrm{d}t}\frac{\mathrm{d}t}{\mathrm{d}x}=\frac{\frac{\mathrm{d}y}{\mathrm{d}t}}{\frac{\mathrm{d}x}{\mathrm{d}t}}=\frac{f'(t)}{\varphi'(t)},$$

即
$$\frac{\mathrm{d}y}{\mathrm{d}x}=\frac{f'(t)}{\varphi'(t)}.\tag{5}$$

式(5)是参数方程(4)所确定的函数 $y(x)$ 的求导公式.

若 $x=\varphi(t)$，$y=f(t)$ 二阶可导，则可以再继续求 $\frac{d^2y}{dx^2}$. 由于 $f'(t)/\varphi'(t)$ 是 t 的函数，所以由复合函数求导法则得

$$\frac{d^2y}{dx^2}=\frac{d}{dx}\left(\frac{dy}{dx}\right)=\frac{d}{dt}\left[\frac{f'(t)}{\varphi'(t)}\right]\frac{dt}{dx}=\frac{f''(t)\varphi'(t)-f'(t)\varphi''(t)}{[\varphi'(t)]^2}\cdot\frac{1}{\varphi'(t)},$$

即

$$\frac{d^2y}{dx^2}=\frac{f''(t)\varphi'(t)-f'(t)\varphi''(t)}{[\varphi'(t)]^3}. \tag{6}$$

例 7 求摆线 $\begin{cases}x=a(t-\sin t);\\ y=a(1-\cos t),\end{cases}$ 在 $t=\frac{\pi}{2}(0<t<2\pi)$ 处的切线方程(a 是正常数)(见图 3.7).

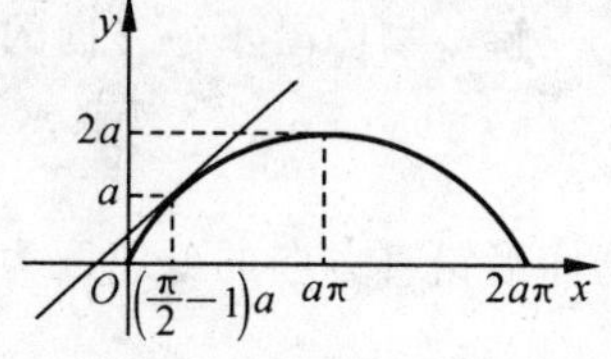

图 3.7

解 $$\frac{dy}{dx}=\frac{dy/dt}{dx/dt}=\frac{[a(1-\cos t)]'}{[a(t-\sin t)]'}$$

$$=\frac{a\sin t}{a(1-\cos t)}=\frac{\sin t}{1-\cos t},$$

$$\left.\frac{dy}{dx}\right|_{t=\pi/2}=1.$$

又当 $t=\pi/2$ 时，$x=a(\pi/2-1)$，$y=a$，所以所求切线方程为

$$y-a=x-a(\pi/2-1),$$

即

$$y=x+a(2-\pi/2).$$

例 8 设 $\begin{cases}x=\sqrt{1+t}\\ y=\sqrt{1-t}\end{cases}$，求证 $\frac{dy}{dx}=-\frac{x}{y}$，$\frac{d^2y}{dx^2}=-\frac{2}{y^3}$.

证 因 $$\frac{dy}{dx}=\frac{dy/dt}{dx/dt}=\frac{(\sqrt{1-t})'}{(\sqrt{1+t})'}=\frac{\frac{-1}{2\sqrt{1-t}}}{\frac{1}{2\sqrt{1+t}}}=-\frac{\sqrt{1+t}}{\sqrt{1-t}}=-\frac{x}{y},$$

所以

$$\frac{d^2y}{dx^2}=\frac{d}{dx}\left(-\frac{x}{y}\right)=-\frac{(x)'y-xy'}{y^2}$$

$$=-\frac{y-xy'}{y^2}=-\frac{y+\frac{x^2}{y}}{y^2}=-\frac{y^2+x^2}{y^3}=-\frac{1-t+1+t}{y^3}=-\frac{2}{y^3}. \qquad \square$$

例 9 设 $y=y(x)$，由参数方程 $\begin{cases}x=\ln(1+t^2)\\ y=t-\arctan t\end{cases}$ 确定，求 $\frac{dy}{dx}$，$\frac{d^2y}{dx^2}$.

解 由式(5)得

$$\frac{\mathrm{d}y}{\mathrm{d}x}=\frac{\mathrm{d}y/\mathrm{d}t}{\mathrm{d}x/\mathrm{d}t}=\frac{1-\dfrac{1}{1+t^2}}{\dfrac{2t}{1+t^2}}=\frac{t^2}{2t}=\frac{t}{2},$$

将上述结果继续对 x 求导得

$$\frac{\mathrm{d}^2y}{\mathrm{d}x^2}=\frac{\mathrm{d}}{\mathrm{d}t}\left(\frac{t}{2}\right)\cdot\frac{\mathrm{d}t}{\mathrm{d}x}=\frac{\mathrm{d}}{\mathrm{d}t}\frac{t/2}{\mathrm{d}x/\mathrm{d}t}=\frac{1/2}{2t/(1+t^2)}=\frac{1+t^2}{4t}.$$

例 10 一物体以初速 v_0 和水平方向成 α 角抛出，它的轨迹当以时间 t 为参数来表示时，其方程为 $\begin{cases}x=v_0t\cos\alpha\\ y=v_0t\sin\alpha-\dfrac{1}{2}gt^2\end{cases}$，求物体在 t 时刻的运动速度的大小和方向.

解 物体沿水平方向的分速度为

$$v_x(t)=\frac{\mathrm{d}x}{\mathrm{d}t}=v_0\cos\alpha,$$

物体沿铅直方向的分速度为

$$v_y(t)=\frac{\mathrm{d}y}{\mathrm{d}t}=v_0\sin\alpha-gt,$$

物体运动速度的大小为

$$v=\sqrt{v_x^2(t)+v_y^2(t)}=\sqrt{(v_0\cos\alpha)^2+(v_0\sin\alpha-gt)^2}=\sqrt{v_0^2-2v_0gt\sin\alpha+g^2t^2}.$$

物体运动的方向取决于

$$\tan\theta=\frac{\mathrm{d}y}{\mathrm{d}x}=\frac{\mathrm{d}y/\mathrm{d}t}{\mathrm{d}x/\mathrm{d}t}=\frac{v_0\sin\alpha-gt}{v_0\cos\alpha}=\tan\alpha-\frac{gt}{v_0\cos\alpha}.$$

当曲线用极坐标方程 $\rho=\rho(\theta)$ 给定，其中 ρ、θ 分别为点 (x,y) 的极径与极角时，利用直角坐标与极坐标的关系 $x=\rho\cos\theta, y=\rho\sin\theta$ 将曲线化为参数方程

$$\begin{cases}x=\rho(\theta)\cos\theta;\\ y=\rho(\theta)\sin\theta.\end{cases}$$

再利用式(5)可求得曲线上任一点处的切线斜率为

$$\frac{\mathrm{d}y}{\mathrm{d}x}=\frac{\mathrm{d}y/\mathrm{d}\theta}{\mathrm{d}x/\mathrm{d}\theta}=\frac{\rho'(\theta)\sin\theta+\rho(\theta)\cos\theta}{\rho'(\theta)\cos\theta-\rho(\theta)\sin\theta}=\frac{\rho'(\theta)\tan\theta+\rho(\theta)}{\rho'(\theta)-\rho(\theta)\tan\theta}.\tag{7}$$

例 11 求曲线 $\rho=a\sin2\theta$ 在 $\theta=\pi/4$ 处的切线方程和法线方程.

解 由式(7)得

$$\frac{\mathrm{d}y}{\mathrm{d}x}=\frac{\mathrm{d}y/\mathrm{d}\theta}{\mathrm{d}x/\mathrm{d}\theta}=\frac{2a\cos2\theta\sin\theta+a\sin2\theta\cos\theta}{2a\cos2\theta\cos\theta-a\sin2\theta\sin\theta},$$

故在 $\theta=\dfrac{\pi}{4}$ 处，

$$K_{\text{切}}=\left.\frac{\mathrm{d}y}{\mathrm{d}x}\right|_{\theta=\frac{\pi}{4}}=\frac{0+a\sin\dfrac{\pi}{2}\cos\dfrac{\pi}{4}}{0-a\sin\dfrac{\pi}{2}\sin\dfrac{\pi}{4}}=-\cot\frac{\pi}{4}=-1, K_{\text{法}}=1.$$

又 $x\Big|_{\theta=\frac{\pi}{4}}=\dfrac{\sqrt{2}}{2}a$，$y\Big|_{\theta=\frac{\pi}{4}}=\dfrac{\sqrt{2}}{2}a$，故求得 $\theta=\dfrac{\pi}{4}$ 处的切线方程为

$$y-\frac{\sqrt{2}}{2}a=-\left(x-\frac{\sqrt{2}}{2}a\right),\quad 即\quad x+y-\sqrt{2}a=0.$$

法线方程为
$$y-\frac{\sqrt{2}}{2}a=x-\frac{\sqrt{2}}{2}a,\quad 即\quad x-y=0.$$

3.4.3　相关变化率

设 $x=x(t)$，$y=y(t)$ 均为可导函数，变量 x,y 满足方程 $F(x,y)=0$，于方程两边对 t 求导，便得到变化率 $x'(t)$，$y'(t)$ 之间的关系式 $\mathrm{d}(F(x,y))/\mathrm{d}t=0$，这两个相互关联的变化率称为**相关变化率**.

例如，设可导函数 $x=x(t)$，$y=y(t)$ 满足方程

$$x^2+16y^2=1. \tag{8}$$

将式(8) 两边对 t 求导，得 $x(t)$，$y(t)$，$x'(t)$，$y'(t)$ 所关联的方程

$$2xx'(t)+32yy'(t)=0. \tag{9}$$

在一定的条件下，从式(9) 可以由已知变化率求出未知变化率，看以下两例.

例 12　如果以每秒 50 cm^3 的匀速给一个气球充气，假设气球内气压保持常值且形状始终为球形，问当气球的半径为 5 cm 时，半径增加的速率是多少？

解　设 t 时刻气球的半径为 r，体积为 V，显然 V 和 r 都是 t 的函数，且

$$V=\frac{4}{3}\pi r^3. \tag{10}$$

将式(10) 两边对 t 求导得

$$\frac{\mathrm{d}V}{\mathrm{d}t}=\frac{\mathrm{d}V}{\mathrm{d}r}\,\frac{\mathrm{d}r}{\mathrm{d}t}=4\pi r^2\,\frac{\mathrm{d}r}{\mathrm{d}t}. \tag{11}$$

将 $\dfrac{\mathrm{d}V}{\mathrm{d}t}=50$，$r=5$ 代入式(11) 得

$$\frac{\mathrm{d}r}{\mathrm{d}t}=\frac{50}{4\pi\cdot 5^2}\ \mathrm{cm/s}=\frac{1}{2\pi}\ \mathrm{cm/s}\approx 0.159\ \mathrm{cm/s}.$$

因此当气球半径为 5 cm 时，半径的增加速率为每秒0.159 cm.

例 13　有一底半径为 4 m、高为 100 m 的直圆锥桶(见图 3.8)，如果水以每分钟 5 m^3 的常速率注入，问从底部测量起，当水深为 5 m 时，水面升高多快？

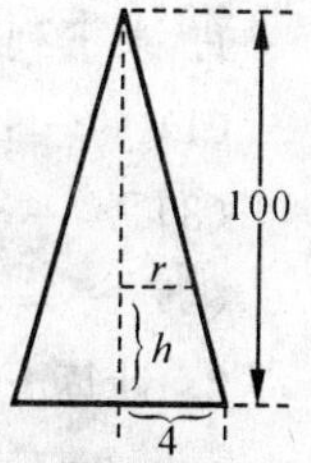

100
r
h
4

图 3.8

解　设 t 时刻桶中水的深度为 h，水的表面半径为 r，体积为 V，因为

$$\frac{100}{4}=\frac{100-h}{r},\quad 即\quad r=\frac{100-h}{25},$$

所以
$$V=\frac{1}{3}\pi\cdot 4^2\cdot 100-\frac{1}{3}\pi\left(\frac{100-h}{25}\right)^2(100-h)$$
$$=\frac{1600\pi}{3}-\frac{\pi}{3\cdot 25^2}(100-h)^3. \tag{12}$$

现在问题是当已知$\frac{\mathrm{d}V}{\mathrm{d}t}=5\mathrm{m}^3/\mathrm{min}, h=5\mathrm{m}$时，$\frac{\mathrm{d}h}{\mathrm{d}t}=?$为此将式(12)两边对$t$求导得
$$\frac{\mathrm{d}V}{\mathrm{d}t}=\frac{\pi}{3\cdot 25^2}\cdot 3(100-h)^2\frac{\mathrm{d}h}{\mathrm{d}t},$$
代入已知数据后得
$$5=\frac{\pi}{25^2}(100-5)^2\frac{\mathrm{d}h}{\mathrm{d}t},$$
故解得
$$\frac{\mathrm{d}h}{\mathrm{d}t}=\frac{5\cdot 25^2}{95^2\cdot\pi}\mathrm{m/min}=\frac{5}{\pi}\left(\frac{5}{19}\right)^2\ \mathrm{m/min}.$$

若设桶的顶点朝下，情况又怎样呢？由于这时
$$V=\frac{1}{3}\pi r^2 h,\quad \frac{r}{4}=\frac{h}{100},$$
因而有
$$V=\frac{\pi}{3}\left(\frac{h}{25}\right)^2 h=\frac{\pi h^3}{3\cdot 25^2}. \tag{13}$$
将式(13)两边对t求导得
$$\frac{\mathrm{d}V}{\mathrm{d}t}=\frac{\pi}{25^2}\cdot h^2\cdot\frac{\mathrm{d}h}{\mathrm{d}t}.$$
再代入已知数据得
$$5=\frac{\pi}{25^2}\cdot 5^2\cdot\frac{\mathrm{d}h}{\mathrm{d}t},\quad 即\quad \frac{\mathrm{d}h}{\mathrm{d}t}=\frac{5^3}{\pi}\ \mathrm{m/min}.$$

习题 3.4

1. 求下列方程所确定的隐函数 y 对 x 的导数.

(1) $y=1-x\mathrm{e}^y$；
(2) $x^3+y^3-3axy=0$；
(3) $y^3-3y+2ax=0$；
(4) $y^2-2xy+b^2=0$；
(5) $x^y=y^x$；
(6) $y^2\cos x=a^2\sin x$.

2. 计算下列各题.

(1) $\begin{cases}x=a\cos t\\ y=b\sin t\end{cases}$ (a、b 为正常数)，求$\frac{\mathrm{d}y}{\mathrm{d}x}$.

(2) $\begin{cases}x=a(\cos t+t\sin t)\\ y=a(\sin t-t\cos t)\end{cases}$，求$\left.\frac{\mathrm{d}x}{\mathrm{d}y}\right|_{t=\frac{\pi}{4}}$.
(3) $\begin{cases}x=1-t^2\\ y=t-t^3\end{cases}$，求$\frac{\mathrm{d}y}{\mathrm{d}x},\frac{\mathrm{d}^2y}{\mathrm{d}x^2}$.

(4) 求曲线$\begin{cases}x=2\mathrm{e}^{t}\\y=\mathrm{e}^{-t}\end{cases}$在 $t=0$ 处的切线方程.

(5) 求曲线$\begin{cases}x=t^{3}-t^{2}+t+1\\y=t^{4}+t\end{cases}$在 $t=1$ 处的法线方程.

3. 设气体以 100 cm/s 的速率注入球状的立体,求在半径为 10 cm 时,气球半径增加的速率(假定气体压力不变).

3.5 函数的微分

3.5.1 微分概念

1. 微分实例

设一物体沿直线作变速运动,路程 s 与时间 t 的关系式为 $s=s(t)$,在$[t,t+\Delta t]$这一时间段内物体走过的路程为 Δs,则

$$\Delta s=s(t+\Delta t)-s(t).$$

如果物体是作匀速运动,速度为 v_0,显然

$$\Delta s=v_0\Delta t.$$

如果物体是做变速运动,且 $s(t)$ 是较复杂函数时,Δs 的计算就极为复杂,此时,若 Δt 绝对值很小,我们可近似认为在这段时间内物体是做匀速运动且速度就是物体在 t 时刻的瞬时速度 $v(t)=s'(t)$,从而得

$$\Delta s\approx s'(t)\Delta t. \tag{1}$$

式中,t 是某一固定时刻,是一常量;$s'(t)$ 是 t 时刻的瞬时速度,也是常量;$s'(t)\Delta t$ 是 Δt 的线性函数.

为了说明近似公式(1) 的准确度,来看一下自由落体运动:

$$s=\frac{1}{2}gt^{2}.$$

在 t 时刻,运动的瞬时速度 $v(t)=s'(t)=gt$,在$[t,t+\Delta t]$时间内,当 Δt 绝对值很小时,落体走过的路程近似地为

$$\Delta s\approx s'(t)\Delta t=gt\Delta t. \tag{2}$$

如果精确地计算在$[t,t+\Delta t]$时间内的路程增量 Δs,则

$$\Delta s=s(t+\Delta t)-s(t)=\frac{1}{2}g(t+\Delta t)^{2}-\frac{1}{2}gt^{2}=gt\Delta t+\frac{1}{2}g\Delta t^{2}.$$

由此可见,由近似公式(2) 产生的误差是$\frac{1}{2}g\Delta t^{2}$,当 $\Delta t\to 0$ 时,它是 Δt 的二阶无穷小量,这说明当 Δt 的绝对值很小时,这种近似方法具有良好的精确度.

下面再举一例说明.

设有一块正方形薄片受温度变化影响,使边长由 x 变到$x+\Delta x$,现需考虑其总面积的改变量为多少?

设正方形边长为 x,其面积为 y,则

$$y=x^2.$$

当 x 取得增量 Δx,面积的增量

$$\Delta y=(x+\Delta x)^2-x^2=2x\Delta x+(\Delta x)^2. \tag{3}$$

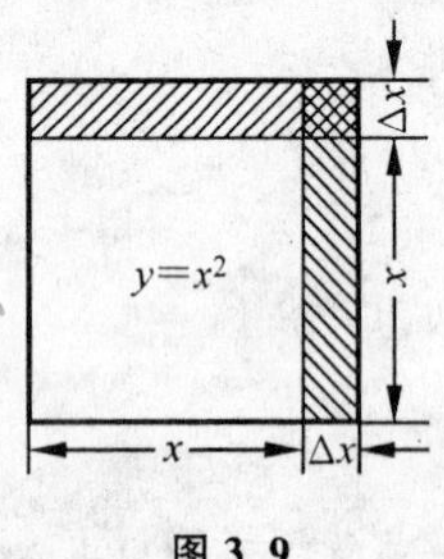

图 3.9

式(3) 中,Δy 分为两部分:第一部分 $2x\Delta x$ 是 Δx 的线性函数,即图 3.9 中两个带有阴影的小矩形面积之和;第二部分 $(\Delta x)^2$ 是图 3.9 中带有双重阴影的小正方形的面积. 当 $\Delta x\to 0$ 时,第二部分$(\Delta x)^2$ 是比 Δx 高阶的无穷小,即$(\Delta x)^2=o(\Delta x)$. 由此可见,当$|\Delta x|$很 小时,可用第一部分 $2x\Delta x$ 来近似代替面积的增量 Δy,即

$$\Delta y\approx 2x\Delta x.$$

一般情况下,如果函数 $y=f(x)$ 满足一定条件,且函数的增量 Δy 可表示为

$$\Delta y=A\Delta x+o(\Delta x).$$

式中,A 是不依赖于 Δx 的常数,因此 $A\Delta x$ 是 Δx 的线性函数,$o(\Delta x)$ 是比 Δx 高阶的无穷小,当 $A\neq 0$ 且 $|\Delta x|$ 很小时,可近似地用 $A\Delta x$ 来代替 Δy.

2. 微分概念

定义 1 设函数 $y=f(x)$ 是定义在某区间上的函数,若自变量在点 x 处取得增量 Δx 时,函数的增量 Δy 可以表示为

$$\Delta y=A\Delta x+o(\Delta x), \tag{4}$$

其中,A 是不依赖于 Δx 的常数,$A\Delta x$ 是 Δx 的线性函数,$o(\Delta x)$ 是比 Δx 高阶的无穷小,则说函数 $y=f(x)$ 在 x 处是**可微分**的,$A\Delta x$ 称为 $f(x)$ 在点 x 处的**微分**,且记为 $\mathrm{d}y$,即 $\mathrm{d}y=A\Delta x$.

当 $|\Delta x|$ 很小时,$\Delta y\approx A\Delta x$,其误差 $o(\Delta x)$ 是比 Δx 高阶的无穷小,$A\Delta x$ 是 Δy 的线性主部. 显然有$\lim\limits_{\Delta x\to 0}\dfrac{\Delta y}{A\Delta x}=1(A\neq 0)$,即 $\Delta x\to 0$ 时,函数的增量与它的主部(微分 $\mathrm{d}y=A\Delta x$) 为等价无穷小.

3. 可微性与可导性的关系

设函数 $y=f(x)$ 在点 x 处可微,即有

$$\Delta y=A\Delta x+o(\Delta x)\quad (A\neq 0).$$

将上式两边同除以 Δx 得

$$\frac{\Delta y}{\Delta x}=A+\frac{o(\Delta x)}{\Delta x}. \tag{5}$$

将上式两边取极限($\Delta x \to 0$) 得

$$\lim_{\Delta x \to 0} \frac{\Delta y}{\Delta x} = A, \quad 即 \quad A = f'(x).$$

反之,如果 $y = f(x)$ 在点 x 处可导,即 $\lim\limits_{\Delta x \to 0} \dfrac{\Delta y}{\Delta x} = f'(x)$ 存在,根据极限与无穷小的关系,有

$$\frac{\Delta y}{\Delta x} = f'(x) + \alpha, \quad (\lim_{\Delta x \to 0} \alpha = 0),$$

从而有 $\Delta y = f'(x)\Delta x + o(\Delta x)$. 其中, $f'(x)$ 是不依赖于 Δx,这表明 $f(x)$ 在点 x 处可微.

由此可见,函数 $y = f(x)$ 在点 x 处可微是函数 $f(x)$ 在点 x 处可导的充分必要条件,当 $|\Delta x|$ 很小且 $f'(x) \neq 0$ 时,

$$\Delta y \approx \mathrm{d}y, \quad 其中 \quad \mathrm{d}y = f'(x)\Delta x.$$

特别,对 $y = x$,有 $\mathrm{d}x = (x)'\Delta x = \Delta x$,即自变量的微分等于自变量的增量,因而

$$\mathrm{d}y = f'(x)\mathrm{d}x. \tag{6}$$

从式(6) 知 $\dfrac{\mathrm{d}y}{\mathrm{d}x} = f'(x)$,由此可见原来作为一个整体出现的导数符号 $\dfrac{\mathrm{d}y}{\mathrm{d}x}$,现在可以把它看做是函数 y 的微分与自变量 x 的微分之比,因此导数又叫做微商.

有了微分概念后,复合函数求导规则与反函数求导规则

$$\frac{\mathrm{d}y}{\mathrm{d}x} = \frac{\mathrm{d}y}{\mathrm{d}u}\frac{\mathrm{d}u}{\mathrm{d}x} \quad 及 \quad \frac{\mathrm{d}y}{\mathrm{d}x} = \left(\frac{\mathrm{d}x}{\mathrm{d}y}\right)^{-1}$$

都可以看做是微分的代数恒等式.

4. 微分的几何解释

在直角坐标系中,设函数 $y = f(x)$ 的图形如图 3.10 所示,对于某一定值 x,对应曲线上的点为 $M_0(x, y)$,当自变量在 x 处取得增量 Δx 时,相应的曲线上对应点为 $M(x + \Delta x, y + \Delta y)$.

$$M_0N = \Delta x, \quad MN = \Delta y.$$

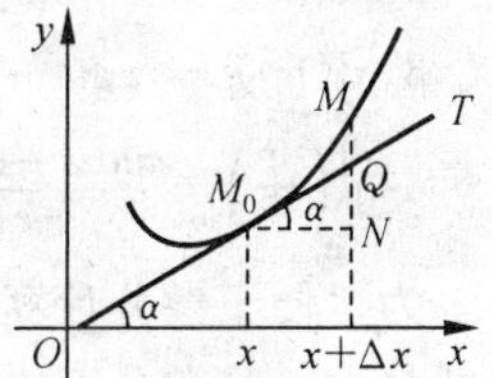

图 3.10

过点 M_0 作曲线的切线 M_0T,其倾斜角为 α,则

$$NQ = M_0N\tan\alpha = f'(x)\Delta x.$$

而 $\mathrm{d}y = NQ$,这表明函数在点 x 处的微分为切线 M_0T 上点的纵坐标的增量. 当 Δx 的绝对值很小时,以 $\mathrm{d}y$ 近似 Δy 实质上是在 M_0 附近以切线来近似曲线,也就是以一种均匀的变化过程来近似非均匀的变化过程.

从图 3.10 中可知

$$\Delta y - \mathrm{d}y = MN - NQ = QM.$$

当 $\Delta x \to 0$ 时(设 $\alpha \neq 0$),QM 比 QN 更快地趋于0,从而 QM 也比 M_0N(即 $|\Delta y - \mathrm{d}y|$

比 $|\Delta x|$) 更快地趋于 0.

3.5.2 微分运算规则与微分表

从前面知,如果函数 $y=f(u)$ 及 $u=\varphi(x)$ 都可导,则有 $y'=f'(u)\varphi'(x)$,从而

$$\mathrm{d}y=y'\mathrm{d}x=f'(u)\varphi'(x)\mathrm{d}x. \tag{7}$$

又对 $u=\varphi(x)$,有

$$\mathrm{d}u=\varphi'(x)\mathrm{d}x. \tag{8}$$

从式(7)、式(8)得 $\mathrm{d}y=f'(u)\mathrm{d}u$. 由此可见,不论 u 是一个中间变量还是一个自变量,微分形式 $\mathrm{d}y=f'(u)\mathrm{d}u$ 保持不变,这一性质称为**一阶微分形式不变性**.

一阶微分形式不变性使得在求复合函数微分时可以不必写出中间变量而使计算简便.

例 1 $y=\mathrm{e}^{x^2}$,求 $\mathrm{d}y$.

解 由一阶微分形式不变性得

$$\mathrm{d}y=\mathrm{d}(\mathrm{e}^{x^2})=\mathrm{e}^{x^2}\mathrm{d}(x^2)=2x\mathrm{e}^{x^2}\mathrm{d}x.$$

例 2 设 $y=\tan\mathrm{e}^x$,求 $\mathrm{d}y$.

解 $\mathrm{d}y=\mathrm{d}(\tan\mathrm{e}^x)=\dfrac{1}{\cos^2\mathrm{e}^x}\mathrm{d}\mathrm{e}^x=\dfrac{\mathrm{e}^x\mathrm{d}x}{\cos^2\mathrm{e}^x}$.

由于微分计算实际上归结为导数计算,所以与前面导数运算规则相对应,微分有下列运算规则.

设 $u=u(x)$,$v=v(x)$ 可微,c 为常数,则有

1° $\mathrm{d}(cu)=c\mathrm{d}u$;

2° $\mathrm{d}(u\pm v)=\mathrm{d}u\pm\mathrm{d}v$;

3° $\mathrm{d}(uv)=v\mathrm{d}u+u\mathrm{d}v$;

4° $\mathrm{d}\left(\dfrac{u}{v}\right)=\dfrac{v\mathrm{d}u-u\mathrm{d}v}{v^2}(v\neq 0)$.

为了便于微分计算,对照前面基本初等函数求导公式列出以下微分表. 不过要说明的是由一阶微分形式不变性,下表中的 u 既可以是自变量也可以是某自变量 x 的函数,但 3.2.3 节中的导数表中变量 x 只能是自变量.

(1) $\mathrm{d}(c)=0$; (2) $\mathrm{d}(u^\alpha)=\alpha u^{\alpha-1}\mathrm{d}u$;

(3) $\mathrm{d}(a^u)=a^u\ln a\mathrm{d}u$; (4) $\mathrm{d}(\log_a u)=\dfrac{1}{u\ln a}\mathrm{d}u$;

(5) $\mathrm{d}(\mathrm{e}^u)=\mathrm{e}^u\mathrm{d}u$; (6) $\mathrm{d}(\ln u)=\dfrac{1}{u}\mathrm{d}u$;

(7) $\mathrm{d}(\sin u)=\cos u\mathrm{d}u$; (8) $\mathrm{d}(\cos u)=-\sin u\mathrm{d}u$;

(9) $\mathrm{d}(\tan u)=\sec^2 u\mathrm{d}u$; (10) $\mathrm{d}(\cot u)=-\csc^2 u\mathrm{d}u$;

(11) $\mathrm{d}(\sec u)=\sec u\tan u\mathrm{d}u$; (12) $\mathrm{d}(\csc u)=-\csc u\cot u\mathrm{d}u$;

(13) $d(\arcsin u)=\frac{1}{\sqrt{1-u^2}}du$；　(14) $d(\arccos u)=\frac{-1}{\sqrt{1-u^2}}du$；

(15) $d(\arctan u)=\frac{1}{1+u^2}du$；　(16) $d(\text{arccot} u)=-\frac{1}{1+u^2}du$；

(17) $d(\text{sh}u)=\text{ch}u du$；　(18) $d(\text{ch}u)=\text{sh}u du$；

(19) $d(\text{th}u)=\frac{1}{\text{ch}^2 u}du$；　(20) $d(\text{cth}u)=-\frac{1}{\text{sh}^2 u}du$.

利用微分公式及运算法则,原则上可以求出一切初等函数的导数.

例 3　设 $y=\sin^2\ln(x^2+e^{2x}+1)$,求 dy.

解　利用一阶微分形式不变性及微分运算法则得

$$\begin{aligned}dy&=d[\sin^2\ln(x^2+e^{2x}+1)]\\&=2\sin\ln(x^2+e^{2x}+1)d\sin\ln(x^2+e^{2x}+1)\\&=2\sin\ln(x^2+e^{2x}+1)\cos\ln(x^2+e^{2x}+1)d\ln(x^2+e^{2x}+1)\\&=\sin[2\ln(x^2+e^{2x}+1)]\frac{1}{x^2+e^{2x}+1}d(x^2+e^{2x}+1)\\&=\sin[2\ln(x^2+e^{2x}+1)]\frac{2x+2e^{2x}}{x^2+e^{2x}+1}dx.\end{aligned}$$

例 4　设 $y=(x^2+3)^3$,求 dy.

解　由一阶微分形式不变性及公式(8)得

$$dy=3(x^2+3)^2d(x^2+3)=3(x^2+3)^2\cdot 2xdx=6x(x^2+3)^2dx.$$

例 5　设 $y=x^2e^{2x}$,求 dy.

解　由函数乘积微分法得

$$\begin{aligned}dy&=d(x^2e^{2x})=e^{2x}d(x^2)+x^2d(e^{2x})\\&=2xe^{2x}dx+x^2e^{2x}d(2x)=2xe^{2x}(1+x)dx.\end{aligned}$$

例 6　设 $y=e^{\sin x\ln x}$,求 dy.

解　$dy=d(e^{\sin x\ln x})=e^{\sin x\ln x}d(\sin x\ln x)=e^{\sin x\ln x}(\ln x d\sin x+\sin x d\ln x)$

$$=e^{\sin x\ln x}(\ln x\cos x dx+\sin x\cdot\frac{1}{x}dx)=e^{\sin x\ln x}(\ln x\cos x+\frac{\sin x}{x})dx.$$

以上几个例子中的 dy 都是按微分规则及微分公式来求的,对这种求法必须十分熟练.此处也可以用式(6)通过求导数的方法来求微分.如例1中 $y=e^{x^2}$ 的微分可如下计算:

$$dy=y'dx=(e^{x^2})'dx=e^{x^2}(x^2)'dx=2xe^{x^2}dx.$$

3.5.3　微分在近似计算中的应用

在工程、管理等方面的实际问题中,若直接按给定的公式计算某个函数值往往是复杂而费劲的,但在一定条件或一定精度的要求下,可采用简便的近似计算去代替复杂的计算.下面介绍利用一阶微分求函数的近似值的方法.

当函数 $y=f(x)$ 在 x_0 处可微时,从前面知道,函数的微分 $\mathrm{d}y=f'(x)\Delta x$ 是函数的改变量 $\Delta y=f(x_0+\Delta x)-f(x_0)$ 的主部,从而知道当 $|\Delta x|$ 充分小时有 $\Delta y\approx \mathrm{d}y$,即有近似公式

$$f(x_0+\Delta x)-f(x_0)\approx f'(x_0)\Delta x,$$

或

$$f(x_0+\Delta x)\approx f(x_0)+f'(x_0)\Delta x. \tag{9}$$

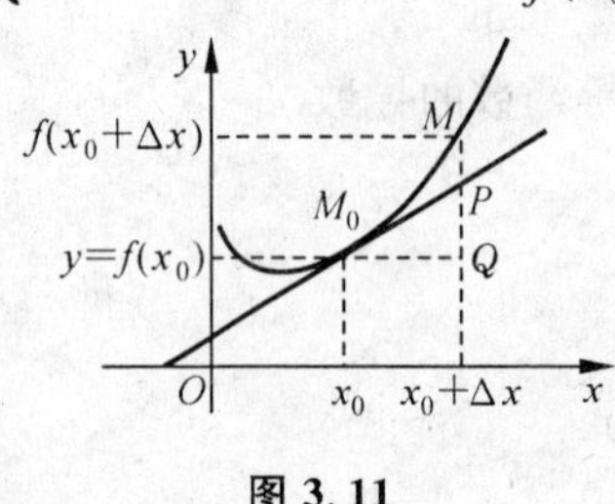

图 3.11

在图 3.11 中,M_0、M 的坐标依次是 $(x_0,f(x_0))$ 与 $(x_0+\Delta x,f(x_0+\Delta x))$,$M_0P$ 是曲线 $y=f(x)$ 在点 M_0 处的切线,$QP=\tan\alpha\Delta x=f'(x)\Delta x=\mathrm{d}y$.近似公式(9)表明由线段 PQ 代替线段 QM.特别,在式(9)中取 $x_0=0$,记 $x=\Delta x$,当 $|x|$ 充分小时,有

$$f(x)\approx f(0)+f'(0)x. \tag{10}$$

利用式(10)可推出一系列近似公式,即当 $|x|$ 充分小时有

$$\sin x\approx x;\quad \tan x\approx x;\quad \ln(1+x)\approx x;\quad \mathrm{e}^x\approx 1+x;$$

$$(1+x)^n\approx 1+nx;\quad (1+x)^{\frac{1}{n}}\approx 1+\frac{x}{n}. \tag{11}$$

例如,设 $f(x)=(1+x)^{\frac{1}{n}}$,当 $|x|$ 充分小时,因为 $f'(x)=\frac{1}{n}(1+x)^{\frac{1}{n}-1}$,$f(0)=1$,$f'(0)=\frac{1}{n}$,从而由公式(10)得

$$(1+x)^{\frac{1}{n}}\approx 1+\frac{x}{n}.$$

其余公式读者可自行推证.

例 7 求 $\sqrt[5]{1.02}$ 的近似值.

解 因 $\sqrt[5]{1.02}=\sqrt[5]{1+0.02}$,取 $x=0.02$,利用公式(11)得

$$\sqrt[5]{1.02}\approx 1+\frac{1}{5}\times 0.02=1.004.$$

例 8 求 $\sin 46^\circ$ 的近似值.

解 令 $f(x)=\sin x$,$f'(x)=\cos x$,取 $x_0=\pi/4$,$\Delta x=\pi/180$,利用公式(9)得

$$\begin{aligned}\sin 46^\circ&=\sin(45^\circ+1^\circ)=\sin(\pi/4+\pi/180)\\&\approx\sin\pi/4+(\cos\pi/4)\cdot\pi/180\\&=\sqrt{2}/2+\sqrt{2}/2\cdot\pi/180\approx 0.7194.\end{aligned}$$

为了对比,查表得 $\sin 46^\circ\approx 0.7193$,可见利用公式(9)计算近似程度较好.

习题 3.5

1. 利用微分求下列函数的近似值.

(1) $1/[1+(1.0175)^2]$；　　(2) $\cos\frac{2\pi}{13}$；

(3) $f(x)=\sqrt{1+x^3}\,(x=1.999)$.

2. 求下列函数的微分.

(1) $y=\tan^2 x$；　　(2) $y=5^{\ln\tan x}$；

(3) $y=2^{\frac{-1}{\cos x}}$；　　(4) $y=\cos(x^2)$；

(5) $y=x^{5x}$；　　(6) $y=\arctan e^x$.

3. 利用微分计算下列近似值.

(1) $y=\arctan 1.02$；　　(2) $y=\sqrt[3]{1.02}$；

(3) $y=\cos 151°$；　　(4) $y=\sin 29°$.

4. 利用微分计算一个内径为 5cm，外径为 5.137cm 的球形材料的近似体积.

5. 将适当函数填入下列括号内，使等式成立.

(1) $\mathrm{d}(\qquad)=\sin\omega t\,\mathrm{d}t$；　　(2) $\mathrm{d}(\qquad)=\frac{\mathrm{d}x}{1+x}$；

(3) $\mathrm{d}(\qquad)=\mathrm{e}^{-2x}\mathrm{d}x$；　　(4) $\mathrm{d}(\ln\tan\frac{x}{2})=(\qquad)\mathrm{d}x$.

小　结

一、基本要求

- 理解导数与微分的概念，了解导数与微分的几何意义，能用定义讨论函数在一点的可导性.
- 了解可导与连续之间的关系，能用导数描述某些物理变量.
- 掌握导数与微分的运算法则及基本公式，知道微分形式不变性.
- 掌握复合函数、隐函数、反函数及参数方程求导法.
- 了解高阶导数的概念，会求简单函数的 n 阶导数.

二、内容提要

1. 导数定义

若函数 $y=f(x)$ 在 x_0 的某邻域内有定义，且 $\lim\limits_{\Delta x\to 0}\frac{\Delta y}{\Delta x}=\lim\limits_{\Delta x\to 0}\frac{f(x_0+\Delta x)-f(x_0)}{\Delta x}$ 存在，则称 $f(x)$ 在 x_0 处可导，且记此极限值为 $f'(x_0)$，$\left.\frac{\mathrm{d}y}{\mathrm{d}x}\right|_{x=x_0}$ 或 $\left.y'\right|_{x=x_0}$.

$f'(x_0)$ 的几种表达方式：

$$f'(x_0)=\lim_{\Delta x\to 0}\frac{f(x_0+\Delta x)-f(x_0)}{\Delta x}$$

$$\xlongequal{\text{或}}\lim_{h\to 0}\frac{f(x_0+h)-f(x_0)}{h}\xlongequal{\text{或}}\lim_{x\to x_0}\frac{f(x)-f(x_0)}{x-x_0}.$$

若记
$$f'_+(x_0)=\lim_{x\to x_0^+}\frac{f(x)-f(x_0)}{x-x_0},$$
$$f'_-(x_0)=\lim_{x\to x_0^-}\frac{f(x)-f(x_0)}{x-x_0},$$
则称 $f'_+(x_0)$,$f'_-(x_0)$ 分别是 $f(x)$ 在 x_0 的右导数与左导数,且
$$f'(x_0)\text{ 存在}\Longleftrightarrow f'_+(x_0)=f'_-(x_0).$$

通常,用 $f'_+(x_0)$,$f'_-(x_0)$ 是否存在且相等来讨论分段函数在分段点 x_0 处的可导性.

2. 导数的几何意义

● 若函数 $y=f(x)$ 在 x_0 处的导数 $f'(x_0)$ 存在,其值表示曲线 $y=f(x)$ 在 $P_0(x_0,y_0)$ 处的切线斜率,且在 P_0 处

切线方程为: $y-y_0=f'(x_0)(x-x_0)$;

法线方程为: $y-y_0=-\dfrac{1}{f'(x_0)}(x-x_0)\ (f'(x_0)\neq 0)$.

● 曲线 $\begin{cases}x=x(t)\\y=y(t)\end{cases}$ 在 t_0 所对应的点 $P_0(x_0,y_0)$ 的切线斜率为 $k=\left.\dfrac{\mathrm{d}y}{\mathrm{d}x}\right|_{t=t_0}=\dfrac{y'(t_0)}{x'(t_0)}$,在 P_0 处

切线方程为: $y-y_0=k(x-x_0)$;

法线方程为: $y-y_0=-\dfrac{1}{k}(x-x_0)\ (k\neq 0)$.

3. 导数与连续的关系

可导 ⇒ 连续,反之不一定成立.

4. 微分

若函数 $y=f(x)$ 在 x 处的增量
$$\Delta y=f(x+\Delta x)-f(x)=A\Delta x+o(\Delta x)$$
(其中 A 与 Δx 无关),

则称函数 $f(x)$ 在 x 处可微,并称 $A\Delta x=f'(x)\Delta x$ 为函数 $y=f(x)$ 在点 x 处的微分,记为
$$\mathrm{d}y=f'(x)\Delta x=f'(x)\mathrm{d}x.$$

由式(7)知,$f'(x)=\dfrac{\mathrm{d}y}{\mathrm{d}x}$,即导数可表示为因变量的微分与自变量微分之商,即
$$\text{可导}\Longleftrightarrow\text{可微}.$$

5. 复合函数的导数与微分

设函数 $u=\varphi(x)$ 在点 x 处可导，$y=f(u)$ 在点 x 所对应的点 u 处可导，则 $y=f[\varphi(x)]$ 在点 x 处可导，且

$$\frac{\mathrm{d}y}{\mathrm{d}x}=\frac{\mathrm{d}y}{\mathrm{d}u}\frac{\mathrm{d}u}{\mathrm{d}x}=f'[\varphi(x)]\varphi'(x).$$

对于 $y=f(u)$，不论 u 是中间变量还是自变量都有

$$\mathrm{d}y=f'(u)\mathrm{d}u,$$

这一性质称为函数一阶微分形式不变性.

6. 导数与微分的四则运算

若函数 $u=u(x)$，$v=v(x)$ 在 x 处可导，则

$$(u\pm v)'=u'\pm v',\quad \mathrm{d}(u\pm v)=\mathrm{d}u\pm \mathrm{d}v;$$

$$(uv)'=u'v+uv',\quad \mathrm{d}(uv)=v\mathrm{d}u+u\mathrm{d}v;$$

$$\left(\frac{u}{v}\right)'=\frac{vu'-uv'}{v^2}(v\neq 0),\quad \mathrm{d}\left(\frac{u}{v}\right)=\frac{v\mathrm{d}u-u\mathrm{d}v}{v^2}(v\neq 0).$$

7. 反函数的导数

设函数 $y=f(x)$ 在点 x 的某邻域内单调连续，且在 x 处可导，$f'(x)\neq 0$，则 $y=f(x)$ 的反函数在点 x 所对应的点 y 处可导，且 $\dfrac{\mathrm{d}x}{\mathrm{d}y}=\dfrac{1}{\mathrm{d}y/\mathrm{d}x}$.

在计算反函数的二阶导数时要注意：

$$\frac{\mathrm{d}^2x}{\mathrm{d}y^2}\neq\frac{1}{\mathrm{d}^2y/\mathrm{d}x^2}.$$

正确的做法是：因 $\dfrac{\mathrm{d}x}{\mathrm{d}y}=\dfrac{1}{\mathrm{d}y/\mathrm{d}x}=\dfrac{1}{f'(x)}$，所以

$$\frac{\mathrm{d}^2x}{\mathrm{d}y^2}=\frac{\mathrm{d}}{\mathrm{d}y}\left[\frac{1}{f'(x)}\right]=\frac{\mathrm{d}}{\mathrm{d}x}\left[\frac{1}{f'(x)}\right]\frac{\mathrm{d}x}{\mathrm{d}y}$$

$$=\frac{-f''(x)}{[f'(x)]^2}\frac{1}{f'(x)}=-\frac{f''(x)}{[f'(x)]^3}.$$

8. 对于参数方程 $\begin{cases}x=x(t)\\ y=y(t)\end{cases}$，确定的函数 $y=y(x)$

$$\frac{\mathrm{d}y}{\mathrm{d}x}=\frac{\dfrac{\mathrm{d}y}{\mathrm{d}t}}{\dfrac{\mathrm{d}x}{\mathrm{d}t}}=\frac{y'(t)}{x'(t)}\xlongequal{\text{记为}}F(t),$$

$$\frac{\mathrm{d}^2y}{\mathrm{d}x^2}=\frac{\mathrm{d}}{\mathrm{d}x}[F(t)]=\frac{\mathrm{d}F}{\mathrm{d}t}\frac{\mathrm{d}t}{\mathrm{d}x}=\frac{\mathrm{d}F}{\mathrm{d}t}\frac{1}{\mathrm{d}x/\mathrm{d}t}.$$

9. 高阶导数

如果 $y'=f'(x)$ 作为 x 的函数在点 x 处可导，则 y' 的导数称为函数 $y=f(x)$

的二阶导数，记为 y''，$f''(x)$ 或$\frac{d^2y}{dx^2}$，即

$$f''(x)=\lim_{\Delta x\to 0}\frac{f'(x+\Delta x)-f'(x)}{\Delta x}.$$

同理，二阶导数的导数称为三阶导数，一般的，$n-1$ 阶导数的导数称为函数的 n 阶导数，记为$\frac{d^ny}{dx^n}$ 或 $y^{(n)}$.

设函数 $u=u(x)$，$v=v(x)$ 在点 x 处可导，则

- $(u\pm v)^{(n)}=u^{(n)}\pm v^{(n)}$；
- $(cu)^{(n)}=cu^{(n)}$（c 为常数）；
- $$(uv)^{(n)}=u^{(n)}v+nu^{(n-1)}v'+\frac{n(n-1)}{2!}u^{(n-2)}v''+\cdots+\frac{n(n-1)\cdots(n-k+1)}{k!}u^{(n-k)}v^{(k)}+\cdots+uv^{(n)}$$（莱布尼兹公式）.

几个基本初等函数的 n 阶导数公式：

$$(\sin x)^{(n)}=\sin\left(x+n\cdot\frac{\pi}{2}\right);\quad (e^x)^{(n)}=e^x;$$

$$(\cos x)^{(n)}=\cos\left(x+n\cdot\frac{\pi}{2}\right);\quad (x^\alpha)^{(n)}=\alpha(\alpha-1)\cdots(\alpha-n+1)x^{\alpha-n};$$

$$\left(\frac{1}{ax+b}\right)^{(n)}=\frac{(-1)^n n!a^n}{(ax+b)^{n+1}}\ (a\neq 0);$$

$$[\ln(1+x)]^{(n)}=\frac{(-1)^{n-1}(n-1)!}{(1+x)^n}.$$

10. 变化率

变化率在科学技术与实践中有着广泛的应用.

- 曲线 $y=f(x)$ 在任一点处的切线斜率$\frac{dy}{dx}$是纵坐标 y 对横坐标 x 的变化率；
- 变速运动的瞬时速度$\frac{ds}{dt}$是路程函数 s 对时间 t 的变化率；
- 电流强度$\frac{dQ}{dt}$是电量 Q 对时间 t 的变化率.

三、学习指导

学习本章应在理解了导数与微分的概念基础上加强导数与微分计算练习，由于函数的微分运算与函数的导数运算关系密切，故练习的重点放在求导运算上，在求函数导数时应注意以下几点：

- 熟记基本初等函数求导公式与导数的四则运算法则.

- 利用链式法则求复合函数的导数时，首先应分析函数的复合构造，不要遗漏复合函数的复合步骤，特别是对参数方程确定的函数、反函数求二阶导数时更要注意.
- 对于幂指函数和多因子连乘函数一般是先取对数再求导，亦即使用"对数求导法"进行计算.
- 对于分段函数在分段点处的导数要用导数定义来求.
- 求函数 $f(x)$ 的 n 阶导数时往往要先利用初等数学方法将函数 $f(x)$ 分解为几个简单函数之和，再利用已知函数的 n 阶导数公式计算.
- 微分与导数的区别在于：微分是由于函数的自变量发生变化而引起的函数改变量的近似值，而导数则是因变量的改变量对自变量改变量的比的极限；对于某一给定的函数，其微分与 x 及 Δx 都有关，而导数却只与 x 有关. 最后，一阶微分具有形式不变性，求函数的微分时可以不必说明是对哪个变量的微分，但是求函数的导数时必须指明是对哪个变量求导数.

自 测 题

一、单项选择题.（每小题 2 分，共 30 分）

1. 函数 $y=f(x)$ 在 x_0 处连续是它在 x_0 处可导的（　　）.

A. 充分条件　　B. 充分必要条件

C. 必要条件　　D. 既非充分条件也非必要条件

2. 函数 $y=f(x)$ 在点 x_0 处的导数 $f'(x_0)$ 的几何意义就是曲线 $y=f(x)$ 在（　　）.

A. 在 x_0 处的切线的斜率

B. 在 $(x_0,f(x_0))$ 点处切线的斜率

C. 在 $(x_0,f(x_0))$ 点处的切线与 x 轴所夹锐角的正切

D. 在 x_0 点处的切线的倾斜角

3. 设 $f(x)$ 是可导函数，当 $f(x)$ 为偶函数，则 $f'(x)$ 是（　　），当 $f(x)$ 是奇 函数，则 $f'(x)$ 是（　　）.

A. 偶函数　　B. 奇函数

C. 非奇可偶函数　　D. 以上结论都不对

4. 函数在某点不可导，函数所表示的曲线在相应点的切线（　　）.

A. 一定不存在　　B. 不一定不存在

C. 一定存在　　D. 以上结论都不对

5. 设 $f(x)=(x-a)\varphi(x)$，其中 $\varphi(x)$ 在 $x=a$ 处连续，则 $f'(a)=$（　　）.

A. $a\varphi(a)$　　B. $-a\varphi(a)$　　C. $-\varphi(a)$　　D. $\varphi(a)$

6. 函数 $y=|\sin x|$ 在 $x=0$ 处是（　　）.

A. 连续又可导　　B. 不连续，不可导

C. 不连续但可导　　D. 连续但不可导

7. 设函数 $f(x)=\begin{cases} x^2\sin\dfrac{1}{x}, & x\neq 0 \\ 0, & x=0. \end{cases}$ 在 $x=0$ 处是(　　);

A. 连续又可导　　B. 不连续不可导

C. 不连续但可导　　D. 连续但不可导

8. 设 $y=e^{\frac{1}{x}}$,则 $dy=$(　　).

A. $e^{\frac{1}{x}}dx$　　B. $e^{-\frac{1}{x^2}}dx$　　C. $\frac{1}{x^2}e^{\frac{1}{x}}dx$　　D. $-\frac{1}{x^2}e^{\frac{1}{x}}dx$

9. 函数 $y=x|x|$ 在点 $x=0$ 处的导数是(　　).

A. $2x$　　B. $-2x$　　C. 0　　D. 不存在

10. 函数 $y=e^{|x|}$ 在 $x=0$ 处的导数是(　　).

A. 1　　B. -1　　C. 0　　D. 不存在

11. 已知 $y=x\ln y$,则 $y'_x=$(　　).

A. $\frac{x}{y}$　　B. $\ln y$　　C. $\frac{y\ln y}{y-x}$　　D. $\ln y+\frac{x}{y}$

12. 函数 $y=\ln(a^x+b^x)$ 的导数是(　　).

A. $\frac{1}{a^x+b^x}(a^x\ln a+b^x\ln b)$　　B. $\ln(a-10)$

C. $\frac{1}{a^x+b^x}\ln 10(a^x+b^x)$　　D. $\frac{\ln 10}{a^x+b^x}(a^x\ln a+b^x\ln b)$

13. 设 $y=f(\sin x)$,则 $dy=$(　　).

A. $f'(\sin x)\sin x dx$　　B. $f'(\sin x)dx$

C. $f'(\sin x)\cos x dx$　　D. $f(\sin x)\sin x dx$

14. 若 $f(x)$ 是奇函数且 $f'(0)$ 存在,则 $x=0$ 点是函数 $F(x)=\frac{f(x)}{x}$ 的(　　).

A. 无穷间断点　　B. 可去间断点

C. 连续点　　D. 振荡间断点

15. 若 $f(x)=\begin{cases} \cos x, & x\leqslant 1 \\ ax+b, & x>1 \end{cases}$,且 $f'(1)$ 存在,则必有(　　).

A. $a=1,b=-1$　　B. $a=b=\sin 1$

C. $a=-\sin 1,b=\cos 1+\sin 1$　　D. $a=1,b=0$

二、填空题.(每小题 3 分,共 30 分)

1. 若 $f(x)$ 在 $x=a$ 处可导,则 $\lim\limits_{h\to 0}\frac{f(a+nh)-f(a-mh)}{h}=$ ________.

2. 若 $f'(x)=\sin^2[\sin(x+1)]$,$f(0)=4$,则 $\left.\frac{dx}{dy}\right|_{y=4}=$ ________.

3. 若 $\begin{cases} x=\ln t \\ y=t^m \end{cases}$,则 $\left.\frac{d^n y}{dx^n}\right|_{t=1}=$ ________.

4. 若 $y=\sin x^2$,则 $\frac{dy}{d(x^2)}=$ ________.

5. 若已知 $xy = e^{x+y}$,则 $\dfrac{dy}{dx} =$ ________.

6. $(x^{\sin x})' =$ ________.

7. $\left(\dfrac{x+1}{\sqrt{x}}\right)' =$ ________.

8. 设 $y = \ln(1+ax)$,a 为非零常数,则 $y' =$ ________,$y'' =$ ________.

9. 已知 $x = e^t\sin t, y = e^t\cos t$,则 $\left.\dfrac{dy}{dx}\right|_{t=\frac{\pi}{2}}$ ________.

10. 已知 $f'(x) = Ke^x(K \neq 0)$,则 $y = f(x)$ 的反函数的二阶导数 $\dfrac{d^2x}{dy^2} =$ ________.

三、计算下列各题.(每小题 10 分,共 60 分)

1. $y = \ln\sqrt{\dfrac{e^{4x}}{e^{4x}+1}}$,求 $y'\Big|_{x=0}$.

2. 设 $\arcsin x\ln y - e^{2x} + \tan y = 0$,求 $\left.\dfrac{dy}{dx}\right|_{\substack{x=0\\y=\frac{\pi}{4}}}$.

3. 设 $\begin{cases} x = \cos t + \tan\dfrac{t}{2} \\ y = 2^t + \arcsin t^2, \end{cases}$ 求 $\left.\dfrac{dy}{dx}\right|_{t=0}$.

4. 设 $f(t) = \lim\limits_{x\to\infty} t\left(1+\dfrac{1}{x}\right)^{2tx}$,求 $f'(t)$.

5. 设 $\begin{cases} x = te^{-t} \\ y = e^t \end{cases}$,求 $\dfrac{dy}{dx}, \dfrac{d^2y}{dx^2}$.

6. 设函数 $f(x) = \begin{cases} e^{ax}, & x \leqslant 0 \\ \sin 2x + b, & x > 0 \end{cases}$,且 $f'(0)$ 存在,求 a、b.

四、求由方程 $2y - x = (x-y)\ln(x-y)$ 所确定的函数 $y = y(x)$ 的微分 dy.(5 分)

五、设 $f(x) = \begin{cases} x\arctan\dfrac{1}{x^2}, & x \neq 0, \\ 0, & x = 0, \end{cases}$ 试讨论 $f'(x)$ 在 $x = 0$ 处的连续性.(5 分)

六、设 $y = \ln(2 + 3^{-x})$,求 dy.

自测题解答

一、1. C.　2. B.　3. B.、A.　4. B.　5. D.　6. D.　7. A.　8. D. 9. C.　10. D.　11. C.
12. A.　13. C.　14. B.　15. C.

二、1. $(n+m)f'(a)$　2. $\dfrac{1}{\sin^2(\sin 1)}$　3. m^n　4. $\cos x^2$　5. $\dfrac{e^{x+y}-y}{x-e^{x+y}}$　6. $x^{\sin x}\left(\cos x\ln x + \dfrac{\sin x}{x}\right)$

7. $\dfrac{1}{2\sqrt{x}}\left(1-\dfrac{1}{x}\right)$　8. $\dfrac{a}{1+ax} - \dfrac{a^2}{(1+ax)^2}$　9. -1　10. $-\dfrac{1}{K^2e^{2x}}$

三、1. $y = \dfrac{1}{2}[4x - \ln(e^{4x}+1)]$,$y'\Big|_{x=0} = \dfrac{1}{2}\left(4 - \dfrac{4e^{4x}}{e^{4x}+1}\right)\Big|_{x=0} = 1$.

2. 将原方程两边对 x 求导得

$$\left.\frac{\mathrm{d}y}{\mathrm{d}x}\right|_{\substack{x=0\\y=\frac{\pi}{4}}}=\left.\frac{2\mathrm{e}^{2x}-\frac{\ln y}{\sqrt{1-x^2}}}{\frac{\arcsin x}{y}+\frac{1}{\cos^2 y}}\right|_{\substack{x=0\\y=\frac{\pi}{4}}}=1-\frac{1}{2}\ln\frac{\pi}{4}.$$

3. $$\left.\frac{\mathrm{d}y}{\mathrm{d}x}\right|_{t=0}=\left.\frac{2^t\ln 2+\frac{2t}{\sqrt{1-t^2}}}{-\sin t+\frac{1}{2}\frac{1}{\cos^2 t}}\right|_{t=0}=\frac{\ln 2}{\frac{1}{2}}=2\ln 2.$$

4. $f(t)=\lim\limits_{x\to\infty}t\left[\left(1+\frac{1}{x}\right)^x\right]^{2t}=t\mathrm{e}^{2t}$，$\quad f'(t)=\mathrm{e}^{2t}+2t\mathrm{e}^{2t}=(1+2t)\mathrm{e}^{2t}$.

5. $\frac{\mathrm{d}y}{\mathrm{d}x}=\frac{y'_t}{x'_t}=\frac{\mathrm{e}^t}{\mathrm{e}^{-t}-t\mathrm{e}^{-t}}=\frac{\mathrm{e}^{2t}}{1-t}$，$\quad \frac{\mathrm{d}^2y}{\mathrm{d}x^2}=\frac{2\mathrm{e}^{2t}(1-t)+\mathrm{e}^{2t}}{(1-t)^2}\cdot\frac{1}{(1-t)\mathrm{e}^{-t}}=\frac{(3-2t)\mathrm{e}^{3t}}{(1-t)^3}$.

6. 因 $f'(0)$ 存在,故 f 在 $x=0$ 处连续,从而

$$\lim_{x\to 0^+}f(x)=\lim_{x\to 0^-}f(x),\text{即}\lim_{x\to 0^+}(\sin 2x+b)=\lim_{x\to 0^-}\mathrm{e}^{ax}\Rightarrow b=1.$$

又 $$f'_+(0)=\lim_{x\to 0^+}\frac{f(x)-f(0)}{x}=\lim_{x\to 0^+}\frac{\sin 2x+b-1}{x}=\lim_{x\to 0^+}\frac{\sin 2x}{2x}\cdot 2=2,$$

$$f'_-(0)=\lim_{x\to 0^-}\frac{f(x)-f(0)}{x}=\lim_{x\to 0^-}\frac{\mathrm{e}^{ax}-1}{x}=\lim_{x\to 0^-}\frac{ax}{x}=a.$$

由 $f'_+(0)=f'_-(0)$,得 $a=2$.

四、解一:对方程两边求微分得

$$2\mathrm{d}y-\mathrm{d}x=(\mathrm{d}x-\mathrm{d}y)\ln(x-y)+(x-y)\frac{\mathrm{d}x-\mathrm{d}y}{x-y},$$

解出 $$\mathrm{d}y=\frac{x}{2x-y}\mathrm{d}x.$$

解二:对方程两边求导数得

$$2y'-1=(1-y')\ln(x-y)+(1-y'),$$

解出 $$y'=\frac{2+\ln(x-y)}{3+\ln(x-y)}=\frac{x}{2x-y},$$

故 $$\mathrm{d}y=\frac{x}{2x-y}\mathrm{d}x.$$

五、因 $f'(0)=\lim\limits_{x\to 0}\frac{x\arctan\frac{1}{x^2}-0}{x}=\frac{\pi}{2}$,又

$$\lim_{x\to 0}f'(x)=\lim_{x\to 0}\left[\arctan\frac{1}{x^2}-\frac{2x^2}{1+x^2}\right]=\frac{\pi}{2}=f'(0),$$

故 $f'(x)$ 在 $x=0$ 处是连续的.

六、$\mathrm{d}y=\frac{-3^{-x}\ln 3}{2+3^{-x}}\mathrm{d}x$.

第四章　微分中值定理与导数的应用

本章在掌握了导数概念及其计算方法的基础上介绍几个微分中值定理，利用这些定理可得出计算极限的一个快捷方法（洛必达法则）和可以透视变量结构的泰勒公式，还可以分析函数的单调性与凸性，从而能准确地做出函数图形并容易地得到函数的极值与最值的求法.

4.1　微分中值定理

本节介绍三个微分中值定理及初步应用. 这几个定理是导数应用的理论基础.

4.1.1　罗尔(Rolle)定理

定理1（罗尔定理）　设函数 $f(x)$ 在闭区间 $[a,b]$ 上连续，在开区间 (a,b) 上可导，且 $f(a)=f(b)$，则在 (a,b) 内至少有一点 ξ 存在，使 $f'(\xi)=0$.

证　因 $f(x)$ 在 $[a,b]$ 上连续，所以 $f(x)$ 在 $[a,b]$ 上可取得最大值 M 与最小值 m.

下面分两种情况讨论.

(1) 如果 $M=m$，因 $f(x)$ 在 M 与 m 之间，故在 $[a,b]$ 上 $f(x)$ 恒为一常数，从而在区间 (a,b) 内每点处 $f'(x)=0$，定理的结论显然成立.

(2) 如果 $M\neq m$，则 $f(x)$ 在 $[a,b]$ 上不恒为常数，又因 $f(a)=f(b)$，故 M 与 m 中至少有一个不等于 $f(a)$ 与 $f(b)$，不妨设 $M\neq f(a)$，且记 ξ 为 (a,b) 内一点且 $f(\xi)=M$，下证 $f'(\xi)=0$.

因 f 在 ξ 处取得最大值，故不论 Δx 为正或为负，恒有 $f(\xi+\Delta x)-f(\xi)\leqslant 0$，当 $\Delta x>0$ 时，

$$\frac{f(\xi+\Delta x)-f(\xi)}{\Delta x}\leqslant 0. \tag{1}$$

由条件知 $f'(\xi)$ 存在，即 $\lim\limits_{\Delta x\to 0}\dfrac{f(\xi+\Delta x)-f(\xi)}{\Delta x}$ 存在，故由式(1)有

$$f'_+(\xi)=\lim_{\Delta x\to 0^+}\frac{f(\xi+\Delta x)-f(\xi)}{\Delta x}\leqslant 0.$$

同理，当 $\Delta x<0$ 时亦有

$$f'_-(\xi)=\lim_{\Delta x\to 0^-}\frac{f(\xi+\Delta x)-f(\xi)}{\Delta x}\geqslant 0.$$

又因 $f'(\xi)$ 存在，故由 $f'_-(\xi)=f'_+(\xi)$ 知必有

$$f'(\xi)=0.$$ □

罗尔定理在几何上可解释为当曲线 $y=f(x)$ 是光滑曲线(即指曲线上处处具有不垂直于 x 轴的切线)且曲线两端纵坐标相等时,在此曲线上至少有一点使曲线在该点有水平切线.

由于罗尔定理的结论相当于方程 $f'(x)=0$ 在 (a,b) 内有根,故常常利用罗尔定理证明方程根的存在性.

例 1 已知函数 $f(x)=x^3+6x^2+11x+6$. 试证明导函数 $f'(x)$ 有两个零点 ξ_1、ξ_2,且 $-3<\xi_1<-2<\xi_2<-1$.

证 可以利用罗尔定理讨论 $f'(x)=0$ 的根的范围.

由 $f(x)=x^3+6x^2+11x+6=(x+1)(x+2)(x+3)$,因 $f(-1)=f(-2)=f(-3)=0$,又 $f(x)$ 在 $(-\infty,+\infty)$ 上连续、可导,所以在 $[-3,-2]$,$[-2,-1]$ 上分别由罗尔定理知存在 $\xi_1\in(-3,-2)$,$\xi_2\in(-2,-1)$ 使 $f'(\xi_1)=0$,$f'(\xi_2)=0$. □

一般地,若函数 $f(x)$ 在 (a,b) 内 $n-1$ 次可微,$a<x_1<x_2<\cdots<x_n<b$,$f(x_i)=0(1\leqslant i\leqslant n)$,则方程 $f'(x)=0$ 在 (a,b) 内至少有 $n-1$ 个根,方程 $f''(x)=0$ 在 (a,b) 内至少有 $n-2$ 个根,继续重复使用罗尔定理可推得方程 $f^{(n-1)}(x)=0$ 在 (a,b) 内至少有一个根. □

例 2 如果 $a_0,a_1,\cdots,a_n$ 为满足 $a_0+\frac{a_1}{2}+\frac{a_2}{3}+\cdots+\frac{a_n}{n+1}=0$ 的实数,证明方程 $a_0+a_1x+a_2x^2+\cdots+a_nx^n=0$ 在 $[0,1]$ 内至少有一个实根.

证 设 $f(x)=a_0x+\frac{a_1}{2}x^2+\frac{a_2}{3}x^3+\cdots+\frac{a_n}{n+1}x^{n+1}$,因 $f(0)=0$,$f(1)=a_0+\frac{a_1}{2}+\frac{a_2}{3}+\cdots+\frac{a_n}{n+1}=0$. 又 $f(x)$ 在 $[0,1]$ 上连续,在 $(0,1)$ 内可导,故由罗尔定理知至少存在一 $\xi\in(0,1)$,使 $f'(\xi)=0$,即

$$a_0+a_1\xi+a_2\xi^2+\cdots+a_n\xi^n=0.$$

这表明方程 $a_0+a_1x+a_2x^2+\cdots+a_nx^n=0$ 在 $(0,1)$ 内至少有一个实根. □

例 3 设 $f(x)$,$g(x)$ 在 $[a,b]$ 上连续,在 (a,b) 内可微,证明存在 $\xi\in(a,b)$,使得

$$f'(\xi)[g(b)-g(\xi)]=g'(\xi)[f(\xi)-f(a)].$$

证 所要证的等式可写成

$$[(f(x)-f(a))(g(b)-g(x))]'\Big|_{x=\xi}=0. \tag{2}$$

为利用罗尔定理,很自然地由式(2)考虑作辅助函数

$$F(x)=[f(x)-f(a)][g(b)-g(x)].$$

因 $F(x)$ 在 $[a,b]$ 上连续,在 (a,b) 内可微,$F(a)=F(b)=0$,于是由罗尔定理知存在 $\xi\in(a,b)$,使

$$F'(\xi)=[(f(x)-f(a))(g(b)-g(x))]'\Big|_{x=\xi}=0,$$

即 $f'(\xi)[g(b)-g(\xi)]=g'(\xi)[f(\xi)-f(a)]$ 成立. □

4.1.2　拉格朗日(Lagrange)定理

定理 2(拉格朗日中值定理)　若函数 $f(x)$ 在闭区间 $[a,b]$ 上连续,在 (a,b) 内可导,则至少有一点 $\xi\in(a,b)$,使得

$$f(b)-f(a)=f'(\xi)(b-a). \tag{3}$$

分析　从 $\dfrac{f(b)-f(a)}{b-a}=f'(\xi)$ 及图 4.1 可看出弦 AB 的斜率为 $\dfrac{f(b)-f(a)}{b-a}$,$f'(\xi)$ 为曲线 $y=f(x)$ 在点 P 处的切线斜率,故拉格朗日中值定理的几何意义是,如果连续曲线 $y=f(x)$ 的弧 $\overset{\frown}{AB}$ 除端点外处处具有不垂直于 x 轴的切线,则曲线上至少有一点处的切线平行于弦 AB. 联想到罗尔定理结论的几何意义,即当 $f(a)=f(b)$ 时弦 AB 平行于 x 轴,从而考虑利用罗尔定理证明.

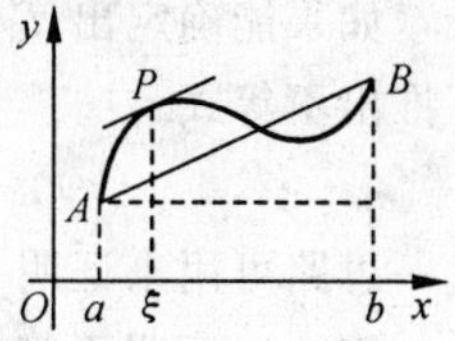

图 4.1

证　注意到弦 AB 的方程是

$$y-f(a)=\frac{f(b)-f(a)}{b-a}(x-a),$$

故引进辅助函数

$$\varphi(x)=f(x)-f(a)-\frac{f(b)-f(a)}{b-a}(x-a).$$

因为 $f(x)$ 及 $(x-a)$ 均在 $[a,b]$ 上连续,(a,b) 内可导,故 $\varphi(x)$ 也在 $[a,b]$ 上连续,(a,b) 内可导. 又 $\varphi(a)=\varphi(b)=0$,故函数 $\varphi(x)$ 在 $[a,b]$ 上满足罗尔定理的条件,从而在 (a,b) 内至少存在一点 ξ 使得

$$\varphi'(\xi)=f'(\xi)-\frac{f(b)-f(a)}{b-a}=0,$$

此即

$$f(b)-f(a)=f'(\xi)(b-a).$$ □

注 1　对于 $b<a$ 的情形,公式(3)也成立,此时只需在等式两边同乘 -1 即可.

注 2　虽然公式(3)的几何意义十分简单,仅表明平行于弦 AB 的切线存在,但在函数的理论问题上却有着重要的意义,能推导出许多重要结论. 关于这点我们将分别在下面的推论与例题中说明.

首先考虑"**定常问题**".

推论 1　若 $f(x)$ 在 (a,b) 上满足 $f'(x)\equiv 0$,则在 (a,b) 上 $f(x)$ 为一常数函数.

证　任取 $x_1,x_2\in(a,b)$,设 $x_1<x_2$,在 $[x_1,x_2]$ 上对 $f(x)$ 应用拉格朗日中值定理,得

$$f(x_2)-f(x_1)=f'(\xi)(x_2-x_1),\quad \xi\in(x_1,x_2).$$

因 $f'(x)\equiv 0$,故 $f'(\xi)=0$,从而 $f(x_2)=f(x_1)$. 由 x_1,x_2 的任意性即知 $f(x)$ 在 (a,b) 上是一常数函数. □

推论 2 若函数 $f(x),g(x)$ 在 (a,b) 上满足 $f'(x)=g'(x)$,则在 (a,b) 上,$f(x)=g(x)+C$(C 为一常数).

证 记 $h(x)=f(x)-g(x)$,则 $h'(x)=f'(x)-g'(x)=0$,于是由推论 1 知,有常数 C 使

$$h(x)=C\quad(a<x<b).$$

此即

$$f(x)=g(x)+C\ (a<x<b).$$ □

其次考虑"**不等式问题**".

如果能确定出 $f'(\xi)$ 在 (a,b) 区间上的界:$|f'(\xi)|\leqslant M(a<x<b)$,则由式(3)可推出不等式

$$|f(b)-f(a)|\leqslant M(b-a).$$

这一思路可用来证明一些不等式.

例 4 证明不等式 $|\sin x-\sin y|\leqslant|x-y|$.

证 设 $f(x)=\sin x$,则 $f'(x)=\cos x$,$|f'(x)|\leqslant 1$,因 $f(x)$ 在 $[y,x]$(不妨设 $y<x$)上满足定理 2 的条件,故有

$$f(x)-f(y)=\sin x-\sin y=\cos\xi(x-y).$$

从而

$$|\sin x-\sin y|=|\cos\xi||x-y|\leqslant|x-y|.$$ □

例 5 证明不等式 $\dfrac{b-a}{b}<\ln\dfrac{b}{a}<\dfrac{b-a}{a}\ (0<a<b)$.

证 视 $\ln\dfrac{b}{a}=\ln b-\ln a$ 为 $f(x)=\ln x$ 在 a、b 的函数值之差,显然 $f(x)$ 满足定理 2 的条件,$f'(x)=1/x$,在 $[a,b]$ 上,$1/b<f'(x)<1/a$,由式(3)得

$$\ln b-\ln a=\frac{1}{\xi}(b-a)\quad(a<\xi<b).$$

从而由 $1/b<1/\xi<1/a$ 得

$$\frac{b-a}{b}<\ln b-\ln a<\frac{b-a}{a}.$$ □

例 6 证明 $e^x>1+x\quad(x>0)$.

证 记 $f(x)=e^x-x-1$,需要证明 $f(x)>0$. 由于 $f(0)=0$,故只需证 $f(x)-f(0)>0$. 由式(2)得,

$$f(x)-f(0)=f'(\xi)x=(e^{\xi}-1)x\quad(x>\xi>0).$$

因为 $\xi>0$ 时 $e^{\xi}>1$,故 $(e^{\xi}-1)x>0$,从而 $f(x)>0$,此即

$$e^x>1+x.$$ □

一般来说,若要计算或估值的量能写成 $f(b)-f(a)$ 的形式,则可以用式(3)转换为 $f'(\xi)(b-a)$ 的计算或估值问题.

最后看一个“**中值问题**”的例子.

例 7　设 $f(x)$ 在 $[a,b]$ 上二阶可导(即有二阶导数). 连接 $A(a,f(a))$ 及 $B(b,f(b))$ 的弦 AB 与曲线 $y=f(x)$ 交于点 $C(c,f(c))$, $(a<c<b)$(见图 4.2), 证明存在 $\beta\in(a,b)$ 使 $f''(\beta)=0$.

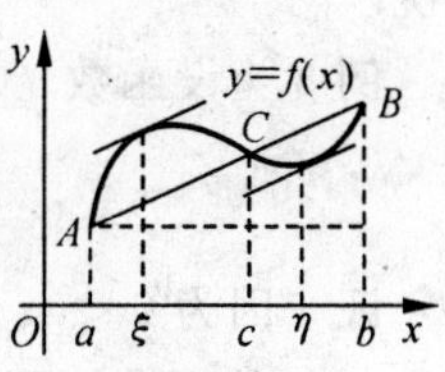

图 4.2

证　因 $f(x)$ 在 $[a,b]$ 上二阶可导, 在 $[a,c]$ 和 $[c,b]$ 上分别由拉格朗日中值定理(见图 4.2) 知, 存在 $\xi\in(a,c)$ 与 $\eta\in(c,b)$, 使得

$$f'(\xi)=\frac{f(c)-f(a)}{c-a},\quad f'(\eta)=\frac{f(b)-f(c)}{b-c}.$$

由题意知 A、B、C 三点共线, 故 $f'(\xi)=f'(\eta)$, 在 $[\xi,\eta]$ 上对 $f'(x)$ 应用罗尔中值定理知有 $\beta\in(\xi,\eta)\subset(a,b)$, 使

$$f''(\beta)=0.$$ □

4.1.3　柯西(Cauchy)中值定理

定理 3(柯西中值定理)　设函数 $f(x)$, $F(x)$ 在闭区间 $[a,b]$ 上连续, 在开区间 (a,b) 上可导, 且在 (a,b) 上 $F'(x)\neq 0$, 则至少有一点 $\xi\in(a,b)$, 使

$$\frac{f(b)-f(a)}{F(b)-F(a)}=\frac{f'(\xi)}{F'(\xi)}. \tag{4}$$

分析　将要证的等式(4) 改写为

$$f'(\xi)(F(b)-F(a))=F'(\xi)(f(b)-f(a)),$$

或

$$[f(x)(F(b)-F(a))-F(x)(f(b)-f(a))]'\Big|_{x=\xi}=0. \tag{5}$$

由式(5) 很容易联想到罗尔定理.

证　作辅助函数

$$\varphi(x)=f(x)[F(b)-F(a)]-F(x)[f(b)-f(a)].$$

因 $f(x)$、$F(x)$ 在 $[a,b]$ 上连续, 在 (a,b) 上可导, 故 $\varphi(x)$ 在 $[a,b]$ 上连续, 在 (a,b) 上可导. 又

$$\varphi(a)=f(a)F(b)-f(b)F(a)=\varphi(b),$$

故由罗尔定理知, 至少有一 $\xi\in(a,b)$ 使 $\varphi'(\xi)=0$, 即式(5) 成立, 从而推得

$$\frac{f(b)-f(a)}{F(b)-F(a)}=\frac{f'(\xi)}{F'(\xi)}\text{ 成立.}$$ □

至此, 微分学中三个定理均已证明, 从表面上看来三个定理条件、结论均不同, 但是在定理 3 中若取 $F(x)=x$, 则式(4) 化为

$$\frac{f(b)-f(a)}{b-a}=f'(\xi).$$

这表明定理 2 是定理 3 的特殊情况.

在定理 2 中若设 $f(a)=f(b)$，则有 $f'(\xi)=0$，从而表明定理 1 是定理 2 的特殊情况.

例 8 设函数 $f(x)$ 在 $[a,b]$ 上可导，$0<a<b$，证明存在 $\xi\in(a,b)$，使得

$$f(b)-f(a)=\xi f'(\xi)\ln\frac{b}{a}.$$

证 因为 $0<a<b$，故在 $[a,b]$ 上 $f(x)$、$F(x)=\ln x$ 连续且可导，又 $F'(x)=1/x\neq 0$，从而由柯西中值定理知至少有一点 $\xi\in(a,b)$，使

$$\frac{f(b)-f(a)}{F(b)-F(a)}=\frac{f'(\xi)}{F'(\xi)},$$

即
$$\frac{f(b)-f(a)}{\ln b-\ln a}=\frac{f'(\xi)}{1/\xi},$$

或
$$f(b)-f(a)=\xi f'(\xi)\ln\frac{b}{a}.$$ □

习题 4.1

1. 验证罗尔定理对函数 $y=x^3+4x^2-7x-10$ 在区间 $[-1,2]$ 上的正确性.

2. 验证罗尔定理对函数 $y=\ln\sin x$ 在区间 $\left[\frac{\pi}{6},\frac{5\pi}{6}\right]$ 上的正确性.

3. 验证拉格朗日定理对于函数 $y=\ln x$ 在区间 $[1,\mathrm{e}]$ 上的正确性.

4. 对函数 $f(x)=x^3$，$F(x)=x^2+1$ 在区间 $[1,2]$ 上验证柯西中值定理的正确性.

5. 不用求函数 $f(x)=(x-1)(x-2)(x-3)(x-4)$ 的导数，说明方程 $f'(x)=0$ 时有几个实根，并指出它们所在的区间.

6. 证明 $|\arctan a-\arctan b|\leqslant|a-b|$.

7. 证明当 $x>1$ 时，$\mathrm{e}^x>\mathrm{e}\cdot x$.

8. 已知函数 $f(x)$ 在 $[0,1]$ 上连续，在 $(0,1)$ 内可微，且 $f(0)=1$，$f(1)=0$，求证在 $(0,1)$ 内至少存在一点 c，使得 $f'(c)=-\dfrac{f(c)}{c}$.

9. 如果 $x_1\cdot x_2>0$，试证 $x_1\mathrm{e}^{x_2}-x_2\mathrm{e}^{x_1}=(1-\xi)\mathrm{e}^{\xi}(x_1-x_2)$，其中 ξ 在 x_1 与 x_2 之间.

10. 设 $f(x)$ 在 $[0,1]$ 上连续，在 $(0,1)$ 内可微，且 $f(0)=f(1)=0$，$f\left(\frac{1}{2}\right)=1$，证明存在 $\xi\in(0,1)$，使 $f'(\xi)=1$.

4.2 洛必达(L'Hospital)法则

本节讨论函数极限的计算问题，介绍一个十分简便而有效的计算方法 —— 洛必

达法则.

设变量 u、v 趋于 0,变量 U、V 趋于 ∞,对于以下变量的极限用已有的极限运算法则无法直接求出,尽管这些极限可能存在也可能不存在. 通常称之为**不定式或未定式**. 这些变量形式是

$$\frac{u}{v}\left(\frac{0}{0}\text{ 型}\right)\quad u^v(0^0\text{ 型})\quad uV(0\cdot\infty\text{ 型})\quad \frac{U}{V}\left(\frac{\infty}{\infty}\text{ 型}\right)$$

$$U-V(\infty-\infty\text{ 型 }U,V\text{ 为同号})\quad U^u(\infty^0\text{ 型})\quad (1+u)^U(1^\infty\text{ 型})$$

洛必达法则是计算这类变量极限的重要工具.

4.2.1　未定式 $\frac{0}{0}$ 型与 $\frac{\infty}{\infty}$ 型

定理 1　设

1° 函数 $f(x)$,$g(x)$ 在点 a 的某一空心邻域 $N^0(a,\delta)$ 上有定义且连续, $\lim\limits_{x\to a}f(x)=0$,$\lim\limits_{x\to a}g(x)=0$;

2° $f'(x)$,$g'(x)$ 在该邻域内存在,且 $g'(x)\neq 0$;

3° $\lim\limits_{x\to a}\dfrac{f'(x)}{g'(x)}$ 存在(或为无穷),

则
$$\lim_{x\to a}\frac{f(x)}{g(x)}=\lim_{x\to a}\frac{f'(x)}{g'(x)}.$$

证　因为当 $x\to a$ 时,$f(x)/g(x)$ 的极限与 $f(a)$,$g(a)$ 无关,故可以假定 $f(a)=g(a)=0$,于是由条件 1° 可知 $f(x)$,$g(x)$ 在邻域 $N(a,\delta)$ 内是连续的.

设 x 是邻域 $N^0(a,\delta)$ 内的一点,在 $[a,x]$ 上因 $f(x)$,$g(x)$ 满足柯西中值定理条件,从而有

$$\frac{f(x)}{g(x)}=\frac{f(x)-f(a)}{g(x)-g(a)}=\frac{f'(\xi)}{g'(\xi)}\quad(\xi\text{ 在 }x,a\text{ 之间}).$$

上式两端取极限($x\to a$),注意到当 $x\to a$ 时 $\xi\to a$,于是

$$\lim_{x\to a}\frac{f(x)}{g(x)}=\lim_{\xi\to a}\frac{f'(\xi)}{g'(\xi)}=\lim_{x\to a}\frac{f'(x)}{g'(x)}.$$ □

定理 2　若函数 $f(x)$,$g(x)$ 满足

1° 当 $|x|>N$(N 为自然数)时,$f(x)$,$g(x)$ 有定义,$\lim\limits_{x\to\infty}f(x)=0$,$\lim\limits_{x\to\infty}g(x)=0$;

2° 当 $|x|>N$ 时,$f'(x)$,$g'(x)$ 存在,$g'(x)\neq 0$;

3° $\lim\limits_{x\to\infty}\dfrac{f'(x)}{g'(x)}$ 存在(或为无穷),

则
$$\lim_{x\to\infty}\frac{f(x)}{g(x)}=\lim_{x\to\infty}\frac{f'(x)}{g'(x)}.$$

证　可利用变量代换的方法化为定理 1 的情形来证明.

令 $x=\frac{1}{t}$,则当 $x\to\infty$ 时 $t\to 0$,于是

$$\lim_{x\to\infty}\frac{f(x)}{g(x)}=\lim_{t\to 0}\frac{f\left(\frac{1}{t}\right)}{g\left(\frac{1}{t}\right)}=\lim_{t\to 0}\frac{f'\left(\frac{1}{t}\right)\left(-\frac{1}{t^2}\right)}{g'\left(\frac{1}{t}\right)\left(-\frac{1}{t^2}\right)}=\lim_{t\to 0}\frac{f'\left(\frac{1}{t}\right)}{g'\left(\frac{1}{t}\right)}=\lim_{x\to\infty}\frac{f'(x)}{g'(x)}.$$ □

注 若 $\lim\limits_{x\to a}\frac{f(x)}{g(x)}$ 或 $\lim\limits_{x\to\infty}\frac{f(x)}{g(x)}$ 属未定式 $\frac{\infty}{\infty}$ 型,定理 1,2 中条件 1° 相应的换为 $\lim\limits_{\substack{x\to a\\(\text{或}x\to\infty)}}f(x)=\infty$, $\lim\limits_{\substack{x\to a\\(\text{或}x\to\infty)}}g(x)=\infty$,其他条件不变,相应的也有

$$\lim_{\substack{x\to a\\(\text{或}x\to\infty)}}\frac{f(x)}{g(x)}=\lim_{\substack{x\to a\\(\text{或}x\to\infty)}}\frac{f'(x)}{g'(x)}.$$

以下举例说明洛必达法则的应用.

例 1 求极限 $l=\lim\limits_{x\to 0}\frac{e^{2x}-1}{\sin x}$.

解 令 $f(x)=e^{2x}-1, g(x)=\sin x$,显见 $\lim\limits_{x\to 0}f(x)=\lim\limits_{x\to 0}(e^{2x}-1)=0$, $\lim\limits_{x\to 0}g(x)=\lim\limits_{x\to 0}\sin x=0$,此极限属 $\frac{0}{0}$ 型未定式,由洛必达法则得

$$\lim_{x\to 0}\frac{e^{2x}-1}{\sin x}=\lim_{x\to 0}\frac{(e^{2x}-1)'}{(\sin x)'}=\lim_{x\to 0}\frac{2e^{2x}}{\cos x}=2.$$

例 2 求 $l=\lim\limits_{x\to 1}\frac{x-1-x\ln x}{(x-1)\ln x}$.

解 当 $x\to 1$ 时,此极限属 $\frac{0}{0}$ 型未定式,由洛必达法则得

$$l=\lim_{x\to 1}\frac{(x-1-x\ln x)'}{[(x-1)\ln x]'}=\lim_{x\to 1}\frac{-\ln x}{\ln x+\frac{x-1}{x}}$$

$$=\lim_{x\to 1}\frac{(-\ln x)'}{\left(\ln x+\frac{x-1}{x}\right)'}=\lim_{x\to 1}\frac{-x}{x+1}=-\frac{1}{2}.$$

一般说来,对 $\frac{0}{0}$ 型或 $\frac{\infty}{\infty}$ 型未定式只要符合法则条件就可连续使用洛必达法则直到求出极限为止.

例 3 求 $l=\lim\limits_{x\to\infty}\frac{x^{50}}{e^x}$.

解 此极限属 $\frac{\infty}{\infty}$ 型,连续使用洛必达法则

$$l=\lim_{x\to\infty}\frac{50x^{49}}{e^x}=\lim_{x\to\infty}\frac{50\cdot 49x^{48}}{e^x}=\cdots=\lim_{x\to\infty}\frac{50!}{e^x}=0.$$

在利用洛必达法则求极限时,如果能同时使用其他方法或利用已知极限,往往可

以使问题简化.另外,在求极限过程中要注意随时化简,特别是收敛于非零值的因子应提到极限号外,然后利用积规则计算.

例 4　求 $l=\lim\limits_{x\to 0}\dfrac{\tan^2 x-x^2}{x^4}$.

解　此极限属 $\dfrac{0}{0}$ 型未定式,但由于 $(\tan^2 x)'$ 较复杂,故不要急于用洛必达法则,而是先分离极限非零的因子:

$$l=\lim_{x\to 0}\frac{\tan x+x}{x}\cdot\frac{\tan x-x}{x^3}=2\lim_{x\to 0}\frac{\tan x-x}{x^3}$$
$$=2\lim_{x\to 0}\frac{(\tan x-x)'}{(x^3)'}=2\lim_{x\to 0}\frac{\sec^2 x-1}{3x^2}=2\lim_{x\to 0}\frac{\tan^2 x}{3x^2}=\frac{2}{3}.$$

在对未定式 $\dfrac{0}{0}$ 型或 $\dfrac{\infty}{\infty}$ 型使用洛必达法则时,若发现 $\lim\limits_{\substack{x\to a\\(\text{或}x\to\infty)}}\dfrac{f'(x)}{g'(x)}$ 不存在也非无穷大,则洛必达法则失效.不过,由此并不能断定极限 $\lim\limits_{\substack{x\to a\\(\text{或}x\to\infty)}}\dfrac{f(x)}{g(x)}$ 不存在(见下例).

例 5　求 $l=\lim\limits_{x\to 0}\dfrac{x^2\sin\dfrac{1}{x}}{\sin x}$.

解　因 $\lim\limits_{x\to 0}\dfrac{\left(x^2\sin\dfrac{1}{x}\right)'}{(\sin x)'}=\lim\limits_{x\to 0}\dfrac{2x\sin\dfrac{1}{x}-\cos\dfrac{1}{x}}{\cos x}$ 不存在也非无穷大,所以不能用洛必达法则计算.但事实上此函数极限却是存在的,因为 $\lim\limits_{x\to 0}\dfrac{\sin x}{x}=1$,$\lim\limits_{x\to 0}x\sin\dfrac{1}{x}=0$,故

$$l=\lim_{x\to 0}\frac{x}{\sin x}\cdot\lim_{x\to 0}x\sin\frac{1}{x}=1\cdot 0=0.$$

例 6　求 $l=\lim\limits_{x\to 0^+}\dfrac{e^{-\frac{1}{x}}}{x}$.

解　此极限属 $\dfrac{0}{0}$ 型未定式,若直接用洛必达法则,则有

$$\lim_{x\to 0^+}\frac{e^{-\frac{1}{x}}}{x}=\lim_{x\to 0^+}\frac{e^{-\frac{1}{x}}\left(\frac{1}{x^2}\right)}{1}=\lim_{x\to 0^+}\frac{(e^{-\frac{1}{x}})'}{(x^2)'}=\lim_{x\to 0^+}\frac{e^{-\frac{1}{x}}\left(\frac{1}{x^2}\right)}{2x}=\lim_{x\to 0^+}\frac{e^{-\frac{1}{x}}}{2x^3}.$$

由此看来,若继续算下去不仅其结果仍为 $\dfrac{0}{0}$ 型,而且分母中 x 的次数还在增高,这样做显然得不出结果.究其原因在于 $\dfrac{1}{x}$ 的导数较 $\dfrac{1}{x}$ 更复杂,为此作代换 $y=\dfrac{1}{x}$ 来化简,得

$$l=\lim_{y\to+\infty}\frac{y}{e^y}=\lim_{y\to+\infty}\frac{(y)'}{(e^y)'}=\lim_{y\to+\infty}\frac{1}{e^y}=0.$$

4.2.2 其他未定式

对于 $0\cdot\infty$ 型，$\infty-\infty$ 型，1^{∞} 型，∞^{0} 型，0^{0} 型等未定式的计算，通常是设法将它们化为 $\frac{0}{0}$ 型或 $\frac{\infty}{\infty}$ 型的未定式后再利用洛必达法则计算，其中后面三种未定式往往是先取对数再求极限.

例 7 求 $l=\lim\limits_{x\to0^{+}}x^{\alpha}\ln x(\alpha>0)$.

解 此极限属 $0\cdot\infty$ 型，注意到 $x^{\alpha}\ln x=\frac{\ln x}{1/x^{\alpha}}$，而 $\lim\limits_{x\to0^{+}}\frac{\ln x}{1/x^{\alpha}}$ 为 $\frac{\infty}{\infty}$ 型，故可用洛必达法则，即

$$l=\lim_{x\to0^{+}}\frac{\ln x}{1/x^{\alpha}}=\lim_{x\to0^{+}}\frac{1/x}{-\alpha/x^{\alpha+1}}=\lim_{x\to0^{+}}\left(\frac{-x^{\alpha}}{\alpha}\right)=0.$$

例 8 求 $l=\lim\limits_{x\to1}\left(\frac{1}{\ln x}-\frac{x}{x-1}\right)$.

解 此极限属 ∞-∞ 型未定式，因

$\frac{1}{\ln x}-\frac{x}{x-1}=\frac{x-1-x\ln x}{(x-1)\ln x}$，则此题化为例 2 中的极限，从而得

$$l=\lim_{x\to1}\frac{x-1-x\ln x}{(x-1)\ln x}\xlongequal{\text{由例 2}}-\frac{1}{2}.$$

例 9 求 $l=\lim\limits_{x\to0}(1+3x)^{\frac{1-2x}{x}}$.

解 此极限属未定式 1^{∞} 型，对于此类带指数形式的未定式往往是先取对数再求极限.

设 $y=(1+3x)^{\frac{1-2x}{x}}$，取对数得

$$\ln y=\frac{1-2x}{x}\ln(1+3x).$$

因
$$\begin{aligned}\lim_{x\to0}\ln y&=\lim_{x\to0}\frac{(1-2x)\ln(1+3x)}{x}=\lim_{x\to0}\frac{[(1-2x)\ln(1+3x)]'}{(x)'}\\&=\lim_{x\to0}\left[-2\ln(1+3x)+(1-2x)\cdot\frac{3}{1+3x}\right]=3,\end{aligned}$$

故
$$l=\lim_{x\to0}e^{\ln y}=e^{\lim\limits_{x\to0}\ln y}=e^{3}.$$

例 10 求 $l=\lim\limits_{x\to+\infty}(\ln x)^{\frac{1}{x}}$.

解 此极限属未定式 ∞^{0} 型，令 $y=(\ln x)^{\frac{1}{x}}$，因

$$\lim_{x\to+\infty}\ln y=\lim_{x\to+\infty}\frac{\ln(\ln x)}{x}=\lim_{x\to+\infty}\frac{\frac{1}{\ln x}\cdot\frac{1}{x}}{1}=0,$$

故
$$l=\lim_{x\to+\infty}e^{\ln y}=e^{\lim\limits_{x\to+\infty}\ln y}=e^{0}=1.$$

例 11 求 $l=\lim\limits_{x\to 0^+}x^x$.

解 此极限属未定式 0^0 型，设 $y=x^x$，取对数得 $\ln y=x\ln x$，因

$$\lim_{x\to 0^+}\ln y=\lim_{x\to 0^+}x\ln x=\lim_{x\to 0^+}\frac{\ln x}{1/x}$$

$$=\lim_{x\to 0^+}\frac{1/x}{-1/x^2}=\lim_{x\to 0^+}(-x)=0,$$

故
$$l=\lim_{x\to 0^+}e^{\ln y}=e^0=1.$$

习题 4.2

1. 用洛必达法则求下列极限.

(1) $\lim\limits_{x\to 0}\dfrac{1-\cos 2x}{1-\cos 3x}$；　(2) $\lim\limits_{x\to 0}\dfrac{\arcsin x}{x}$；

(3) $\lim\limits_{x\to 0}\dfrac{\sqrt{x+1}-\sqrt{1-x}}{x}$；　(4) $\lim\limits_{x\to 0}x^{\sin x}$；

(5) $\lim\limits_{x\to 0}\dfrac{e^{x^2}-1}{\cos x-1}$；　(6) $\lim\limits_{x\to a}\dfrac{\sin x-\sin a}{x-a}$；

(7) $\lim\limits_{x\to 1}(1-x)\tan\dfrac{\pi}{2}x$　(8) $\lim\limits_{x\to\infty}x(e^{\frac{1}{x}}-1)$；

(9) $\lim\limits_{x\to 0}\left(\dfrac{1}{x}-\dfrac{1}{e^x-1}\right)$；　(10) $\lim\limits_{x\to 0^+}x^{\sin x}$.

2. 设 $f(x)$ 具有一阶连续导数，$f(0)=0$，$f'(0)=2$，求 $\lim\limits_{x\to 0}\dfrac{f(1-\cos x)}{\tan x^2}$.

3. 设 $f(x)$ 在 $x=x_0$ 处具有二阶导数，求证：

$$\lim_{h\to 0}\frac{f(x_0+h)-2f(x_0)+f(x_0-h)}{h^2}=f''(x_0).$$

4. 设 $f(0)=0$，$f'(0)=1$，$f''(0)=2$，求 $\lim\limits_{x\to 0}\dfrac{f(x)-x}{x^2}$.

4.3　泰勒(Taylor)公式

本节研究如何用简单函数来近似复杂函数的公式. 设 $f(x)$ 是一个在点 x_0 有 $n+1$ 阶导数的函数，我们希望用一个与 $f(x)$ 有较多共同点的 n 次多项式 $P_n(x)$ 来近似它，并估计出近似的误差. 如果能够找到这样的多项式 $P_n(x)$，所得到的结果对于理论研究与近似计算都十分有用.

当 $f(x)$ 在 $[x_0,x]$ 上可导时，由拉格朗日中值定理知

$$f(x)=f(x_0)+f'(\xi)(x-x_0)\quad \xi\in(x_0,x). \tag{1}$$

式(1) 可看成是 $f(x)$ 与零次多项式 $P_0(x)=f(x_0)$ 的近似公式,误差为 $R_0(x)=f'(\xi)(x-x_0)$,在 $f'(\xi)$ 有界时,$\lim\limits_{x\to x_0}R_0(x)=0$.

当 $f(x)$ 在 x_0 的某邻域 $N(x_0)$ 上有二阶导数时,记 $P_1(x)=f(x_0)+f'(x_0)(x-x_0)\quad(x\in N(x_0))$. 易知在 x_0 处 $P_1(x)$ 与 $f(x)$ 有相同的函数值与导数值,并且误差 $R_1(x)=f(x)-P_1(x)$,可根据柯西中值定理如下估计:

$$\frac{R_1(x)}{(x-x_0)^2}=\frac{R_1(x)-R_1(x_0)}{(x-x_0)^2-(x_0-x_0)^2}=\frac{R_1'(\bar{\xi})}{2(\bar{\xi}-x_0)}$$

$$=\frac{R_1'(\bar{\xi})-R_1'(x_0)}{2(\bar{\xi}-x_0)-2(x_0-x_0)}=\frac{R''_1(\xi)}{2}=\frac{1}{2}f''(\xi)\quad(\xi\text{ 在 }x_0,x\text{ 之间}),$$

其中,注意 $R_1(x_0)=f(x_0)-P_1(x_0)=0$, $R_1'(x_0)=f'(x_0)-P_1'(x_0)=0$. 于是,得出用一次多项式 $P_1(x)$ 近似 $f(x)$ 的公式

$$f(x)=f(x_0)+f'(x_0)(x-x_0)+\frac{1}{2}f''(\xi)(x-x_0)^2. \tag{2}$$

同样,当 $f''(\xi)$ 有界时,误差 $R_1(x)=\dfrac{1}{2}f''(\xi)(x-x_0)^2=o(x-x_0)$ 是关于$(x-x_0)$ 的高阶无穷小$(x\to x_0)$,精度较式(1) 更高. 一般的,我们有以下公式(证明从略).

定理(泰勒定理) 设 $f(x)$ 在 x_0 的某邻域 $N(x_0)$ 上有直到$n+1$阶的导数,则有

$$f(x)=f(x_0)+f'(x_0)(x-x_0)+\frac{1}{2!}f''(x_0)(x-x_0)^2$$

$$+\cdots+\frac{1}{n!}f^{(n)}(x_0)(x-x_0)^n+\frac{f^{(n+1)}(\xi)}{(n+1)!}(x-x_0)^{n+1},$$

$$(x\in N(x_0),\xi\text{ 在 }x_0\text{ 与 }x\text{ 之间}). \tag{3}$$

式(3) 称为 ***n* 阶泰勒公式**,其中 $P_n(x)=f(x_0)+f'(x_0)(x-x_0)+\cdots+\dfrac{1}{n!}f^{(n)}(x_0)(x-x_0)^n$ 称作 ***n* 次泰勒多项式**,它与 $f(x)$ 的误差 $R_n(x)=\dfrac{1}{(n+1)!}f^{(n+1)}(\xi)(x-x_0)^{n+1}$ 称作 ***n* 阶泰勒余项**.

若 $f(x)$ 的 $n+1$ 阶导数在 $N(x_0)$ 上有界 M,则有

$$\lim_{x\to x_0}\left|\frac{R_n(x)}{(x-x_0)^n}\right|\leqslant\lim_{x\to x_0}\frac{M}{(n+1)!}\mid x-x_0\mid=0.$$

这表明 $R_n(x)=o((x-x_0)^n)$,此外也可证明对固定的 x,当 $n\to\infty$ 时 $R_n(x)\to 0$,也就是说,欲使 $P_n(x)$ 与 $f(x)$ 误差变小,可以将$\mid x-x_0\mid$取小,也可以将 n 取大.

在式(3) 中,取 $x_0=0$,便得到形式稍简单的公式

$$f(x)=f(0)+f'(0)x+\frac{1}{2!}f''(0)x^2+\cdots+\frac{1}{n!}f^{(n)}(0)x^n+\frac{f^{(n+1)}(\xi)}{(n+1)!}x^{n+1}, \tag{4}$$

其中,ξ 在 0 与 x 之间,式(4) 称为 $f(x)$ 在 $x=0$ 处的 n 阶泰勒公式,亦称作 $f(x)$ 的 ***n* 阶麦克劳林**(Maclaurin) 公式,其余项常写为

$$\frac{f^{(n+1)}(\theta x)}{(n+1)!}x^{n+1}(0<\theta<1)\quad 或\quad o(x^n)$$

两种形式，用 $n+1$ 阶导数表示的余项叫**拉格朗日余项**，用 $o(x^n)$ 或 $o((x-x_0)^n)$ 表示的余项叫**皮亚诺**(Peano) **余项**. 在极限计算问题中常用皮亚诺余项.

以下给出几个常用函数的泰勒公式.

例 1　求函数 $f(x)=e^x$ 在 $x=0$ 的 n 阶泰勒公式，并求 e 的近似值.(取 $n=10$).

解　因
$$f(x)=f'(x)=f''(x)=\cdots=f^{(n)}(x)=e^x,$$
故
$$f(0)=f'(0)=f''(0)=\cdots=f^{(n)}(0)=e^0=1,$$
$$f^{(n+1)}(\theta x)=e^{\theta x}\quad(0<\theta<1).$$

由式(4) 得

$$e^x=1+x+\frac{x^2}{2!}+\cdots+\frac{x^n}{n!}+\frac{e^{\theta x}}{(n+1)!}x^{n+1}\quad(0<\theta<1),$$

于是有近似公式

$$e^x\approx 1+x+\frac{x^2}{2}+\cdots+\frac{x^n}{n!}. \tag{5}$$

取 $x=1$ 得

$$e\approx 1+1+\frac{1}{2!}+\cdots+\frac{1}{n!}, \tag{6}$$

取 $x=10$ 得 $e\approx 2.718282$.

由于 $|R_n(x)|=\left|\frac{e^{\theta x}}{(n+1)!}x^{n+1}\right|<\frac{e^{|x|}}{(n+1)!}|x^{n+1}|$，当 $x=1,n=10$ 时，

$|R_n(x)|<\frac{e}{(n+1)!}<\frac{3}{11!}<10^{-8}$，可见式(6) 的近似程度较高.

例 2　求函数 $f(x)=\sin x$ 的麦克劳林公式.

解　因 $f^{(k)}(x)=\sin\left(x+k\cdot\frac{\pi}{2}\right)(k=1,2,\cdots)$，得

$$f'(0)=1,\quad f''(0)=0,\quad f'''(0)=-1,\cdots$$

$$f^{(n)}(0)=\sin\frac{n\pi}{2}=\begin{cases}(-1)^k, & n=2k+1\\ 0, & n=2k\end{cases}\quad(k=0,1,2,\cdots),$$

$$f^{(2n+1)}(\theta x)=\sin\left[\theta x+(2k+1)\frac{\pi}{2}\right]\quad(0<\theta<1).$$

将以上各值代入公式(4) 得

$$\sin x=x-\frac{x^3}{3!}+\frac{x^5}{5!}-\cdots+(-1)^{k-1}\frac{x^{2k-1}}{(2k-1)!}$$
$$+\frac{\sin\left[\theta x+(2k+1)\frac{\pi}{2}\right]}{(2k+1)!}x^{2k+1}\quad(0<\theta<1).$$

与例 1，例 2 方法相仿，函数 $f(x)=\cos x,\ln(1+x),(1+x)^\alpha$ 在 $x=0$ 处的泰勒

公式依次为

$$\cos x = 1 - \frac{x^2}{2!} + \frac{x^4}{4!} + \cdots + \frac{(-1)^n}{(2n)!}x^{2n} + \frac{(-1)^{n+1}\cos\theta x}{(2n+2)!}x^{2n+2}$$

$$(|x| < \infty)(0 < \theta < 1).$$

$$\ln(1+x) = x - \frac{x^2}{2} + \frac{x^3}{3} - \cdots + (-1)^{n-1}\frac{x^n}{n}$$

$$+ (-1)^n \frac{x^{n+1}}{n+1} \cdot \frac{1}{(1+\xi)^{n+1}} \quad (\xi \text{在} 0, x \text{之间}).$$

$$(1+x)^m = 1 + mx + \frac{m(m-1)}{2!}x^2 + \cdots + \frac{m(m-1)\cdots(m-n+1)}{n!}x^n$$

$$+ \frac{m(m-1)\cdots(m-n)}{(n+1)!}(1+\xi)^{m-n-1}x^{n+1}, \quad (\xi \text{在} 0, x \text{之间}).$$

习题 4.3

1. 按$(x+1)$的乘幂展开多项式 $x^3 + 3x^2 - 2x + 4$.

2. 当 $x_0 = -1$ 时,求函数 $y = \dfrac{1}{x}$ 的 n 阶泰勒展开式.

3. 求函数 $f(x) = \dfrac{1}{1+2x}$ 在 $x = 0$ 处的 n 阶泰勒多项式.

4. 求函数 $y = xe^x$ 的 n 阶麦克劳林展开式.

5. 若 $f(x)$ 在$[a,b]$上有 n 阶导数,且 $f(a) = f(b) = f'(b) = f''(b) = \cdots = f^{(n-1)}(b) = 0$,则在$(a,b)$ 内至少存在一点 ξ,使得 $f^{(n)}(\xi) = 0$,其中,$a < \xi < b$.

6. 设函数 $f(x)$ 在$[0,1]$上有二阶导数,且 $f(0) = f(1)$,$|f''(x)| \leqslant 1$. 试证:在$[0,1]$上恒有不等式 $|f'(x)| \leqslant \dfrac{1}{2}$.

4.4 函数的单调性与凹凸性

本节将利用导数来研究函数的单调性及凹凸性的判别方法,单调性与凹凸性对于作图是非常重要的.

4.4.1 函数的单调性

定理 1 若函数 $f(x)$ 在$[a,b]$上连续,在(a,b) 内可导,则 $f(x)$ 在$[a,b]$上单调增(或单调减)的充分必要条件是:在(a,b) 内 $f'(x) \geqslant 0$(或 $f'(x) \leqslant 0$).

证 现在就单调增的情形进行证明(对单调减的情形证明方法类似).

先证必要性: 设函数 $f(x)$ 在$[a,b]$上单调增加,于是对(a,b) 内任一点 x 和正数 Δx,$x + \Delta x \in (a,b)$ 有

$$f(x+\Delta x)-f(x)\geqslant 0,$$

因此
$$\frac{f(x+\Delta x)-f(x)}{\Delta x}\geqslant 0,$$

从而
$$f'_{+}(x)=\lim_{\Delta x\to 0^{+}}\frac{f(x+\Delta x)-f(x)}{\Delta x}\geqslant 0.$$

又因 $f(x)$ 在 (a,b) 内可导，故有 $f'(x)=f'_{+}(x)\geqslant 0$.

再证充分性：　设在 (a,b) 内，$f'(x)\geqslant 0$，则当 $a\leqslant x_1<x_2\leqslant b$ 时，由拉格朗日中值定理有

$$f(x_2)-f(x_1)=f'(\xi)(x_2-x_1)(x_1<\xi<x_2).$$

因 $f'(\xi)\geqslant 0, x_2>x_1$，从而有 $f(x_2)-f(x_1)\geqslant 0$，即

$$f(x_2)\geqslant f(x_1)\quad (x_2>x_1).$$

这表明在 (a,b) 上 $f(x)$ 单调增加. □

注　由定理 1 不难知道，若函数 $f(x)$ 在 (a,b) 内可导且 $f'(x)>0$（或 $f'(x)<0$），则 $f(x)$ 在 (a,b) 内严格单调增加（或严格单调减少）.

例 1　讨论函数 $y=x^3-6x^2+9x-3$ 的增减性.

解　$y'=3x^2-12x+9=3(x-1)(x-3)$，令 $y'=0$ 得 $x=1, x=3$，且有下表（用"↗"表示单调增，用"↘"表示单调减）：

x	$(-\infty,1)$	$(1,3)$	$(3,+\infty)$
y'	+	−	+
y	↗	↘	↗

故由定理 1 知函数 y 在 $(-\infty,1)$，$(3,+\infty)$ 内严格单调增加，在 $(1,3)$ 内严格单调减少.

例 2　求函数 $y=x+\dfrac{a^2}{x}(a>0)$ 的单调区间.

解　令 $y'=1-\dfrac{a^2}{x^2}=0$ 得 $x=\pm a$，又当 $x=0$ 时，y' 不存在，将 $x=0, x=\pm a$ 把数轴分为四个区间：$(-\infty,-a)$，$(-a,0)$，$(0,a)$ 和 $(a,+\infty)$. 在 $(-\infty,-a)$ 内，$y'>0$，y↗；在 $(-a,0)$ 内，$y'<0$，y↙；$(0,a)$ 内 $y'<0$，y↙；$(a,+\infty)$ 内 $y'>0$，y↗.

综上分析知在 $(-\infty,-a)$，$(a,+\infty)$ 上函数 y 严格单调增. 在 $(-a,0)$，$(0,a)$ 内函数 y 严格单调减.

单调性可用来证明一些不等式. 例如，若 $f(x)$ 在区间 $[a,b]$ 上单调增，则有不等式：

$$f(a)\leqslant f(x)\leqslant f(b)\quad (a\leqslant x\leqslant b).$$

例 3　证明不等式 $x-\dfrac{x^2}{2}<\ln(1+x)<x(x>0)$.

证 先证 $\ln(1+x)<x$. 记 $f(x)=\ln(1+x)-x$,求导得 $f'(x)=\dfrac{1}{1+x}-1<0\,(x>0)$,即 $f(x)$ 在 $[0,+\infty)$ 上严格单调减,故 $f(0)>f(x)\,(x>0)$. 由于 $f(0)=0$,因而推得 $x>0$ 时 $f(x)<0$, 此即 $\ln(1+x)<x$.

再证 $x-\dfrac{x^2}{2}<\ln(1+x)$. 记 $g(x)=\ln(1+x)-x+\dfrac{x^2}{2}$,则有 $g'(x)=\dfrac{1}{1+x}-1+x=\dfrac{x^2}{1+x}>0\,(x>0)$,即 $g(x)$ 在 $[0,+\infty)$ 上严格单调增,故 $g(x)>g(0)=0\,(x>0)$,此即

$$\ln(1+x)-x+\frac{x^2}{2}>0\quad(x>0).$$ □

单调性还可用来判定 $f(x)$ 的零点个数,例如,若 $f(x)$ 在 $[a,b]$ 上连续,严格单调增,则曲线 $y=f(x)\,(a\leqslant x\leqslant b)$ 至多交 x 轴一次,即位于 $[a,b]$ 内的零点至多一个.

例 4 讨论方程 $x^3+x^2+2x-1=0$ 在 $(0,1)$ 内的实根.

解 记 $f(x)=x^3+x^2+2x-1$,则显然 $f(x)$ 在 $[0,1]$ 上连续,$f(0)=-1$,$f(1)=3$,$f(0)f(1)<0$,故由连续函数的零点存在定理,在 $(0,1)$ 内至少有一个 ξ 使 $f(\xi)=0$. 此外,$f'(x)=3x^2+2x+2>0\,(0<x<1)$,故 $f(x)$ 在 $[0,1]$ 上严格单调增,因而至多有一个零点. 综合起来即说明,$f(x)$ 在 $(0,1)$ 内有且仅有一个零点,即所给方程在 $(0,1)$ 内有且仅有一个根.

4.4.2 凹凸性

若知道函数的单调区间,则可以粗略地画出函数的图形. 但有些图形特征还是不能反映出来,例如图 4.3 中的弧 $\overset{\frown}{ACB}$ 与 $\overset{\frown}{ADB}$ 有较大差异,但却无法从单调性上加以区分,因为它们都是单调增的. 很明显的差别是:一个向上凸出,另一个向下凸出,即两者的凹凸性不同. 那么,如何描述并刻画这种凹凸性呢?为此我们先介绍凹凸性的概念,然后给出一个用二阶导数判别的方法.

定义 1 若曲线段上任意两点 P,Q 的弦 $\overline{PQ}$ 总在弧 $\overset{\frown}{PQ}$ 之上(如图 4.4 中 $\overset{\frown}{BC}$ 段),则称此曲线段为**凹弧**;若弦 $\overline{PQ}$ 总在弧 $\overset{\frown}{PQ}$ 之下(见图 4.4 中 $\overset{\frown}{AB}$ 段),则称此曲线段为**凸弧**.

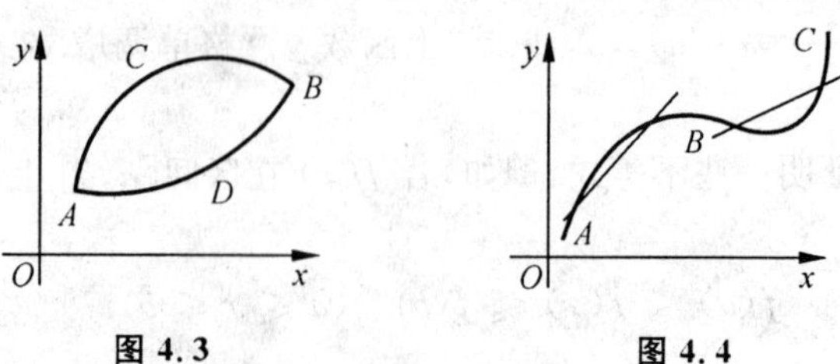

图 4.3　　图 4.4

刻画曲线凹凸性的方法较多，此处介绍使用二阶导数的判别法.

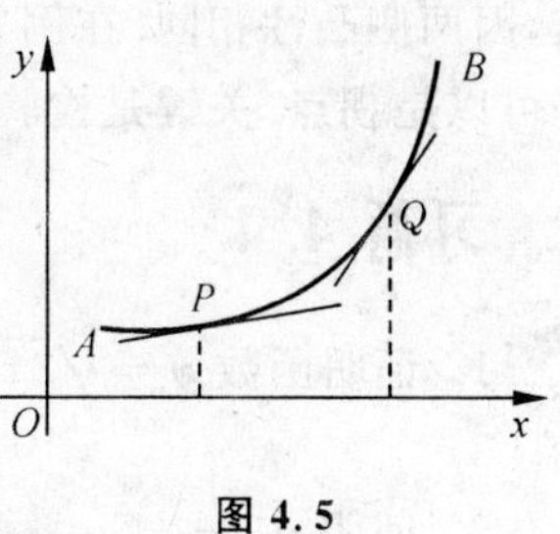

图 4.5

图 4.5 所示，设曲线弧 $\widehat{AB}$ 为凹弧. 观察曲线上切线斜率 k 的变化特点可以发现，若点 P 在点 Q 左边，则 $k_P < k_Q$，即在 $\widehat{AB}$ 上，斜率 k 是严格单调增的. 现设弧 $\widehat{AB}$ 对应的函数 $f(x)$ 是二阶可导的，则斜率 $f'(x)$ 严格单调增，而 $f'(x)$ 严格单调增的充分条件是 $f''(x)>0$（见定理 1），故有以下判别定理.

定理 2　设 $f(x)$ 在 $[a,b]$ 上连续，在 (a,b) 上二阶可导，则曲线 $y=f(x)(a\leqslant x\leqslant b)$ 是凸弧（或凹弧）的充分必要条件是 $f''(x)<0$（或 $f''(x)\geqslant 0$）$(a<x<b)$.

定义 2　连续曲线上两个凹凸性相反的弧段的分界点称为**拐点**.

若函数 $f(x)$ 是二阶可导，则拐点处两侧 $f(x)$ 的二阶导数 $f''(x)$ 异号，从而拐点处的二阶导数为 0.

例 5　求曲线 $y=e^{-x^2}$ 的凹凸区间与拐点.

解　$y'=-2xe^{-x^2}$，$y''=(4x^2-2)e^{-x^2}$，令 $y''=0$，解得

$$x_1=-1/\sqrt{2},\quad x_2=1/\sqrt{2}.$$

	$(-\infty,-1/\sqrt{2})$	$(-1/\sqrt{2},1/\sqrt{2})$	$(1/\sqrt{2},+\infty)$
y''	+	−	+
y	凹弧	凸弧	凹弧

由表可知，x_1,x_2 分别为拐点横坐标，拐点为 $(-1/\sqrt{2},e^{-\frac{1}{2}})$ 与 $(1/\sqrt{2},e^{-\frac{1}{2}})$. 在区间 $(-\infty,-1/\sqrt{2})$ 与 $(1/\sqrt{2},+\infty)$ 内曲线弧为凹弧. 在区间 $(-1/\sqrt{2},1/\sqrt{2})$ 内曲线弧为凸弧.

例 6　讨论曲线 $y=x^4$ 是否有拐点？

解　$y'=4x^3$，$y''=12x^2$，由 $y''=0$ 得 $x=0$. 但由于在 $x=0$ 的两侧，y'' 均为正，即凸性相同，故点 $(0,0)$ 不是拐点，即该曲线无拐点.

例 7　讨论曲线 $f(x)=1+\sqrt[3]{x-2}$ 的凸性与拐点.

解　$f'(x)=\dfrac{1}{3}(x-2)^{-2/3}$，$f''(x)=-\dfrac{2}{9}(x-2)^{-5/3}$，显然当 $x<2$ 时 $f''(x)>0$，$x>2$ 时，$f''(x)<0$，故曲线在区间 $(-\infty,2)$ 上为凹弧，在区间 $(2,+\infty)$ 上为凸弧，在 $x=2$ 处 $f(x)$ 连续，故点 $(2,1)$ 是曲线的拐点.

从上面的讨论我们发现，在例 6 中，虽然 $y''(0)=0$，但点 $(0,y(0))$ 仍可能不是拐

点,因两侧凸性相同.在例7中,虽然 $f(x)$ 在 $x=2$ 处二阶导数不存在,但点 $(2,f(2))$ 仍可以是拐点.关键是检验连续性及两侧凸性是否相反.

习题 4.4

1. 证明函数 $y=\sqrt{2x-x^2}$ 在区间 $(0,1)$ 上单调增加,而在区间 $(1,2)$ 上单调减少.

2. 证明 $y_1=x^3+x$ 单调增加,$y_2=\arctan x-x$ 单调减少.

3. 求函数的单调区间.

(1) $y=2+x-x^2$;　　(2) $y=x^4-2x^2-5$;　　(3) $y=2x^2-\ln x$.

4. 证明当 $e<x_1<x_2$ 时,$\dfrac{x_1}{x_2}<\dfrac{\ln x_1}{\ln x_2}<\dfrac{x_2}{x_1}$.

5. 若在 $(-\infty,+\infty)$ 上 $f''(x)>0$,$f(0)<0$,证明 $F(x)=\dfrac{f(x)}{x}$ 在区间 $(-\infty,0)$ 和 $(0,+\infty)$ 上单调增加.

6. 若点 $(1,3)$ 为曲线 $y=ax^3+bx^2$ 的拐点,求 a、b.

7. 求下列曲线的拐点与凹凸区间.

(1) $y=x^3-5x^2+3x-5$;　(2) $y=(x+2)^6+2x+2$;　(3) $y=a-\sqrt[3]{x-b}$.

4.5 函数的极值

微分学的一个重要的应用是极值问题.在自然科学、工程技术及社会生活中,存在着大量的诸如费用最省,效果最好等优化问题.这些问题有小有大,涉及的方法有简有繁,但其基本思想源于微分学极值理论.本节将介绍这方面的基本概念、基本理论及应用.

4.5.1 函数的极值概念

考虑图4.6上的曲线 C,其上的点 P_1、P_2、Q_1、Q_2 比较特殊:一方面它们是单调弧段的分界点,另一方面它们是局部弧段的最高点或最低点.通常称 P_1、P_2 为曲线 C 的峰值点,Q_1、Q_2 为曲线 C 的谷值点.若曲线 C 对应的函数是 $y=f(x)$,则使得点 $(x_0,f(x_0))$ 成为峰(谷)值点的 x_0 称为函数 $f(x)$ 的极大(小)值点,极大值点与极小值点统称为极值点.确切地有以下定义.

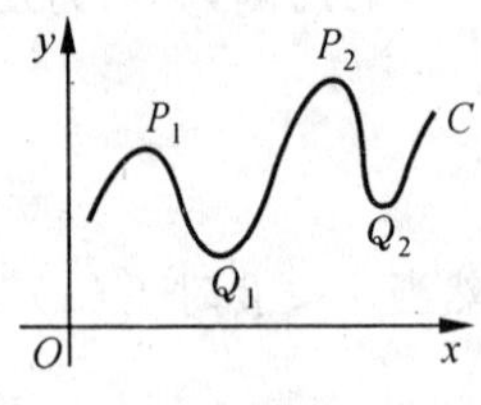

图 4.6

定义1 设 $f(x)$ 在 (a,b) 上有定义,$x_0\in(a,b)$,若存在 x_0 的去心邻域 $N^0(x_0)$,使得不等式

$$f(x)\leqslant f(x_0)\ (\text{或 } f(x)\geqslant f(x_0))\quad x\in N^0(x_0)$$

成立，则称 $f(x_0)$ 为函数 $f(x)$ 的一个**极大值**(或**极小值**). 极大值与极小值统称为**极值**. 而 x_0 称为函数 $f(x)$ 的**极值点**.

从定义知，严格单调的函数在其单调区间内没有极值点.

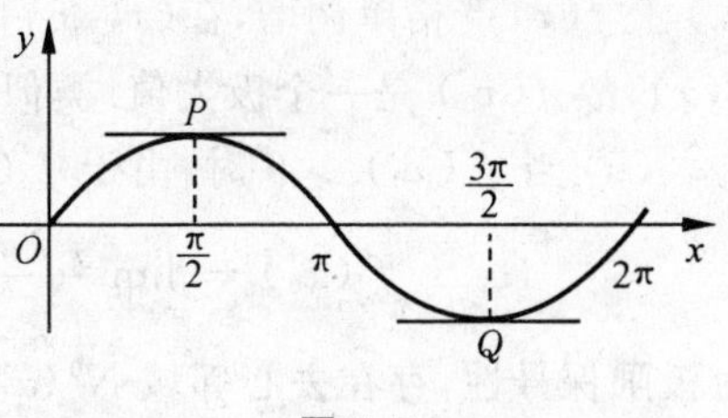

图 4.7

例如(见图 4.7)，在 $(0,2\pi)$ 上，函数 $f(x)=\sin x$ 有一个极大值 $f(\pi/2)=1$ 及一个极小值 $f(3\pi/2)=-1$，从图形上可以看出，曲线 $y=\sin x$ 在极值点 P,Q 处有水平切线. 直接计算亦证实这一观察结果：

$$f'(x)=\cos x,\quad f'(\pi/2)=f'(3\pi/2)=0.$$

以上结果并不是偶然的，一般的有以下的定理.

定理 1(极值点的必要条件)　设函数 $f(x)$ 在 (a,b) 上有定义，$x_0\in(a,b)$ 是 $f(x)$ 的一个极值点，则 x_0 或是 $f(x)$ 的不可导点或是导数为 0 的点.

证　不妨设 $f(x_0)$ 是极大值. 若 $f(x)$ 于 x_0 不可导，则结论成立. 若 $f(x)$ 于 x_0 可导，则证 $f'(x_0)=0$ 即可.

由极大值定义，在某 $N^0(x_0)$ 上均有 $f(x)\leqslant f(x_0)$，即 $f(x)-f(x_0)\leqslant 0$，于是

$$f'_+(x_0)=\lim_{x\to x_0^+}\frac{f(x)-f(x_0)}{x-x_0}\leqslant 0;$$

(极限的保号性)

$$f'_-(x_0)=\lim_{x\to x_0^-}\frac{f(x)-f(x_0)}{x-x_0}\geqslant 0.$$

又由 $f(x)$ 在 x_0 可导知，$f'(x_0)=f'_+(x_0)=f'_-(x_0)$，故 $f'(x_0)=0$. □

我们称使导数 $f'(x)$ 为零的点 x 为**驻点**，不可导点与驻点统称为**受检点**. 因此，函数的极值点如果存在的话必在受检点中，而处处可导的函数其极值点必在驻点当中.

值得注意的是，可导函数的驻点不一定都是极值点. 例如 $x=0$ 是 $f(x)=x^3(-\infty<x<+\infty)$ 的驻点，但由于 $f(x)$ 严格单调增而没有极值点. 此外，极值点亦可能出现在不可导点上. 例如 $f(x)=|x|(-\infty<x<+\infty)$，它在 $x=0$ 不可导，但 $f(0)$ 却是一个极小值.

为了确定驻点与不可导点中究竟哪些是极值点，可以从它们两侧的单调性入手，据此得到以下两个充分判别法.

定理 2　(极值的充分条件) 设 x_0 是 $f(x)$ 的连续点.

(i) 充分条件 1　若 $f(x)$ 在 x_0 的某去心邻域 $N^0(x_0,\delta)$ 上可导，且在 x_0 近旁两侧 $f'(x)$ 的符号相反，则 x_0 是 $f(x)$ 的极值点. 当 $f'(x)$ 在 x_0 两侧的符号是左正右负时，$f(x_0)$ 是极大值；当 $f'(x)$ 在 x_0 两侧的符号是左负右正时，$f(x_0)$ 是极小值.

(ii) 充分条件 2　若 $f(x)$ 在 x_0 二阶可导，$f'(x_0)=0$，则当 $f''(x_0)>0$ 时，$f(x_0)$

是极小值;当 $f''(x_0)<0$ 时,$f(x_0)$ 是极大值.

证 (i) 设 $f'(x_0)$ 在 x_0 两侧 $N^0(x_0,\delta)$ 左正右负,由 4.4.1 定理 1 知,在 $(x_0-\delta, x_0)$ 上 $f(x)$ 严格单调增,在 $(x_0,x_0+\delta)$ 上严格单调减. 于是在 $N^0(x_0,\delta)$ 上,$f(x_0)>f(x)$,故 $f(x_0)$ 是一个极大值. 类似地可证极小值情形.

(ii) 当 $f''(x_0)>0$ 时,由于 $f'(x_0)=0$,有

$$f''(x_0)=\lim_{x\to x_0}\frac{f'(x)-f'(x_0)}{x-x_0}=\lim_{x\to x_0}\frac{f'(x)}{x-x_0}>0.$$

由极限保号性,存在去心邻域 $N^0(x_0)$,使

$$\frac{f'(x)}{x-x_0}>0,\quad x\in N^0(x_0).$$

这说明 $f'(x)$ 与 $x-x_0$ 在 $N^0(x_0)$ 上同号,即 $f'(x)$ 在 x_0 两侧左负右正,故由充分条件 1 知 $f(x_0)$ 是极小值. 类似地可证 $f''(x_0)<0$ 情形. □

注 1 充分条件 2 只适合于对驻点 x_0 进行判别,不适合其他点.

注 2 在充分条件 1 中,若 x_0 两侧 $f'(x)$ 同号,则可断定 $f(x_0)$ 不是极值,因为此时 $f(x)$ 在 $N(x_0,\delta)$ 上严格单调. 在充分条件 2 中,若 $f''(x_0)=0$,则不能断定 $f(x_0)$ 是否为极值. 如 $f(x)=x^4\geqslant 0$ 在 $x=0$ 取极小值,其二阶导数 $f''(0)=0$,又如 $f(x)=x^3$ 在 $x=0$ 也有 $f''(0)=0$,但 $f(0)$ 不是极值.

例 1 求函数 $f(x)=\frac{1}{4}x^4-\frac{1}{3}x^3-x^2(-\infty<x<+\infty)$ 的极值.

解 (1) 令 $f'(x)=x^3-x^2-2x=x(x+1)(x-2)=0$ 得驻点 $x=-1, x=0, x=2$. 没有不可导点.

(2) 列表:

	$(-\infty,-1)$	-1	$(-1,0)$	0	$(0,2)$	2	$(2,+\infty)$
$f'(x)$	$-$	0	$+$	0	$-$	0	$+$
$f(x)$	↘	极小	↗	极大	↘	极小	↗

由充分条件 1 及上表知 $f(-1)=-\frac{5}{12}$,$f(2)=-\frac{8}{3}$ 为极小值,$f(0)=0$ 为极大值.

此题也可以用充分条件 2 判别,因 $f''(x)=3x^2-2x-2$,且

$$f''(-1)=3>0, f''(2)=6>0, f''(0)=-2<0,$$

所以,由充分条件 2 亦可得出与前面相同的结论.

例 2 求 $f(x)=\sin x+\cos x\ (0<x<2\pi)$ 的极值.

解 $f'(x)=\cos x-\sin x, f''(x)=-\sin x-\cos x$.

令 $f'(x)=0$ 即 $\tan x=1$ 得驻点 $x=\pi/4, x=5\pi/4$,又 $f''(\pi/4)=-\sqrt{2}<0$,

$f''(5\pi/4)=\sqrt{2}>0$，所以由充分条件 2 知 $x=\pi/4$ 是极大值点.极大值为 $f(\pi/4)=\sqrt{2}$.

$x=5\pi/4$ 是极小值点，极小值为 $f(5\pi/4)=-\sqrt{2}$.

例 3　求 $f(x)=2x+3\sqrt[3]{x^2}$ 的极值.

解　$f'(x)=2+\dfrac{2}{\sqrt[3]{x}}=\dfrac{2}{\sqrt[3]{x}}(\sqrt[3]{x}+1)$，$f''(x)=-\dfrac{2}{3x\sqrt[3]{x}}$. 受检点为驻点 $x=-1$ 及不可导点 $x=0$，由于 $f''(-1)=-\dfrac{2}{3}<0$，故由充分条件 2 知 $f(-1)=1$ 是极大值. 当 $|x|<1$ 时，在 $x=0$ 两侧 $f'(x)$ 的符号与 $\sqrt[3]{x}$ 相同，即左负右正，故由充分条件 1 知 $f(0)=0$ 是极小值(见图 4.8).

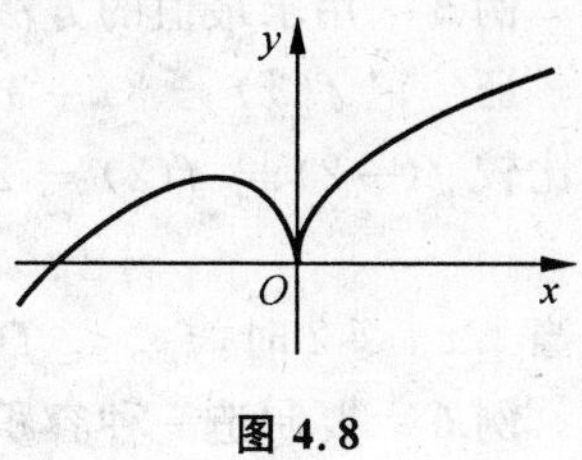

图 4.8

从以上例子可知，讨论函数 $f(x)$ 的极值时可按以下步骤进行：

(1) 求出导数 $f'(x)$；

(2) 求出 $f(x)$ 的受检点；

(3) 依据定理 2 对受检点逐个判别；

(4) 求出各极值点处的函数值.

4.5.2　函数的最值问题及其应用

在第二章曾介绍了函数最大值与最小值的概念，与本章所介绍的极大值和极小值相比，两者存在着一定的区别：极值是一个局部概念，比较范围是一个邻域(可以非常小)；而最值是一个整体概念，比较范围是给定的区间. 函数在一个区间上的某个极小值可以大于某个极大值，但最小值绝不能大于最大值.

以下将讨论 $f(x)$ 的最值的存在性及计算方法.

设 $f(x)$ 是闭区间 $[a,b]$ 上的连续函数，依连续函数的最值定理知，$f(x)$ 在 $[a,b]$ 上存在最大值与最小值. 若 $f(x_0)(x_0\in(a,b))$ 是一个最值，显然它也应是一个极值，x_0 即是受检点，因此函数 $f(x)$ 的最值只能在受检点及端点 a、b 处取得. 将这些点的函数值进行比较即可求得函数在 $[a,b]$ 上的最大值与最小值.

如果是以下特殊情况，则最值可以直接得到.

(1) 若 $f(x)$ 在 $[a,b]$ 上单调增加，则 $f(a)$ 是最小值，$f(b)$ 是最大值. 若 $f(x)$ 单调减，则 $f(a)$ 是最大值，$f(b)$ 是最小值.

(2) 在实际应用中，若从问题本身的意义得知 $f(x)$ 在开区间 (a,b) 上必存在一个最值，且 x_0 是 (a,b) 内 $f(x)$ 唯一的受检点(常常是驻点)，则可以确定 $f(x_0)$ 就是所求的最值.

例 4 求函数 $f(x)=x^3-3x^2-9x+30$ 在 $[-4,4]$ 上的最大值与最小值.

解 $f'(x)=3x^2-6x-9=3(x-3)(x+1)$,驻点为 $x_1=-1,x_2=3$,无不可导点.比较 $f(-4)=-46,f(-1)=35,f(3)=3$ 及 $f(4)=10$ 得 $f(x)$ 在 $[-4,4]$ 上的最大值为

$$f_{\max}=\max\{-46,35,3,10\}=35,$$

最小值为

$$f_{\min}=\min\{-46,35,3,10\}=-46.$$

例 5 用求最值的方法证明:当 $|x|\leqslant 2$ 时,$|3x-x^3|\leqslant 2$.

证 记 $f(x)=3x-x^3$,则 $f'(x)=3(1-x)(1+x)$,求得驻点 $x_1=-1,x_2=1$,比较 $f(-2)=f(2)=2$ 及 $f(-1)=-2,f(1)=2$ 得出在 $[-2,2]$ 上,有

$$f_{\max}=2,\quad f_{\min}=-2,$$

故当 $|x|\leqslant 2$ 时,$f_{\min}\leqslant f(x)\leqslant f_{\max}$,即 $|f(x)|\leqslant 2$. □

例 6 要制造一种容积为 V 的带盖圆桶,问圆的半径与桶高取多少时,用料最省?

解 用料最省是指圆桶的表面积最小,设圆桶的底半径为 r,高为 h,则其表面积为

$$S=2\pi r^2+2\pi rh.$$

又圆桶体积 $V=\pi r^2h$,从而 $h=\dfrac{V}{\pi r^2}$,故 S 与 r 的函数关系为

$$S=2\pi r^2+2\pi r\frac{V}{\pi r^2}=2\pi r^2+\frac{2V}{r}(r>0,V\text{ 为常数}).$$

令 $S'=4\pi r-\dfrac{2V}{r^2}=0$,得驻点 $r=\sqrt[3]{\dfrac{V}{2\pi}}$.

从问题本身我们可以知道,圆桶表面积 S 必有最小值,又驻点唯一,故当 $r=\sqrt[3]{\dfrac{V}{2\pi}}$ 时 S 取最小值,这时相应的圆桶的高

$$h=\frac{V}{\pi r^2}=\frac{2\pi r^3}{\pi r^2}=2r.$$

此结果表明当圆桶高和直径相等时,用料最省.

例 7 已知某轮船的耗油费与其速度的立方成正比,若每小时行 10km 的耗油费为 25 元,其余耗费为每小时 40 元,问轮船行驶的速度为多少时才能使它从甲地开往乙地的总费用最省?

解 设甲地到乙地相距 L,每小时船速为 x,总费用为 y 元,则航行时间为 L/x,依题意,有

$$y=40\cdot L/x+kx^3\cdot L/x.$$

求导得 $y'=L(-40/x^2+2kx)$,驻点 $x=\sqrt[3]{20/k}$,由条件知 $x=10$ 时,$kx^3=25$,故

$k = 25/10^3 = 1/40.$

因此,唯一驻点 $x = \sqrt[3]{800} \approx 9.28$. 由问题的实际意义知 y 的最小值存在,故当船速为每小时 9.28km 时总费用最省.

例 8　求数列 $1, \sqrt{2}, \sqrt[3]{3}, \cdots, \sqrt[n]{n}, \cdots$ 中最大的一项.

解　我们可以将这些数看成是连续函数

$$f(x) = x^{\frac{1}{x}} \quad (x > 0)$$

当 x 为正整数时的值. 因

$$f'(x) = (e^{\frac{1}{x}\ln x})' = e^{\frac{1}{x}\ln x}\left(\frac{\ln x}{x}\right)' = e^{\frac{1}{x}\ln x}\frac{1-\ln x}{x^2} = x^{\frac{1}{x}}\frac{1-\ln x}{x^2},$$

即可令 $f'(x) = 0$ 得 $x = e$. 因在 $(0,e)$ 内 $f'(x) > 0$,在 $(e,+\infty)$ 内 $f'(x) < 0$,所以 $f(e) = e^{1/e}$ 是函数 $f(x)$ 在 $(0,+\infty)$ 内的最大值. 于是,所求数列的最大项只可能是与 $x = e$ 相距最近的两个整数点所对应的函数值 $\sqrt{2}$ 和 $\sqrt[3]{3}$ 中的一个. 显然

$$\sqrt[3]{3} = \sqrt[6]{9} > \sqrt[6]{8} = \sqrt{2},$$

故原数列中最大的一项为 $\sqrt[3]{3}$.

习题 4.5

1. 求下列各函数的极值.

(1) $y = 2x^3 - 3x^2$;　　(2) $y = 2x^3 - 6x^2 - 18x + 7$;

(3) $y = x - \ln(1+x)$;　　(4) $y = x^2 e^{-x}$.

2. 设 $y = x^3 + ax^2 + bx + 2$,在 $x_1 = 1$ 和 $x_2 = 2$ 处取得极值,试确定 a 与 b 的值.

3. 设 $f(x) = nx(1-x)^n$(n 为自然数),试求:

(1) $f(x)$ 在 $0 \leqslant x \leqslant 1$ 上的最大值 $M(n)$;　　(2) 求 $\lim\limits_{n\to\infty} M(n)$.

4. 试求内接于半径为 R 的球的体积最大的圆锥体的高.

5. 某窗的形状由半圆置于矩形上面形成,若此窗框的周长一定,试确定半圆的半径和矩形的高,使所通过的光线最为充足.

6. 已知一半径为 r 的球,欲作一正圆锥与此球相切,试问锥底半径为何值时,该圆锥的体积最小?

7. 周长为 $2L$ 的等腰三角形,绕其底边旋转形成旋转体,求所得体积为最大的那个等腰三角形.

8. 试在一半径为 R 的半圆内作一面积为最大的矩形.

9. 某厂生产某种产品,每年销售量为 1000000 件,每批生产需准备 1000 元,而每件每年的库存费为 0.2 元,如果均匀销售,问一年内应分几批生产,才能使生产准备费与库存费之和 T 为最少?

4.6 函数图形的描绘,曲率

4.6.1 曲线的渐近线

为了能够准确地描绘函数 $y=f(x)$ 的图形,除了借助于前面已研究的函数的单调区间,凹凸区间,极值点及拐点外还须考虑曲线的渐近线.

定义1 如果动点沿某一曲线无限远离原点时,动点到一定直线的距离趋于0,则称此直线为该曲线的一条渐近线.

(1) **垂直渐近线** 若 $\lim\limits_{x\to x_0}f(x)=\infty$,则称 $x=x_0$ 为曲线 $y=f(x)$ 的一条垂直渐近线.

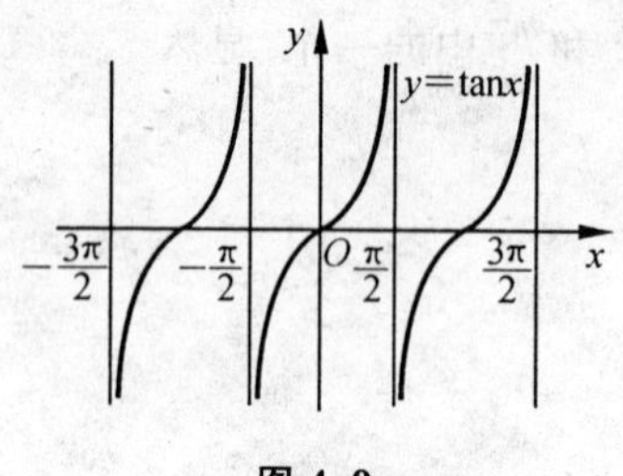

图 4.9

例如 $y=\tan x$,因 $\lim\limits_{x\to\pi/2}\tan x=\infty$,故 $x=\pi/2$ 是曲线 $y=\tan x$ 的一条垂直渐近线,又因函数 $y=\tan x$ 以 π 为周期,所以直线 $y=k\pi+\pi/2(k=0,\pm1,\pm2,\cdots)$ 都是曲线 $y=\tan x$ 的垂直渐近线(见图 4.9).

又如 $y=\ln x$,因 $\lim\limits_{x\to0^+}\ln x=-\infty$,故 $x=0$ 为曲线 $y=\ln x$ 的一条垂直渐近线(见图 4.10).

(2) **水平渐近线** 如果 $\lim\limits_{x\to-\infty}f(x)=b$ 或 $\lim\limits_{x\to+\infty}f(x)=b$,则直线 $y=b$ 是曲线 $y=f(x)$ 的一条水平渐近线.

例如函数 $y=\arctan x$,因 $\lim\limits_{x\to+\infty}\arctan x=\pi/2$, $\lim\limits_{x\to-\infty}\arctan x=-\pi/2$,故函数 $y=\arctan x$ 有两条水平渐近线 $y=\pi/2$ 与 $y=-\pi/2$(见图 4.11).

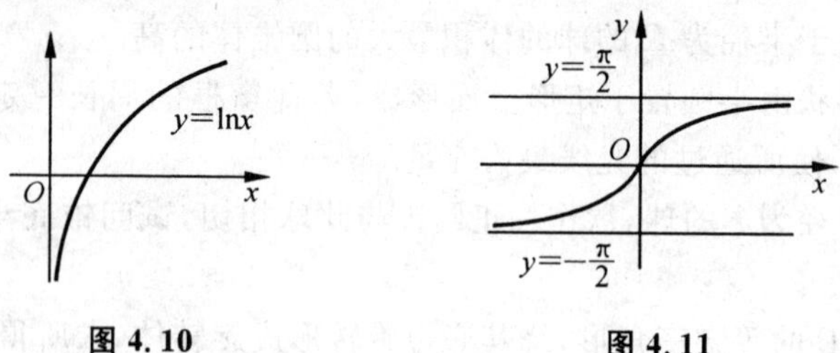

图 4.10　　图 4.11

又如对函数 $y=\frac{1-2x}{x^2}+1$,因 $\lim\limits_{x\to0}\left(\frac{1-2x}{x^2}+1\right)=+\infty$,故直线 $x=0$ 为一条垂直渐近线;又 $\lim\limits_{x\to\infty}\left(\frac{1-2x}{x^2}+1\right)=1$,故直线 $y=1$ 为一条水平渐近线.

4.6.2　函数图形的描绘

描绘函数图形的过程反映了研究函数的过程.图形是函数的直观表示,可以使函数的各种性态一目了然,这种直观性对于函数的研究有着很大的帮助.

描绘函数图形一般可按以下步骤进行:

(1) 由函数的表达式研究函数的定义域,由此确定图形的范围、间断点、连续区间,以及函数的其他性质如零点、同号区间、函数的奇偶性、周期性等.

(2) 由函数的一阶导数确定图形的单调区间,临界点(即驻点、不可导点).

(3) 由二阶导数确定图形的凹凸性与拐点.

(4) 确定曲线的渐近线.

(5) 把上面的分析结果按自变量大小顺序列入一表格,从而使绘图工作更加方便.

例 1　作函数 $f(x)=xe^{-x}$ 的草图.

解　(1) $f(x)=xe^{-x}$ 的定义域为 $(-\infty,+\infty)$ 且过原点.

(2) 令 $f'(x)=e^{-x}-xe^{-x}=(1-x)e^{-x}=0$,得 $x=1$.

因为当 $0<x<1$ 时,$f'(x)>0$,$f(x)$ 单调增;当 $x>1$ 时,$f'(x)<0$,$f(x)$ 单调减.所以,在 $x=1$ 处 $f(x)$ 取得极大值 $f(1)=e^{-1}$.

(3) $f''(x)=-e^{-x}(1-x)-e^{-x}=e^{-x}(x-2)$.

令 $f''(x)=0$,得 $x=2$,因为当 $x>2$ 时,$f''(x)>0$,当 $x<2$ 时,$f''(x)<0$,所以 $(2,2e^{-2})$ 为拐点.

(4) 因 $\lim\limits_{x\to+\infty}xe^{-x}=\lim\limits_{x\to+\infty}\dfrac{x}{e^x}=\lim\limits_{x\to+\infty}\dfrac{1}{e^x}=0$,故 $y=0$ 为水平渐近线.

将上述结果列表为

x	$(-\infty,1)$	1	$(1,2)$	2	$(2,+\infty)$
y	↗		↘		↘
y'	+	0	−		−
y''	−		−	0	+
$y=f(x)$	凸弧		凸弧		凹弧

由上分析画出草图(见图 4.12).

例 2　描绘函数 $y=e^{-x^2}$ 的图形.

解　(1) 函数的定义域为 $(-\infty,+\infty)$,且 $y>0$,故图形在上半平面内.

(2) $y=e^{-x^2}$ 是偶函数,图形关于 y 轴对称.

(3) 曲线 $y=e^{-x^2}$ 与 y 轴的交点为 $(0,1)$.

(4) 因 $\lim\limits_{x\to\infty}e^{-x^2}=0$,故 $y=0$ 是一条水平渐近线.

(5) $y' = -2xe^{-x^2}$，令 $y' = 0$ 得驻点 $x = 0$.

(6) 由 $y'' = 2(2x^2 - 1)e^{-x^2} = 0$ 得 $x = \pm 1/\sqrt{2}$.

列表如下：

x	0	$(0, 1/\sqrt{2})$	$1/\sqrt{2}$	$(1/\sqrt{2}, +\infty)$
y'	0	$-$	$-$	$-$
y''	$-$	$-$	0	$+$
y	极大值 1	↘ 凸弧	拐点 $1/\sqrt{2}$	↘ 凸弧

由上分析画出草图(见图 4.13).

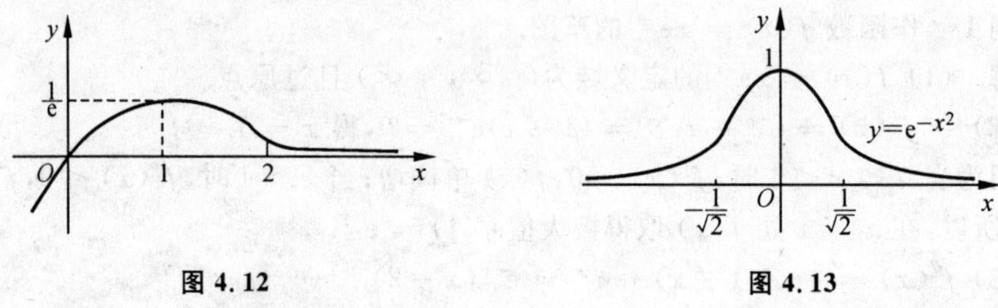

图 4.12　　　　图 4.13

4.6.3　平面曲线的曲率

机器中的轴或建筑结构中的梁由于受力作用都有可能产生弯曲变形.为此，我们在设计时必须对它们的弯曲程度有一定的限制.下面首先研究一下影响曲线弯曲程度的因素.

先看图 4.14，图 4.14 中弧段 $\overset{\frown}{M_1N_1}$ 与 $\overset{\frown}{M_1N_2}$ 长度相等.

弧 $\overset{\frown}{M_1N_1}$ 两端的切线夹角为 $\Delta\theta_1$，弧 $\overset{\frown}{M_1N_2}$ 两端的切线夹角为 $\Delta\theta_2$. $\Delta\theta_1 > \Delta\theta_2$，显然曲线 $\overset{\frown}{M_1N_1}$ 比曲线 $\overset{\frown}{M_1N_2}$ 弯曲得厉害.

另外从图 4.15 中，我们看到，弧段 $\overset{\frown}{M_1N_1}$ 与弧段 $\overset{\frown}{M_2N_2}$ 的两端切线的夹角 $\Delta\theta$ 相等.而曲线段 $\overset{\frown}{M_2N_2}$ 比 $\overset{\frown}{M_1N_1}$ 长，显然曲线 $\overset{\frown}{M_1N_1}$ 比 $\overset{\frown}{M_2N_2}$ 弯得厉害.从上面分析可看出，曲线的弯曲程度与切线的转角成正比，与曲线的弧长成反比.

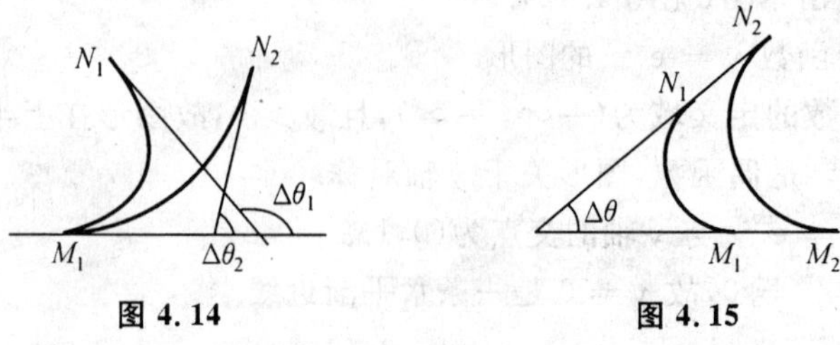

图 4.14　　　　图 4.15

定义 2　设弧段$\widehat{MN}$两端点切线的夹角为$\Delta\theta$，弧段长为Δs，则$\left|\dfrac{\Delta\theta}{\Delta s}\right|$叫做弧段$\widehat{MN}$的**平均曲率**，记作$\overline{K}=\left|\dfrac{\Delta\theta}{\Delta s}\right|$.

平均曲率$\overline{K}$实际上表示单位弧长上切线转过的角度，它所描述的是一段曲线弧的弯曲程度.但是，我们知道曲线上各点处的弯曲程度一般是不相同的，为了精确地描述曲线在某一点的弯曲程度，给出如下定义.

定义 3　设Q是曲线上不同于P的点，若当点Q沿着曲线趋于P时，弧段$\widehat{PQ}$的平均曲率$\overline{K}$的极限存在，则称此极限值为该曲线在点P处的**曲率**（见图 4.16），且记作

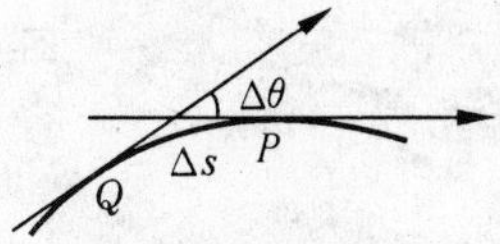

$$K=\lim_{Q\to P}\overline{K}=\lim_{\Delta s\to 0}\left|\frac{\Delta\theta}{\Delta s}\right|=\frac{\mathrm{d}\theta}{\mathrm{d}s}.$$

图 4.16

例如，对于半径为R的圆来说（见图 4.17），因$\widehat{PQ}$的弧长$\Delta s=R\Delta\theta$，所以

$$K=\lim_{\Delta s\to 0}\left|\frac{\Delta\theta}{\Delta s}\right|=\lim_{\Delta s\to 0}\left|\frac{\Delta\theta}{R\Delta\theta}\right|=\frac{1}{R}.$$

上述结果表明，同一圆周上弯曲程度处处相同，即圆的曲率处处相同，且圆的半径愈大，曲率愈小，半径愈小，曲率愈大.再如，对于直线来说，直线的切线方向没有变化，即$\Delta\theta=0$，从而$\overline{K}=\left|\dfrac{\Delta\theta}{\Delta s}\right|=0$.

因此直线上任意一段的平均曲率都是零，从而直线上任一点处的曲率为 0，显然这都符合我们的直观认识.

4.6.4　曲率的计算

设曲线C的方程为$y=f(x)$，$f(x)$为可导函数.首先，由导数的几何意义知

$$y'=\tan\theta,\quad \theta=\arctan y',$$

$$\mathrm{d}\theta=\frac{y''}{1+y'^2}\mathrm{d}x. \tag{1}$$

其次，在图 4.17 中，设Δs为曲线C上点$M(x,y)$与点$N(x+\Delta x,y+\Delta y)$所界定的一段弧长，显然，当$|\Delta x|$充分小时（见图4.18），

$$(\Delta s)^2\approx(\Delta x)^2+(\Delta y)^2,$$

或

$$\Delta s\approx\sqrt{(\Delta x)^2+(\Delta y)^2}=\sqrt{1+\left(\frac{\Delta y}{\Delta x}\right)^2}\Delta x.$$

由此得（推导过程从略）

$$\mathrm{d}s=\sqrt{1+y'^2}\mathrm{d}x. \tag{2}$$

式(2) 称为弧微分公式.综合式(1)、式(2) 得

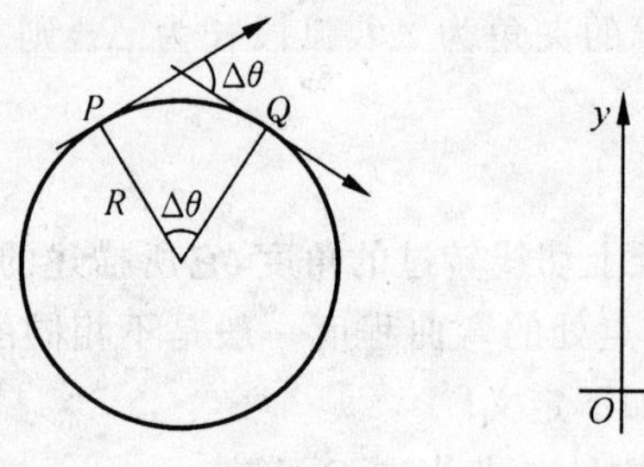

图 4.17

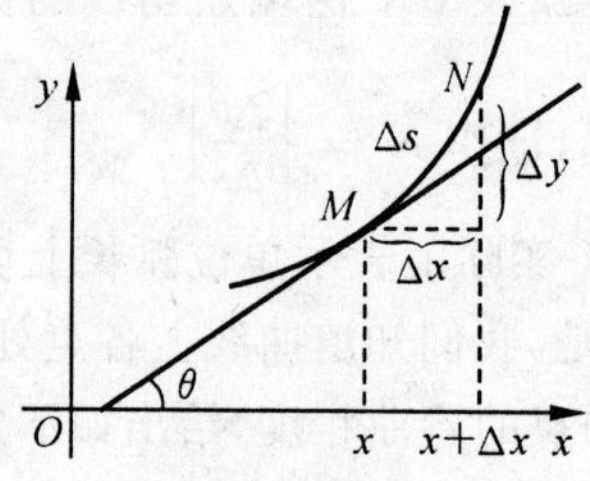

图 4.18

$$K=\left|\frac{\mathrm{d}\theta}{\mathrm{d}s}\right|=\frac{|y''|}{(1+y'^2)^{3/2}}. \tag{3}$$

若曲线 C 的方程是参数式$\begin{cases}x=x(t)\\ y=y(t)\end{cases}$,则因

$$\frac{\mathrm{d}y}{\mathrm{d}x}=\frac{y'}{x'},$$

$$\frac{\mathrm{d}^2y}{\mathrm{d}x^2}=\frac{x'y''-x''y'}{x'^3},$$

代入式(3) 即得

$$K=\frac{|x'y''-x''y'|}{(x'^2+y'^2)^{3/2}}. \tag{4}$$

若曲线 C 的方程为极坐标 $\rho=f(\theta)$,则可先化作参数式 $x=f(\theta)\cos\theta, y=f(\theta)\sin\theta$,再用式(4) 推得

$$K=\frac{|\rho^2+2\rho'^2-\rho\rho''|}{(\rho^2+\rho'^2)^{3/2}}.$$

例 3 求抛物线 $y=ax^2$ 上任一点处的曲率,在哪一点它的曲率最大?

解 $y'=2ax, y''=2a$.

由公式(3) 得

$$K=\frac{|y''|}{(1+y'^2)^{3/2}}=\frac{2|a|}{(1+4a^2x^2)^{3/2}}.$$

因分子是常数,显然当 $x=0$ 时,K 取最大值 $2|a|$,这表明在原点处曲率最大.

例 4 求摆线$\begin{cases}x=a(t-\sin t)\\ y=a(1-\cos t)\end{cases}$在 $t=\frac{\pi}{3}$ 处的曲率.

解 因$\begin{cases}x'=a(1-\cos t), & x''=a\sin t;\\ y'=a\sin t, & y''=a\cos t,\end{cases}$

故

$$x'\left(\frac{\pi}{3}\right)=\frac{a}{2},\quad x''\left(\frac{\pi}{3}\right)=\frac{\sqrt{3}}{2}a,$$

$$y'\left(\frac{\pi}{3}\right)=\frac{\sqrt{3}}{2}a,\quad y''\left(\frac{\pi}{3}\right)=\frac{a}{2}.$$

代入式(4)且整理后得

$$K\bigg|_{t=\frac{\pi}{3}}=\frac{|y''x'-x''y'|}{(x'^2+y'^2)^{3/2}}\bigg|_{t=\frac{\pi}{3}}=\frac{\left|\frac{a}{2}\cdot\frac{a}{2}-\frac{\sqrt{3}}{2}a\cdot\frac{\sqrt{3}}{2}a\right|}{\left[\left(\frac{a}{2}\right)^2+\left(\frac{\sqrt{3}}{2}a\right)^2\right]^{3/2}}=\frac{1}{2a}.$$

4.6.5 曲率圆与曲率半径

定义 4 设曲线 $y=f(x)$ 在点 M 处的曲率为 $K(K\neq 0)$,过 M 点作曲线的法线,在曲线凹向一侧的法线上取一点 C,使 $|\overline{MC}|=1/K$(见图 4.19),以 C 为中心,$R=1/K$ 为半径作一圆,称此圆为曲线在点 M 处的**曲率圆**,半径 R 与圆心 C 分别称为曲线在点 M 处的**曲率半径** 和**曲率中心**. 规定当 $K=0$ 时,曲率半径 R 为无穷大.

显然,在点 M 处,曲线与曲率圆有共同的切线,相同的曲率,相同的凹向.

下面研究曲率中心的坐标表达式.

设曲线方程为 $y=f(x)$,$y''>0$(当 $y''<0$ 时,结果也成立). 曲线在点 M 附近是凹弧(见图 4.20).

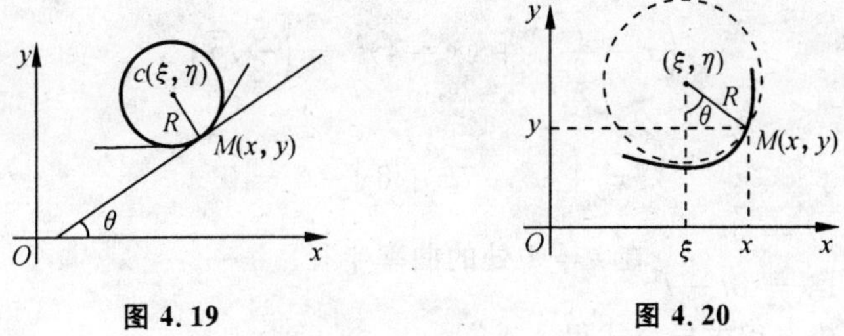

图 4.19　　图 4.20

由图可知

$$\xi=x-R\sin\theta,\quad \eta=y+R\cos\theta. \tag{5}$$

又

$$\sin\theta=\frac{\tan\theta}{\sqrt{1+\tan^2\theta}}=\frac{y'}{\sqrt{1+y'^2}},$$

$$\cos\theta=\frac{1}{\sqrt{1+\tan^2\theta}}=\frac{1}{\sqrt{1+y'^2}}, \tag{6}$$

$$R=\frac{1}{K}=\frac{(1+y'^2)^{3/2}}{|y''|}. \tag{7}$$

将式(6)、式(7)代入式(5)得曲线 C 在点 M 处的曲率中心的坐标为

$$\begin{cases}\xi = x - \dfrac{y'}{y''}(1+y'^2);\\ \eta = y + \dfrac{1}{y''}(1+y'^2).\end{cases} \tag{8}$$

以上是以 θ 为锐角、曲线为凹弧的情况,在其他情形中,式(8) 也是正确的.

例 5 求曲线 $y=\sqrt{x}$ 在点(1,1) 处的曲率中心,曲率半径.

解 $$y'=\frac{1}{2\sqrt{x}},\quad 1+y'^2=\frac{4x+1}{4x},$$

$$y''=\frac{-1}{4x\sqrt{x}},\quad \frac{1}{y''}=-4x\sqrt{x}.$$

代入式(7) 得曲率半径 $$R=\frac{1}{2}(4x+1)^{3/2}.$$

在点 $M(1,1)$ 处,$x=1$,故 $R\Big|_{x=1}=\dfrac{5}{2}\sqrt{5}$,将 y'、y'' 代入式(8) 得

$$\begin{cases}\xi = 3x+\dfrac{1}{2};\\ \eta = -4x\sqrt{x}.\end{cases}$$

在点 $M(1,1)$ 处,$\xi=\dfrac{7}{2}$,$\eta=-4$,故所求曲率中心为点$C\left(\dfrac{7}{2},-4\right)$.

由此可知,曲线 $y=\sqrt{x}$ 在点$M(1,1)$ 处的曲率圆方程为

$$\left(x-\frac{7}{2}\right)^2+(y+4)^2=\left(\frac{5}{2}\sqrt{5}\right)^2,$$

整理后得

$$x^2+y^2-7x+8y-3=0.$$

例 6 求$\begin{cases}x=3t^2\\ y=3t-t^3\end{cases}$在 $t=1$ 处的曲率半径.

解 由参数方程求导公式得

$$y'=\frac{y'_t}{x'_t}=\frac{3-3t^2}{6t}=\frac{1-t^2}{2t},\quad y''=\frac{-t^2-1}{12t^3},$$

代入公式(7) 得

$$R=\frac{(1+y'^2)^{3/2}}{|y''|}=\frac{\left[1+\left(\dfrac{1-t^2}{2t}\right)^2\right]^{3/2}}{\left|\dfrac{-t^2-1}{12t^3}\right|},$$

所以 $$R\Big|_{t=1}=6.$$

习题 4.6

1. 求下列函数的渐近线.

(1) $y=\dfrac{8a^3}{x^2+a^2}(a>0)$；　　(2) $y=\dfrac{x^2}{1+x}$；

(3) $y=\dfrac{x}{3-x^2}$；　　(4) $y=e^{\frac{1}{x}}-1$.

2. 画出下列函数的草图.

(1) $y=x-\ln(x+1)$；　　(2) $y=\dfrac{1-2x}{x^2}+1,(x>0)$；

(3) $y=x^4-2x+10$.

3. 函数 $y=2x^2+x\mid x\mid$.(1) 求一阶导数 y'；(2) 证明函数在 $x=0$ 处二阶导数不存在；(3) 绘出此函数的草图.

4. 求下列曲线在指定点处的曲率.

(1) $y=x^3$ 在点(1,1)处；　　(2) $y=\sin x$ 在点 $(\pi/2,1)$ 处.

5. 求曲线 $x=4\sin t, y=2\cos t$，在 $t=\pi/6$ 处的曲率半径.

6. 曲线 $y=\ln x$ 上哪点处的曲率半径最小，求出这最小的曲率半径.

小　　结

一、基本要求

本章以导数为工具，对函数导数的应用进行了综合性地研究，学习了本章后要求做到以下几点.

- 理解罗尔定理、拉格朗日中值定理、知道柯西中值定理和泰勒定理，会用罗尔定理及拉格朗日定理证明某些命题及简单的不等式.
- 会用洛必达法则求未定式的极限.
- 理解函数的极值概念，掌握求极值的方法，会用导数解决一些简单的最大值、最小值应用问题.
- 能利用导数研究函数的变化性态，即单调性、曲线的凹凸性与拐点，会求函数的渐近线(水平渐近线和铅直渐近线).能够描绘简单函数的图形.
- 了解曲率、曲率半径、弧微分概念.会计算曲率和曲率半径.

二、内容提要

1. 中值定理

罗尔定理　设函数 $f(x)$ 在 $[a,b]$ 上连续，在 (a,b) 内可导，$f(a)=f(b)$，则在 (a,b) 内至少存在一点 $\xi(a<\xi<b)$ 使 $f'(\xi)=0$.

拉格朗日中值定理　设函数 $f(x)$ 在 $[a,b]$ 上连续，在 (a,b) 内可导，则至少在 (a,b) 内存在一点 ξ，使得 $f(b)-f(a)=f'(\xi)(b-a)$.

柯西中值定理　设函数 $f(x)$、$F(x)$ 在$[a,b]$上连续,(a,b) 内可导,且 $F'(x)\neq 0$,则在区间(a,b) 内至少存在一点 $\xi(a<\xi<b)$,使得

$$\frac{f(b)-f(a)}{F(b)-F(a)}=\frac{f'(\xi)}{F'(\xi)}.$$

三个定理关系为

$$\text{罗尔定理}\underset{\substack{f(a)=f(b)\\ \text{特殊情况}}}{\overset{\text{推广}}{\Longleftarrow\!\!\Longrightarrow}}\text{拉格朗日中值定理}\underset{\substack{\text{令 }F(x)=x\\ \text{特殊情况}}}{\overset{\text{推广}}{\Longleftarrow\!\!\Longrightarrow}}\text{柯西中值定理}$$

泰勒定理　设函数 $f(x)$ 在含 x_0 的某开区间(a,b) 内有直至$(n+1)$ 阶导数,则有

$$f(x)=f(x_0)+f'(x_0)(x-x_0)+\frac{f''(x_0)}{2!}(x-x_0)^2+\cdots+\frac{f^{(n)}(x_0)}{n!}(x-x_0)^n+R_n(x),$$

其中,$R_n(x)=\frac{f^{(n+1)}(\xi)}{(n+1)!}(x-x_0)^{n+1}$($\xi$ 在 x_0 与 x 之间).

2. 利用洛必达法则求极限

洛必达法则是函数极限的计算方法中一种重要而常用的方法,它仅适用于$\frac{0}{0}$ 型与$\frac{\infty}{\infty}$ 型这两种未定式,而对于其他未定式$0\cdot\infty$ 型,$\infty-\infty$ 型,0^0 型,1^∞ 型,∞^0 型等要设法转化为$\frac{0}{0}$ 型或$\frac{\infty}{\infty}$ 型后才能再利用洛必达法则计算.

在用洛必达法则求极限的过程中要注意随时化简并结合使用其他方法进行计算,这里不妨再举一例.

例　求 $\rho=\lim\limits_{x\to 0}\frac{e^x-\sin x-1}{1-\sqrt{1-x^2}}$.

解　此极限属$\frac{0}{0}$ 型未定式,可用洛必达法则计算,即

$$\rho=\lim_{x\to 0}\frac{e^x-\cos x}{\frac{x}{\sqrt{1-x^2}}}=\lim_{x\to 0}\frac{e^x-\cos x}{x}\overset{\frac{0}{0}}{=\!=}\lim_{x\to 0}\frac{e^x+\sin x}{1}=1.$$

在上面计算过程中注意到$\lim\limits_{x\to 0}\frac{1}{\sqrt{1-x^2}}=1$,故这部分极限值要先算出并提到极限号外,然后再求极限.

3. 函数性态的研究

● 单调性

如果函数 $f(x)$ 在区间(a,b) 内可导且 $f'(x)>0$(或 $f'(x)<0$),则 $f(x)$ 在

(a,b) 上是严格单调增(或严格单调减)的.

● 极值

极值存在的必要条件：设函数 $f(x)$ 在 x_0 处可导且在 x_0 处取得极值，则 $f'(x_0)=0$.

极值充分条件 1　设函数 $f(x)$ 在 x_0 的某去心邻域内可导，在 x_0 连续，则当 $f'(x)$ 的符号在 x_0 两侧左正右负(或左负右正)时，$f(x_0)$ 为极大(或极小)值.

极值充分条件 2　设函数 $f(x)$ 在 x_0 处二阶可导，$f'(x_0)=0$，$f''(x_0)\neq 0$，则当 $f''(x_0)>0$(或 $f''(x_0)<0$) 时函数 $f(x)$ 在 x_0 处取得极小值(或极大值).

● 函数最大值，最小值

若函数 $f(x)$ 在闭区间$[a,b]$上连续，则可先求出 $f(x)$ 在(a,b) 内所有的驻点及导数不存在点处的函数值并与 $f(a)$、$f(b)$ 比较，其中最大者是 $f(x)$ 在$[a,b]$上的最大值，最小者是 $f(x)$ 在$[a,b]$上的最小值.

在实际问题中，若由问题本身确定该函数存在最值，而所求的可能极值点又唯一时，则可确定此点处的函数值就是最值.

● 曲线的凹凸性与拐点

若函数 $f(x)$ 在(a,b) 上连续且有一阶、二阶导数，则当 $f''(x)>0$(或 $f''(x)<0$) 时曲线 $y=f(x)$ 是凹弧(或凸弧).

连续曲线上凹弧与凸弧的分界点称为拐点.

● 曲线的渐近线

设有曲线 $y=f(x)$，若 $\lim\limits_{x\to x_0}f(x)=\infty$，则 $x=x_0$ 为垂直渐近线；若 $\lim\limits_{x\to\infty}f(x)=y_0$，则 $y=y_0$ 为水平渐近线.

4. 曲线的曲率、曲率半径

若函数 $y=f(x)$ 在点 x 处二阶可导，则在点(x,y) 处曲线 $y=f(x)$ 的曲率

$$K=\frac{|y''|}{(1+y'^2)^{3/2}},$$

曲率半径

$$R=\frac{1}{K}=\frac{(1+y'^2)^{3/2}}{|y''|},$$

称 $\mathrm{d}s=\sqrt{1+y'^2}\,\mathrm{d}x$ 为弧微分.

三、学习指导

本章介绍了几个微分中值定理，并应用这些定理对函数进行了较深入的研究. 本章的习题涉及的内容较多，但主要分三类：(1) 直接求函数的单调区间、极值、最值、凹凸区间、拐点、曲率等；(2) 利用单调性、拉格朗日中值定理证明不等式；(3) 求极限与求最值等应用题. 解答这三类问题，均要求能正确地求出各阶导数，若导数求错

则一切都错,故导数的计算是基本功,一定要加强练习;其次是概念的理解要准确,对增或减,凹与凸,极大与极小的判别法要正确使用.例如,若 $f(x)$ 在某区间 (a,b) 内可导,且 $f'(x)>0$,则 $f(x)$ 在 (a,b) 上是严格单调增.但是此结论反过来不一定成立.如 $f(x)=x^3$ 在 $(-1,1)$ 内严格单调增,但是在 $x=0$ 处,$f'(0)=0\not>0$.这说明了 $f'(x)>0$ 是可导函数单调增的充分条件而非必要条件.

在研究函数极值时对极值的求法及判别作了较为详尽的介绍,但是实际问题中需要解决的往往是求函数的最值.极值与最值既有联系又有区别.极值是函数的局部性质,最值是函数的全局性质.在某一闭区间上极大值可能小于极小值,但是最大值一定大于最小值.在解最值问题时一定要仔细审题,明确目标函数后再求其最值.

自　测　题

一、选择题.(每小题 2 分,共 30 分)

1. 在下列函数中,在 $[-1,1]$ 上满足罗尔定理条件的是(　　).

A. e^x　　B. $\ln x$　　C. $1-x^2$　　D. $\dfrac{1}{1-x^2}$

2. 设 $f(x)$ 在 $[a,b]$ 上连续,在 (a,b) 内可导,x_1、x_2 是 (a,b) 内任意两点,且 $f(x_1)\neq f(x_2)$,则在 (x_1,x_2) 内至少有一点 ξ,使得(　　).

A. $f'(\xi)=0$　　B. $f'(\xi)=\dfrac{f(x_2)-f(x_1)}{x_2-x_1}$

C. $f(x_2)-f(x_1)=f(\xi)$　　D. $f'(\xi)=\dfrac{f(x_2)-f(x_1)}{x_1-x_2}$

3. 函数 $f(x)=\arctan x$ 在 $[0,1]$ 上使拉格朗日中值定理结论成立的 ξ 是(　　).

A. $\arccos\sqrt{\dfrac{\pi}{4}}$　　B. $-\arccos\sqrt{\dfrac{4}{\pi}}$

C. $\sqrt{\dfrac{4-\pi}{\pi}}$　　D. $-\sqrt{\dfrac{4-\pi}{\pi}}$

4. 如果 a、b 是方程 $f(x)=0$ 的两个根,$f(x)$ 在 $[a,b]$ 上连续,在 (a,b) 内可导,那么方程 $f'(x)=0$ 在 (a,b) 内(　　).

A. 只有一个根　　B. 至少有一个根

C. 没有根　　D. 以上结论都不对

5. 若 $y=f(x)$ 在 (a,b) 内满足 $f'(x)<0$,$f''(x)>0$,则曲线 $y=f(x)$ 在 (a,b) 内是(　　).

A. 单调上升且是凹弧　　B. 单调下降且是凹弧

C. 单调上升且是凸弧　　D. 单调下降且是凸弧

6. 设 $f(x)$ 在 (a,b) 内可导,$x_0\in(a,b)$,若 $x>x_0$ 时,$f'(x)>0$;$x<x_0$ 时 $f'(x)<0$,则 x_0 一定是(　　).

A. 极大值点　　B. 极小值点

C. 最大值点　　D. 最小值点

7. 若 $f'(x_0)=0$,则 x_0 一定是(　　).

A. 极大值点　　B. 极小值点　　C. 最大值点　　D. 不一定是极值点

8. 如果一个连续函数在闭区间上既有极大值,又有极小值,则(　　).

A. 极大值一定是最大值　　B. 极小值一定是最小值

C. 极大值一定比极小值大　　D. 极大值不一定是最大值,极小值不一定是最小值

9. 函数 $f(x)=\arctan x-x$ 在 $(-\infty,+\infty)$ 内是(　　).

A. 单调上升　　B. 单调下降

C. 时而上升时而下降　　D. 以上结论都不对

10. 函数 $y=x-\ln(1+x)$ 的单调增区间是(　　).

A. $(-\infty,+\infty)$　　B. $(-\infty,-1)$

C. $(-1,0)$　　D. $(0,+\infty)$

11. 函数 $y=x-\ln(1+x^2)$ 的极值是(　　).

A. $1-\ln2$　　B. $-1-\ln2$　　C. 没有极值　　D. 0

12. 若 $a=$(　　),$b=$(　　),则 $y=ax^3-3x+b$ 有极大值 4 与极小值 2.

A. $\sqrt{2}$　　B. $\sqrt{3}$　　C. 3　　D. 4

13. 曲线 $y=(x-1)^3$ 的拐点是(　　).

A. $(-1,-8)$　　B. $(1,0)$　　C. $(0,-1)$　　D. $(0,1)$

14. 曲线 $y=3x^5-5x^4-10x^3+30x^2-5x+1$ 的拐点是(　　).

A. $(1,14)$　　B. $(-1,38)$

C. $(1,14);(-1,38)$　　D. 没有拐点

15. $\lim\limits_{x\to\infty}\dfrac{x-\sin x}{x+\sin x}=$(　　).

A. -1　　B. 1　　C. 0　　D. ∞

二、填空题.(每小题 3 分,共 30 分)

1. $y=\arctan x+\dfrac{1}{x}$ 的单调递减区间是________.

2. 曲线 $y=e^x-6x+x^2$ 在区间________是凹弧(即向上凹).

3. $y=x+e^{-x}$ 的斜渐近线方程是________.

4. 设函数 $y=f(x)$ 在 x_0 处二阶可导且 $f'(x_0)=0,f''(x_0)\neq0$,(1) 若 $f''(x_0)>0$,则 $f(x_0)$ 是________;(2) 若 $f''(x_0)<0$,则 $f(x_0)$ 是________.

5. $y=x^3-3x$ 的极大值点是________,极大值为________.

6. 若 $F(x)=c(x^2+1)^2,c>0$,在 $x=$________点处取得极________值,其值为________.

7. 已知 $y=f(x)$ 有连续的二阶导数,且在 $x=a$ 点处有拐点 $(a,f(a))$,则 $\lim\limits_{h\to0}\dfrac{f(a+h)-2f(a)+f(a-h)}{h^2}=$________.

8. 函数 $f(x)=\dfrac{x}{\ln x}$,当 $x=$________时取得极小值,且极小值为________.

9. 曲线 $y=\sin x$ 在 $(0,2\pi)$ 内的拐点是________.

10. 函数 $f(x)=x^2-\dfrac{1}{x^2}$ 在 $[-3,-1]$ 上的最大值为________,最小值为________.

三、求解下列各题.(每小题 5 分,共 25 分)

1. 已知 $f(x)$ 三次可微,且 $f(0)=0, f'''(0)=6, f''(0)=0, f'(0)=1$,求 $\lim\limits_{x\to 0}\dfrac{f(x)-x}{x^3}$.

2. 设 $f(x)=x(x-1)(x-2)\cdots(x-n)$,求 $f'(0)$.

3. 求曲线 $(5y+2)^3=(2x+1)^5$ 在点 $P(0,-\dfrac{1}{5})$ 处的切线,法线方程.

4. 试定 a、b、c 使 $y=x^3+ax^2+bx+c$ 有一拐点 $(1,-1)$,且在 $x=0$ 处有极大值 1.

5. 设 $f(x)=2x+\dfrac{A}{x^2}-\dfrac{12}{x}(x>0)$,求使 $f(x)\geqslant 3$ 对所有的 $x>0$ 成立的最小常数 A.

四、在曲线 $y=1-x^2(x>0)$ 上求一点 P 的坐标,使曲线在该点处的切线与两坐标轴所围成的三角形面积最小.(8 分)

五、设 $f(x)$ 在 $[a,b]$ 上连续,在 (a,b) 可导,且 $f(x)\neq 0, x\in(a,b)$,若 $f(a)=f(b)=0$,证明对任意实数 K 存在点 $\xi(a<\xi<b)$ 使 $\dfrac{f'(\xi)}{f(\xi)}=K$.(7 分)

自测题解答

一、1. C. 2. B. 3. C. 4. B. 5. B. 6. B. 7. D. 8. D. 9. B. 10. D. 11. C. 12. D. 、C. 13. B. 14. B. 15. B.

二、1. $(-\infty,0),(0,+\infty)$ 2. $(-\infty,+\infty)$ 3. $y=x$ 4. 极小值,极大值 5. $x=-1,2$ 6. 0,小,c 7. 0 8. e,$y=\mathrm{e}$ 9. $(\pi,0)$ 10. $8\dfrac{8}{9}$,0

三、1. $\lim\limits_{x\to 0}\dfrac{f(x)-x}{x^3}=\lim\limits_{x\to 0}\dfrac{f'(x)-1}{3x^2}=\lim\limits_{x\to 0}\dfrac{f''(x)}{6x}=\dfrac{1}{6}\lim\limits_{x\to 0}\dfrac{f''(x)-f''(0)}{x}=\dfrac{1}{6}f'''(0)=1.$

2. $f(x)=x^{n+1}+\cdots+(-1)^n n!x,\quad f'(0)=(-1)^n n!.$

3. 将曲线方程两边对 x 求导得

$$3(5y+2)^2 5y'=5(2x+1)^4\cdot 2,$$

由此解出

$$y'\Big|_{(0,-\frac{1}{5})}=\frac{2}{3}.$$

在 $P\left(0,-\dfrac{1}{5}\right)$ 处切线方程为

$$y+\frac{1}{5}=\frac{2}{3}(x-0),\quad \text{即}\quad y=\frac{2}{3}x-\frac{1}{5}.$$

法线方程为

$$y+\frac{1}{5}=-\frac{3}{2}(x-0),\quad \text{即}\quad y=-\frac{3}{2}x-\frac{1}{5}.$$

4. 由题意知应有 $y(0)=1, y'(0)=0, y''(1)=0$.
又 $y'=3x^2+2ax+b, y''=6x+2a$, 从而解出 $a=-3, b=0, c=1$.

5. 因 $f(x)=2x+\dfrac{A}{x^2}-\dfrac{12}{x}\geqslant 3(x>0)$ 等价于 $A\geqslant 12x+3x^2-2x^3(x>0)$,令 $g(x)=12x+3x^2-2x^3$,则 $g(x)$ 在 $(0,+\infty)$ 上的最大值就是所要求的 A. 又因 $g'(x)=12+6x-6x^2=$

$6(2-x)(1+x)$，在$(0,+\infty)$内$g(x)$有唯一驻点$x=2$，又$g''(x)=6-12x$，$g''(2)<0$，所以$g(2)=20$是$g(x)$的最大值.因此，$A=20$是使$f(x)\geqslant 3$对所有$x>0$成立的最小数.

四、设曲线上点为$(x,1-x^2)$，则该点处的切线为$Y=1-2xX+x^2$.它在两轴上的截距分别是$1+x^2$，$\dfrac{1+x^2}{2x}$，故三角形面积为

$$s=\frac{(1+x^2)^2}{4x},x>0,\quad s'=\frac{(1+x^2)(3x^2-1)}{4x^2}.$$

由$s'=0$得定义域内该可微函数的唯一驻点$x=\dfrac{1}{\sqrt{3}}$，且当$0<x<\dfrac{1}{\sqrt{3}}$时$s'<0$；当$x>\dfrac{1}{\sqrt{3}}$时$s'>0$，$x=\dfrac{1}{\sqrt{3}}$为s的最小值点，所求点为$P\left(\dfrac{1}{\sqrt{3}},\dfrac{2}{3}\right)$.

五、因函数$f(x)$在$[a,b]$上连续，在(a,b)内可导，故令$g(x)=\mathrm{e}^{-Kx}f(x)$.$g(x)$在$[a,b]$上连续，在$(a,b)$内可导，又因$f(a)=f(b)=0$，故$g(a)=g(b)=0$.于是$g(x)$满足罗尔定理条件，故存在$\xi\in(a,b)$使$g'(\xi)=0$，即$\mathrm{e}^{-K\xi}f'(\xi)-K\mathrm{e}^{-K\xi}f(\xi)=0$.因$\mathrm{e}^{-K\xi}>0$，故有$\dfrac{f'(\xi)}{f(\xi)}=K$.

第五章　不定积分

在第三章中，我们讨论了如何求一个函数的导函数问题. 本章将讨论其反问题，即已知导函数，如何去求原来的函数. 这种由"导函数"去求"原函数"的方法称为不定积分法，它是微分法的逆运算，因而熟练掌握微分法是学习本章的基础.

5.1　不定积分的概念及性质

5.1.1　不定积分定义

首先讨论两个实际问题，它们是 3.1.1 中所考虑的"切线问题"与"速度问题"的反问题.

例 1　设曲线上任一点(x,y)处的切线斜率为该点横坐标值的 2 倍，求此曲线方程.

解　设曲线方程为 $y=y(x)$，由题意知，在任一点的切线斜率是 x 的 2 倍，即 $y'(x)=2x$、并注意到$(x^2+C)'=2x$，其中 C 为任意常数. 于是，$y=x^2+C$ 为所求的曲线方程，它表示了一族与 $y=x^2$ 平行的曲线.

例 2　已知物体的自由落体运动，在 t 时刻的瞬时速度为 gt，求运动路程 $s(t)$.

解　由题意知，$s'(t)=gt$，由于$(\frac{1}{2}gt^2+C)'=gt$，其中 C 为任意常数，所以 $s(t)=\frac{1}{2}gt^2+C$ 为所求.

以上两例都属于已知某个函数的导数而求原函数问题，它们可归结为在函数关系 $F'(x)=f(x)$ 中，当函数 $f(x)$ 为已知时求$F(x)$ 的问题.

根据以上两例，我们引入原函数与不定积分的概念.

定义 1　设 $F(x)$ 是区间 I 上的一个可微函数，若对任意的$x\in I$，有

$$F'(x)=f(x) \quad 或 \quad \mathrm{d}F(x)=f(x)\mathrm{d}x,$$

则称 $F(x)$ 为 $f(x)$ 在 I 上的一个**原函数**.

如例 1 中 x^2 是 $2x$ 的一个原函数，x^2+C 也是 $2x$ 的原函数. 类似，例 2 中$\frac{1}{2}gt^2$ 与 $\frac{1}{2}gt^2+C$ 都是 gt 的原函数. 一般的，如果$F(x)$ 是 $f(x)$ 的原函数，则对任意常数 C，$F(x)+C$ 显然也是$f(x)$ 的原函数. 这说明如果 $f(x)$ 有一个原函数，则 $f(x)$ 就有无穷多个原函数.

定义 2　设 $F(x)$ 是 $f(x)$ 在区间 I 上的一个原函数，则称 $F(x)+C$（C 为任意常数）为 $f(x)$ 的**不定积分**，记作 $\int f(x)\mathrm{d}x$，即

$$\int f(x)\mathrm{d}x = F(x) + C. \tag{1}$$

称式(1)中的符号"$\int$"为**积分号**，$f(x)$ 为**被积函数**，x 为**积分变量**，$f(x)\mathrm{d}x$ 为**被积式**，C 为**积分常数**.

由 $f(x)$ 求 $\int f(x)\mathrm{d}x$ 的运算称为积分法或简称为积分.

对于任何一个已知函数，其原函数是否一定存在？在此我们指出（证明留到下一章）：任何一个在区间 I 上连续的函数，必在 I 上存在原函数.

例 3　求 $\int \sin x\mathrm{d}x$.

解　由于 $(-\cos x)' = \sin x$，即 $-\cos x$ 是 $\sin x$ 的一个原函数，因此有

$$\int \sin x\mathrm{d}x = -\cos x + C.$$

例 4　求 $\int \frac{1}{x}\mathrm{d}x$.

解　当 $x>0$ 时，由于 $(\ln x)' = \frac{1}{x}$，即 $\ln x$ 是 $\frac{1}{x}$ 在 $(0,+\infty)$ 内的一个原函数，因此在 $(0,+\infty)$ 内，有

$$\int \frac{1}{x}\mathrm{d}x = \ln x + C.$$

当 $x<0$ 时，由于 $[\ln(-x)]' = \frac{1}{-x}(-1) = \frac{1}{x}$，即 $\ln(-x)$ 是 $\frac{1}{x}$ 在 $(-\infty,0)$ 内的一个原函数，因此在 $(-\infty,0)$ 内，有

$$\int \frac{1}{x}\mathrm{d}x = \ln(-x) + C.$$

综合 $x>0$ 与 $x<0$ 的结果，可得出

$$\int \frac{1}{x}\mathrm{d}x = \ln|x| + C.$$

为了叙述方便，在不至于产生混淆的情形下，今后在讨论不定积分时总是在被积函数的连续区间上考虑.

若 $F(x)$ 与 $G(x)$ 都是 $f(x)$ 的原函数，那么 $G(x)$ 与 $F(x)$ 之间有何关系呢？由于 $F'(x) = f(x) = G'(x)$，故 $[G(x)-F(x)]' = f(x) - f(x) = 0$. 从而由微分学知存在常数 C 使 $G(x)-F(x)=C$，亦即 $G(x) = F(x) + C$. 由 $G(x)$ 的任意性即得到以下结论.

定理 若 $F(x)$ 是 $f(x)$ 在区间 I 上的一个原函数，则 $f(x)$ 在 I 上的所有原函数形为 $F(x)+C$(其中 C 为任意常数)，因此 $f(x)$ 的不定积分 $\int f(x)\mathrm{d}x$ 便是原函数全体.

由此，为求不定积分只需求出一个原函数即可，亦即

$$\int f(x)\mathrm{d}x = F(x)+C \Leftrightarrow F'(x)=f(x). \tag{2}$$

为说明式(2)中左边积分式的正确性，只需说明式(2)中右边的微分式的正确性.

现在讨论不定积分在几何上的意义. 设 $F(x)$ 是 $f(x)$ 的一个原函数，函数 $y=F(x)$ 在平面上表示一条曲线，这条曲线称为 $f(x)$ 的积分曲线. 由于 $f(x)$ 的不定积分是

$$\int f(x)\mathrm{d}x = F(x)+C,$$

所以不定积分 $\int f(x)\mathrm{d}x$ 的几何意义是：曲线 $y=F(x)$ 沿着 y 轴从 $-\infty$ 到 $+\infty$ 连续地平移所产生的一族积分曲线(见图 5.1)，而族中的每一条曲线在具有同一横坐标的 x 的点处的切线都是平行的，它们的斜率都等于 $f(x)$.

例 5 求一条曲线，它通过点(1,3)，且在曲线上任一点 (x,y) 处的切线斜率为 $2x$.

解 设曲线方程为 $y=F(x)$，则 $F(x)$ 同时要满足 $F'(x)=2x$ 和 $F(1)=3$，所以可先求出 $2x$ 的原函数. 由例 1 知

$$\int 2x\mathrm{d}x = x^2+C,$$

即 $F(x)=x^2+C$. 由于曲线 $y=x^2+C$ 通过点(1,3)，从而可确定常数 C，即有

$$3=1+C \Rightarrow C=2,$$

故所求曲线的方程为(见图 5.2)

$$y=x^2+2.$$

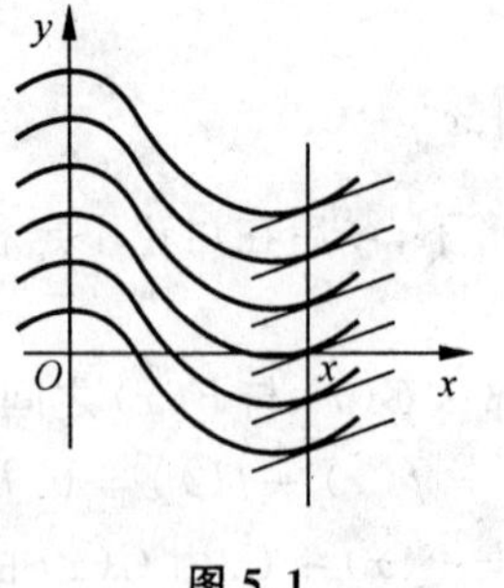

图 5.1

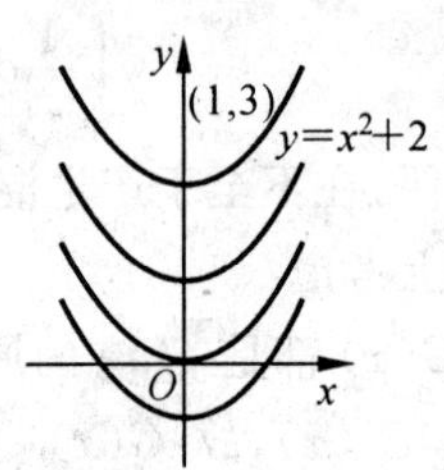

图 5.2

5.1.2　不定积分的性质

由不定积分的定义可直接推出下列性质.

Ⅰ.互逆性质

积分与微分互为逆运算,即有

$$1^\circ\ \left(\int f(x)\mathrm{d}x\right)' = f(x)\quad 或\quad \mathrm{d}\int f(x)\mathrm{d}x = f(x)\mathrm{d}x; \tag{3}$$

$$2^\circ\ \int f'(x)\mathrm{d}x = f(x)+C\quad 或\quad \int \mathrm{d}f(x) = f(x)+C. \tag{4}$$

证　设$\int f(x)\mathrm{d}x = F(x)+C$,$F(x)$是$f(x)$的一个原函数,求导便有

$$\left(\int f(x)\mathrm{d}x\right)' = (F(x)+C)' = F'(x) = f(x),$$

故式(3)成立.其次,注意到$f(x)$是$f'(x)$的原函数,故

$$\int f'(x)\mathrm{d}x = f(x)+C,$$

即式(4)成立.

性质Ⅰ表明,积分法与微分法互为逆运算,正如加法与减法、乘法与除法一样.如果不考虑积分常数C,则对于某一函数$f(x)$先进行积分运算再进行微分运算,或先微分再积分,也就是说不论先后次序如何,其结果都不变,它们的作用恰好相互抵消.当然,若考虑积分常数时,先微分后积分则多一个任意常数.

Ⅱ.线性性质

1° 函数之和差的不定积分等于各个函数不定积分之和差,即

$$\int[f(x)\pm g(x)]\mathrm{d}x = \int f(x)\mathrm{d}x \pm \int g(x)\mathrm{d}x.$$

2° 被积函数中不为零的常数因子可以提到积分号外面,即

$$\int kf(x)\mathrm{d}x = k\int f(x)\mathrm{d}x.$$

5.1.3　基本积分表

既然积分法是微分法的逆运算,那么我们可以在微分法的基础上倒过来得出积分法.首先,把求导的基本公式直接倒过来便得到基本积分公式.将这些公式列成下表,称为**基本积分表**.

1° $\int 0\mathrm{d}x = C$;

2° $\int a\mathrm{d}x = ax + C$($a$为常数);

3° $\int x^{\mu}\mathrm{d}x=\dfrac{x^{\mu+1}}{\mu+1}+C(\mu\neq -1)$;

4° $\int \dfrac{1}{x}\mathrm{d}x=\ln|x|+C$;

5° $\int a^{x}\mathrm{d}x=\dfrac{a^{x}}{\ln a}+C(0<a\neq 1)$, $\int \mathrm{e}^{x}\mathrm{d}x=\mathrm{e}^{x}+C$;

6° $\int \cos x\mathrm{d}x=\sin x+C$, $\int \mathrm{ch}x\mathrm{d}x=\mathrm{sh}x+C$;

7° $\int \sin x\mathrm{d}x=-\cos x+C$, $\int \mathrm{sh}x\mathrm{d}x=\mathrm{ch}x+C$;

8° $\int \dfrac{1}{\cos^{2}x}\mathrm{d}x=\tan x+C$, $\int \dfrac{1}{\mathrm{ch}^{2}x}\mathrm{d}x=\mathrm{th}x+C$;

9° $\int \dfrac{1}{\sin^{2}x}\mathrm{d}x=-\cot x+C$, $\int \dfrac{1}{\mathrm{sh}^{2}x}\mathrm{d}x=-\mathrm{cth}x+C$;

10° $\int \dfrac{1}{\sqrt{1-x^{2}}}\mathrm{d}x=\arcsin x+C$, $-\int \dfrac{\mathrm{d}x}{\sqrt{1-x^{2}}}=\arccos x+C$;

11° $\int \dfrac{1}{1+x^{2}}\mathrm{d}x=\arctan x+C$, $-\int \dfrac{\mathrm{d}x}{1+x^{2}}=\mathrm{arccot}x+C$.

以上基本积分公式是求不定积分的基础,必须牢牢记住.

例 6 计算下列积分.

(1) $\int x^{2}\sqrt{x}\mathrm{d}x$;　　(2) $\int \dfrac{\mathrm{d}x}{x\sqrt[3]{x}}$.

解 套用积分公式(2)得

(1) $\int x^{2}\sqrt{x}\mathrm{d}x=\int x^{\frac{5}{2}}\mathrm{d}x=\dfrac{x^{\frac{5}{2}+1}}{\frac{5}{2}+1}+C=\dfrac{2}{7}x^{\frac{7}{2}}+C$;

(2) $\int \dfrac{\mathrm{d}x}{x\sqrt[3]{x}}=\int x^{-\frac{4}{3}}\mathrm{d}x=\dfrac{x^{-\frac{4}{3}+1}}{-\frac{4}{3}+1}+C=-3x^{-\frac{1}{3}}+C$.

例 7 计算下列积分.

(1) $I=\int(3x^{5}-4x+1)\mathrm{d}x$;　　(2) $I=\int\left(\dfrac{2}{x}-\dfrac{1}{x^{2}}-\csc^{2}x\right)\mathrm{d}x$.

解 利用线性性质得

(1) $I=3\int x^{5}\mathrm{d}x-4\int x\mathrm{d}x+\int \mathrm{d}x=3\cdot\dfrac{x^{6}}{6}-4\cdot\dfrac{x^{2}}{2}+x+C$

$=\dfrac{x^{6}}{2}-2x^{2}+x+C$;

(2) $I=2\int \dfrac{1}{x}\mathrm{d}x-\int x^{-2}\mathrm{d}x-\int \csc^{2}x\mathrm{d}x$

$$= 2\ln|x| - \frac{x^{-2+1}}{-2+1} + \cot x = 2\ln|x| + \frac{1}{x} + \cot x + C.$$

例 8 计算下列积分.

(1) $I = \int \sin^2\left(\frac{x}{2}\right)dx$； (2) $I = \int \frac{(1+\sqrt{x})(x-\sqrt{x})}{\sqrt[3]{x}}dx$.

解 (1) $I = \frac{1}{2}\int(1-\cos x)dx = \frac{1}{2}(x-\sin x)+C$；

(2) $I = \int \frac{x\sqrt{x}-\sqrt{x}}{\sqrt[3]{x}}dx = \int(x^{\frac{7}{6}} - x^{\frac{1}{6}})dx = \frac{6}{13}x^{\frac{13}{6}} - \frac{6}{7}x^{\frac{7}{6}} + C.$

例 9 计算下列积分.

(1) $I = \int \frac{1}{x^2(1+x^2)}dx$； (2) $I = \int \tan^2 x dx$.

解 (1) $I = \int \frac{1+x^2-x^2}{x^2(1+x^2)}dx = \int \frac{1}{x^2}dx - \int \frac{1}{1+x^2}dx = -\frac{1}{x} - \arctan x + C$；

(2) $I = \int(\sec^2 x - 1)dx = \int \sec^2 x dx - \int dx = \tan x - x + C.$

习题 5.1

1. 已知 $f'(x) = \frac{1}{\sqrt{1-x^2}}, f(1) = \frac{3\pi}{2}$,求 $f(x)$.

2. 验证下列各组函数是否为同一函数的原函数.

(1) $F_1(x) = x^3$， $F_2(x) = 4 - x^3$；

(2) $F_1(x) = \frac{1}{2}\sin^2 x + C$， $F_2(x) = C - \frac{1}{4}\cos 2x$($C$ 为常数)；

(3) $F_1(x) = 3^x$， $F_2(x) = 3^{2x}$.

3. 求下列不定积分.

(1) $\int \sqrt[3]{x}dx$； (2) $\int \frac{1}{x^3}dx$；

(3) $\int x\sqrt{x}dx$； (4) $\int\left(\frac{x}{2} - \frac{2}{x^2}\right)dx$；

(5) $\int \frac{(1-x)^2}{\sqrt[3]{x}}dx$； (6) $\int \frac{x^4 - 10x + 5}{x}dx$；

(7) $\int e^x\left(1 - \frac{e^{-x}}{\sqrt{x}}\right)dx$； (8) $\int e^{x+5}dx$；

(9) $\int 3^x e^x dx$； (10) $\int(2\sin x - 3\cos x)dx$；

(11) $\int \frac{2+\cos^2 x}{\cos^2 x}dx$； (12) $\int\left(\frac{2}{\sqrt{1-x^2}} + \frac{3}{1+x^2}\right)dx$；

(13) $\int \cot^2 x \mathrm{d}x$；　　(14) $\int \cos^2 \dfrac{x}{2} \mathrm{d}x$；

(15) $\int \dfrac{\mathrm{d}x}{1+\cos 2x}$；　　(16) $\int \sec x(\sec x - \tan x)\mathrm{d}x$；

(17) $\int \dfrac{1+2x^2}{x^2(1+x^2)}\mathrm{d}x$；　　(18) $\int \dfrac{2\cdot 3^x - 5\cdot 2^x}{3^x}\mathrm{d}x$；

(19) $\int \dfrac{\cos 2x}{\cos^2 x \sin^2 x}\mathrm{d}x$；　　(20) $\int \dfrac{\cos 2x}{\cos x - \sin x}\mathrm{d}x$.

4. 曲线上任一点处的切线斜率等于该点横坐标数的倒数，且曲线通过点(e^2，3)，求此曲线方程.

5. 一物体由静止开始运动，在 t 秒的速度是 $3t^2$(m/s)，问：

(1) 3 秒钟后物体离出发点多少米?

(2) 物体走完 360 m 需多少时间?

5.2　换元积分法

能直接用基本积分表及积分的线性规则求出的不定积分是非常有限的. 本节介绍的换元积分法与微分学中的链导法相类似，它通过适当的变量代换 $u=\varphi(x)$ 或 $x=h(t)$，并以新的积分变元 u 或 t 代替原积分变元 x，使积分变得易于积出.

5.2.1　第一换元法(凑微分法)

例 1　求不定积分 $I=\int e^{2x}\mathrm{d}x$.

分析　在基本积分表中，仅有 $\int e^x \mathrm{d}x = e^x + C$ 或 $\int e^u \mathrm{d}u = e^u + C$(写成此形式便于作变元代换). 于是考虑作代换 $u=2x$，以便利用基本积分公式. 由于 $\mathrm{d}x = \dfrac{1}{2}\mathrm{d}(2x) = \dfrac{1}{2}\mathrm{d}u$，于是

$$I=\int e^{2x}\mathrm{d}x=\int e^u \frac{1}{2}\mathrm{d}u=\frac{1}{2}\int e^u \mathrm{d}u$$

成为易于积出的形式，积出后再代回原变元即可.

解　令 $u=2x$，则 $\mathrm{d}x=\dfrac{1}{2}\mathrm{d}u$，于是

$$I=\int e^u \frac{1}{2}\mathrm{d}u=\frac{1}{2}\int e^u \mathrm{d}u=\frac{1}{2}e^u+C=\frac{1}{2}e^{2x}+C.$$

由于 $\left(\dfrac{1}{2}e^{2x}\right)'=e^{2x}$，故由 5.1 节中式(2) 知所求结果正确.

按照同样的方法可以求得以下结果：

$$\int \cos 2x \mathrm{d}x \xlongequal{u=2x} \frac{1}{2}\int \cos u \mathrm{d}u = \frac{1}{2}\sin u + C = \frac{1}{2}\sin 2x + C.$$

$$\int \frac{1}{1+2x}\mathrm{d}x \xlongequal{u=1+2x} \frac{1}{2}\int \frac{1}{u}\mathrm{d}u = \frac{1}{2}\ln|u| + C = \frac{1}{2}\ln|1+2x| + C.$$

将上述解法推而广之，若能选择适当的代换 $u=\varphi(x)$（上面例子中是 $u=2x$，$u=1+2x$ 等），使代换后的积分关于积分变元 u 易于积出，则可积出的积分将大大增加.

定理 1 设 $f(u),\varphi(x),\varphi'(x)$ 均连续，且 $F'(u)=f(u)$，则

$$\int f(\varphi(x))\varphi'(x)\mathrm{d}x = \left[\int f(u)\mathrm{d}u\right] \xlongequal{u=\varphi(x)} F(\varphi(x)) + C. \tag{1}$$

证 因 $\frac{\mathrm{d}}{\mathrm{d}x}F(\varphi(x)) = F'(\varphi(x))\varphi'(x) = f(\varphi(x))\varphi'(x)$，由5.1节中式(2)知式(1)成立. □

在式(1)中，$\varphi'(x)$ 被放到微分号后而凑成新积分变元 u 的微分 $\mathrm{d}u = \mathrm{d}\varphi(x)$，确定某一函数 $\varphi(x)$ 放到微分号后也就确定了采用的变元代换 $u=\varphi(x)$. 因此，上述换元法也称作凑微分法.

应用换元法的关键在于选好 $u=\varphi(x)$，使得 $\int f(u)\mathrm{d}u$ 易于积出，而这并没有一定规律可循，主要依赖于对基本积分公式和微分运算的熟练掌握，通常，需要做较多的练习才行.

例 2 求以下不定积分.

(1) $\int \sqrt{\mathrm{e}^x}\mathrm{d}x$； (2) $\int \frac{1}{1+4x^2}\mathrm{d}x$； (3) $\int \frac{1}{4+x^2}\mathrm{d}x$；

(4) $\int \frac{1}{\sqrt{1-9x^2}}\mathrm{d}x$； (5) $\int \frac{1}{\sqrt{9-x^2}}\mathrm{d}x$； (6) $\int (5+x)^{100}\mathrm{d}x$.

解

(1) $\int \sqrt{\mathrm{e}^x}\mathrm{d}x = \int \mathrm{e}^{\frac{x}{2}}\mathrm{d}x = 2\int \mathrm{e}^{\frac{x}{2}}\mathrm{d}\frac{x}{2} \xlongequal{u=\frac{x}{2}} 2\int \mathrm{e}^u\mathrm{d}u = 2\mathrm{e}^u + C = 2\mathrm{e}^{\frac{x}{2}} + C$；

(2) $$\int \frac{1}{1+4x^2}\mathrm{d}x = \frac{1}{2}\int \frac{\mathrm{d}2x}{1+(2x)^2} \xlongequal{u=2x} \frac{1}{2}\int \frac{\mathrm{d}u}{1+u^2}$$
$$= \frac{1}{2}\arctan u + C = \frac{1}{2}\arctan 2x + C;$$

(3) $$\int \frac{1}{4+x^2}\mathrm{d}x = \frac{1}{2}\int \frac{\mathrm{d}(x/2)}{1+(x/2)^2} \xlongequal{u=x/2} \frac{1}{2}\int \frac{\mathrm{d}u}{1+u^2}$$
$$= \frac{1}{2}\arctan u + C = \frac{1}{2}\arctan(x/2) + C;$$

(4) $\int \frac{dx}{\sqrt{1-9x^2}} = \frac{1}{3}\int \frac{d3x}{\sqrt{1-(3x)^2}} \xlongequal{u=3x} \frac{1}{3}\int \frac{du}{\sqrt{1-u^2}}$

$= \frac{1}{3}\arcsin u + C = \frac{1}{3}\arcsin 3x + C$;

(5) $\int \frac{1}{\sqrt{9-x^2}}dx = \int \frac{d(x/3)}{\sqrt{1-(x/3)^2}} \xlongequal{u=x/3} \int \frac{du}{\sqrt{1-u^2}}$

$= \arcsin u + C = \arcsin \frac{x}{3} + C$;

(6) $\int (5+x)^{100}dx = \int (5+x)^{100}d(5+x) \xlongequal{u=5+x} \int u^{100}du$

$= \frac{1}{101}u^{101} + C = \frac{1}{101}(5+x)^{101} + C.$

例 2 中均指明了所作的代换 $u = ax + b$. 在熟悉这一代换规则之后 $u = \varphi(x)$ 可不写出,而从上下文中直接可以看出来. 达到十分熟练之后,甚至连 u 也可以不写.

例 3 求下列不定积分.

(1) $\int 2xe^{x^2}dx$; (2) $\int \frac{e^x}{1+e^{2x}}dx$; (3) $\int e^{x+e^x}dx$;

(4) $\int \frac{1}{x}\cdot \ln x dx$; (5) $\int \frac{1}{x\ln x}dx$; (6) $\int \tan x dx$;

(7) $\int \sin^2 x\cos x dx$; (8) $\int \frac{\tan x}{\cos^2 x}dx$.

解

(1) $\int 2xe^{x^2}dx = \int e^{x^2}dx^2 = \int e^u du = e^u + C = e^{x^2} + C$;

(2) $\int \frac{e^x}{1+e^{2x}}dx = \int \frac{1}{1+(e^x)^2}de^x = \int \frac{1}{1+u^2}du = \arctan u + C = \arctan e^x + C$;

(3) $\int e^{x+e^x}dx = \int e^{e^x}de^x = \int e^u du = e^u + C = e^{e^x} + C$;

(4) $\int \frac{1}{x}\ln x dx = \int \ln x d\ln x = \int u du = \frac{1}{2}u^2 + C = \frac{1}{2}\ln^2 x + C$;

(5) $\int \frac{1}{x\ln x}dx = \int \frac{1}{\ln x}d\ln x = \int \frac{1}{u}du = \ln|u| + C = \ln|\ln x| + C$;

(6) $\int \tan x dx = \int \frac{\sin x}{\cos x}dx = \int \frac{-1}{\cos x}d(\cos x) = -\int \frac{1}{u}du = -\ln|u| + C$

$= -\ln|\cos x| + C$;

(7) $\int \sin^2 x\cos x dx = \int \sin^2 x d\sin x = \int u^2 du = \frac{1}{3}u^3 + C = \frac{1}{3}\sin^3 x + C$;

(8) $\int \frac{\tan x}{\cos^2 x}dx = \int \tan x d\tan x = \int u du = \frac{1}{2}u^2 + C = \frac{1}{2}\tan^2 x + C.$

有一些积分,需要先对被积函数进行初等变形(分项、三角恒等变化等),才能看出积分途径.

例 4 求下列不定积分.

(1) $\int \frac{1}{x^2-a^2}dx$; (2) $\int \frac{1}{1+e^x}dx$; (3) $\int \sec x dx$;

(4) $\int \csc x dx$; (5) $\int \cos 3x \cos 2x dx$; (6) $\int \cos^2 x dx$.

解

(1) $$\int \frac{1}{x^2-a^2}dx = \frac{1}{2a}\int\left(\frac{1}{x-a}-\frac{1}{x+a}\right)dx = \frac{1}{2a}\left(\int \frac{1}{x-a}dx - \int \frac{1}{x+a}dx\right)$$

$$= \frac{1}{2a}\left(\int \frac{d(x-a)}{x-a} - \int \frac{d(x+a)}{x+a}\right)$$

$$= \frac{1}{2a}(\ln|x-a| - \ln|x+a|) + C = \frac{1}{2a}\ln\left|\frac{x-a}{x+a}\right| + C;$$

(2) $$\int \frac{1}{1+e^x}dx = \int \frac{1+e^x-e^x}{1+e^x}dx = \int\left(1-\frac{e^x}{1+e^x}\right)dx$$

$$= \int dx - \int \frac{d(1+e^x)}{1+e^x} = x - \ln(1+e^x) + C;$$

(3) $$\int \sec x dx = \int \frac{\cos x}{\cos^2 x}dx = \int \frac{d\sin x}{1-\sin^2 x} = \int \frac{du}{1-u^2}$$

$$\xlongequal{题(1)} \frac{1}{2}\ln\left|\frac{u+1}{u-1}\right| + C = \frac{1}{2}\ln\left|\frac{1+\sin x}{1-\sin x}\right| + C;$$

(4) $$\int \csc x dx = \int \frac{\sin x}{\sin^2 x}dx = \int \frac{d\cos x}{\cos^2 x - 1} = \int \frac{du}{u^2-1}$$

$$\xlongequal{题(1)} \frac{1}{2}\ln\left|\frac{u-1}{u+1}\right| + C = \frac{1}{2}\ln\left|\frac{\cos x-1}{\cos x+1}\right| + C;$$

(5) $$\int \cos 3x \cos 2x dx = \frac{1}{2}\int(\cos x + \cos 5x)dx = \frac{1}{2}(\int \cos x dx + \int \cos 5x dx)$$

$$= \frac{1}{2}(\sin x + \frac{1}{5}\sin 5x) + C;$$

(6) $$\int \cos^2 x dx = \frac{1}{2}\int(1+\cos 2x)dx = \frac{1}{2}(\int dx + \int \cos 2x dx)$$

$$= \frac{1}{2}(x + \frac{1}{2}\sin 2x) + C.$$

注 对同一个函数采用不同的积分方法,其原函数形式上可能相差很大(当然,可以化为一样,或至多相差一个常数). 如上例中题(4)亦可如下求解:

$$\int \csc x dx = \int \frac{1}{\sin x}dx = \int \frac{dx}{2\sin x/2\cos x/2}$$

$$=\int\frac{\mathrm{d}(x/2)}{\tan x/2\cdot\cos^2x/2}=\int\frac{1}{\tan(x/2)}\mathrm{d}\tan(x/2)=\ln\left|\tan\frac{x}{2}\right|+C.$$

5.2.2 第二换元法

例 5 求不定积分 $I=\int x\sqrt{1-x}\mathrm{d}x$.

分析 依第一换元法,看不出该用什么代换 $u=\varphi(x)$ 使其与某个基本积分公式相近.但用代换来化简积分的思路仍然可行.由于积分中的根号使得被积式不易化简,故设法用代换 $t=\sqrt{1-x}$ 来试着变形.应当说,这种代换主要是为了化简被积式,从而有助于求出积分.

解 令 $t=\sqrt{1-x}$,则 $x=1-t^2,\mathrm{d}x=-2t\mathrm{d}t$,故

$$\begin{aligned}I&=\int(1-t^2)t(-2t\mathrm{d}t)=-2\int(t^2-t^4)\mathrm{d}t=-2\left(\frac{1}{3}t^3-\frac{1}{5}t^5\right)+C\\&=-\frac{2}{3}(1-x)^{\frac{3}{2}}+\frac{2}{5}(1-x)^{\frac{5}{2}}+C.\end{aligned}$$

总结上述解题方法,归纳出以下第二换元法.

定理 2 设 $f(x),x=\varphi(t)$ 及 $\varphi'(t)$ 连续,$\varphi'(t)\neq0$,则

$$\int f(x)\mathrm{d}x=\left[\int f(\varphi(t))\varphi'(t)\mathrm{d}t\right]_{t=\varphi^{-1}(x)}.\tag{2}$$

利用式(2)来化简不定积分的关键是选择适当的变换公式 $x=\varphi(t)$,在大多数情况下其目的只是为了消除根式.以下分别举例说明.

例 6 求下列不定积分.

(1) $\int\sqrt{a^2-x^2}\mathrm{d}x$; (2) $\int\frac{1}{\sqrt{a^2+x^2}}\mathrm{d}x$; (3) $\int\frac{1}{\sqrt{x^2-a^2}}\mathrm{d}x$.

解 (1) 用代换 $x=a\sin t\left(|t|<\frac{\pi}{2}\right)$,则

$$\sqrt{a^2-x^2}=\sqrt{a^2-a^2\sin^2t}=a\cos t,$$

$$\mathrm{d}x=\mathrm{d}a\sin t=a\cos t\mathrm{d}t,$$

故 $$\int\sqrt{a^2-x^2}\mathrm{d}x=\int a\cos t\cdot a\cos t\mathrm{d}t=a^2\int\cos^2t\mathrm{d}t$$

$$\xlongequal{\text{例 4 之(6)}}\frac{a^2}{2}\left(t+\frac{1}{2}\sin2t\right)+C=\frac{a^2}{2}(t+\sin t\cdot\cos t)+C.$$

因为 $$t=\arcsin\frac{x}{a},\quad a\sin t=x,\quad a\cos t=a\sqrt{1-\sin^2t}=\sqrt{a^2-x^2},$$

于是 $$\int\sqrt{a^2-x^2}\mathrm{d}x=\frac{a^2}{2}\arcsin\frac{x}{a}+\frac{1}{2}x\sqrt{a^2-x^2}+C.$$

(2) 令 $x=a\tan t\quad(|t|<\pi/2)$,则 $\mathrm{d}x=a\sec^2t\mathrm{d}t$,

$$\int \frac{1}{\sqrt{a^2+x^2}}\mathrm{d}x = \int \frac{1}{\sqrt{a^2+a^2\tan^2 t}} a\sec^2 t\mathrm{d}t$$

$$= \int \frac{1}{a\sec t} a\sec^2 t\mathrm{d}t = \int \sec t\mathrm{d}t \xlongequal{\text{例 4 之(3)}} \frac{1}{2}\ln\left|\frac{1+\sin t}{1-\sin t}\right| + C_1$$

$$= \ln\left|\frac{1+\sin t}{\cos t}\right| + C_1 = \ln|\sec t + \tan t| + C_1.$$

因为 $x = a\tan t, \sec t = \sqrt{1+\tan^2 t} = \sqrt{a^2+x^2}/a$，故有

$$\int \frac{1}{\sqrt{a^2+x^2}}\mathrm{d}x = \ln\left|\frac{x}{a} + \frac{\sqrt{a^2+x^2}}{a}\right| + C_1 = \ln\left|x+\sqrt{a^2+x^2}\right| + C$$

$$(C = C_1 - \ln a).$$

(3) 令 $x = a\sec t(0 \leqslant t < \frac{\pi}{2})$，类似于(2) 可求得

$$\int \frac{1}{\sqrt{x^2-a^2}}\mathrm{d}x = \ln|x+\sqrt{x^2-a^2}| + C.$$

由例 6 知，对含有下列根式的积分，可以用相应的三角代换来消去根式：

(1) 对$\sqrt{a^2-x^2}$　令 $x = a\sin t$　或　$x = a\cos t$；

(2) 对$\sqrt{a^2+x^2}$　令 $x = a\tan t$　或　$x = a\cot t$；

(3) 对$\sqrt{x^2-a^2}$　令 $x = a\sec t$　或　$x = a\csc t$.

例 7　求下列不定积分.

(1) $\int \frac{\sin\sqrt{x}}{\sqrt{x}}\mathrm{d}x$；　　(2) $\int \frac{1}{x}\sqrt{\frac{1+x}{x}}\mathrm{d}x$；

(3) $\int \frac{1}{\sqrt{x}(1+\sqrt[3]{x})}\mathrm{d}x$；　　(4) $\int \frac{1}{x\sqrt{1+x^2}}\mathrm{d}x$.

解　(1) 令 $t = \sqrt{x}$，得 $x = t^2, \mathrm{d}x = 2t\mathrm{d}t$. 于是

$$\int \frac{\sin\sqrt{x}}{\sqrt{x}}\mathrm{d}x = \int \frac{\sin t}{t}\cdot 2t\mathrm{d}t = 2\int \sin t\mathrm{d}t = -2\cos t + C = -2\cos\sqrt{x} + C.$$

(2) 令 $t = \sqrt{\frac{1+x}{x}}$，得 $x = \frac{1}{t^2-1}, \mathrm{d}x = \frac{-2t}{(t^2-1)^2}\mathrm{d}t$. 于是

$$\int \frac{1}{x}\sqrt{\frac{1+x}{x}}\mathrm{d}x = \int (t^2-1)t\frac{-2t}{(t^2-1)^2}\mathrm{d}t = -2\int \frac{t^2}{t^2-1}\mathrm{d}t$$

$$= -2\int\left(1+\frac{1}{t^2-1}\right)\mathrm{d}t = -2t - \ln\left|\frac{t-1}{t+1}\right| + C$$

$$= -2\sqrt{\frac{1+x}{x}} - \ln\left|x\left(\sqrt{\frac{1+x}{x}}-1\right)^2\right| + C.$$

(3) 为同时消除两个根式，令 $x = t^6$，于是

$$\begin{aligned}\int \frac{1}{\sqrt{x}(1+\sqrt[3]{x})}\mathrm{d}x &= \int \frac{1}{t^3(1+t^2)}\cdot 6t^5\,\mathrm{d}t = 6\int \frac{t^2}{1+t^2}\mathrm{d}t \\ &= 6\int \frac{t^2+1-1}{1+t^2}\mathrm{d}t = 6\int\left(1-\frac{1}{1+t^2}\right)\mathrm{d}t \\ &= 6(t-\arctan t)+C = 6(\sqrt[6]{x}-\arctan\sqrt[6]{x})+C.\end{aligned}$$

(4) 令 $x=\frac{1}{t}$,则 $\mathrm{d}x=-\frac{1}{t^2}\mathrm{d}t$,于是

$$\begin{aligned}\int \frac{1}{x\sqrt{1+x^2}}\mathrm{d}x &= \int \frac{-1}{\sqrt{1+t^2}}\mathrm{d}t \xlongequal{\text{例 6 之(2)}} -\ln|t+\sqrt{1+t^2}|+C \\ &= -\ln\left|\frac{1+\sqrt{1+x^2}}{x}\right|+C.\end{aligned}$$

习题 5.2

1. 下列计算是否正确?为什么?

(1) $\int \mathrm{e}^{-x}\mathrm{d}x=\mathrm{e}^{-x}+C$;　(2) $\int \sin^2 x\mathrm{d}x=\int u^2\mathrm{d}x=\frac{u^3}{3}+C=\frac{\sin^3 x}{3}+C$;

(3) $\int \sec^2 x\mathrm{d}x=\arctan x+C$;　(4) $\int \ln x\mathrm{d}x=\frac{1}{x}+C$.

2. 计算下列不定积分.

(1) $\int (1-x)^{\mu}\mathrm{d}x$;　(2) $\int \sqrt{2+3x}\mathrm{d}x$;　(3) $\int x(1+2x^2)^2\mathrm{d}x$;

(4) $\int \frac{1}{2x-1}\mathrm{d}x$;　(5) $\int \frac{x}{\sqrt{1-x^2}}\mathrm{d}x$;　(6) $\int \frac{\mathrm{e}^x}{1+\mathrm{e}^x}\mathrm{d}x$;

(7) $\int \sin(3x+1)\mathrm{d}x$;　(8) $\int \frac{\sin x}{(1+\cos x)^3}\mathrm{d}x$;　(9) $\int 2x\mathrm{e}^{-x^2}\mathrm{d}x$;

(10) $\int \frac{1}{3^x}\mathrm{d}x$;　(11) $\int \frac{1}{x^2}\sin\frac{1}{x}\mathrm{d}x$;　(12) $\int \frac{1}{9+4x^2}\mathrm{d}x$;

(13) $\int \frac{1}{x\ln^2 x}\mathrm{d}x$;　(14) $\int \frac{x}{\sqrt{a^2-x^2}}\mathrm{d}x$;　(15) $\int \frac{x}{\sqrt{1-x^4}}\mathrm{d}x$;

(16) $\int \frac{x}{x+1}\mathrm{d}x$;　(17) $\int \sin 3x\sin x\mathrm{d}x$;　(18) $\int \cos 5x\cos x\mathrm{d}x$;

(19) $\int \frac{\cos 2x}{\cos x-\sin x}\mathrm{d}x$;　(20) $\int \tan x\sec^5 x\mathrm{d}x$;　(21) $\int \frac{\mathrm{d}x}{1+\sqrt{2x}}$;

(22) $\int \frac{\mathrm{e}^{\sqrt[3]{x}}}{\sqrt{x}}\mathrm{d}x$;　(23) $\int \sqrt{1-4x^2}\mathrm{d}x$;　(24) $\int \frac{\mathrm{d}x}{x^2\sqrt{1-x^2}}$;

(25) $\int \frac{\mathrm{d}x}{\sqrt{(x^2+1)^3}}$;　(26) $\int \frac{\sqrt{x^2-4}}{x}\mathrm{d}x$;　(27) $\int \frac{\mathrm{d}x}{\mathrm{e}^x+\mathrm{e}^{-x}}$;

(28) $\int \frac{\sin x\cos x}{1+\sin^4 x}\mathrm{d}x$；　(29) $\int \frac{\mathrm{d}x}{x\sqrt{x^2-1}}$；　(30) $\int \frac{2x-1}{\sqrt{1-x^2}}\mathrm{d}x$；

(31) $\int \frac{x^3}{9+x^2}\mathrm{d}x$；　(32) $\int \frac{\mathrm{d}x}{(x+1)(x-2)}$；　(33) $\int \frac{x^2}{\sqrt{a^2-x^2}}\mathrm{d}x$；

(34) $\int \frac{\mathrm{d}x}{1+\sqrt[3]{x+1}}$；　(35) $\int \frac{\mathrm{d}x}{\sqrt{x}+\sqrt[4]{x}}$.

5.3　分部积分法

积分法中另一个重要的方法是分部积分法，它与微分法中乘积的求导法则相对应.

设函数 $u(x)$、$v(x)$ 都可微，由微分法则

$$\mathrm{d}(uv)=v\mathrm{d}u+u\mathrm{d}v \quad 或 \quad u\mathrm{d}v=\mathrm{d}(uv)-v\mathrm{d}u,$$

对上式两边积分，得

$$\int u\mathrm{d}v=uv-\int v\mathrm{d}u. \tag{1}$$

式(1) 称为分部积分公式. 它表明，对 $\int u\mathrm{d}v$ 的计算可转化为对 $\int v\mathrm{d}u$ 的计算. 后者或许容易计算.

利用公式(1) 计算积分 $\int f(x)\mathrm{d}x$ 时，先要把被积式 $f(x)\mathrm{d}x$ 分为两部分：一部分作为公式中的 $u(x)$，另一部分作为公式中的 $\mathrm{d}v(x)$. 重要的是对这两部分选择要恰当，否则就达不到化简的目的. 下面通过例子说明 u 和 $\mathrm{d}v$ 的选择方法.

例 1　求下列不定积分.

(1) $\int x\mathrm{e}^x\mathrm{d}x$；　(2) $\int x\cos x\mathrm{d}x$.

解　(1) 显然直接套用公式 $\int \mathrm{e}^x\mathrm{d}x=\mathrm{e}^x+C$ 不行，也无法用换元法来做. 但我们可用分部积分法来试试. 把 x 看作 u，$\mathrm{e}^x\mathrm{d}x$ 看作 $\mathrm{d}v$，则 $\mathrm{d}u=\mathrm{d}x$，$v=\mathrm{e}^x$，$\mathrm{d}v=\mathrm{d}\mathrm{e}^x$，直接代入公式(1)，有

$$\int x\mathrm{e}^x\mathrm{d}x=x\mathrm{e}^x-\int \mathrm{e}^x\mathrm{d}x=x\mathrm{e}^x-\mathrm{e}^x+C.$$

可见，如上所选取的 u 和 $\mathrm{d}v$ 是成功的. 但如果设 $u=\mathrm{e}^x$，$\mathrm{d}v=x\mathrm{d}x$，$\mathrm{d}u=\mathrm{d}\mathrm{e}^x$，$v=\frac{x^2}{2}$，则

$$\int x\mathrm{e}^x\mathrm{d}x=\frac{x^2}{2}\mathrm{e}^x-\int \frac{x^2}{2}\mathrm{e}^x\mathrm{d}x.$$

等式右边的积分比原来的更为复杂. 这说明这种选择是不恰当的. 这也说明正确选择

u 及 $\mathrm{d}v$ 是至关重要的.

(2) 取 $u=x,\mathrm{d}v=\cos x\mathrm{d}x$,则 $\mathrm{d}u=\mathrm{d}x,v=\sin x$,代入式(1) 得

$$\int x\cos x\mathrm{d}x=x\sin x-\int\sin x\mathrm{d}x=x\sin x+\cos x+C.$$

与式(1) 类似,若选 $u=\cos x,\mathrm{d}v=x\mathrm{d}x$,则无法积出.

要想利用分部积分公式(1),使$\int u\mathrm{d}v$ 转化为$\int v\mathrm{d}u$ 后易于积出,那么式子 $v\mathrm{d}u$ 应当比式子 $u\mathrm{d}v$ 简单.或者说,$\mathrm{d}u$ 比 u 简单且 v 不比 $\mathrm{d}v$ 复杂.依此分析,通常将 u 取作以下函数:

$$x^n,\quad \ln x,\quad \arctan x,\quad \arcsin x,\quad \cdots$$

它们的微分比较简单:

$$nx^{n-1}\mathrm{d}x,\quad \frac{1}{x}\mathrm{d}x,\quad \frac{1}{1+x^2}\mathrm{d}x,\quad \frac{1}{\sqrt{1-x^2}}\mathrm{d}x,\quad \cdots$$

而把 v 取作以下函数:

$$\mathrm{e}^x,\quad a^x,\quad \sin x,\quad \cos x,\quad x^n,\quad \cdots$$

它们的微分保持原特征:

$$\mathrm{e}^x\mathrm{d}x,\quad a^x\ln a\mathrm{d}x,\quad \cos x,\quad \sin x,\quad nx^{n-1}\mathrm{d}x,\quad \cdots$$

在例 1 中,均是选 $u=x,v=\mathrm{e}^x$ 及 $\sin x$,符合以上原则,从而将积分简化后积出.

下面利用公式(1) 推导基本积分表中未出现的几个基本初等函数的积分.

例 2 求下列不定积分.

(1) $\int\ln x\mathrm{d}x$; (2) $\int\arctan x\mathrm{d}x$; (3) $\int\mathrm{arsh}x\mathrm{d}x$; (4) $\int x\ln x\mathrm{d}x$.

解 (1) 设 $u=\ln x,\mathrm{d}v=\mathrm{d}x$,则

$$\mathrm{d}u=\frac{1}{x}\mathrm{d}x,\quad v=x.$$

于是,有

$$\int\ln x\mathrm{d}x=x\ln x-\int x\frac{1}{x}\mathrm{d}x=x\ln x-\int\mathrm{d}x=x\ln x-x+C.$$

(2) 设 $u=\arctan x,\mathrm{d}v=\mathrm{d}x$,则

$$\mathrm{d}u=\frac{1}{1+x^2}\mathrm{d}x,\quad v=x.$$

于是,有

$$\int\arctan x\mathrm{d}x=x\arctan x-\int\frac{x\mathrm{d}x}{1+x^2}=x\arctan x-\frac{1}{2}\int\frac{\mathrm{d}(1+x^2)}{1+x^2}$$

$$=x\arctan x-\frac{1}{2}\ln(1+x^2)+C.$$

(3) 注意到 $\mathrm{arsh}x=\ln(x+\sqrt{x^2+1})$,即

$$\int \operatorname{arsh}x\mathrm{d}x = \int \ln(x+\sqrt{x^2+1})\mathrm{d}x.$$

这与题(1)相似.同题(1),设

$u=\ln(x+\sqrt{x^2+1})$,$\mathrm{d}v=\mathrm{d}x$,则

$$\mathrm{d}u=[\ln(x+\sqrt{x^2+1})]'\mathrm{d}x=\frac{1}{\sqrt{1+x^2}}\mathrm{d}x,\quad v=x,$$

于是,有

$$\begin{aligned}\int \operatorname{arsh}x\mathrm{d}x &= x\ln(x+\sqrt{x^2+1})-\int x\frac{1}{\sqrt{1+x^2}}\mathrm{d}x\\ &= x\ln(x+\sqrt{x^2+1})-\frac{1}{2}\int(1+x^2)^{-\frac{1}{2}}\mathrm{d}(1+x^2)\\ &= x\ln(x+\sqrt{x^2+1})-\sqrt{x^2+1}+C.\end{aligned}$$

(4) 被积式中的x及$\ln x$都适合作u,考虑到$\ln x$的微分$\frac{1}{x}\mathrm{d}x$变动较大,它由对数函数变到有理函数,故选$u=\ln x$.于是,$\mathrm{d}v=x\mathrm{d}x$,$v=\frac{1}{2}x^2$,得

$$\int x\ln x\mathrm{d}x=\frac{1}{2}x^2\ln x-\int\frac{1}{2}x^2\cdot\frac{1}{x}\mathrm{d}x=\frac{1}{2}x^2\ln x-\frac{1}{4}x^2+C.$$

下面是重复利用分部积分法的例子.

例3　求以下不定积分.

(1) $\int x^2\cos x\mathrm{d}x$;　　　(2) $\int \mathrm{e}^x\sin x\mathrm{d}x$.

解　(1) 设$u=x^2$,$\mathrm{d}v=\cos x\mathrm{d}x$,则

$$\mathrm{d}u=2x\mathrm{d}x,\quad v=\sin x.$$

于是,有

$$\int x^2\cos x\mathrm{d}x=x^2\sin x-2\int x\sin x\mathrm{d}x.\tag{2}$$

对于$2\int x\sin x\mathrm{d}x$,再应用一次分部积分法.

设$u=x$,$\mathrm{d}v=\sin x\mathrm{d}x$,则$\mathrm{d}u=\mathrm{d}x$,$v=-\cos x$.于是,有

$$2\int x\sin x\mathrm{d}x=2[-x\cos x+\int\cos x\mathrm{d}x]=-2x\cos x+2\sin x+C,$$

代入式(2),得

$$\int x^2\cos x\mathrm{d}x=x^2\sin x+2x\cos x-2\sin x+C.$$

(2) 设$u=\mathrm{e}^x$,$\mathrm{d}v=\sin x\mathrm{d}x$,则

$$\mathrm{d}u=\mathrm{e}^x\mathrm{d}x,\quad v=-\cos x.$$

于是,有

$$\int e^x \sin x \mathrm{d}x = -e^x \cos x + \int \cos x \cdot e^x \mathrm{d}x. \tag{3}$$

对于$\int e^x \cos x \mathrm{d}x$,再用一次分部积分法.

设 $u = e^x$, $\mathrm{d}v = \cos x \mathrm{d}x$,则 $\mathrm{d}u = e^x \mathrm{d}x$, $v = \sin x$,于是,有

$$\int e^x \cos x \mathrm{d}x = e^x \sin x - \int \sin x \cdot e^x \mathrm{d}x,$$

代入式(3),得 $$\int e^x \sin x \mathrm{d}x = -e^x \cos x + e^x \sin x - \int e^x \sin x \mathrm{d}x,$$

等式右边又出现了所求积分,通过移项,得

$$\int e^x \sin x \mathrm{d}x = \frac{1}{2} e^x (\sin x - \cos x) + C.$$

下面的例子进一步表明,积分计算是十分灵活的,有些积分要先用分部积分法,再用换元积分法,而有些积分则必须先用换元法,再用分部积分法,才能得到最后结果.

例 4 求$\int e^{\sqrt[3]{x}} \mathrm{d}x$.

解 先用换元法消去根式,令$\sqrt[3]{x} = t$,则 $x = t^3$, $\mathrm{d}x = 3t^2 \mathrm{d}t$,于是

$$\begin{aligned}
\int e^{\sqrt[3]{x}} \mathrm{d}x &= \int e^t \cdot 3t^2 \mathrm{d}t = 3\int t^2 e^t \mathrm{d}t = 3\int t^2 \mathrm{d}e^t \\
&\xlongequal{\text{分部积分}} 3t^2 e^t - 3\int e^t \mathrm{d}t^2 = 3t^2 e^t - 6\int t e^t \mathrm{d}t = 3t^2 e^t - 6\int t \mathrm{d}e^t \\
&\xlongequal{\text{分部积分}} 3t^2 e^t - 6\left(t e^t - \int e^t \mathrm{d}t\right) = 3t^2 e^t - 6t e^t + 6e^t + C \\
&= 3e^{\sqrt[3]{x}}\left(\sqrt[3]{x^2} - 2\sqrt[3]{x} + 2\right) + C.
\end{aligned}$$

对于分部积分法的转换特点,可常常用来推导含有自然数 n 的不定积分的递推公式.

例 5 求关于 $I_n = \int \frac{1}{(x^2 + a^2)^n} \mathrm{d}x (a \neq 0)$ 的递推公式.

解 首先考虑

$$I_{n-1} = \int \frac{1}{(x^2 + a^2)^{n-1}} \mathrm{d}x,$$

用分部积分法,当 $n > 1$ 时取 $u = (x^2 + a^2)^{1-n}$, $\mathrm{d}v = \mathrm{d}x$,则 $v = x$, $\mathrm{d}u = (1-n)(x^2 + a^2)^{-n} 2x \mathrm{d}x$. 于是,有

$$\begin{aligned}
I_{n-1} &= \int (x^2 + a^2)^{1-n} \mathrm{d}x = x(x^2 + a^2)^{1-n} + 2(n-1)\int x \frac{x}{(x^2 + a^2)^n} \mathrm{d}x \\
&= \frac{x}{(x^2 + a^2)^{n-1}} + 2(n-1)\int \frac{x^2 + a^2 - a^2}{(x^2 + a^2)^n} \mathrm{d}x
\end{aligned}$$

$$= \frac{x}{(x^2+a^2)^{n-1}} + 2(n-1)\left[\int\frac{dx}{(x^2+a^2)^{n-1}} - a^2\int\frac{dx}{(x^2+a^2)^n}\right],$$

即 $$I_{n-1} = \frac{x}{(x^2+a^2)^{n-1}} + 2(n-1)[I_{n-1} - a^2 I_n],$$

从而 $$I_n = \frac{1}{2a^2(n-1)}\left[\frac{x}{(x^2+a^2)^{n-1}} + (2n-3)I_{n-1}\right].$$

以此公式作递推,最后推得 I_1,并且

$$I_1 = \int\frac{1}{x^2+a^2}dx = \frac{1}{a}\arctan\frac{x}{a} + C,$$

即可求得 I_n.

习题 5.3

1. 求下列不定积分.

(1) $\int x\sin x dx$;　　(2) $\int \arcsin x dx$;　　(3) $\int x e^{-x} dx$;

(4) $\int x^2 \ln x dx$;　　(5) $\int e^{-2x}\sin\frac{x}{2} dx$;　　(6) $\int x\cos\frac{x}{2} dx$;

(7) $\int x^2\arctan x dx$;　　(8) $\int x\tan^2 x dx$;　　(9) $\int x^2\cos x dx$;

(10) $\int x e^{-2x} dx$;　　(11) $\int \ln^2 x dx$;　　(12) $\int x\sin x\cos x dx$;

(13) $\int x\ln(x-1) dx$;　　(14) $\int \frac{\ln^3 x}{x^2} dx$;　　(15) $\int e^{\sqrt{x}} dx$;

(16) $\int \cos(\ln x) dx$.

2. 设 $f(x)$ 的原函数是 $\frac{\sin x}{x}$,求 $\int x f'(x) dx$.

3. 求 $I_n = \int \tan^n x dx$ 的递推公式.

5.4 几种可以积分的函数类

以上两节着重介绍了多种积分方法. 本节则从被积函数的角度考虑哪些函数是一定可以积出的. 由基本积分表知,基本初等函数的不定积分均可积出,那么初等函数呢?回答是不一定的. 例如下列不定积分

$$\int e^{x^2} dx,\quad \int\frac{\sin x}{x}dx,\quad \int\frac{dx}{\ln x}$$

便无法积出来. 本节将要证明,有理函数类(包括多项式函数)是可以积出的. 进一

步,某些三角有理式及某些根式也可积出.

5.4.1 有理函数的积分

所谓有理函数,是指两个多项式之商:

$$k(x)=\frac{P(x)}{Q(x)}=\frac{a_nx^n+a_{n-1}x^{n-1}+\cdots+a_1x+a_0}{b_mx^m+a_{m-1}x^{m-1}+\cdots+b_1x+b_0}, \tag{1}$$

$$(a_n\neq 0,b_m\neq 0).$$

当 $n<m$ 时,称为有理真分式;当 $n\geqslant m$ 时,称为有理假分式.利用多项式的除法,总可以将一个假分式化成一个多项式和一个真分式之和.例如

$$\frac{x^3+x+1}{x^2+1}=\frac{x(x^2+1)+1}{x^2+1}=x+\frac{1}{x^2+1}.$$

多项式的积分容易求得,所以,解决有理函数的积分主要是解决真分式的积分.于是,我们总假定 $k(x)$ 中 $n<m$,而且 $P(x)$ 与 $Q(x)$ 没有公因式.

首先,介绍如何将一个真分式分解成若干个最简分式之和.所谓最简分式是指下列四种形式:

1° $\dfrac{A}{x-a}$;　　2° $\dfrac{A}{(x+a)^k}$(k 为正整数);

3° $\dfrac{Ax+B}{x^2+px+q}$;　　4° $\dfrac{Ax+B}{(x^2+px+q)^k}$($k$ 为正整数),

其中,$p^2-4q<0$.

将真分式化为最简分式,必须用到下述两个代数定理.

定理 1　若 $Q(x)$ 是 m 次多项式,即

$$Q(x)=b_mx^m+b_{m-1}x^{m-1}+\cdots+b_1x+b_0,$$

则

$$Q(x)=b_m(x-a)^\alpha\cdots(x-b)^\beta(x^2+px+q)^\lambda\cdots(x^2+rx+s)^\mu,$$

其中,$p^2-4q<0,\cdots,r^2-4s<0$,而

$$\alpha+\cdots+\beta+2(\lambda+\cdots+\mu)=m.$$

定理 2　若 $k(x)$ 为式(1) 的形式,则

$$\begin{aligned}k(x)=\frac{1}{b_m}\Big[&\frac{A_1}{x-a}+\frac{A_2}{(x-a)^2}+\cdots+\frac{A_\alpha}{(x-a)^\alpha}+\frac{B_1}{x-b}\\&+\frac{B_2}{(x-b)^2}+\cdots+\frac{B_\beta}{(x-b)^\beta}+\cdots+\frac{P_1x+Q_1}{x^2+px+q}\\&+\cdots+\frac{P_\lambda x+Q_\lambda}{(x^2+px+q)^\lambda}+\frac{k_1x+S_1}{x^2+rx+s}+\cdots+\frac{k_\mu x+S_\mu}{(x^2+rx+s)^\mu}+\cdots\Big],\end{aligned}$$

其中,A_i、B_i、P_i、Q_i、k_i 及 S_i 都是实常数.

上述二定理属于代数学范畴,我们仅借助它们来求不定积分,故此处不作证明.

例 1　分解 $k(x)=\dfrac{x+3}{x^2-5x+6}$ 为最简分式.

解 这是个真分式,分母多项式为

$$x^2-5x+6=(x-2)(x-3),$$

由定理 2,有

$$\frac{x+3}{x^2-5x+6}=\frac{A}{x-2}+\frac{B}{x-3},$$

其中,A、B 为待定常数. 为求得 A、B,将上等式两边去分母,得

$$x+3=A(x-3)+B(x-2),$$

即

$$x+3=(A+B)x-(3A+2B).$$

因为这是恒等式,等式两边 x 的系数和常数项分别相等,于是有

$$\begin{cases}A+B=1\\-(3A+2B)=3\end{cases}\Rightarrow A=-5, B=6.$$

因此

$$\frac{x+3}{x^2-5x+6}=\frac{-5}{x-2}+\frac{6}{x-3}.$$

下面是几个关于有理真分式积分的例子.

例 2 求 $\int\frac{1}{x(x-1)^2}\mathrm{d}x$.

解 由定理 2 得

$$\frac{1}{x(x-1)^2}=\frac{A_1}{x}+\frac{A_2}{x-1}+\frac{A_3}{(x-1)^2},$$

其中,A_1、A_2、A_3 为待定系数. 与例 1 类似,由待定系数法可求得

$$A_1=1,\quad A_2=-1,\quad A_3=1.$$

于是

$$\frac{1}{x(x-1)^2}=\frac{1}{x}-\frac{1}{x-1}+\frac{1}{(x-1)^2}.$$

原积分便可化为三个最简分式积分之和,即

$$\int\frac{1}{x(x-1)^2}\mathrm{d}x=\int\frac{1}{x}\mathrm{d}x-\int\frac{1}{x-1}\mathrm{d}x+\int\frac{1}{(x-1)^2}\mathrm{d}x$$

$$=\ln|x|-\ln|x-1|-\frac{1}{x-1}+C.$$

例 3 求 $\int\frac{4}{x^2+2x+3}\mathrm{d}x$.

解 被积函数的分母多项式满足 $p^2-4q=(2)^2-4\cdot 3=4-12<0$,所以它不能在实数范围内因式分解,把分母配成完全平方:

$$x^2+2x+3=(x+1)^2+(\sqrt{2})^2,$$

因此,所求积分为

$$\int\frac{4}{x^2+2x+3}\mathrm{d}x=4\int\frac{\mathrm{d}(x+1)}{(\sqrt{2})^2+(x+1)^2}=\frac{4}{\sqrt{2}}\int\frac{\mathrm{d}\,\frac{x+1}{\sqrt{2}}}{1+\left(\frac{x+1}{\sqrt{2}}\right)^2}$$

$$= 2\sqrt{2}\arctan\frac{x+1}{\sqrt{2}} + C.$$

例 4 求$\int\frac{5x+4}{x^2+2x+3}\mathrm{d}x$.

解 分母同例 3 的情况一样，而分子是 x 的一次式，它是属于最简分式类型(Ⅲ). 我们采用分项积分的方法. 首先设法将分子凑出一个分母的导数 $2x+2$:

$$5x+4 = \frac{5}{2}(2x+2) - 1,$$

从而

$$\begin{aligned}\int\frac{5x+4}{x^2+2x+3}\mathrm{d}x &= \frac{5}{2}\int\frac{(2x+2)\mathrm{d}x}{x^2+2x+3} - \int\frac{\mathrm{d}x}{x^2+2x+3}\\ &= \frac{5}{2}\int\frac{\mathrm{d}(x^2+2x+3)}{x^2+2x+3} - \int\frac{1}{(x+1)^2+(\sqrt{2})^2}\mathrm{d}x\\ &= \frac{5}{2}\ln(x^2+2x+3) - \frac{1}{\sqrt{2}}\arctan\frac{x+1}{\sqrt{2}} + C.\end{aligned}$$

例 5 求$\int\frac{1}{(1+2x)(1+x^2)}\mathrm{d}x$.

解 由定理 2 得

$$\frac{1}{(1+2x)(1+x^2)} = \frac{A_1}{1+2x} + \frac{A_2x+B}{1+x^2}.$$

用待定系数法，可定出

$$A_1 = \frac{4}{5},\quad A_2 = -\frac{2}{5},\quad B = \frac{1}{5}.$$

于是

$$\frac{1}{(1+2x)(1+x^2)} = \frac{4}{5}\,\frac{1}{1+2x} - \frac{2}{5}\,\frac{x}{1+x^2} + \frac{1}{5}\,\frac{1}{1+x^2}.$$

原积分为

$$\begin{aligned}\int\frac{1}{(1+2x)(1+x^2)}\mathrm{d}x &= \frac{2}{5}\int\frac{2\mathrm{d}x}{1+2x} - \frac{1}{5}\int\frac{2x\mathrm{d}x}{1+x^2} + \frac{1}{5}\int\frac{\mathrm{d}x}{1+x^2}\\ &= \frac{2}{5}\int\frac{\mathrm{d}(1+2x)}{1+2x} - \frac{1}{5}\int\frac{\mathrm{d}(1+x^2)}{1+x^2} + \frac{1}{5}\int\frac{\mathrm{d}x}{1+x^2}\\ &= \frac{2}{5}\ln|1+2x| - \frac{1}{5}\ln(1+x^2) + \frac{1}{5}\arctan x + C.\end{aligned}$$

上述积分所涉及的最简分式仅有类型 1°,2°,3°. 关于最简分式 4°，即形如

$$\int\frac{Ax+B}{(x^2+px+q)^k}\mathrm{d}x\quad(k\text{ 为正整数})$$

的积分，首先是用递推公式降低分母的指数 k，直至降到 $k=1$ 时，再仿照例 3、例 4 求积分. 因其计算较复杂，此处不作介绍.

原则上，对任何有理函数都可用如上所述的待定系数法，将有理函数化为最简分式，再算出积分. 但是，这种标准的方法有时很复杂，因此解题时我们首先要寻找简便的方法，只是在不得已时，才用标准方法.

例 6　求$\int \frac{x^2}{(x-1)^{10}}dx$.

解　本题如果用标准方法求解，就应将被积函数化为部分分式：

$$\frac{x^2}{(x-1)^{10}}=\frac{A_1}{x-1}+\frac{A_2}{(x-1)^2}+\cdots+\frac{A_{10}}{(x-1)^{10}}.$$

显然，计算量太大. 现设 $x-1=t$，即 $x=t+1, dx=dt$，则

$$\begin{aligned}\int \frac{x^2}{(x-1)^{10}}dx&=\int \frac{(x-1+1)^2}{(x-1)^{10}}d(x-1)=\int \frac{(t+1)^2}{t^{10}}dt\\&=\int \frac{t^2+2t+1}{t^{10}}dt=\int \frac{dt}{t^8}+2\int \frac{dt}{t^9}+\int \frac{dt}{t^{10}}=-\frac{1}{7t^7}-\frac{1}{4t^8}-\frac{1}{9t^9}+C\\&=-\frac{1}{7(x-1)^7}-\frac{1}{4(x-1)^8}-\frac{1}{9(x-1)^9}+C.\end{aligned}$$

例 7　求$\int \frac{x+1}{(x^2+2x+3)^5}dx$.

解　这是形如最简分式(Ⅳ)的不定积分，如用标准方法求解将会十分复杂. 但注意到分子恰为分母中的(x^2+2x+3)的导数一半，所以

$$\begin{aligned}\int \frac{x+1}{(x^2+2x+3)^5}dx&=\frac{1}{2}\int (x^2+2x+3)^{-5}d(x^2+2x+3)\\&=-\frac{1}{8(x^2+2x+3)^4}+C.\end{aligned}$$

例 8　求$\int \frac{x^2+1}{x^4+1}dx$.

解　因为$(1+\frac{1}{x^2})=\left(x-\frac{1}{x}\right)'$，即$(1+\frac{1}{x^2})dx=d\left(x-\frac{1}{x}\right)$，因此

$$\begin{aligned}\int \frac{x^2+1}{x^4+1}dx&=\int \frac{1+\frac{1}{x^2}}{x^2+\frac{1}{x^2}}dx=\int \frac{d\left(x-\frac{1}{x}\right)}{\left(x-\frac{1}{x}\right)^2+2}\\&=\frac{1}{\sqrt{2}}\int \frac{d\left(x-\frac{1}{x}\right)/\sqrt{2}}{1+\left[\left(x-\frac{1}{x}\right)/\sqrt{2}\right]^2}=\frac{1}{\sqrt{2}}\arctan\frac{x^2-1}{\sqrt{2}x}+C.\end{aligned}$$

通过以上讨论可知，凡有理函数总可分解为多项式及部分分式之和，此时用标准方法或用其他方法总可以将其积出，其原函数都是初等函数.

5.4.2　三角函数有理式的积分

所谓三角函数的有理式是指常数与三角函数通过有限次四则运算构成的函数.

由于各种三角函数都可用 $\sin x$ 及 $\cos x$ 的有理式表示,所以可将三角函数有理式记作 $R(\sin x,\cos x)$,于是,我们仅考虑积分

$$\int R(\sin x,\cos x)\mathrm{d}x.$$

由于

$$\sin x=\frac{2\sin\frac{x}{2}\cos\frac{x}{2}}{\sin^2\frac{x}{2}+\cos^2\frac{x}{2}}=\frac{2\tan\frac{x}{2}}{1+\tan^2\frac{x}{2}},$$

$$\cos x=\frac{\cos^2\frac{x}{2}-\sin^2\frac{x}{2}}{\sin^2\frac{x}{2}+\cos^2\frac{x}{2}}=\frac{1-\tan^2\frac{x}{2}}{1+\tan^2\frac{x}{2}},$$

令 $\tan\frac{x}{2}=t$,则

$$\sin x=\frac{2t}{1+t^2},\quad \cos x=\frac{1-t^2}{1+t^2},\tag{2}$$

$$x=2\arctan t,\quad \mathrm{d}x=\frac{2}{1+t^2}\mathrm{d}t.\tag{3}$$

从而

$$\int R(\sin x,\cos x)\mathrm{d}x=\int R\left(\frac{2t}{1+t^2},\frac{1-t^2}{1+t^2}\right)\frac{2}{1+t^2}\mathrm{d}t.$$

这样,我们就把三角函数有理式化成了有理函数的积分,从而可依有理函数的标准积分法积出.也就是说,三角函数有理式的积分也可以积出.

上述的变量代换 $t=\tan\frac{x}{2}$ 称为半角代换或**万能代换**.

例 9 求 $\int\frac{\mathrm{d}x}{1+3\cos x}$.

解 利用半角代换公式(2)、公式(3)得

$$\begin{aligned}\int\frac{\mathrm{d}x}{1+3\cos x}&=\int\left(1+3\,\frac{1-t^2}{1+t^2}\right)^{-1}\frac{2\mathrm{d}t}{1+t^2}=\int\frac{\mathrm{d}t}{2-t^2}\\&=\int\frac{\mathrm{d}t}{(\sqrt{2}+t)(\sqrt{2}-t)}=\frac{1}{2\sqrt{2}}\int\left(\frac{1}{\sqrt{2}+t}+\frac{1}{\sqrt{2}-t}\right)\mathrm{d}t\\&=\frac{\sqrt{2}}{4}\left[\ln(\sqrt{2}+t)-\ln(\sqrt{2}-t)\right]\\&=\frac{\sqrt{2}}{4}\ln\left|\frac{\tan\frac{x}{2}+\sqrt{2}}{\tan\frac{x}{2}-\sqrt{2}}\right|+C.\end{aligned}$$

半角代换的计算比较复杂,所以遇到三角函数有理式的积分时,我们首先考虑有无简便的方法,不得已时才用半角代换.为此,请看下面几例.

例 10 求 $\int\frac{\cos x}{1+3\sin x}\mathrm{d}x$.

解 $\int \frac{\cos x}{1+3\sin x}\mathrm{d}x = \frac{1}{3}\int \frac{\mathrm{d}(3\sin x+1)}{1+3\sin x} = \frac{1}{3}\ln|1+3\sin x| + C.$

例 11 求$\int \frac{1}{1+2\tan x}\mathrm{d}x.$

解 被积函数所含三角函数只有 $\tan x$，不妨直接设 $\tan x = t$，则 $x = \arctan t$，$\mathrm{d}x = \frac{\mathrm{d}t}{1+t^2}$，代入原积分得

$$\begin{aligned}\int \frac{1}{1+2\tan x}\mathrm{d}x &= \int \frac{1}{1+2t}\cdot\frac{\mathrm{d}t}{1+t^2} = \frac{1}{5}\int\left(\frac{4}{1+2t}+\frac{1-2t}{1+t^2}\right)\mathrm{d}t \\ &= \frac{2}{5}\int\frac{2}{1+2t}\mathrm{d}t + \frac{1}{5}\int\frac{1}{1+t^2}\mathrm{d}t - \frac{1}{5}\int\frac{2t}{1+t^2}\mathrm{d}t \\ &= \frac{2}{5}\ln|1+2t| + \frac{1}{5}\arctan t - \frac{1}{5}\ln(1+t^2) + C \\ &= \frac{1}{5}[x + 2\ln|\cos x + 2\sin x|] + C.\end{aligned}$$

例 11 说明，如果被积函数中只有 $\tan x$ 出现，可以用变换 $\tan x = t$，从而有

$$\int K(\tan x)\mathrm{d}x = \int K(t)\frac{1}{1+t^2}\mathrm{d}t.$$

例 12 求 $I = \int \frac{\sin x}{\sin x + \cos x}\mathrm{d}x.$

解 引入一个积分，设

$$J = \int \frac{\cos x}{\sin x + \cos x}\mathrm{d}x,$$

将 I 与 J 相加，得

$$I + J = \int \frac{\sin x + \cos x}{\sin x + \cos x}\mathrm{d}x = \int \mathrm{d}x = x + C_1,$$

再将 I 与 J 相减，得

$$\begin{aligned}I - J &= \int \frac{\sin x - \cos x}{\sin x + \cos x}\mathrm{d}x = -\int \frac{(\sin x + \cos x)'}{\sin x + \cos x}\mathrm{d}x \\ &= -\int \frac{\mathrm{d}(\sin x + \cos x)}{\sin x + \cos x} = -\ln|\sin x + \cos x| + C_2.\end{aligned}$$

将上两式求和，则所求积分为

$$I = \frac{1}{2}[x - \ln|\sin x + \cos x|] + C.$$

同理，还可求得 $\quad J = \frac{1}{2}[x + \ln|\sin x + \cos x|] + C.$

此例题还可仿照例 11 的解法，即

$$\int \frac{\sin x}{\sin x + \cos x}\mathrm{d}x = \int \frac{1}{1+\cot x}\mathrm{d}x.$$

令 $\cot x = t$,则 $dx = -\dfrac{dt}{1+t^2}$,代入原积分可化为有理分式的积分.

5.4.3 简单无理函数的积分

我们已在前面各节中介绍过一些简单无理函数的积分.这里只介绍:

1° $\displaystyle\int R\left(x, \sqrt[n]{\frac{ax+b}{cx+d}}\right)dx\ (ad \neq bc)$;

2° $\displaystyle\int R(x, \sqrt{ax^2+bx+c})dx \quad (a \neq 0, b^2 \neq 4ac)$.

两种类型的积分计算.计算的基本思路是用适当的代换去掉根式.对于积分 1°,用代换

$$t = \sqrt[n]{\frac{ax+b}{cx+d}}$$

即可达到去掉根式的目的.对于积分 2°,通常应先将根式化为$\sqrt{t^2 \pm a^2}$ 或$\sqrt{a^2-t^2}$,然后再用三角代换去根号.

例 13 求$\displaystyle\int \frac{1}{1+\sqrt[3]{x+2}}dx$.

解 此积分属于类型 1°,为去根号,可以设$\sqrt[3]{x+2} = t$,于是$x = t^3 - 2$,$dx = 3t^2 dt$,从而所求积分为

$$\begin{aligned}\int \frac{1}{1+\sqrt[3]{x+2}}dx &= \int \frac{3t^2 dt}{1+t} = 3\int \frac{t^2-1+1}{1+t}dt = 3\int (t-1+\frac{1}{1+t})dt \\ &= 3\left(\frac{t^2}{2} - t + \ln|1+t|\right) + C \\ &= \frac{3}{2}\sqrt[3]{(x+2)^2} - 3\sqrt[3]{x+2} + 3\ln\left|1+\sqrt[3]{x+2}\right| + C.\end{aligned}$$

例 14 求 $\displaystyle I = \int \frac{1}{\sqrt[3]{(x+1)^2(x-1)^4}}dx$.

解 这个被积函数从表面上看,一下子看不出该怎样把它有理化,所以必须先将函数变形.注意到

$$\sqrt[3]{(x+1)^2(x-1)^4} = (x^2-1)\sqrt[3]{\frac{x-1}{x+1}}.$$

于是,原积分化为类型 1°.作变换 $t = \sqrt[3]{\dfrac{x-1}{x+1}}$,有

$$x = \frac{1+t^3}{1-t^3}, \quad x^2 - 1 = \frac{4t^3}{(1-t^3)^2}, \quad dx = \frac{6t^2 dt}{(1-t^3)^2},$$

所以得原积分为

$$I=\int \frac{(1-t^3)^2}{4t^3}\cdot\frac{1}{t}\cdot\frac{6t^2\mathrm{d}t}{(1-t^3)^2}=\frac{3}{2}\int\frac{\mathrm{d}t}{t^2}=-\frac{3}{2t}+C=-\frac{3}{2}\sqrt[3]{\frac{x+1}{x-1}}+C.$$

例 15 求$\int\frac{x\mathrm{d}x}{\sqrt{x^2+2x+2}}$.

解 此积分属于类型 2°，首先注意到 $x^2+2x+2=(x+1)^2+1$，于是令 $x+1=t$，得

$$\int\frac{x\mathrm{d}x}{\sqrt{x^2+2x+2}}=\int\frac{x\mathrm{d}x}{\sqrt{(x+1)^2+1}}=\int\frac{t-1}{\sqrt{t^2+1}}\mathrm{d}t.$$

又令 $t=\tan u,\mathrm{d}t=\sec^2 u\mathrm{d}u$，代入上式，得

$$\begin{aligned}\text{原积分}&=\int\frac{\tan u-1}{\sec u}\cdot\sec^2 u\mathrm{d}u=\int\frac{\sin u\mathrm{d}u}{\cos^2 u}-\int\sec u\mathrm{d}u\\&=\frac{1}{\cos u}-\ln|\sec u+\tan u|+C=\sqrt{t^2+1}-\ln\left|\sqrt{t^2+1}+t\right|+C\\&=\sqrt{x^2+2x+2}-\ln\left|\sqrt{x^2+2x+2}+x+1\right|+C.\end{aligned}$$

例 16 求$\int\frac{1+\sqrt{x}}{\sqrt{1-x}}\mathrm{d}x$.

解 此题并不属于上述两种类型，但不妨试令$\sqrt{x}=t$，即$x=t^2$，$\mathrm{d}x=2t\mathrm{d}t$，则

$$\int\frac{1+\sqrt{x}}{\sqrt{1-x}}\mathrm{d}x=\int\frac{1+t}{\sqrt{1-t^2}}2t\mathrm{d}t=\int\frac{2t\mathrm{d}t}{\sqrt{1-t^2}}+\int\frac{2t^2}{\sqrt{1-t^2}}\mathrm{d}t.$$

将上式右端的第二个积分用三角变换 $t=\sin\theta$，则可去掉根号，得

$$\begin{aligned}\int\frac{2t^2}{\sqrt{1-t^2}}\mathrm{d}t&=\int\frac{2\sin^2\theta}{\cos\theta}\cdot\cos\theta\mathrm{d}\theta=\int 2\sin^2\theta\mathrm{d}\theta\\&=\int(1-\cos2\theta)\mathrm{d}\theta=\theta-\frac{1}{2}\sin2\theta+C_1\\&=\theta-\sin\theta\cos\theta+C_1=\arcsin t-t\sqrt{1-t^2}+C_1.\end{aligned}$$

将 $t=\sqrt{x}$ 换回，得

$$\int\frac{1+\sqrt{x}}{\sqrt{1-x}}\mathrm{d}x=-2\sqrt{1-x}+\arcsin\sqrt{x}-\sqrt{x-x^2}+C.$$

习题 5.4

1. 求下列不定积分.

(1) $\int\frac{x^3}{x+3}\mathrm{d}x$； (2) $\int\frac{2x+3}{x^2+3x-10}\mathrm{d}x$； (3) $\int\frac{3}{x^3+1}\mathrm{d}x$；

(4) $\int\frac{x^5+x^4-8}{x^3-x}\mathrm{d}x$； (5) $\int\frac{x^2+1}{(x+1)^2(x-1)}\mathrm{d}x$； (6) $\int\frac{\mathrm{d}x}{x(x^2+1)}$.

2. 求下列不定积分.

(1) $\int\cos^4 x\sin^3 x\mathrm{d}x$； (2) $\int\sin x\cdot\sin 3x\mathrm{d}x$； (3) $\int\frac{\cos x}{1+\cos x}\mathrm{d}x$；

(4) $\int\frac{\mathrm{d}x}{4-5\sin x}$； (5) $\int\frac{\sin^2 x+1}{\cos^4 x}\mathrm{d}x$.

3. 求下列不定积分.

(1) $\int\frac{x+1}{x\sqrt{x-2}}\mathrm{d}x$； (2) $\int\frac{1}{x}\sqrt{\frac{1+x}{1-x}}\mathrm{d}x$；

(3) $\int\sqrt[3]{\frac{2-x}{2+x}}\cdot\frac{\mathrm{d}x}{(2-x)^2}$； (4) $\int\frac{\mathrm{d}x}{\sqrt{x}(1+\sqrt[4]{x})^3}$；

(5) $\int\frac{\mathrm{d}x}{x-\sqrt{x^2-1}}$； (6) $\int\frac{x+1}{(2x+x^2)\sqrt{2x+x^2}}\mathrm{d}x$.

4. 求下列不定积分.

(1) $\int\frac{x^2\arctan x}{1+x^2}\mathrm{d}x$； (2) $\int\frac{\mathrm{e}^{2x}}{\sqrt[4]{1+\mathrm{e}^x}}\mathrm{d}x$； (3) $\int\frac{\mathrm{d}x}{\sin 2x-2\sin x}$.

5.5 积分表的使用方法

通过前面的讨论我们注意到，积分的计算要比导数的计算更为灵活、复杂.人们为了满足需要和方便起见，先把许多常见的积分算好，按照被积函数的特点，分类编成积分表.求积分时，可根据被积函数的类型直接地或经过简单变形后，在表内查得所需结果.

本书末附有一个简单的积分表以备查用.下面我们举例说明积分表的使用方法.

例 1 求积分：(1) $\int\frac{x}{(3x+4)^2}\mathrm{d}x$； (2) $\int\frac{\mathrm{d}x}{5-4\cos x}$.

解 (1) 被积函数含有 $bx+a$，在积分表(一)中查得公式(4)，其中，$a=4,b=3$.于是，

$$\int\frac{x}{(3x+4)^2}\mathrm{d}x=\frac{1}{3^2}\left(\frac{4}{4+3x}+\ln|4+3x|\right)+C.$$

(2) 被积函数含有三角函数，在积分表(八)中查得公式(77)，但公式表达式有两个，如何选取要看 $a^2>b^2$ 或 $a^2<b^2$ 而定.这里 $a=5,b=-4$，显然 $a^2>b^2$，所以有

$$\int\frac{\mathrm{d}x}{5-4\cos x}=\frac{2}{\sqrt{5^2-(-4)^2}}\arctan\left(\sqrt{\frac{5-(-4)}{5+(-4)}}\tan\frac{x}{2}\right)+C$$

$$=\frac{2}{3}\arctan\left(3\tan\frac{x}{2}\right)+C.$$

例 2 求 $\int\frac{\sqrt{1+x}}{x^2}\mathrm{d}x$.

解 按照积分表(二) 中的公式(16),这里 $a = b = 1$,得

$$\int \frac{\sqrt{1+x}}{x^2}\mathrm{d}x = -\frac{\sqrt{1+x}}{x} + \frac{1}{2}\int \frac{1}{x\sqrt{1+x}}\mathrm{d}x.$$

等式右端还有一个积分,它属于积分表中(二) 类的公式(13),即

$$\int \frac{1}{x\sqrt{1+x}}\mathrm{d}x = \ln \frac{|\sqrt{1+x}-1|}{\sqrt{1+x}+1} + C,$$

所以

$$\int \frac{\sqrt{1+x}}{x^2}\mathrm{d}x = -\frac{\sqrt{1+x}}{x} + \frac{1}{2}\ln \frac{|\sqrt{1+x}-1|}{\sqrt{1+x}+1} + C.$$

此例说明,有些积分需经过多次查表才能得到最终结果.

例 3 求$\int \frac{\mathrm{d}x}{x\sqrt{4x^2+9}}$.

解 这个积分不能在表中直接查到,需要先进行变量代换. 令 $2x = u$,那么 $\sqrt{4x^2+9} = \sqrt{u^2+3^2}$,$x = \frac{u}{2}$,$\mathrm{d}x = \frac{1}{2}\mathrm{d}u$,于是

$$\int \frac{\mathrm{d}x}{x\sqrt{4x^2+9}} = \int \frac{\frac{1}{2}\mathrm{d}u}{\frac{u}{2}\sqrt{u^2+3^2}} = \int \frac{\mathrm{d}u}{u\sqrt{u^2+3^2}}.$$

这时,被积函数中含有$\sqrt{u^2+3^2}$,在积分表(五) 中利用式(51),其中,$a = 3$,于是

$$\int \frac{\mathrm{d}u}{u\sqrt{u^2+3^2}} = \frac{1}{3}\ln \frac{\sqrt{u^2+3^2}-3}{|u|} + C = \frac{1}{3}\ln \frac{\sqrt{4x^2+9}-3}{2|x|} + C.$$

最后,看一个用递推公式求积分的例子.

例 4 求$\int \sin^4 x\mathrm{d}x$.

解 利用积分表(八) 中的公式(70),其中 $n = 4$,得

$$\int \sin^4 x\mathrm{d}x = -\frac{\sin^3 x\cos x}{4} + \frac{3}{4}\int \sin^2 x\mathrm{d}x.$$

对积分$\int \sin^2 x\mathrm{d}x$ 用公式(61),其中 $a = 1$,得

$$\int \sin^2 x\mathrm{d}x = \frac{1}{2}(x - \sin x\cos x) + C = \frac{1}{2}x - \frac{1}{4}\sin 2x + C.$$

从而所求积分为

$$\int \sin^4 x\mathrm{d}x = \frac{-\sin^3 x\cos x}{4} + \frac{3}{8}x - \frac{3}{16}\sin 2x + C.$$

一般来说,查积分表可以节省计算积分的时间;但是,只有掌握了前面学过的基本积分方法,才能灵活地使用积分表,而且对一些较简单的积分,利用基本积分方法

来计算比查积分表更快些.例如,对貌似复杂的积分

$$\int \sin^2 x\cos^3 x\mathrm{d}x,$$

用变换 $u=\sin x$ 很快就可得到结果.所以求积分时究竟是直接计算,还是查表计算,或是二者结合使用,应作具体分析,灵活处理.

习题5.5

利用积分表求下列积分:

(1) $\int \frac{\mathrm{d}x}{x^2+2x+5}$; (2) $\int \sqrt{2x^2+9}\mathrm{d}x$; (3) $\int \mathrm{e}^{2x}\cos x\mathrm{d}x$;

(4) $\int \frac{\mathrm{d}x}{(x^2+9)^2}$; (5) $\int \mathrm{e}^{-2x}\sin 3x\mathrm{d}x$; (6) $\int \frac{\sqrt{x-1}}{x}\mathrm{d}x$;

(7) $\int x^2\sqrt{x^2-2}\mathrm{d}x$; (8) $\int \sqrt{\frac{1-x}{1+x}}\mathrm{d}x$; (9) $\int \frac{x+5}{x^2-2x-1}\mathrm{d}x$;

(10) $\int \frac{x\mathrm{d}x}{\sqrt{1+x-x^2}}$.

小　结

一、基本要求

- 正确理解原函数与不定积分的概念.
- 牢记基本积分公式.
- 熟练掌握换元法(第一换元法、第二换元法)与分部积分法.
- 掌握有理函数、三角函数有理式、简单无理函数的积分.

二、内容提要

1. 原函数与不定积分的概念

从两个典型的实际问题:已知曲线的切线斜率求曲线方程及已知速度函数求路程函数引出原函数与不定积分概念.

原函数

设函数 $f(x)$ 在区间 I 内定义,且 $f(x)$ 是 $F(x)$ 的导函数,即

$$F'(x)=f(x) \quad 或 \quad \mathrm{d}F(x)=f(x)\mathrm{d}x,$$

则称 $F(x)$ 为 $f(x)$ 在 I 内的一个原函数.

不定积分

函数 $f(x)$ 的全体原函数 $F(x)+C$(C 为任意常数)称为函数 $f(x)$ 的不定积分,

记作

$$\int f(x)\mathrm{d}x = F(x) + C.$$

2. 不定积分的性质

- $$[\int f(x)\mathrm{d}x]' = f(x);$$
- $$\int f'(x)\mathrm{d}x = f(x) + C;$$
  $$\int \mathrm{d}f(x) = f(x) + C.$$
- $$\int k[f(x) \pm g(x)]\mathrm{d}x = k[\int f(x)\mathrm{d}x \pm \int g(x)\mathrm{d}x]\ (k\text{ 为常数}).$$

3. 基本积分表(见附录)

4. 换元积分法

- 第一换元法

若已知

$$\int f(u)\mathrm{d}u = F(u) + C,$$

$u = \varphi(x)$ 可微，则有

$$\int f[\varphi(x)]\varphi'(x)\mathrm{d}x = F[\varphi(x)] + C.$$

其应用形式为

$$\int f[\varphi(x)]\varphi'(x)\mathrm{d}x = \int f[\varphi(x)]\mathrm{d}\varphi(x) \xlongequal{\varphi(x)=u} \int f(u)\mathrm{d}u$$
$$= F(u) + C \xlongequal{u=\varphi(x)} F[\varphi(x)] + C.$$

- 第二换元法

设 $x = \varphi(t)$ 单调可微，且 $\varphi'(x) \neq 0$，若

$$\int f[\varphi(t)]\varphi'(t)\mathrm{d}t = \phi(t) + C,$$

则

$$\int f(x)\mathrm{d}x = \phi[\varphi^{-1}(x)] + C,$$

其中，$t = \varphi^{-1}(x)$ 是 $x = \varphi(t)$ 的反函数.

它的应用形式为

$$\int f(x)\mathrm{d}x \xlongequal{x=\varphi(t)} \int f[\varphi(t)]\varphi'(t)\mathrm{d}t = \phi(t) + C = \phi[\varphi^{-1}(x)] + C.$$

5. 分部积分法

设 $u = u(x)$，$v = v(x)$ 均可微，并且 $u'(x)v(x)$ 及 $u(x)v'(x)$ 都有原函数，则

$$\int u(x)v'(x)\mathrm{d}x = u(x)v(x) - \int v(x)u'(x)\mathrm{d}x.$$

6. 某些特殊的初等函数的积分

- 有理函数的积分；
- 三角函数有理式的积分；
- 简单无理函数的积分.

7. 查积分表举例(略)

三、学习指导

1. 本章重点与难点

本章介绍了许多种积分方法,在各种积分法中凑微分法十分基本,且比较灵活,方式多样.

第二换元法,以及换元法与分部积分法的综合运用.

在积分法中最基本的是凑微分法,常用的方式有

$$\int f(ax+b)\mathrm{d}x = \frac{1}{a}\int f(ax+b)\mathrm{d}(ax+b);$$

$$\int f(x^2)x\mathrm{d}x = \frac{1}{2}\int f(x^2)\mathrm{d}x^2;$$

$$\int f(\mathrm{e}^x)\mathrm{e}^x\mathrm{d}x = \int f(\mathrm{e}^x)\mathrm{d}\mathrm{e}^x;$$

$$\int \frac{f(\ln x)}{x}\mathrm{d}x = \int f(\ln x)\mathrm{d}\ln x;$$

$$\int f(\sin x)\cos x\mathrm{d}x = \int f(\sin x)\mathrm{d}\sin x;$$

$$\int f(\cos x)\sin x\mathrm{d}x = -\int f(\cos x)\mathrm{d}\cos x;$$

$$\int f(\tan x)\sec^2 x\mathrm{d}x = \int f(\tan x)\mathrm{d}(\tan x);$$

$$\int f(\arcsin x)\frac{1}{\sqrt{1-x^2}}\mathrm{d}x = \int f(\arcsin x)\mathrm{d}\arcsin x;$$

$$\int \frac{f(\arctan x)}{1+x^2}\mathrm{d}x = \int f(\arctan x)\mathrm{d}(\arctan x).$$

第二换元法常用于消去被积函数中的根式.除了标准的消去根式方法:

$\sqrt{a^2-x^2}$ 时,可令 $x = a\sin t$;

$\sqrt{x^2+a^2}$ 时,可令 $x = a\tan t$;

$\sqrt{x^2-a^2}$ 时,可令 $x = a\sec t$;

$\sqrt{x+a}$ 时,可令 $x = t^2 - a$.

通常将积分中根式本身替换为一个新积分变元来变形. 分部积分法常用于被积函数为两个不同函数之积的不定积分，对于下列形式的积分：

$$\int x^m \mathrm{e}^{ax}\mathrm{d}x, \int x^m \sin ax\mathrm{d}x, \int x^m \cos x\mathrm{d}x（m 为正整数），$$

可令 $x^m = u$，其余部分为 $\mathrm{d}v$，这样可通过 $\mathrm{d}u$ 使 x^m 降次. 对于下列形式的积分：

$$\int x^m \ln x\mathrm{d}x, \int x^m \arcsin x\mathrm{d}x, \int \arctan x\mathrm{d}x,$$

可令 $\ln x$、$\arcsin x$、$\arctan x$ 等为 u，这样可通过 $\mathrm{d}u$ 使它们成为代数函数.

积分法中除了常用到换元法和分部积分法外，还常用到分项积分，即将被积函数分成若干项之和，再分别积分. 特别是有理分式，可通过代数知识，将它化为最简分式后进行分项积分，再求和.

2. 积分过程中应注意以下几点

● 无论用什么方法计算一个积分，其目的都是设法利用基本积分公式来计算. 所以，牢记一些常用的基本积分公式是非常重要的，并且，有些常用的积分也可扩大到基本积分表中. 例如，

$$\int \frac{-1}{x^2}\mathrm{d}x = \frac{1}{x} + C,$$

$$\int \frac{1}{a^2 - x^2}\mathrm{d}x = \frac{1}{2a}\ln\left|\frac{a+x}{a-x}\right| + C,$$

$$\int \frac{1}{a^2 + x^2}\mathrm{d}x = \frac{1}{a}\arctan\frac{x}{a} + C,$$

$$\int \frac{1}{\sqrt{a^2 - x^2}}\mathrm{d}x = \arcsin\frac{x}{a} + C,$$

$$\int \ln x\mathrm{d}x = x(\ln x - 1) + C,$$

$$\int \mathrm{sh}x\mathrm{d}x = \int \frac{\mathrm{e}^x - \mathrm{e}^{-x}}{2}\mathrm{d}x = \mathrm{ch}x + C,$$

$$\int \mathrm{ch}x\mathrm{d}x = \int \frac{\mathrm{e}^x + \mathrm{e}^{-x}}{2}\mathrm{d}x = \mathrm{sh}x + C$$

等均可视为基本积分公式.

● 注意一题多解，要学会找出其中较简便的解法. 例如，5.4 节中的例 12，求

$$I = \int \frac{\sin x}{\sin x + \cos x}\mathrm{d}x,$$

如果用规范的半角代换，问题会复杂得多，例 12 的解法中引进新积分 J 后，解法就简便多了. 事实上，此题还有多种解法，如

解一　$I = \dfrac{\sqrt{2}}{2}\displaystyle\int \frac{\sin\left(x+\frac{\pi}{4}-\frac{\pi}{4}\right)}{\sin x\cos\frac{\pi}{4} + \cos x\sin\frac{\pi}{4}}\mathrm{d}x = \frac{1}{2}\int \frac{\sin\left(x+\frac{\pi}{4}\right) - \cos\left(x+\frac{\pi}{4}\right)}{\sin\left(x+\frac{\pi}{4}\right)}\mathrm{d}x$

$$=\frac{1}{2}\int dx-\frac{1}{2}\int\frac{d\sin\left(x+\frac{\pi}{4}\right)}{\sin\left(x+\frac{\pi}{4}\right)}=\frac{x}{2}-\frac{1}{2}\ln\left|\sin\left(x+\frac{\pi}{4}\right)\right|+C.$$

解二 $I=\int\frac{\sin x(\cos x-\sin x)}{(\sin x+\cos x)(\cos x-\sin x)}dx=\frac{1}{2}\int\frac{\sin 2x-(1-\cos 2x)}{\cos 2x}dx$

$$=\frac{1}{4}\int\frac{\sin 2x}{\cos 2x}d(2x)-\frac{1}{4}\int\sec 2x\,d(2x)+\frac{1}{2}\int dx$$

$$=-\frac{1}{4}\ln|\cos 2x|-\frac{1}{4}\ln|\sec 2x+\tan 2x|+\frac{1}{2}x+C$$

$$=-\frac{1}{2}\ln|\sin x+\cos x|+\frac{1}{2}x+C.$$

积分法是微分法的逆运算，但比微分法的难度要大得多，尽管也有一些规律可循，但在具体运用时，却十分灵活. 因此，我们必须通过做大量的习题来积累经验，掌握各种技巧.

我们将要看到不定积分的计算十分重要，它不仅是计算定积分的基础，也是计算重积分与解微分方程的基础.

自 测 题

一、多项选择题.(每小题 2 分，共 20 分)

1. 函数 $f(x)$ 的不定积分是 $f(x)$ 的(　　).

A. 导数　　B. 某个原函数　　C. 全部原函数

2. $\frac{1}{x}$ 的原函数有(　　).

A. $\ln x$　　B. $\log_2 x$　　C. $\ln 3x$

3. 下列等式成立的是(　　).

A. $\frac{d}{dx}\int f(x)dx=f(x)dx$　　B. $d\int f(x)dx=f(x)dx$　　C. $\frac{d}{dx}\int f(x)dx=f(x)$

4. 已知 $\int f(x+1)dx=xe^{x+1}+C$，则 $f(x)=$(　　).

A. xe^x　　B. xe^{x+1}　　C. $(x+1)e^{x+1}$

5. 已知函数 $f(x)$ 的一个原函数是 $\sin x$，则 $f(x)=$(　　).

A. $\sin x$　　B. $\cos x$　　C. $-\cos x$

6. 设 $f(x)$ 是 $(-\infty,+\infty)$ 内的一个偶函数，$F(x)$ 是它的一个原函数，则(　　).

A. $F(x)=F(-x)$　　B. $F(-x)=-F(x)$　　C. $F(-x)=-F(x)+C$

7. 设 $F(x)$ 是 $f(x)$ 的某个原函数，则 $f(x)$ 的积分曲线中，满足条件 $y_0=f(x_0)$ 的积分曲线方程是(　　).

A. $y-y_0=F(x)-F(x_0)$　　B. $y=F(x)-F(x_0)$　　C. $y-y_0=F(x)$

8. 如果 $\mathrm{d}\int f(x)\mathrm{d}x=\mathrm{d}\int g(x)\mathrm{d}x$,则下列等式不正确的是( ).

A. $f(x)=g(x)$ B. $f(x)=g(x)+C$ C. $\int f(x)\mathrm{d}x=\int g(x)\mathrm{d}x$

9. $\int \mathrm{d}(1-\sin x)=($).

A. $1-\sin x$ B. $x+\cos x$ C. $-\sin x+C$

10. $\int \sec x\cdot\tan x\mathrm{d}x=($).

A. $\int \mathrm{d}(\sec x)$ B. $\int \mathrm{d}(\sec x+C)$ C. $\int \mathrm{d}\tan x$

二、填空题.(每小题 2 分,共 10 分)

1. 设有函数 $2\sin 2x;-\cos 2x$,则其中函数______是函数______的一个原函数.

2. 设 m、n 均为正数,则 $m=$______时,$\int mx^n\mathrm{d}x=x^{n+1}+C$;$n=$______时,$\int mx^n\mathrm{d}x=x^m+C$.

3. $\int \sin x\cos y\mathrm{d}x=$______;$\int \sin x\cos y\mathrm{d}y=$______,其中 x 与 y 无关.

4. 若 $f'(\mathrm{e}^x)=1+x$,则 $f(x)=$______.

5. 若 $f'(\sin x)=\cos x$,则 $f(x)=$______.

三、计算下列各题.(每小题 2 分,共 50 分)

1. $\int \frac{\ln\ln x}{x}\mathrm{d}x$; 2. $\int \frac{x}{(1-x)^3}\mathrm{d}x$; 3. $\int \frac{x^2}{a^6-x^6}\mathrm{d}x(a>0)$;

4. $\int \frac{1+\cos x}{x+\sin x}\mathrm{d}x$; 5. $\int \frac{\mathrm{d}x}{\mathrm{e}^x-\mathrm{e}^{-x}}$; 6. $\int \frac{\sin x\cos x}{1+\sin^4 x}\mathrm{d}x$;

7. $\int \tan^4 x\mathrm{d}x$; 8. $\int \sin x\sin 2x\sin 3x\mathrm{d}x$; 9. $\int \frac{\mathrm{d}x}{x(x^6+4)}$;

10. $\int \sqrt{\frac{a+x}{a-x}}\mathrm{d}x$; 11. $\int \frac{\ln x}{x^2}\mathrm{d}x$; 12. $\int x\cos^2 x\mathrm{d}x$;

13. $\int \mathrm{e}^{ax}\cos bx\mathrm{d}x$; 14. $\int \frac{1}{\sqrt{1+\mathrm{e}^x}}\mathrm{d}x$; 15. $\int \frac{\mathrm{d}x}{x^2\sqrt{x^2-1}}$;

16. $\int \frac{\mathrm{d}x}{(a^2-x^2)^{3/2}}$; 17. $\int \arctan\sqrt{x}\mathrm{d}x$; 18. $\int \sqrt{x}\sin\sqrt{x}\mathrm{d}x$;

19. $\int \ln(1+x^2)\mathrm{d}x$; 20. $\int \frac{x\mathrm{d}x}{(2-x^2)\sqrt{1-x^2}}$; 21. $\int \frac{\mathrm{d}x}{x^4\sqrt{1+x^2}}$;

22. $\int \frac{1+\cos x}{\sin x}\mathrm{d}x$; 23. $\int \frac{x^3}{1+x^8}\mathrm{d}x$; 24. $\int \frac{x^{11}}{x^8+3x^4+2}\mathrm{d}x$;

25. $\int \frac{\sin x}{1+\sin x}\mathrm{d}x$.

四、求解下列各题.(每小题 4 分,共 12 分)

1. 已知一个函数的导数为 $f(x)=\frac{1}{\sqrt{1-x^2}}$,并且当 $x=1$ 时,该函数值是 $\frac{3}{2}\pi$,求这个函数.

2. 设 $f''(x)$ 是连续函数,求 $\int xf''(x)\mathrm{d}x$.

3. 已知质点在时刻 t 的速度为 $v=3t^2+1$,且 $t=1$ 时 $s=2$,求质点的运动方程 $s(t)$ 及质点

在 $t=4$ 时的路程.

五、证明下列各题.(每小题 4 分,共 8 分)

1. 证明 $(e^x+e^{-x})^2$,$(e^x-e^{-x})^2$ 都是 $2(e^{2x}-e^{-2x})$ 的原函数.

2. 证明 $\int \sin^n x\,dx=-\frac{1}{n}\sin^{n-1}x\cos x+\frac{n-1}{n}\int \sin^{n-2}x\,dx$.

自测题解答

一、1. C. 2. A. C. 3. B. C. 4. A. 5. B. 6. B. 7. A. 8. B. C. 9. C. 10. A. B.

二、1. $-\cos 2x;2\sin 2x$ 2. $n+1;m-1$ 3. $-\cos x\cos y+C;\sin x\sin y+C$

4. $x\ln x+C$ 5. $\frac{x}{2}\sqrt{1-x^2}+\frac{1}{2}\arcsin x+C$

三、1. $\int \frac{\ln\ln x}{x}dx=\int \ln\ln x\,d\ln x=\int \ln u\,du$

$$=u\ln u-\int u\,d\ln u=u\ln u-\int u\cdot\frac{1}{u}du=u\ln u-u+C=\ln x\ln\ln x-\ln x+C.$$

2. $\int \frac{x}{(1-x)^3}dx=-\int \frac{x-1+1}{(x-1)^3}dx=-\int \frac{d(x-1)}{(x-1)^2}-\int \frac{d(x-1)}{(x-1)^3}=\frac{1}{x-1}+\frac{1}{2(x-1)^2}+C.$

3. $\int \frac{x^2}{a^6-x^6}dx=\frac{1}{3a^3}\int \frac{d\left(\frac{x}{a}\right)^3}{1-\left(\frac{x}{a}\right)^6}=\frac{1}{3a^3}\int \frac{du}{1-u^2}=\frac{1}{6a^3}\ln\frac{u+1}{u-1}+C=\frac{1}{6a^3}\ln\frac{\left(\frac{x}{a}\right)^3+1}{\left(\frac{x}{a}\right)^3-1}+C$

$$=\frac{1}{6a^3}\ln\left|\frac{x^3+a^3}{x^3-a^3}\right|+C.$$

4. $\int \frac{1+\cos x}{x+\sin x}dx=\int \frac{d(x+\sin x)}{x+\sin x}=\ln|x+\sin x|+C.$

5. $\int \frac{dx}{e^x-e^{-x}}=\int \frac{de^x}{e^{2x}-1}=\int \frac{du}{u^2-1}=\frac{1}{2}\ln\left|\frac{u-1}{u+1}\right|+C=\frac{1}{2}\ln\left|\frac{e^x-1}{e^x+1}\right|+C.$

6. $\int \frac{\sin x\cos x}{1+\sin^4 x}dx=\int \frac{\sin x\,d\sin x}{1+\sin^4 x}=\frac{1}{2}\int \frac{du^2}{1+u^4}=\frac{1}{2}\arctan u^2+C=\frac{1}{2}\arctan\sin^2 x+C.$

7. $\int \tan^4 x\,dx=\int \tan^2 x\cdot(1-\cos^2 x)d\tan x=\frac{1}{3}\tan^3 x-\int \frac{\tan^2 x}{1+\tan^2 x}d\tan x$

$$=\frac{1}{3}\tan^3 x-\tan x+\arctan\tan x+C=\frac{1}{3}\tan^3 x-\tan x+x+C.$$

8. $\int \sin x\sin 2x\sin 3x\,dx=\frac{1}{4}\int(\sin 0+\sin 4x+\sin 2x-\sin 6x)dx$

$$=\frac{1}{8}\left(\frac{1}{3}\cos 6x-\frac{1}{2}\cos 4x-\cos 2x\right)+C.$$

9. 令 $x=\frac{1}{t}$,则

$$\int \frac{dx}{x(x^6+4)}=-\int \frac{t^5}{1+4t^6}dt=-\frac{1}{24}\int \frac{d4t^6}{1+4t^6}=-\frac{1}{24}\ln\left(1+\frac{4}{x^6}\right)+C.$$

10. $\int\sqrt{\frac{a+x}{a-x}}\mathrm{d}x=\int\frac{a+x}{\sqrt{a^2-x^2}}\mathrm{d}x=\int\frac{a\mathrm{d}x}{\sqrt{a^2-x^2}}+\int\frac{-\frac{1}{2}\mathrm{d}(a^2-x^2)}{\sqrt{a^2-x^2}}$

$$=a\arcsin\frac{x}{a}-\sqrt{a^2-x^2}+C.$$

11. $\int\frac{\ln x}{x^2}\mathrm{d}x=-\int\ln x\mathrm{d}\frac{1}{x}=-\left(\frac{1}{x}\ln x-\int\frac{1}{x}\mathrm{d}\ln x\right)$

$$=-\frac{1}{x}\ln x+\int\frac{1}{x^2}\mathrm{d}x=-\frac{1}{x}\ln x-\frac{1}{x}+C.$$

12. $\int x\cos^2x\mathrm{d}x=\int x\frac{1+\cos 2x}{2}\mathrm{d}x=\frac{1}{2}\left[\frac{x^2}{2}+\int x\cos 2x\mathrm{d}x\right]$

$$=\frac{x^2}{4}+\frac{1}{4}\int x\mathrm{d}\sin 2x=\frac{x^2}{4}+\frac{1}{4}\left[x\sin 2x-\int\sin 2x\mathrm{d}x\right]$$

$$=\frac{x^2}{4}+\frac{x}{4}\sin 2x+\frac{1}{8}\cos 2x+C.$$

13. $\int \mathrm{e}^{ax}\cos bx\,\mathrm{d}x=\frac{1}{b}\int\mathrm{e}^{ax}\mathrm{d}\sin bx=\frac{1}{b}\left[\mathrm{e}^{ax}\sin bx-\int\sin bx\,\mathrm{d}\mathrm{e}^{ax}\right]$

$$=\frac{1}{b}\left[\mathrm{e}^{ax}\sin bx-\int\mathrm{e}^{ax}\sin bx\,\mathrm{d}x\right]=\frac{1}{b}\mathrm{e}^{ax}\sin bx+\frac{a}{b^2}\int\mathrm{e}^{ax}\mathrm{d}\cos bx$$

$$=\frac{1}{b}\mathrm{e}^{ax}\sin bx+\frac{a}{b^2}\left[\mathrm{e}^{ax}\cos bx-a\int\mathrm{e}^{ax}\cos bx\,\mathrm{d}x\right]\frac{1}{b}\mathrm{e}^{ax}\sin bx$$

$$+\frac{a}{b^2}\mathrm{e}^{ax}\cos bx-\frac{a^2}{b^2}\int\mathrm{e}^{ax}\cos bx\,\mathrm{d}x,$$

移项后可得

$$原积分=\frac{\mathrm{e}^{ax}}{a^2+b^2}(b\sin bx+a\cos bx)+C.$$

14. $\int\frac{1}{\sqrt{1+\mathrm{e}^x}}\mathrm{d}x=\int\frac{\mathrm{d}\mathrm{e}^x}{\mathrm{e}^x\sqrt{1+\mathrm{e}^x}}=\int\frac{\mathrm{d}u}{u\sqrt{1+u}}\xlongequal{1+u=t^2}\int\frac{2t\mathrm{d}t}{(t^2-1)t}$

$$=\ln\frac{t-1}{t+1}+C=\ln\frac{\sqrt{1+\mathrm{e}^x}-1}{\sqrt{1+\mathrm{e}^x}+1}+C.$$

15. 令 $x=\sec t$,则

原积分 $=\int\frac{\cos^2t}{\tan t}\mathrm{d}(\cos t)^{-1}=\sin t+C=\sqrt{1-\cos^2t}+C=\frac{\sqrt{\sec^2t-1}}{\sec t}+C=\frac{\sqrt{x^2-1}}{x}+C.$

16. 令 $x=a\sin t$,则

原积分 $=\int\frac{a\cos t}{a^3\cos^3t}\mathrm{d}t=\frac{1}{a^2}\int\frac{\mathrm{d}t}{\cos^2t}=\frac{1}{a^2}\tan t+C=\frac{1}{a^2}\frac{a\sin t}{a\cos t}+C=\frac{1}{a^2}\frac{x}{\sqrt{a^2-x^2}}+C.$

17. 令 $\sqrt{x}=t$,则

原积分 $=\int\arctan t\mathrm{d}t^2=\frac{1}{2}\left[t^2\arctan t-\int t^2\mathrm{d}\arctan t\right]=\frac{1}{2}x\arctan\sqrt{x}-\frac{1}{2}\int\frac{t^2+1-1}{1+t^2}\mathrm{d}t$

$$=\frac{1}{2}x\arctan\sqrt{x}-\frac{1}{2}\sqrt{x}-\arctan\sqrt{x}+C.$$

18. 令 $\sqrt{x}=t$,则

原积分$=\int 2t^2\sin t\mathrm{d}t=-2\int t^2\mathrm{d}\cos t=-2(t^2\cos t-\int\cos t\cdot 2t\mathrm{d}t)=-2t^2\cos t+4\int t\mathrm{d}\sin t$

$$=-2t^2\cos t+4(t\sin t-\int\sin t\mathrm{d}t)=-2x\cos\sqrt{x}+4\sqrt{x}\sin\sqrt{x}+4\cos\sqrt{x}+C.$$

19. $\int\ln(1+x^2)\mathrm{d}x=x\ln(1+x^2)-\int x\mathrm{d}\ln(1+x^2)=x\ln(1+x^2)-\int\frac{2x^2}{1+x^2}\mathrm{d}x$

$$=x\ln(1+x^2)-2x+2\arctan x+C.$$

20. 令 $x=\sin t$,则

原积分$=\int\frac{\sin t\ \mathrm{d}\sin t}{(1+\cos^2 t)\cos t}=-\int\frac{\mathrm{d}\ \cos t}{1+\cos^2 t}=-\arctan\cos t+C=\mathrm{arccot}\sqrt{1-x^2}+C.$

21. 令 $x=\tan t$,则

原积分$=\int\frac{\sec^2 t\mathrm{d}t}{\tan^4 t\sec t}=\int\frac{\cos^3 t}{\sin^4 t}\mathrm{d}t\xlongequal{\sin t=u}\int\frac{1-u^2}{u^4}\mathrm{d}u$

$$=-\frac{1}{3}u^{-3}+u^{-1}+C=-\frac{1}{3}\sin^{-3}t+\sin^{-1}t+C=\frac{\sqrt{(1+x^2)^3}}{3x^3}+\frac{\sqrt{1+x^2}}{x}+C.$$

22. $\int\frac{\sqrt{1+\cos x}}{\sin x}\mathrm{d}x=\int\frac{\sqrt{2}\cos\frac{x}{2}}{\sin\frac{x}{2}\cos\frac{x}{2}}\mathrm{d}\frac{x}{2}=2\ln|\sin\frac{x}{2}|+C.$

23. $\int\frac{x^3}{1+x^8}\mathrm{d}x=\frac{1}{4}\int\frac{\mathrm{d}x^4}{1+x^8}=\frac{1}{4}\arctan x^4+C.$

24. $\int\frac{x^{11}}{x^8+3x^4+2}\mathrm{d}x=\frac{1}{4}\int\frac{x^8}{x^8+3x^4+2}\mathrm{d}x^4\xlongequal{x^4=t}\frac{1}{4}\int\frac{u^2+3u+2-3u-2}{u^2+3u+2}\mathrm{d}u$

$$=\frac{u}{4}-\int\frac{3u+2}{(u+2)(u+1)}\mathrm{d}u=\frac{u}{4}-\int\left(\frac{4}{u+2}-\frac{1}{u+1}\right)\mathrm{d}u$$

$$=\frac{x^4}{4}+\ln\frac{\sqrt[4]{x^4+1}}{x^4+2}+C.$$

25. $\int\frac{\sin x}{1+\sin x}\mathrm{d}x=\int\frac{\sin x+1-1}{1+\sin x}\mathrm{d}x=x-\int\frac{\mathrm{d}x}{1+\sin x}$

$$=x-\int\frac{1-\sin x}{1-\sin^2 x}\mathrm{d}x=x-\int\frac{1}{\cos^2 x}\mathrm{d}x+\int\frac{\mathrm{d}\cos x}{\cos^2 x}=x-\tan x+\sec x+C.$$

四、1. 设所求函数为 $y=F(x)$,则

$F(x)=\int\frac{1}{\sqrt{1-x^2}}\mathrm{d}x=\arcsin x+C$,又 $F(1)=\frac{3}{2}\pi$,所以$\frac{3}{2}\pi=\arcsin 1+C$,得 $C=\pi$,从而得 $y=\arcsin x+\pi$.

2. $\int xf''(x)\mathrm{d}x=\int x\mathrm{d}f'(x)=xf'(x)-\int f'(x)\mathrm{d}x=xf'(x)-f(x)+C.$

3. $s(t)=\int(3t^2+1)\mathrm{d}t=t^3+t+C$,再将 $t=1$ 时 $s=2$ 代入上式,得 $C=0$. 所以,$s(t)=t^3+t$,$s(4)=68$.

五、1. $[(e^x+e^{-x})^2]'=2(e^x+e^{-x})(e^x-e^{-x})[(e^x-e^{-x})^2]'=2(e^x-e^{-x})(e^x+e^{-x})$.

2. $$\begin{aligned}\int\sin^n x\mathrm{d}x&=-\int\sin^{n-1}x\mathrm{d}\cos x=-\cos x\cdot\sin^{n-1}x+\int\cos x\mathrm{d}\sin^{n-1}x\\&=-\sin^{n-1}x\cos x+\int\cos x\cdot(n-1)\sin^{n-2}x\cos x\mathrm{d}x\\&=-\sin^{n-1}x\cos x+(n-1)\int\sin^{n-2}x\mathrm{d}x-(n-1)\int\sin^n x\mathrm{d}x,\end{aligned}$$

移项后得结论.

第六章　定积分及其应用

积分学的中心概念是定积分.定积分是从研究面积、体积、长度及变力做功、静压力等量的计算问题中发展起来的概念.它的出现与导数、微分毫无关联.但是其理论与计算方法却非常自然地与微分学理论及其计算方法发生联系(微积分学基本定理).学好定积分是学习其他积分如重积分等的重要基础.

6.1　定积分的概念

6.1.1　面积问题与路程问题

1. 曲边梯形的面积

图 6.1 所示,$y=f(x)$ 是区间 $[a,b]$ 上的非负连续函数,由直线 $x=a,x=b$,$y=0$ 及曲线 $y=f(x)$ 所围成的图形称为曲边梯形或曲顶梯形(若将 $y=f(x)$ 拉直便是梯形).曲线 $y=f(x)$ 称为曲边.现欲求其面积 A.

由于曲边梯形不是如矩形、梯形、三角形、圆等的规则图形,无法直接用已有公式去计算其面积,于是先设法求面积 A 的近似值.

图 6.2 所示,在 (a,b) 内任取两个分点 x_1,x_2,即把曲边梯形分成三个小一点的曲边梯形,将每个小曲边梯形的面积 A_i 用相应的同底的矩形面积代替,得

$$A_1 \approx f(\xi_1)(x_1-a),\quad \xi_1 \in [a,x_1];$$

$$A_2 \approx f(\xi_2)(x_2-x_1),\quad \xi_2 \in [x_1,x_2];$$

$$A_3 \approx f(\xi_3)(b-x_2),\quad \xi_3 \in [x_2,b].$$

于是

$$A \approx f(\xi_1)(x_1-a)+f(\xi_2)(x_2-x_1)+f(\xi_3)(b-x_2). \tag{1}$$

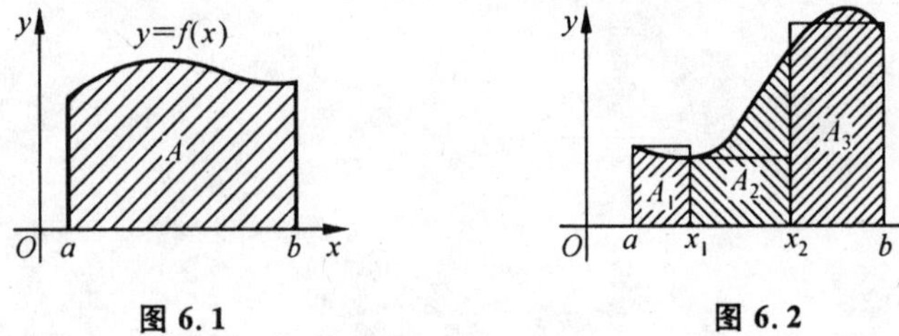

图 6.1　　　　图 6.2

式(1) 中的误差是由 ξ_i 造成的.从图 6.2 中可以看到,$\xi_1=a$ 时,A_1 比矩形面积 $f(\xi_1)(x_1-a)$ 小;$\xi_2=x_1$ 时,A_2 比矩形面积 $f(\xi_2)(x_2-x_1)$ 大,仅是 A_3 与相应的矩形面积比较接近,但也有误差.那么,怎样才能使上述做法导致的误差变小呢?一种想

法是，设法挑选 ξ_i，使 $f(\xi_i)$ 成为小曲边梯形的平均高度. 这是一种基于几何上的想法，如果曲线 $y=f(x)$ 无法绘出这种想法便无法实现. 即便 $f(\xi_i)$ 能观察到，也难以写出其值. 另一种想法是，增加分点，以缩短分点间的距离. 由于 $f(x)$ 是连续函数，如果两分点 x_{i-1}，x_i 相距很近，则 $[x_{i-1},x_i]$ 上曲线 $y=f(x)$ 的振幅（即最高点与最低点之差）也很小，因而由 $\xi_i\in[x_{i-1},x_i]$ 产生的面积误差便也很小，并且随着分点的无限增多，误差会愈来愈小，从而可任意接近所求面积值 A. 具体做法如下.

(1) 用下列分点

$$a=x_0<x_1<x_2<\cdots<x_{n-1}<x_n=b$$

将 $[a,b]$ 分成 n 个小段 $[x_{i-1},x_i]$ $(1\leqslant i\leqslant n)$，任取 $\xi_i\in[x_{i-1},x_i]$ $(1\leqslant i\leqslant n)$，记 $\Delta x_i=x_i-x_{i-1}$.

(2) 用矩形面积 $f(\xi_i)\Delta x_i$ 代替 $[x_{i-1},x_i]$ 上小曲边梯形的面积 A_i，即 $A_i\approx f(\xi_i)\Delta x_i$ $(1\leqslant i\leqslant n)$，并把它们相加，得

$$A=\sum_{i=1}^{n}A_i\approx f(\xi_1)\Delta x_1+f(\xi_2)\Delta x_2+\cdots+f(\xi_n)\Delta x_n=\sum_{i=1}^{n}f(\xi_i)\Delta x_i, \tag{2}$$

称 A 的近似值 $\sum\limits_{i=1}^{n}f(\xi_i)\Delta x_i$ 为 f 在 $[a,b]$ 上的**黎曼**(Riemann)**和**（见图 6.3）.

(3) 记 $\lambda=\max\{\Delta x_1,\Delta x_2,\cdots,\Delta x_n\}$，则当 $\lambda\to 0$ 时，每个小区间 $[x_{i-1},x_i]$ 的长度 Δx_i 也趋近于零. 此时，黎曼和的极限便是所求面积 A 的精确值，即

$$A=\lim_{\lambda\to 0}\sum_{i=1}^{n}f(\xi_i)\Delta x_i. \tag{3}$$

注意，不可用 $n\to\infty$ 代替 $\lambda\to 0$，因为分点的无限增多并不能保证每两个分点的距离能任意地小（见图 6.4）. 但若是采用等分点，则 $\lambda\to 0$ 与 $n\to\infty$ 等价，即

$$A=\lim_{n\to\infty}\frac{b-a}{n}\sum_{i=1}^{n}f(\xi_i).$$

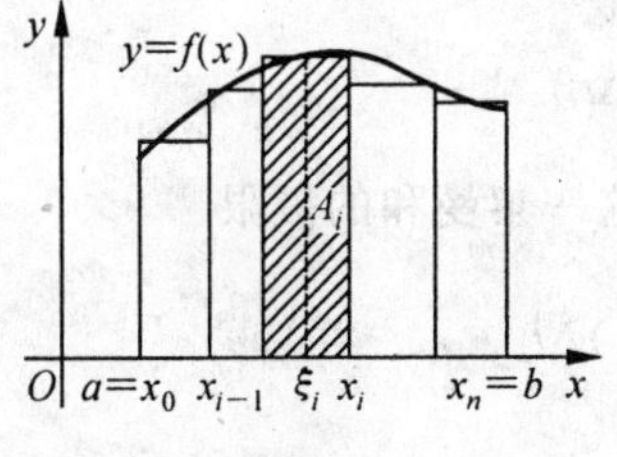

图 6.3

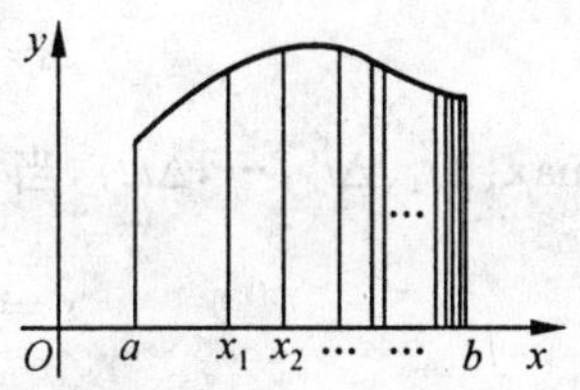

图 6.4

下面看一个例子.

图 6.5 所示，图形以抛物线 $y=x^2$ $(0\leqslant x\leqslant 1)$ 为曲边. 为便于计算，采用等分点

$$0 < \frac{1}{n} < \frac{2}{n} \cdots < \frac{n-1}{n} < 1,$$

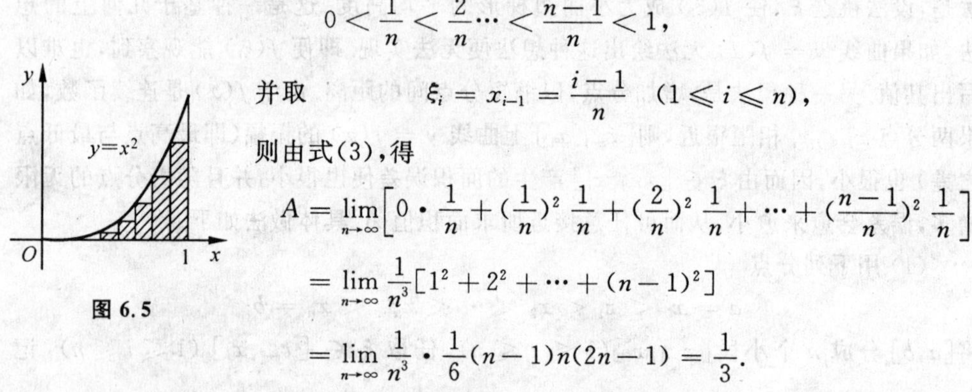

图 6.5

并取 $\xi_i = x_{i-1} = \dfrac{i-1}{n} \quad (1 \leqslant i \leqslant n)$,

则由式(3),得

$$\begin{aligned} A &= \lim_{n\to\infty}\left[0 \cdot \frac{1}{n} + \left(\frac{1}{n}\right)^2 \frac{1}{n} + \left(\frac{2}{n}\right)^2 \frac{1}{n} + \cdots + \left(\frac{n-1}{n}\right)^2 \frac{1}{n}\right] \\ &= \lim_{n\to\infty} \frac{1}{n^3}[1^2 + 2^2 + \cdots + (n-1)^2] \\ &= \lim_{n\to\infty} \frac{1}{n^3} \cdot \frac{1}{6}(n-1)n(2n-1) = \frac{1}{3}. \end{aligned}$$

求此面积得力于平方数列的和为已知,对一般情形(如 $f(x) = \sqrt{x}$),便无法直接求出式(3) 中的极限. 在 6.3 节中,我们将研究其一般的计算公式.

2. 变速直线运动的路程

设一物体作直线运动,其速度为 $v = v(t)(T_1 \leqslant t \leqslant T_2)$ 是时间 t 的连续函数,现求物体在时间段 $[T_1, T_2]$ 内经过的路程 s.

我们知道,对于等速直线运动,有公式:路程 = 速度 × 时间. 但现在的问题是,速度不是常数,而是关于时刻 t 的变量. 为解决这一问题,采取的方法与前例相似,先把整体分成局部,在局部的时间段内用不变的速度替代变化的速度,按等速运动计算路程,然后求和,再取极限,即在时间间隔 $[T_1, T_2]$ 内插入 $(n-1)$ 个分点:

$$T_1 = t_0 < t_1 < t_2 \cdots < t_{i-1} < t_i < \cdots < t_n = T_2.$$

把区间 $[T_1, T_2]$ 分成 n 个小段,记第 i 个小段 $[t_{i-1}, t_i]$ 的长度为 $\Delta t_i = t_i - t_{i-1}$. 在时间间隔 $[t_{i-1}, t_i]$ 上任取一个时刻 $\xi_i (t_{i-1} \leqslant \xi_i \leqslant t_i)$,以 ξ_i 时刻对应的瞬时速度 $v(\xi_i)$ 来替代 $[t_{i-1}, t_i]$ 小段时间内的速度,这样便得到 Δt_i 时间段所运动的路程近似值 $\Delta s_i \approx v(\xi_i) \times \Delta t_i$,于是 n 个时间小区间的路程之和可作为整个路程 s 的近似值:

$$s \approx \sum_{i=1}^{n} v(\xi_i) \Delta t_i.$$

又记 $\lambda = \max\{\Delta t_1, \Delta t_2, \cdots, \Delta t_n\}$,当 $\lambda \to 0$ 时,这一黎曼和的极限

$$s = \lim_{\lambda\to 0} \sum_{i=1}^{n} v(\xi_i) \Delta t_i \tag{4}$$

便是物体从时间 T_1 到时间 T_2 的路程.

以上两个例子,虽然实际意义不同,但从数量上看,其特征与求法完全一致,这些量都可归结为以一种特殊方式构造的"黎曼和"的极限. 我们还可以举出许多类似的实际例子,将它们也归结为这种和式的极限. 为此,抽去问题的实际意义,从数量上来研究这个极限. 首先,对所论及的量给出一个确切的描述.

6.1.2　定积分的定义

定义 1　设 $f(x)$ 是区间 $[a,b]$ 上的有界函数，在 (a,b) 内任取 $n-1$ 个分点 $x_i(1\leqslant i\leqslant n-1)$：

$$a=x_0<x_1<x_2<\cdots<x_{n-1}<x_n=b,$$

在每个小区间 $[x_{i-1},x_i]$ 内任取 $\xi_i(1\leqslant i\leqslant n)$. 记 $\lambda=\max\{\Delta x_1,\Delta x_2,\cdots,\Delta x_n\}$，$\Delta x_i=x_i-x_{i-1}(1\leqslant i\leqslant n)$. 若无论上述 x_i 及 $\xi_i(1\leqslant i\leqslant n)$ 如何选取，只要 $\lambda\to 0$ 时，和式

$$\sum_{i=1}^{n}f(\xi_i)\Delta x_i$$

均趋于常数 I，则称函数 $f(x)$ 在 $[a,b]$ 上**可积**. 将常数 I 称为 $f(x)$ 在 $[a,b]$ 上的**定积分**，并记作 $\int_a^b f(x)\mathrm{d}x$，即

$$I=\int_a^b f(x)\mathrm{d}x=\lim_{\lambda\to 0}\sum_{i=1}^{n}f(\xi_i)\Delta x_i. \tag{5}$$

称积分 $\int_a^b f(x)\mathrm{d}x$ 中的 $f(x)$ 为**被积函数**，$f(x)\mathrm{d}x$ 为**被积式**，x 为**积分变量**，a 与 b 分别为积分的**下限**与**上限**，$[a,b]$ 为**积分区间**.

注 1　定积分是一个依赖于函数 $f(x)$ 及区间 $[a,b]$ 的常量，它与采用什么字母作积分变量无关. 例如

$$\int_a^b f(x)\mathrm{d}x=\int_a^b f(t)\mathrm{d}t.$$

注 2　定义中要求对任何的 x_i 及 $\xi_i(1\leqslant i\leqslant n)$，式(4) 均有相同的极限. 这就排除了因为分点 x_i 及其点 ξ_i 的选择方法不同而出现不同的积分值. 换句话说，如果 $f(x)$ 在 $[a,b]$ 上可积，则可以取特殊的点 x_i 及 ξ_i. 例如取 x_i 为等分点时，式(5) 便可写成

$$I=\lim_{n\to\infty}\sum_{i=1}^{n}f(\xi_i)\Delta x_i=\lim_{n\to\infty}\frac{b-a}{n}\sum_{i=1}^{n}f(\xi_i). \tag{6}$$

另外，当 $f(x)$ 于 $[a,b]$ 上可积时，变动 $f(x)$ 在有限个点 $c_i(1\leqslant i\leqslant m)$ 的函数值不会影响 $f(x)$ 可积性，也不会影响积分值的大小. 事实上，设 $g(x)$ 与 $f(x)$ 仅在点 $c_i(1\leqslant i\leqslant m)$ 处不相同，则因每个小区间 $[x_{i-1},x_i]$ 中有无限个点，取 ξ_i 时可以避开点 $c_i(1\leqslant i\leqslant m)$. 于是

$$\int_a^b g(x)\mathrm{d}x=\lim_{\lambda\to 0}\sum_{i=1}^{n}g(\xi_i)\Delta x_i=\lim_{\lambda\to 0}\sum_{i=1}^{n}f(\xi_i)\Delta x_i=\int_a^b f(x)\mathrm{d}x.$$

注 3　定义中要求 $a<b$，为方便起见，允许 $b\leqslant a$，并规定

$$\int_a^b f(x)\mathrm{d}x=-\int_b^a f(x)\mathrm{d}x \quad 及 \quad \int_a^a f(x)\mathrm{d}x=0.$$

当式(6) 的极限存在时，方可说 $f(x)$ 在 $[a,b]$ 上可积. 那么如何判断此极限的存

在性呢?在 6.1.1 节中,式(3) 与式(4) 的极限存在性由问题的实际意义予以保证.对抽象的函数 $f(x)$,得从数学上进行证明.这方面的讨论比较复杂,在此仅给出结论.

定理 1(可积函数类) 在闭区间$[a,b]$上以下几类函数是可积的:

1° 连续函数;

2° 分段连续函数,即仅有有限个第一类间断点的函数;

3° 单调有界函数.

不可积的有界函数是存在的,下面举例说明.

例 1 迪里克雷函数

$$D(x)=\begin{cases}1, & x\text{ 为有理数}\\0, & x\text{ 为无理数}\end{cases}\quad(0\leqslant x\leqslant 1)$$

不可积.

证 对任意$[0,1]$的分点 $x_i(1\leqslant i\leqslant n)$,若 ξ_i 专选有理点,则因 $\sum_{i=1}^{n}D(\xi_i)\Delta x_i=\sum_{i=1}^{n}\Delta x_i=1$ 而以 1 为极限(当 $\lambda\to 0$ 时);又若 ξ_i 专选无理点,则因 $\sum_{i=1}^{n}D(\xi_i)\Delta x_i=\sum_{i=1}^{n}0\cdot\Delta x_i=0$ 而以 0 为极限(当 $\lambda\to 0$ 时).这说明当 $\lambda\to 0$ 时,和式 $\sum_{i=1}^{n}D(\xi_i)\Delta x_i$ 的极限与 ξ_i 的选择有关,故从定义知,$D(x)$ 于$[0,1]$上不可积. □

最后,我们考虑定积分的几何意义,均设 $f(x)$ 为$[a,b]$上的可积函数.

(1) 若在$[a,b]$上 $f(x)\geqslant 0$,则从 6.1.1 节的面积问题知,定积分$\int_a^b f(x)\mathrm{d}x$ 便与以曲线 $y=f(x)$ 为曲边的$[a,b]$上的曲边梯形的面积 A 相等(见图 6.1),即

$$\int_a^b f(x)\mathrm{d}x=A.$$

由此可求得(见图 6.6)

$$\int_a^b x\mathrm{d}x=\frac{1}{2}(b^2-a^2),\quad \int_{-R}^{R}\sqrt{R^2-x^2}\mathrm{d}x=\frac{\pi}{2}R^2.$$

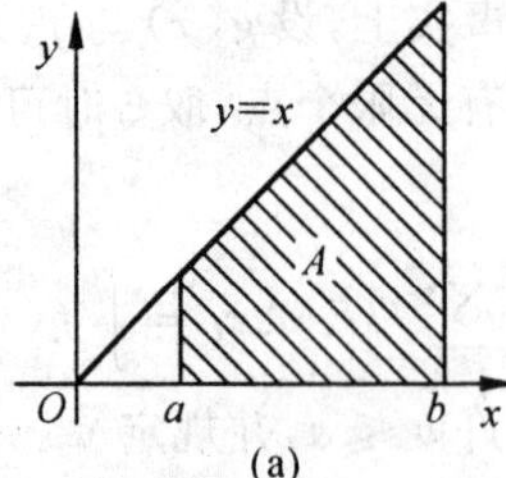

(a)

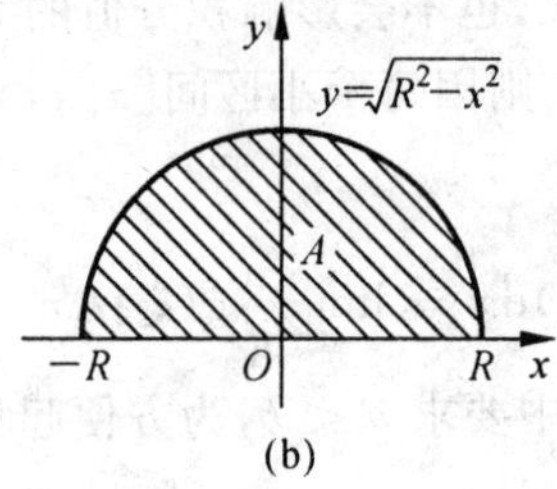

(b)

图 6.6

(2) 若在$[a,b]$上$f(x)\leqslant 0$，则因$f(\xi_i)\leqslant 0$，从而$\sum_{i=1}^{n} f(\xi_i)\Delta x_i$及其极限$\int_a^b f(x)\mathrm{d}x$也小于或等于0. 此时，$\int_a^b f(x)\mathrm{d}x$的绝对值与由直线$x=a,x=b,y=0$及曲线$y=f(x)$所围成的曲边梯形面积$A$相等，即(见图6.7)

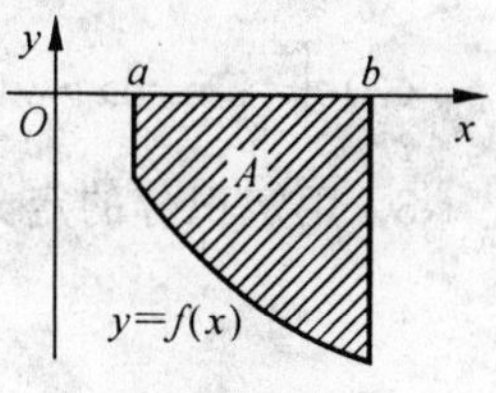

图 6.7

$$\int_a^b f(x)\mathrm{d}x = -A.$$

(3) 若在$[a,b]$上$f(x)$有正有负，则$\int_a^b f(x)\mathrm{d}x$等于$[a,b]$上位于x轴上方的图形面积减去x轴下方的图形面积. 例如对图6.8，有

$$\int_a^b f(x)\mathrm{d}x = \int_a^{x_1} f(x)\mathrm{d}x + \int_{x_1}^{x_2} f(x)\mathrm{d}x + \int_{x_2}^{b} f(x)\mathrm{d}x$$
$$= -A_1 + A_2 - A_3.$$

由此可以推得：奇函数$f(x)$在对称区间$[-a,a]$上的积分为0(见图6.9)，即

$$\int_{-a}^{a} f(x)\mathrm{d}x = A_2 - A_1 = 0.$$

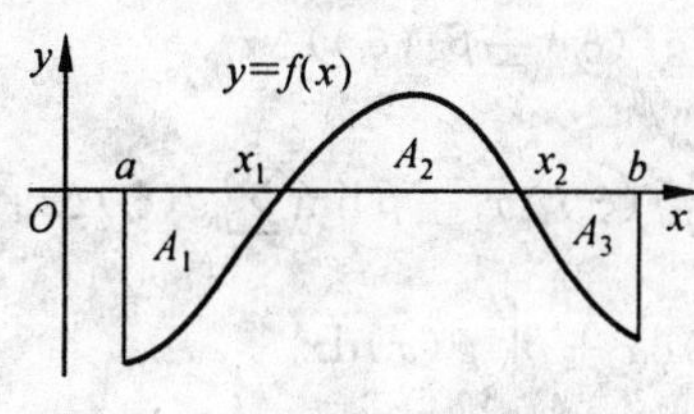

图 6.8

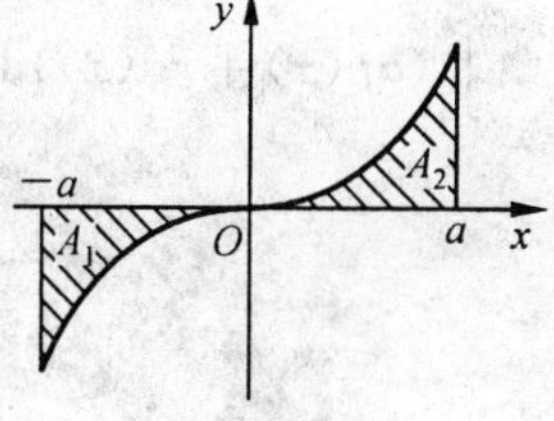

图 6.9

习题 6.1

1. 写出下列各题指定函数及分割的黎曼和(均取左端点作ξ_i).

(1) $f(x)=x+2$，　　$\mathscr{P}=\{-1,-\frac{1}{2},0,\frac{1}{2},1,\frac{3}{2},2\}$；

(2) $f(x)=\frac{1}{x}$，　　$\mathscr{P}=\{-4,-3,-2,-1\}$；

(3) $f(x)=\sin x$，　　$\mathscr{P}=\{0,\frac{\pi}{4},\frac{\pi}{2},\frac{3\pi}{4},\pi\}$.

2. 用定积分的几何意义说明下列积分.

(1) $\int_a^b \mathrm{d}x = b-a$；　　(2) $\int_0^1 \sqrt{1-x^2}\,\mathrm{d}x = \frac{\pi}{4}$；

(3) $\int_{-\pi}^{\pi}\sin x\mathrm{d}x=0$;　　(4) $\int_{-\frac{\pi}{2}}^{\frac{\pi}{2}}\cos x\mathrm{d}x=2\int_{0}^{\frac{\pi}{2}}\cos x\mathrm{d}x$.

3. 用定积分的定义计算下列结论的正确性.

$$\int_{-3}^{1}4x\mathrm{d}x.$$

6.2　定积分的性质

在介绍定积分计算方法之前,先讨论若干定积分的计算规则与重要性质.定积分的基本性质有三个:线性性、可加性与保号性(或称比较性).由保号性还可推出估值定理、比较定理、积分中值定理等.为简便起见,本节所论及的积分都假定存在,并且积分上限与下限的大小一般不加限制.

首先,介绍两个性质.

性质 1(线性性)　设 α、β 是常数,则

$$\int_{a}^{b}(\alpha f(x)\pm\beta g(x))\mathrm{d}x=\alpha\int_{a}^{b}f(x)\mathrm{d}x\pm\beta\int_{a}^{b}g(x)\mathrm{d}x.$$

证　由定积分定义及极限的线性性有

$$\begin{aligned}\int_{a}^{b}(\alpha f(x)+\beta g(x))\mathrm{d}x&=\lim_{\lambda\to0}\sum_{i=1}^{n}(\alpha f(\xi_i)\pm\beta g(\xi_i))\Delta x_i\\&=\alpha\lim_{\lambda\to0}\sum_{i=1}^{n}f(\xi_i)\Delta x_i\pm\beta\lim_{\lambda\to0}\sum_{i=1}^{n}g(\xi_i)\Delta x_i\\&=\alpha\int_{a}^{b}f(x)\mathrm{d}x\pm\beta\int_{a}^{b}g(x)\mathrm{d}x.\end{aligned}$$ □

性质 1 表明,函数和(或差)的积分等于积分之和(或差),以及常数可以提到积分号外.

性质 2(可加性)　设 $a<c<b$,则

$$\int_{a}^{b}f(x)\mathrm{d}x=\int_{a}^{c}f(x)\mathrm{d}x+\int_{c}^{b}f(x)\mathrm{d}x.$$

证　由于积分存在,在对 $[a,b]$ 划分时,可以把 c 作为一个分点,于是,$[a,b]$ 上的黎曼和便分成 $[a,c]$ 与 $[c,b]$ 上的黎曼和之和,即

$$\sum_{[a,b]上}f(\xi_i)\Delta x_i=\sum_{[a,c]上}f(\xi_i)\Delta x_i+\sum_{[c,b]上}f(\xi_i)\Delta x_i.$$

对上式两边取极限($\lambda\to0$),即得

$$\int_{a}^{b}f(x)\mathrm{d}x=\int_{a}^{c}f(x)\mathrm{d}x+\int_{c}^{b}f(x)\mathrm{d}x.$$ □

性质 2 表明(见图 6.10),定积分对于积分区间具有可加性.若 $f(x)$ 非负,则积分的几何意义为:曲边梯形面积 A 等于 A_1 与 A_2 之和.

对于分段函数的定积分，往往是把分段点作为积分区间的分点. 例如，若

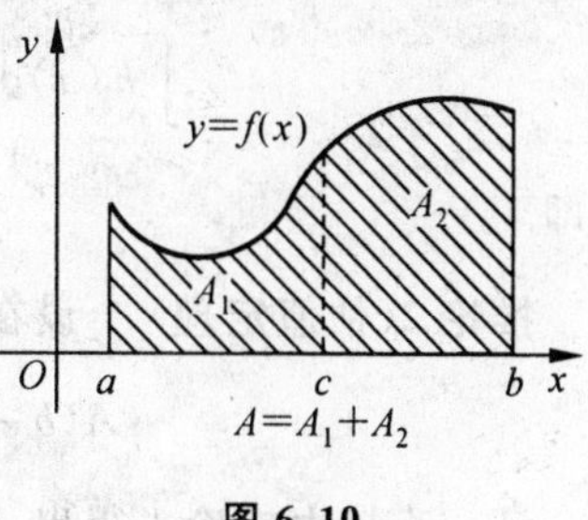

图 6.10

$$f(x)=\begin{cases}\varphi(x), & a\leqslant x\leqslant c,\\ h(x), & c\leqslant x\leqslant b,\end{cases}$$

则
$$\int_a^b f(x)\mathrm{d}x=\int_a^c f(x)\mathrm{d}x+\int_c^b f(x)\mathrm{d}x$$
$$=\int_a^c \varphi(x)\mathrm{d}x+\int_c^b h(x)\mathrm{d}x.$$

定积分 $\int_a^b f(x)\mathrm{d}x$ 之值取决于函数 $f(x)$ 及区间 $[a,b]$. 以上两个性质分别是关于 $f(x)$ 及 $[a,b]$ 化繁为简、化整为零的计算规则，它们在积分计算与理论推导中起着重要作用.

注　性质 2 中的 c 可以不在 $[a,b]$ 中. 如设 $c<a<b$，则在 $[c,b]$ 上利用可加性，得

$$\int_c^b f(x)\mathrm{d}x=\int_c^a f(x)\mathrm{d}x+\int_a^b f(x)\mathrm{d}x,$$

或
$$\int_c^b f(\alpha)\mathrm{d}x-\int_c^a f(x)\mathrm{d}x=\int_a^b f(x)\mathrm{d}x.$$

而由于 $-\int_c^a f(x)\mathrm{d}x=\int_a^c f(x)\mathrm{d}x$，故得

$$\int_a^c f(x)\mathrm{d}x+\int_c^b f(x)\mathrm{d}x=\int_a^b f(x)\mathrm{d}x.$$

下面介绍估计定积分符号的性质.

性质 3（保号性）　设在 $[a,b]$ 上，$f(x)\geqslant 0$，则

$$\int_a^b f(x)\mathrm{d}x\geqslant 0\quad(a<b).$$

证　因 $f(x)\geqslant 0$，故 $f(\xi_i)\geqslant 0\ (1\leqslant i\leqslant n)$，而当 $a<b$ 时 $\Delta x_i\geqslant 0$，从而 $\sum_{i=1}^n f(\xi_i)\Delta x_i\geqslant 0$. 因此，由极限的保号性得

$$\int_a^b f(x)\mathrm{d}x=\lim_{\lambda\to 0}\sum_{i=1}^n f(\xi_i)\Delta x_i\geqslant 0.$$ □

性质 3 表明，非负函数的定积分也非负，即定积分保持符号不变. 由于此时定积分之值恰是相应曲边梯形的面积值，故几何上也很明显.

从性质 3 可以推出估计定积分大小的几个重要结论.

推论 1（比较定理）　设在 $[a,b]$ 上，$f(x)\geqslant g(x)$，则

$$\int_a^b f(x)\mathrm{d}x\geqslant\int_a^b g(x)\mathrm{d}x.$$

证　记 $h(x)=f(x)-g(x)$，则在 $[a,b]$ 上 $h(x)\geqslant 0$. 由性质 1 及性质 3 得

$$\int_a^b h(x)\mathrm{d}x=\int_a^b f(x)\mathrm{d}x-\int_a^b g(x)\mathrm{d}x\geqslant 0,$$

此即
$$\int_a^b f(x)\mathrm{d}x\geqslant\int_a^b g(x)\mathrm{d}x.$$
□

推论 2(估值定理) 设在$[a,b]$上,$A\leqslant f(x)\leqslant B$,则

$$A(b-a)\leqslant\int_a^b f(x)\mathrm{d}x\leqslant B(b-a).$$

证 直接由推论 1 得出

$$\int_a^b A\mathrm{d}x\leqslant\int_a^b f(x)\mathrm{d}x\leqslant\int_a^b B\mathrm{d}x.$$

而$\int_a^b A\mathrm{d}x=A\int_a^b \mathrm{d}x=A(b-a)$.类似地,$\int_a^b B\mathrm{d}x=B(b-a)$,代入上式即得. □

推论 3 $\left|\int_a^b f(x)\mathrm{d}x\right|\leqslant\int_a^b |f(x)|\mathrm{d}x\quad(a<b)$.

证 由$-|f(x)|\leqslant f(x)\leqslant|f(x)|$,积分得

$$-\int_a^b |f(x)|\mathrm{d}x\leqslant\int_a^b f(x)\mathrm{d}x\leqslant\int_a^b |f(x)|\mathrm{d}x,$$

此即
$$\left|\int_a^b f(x)\mathrm{d}x\right|\leqslant\int_a^b |f(x)|\mathrm{d}x.$$
□

推论 4(积分中值定理) 设$f(x)$在$[a,b]$上连续,则至少存在一个$\xi\in[a,b]$,使

$$\int_a^b f(x)\mathrm{d}x=f(\xi)(b-a).$$

证 由连续性知,$f(x)$在$[a,b]$上有最小值m与最大值M,即$m\leqslant f(x)\leqslant M$.从而由推论 2 得

$$m(b-a)\leqslant\int_a^b f(x)\mathrm{d}x\leqslant M(b-a),$$

或
$$m\leqslant\frac{1}{b-a}\int_a^b f(x)\mathrm{d}x\leqslant M.$$

上式表明数$\frac{1}{b-a}\int_a^b f(x)\mathrm{d}x$在$f(x)$的值域之中,由连续函数的介值定理,在$[a,b]$内至少有一点$\xi$,使得

$$\frac{1}{b-a}\int_a^b f(x)\mathrm{d}x=f(\xi),$$

从而
$$\int_a^b f(x)\mathrm{d}x=f(\xi)(b-a).$$
□

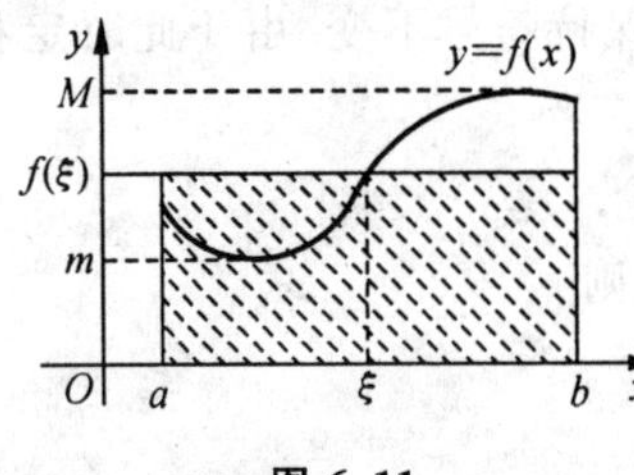

图 6.11

图 6.11 所示,$f(\xi)(b-a)$是阴影矩形的面积.当$f(x)$非负时,推论 4 表明,曲边梯形的面积A必与某个同底矩形面积相等.直观上可以看出,当

$f(\xi)$ 位于点 m 处时，矩形面积小于 A；当 $f(\xi)$ 位于点 M 时，矩形面积大于 A. 因此必在 m 与 M 之间的某个点处，矩形面积等于 A.

称推论 4 中的 $f(\xi)$ 为函数 $f(x)$ 在 $[a,b]$ 上的**平均值**，即

$$f(\xi)=\frac{1}{b-a}\int_a^b f(x)\mathrm{d}x.$$

它可以用来计算区间 $[a,b]$ 上连续分布的量的平均值，如平均高度、平均气温等.

例 1　估计以下定积分的值.

(1) $\int_0^{\pi}(1+\sqrt{\sin x})\mathrm{d}x$；　　(2) $\int_0^1(\mathrm{e}^{x^2}-\arctan x^2)\mathrm{d}x$.

解

(1) 由于 $0\leqslant\sqrt{\sin x}\leqslant 1$，故 $1\leqslant 1+\sqrt{\sin x}\leqslant 2$，从而有

$$\pi=\int_0^{\pi}1\mathrm{d}x\leqslant\int_0^{\pi}(1+\sqrt{\sin x})\mathrm{d}x\leqslant\int_0^{\pi}2\mathrm{d}x=2\pi.$$

(2) 无法直接看出被积函数的上下界，故用微分学方法计算出其最小值与最大值再估值.

令 $f(x)=\mathrm{e}^{x^2}-\arctan x^2$，则 $f'(x)=2x\left(\mathrm{e}^{x^2}-\dfrac{1}{1+x^4}\right)$. 可见，在 $[0,1]$ 上，$f'(x)\geqslant 0$，即在 $[0,1]$ 上 $f(x)$ 单调增，故

$$1=f(0)\leqslant f(x)\leqslant f(1)=\mathrm{e}-\frac{\pi}{4},$$

从而
$$\int_0^1\mathrm{d}x\leqslant\int_0^1 f(x)\mathrm{d}x\leqslant\int_0^1\left(\mathrm{e}-\frac{\pi}{4}\right)\mathrm{d}x,$$

即
$$1\leqslant\int_0^1(\mathrm{e}^{x^2}-\arctan x^2)\mathrm{d}x\leqslant\mathrm{e}-\frac{\pi}{4}.$$

例 2　比较以下两积分的大小.

$$\int_1^{\mathrm{e}}\ln x\mathrm{d}x,\quad\int_1^{\mathrm{e}}\ln^2 x\mathrm{d}x.$$

解　在 $[1,\mathrm{e}]$ 上，$0\leqslant\ln x\leqslant 1$，故 $\ln^2 x\leqslant\ln x$，从而

$$\int_1^{\mathrm{e}}\ln x\mathrm{d}x\geqslant\int_1^{\mathrm{e}}\ln^2 x\mathrm{d}x.$$

例 3　设 $f(x)$ 是 $[a,b]$ 上非负连续函数，且有一点 $x_0\in(a,b)$ 使 $f(x_0)>0$，则

$$\int_a^b f(x)\mathrm{d}x>0.$$

证　因 $f(x_0)=\lim\limits_{x\to x_0}f(x)>f(x_0)/2$，由极限保号性，存在 x_0 的某邻域 $(x_0-\delta,x_0+\delta)\subset(a,b)$，使 $f(x)$ 在其上均有 $f(x)\geqslant\dfrac{f(x_0)}{2}$. 于是

$$\int_{x_0-\delta}^{x_0+\delta}f(x)\mathrm{d}x\geqslant\int_{x_0-\delta}^{x_0+\delta}\frac{f(x_0)}{2}\mathrm{d}x=\frac{f(x_0)}{2}\cdot 2\delta=f(x_0)\delta,$$

从而
$$\int_a^b f(x)\mathrm{d}x = \int_a^{x_0-\delta} f(x)\mathrm{d}x + \int_{x_0-\delta}^{x_0+\delta} f(x)\mathrm{d}x + \int_{x_0+\delta}^{b} f(x)\mathrm{d}x$$
$$\geqslant 0 + f(x_0)\delta + 0 = f(x_0)\delta > 0.$$

其中,等号右边的第一、第三个积分的非负性是因为 $f(x)$ 非负. □

习题 6.2

1. 计算下列积分.

(1) $\int_0^2 f(x)\mathrm{d}x$,其中 $f(x)=\begin{cases} x, & 0\leqslant x\leqslant 1; \\ 1, & x>1. \end{cases}$

(2) $\int_{-3}^2 f(x)\mathrm{d}x$,其中 $f(x)=\min\{2,x^2\}$.

2. 比较下列每组积分值的大小.

(1) $\int_0^1 x^2\mathrm{d}x$ 与 $\int_0^1 x^3\mathrm{d}x$;　　(2) $\int_1^2 \ln x\mathrm{d}x$ 与 $\int_1^2 (\ln x)^2\mathrm{d}x$;

(3) $\int_3^4 \ln x\mathrm{d}x$ 与 $\int_3^4 (\ln x)^2\mathrm{d}x$;　　(4) $\int_0^1 x\mathrm{d}x$ 与 $\int_0^1 \ln(1+x)\mathrm{d}x$.

3. 设 $f(x)$ 在 $[a,b]$ 上连续,且 $a\neq b$,若 $\int_a^b f(x)\mathrm{d}x=0$,试证在 $[a,b]$ 中至少有一个点 c,使 $f(c)=0$.

4. 设 $f(x)$ 在 $[a,b]$ 上连续,M 为 $|f(x)|$ 在 $[a,b]$ 上的最大值($a<b$),试证
$$\left|\int_a^b f(x)\mathrm{d}x\right| \leqslant M(b-a).$$

5. 若 $f(x)=\cos x - x^2$,试证 $\int_{-\frac{\pi}{6}}^{\frac{\pi}{6}} f(x)\mathrm{d}x > 0$.

6.3　定积分的计算

本节将考虑定积分的计算问题. 从 6.1.1 节计算 $\int_0^1 x^2\mathrm{d}x$ 的过程中可以看出,直接按照定义计算困难较大甚至不可能. 本节推出的计算公式将使得定积分的计算变得十分简单. 下面首先从实际例子中寻找出计算公式的原型并抽象成一般结果;然后将不定积分的换元积分法与分部积分法改造为定积分的计算方法.

6.3.1　微积分基本公式

先考虑 6.1.1 节中的路程问题. 若 $v(t)$ 是时间段 $[T_1,T_2]$ 上的速度函数,s 是物体在该段时间内所经过的路程,则可知(参见 6.1 节公式(4))
$$s=\int_{T_1}^{T_2} v(t)\mathrm{d}t.$$

如果用 $s(t)(T_1 \leqslant t \leqslant T_2)$ 表示从时刻 T_1 到时刻 t 时物体所经过的路程函数，即

$$s(t) = \int_{T_1}^{t} v(t)\mathrm{d}t, \tag{1}$$

则 s 应当是物体在时刻 T_1、T_2 的路程之差，即

$$\int_{T_1}^{T_2} v(t)\mathrm{d}t = s(T_2) - s(T_1). \tag{2}$$

由微分学知，路程函数 $s(t)$ 的导数是 $v(t)$，或者说 $s(t)$ 是 $v(t)$ 的一个原函数，因此由式(2) 启发出一个更一般的公式：

$$\int_a^b f(x)\mathrm{d}x = F(b) - F(a)\quad , \tag{3}$$

其中，$F(x)$ 是 $f(x)$ 在$[a,b]$上的一个原函数. 式(3) 称作微积分基本公式. 由于它的发现归功于牛顿与莱布尼兹两位数学家，故式(3) 亦称作**牛顿 - 莱布尼兹公式**.

以下我们试着证明式(3)(不依赖物理背景).

设 $f(x)$ 是$[a,b]$上的连续函数，现引进函数

$$G(x) = \int_a^x f(t)\mathrm{d}t,\quad a \leqslant x \leqslant b \tag{4}$$

(将积分变元换作 t 是为了不与积分上限 x 相混)，

则由于 $G(b) = \int_a^b f(t)\mathrm{d}t, G(a) = \int_a^a f(t)\mathrm{d}t = 0$，故有

$$\int_a^b f(x)\mathrm{d}x = G(b) - G(a). \tag{5}$$

函数 $G(x)$ 称作变上限积分函数，它恰好是 $f(x)$ 在$[a,b]$上的一个原函数. 事实上，对任给的 $x \in (a,b)$，有

$$\begin{aligned} G'(x) &= \lim_{\Delta x \to 0} \frac{G(x+\Delta x) - G(x)}{\Delta x} = \lim_{\Delta x \to 0} \frac{1}{\Delta x}\left[\int_a^{x+\Delta x} f(t)\mathrm{d}t - \int_a^x f(t)\mathrm{d}t\right] \\ &= \lim_{\Delta x \to 0} \frac{1}{\Delta x}\int_x^{x+\Delta x} f(t)\mathrm{d}t = \lim_{\Delta x \to 0} \frac{1}{\Delta x} f(\xi)\Delta x \quad (\text{积分中值定理}) \\ &= \lim_{\Delta x \to 0} f(\xi) = f(x). \quad (\xi \text{在} x \text{与} x + \Delta x \text{之间}) \end{aligned}$$

当 $x = a$ 时，取 $\Delta x > 0$，则可证 $G'_+(a) = f(a)$. 同理，可证 $G'_-(b) = f(b)$.

将以上分析归纳为以下定理.

定理 1　设 $f(x)$ 在$[a,b]$上连续，$F(x)$ 是 $f(x)$ 在$[a,b]$上的一个原函数，则有

$$\int_a^b f(x)\mathrm{d}x = F(b) - F(a) \xlongequal{\text{记作}} F(x)\Big|_a^b. \tag{6}$$

证　由于 $F(x)$ 与 $G(x) = \int_a^x f(t)\mathrm{d}t$ 都是 $f(x)$ 的原函数，故有常数 C，使 $G(x) = F(x) + C\quad (a \leqslant x \leqslant b)$. 于是，由式(5) 得

$$\int_a^b f(x)\mathrm{d}x = G(b) - G(a) = F(b) + C - (F(a) + C) = F(b) - F(a). \qquad \square$$

注 公式(6)是就 $f(x)$ 连续的情形证明的,若 $f(x)$ 在 (a,b) 上有一个第一类间断点 c,则依可加性

$$\int_a^b f(x)\mathrm{d}x = \int_a^c f(x)\mathrm{d}x + \int_c^b f(x)\mathrm{d}x,$$

可把积分转移到连续区间上去计算. 当 $f(x)$ 在 c 点不连续时,可以重新定义 $f(c)$ 使 $f(x)$ 在所给闭区间上连续. 而这不会改变积分值的大小.

例 1 计算下列定积分.

(1) $\int_0^1 x^n \mathrm{d}x \quad (n \geqslant 1)$; (2) $\int_{-\pi/2}^{\pi/2} \cos x \mathrm{d}x$; (3) $\int_0^{\pi} \sin x \mathrm{d}x$;

(4) $\int_0^1 \mathrm{e}^x \mathrm{d}x$; (5) $\int_0^{\pi/2} (\cos x + x + \pi)\mathrm{d}x$.

解 直接套用式(6)得

(1) $\int_0^1 x^n \mathrm{d}x = \frac{1}{n+1} x^{n+1} \Big|_0^1 = \frac{1}{n+1}$;

(2) $\int_{-\pi/2}^{\pi/2} \cos x \mathrm{d}x = \sin x \Big|_{-\pi/2}^{\pi/2} = 1 - (-1) = 2$;

(3) $\int_0^{\pi} \sin x \mathrm{d}x = -\cos x \Big|_0^{\pi} = -\cos\pi + \cos 0 = 2$;

(4) $\int_0^1 \mathrm{e}^x \mathrm{d}x = \mathrm{e}^x \Big|_0^1 = \mathrm{e} - 1$;

(5) $\int_0^{\pi/2} (\cos x + x + \pi)\mathrm{d}x = \int_0^{\pi/2} \cos x \mathrm{d}x + \int_0^{\pi/2} x \mathrm{d}x + \pi\int_0^{\pi/2} \mathrm{d}x$

$$= \sin x \Big|_0^{\pi/2} + \frac{1}{2}x^2 \Big|_0^{\pi/2} + \pi \cdot x \Big|_0^{\pi/2} = 1 + \frac{1}{2} \cdot \frac{\pi^2}{4} + \frac{\pi^2}{2} = 1 + \frac{5}{8}\pi^2.$$

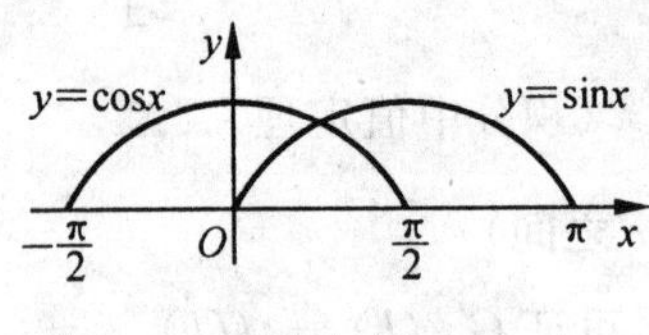

图 6.12

积分(2),(3)的结果说明,正弦函数及余弦函数与 x 轴所围成的一个拱的面积均是 2(见图 6.12).

例 2 求分段函数

$$f(x) = \begin{cases} x+1, & 0 \leqslant x \leqslant 1 \\ 2\mathrm{e}^x, & -1 \leqslant x < 0 \end{cases}$$

的定积分 $\int_{-1}^1 f(x)\mathrm{d}x$.

解 由可加性,得

$$\int_{-1}^1 f(x)\mathrm{d}x = \int_{-1}^0 f(x)\mathrm{d}x + \int_0^1 f(x)\mathrm{d}x = \int_{-1}^0 2\mathrm{e}^x \mathrm{d}x + \int_0^1 (1+x)\mathrm{d}x$$

$$= 2\mathrm{e}^x \Big|_{-1}^0 + \left(x + \frac{1}{2}x^2\right) \Big|_0^1 = 2(1 - \mathrm{e}^{-1}) + \frac{3}{2} = \frac{7}{2} - 2\mathrm{e}^{-1}.$$

例 3 求下列定积分.

(1)$\int_0^2 |x-1|\mathrm{d}x$；　　(2)$\int_0^{\pi}\sqrt{\cos^2 x}\mathrm{d}x$.

解　(1)$f(x)=|x-1|$可看作是分段函数

$$f(x)=\begin{cases}x-1, & x>1;\\ 1-x, & x\leqslant 1,\end{cases}$$

于是
$$\int_0^2 |x-1|\mathrm{d}x=\int_0^1(1-x)\mathrm{d}x+\int_1^2(x-1)\mathrm{d}x$$
$$=-\frac{1}{2}(1-x)^2\Big|_0^1+\frac{1}{2}(x-1)^2\Big|_1^2=\frac{1}{2}+\frac{1}{2}=1.$$

$$(2)\ f(x)=\sqrt{\cos^2 x}=|\cos x|=\begin{cases}\cos x, & 0\leqslant x\leqslant\dfrac{\pi}{2};\\ -\cos x, & \dfrac{\pi}{2}\leqslant x\leqslant\pi,\end{cases}$$

故
$$\int_0^{\pi}\sqrt{\cos^2 x}\mathrm{d}x=\int_0^{\pi/2}\cos x\mathrm{d}x-\int_{\pi/2}^{\pi}\cos x\mathrm{d}x=\sin x\Big|_0^{\pi/2}-\sin x\Big|_{\pi/2}^{\pi}=1+1=2.$$

利用定积分的计算公式(6)，可以反过来计算黎曼和的极限.请看下例.

例 4　求数列的极限：

$$l=\lim_{n\to\infty}\left(\frac{1}{n+1}+\frac{1}{n+2}+\cdots+\frac{1}{n+n}\right).$$

解　$$l=\lim_{n\to\infty}\frac{1}{n}\left[\frac{1}{1+\frac{1}{n}}+\frac{1}{1+\frac{2}{n}}+\cdots+\frac{1}{1+\frac{n}{n}}\right]=\lim_{n\to\infty}\sum_{i=1}^{n}\frac{1}{1+i/n}\frac{1}{n}.$$

若取$f(x)=\dfrac{1}{1+x}$，$0\leqslant x\leqslant 1$，则上式便是$f(x)$在$[0,1]$上取等分点且$\xi_i=\dfrac{i}{n}$时的黎曼和的极限(见 6.1.1 节).于是

$$l=\int_0^1\frac{1}{1+x}\mathrm{d}x=\ln(1+x)\Big|_0^1=\ln 2.$$

现在，来小结一下变上限积分函数$G(x)$(见式(4))的性质.

首先，从前面推导已知，若$f(x)$在$[a,b]$上连续，则$G'(x)=f(x)\quad(a\leqslant x\leqslant b)$.这个结论即下面的定理 2.

定理 2(原函数存在定理)　连续函数一定存在原函数.

这个结论在上一章曾经指出，现在得以证明.其次，从求导公式

$$G'(x)=\left(\int_a^x f(t)\mathrm{d}t\right)'=f(x),\tag{7}$$

结合复合函数链导规则得

$$\left(\int_a^{\varphi(x)} f(t)\mathrm{d}t\right)'=f(\varphi(x))\varphi'(x),\tag{8}$$

及 $$\left(\int_{h(x)}^{\varphi(x)} f(t)\mathrm{d}t\right)' = f(\varphi(x))\varphi'(x) - f(h(x))h'(x), \tag{9}$$

其中,f 为连续函数,φ 及 h 均可导.

事实上,记 $u=\varphi(x)$,则

$$\left(\int_a^{\varphi(x)} f(t)\mathrm{d}t\right)' = \frac{\mathrm{d}}{\mathrm{d}u}\left(\int_a^u f(t)\mathrm{d}t\right)\frac{\mathrm{d}u}{\mathrm{d}x} = f(u)\cdot\varphi'(x) = f(\varphi(x))\varphi'(x),$$

式(8) 成立. 又

$$\left(\int_{h(x)}^{\varphi(x)} f(t)\mathrm{d}t\right)' = \left(\int_a^{\varphi(x)} f(t)\mathrm{d}t - \int_a^{h(x)} f(t)\mathrm{d}t\right)' \xlongequal{\text{式(8)}} f(\varphi(x))\varphi'(x) - f(h(x))h'(x),$$

其中,a 为任意常数,从而式(9) 成立.

例 5 求以下函数的导数.

(1)$G(x)=\int_0^x t\mathrm{e}^t\mathrm{d}t$;　　(2)$G(x)=\int_{\ln x}^2 \frac{1}{1+t^2}\mathrm{d}t$;

(3)$G(x)=\int_{x^2}^{x^3}\sin t^2\mathrm{d}t$;　　(4)$G(x)=\int_0^x (x+\mathrm{e}^{t^2})^2\mathrm{d}t$.

解 (1) $G'(x)=x\mathrm{e}^x$;

(2) $G'(x)=\frac{-1}{1+\ln^2 x}\cdot(\ln x)' = -\frac{1}{x}\cdot\frac{1}{1+\ln^2 x}$;

(3)$G'(x)=(\sin x^6)(x^3)'-(\sin x^4)(x^2)'=3x^2\sin x^6-2x\sin x^4$;

(4) 因为 t 是积分变量,而 x 在积分过程中为常量,故有

$$G(x)=\int_0^x (x^2+2x\mathrm{e}^{t^2}+\mathrm{e}^{2t^2})\mathrm{d}t = x^3+2x\int_0^x \mathrm{e}^{t^2}\mathrm{d}t+\int_0^x \mathrm{e}^{2t^2}\mathrm{d}t,$$

于是

$$\begin{aligned} G'(x) &= 3x^2+(2x)'\int_0^x \mathrm{e}^{t^2}\mathrm{d}t+2x\left(\int_0^x \mathrm{e}^{t^2}\mathrm{d}t\right)'+\left(\int_0^x \mathrm{e}^{2t^2}\mathrm{d}t\right)' \\ &= 3x^2+2\int_0^x \mathrm{e}^{t^2}\mathrm{d}t+2x\mathrm{e}^{x^2}+\mathrm{e}^{2x^2}. \end{aligned}$$

例 6 设 $f(x)$ 是$(-\infty,+\infty)$ 上以 T 为周期的连续函数,证明对任何 a,有

$$\int_a^{a+T} f(x)\mathrm{d}x = \int_0^T f(x)\mathrm{d}x.$$

证 记 $\varphi(a)=\int_a^{a+T} f(x)\mathrm{d}x$,由式(9),有

$$\varphi'(a)=f(a+T)-f(a)=0,$$

故 $\varphi(a)(-\infty<a<+\infty)$ 为常数 C. 取 $a=0$,即知 $C=\varphi(0)=\int_0^T f(x)\mathrm{d}x$. □

例 7 求极限 $l=\lim\limits_{x\to 0}\frac{\int_0^x \mathrm{e}^{t^2}\mathrm{d}t}{\sin x}$.

解　e^{t^2} 是积分区间上的有界函数，因而当 $x\to 0$ 时，分子$\int_0^x e^{t^2}\,dt$ 是无穷小量. 由洛必达法则，得

$$l=\lim_{x\to 0}\frac{\left(\int_0^x e^{t^2}\,dt\right)'}{(\sin x)'}=\lim_{x\to 0}\frac{e^{x^2}}{\cos x}=1.$$

6.3.2　定积分的换元积分法

在不定积分计算中，换元积分法对寻求原函数十分重要. 根据牛顿 - 莱布尼兹公式，定积分的计算可归结为两步，即求原函数与代积分限，因而不定积分中换元的方法及原则对定积分仍然适用. 以下将不定积分的两种换元法综合改造成一种形式.

定理 3　设函数 $f(x)$ 在$[a,b]$上连续，函数 $x=\varphi(t)$ 在$[\alpha,\beta]$或$[\beta,\alpha]$上有连续导数，且 $\varphi(\alpha)=a,\varphi(\beta)=b$，则

$$\int_a^b f(x)\,dx=\int_\alpha^\beta f[\varphi(t)]\varphi'(t)\,dt. \tag{10}$$

证　设 $F(x)$ 是 $f(x)$ 在区间$[a,b]$上的一个原函数，则

$$\int_a^b f(x)\,dx=F(b)-F(a).$$

而由
$$\frac{dF[\varphi(t)]}{dt}=F'(\varphi(t))\varphi'(t)=f(\varphi(t))\varphi'(t)$$

知 $F[\varphi(t)]$ 是 $f[\varphi(t)]\varphi'(t)$ 的一个原函数，从而

$$\int_\alpha^\beta f[\varphi(t)]\varphi'(t)\,dt=F[\varphi(\beta)]-F[\varphi(\alpha)]=F(b)-F(a),$$

故式(10) 成立. □

注意:(1) 定积分换元法主要用于定积分计算与变形. 变换 $x=\varphi(t)$ 的选择有时是为了对被积函数进行化简，有时是为了对积分区间进行调整.

(2) 与不定积分换元法不同的是，在采用变换 $x=\varphi(t)$ 求出关于积分变量 t 的原函数 $F(\varphi(t))$ 后不需要把 t 还原成原变量 x，而是用 t 的变化范围 α、β 代入$F(\varphi(t))$. 因而在作换元时，必须同时把 x 的积分限换成 t 的积分限.

(3) 公式(10) 的形式与不定积分的第二换元法相似，只是多了积分限的处理. 若将式(10) 反过来写，调整一下积分变元所用的字母，则有

$$\int_\alpha^\beta f(\varphi(x))\varphi'(x)\,dx=\int_a^b f(u)\,du. \tag{11}$$

这个形式便与不定积分的第一换元法(凑微分法) 相似.

例 8　求定积分 $I=\int_0^1 e^{2x}\,dx$.

解一　先用不定积分的换元法求原函数. 令 $u=2x$，则$\int e^{2x}\,dx=\int e^u\,\frac{1}{2}du=$

$\frac{1}{2}\int e^u du=\frac{1}{2}e^u+C=\frac{1}{2}e^{2x}+C$. 再用牛顿 - 莱布尼兹公式得

$$I=\frac{1}{2}e^{2x}\Big|_0^1=\frac{1}{2}(e^2-1).$$

解二 用定积分换元法. 令 $u=2x$,则 $x=0$ 时,$u=0$;$x=1$ 时,$u=2$. 于是由式(11) 得

$$I=\int_0^2 e^u d\,\frac{u}{2}=\frac{1}{2}\int_0^2 e^u du=\frac{1}{2}e^u\Big|_0^2=\frac{1}{2}(e^2-1).$$

两种解法对比,后者由于省去了回代过程而要简便一些. 关于此点我们再举一例.

例 9 求定积分 $I=\int_0^a\sqrt{a^2-x^2}\,dx\quad(a>0)$.

解一 先用不定积分换元法求原函数. 令 $x=a\sin t\left(-\frac{\pi}{2}<t<\frac{\pi}{2}\right)$,则有(详见 5.2.2 节的例 6)

$$\int\sqrt{a^2-x^2}\,dx=a^2\int\cos^2 t\,dt=\frac{a^2}{2}t+\frac{a^2}{2}\sin t\cos t+C$$

$$\xlongequal{回代}\frac{a^2}{2}\arcsin\frac{x}{a}+\frac{1}{2}x\sqrt{a^2-x^2}+C,$$

然后再代上、下限得

$$I=\left(\frac{a^2}{2}\arcsin\frac{x}{a}+\frac{1}{2}x\sqrt{a^2-x^2}\right)\Bigg|_0^a=\frac{a^2}{2}\arcsin 1=\frac{\pi}{4}a^2.$$

解二 用定积分换元法. 令 $x=a\sin t$,则 $t=0$ 时,$x=0$;$t=\pi/2$ 时,$x=a$. 于是

$$I=\int_0^{\frac{\pi}{2}}a^2\cos^2 t\,dt=\frac{a^2}{2}(t+\sin t\cos t)\Big|_0^{\frac{\pi}{2}}=\frac{\pi}{4}a^2.$$

解三 由于 $y=\sqrt{a^2-x^2}\quad(0\leqslant x\leqslant a)$ 是$[0,a]$上半径为 a、圆心在原点的圆弧,故由几何意义,I 即为相应的曲边梯形面积(圆面积的$\frac{1}{4}$),即 $I=\frac{1}{4}\pi a^2$.

在用凑微分法求原函数(式(11))时,若不引进新变元 u,则积分限不需变动. 如例 8 也可计算如下:

$$I=\frac{1}{2}\int_0^1 e^{2x}d2x=\frac{1}{2}e^{2x}\Big|_0^1=\frac{1}{2}(e^2-1).$$

例 10 求 $I=\int_0^1\left[(x+2)^3+\frac{x}{x^2+1}\right]dx$.

解 $I=\int_0^1(x+2)^3dx+\int_0^1\frac{x}{x^2+1}dx$

$$= \int_0^1 (x+2)^3 \mathrm{d}(x+2) + \frac{1}{2}\int_0^1 \frac{1}{x^2+1}\mathrm{d}(x^2+1)$$

$$= \frac{1}{4}(x+2)^4 \Big|_0^1 + \frac{1}{2}\ln(x^2+1)\Big|_0^1 = \frac{1}{4}(3^4-2^4) + \frac{1}{2}\ln 2$$

$$= \frac{65}{4} + \frac{1}{2}\ln 2.$$

若此例中的代换 $u = x+2$ 及 $u = x^2+1$ 都写出，则比较繁琐.

例 11　求 $I = \int_0^4 \frac{1}{1+\sqrt{x}}\mathrm{d}x$.

解　作代换 $\sqrt{x} = t$ 以消除根式，注意 $x=0$ 时，$t=0$；$x=4$ 时，$t=2$. 于是由式(10)得

$$I = \int_0^2 \frac{1}{1+t}2t\mathrm{d}t = 2\int_0^2 \frac{t+1-1}{1+t}\mathrm{d}t$$

$$= 2\int_0^2 \left(1 - \frac{1}{1+t}\right)\mathrm{d}t = 2(t - \ln(1+t))\Big|_0^2 = 2(2-\ln 3).$$

利用定积分换元法可以证明一些积分恒等式.

例 12　设 $f(x)$ 为对称区间 $[-a,a]$ 上的连续函数，证明

$$\int_{-a}^a f(x)\mathrm{d}x = \int_0^a [f(x)+f(-x)]\mathrm{d}x. \tag{12}$$

证　由可加性，得

$$\int_{-a}^a f(x)\mathrm{d}x = \int_{-a}^0 f(x)\mathrm{d}x + \int_0^a f(x)\mathrm{d}x.$$

对积分 $\int_{-a}^0 f(x)\mathrm{d}x$，作代换 $x=-t$，得

$$\int_{-a}^0 f(x)\mathrm{d}x = \int_a^0 f(-t)\mathrm{d}(-t) = -\int_a^0 f(-t)\mathrm{d}t = \int_0^a f(-t)\mathrm{d}t = \int_0^a f(-x)\mathrm{d}x,$$

其中，利用了定积分与变元记号无关性. 从而

$$\int_{-a}^a f(x)\mathrm{d}x = \int_0^a f(-x)\mathrm{d}x + \int_0^a f(x)\mathrm{d}x = \int_0^a [f(x)+f(-x)]\mathrm{d}x. \quad \square$$

由式(12)可以推出常用的奇偶函数的积分公式：

1° 若 $f(x)$ 是 $[-a,a]$ 上奇函数，则 $\int_{-a}^a f(x)\mathrm{d}x = 0$；

2° 若 $f(x)$ 是 $[-a,a]$ 上偶函数，则 $\int_{-a}^a f(x)\mathrm{d}x = 2\int_0^a f(x)\mathrm{d}x$.

例如，由于 $x\mathrm{e}^{x^2}\cos^3 x$ 是奇函数，可直接推出

$$\int_{-1}^1 x\mathrm{e}^{x^2}\cos^3 x\mathrm{d}x = 0.$$

例 13　若 $f(x)$ 在 $[0,1]$ 上连续，证明

$$\int_0^{\pi/2} f(\sin x)\mathrm{d}x = \int_0^{\pi/2} f(\cos x)\mathrm{d}x.$$

证 令 $x=\pi/2-t$,则 $x=0$ 时,$t=\pi/2$;$x=\pi/2$ 时,$t=0$. 于是

$$\int_0^{\pi/2} f(\sin x)\mathrm{d}x = -\int_{\pi/2}^{0} f(\sin(\pi/2-t))\mathrm{d}t = \int_0^{\pi/2} f(\cos t)\mathrm{d}t = \int_0^{\pi/2} f(\cos x)\mathrm{d}x. \quad \square$$

由例 13 推出以下积分等式:

$$\int_0^{\pi/2} \cos^n x\,\mathrm{d}x = \int_0^{\pi/2} \sin^n x\,\mathrm{d}x \quad (n \geqslant 1).$$

例 14 设 $f(x)=\begin{cases}\cos x, x\geqslant 0\\ x+1, x<0\end{cases}$,求$\int_0^2 f(x-1)\mathrm{d}x$.

解 求解此题可以有两个方法:一是求出 $f(x-1)$ 的分段表示式后再分段积分;二是将被积函数化简后再代入条件. 下面用后一种方法求解.

令 $t=x-1$,则 $x=0$ 时,$t=-1$;$x=2$ 时,$t=1$. 于是

$$\begin{aligned}\int_0^2 f(x-1)\mathrm{d}x &= \int_{-1}^{1} f(t)\mathrm{d}t = \int_{-1}^{0} f(x)\mathrm{d}(x) + \int_0^1 f(x)\mathrm{d}x \\ &= \int_{-1}^{0} (x+1)\mathrm{d}x + \int_0^1 \cos x\mathrm{d}x = \frac{1}{2}(x+1)^2\Big|_{-1}^{0} + \sin x\Big|_0^1 \\ &= \frac{1}{2} + \sin 1.\end{aligned}$$

例 15 设 $f(x)$ 是$(-\infty,+\infty)$ 上以 T 为周期的连续函数,用换元法证明,对任意 a,下式成立.

$$\int_a^{a+T} f(x)\mathrm{d}x = \int_0^T f(x)\mathrm{d}x. \tag{13}$$

证 由可加性,得

$$\int_a^{a+T} f(x)\mathrm{d}x = \int_a^0 f(x)\mathrm{d}x + \int_0^T f(x)\mathrm{d}x + \int_T^{a+T} f(x)\mathrm{d}x.$$

对积分$\int_a^0 f(x)\mathrm{d}x$,令 $x+T=t$,因 $f(t-T)=f(t)$,得

$$\int_a^0 f(x)\mathrm{d}x = \int_{a+T}^{T} f(t-T)\mathrm{d}t = -\int_T^{a+T} f(t)\mathrm{d}t = -\int_T^{a+T} f(x)\mathrm{d}x,$$

代回后即得式(13). $\square$

式(13) 在几何上表明,周期函数在任意一个周期区间上的积分相等(见图 6.13).

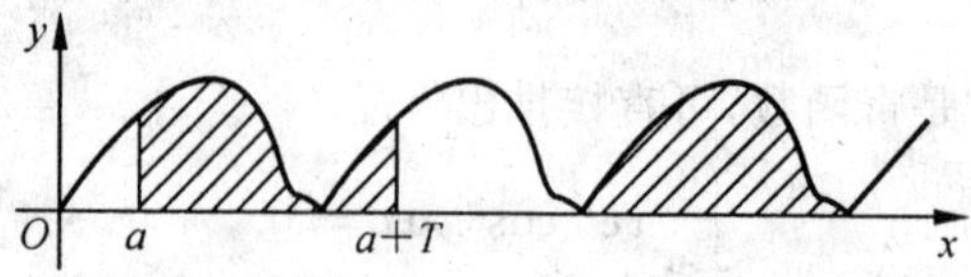

图 6.13

6.3.3 定积分的分部积分法

不定积分的分部积分法亦适用于定积分的计算，其具体形式见下面定理 4.

定理 4 若 $u(x)$、$v(x)$ 在 $[a,b]$ 上都有连续的导函数，则

$$\int_a^b u(x)\mathrm{d}v(x) = u(x)\cdot v(x)\Big|_a^b - \int_a^b v(x)\mathrm{d}u(x). \tag{14}$$

证 由于 $[u(x)v(x)]' = u(x)v'(x) + v(x)u'(x)$ 故 $u(x)\,v(x)$ 是 $u(x)v'(x) + v(x)u'(x)$ 的一个原函数，从而

$$\int_a^b [u(x)v'(x) + v(x)u'(x)]\mathrm{d}x = u(x)v(x)\Big|_a^b,$$

即

$$\int_a^b u(x)\mathrm{d}v(x) + \int_a^b v(x)\mathrm{d}u(x) = u(x)v(x)\Big|_a^b,$$

移项即得式(14). □

例 16 求 $\int_0^{\frac{1}{2}} \arcsin x\mathrm{d}x$.

解 设 $u = \arcsin x$，$\mathrm{d}v = \mathrm{d}x$，则 $\mathrm{d}u = \dfrac{\mathrm{d}x}{\sqrt{1-x^2}}$，$v = x$，由公式(14)，得

$$I = [x\arcsin x]_0^{\frac{1}{2}} - \int_0^{\frac{1}{2}} \frac{x\mathrm{d}x}{\sqrt{1-x^2}} = \frac{1}{2}\cdot\frac{\pi}{6} + \frac{1}{2}\int_0^{\frac{1}{2}} (1-x^2)^{-\frac{1}{2}}\mathrm{d}(1-x^2)$$

$$= \frac{\pi}{12} + \sqrt{1-x^2}\Big|_0^{\frac{1}{2}} = \frac{\pi}{12} + \frac{\sqrt{3}}{2} - 1.$$

例 17 设函数 $f(x)$ 在区间 $[0,1]$ 上连续，证明

$$\int_0^1 \left[\int_0^x f(t)\mathrm{d}t\right]\mathrm{d}x = \int_0^1 (1-x)f(x)\mathrm{d}x.$$

证 令 $u(x) = \int_0^x f(t)\mathrm{d}t$，$\mathrm{d}v = \mathrm{d}x$，则

$$\mathrm{d}u = u'(x)\mathrm{d}x = f(x)\mathrm{d}x,\quad v = x.$$

于是 $\int_0^1 \left[\int_0^x f(t)\mathrm{d}t\right]\mathrm{d}x = \left[x\int_0^x f(t)\mathrm{d}t\right]_0^1 - \int_0^1 xf(x)\mathrm{d}x = 1\cdot\int_0^1 f(t)\mathrm{d}t - \int_0^1 xf(x)\mathrm{d}x$

$$= \int_0^1 f(x)\mathrm{d}x - \int_0^1 xf(x)\mathrm{d}x = \int_0^1 (1-x)f(x)\mathrm{d}x.$$ □

例 18 求 $I_n = \int_0^{\frac{\pi}{2}} \sin^n x\mathrm{d}x$ （n 为非负整数）.

解 易知 $I_0 = \int_0^{\frac{\pi}{2}} \mathrm{d}x = x\Big|_0^{\frac{\pi}{2}} = \frac{\pi}{2}$，$I_1 = \int_0^{\frac{\pi}{2}} \sin x\mathrm{d}x = 1.$

当 $n \geqslant 2$ 时，令 $u(x) = (\sin x)^{n-1}$，$v'(x) = \sin x$，则

$$I_n=\left[-(\sin x)^{n-1}\cos x\right]_0^{\frac{\pi}{2}}+(n-1)\int_0^{\frac{\pi}{2}}\sin^{n-2}x\cos^2 x\mathrm{d}x$$

$$=(n-1)\int_0^{\frac{\pi}{2}}\sin^{n-2}x\mathrm{d}x-(n-1)\int_0^{\frac{\pi}{2}}\sin^n x\mathrm{d}x=(n-1)I_{n-2}-(n-1)I_n,$$

移项后得递推公式：

$$I_n=\frac{n-1}{n}I_{n-2}\quad(n\geqslant 2).$$

连续应用此递推公式,可得

$$I_{2m+1}=\frac{2m}{2m+1}\cdot\frac{2m+2}{2m-1}\cdot\cdots\cdot\frac{2}{3}\cdot 1=\frac{(2m)!!}{(2m+1)!!},$$

$$I_{2m}=\frac{2m-1}{2m}\cdot\frac{2m-3}{2m-2}\cdot\cdots\cdot\frac{1}{2}\cdot I_0=\frac{(2m-1)!!}{(2m)!!}\cdot\frac{\pi}{2},$$

其中,m 为正整数.

结合例 13 即知

$$\int_0^{\frac{\pi}{2}}\sin^n x\mathrm{d}x=\int_0^{\frac{\pi}{2}}\cos^n x\mathrm{d}x=\begin{cases}\dfrac{(n-1)!!}{n!!} & (n\text{ 为奇数});\\ \dfrac{(n-1)!!}{n!!}\cdot\dfrac{\pi}{2} & (n\text{ 为偶数}).\end{cases}\tag{15}$$

由式(15),可写出

$$\int_0^{\frac{\pi}{2}}\sin^2 x\mathrm{d}x=\frac{\pi}{4},\qquad\int_0^{\frac{\pi}{2}}\sin^3 x\mathrm{d}x=\frac{1}{3},$$

$$\int_0^{\frac{\pi}{2}}\sin^4 x\mathrm{d}x=\frac{3\cdot 1}{4\cdot 2}\cdot\frac{\pi}{2}=\frac{3}{16}\pi,\quad\int_0^{\frac{\pi}{2}}\sin^5 x\mathrm{d}x=\frac{4\cdot 2}{5\cdot 3}=\frac{8}{15}.$$

习题 6.3

1. 计算下列定积分.

(1) $\displaystyle\int_1^4\left(\sqrt{x}+\frac{1}{2\sqrt{x}}\right)\mathrm{d}x$；　　(2) $\displaystyle\int_0^1|2x-1|\mathrm{d}x$；

(3) $\displaystyle\int_0^{\frac{\pi}{2}}f(x)\mathrm{d}x$,其中 $f(x)=\begin{cases}\sec^2 x, & 0\leqslant x\leqslant\dfrac{\pi}{4};\\ \csc^2 x, & \dfrac{\pi}{4}<x\leqslant\dfrac{\pi}{2}.\end{cases}$

2. 一辆正在行驶的小汽车,初速为 44m/s,以匀加速度 4m/s^2 作减速行驶,试求这辆车在停止行驶前的行程.

3. 利用定积分定义求数列的极限：

$$\lim_{n\to\infty}\left(\frac{1}{n^2}+\frac{2}{n^2}+\cdots+\frac{n-1}{n^2}\right).$$

4. 计算下列定积分.

(1) $\int_0^{\frac{\pi}{6}} 2\sin(-3x)\mathrm{d}x$；　(2) $\int_1^8 \sqrt{3t+1}\mathrm{d}t$；　(3) $\int_0^{\frac{1}{4}} \sec^2 \pi x \mathrm{d}x$；

(4) $\int_0^1 x\sqrt{4-3x}\mathrm{d}x$；　(5) $\int_0^{\pi} \sqrt{\sin x - \sin^3 x}\mathrm{d}x$；　(6) $\int_0^{\pi} x\operatorname{sgn}(\cos x)\mathrm{d}x$；

(7) $\int_0^1 \frac{\arcsin\sqrt{x}}{\sqrt{x(1-x)}}\mathrm{d}x$；　(8) $\int_0^{\frac{\pi}{2}} \frac{\sin 2x}{1+\mathrm{e}^{(\sin x)^2}}\mathrm{d}x$.

5. 证明下列等式.

(1) $\int_0^1 x^m(1-x)^n\mathrm{d}x = \int_0^1 x^n(1-x)^m\mathrm{d}x$；　(2) $\int_a^1 \frac{\mathrm{d}x}{1+x^2} = \int_1^{\frac{1}{a}} \frac{\mathrm{d}x}{1+x^2}$　$(a>0)$；

(3) $\int_0^{\pi} \sin^n x\mathrm{d}x = 2\int_0^{\frac{\pi}{2}} \sin^n x\mathrm{d}x$.

6. 求下列定积分.

(1) $\int_0^{\frac{\pi}{2}} (x + x\sin x)\mathrm{d}x$；　(2) $\int_{\frac{1}{e}}^{e} |\ln x|\mathrm{d}x$；

(3) $\int_0^b x^2(\ln x)^2\mathrm{d}x (b>1)$；　(4) $\int_0^1 x\arctan x\mathrm{d}x$.

7. 利用分部积分法证明：

$$\int_0^x f(u)(x-u)\mathrm{d}u = \int_0^x \left[\int_0^u f(t)\mathrm{d}t\right]\mathrm{d}u.$$

8. 求下列各函数的导数.

(1) $F(x) = \int_3^x \frac{\mathrm{d}t}{(1+t^3)^{10}}$；　(2) $F(t) = \int_t^0 x\sin x\mathrm{d}x$；　(3) $G(y) = \int_{2y}^{\sin y} t\sin^2 t\mathrm{d}t$.

9. 求函数 $F(x) = \int_0^x t\mathrm{e}^{-t^2}\mathrm{d}t$ 的极值.

10. 设 $f(x)$ 为正，且在 $[a,b]$ 上连续，

$$F(x) = \int_a^x f(t)\mathrm{d}t + \int_b^x \frac{\mathrm{d}t}{f(t)},$$

试证：(1) $F'(x) \geqslant 2$；　(2) $F(x)=0$ 在 (a,b) 中仅有一个实根.

11. 设 $f(x)$ 在 $[0,1]$ 上单调减，则对于任意 $a\in(0,1)$，都有

$$\int_0^a f(x)\mathrm{d}x \geqslant a\int_0^1 f(x)\mathrm{d}x.$$

6.4　广 义 积 分

以上讨论的定积分要求被积函数为有界函数，积分区间为有限区间. 在实际应用中常遇到无界函数或无穷区间的积分问题，因而必须将已有的概念、方法、结论推广到这些情形中. 这种推广后的积分称作广义积分，相应的前面论及的积分称为常义积分.

6.4.1 积分区间为无穷的广义积分

定义 1 设函数 $f(x)$ 在 $[a,+\infty)$ 上有定义且对任意 $b>a$，$f(x)$ 在 $[a,b]$ 上可积，称极限

$$\lim_{b\to\infty}\int_a^b f(x)\mathrm{d}x \tag{1}$$

为函数 $f(x)$ 在 $[a,+\infty)$ 上的**广义积分**，记作 $\int_a^{+\infty} f(x)\mathrm{d}x$，

即
$$\int_a^{+\infty} f(x)\mathrm{d}x = \lim_{b\to+\infty}\int_a^b f(x)\mathrm{d}x. \tag{2}$$

若极限(1)存在，则称此广义积分**收敛**，否则称此广义积分**发散**.

类似地，可以定义区间 $(-\infty,b]$ 上的广义积分为

$$\int_{-\infty}^b f(x)\mathrm{d}x = \lim_{a\to-\infty}\int_a^b f(x)\mathrm{d}x, \tag{3}$$

以及区间 $(-\infty,+\infty)$ 内的广义积分为

$$\int_{-\infty}^{+\infty} f(x)\mathrm{d}x = \int_{-\infty}^{c} f(x)\mathrm{d}x + \int_C^{+\infty} f(x)\mathrm{d}x, \tag{4}$$

其中，C 是任意常数. 若式(4)中右端两个广义积分 $\int_{-\infty}^{C} f(x)\mathrm{d}x$ 及 $\int_C^{+\infty} f(x)\mathrm{d}x$ 均收敛，则称 $\int_{-\infty}^{+\infty} f(x)\mathrm{d}x$ 收敛；若二者至少有一个发散，则称 $\int_{-\infty}^{+\infty} f(x)\mathrm{d}x$ 发散.

例 1 求积分 $I=\int_0^{+\infty}\frac{\mathrm{d}x}{1+x^2}$.

解 由定义 1，得

$$I=\lim_{b\to+\infty}\int_0^b\frac{\mathrm{d}x}{1+x^2}=\lim_{b\to+\infty}(\arctan b-\arctan 0)=\frac{\pi}{2}.$$

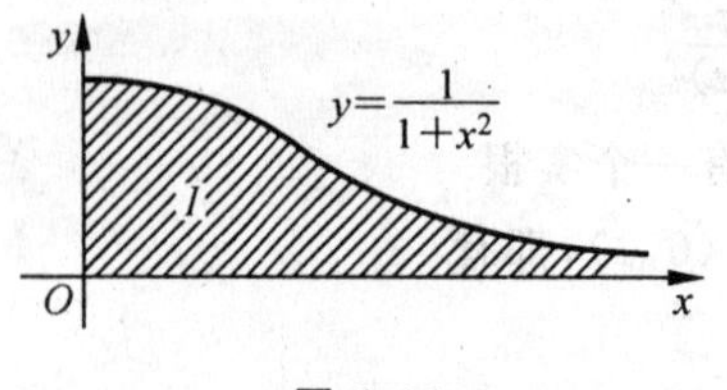

图 6.14

例 1 表明，由曲线 $y=\frac{1}{1+x^2}$ 在 x 轴正向所形成的无界区域的面积是有限的，其值为 $\frac{\pi}{2}$(见图 6.14).

例 2 讨论广义积分 $\int_a^{+\infty}\frac{\mathrm{d}x}{x^p}$ 的敛散性(其中，a 为常数，且 $a>0$；p 为参数).

解 当 $p=1$ 时，

$$\int_a^{+\infty}\frac{1}{x}\mathrm{d}x=\lim_{b\to+\infty}\int_a^b\frac{\mathrm{d}x}{x}=\lim_{b\to+\infty}\ln x\Big|_a^b=\lim_{b\to+\infty}(\ln b-\ln a)=+\infty.$$

当 $p\neq 1$ 时，

$$\int_a^{+\infty}\frac{1}{x^p}\mathrm{d}x=\lim_{b\to+\infty}\left[\frac{1}{1-p}\cdot\frac{1}{x^{p-1}}\right]_a^b=\lim_{b\to+\infty}\left[\frac{1}{1-p}\cdot\frac{1}{b^{p-1}}-\frac{1}{1-p}\cdot\frac{1}{a^{p-1}}\right]$$

$$=\begin{cases}\dfrac{1}{(p-1)a^{p-1}}, & \text{当 } p>1 \text{ 时};\\ +\infty, & \text{当 } p<1 \text{ 时}.\end{cases}$$

综上所述，当 $p>1$ 时，该积分收敛；当 $p\leqslant 1$ 时，该积分发散.

例 3　讨论广义积分 $\int_{-\infty}^{+\infty}\sin x\mathrm{d}x$ 的敛散性.

解　由于 $\int_{-\infty}^{+\infty}\sin x\mathrm{d}x=\int_{-\infty}^{C}\sin x\mathrm{d}x+\int_{C}^{+\infty}\sin x\mathrm{d}x$，而

$$\int_{-\infty}^{C}\sin x\mathrm{d}x=\lim_{a\to-\infty}\int_{a}^{C}\sin x\mathrm{d}x=\lim_{a\to-\infty}(\cos a-\cos C),$$

此极限不存在，即 $\int_{-\infty}^{C}\sin x\mathrm{d}x$ 发散，根据定义 1，原积分发散.

6.4.2　无界函数的广义积分

定义 2　设函数 $f(x)$ 在区间 $[a,b)$ 上连续，且 $\lim\limits_{x\to b^-}f(x)=\infty$（称点 b 为 $f(x)$ 的奇点），称极限

$$\lim_{\varepsilon\to0^+}\int_{a}^{b-\varepsilon}f(x)\mathrm{d}x\quad(a<b-\varepsilon)\tag{5}$$

为函数 $f(x)$ 在 $[a,b]$ 上的广义积分，仍记作 $\int_{a}^{b}f(x)\mathrm{d}x$，即

$$\int_{a}^{b}f(x)\mathrm{d}x=\lim_{\varepsilon\to0^+}\int_{a}^{b-\varepsilon}f(x)\mathrm{d}x.\tag{6}$$

若极限(5) 存在，则称此广义积分**收敛**，否则称此广义积分**发散**.

类似地，若 $f(x)$ 在区间 $(a,b]$ 上连续，且 $f(a+0)=\infty$，也定义 $[a,b]$ 上 $f(x)$ 的广义积分为

$$\int_{a}^{b}f(x)\mathrm{d}x=\lim_{\varepsilon\to0^+}\int_{a+\varepsilon}^{b}f(x)\mathrm{d}x\quad(a+\varepsilon<b).\tag{7}$$

又若 $x=c$ 是区间 $[a,b]$ 内函数 $f(x)$ 的奇点，则当 $\int_{a}^{c}f(x)\mathrm{d}x$ 与 $\int_{c}^{b}f(x)\mathrm{d}x$ 都收敛时，称广义积分 $\int_{a}^{b}f(x)\mathrm{d}x$ 收敛，即

$$\int_{a}^{b}f(x)\mathrm{d}x=\int_{a}^{c}f(x)\mathrm{d}x+\int_{c}^{b}f(x)\mathrm{d}x.$$

若 $\int_{a}^{c}f(x)\mathrm{d}x$ 或 $\int_{c}^{b}f(x)\mathrm{d}x$ 中至少有一个发散，则称 $\int_{a}^{b}f(x)\mathrm{d}x$ 发散.

例 4　求广义积分 $I=\int_{0}^{1}\dfrac{1}{\sqrt{x}}\mathrm{d}x$.

解　$x=0$ 是 $f(x)=\dfrac{1}{\sqrt{x}}$ 的奇点，因此

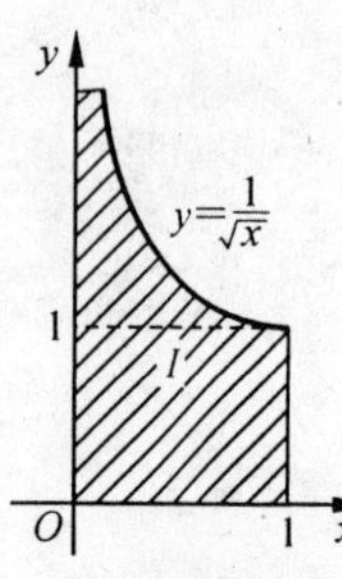

图 6.15

$$I=\lim_{\varepsilon\to 0^+}\int_{\varepsilon}^{1}\frac{1}{\sqrt{x}}\mathrm{d}x=\lim_{\varepsilon\to 0^+}2\sqrt{x}\Big|_{\varepsilon}^{1}=\lim_{\varepsilon\to 0^+}(2-2\sqrt{\varepsilon})=2.$$

例 4 表明,由曲线 $y=\dfrac{1}{\sqrt{x}}$ 及 $x=0,x=1,y=0$ 所形成的无界区域的面积是有限的,其值为 2(见图 6.15).

例 5 讨论广义积分$\displaystyle\int_a^b\frac{\mathrm{d}x}{(b-x)^p}$的敛散性(其中,$a$、$b$ 均为常数,且 $b>a$;p 为参数,且 $p>0$).

解 $x=b$ 为 $f(x)=\dfrac{1}{(b-x)^p}$ 的奇点,当 $p=1$ 时,

$$\lim_{\varepsilon\to 0^+}\int_a^{b-\varepsilon}\frac{\mathrm{d}x}{b-x}=-\lim_{\varepsilon\to 0^+}\ln|b-x|\Big|_a^{b-\varepsilon}=-\lim_{\varepsilon\to 0^+}(\ln|\varepsilon|-\ln|b-a|)=-\infty.$$

当 $p\neq 1$ 时,

$$\begin{aligned}\lim_{\varepsilon\to 0^+}\int_a^{b-\varepsilon}\frac{\mathrm{d}x}{(b-x)^p}&=\lim_{\varepsilon\to 0^+}\left(\frac{1}{p-1}\cdot\frac{1}{(b-x)^{p-1}}\right)\Big|_a^{b-\varepsilon}\\&=\lim_{\varepsilon\to 0^+}\frac{1}{p-1}\left(\frac{1}{q^{p-1}}-\frac{1}{(b-a)^{p-1}}\right)\\&=\begin{cases}\dfrac{1}{1-p}(b-a)^{(1-p)}, & \text{当 } p<1 \text{ 时};\\+\infty, & \text{当 } p>1 \text{ 时}.\end{cases}\end{aligned}$$

综上所述,该积分当 $p<1$ 时收敛,当 $p\geqslant 1$ 时发散.

例 6 讨论$\displaystyle\int_0^1\frac{1-2x}{\sqrt{x-x^2}}\mathrm{d}x$的敛散性.

解 $x=0,x=1$ 均是 $f(x)=\dfrac{1-2x}{\sqrt{x-x^2}}$ 的奇点,在(0,1)内任取一点,比如 $x=1/2$,则

$$\int_0^1\frac{1-2x}{\sqrt{x-x^2}}\mathrm{d}x=\int_0^{\frac{1}{2}}\frac{1-2x}{\sqrt{x-x^2}}\mathrm{d}x+\int_{\frac{1}{2}}^1\frac{1-2x}{\sqrt{x-x^2}}\mathrm{d}x.$$

下面再分别讨论上式右边的两个广义积分:

$$\begin{aligned}\int_0^{\frac{1}{2}}\frac{1-2x}{\sqrt{x-x^2}}\mathrm{d}x&=\lim_{\varepsilon_1\to 0^+}\int_{\varepsilon_1}^{\frac{1}{2}}\frac{1}{\sqrt{x-x^2}}\mathrm{d}(x-x^2)\\&=\lim_{\varepsilon_1\to 0}2\sqrt{x-x^2}\Big|_{\varepsilon_1}^{\frac{1}{2}}=2\lim_{\varepsilon_1\to 0}\left(\sqrt{\frac{1}{4}}-\sqrt{\varepsilon_1-\varepsilon_1^2}\right)=1;\end{aligned}$$

$$\begin{aligned}\int_{\frac{1}{2}}^1\frac{1-2x}{\sqrt{x-x^2}}\mathrm{d}x&=\lim_{\varepsilon_2\to 0^+}\int_{\frac{1}{2}}^{1-\varepsilon_2}\frac{1}{\sqrt{x-x^2}}\mathrm{d}(x-x^2)\\&=\lim_{\varepsilon_2\to 0}2\left(\sqrt{1-\varepsilon_2-(1-\varepsilon_2)^2}-\sqrt{\frac{1}{4}}\right)=-1.\end{aligned}$$

按定义 2，得原广义积分收敛，且

$$\int_0^1 \frac{1-2x}{\sqrt{x-x^2}}\mathrm{d}x = 1-1 = 0.$$

例 7　讨论$\int_{-1}^1 \frac{\mathrm{d}x}{x^2}$的敛散性.

解　因为被积函数$\frac{1}{x^2}$在区间$[-1,1]$内有一无穷间断点$x=0$，按定义 2，所讨论积分可分为两个积分之和：

$$\int_{-1}^1 \frac{\mathrm{d}x}{x^2} = \int_{-1}^0 \frac{\mathrm{d}x}{x^2} + \int_0^1 \frac{\mathrm{d}x}{x^2}.$$

由于　$$\int_{-1}^0 \frac{\mathrm{d}x}{x^2} = \lim_{\varepsilon_1\to 0^-}\int_{-1}^{\varepsilon_1} \frac{\mathrm{d}x}{x^2} = \lim_{\varepsilon_1\to 0}\left(-\frac{1}{x}\right)\Bigg|_{-1}^{\varepsilon_1} = \lim_{\varepsilon_1\to 0^-}\left(-\frac{1}{\varepsilon_1}-1\right) = +\infty,$$

（或由于$\int_0^1 \frac{\mathrm{d}x}{x^2} = \lim_{\varepsilon_2\to 0^+}\int_{\varepsilon_2}^1 \frac{\mathrm{d}x}{x^2} = \lim_{\varepsilon_2\to 0^+}\left(-\frac{1}{x}\right)\Bigg|_{\varepsilon_2}^1 = +\infty$）

因此，积分$\int_{-1}^1 \frac{1}{x^2}\mathrm{d}x$发散.

对于一个既有无穷限，又有奇点的广义积分，可以将积分区间分为若干段，使每个段上的积分属于定义 1 或定义 2 中的类型，然后分别讨论. 同样，只有当每个段上的广义积分均收敛时，才能说所给的广义积分收敛.

习题 6.4

1. 回答下列问题：

(1) 什么叫广义积分？它与常义积分有何区别？

(2) 如果$\int_a^{+\infty} f(x)\mathrm{d}x$发散，则当$n\to\infty$时是否必有$\int_a^n f(x)\mathrm{d}x\to\infty$？举例说明.

2. 下列广义积分是否收敛？若收敛试求其值.

(1) $\int_1^{+\infty} \frac{1}{\sqrt{x}(1+x)}\mathrm{d}x$；　(2) $\int_1^2 \frac{x}{\sqrt{x-1}}\mathrm{d}x$；

(3) $\int_1^{+\infty} \frac{\arctan x}{x^2}\mathrm{d}x$；　(4) $\int_{-\infty}^{+\infty} \frac{\mathrm{d}x}{x^2+2x+2}$；

(5) $\int_{-1}^1 \frac{\mathrm{d}x}{\sqrt{1-x^2}}$；　(6) $\int_0^{+\infty} \mathrm{e}^{-ax}\cos bx\,\mathrm{d}x\quad(a>0)$；

(7) $\int_{-\frac{\pi}{4}}^{\frac{3\pi}{4}} \frac{\mathrm{d}x}{\cos^2 x}$；　(8) $\int_0^{+\infty} \frac{1}{x^2}(x\cos x-\sin x)\mathrm{d}x$.

3. 证明：

(1) $\int_0^1 \frac{1}{x^p}\mathrm{d}x$仅当$p<1$时收敛；　(2) $\int_0^{+\infty} \frac{1}{x^p}\mathrm{d}x$对任意的$p$均为发散.

6.5 定积分的应用

本节讨论定积分在几何学与物理学中的一些应用. 如何将实际问题中的量表示为定积分,在 6.1.1 节中已有详尽的描述. 例如,为求曲边梯形的面积 A,大体上分为以下四步:

(1) 将区间 $[a,b]$ 分为 n 个子区间 $[x_{i-1},x_i](1\leqslant i\leqslant n)$;面积 A 亦相应地分为 n 份,即 $A=\sum\limits_{i=1}^{n}A_i$;

(2) 求出 A_i 的近似值 $f(\xi_i)\Delta x_i,\xi_i\in[x_{i-1},x_i]$;

(3) 将 $\sum\limits_{i=1}^{n}f(\xi_i)\Delta x_i$ 作为 A 的近似值;

(4) 令最大子区间长度 $\lambda\to 0$ 而得到 A 的积分表示

$$A=\lim_{\lambda\to 0}\sum_{i=1}^{n}f(\xi_i)\Delta x_i=\int_a^b f(x)\mathrm{d}x.$$

上述方法通常称作"分割求和法",这种方法步骤清楚,直观易懂. 但如果对每个实际应用问题都如此操作,则未免过于繁琐. 为了简化解题步骤,我们用逆推法来分析面积 A 的积分表示.

记 $A(x)=\int_a^x f(t)\mathrm{d}t$,当 Δx 充分小时(见图 6.16),则

$$\Delta A(x)=A(x+\Delta x)-A(x)=\int_x^{x+\Delta x}f(t)\mathrm{d}t\approx f(x)\Delta x. \tag{1}$$

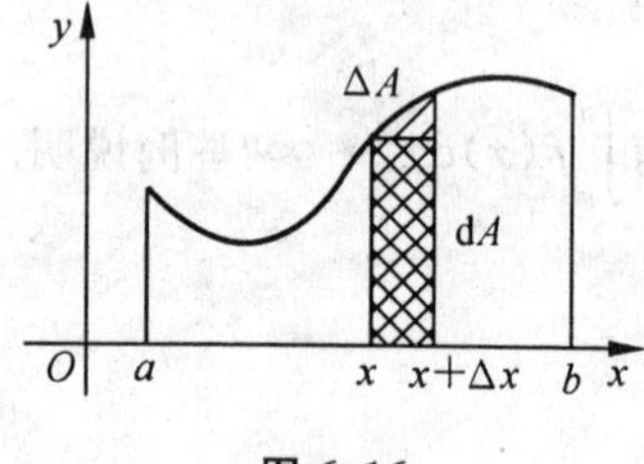

图 6.16

式(1) 表示,若能求出 A 在微元区间 $[x,x+\Delta x]$ 上 $\Delta A(x)$ 的近似值 $f(x)\Delta x$,则 $f(x)$ 在 $[a,b]$ 上的定积分便是所求量 A. 称 $f(x)\Delta x$ 为 A 在 $[x,x+\Delta x]$ 上的面积微元,记作 $\mathrm{d}A(x)$ 或 $\mathrm{d}A$,并把通过求 $[x,x+\Delta x]$ 上面积微元 $\mathrm{d}A=f(x)\Delta x$ 而得到量 A 的定积分表示 $A=\int_a^b f(x)\mathrm{d}x$ 的方法称为**"微元法"**. 这种方法的关键是求出形为 $f(x)\Delta x$ 的面积微元.

一般的,若 Q 是分布在区间 $[a,b]$ 上的量,它关于区间具有可加性(即各子区间上量 Q 的和等于 $[a,b]$ 上的量 Q),则先求出任意微区间 $[x,x+\Delta x]$ 上 Q 的微元 $\mathrm{d}Q=q(x)\Delta x$,然后积分即得 Q 的值

$$Q=\int_a^b q(x)\mathrm{d}x.$$

以下的应用问题中均采用微元法将所求量表示为定积分.

6.5.1　定积分的几何应用

1. 平面图形的面积

图 6.17 所示，设平面图形 D 由曲线 $y=f_1(x)$，$y=f_2(x)(f_2>f_1)$ 及直线 $x=a$，$x=b$ 围成，则 D 的面积 A 为

$$A=\int_a^b[f_2(x)-f_1(x)]\mathrm{d}x. \tag{2}$$

事实上，区间 $[x,x+\Delta x]$ 上的面积元为 $\mathrm{d}A=[f_2(x)-f_1(x)]\Delta x$，将这些面积元从 $x=a$ 到 $x=b$"加起来"(即积分) 即得式(2).

由式(2) 可推得图 6.18 中图形 D_1 的面积 A_1 及图形 D_2 的面积 A_2：

$$A_1=\int_a^b[f(x)-0]\mathrm{d}x=\int_a^b f(x)\mathrm{d}x; \tag{3}$$

$$A_2=\int_a^b[0-g(x)]\mathrm{d}x=-\int_a^b g(x)\mathrm{d}x. \tag{4}$$

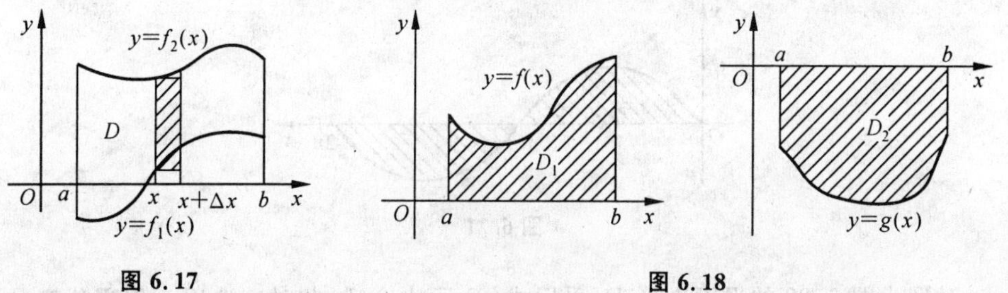

图 6.17　　**图 6.18**

例 1　求 $[0,1]$ 区间上以 $y=x^2$ 为下边，$y=x$ 为上边的图形 D 的面积 A(见图 6.19).

解　由式(2) 得

$$A=\int_0^1(x-x^2)\mathrm{d}x=\left[\frac{1}{2}x^2-\frac{1}{3}x^3\right]_0^1=\frac{1}{2}-\frac{1}{3}=\frac{1}{6}.$$

例 2　求由抛物线 $y=x^2$ 与 $y=2-x^2$ 所围图形 D 的面积 A(见图 6.20).

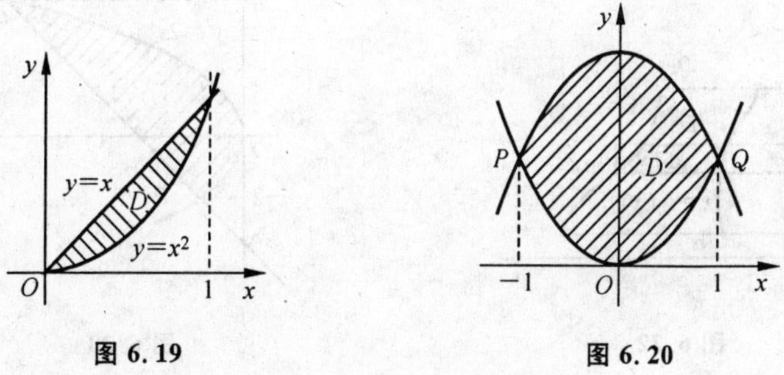

图 6.19　　**图 6.20**

解 联立两抛物线方程,求得交点 $P(-1,1)$ 及 $Q(1,1)$. 作草图(见图 6.20),从而由式(2) 得

$$A=\int_{-1}^{1}(2-x^2-x^2)\mathrm{d}x=\int_{-1}^{1}(2-2x^2)\mathrm{d}x$$
$$=2\int_{-1}^{1}(1-x^2)\mathrm{d}x=2\left(x-\frac{1}{3}x^3\right)\Big|_{-1}^{1}=\frac{8}{3}.$$

例 3 求区间$[0,2\pi]$上以正弦曲线 $y=\sin x$ 与 x 轴围成的图形的面积 A.

解 如图 6.21 所示,在$[0,\pi]$上,$\sin x\geqslant 0$;在$[\pi,2\pi]$上,$\sin x\leqslant 0$,故由式(3)、式(4) 得

$$A=\int_{0}^{\pi}\sin x\mathrm{d}x-\int_{\pi}^{2\pi}\sin x\mathrm{d}x$$
$$=2+2=4.$$

亦可由图形的特点,求出一拱的面积$\int_{0}^{\pi}\sin x\mathrm{d}x$,然后乘以 2.

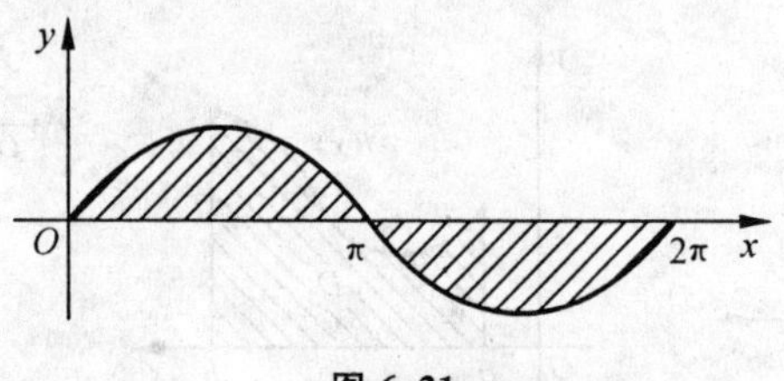

图 6.21

对形为图 6.22 的平面图形 D,采用式(2) 不太合适. 此时应选用 y 作积分变量,在$[c,d]$区间上考虑 D 的面积. 取水平长条为面积微元,则

$$\mathrm{d}A=[g_2(y)-g_1(y)]\Delta y,$$

从而
$$A=\int_{c}^{d}\mathrm{d}A=\int_{c}^{d}[g_2(y)-g_1(y)]\mathrm{d}y \tag{5}$$

例 4 求由曲线 $y^2=2x$ 与直线 $y=x-4$ 所围图形 D 的面积 A(见图 6.23).

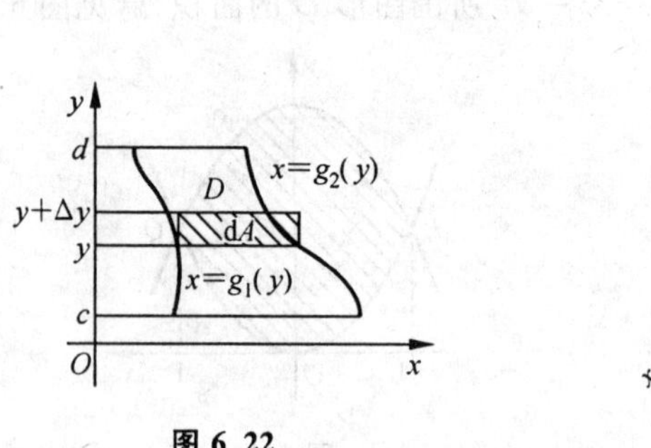

图 6.22

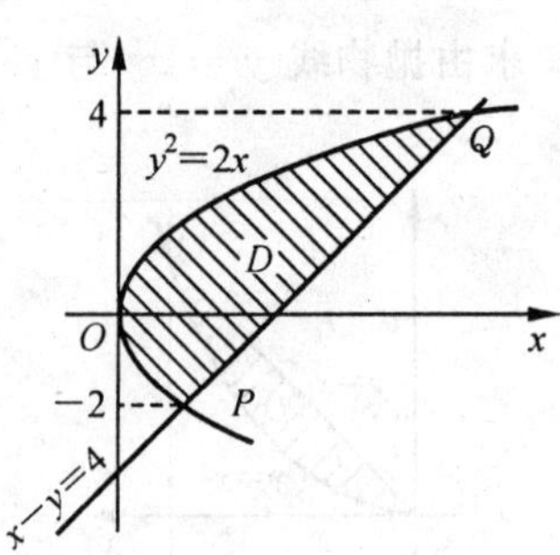

图 6.23

解　联立两边界曲线方程，得交点 P、Q 的纵坐标 $y_1=-2$，$y_2=4$. 对照式(5) 得

$$A=\int_{-2}^{4}\left[(y+4)-\frac{1}{2}y^2\right]\mathrm{d}y=18.$$

再考虑边界曲线方程是极坐标方程的平面图形的面积计算问题.

设图形 D 由极坐标曲线 $r=r(\theta)$（$r(\theta)$ 为连续函数）及 $\theta=\alpha$，$\theta=\beta$ 所围（这种图形称作曲边扇形），求其面积 A.

选 θ 为积分变量，在区间 $[\alpha,\beta]$ 上考虑面积 A. 微区间 $[\theta,\theta+\Delta\theta]$ 对应的面积 ΔA 可以用一个半径为 $r(\theta)$，圆心角为 $\Delta\theta$ 的扇形面积 $\frac{1}{2}r^2(\theta)\Delta\theta$ 来近似（见图6.24），即 $\mathrm{d}A=\frac{1}{2}r^2(\theta)\mathrm{d}\theta$，从而

$$A=\int_{\alpha}^{\beta}\mathrm{d}A=\int_{\alpha}^{\beta}\frac{1}{2}r^2(\theta)\mathrm{d}\theta. \tag{6}$$

例 5　求心形线 $r=a(1+\cos\theta)$ $(a>0)$ 所围成的图形的面积 A.

解　心形线如图 6.25 所示，由对称性，可只求 x 轴上方的部分图形的面积，然后乘以 2 即得 A. 由式(6) 得

$$\begin{aligned}A&=2\int_0^{\pi}\frac{a^2}{2}(1+\cos\theta)^2\mathrm{d}\theta=a^2\int_0^{\pi}(1+2\cos\theta+\cos^2\theta)\mathrm{d}\theta\\&=a^2\left(\pi+2\sin\theta\Big|_0^{\pi}+2\int_0^{\pi/2}\cos^2\theta\mathrm{d}\theta\right)=a^2\left(\pi+0+2\cdot\frac{\pi}{4}\right)=\frac{3}{2}\pi a^2,\end{aligned}$$

其中，$\int_0^{\pi}\cos^2\theta\mathrm{d}\theta=2\int_0^{\pi/2}\cos^2\theta\mathrm{d}\theta=2\cdot\frac{1}{2}\cdot\frac{\pi}{2}$，是利用区间 $[0,\pi]$ 上 $y=\cos^2\theta$ 的几何特性.

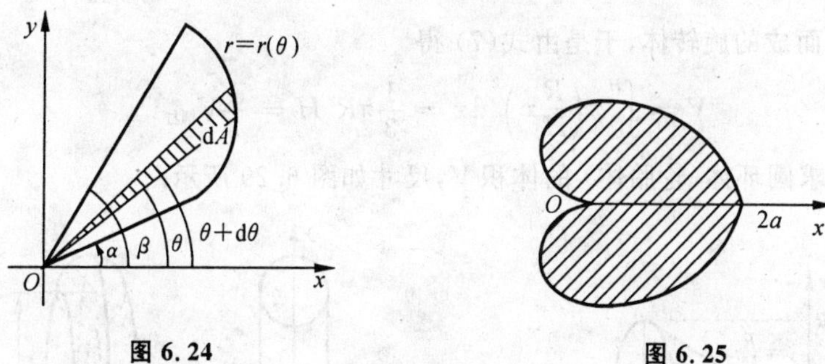

图 6.24　　　　图 6.25

例 6　求三叶玫瑰线 $r=a\cos3\varphi(a>0)$（见图6.26）所围成的区域 D 的面积 A.

解　由对称性，只用求在第一象限部分的图形面积，然后乘以 6 即得 A.

由 $r=a\cos3\varphi\geqslant0$ 知 $\varphi\in[0,\pi/6]$（第一象限部分），于是由式(6) 得

$$A=6\int_0^{\pi/6}\frac{1}{2}a^2\cos^2 3\varphi\mathrm{d}\varphi\xlongequal{t=3\varphi}a^2\int_0^{\pi/2}\cos^2 t\mathrm{d}t=\frac{1}{4}\pi a^2.$$

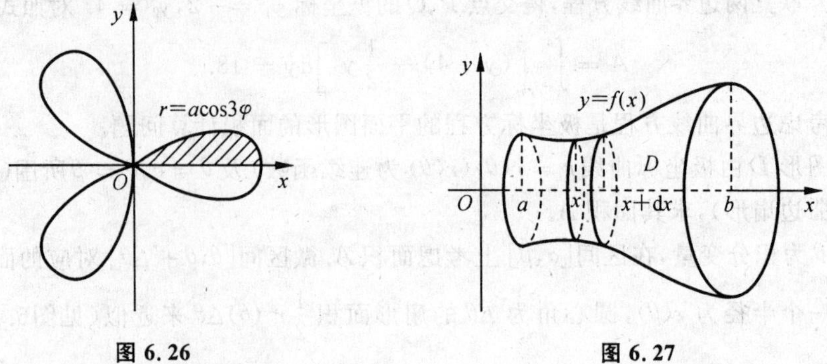

图 6.26　　图 6.27

2. 几种立体的体积

先考虑旋转体的体积,这是一种常见的立体,如球体、圆锥体、圆柱体等等.

称一个平面图形 D 绕该平面上一直线旋转而成的立体叫旋转体. 以下考虑坐标系中的一种典型情况:设旋转体由区间$[a,b]$上以连续曲线$y=f(x)$ ($f(x)\geqslant0$) 为曲边的曲边梯形 D 绕 x 轴而成(见图6.27),求其体积 V.

选 x 为积分变量,在区间$[a,b]$上考虑体积 V. 微区间$[x,x+\Delta x]$上对应的体积 ΔV 可以用半径为 $f(x)$,高为 Δx 的圆柱体体积 $\pi f^2(x)\Delta x$ 来近似,即 $\mathrm{d}V=\pi f^2(x)\Delta x$,从而所求体积为

$$V=\int_a^b \mathrm{d}V=\int_a^b \pi f^2(x)\mathrm{d}x. \tag{7}$$

例 7　求高为 H,底半径为 R 的圆锥体体积 V.

解　如图 6.28 所示,此圆锥体可看作是$[0,H]$上以直线$y=\dfrac{R}{H}x$为曲边的曲边梯形绕 x 轴而成的旋转体,于是由式(7) 得

$$V=\int_0^H \pi\left(\frac{R}{H}x\right)^2\mathrm{d}x=\frac{1}{3}\pi R^2 H=\frac{1}{3}V_{圆柱}.$$

例 8　求圆环体(轮胎体) 的体积 V,尺寸如图 6.29 所示.

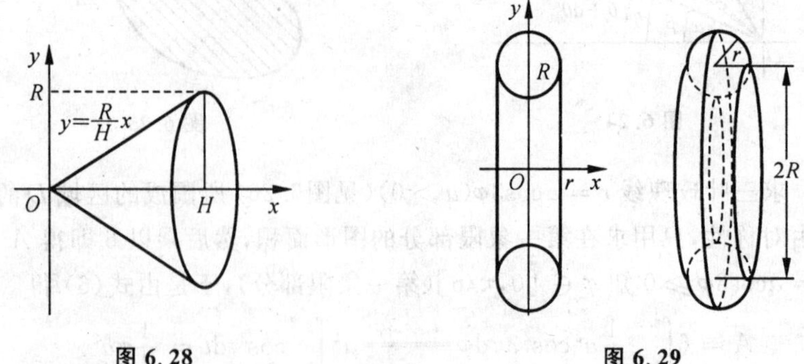

图 6.28　　图 6.29

解　建立如图 6.29 所示的坐标系，则圆环体体积可看作是区间$[-r,r]$上分别以上半圆周 $y=R+\sqrt{r^2-x^2}$ 及下半圆周$y=R-\sqrt{r^2-x^2}$ 为曲边的曲边梯形绕 x 轴而成的两旋转体体积之差，故由式(7) 得

$$V=V_1-V_2=\int_{-r}^{r}\pi\left(R+\sqrt{r^2-x^2}\right)^2\mathrm{d}x-\int_{-r}^{r}\pi\left(R-\sqrt{r^2-x^2}\right)^2\mathrm{d}x$$

$$=\int_{-r}^{r}\pi\left[\left(R+\sqrt{r^2-x^2}\right)^2-\left(R-\sqrt{r^2-x^2}\right)^2\right]\mathrm{d}x$$

$$=4\pi R\int_{-r}^{r}\sqrt{r^2-x^2}\,\mathrm{d}x=4\pi R\cdot\frac{1}{2}\pi r^2\quad\text{（定积分几何意义）}$$

$$=2\pi R\cdot\pi r^2\quad\text{（大圆周长与小圆面积之积）}=2R(\pi r)^2.$$

式(7) 中被积函数 $\pi f^2(x)$ 恰是旋转体在 x 处的截面面积，而立体体积是截面面积$A(x)$在$a\leqslant x\leqslant b$上的定积分. 由这一看法可以引出以下更一般的体积计算公式.

设$[a,b]$是立体 Ω 在 x 轴上的投影区间，$A(x)$ 是在 x 处 Ω 的截面面积. 若$A(x)$为连续函数，则 Ω 的体积 V 为

$$V=\int_a^b A(x)\mathrm{d}x. \tag{8}$$

式(8) 的推导从略，此处只举例说明其应用.

例 9　一平面经过半径为 R 的圆柱体的底圆中心，并与底面成角 $\alpha(0<\alpha<\pi/2)$. 求截下部分立体 Ω 的体积 V(见图 6.30).

解　Ω在x 轴上的投影区间是$[-R,R]$，在x处截面面积

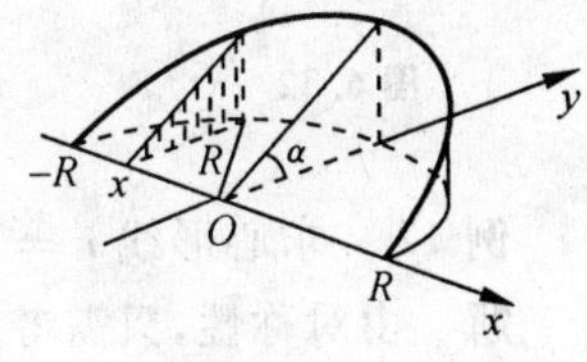

图 6.30

$$A(x)=\frac{1}{2}\sqrt{R^2-x^2}\cdot\sqrt{R^2-x^2}\tan\alpha$$

$$=\frac{1}{2}(R^2-x^2)\tan\alpha,$$

故由式(8) 得

$$V=\int_{-R}^{R}A(x)\mathrm{d}x=\frac{1}{2}\int_{-R}^{R}(R^2-x^2)\tan\alpha\mathrm{d}x=\frac{1}{2}\tan\alpha\left[R^2x-\frac{1}{3}x^3\right]_{-R}^{R}=\frac{2}{3}R^3\tan\alpha.$$

3. 平面曲线的弧长

设有一曲线弧段$\widehat{AB}$，其方程为 $y=f(x)\ (a\leqslant x\leqslant b)$. 设 $f(x)$ 的导函数连续，现求此弧段的长度 s.

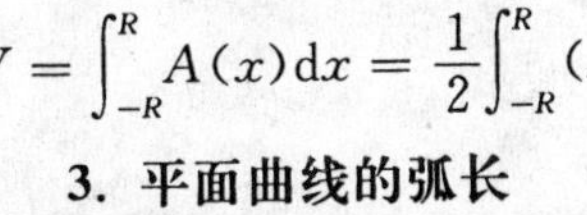

选 x 为积分变量，在区间$[a,b]$上考虑弧长 s. 由微分学(4.6节)知，微元区间$[x,x+\Delta x]$上的弧长 Δs(见图 6.31) 近似于弧微分 $\mathrm{d}s=\sqrt{1+f'(x)^2}\,\mathrm{d}x$，故

图 6.31

$$s=\int_a^b\mathrm{d}s=\int_a^b\sqrt{1+f'(x)^2}\,\mathrm{d}x. \tag{9}$$

注意: (1) 若曲线$\overset{\frown}{AB}$的方程是参数式 $x=x(t), y=y(t)\ \alpha\leqslant t\leqslant\beta$,则由于 $ds=\sqrt{x'(t)^2+y'(t)^2}dt$,故

$$s=\int_{\alpha}^{\beta}\sqrt{x'(t)^2+y'(t)^2}dt. \tag{10}$$

(2) 若曲线$\overset{\frown}{AB}$的方程是极坐标式 $r=r(\theta), \alpha\leqslant\theta\leqslant\beta$, 则由于 $ds=\sqrt{r(\theta)^2+r'(\theta)^2}d\theta$, 故

$$s=\int_{\alpha}^{\beta}\sqrt{r(\theta)^2+r'(\theta)^2}d\theta. \tag{11}$$

例 10 求曲线段 $y=\frac{2}{3}x^{\frac{3}{2}}(0\leqslant x\leqslant 3)$ 的弧长 s.

解 因 $y'=x^{\frac{1}{2}}, \sqrt{1+(y')^2}=\sqrt{1+x}$,故由式(9) 得

$$s=\int_0^3\sqrt{1+x}dx=\frac{2}{3}(1+x)^{\frac{3}{2}}\Big|_0^3=\frac{2}{3}(8-1)=\frac{14}{3}.$$

例 11 求摆线 $x=a(t-\sin t), y=a(1-\cos t)$ 一拱 $(0\leqslant t\leqslant 2\pi)$ 的弧长 $s(a>0)$(见图 6.32).

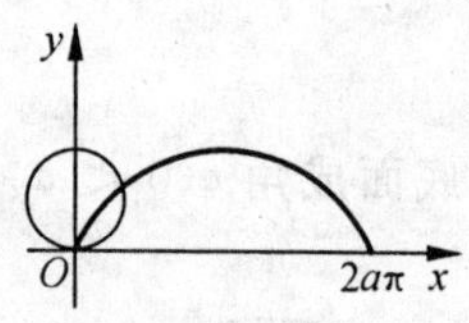

图 6.32

解 由式(10) 得

$$\begin{aligned}s&=a\int_0^{2\pi}\sqrt{(1-\cos t)^2+\sin^2 t}dt\\&=a\int_0^{2\pi}\sqrt{2(1-\cos t)}dt\\&=2a\int_0^{2\pi}\sin\frac{t}{2}dt=4a\left[-\cos\frac{t}{2}\right]_0^{2\pi}=8a.\end{aligned}$$

例 12 求心形线 $r=a(1+\cos\theta)$ 的全长$(a>0)$.

解 由对称性,只需考虑 $0\leqslant\theta\leqslant\pi$ 上的一段. 由式(11) 得

$$s=2\int_0^{\pi}\sqrt{a^2(1+\cos\theta)^2+a^2\sin^2\theta}d\theta=2a\int_0^{\pi}\sqrt{2+2\cos\theta}d\theta=4a\int_0^{\pi}\cos\frac{\theta}{2}d\theta=8a.$$

习题 6.5(一)

1. 求下列平面图形的面积.

(1) 三次抛物线 $y=x^3$ 与直线 $y=2x$ 所围的平面图形;

(2) 曲线 $xy=1$ 与直线 $y=x$ 和 $y=2$ 所围的平面图形;

(3) 曲线 $y=|\ln x|$ 与直线 $y=0.1, x=10$ 和 x 轴所围的平面图形.

2. 求由下列各曲线所围成的图形的面积.

(1) $r=2a\cos\theta$; (2) $x=a\cos^3 t; y=a\sin^3 t$; (3) $r=2a(2+\cos\theta)$.

3. 求由下列各曲线所围成图形的公共部分的面积.

(1) $r=3\cos\theta$ 及 $r=1+\cos\theta$; (2) $r=\sqrt{2}\sin\theta$ 及 $r^2=\cos 2\theta$.

4. 求由抛物线 $y^2 = 4ax(a > 0)$ 与过焦点的弦所围成的图形面积的最小值.

5. 求由曲线 $y = \sqrt{x}$ 与直线 $x = 1, x = 4$ 和 x 轴所围成的平面图形分别绕 x 轴和 y 轴旋转而得的旋转体体积.

6. 求曲线 $y = x^2$ 与 $x = y^2$ 所围成的平面图形分别绕 x 轴和 y 轴旋转而得的旋转体体积.

7. 求以半径为 R 的圆为底，平行且等于底圆直径的线段为顶，高为 h 的正劈锥体的体积(见图 6.33).

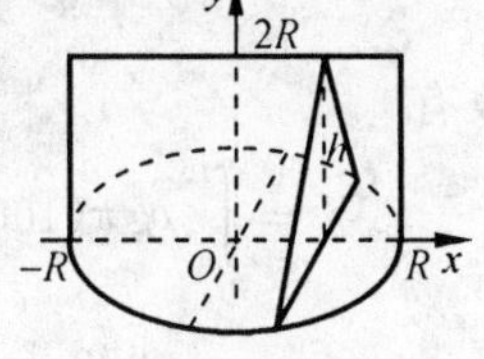

图 6.33

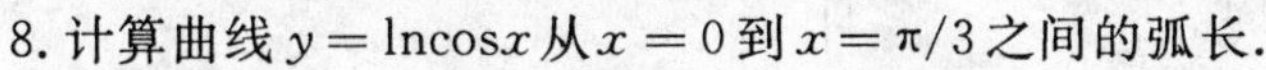

8. 计算曲线 $y = \ln\cos x$ 从 $x = 0$ 到 $x = \pi/3$ 之间的弧长.

9. 计算曲线 $x = \dfrac{1}{4}y^2 - \dfrac{1}{2}\ln y$ 从 $y = 1$ 到 $y = \mathrm{e}$ 之间的弧长.

10. 计算曲线 $x = \dfrac{1}{2}\ln(t^2 - 1), y = \sqrt{t^2 - 1}$，从 $t = 3$ 到 $t = 7$ 之间的弧长.

6.5.2　定积分的物理应用

1. 变力沿直线做功

设一物体在力 f 的作用下沿 x 轴从点 a 位移到点 b，又设力的方向和位移的方向一致，当 f 是常数 k 时，f 对物体所做的功为 $W = k(b - a)$. 当 f 在 $[a,b]$ 上连续变化，即 $f = f(x)$ 时，f 对物体所做的功 W 可以用定积分计算.

为求得功的值，在位移区间 $[a,b]$ 内任取一微区间 $[x, x + \Delta x]$，由于 $f(x)$ 的连续性，力 f 在该段区间上做的功近似于

$$\mathrm{d}W = f(x)\Delta x,$$

于是

$$W = \int_a^b \mathrm{d}W = \int_a^b f(x)\mathrm{d}x. \tag{12}$$

例 13　设把一个弹簧在其线性弹性限度内从自然长度拉长 1m 需做功 98N·m，今将此弹簧从自然长度拉长 2m(设仍在弹性限度内)，问需做功多少?

解　由虎克定律，拉力为 $f(x) = kx$，其中 x 是弹簧从自然长度拉伸的长度. 现先确定系数 k. 由条件知

$$98 = \int_0^1 kx\mathrm{d}x = \frac{k}{2},$$

故 $k = 196$. 由式(12)，所求的功为

$$W = \int_0^2 196x\mathrm{d}x = 98x^2\Big|_0^2 = 392(\mathrm{N \cdot m}).$$

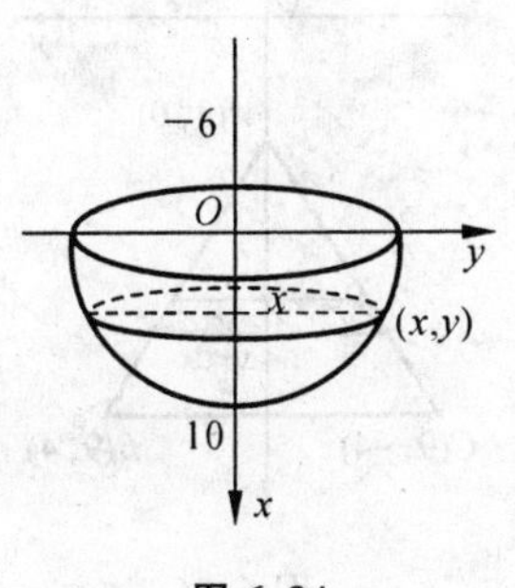

图 6.34

例 14　一个半径为 10m 的半球形桶，装满水，将其中所有的水抽到桶顶部上方 6m 处，求所做的功 W.

解　建立坐标系如图 6.34 所示，取深度为积分变量 x，x 的变化范围为区间 $[0,10]$，相应于 $[0,10]$ 上任一微区

间$[x,x+\mathrm{d}x]$的一片薄水层的高度为$\mathrm{d}x$,水的密度为ρ,这一薄水层的重量近似等于$\rho\pi g y^2\mathrm{d}x$,这里$y=\sqrt{10^2-x^2}$.把这片薄水层抽到桶顶部上方6m处所做的功为

$$\mathrm{d}W=\rho g\pi(100-x^2)(x+6)\mathrm{d}x,$$

故有

$$\begin{aligned}W&=\int_0^{10}\rho g\pi(100-x^2)(x+6)\mathrm{d}x=\rho g\pi\int_0^{10}(100x-x^3-6x^2+600)\mathrm{d}x\\&=\rho g\pi\left[50x^2-\frac{x^4}{4}-2x^3+600x\right]\Bigg|_0^{10}\\&=\rho g\pi\left(5000-\frac{10000}{4}-2000+6000\right)=6500\rho g\pi.\end{aligned}$$

所以

$$W=65\times10^4\times98\pi(\mathrm{N}\cdot\mathrm{m}).$$

2. 液体对平板的静压力

由物理学知道,在水深为h处的压强为$p=\rho gh$(其中,ρ为液体的密度).如果一块面积为A的平板水平地置于水深h处,则平板一侧所受的水的压力为$F=pA$.

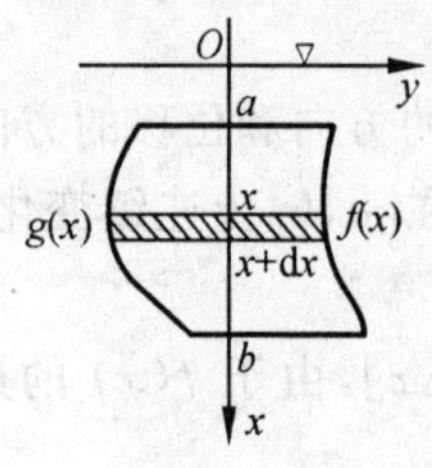

图 6.35

现将平板铅直地置于水中,那么,由于处于不同水深处的压强p不相等,平板一侧所受的压力就不能直接用上述乘积公式.这时,可借助于定积分的概念来解决问题.

设平面薄板的边界是连续曲线$y_1=f(x)$,$y_2=g(x)$ $(y_1\geqslant y_2)$及直线$x=a$,$x=b$,将它垂直竖立在液体中(见图6.35),求液体对此板一侧的静压力F.

在区间$[a,b]$上任取一微区间$[x,x+\Delta x]$,则所对应的平面薄板微元的面积$\Delta A\approx[f(x)-g(x)]\Delta x$,且由于该微元上高度差是$\Delta x$,故其上压强可视作常值$\mu gx$,$\mu$为液体密度.于是该微元承受的静压力为$\mathrm{d}F=\mu gx[f(x)-g(x)]\Delta x$,从而

$$F=\int_a^b\mu gx[f(x)-g(x)]\mathrm{d}x. \tag{13}$$

例 15 一底为8cm,高为6cm的等腰三角形,铅直沉没在水中,顶在上,底在下,而顶离水面3cm,试求其一侧上水的静压力.

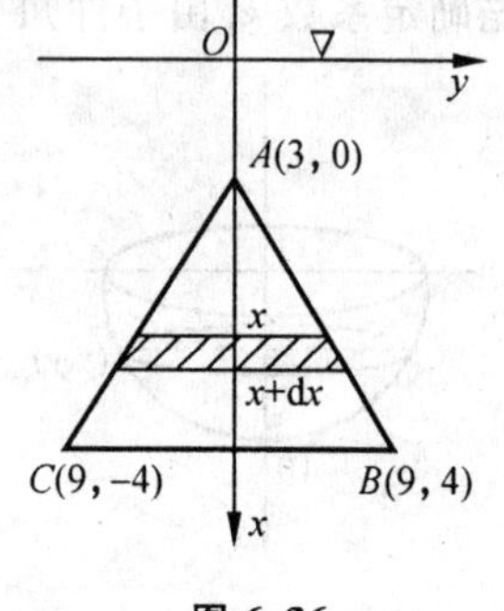

图 6.36

解 建立坐标系如图6.36所示,水的密度为ρ.AB所在的直线方程为$y=f(x)=\frac{2}{3}x-2$,AC所在的直线方程为$y=g(x)=-\frac{2}{3}x+2$.于是,由式(13)得

$$F=\int_3^9\rho gx\left[\frac{2}{3}x-2-\left(-\frac{2}{3}x+2\right)\right]\mathrm{d}x$$

$$= 2\rho g\int_3^9 x\left(\frac{2}{3}x - 2\right)\mathrm{d}x = 2\rho g\left[\frac{2}{9}x^3 - x^2\right]_3^9 = 168\rho g.$$

所以，$F = 168\rho g$.

习题 6.5(二)

1. 一弹簧原长为 1m，把它压缩 1cm 所用力为 0.05N，求把它从 80cm 压缩到 60cm 所做的功.

2. 直径为 20cm，高为 80cm 的圆柱体内充满压强为 $10\mathrm{N/cm^2}$ 的蒸汽，设温度保持不变，要使蒸汽体积缩小一半，问需要做多少功.

3. 设地球的质量为 M，半径为 R，现要将一个质量为 m 的物体从地球表面升高到 h 处，问需要做多少功.

4. 用铁锤将一铁钉击入木板，设木板对铁钉的阻力与铁钉击入木板的深度成正比，在击第一次时，将铁钉击入木板 1cm，如果铁锤每次打击铁钉所做的功相等，问击第二次时，铁钉又击入多少？

5. 设一锥形贮水池，深 15m，口径 20m，盛满水. 现用水泵将水吸尽，问需要做多少功？若将水抽到高出水池边 3m 处，问需要做多少功？

6. 一个等腰梯形闸门，它的两条底边各长 10m 和 6m，高为 20m，较长的底边与水面相平齐，试计算闸门一侧所受的水的压力.

7. 一块高为 a，底为 b 的等腰三角形薄板，垂直地沉没在水中，顶在下，底与水面相齐，试计算薄板每面所受的压力. 如果把它倒放，使它的顶与水面相齐，而底与水面平行，压力又如何？

8. 求电流 $i(t) = I\mathrm{msin}\omega t$ 在半周期 $[0, \pi/\omega]$ 上的平均值 $\bar{i}$.

6.6　定积分的近似计算

利用牛顿 - 莱布尼兹公式虽然可精确地计算出大量定积分的值，但是，有许多函数由于无法计算其原函数，因此相应的定积分的值也就很难得到. 例如定积分 $\int_{-1}^{1}\sqrt{1+x^4}\,\mathrm{d}x$，要得到它的精确值是不可能的. 但是，我们可以用黎曼和计算定积分的近似值，并且，只要使黎曼和中每个子区间小到某个程度，就可达到任意所需要的精确度. 下面侧重介绍两个计算定积分 $\int_a^b f(x)\mathrm{d}x$ 的方法.

6.6.1　梯形法

当 $f(x) \geqslant 0$ 时，$\int_a^b f(x)\mathrm{d}x$ 表示平面域的面积，因此，为方便起见，设 $f(x) \geqslant 0$，

则求定积分$\int_a^b f(x)\mathrm{d}x$便转化为求以$f(x)$为曲边,区间$[a,b]$为底的曲边梯形面积.如果$f(x)<0$,我们总可适当选择C,使$f(x)+C\geqslant 0$.而

$$\int_a^b [f(x)+C]\mathrm{d}x=\int_a^b f(x)\mathrm{d}x+C(b-a),$$

这里$C(b-a)$是常数,由此可借用求面积

$$A=\int_a^b [f(x)+C]\mathrm{d}x$$

而得到积分$\int_a^b f(x)\mathrm{d}x$的值.

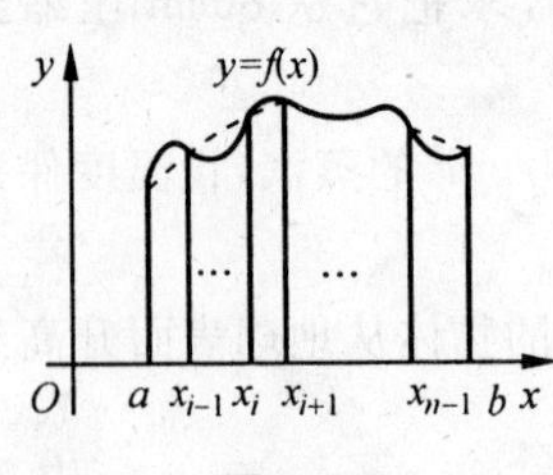

图 6.37

取一分割$\rho=\{a=x_0,x_1,x_2,\cdots,x_n=b\}$,把区间$[a,b]$分成$n$个相等的子区间,每个子区间长为$(b-a)/n$,然后用梯形去代替小曲边梯形(见图6.37),最后把这些小梯形的面积加起来,便得

$$\begin{aligned}\int_a^b f(x)\mathrm{d}x&\approx\sum_{i=1}^{n}\frac{b-a}{2n}[f(x_{i-1})+f(x_i)]\\&=\frac{b-a}{2n}[(f_0+f_1)+(f_1+f_2)+\cdots+(f_{n-1}+f_n)]\\&=\frac{b-a}{2n}[f_0+f_n+2(f_1+f_2+\cdots+f_{n-1})],\end{aligned}\tag{1}$$

其中,$f_i=f(x_i)(0\leqslant i\leqslant n$,下同).式(1)称为**梯形法近似公式**.

例 1 用梯形法计算$\pi=\int_0^1\frac{4\mathrm{d}x}{1+x^2}$的近似值,取$n=4$.

解 取$x_0=0,x_1=0.25,x_2=0.5,x_3=0.75,x_4=1$,则由公式(1)有

$$\begin{aligned}\int_0^1\frac{4\mathrm{d}x}{1+x^2}&\approx 4\times\frac{1}{2\times 4}\Big[\Big(1+\frac{1}{2}\Big)+2\Big(\frac{1}{1+0.25^2}\\&\quad+\frac{1}{1+0.5^2}+\frac{1}{1+0.75^2}\Big)\Big]\approx 3.1318.\end{aligned}$$

6.6.2 抛物线法

这种方法是用轴线平行于y轴的抛物线去代替梯形法中的直线段.因由不同的三点才能确定一抛物线,故这时子区间的个数n应为偶数,每个子区间长为$\frac{b-a}{n}$.

今设过相邻近的三点$A(x_0,f_0)$、$B(x_1,f_1)$、$C(x_2,f_2)$的抛物线方程为$y=P_1(x)=\alpha+\beta x+\gamma x^2$.为确定$\alpha$、$\beta$、$\gamma$,将$A$、$B$、$C$三个点代入方程,得方程组:

$$\begin{cases}f_0=\alpha+\beta x_0+\gamma x_0^2,\\f_1=\alpha+\beta x_1+\gamma x_1^2,\\f_2=\alpha+\beta x_2+\gamma x_2^2.\end{cases}$$

从方程组中解出 α、β、γ 后代入抛物线方程，即可得到过 A、B、C 三个点的抛物线方程为

$$y = P_1(x) = f_0 + \frac{f_1 - f_0}{h}(x - x_0) + \frac{f_0 - 2f_1 + f_2}{2h^2}(x - x_0)(x - x_1),$$

其中，$h = \dfrac{b-a}{n}$，则在 $[x_0, x_2]$ 上由此抛物线所围的微曲边梯形面积等于积分

$$\int_{x_0}^{x_2} P_1(x)\mathrm{d}x = \frac{h}{3}(f_0 + 4f_1 + f_2).$$

类似地，在子区间 $[x_{i-1}, x_{i+1}]$ 上抛物线 $y = P_i(x)$ 所围的面积等于

$$\frac{h}{3}(f_{i-1} + 4f_i + f_{i+1}).$$

把所有的小抛物线梯形面积加起来，即得 $\int_a^b f(x)\mathrm{d}x$ 的近似值：

$$\begin{aligned}\int_a^b f(x)\mathrm{d}x &\approx \frac{h}{3}[(f_0 + 4f_1 + f_2) + (f_2 + 4f_3 + f_4) \\ &\quad + \cdots + (f_{n-2} + 4f_{n-1} + f_n)] \\ &= \frac{b-a}{3n}[f_0 + f_n + 2(f_2 + f_4 + \cdots + f_{n-2}) \\ &\quad + 4(f_1 + f_3 + \cdots + f_{n-1})]. \end{aligned} \tag{2}$$

式(2) 称为**抛物线法公式**，也称**辛普森(Simpson) 公式**.

例 2　利用抛物线法计算 $\pi = \int_0^1 \dfrac{4\mathrm{d}x}{1+x^2}$ 的近似值. 取 $n = 4$.

解　同例 1，取 $x_0 = 0, x_1 = 0.25, x_2 = 0.5, x_3 = 0.75, x_4 = 1$，依公式(2) 有

$$\int_0^1 \frac{4\mathrm{d}x}{1+x^2} \approx \frac{4}{12}\left(1 + \frac{2}{1+0.5^2} + \frac{4}{1+0.25^2} + \frac{4}{1+0.75^2} + \frac{1}{2}\right) \approx 3.14157.$$

与例 1 相比，此处计算量并未增大，而精度明显提高. 可见，抛物线法较梯形法好.

除梯形法和抛物线法之外，还可直接用黎曼和来计算 $\int_a^b f(x)\mathrm{d}x$ 的近似值. 由于它相当于在区间 $[x_{i-1}, x_i]$ 上用矩形面积 $f(\xi_i)\Delta x_i$ 作为近似值，故称作矩形法. 用矩形法引起的误差通常要比以上两种方法大些.

习题 6.6

1. 取分点 $x_1 = 0, x_2 = 1, x_3 = 2$，用矩形法求定积分 $\int_0^2 \sqrt{1+x^3}\,\mathrm{d}x$ 的近似值.

2. 用梯形法近似计算 $\int_0^1 \dfrac{4}{1+x^2}\mathrm{d}x$，取 $n = 4$.

3. 用抛物线法近似计算 $\int_0^1 \dfrac{4}{1+x^2}\mathrm{d}x$，取 $n = 2$.

小　结

一、基本要求

● 正确理解定积分概念及其基本性质和几何意义，了解定积分与不定积分，微分与积分之间的内在联系.

● 熟悉变上限的积分作为其上限的函数及其求导定理. 能熟练运用牛顿 - 莱布尼兹公式计算定积分.

● 能运用定积分换元法和分部积分法计算定积分. 会处理较简单的论证题.

● 了解两类广义积分的概念. 会求较简单的广义积分.

● 了解定积分的微元法. 会用微元法建立定积分表达式，并计算一些几何量(面积、旋转体体积及平行截面面积为已知的立体体积，弧长等)和简单的物理量(功、液压力等).

● 知道定积分的近似计算法(梯形法和抛物线法).

二、内容提要

本章的主要内容是定积分的概念、性质、计算方法，以及定积分在几何、物理方面的应用.

1. 定积分的定义

从两个典型的实际问题 —— 求曲边梯形面积和求变速直线运动的路程引出定积分的定义.

设在 $[a,b]$ 上函数 $f(x)$ 有界，在 $[a,b]$ 中取任一分割 $\mathscr{P}=\{a=x_0<x_1<\cdots<x_n=b\}$，它将 $[a,b]$ 任意分成 n 个小区间，在每个小区间 $[x_{i-1},x_i]$ 中任取一点 ξ_i，作黎曼和

$$\sum_{i=1}^{n} f(\xi_i)\Delta x_i,$$

其中，$\Delta x_i=x_i-x_{i-1}$. 设 λ 为 $\Delta x_i\,(i=1,\cdots,n)$ 中的最大值，则若极限值

$$\lim_{\substack{n\to\infty\\(\lambda\to 0)}}\sum_{i=1}^{n} f(\xi_i)\Delta x_i=I$$

存在，就称此极限值为 $f(x)$ 在 $[a,b]$ 上的定积分，记作

$$I=\int_a^b f(x)\,\mathrm{d}x.$$

在学习定义时，要特别注意以下几点：

● 分割的方法以及 ξ_i 的取法是任意的，即极限值 I 应与分割法、取点法无关.

● 极限过程 $\lambda \to 0$，不能随便用 $n \to \infty$ 代替. 因为后者只能使分点无限增多，而不能保证每个小区间长度无限变小.

● 若函数在区间 $[a,b]$ 上连续，或者在 $[a,b]$ 上只有有限个第一类间断点，则可以断定函数在 $[a,b]$ 上必定可积. 由此可知，若初等函数在 $[a,b]$ 上有界，则一定可积.

2. 定积分的简单性质

(1) $\int_a^b k[f(x) \pm g(x)]\mathrm{d}x = k\int_a^b f(x)\mathrm{d}x \pm k\int_a^b g(x)\mathrm{d}x$.

(2) $\int_a^b f(x)\mathrm{d}x = -\int_b^a f(x)\mathrm{d}x$，特别，$\int_a^a f(x)\mathrm{d}x = 0$.

(3) $\int_a^b f(x)\mathrm{d}x = \int_a^c f(x)\mathrm{d}x + \int_c^b f(x)\mathrm{d}x$.

(4) 若 $f(x) \leqslant g(x)$，则 $\int_a^b f(x)\mathrm{d}x \leqslant \int_a^b g(x)\mathrm{d}x \quad (a \leqslant b)$.

(5) $\int_a^b 1 \cdot \mathrm{d}x = \int_a^b \mathrm{d}x = b - a$.

(6) $m(b-a) \leqslant \int_a^b f(x)\mathrm{d}x \leqslant M(b-a)$，其中，$m$、$M$ 分别为 $f(x)$ 在 $[a,b]$ 上的最小值与最大值.

(7) $\left|\int_a^b f(x)\mathrm{d}x\right| \leqslant \int_a^b |f(x)|\mathrm{d}x \ (a \leqslant b)$.

(8) 若 $f(x)$ 在 $[a,b]$ 上连续，则必有 $a \leqslant \xi \leqslant b$，使

$$\int_a^b f(x)\mathrm{d}x = f(\xi)(b-a).$$

上述性质均可从定积分的定义直接推出.

3. 定积分与不定积分的关系

● 若 $f(x)$ 在区间 $[a,b]$ 上连续，则 $\int_a^x f(t)\mathrm{d}t = G(x)$ 是 $f(x)$ 在该区间上的一个原函数，即 $G'(x) = f(x)$.

● 若 $f(x)$ 是连续函数，$F(x)$ 是 $f(x)$ 的一个原函数，则

$$\int_a^b f(x)\mathrm{d}x = F(b) - F(a) \xlongequal{\text{记}} F(x)\Big|_a^b .$$

这样就可以利用不定积分计算函数在区间上的定积分.

4. 定积分的计算

● 定积分的换元法

若 $\varphi(t)$ 在 $\alpha \leqslant t \leqslant \beta$ 上单值且有连续导数，$f(x)$ 在 $x = \varphi(t)$ 处连续，又有 $\varphi(\alpha) = a$，$\varphi(\beta) = b$，则

$$\int_a^b f(x)\mathrm{d}x = \int_\alpha^\beta f[\varphi(t)]\cdot\varphi'(t)\mathrm{d}t.$$

● 定积分的分部积分法

设 $u(x)$、$v(x)$ 在 $[a,b]$ 上有连续导数，则

$$\int_a^b u(x)v'(x)\mathrm{d}x = [u(x)v(x)]_a^b - \int_a^b v(x)u'(x)\mathrm{d}x.$$

5. 广义积分是定积分的推广(分为两个方面)

● 无穷区间上的广义积分

分别定义广义积分为

$$\int_a^{+\infty} f(x)\mathrm{d}x = \lim_{b\to+\infty}\int_a^b f(x)\mathrm{d}x,$$

$$\int_{-\infty}^b f(x)\mathrm{d}x = \lim_{a\to-\infty}\int_a^b f(x)\mathrm{d}x,$$

$$\int_{-\infty}^{+\infty} f(x)\mathrm{d}x = \lim_{u\to-\infty}\int_u^a f(x)\mathrm{d}x + \lim_{v\to+\infty}\int_a^v f(x)\mathrm{d}x.$$

若等式右边的极限值存在，则称等式左边的广义积分收敛，否则称其发散.

● 无界函数的广义积分

设 $f(x)$ 在区间 (a,b) 上连续，而 $\lim\limits_{x\to a^+} f(x) = \infty$，则定义

$$\int_a^b f(x)\mathrm{d}x = \lim_{\varepsilon\to0^+}\int_{a+\varepsilon}^b f(x)\mathrm{d}x.$$

若等式右边的极限值存在，则称等式左边的广义积分收敛，否则称其发散. 这里 $x=a$ 称为奇点.

可类似地定义 $x=b$ 为奇点或奇点出现在区间 (a,b) 内部的广义积分，这里不再详述.

6. 定积分的几何应用

● 求平面图形的面积

▲ 在直角坐标系中

由 $y_1 = f(x)$，$y_2 = g(x)$ $(y_1 > y_2)$ 及 $x=a$，$x=b$ 所围成的平面图形的面积为

$$A = \int_a^b [f(x) - g(x)]\mathrm{d}x.$$

由 $x_1 = f(y)$，$x_2 = g(y)$ $(x_1 > x_2)$ 及 $y=c$，$y=d$ 所围成的图形面积为

$$A = \int_c^d [f(y) - g(y)]\mathrm{d}y.$$

▲ 在极坐标系中

由曲线 $r = r(\theta)$ 及射线 $\theta=\alpha$，$\theta=\beta$(这里 $\alpha<\beta$) 所围成的平面图形的面积为

$$A = \frac{1}{2}\int_\alpha^\beta r^2(\theta)\mathrm{d}\theta.$$

● 求立体的体积

▲ 已知平行截面面积的立体

在三维直角坐标系中,立体介于平面 $x=a,x=b$ 之间,以与 x 轴垂直的平面截此立体,所得截面的面积为 x 的已知函数$A(x)$,则立体的体积为

$$V=\int_a^b A(x)\mathrm{d}x.$$

▲ $y=f(x)$ 为$[a,b]$上的连续函数,平面区域$\begin{cases}a\leqslant x\leqslant b,\\0\leqslant y\leqslant |f(x)|\end{cases}$绕 x 轴旋转一周所形成的立体的体积为

$$V=\pi\int_a^b f^2(x)\mathrm{d}x.$$

● 求曲线的弧长

▲ 在直角坐标系中

曲线 $y=f(x)$ 介于点$(a,f(a))$ 及点$(b,f(b))$ 之间的弧段长度为

$$s=\int_a^b\sqrt{1+[f'(x)]^2}\,\mathrm{d}x,$$

其中,$\mathrm{d}s=\sqrt{1+[f'(x)]^2}$ 为弧微分.

▲ 参数方程所表曲线的弧长

若曲线 C 用参数方程式

$$\begin{cases}x=x(t),\\y=y(t)\end{cases}\quad(\alpha\leqslant t\leqslant\beta)$$

给出,则介于点$(x(\alpha),y(\alpha))$ 及点$(x(\beta),y(\beta))$ 之间的弧段长为

$$s=\int_\alpha^\beta\sqrt{[x'(t)]^2+[y'(t)]^2}\,\mathrm{d}t.$$

▲ 在极坐标系中

曲线 $r=r(\theta)$ 介于点$(\alpha,r(\alpha))$ 及点$(\beta,r(\beta))$ 之间的弧段长度为

$$s=\int_\alpha^\beta\sqrt{[r(\theta)]^2+[r'(\theta)]^2}\,\mathrm{d}\theta.$$

7. 定积分的物理应用

● 变力沿直线做功.

设物体在变力 $y=f(x)$ 作用下,沿直线从 $x=a$ 运动到 $x=b$,则此力对物体所做的功为

$$W=\int_a^b f(x)\mathrm{d}x.$$

● 求液体的静压力.

平面域由曲线 $y_1=f(x),y_2=g(x)(y_1\geqslant y_2)$ 及直线 $x=a$ 及$x=b(a\leqslant b)$ 所围,将其垂直置于液体中,顶部直线为 $x=a$(见图 6.38),则平面一侧所受压力为

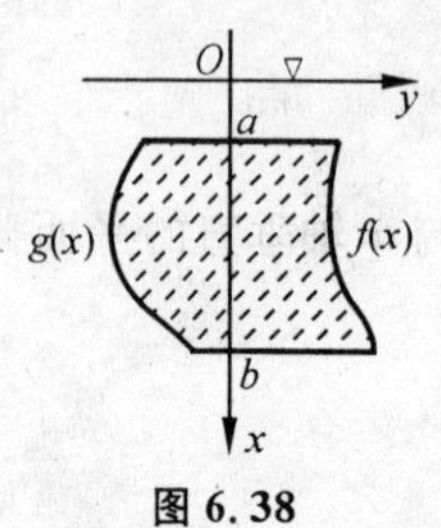

图 6.38

$$F=\int_a^b \mu g x[f(x)-g(x)]\mathrm{d}x,$$

其中,μ 为液体的密度.

● 设 $y=f(x)$ 在$[a,b]$上连续,则它在$[a,b]$上的平均值为

$$\bar{y}=\frac{1}{b-a}\int_a^b f(x)\mathrm{d}x.$$

8. 定积分的近似计算

● 梯形法近似公式

$$\int_a^b f(x)\mathrm{d}x\approx\frac{b-a}{n}\left(\frac{y_0+y_n}{2}+y_1+y_2+\cdots+y_{n-1}\right),$$

其中,y_i 为分点 $x_i(i=0,1,\cdots,n)$ 对应的 $y=f(x)$ 的函数值.

● 抛物线法近似公式

$$\int_a^b f(x)\mathrm{d}x=\frac{b-a}{6n}[y_0+y_n+2(y_2+y_4+\cdots+y_{2n-2})$$
$$+4(y_1+y_3+\cdots+y_{2n-1})]\text{(}n\text{ 为正整数)}.$$

三、学习指导

● 体会定积分方法特点:一个分布在时段或空间段$[a,b]$上的复杂量,先分解为n个局部量之和,对每个局部量(微元)作出合理的近似并相加,让分解无限加细而计算近似量和式的极限,这个极限就是所要求的复杂量.这一思想方法在后面的各类积分中还会一再使用.

● 计算定积分的方法主要是牛顿-莱布尼兹公式但有时以下方法可能更快:

▲ 对称区间$[-a,a]$上的定积分$\int_{-a}^a f(x)\mathrm{d}x$.应看看 $f(x)$ 或者 $f(x)=u(x)+v(x)$ 中的 u 或 v 是否为奇函数,以便利用对称区间上奇函数定积分为零的性质.

▲ 当被积函数是分段函数时,应该将积分区间作相应的分段而分别计算,如

$$\int_0^2|x-1|\mathrm{d}x=\int_0^1(1-x)\mathrm{d}x+\int_1^2(x-1)\mathrm{d}x.$$

▲ 当被积函数 $f(x)\geqslant 0(a\leqslant x\leqslant b)$ 时,定积分$\int_a^b f(x)\mathrm{d}x$就是以 $y=f(x)$ 为顶的曲顶梯形的面积,当此面积 A 易得时,可用 A 来表示定积分,如

$$\int_0^4\sqrt{4-x^2}\mathrm{d}x=\frac{1}{4}\pi\cdot 2^2=\pi\text{(圆面积的}\frac{1}{4}\text{)}.$$

● 在考虑定积分应用问题时,积分区间与变量,被积函数都得自己确定,有些问题中这些要素并不唯一,要注意选择合适的坐标系,作出几何图形,这常常有助于问题的解决.

到目前为止，一元函数微积分学的基本内容已经学完.我们知道，求导问题和求不定积分问题是一对互逆的计算问题，而定积分是通过极限概念引入的一个确定数值，这是定积分与不定积分概念截然不同之处，但它又通过变上限的积分，特别是牛顿-莱布尼兹公式与不定积分密切相关.要求解一个定积分，首先要找出被积函数的原函数，即先要进行不定积分的计算，所以第五章的内容是本章内容的基础.但是作为定积分在计算方面又有它自己的特点.例如，利用定积分特有的换元法，可推导出一些较重要的公式.如：

1° 设 $f(x)$ 是以 l 为周期的连续函数，则

$$\int_a^{a+l} f(x)\mathrm{d}x = \int_0^l f(x)\mathrm{d}x;$$

2° $\int_{-a}^{a} f(x)\mathrm{d}x = \int_{-a}^{a}[f(x)+f(-x)]\mathrm{d}x$；

3° $\int_0^{\frac{\pi}{2}} f(\sin x)\mathrm{d}x = \int_0^{\frac{\pi}{2}} f(\cos x)\mathrm{d}x$；

4° $\int_0^{\pi} xf(\sin x)\mathrm{d}x = \frac{\pi}{2}\int_0^{\pi} f(\sin x)\mathrm{d}x$；

等等.

就定积分的概念形成而言，它的"无限细分"与"无限积累"的过程表示了微元分析过程，所以本章在定积分应用中讨论的"微元法"思路是解决应用问题极其重要的方法.对许多应用问题我们已经利用微元法推导出其公式，理解、熟记并运用这些公式也是学习中的主要内容之一.

学习本章时还应注意以下几点.

● 无论是定积分计算还是定积分应用，都应充分运用对称性，例如定积分

$$I = \int_{-\pi}^{\pi} x^2 \sin x\mathrm{d}x.$$

由于积分区间对称于原点，被积函数为奇函数，所以 $I=0$. 但如果求由曲线 $y = x^2\sin x$ 与 x 轴在区间 $[-\pi,\pi]$ 上所围平面图形之面积 A，则

$$A = 2\int_0^{\pi} x^2 \sin x\mathrm{d}x.$$

● 无论是定积分的几何应用还是物理应用，都应正确选择坐标系与积分变量，特别是要作出图形，以增强对实际问题的直观想象力，从而有助于对问题的分析.

自　测　题

一、是非判断题.（每小题 2 分，共 10 分）

1. 函数在区间 $[a,b]$ 上有界，则 $f(x)$ 在 $[a,b]$ 上可积.（　　）

2. 设 $f(x)$ 在 $(-\infty,+\infty)$ 上连续，则 $G(x)=\int_a^x f(t)\mathrm{d}t$ 是 $f(x)$ 的一个原函数.(　　)

3. $\dfrac{\mathrm{d}}{\mathrm{d}x}\int_1^x \sin t\mathrm{d}t=\sin x-\sin 1$.(　　)

4. 函数 $f(x)$ 在 $[a,b]$ 上已定义，则存在一个 $\xi\in[a,b]$，使 $\int_a^b f(x)\mathrm{d}x=f(\xi)(b-a)$.(　　)

5. $\displaystyle\int_{-1}^1\frac{\mathrm{d}x}{1+x^2}=\int_{-1}^1\frac{1}{1+\left(\frac{1}{x}\right)^2}\cdot\frac{1}{x^2}\mathrm{d}x=-\int_{-1}^1\frac{1}{1+\left(\frac{1}{x}\right)^2}\mathrm{d}\frac{1}{x}$

$$=-\arctan\frac{1}{x}\bigg|_{-1}^1=-\frac{\pi}{2}.(\quad)$$

二、多项选择题.(每小题 2 分，共 12 分)

1. 积分区间相同，被积函数也相同的两个定积分的值一定(　　).

A. 相等　　B. 相差一个无穷小量　　C. 相差一个任意常数

2. 设 $a=\int_1^2 \ln x\mathrm{d}x,b=\int_1^2|\ln x|\mathrm{d}x$，则(　　).

A. $a>b$　　B. $a<b$　　C. $a=b$

3. 设函数 $f(x)$ 在 $[a,b]$ 上连续，则 $\int_a^b f(x)\mathrm{d}x=$(　　).

A. $\int_a^b f(u)\mathrm{d}u$　　B. $\int_a^b f(2u)\mathrm{d}(2u)$　　C. $\int_{\frac{a}{2}}^{\frac{b}{2}} f(2u)\mathrm{d}(2u)$

4. 设 $f(u)$ 在 $[a,b]$ 上连续，且 x 与 t 无关，则(　　).

A. $\int_a^b tf(x)\mathrm{d}t=t\int_a^b f(x)\mathrm{d}t$　　B. $\int_a^b tf(x)\mathrm{d}x=t\int_a^b f(x)\mathrm{d}x$

C. $\int_a^b tf(x)\mathrm{d}t=f(x)\int_a^b t\mathrm{d}t$

5. $\dfrac{\mathrm{d}}{\mathrm{d}x}\int_a^b \sin x^2\mathrm{d}x=$(　　).

A. $\sin x^2$　　B. 0　　C. $\sin b^2-\sin a^2$

6. 设 $f(x)$ 在 $(-\infty,+\infty)$ 内连续，不为 0，且 $a<b$，则下面定积分的值不为 0 的是(　　).

A. $\int_a^b|f(x)|\mathrm{d}x$　　B. $\int_a^b\mathrm{d}x$　　C. $\int_a^b f(x)\mathrm{d}x+\int_b^a f(x)\mathrm{d}x$

三、求下列定积分.(每小题 3 分，共 21 分)

1. $\int_0^5\dfrac{x^3}{x^2+1}\mathrm{d}x$；　2. $\int_{-1}^1\dfrac{\tan x}{\sin^2x+1}\mathrm{d}x$；　3. $\int_1^5\dfrac{\sqrt{x-1}}{x}\mathrm{d}x$；　4. $\int_0^{\ln 2}\sqrt{\mathrm{e}^x-1}\mathrm{d}x$；

5. $\int_0^2 x^2\sqrt{4-x^2}\mathrm{d}x$；　6. $\int_0^1 x\mathrm{e}^{-x}\mathrm{d}x$；　7. $\int_{\mathrm{e}^{-1}}^{\mathrm{e}}|\ln x|\mathrm{d}x$.

四、求下列极限.(每小题 2 分，共 8 分)

1. $\lim\limits_{n\to\infty}\dfrac{1}{n}\sum\limits_{i=1}^n\sqrt{1+\dfrac{i}{n}}$；　2. $\lim\limits_{x\to 0}\dfrac{\int_0^x\cos^2t\mathrm{d}t}{x}$；　3. $\lim\limits_{x\to 0}\dfrac{\int_0^x\arctan t\mathrm{d}t}{x^2}$；　4. $\lim\limits_{n\to\infty}\int_0^1\dfrac{x^n}{1+x^2}\mathrm{d}x$.

五、求解下列各题.(每小题 3 分，共 6 分)

1. 设 $f(x)=\int_{x^2}^x\ln t\mathrm{d}t$，求 $f'(x)$ 和 $f'\left(\dfrac{1}{2}\right)$.　2. 设 $b>0$，且 $\int_1^b\ln x\mathrm{d}x=1$，求 b.

六、讨论广义积分$\int_2^{+\infty}\frac{1}{x(\ln x)^p}\mathrm{d}x$的敛散性.(4 分)

七、求下列平面图形的面积.(每小题 4 分,共 16 分)

1. 由曲线 $y=\mathrm{e}^x$,$y=\mathrm{e}^{-x}$ 及直线 $x=1$ 所围成的平面图形.

2. 由曲线 $y=\frac{1}{2}x^2$,$y=\frac{1}{1+x^2}$ 所围成的平面图形.

3. 由抛物线 $y=-x^2+4x-3$ 及其在点$(0,-3)$和$(3,0)$处的切线所围成的平面图形.

4. 在心脏线 $r=a(1+\sin\theta)$ 的内部与圆周 $r=a$ 的外部所形成的平面图形(见图 6.39).

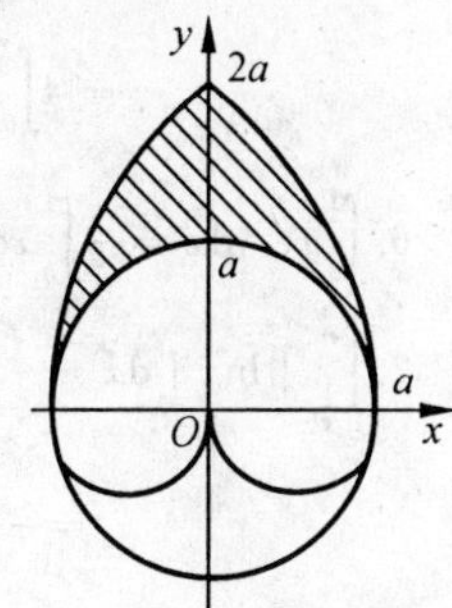

图 6.39

八、计算底面是半径为 R 的圆,而垂直于底面的截面是等边三角形的立体的体积 V.(4 分)

九、设一方形域的四个顶点分别为(0,0)、(0,1)、(1,1)、(1,0),现有曲线 $a^2y=x^2(0<a<1)$ 将正方形分成 A、B 两部分,A 位于上方.A 绕 y 轴、B 绕 x 轴旋转的旋转体积分别为 V_A、V_B,求常数 a,使 $V_A=V_B$.(4 分)

十、设沙的密度为 $2000\mathrm{kg/m^3}$,现要堆成一个底半径为 r,高为 h 的圆锥形沙堆,问需做多少功?(5 分)

十一、半径为 r 的球沉入水中,它与水面相切,密度与水相同,若将球从水中取出,需做多少功?(5 分)

十二、证明柯西 - 许瓦尔兹不等式:

$$\left[\int_a^b f(x)\cdot g(x)\mathrm{d}x\right]^2\leqslant\int_a^b f^2(x)\mathrm{d}x\cdot\int_a^b g^2(x)\mathrm{d}x,$$

其中,$f(x)$、$g(x)$ 在$[a,b]$上连续.(5 分)

自测题解答

一、1. × 2. ✓ 3. × 4. × 5. ×

二、1. A. 2. C. 3. A. 、C. 4. B. 、C. 5. B. 6. A. 、B.

三、1. $\int_0^5\frac{x^3}{x^2+1}\mathrm{d}x=\frac{1}{2}\int_0^5\frac{x^2\mathrm{d}x^2}{x^2+1}=\frac{1}{2}\int_0^5\frac{(x^2+1-1)\mathrm{d}x^2}{x^2+1}$

$$=\frac{1}{2}x^2\Big|_0^5-\frac{1}{2}\ln(x^2+1)\Big|_0^5=\frac{1}{2}(25-\ln 26).$$

2. $\int_{-1}^1\frac{\tan x}{\sin^2x+1}\mathrm{d}x=0$ (被积函数是奇函数).

3. 令 $\sqrt{x-1}=t$,则 $t:0\to 2$.

原积分$=\int_0^2\frac{t}{t^2+1}\cdot 2t\mathrm{d}t=2\int_0^2\frac{t^2+1-1}{t^2+1}\mathrm{d}t=2(t-\arctan t)\Big|_0^2=2(2-\arctan 2)$.

4. 令 $\sqrt{e^x-1}=t$,则 $t:0\to 1$.

原积分 $=\int_0^1 t\cdot\frac{2t}{t^2+1}dt=2(t-\arctan t)\Big|_0^1=2(1-\frac{\pi}{4})$.

5. 令 $x=2\sin t$,则 $t:0\to\frac{\pi}{2}$.

$$原积分=\int_0^{\frac{\pi}{2}}4\sin^2 t\cdot 2\cos t\cdot 2\cos t dt=4\int_0^{\frac{\pi}{2}}\sin^2 2t dt$$

$$=4\int_0^{\frac{\pi}{2}}\frac{1-\cos 4t}{2}dt=(2t-\frac{1}{2}\sin 4t)\Big|_0^{\frac{\pi}{2}}=\pi.$$

6. $\int_0^1 xe^{-x}dx=-\int_0^1 xde^{-x}=-(xe^{-x}-\int_0^1 e^{-x}dx)=1-2e^{-1}$.

7. $\int_{\frac{1}{e}}^{e}|\ln x|dx=-\int_{\frac{1}{e}}^{1}\ln x dx+\int_1^e \ln x dx$

$$=-(x\ln x-x)\Big|_{\frac{1}{e}}^{1}+(x\ln x-x)\Big|_1^e=2-\frac{2}{e}.$$

四、1. 原极限 $=\int_0^1\sqrt{1+x}dx=\frac{2}{3}(1+x)^{\frac{3}{2}}\Big|_0^1=\frac{2}{3}(2\sqrt{2}-1)$.

2. 原极限 $=\lim\limits_{x\to 0}\frac{\cos^2 x}{1}=1$.

3. 原极限 $=\lim\limits_{x\to 0}\frac{\arctan x}{2x}=\frac{1}{2}$.

4. 利用积分中值定义,得

原极限 $=\lim\limits_{n\to\infty}\frac{1}{1+\xi^2}\int_0^1 x^n dx=\lim\limits_{n\to\infty}\frac{1}{1+\xi^2}\cdot\frac{x^{n+1}}{n+1}\Big|_0^1=0$,其中,$\xi\in[0,1]$.

五、1. $f'(x)=\ln x-\ln x^2\cdot 2x=\ln x-4x\ln x$;

$$f'(\frac{1}{2})=-\ln 2+2\ln 2=\ln 2.$$

2. 所给等式为 $(x\ln x-x)\Big|_1^b=1$,即 $b\ln b-b+1=1$,解得 $b=e$.

六、$$\int_2^{+\infty}\frac{dx}{x(\ln x)^p}=\int_2^{+\infty}\frac{d\ln x}{(\ln x)^p}=\begin{cases}\lim\limits_{b\to+\infty}\ln\ln x\Big|_2^b=\infty & (p=1);\\ \lim\limits_{b\to+\infty}\frac{(\ln x)^{1-p}}{1-p}\Big|_2^b & (p\neq 1).\end{cases}$$

分析得 $p>1$ 时原积分收敛,$p\leqslant 1$ 时发散.

七、1. $A=\int_0^1(e^x-e^{-x})dx=(e^x+e^{-x})\Big|_0^1=e+e^{-1}-2$.

2. $y_1=\frac{1}{2}x^2$ 与 $y_2=\frac{1}{1+x^2}$ 均为偶函数,且均大于0,联立后解得曲线交点横坐标数 $x=1$. 又

当 $x\in(0,1)$ 时，$y_2>y_1$，于是

$$A=2\int_0^1\left(\frac{1}{1+x^2}-\frac{1}{2}x^2\right)dx=2\left(\frac{\pi}{4}-\frac{1}{6}\right).$$

3. 求切线斜率：$y'=-2x+4$，$y'(0)=4$，$y'(3)=-2$. 于是切线方程分别为 $y=4x-3$ 及 $y=-2x+6$. 联立求切线交点得 $x=\frac{3}{2}$（见图 6.40），于是

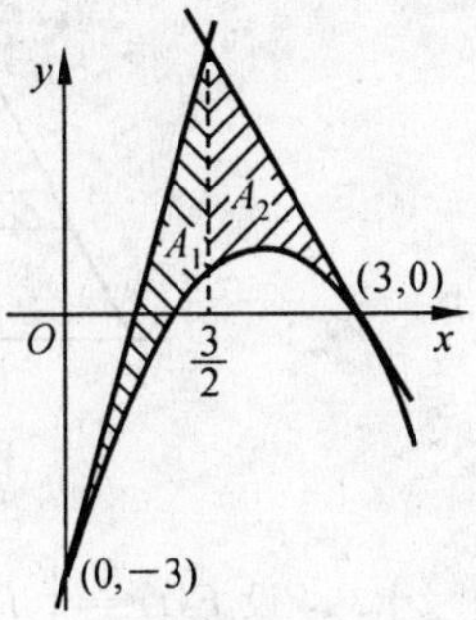

$$\begin{aligned}A=A_1+A_2&=\int_0^{\frac{3}{2}}[(4x-3)-(-x^2+4x-3)]dx\\&\quad+\int_{\frac{3}{2}}^3[(-2x+6)-(-x^2+4x-3)]dx\\&=\int_0^{\frac{3}{2}}x^2dx+\int_{\frac{3}{2}}^3(x^2-6x+9)dx=\frac{9}{4}.\end{aligned}$$

图 6.40

4. $A=\frac{1}{2}\int_0^{\pi}(1+\sin\theta)^2d\theta-\frac{\pi}{2}a^2=2+\frac{\pi a^2}{2}$.

八、$V=2\int_0^R A(x)dx=2\int_0^R\sqrt{3}(R^2-x^2)dx=\frac{4\sqrt{3}}{3}R^3$（见图 6.41）.

九、$V_A=\pi\int_0^1 a^2ydy=\frac{\pi}{2}a^2$，　$V_B=\pi\int_0^a\frac{x^4}{a^4}dx+\pi(1-a)=-\frac{4}{5}\pi a+\pi$.

$V_A=V_B\Rightarrow a=\frac{-4\pm\sqrt{66}}{5}$，由 $0<a<1$，得 $a=\frac{-4+\sqrt{66}}{5}$（见图 6.42）.

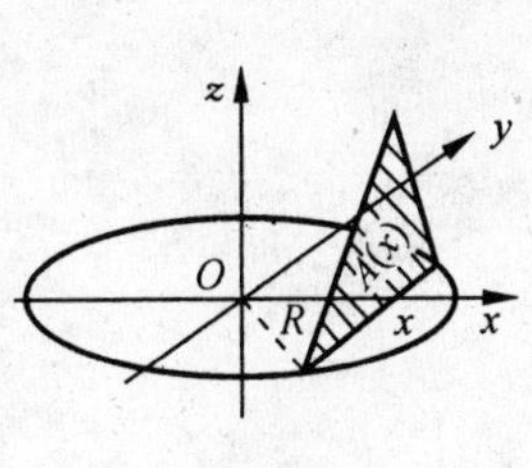

图 6.41

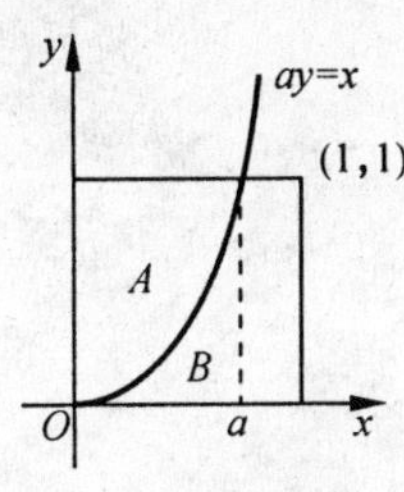

图 6.42

十、建立坐标系如图 6.43 所示，由 $\frac{x}{r}=\frac{h-y}{h}$，得 $x=\frac{h-y}{h}r$.

因 $dw=\rho ydv=\rho y\pi\left(\frac{h-y}{h}r\right)^2dy$，故

$$w=\int_0^h dw=\int_0^h\rho\pi r^2y\left(1-\frac{y}{h}\right)^2dy=\frac{10^3}{6}\pi r^2h\,\mathrm{kg\cdot m}=1633\pi r^2h\,\mathrm{N\cdot m}.$$

十一、建立坐标系如图 6.44 所示，其中，水深 x 为积分变量，且 $0\leqslant x\leqslant 2r$，圆的方程为 $(x-r)^2+y^2=r^2$.

因　$dw=(2r-x)\pi y^2dx=\pi(2r-x)^2xdx$，故　$w=\pi\int_0^{2r}(2r-x)^2xdx=\frac{4}{3}\pi r^4$.

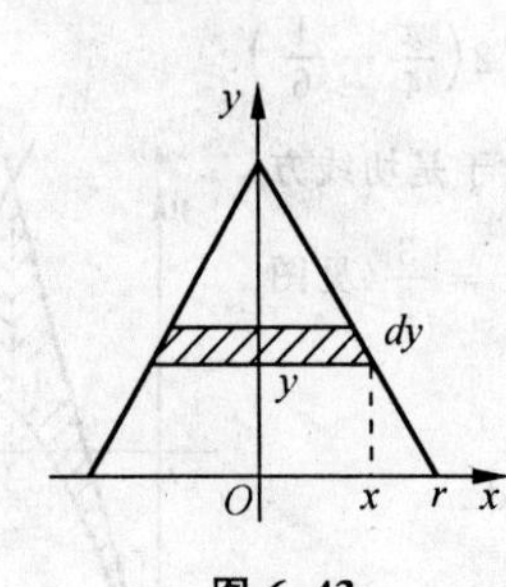

图 6.43

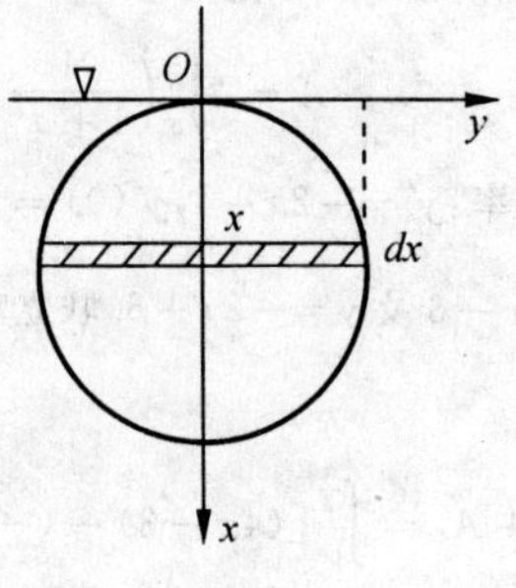

图 6.44

十二、设 $F(t)=\int_a^t f^2(x)\mathrm{d}x\cdot\int_a^t g^2(x)\mathrm{d}x-\left(\int_a^t f(x)\cdot g(x)\mathrm{d}x\right)^2$,则

$$F'(t)=f^2(t)\int_a^t g^2(x)\mathrm{d}x+g^2(t)\int_a^t f^2(x)\mathrm{d}x-2\int_a^t f(x)g(x)\mathrm{d}x\cdot f(t)g(t)$$
$$=\int_a^t [f(t)g(x)-f(x)g(t)]^2\mathrm{d}x.$$

因为 $t>a$,所以 $F'(t)\geqslant 0$;因为 $F(a)=0$,所以 $F(b)\geqslant 0$. 将 b 代入所设等式即可得结论.

第七章　常微分方程

微分方程是与微积分一起形成发展起来的重要的数学分支. 早在 17 至 18 世纪，牛顿、莱布尼兹、贝努里和拉格朗日等人在研究力学和几何学中就提出了微分方程. 后来，随着科学的发展，微分方程在力学、电学、天文学和其他数学物理领域内的应用不断获得成功，有力地推动了这些学科的发展. 当今微分方程的理论和应用都有了巨大的发展，它已成为研究自然科学和社会科学的一个强有力的工具.

本章将介绍常微分方程的基本概念，几种常用的微分方程的解法以及微分方程在实际问题中的应用.

7.1　常微分方程的基本概念

在解决实际问题中，经常需要建立与问题有关的各变量之间的函数关系. 这种关系有时可以直接建立，有时却只能根据一些基本科学原理来建立所求函数与其变化率之间的关系式，而后再从中解出所求的未知函数.

7.1.1　引例

下面通过几何、力学中的几个问题来说明微分方程的基本概念.

例 1　一曲线通过点(1,2)，且在该曲线上任一点 $M(x,y)$ 处的切线斜率为 $2x$，求这曲线方程.

解　设所求的曲线方程为 $y=y(x)$，根据导数的几何意义得到

$$\frac{\mathrm{d}y}{\mathrm{d}x}=2x.$$

两边取积分，得

$$y=\int 2x\mathrm{d}x=x^2+C,\quad (C\text{ 为任意常数}).$$

再根据曲线过(1,2) 点的条件知 $y(1)=2$，即

$$2=1^2+C,$$

从而 $C=1$. 于是所求的曲线方程为 $y=x^2+1$.

例 2　列车在平直线路上以 20m/s 的速度行驶；当制动时列车获得加速度 $-0.4\mathrm{m/s^2}$. 问开始制动后多少时间列车才能停住？在这段时间内列车行驶了多少路程？

解　把列车刹车时的时刻记为 $t=0$. 设制动后经过 t 秒时列车行驶了 s. 显然直

接求 $s=s(t)$ 是困难的,但由加速度的物理意义可知

$$\frac{\mathrm{d}^2 s}{\mathrm{d}t^2}=-0.4.$$

两边取积分,得

$$\frac{\mathrm{d}s}{\mathrm{d}t}=\int(-0.4)\mathrm{d}t=-0.4t+C_1,$$

两边再取积分,得

$$s=-0.2t^2+C_1t+C_2,$$

这里 C_1、C_2 都是任意常数.现需要确定 C_1、C_2 的值,依题意,未知函数 $s=s(t)$ 还应满足下列条件:

$$s(0)=0,\quad s'(0)=20.$$

将它们代入 $\frac{\mathrm{d}s}{\mathrm{d}t}$ 与 s 的表达式,即得 $C_1=20, C_2=0$,因此

$$s(t)=-0.2t^2+20t.$$

由于列车刹住时速度为零,即

$$s'(t)=-0.4t+20=0,$$

求得 $t=50\mathrm{s}$,于是列车所走的路程为

$$s(50)=(-0.2\times(50)^2+20\times 50)\mathrm{m}=500\mathrm{m}.$$

从以上两个例子可以看到,在许多问题中,只能从含有未知函数导数的等式中来求解未知函数,于是我们引进微分方程的概念.

7.1.2 微分方程及其类型

含有未知函数导数或微分的方程,称为**微分方程**.未知函数是一元函数的微分方程称为**常微分方程**;未知函数是多元函数的微分方程,称为**偏微分方程**.微分方程有时也简称为方程.本章只讨论常微分方程.在例1、例2中所建立的方程都是常微分方程.

不同类型的微分方程,在解法上有很大差异.因此,在解微分方程之前必须正确识别方程的类型.所谓方程的类型主要指方程的阶,线性与非线性,变系数与常系数,齐次与非齐次等.

微分方程中所出现的未知函数的最高阶导数或微分的阶数称为微分方程的阶.如例1中的方程是一阶方程,例2中的方程是二阶方程.n 阶微分方程的一般形式为

$$F(x,y,y',\cdots,y^{(n)})=0, \tag{1}$$

其中 F 是 $n+2$ 个变量的函数.这里必须指出在该方程中 $y^{(n)}$ 必须出现,而 x、y、$y',\cdots,y^{(n-1)}$ 等变量则可以不出现.如例2中的方程,除 $\frac{\mathrm{d}^2 s}{\mathrm{d}t^2}$ 外,其余变量都没有出现.

以后讨论的微分方程都是能从上面隐函数方程中解出最高阶导数的方程:

$$y^{(n)}=f(x,y,y',\cdots,y^{(n-1)}),$$

且 f 在所讨论的范围内是连续的.

在微分方程中,如果未知函数及其导数都是一次的,且不含有这些变量的乘积项,则称这样的微分方程为**线性微分方程**. n 阶线性微分方程的一般形式为

$$a_0(x)y^{(n)}+a_1(x)y^{(n-1)}+\cdots+a_{n-1}(x)y'+a_n(x)y=f(x),$$

其中 $a_k(x)(0\leqslant k\leqslant n)$ 及 $f(x)$ 为已知函数. 当 $f(x)\equiv 0$ 时的线性微分方程称为**线性齐次微分方程**,否则称为**线性非齐次微分方程**. 又若 $a_k(x)(0\leqslant k\leqslant n)$ 全为常数,则称为**常系数线性微分方程**,否则称为**变系数线性微分方程**. 例如:

$\dfrac{\mathrm{d}M}{\mathrm{d}t}=-kM$ 是一阶常系数线性齐次微分方程;

$\dfrac{\mathrm{d}^2x}{\mathrm{d}t^2}+a^2x=A\sin\omega t$ 是二阶常系数线性非齐次微分方程;

$x^2\dfrac{\mathrm{d}^2y}{\mathrm{d}x^2}+x\dfrac{\mathrm{d}y}{\mathrm{d}x}+(x^2-n^2)y=0$ 为二阶变系数线性齐次微分方程;

$\dfrac{\mathrm{d}^2\varphi}{\mathrm{d}t^2}+\dfrac{g}{l}\sin\varphi=0$ 为二阶非线性微分方程;

$\left(\dfrac{\mathrm{d}y}{\mathrm{d}x}\right)^2+2\dfrac{y}{x}\cdot\dfrac{\mathrm{d}y}{\mathrm{d}x}=1$ 为一阶非线性微分方程.

7.1.3 微分方程的解

满足微分方程的函数,即将它代入微分方程后,使该方程成为恒等式的函数称为微分方程的解. 确切地说,设函数 $y=\varphi(x)$ 在区间 I 上有 n 阶连续导数,如果在区间 I 上,

$$F[x,\varphi(x),\varphi'(x),\cdots,\varphi^{(n)}(x)]\equiv 0,$$

则称函数 $y=\varphi(x)$ 为微分方程(1)在区间 I 上的**解**.

例如 $y=\mathrm{e}^x$ 是微分方程 $y'=y$ 的解; $y=\cos mx$, $y=\sin mx$, $y=C_1\cos mx+C_2\sin mx$ (C_1,C_2 为任意常数)都是微分方程 $y''+m^2y=0$ 的解.

如果微分方程中的解中含有任意常数,且任意常数的个数与微分方程的阶数相同,这样的解叫做微分方程的**通解**.

例如可以验证 $y=x^2+C$ 是微分方程 $\dfrac{\mathrm{d}y}{\mathrm{d}x}=2x$ 的通解; $s=\dfrac{1}{2}gt^2+C_1t+C_2$ 是微分方程 $\dfrac{\mathrm{d}^2s}{\mathrm{d}t^2}=g$ 的通解.

通解中含有任意常数,它的任意性反映了微分方程所描述的这一类运动过程的一般规律. 有时我们需要确定某一具体变化过程的规律,这就还要给出确定这一具体变化过程的附加条件,利用这些条件可以确定通解中的任意常数. 对于常微分方程来说,这种附加条件通常是以运动开始时的状态或曲线在一点的状态给出的. 这种由运

动的初始状态(或函数在一特定点的状态)所给出的,用以确定通解中任意常数的附加条件,称为**初始条件**.

如例 1 的初始条件可以写作:

$$y|_{x=1}=2 \quad 或 \quad y(1)=2.$$

例 2 的初始条件可以写作:

$$s|_{t=0}=0, s'|_{t=0}=20 \quad 或 \quad s(0)=0, s'(0)=20.$$

利用初始条件确定通解中任意常数后所得出的解,称为微分方程的**特解**.

例如 $y=x^2+1$ 是例 1 的满足初始条件的特解;$s=-0.2t^2+20t$ 是例 2 的满足初始条件的特解.

求微分方程 $y'=f(x,y)$ 满足初始条件 $y|_{x=x_0}=y_0$ 的特解这样的问题,叫做一阶微分方程的**初值问题**,记作

$$\begin{cases} y'=f(x,y), \\ y|_{x=x_0}=y_0. \end{cases}$$

微分方程的解的图形是一条曲线,叫做微分方程的**积分曲线**.一阶微分方程的通解中含有一个任意常数,其解的图形构成一族积分曲线.解一阶微分方程有时也叫积分该微分方程.

例 3 验证函数 $y=Ce^{\cos x}-\cos x-1$(C 为任意常数)是微分方程

$$y'+y\sin x=-\sin x\cos x$$

的通解,并求该方程满足初始条件 $y(0)=0$ 的特解.

解 直接计算得

$$y'=-C\sin x e^{\cos x}+\sin x,$$

于是

$$\begin{aligned} y'+y\sin x &= -C\sin x e^{\cos x}+\sin x+C\sin x e^{\cos x}-\sin x\cos x-\sin x \\ &= -\sin x\cos x. \end{aligned}$$

因此,含有一个任意常数的解 $y=Ce^{\cos x}-\cos x-1$ 是原方程的通解.将 $y(0)=0$ 代入通解,得

$$0=Ce^{\cos 0}-\cos 0-1,$$

求得 $C=\dfrac{2}{e}$,于是所求的特解为 $y=2e^{\cos x-1}-\cos x-1$.

例 4 设 C 是任意常数,求以 $y=1/(Cx^2+1)$ 为通解的一阶微分方程.

解 由于

$$y(Cx^2+1)=1,$$

故对方程两边求导,得

$$2Cxy+(Cx^2+1)y'=0.$$

由 $y=1/(Cx^2+1)$ 解得 $C=\left(\dfrac{1}{y}-1\right)\Big/x^2$,代入上式得

$$\frac{x}{y}y' + 2(1-y) = 0.$$

该微分方程即为所求的一阶微分方程.

习题 7.1

1. 指出下列方程的类型：

(1) $y'^2 + 2xy = x^2$；　　(2) $y'' + 2xy = x^2$；

(3) $y'' + 2xyy' = x^2 + 1$；　　(4) $y'' + 2xy' + y^2 = 1$；

(5) $y'' + 2xy' + xy = 0$；　　(6) $xy'' + 2xy' + y = e^x$.

2. 证明下面函数是所给方程的解，并指出是通解还是特解：

(1) $y' - x + y = 0, y = Ce^{-x} + x - 1$，$C$ 为任意常数；

(2) $\frac{d^2y}{dt^2} + 2\frac{dy}{dt} - 3y = 2\cos t - 4\sin t, y = C_1e^t + C_2e^{-3t} + \sin t$，$C_1, C_2$ 为任意常数；

(3) $(x-2y)y' = 2x - y, x^2 - xy + y^2 = C$，$C$ 为任意常数；

(4) $x^2\left(\frac{d^2y}{dx^2}\right)^2 - 2y\frac{dy}{dx} = 0, y - 3x^2 = 0$.

3. 确定下列函数关系中的任意常数，使函数满足所给的初始条件：

(1) $x^2 - y^2 = C, y|_{x=0} = 5$；

(2) $y = (C_1 + C_2x)e^{2x}, y|_{x=0} = 0, y'|_{x=0} = 1$；

(3) $y = C_1e^t + C_2e^{-3t} + \sin t, y|_{t=0} = 2, y'|_{t=0} = -5$；

(4) $y = C_1\sin x - C_2, y|_{x=\pi} = 0, y'|_{x=\pi} = 1$.

4. 求曲线族

$$C_1x^2 + C_2y^2 = 1\ (C_1, C_2\ \text{为任意常数})$$

所满足的微分方程.

7.2 一阶微分方程

本节讨论形如

$$P(x,y)dx + Q(x,y)dy = 0$$

的一阶微分方程. 方程中变量 x 与 y 是对称的，它既可以看作 y 是 x 的函数，也可以看作 x 是 y 的函数. 当未知函数为 $y = y(x)$ 时，方程可表示为

$$\frac{dy}{dx} = -\frac{P(x,y)}{Q(x,y)}\quad (Q(x,y) \neq 0).$$

当未知函数为 $x = x(y)$ 时，方程可表示为

$$\frac{\mathrm{d}x}{\mathrm{d}y}=-\frac{Q(x,y)}{P(x,y)} \quad (P(x,y)\neq 0).$$

对于一些特殊形式的一阶方程,可以用积分的办法求出其通解.

7.2.1 变量可分离的方程

如果一个一阶微分方程可写为已分离变量的方程

$$f(x)\mathrm{d}x=g(y)\mathrm{d}y, \tag{1}$$

则称方程为**变量可分离的方程**,其中 $f(x)$、$g(y)$ 为连续函数.

变量可分离方程的解法:首先将方程化为(1)的形式(称为分离变量),然后对这已分离变量的方程两边取积分即可得到通解.

例 1 求微分方程

$$\frac{\mathrm{d}y}{\mathrm{d}x}=-\frac{x}{y}$$

的通解.

解 先分离变量得

$$y\mathrm{d}y=-x\mathrm{d}x,$$

两边取积分得

$$\int y\mathrm{d}y=-\int x\mathrm{d}x,$$

即

$$\frac{1}{2}y^2=-\frac{1}{2}x^2+C_1.$$

于是

$$x^2+y^2=C$$

即为所求的通解,其中 $C=2C_1$ 为任意常数.

例 2 求微分方程

$$\frac{\mathrm{d}y}{\mathrm{d}x}=2xy$$

的通解.

解 先分离变量得

$$\frac{\mathrm{d}y}{y}=2x\mathrm{d}x,$$

两边取积分得

$$\int\frac{\mathrm{d}y}{y}=2x\mathrm{d}x,$$

即

$$\ln|y|=x^2+C_1,$$

从而

$$y=Ce^{x^2},$$

其中 $C=\pm e^{C_1}$. 由于 $y=0$ 显然是方程的解(这是在分离变量时两边同除以 y 所失的解),故 C 也可以取作零,因此 C 为任意常数.

注 本题在积分 $\int\frac{\mathrm{d}y}{y}$ 时也可简写为

$$\int \frac{\mathrm{d}y}{y} = \ln y.$$

于是
$$\ln y = x^2 + C_1,$$
去对数，得
$$y = Ce^{x^2}\ (C\text{ 为任意常数}).$$
这种简洁写法与严格的写法在结果上是一致的，故得到认可. 采用这种写法最后要去掉对数符号，建议读者用后面这种写法.

例 3 求方程
$$\sqrt{1-y^2} = 3x^2 yy'$$
的通解.

解 分离变量，得
$$\frac{y\mathrm{d}y}{\sqrt{1-y^2}} = \frac{\mathrm{d}x}{3x^2},$$
两边取积分得
$$-\sqrt{1-y^2} = \frac{-1}{3x} + C,$$
故通解为
$$\sqrt{1-y^2} - \frac{1}{3x} + C = 0.$$

该方程的通解以隐函数形式给出的，可以不必将它化为显函数. 另外 $y=\pm 1$，显然是方程的解，但它不能并入通解中(即不能通过 C 的取值来将它表示出来)，这种解称为**奇解**. 在高等数学课程里我们不讨论奇解. 综合例 2、例 3 可以看到，今后分离变量时，可以不讨论分母是否为零的情形.

7.2.2 齐次方程

在一阶方程中，可以直接分离变量的方程只占少数. 但有些方程，通过适当的变量代换后就可以直接分离变量. 齐次方程便是其中的一种.

若一阶微分方程
$$\frac{\mathrm{d}y}{\mathrm{d}x} = f(x,y)$$
的右端函数是 x、y 的**零次齐次函数**，即
$$f(tx,ty) = f(x,y),$$
则称此方程为**齐次方程**.

在零次齐次函数的恒等式中，若令 $t = \frac{1}{x}$，则
$$f(x,y) = f(1,\frac{y}{x}) \triangleq g(\frac{y}{x}),$$
于是齐次方程可表示为
$$\frac{\mathrm{d}y}{\mathrm{d}x} = g(\frac{y}{x}).$$

现令 $u = \frac{y}{x}$，即 $y = ux$，则 $\frac{\mathrm{d}y}{\mathrm{d}x} = x\frac{\mathrm{d}u}{\mathrm{d}x} + u$. 代入上式得

$$x\frac{\mathrm{d}u}{\mathrm{d}x}+u=g(u).$$

这是一个可分离变量的方程.分离变量得

$$\frac{\mathrm{d}u}{g(u)-u}=\frac{\mathrm{d}x}{x},$$

两边积分得
$$\int\frac{\mathrm{d}u}{g(u)-u}=\ln x+C_1,$$

于是
$$x=C\exp\left(\int\frac{\mathrm{d}u}{g(u)-a}\right).$$

再用$\frac{y}{x}$代替u,便得到原一阶齐次方程的通解.

例 4 求微分方程$\frac{\mathrm{d}y}{\mathrm{d}x}=\frac{y^2}{xy-x^2}$的通解.

解 这是一个齐次方程.令$y=ux$,代入原方程,得

$$u+x\frac{\mathrm{d}u}{\mathrm{d}x}=\frac{u^2}{u-1},$$

即
$$\frac{u-1}{u}\mathrm{d}u=\frac{\mathrm{d}x}{x}.$$

两边取积分得
$$u-\ln u=\ln x+C.$$

于是
$$xu=Ce^u,$$

故
$$y=Ce^{\frac{y}{x}}$$

便是所求的通解.

例 5 解方程$(y+x)\mathrm{d}y+(x-y)\mathrm{d}x=0$.

解 令$y=ux$,代入原方程,得

$$u^2+1+x(u+1)\frac{\mathrm{d}u}{\mathrm{d}x}=0,$$

分离变量得
$$\frac{u+1}{u^2+1}\mathrm{d}u=-\frac{\mathrm{d}x}{x},$$

两边取积分,得
$$\frac{1}{2}\ln(1+u^2)+\arctan u=-\ln x+C_1,$$

即
$$x\sqrt{1+u^2}=Ce^{-\arctan u}.$$

于是
$$x\sqrt{1+\left(\frac{y}{x}\right)^2}=Ce^{-\arctan\frac{y}{x}}$$

便是所求的通解.

7.2.3 一阶线性微分方程

一阶线性微分方程的标准形式为

$$\frac{\mathrm{d}y}{\mathrm{d}x}+P(x)y=Q(x). \tag{2}$$

当 $Q(x)\equiv 0$ 时，称为**线性齐次方程**，否则称为**线性非齐次方程**.

先讨论方程(2)对应的齐次方程

$$\frac{\mathrm{d}y}{\mathrm{d}x}+P(x)y=0 \tag{3}$$

的解法.

由于该方程是可分离变量的方程. 分离变量，得

$$\frac{\mathrm{d}y}{y}=-P(x)\mathrm{d}x,$$

两边积分得
$$\ln y=-\int P(x)\mathrm{d}x+C_1,$$

式中$\int P(x)\mathrm{d}x$ 表示 $P(x)$ 的一个原函数. 于是一阶线性非齐次方程(3)的通解为

$$y=C\mathrm{e}^{-\int P(x)\mathrm{d}x}. \tag{4}$$

下面我们在线性齐次方程解(4)的基础上讨论非齐次方程(2)的解法. 显然式(4)仅能满足齐次方程，当然就不会满足非齐次方程. 但是能否用一个适当的函数 $C(x)$ 来代替常数 C 呢?即使得

$$y=C(x)\mathrm{e}^{-\int P(x)\mathrm{d}x} \tag{5}$$

能成为方程(2)的解?要回答这个问题，只需将式(5)代入方程(2)，看能否确定出 $C(x)$ 来. 现对式(5)求导得

$$\begin{aligned}y'&=C'(x)\mathrm{e}^{-\int P(x)\mathrm{d}x}-P(x)C(x)\mathrm{e}^{-\int P(x)\mathrm{d}x}\\&=C'(x)\mathrm{e}^{-\int P(x)\mathrm{d}x}-P(x)y.\end{aligned}$$

将它代入方程(2)得

$$C'(x)=Q(x)\mathrm{e}^{\int P(x)\mathrm{d}x},$$

于是
$$C(x)=\int Q(x)\mathrm{e}^{\int P(x)\mathrm{d}x}\mathrm{d}x+C,$$

其中$\int Q(x)\mathrm{e}^{\int P(x)\mathrm{d}x}\mathrm{d}x$ 表示一个原函数. 这样便得到了方程(2)的解

$$y=\mathrm{e}^{-\int P(x)\mathrm{d}x}\left[\int Q(x)\mathrm{e}^{\int P(x)\mathrm{d}x}\mathrm{d}x+C\right]. \tag{6}$$

由于该解中含有一常数 C，所以是方程(2)的通解. 这种通过齐次方程的通解求得非齐次方程解的方法称为常数变易法. 如果把通解(6)写成

$$y=C\mathrm{e}^{-\int P(x)\mathrm{d}x}+\mathrm{e}^{-\int P(x)\mathrm{d}x}\int Q(x)\mathrm{e}^{\int P(x)\mathrm{d}x}\mathrm{d}x,$$

则可以看到，通解 y 是由二项构成的，其中第一项是齐次方程的通解，第二项是非齐

次方程的一个特解(相当于式(6) 中取 $C=0$). 这是线性非齐次方程解的结构中一个重要的结论.

例 6 解方程 $\dfrac{\mathrm{d}y}{\mathrm{d}x}-\dfrac{2y}{x+1}=(x+1)^{\frac{5}{2}}$.

解 这是一个一阶线性非齐次方程,其中

$$P(x)=\frac{2}{x+1},\quad Q(x)=(x+1)^{\frac{5}{2}}.$$

由公式(6) 得

$$\begin{aligned}y&=\exp\left(-\int-\frac{2\mathrm{d}x}{x+1}\right)\left[\int(x+1)^{\frac{5}{2}}\exp\left(\int\frac{-2\mathrm{d}x}{x+1}\right)\mathrm{d}x+C\right]\\&=\mathrm{e}^{2\ln(x+1)}\left[\int(x+1)^{\frac{5}{2}}\mathrm{e}^{-2\ln(x+1)}\mathrm{d}x+C\right]\\&=(x+1)^2\left[\int(x+1)^{\frac{1}{2}}\mathrm{d}x+C\right]=(x+1)^2\left[\frac{2}{3}(x+1)^{\frac{3}{2}}+C\right],\end{aligned}$$

故所求的通解为 $$y=(x+1)^2(\frac{2}{3}(x+1)^{\frac{3}{2}}+C).$$

例 7 求方程 $\dfrac{\mathrm{d}y}{\mathrm{d}x}=\dfrac{y}{y^3+x}$ 的通解.

解 乍一看来,此方程既不能直接分离变量,也不是线性方程,难以着手. 但是,如果把 y 看作自变量,x 看作因变量,而把方程改写成

$$\frac{\mathrm{d}x}{\mathrm{d}y}=\frac{y^3+x}{y}=\frac{1}{y}x+y^2.$$

就可以看出这是一个关于未知函数 x 的一阶线性非齐次方程,其中 $P(y)=-\dfrac{1}{y}$,$Q(y)=y^2$. 于是可得

$$x=\mathrm{e}^{-\int(-\frac{1}{y})\mathrm{d}y}\left[\int y^2\mathrm{e}^{-\int\frac{\mathrm{d}y}{y}}\mathrm{d}y+C\right]=\mathrm{e}^{\ln y}\left(\int y^2\mathrm{e}^{-\ln y}\mathrm{d}y+C\right)=y(\frac{y^2}{2}+C),$$

故原方程通解为 $$x=y(\frac{y^2}{2}+C).$$

* **例 8** 试将贝努里方程

$$y'+P(x)y=Q(x)y^n\quad(n\neq0,1)$$

化为一阶线性方程,并求方程

$$y'-6\,\frac{y}{x}=-xy^2$$

的通解.

解 在贝努里方程两端除以 y^n,得

$$\frac{y'}{y^n}+P(x)y^{1-n}=Q(x),$$

即
$$\frac{1}{1-n}\frac{\mathrm{d}y^{1-n}}{\mathrm{d}x}+P(x)y^{1-n}=Q(x).$$
令 $z=y^{1-n}$，则贝努里方程化为
$$\frac{\mathrm{d}z}{\mathrm{d}x}+(1-n)P(x)z=(1-n)Q(x),$$
这便是关于 z 的一阶线性方程.

现求解方程
$$y'-6\frac{y}{x}=-xy^2.$$
令 $z=y^{1-2}=y^{-1}$，代入方程，得
$$\frac{\mathrm{d}z}{\mathrm{d}x}+\frac{6}{x}z=x,$$
故
$$z=\mathrm{e}^{-\int\frac{6}{x}\mathrm{d}x}\left(\int x\mathrm{e}^{\int\frac{6}{x}\mathrm{d}x}\mathrm{d}x+C\right)=\mathrm{e}^{-6\ln x}\left(\int x\mathrm{e}^{6\ln x}\mathrm{d}x+C\right)$$
$$=x^{-6}\left(\frac{1}{8}x^8+C\right)=\frac{1}{8}x^2+\frac{C}{x^6}.$$
于是所求的通解为
$$\frac{1}{y}=\frac{1}{8}x^2+\frac{C}{x^6}.$$

习题 7.2

1. 解下列微分方程：

(1) $xy'-y\ln y=0$；　(2) $\mathrm{e}^{-y}(1+\frac{\mathrm{d}y}{\mathrm{d}x})=1$；　(3) $y'=\mathrm{e}^{2x-y},y|_{x=0}=0$；

(4) $\frac{\mathrm{d}u}{\mathrm{d}t}=u+ut^2,u(0)=5$；　(5) $\cos y\mathrm{d}x+(1+\mathrm{e}^{-x})\sin y\mathrm{d}y=0,y|_{x=0}=\frac{\pi}{4}$.

2. 解下列微分方程：

(1) $x\frac{\mathrm{d}y}{\mathrm{d}x}=y\ln\frac{y}{x}$；　　(2) $y^2+x^2\frac{\mathrm{d}y}{\mathrm{d}x}=xy\frac{\mathrm{d}y}{\mathrm{d}x}$；

(3) $(y^2-2xy)\mathrm{d}x+x^2\mathrm{d}y=0$；　(4) $\frac{\mathrm{d}y}{\mathrm{d}x}=\frac{x}{y}+\frac{y}{x},y|_{x=1}=2$.

3. 解下列微分方程：

(1) $\frac{\mathrm{d}y}{\mathrm{d}x}+y=\mathrm{e}^{-x}$；　(2) $y'+y\cos x=\mathrm{e}^{-\sin x}$；　(3) $(y^2-6x)\frac{\mathrm{d}y}{\mathrm{d}x}+2y=0$；

(4) $\frac{\mathrm{d}y}{\mathrm{d}x}+\frac{y}{x}=\frac{\sin x}{x},y|_{x=\pi}=1$；　(5) $\frac{\mathrm{d}y}{\mathrm{d}x}+\frac{2-3x^2}{x^3}y=1,y|_{x=1}=0$.

*4. 求下列方程的通解：

(1) $xy'+y=2y^2\ln x$；　(2) $y'+xy=x^3y^3$.

5. 设曲线积分 $\int_L yf(x)\mathrm{d}x+[2xf(x)-x^2]\mathrm{d}y$ 在右半平面 $(x>0)$ 内与路径无关，其中 $f(x)$ 可导，且 $f(1)=1$，求 $f(x)$.

7.3　可降阶的高阶微分方程

二阶及二阶以上的微分方程称为高阶微分方程.对于有些高阶微分方程,可以通过变量代换将它化为较低阶方程来解.下面介绍三种容易降阶的高阶微分方程的求解方法.

7.3.1　$y^{(n)}=f(x)$ 型的微分方程

微分方程

$$y^{(n)}=f(x) \tag{1}$$

可以写成

$$\frac{\mathrm{d}}{\mathrm{d}x}y^{(n-1)}=f(x).$$

两边积分,得

$$y^{(n-1)}=\int f(x)\mathrm{d}x+C_1,$$

其中$\int f(x)\mathrm{d}x$ 表示 $f(x)$ 的一个原函数.

同理可得

$$y^{(n-2)}=\int\left[\int f(x)\mathrm{d}x+C_1\right]\mathrm{d}x+C_2.$$

如此接连积分 n 次,便得到方程(1) 的含有 n 个任意常数的通解.

例 1　求微分方程

$$y'''=x\mathrm{e}^x$$

的通解.

解　对所求的方程接连积分三次,得

$$y''=\int x\mathrm{e}^x\mathrm{d}x+C_1=x\mathrm{e}^x-\mathrm{e}^x+C_1,$$

$$y'=\int(x\mathrm{e}^x-\mathrm{e}^x+C_1)\mathrm{d}x+C_2=x\mathrm{e}^x-2\mathrm{e}^x+C_1+C_2,$$

$$y=\int(x\mathrm{e}^x-2\mathrm{e}^x+C_1x+C_2)\mathrm{d}x+C_3=x\mathrm{e}^x-3\mathrm{e}^x+\frac{C_1}{2}x^2+C_2x+C_3,$$

故原方程的通解为

$$y=x\mathrm{e}^x-3\mathrm{e}^x+\frac{C_1}{2}x^2+C_2x+C_3.$$

7.3.2　$y''=f(x,y')$ 型的微分方程

方程

$$y''=f(x,y') \tag{2}$$

的右端不显含未知函数 y,可以通过变量代换将其降阶.令 $P(x)=y'$,则 $P'(x)=$

y''，于是方程(2)变为

$$P' = f(x, P).$$

若从这一阶方程中求出其通解

$$P = \varphi(x, C_1),$$

即有

$$y' = \varphi(x, C_1),$$

两边积分，便得到方程(2)的通解

$$y = \int \varphi(x, C_1)\mathrm{d}x + C_2.$$

例 2　求微分方程

$$y'' + 2xy'^2 = 0$$

满足初始条件 $y(0) = 1, y'(0) = -\dfrac{1}{2}$ 的解.

解　该方程不显含未知函数 y，故令 $y' = P(x)$，则原方程化为

$$P' + 2xP^2 = 0.$$

分离变量，得

$$-\frac{\mathrm{d}P}{P^2} = 2x\mathrm{d}x,$$

积分得

$$\frac{1}{P} = x^2 + C_1.$$

将初始条件 $y'(0) = -\dfrac{1}{2}$ 代入，得 $C_1 = -2$，故有

$$y' = \frac{1}{x^2 - 2}.$$

再积分之，得

$$y = \int \frac{\mathrm{d}x}{x^2 - 2} + C_2 = \frac{1}{2\sqrt{2}}\ln\left|\frac{x - \sqrt{2}}{x + \sqrt{2}}\right| + C_2.$$

将初始条件 $y(0) = 1$ 代入，得 $C_2 = 1$. 于是原方程的特解为

$$y = 1 + \frac{1}{2\sqrt{2}}\ln\left|\frac{x - \sqrt{2}}{x + \sqrt{2}}\right| \quad (|x| \neq \sqrt{2}).$$

7.3.3　$y'' = f(y, y')$ 型的微分方程

方程

$$y'' = f(y, y') \tag{3}$$

的右端不显含自变量 x，也可以通过变量代换将其降阶. 令 $P(y) = y'$，则

$$y'' = \frac{\mathrm{d}P}{\mathrm{d}x} = \frac{\mathrm{d}P}{\mathrm{d}y} \cdot \frac{\mathrm{d}y}{\mathrm{d}x} = P\frac{\mathrm{d}P}{\mathrm{d}y},$$

于是方程(3)化为

$$P\frac{\mathrm{d}P}{\mathrm{d}y} = f(y, P).$$

这是一个关于以 y 为新自变量,P 为新未知函数的一阶微分方程.设其通解为

$$P = \varphi(y, C_1),$$

则

$$y' = \varphi(y, C_1).$$

分离变量并积分之,便得到方程(3)的通解

$$\int \frac{\mathrm{d}y}{\varphi(y, C_1)} = x + C_2.$$

例 3 求微分方程

$$yy'' - y'^2 = 0$$

的通解.

解 该方程不显含自变量 x,故令 $P(y) = y'$,则

$$y'' = P\frac{\mathrm{d}P}{\mathrm{d}y},$$

于是原方程化为

$$yP\frac{\mathrm{d}P}{\mathrm{d}y} - P^2 = 0,$$

即

$$P\left(y\frac{\mathrm{d}P}{\mathrm{d}y} - P\right) = 0.$$

若 $P \neq 0$,则

$$y\frac{\mathrm{d}P}{\mathrm{d}y} - P = 0,$$

分离变量得

$$\frac{\mathrm{d}P}{P} = \frac{\mathrm{d}y}{y},$$

积分得

$$\ln P = \ln y + C_1',$$

即

$$P = C_1 y.$$

将 $P = y'$ 代入上式,得

$$y' = C_1 y,$$

分离变量得

$$\frac{\mathrm{d}y}{y} = C_1 \mathrm{d}x,$$

再积分得

$$\ln y = C_1 x + C'_2,$$

于是

$$y = C_2 \mathrm{e}^{C_1 x}. \tag{4}$$

当 $P = 0$ 时,即 $y' = 0$,积分得 $y = C$.这个解含在(4)中(只需取 $C_1 = 0$ 即可),故原方程的通解为

$$y = C_2 \mathrm{e}^{C_1 x}.$$

习题 7.3

1. 求下列各微分方程的通解:

(1) $y'' = x + \cos x$; (2) $y'' = \dfrac{1}{1 + x^2}$; (3) $y'' - y' = x$;

(4) $y'' + y'^2 = 0$; (5) $yy'' + y'^2 = 0$; (6) $y'' = y'^3 + y'$.

2. 求解下列初始问题：

(1) $y^3y''+1=0, y(1)=1, y'(1)=0$；

(2) $y'''=e^{2x}, y(1)=y'(1)=y''(1)=0$；

(3) $y''+(y')^2=1, y|_{x=0}=0, y'|_{x=0}=0$；

(4) $y''=\frac{3x^2}{1+x^3}y', y(0)=1, y'(0)=4$.

7.4　二阶线性微分方程解的结构

在工程技术中经常遇到诸如机械振动、电磁振荡等问题，它们都可以归结为二阶线性微分方程问题：

$$\frac{d^2y}{dx^2}+P(x)\frac{dy}{dx}+Q(x)y=f(x), \tag{1}$$

$$y(x_0)=y_0, \quad y'(x_0)=y'_0. \tag{2}$$

为了求解该方程，我们需要先了解它的解的结构理论.

首先我们不加证明地给出二阶线性微分方程解的存在唯一性定理.

定理 1(存在和唯一性定理)　若函数 $P(x)$、$Q(x)$ 及 $f(x)$ 在区间 (a,b) 连续，则存在唯一的一个函数 $y(x)$，它在 (a,b) 上满足方程(1) 及给定的初始条件(2).

由定理 1 知道，如果方程(1) 对应的齐次方程是在零初始条件下(即 $y_0=y'_0=0$)，那么它只有零解.

为了书写方便，下面引进微分算子 $D=\frac{d}{dx}$. 于是

$$\frac{dy}{dx}=Dy,$$

$$\frac{d^2y}{dx^2}=\frac{d}{dx}\left(\frac{dy}{dx}\right)=D(Dy)\triangleq D^2y,$$

方程(1) 可写成

$$(D^2+P(x)D+Q(x))y=f(x).$$

将算子多项式 $D^2+P(x)D+Q(x)$ 记为 L，即

$$L=D^2+P(x)D+Q(x),$$

它仍为一算子. 于是方程(1) 可以更简洁地表示为

$$Ly=f(x).$$

容易验证算子 L 满足以下性质.

性质 1　$L(Cy)=CLy$，其中 C 为任意常数.

性质 2　$L(y_1+y_2)=Ly_1+Ly_2$.

因此算子 L 便是线性算子，或更准确地说是二阶线性微分算子. 利用算子 L 的线性性

质，可以得到以下定理.

定理 2(线性齐次方程叠加原理) 设 $y_1(x)$ 和 $y_2(x)$ 是方程(1) 对应的齐次方程

$$\frac{d^2 y}{dx^2} + P(x)\frac{dy}{dx} + Q(x) = 0 \tag{3}$$

的解，则它们的线性组合

$$y = C_1 y_1(x) + C_2 y_2(x) \tag{4}$$

也是方程(3) 的解，其中 C_1、C_2 为任意常数.

证 将方程(3) 写为

$$\mathrm{L}y = 0.$$

因 $\mathrm{L}y_1 = 0, \mathrm{L}y_2 = 0$，由算子 L 的线性性质知

$$\mathrm{L}(C_1 y_1 + C_2 y_2) = \mathrm{L}(C_1 y_1) + \mathrm{L}(C_2 y_2) = C_1 \mathrm{L}y_1 + C_2 \mathrm{L}y_2 = 0.$$

注意到式(4) 中含有两个任意常数，那它是否是方程(3) 的通解呢?一般说来它不一定是通解. 例如 $y_1 = e^x$ 与 $y_2 = 2e^x$ 均为方程

$$y'' - y = 0$$

的解，其线性组合为

$$y = C_1 y_1 + C_2 y_2 = C_1 e^x + C_2 \cdot 2e^x = (C_1 + 2C_2)e^x.$$

上式表面上看去有两个任意常数 C_1、C_2，实际上 $C = C_1 + 2C_2$ 只是一个任意常数. 因此上述解实际为

$$y = Ce^x,$$

它不能成为方程的通解. 那么怎么样的两个函数 y_1、y_2 的线性组合才是方程的通解呢?为此引进下面概念.

定义 如果存在常数 k，使得 $y_1(x) \equiv ky_2(x)$，则称函数 $y_1(x)$ 与 $y_2(x)$ **线性相关**，否则称 $y_1(x)$ 与 $y_2(x)$ **线性无关**.

根据该定义，只需判定 $y_1(x)/y_2(x) \not\equiv C$($C$ 为常数) 即可判定两函数线性无关. 例如上例中 $y_1/y_2 = \dfrac{1}{2}$，故 y_1、y_2 是线性相关的. 而函数 e^x 与 e^{2x} 则是线性无关的.

定理 3(线性齐次方程的通解结构) 如果函数 $y_1(x)$、$y_2(x)$ 是二阶齐次方程(3) 的两个线性无关解，则函数

$$y = C_1 y(x) + C_2 y_2(x) \quad (C_1\text{、}C_2 \text{ 为两独立的任意常数})$$

是齐次方程(3) 的通解.

证明从略.

例 1 验证 $y_1(x) = \sin x, y_2(x) = \cos x$ 是微分方程

$$y'' + y = 0$$

的解，并写出该方程的通解.

解　原方程是二阶线性齐次方程. 直接计算可知 $y_1(x)$、$y_2(x)$ 是该方程的解. 由于

$$\frac{y_1(x)}{y_2(x)} = \tan x \neq C \quad (C\text{ 为常数}),$$

所以原方程通解为 $y = C_1\sin x + C_2\cos x$.

下面我们研究二阶非齐次方程

$$\mathrm{L}y = f(x)$$

解的结构理论.

定理 4(线性非齐次方程解的结构)　若 $y_1(x)$ 和 $y_2(x)$ 是齐次方程 $\mathrm{L}y=0$ 的两个线性无关解, $y^*(x)$ 是非齐次方程 $\mathrm{L}y = f(x)$ 的一个特解,则

$$y = C_1y_1(x) + C_2y_2(x) + y^*(x)$$

是非齐次方程 $\mathrm{L}y = f(x)$ 的通解.

证　因 $\mathrm{L}(C_1y_1 + C_2y_2) \equiv 0, \mathrm{L}y^* = f(x)$,故

$$\begin{aligned}\mathrm{L}(C_1y_1 + C_2y_2 + y^*) &= \mathrm{L}(C_1y_1 + C_2y_2) + \mathrm{L}(y^*)\\ &= 0 + f(x) = f(x).\end{aligned}$$

因此 $y = C_1y_1(x) + C_2y_2(x) + y^*(x)$ 是非齐次方程 $\mathrm{L}y = f(x)$ 的解. 又由于 C_1、C_2 是两个独立的任意常数,故它便是该非齐次方程的通解.

定理 5(线性非齐次方程叠加原理)　设 $y_1^*(x)$ 和 $y_2^*(x)$ 分别是方程

$$\mathrm{L}y = f_1(x) \quad \text{和} \quad \mathrm{L}y = f_2(x)$$

的解,则 $y_1^*(x) + y_2^*(x)$ 是方程

$$\mathrm{L}y = f_1(x) + f_2(x)$$

的解.

证　因 $\mathrm{L}y_1^* = f_1(x), \mathrm{L}y_2^* = f_2(x)$,故

$$\mathrm{L}(y_1^* + y_2^*) = \mathrm{L}y_1^* + \mathrm{L}y_2^* = f_1(x) + f_2(x).$$

证毕.

例 2　已知函数 y_1、y_2、y_3 都是二阶线性非齐次方程

$$\mathrm{L}y = y'' + P(x)y' + Q(x) = f(x)$$

的解,且

$$(y_3 - y_1)/(y_2 - y_1) \neq C \quad (C\text{ 为常数}),$$

求该非齐次方程的通解.

解　欲求非齐次方程的通解,首先得求出齐次方程的通解.

由于 $\mathrm{L}y_1 = f(x), \mathrm{L}y_2 = f(x), \mathrm{L}y_3 = f(x)$,故

$$\mathrm{L}(y_2 - y_1) = 0, \quad \mathrm{L}(y_3 - y_1) = 0.$$

于是 $(y_2 - y_1)$ 与 $(y_3 - y_1)$ 是齐次方程 $\mathrm{L}y = 0$ 的解. 由已知条件 $(y_3 - y_1)/(y_2 - y_1) \neq C$,知 $(y_2 - y_1)$ 与 $(y_3 - y_1)$ 线性无关. 因此

$$C_1(y_3 - y_1) + C_2(y_2 - y_1)$$

是齐次方程 $Ly = 0$ 的通解. 于是根据定理 4 得知非齐次方程的通解为

$$y = C_1(y_3 - y_1) + C_2(y_2 - y_1) + y_3,$$

或 $$y = C_1(y_3 - y_1) + C_2(y_2 - y_1) + y_2,$$

或 $$y = C_1(y_3 - y_1) + C_2(y_2 - y_1) + y_1.$$

本节仅讨论了二阶线性微分方程解的结构理论. 在实际应用中还有更高阶的线性微分方程. 对于 n 阶线性微分方程($n \geqslant 3$) 解的结构理论,请参阅同济大学编《高等数学》(第六版).

习题 7.4

1. 下列各组函数在其定义区间内,哪些是线性相关的,哪些是线性无关的?

(1) x, x^2;　　(2) $\cos 2x, \sin 2x$;　　(3) $x, 2x$;

(4) $e^{\alpha x}, e^{\beta x} (\alpha \neq \beta)$;　　(5) $\sin 2x, \sin x \cos x$;　　(6) e^x, xe^x.

2. 验证 $y_1 = e^{x^2}$ 和 $y_2 = xe^{x^2}$ 都是方程

$$y'' - 4xy' + (4x^2 - 2)y = 0$$

的解,并写出该方程的通解.

3. 已知二阶线性齐次方程的两个特解为 $y_1 = \sin x, y_2 = \cos x$,求该微分方程.

4. 设 $y_1 = 3, y_2 = 3 + x^2, y_3 = 3 + x^2 + e^x$ 都是方程

$$(x^2 - 2x)y'' - (x^2 - 2)y' + (2x - 2)y = 6x - 6$$

的解. 求该方程的通解.

7.5 二阶常系数线性微分方程

上一节虽给出了二阶线性微分方程解的结构理论,但在寻求方程的通解时却缺乏有效的一般方法. 例外的情形是对于二阶常系数微分方程

$$y'' + py' + qy = f(x), \tag{1}$$

其中 p、q 为常数,则有一套较完善的解法.

7.5.1 二阶常系数线性齐次微分方程

首先考虑二阶常系数线性微分方程(1) 所对应的齐次方程

$$y'' + py' + qy = 0 \tag{2}$$

的通解.

根据解的结构定理,必须找出它的两个线性无关的特解. 遗憾的是定理并未指出如何求出特解来. 因此我们只能先猜测方程解的情形. 注意到指数函数 e^{rx} 求导后仍为指数函数(同类项). 利用这个性质,可考虑方程(2) 形如 e^{rx} 的解. 令 $y = e^{rx}$,则

$$y' = re^{rx}, \quad y'' = r^2 e^{rx},$$

将它们代入方程(2),便得到

$$(r^2 + pr + q)e^{rx} = 0.$$

由于 $e^{rx} \neq 0$,故

$$r^2 + pr + q = 0. \tag{3}$$

由此可见只要 r 是方程(3) 的任一根,e^{rx} 就是方程(2) 一特解. 于是,把代数方程(3) 叫做微分方程(2) 的**特征方程**. 特征方程的根由

$$r_{1,2} = \frac{-p \pm \sqrt{p^2 - 4q}}{2}$$

给出,并称 r_1、r_2 为方程(2) 的**特征根**. 现在可以根据特征根不同情况,来求方程(2) 的通解.

1. 当特征方程有两个不同的实特征根时

设 r_1、r_2 是两互异实根,则 $e^{r_1 x}$ 与 $e^{r_2 x}$ 是方程(2) 的两个特解. 由于它们之比不为常数,所以它们线性无关. 因此方程(2) 的通解为

$$y = C_1 e^{r_1 x} + C_2 e^{r_2 x}.$$

2. 当特征方程有二重实特征根时

设 $r_1 = r_2 = r$ 为二重实根,则 e^{rx} 是方程(2) 的一个特解. 为了求另一个与其线性无关的特解 y_2,可以令 $y_2 = C(x)e^{rx}$,于是

$$y'_2 = C'(x)e^{rx} + rC(x)e^{rx},$$

$$y''_2 = C''(x)e^{rx} + 2rC'(x)e^{rx} + r^2 C(x)e^{rx}.$$

将 y_2、y'_2、y''_2 代入方程(2),得

$$C''(x)e^{rx} + (p + 2r)C'(x)e^{rx} + (r^2 + pr + q)C(x)e^{rx} = 0.$$

由式(3) 及 $r = -\frac{p}{2}$(韦达定理),上式可化为

$$C''(x) = 0,$$

积分得

$$C(x) = C_1 x + C_2.$$

因为只需要一个特解,故令 $C_1 = 1, C_2 = 0$,便得到方程(2) 的一个特解 $y_2 = xe^{rx}$. 因此方程(2) 的通解为

$$y = (C_1 x + C_2)e^{rx}.$$

3. 当特征根为共轭复根时

设共轭复根为 $r_1 = \alpha + i\beta, r_2 = \alpha - i\beta, \beta \neq 0$,则

$$y_1 = e^{(\alpha + i\beta)x},$$

$$y_2 = e^{(\alpha - i\beta)x}$$

是方程(2)的两个线性无关解.由于这种复数形式的解在使用上不方便,因此为了得到实数形式的解,利用欧拉公式

$$e^{i\theta}=\cos\theta+i\sin\theta,$$

将 y_1 与 y_2 改写为

$$y_1=e^{\alpha x}(\cos\beta x+i\sin\beta x),$$

$$y_2=e^{\alpha x}(\cos\beta x-i\sin\beta x).$$

根据线性齐次方程解的叠加原理知

$$\overline{y_1}=\frac{1}{2}(y_1+y_2)=e^{\alpha x}\cos\beta x,$$

$$\overline{y_2}=\frac{1}{2i}(y_1-y_2)=e^{\alpha x}\sin\beta x$$

是方程的两个特解.由于它们线性无关,故方程(2)的通解为

$$y=e^{\alpha x}(C_1\cos\beta x+C_2\sin\beta x).$$

根据以上讨论可以看出:求二阶常系数线性齐次方程的通解只需根据特征根的形式便可直接写出.

例 1 求方程 $y''+3y'+2y=0$ 的通解.

解 此方程的特征方程为

$$r^2+3r+2=0,$$

其特征根为 $r_1=-1,r_2=-2$.于是原方程通解为

$$y=C_1e^{-x}+C_2e^{-2x}.$$

例 2 求方程$\frac{d^2s}{dt^2}+2\frac{ds}{dt}+s=0$满足初始条件 $s|_{t=0}=4,s'|_{t=0}=-2$ 的特解.

解 特征方程为

$$r^2+2r+1=0,$$

解得特征根为 $r_1=r_2=-1$.于是方程通解为

$$s=(C_1t+C_2)e^{-t}.$$

因 $$s'=(C_1-C_1t-C_2)e^{-t},$$

故将初始条件代入以上二式,得

$$4=C_2,$$

$$-2=C_1-C_2,$$

从而 $C_1=2,C_2=4$.于是原方程特解为

$$s=(2t+4)e^{-t}.$$

例 3 求方程 $y''+2y'+5y=0$ 的通解.

解 特征方程为 $$r^2+2r+5=0,$$

故 $$r_1=-1+2i,\quad r_2=-1-2i.$$

于是原方程的通解为

$$y = e^{-x}(C_1\cos 2x + C_2\sin 2x).$$

7.5.2　二阶常系数线性非齐次微分方程

现在讨论方程(1)

$$y'' + py' + qy = f(x)$$

的通解. 根据二阶线性方程解的结构理论,其关键在于找到该方程的一个特解 y^*. 一般说来,求 y^* 是很困难的(通常用常数变易法),但是若方程右端函数 $f(x)$ 是以下两种特殊类型的函数时,可采用待定系数法来求. 对此,我们不加证明地给出.

定理 1　若方程(1) 中 $f(x) = P_m(x)e^{\alpha x}$,其中 $P_m(x)$ 是 x 的 m 次多项式,则方程(1) 的一特解 y^* 具有如下形式

$$y^* = x^k Q_m(x)e^{\alpha x},$$

其中 $Q_m(x)$ 是系数待定的 x 的 m 次多项式,k 由下列情形决定:

(1) 当 α 是方程(1) 对应的齐次方程的特征方程的单根时,取 $k = 1$;

(2) 当 α 是方程(1) 对应的齐次方程的特征方程的重根时,取 $k = 2$;

(3) 当 α 不是方程(1) 对应的齐次方程的特征根时,取 $k = 0$.

例 4　求方程 $y'' + 4y' + 3y = x - 2$ 的一个特解并求其通解.

解　对应的齐次方程的特征方程为

$$r^2 + 4r + 3 = 0,$$

其根为 $r_1 = -3, r_2 = -1$. 方程右端可看成 $(x-2)e^{0x}$,即 $\alpha = 0$,由于 0 不是特征根,故设特解

$$y^* = ax + b.$$

将 y^* 代入方程,得　　$4a + 3(ax + b) = x - 2,$

比较两端系数得　　$3a = 1,\quad 4a + 3b = -2,$

即 $a = \dfrac{1}{3}, b = -\dfrac{10}{9}$,故 $y^* = \dfrac{1}{3}x - \dfrac{10}{9}$. 于是方程通解为

$$y = C_1e^{-3x} + C_2e^{-x} + \frac{1}{3}x - \frac{10}{9}.$$

例 5　求方程 $y'' - 5y' + 6y = xe^{2x}$ 的通解.

解　对应的特征方程为

$$r^2 - 5r + 6 = 0,$$

特征根为 $r_1 = 2, r_2 = 3$. 从而对应的齐次方程的通解为

$$y = C_1e^{2x} + C_2e^{3x}.$$

因为 $\alpha = 2$ 是特征方程的单根,故设特解

$$y^* = x(ax + b)e^{2x}.$$

于是
$$y^{*\prime}=[2ax^2+2(a+b)x+b]e^{2x},$$
$$y^{*\prime\prime}=[4ax^2+4(2a+b)x+2(a+2b)]e^{2x},$$
代入方程,得
$$-2ax+2a-b=x.$$
比较系数,得
$$-2a=1,\quad 2a-b=0,$$
故
$$a=-\frac{1}{2},\quad b=-1.$$
因此
$$y^*=x(-\frac{1}{2}x-1)e^{2x}.$$
于是方程的通解为
$$y=C_1e^{2x}+C_2e^{3x}+x(-\frac{x}{2}-1)e^{2x}.$$

例 6 求方程 $y''-2y'+y=(x+1)e^x$ 的通解.

解 对应的特征方程为
$$r^2-2r+1=0,$$
特征根为 $r_{1,2}=1$. 于是对应的齐次方程通解为
$$y=(C_1x+C_2)e^x.$$
因 $\alpha=1$ 是二重特征根,故令原方程特解为
$$y^*=x^2(ax+b)e^x.$$
代入方程化简后得
$$6ax+2b=x+1.$$
比较系数得 $a=\frac{1}{6}$,$b=\frac{1}{2}$,所以
$$y^*=\frac{1}{6}x^2(x+3)e^x.$$
于是方程通解为
$$y=(C_1x+C_2)e^x+\frac{1}{6}x^2(x+3)e^x.$$

定理 2 若方程(1) 中的 $f(x)=e^{\alpha x}P_m(x)\cos\beta x$ 或 $f(x)=e^{\alpha x}P_m(x)\sin\beta x$ ($P_m(x)$ 是 x 的 m 次多项式),则方程(1) 的一特解 y^* 具有如下形式
$$y^*=x^k(A_m(x)\cos\beta x+B_m(x)\sin\beta x)e^{\alpha x},$$
其中 $A_m(x)$、$B_m(x)$ 为系数待定的 x 的 m 次多项式,k 由下列情形决定:

(1) 当 $\alpha+i\beta$ 是对应齐次方程特征根时,取 $k=1$;

(2) 当 $\alpha+i\beta$ 不是对应齐次方程特征根时,取 $k=0$.

例 7 求方程 $y''-2y'+2y=e^x\sin x$ 的一个特解.

解 对应的特征方程为
$$r^2-2r+2=0,$$

特征根为 $r=1\pm \mathrm{i}$，故 $\alpha+\mathrm{i}\beta=1+\mathrm{i}$ 是特征根. 于是可设方程的特解为

$$y^{*}=x\mathrm{e}^{x}(A\sin x+B\cos x).$$

由于 $$y^{*\prime}=\mathrm{e}^{x}[(Ax+Bx+A)\cos x+(Bx-Ax+B)\sin x],$$

$$y^{*\prime\prime}=\mathrm{e}^{x}[2(Bx+A+B)\cos x+2(B-A-Ax)\sin x],$$

代入原方程得 $$\mathrm{e}^{x}(2B\cos x-2A\sin x)=\mathrm{e}^{x}\sin x.$$

约去 e^{x}，并比较两端系数，得 $B=0,A=-\dfrac{1}{2}$，因此方程一特解为

$$y^{*}=-\frac{x}{2}\mathrm{e}^{x}\cos x.$$

例 8　写出方程

$$y''-y=x\mathrm{e}^{x}+\sin 2x$$

的一个特解的待定式.

解　根据线性方程解的结构理论可知，该方程的一个特解可由下面两方程

$$y''-y=x\mathrm{e}^{x},\tag{4}$$

$$y''-y=\sin 2x\tag{5}$$

的两特解相加得到.

对于方程(4)、(5) 其特征方程均为

$$r^{2}-1=0,$$

特征根为 $r=\pm 1$. 因此方程(4)、(5) 特解形式分别为

$$y_{1}^{*}=x(ax+b)\mathrm{e}^{x},$$

$$y_{2}^{*}=A\sin 2x+B\cos 2x,$$

于是原方程一特解可设为

$$y^{*}=x(ax+b)\mathrm{e}^{x}+A\sin 2x+B\cos 2x.$$

例 9　求方程 $y''-y=4\cos x$ 的通解.

解　本题可用例 7 的方法求解. 注意到方程中不含有 y' 项，利用余弦函数的二阶导数仍是余弦函数的性质，可设特解

$$y^{*}=A\cos x$$

代入原方程，得 $$(-A-A)\cos x=4\cos x,$$

因此 $$A=-2.$$

于是 $$y^{*}=-2\cos x.$$

由于原方程对应的特征方程为

$$r^{2}-1=0,$$

特征根为 $r=\pm 1$，于是原方程的通解为

$$y=C_{1}\mathrm{e}^{x}+C_{2}\mathrm{e}^{-x}-2\cos x.$$

习题 7.5

1. 求下列微分方程的通解：

(1) $y''+y'-2y=0$； (2) $y''-4y'=0$； (3) $y''+y=0$；

(4) $y''+6y'+13y=0$； (5) $y''-4y'+4y=0$； (6) $y^{(4)}-y=0$.

2. 求下列初值问题：

(1) $y''+4y'+29y=0, y(0)=0, y'(0)=15$；

(2) $4y''+4y'+y=0, y(0)=2, y'(0)=0$；

(3) $y''-4y'+3y=0, y(0)=6, y'(0)=10$；

(4) $y''+25y=0, y(0)=2, y'(0)=5$.

3. 求下列微分方程的通解：

(1) $2y''+y'-y=2e^x$； (2) $2y''+5y'=5x^2-2x-1$；

(3) $y''+3y'+2y=3xe^{-x}$； (4) $y''-2y'+5y=e^x\sin 2x$；

(5) $y''+y=e^x+\cos x$； (6) $y''-y=\sin^2 x$.

4. 求下列初始问题的解：

(1) $y''+y+\sin 2x=0, y(\pi)=1, y'(\pi)=1$；

(2) $y''-3y'+2y=5, y(0)=1, y'(0)=2$；

(3) $y''-y=4xe^x, y(0)=0, y'(0)=1$；

(4) $y''-4y'=5, y(0)=1, y'(0)=0$.

7.6 微分方程的应用

微分方程是一种重要的数学模型.通过建立微分方程、确立初始条件、求解及对解的分析来揭示各种自然科学与科学技术中的自然规律.掌握微分方程的应用关键是建立微分方程.本节将通过若干实例说明微分方程在解决一些简单的几何和物理问题中的应用.

应用微分方程解决具体问题的步骤如下：

(1) 分析问题、建立方程、并提出初始条件；

(2) 求出微分方程的通解；

(3) 根据初始条件确定所需的特解.

7.6.1 几何上的应用

微分方程在几何上的应用，主要表现为求曲线方程.一般在设曲线方程为 $y=y(x)$ 的基础上需寻求它的导数与已知条件间的关系，以确定出未知函数 y 的微分方程.解题时应依题意画出示意图来.

例 1 设曲线 L 过点(1,1),曲线上任一点 $P(x,y)$ 处的切线交 x 轴于点 T,若 $|PT|=|OT|$,求曲线 L 的方程(见图 7.1).

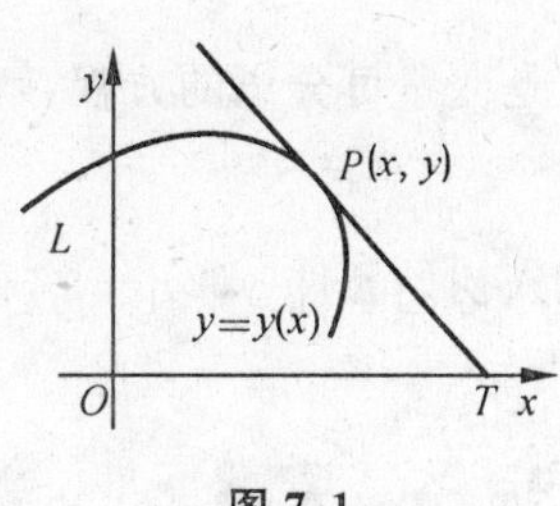

图 7.1

解 设曲线 L 的方程为 $y=y(x)$,则过点 $P(x,y)$ 处的切线方程为

$$Y-y=y'(X-x),$$

于是点 T 的坐标为$(x-\dfrac{y}{y'},0)$,故

$$|PT|=\sqrt{(\frac{y}{y'})^2+y^2}=\left|\frac{y}{y'}\right|\sqrt{1+y'^2},$$

$$|OT|=|x-\frac{y}{y'}|.$$

由 $|PT|=|OT|$,得

$$\frac{y^2}{y'^2}(1+y'^2)=(x-\frac{y}{y'})^2,$$

即
$$y'=\frac{2xy}{x^2-y^2}. \tag{1}$$

由于曲线过(1,1)点,故得到初值问题

$$\begin{cases} y'=\dfrac{2xy}{x^2-y^2}, \\ y|_{x=1}=1. \end{cases}$$

方程(1)是齐次方程,故令 $x=uy$,代入得

$$\frac{-2u}{1+u^2}\mathrm{d}u=\frac{\mathrm{d}y}{y}.$$

两边取积分得
$$\frac{1}{1+u^2}=C_1y,$$

即
$$x^2+y^2=Cy.$$

由初始条件 $y|_{x=1}=1$,得到 $C=2$,故所求曲线 L 的方程为

$$x^2+y^2=2y.$$

例 2 光滑曲线 L 过原点和点(2,3),如图 7.2 所示.任取 L 上一点 $P(x,y)$,过 P 点作两坐标轴的平行线 PA、PB,PA 与 x 轴和曲线 L 所围成图形的面积等于 PB 与 y 轴和曲线 L 所围成图形的面积的 2 倍,求曲线 L 的方程.

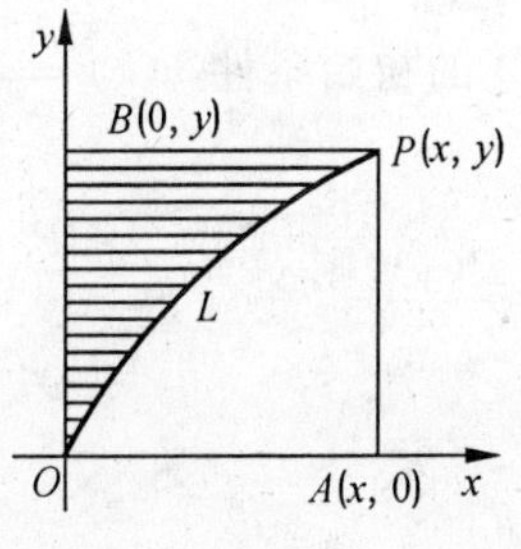

图 7.2

解 设曲线 L 的方程为 $y=y(x)$,依题意得

$$\int_0^x y(t)\mathrm{d}t=\frac{2}{3}xy(x),$$

这是个积分方程.两边求导得

$$3y=2(xy'+y). \tag{2}$$

由于曲线 L 过点(2,3),故其初始条件为 $y(2)=3$.

方程(2) 可变为
$$\frac{\mathrm{d}y}{y}=\frac{\mathrm{d}x}{2x},$$
这是变量可分离的方程,解得
$$y^2=Cx.$$
代入初始条件 $y(2)=3$,得 $C=\dfrac{9}{2}$. 于是所求曲线为
$$y^2=\frac{9}{2}x.$$

注意,若曲线 L 的微分方程建立为
$$\int_0^x y(t)\mathrm{d}t=\int_0^x[y(x)-y(t)]\mathrm{d}t,$$
则需将等号右端积分变为 $xy(x)-2\int_0^x y(t)\mathrm{d}t$,然后两边才能求导.

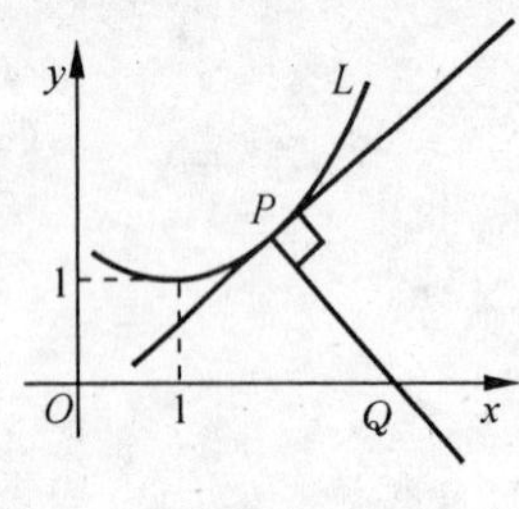

图 7.3

例 3 在上半平面求一条凹弧 L,其上任一点 $P(x,y)$ 处的曲率等于此曲线在该点法线段 PQ 长度的倒数(点 Q 是曲线与 x 轴的交点),且曲线在点(1,1) 处的切线与 x 轴平行(见图 7.3).

解 设曲线方程为 $y=y(x)$,依题意知 $y>0,y''>0$. 曲线在 P 点的法线为
$$-y'(Y-y)=X-x,$$
故它与 x 轴交点 Q 坐标为 $(x+yy',0)$. 由于
$$|PQ|=\sqrt{(yy')^2+y^2}=y(1+y'^2)^{\frac{1}{2}},$$
曲线在 P 点曲率为
$$\left|\frac{y''}{(\sqrt{1+y'^2})^3}\right|=\frac{y''}{(1+y'^2)^{\frac{3}{2}}},$$
故
$$\frac{y''}{(1+y'^2)^{\frac{3}{2}}}=\frac{1}{y(1+y'^2)^{\frac{1}{2}}},$$
即
$$yy''=1+y'^2. \tag{3}$$

由曲线过(1,1) 点且该点的切线平行于 x 轴,得方程(3) 的初始条件 $y(1)=1$, $y'(1)=0$.

方程(3) 是不显含 x 的可降阶的二阶微分方程,令 $y'=P(y)$,则 $y''=P\cdot\dfrac{\mathrm{d}P}{\mathrm{d}y}$,代入方程(3),得
$$yP\frac{\mathrm{d}P}{\mathrm{d}y}=1+P^2,$$
即
$$\frac{P\mathrm{d}P}{1+P^2}=\frac{\mathrm{d}y}{y}.$$

两边取积分，得
$$(1+P^2)^{\frac{1}{2}}=C_1y.$$
代入初始值 $y|_{x=1}=1, P(y)|_{x=1}=y'|_{x=1}=0$，得 $C_1=1$，因此
$$y=\sqrt{1+P^2}\quad 即\quad y'=\pm\sqrt{y^2-1}.$$
分离变量后取积分得
$$\ln(y+\sqrt{y^2-1})=\pm(x+C_2),$$
即
$$y=\frac{1}{2}(e^{(x+C_2)}+e^{-(x+C_2)}).$$
代入初始值 $y|_{x=1}=1$，得 $C_2=-1$. 于是所求曲线方程为
$$y=\frac{1}{2}(e^{x-1}+e^{-(x-1)}).$$

例 4　求与抛物线族 $Cy=x^2$ 中每条曲线正交(即交点处切线互相垂直)的曲线(即抛物线族 $Cy=x^2$ 的正交轨线).

解　首先建立抛物线族满足的微分方程
$$Cy=x^2,$$
两边求导得
$$Cy'=2x.$$
再与抛物线族方程联立，消去 C，得
$$y'=\frac{2y}{x}.$$
它表示抛物线族上点 (x,y) 处切线的斜率. 现设所求的正交轨线方程为 $y=y(x)$，其切线斜率为 y'，则
$$y'=-\frac{x}{2y},\quad 2yy'=-x.$$
这便是正交轨线所满足的方程. 两边取积分，得
$$y^2=-\frac{x^2}{2}+C,\quad 2y^2+x^2=C.$$
于是抛物线族 $Cy=x^2$ 的正交轨线为
$$2y^2+x^2=C\quad (C>0),$$
它是一个椭圆族.

7.6.2　物理上的应用

微分方程在物理上有着广泛的应用. 经常依据已知的定律、原理或法则，或者根据变化率的概念以及微元素法来建立方程.

例 5　将一个温度为 50℃ 的物体，放在 20℃ 的恒温环境中冷却. 已知物体冷却的速度与温差成正比，求物体温度变化的规律.

解　设 t 时刻时，物体的温度为 $y(t)$，则

$$\begin{cases} \dfrac{dy}{dt} = -k(y-20), \\ y(0) = 50, \end{cases} \tag{4}$$

其中常数 $k > 0$,"—"号表示温度 y 是减少的.

方程(4)是可分离变量的方程,解得

$$y - 20 = Ce^{-kt}.$$

代入初始条件 $y|_{t=0} = 50$,得 $C = 30$.从而所求温度变化规律为

$$y = 20 + 30e^{-kt}.$$

例 6 设某车间的体积为 10000m^3,空气中含有 0.12% 的二氧化碳.现将含二氧化碳 0.04% 的新鲜空气以 $1000\text{m}^3/\text{min}$ 的流量输入车间,同时按 $1000\text{m}^3/\text{min}$ 的流量抽出混合空气.问输入新鲜空气 10min 后,车间内二氧化碳的浓度降到多少?

解 本题可用微元法来列方程.设时刻 t 时车间内含有二氧化碳为 $x = x(t)$.在 $[t, t+dt]$ 的时间段中,二氧化碳的含量由 $x(t)$ 降到 $x(t) + dx \quad (dx < 0)$,则有

$$\text{二氧化碳的改变量}(dx) = \text{输入量} - \text{排出量}.$$

而在这个时间段内二氧化碳的

$$\text{输入量} = 10^3 dt \cdot 0.04\% = 0.4dt,$$

$$\text{输出量} = 10^3 dt \cdot \frac{x}{10^4} = 0.1xdt,$$

故

$$dx = 0.4dt - 0.1xdt,$$

即

$$\frac{dx}{dt} + 0.1x = 0.4. \tag{5}$$

并且

$$x|_{t=0} = 10^4 \times 0.12\%\text{m}^3 = 12\text{m}^3.$$

方程(5)是一阶线性方程(也是变量可分离方程).解之得

$$x(t) = Ce^{-\frac{t}{10}} + 4.$$

代入初始条件 $x(0) = 12$,得 $C = 8$.于是有

$$x(t) = 8e^{-\frac{t}{10}} + 4.$$

即当 $t = 10\text{min}$ 时,车间内空气中二氧化碳的浓度降到

$$\frac{x(10)}{10^3} = \frac{6.96}{10^3} = 0.0696\%.$$

例 7 一质量为 m 的物体在弹簧作用下沿水平桌面作直线运动,若不计阻力,求其运动规律.

解 这是个动力学问题,需用牛顿第二定律建立方程.首先建立坐标系:以物体运动所沿的直线为 x 轴.x 轴原点位于物体的平衡位置(即物体在该点不受到弹簧的作用力).现设 t 时刻物体位于 $x(t)$ 处,则根据虎克定律,这时物体受到的弹性力

$$F = -kx(t) \quad (k > 0),$$

其中"—"号表示力的方向与物体运动方向相反.

由牛顿第二定律知
$$F = m\frac{\mathrm{d}^2 x}{\mathrm{d}t^2},$$
即
$$m\frac{\mathrm{d}^2 x}{\mathrm{d}t^2} = -kx. \tag{6}$$

方程(6)是二阶常系数线性齐次方程,其特征方程为
$$mr^2 + k = 0,$$
特征根为 $r = \pm\sqrt{\frac{k}{m}}$. 于是方程(6)的通解为
$$x = C_1\cos\sqrt{\frac{k}{m}}t + C_2\sin\sqrt{\frac{k}{m}}t.$$
这便是物体在弹簧作用下的运动规律.

注　若要确定常数 C_1、C_2,还需加上两个附加条件.由于题目中没有给出,这里便不作讨论了.

例 8　在空气中自由落下初始质量为 m_0 的雨点均匀地蒸发着,设每秒蒸发 m,空气阻力和雨点速度成正比,如果开始雨点速度为零,试求雨点运动速度和时间的关系.

解　这是一个动力学问题.设时刻 t 雨点运动速度为 $v(t)$,这时雨点的质量为 $(m_0 - mt)$,于是由牛顿第二定律知
$$(m_0 - mt)\frac{\mathrm{d}v}{\mathrm{d}t} = (m_0 - mt)g - kv, \tag{7}$$
$$v(0) = 0.$$

方程(7)是一阶线性方程,其通解为
$$v = \mathrm{e}^{-\int\frac{k}{m_0 - mt}\mathrm{d}t}\left(C + \int g\mathrm{e}^{\int\frac{k}{m_0 - mt}\mathrm{d}t}\mathrm{d}t\right) = -\frac{g}{m-k}(m_0 - mt) + C(m_0 - mt)^{k/m}.$$

由 $v(0) = 0$,得 $C = \frac{g}{m-k}m_0^{1-\frac{k}{m}}$,故雨点运动速度与时间关系为
$$v = -\frac{g}{m-k}(m_0 - mt) + \frac{g}{m-k}m_0^{\frac{m-k}{m}}(m_0 - mt)^{k/m}.$$

习题 7.6

1. 求曲线方程 $y = f(x)$,已知 $y'' = x$,曲线过 $M(0,1)$ 且在此点与直线 $y = \frac{1}{2}x + 1$ 相切.

2. 设有连接原点 $O(0,0)$ 和 $A(1,1)$ 的一段凸曲线弧 $\overset{\frown}{OA}$,对于 $\overset{\frown}{OA}$ 上的任一点 $P(x,y)$,曲线弧 $\overset{\frown}{OP}$ 与直线段 OP 所围图形面积为 x^2,求曲线弧 $\overset{\frown}{OA}$ 的方程.

3. 求曲线 $y = y(x)$,使它正交于圆心在 x 轴上且过原点的任何圆.

4. 放射性元素由于原子不断放出微观粒子,它的含量不断减少,称为衰变.由实验知道放射性元素镭衰变率与这时镭的存量成正比(比例系数为 k).设开始时镭的存量为 R_0,求任意时刻 t 的含量 $R(t)$.

5. 设一容器内原有100L盐水,内含盐10kg.现以3L/min的速度注入0.01kg/L的淡盐水,同时以2L/min的速度抽出混合均匀的盐水.求容器内盐量变化情况.

6. 设跳伞运动员从跳伞塔下落后,所受的阻力与速度成正比.运动员离塔时的速度为零,求运动员下落过程中速度和时间的函数关系.

7. 一质量均匀的链条挂在一个无摩擦的钉子上.运动开始时,链条一边下垂8m,另一边下垂10m.试问整个链条滑过钉子需多少时间.

8. 一个重 P 的物体挂在弹簧下,把弹簧拉长 a,再用手把弹簧拉长 A 后无初速地松开.求弹簧振动规律(不计介质阻力).

小　结

一、基本要求

- 了解微分方程、方程的阶、解、通解、初始条件和特解的概念.
- 掌握变量可分离的方程,一阶线性方程的解法,会解齐次微分方程和简单的全微分方程.
- 会求可降阶的高阶微分方程:$y^{(n)}=f(x)$,$y''=f(x,y')$ 和 $y''=f(y,y')$.
- 知道二阶线性齐次和非齐次方程解的性质与通解结构.
- 掌握二阶常系数线性齐次微分方程的解法.
- 会求自由项为 $P(x)e^{\lambda x}$、$e^{\lambda x}(A\cos\omega x+B\sin\omega x)$(其中$P(x)$ 为 x 的多项式)的二阶常系数线性非齐次微分方程的解.
- 会用微分方程解决一些简单的几何和物理问题.

二、内容提要

1. 微分方程的基本概念

含有一元未知函数导数或微分的方程称为常微分方程,简称为微分方程.微分方程中未知函数导数或微分的最高阶数称为方程的阶;含有与阶数相同个数的独立的任意常数的解称为方程的通解;根据初始条件确定出通解中所有任意常数所得到的解称为特解.在高等数学中只求方程的通解与特解.

2. 变量可分离方程

形如 $M_1(x)N_1(y)\mathrm{d}x+M_2(x)N_2(y)\mathrm{d}y=0$,或$\dfrac{\mathrm{d}y}{\mathrm{d}x}=M(x)\cdot N(y)$ 的方程称为

变量可分离方程.其解法:将方程化为

$$\frac{M_1(x)}{M_2(x)}\mathrm{d}x=-\frac{N_2(y)}{N_1(y)}\mathrm{d}y,$$

或
$$\frac{\mathrm{d}y}{N(y)}=M(x)\mathrm{d}x,$$

两边取积分即得方程的通解.该解法称为分离变量法.

3. 齐次方程

形如$\frac{\mathrm{d}y}{\mathrm{d}x}=f(x,y)$,其中$f(tx,ty)=f(x,y)(t\neq 0)$的方程称为齐次方程.其解法:设$u=\frac{y}{x}$,则$\frac{\mathrm{d}y}{\mathrm{d}x}=u+x\frac{\mathrm{d}u}{\mathrm{d}x}$,原方程便化为以$u$为新未知函数的变量可分离方程.解出$u$后,需将$u=\frac{y}{x}$代入才能得到原方程的通解.

4. 一阶线性方程

形如$\frac{\mathrm{d}y}{\mathrm{d}x}+P(x)y=Q(x)$的方程称为一阶线性方程.其解法:该方程通解可由公式

$$y=\mathrm{e}^{-\int P(x)\mathrm{d}x}\left(\int Q(x)\mathrm{e}^{\int P(x)\mathrm{d}x}\mathrm{d}x+C\right)$$

给出,式中的积分仅表示$P(x)$的一个原函数.

***5. 贝努里方程**

形如$y'+P(x)y=f(x)y^n(n\neq 0,1)$的方程称为贝努里方程.其解法:令$z=y^{1-n}$,将方程化为$z$的一阶线性方程,求出$z$后再用$z=y^{1-n}$代入即可.

6. 可降阶的高阶微分方程

可降阶的高阶微分方程有以下三类.

第一类:形如$y^{(n)}=f(x)$的方程,可通过两边取积分的方法将其降阶,从而求出解来.

第二类:形如$y''=f(x,y')$(不显含y)的方程,可令$y'=P(x)$,得一阶方程$P'=f(x,P)$,求得$P(x)$后代入$y'=P(x)$,便求得原方程通解.

第三类:形如$y''=f(y,y')$(不显含x)的方程,可令$y'=P(y)$,得一阶方程$PP'=f(y,P)$,求得$P(y)$后代入$y'=P(y)$,便求得原方程通解.

7. 二阶线性微分方程解的结构理论

关于y的二阶线性微分方程的一般形式为

$$y''+p(x)y'+q(x)y=f(x),$$

其中$f(x)$称为自由项,$p(x),q(x)$称为系数函数,它们均为某个区间上的连续函数.当$f(x)\equiv 0$时方程称为线性齐次方程,当$f(x)\neq 0$时,方程称为线性非齐次方程.

若 $y_1(x), y_2(x)$ 为线性齐次方程的两个线性无关解(即 $\frac{y_1(x)}{y_2(x)} \neq C$),则 $y = C_1 y_1(x) + C_2 y_2(x)$($C_1, C_2$ 为独立的任意常数)即为该线性齐次方程的通解.若 $y^*(x)$ 是线性非齐次方程的一个特解,则 $y^*(x)$ 与相应的线性齐次方程通解之和便为线性非齐次方程的通解.若二阶线性非齐次方程的自由项 $f(x) = f_1(x) + f_2(x)$,则该方程一特解可取为 $y_1^*(x) + y_2^*(x)$,其中 $y_1^*(x), y_2^*(x)$ 分别为原方程的自由项为 $f_1(x), f_2(x)$ 时的特解.

8. 二阶常系数线性齐次微分方程

形如 $y'' + py' + qy = 0$(p, q 为常数)的方程,称为二阶常系数线性齐次微分方程.其通解的确定:先写出其对应的特征方程 $r^2 + pr + q = 0$,求出特征根 r_1, r_2,然后根据下表直接写出齐次方程的通解.

特征方程的根 r_1, r_2	齐次方程的通解
r_1, r_2 为不相等的实根(单根)	$C_1 e^{r_1 x} + C_2 e^{r_2 x}$
r_1, r_2 为相等的实根(重根)	$(C_1 + C_2 x) e^{r_1 x}$
$r_{1,2} = \alpha \pm i\beta$	$e^{\alpha x}(C_1 \cos\beta x + C_2 \sin\beta x)$

9. 二阶常系数线性非齐次微分方程

形如 $y'' + py' + qy = f(x)$(p, q 为常数)的方程称为二阶常系数线性非齐次微分方程.其通解为该方程的一特解 $y^*(x)$ 与其相应的齐次方程(即 $y'' + py' + qy = 0$)的通解之和.

当自由项 $f(x)$ 具有下面特殊形式时,非齐次方程的特解可用待定系数法确定(即先确定特解形式,而后代入方程确定出待定的系数,便得到特解表达式).具体说明如下.

当 $f(x) = e^{\alpha x} P_m(x)$ 时,可设 $y^*(x) = x^k e^{\alpha x} Q_m(x)$,其中 $P_m(x)$ 为 m 次多项式,$Q_m(x)$ 为待定的 m 次多项式;当 α 不是相应的齐次方程特征根时取 $k = 0$,当 α 是特征方程的单根时取 $k = 1$,当 α 是特征方程的重根时取 $k = 2$.

当 $f(x) = e^{\alpha x} P_m(x) \cos\beta x$(或 $f(x) = e^{\alpha x} P_m(x) \sin\beta x$)时,可设 $y^*(x) = x^k e^{\alpha x}(A_m(x) \cos\beta x + B_m(x) \sin\beta x)$,其中 $P_m(x)$ 为 m 次多项式,$A_m(x)$ 与 $B_m(x)$ 为待定的 m 次多项式;当 $\alpha + i\beta$ 不是相应的齐次方程的特征根时取 $k = 0$,当 $\alpha + i\beta$ 是特征根时,取 $k = 1$.

10. 微分方程的简单应用

在几何上的应用主要是在一定的已知条件下建立求曲线的微分方程,在力学上主要是利用牛顿第二定律等物理定律建立微分方程来求若干物理问题.

三、学习指导

● 微分方程是高等数学的一个重要组成部分，它是用微积分解决实际问题的重要工具.本书研究的未知函数是一元函数的微分方程，称为常微分方程.对于常微分方程求解而言，一般是先求出通解，然后再根据初始条件求出特解.另外，本章所讲的微分方程，它们的求解方法和步骤都已规范化了，因此要善于正确地识别方程的类型，熟悉每种类型方程的特有解法.求解方法是本章的重点.

● 一阶微分方程主要采用积分的方法求解.本书介绍了一阶方程中的可分离变量方程(分离变量后两边取积分求得通解)、一阶线性方程(通解由积分公式表出)和全微分方程(通过求势函数的积分表达式得到通解).而二阶常系数线性微分方程，则通过特征根法求得相应齐次方程的通解，再用待定系数法求得非齐次方程的一特解，最后得到非齐次方程的通解.

● 变量代换是解微分方程的重要手段.一些方程可以通过适当的变量代换化为已知可解类型的方程.如一阶方程中的齐次方程、贝努里方程及可降阶的高阶方程.另外，若视 x 为未知函数，y 为自变量，那么也可能将某些不熟悉类型的方程化为可解类型的方程.

● 线性微分方程是重要的一类方程，它的通解结构与解的叠加原理是求解线性微分方程的重要理论.本章中的二阶常系数线性微分方程就是根据这个理论建立了一套求解的方法.

● 微分方程的应用主要是通过建立微分方程及初始条件来求解几何或物理的问题.几何上的应用是指在一定已知条件下求曲线方程.一般将曲线方程设为未知函数，然后根据已知条件来列方程:若已知条件给出了曲线的切线或法线的某些性质，则应用导数表示之;若已知条件给出曲线的弧长或所围面积相等，则用变上限积分表示之.方程在物理上应用是很广泛的，其方程建立主要有两种方法:一是根据已知定律(如牛顿第二定律)来建立方程;二是涉及函数变化率问题则可用微元法建立方程.本书仅要求掌握方程在几何、物理上的一些简单问题上的应用.在方程建立后，注意所给的问题是不是初值问题，若是，则应依题意写出初始条件.

自　测　题

一、是非题(每题 2 分，共 4 分)

1. 凡变量可分离的方程都是全微分方程.

2. 已知 n 阶线性微分方程的 n 个特解，就可以写出它的通解.

二、多项选择题(每题 2 分，共 8 分)

1. 已知函数 $y=5x^2$ 是方程 $xy'=2y$ 的解，则方程的通解为(　　).

　A. $y=5x^2+C$　　B. $y=5Cx^2$　　C. $y=(5+C)x^2$　　D. $y=5(x^2+C)$

2. 方程 $y'+\frac{x}{1+x^2}y=\frac{1}{2x(1+x^2)}$ 属于(　　).

A. 线性方程　　B. 齐次方程　　C. 线性齐次方程　　D. 线性非齐次方程

3. 在$(-1,1)$上与函数 x^2 线性无关的函数是(　　).

A. $e^{\ln x^2+1}$　　B. $e^{\ln(x^2+1)}$　　C. $x^2(\arctan x+\operatorname{arccot} x)$　　D. $x\,|\,x\,|$

4. 若 y_1、y_2、y_3 是某二阶线性齐次方程的三个相异的非零解,且 y_1/y_2 不为常数,则该方程的通解是(　　).

A. $C_1y_1+C_2y_2+C_3y_3$　　B. $C_1y_1+C_2y_2+y_3$

C. $C_1y_1+y_2+C_3y_3$　　D. $y_1+C_2y_2+C_3y_3$

三、填空题(每题 2 分,共 8 分)

1. 微分方程 $(y'')^4+(y')^3+4y^2-x^2=1$ 的阶数是______.

2. 通解为 $xy=C_1e^x+C_2e^{-x}$ 的微分方程是______.

3. 方程 $y''-4y=0$ 的特征方程是______.

4. 用待定系数法求方程 $y''-2y'+5y=e^x\sin 2x$ 的特解时,可设该特解 $y^*=$______.

四、求下列方程的通解(每小题 6 分,共 36 分)

1. $\sec^2x\tan y\mathrm{d}x+\sec^2y\tan x\mathrm{d}y=0$.　　2. $xy'-y-\sqrt{y^2-x^2}=0$.

3. $y\ln y\mathrm{d}x+(x-\ln y)\mathrm{d}y=0$.　　4. $(1+e^{2\theta})\mathrm{d}\rho+2\rho e^{2\theta}\mathrm{d}\theta=0$.

5. $y''=1+y'^2$.　　6. $y''+4y'+4y=0$.

五、求下列初始问题的解(每小题 8 分,共 32 分)

1. $y'+y\cot x=5e^{\cos x}, y(\frac{\pi}{2})=-4$.　　2. $y''=3\sqrt{y}, y(0)=1, y'(0)=2$.

3. $y'-\frac{xy}{2(x^2-1)}=\frac{x}{y}, y(0)=1$.　　4. $y''+y+\sin 2x=0, y(\pi)=1, y'(\pi)=1$.

六、设 $f(x)$ 连续且满足

$$f(x)=e^x+\int_0^x(t-x)f(t)\mathrm{d}t,$$

求 $f(x)$.(本题 8 分)

七、已知某曲线过点(1,1),它的切线在纵轴上截距等于切点的横坐标,求它的方程.

自测题解答

一、1. 是;　2. 非.

二、1. B、C;　2. A、D;　3. B、D;　4. B.

三、1. 2;　2. $xy''+2y'-xy=0$;　3. $r^2-4=0$;　4. $xe^x(a\cos 2x+b\sin 2x)$.

四、1. 方程化为$\frac{\sec^2y}{\tan y}\mathrm{d}y=-\frac{\sec^2x}{\tan x}\mathrm{d}x$,通解为 $\tan x\cdot\tan y=C$.

2. 令 $u=\frac{y}{x}$,原方程化为$\frac{\mathrm{d}u}{\sqrt{u^2-1}}=\frac{\mathrm{d}x}{x}$,通解为 $y+\sqrt{y^2-x^2}=Cx^2$.

3. 方程化为$\frac{\mathrm{d}x}{\mathrm{d}y}+\frac{x}{y\ln y}=\frac{1}{y}$,代入公式得通解为 $2x\ln y=\ln^2y+C$.

4. 因$\dfrac{\partial}{\partial\theta}(1+e^{2\theta})=2e^{2\theta}=\dfrac{\partial}{\partial\rho}(2\rho e^{2\theta})$,故为全微分方程,通解 $\rho(e^{2\theta}+1)=C$.

5. 令 $P=y'$,则 $y''=P'$,原方程化为 $P'=1+P^2$. 分离变量解得 $\arctan P=x+C_1$,即 $y'=\tan(x+C_1)$,积分得通解 $y=-\ln|\cos(x+C_1)|+C_2$.

6. 特征方程为 $r^2+4r+4=0$,特征根 $r_{1,2}=-2$,通解为 $y=(C_1+C_2x)\times e^{-2x}$.

五、1. $y=e^{-\int\cot x\mathrm{d}x}[5\int e^{\cos x}\cdot e^{\int\cot x\mathrm{d}x}\mathrm{d}x+C]=\dfrac{1}{\sin x}(-5e^{\cos x}+C)$,代入$y(\dfrac{\pi}{2})=-4$,得 $C=1$,故特解为 $y=\csc x(-5e^{\cos x}+1)$.

2. 设 $y'=P(y)$,则 $y''=P\dfrac{\mathrm{d}P}{\mathrm{d}y}$. 原方程化为$\dfrac{P\mathrm{d}P}{1-P^2}=\mathrm{d}y$,解得$\dfrac{1}{2}P^2=2y^{\frac{3}{2}}+C_1$,代入初始条件$y(0)=1,P=y'(0)=2$,求得 $C_1=0$,于是 $y'=\pm 2y^{\frac{3}{4}}$. 由于 $y''=3\sqrt{y}>0$,故 $y'=2y^{\frac{3}{4}}$,积分得 $4y^{\frac{1}{4}}=2x+C_2$. 再代入初始条件 $y(0)=1$,得 $C_2=4$. 于是特解为 $y=\left(\dfrac{x}{2}+1\right)^4$.

3. 这是贝努里方程. 令 $y^2=z$,则原方程化为$\dfrac{\mathrm{d}z}{\mathrm{d}x}-\dfrac{x}{x^2-1}z=2x$,求得 $z=\sqrt{1-x^2}(C-2\sqrt{1-x^2})$,即 $y^2=C\sqrt{1-x^2}-2(1-x^2)$. 由 $y(0)=1$,得 $C=3$. 于是特解为 $y^2=3\sqrt{1-x^2}-2(1-x^2)$.

4. 对应齐次方程的特征方程为 $r^2+1=0$,特征根为 $r=\pm i$,齐次方程通解为 $y=C_1\cos x+C_2\sin x$. 因 $f(x)=-\sin 2x$,而 $2i$ 不是特征根,故设原方程一特解为 $y^*=A\cos 2x+B\sin 2x$. 将 y^* 代入原方程求得 $A=0,B=\dfrac{1}{3}$,故 $y^*=\dfrac{1}{3}\sin 2x$. 于是原方程通解为 $y=C_1\cos x+C_2\sin x+\dfrac{1}{3}\sin 2x$. 代入初始条件得 $C_1=-1,C_2=-\dfrac{1}{3}$,于是所求特解为 $y=-\cos x-\dfrac{1}{3}\sin x+\dfrac{1}{3}\sin 2x$.

六、将原方程写为 $f(x)=e^x+\int_0^x tf(t)\mathrm{d}t-x\int_0^x f(t)\mathrm{d}t$,两边对 x 求导得$f'(x)=e^x-\int_0^x f(t)\mathrm{d}t$,再求导得 $f''(x)=e^x-f(x)$;其对应的齐次方程的特征方程为 $r^2+1=0$,特征根为 $r_{1,2}=\pm i$,齐次方程的通解为 $f(x)=C_1\cos x+C_2\sin x$;其方程一特解设为 $y^*=Ae^x$,代入求得 $A=\dfrac{1}{2}$,即 $y^*=\dfrac{1}{2}e^x$;于是$f(x)=C_1\cos x+C_2\sin x+\dfrac{1}{2}e^x$. 由于初始条件为 $f(0)=1,f'(0)=1$,代入求得 $C_1=C_2=\dfrac{1}{2}$,于是 $f(x)=\dfrac{1}{2}(\cos x+\sin x+e^x)$.

七、设切点坐标为(x,y),则切线方程为$Y-y=y'(X-x)$,令 $X=0$ 得$Y=x$. 依题意得方程 $y'=\dfrac{y}{x}-1$. 令 $u=\dfrac{y}{x}$,代入方程得 $x\dfrac{\mathrm{d}u}{\mathrm{d}x}=-1$,解得 $u=-\ln x+C$,即$\dfrac{y}{x}=-\ln x+C$. 依题意 $y(1)=1$,故 $C=1$,从而 $y=x-x\ln x$ 即为所求的曲线方程.

第八章　矢量代数与空间解析几何

本章分为两部分:第一部分是矢量代数,它是研究科学问题的重要工具,它能使物理学与数学领域的许多问题的解法简捷而直观.这一部分主要介绍矢量的加、减法及乘法等运算;第二部分是空间解析几何,主要介绍空间中一些常见的曲面和曲线的方程及其图形,这一部分知识对学习多元函数微积分学是不可缺少的.

8.1　空间直角坐标系

在平面解析几何中,我们已经在平面上建立了坐标系,将每一个点用其坐标表示,使几何问题化为点的坐标间的代数问题,从而可以利用代数的方法研究几何问题.同样,为了要运用代数的方法研究空间的图形——曲线与曲面,必须建立空间内的点与有序数组之间的对应关系,为此先引进空间直角坐标系.

8.1.1　空间直角坐标系

现实生活所在的空间叫做“三维(或三度)空间”.在这个空间里,可以有左右、上下、前后三个方向的活动,称为有三个自由度.直线是一维(或一度)空间,取了坐标系以后,它上面的点的位置可以用一个实数来确定;平面是二维(或二度)空间,取了坐标系以后,它上面点的位置可以用两个有序实数组成的数组来确定.可以推想,三维(或三度)空间里任一点的位置要用三个有序实数组成的数组来确定.

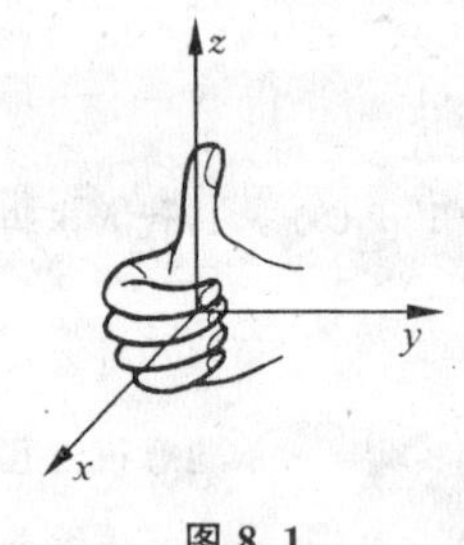

图 8.1

过空间一个定点 O,作三条互相垂直的数轴,它们都以 O 为原点,且一般具有相同的长度单位.这三条轴分别叫做 **x 轴(横轴)、y 轴(纵轴)、z 轴(竖轴)**,统称为**坐标轴**,通常把 x 轴和 y 轴配置在水平面上,而 z 轴则是铅垂线;它们的正向通常符合右手规则,即以右手握住 z 轴,当右手的四个手指从 x 轴的正向以 $\pi/2$ 角度转向 y 轴正向时,大拇指的指向就是 z 轴的正向,如图 8.1 所示.

任意两条坐标轴可以确定一个平面,x 轴和 y 轴所确定的平面称为 xOy 面,y 轴和 z 轴所确定的平面称为 yOz 面,z 轴和 x 轴所确定的平面称为 zOx 面,这三个平面统称为**坐标面**.三个坐标面把空间分成八个部分,每个部分称为一个**卦限**(见图8.2).以 x 轴正半轴、y 轴正半轴、z 轴正半轴为棱的卦限称为第一卦限,在 xOy 平面上方的其他三个卦限依逆时针方向依次称为第二、三、四卦限;在 xOy 平面下方与第一卦限相对的为第五卦限,然后依逆时针方向依次得到第六、七、八卦限.

设 M 为空间一已知点. 过点 M 作三个平面分别垂直于 x 轴、y 轴和 z 轴，它们与 x 轴、y 轴、z 轴的交点依次为 P、Q、R(见图 8.3)，这三点在 x 轴、y 轴、z 轴上的坐标依次为 x,y,z. 于是空间的一点 M 就唯一地确定了一个有序数组 (x,y,z).

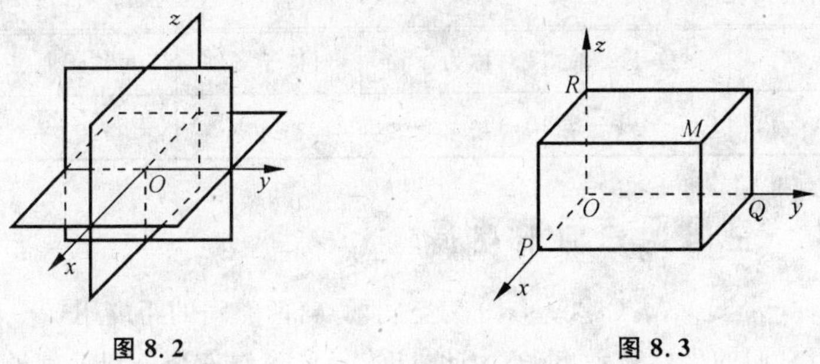

图 8.2　　　　图 8.3

反过来，已知一有序数组 (x,y,z)，我们可以在 x 轴上取坐标为 x 的点 P，在 y 轴上取坐标为 y 的点 Q，在 z 轴上取坐标为 z 的点 R，然后通过 P、Q 和 R 分别作与 x 轴、y 轴和 z 轴垂直的平面，这三个垂直平面必相交于唯一的一点 M.

这样，通过直角坐标系，空间的点的集合与有序的实数组 (x,y,z) 的集合之间建立了一一对应的关系. 实数 x、y、z 称为 M 点的坐标，记作 $M(x,y,z)$，x、y、z 分别称为 M 点的**横坐标，纵坐标或竖坐标**.

下面给出空间一些特殊位置点的特征：

坐标面	xOy	yOz	zOx
特　征	$z=0$	$x=0$	$y=0$

这说明，坐标平面上的点的特征是有一个坐标必定是零，而坐标轴上的点的特征为有两个坐标必定是零，即

坐标轴	x 轴	y 轴	z 轴
特　征	$y=0$ $z=0$	$z=0$ $x=0$	$x=0$ $y=0$

不同卦限里的点的坐标符号为

卦　限	一	二	三	四
坐标符号	(+,+,+)	(−,+,+)	(−,−,+)	(+,−,+)
卦　限	五	六	七	八
坐标符号	(+,+,−)	(−,+,−)	(−,−,−)	(+,−,−)

容易推得 $M(x,y,z)$ 关于坐标面、坐标轴、与原点对称的点的坐标分别为

点 M	对称于 xOy 面	对称于 yOz 面	对称于 zOx 面
(x,y,z)	$(x,y,-z)$	$(-x,y,z)$	$(x,-y,z)$

点 M	对称于 x 轴	对称为 y 轴	对称于 z 轴	对称于原点
(x,y,z)	$(x,-y,-z)$	$(-x,y,-z)$	$(-x,-y,z)$	$(-x,-y,-z)$

8.1.2 空间两点间的距离

设 $M_1(x_1,y_1,z_1)$、$M_2(x_2,y_2,z_2)$ 为空间两点,两点间的距离用 $d=|M_1M_2|$ 表示. 欲将 d 用它们的坐标表示出来,为此过 M_1、M_2 各作三个分别垂直于三条坐标轴的平面,这六个平面围成一个以 M_1M_2 为对角线的长方体(见图8.4). 由图可知,长方体的三条边的长度分别等于 $|x_2-x_1|$,$|y_2-y_1|$,$|z_2-z_1|$. 由勾股定理得

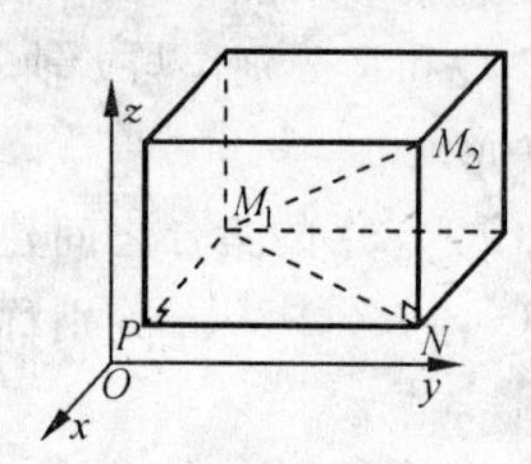

图 8.4

$$\begin{aligned}d^2&=|M_1M_2|^2=|M_1N|^2+|NM_2|^2\\&=|M_1P|^2+|PN|^2+|NM_2|^2\\&=(x_2-x_1)^2+(y_2-y_1)^2+(z_2-z_1)^2,\end{aligned}$$

故得
$$d=\sqrt{(x_2-x_1)^2+(y_2-y_1)^2+(z_2-z_1)^2}. \qquad (1)$$

这就是空间两点间的距离公式.

例 1 求与点 $P_1(0,0,1)$ 与 $P_2(1,0,2)$ 等距离点的轨迹方程.

解 设 $P(x,y,z)$ 是此轨迹上的动点,则依题意有

$$|PP_1|=|PP_2|,$$

即
$$\sqrt{x^2+y^2+(z-1)^2}=\sqrt{(x-1)^2+y^2+(z-2)^2}.$$

化简得
$$x+z-2=0.$$

例 2 试证以点 $A(4,1,9)$,$B(10,-1,6)$ 与 $C(2,4,3)$ 为顶点的三角形为等腰直角三角形.

证 由公式(1)得

$$|AB|^2=(10-4)^2+(-1-1)^2+(6-9)^2=49;$$
$$|BC|^2=(2-10)^2+(4+1)^2+(3-6)^2=98;$$
$$|CA|^2=(4-2)^2+(1-4)^2+(9-3)^2=49.$$

由此可见 $|AB|=|CA|$,$|AB|^2+|CA|^2=|BC|^2$,这表明 $\triangle ABC$ 是等腰直角三角形.

习题 8.1

1. 求点 $M(3,-4,5)$ 关于各坐标面对称的点的坐标.

2. 求点 $M(3,-4,5)$ 关于各坐标轴对称的点的坐标.

3. 求点 $M(3,-4,5)$ 关于原点对称的点的坐标.

4. 求证以 $M_1(4,3,1)$、$M_2(7,1,2)$,$M_3(5,2,3)$ 三点为顶点的三角形是一个等腰三角形.

5. 在 z 轴上求一点,使它到点 $M(-4,1,7)$ 和 $N(3,5,-2)$ 的距离相等.

8.2　矢量及其线性运算

矢量是由力学、物理学的需要而引入的数学概念.特别是由于流体力学、电磁场理论的发展,促使人们对矢量作更深入的研究.矢量也是研究数学本身许多问题的基础之一.在解析几何里,应用更是直接.

8.2.1　矢量概念

在中学物理学中有两类性质的量.一类量只有大小没有方向,如温度、质量、距离等;另一类量既有大小又有方向,如力、速度、加速度等.前一类量称为**数量**,也叫做**纯量**或者**标量**;后一类量称为**矢量**,也叫**向量**.

矢量常可用有向线段来表示,有向线段的长度表示矢量的大小,有向线段的方向表示矢量的方向.起点为 M 终点为 N 的有向线段所表示的矢量记为 $\overrightarrow{MN}$(见图 8.5),有向线段的起(终)点即是矢量的起(终)点.矢量 $\overrightarrow{MN}$也可用黑体字母 $\boldsymbol{a}$ 表示.

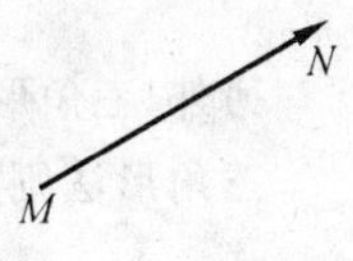

图 8.5

矢量 $\boldsymbol{a}$(或 $\overrightarrow{MN}$) 的大小称为矢量的**模**(或称为矢量的**长度**) 用 $|\boldsymbol{a}|$ ($|\overrightarrow{MN}|$) 表示.模为 0 的矢量称为**零矢量**,记为 $\mathbf{0}$.零矢量没有确定的方向,也可以说零矢量的方向是任意的.称 $\overrightarrow{NM}$为 $\overrightarrow{MN}$的**负矢量**,写作 $\overrightarrow{NM}=-\overrightarrow{MN}$.

在许多实际问题中,矢量与其起点无关,这种矢量称为**自由矢量**.今后我们只讨论自由矢量(简称矢量),所以矢量 $\boldsymbol{a}=\boldsymbol{b}\Leftrightarrow|\boldsymbol{a}|=|\boldsymbol{b}|$ 且 $\boldsymbol{a}$ 与 $\boldsymbol{b}$ 的方向相同.

始点在坐标原点而终点在 M 的矢量 $\overrightarrow{OM}$称为点 M 的**矢径**,记为 $\boldsymbol{r}_M$.任给矢量 $\boldsymbol{a}$,必有唯一的点 M,使得 $\boldsymbol{a}=\overrightarrow{OM}$.反之,任给空间中的一点 M,可唯一确定一个矢量 $\overrightarrow{OM}$.这样,通过点 M 与矢量 $\boldsymbol{r}_M$ 的对应,得到空间中点的全体与矢量的全体之间的一一对应.下面将看到,这种对应对于矢量的研究与应用是重要的.

方向相同或相反的矢量 $\boldsymbol{a}$ 和 $\boldsymbol{b}$ 叫做平行矢量或共线矢量,记作 $\boldsymbol{a}\parallel\boldsymbol{b}$.为了简化许

多命题,规定零矢量与任何矢量平行.

8.2.2 矢量的线性运算

矢量的线性运算是指两个矢量的加法、减法和数量与矢量相乘. 现分别介绍如下.

1. 矢量的加法

力或速度的合成是依平行四边形法则施行的. 矢量的加法是这类合成的一种抽象.

定义 1 把矢量 $\boldsymbol{a}$、$\boldsymbol{b}$ 的起点放在一起,以 $\boldsymbol{a}$ 与 $\boldsymbol{b}$ 为邻边作平行四边形,则从起点到对顶点的矢量称为矢量 $\boldsymbol{a}$ 与 $\boldsymbol{b}$ 的和,记为 $\boldsymbol{a}+\boldsymbol{b}$(见图 8.6).

这种求和的方法称为**平行四边形法则**. 由于矢量可以平行移动,所以,如果把 $\boldsymbol{b}$ 平行移动使其起点与 $\boldsymbol{a}$ 的终点重合,则从 $\boldsymbol{a}$ 的起点到 $\boldsymbol{b}$ 的终点的矢量就是 $\boldsymbol{a}+\boldsymbol{b}$(见图 8.7). 这种求和的方法称为**三角形法则**. 显然,三角形法则比平行四边形法则简单.

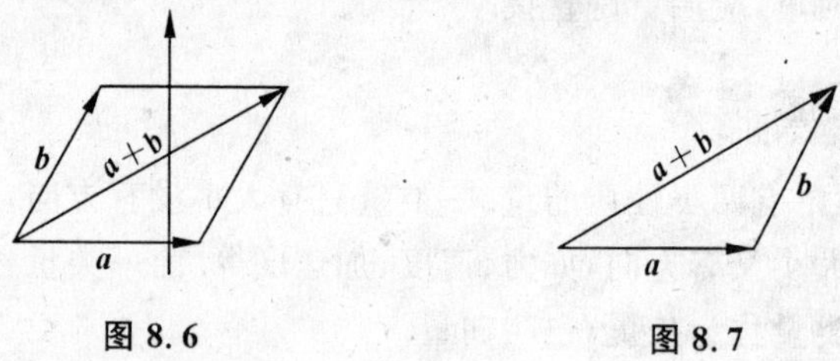

图 8.6　　　　图 8.7

另外,三角形法则对 $\boldsymbol{a}\parallel\boldsymbol{b}$ 同样适用,不过这时的三角形的三条边在一条直线上了.

三角形法则可以推广为下面的**多边形法则**(见图 8.8).

$$\overrightarrow{A_1A_2}+\overrightarrow{A_2A_3}+\cdots+\overrightarrow{A_{n-1}A_n}=\overrightarrow{A_1A_n}. \qquad (1)$$

容易验证,矢量加法有以下性质:

1° 交换律　$\boldsymbol{a}+\boldsymbol{b}=\boldsymbol{b}+\boldsymbol{a}$;

2° 结合律　$(\boldsymbol{a}+\boldsymbol{b})+\boldsymbol{c}=\boldsymbol{a}+(\boldsymbol{b}+\boldsymbol{c})$;

3° $\boldsymbol{a}+\boldsymbol{0}=\boldsymbol{a}$,　$\boldsymbol{a}+(-\boldsymbol{a})=\boldsymbol{0}$.

图 8.9 说明了结合律的正确性.

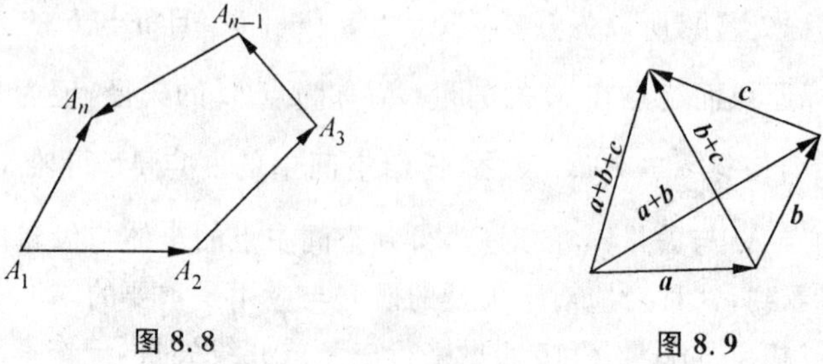

图 8.8　　　　图 8.9

2. 矢量的减法

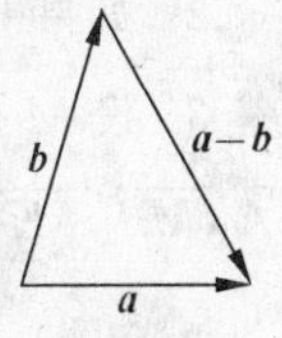

图 8.10

定义 2　$\boldsymbol{a}-\boldsymbol{b}$ 定义为 $\boldsymbol{a}+(-\boldsymbol{b})$，称 $\boldsymbol{a}-\boldsymbol{b}$ 为 $\boldsymbol{a}$ 与 $\boldsymbol{b}$ 的差.

显然 $\boldsymbol{c}=\boldsymbol{a}-\boldsymbol{b}$ 的充要条件为 $\boldsymbol{a}=\boldsymbol{b}+\boldsymbol{c}$，由此得出矢量 $\boldsymbol{a}-\boldsymbol{b}$ 为由 $\boldsymbol{b}$ 的终点引向 $\boldsymbol{a}$ 的终点的矢量(见图 8.10).

3. 数乘矢量

如果有三个大小和方向都相同的力 $\boldsymbol{f}$ 作用于一个质点上，那么质点所受的合力 $\boldsymbol{F}=3\boldsymbol{f}$. 这里就出现了数量与矢量的乘积，抽象成一般，就有

定义 3　设 $\boldsymbol{a}$ 是一矢量，λ 为任一实数，则定义 $\lambda\boldsymbol{a}$ 是一个满足以下两个条件的矢量：

1° $|\lambda\boldsymbol{a}|=|\lambda||\boldsymbol{a}|$；

2° 当 $\lambda>0$ 时，$\lambda\boldsymbol{a}$ 与 $\boldsymbol{a}$ 同向；当 $\lambda<0$ 时，$\lambda\boldsymbol{a}$ 与 $\boldsymbol{a}$ 反向.

容易验证数乘矢量有以下性质：

1° 结合律　$(\lambda\mu)\boldsymbol{a}=\lambda(\mu\boldsymbol{a})=\mu(\lambda\boldsymbol{a})$；

2° 分配律　$(\lambda+\mu)\boldsymbol{a}=\lambda\boldsymbol{a}+\mu\boldsymbol{a}$；　$\lambda(\boldsymbol{a}+\boldsymbol{b})=\lambda\boldsymbol{a}+\lambda\boldsymbol{b}$；

3° $1\boldsymbol{a}=\boldsymbol{a}$；$(-1)\boldsymbol{a}=-\boldsymbol{a}$；$0\boldsymbol{a}=\boldsymbol{0}$.

称模为 1 的矢量为**单位矢量**. 任给非零矢量 $\boldsymbol{a}$，以 $\boldsymbol{a}^{\circ}$ 记与 $\boldsymbol{a}$ 同向的单位矢量，显然有

$$\boldsymbol{a}=|\boldsymbol{a}|\boldsymbol{a}^{\circ}. \tag{2}$$

这个公式既简单又重要，因为它把 $\boldsymbol{a}$ 的两个要素：模和方向分开了，$|\boldsymbol{a}|$ 表示 $\boldsymbol{a}$ 的模，而 $\boldsymbol{a}^{\circ}$ 可以表示 $\boldsymbol{a}$ 的方向.

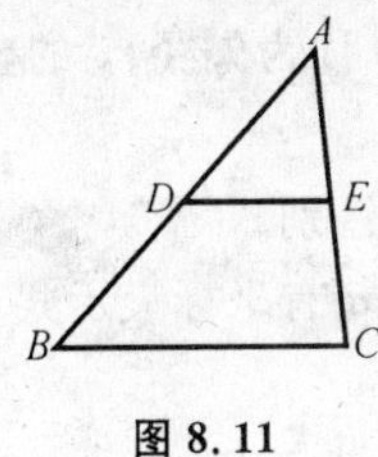

图 8.11

矢量的线性运算可用来解某些几何问题，请看下例.

例　证明三角形两边中点的连线必平行于底边且其长等于底边的一半(见图 8.11).

证明　令 A、B、C 是三角形的三个顶点，D、E 分别是 AB，AC 的中点，并令 $\overrightarrow{AB}=\boldsymbol{b}$，$\overrightarrow{AC}=\boldsymbol{c}$. 于是

$$\overrightarrow{BC}=\overrightarrow{BA}+\overrightarrow{AC}=\boldsymbol{c}-\boldsymbol{b}.$$

又

$$\overrightarrow{AD}=\frac{1}{2}\boldsymbol{b},\quad \overrightarrow{AE}=\frac{1}{2}\boldsymbol{c},$$

$$\overrightarrow{DE}=\overrightarrow{DA}+\overrightarrow{AE}=-\frac{1}{2}\boldsymbol{b}+\frac{1}{2}\boldsymbol{c}=\frac{1}{2}(\boldsymbol{c}-\boldsymbol{b})=\frac{1}{2}\overrightarrow{BC}.$$

这就证明了 $DE\parallel BC$，$|DE|=\frac{1}{2}|BC|$.

习题 8.2

1. 设 $\boldsymbol{u}=\boldsymbol{a}-\boldsymbol{b}+2\boldsymbol{c}$，$\boldsymbol{v}=-\boldsymbol{a}+3\boldsymbol{b}-\boldsymbol{c}$. 试用 $\boldsymbol{a}$、$\boldsymbol{b}$、$\boldsymbol{c}$ 表示 $2\boldsymbol{u}-3\boldsymbol{v}$.

2. 如果平面上一个四边形的对角线互相平分,试用矢量证明它是平行四边形.

3. 设 M 是平行四边形 $ABCD$ 两对角线的交点,用 $\boldsymbol{a}=\overrightarrow{AB}$ 和 $\boldsymbol{b}=\overrightarrow{AD}$ 表示矢量 $\overrightarrow{MA}$, $\overrightarrow{MB}$, $\overrightarrow{MC}$, $\overrightarrow{MD}$.

8.3 矢量的坐标

从上面例题可以看出,矢量能够解决一些几何问题,为了进一步发挥矢量这一工具的作用,我们引进矢量的坐标表示式,使矢量的运算代数化.

8.3.1 矢量的坐标表示式

先来对矢径 $\boldsymbol{r}_M$ 与 M 的坐标 x、y、z 建立一一对应的关系. 在 x 轴、y 轴、z 轴上各取一个与坐标轴正向同向的单位矢量,分别记为 $\boldsymbol{i}$、$\boldsymbol{j}$、$\boldsymbol{k}$,称 $\boldsymbol{i}$、$\boldsymbol{j}$、$\boldsymbol{k}$ 为**基本单位矢量**. 由图 8.12 可得

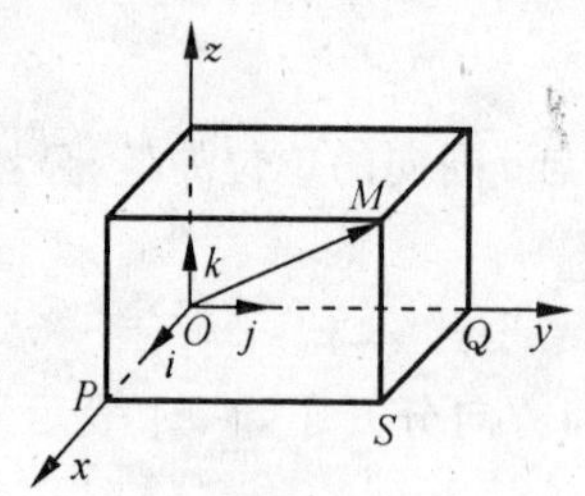

图 8.12

$$\overrightarrow{OM}=\overrightarrow{OP}+\overrightarrow{PS}+\overrightarrow{SM}.$$

又 $\overrightarrow{OP}=x\boldsymbol{i}$, $\overrightarrow{PS}=y\boldsymbol{j}$, $\overrightarrow{SM}=z\boldsymbol{k}$,所以

$$\overrightarrow{OM}=x\boldsymbol{i}+y\boldsymbol{j}+z\boldsymbol{k}. \tag{1}$$

由于矢径 $\boldsymbol{r}_M$ 与其终点 M 是一一对应的,又点 M 与其坐标 (x,y,z) 是一一对应的,故 $\boldsymbol{r}_M$ 与 (x,y,z) 是一一对应的. 于是有

定义 1 任给点 $M(x,y,z)$,式(1) 称为矢径 $\boldsymbol{r}_M$ 的**坐标表示式**,并称 x、y、z 是 $\boldsymbol{r}_M$ 的**坐标**,记为 $\boldsymbol{r}_M=\{x,y,z\}$.

记号中加大括号是表示矢量的符号与点 M 的坐标 (x,y,z) 相区别.

为方便起见,对任给矢量 $\boldsymbol{a}$,以后用 $\{a_x,a_y,a_z\}$ 记其坐标,于是 $\boldsymbol{a}$ 有坐标表示式

$$\boldsymbol{a}=\{a_x,a_y,a_z\}. \tag{2}$$

式(2) 即为 $\boldsymbol{a}=a_x\boldsymbol{i}+a_y\boldsymbol{j}+a_z\boldsymbol{k}$,其中 $a_x\boldsymbol{i}$、$a_y\boldsymbol{j}$、$a_z\boldsymbol{k}$ 依次称为 $\boldsymbol{a}$ 在 x 轴,y 轴,z 轴上的**分矢量**.

利用矢量的坐标表示式及矢量的线性运算的性质,可得出矢量线性运算的以下坐标公式:

$$\boldsymbol{a}\pm\boldsymbol{b}=\{a_x\pm b_x,a_y\pm b_y,a_z\pm b_z\},$$
$$\lambda\boldsymbol{a}=\{\lambda a_x,\lambda a_y,\lambda a_z\}. \tag{3}$$

式(3) 中的第一式证明如下:

由
$$\boldsymbol{a}=a_x\boldsymbol{i}+a_y\boldsymbol{j}+a_z\boldsymbol{k},$$
$$\boldsymbol{b}=b_x\boldsymbol{i}+b_y\boldsymbol{j}+b_z\boldsymbol{k},$$
得
$$\boldsymbol{a}+\boldsymbol{b}=(a_x\boldsymbol{i}+a_y\boldsymbol{j}+a_z\boldsymbol{k})+(b_x\boldsymbol{i}+b_y\boldsymbol{j}+b_z\boldsymbol{k})$$

$$= (a_x\boldsymbol{i} + b_x\boldsymbol{i}) + (a_y\boldsymbol{j} + b_y\boldsymbol{j}) + (a_z\boldsymbol{k} + b_z\boldsymbol{k})$$
$$= (a_x + b_x)\boldsymbol{i} + (a_y + b_y)\boldsymbol{j} + (a_z + b_z)\boldsymbol{k}.$$

公式(3)表明，矢量的线性运算可归结为其坐标的相应运算，这就给矢量的运算带来极大的方便.

例 1　给定点 $A(x_1, y_1, z_1)$ 与 $B(x_2, y_2, z_2)$，求矢量 $\overrightarrow{AB}$ 的坐标.

解　首先注意 $\overrightarrow{AB} = \boldsymbol{r}_B - \boldsymbol{r}_A$，由公式(3)得

$$\overrightarrow{AB} = \{x_2, y_2, z_2\} - \{x_1, y_1, z_1\} = \{x_2 - x_1, y_2 - y_1, z_2 - z_1\}.$$

例 2　设 A、B 如例 1，线段 AB 上的点 C 将 AB 分成有定比 $AC/CB = \lambda$ 的两段，求点 C 的坐标.

解　由定义 4，只需求矢量 $\boldsymbol{r}_C$ 的坐标.

由 $\overrightarrow{AC} = \lambda\overrightarrow{CB}$ 与 $\overrightarrow{AB} = \overrightarrow{AC} + \overrightarrow{CB}$，解出

$$\overrightarrow{CB} = \frac{1}{1+\lambda}\overrightarrow{AB}.$$

另外 $\boldsymbol{r}_C = \boldsymbol{r}_B - \overrightarrow{CB}$，于是

$$\boldsymbol{r}_C = \boldsymbol{r}_B - \frac{1}{1+\lambda}\overrightarrow{AB} = \{x_2, y_2, z_2\} - \left\{\frac{x_2 - x_1}{1+\lambda}, \frac{y_2 - y_1}{1+\lambda}, \frac{z_2 - z_1}{1+\lambda}\right\}$$
$$= \left\{\frac{x_1 + \lambda x_2}{1+\lambda}, \frac{y_1 + \lambda y_2}{1+\lambda}, \frac{z_1 + \lambda z_2}{1+\lambda}\right\}.$$

从而 C 点的坐标为

$$x_C = \frac{x_1 + \lambda x_2}{1+\lambda}, \quad y_C = \frac{y_1 + \lambda y_2}{1+\lambda}, \quad z_C = \frac{z_1 + \lambda z_2}{1+\lambda}. \tag{4}$$

式(4)称为**定比分点公式**. 从推导公式的过程来看，一个向量等式相当于三个数量等式，这也是采用矢量的方便之处.

利用数乘与矢量的坐标，可对“共线”这一几何关系给出一种代数刻画.

定理　设 $\boldsymbol{a}$、$\boldsymbol{b}$ 是两个非零矢量，则 $\boldsymbol{a}$ 与 $\boldsymbol{b}$ 共线的充要条件为

$$\frac{a_x}{b_x} = \frac{a_y}{b_y} = \frac{a_z}{b_z}.$$

证　因 $\boldsymbol{a}$、$\boldsymbol{b}$ 是非零矢量，故 $\boldsymbol{a}$ 与 $\boldsymbol{b}$ 共线的充要条件是存在实数 λ 使得 $\boldsymbol{a} = \lambda\boldsymbol{b}$. 再利用矢量相等及坐标概念，即得

$$\frac{a_x}{b_x} = \frac{a_y}{b_y} = \frac{a_z}{b_z}.$$

即：两矢量平行的充要条件是其坐标成比例.

在以上的比例式中，规定：如果某个分母为零，表示相应的分子也为零.

8.3.2　方向角与方向余弦

大家知道，矢量由模与方向确定的，如果已知矢量的坐标表示式为

$$a = \overrightarrow{OM} = a_x i + a_y j + a_z k,$$

那么怎样求它的模,怎样表明它在空间的方向呢?

由两点间的距离公式可得

$$|a| = |OM| = \sqrt{a_x^2 + a_y^2 + a_z^2}. \tag{5}$$

显然此公式对于 a 的起点不在原点也是成立的.

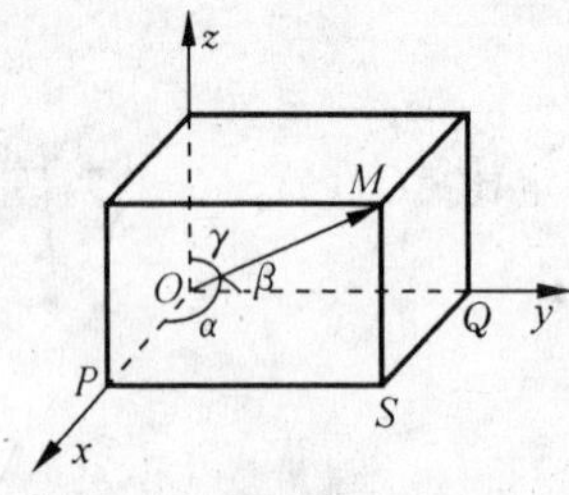

图 8.13

为了表示矢量的方向,如图 8.13 所示,把 a 与 Ox 轴、Oy 轴、Oz 轴正向的夹角分别记为 α、β、γ,并规定 $0 \leqslant \alpha,\beta,\gamma \leqslant \pi$,称为矢量 a 的**方向角**,$\cos\alpha$、$\cos\beta$、$\cos\gamma$ 叫做矢量 a 的**方向余弦**. 于是,任意一个非零矢量 a,它的方向角与方向余弦是唯一确定的;反过来,对任一非零矢量可以用它的方向角或方向余弦来确定它的方向. 这是为什么呢?因为方向角与方向余弦是一一对应的,所以我们只要说明 a 的方向余弦可以确定 a 的方向就行了. 现在从寻找 a 的方向余弦与 a 的单位矢量 a° 的关系入手.

在图 8.13 中,由直角三角形 OPM、OQM 和 ORM 可知

$$a_x = |a|\cos\alpha,\quad a_y = |a|\cos\beta,\quad a_z = |a|\cos\gamma.$$

结合式(5) 得

$$\begin{cases} \cos\alpha = \dfrac{a_x}{\sqrt{a_x^2 + a_y^2 + a_z^2}},\ \cos\beta = \dfrac{a_y}{\sqrt{a_x^2 + a_y^2 + a_z^2}}, \\ \cos\gamma = \dfrac{a_z}{\sqrt{a_x^2 + a_y^2 + a_z^2}}. \end{cases} \tag{6}$$

从而推出

$$\{\cos\alpha,\cos\beta,\cos\gamma\} = \frac{a}{|a|} = a^\circ. \tag{7}$$

于是若 a 的方向余弦定了,那么 a° 就确定了,从而 a 的方向就确定了.

由式(6) 还可推出方向余弦间的一个基本关系式:

$$\cos^2\alpha + \cos^2\beta + \cos^2\gamma = 1. \tag{8}$$

例 3 给定点 $A(2,1,1)$、$B(1,3,0)$,求 $a = \overrightarrow{AB}$ 的模、方向余弦与 a°.

解 $a = \{1-2, 3-1, 0-1\} = \{-1, 2, -1\}$.

由式(5)、式(6) 与式(7),可得

$$|a| = \sqrt{(-1)^2 + 2^2 + (-1)^2} = \sqrt{6},$$

$$\cos\alpha = -1/\sqrt{6},\quad \cos\beta = 2/\sqrt{6},\quad \cos\gamma = -1/\sqrt{6},$$

$$a^\circ = \{-1/\sqrt{6}, 2/\sqrt{6}, -1/\sqrt{6}\}.$$

例 4　已知三力

$$f_1 = i - 2k,\quad f_2 = 2i - 3j + 4k,\quad f_3 = j + k$$

作用于一质点,求合力 f 的大小及方向角.

解　$$f = f_1 + f_2 + f_3 = (i - 2k) + (2i - 3j + 4k) + (j + k) = 3i - 2j + 3k,$$

则 $$|f| = \sqrt{3^2 + (-2)^2 + 3^2} = \sqrt{22} \approx 4.690,$$

$$\cos\alpha = 3/\sqrt{22},\quad \cos\beta = -2/\sqrt{22},\quad \cos\gamma = 3/\sqrt{22}.$$

由于 $0 \leqslant \alpha, \beta, \gamma \leqslant \pi$,得

$$\alpha \approx 50°14',\quad \beta \approx 115°14',\quad \gamma \approx 50°14'.$$

习题 8.3

1. 已知两点 $M_1(0,1,2)$ 和 $M_2(1,-1,0)$. 试用坐标表示矢量 $\overrightarrow{M_1M_2}$ 及 $-2\overrightarrow{M_1M_2}$.

2. 设已知两点 $M_1(4,\sqrt{2},1)$ 和 $M_2(3,0,2)$ 计算矢量 $\overrightarrow{M_1M_2}$ 的模、方向余弦和方向角.

3. 设矢量的方向余弦分别满足①$\cos\alpha = 0$;②$\cos\beta = 1$;③$\cos\alpha = \cos\beta = 0$,问这些矢量与坐标轴或坐标面的关系如何?

4. 求平行于矢量 $a = \{6, 7, -6\}$ 的单位矢量.

5. 已知 $a = mi + 5j - k$ 与 $b = 3i + j + nk$ 平行,试求系数 m 和 n.

6. 两船在某瞬间位于 $P(18,7,0)$、$Q(8,12,0)$,假设两船均沿 PQ 作相向等速直线运动,且速率之比为 3∶2,问在何点两船将相遇?

7. 已知 a 的起点为 $(2,0,-1)$,$|a| = 3$,a 的方向余弦 $\cos\alpha = \dfrac{1}{2}$,$\cos\beta = \dfrac{1}{2}$,试求 a 的坐标表示式及它的终点坐标.

8. 一船欲从河的南岸驶向北岸,已知水速从东向西每分钟 6m,问船应以多大的速率并与河岸成多大的角度航行,才能使船的实际航行方向垂直于河岸,且每分钟前进 8m?

8.4　矢量间的乘法

这一节将引进两个矢量乘法的运算.

任给矢量 a、b,可以构成数量积 $a \cdot b$ 与矢量积 $a \times b$. 二者来源于不同的两个物理问题. 这两种运算有着广泛的应用,是矢量代数中最基本而又最重要的内容.

8.4.1 两矢量的数量积

1. 概念

由中学物理知道，若一物体在常力 $\boldsymbol{F}$(即大小和方向都不变)的作用下，由点 A 沿直线移动至 B，且设位移矢量 $\overrightarrow{AB}$ 与力 $\boldsymbol{F}$ 的夹角为 θ(见图 8.14)，则力 $\boldsymbol{F}$ 所做的功为

$$W=|\boldsymbol{F}||\overrightarrow{AB}|\cos\theta.$$

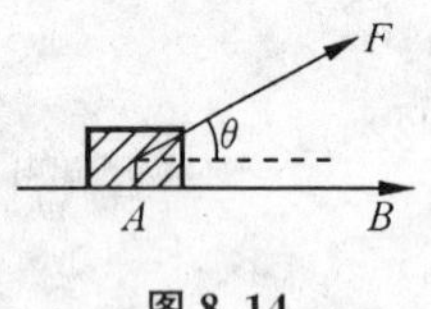

图 8.14

在这个例子中，由两个矢量 $\boldsymbol{F}$ 和 $\overrightarrow{AB}$ 确定了一个数量 $|\boldsymbol{F}||\overrightarrow{AB}|\cos\theta$，类似这样的乘积在其他实际问题中也会遇到，因此有以下定义.

定义 1 任给矢量 $\boldsymbol{a}$、$\boldsymbol{b}$，称 $|\boldsymbol{a}||\boldsymbol{b}|\cos(\widehat{\boldsymbol{a},\boldsymbol{b}})$ 为矢量 $\boldsymbol{a}$ 与 $\boldsymbol{b}$ 的**数量积**(亦称**内积**或**点积**)，记作 $\boldsymbol{a}\cdot\boldsymbol{b}$，即

$$\boldsymbol{a}\cdot\boldsymbol{b}=|\boldsymbol{a}||\boldsymbol{b}|\cos(\widehat{\boldsymbol{a},\boldsymbol{b}}) \tag{1}$$

其中 $(\widehat{\boldsymbol{a},\boldsymbol{b}})$ 表示矢量 $\boldsymbol{a}$、$\boldsymbol{b}$ 间的夹角，规定 $0\leqslant(\widehat{\boldsymbol{a},\boldsymbol{b}})\leqslant\pi$. 当 $\boldsymbol{a}=\boldsymbol{0}$ 或 $\boldsymbol{b}=\boldsymbol{0}$ 时规定 $(\widehat{\boldsymbol{a},\boldsymbol{b}})$ 为 0 到 π 之间的任意角.

这里必须注意的是，两矢量的数量积是一个数量.

由数量积定义可以推得

1° $\boldsymbol{a}\cdot\boldsymbol{a}=|\boldsymbol{a}|^2$. 这是因为夹角 $\theta=0$，所以

$$\boldsymbol{a}\cdot\boldsymbol{a}=|\boldsymbol{a}||\boldsymbol{a}|\cos 0=|\boldsymbol{a}|^2. \tag{2}$$

2° $\boldsymbol{a}\cdot\boldsymbol{b}=0\Leftrightarrow\boldsymbol{a}\perp\boldsymbol{b}$，即 $\boldsymbol{a}$ 与 $\boldsymbol{b}$ 垂直(约定零矢量与任何矢量垂直).

由于上述约定，所以我们只在 $\boldsymbol{a}\neq 0,\boldsymbol{b}\neq 0$ 时证明上述结论.

如果 $\boldsymbol{a}\cdot\boldsymbol{b}=0$，由于 $|\boldsymbol{a}|\neq 0$，$|\boldsymbol{b}|\neq 0$，所以有 $\cos(\widehat{\boldsymbol{a},\boldsymbol{b}})=0$，从而 $(\widehat{\boldsymbol{a},\boldsymbol{b}})=\pi/2$，即 $\boldsymbol{a}\perp\boldsymbol{b}$；反之，如果 $\boldsymbol{a}\perp\boldsymbol{b}$，那么 $(\widehat{\boldsymbol{a},\boldsymbol{b}})=\pi/2$，于是有 $\boldsymbol{a}\cdot\boldsymbol{b}=|\boldsymbol{a}||\boldsymbol{b}|\cos\pi/2=0$.

由以上 1°、2° 可得，对于基本单位矢量 $\boldsymbol{i}$、$\boldsymbol{j}$、$\boldsymbol{k}$ 有

$$\begin{cases}\boldsymbol{i}\cdot\boldsymbol{i}=\boldsymbol{j}\cdot\boldsymbol{j}=\boldsymbol{k}\cdot\boldsymbol{k}=1,\\ \boldsymbol{i}\cdot\boldsymbol{j}=\boldsymbol{j}\cdot\boldsymbol{k}=\boldsymbol{k}\cdot\boldsymbol{i}=0.\end{cases} \tag{3}$$

2. 数量积的运算法则

(1) 交换律：$\boldsymbol{a}\cdot\boldsymbol{b}=\boldsymbol{b}\cdot\boldsymbol{a}$.

因为根据定义有

$$\boldsymbol{a}\cdot\boldsymbol{b}=|\boldsymbol{a}||\boldsymbol{b}|\cos(\widehat{\boldsymbol{a},\boldsymbol{b}}),\quad \boldsymbol{b}\cdot\boldsymbol{a}=|\boldsymbol{b}||\boldsymbol{a}|\cos(\widehat{\boldsymbol{a},\boldsymbol{b}}),$$

而 $|\boldsymbol{a}||\boldsymbol{b}|=|\boldsymbol{b}||\boldsymbol{a}|$ 且 $\cos(\widehat{\boldsymbol{a},\boldsymbol{b}})=\cos(\widehat{\boldsymbol{b},\boldsymbol{a}})$，所以

$$\boldsymbol{a}\cdot\boldsymbol{b}=\boldsymbol{b}\cdot\boldsymbol{a}.$$

(2) 分配律：$(\boldsymbol{a}+\boldsymbol{b})\cdot\boldsymbol{c}=\boldsymbol{a}\cdot\boldsymbol{c}+\boldsymbol{b}\cdot\boldsymbol{c}$.

这里只给出此等式的物理解释. 把矢量 $\boldsymbol{a}$ 与 $\boldsymbol{b}$ 设想为作用在同一质点上的两个力，$\boldsymbol{c}$ 是该质点的位移，那么 $(\boldsymbol{a}+\boldsymbol{b})\cdot\boldsymbol{c}$ 即表示合力 $(\boldsymbol{a}+\boldsymbol{b})$ 对该质点所做的功，它显然应等于分力 $\boldsymbol{a}$ 与 $\boldsymbol{b}$ 所做的功 $\boldsymbol{a}\cdot\boldsymbol{c}$ 与 $\boldsymbol{b}\cdot\boldsymbol{c}$ 之和.

(3) 结合律：$\lambda(\boldsymbol{a}\cdot\boldsymbol{b})=(\lambda\boldsymbol{a})\cdot\boldsymbol{b}=\boldsymbol{a}\cdot(\lambda\boldsymbol{b})$.

当 $\lambda=0$ 时，性质(3) 显然成立.

当 $\lambda>0$ 时，$\lambda\boldsymbol{a}$ 与 $\boldsymbol{a}$ 同向，即 $(\widehat{\lambda\boldsymbol{a},\boldsymbol{b}})=(\widehat{\boldsymbol{a},\boldsymbol{b}})$，所以

$$(\lambda\boldsymbol{a})\cdot\boldsymbol{b}=|\lambda\boldsymbol{a}||\boldsymbol{b}|\cos(\widehat{\lambda\boldsymbol{a},\boldsymbol{b}})=\lambda|\boldsymbol{a}||\boldsymbol{b}|\cos(\widehat{\boldsymbol{a},\boldsymbol{b}})=\lambda(\boldsymbol{a}\cdot\boldsymbol{b}).$$

当 $\lambda<0$ 时，$\lambda\boldsymbol{a}$ 与 $\boldsymbol{a}$ 方向相反，有 $(\widehat{\lambda\boldsymbol{a},\boldsymbol{b}})=\pi-(\widehat{\boldsymbol{a},\boldsymbol{b}})$. 余下的证明留给读者进行.

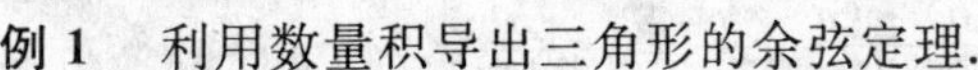

例 1　利用数量积导出三角形的余弦定理.

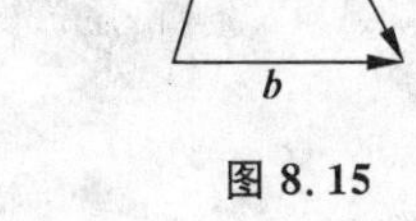

图 8.15

解　作图 8.15，对图中的矢量 $\boldsymbol{a}$、$\boldsymbol{b}$，有

$$\begin{aligned}|\boldsymbol{a}-\boldsymbol{b}|^2&=(\boldsymbol{a}-\boldsymbol{b})\cdot(\boldsymbol{a}-\boldsymbol{b})=\boldsymbol{a}\cdot\boldsymbol{a}+\boldsymbol{b}\cdot\boldsymbol{b}-2\boldsymbol{a}\cdot\boldsymbol{b}\\&=|\boldsymbol{a}|^2+|\boldsymbol{b}|^2-2|\boldsymbol{a}||\boldsymbol{b}|\cos(\widehat{\boldsymbol{a},\boldsymbol{b}}).\end{aligned}$$

3. 数量积的坐标表示式

设 $\boldsymbol{a}=a_x\boldsymbol{i}+a_y\boldsymbol{j}+a_z\boldsymbol{k}$，$\boldsymbol{b}=b_x\boldsymbol{i}+b_y\boldsymbol{j}+b_z\boldsymbol{k}$，按数量积的运算规律可得

$$\begin{aligned}\boldsymbol{a}\cdot\boldsymbol{b}&=(a_x\boldsymbol{i}+a_y\boldsymbol{j}+a_z\boldsymbol{k})\cdot(b_x\boldsymbol{i}+b_y\boldsymbol{j}+b_z\boldsymbol{k})\\&=a_xb_x\boldsymbol{i}\cdot\boldsymbol{j}+a_yb_x\boldsymbol{j}\cdot\boldsymbol{i}+a_zb_x\boldsymbol{k}\cdot\boldsymbol{i}+a_xb_y\boldsymbol{i}\cdot\boldsymbol{j}+a_yb_y\boldsymbol{j}\cdot\boldsymbol{j}+a_yb_z\boldsymbol{j}\cdot\boldsymbol{k}\\&\quad+a_zb_x\boldsymbol{k}\cdot\boldsymbol{i}+a_zb_y\boldsymbol{k}\cdot\boldsymbol{j}+a_zb_z\boldsymbol{k}\cdot\boldsymbol{k}\\&=a_xb_x+a_yb_y+a_zb_z.\end{aligned}$$

于是有

$$\boldsymbol{a}\cdot\boldsymbol{b}=a_xb_x+a_yb_y+a_zb_z \tag{4}$$

由此得出

$$\boldsymbol{a}\perp\boldsymbol{b}\Leftrightarrow a_xb_x+a_yb_y+a_zb_z=0.$$

若 $\boldsymbol{a}$、$\boldsymbol{b}\neq\boldsymbol{0}$，则由式(2) 得到

$$\cos(\widehat{\boldsymbol{a},\boldsymbol{b}})=\frac{\boldsymbol{a}\cdot\boldsymbol{b}}{|\boldsymbol{a}||\boldsymbol{b}|},$$

再由式(4) 可得

$$\cos(\widehat{\boldsymbol{a},\boldsymbol{b}})=\frac{a_xb_x+a_yb_y+a_zb_z}{\sqrt{a_x^2+a_y^2+a_z^2}\sqrt{b_x^2+b_y^2+b_z^2}}. \tag{5}$$

式(5) 常用来计算矢量间的夹角.

例 2　给定点 $A(1,1,1)$、$B(2,2,1)$ 与 $C(2,1,2)$，求 $\theta=\angle BAC$.

解　因 $\overrightarrow{AB}=\{2-1,2-1,1-1\}=\{1,1,0\}$，同样，

$\overrightarrow{AC}=\{1,0,1\}$. 由式(5)得

$$\cos\theta=\frac{1\times1+1\times0+0\times1}{\sqrt{1^2+1^2+0^2}\sqrt{1^2+0^2+1^2}}=\frac{1}{2},$$

因此 $\theta=\pi/3$.

例 3 已知 $|\boldsymbol{a}|=1$, $|\boldsymbol{b}|=2$, $\theta=(\widehat{\boldsymbol{a},\boldsymbol{b}})=\dfrac{\pi}{3}$,求 $\boldsymbol{a}+\boldsymbol{b}$ 与 $\boldsymbol{a}-\boldsymbol{b}$ 的夹角 φ.

解 $\boldsymbol{a}\cdot\boldsymbol{b}=|\boldsymbol{a}||\boldsymbol{b}|\cos\theta=1\times2\times\cos\dfrac{\pi}{3}=1$,

$$|\boldsymbol{a}+\boldsymbol{b}|^2=(\boldsymbol{a}+\boldsymbol{b})\cdot(\boldsymbol{a}+\boldsymbol{b})=|\boldsymbol{a}|^2+|\boldsymbol{b}|^2+2\boldsymbol{a}\cdot\boldsymbol{b}=7,$$
$$|\boldsymbol{a}-\boldsymbol{b}|^2=(\boldsymbol{a}-\boldsymbol{b})\cdot(\boldsymbol{a}-\boldsymbol{b})=|\boldsymbol{a}|^2+|\boldsymbol{b}|^2-2\boldsymbol{a}\cdot\boldsymbol{b}=3,$$
$$(\boldsymbol{a}+\boldsymbol{b})\cdot(\boldsymbol{a}-\boldsymbol{b})=|\boldsymbol{a}|^2-|\boldsymbol{b}|^2=-3,$$

故有
$$\cos\varphi=\frac{(\boldsymbol{a}+\boldsymbol{b})\cdot(\boldsymbol{a}-\boldsymbol{b})}{|\boldsymbol{a}+\boldsymbol{b}||\boldsymbol{a}-\boldsymbol{b}|}=-\frac{3}{\sqrt{21}},$$

则
$$\varphi=\pi-\arccos\frac{\sqrt{21}}{7}.$$

例 4 证明柯西不等式:

$$|a_1b_1+a_2b_2+a_3b_3|\leqslant\sqrt{a_1^2+a_2^2+a_3^2}\sqrt{b_1^2+b_2^2+b_3^2}.$$

证明 令矢量 $\boldsymbol{a}=\{a_1,a_2,a_3\}$, $\boldsymbol{b}=\{b_1,b_2,b_3\}$. 由 $\boldsymbol{a}\cdot\boldsymbol{b}=|\boldsymbol{a}||\boldsymbol{b}|\cos(\widehat{\boldsymbol{a},\boldsymbol{b}})$,可得 $|\boldsymbol{a}\cdot\boldsymbol{b}|\leqslant|\boldsymbol{a}||\boldsymbol{b}|$,故有

$$|a_1b_1+a_2b_2+a_3b_3|\leqslant\sqrt{a_1^2+a_2^2+a_3^2}\sqrt{b_1^2+b_2^2+b_3^2}.$$

4. 矢量的投影

定义 2 矢量 $\boldsymbol{a}$ 在矢量 $\boldsymbol{b}(\boldsymbol{b}\neq\boldsymbol{0})$ 上的**投影**定义为 $|\boldsymbol{a}|\cos(\widehat{\boldsymbol{a},\boldsymbol{b}})$,记作 $(\boldsymbol{a})_b$ 或 $\mathrm{prj}_b\boldsymbol{a}$(见图 8.16),即

$$(\boldsymbol{a})_b=|\boldsymbol{a}|\cos(\widehat{\boldsymbol{a},\boldsymbol{b}})=|\boldsymbol{a}||\boldsymbol{b}^\circ|\cos(\widehat{\boldsymbol{a},\boldsymbol{b}^\circ})=\boldsymbol{a}\cdot\boldsymbol{b}^\circ. \tag{6}$$

利用矢量的投影可把数量积写成:

$$\boldsymbol{a}\cdot\boldsymbol{b}=|\boldsymbol{a}||\boldsymbol{b}|\cos(\widehat{\boldsymbol{a},\boldsymbol{b}})=|\boldsymbol{a}|(\boldsymbol{b})_a=|\boldsymbol{b}|(\boldsymbol{a})_b. \tag{7}$$

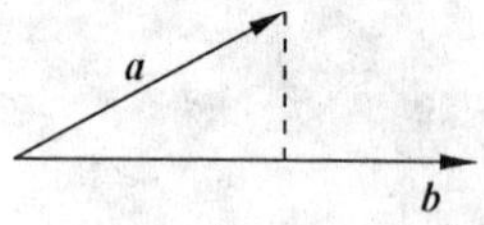

设 $\boldsymbol{a}=\{a_x,a_y,a_z\}$,则

$$a_x=|\boldsymbol{a}|\cos\alpha=|\boldsymbol{a}|\cos(\widehat{\boldsymbol{a},\boldsymbol{i}})=(\boldsymbol{a})_i.$$

同理 $a_y=(\boldsymbol{a})_j$, $a_z=(\boldsymbol{a})_k$.

图 8.16

于是有 $\boldsymbol{a}$ 的坐标系依次等于矢量 $\boldsymbol{a}$ 在各坐标轴上的投影.

定理 1(投影定理) 设 $\boldsymbol{b}\neq\boldsymbol{0}$, $\boldsymbol{a}_1,\boldsymbol{a}_2,\cdots,\boldsymbol{a}_n$ 为有限个矢量,则

$$(\boldsymbol{a}_1+\boldsymbol{a}_2+\cdots+\boldsymbol{a}_n)_b=(\boldsymbol{a}_1)_b+(\boldsymbol{a}_2)_b+\cdots+(\boldsymbol{a}_n)_b.$$

证明 由式(6)及运算的分配律得

$$\begin{aligned}(a_1+a_2+\cdots+a_n)_b &= (a_1+a_2+\cdots+a_n)\cdot b^\circ \\ &= a_1\cdot b^\circ + a_2\cdot b^\circ+\cdots+a_n\cdot b^\circ \\ &= (a_1)_b+(a_2)_b+\cdots+(a_n)_b.\end{aligned}$$

例 5　设有力 $\boldsymbol{F}=\boldsymbol{i}-2\boldsymbol{j}+2\boldsymbol{k}$,求 F 在 $\boldsymbol{a}=\boldsymbol{i}+\boldsymbol{j}+\boldsymbol{k}$ 方向上的分力 $\boldsymbol{f}$.

解　由投影的定义可知,f 应等于

$$\boldsymbol{f}=\boldsymbol{F}\cdot\boldsymbol{a}^\circ.$$

由式(7),

$$(\boldsymbol{F})_a=\frac{\boldsymbol{F}\cdot\boldsymbol{a}}{|\boldsymbol{a}|}=\frac{1-2+2}{\sqrt{3}}=\frac{1}{\sqrt{3}},$$

而
$$\boldsymbol{a}^\circ=\frac{\boldsymbol{a}}{|\boldsymbol{a}|}=\frac{\boldsymbol{i}+\boldsymbol{j}+\boldsymbol{k}}{\sqrt{3}},$$

故
$$\boldsymbol{f}=(\boldsymbol{F})_a\boldsymbol{a}^\circ=\frac{1}{\sqrt{3}}\frac{\boldsymbol{i}+\boldsymbol{j}+\boldsymbol{k}}{\sqrt{3}}=\frac{1}{3}(\boldsymbol{i}+\boldsymbol{j}+\boldsymbol{k}).$$

8.4.2　两矢量的矢量积

1. 定义

首先考虑下面的力学问题:设一质点 M 以角速度 ω 绕定轴 OA 旋转,求质点的速度 $\boldsymbol{v}$(见图 8.17).

以 $\boldsymbol{\omega}$ 记角速度矢量,且方向与 $\overrightarrow{OA}$ 同向,而 $|\boldsymbol{\omega}|=\omega$;令 $\boldsymbol{r}=\overrightarrow{OM}$,则 $\boldsymbol{v}$ 的大小 $|\boldsymbol{v}|=\omega|AM|=|\boldsymbol{\omega}||\boldsymbol{r}|\sin\theta$,其中 $\theta=(\widehat{\boldsymbol{\omega},\boldsymbol{r}})$. 而 $\boldsymbol{v}$ 的方向垂直于 $\boldsymbol{\omega}$ 与 $\boldsymbol{r}$ 所确定的平面,且 $\boldsymbol{\omega},\boldsymbol{r},\boldsymbol{v}$ 三者构成右手系,即当右手四指从 $\boldsymbol{\omega}$ 以不超过 π 的角度 θ 转向 $\boldsymbol{r}$ 时,大拇指所指的方向即为 $\boldsymbol{v}$ 的方向,所以矢量 $\boldsymbol{v}$ 完全由矢量 $\boldsymbol{\omega}$、$\boldsymbol{r}$ 决定. 这种由两个已知矢量构成第三个矢量的方法具有普遍的意义,因此有必要抽象成一种新的运算.

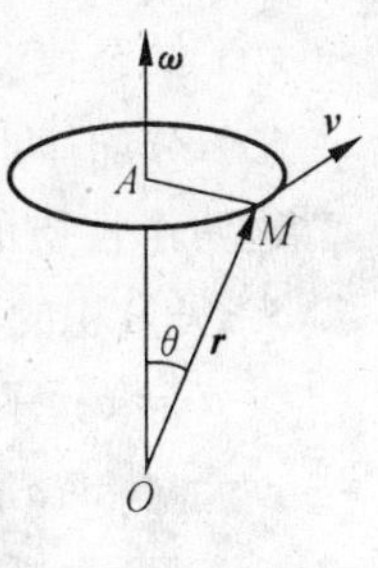

图 8.17

定义 3　设有矢量 $\boldsymbol{a}$、$\boldsymbol{b}$,它们的夹角为 θ,作一矢量 $\boldsymbol{c}$:

1° $\boldsymbol{c}$ 的大小为 $|\boldsymbol{c}|=|\boldsymbol{a}||\boldsymbol{b}|\sin\theta$;

2° $\boldsymbol{c}$ 同时垂直于 $\boldsymbol{a}$、$\boldsymbol{b}$ 且当 $\boldsymbol{a}$、$\boldsymbol{b}$ 不共线时,$\boldsymbol{a}$、$\boldsymbol{b}$、$\boldsymbol{c}$ 构成右手系.

称此矢量 $\boldsymbol{c}$ 为矢量 $\boldsymbol{a}$ 与 $\boldsymbol{b}$ 的**矢量积**(亦称**外积**或**叉积**) 记作 $\boldsymbol{a}\times\boldsymbol{b}$,即 $\boldsymbol{c}=\boldsymbol{a}\times\boldsymbol{b}$.

依此定义,上面提到的切线速度 $\boldsymbol{v}$ 就简单地表示为

$$\boldsymbol{v}=\boldsymbol{\omega}\times\boldsymbol{r}.$$

由定义可知:

(1) $\boldsymbol{a}\times\boldsymbol{b}$ 是一个矢量,它的模

$$|\boldsymbol{a}\times\boldsymbol{b}|=|\boldsymbol{a}||\boldsymbol{b}|\sin(\widehat{\boldsymbol{a},\boldsymbol{b}}),$$

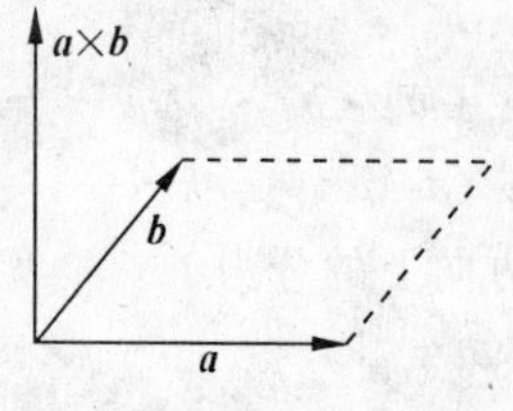

图 8.18

于是 $|\boldsymbol{a}\times\boldsymbol{b}|$ 等于以矢量 $\boldsymbol{a}$ 和 $\boldsymbol{b}$ 为邻边的平行四边形的面积(见图 8.18). 这便是 $|\boldsymbol{a}\times\boldsymbol{b}|$ 的几何意义.

(2) $\boldsymbol{a}\times\boldsymbol{a}=\boldsymbol{0}$. 这是因为其夹角 $\theta=0$,所以 $|\boldsymbol{a}\times\boldsymbol{a}|=|\boldsymbol{a}|^2\sin 0=0$,故 $\boldsymbol{a}\times\boldsymbol{a}=\boldsymbol{0}$.

(3) $\boldsymbol{a}\times\boldsymbol{b}=\boldsymbol{0}$ 的充要条件是 $\boldsymbol{a}\parallel\boldsymbol{b}$.

因为零矢量可看作与任意矢量平行,所以只要证明当 $\boldsymbol{a}$、$\boldsymbol{b}$ 均为非零矢量时该结论成立.

事实上,因 $\boldsymbol{a}\times\boldsymbol{b}=\boldsymbol{0}$,故 $|\boldsymbol{a}\times\boldsymbol{b}|=0$,亦即 $|\boldsymbol{a}||\boldsymbol{b}|\sin\theta=0$,由 $|\boldsymbol{a}|\neq 0$,$|\boldsymbol{b}|\neq 0$,得 $\sin\theta=0$,于是 $\theta=0$ 或 π,即 $\boldsymbol{a}\parallel\boldsymbol{b}$.

反之,如果 $\boldsymbol{a}\parallel\boldsymbol{b}$,那么 $\theta=0$ 或 π,于是 $\sin\theta=0$,从而 $|\boldsymbol{a}\times\boldsymbol{b}|=0$ 即 $\boldsymbol{a}\times\boldsymbol{b}=\boldsymbol{0}$.

(4) 对于基本单位矢量 $\boldsymbol{i}$、$\boldsymbol{j}$、$\boldsymbol{k}$ 有如下的关系:

$$\begin{cases}\boldsymbol{i}\times\boldsymbol{i}=\boldsymbol{j}\times\boldsymbol{j}=\boldsymbol{k}\times\boldsymbol{k}=\boldsymbol{0},\\ \boldsymbol{i}\times\boldsymbol{j}=\boldsymbol{k},\boldsymbol{j}\times\boldsymbol{k}=\boldsymbol{i},\boldsymbol{k}\times\boldsymbol{i}=\boldsymbol{j}.\end{cases}\tag{8}$$

2. 矢量积的运算性质

(1) 反交换律:$\boldsymbol{a}\times\boldsymbol{b}=-\boldsymbol{b}\times\boldsymbol{a}$.

因由定义知 $|\boldsymbol{a}\times\boldsymbol{b}|=|\boldsymbol{b}\times\boldsymbol{a}|=|\boldsymbol{a}||\boldsymbol{b}|\sin(\widehat{\boldsymbol{a},\boldsymbol{b}})$,而按右手法则从 $\boldsymbol{a}$ 转到 $\boldsymbol{b}$ 的方向与 $\boldsymbol{b}$ 转到 $\boldsymbol{a}$ 的方向恰好相反.

(2) 结合律:$\lambda(\boldsymbol{a}\times\boldsymbol{b})=(\lambda\boldsymbol{a})\times\boldsymbol{b}=\boldsymbol{a}\times(\lambda\boldsymbol{b})\quad(\lambda\in\mathbf{R})$.

(3) 分配律:$(\boldsymbol{a}+\boldsymbol{b})\times\boldsymbol{c}=\boldsymbol{a}\times\boldsymbol{c}+\boldsymbol{b}\times\boldsymbol{c}$.

这两个性质的证明从略.

3. 矢量积的坐标表示式

设 $\boldsymbol{a}=a_x\boldsymbol{i}+a_y\boldsymbol{j}+a_z\boldsymbol{k}$,$\boldsymbol{b}=b_x\boldsymbol{i}+b_y\boldsymbol{j}+b_z\boldsymbol{k}$,则

$$\begin{aligned}\boldsymbol{a}\times\boldsymbol{b}&=(a_x\boldsymbol{i}+a_y\boldsymbol{j}+a_z\boldsymbol{k})\times(b_x\boldsymbol{i}+b_y\boldsymbol{j}+b_z\boldsymbol{k})\\&=a_x\boldsymbol{i}\times(b_x\boldsymbol{i}+b_y\boldsymbol{j}+b_z\boldsymbol{k})+a_y\boldsymbol{j}\\&\quad\times(b_x\boldsymbol{i}+b_y\boldsymbol{j}+b_z\boldsymbol{k})+a_zk\times(b_x\boldsymbol{i}+b_y\boldsymbol{j}+b_z\boldsymbol{k})\\&=a_xb_x(\boldsymbol{i}\times\boldsymbol{i})+a_xb_y(\boldsymbol{i}\times\boldsymbol{j})+a_xb_z(\boldsymbol{i}\times\boldsymbol{k})\\&\quad+a_yb_x(\boldsymbol{j}\times\boldsymbol{i})+a_yb_y(\boldsymbol{j}\times\boldsymbol{j})+a_yb_z(\boldsymbol{j}\times\boldsymbol{k})\\&\quad+a_zb_x(\boldsymbol{k}\times\boldsymbol{i})+a_zb_y(\boldsymbol{k}\times\boldsymbol{j})+a_zb_z(\boldsymbol{k}\times\boldsymbol{k}).\end{aligned}$$

由式(8)及反交换律有 $\boldsymbol{j}\times\boldsymbol{i}=-\boldsymbol{k}$,$\boldsymbol{k}\times\boldsymbol{j}=-\boldsymbol{i}$,$\boldsymbol{i}\times\boldsymbol{k}=-\boldsymbol{j}$,所以

$$\boldsymbol{a}\times\boldsymbol{b}=(a_yb_z-a_zb_y)\boldsymbol{i}+(a_zb_x-a_xb_z)\boldsymbol{j}+(a_xb_y-a_yb_x)\boldsymbol{k}.$$

上式可以写成以下便于记忆的形式:

$$\boldsymbol{a}\times\boldsymbol{b}=\begin{vmatrix}\boldsymbol{i}&\boldsymbol{j}&\boldsymbol{k}\\a_x&a_y&a_z\\b_x&b_y&b_z\end{vmatrix}.\tag{9}$$

例 6　设 $\boldsymbol{a}=\{2,1,-1\}$，$\boldsymbol{b}=\{1,-1,2\}$，求 $\boldsymbol{a}\times\boldsymbol{b}$.

解
$$\boldsymbol{a}\times\boldsymbol{b}=\begin{vmatrix}\boldsymbol{i} & \boldsymbol{j} & \boldsymbol{k}\\ 2 & 1 & -1\\ 1 & -1 & 2\end{vmatrix}=\boldsymbol{i}-5\boldsymbol{j}-3\boldsymbol{k}.$$

例 7　设 $\boldsymbol{a}=3\boldsymbol{i}+6\boldsymbol{j}+8\boldsymbol{k}$，求同时垂直于横轴与 $\boldsymbol{a}$ 的单位矢量.

解　所求矢量要垂直于横轴即垂直于 $\boldsymbol{i}$. 由矢量积的定义可知 $\pm(\boldsymbol{a}\times\boldsymbol{i})$ 都同时垂直于 $\boldsymbol{a}$ 与 $\boldsymbol{i}$，记 $\boldsymbol{b}=\pm(\boldsymbol{a}\times\boldsymbol{i})$，则

$$\begin{aligned}\boldsymbol{b}&=\pm(3\boldsymbol{i}+6\boldsymbol{j}+8\boldsymbol{k})\times\boldsymbol{i}\\&=\pm(3\boldsymbol{i}\times\boldsymbol{i}+6\boldsymbol{j}\times\boldsymbol{i}+8\boldsymbol{k}\times\boldsymbol{i})=\pm(0-6\boldsymbol{k}+8\boldsymbol{j})=\pm(8\boldsymbol{j}-6\boldsymbol{k}).\end{aligned}$$

再把矢量 $\boldsymbol{b}$ 单位化，得

$$\boldsymbol{b}^{\circ}=\pm\frac{8\boldsymbol{j}-6\boldsymbol{k}}{\sqrt{8^2+(-6)^2}}=\pm\frac{1}{5}(4\boldsymbol{j}-3\boldsymbol{k}).$$

例 8　已知三角形的顶点 $A(1,-1,2)$，$B(3,3,1)$，$C(3,1,3)$ 求 $\triangle ABC$ 的面积.

解　$\triangle ABC$ 的面积是以 AB、AC 为邻边的平行四边形面积的一半(见图 8.19)，由矢量模的几何意义知

$$|\overrightarrow{AB}\times\overrightarrow{AC}|=S_{\square ABCD}$$

所以
$$S_{\triangle ABC}=\frac{1}{2}|\overrightarrow{AB}\times\overrightarrow{AC}|.$$

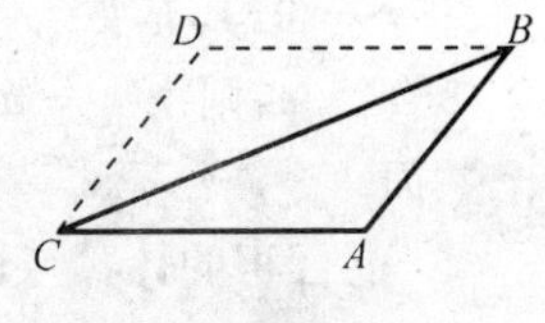

图 8.19

因为 $\overrightarrow{AB}=\{2,4,-1\}$，$\overrightarrow{AC}=\{2,2,1\}$，所以

$$\overrightarrow{AB}\times\overrightarrow{AC}=\begin{vmatrix}\boldsymbol{i} & \boldsymbol{j} & \boldsymbol{k}\\ 2 & 4 & -1\\ 2 & 2 & 1\end{vmatrix}=6\boldsymbol{i}-4\boldsymbol{j}-4\boldsymbol{k},$$

则

$$|\overrightarrow{AB}\times\overrightarrow{AC}|=\sqrt{6^2+(-4)^2+(-4)^2}=2\sqrt{17},$$

所以
$$S_{\triangle ABC}=\sqrt{17}.$$

* 8.4.3　混合积

定义 4　任给矢量 $\boldsymbol{a}$、$\boldsymbol{b}$、$\boldsymbol{c}$，称 $(\boldsymbol{a}\times\boldsymbol{b})\cdot\boldsymbol{c}$ 为 $\boldsymbol{a}$、$\boldsymbol{b}$、$\boldsymbol{c}$ 的混合积，记作 $[\boldsymbol{abc}]$，即

$$[\boldsymbol{abc}]=(\boldsymbol{a}\times\boldsymbol{b})\cdot\boldsymbol{c}\tag{10}$$

可知混合积并非独立的矢量运算，它不过是数量积与矢量积的“混合”而已. 在后面将介绍混合积的一些性质，从而说明记号的合理性.

1. 混合积的几何意义

定理 2　设矢量 $\boldsymbol{a}$、$\boldsymbol{b}$、$\boldsymbol{c}$ 不共面，则

1°$[\boldsymbol{abc}]$ 表示以它们为棱的平行六面体的体积 V.

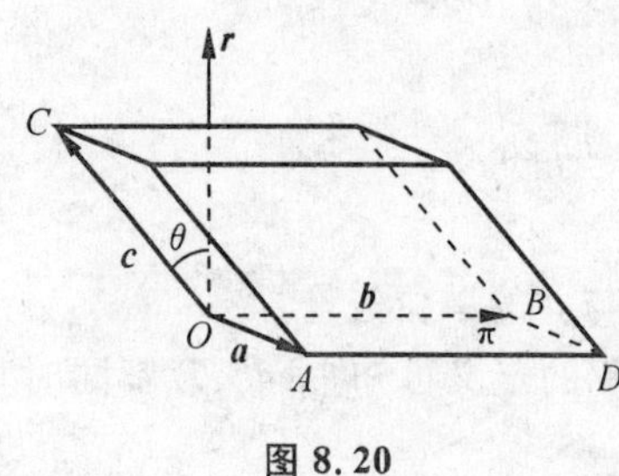

图 8.20

2° 当 $\boldsymbol{a}$、$\boldsymbol{b}$、$\boldsymbol{c}$ 组成右手系时 $[\boldsymbol{abc}]>0$；当 $\boldsymbol{a}$、$\boldsymbol{b}$、$\boldsymbol{c}$ 组成左手系时 $[\boldsymbol{abc}]<0$.

证明 以空间任一点 O 作始点，作三个不共面的矢量 $\boldsymbol{a}$、$\boldsymbol{b}$、$\boldsymbol{c}$(见图 8.20). 令 $\boldsymbol{a}\times\boldsymbol{b}=\boldsymbol{r}$，则 $|\boldsymbol{r}|$ 等于以 $\boldsymbol{a}$、$\boldsymbol{b}$ 为邻边的 $\square OADB$ 的面积 S. 而 $[\boldsymbol{abc}]=\boldsymbol{r}\cdot\boldsymbol{c}=|\boldsymbol{r}||\boldsymbol{c}|\cos\theta$，由于 $|\boldsymbol{r}|=S$，而 $|\boldsymbol{c}|\cos\theta$ 是该平行六面体在底面 $\square OADB$ 上的高，故 $|[\boldsymbol{abc}]|=V$.

当 $\boldsymbol{a}$、$\boldsymbol{b}$、$\boldsymbol{c}$ 依此次序组成右手系时，$\boldsymbol{r}$ 与 $\boldsymbol{c}$ 指向 $\square OADB$ 所在平面 π 的同侧，这时 $Q=(\boldsymbol{r},\boldsymbol{c})$ 是锐角，从而 $\cos\theta>0$，故 $[\boldsymbol{abc}]>0$；当 $\boldsymbol{a}$、$\boldsymbol{b}$、$\boldsymbol{c}$ 依此次序组成左手系时，$\boldsymbol{r}$ 与 $\boldsymbol{c}$ 指向平面 π 的异侧，这时 θ 是钝角，从而 $\cos\theta<0$，故 $[\boldsymbol{abc}]<0$.

推论 **$\boldsymbol{a}$、$\boldsymbol{b}$、$\boldsymbol{c}$ 共面的充要条件是 $[\boldsymbol{abc}]=\boldsymbol{0}$.**

证明 必要性：由定理 2 是显然的.

充分性：设 $\boldsymbol{a}\times\boldsymbol{b}=\boldsymbol{r}$，则 $[\boldsymbol{abc}]=\boldsymbol{r}\cdot\boldsymbol{c}$，这时有三种情况：

1° $\boldsymbol{c}=\boldsymbol{0}$，这时显然 $\boldsymbol{a}$、$\boldsymbol{b}$、$\boldsymbol{c}$ 共面.

2° $\boldsymbol{r}=\boldsymbol{0}$，其充要条件是 $\boldsymbol{a}\parallel\boldsymbol{b}$，当然 $\boldsymbol{a}$、$\boldsymbol{b}$、$\boldsymbol{c}$ 共面.

3° $\boldsymbol{r}\perp\boldsymbol{c}$，则由 $\boldsymbol{r}=\boldsymbol{a}\times\boldsymbol{b}$ 有 $\boldsymbol{r}\perp\boldsymbol{a}$，且 $\boldsymbol{r}\perp\boldsymbol{b}$，故 $\boldsymbol{a}$、$\boldsymbol{b}$、$\boldsymbol{c}$ 均与 $\boldsymbol{r}$ 垂直的平面平行，$\boldsymbol{a}$、$\boldsymbol{b}$、$\boldsymbol{c}$ 共面.

2. 混合积的计算与性质

设 $\boldsymbol{a}=\{a_x,a_y,a_z\}$，$\boldsymbol{b}=\{b_x,b_y,b_z\}$，$\boldsymbol{c}=\{c_x,c_y,c_z\}$，

则
$$\boldsymbol{a}\times\boldsymbol{b}=\begin{vmatrix}\boldsymbol{i} & \boldsymbol{j} & \boldsymbol{k}\\ a_x & a_y & a_z\\ b_x & b_y & b_z\end{vmatrix},$$

故
$$[\boldsymbol{abc}]=(\boldsymbol{a}\times\boldsymbol{b})\cdot\boldsymbol{c}=\begin{vmatrix}c_x & c_y & c_z\\ a_x & a_y & a_z\\ b_x & b_y & b_z\end{vmatrix}.$$

由行列式性质，得

$$[\boldsymbol{abc}]=\begin{vmatrix}a_x & a_y & a_z\\ b_x & b_y & b_z\\ c_x & c_y & c_z\end{vmatrix}. \tag{11}$$

混合积有以下性质：

1° $[\boldsymbol{abc}]=[\boldsymbol{bca}]=[\boldsymbol{cab}]$，即混合积在任一固定的轮换下是不变的，这由行列式的性质即可推得.

2° 混合积中算符“×”与“·”可交换，如 $(\boldsymbol{a}\times\boldsymbol{b})\cdot\boldsymbol{c}=\boldsymbol{a}\cdot(\boldsymbol{b}\times\boldsymbol{c})$.

因由上述性质 1° 及数量积性质有

$$(\boldsymbol{a}\times\boldsymbol{b})\cdot\boldsymbol{c}=[\boldsymbol{abc}]=[\boldsymbol{bca}]=(\boldsymbol{b}\times\boldsymbol{c})\cdot\boldsymbol{a}=\boldsymbol{a}\cdot(\boldsymbol{b}\times\boldsymbol{c}).$$

3° 反对称性，即任意对调两矢量，混合积改变符号，如$[\boldsymbol{abc}]=-[\boldsymbol{acb}]$.

这由式(11) 及行列式的性质推得.

例 9　求以点 $A(1,2,2)$，$B(2,2,3)$，$C(3,1,5)$ 与 $D(5,5,2)$ 为顶点的四面体的体积 V.

解　首先指出 $V=\frac{1}{6}\left|[\overrightarrow{AB}\ \overrightarrow{AC}\overrightarrow{AD}]\right|$. 因

$$\overrightarrow{AB}=\{1,0,1\},\quad \overrightarrow{AC}=\{2,-1,3\},\quad \overrightarrow{AD}=\{4,3,0\},$$

故
$$[\overrightarrow{AB}\ \overrightarrow{AC}\ \overrightarrow{AD}]=\begin{vmatrix}1&0&1\\2&-1&3\\4&3&0\end{vmatrix}=1,$$

于是
$$V=1/6.$$

例 10　求四点 $A_i(x_i,y_i,z_i)(1\leqslant i\leqslant 4)$ 共面的条件.

解　A_1、A_2、A_3、A_4 共面 $\Leftrightarrow$ 三矢量 $\overrightarrow{A_1A_2}$，$\overrightarrow{A_1A_3}$，$\overrightarrow{A_1A_4}$ 共面，即$[\overrightarrow{A_1A_2},\overrightarrow{A_1A_3},\overrightarrow{A_1A_4}]=0$. 于是由式(11) 得出 A_1、A_2、A_3、A_4 共面的充要条件是

$$\begin{vmatrix}x_2-x_1&y_2-y_1&z_2-z_1\\x_3-x_1&y_3-y_1&z_3-z_1\\x_4-x_1&y_4-y_1&z_4-z_1\end{vmatrix}=0.$$

习题 8.4

1. 设 $\boldsymbol{a}=3\boldsymbol{i}-\boldsymbol{j}-2\boldsymbol{k}$，$\boldsymbol{b}=\boldsymbol{i}+2\boldsymbol{j}-\boldsymbol{k}$，求

(1) $\boldsymbol{a}\cdot\boldsymbol{b}$ 及 $\boldsymbol{a}\times\boldsymbol{b}$；　(2) $\boldsymbol{a}\cdot\boldsymbol{b}$ 夹角的余弦；　(3) $(-2\boldsymbol{a})\cdot3\boldsymbol{b}$ 及 $\boldsymbol{a}\times2\boldsymbol{b}$.

2. 设 $\boldsymbol{a}$、$\boldsymbol{b}$、$\boldsymbol{c}$ 为单位矢量，且满足 $\boldsymbol{a}+\boldsymbol{b}+\boldsymbol{c}=\boldsymbol{0}$，求 $\boldsymbol{a}\cdot\boldsymbol{b}+\boldsymbol{b}\cdot\boldsymbol{c}+\boldsymbol{c}\cdot\boldsymbol{a}$.

3. 已知 $M_1(1,-1,2)$、$M_2(3,3,1)$ 和 $M_3(3,1,3)$，求与 $\overrightarrow{M_1M_2}$、$\overrightarrow{M_2M_3}$ 同时垂直的单位矢量.

4. 设质量为 100kg 的物体从点 $M_1(3,1,8)$ 沿直线移动到点 $M_2(1,4,2)$ 计算重力所做的功(长度单位为 m，重力方向为 z 轴负方向).

5. 求矢量 $\boldsymbol{a}=\{4,-3,4\}$ 在矢量 $\boldsymbol{b}=\{2,2,1\}$ 上的投影.

6. 已知 $\overrightarrow{OA}=\boldsymbol{i}+3\boldsymbol{k}$，$\overrightarrow{OB}=\boldsymbol{j}+3\boldsymbol{k}$，求 $\triangle OAB$ 的面积.

7. 已知 $\boldsymbol{a}=2\boldsymbol{i}+\boldsymbol{j}-\boldsymbol{k}$，$\boldsymbol{b}=3\boldsymbol{i}+7\boldsymbol{j}+13\boldsymbol{k}$，$\boldsymbol{c}=20\boldsymbol{i}-29\boldsymbol{j}+11\boldsymbol{k}$，证明这三个矢量两两互相垂直.

8. 已知 $\boldsymbol{a}\times\boldsymbol{b}=\boldsymbol{c}\times\boldsymbol{d}$，$\boldsymbol{a}\times\boldsymbol{c}=\boldsymbol{b}\times\boldsymbol{d}$，证明 $\boldsymbol{a}-\boldsymbol{d}$ 与 $\boldsymbol{b}-\boldsymbol{c}$ 共线.

9*. 证明三矢量 $\boldsymbol{u}=\{2,-4,5\}$，$\boldsymbol{v}=\{2,6,4\}$，$\boldsymbol{w}=\{1,13,1\}$ 在同一个平面上，并将 $\boldsymbol{w}$ 分解成平行于 $\boldsymbol{u}$ 和 $\boldsymbol{v}$ 的矢量之和.

10*. 已知矢量 $\boldsymbol{a}=2\boldsymbol{i}-3\boldsymbol{j}+\boldsymbol{k}$, $\boldsymbol{b}=\boldsymbol{i}-\boldsymbol{j}+3\boldsymbol{k}$ 和 $\boldsymbol{c}=\boldsymbol{i}-2\boldsymbol{j}$,计算 $(\boldsymbol{a}\times\boldsymbol{b})\cdot\boldsymbol{c}$.

11*. 给定四点 $A(-1,2,4)$, $B(6,3,2)$, $C(1,4,-1)$ 和 $D(-1,-2,3)$ 求四面体 $ABCD$ 的体积.

12. 求平行于 $\boldsymbol{a}=\{2,-1,2\}$ 且满足 $\boldsymbol{a}\cdot\boldsymbol{x}=-18$ 的矢量 $\boldsymbol{x}$.

8.5 空间曲面与曲线的一般概念

空间解析几何的基本图形是空间曲面与空间曲线. 它们在几何上都可看作动点 M 的轨迹. 反映在代数上就是点 M 的坐标所满足的等式. 因此,这里面有两个基本问题:

(1) 已知一空间图形,作为点的轨迹,建立图形的方程;

(2) 已知图形上点的坐标 x、y、z 所满足的方程,研究这些方程所表示的图形的形状.

8.5.1 空间曲面

1. 曲面方程

曲面 S 可看成是一个动点或一条动曲线(直线)按一定条件或规律运动而产生的轨迹. 设曲面上动点 M 的坐标为 (x,y,z). 由这一条件或规律就能导出一个含有变量 x、y、z 的方程:

$$F(x,y,z)=0. \tag{1}$$

如果这个方程当且仅当 M 为曲面 S 上的点时,才为 M 点的坐标所满足,那么曲面 S 的几何性质必然由这个方程反映出来. 因此,就可以用这个方程来表示曲面 S,并称这个方程为曲面的方程,而把这个曲面 S 称为方程(1) 的图形.

换句话说,S 和方程(1) 有下述关系:

1° 曲面 S 上任一点的坐标都适合方程(1);

2° 坐标适合方程(1) 的点 M 必在曲面 S 上.

其中第 2° 条可等价地换成:不在曲面 S 上的点的坐标都不满足方程(1).

例 1 建立球心在点 $M_0(x_0,y_0,z_0)$、半径为 R 的球面 S 的方程.

解 点 $M(x,y,z)$ 在球面 S 上的充要条件为

$$|M_0M|=R,$$

即
$$\sqrt{(x-x_0)^2+(y-y_0)^2+(z-z_0)^2}=R.$$

两边平方得

$$(x-x_0)^2+(y-y_0)^2+(z-z_0)^2=R^2. \tag{2}$$

方程(2) 即为球面 S 的方程.

将式(2) 展开,得

$$x^2+y^2+z^2-2x_0x-2y_0y-2z_0z+x_0^2+y_0^2+z_0^2-R^2=0.$$

由此可见，球面方程有如下两个特点：

(1) 它是 x、y、z 的二次方程，且 x^2、y^2、z^2 的系数相等，符号相同；

(2) 方程中不出现 xy、yz、zx 等乘积项.

反之，满足上述两个特点的三元二次方程

$$x^2+y^2+z^2+Ax+By+Cz+D=0, \tag{3}$$

一般地说，它的图形是一个球面. 因为配方后，方程即为

$$\left(x+\frac{A}{2}\right)^2+\left(y+\frac{B}{2}\right)^2+\left(z+\frac{C}{2}\right)^2=\frac{1}{4}(A^2+B^2+C^2-4D).$$

可知：当 $A^2+B^2+C^2-4D>0$ 时，方程(3) 是一个以 $\left(-\frac{A}{2},-\frac{B}{2},-\frac{C}{2}\right)$ 为球心，以 $\frac{1}{2}\sqrt{A^2+B^2+C^2-4D}$ 为球半径的球面；

当 $A^2+B^2+C^2-4D=0$ 时，方程(3) 只表示一个点 $\left(-\frac{A}{2},-\frac{B}{2},-\frac{C}{2}\right)$；

当 $A^2+B^2+C^2-4D<0$ 时，方程(3) 表示虚球面，或者说方程(3) 的图形是空集.

2. 柱面

直线 L 沿定曲线 C 平行移动所形成的曲面称为**柱面**. 定曲线 C 称为柱面的**准线**，动直线 L 称为柱面的**母线**(见图 8.21).

我们只讨论准线在坐标面上，而母线垂直于该坐标面的柱面，先看一个例子.

设一个圆柱面的母线平行于 z 轴，准线 C 是 xOy 面上以原点为圆心、R 为半径的圆. 在平面直角坐标系中，准线 C 的方程为 $x^2+y^2=R^2$. 现在来求这圆柱面的方程.

在圆柱面上任取一点 $M(x,y,z)$，过点 M 的母线与 xOy 面的交点 $M_0(x,y,0)$ 一定在准线 C 上(见图8.22). 所以，不论点 M 的坐标中的 z 取什么值，它的横坐标 x 和纵坐标 y 必定满足方程 $x^2+y^2=R^2$；反之，不在圆柱面上的点，它的坐标不满足这个方程，于是所求圆柱面的方程为 $x^2+y^2=R^2$.

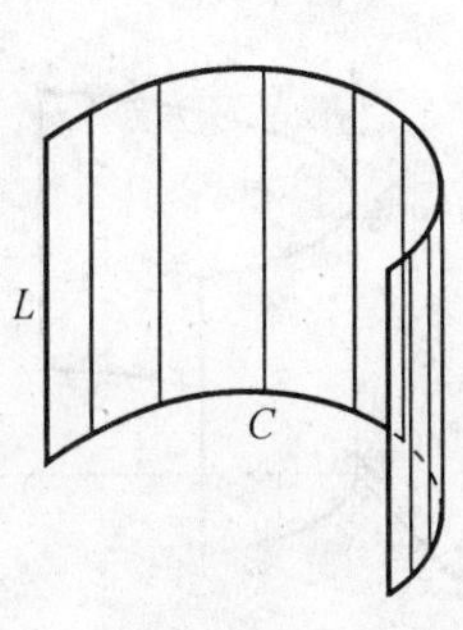

图 8.21

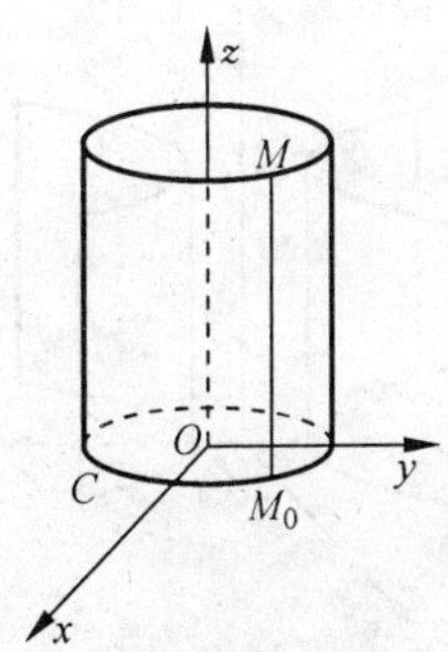

图 8.22

必须注意，在平面直角坐标系中，方程 $x^2+y^2=R^2$ 表示一个圆；而在空间直角坐标系中，方程 $x^2+y^2=R^2$ 表示一个母线平行于 z 轴的圆柱面. 一般地我们有下面的定理.

定理 若在一个关于三个变量 x、y、z 的方程中，某个变量不出现，则此方程表示一个柱面，此柱面的母线平行于变量不出现的那个坐标轴.

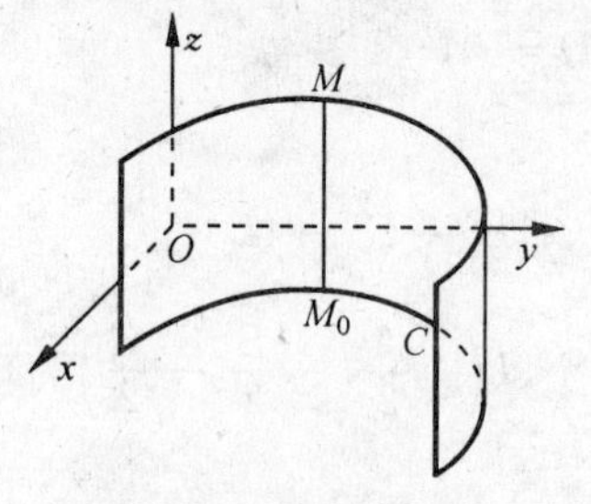

图 8.23

证 现以 $f(x,y)=0$ 为例，证明它表示一个柱面. 它的准线是

$$C:\begin{cases}f(x,y)=0,\\ z=0,\end{cases}$$

母线平行于 z 轴(见图 8.23).

设 $M(x,y,z)$ 是柱面 S 上的点，S 的准线是

$$C:\begin{cases}f(x,y)=0,\\ z=0.\end{cases}$$

母线平行于 z 轴. 过 M 点柱面的母线交 xOy 平面于 $M_0(x,y,0)$，由柱面的形成知 $M_0\in C$，故 $f(x,y)=0$，即柱面 S 上点的坐标都满足方程 $f(x,y)=0$.

反之，若点 $M(x,y,z)$ 的坐标都适合 $f(x,y)=0$，则点 $M_0(x,y,0)\in C$. 但 $\overrightarrow{M_0M}=\{x-x,y-y,z-0\}=\{0,0,z\}=z\boldsymbol{k}$，故 M_0、M 在过准线上 C 的点 M_0 且平行于 z 轴的直线上，依定义，此直线即柱面的一条母线，故 M 点在柱面 S 上.

特别，在上述母线平行于坐标轴的柱面中，如果准线 C 是坐标面上的二次曲线，则称这种柱面为**二次柱面**. 如上面提到的圆柱面. 下面是几个典型的二次柱面的方程.

(1) 椭圆柱面方程 $\dfrac{x^2}{a^2}+\dfrac{y^2}{b^2}=1$.

(2) 双曲柱面(见图 8.24) 方程 $\dfrac{x^2}{a^2}-\dfrac{y^2}{b^2}=-1$.

(3) 抛物柱面(见图 8.25) 方程 $x^2-2py=0 \quad (p>0)$.

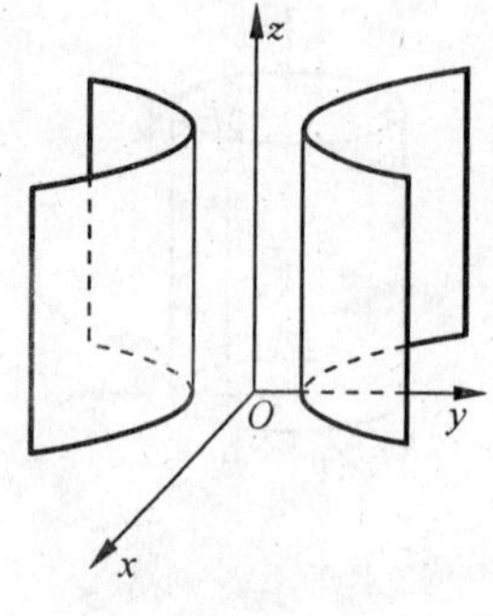

图 8.24

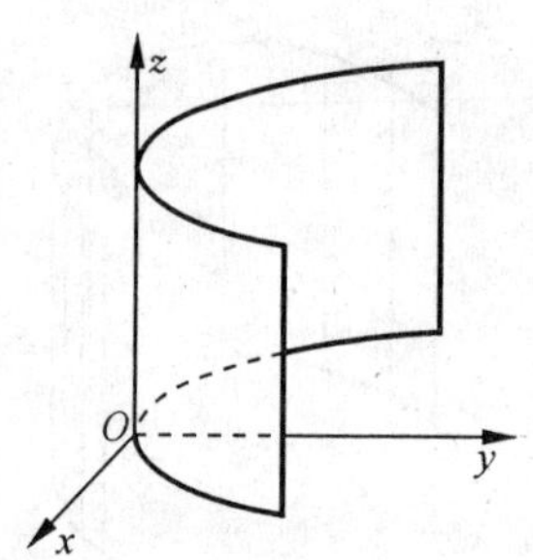

图 8.25

平行于其他轴的柱面的例子，如$x-z=0$表示母线平行于y轴的柱面(见图8.26)，其准线是

$$C:\begin{cases}x-z=0,\\ y=0.\end{cases}$$

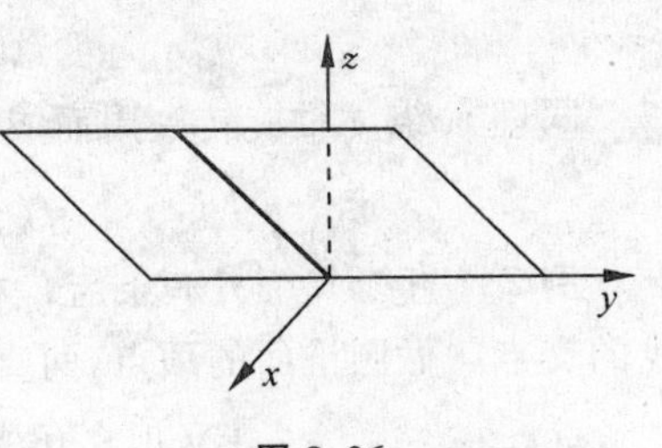

图 8.26

3. 旋转曲面

一平面曲线c绕同一平面上的一条定直线l旋转一周所形成的曲面称为**旋转曲面**. 曲线c称为旋转曲面的**母线**，直线l称为旋转曲面的**轴**.

例如，球面、圆柱面、圆环面、圆锥面、聚光镜的镜面、车床加工的零件的外表面等，都是旋转曲面.

下面只讨论母线在某个坐标面上，它绕某个坐标轴旋转一周所形成的旋转曲面.

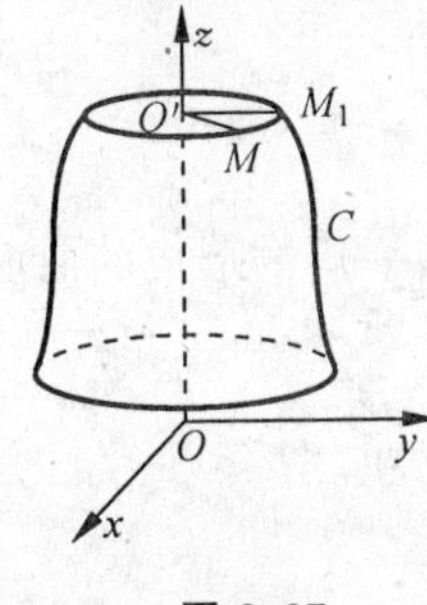

图 8.27

设在yOz平面上有一段已知曲线$C:f(y,z)=0(y\geqslant 0)$，求它绕z轴旋转一周所形成的旋转曲面的方程(见图8.27).

在旋转曲面上任取一点$M(x,y,z)$，寻求M的坐标适合的方程. 取定M点并设M点是由母线C上的某点$M_1(0,y_1,z_1)$绕z轴旋转而得到的，于是有$|O'M_1|=|O'M|$，$z=z_1$，而$|O'M|=\sqrt{x^2+y^2}$，$|O'M_1|=y_1$，所以，$\sqrt{x^2+y^2}=y_1$且$z=z_1$.

但C上的点$M_1(0,y_1,z_1)$满足方程

$$f(y_1,z_1)=0,$$

因此，旋转面上任一点$M(x,y,z)$必满足方程

$$f(\sqrt{x^2+y^2},z)=0. \tag{4}$$

反之，若一点$M(x,y,z)$满足式(4)，要证明M点在旋转曲面上. 现在令$y_1=\sqrt{x^2+y^2}$，$z_1=z$，则$M_1(0,y_1,z_1)$满足方程(4)：$f(y_1,z_1)=0$，故M_1在曲线C上. 而M点是由M_1点绕z轴旋转而得到的，因此M点在该旋转曲面上. 这样就证明了方程

$$f(\sqrt{x^2+y^2},z)=0,$$

即为所求旋转面的方程.

同理在yOz平面上有一段曲线$C_1:f(y,z)=0(y\leqslant 0)$，那么将$C_1$绕$z$轴旋转一周所得的旋转曲面的方程为

$$f(-\sqrt{x^2+y^2},z)=0. \tag{5}$$

因此一般的，若在yOz平面曲线C的方程$f(y,z)=0$中z保持不变，而将y改成$\pm\sqrt{y^2+x^2}$，就得到曲线C绕z轴旋转一周而成的曲面方程

$$f(\pm\sqrt{x^2+y^2}, z) = 0. \tag{6}$$

同理 C 绕 y 轴旋转一周而成的曲面方程为

$$f(y, \pm\sqrt{x^2+z^2}) = 0. \tag{7}$$

例 2 直线 L 绕另一条与 L 相交的直线旋转一周,所得旋转曲面叫**圆锥面**,两直线的交点叫做圆锥面的**顶点**,两直线的夹角 $\alpha(0<\alpha<\pi/2)$ 叫做圆锥面的**半顶角**. 试建立顶点在坐标原点 O,旋转轴为 z 轴,半顶角为 α(见图 8.28)的圆锥面的方程.

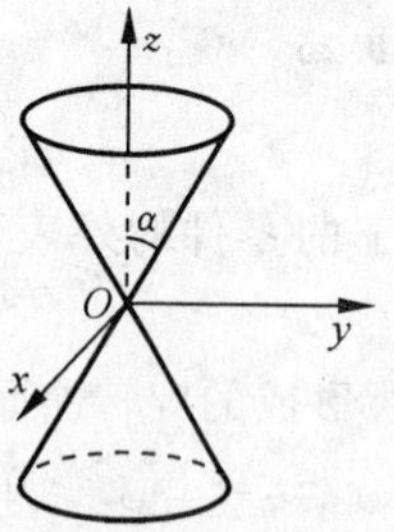

图 8.28

解 在 yOz 平面上,直线 L 的方程为

$$z = y\cot\alpha.$$

由式(4)、式(5) 知这圆锥面的方程为

$$z = \pm\sqrt{x^2+y^2}\cot\alpha$$

或

$$z^2 = a^2(x^2+y^2),$$

其中

$$a = \cot\alpha.$$

例 3 yOz 平面上的椭圆 $(y^2/a^2)+(z^2/b^2)=1$ 绕 z 轴旋转一周的形成的曲面为

$$\frac{x^2+y^2}{a^2}+\frac{z^2}{b^2}=1.$$

该曲面又叫**旋转椭圆面**.

例 4 说明方程 $z = x^2+y^2$ 所表示的曲面是怎样形成的.

解 由式(4)、式(5) 知在 yOz 平面上的曲线 $f(y,z)=0$ 绕 z 轴旋转所得旋转曲面的方程为 $f(\pm\sqrt{x^2+y^2}, z)=0$,进而推得在 yOz 平面上的曲线 $f(y^2,z)=0$ 绕 z 轴旋转所得旋转曲面的方程为 $f(x^2+y^2,z)=0$. 从而得到方程 $z=x^2+y^2$ 所表示的曲面是由 yOz 平面上的抛物线 $z=y^2$ 绕 z 轴旋转一周所形成的旋转抛物面. 同理可得该曲面也是由 zOx 平面上的抛物线 $z=x^2$ 绕 z 轴旋转一周所得的旋转抛物面.

以 x 轴或 y 轴为旋转轴的旋转曲面可类似地讨论.

8.5.2 空间曲线及其在坐标面上的投影

1. 空间曲线方程

◇ 一般式方程(交面式方程)

空间曲线 l 可以看做两个曲面的交线(见图 8.29). 如果这两曲面的方程分别是

$$F_1(x,y,z) = 0$$

与

$$F_2(x,y,z) = 0,$$

由于曲线 l 上的点同时在这两个曲面上,它的坐标 (x,y,z) 必同时满足这两个曲面的方程;而不在这交线 l 上的点,坐标 (x,y,z) 不能同时满足这两个方程. 因此,由这两

曲面的方程联立的方程组，即

$$\begin{cases}F_1(x,y,z)=0,\\F_2(x,y,z)=0\end{cases}\tag{8}$$

就表示空间曲线 l 的方程.

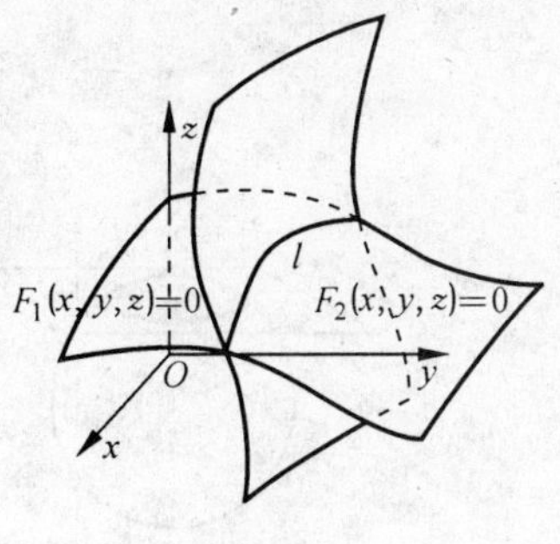

图 8.29

因为通过一空间曲线的曲面可以有无穷多个，故我们可以用不同的方法选择其中的两个曲面，使其交线是给定的曲线，这就是说曲线 l 的方程组(7) 不是唯一的，而是可以用与它等价的方程组来代替. 例如方程组

$$\begin{cases}x=0,\\y=0\end{cases}$$

表示 Oz 轴，而另一方程组

$$\begin{cases}x+y=0,\\x-y=0\end{cases}\tag{9}$$

也表示 Oz 轴.

例 5　求以(1，－2，3) 为球心，3 为半径的球面与平面 $z=5$ 交线 l 的方程，这是一条什么曲线？

解　给定的球面方程为

$$(x-1)^2+(y+2)^2+(z-3)^2=9,$$

故 l 的方程为

$$\begin{cases}(x-1)^2+(y+2)^2+(z-3)^2=9,\\z=5.\end{cases}$$

为了更清楚地认识这条曲线，将上式中 $z=5$ 代入第一个方程，便得到与之等价的方程组：

$$\begin{cases}(x-1)^2+(y+2)^2=5,\\z=5.\end{cases}$$

显见，这是在平面 $z=5$ 上，以(1，－2，5) 为中心，$\sqrt{5}$ 为半径的一个圆周(见图 8.30).

例 6　方程组

$$\begin{cases}z=\sqrt{4-x^2-y^2},\\(x-1)^2+y^2=1\end{cases}$$

表示怎样的曲线？

解　方程组中第一个方程表示球心在坐标原点 O，半径为 2 的上半球面；第二个方程表示母线平行于 z 轴的圆柱面，它的准线是 xOy 平面上的圆，该圆的圆心在点(1,0)，半径为 1. 方程组即表示上述半球面与圆柱面的交线，如图 8.31 所示.

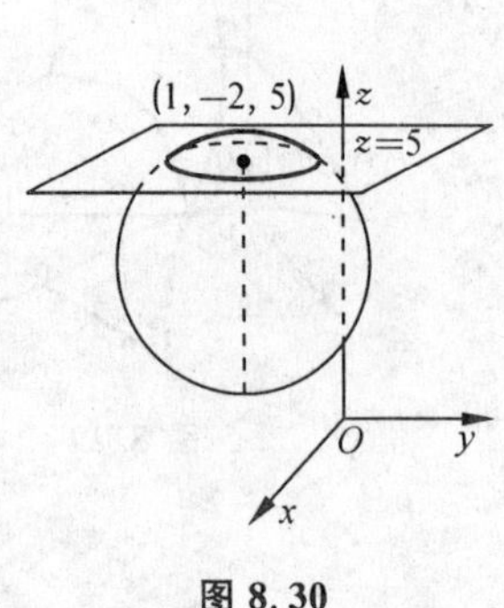

图 8.30

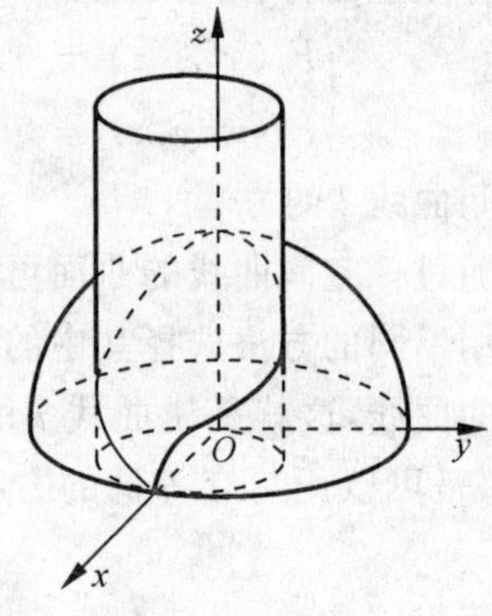

图 8.31

◇ 参数方程

将曲线 L 看做是一质点运动的轨迹,动点 $M(x,y,z)$ 对时间 t 的依赖关系表为

$$\begin{cases} x = x(t), \\ y = y(t), \quad (t \in I). \\ z = z(t) \end{cases} \tag{10}$$

I 是某个区间,则方程组(10) 完全决定了曲线 L 上每点的位置.

一般的,若曲线 L 上动点的坐标(x,y,t) 能表示成式(10),其中 t 是参数(不一定表示时间),则称式(10) 为曲线 L 的**参数方程**. 另外若令

$$\boldsymbol{r} = \{x,y,z\},$$
$$\boldsymbol{r}(t) = \{x(t),y(t),z(t)\},$$

则式(10) 可改写成矢量式:

$$\boldsymbol{r} = \boldsymbol{r}(t) \quad (t \in I). \tag{11}$$

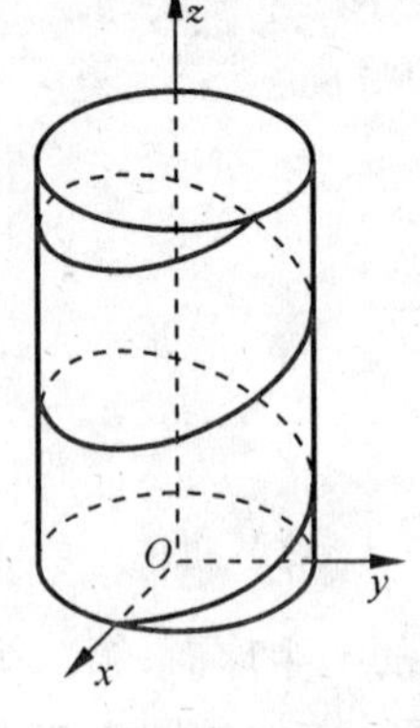

图 8.32

例 7 设一质点从点 $A(a,0,0)(a > 0)$ 出发,在圆柱面 $x^2 + y^2 = a^2$ 上运动,一方面以常角速度 ω 绕 z 轴旋转,同时以匀速 b 沿 z 轴正向移动,求质点的轨迹方程.

解 设(x,y,z) 为动点之坐标,θ 为 xOy 平面上点(x,y) 的极角,则 $x = a\cos\theta, y = a\sin\theta, \theta = \omega t, z = bt$.

于是所求质点的轨迹方程为

$$\begin{cases} x = a\cos\omega t, \\ y = a\sin\omega t, \quad (t \geqslant 0), \\ z = bt \end{cases}$$

或 $$\boldsymbol{r} = \boldsymbol{r}(t) = \{a\cos\omega t, a\sin\omega t, bt\}(t \geqslant 0).$$

此例中的曲线就是经常要用到的螺旋线(见图 8.32).

2. 空间曲线在坐标平面上的投影

在以后将要学习的多元函数积分问题中，常常需要知道空间曲线在某个特定的坐标面上的投影曲线，现在来讨论这个问题.

设在空间直角坐标系中有一条曲线 L，过 L 作母线平行于 z 轴的柱面 S，称为 L 对于 xOy 平面的**投影柱面**，S 与 xOy 面上的交线 L' 称为 L 在 xOy 平面上的**投影曲线**(见图 8.33)，简称**投影**.

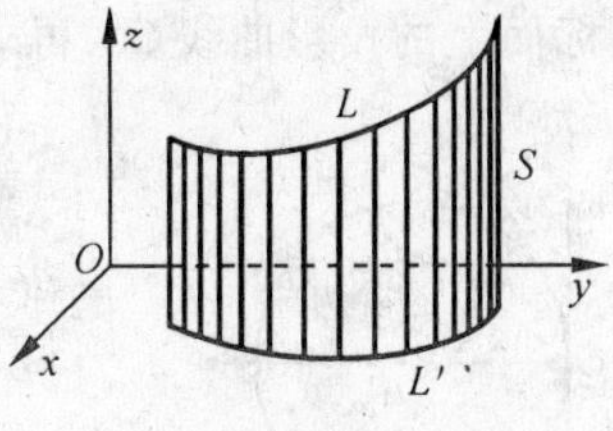

图 8.33

设 L 的方程为

$$\begin{cases} F_1(x,y,z)=0, \\ F_2(x,y,z)=0, \end{cases} \tag{12}$$

从这个方程组中消去一个变量如 z 后，得方程

$$F(x,y)=0.$$

由定理1知，它表示一个母线平行于 z 轴且以 L 为准线的柱面，而当点 $M\in L$，其坐标 x、y、z 满足方程(11)，故其 x、y 必满足方程组(12)，因此点 M 在 $F(x、y)=0$ 所表示的柱面上，这说明 L 在柱面上. 这柱面就是 L 对于 xOy 平面上的投影柱面，而 L 在 xOy 平面上的投影为

$$\begin{cases} F(x,y)=0, \\ z=0. \end{cases}$$

同理，消去式(12)中的 x 或 y，再分别和 $x=0$ 或 $y=0$ 联立，立刻可得将 L 投影到 yOz 平面或 zOx 平面的投影曲线的方程：

$$\begin{cases} G(y,z)=0, \\ x=0, \end{cases} \quad \text{或} \quad \begin{cases} H(z,x)=0, \\ y=0. \end{cases}$$

例 8　求曲线 C

$$\begin{cases} x^2+y^2+z^2=4, \\ (x-1)^2+y^2=1 \end{cases}$$

在 xOy 面、zOx 面上的投影.

解　因为方程组中第二式不含 z，所以 $(x-1)^2+y^2=1$ 就是曲线 C 对于 xOy 面的投影柱面. C 在 xOy 面上的投影曲线为

$$\begin{cases} (x-1)^2+y^2=1, \\ z=0. \end{cases}$$

另外，从原方程组中消去 y 就得到曲线 C 关于 zOx 面的投影柱面方程 $z^2+2x=4$. 这是一个抛物柱面，它们的变化范围应受到原来方程的约束. 由原方程组可知当 $(x,y,z)\in C$ 时，$0\leqslant x\leqslant 2$. 故 C 关于 zOx 平面上的投影曲线为

$$\begin{cases} z^2+2x=4, \\ y=0 \end{cases} \quad (0\leqslant x\leqslant 2).$$

注意：$0 \leqslant x \leqslant 2$ 这个条件不能丢掉！

有时，我们需要将曲线的一般方程化为参数方程，如在以后学习曲线积分时，用曲线的参数方程来计算比较方便，求曲线参数方程的方法通常是先求曲线 C 关于某坐标面上的投影曲线 C'，再求 C' 的参数方程，便可得 C 的参数方程.

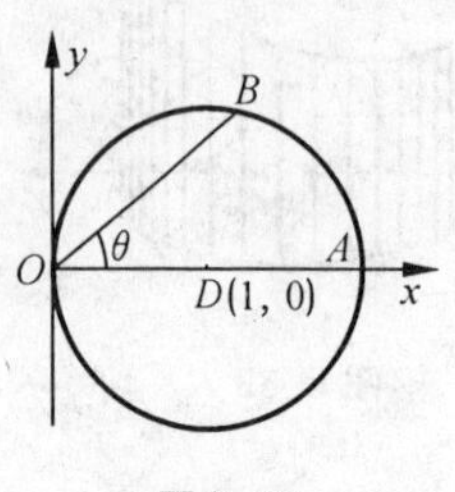

图 8.34

例 9 将上例中的曲线 C 化成参数方程.

解 C 在 xOy 面上投影曲线 C' 如图8.34所示. 设 $\angle AOB = \theta$(若设 $\angle ADB = \theta$，则要麻烦些)，则

$$x = |OB| \cos\theta = 2\cos^2\theta,$$
$$y = |OB| \sin\theta = \sin^2\theta.$$

代入方程组的第一式中，得

$$z^2 = 4\sin^2\theta,$$
$$z = 2\sin\theta.$$

于是 C 的参数方程为

$$\begin{cases} x = 2\cos^2\theta, \\ y = \sin 2\theta, \\ z = \pm 2\sin\theta \end{cases} \quad \left(-\frac{\pi}{2} \leqslant \theta \leqslant \frac{\pi}{2}\right).$$

习题 8.5

1. 求出下列方程所表示的球面的球心和球半径：

(1) $x^2 + y^2 + z^2 + 4x - 2y + z + \dfrac{5}{4} = 0$；　　(2) $2x^2 + 2y^2 + 2z^2 - z = 0$.

2. 一动点到 $A(2,0,-3)$ 的距离与到点 $B(4,-6,6)$ 的距离之比等于3，求此动点的轨迹.

3. 指出下列方程各表示什么曲面，并画出其图形：

(1) $(x - \dfrac{a}{2})^2 + y^2 = \dfrac{a^2}{4}$；　　(2) $\dfrac{y^2}{9} - \dfrac{x^2}{4} = 1$；

(3) $\dfrac{x^2}{9} + \dfrac{z^2}{4} = 1$；　　(4) $z = 2 - y^2$.

4. 下列方程在平面解析几何和空间解析几何中分别表示怎样的图形：

(1) $x = 2$；　　(2) $y = x + 1$；　　(3) $x^2 + y^2 = 4$；

(4) $x^2 - y^2 = 1$；　　(5) $\begin{cases} y - 5x + 1 = 0, \\ y - 2x + 3 = 0; \end{cases}$　　(6) $\begin{cases} \dfrac{x^2}{4} + \dfrac{y^2}{9} = 1, \\ y = 2. \end{cases}$

5. 求下列旋转曲面方程，并画出其图形.

(1) zOx 平面上的抛物线 $z^2 = 5x$ 绕 x 轴旋转；

(2) yOz 平面上的椭圆$\frac{y^2}{4}+\frac{z^2}{9}=1$绕 z 轴旋转；

(3) xOy 面上的双曲线 $4x^2-9y^2=36$ 绕 y 轴、x 轴旋转.

6. 说明下列旋转曲面是怎样形成的：

(1) $\frac{x^2}{4}+\frac{y^2}{9}+\frac{z^2}{9}=1$；　　(2) $x^2-\frac{y^2}{4}+z^2=1$；

(3) $x^2-y^2-z^2=1$；　　(4) $(z-a)^2=x^2+y^2$.

7. 分别求母线平行于 x 轴及 y 轴而且通过曲线$\begin{cases}2x^2+y^2+z^2=16,\\x^2+z^2-y^2=0\end{cases}$的柱面方程.

8. 求球面 $x^2+y^2+z^2=9$ 与平面 $x+z=1$ 的交线在 xOy 面上投影的方程.

9. 将下列曲线的一般方程化为参数方程：

(1) $\begin{cases}x^2+y^2+z^2=9,\\y=x;\end{cases}$　　(2) $\begin{cases}(x-1)^2+y^2+(z+1)^2=4,\\z=0.\end{cases}$

10. 求螺旋线$\begin{cases}x=a\cos\theta,\\y=a\sin\theta,\\z=b\theta.\end{cases}$在三个坐标面上的投影曲线的直角坐标方程.

8.6　平面与直线

在这一节中，我们将以矢量为工具，在空间直角坐标系中讨论最简单的曲面和曲线——平面与直线，并研究它们之间的关系.

8.6.1　平面方程

给定平面 π，设 $M(x,y,z)$ 是 π 上的动点，下面将要看到 π 可用关于坐标为 x、y、z 的线性方程来表示，依给定的条件不同，平面方程取不同的形式，现分述如下.

1. 点法式方程

如果一个非零矢量 $\boldsymbol{n}$ 垂直于一个平面 π，则称 $\boldsymbol{n}$ 为平面 π 的一个**法矢量**. 由立体几何知道，若已知平面 π 上的一个定点$M_0(x_0,y_0,z_0)$ 及 π 的一个法矢量 $\boldsymbol{n}=\{A,B,C\}$，就可唯一地确定这个平面 π. 现在来建立平面 π 的方程.

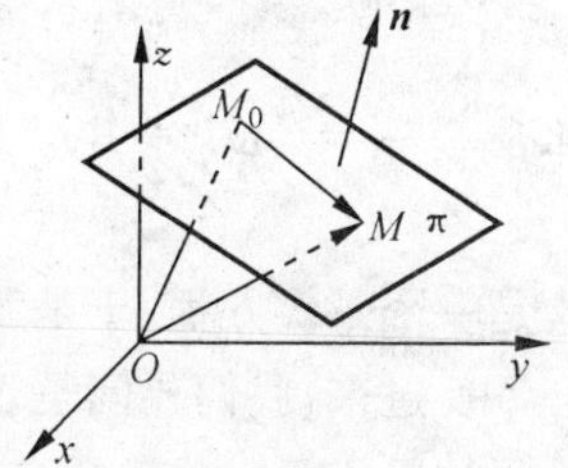

图 8.35

设点 $M(x,y,z)$ 是空间的一点(见图 8.35)，则点 M 在平面 π 上的充要条件是$\overrightarrow{M_0M}$ 与 $\boldsymbol{n}$ 垂直，即

$$\boldsymbol{n}\cdot\overrightarrow{M_0M}=0 \tag{1}$$

由于$\overrightarrow{M_0M}=\{x-x_0,y-y_0,z-z_0\}$，$\boldsymbol{n}=\{A,B,C\}$，所以有

$$A(x-x_0)+B(y-y_0)+C(z-z_0)=0. \tag{2}$$

由于平面 π 上任一点的坐标都满足方程(1) 或(2),而不在平面 π 上的点的坐标都不满足方程(1) 或(2),故称方程(1) 或(2) 为平面的**点法式方程**(前者为矢量式,后者为坐标式).

例 1 已知点 $A(1,-1,-\frac{1}{2})$,$B(-1,0,\frac{5}{2})$,求过点 A 且垂直于 A 与 B 连线的平面方程.

解 依题意所求平面垂直于 AB,则 $\overrightarrow{AB}$ 就是所求平面 π 的一个法矢量,即

$$\overrightarrow{AB}=\{-1-1,0-(-1),\frac{5}{2}-(-\frac{1}{2})\}=\{-2,1,3\}.$$

由平面的点法式方程得到 π 的方程为

$$-2(x-1)+(y+1)+3(z+\frac{1}{2})=0,$$

即

$$4x-2y-6z-9=0.$$

例 2 设平面 π 过点 $M(1,1,1)$ 与 $N(0,1,-1)$,且垂直于平面 $x+y+z=0$,求 π 的方程.

解 由平面的点法式方程可知,方程 $x+y+z=0$ 即为 $(x-0)+(y-0)+(z-0)=0$,表示一个过原点且法矢量 $\boldsymbol{n}_1=\{1,1,1\}$ 的平面.

而平面 π 的法矢量 $\boldsymbol{n}$ 应同时垂直于 $\boldsymbol{n}_1$ 与 $\overrightarrow{MN}$,故可取

$$\boldsymbol{n}=\boldsymbol{n}_1\times\overrightarrow{MN}=\begin{vmatrix}\boldsymbol{i} & \boldsymbol{j} & \boldsymbol{k}\\ 1 & 1 & 1\\ -1 & 0 & -2\end{vmatrix}=-2\boldsymbol{i}+\boldsymbol{j}+\boldsymbol{k}.$$

由式(2) 知 π 的方程为

$$-2(x-1)+(y-1)+(z-1)=0$$

或

$$2x-y-z=0.$$

下面以平面的点法式方程为基础,可以得到平面其他形式的方程.

2. 平面的一般式方程

如果将式(2) 改写一下为

$$Ax+By+Cz-(Ax_0+By_0+Cz_0)=0,$$

并令 $D=-(Ax_0+By_0+Cz_0)$,则式(2) 可化为

$$Ax+By+Cz+D=0. \tag{3}$$

这是一个一次方程.于是我们得到了一个结论:平面方程是三元一次方程.

反过来,我们要问是否任何一个三元一次方程都表示平面?回答是肯定的.

这是因为 $\boldsymbol{n}=\{A,B,C\}\neq\boldsymbol{0}$,故 A、B、C 不全为零,不妨设 $A\neq 0$,则式(3) 可化为

$$A\left[x-(-\frac{D}{A})\right]+B(y-0)+C(z-0)=0,$$

它表示过定点 $M_0(-\frac{D}{A},0,0)$ 且法矢量为 $\boldsymbol{n}=\{A,B,C\}$ 的平面.

综上所述,我们实际上证明了下面的定理.

定理 1　平面方程是三元一次方程,且任何三元一次方程(3) 都表示平面,则 $\{A,B,C\}$ 是该平面的一个法矢量.

方程(3) 叫做平面的**一般方程**,当然,这里要求 A,B,C 不全为 0.

当平面具有特殊位置时,它的方程有一定特点. 下面我们来讨论在坐标系中具有特殊位置的平面方程.

◇ 通过原点

平面(3) 过原点 $\Leftrightarrow D=0$,故通过原点的方程为 $Ax+By+Cz=0$.

◇ 平行于坐标轴(或通过坐标轴)

平面(3) 平行于 x 轴 $\Leftrightarrow$ 此平面 π 的法矢 $\boldsymbol{n}$ 垂直于 x 轴,即

$$\boldsymbol{n}\cdot\boldsymbol{i}=0 \text{ 或 } A\times1+B\times0+C\times0=0,$$

故 $A=0$,所以方程(3) 中没有含 x 的项. 因此,平行于 x 轴的平面方程为

$$By+Cz+D=0.$$

同理,平行于 y 轴和 z 轴的平面方程分别为

$$Ax+Cz+D=0,$$
$$Ax+By+D=0.$$

其他情况可类似得到. 如平面(3) 平行于 xOy 平面 $\Leftrightarrow$ 平面(3) 平行于 x 轴同时也平行 y 轴 $\Leftrightarrow A=B=0\Leftrightarrow Cz+D=0$. 又如平面(3) 过 x 轴 $\Leftrightarrow A=D=0\Leftrightarrow By+Cz=0$. 余类推.

由于平面方程主要有上面两种形式,所以得到求平面方程的两种方法. 第一种方法是用平面的点法式方程,主要是利用条件及矢量代数的方法找出平面的一个法矢量;第二种方法是用平面的一般方程,利用条件定出其中待定的常数,这种方法也称为**待定系数法**.

下面举例来说明这两种方法.

例 3　求过点 $M_0(1,2,1)$ 及 z 轴的平面方程.

解　**方法一**　设该平面的法矢量为 $\boldsymbol{n}$,由于平面过 z 轴,故 $\boldsymbol{n}\perp\boldsymbol{k}$. 又由于平面过 M_0 点,且又过原点 O,故 $\boldsymbol{n}\perp\overrightarrow{OM}$. 可取法矢量

$$\boldsymbol{n}=\overrightarrow{OM_0}\times\boldsymbol{k}=\begin{vmatrix}\boldsymbol{i}&\boldsymbol{j}&\boldsymbol{k}\\1&2&1\\0&0&1\end{vmatrix}=2\boldsymbol{i}-\boldsymbol{j}.$$

由点法式方程,得所求的平面方程为

$$2(x-1)-(y-2)=0,$$

即

$$2x-y=0.$$

方法二 用待定系数法.因为平面过 z 轴,故可设平面方程为

$$Ax+By=0.$$

将 $x=1,y=2$ 代入方程 $Ax+By=0$,得

$$A+2B=0.$$

这里有两个未知数,任取一组解即可,如取 $B=-1$,得 $A=2$.于是平面方程为

$$2x-y=0.$$

3. 平面方程的其他形式

为应用方便起见,下列两种形式的平面方程也应掌握.

◇ 三点式

已知平面上不共线的三点 $M_i(x_i,y_i,z_i)(i=1,2,3)$,求平面的方程.

因任一点 $M(x,y,z)$ 在过这三点的平面的充要条件是三矢量 $\overrightarrow{M_1M}$, $\overrightarrow{M_1M_2}$, $\overrightarrow{M_1M_3}$ 共面,即混合积

$$[\overrightarrow{M_1M}\ \overrightarrow{M_1M_2}\ \overrightarrow{M_1M_3}]=0.$$

后者相当于

$$\begin{vmatrix} x-x_1 & y-y_1 & z-z_1 \\ x_2-x_1 & y_2-y_1 & z_2-z_1 \\ x_3-x_1 & y_3-y_1 & z_3-z_1 \end{vmatrix}=0, \tag{4}$$

式(4) 称为平面的**三点式方程**.

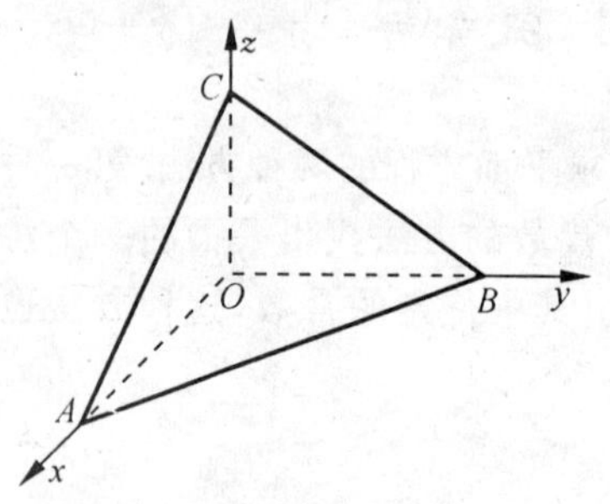

图 8.36

◇ 截距式方程

设平面 π 过点 $A(a,0,0)$,$B(0,b,0)$ 与 $C(0,0,c)$(见图 8.36),其中 $abc\neq 0$.由式(4) 知 π 的方程为

$$\begin{vmatrix} x-a & y & z \\ -a & b & 0 \\ -a & 0 & c \end{vmatrix}=0.$$

上式可化为

$$\frac{x}{a}+\frac{y}{b}+\frac{z}{c}=1 \tag{5}$$

其中 a、b、c 分别称为平面 π 在 x、y、z 轴上的**截距**.式(5) 称为平面的**截距式方程**.它的优点是便于平面的作图,只要定出平面与三坐标轴的交点 A、B、C,连接这三个交点,即得所求平面的图形.

4. 两平面的夹角

两平面法矢量的夹角(通常指锐角) 称为**两平面的夹角**.

设平面 π_1 与 π_2 的法矢量分别为 $\boldsymbol{n}_1=\{A_1,B_1,C_1\}$ 和 $\boldsymbol{n}_2=\{A_2,B_2,C_2\}$. 注意 $-\boldsymbol{n}_i$ 也是 π_i 的法矢量,而 $(-\widehat{\boldsymbol{n}_1,\boldsymbol{n}_2})=\pi-(\widehat{\boldsymbol{n}_1,\boldsymbol{n}_2})$,故平面 π_1 与 π_2 的夹角 θ 应为

$$\theta=\min\{(\widehat{\boldsymbol{n}_1,\boldsymbol{n}_2});(-\widehat{\boldsymbol{n}_1,\boldsymbol{n}_2})\}.$$

于是
$$\cos\theta=|\cos(\widehat{\boldsymbol{n}_1,\boldsymbol{n}_2})|,$$

故得

$$\cos\theta=\frac{|A_1A_2+B_1B_2+C_1C_2|}{\sqrt{A_1^2+B_1^2+C_1^2}\sqrt{A_2^2+B_2^2+C_2^2}}. \tag{6}$$

因 $\pi_1 /\!/ \pi_2 \Leftrightarrow \boldsymbol{n}_1 /\!/ \boldsymbol{n}_2$;而 $\pi_1 \perp \pi_2 \Leftrightarrow \boldsymbol{n}_1 \perp \boldsymbol{n}_2$,故易知

1° $\pi_1 /\!/ \pi_2 \Leftrightarrow \dfrac{A_1}{A_2}=\dfrac{B_1}{B_2}=\dfrac{C_1}{C_2}\Leftrightarrow A_1:B_1:C_1=A_2:B_2:C_2$.

2° π_1 与 π_2 重合 $\Leftrightarrow \dfrac{A_1}{A_2}=\dfrac{B_1}{B_2}=\dfrac{C_1}{C_2}=\dfrac{D_1}{D_2}$.

3° $\pi_1 \perp \pi_2 \Leftrightarrow A_1A_2+B_1B_2+C_1C_2=0$.

4° π_1 与 π_2 相交于一条直线 $\Leftrightarrow A_1:B_1:C_1\neq A_2:B_2:C_2$.

例 4　求两平面 $x-y+2z-6=0$ 和 $2x+y+z-5=0$ 的夹角 θ.

解　由公式(6)有

$$\cos\theta=\frac{|1\times2+(-1)\times1+2\times1|}{\sqrt{1^2+(-1)^2+2^2}\sqrt{2^2+1^2+1^2}}=\frac{1}{2},$$

因此,所求夹角 $\theta=\dfrac{\pi}{3}$.

例 5　一平面通过 x 轴,且与 xOy 面的夹角为 30°,求此平面的方程.

解　用待定系数法来解.因为这个平面通过 x 轴,故可设它的方程为

$$By+Cz=0. \tag{7}$$

此平面的法矢量为 $\{0,B,C\}$,xOy 面的法矢可取为 $\{0,0,1\}$.

由公式(6)得
$$\cos30^\circ=\frac{|C|}{\sqrt{B^2+C^2}},$$

化简得
$$C^2=3B^2\Rightarrow C=\pm\sqrt{3}B.$$

代入式(7)并注意到 $B\neq0$,再消去 B 即得所求之平面方程为

$$y+\sqrt{3}z=0 \quad \text{或} \quad y-\sqrt{3}z=0.$$

8.6.2　直线方程

与平面方程一样,根据所给条件的不同,直线方程也有不同的形式.现分述如下.

1. 一般式方程

空间直线可由两个不平行的平面 π_1 与 π_2 的交线形成(见图 8.37),设平面 $\pi_i(i=1,2)$ 的方程为

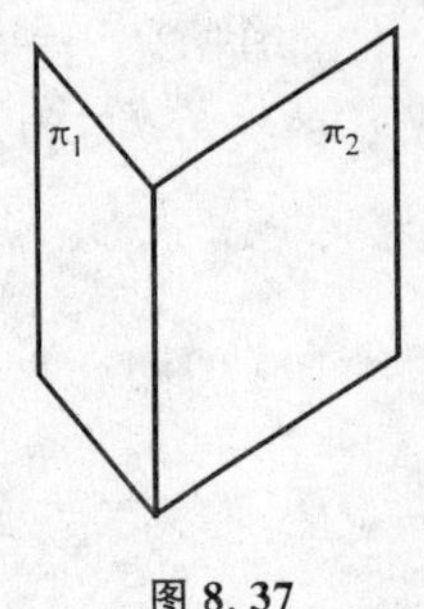

图 8.37

$$A_i x + B_i y + C_i z + D_i = 0.$$

由于π_1不平行于π_2，故A_1、B_1、C_1与A_2、B_2、C_2不成比例. 将二个方程联立

$$\begin{cases} A_1 x + B_1 y + C_1 z + D_1 = 0, \\ A_2 x + B_2 y + C_2 z + D_2 = 0, \end{cases} \tag{8}$$

则交线上的点一定满足这个方程组，并且不在交线上的点一定不满足这个方程组，因此这个方程组就表示交线. 式(8) 称为空间直线的**一般式方程**.

2. 直线的点向式方程与参数方程

如果一个非零矢量$s = \{m, n, p\}$平行于一条已知直线L，则称矢量s是直线L的一个**方向矢量**，称m、n、p为直线L的**方向数**. 显然$ks(k \neq 0)$都是L的方向矢量.

由立体几何知道，若已知直线L的一个方向矢量$s = \{m, n, p\}$及L上的一点$M_0(x_0, y_0, z_0)$，就可唯一地确定这条直线L. 现在来建立L的方程.

设点$M(x, y, z)$是空间的一点(见图 8.38)，则点M在直线L上的充要条件是$\overrightarrow{M_0M} \parallel s$，即

$$\overrightarrow{M_0M} = ts \quad (|t| < \infty).$$

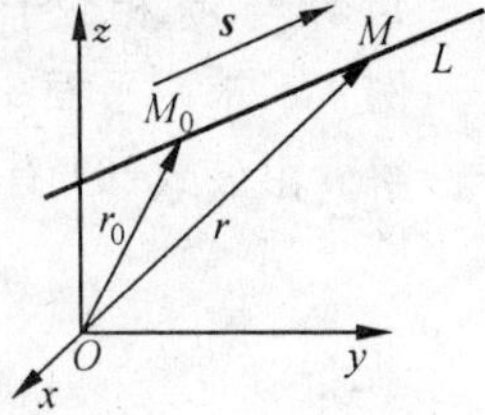

图 8.38

因为$\overrightarrow{M_0M} = \{x - x_0, y - y_0, z - z_0\}$，则上述等式的坐标形式为

$$\begin{cases} x - x_0 = mt, \\ y - y_0 = nt, \\ z - z_0 = pt, \end{cases}$$

于是有

$$\begin{cases} x = x_0 + mt, \\ y = y_0 + nt, \quad (|t| < \infty). \\ z = z_0 + pt \end{cases} \tag{9}$$

因式(9) 含有参数t，故式(9) 称为L的**参数方程**.

从式(9) 中消去参数t，得

$$\frac{x - x_0}{m} = \frac{y - y_0}{n} = \frac{z - z_0}{p}. \tag{10}$$

由于式(10) 是已知L的方向矢量$s = \{m, n, p\}$和L上的一个定点$M_0(x_0, y_0, z_0)$，所以式(10) 称为直线L的**点向式方程**(或**标准方程**，**对称式方程**).

这里要说明的是，在m、n、p中有一个为零时，例如$m = 0$时，式(10) 应理解为

$$\begin{cases} x - x_0 = 0, \\ \dfrac{y - y_0}{n} = \dfrac{z - z_0}{p}. \end{cases}$$

由于 $\boldsymbol{s}$ 不是零矢量，故 m、n、p 中至多有两个为 0. 例如 $m=n=0$ 时，式(10) 应理解为

$$\begin{cases} x-x_0=0, \\ y-y_0=0. \end{cases}$$

例 6　求过两相异点 $M_i(x_i,y_i,z_i)(i=1,2)$ 的直线方程.

解　矢量 $\overrightarrow{M_1M_2}=\{x_2-x_1,y_2-y_1,z_2-z_1\}$ 是直线的方向矢量，由直线的点向式方程得

$$\frac{x-x_1}{x_2-x_1}=\frac{y-y_1}{y_2-y_1}=\frac{z-z_1}{z_2-z_1}. \tag{11}$$

由于直线通过两点，故式(11) 又称为直线的**二点式方程**.

例 7　求过点 $M_0(1,0,-2)$ 且与平面 π:$2x+4y-3z-9=0$ 垂直的直线 L 的方程.

解　由题意知，直线 L 的方向矢量 $\boldsymbol{s}$ 就是平面 π 的法矢量 $\boldsymbol{n}=\{2,4,-3\}$ 即 $\boldsymbol{s}=\{2,4,-3\}$. 又直线又通过 $M_0(1,0,-2)$，故 L 的方程为

$$\frac{x-1}{2}=\frac{y-0}{4}=\frac{z+2}{-3}.$$

例 8　求 z 轴的标准方程、参数方程与一般方程.

解　z 轴过原点，且有一个方向矢量 $\boldsymbol{s}=\boldsymbol{k}$，于是标准方程、参数方程分别为

$$\frac{x}{0}=\frac{y}{0}=\frac{z}{1};$$

$$\begin{cases} x=0, \\ y=0, \quad (-\infty<t<+\infty). \\ z=t \end{cases}$$

一般方程为

$$\begin{cases} x=0, \\ y=0. \end{cases}$$

点向式方程(10) 的几何意义比较明显，一般由它来表示直线方便于应用. 那么怎样将直线的一般方程化成标准方程呢？这里有两种方法，一种是用代数的消元法化为比例式；另一种方法是在直线上找一定点，再求出方向矢量.

求方向矢量 $\boldsymbol{s}$ 的方法一般是这样的.

设 L 的一般式方程为

$$\begin{cases} A_1x+B_1y+C_1z+D_1=0, \\ A_2x+B_2y+C_2z+D_2=0. \end{cases}$$

记 $\boldsymbol{n}_1=\{A_1,B_1,C_1\}$，$\boldsymbol{n}_2=\{A_2,B_2,C_2\}$ 为相交平面的法矢量，则 $\boldsymbol{n}_1\perp\boldsymbol{s}$，$\boldsymbol{n}_2\perp\boldsymbol{s}$，故可选取 $\boldsymbol{n}_1\times\boldsymbol{n}_2$ 为 s，即

$$s = n_1 \times n_2 = \begin{vmatrix} i & j & k \\ A_1 & B_1 & C_1 \\ A_2 & B_2 & C_2 \end{vmatrix} = \begin{vmatrix} B_1 & C_1 \\ B_2 & C_2 \end{vmatrix} i + \begin{vmatrix} C_1 & A_1 \\ C_2 & A_2 \end{vmatrix} j + \begin{vmatrix} A_1 & B_1 \\ A_2 & B_2 \end{vmatrix} k.$$

这样 L 的方程就可求了.下面用例子来说明.

例 9 将 $\begin{cases} 3x - 2y + z + 1 = 0, \\ 2x + y - z - 2 = 0 \end{cases}$ 化为标准方程.

解 **方法一** 解关于 y、z 的线性方程组

$$\begin{cases} -2y + z = -3x - 1, \\ y - z = -2x + 2, \end{cases}$$

先后消去 z 和消去 y 得到

$$\frac{y+1}{5} = x, \quad \frac{z+3}{7} = x.$$

写成比例式得
$$x = \frac{y+1}{5} = \frac{z+3}{7}.$$

方法二 先求直线上一定点:以 $z = 0$ 代入得

$$\begin{cases} 3x - 2y = -1, \\ 2x + y = 2. \end{cases}$$

解得 $x = \frac{3}{7}, y = \frac{8}{7}$,于是得直线上一定点$(\frac{3}{7}, \frac{8}{7}, 0)$.另外直线的方向矢量 s 为

$$s = n_1 \times n_2 = \begin{vmatrix} i & j & k \\ 3 & -2 & 1 \\ 2 & 1 & -1 \end{vmatrix} = i + 5j + 7k,$$

得标准方程为

$$\frac{x - \frac{3}{7}}{1} = \frac{y - \frac{8}{7}}{5} = \frac{z}{7}.$$

3. 两直线的夹角

两直线的方向矢量的夹角(通常指锐角)叫做两直线的夹角.

设直线 L_1 和 L_2 的方向矢量依次为

$$s_1 = \{m_1, n_1, p_1\} \text{ 和 } s_2 = \{m_2, n_2, p_2\},$$

类似于两平面夹角的讨论得到:设 L_1 和 L_2 的夹角为 φ,则

$$\cos\varphi = |\cos(\widehat{s_1, s_2})| = \frac{|m_1 m_2 + n_1 n_2 + p_1 p_2|}{\sqrt{m_1^2 + n_1^2 + p_1^2}\sqrt{m_2^2 + n_2^2 + p_2^2}}. \tag{12}$$

由此立即可得:

$$L_1 \perp L_2 \Leftrightarrow m_1 m_2 + n_1 n_2 + p_1 p_2 = 0;$$

$$L_1 \parallel L_2 \Leftrightarrow \frac{m_1}{m_2} = \frac{n_1}{n_2} = \frac{p_1}{p_2}.$$

例 10　求直线 $L_1:\dfrac{x-1}{1}=\dfrac{y}{-4}=\dfrac{z+3}{1}$ 与直线 $L_2:\dfrac{x}{2}=\dfrac{y+2}{-2}=\dfrac{z}{-1}$ 间的夹角 φ.

解　直线 L_1 的方向矢量 $\boldsymbol{s}_1=\{1,-4,1\}$，直线 L_2 的方向矢量 $\boldsymbol{s}_2=\{2,-2,-1\}$，则由式(12)可得

$$\cos\varphi=\frac{|1\times 2+(-4)\times(-2)+1\times(-1)|}{\sqrt{1^2+(-4)^2+1^2}\sqrt{2^2+(-2)^2+(-1)^2}}=\frac{\sqrt{2}}{2}.$$

故 L_1 与 L_2 间的夹角为 $\pi/4$.

8.6.3　有关平面与直线的几个问题

1. 距离问题

这一部分介绍①一点到一个平面的距离；②一点到一条直线的距离；③二条异面直线的距离.

解决这 3 个问题的共同思路是：找出有关垂线的方向矢量，然后找出有关矢量(平面上任一点或直线上任一点到该定点的矢量；一条直线上任一点到另一条直线上任一点的矢量)在这垂线方向矢量上的投影 a，则所求的距离 $d=|a|$，现分别介绍如下.

◇ 平面外一点到该平面的距离

例 11　设 $M_0(x_0,y_0,z_0)$ 是平面 $Ax+By+Cz+D=0$ 外一点，求 M_0 到这个平面的距离.

解　平面法矢量 $\boldsymbol{n}=\{A,B,C\}$(见图 8.39). 在平面上任意取一点 $M(x,y,x)$，则所求距离

$$d=|\operatorname{Prj}_{\boldsymbol{n}}\overrightarrow{MM_0}|.$$

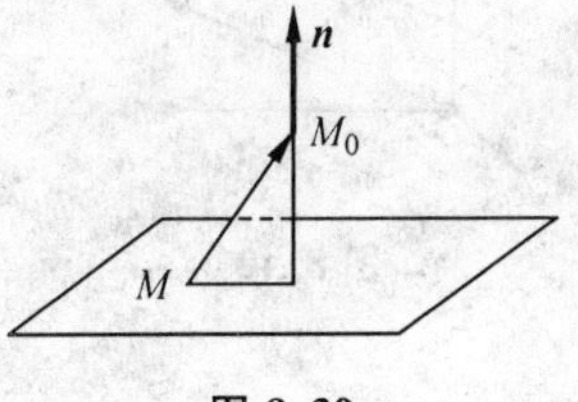

图 8.39

而 $\overrightarrow{MM_0}=\{x_0-x,y_0-y,z_0-z\}$，并取 $\boldsymbol{n}^\circ$ 为与矢量 $\boldsymbol{n}$ 相向的单位矢量，那么有

$$\operatorname{Prj}_{\boldsymbol{n}}\overrightarrow{MM_0}=\overrightarrow{MM_0}\cdot\boldsymbol{n}^\circ.$$

而

$$\boldsymbol{n}^\circ=\left\{\frac{A}{\sqrt{A^2+B^2+C^2}},\frac{B}{\sqrt{A^2+B^2+C^2}},\frac{C}{\sqrt{A^2+B^2+C^2}}\right\},$$

所以

$$\begin{aligned}\operatorname{Prj}_{\boldsymbol{n}}\overrightarrow{MM_0}&=\frac{A(x_0-x)}{\sqrt{A^2+B^2+C^2}}+\frac{B(y_0-y)}{\sqrt{A^2+B^2+C^2}}+\frac{C(z_0-z)}{\sqrt{A^2+B^2+C^2}}\\&=\frac{Ax_0+By_0+Cz_0-(Ax+By+Cz)}{\sqrt{A^2+B^2+C^2}}.\end{aligned}$$

由于 M 点在平面上，所以有

$$Ax+By+Cz+D=0,$$

故

$$\mathrm{Prj}_{n}\,\overrightarrow{MM_0}=\frac{Ax_0+By_0+Cz_0+D}{\sqrt{A^2+B^2+C^2}}.$$

由此得 $M_0(x_0,y_0,z_0)$ 到平面 $Ax+By+Cz+D=0$ 的距离公式

$$d=\frac{|Ax_0+By_0+Cz_0+D|}{\sqrt{A^2+B^2+C^2}}. \tag{13}$$

显然,当 M_0 在平面上时公式(13) 也是成立的,不过此时 $d=0$.

例如求点 $M_0(0,2,1)$ 到平面 $2x-3y+5z-1=0$ 的距离,由公式(13) 知

$$d=\frac{|2\times 0-3\times 2+5\times 1-1|}{\sqrt{2^2+(-3)^2+5^2}}=\frac{2}{\sqrt{38}}.$$

例 12 求平行平面 π_1 与 π_2 之间的距离 d.

解 这个问题可归结为 π_1 上任一点如 $M_1(x_1,y_1,z_1)$ 到 π_2 的距离.

设 π_i 的方程为 $A_ix+B_iy+C_iz+D_i=0(i=1,2)$. 因 $Ax_1+By_1+Cz_1+D_2=D_2-D_1$,故由公式(13) 得

$$d=\frac{|D_2-D_1|}{\sqrt{A^2+B^2+C^2}}. \tag{14}$$

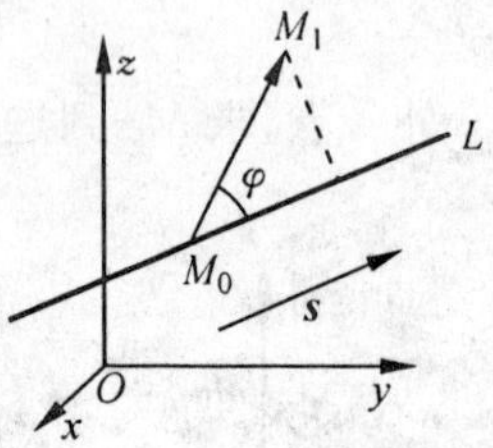

◇ 求一点到一直线的距离

例 13 求点 $M_1(x_1,y_1,z_1)$ 到直线 L:$\dfrac{x-x_0}{m}=\dfrac{y-y_0}{n}=\dfrac{z-z_0}{p}$ 的距离 d.

图 8.40

解 由图 8.40 知 $d=|\overrightarrow{M_0M_1}|\sin\varphi$.

而
$$|\overrightarrow{M_0M_1}\times \boldsymbol{s}|=|\overrightarrow{M_0M_1}||\boldsymbol{s}|\sin\varphi,$$

故
$$d=\frac{|\overrightarrow{M_0M_1}||\overrightarrow{M_0M_1}\times\boldsymbol{s}|}{|\overrightarrow{M_0M_1}||\boldsymbol{s}|}=\frac{|\overrightarrow{M_0M_1}\times\boldsymbol{s}|}{|\boldsymbol{s}|},$$

这里 $\overrightarrow{M_0M_1}=\{x_1-x_0,y_1-y_0,z_1-z_0\}$. 用坐标表示便得

$$d=\sqrt{\frac{\begin{vmatrix} y_1-y_0 & z_1-z_0 \\ n & p\end{vmatrix}^2+\begin{vmatrix} z_1-z_0 & x_1-x_0 \\ p & m\end{vmatrix}^2+\begin{vmatrix} x_1-x_0 & y_1-y_0 \\ m & n\end{vmatrix}^2}{m^2+n^2+p^2}}. \tag{15}$$

◇ 异面直线的距离

例 14 求两异面直线 $L_i(i=1,2)$

$$\frac{x-x_i}{m_i}=\frac{y-y_i}{n_i}=\frac{z-z_i}{p_i}$$

的距离 d.

解　设 $M_i(x_i,y_i,z_i)$，$\boldsymbol{s}_i=\{m_i,n_i,p_i\}(i=1,2)$. 如图 8.41，其公垂线 P_1P_2 的方向与 $\boldsymbol{s}_1\times\boldsymbol{s}_2$ 平行. 取公垂线的方向矢量为 $\boldsymbol{n}=\boldsymbol{s}_1\times\boldsymbol{s}_2$，故

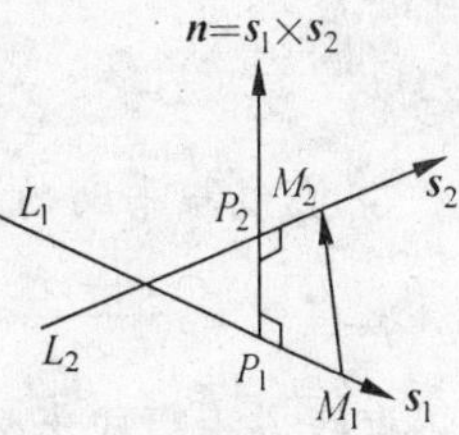

图 8.41

$$d=|(\overrightarrow{M_1M_2})_{\boldsymbol{n}}|.$$

令 $\boldsymbol{n}^\circ$ 为与 $\boldsymbol{n}$ 同向的单位矢量，则

$$\boldsymbol{n}^\circ=\frac{\boldsymbol{s}_1\times\boldsymbol{s}_2}{|\boldsymbol{s}_1\times\boldsymbol{s}_2|},$$

于是

$$d=\overrightarrow{M_1M_2}\cdot\boldsymbol{n}^\circ|=\frac{|\overrightarrow{M_1M_2}\cdot(\boldsymbol{s}_1\times\boldsymbol{s}_2)|}{|\boldsymbol{s}_1\times\boldsymbol{s}_2|}=\frac{|[\overrightarrow{M_1M_2}\boldsymbol{s}_1\boldsymbol{s}_2]|}{|\boldsymbol{s}_1\times\boldsymbol{s}_2|}.$$

写成坐标形式为

$$d=\frac{\left|\begin{vmatrix}x_2-x_1 & y_2-y_1 & z_2-z_1\\ m_1 & n_1 & p_1\\ m_2 & n_2 & p_2\end{vmatrix}\right|}{\sqrt{\begin{vmatrix}n_1 & p_1\\ n_2 & p_2\end{vmatrix}^2+\begin{vmatrix}p_1 & m_1\\ p_2 & m_2\end{vmatrix}^2+\begin{vmatrix}m_1 & n_1\\ m_2 & n_2\end{vmatrix}^2}}. \tag{16}$$

2. 直线与平面的关系

◇ 直线与平面的夹角

当直线 L 与平面 π 不垂直时，直线 L 和它在平面 π 上的投影直线 L' 的夹角 $\varphi(0\leqslant\varphi\leqslant\pi/2)$ 称为直线与平面的夹角(见图 8.42)，当直线 L 和 π 垂直时，规定直线与平面的夹角为$\frac{\pi}{2}$.

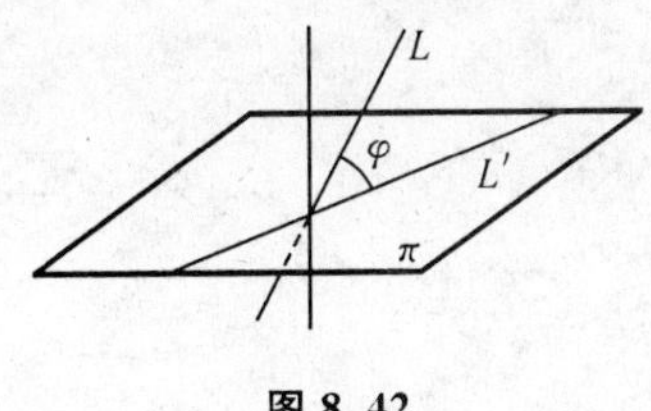

图 8.42

设直线 L 的方向矢量 $\boldsymbol{s}=\{m,n,p\}$，平面 π 的法矢量 $\boldsymbol{n}=\{A,B,C\}$，则直线 L 与平面 π 的夹角 $\varphi=\left|\frac{\pi}{2}-(\widehat{\boldsymbol{s},\boldsymbol{n}})\right|$，因此 $\sin\varphi=|\cos(\widehat{\boldsymbol{n},\boldsymbol{s}})|$，故有

$$\sin\varphi=\frac{|Am+Bn+Cp|}{\sqrt{A^2+B^2+C^2}\sqrt{m^2+n^2+p^2}}. \tag{17}$$

因此有

$$L\parallel\pi\Leftrightarrow Am+Bn+Cp=0;$$

$$L\perp\pi\Leftrightarrow\frac{A}{m}=\frac{B}{n}=\frac{C}{p}.$$

例 15　求直线 $L:\frac{x-2}{1}=\frac{y-3}{1}=\frac{z-4}{2}$ 与平面 $\pi:2x+y+z-6=0$ 的夹角 φ.

解　L 的方向矢量 $\boldsymbol{s}=\{1,1,2\}$，平面 π 的法矢量 $\boldsymbol{n}=\{2,1,1\}$，由公式(8-47)得

$$\sin\varphi=\frac{|1\times2+1\times1+2\times1|}{\sqrt{1^2+1^2+2^2}\sqrt{2^2+1^2+1^2}}=\frac{5}{6}.$$

故
$$\varphi = \arcsin\frac{5}{6}.$$

◇ 直线与平面的交点

求直线 $L:\dfrac{x-x_0}{m}=\dfrac{y-y_0}{n}=\dfrac{z-z_0}{p}$ 与平面 $\pi: Ax+By+Cz+D=0$ 的交点，可将直线方程写成参数方程，代入平面方程，求出交点处的参数值，再代回参数方程求得交点坐标.

例 16 求直线 $L:\dfrac{x+3}{3}=\dfrac{y+2}{-2}=\dfrac{z}{1}$ 与平面 $\pi: x+2y+2z+6=0$ 的交点.

解 先将直线方程化成参数方程形式：
$$\begin{cases} x=-3+3t, \\ y=-2-2t, \quad (|t|<+\infty). \\ z=t \end{cases}$$
代入平面方程得
$$(-3+3t)+2(-2-2t)+2\cdot t+6=0.$$
解得 $t=1$，再代入直线的参数方程，即得交点
$$\begin{cases} x=-3+3\cdot 1=0, \\ y=-2-2\cdot 1=-4, \\ z=1, \end{cases}$$
故交点为 $(0,-4,1)$.

3. 平面束方程

设 π_1、π_2 为不平行的两个平面，通过这两个平面交线的所有平面称为由 π_1、π_2 所确定的**平面束**.

设这两个平面的方程分别为
$$\pi_1: A_1x+B_1y+C_1z+D_1=0,$$
$$\pi_2: A_2x+B_2y+C_2z+D_2=0,$$
对于平面束我们有下面的定理.

定理 2 由 π_1、π_2 所确定的平面束可以表示为
$$\lambda(A_1x+B_1y+C_1z+D_1)+\mu(A_2x+B_2y+C_2z+D_2)=0, \tag{18}$$
其中 λ、μ 为不同时为零的常数.

证 首先证明式(18)表示一个平面且属于 π_1 与 π_2 所确定的平面束. 把式(18)改写成
$$(\lambda A_1+\mu A_2)x+(\lambda B_1+\mu B_2)y+(\lambda C_1+\mu C_2)z+\lambda D_1+\mu D_2=0,$$
这是一个一次方程. 若
$$\lambda A_1+\mu A_2=\lambda B_1+\mu B_2=\lambda C_1+\mu C_2=0,$$
由于 λ、μ 不同时为 0，不妨设 $\mu\neq 0$，则由上式可推出

$$\frac{A_1}{A_2}=-\frac{\lambda}{\mu},\quad \frac{B_1}{B_2}=-\frac{\lambda}{\mu},\quad \frac{C_1}{C_2}=-\frac{\lambda}{\mu},$$

从而
$$\frac{A_1}{A_2}=\frac{B_1}{B_2}=\frac{C_1}{C_2}.$$

由此得出 $\pi_1 /\!/ \pi_2$，与已知条件矛盾. 所以式(18)是一个一次方程. 由定理1知式(18)表示一个平面.

将交线上任一点(x,y,z)代入式(18)，则式(18)中两个括号内的数都为0，故交线上的任一点都满足方程(18)，因此平面(18)属于 π_1 和 π_2 所确定的平面束.

另外可证，式(18)可以表示过 π_1、π_2 交线的任一平面. 这只要证明：设 $M_0(x_0,y_0,z_0)$ 为交线外任一点，可以取适当的参数 λ、μ，使得 M_0 满足式(18). 为此将(x_0,y_0,z_0)代入式(18)得

$$\lambda(A_1x_0+B_1y_0+C_1z_0+D_1)+\mu(A_2x_0+B_2y_0+C_2z_0+D_2)=0.$$

因 M_0 不在交线上，所以 $A_1x_0+B_1y_0+C_1z_0+D_1$ 与 $A_2x_0+B_2y_0+C_2z_0+D_2$ 不同时为0，因此由上式一定可以定出一组不全为0的 λ、μ.

注　平面束方程也可以用含单个参数的一次方程来表示，如

$$(A_1x+B_1y+C_1z+D_1)+\lambda(A_2x+B_2y+C_2z+D_2)=0,\tag{19}$$

其中参数 λ 为任意实数. 式(19)表示 π_1 与 π_2 所确定的平面束(仅缺少平面 π_2).

例 17　求过平面 $x+2y-z+1=0$，$2x-3y+z=0$ 的交线且过点 $M_0(1,2,3)$ 的平面方程.

解　设所求的平面方程为

$$x+2y-z+1+\lambda(2x-3y+z)=0.$$

将点 $M_0(1,2,3)$ 代入，得

$$3-\lambda=0\Rightarrow\lambda=3,$$

故所求的平面方程为

$$x+2y-z+1+3(2x-3y+z)=0,$$

即
$$7x-7y+2z+1=0.$$

8.6.4　杂例

例 18　求过点$(2,-3,4)$且垂直于两直线

$$\frac{x}{1}=\frac{y}{-1}=\frac{z+5}{2}\quad 和\quad \frac{x-8}{3}=\frac{y+4}{-2}=\frac{z-2}{1}$$

的直线方程.

解　已知所给两直线的方向数分别为

$$\{1,-1,2\}\quad 与\quad \{3,-2,1\}.$$

设所求直线的方向数为$\{m,n,p\}$，由于所求直线与两已知直线分别垂直，从而有

$$\begin{cases} m-n+2p=0, \\ 3m-2n+p=0. \end{cases}$$

解得一组值为 $m=3, n=5, p=1$.

又因为所求直线过 $(2,-3,4)$ 点,故所求直线的方程为

$$\frac{x-2}{3}=\frac{y+3}{5}=\frac{z-4}{1}.$$

注:$\{m,n,p\}$ 也可用 $\{1,-1,2\}\times\{3,-2,1\}$ 得到.

例 19 求过点 $M_0(2,1,3)$ 且与直线 L_1:$\frac{x+1}{3}=\frac{y-1}{2}=\frac{z}{-1}$ 垂直相交的直线 L 的方程.

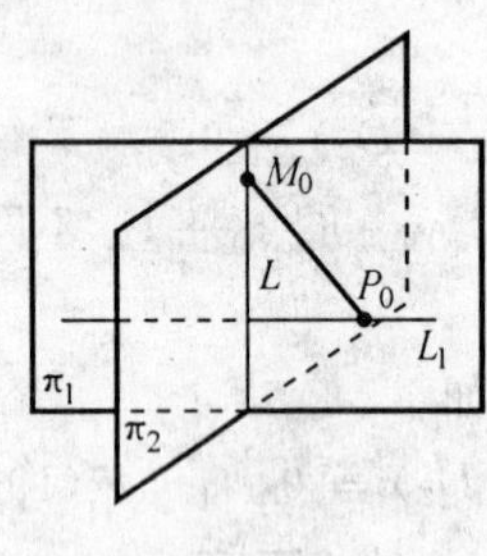

图 8.43

解 **方法一** 将 L 表成一般式.

所求直线 L 应当是直线 L_1 与点 M_0 所决定的平面 π_1,以及过 M_0 而垂直于直线 L_1 的平面 π_2 的交线(见图 8.43).

直线 L_1 的方向矢量 $\boldsymbol{s}_1=\{3,2,-1\}$ 就是平面 π_2 的法矢量,所以平面 π_2 的方程是

$$3(x-2)+2(y-1)+(-1)(z-3)=0,$$

即
$$3x+2y-z-5=0.$$

为求平面 π_1 的方程,可先求 π_1 的法矢量 $\boldsymbol{n}_1$. 因为平面 π_1 通过直线 L_1,故 $\boldsymbol{n}_1\perp\boldsymbol{s}_1$. 现在 L_1 上任取一点,例如取 $P_0(-1,1,0)$,则 $\boldsymbol{n}_1\perp\overrightarrow{P_0M_0}=\{3,0,3\}$. 因此可取

$$\boldsymbol{n}_1=\boldsymbol{s}_1\times\overrightarrow{P_0M_0}=\begin{vmatrix} \boldsymbol{i} & \boldsymbol{j} & \boldsymbol{k} \\ 3 & 2 & -1 \\ 3 & 0 & 3 \end{vmatrix}=\{6,-12,-6\},$$

故平面 π_1 的方程是

$$6(x-2)+(-12)(y-1)+(-6)(z-3)=0,$$

即
$$x-2y-z+3=0.$$

所求直线 L 的方程为

$$\begin{cases} x-2y-z+3=0, \\ 3x+2y-z-5=0. \end{cases}$$

方法二 将 L 的方程表为点向式.

由方法一已知 π_2 是过 M_0 而垂直于 L_1 的平面,方程为

$$3x+2y-z-5=0.$$

现求 L_1 与 π_2 的交点 M_1(见图 8.44). 由于 L_1 的参数方程为

$$x=-1+3t,\quad y=1+2t,\quad z=-t,$$

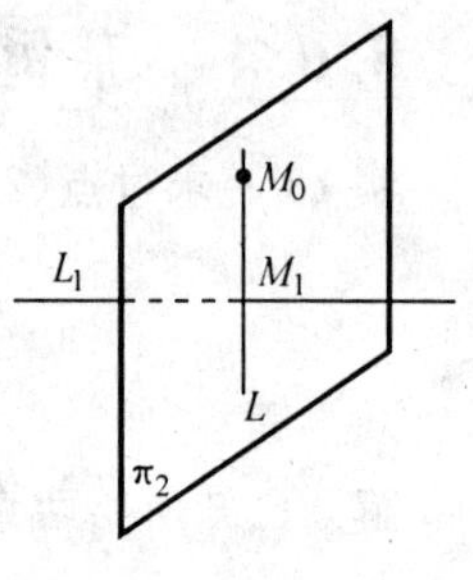

图 8.44

将它代入 π_2 的方程得 $t=\frac{3}{7}$，从而求得 $M_1(\frac{2}{7},\frac{13}{7},-\frac{3}{7})$. 于是矢量 $\overrightarrow{M_0M_1}=\{\frac{2}{7}-2,\frac{13}{7}-1,-\frac{3}{7}-3\}=-\frac{6}{7}\{2,-1,4\}$ 是 L 的方向矢量，L 的方程为

$$\frac{x-2}{2}=\frac{y-1}{-1}=\frac{z-3}{4}.$$

例 20　求直线 $L_1\begin{cases}x+y-z-1=0,\\x-y+z+1=0\end{cases}$ 在平面 $\pi_1:x+y+z=0$ 上的投影直线 L 的方程(见图 8.45).

解　设过 L_1 的平面束方程为

$$(x+y-z-1)+\lambda(x-y+z+1)=0,$$

即

$$(1+\lambda)x+(1-\lambda)y+(-1+\lambda)z+(-1+\lambda)=0,$$

其中 λ 待定. 该平面与 π_1 垂直，故

$$(1+\lambda)\cdot 1+(1-\lambda)\cdot 1+(-1+\lambda)\cdot 1=0,$$

解得 $\lambda=-1$. 代入平面束方程得投影平面 π_2 的方程为

$$2y-2z-2=0,$$

即

$$y-z-1=0.$$

所以投影直线 L 的方程为

$$\begin{cases}x+y+z=0,\\y-z-1=0.\end{cases}$$

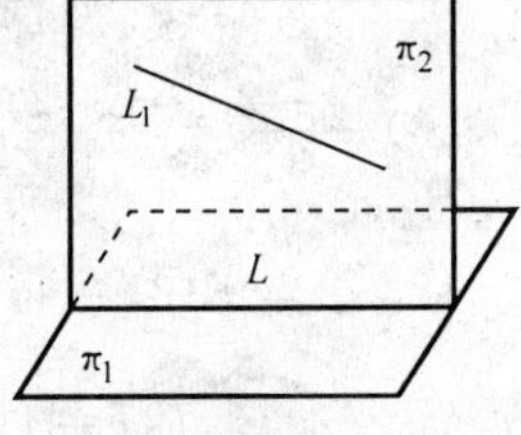

图 8.45

习题 8.6

1. 求过 $M_0(1,7,3)$ 且与矢径 $\boldsymbol{r}(M_0)$ 垂直的平面方程.

2. 求过点 $(3,0,-1)$ 且与平面 $3x-7y+5z-12=0$ 平行的平面方程.

3. 求过点 $P(1,-1,-1)$，$Q(2,2,4)$ 且与平面 $x+y-z=0$ 垂直的平面方程.

4. 求通过 z 轴和点 $M(-3,1,-2)$ 的平面方程.

5. 设平面过点 $(1,2,-1)$，且在 x 轴和 z 轴上的截距等于在 y 轴上的截距的两倍，求此平面方程.

6. 试问 $A(1,-1,0)$，$B(2,3,-1)$，$C(-1,0,2)$ 三点是否在一直线上？若不在一直线上，求过此三点的平面方程.

7. 求过原点且垂直于两平面 $x-y+z-7=0$ 及 $3x-2y-12z+5=0$ 的平面方程.

8. 求平行于 zOx 平面且经过点 $(2,-5,3)$ 的平面方程.

9. 求平面 $2x-2y+z+5=0$ 与各坐标面夹角的余弦.

10. 求点 $(1,2,1)$ 到平面 $x+2y+2z-10=0$ 的距离.

11. 求过点(1,2,1)与(1,2,3)的直线方程.

12. 求一直线通过点(2,2,−1)且与平面 $3x-y+2z=4$ 垂直.

13. 求过点(−1,2,1)且与两平面 $x+y-2z=1$ 和 $x+2y-z=-1$ 平行的直线方程.

14. 求直线 $\dfrac{x-1}{1}=\dfrac{y}{-2}=\dfrac{z+4}{7}$ 与直线 $\dfrac{x+6}{5}=\dfrac{y-2}{1}=\dfrac{z-3}{-1}$ 夹角的余弦.

15. 求直线 $\begin{cases}x-5y+2z-1=0,\\ z=2+5y\end{cases}$ 的点向式和参数式方程.

16. 一直线过点 $A(2,-3,4)$ 且和 z 轴垂直相交,求它的方程.

17. 试确定下列各题中的直线和平面间的关系:

(1) $\dfrac{x+3}{-2}=\dfrac{y+4}{-7}=\dfrac{z}{3}$ 和 $4x-2y-2z=3$;

(2) $\dfrac{x}{3}=\dfrac{y}{-2}=\dfrac{z}{7}$ 和 $3x-2y+7z=8$;

(3) $\dfrac{x-2}{3}=\dfrac{y+2}{1}=\dfrac{z-3}{-4}$ 和 $x+y+z=3$.

18. 求点 $P(3,-1,2)$ 到直线 $\begin{cases}x+y-z+1=0,\\ 2x-y+z-4=0\end{cases}$ 的距离.

19. 求直线 $\begin{cases}2x-4y+z=0,\\ 3x-y-2z-9=0\end{cases}$ 在平面 $4x-y+z=1$ 上的投影直线的方程.

20. 求直线 $\dfrac{x+3}{3}=\dfrac{y+2}{-2}=z$ 与平面 $x+2y+2z=6$ 的交点和交角 α.

8.7 二次曲面

为了今后应用的需要,介绍几个常见的二次曲面和它们的标准方程.

这里所用的方法为平面截痕法、这个方法是用与坐标面平行的平面去截割曲面,通过平面的平行移动,考察其交线(即截痕)的变化情况来勾画曲面的形状.

以下假设 $a、b、c>0,p、q>0$.

1. 椭球面

由方程

$$\frac{x^2}{a^2}+\frac{y^2}{b^2}+\frac{z^2}{c^2}=1 \tag{1}$$

所表示的曲面称为**椭球面**,称 $a、b、c$ 为椭球面的半轴.

由方程(1)易知椭球面具有下列特性.

(1) 对称性:关于三个坐标轴、三个坐标面及坐标原点都对称.

(2) 有界性:由方程可知

$$|x| \leqslant a, \quad |y| \leqslant b, \quad |z| \leqslant c.$$

这说明椭球面上所有点都在由平面 $x=\pm a, y=\pm b, z=\pm c$ 所界定的长方体内,故椭球面是有界的.

(3) 截痕:椭球面与平面 $z=z_1$ 的截线为

$$\begin{cases} \dfrac{x^2}{a^2}+\dfrac{y^2}{b^2}+\dfrac{z^2}{c^2}=1, \\ z=z_1, \end{cases}$$

或

$$\begin{cases} \dfrac{x^2}{\dfrac{a^2}{c^2}(c^2-z_1^2)}+\dfrac{y^2}{\dfrac{b^2}{c^2}(c^2-z_1^2)}=1, \\ z=z_1 \quad (|z_1|<c). \end{cases}$$

可知当 $|z_1|<c$ 时,这是椭圆,两轴的长分别为 $\dfrac{2a}{c}\sqrt{c^2-z_1^2}$ 与 $\dfrac{2b}{c}\sqrt{c^2-z_1^2}$. 由此可见,当 $z_1=0$ 时,所截椭圆最大;当 $|z_1|$ 由 0 逐渐变大到 c 时,椭圆由大变小;当 $|z_1|=c$ 时,式(1) 就变成

$$\begin{cases} \dfrac{x^2}{a^2}+\dfrac{y^2}{b^2}=0, \\ z=z_1. \end{cases}$$

可见椭圆变成了点 $(0,0,z_1)$.

以平面 $y=y_1(|y_1|\leqslant b)$ 或 $x=x_1(|x_1|\leqslant a)$ 去截椭球面,分别可得与上述类似的结果.

综上所述,知椭球面(1) 的形状如图 8.46 所示.

2. 椭圆抛物面

由方程

$$\frac{x^2}{p}+\frac{y^2}{q}=2z \tag{2}$$

所表示的曲面称为**椭圆抛物面**. 由方程知它位于 xOy 平面的上方且关于 xOz 平面及 yOz 平面对称(见图8.47).

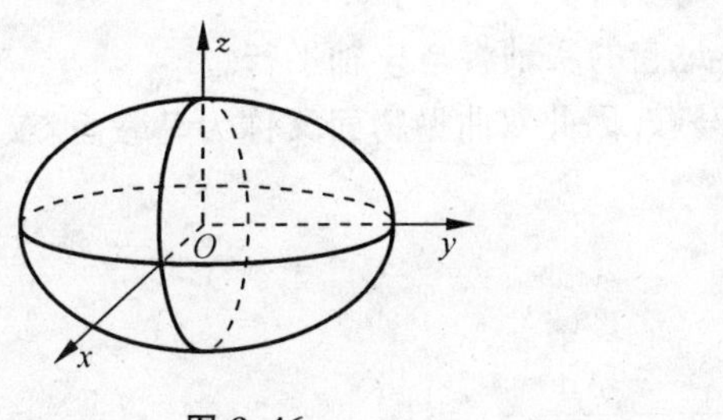

图 8.46

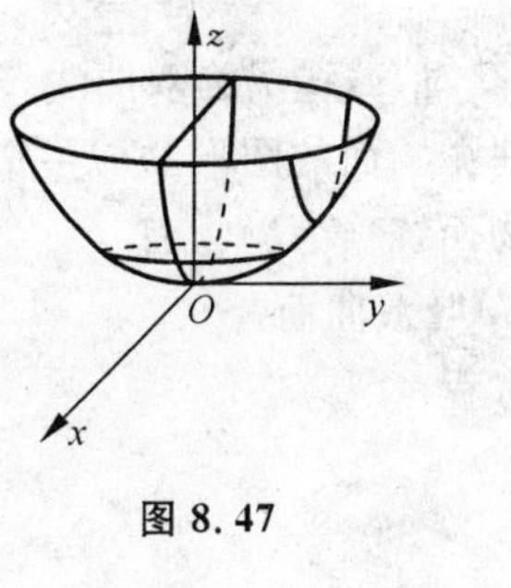

图 8.47

椭圆抛物面与 zOx 和 yOz 坐标平面的截线都是抛物线：

$$\begin{cases}x^2=2pz,\\y=0;\end{cases}\quad\begin{cases}y^2=2pz,\\x=0.\end{cases}$$

它与平面 $z=z_1(z_1>0)$ 的截线为

$$\begin{cases}\dfrac{x^2}{2pz_1}+\dfrac{y^2}{2qz_1}=1,\\z=z_1,\end{cases}$$

是一椭圆且随 z_1 的增大而无限增大. 从式(2)可见当 $z=0$ 时,相交于一点,即坐标原点.

3. 双曲抛物面

由方程

$$\frac{x^2}{p}-\frac{y^2}{q}=2z \tag{3}$$

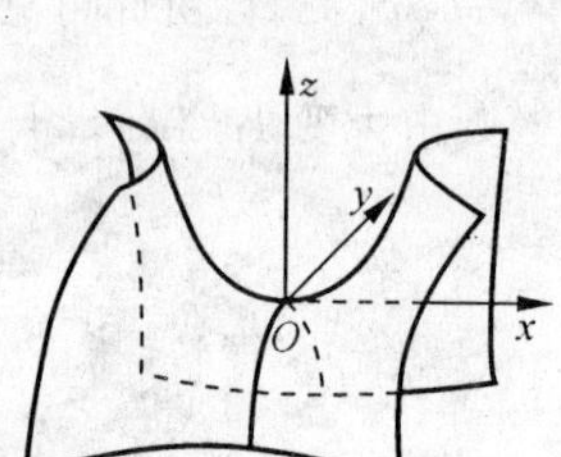

图 8.48

所表示的曲面称为**双曲抛物面**(见图8.48).

双曲抛物面与 zOx、yOz 坐标平面的截线都是抛物线：

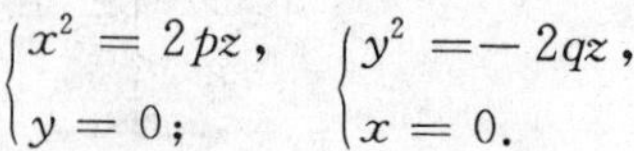

$$\begin{cases}x^2=2pz,\\y=0;\end{cases}\quad\begin{cases}y^2=-2qz,\\x=0.\end{cases}$$

前者在 zOx 平面内,以 z 轴为对称轴,开口向上;后者在 yOz 平面内,以 z 轴为对称轴,开口向下.

曲面与平面 $z=z_1$ 的截线为

$$\begin{cases}\dfrac{x^2}{p}-\dfrac{y^2}{q}=2z_1,\\z=z_1;\end{cases}\quad\text{或}\quad\begin{cases}\dfrac{x^2}{2pz_1}-\dfrac{y^2}{2qz_1}=1,\\z=z_1.\end{cases}$$

可见,当 $z_1>0$ 时,截线是双曲线,它的实轴与 x 轴平行;当 $z_1=0$ 时,截线为两条相交直线:

$$\begin{cases}\dfrac{x}{\sqrt{p}}+\dfrac{y}{\sqrt{q}}=0,\\z=0\end{cases}\quad\text{与}\quad\begin{cases}\dfrac{x}{\sqrt{p}}-\dfrac{y}{\sqrt{q}}=0,\\z=0.\end{cases}$$

当 $z_1<0$ 时,截线仍为双曲线,不过它的实轴将与 y 轴平行.

双曲抛物面的图形酷似一个马鞍. 因此双曲抛物面又称为**马鞍面**. 双曲抛物面与椭圆抛物面统称为**抛物面**.

4. 单叶双曲面

由方程

$$\frac{x^2}{a^2}+\frac{y^2}{b^2}-\frac{z^2}{c^2}=1 \tag{4}$$

所表示的曲面称为**单叶双曲面**.它关于三个坐标轴、三个坐标平面和坐标原点都对称(见图 8.49).

单叶双曲面与坐标平面 zOx,yOz 的截线分别为

$$\begin{cases}\dfrac{x^2}{a^2}-\dfrac{z^2}{c^2}=1,\\ y=0\end{cases}\quad 与\quad \begin{cases}\dfrac{y^2}{b^2}-\dfrac{z^2}{c^2}=1,\\ x=0.\end{cases}$$

它们都是双曲线.

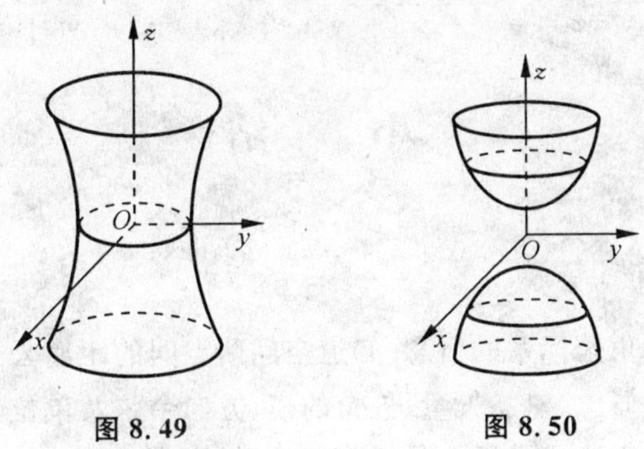

图 8.49　　图 8.50

它与平面 $z=z_1$ 的截线是椭圆:

$$\begin{cases}\dfrac{x^2}{\dfrac{a^2}{c^2}(c^2+z_1^2)}+\dfrac{y^2}{\dfrac{b^2}{c^2}(c^2+z_1^2)}=1,\\ z=z_1.\end{cases}$$

当 $|z_1|$ 增大时,椭圆也随着增大,所以单叶双曲面沿 z 轴正负方向是可以无限伸展出去的;当 $z_1=0$ 时,得到一个最小的椭圆,称为"腰椭圆".

另外,由方程

$$\frac{x^2}{a^2}+\frac{y^2}{b^2}-\frac{z^2}{c^2}=-1$$

所表示的曲面称为**双叶双曲面**(见图 8.50).读者可以用截痕法对它进行类似的讨论.

由于曲面由对称的两个连续曲面所组成,故称此曲面为双叶双曲面.单叶双曲面与双叶双曲面统称为**双曲面**.

习题 8.7

1. 指出下列方程所表示的曲面,并绘出草图:

(1) $x^2+2y^2+3z^2=9$;　(2) $\dfrac{x^2}{4}+\dfrac{y^2}{9}=3z$;　(3) $x^2+y^2-z^2=1$;

(4) $x^2-y^2-z^2=1$;　(5) $x^2+y^2=z^2$;　(6) $x^2-y^2=4z$.

2. 求平面 $y = y_1$ 与单叶双曲面 $\frac{x^2}{a^2} + \frac{y^2}{b^2} - \frac{z^2}{c^2} = 1$ 的截线方程并加以讨论.

3. 求平面 $y = y_1$ 分别与椭圆抛物面 $\frac{x^2}{p} + \frac{y^2}{q} = 2z$ 以及双曲抛物面 $\frac{x^2}{p} - \frac{y^2}{q} = 2z$ 的截线方程,并加以讨论.

4. 绘出下列各组曲面所围立体的图形:

(1) $z = x^2 + y^2, z = 0, x^2 + y^2 = 2x$;　　(2) $x^2 + y^2 + z^2 = 1, z = x^2 + y^2$;

(3) $z = \sqrt{x^2 + y^2}, z = \sqrt{a^2 - x^2 - y^2}$;　　(4) $x^2 + y^2 + z^2 = 1, x^2 + y^2 = x$.

小　结

一、基本要求

● 了解空间直角坐标系的概念.知道空间两点间的距离公式.

● 理解矢量的概念.熟悉矢量、矢量的模、方向余弦及单位矢量的坐标表达式.

● 掌握用坐标表达式进行矢量运算的方法(线性运算、数量积、矢量积).知道两个矢量的夹角公式及平行、垂直的条件.

● 熟悉平面的方程(点法式、一般式和截距式)及直线的方程(点向式、参数式、一般式).能根据所给条件求平面、直线的方程.* 会判定平面与直线之间的位置关系.

● 了解曲面及其方程的概念.知道以坐标轴为旋转轴的旋转曲面、母线平行于坐标轴的柱面及常用的二次曲面的方程和图形.

● 知道空间曲线的一般式方程和参数方程.* 会求简单的空间曲线在坐标面上投影曲线的方程.

二、内容提要

Ⅰ. 矢量代数

1. 概念及其运算

矢量是既有大小又有方向的量.

矢量的模即矢量的大小.矢量 $\boldsymbol{a}$ 的模记为 $|\boldsymbol{a}|$.

若矢量 $\boldsymbol{a}$ 用坐标表示 $\boldsymbol{a} = x\boldsymbol{i} + y\boldsymbol{j} + z\boldsymbol{k} = \{x, y, z\}$,则 $|\boldsymbol{a}| = \sqrt{x^2 + y^2 + z^2}$.

单位矢量 = 模为 1 的矢量.矢量 $\boldsymbol{a}$ 的单位矢量记作 $\boldsymbol{a}^\circ$.

---

* 第 4、6 点中打 * 号的内容对专科生不作要求.

$$a^{\circ}=\frac{a}{|a|}=\left\{\frac{x}{\sqrt{x^2+y^2+z^2}},\frac{y}{\sqrt{x^2+y^2+z^2}},\frac{z}{\sqrt{x^2+y^2+z^2}}\right\}.$$

矢量 a 的方向余弦：$\cos\alpha=\frac{x}{\sqrt{x^2+y^2+z^2}}$，$\cos\beta=\frac{y}{\sqrt{x^2+y^2+z^2}}$，$\cos\gamma=\frac{z}{\sqrt{x^2+y^2+z^2}}$，显然 $a^{\circ}=\{\cos\alpha,\cos\beta,\cos\gamma\}$，且有 $\cos^2\alpha+\cos^2\beta+\cos^2\gamma=1$.

设 $M_1(x_1,y_1,z_1)$，$M_2(x_2,y_2,z_2)$，则

$$\overrightarrow{M_1M_2}=\{x_2-x_1,y_2-y_1,z_2-z_1\},$$

a 在 b 上的投影 $\mathrm{Prj}_b a=|a|\cos(\widehat{a,b})$，其中 $0\leqslant(\widehat{a,b})\leqslant\pi$.

矢量的运算及其性质有，

● 加减运算：

设矢量 $a=\{x_1,y_1,z_1\}$，$b=\{x_2,y_2,z_2\}$，则 $a\pm b=\{x_1\pm x_2,y_1\pm y_2,z_1\pm z_2\}$.

● 数乘运算：

设 $a=\{x_1,y_1,z_1\}$，$\lambda\in R$，则 $\lambda a=\{\lambda x_1,\lambda y_1,\lambda z_1\}$.

● 矢量的数量积（点积，内积）：

$$a\cdot b\triangleq|a||b|\cos(\widehat{a,b}).$$

设 $a=\{x_1,y_1,z_1\}$，$b=\{x_2,y_2,z_2\}$，则 $a\cdot b=x_1x_2+y_1y_2+z_1z_2$.

运算律有，

▲ 交换律 $a\cdot b=b\cdot a$；

▲ 分配律 $a\cdot(b+c)=a\cdot b+a\cdot c$；

▲ 与数乘矢量有结合律 $\lambda(a\cdot b)=(\lambda a)\cdot b=a\cdot(\lambda b)$.

● 矢量的矢量积（叉积，外积）：

$a\times b$ 是一个矢量. 它的模 $|a\times b|=|a||b|\sin(\widehat{a,b})$，它的方向依右手法则来确定，且 $a\times b\perp a$ 及 b. 其坐标表达式为

$$a\times b=\begin{vmatrix} i & j & k\\ x_1 & y_1 & z_1\\ x_2 & y_2 & z_2\end{vmatrix}.$$

运算律有，

▲ 反交换律 $a\times b=-b\times a$；

▲ 与数乘矢量有结合律 $\lambda(a\times b)=(\lambda a)\times b=a\times(\lambda b)$；

▲ 分配律 $a\times(b+c)=a\times b+a\times c$.

● 混合积：

矢量 a,b,c 混合积 $[abc]\triangleq(a\times b)\cdot c$.

混合积的坐标表达式为

$$[\boldsymbol{abc}] = \begin{vmatrix} x_1 & y_1 & z_1 \\ x_2 & y_2 & z_2 \\ x_3 & y_3 & z_3 \end{vmatrix}.$$

几何意义：$|[\boldsymbol{abc}]|$ 表示以 $\boldsymbol{a},\boldsymbol{b},\boldsymbol{c}$ 为棱的平行六面体的体积.

运算律有，

▲ 具有轮换对称性，即$[\boldsymbol{abc}] = [\boldsymbol{bca}] = [\boldsymbol{cab}]$；

▲ 两矢量互换，混合积变号，即$[\boldsymbol{abc}] = -[\boldsymbol{bac}] = -[\boldsymbol{cba}] = -[\boldsymbol{acb}]$.

2. 矢量之间的关系

设 $\boldsymbol{a} = \{x_1, y_1, z_1\}, \boldsymbol{b} = \{x_2, y_2, z_2\}, \boldsymbol{c} = \{x_3, y_3, z_3\}$，有

● $\boldsymbol{a} \perp \boldsymbol{b} \Leftrightarrow \boldsymbol{a} \cdot \boldsymbol{b} = 0 \Leftrightarrow x_1x_2 + y_1y_2 + z_1z_2 = 0$.

● $\boldsymbol{a} /\!/ \boldsymbol{b} \Leftrightarrow \boldsymbol{a} \times \boldsymbol{b} = \boldsymbol{0} \Leftrightarrow \dfrac{x_1}{x_2} = \dfrac{y_1}{y_2} = \dfrac{z_1}{z_2}$，其中若 x_2, y_2, z_2 之中有一个为“0”时，如 $x_2 = 0$，应理解 $x_1 = 0$.

● $\boldsymbol{a}$ 与 $\boldsymbol{b}$ 共线 $\Leftrightarrow \boldsymbol{a} /\!/ \boldsymbol{b} \Leftrightarrow \exists$ 不全为零的数 λ, μ 使 $\lambda\boldsymbol{a} + \mu\boldsymbol{b} = \boldsymbol{0}$.

● 矢量 $\boldsymbol{a}$ 与 $\boldsymbol{b}$ 之间的夹角，可由下式求出：

$$\cos(\widehat{\boldsymbol{a},\boldsymbol{b}}) = \frac{x_1x_2 + y_1y_2 + z_1z_2}{\sqrt{x_1^2 + y_1^2 + z_1^2}\sqrt{x_2^2 + y_2^2 + z_2^2}}.$$

● $\boldsymbol{a},\boldsymbol{b},\boldsymbol{c}$ 共面 $\Leftrightarrow \exists$ 不全为零的数 λ, μ, k 使得 $\lambda\boldsymbol{a} + \mu\boldsymbol{b} + k\boldsymbol{c} = \boldsymbol{0}$ 或者$[\boldsymbol{abc}] = 0$.

Ⅱ. 平面与直线

1. 平面方程

● 点法式方程：

$$A(x - x_0) + B(y - y_0) + C(z - z_0) = 0.$$

其中 $M_0(x_0, y_0, z_0)$ 是平面上一定点，非零矢量 $\boldsymbol{n} = \{A, B, C\}$ 为平面的法矢.

● 一般式方程：

$$Ax + By + Cz + D = 0, (A^2 + B^2 + C^2 \neq 0).$$

其中系数 A、B、C 为平面法矢 $\boldsymbol{n}$ 的坐标，即 $\boldsymbol{n} = \{A, B, C\}$.

应特别注意特殊平面位置所对应的特殊的三元一次方程. 如：

平面过原点 $\Leftrightarrow D = 0$；

平面平行 Ox 轴 $\Leftrightarrow A = 0$；

平面过 Ox 轴 $\Leftrightarrow A = D = 0$；

平面平行于 xOy 坐标面 $\Leftrightarrow A = B = 0$ 等等.

2. 空间直线方程

● 标准式(对称式、点向式)方程：

$$\frac{x - x_0}{m} = \frac{y - y_0}{n} = \frac{z - z_0}{p}.$$

其中 $M_0(x_0,y_0,z_0)$ 是直线上一定点，非零矢量 $\boldsymbol{s}=\{m,n,p\}$ 为直线的方向矢.

- 参量式方程：

$$\begin{cases}x=x_0+mt,\\ y=y_0+nt,\quad (t\text{ 为参数}).\\ z=z_0+pt.\end{cases}$$

- 一般式(交面式)方程：

$$\begin{cases}A_1x+B_1y+C_1z+D_1=0,\\ A_2x+B_2y+C_2z+D_2=0,\end{cases}$$

其中 $A_1:B_1:C_1\neq A_2:B_2:C_2$. 其方向矢可取为

$$\boldsymbol{s}=\begin{vmatrix}\boldsymbol{i}&\boldsymbol{j}&\boldsymbol{k}\\ A_1&B_1&C_1\\ A_2&B_2&C_2\end{vmatrix}.$$

3. 直线、平面间的位置关系

设平面 π_1、π_2 的法矢分别为 $\boldsymbol{n}_1=\{A_1,B_1,C_1\}$、$\boldsymbol{n}_2=\{A_2,B_2,C_2\}$，两直线 l_1、l_2 的方向矢分别为 $\boldsymbol{s}_1=\{m_1,n_1,p_1\}$、$\boldsymbol{s}_2=\{m_2,n_2,p_2\}$.

- 两平面 π_1 与 π_2 的夹角 θ(常指锐角)由公式

$$\cos\theta=\frac{|\boldsymbol{n}_1\cdot\boldsymbol{n}_2|}{|\boldsymbol{n}_1||\boldsymbol{n}_2|}=\frac{|A_1A_2+B_1B_2+C_1C_2|}{\sqrt{A_1^2+B_1^2+C_1^2}\sqrt{A_2^2+B_2^2+C_2^2}}$$

确定.

- 两直线 l_1 与 l_2 的夹角 θ(常指锐角)由公式

$$\cos\theta=\frac{|\boldsymbol{s}_1\cdot\boldsymbol{s}_2|}{|\boldsymbol{s}_1||\boldsymbol{s}_2|}=\frac{|m_1m_2+n_1n_2+p_1p_2|}{\sqrt{m_1^2+n_1^2+p_1^2}\sqrt{m_2^2+n_2^2+p_2^2}}$$

确定.

- 平面 π_1 与直线 l_1 的夹角 θ(常指锐角)由公式

$$\sin\theta=\frac{|\boldsymbol{n}_1\cdot\boldsymbol{s}_1|}{|\boldsymbol{n}_1||\boldsymbol{s}_1|}=\frac{|A_1m_1+B_1n_1+C_1p_1|}{\sqrt{A_1^2+B_1^2+C_1^2}\sqrt{m_1^2+n_1^2+p_1^2}}$$

确定.

- 两平面平行、垂直的充要条件

$$\pi_1\parallel\pi_2\Leftrightarrow\boldsymbol{n}_1\parallel\boldsymbol{n}_2\Leftrightarrow\frac{A_1}{A_2}=\frac{B_1}{B_2}=\frac{C_1}{C_2};$$

$$\pi_1\perp\pi_2\Leftrightarrow\boldsymbol{n}_1\perp\boldsymbol{n}_2\Leftrightarrow A_1A_2+B_1B_2+C_1C_2=0.$$

- 两直线平行、垂直、共面的充要条件

$$l_1\parallel l_2\Leftrightarrow\boldsymbol{s}_1\parallel\boldsymbol{s}_2\Leftrightarrow\frac{m_1}{m_2}=\frac{n_1}{n_2}=\frac{p_1}{p_2};$$

$$l_1\perp l_2\Leftrightarrow\boldsymbol{s}_1\perp\boldsymbol{s}_2\Leftrightarrow m_1m_2+n_1n_2+p_1p_2=0;$$

l_1 与 l_2 共面 $\Leftrightarrow (\boldsymbol{s}_1 \times \boldsymbol{s}_2) \cdot \overrightarrow{M_1M_2} = 0$,其中 M_1、M_2 分别为 l_1、l_2 上的已知点.

● 直线与平面平行、垂直的充要条件

$$l_1 /\!/ \boldsymbol{\pi}_1 \Leftrightarrow \boldsymbol{s}_1 \perp \boldsymbol{n}_1 \Leftrightarrow A_1m_1 + B_1n_1 + C_1p_1 = 0;$$

$$l_1 \perp \boldsymbol{\pi}_1 \Leftrightarrow \boldsymbol{s}_1 /\!/ \boldsymbol{n}_1 \Leftrightarrow \frac{A_1}{m_1} = \frac{B_1}{n_1} = \frac{C_1}{p_1}.$$

4. 点到平面的距离

点 $M_0(x_0, y_0, z_0)$ 到平面 $\pi: Ax + By + Cz + D = 0$ 的距离

$$d = \frac{|Ax_0 + By_0 + Cz_0 + D|}{\sqrt{A^2 + B^2 + C^2}}.$$

Ⅲ. 曲面与空间曲线

1. 柱面

一般的,若曲面方程具有

$$F(x,y) = 0 \quad (\text{缺变量 } z)$$

形式,则它表示空间中母线平行于 Oz 轴的柱面,其准线可取为 xOy 坐标面上的曲线

$$\begin{cases} F(x,y) = 0, \\ z = 0. \end{cases}$$

类似地,可知道母线平行于 Ox 轴及 Oy 轴的柱面形式及准线方程.

2. 旋转面

已知 yOz 坐标面上的曲线

$$\begin{cases} F(y,z) = 0, \\ x = 0. \end{cases}$$

将其绕 Oz 轴旋转一周,即得一旋转面.该旋转面的方程为

$$F(\pm\sqrt{x^2 + y^2}, z) = 0.$$

类似地,可讨论其他情况.

3. 常见的二次曲面

椭球面 $\dfrac{x^2}{a^2} + \dfrac{y^2}{b^2} + \dfrac{z^2}{c^2} = 1$; 椭圆抛物面 $\dfrac{x^2}{a^2} + \dfrac{y^2}{b^2} = 2cz$;

双曲抛物面 $\dfrac{x^2}{a^2} - \dfrac{y^2}{b^2} = 2cz$; 单叶双曲面 $\dfrac{x^2}{a^2} + \dfrac{y^2}{b^2} - \dfrac{z^2}{c^2} = 1$;

双叶双曲面 $\dfrac{x^2}{a^2} + \dfrac{y^2}{b^2} - \dfrac{z^2}{c^2} = -1$; 锥面 $\dfrac{x^2}{a^2} + \dfrac{y^2}{b^2} - \dfrac{z^2}{c^2} = 0$.

4. 空间曲线的投影曲线

已知空间曲线 l 的一般式方程

$$\begin{cases} F(x,y,z) = 0, \\ G(x,y,z) = 0. \end{cases}$$

由该方程组消去变量 z，得方程

$$H(x,y)=0,$$

它表示以 l 为准线，母线平行于 Oz 轴的投影柱面. 此柱面与 xOy 坐标面的交线即为空间曲线 l 在 xOy 面上的投影曲线，其方程为

$$\begin{cases}H(x,y)=0,\\ z=0.\end{cases}$$

类似地，可推出 l 在 zOx 坐标面及 yOz 坐标面上的投影曲线.

三、学习指导

● 本章有两大内容：一是矢量代数，二是空间解析几何. 这两部分的内容是有密切联系的. 首先，它们都是为以后学习多元函数微积分作准备的；其次，矢量是一个重要工具，如在本章，运用矢量代数得到的空间解析几何的结论，几何意义明显且方法简捷.

● 代数与几何的相互转化是一个很重要的数学思想，应很好地理解与掌握. 这里所指的几何元素的意义是广泛的，不仅包含点、线、面，也包括矢量. 为了沟通代数与几何，就需要建立空间直角坐标系，使几何元素与代数元素之间建立一一对应的关系. 如空间点 $M \longleftrightarrow (x,y,z)$；矢量的几何表示是一个有向线段，但矢量也可以与它的坐标一一对应或者等同起来；曲面 S 与它的方程 $F(x,y,z)=0$ 相对应. 这样对矢量的运算就转化为它们的坐标之间的运算. 对曲面 S 的研究就转化成对应方程的研究；反过来对曲面 S 方程的研究就可以知道曲面的性质与形状等等.

● 学习矢量时注意以下易混淆之处：

▲ 与实数不同，矢量之间不能比较大小. 如 $2i>i$ 是没有意义的.

▲ 矢量 $\overrightarrow{OA}$ 的坐标与点 A 的坐标完全一样，但概念不同，一个是有向线段，一个是点.

▲ 矢量在坐标轴上的分矢量(是矢量)与矢量在坐标轴上的投影(是数量)是不同的.

▲ 矢量乘法没有“消去律”：由 $a\neq 0$，且 $a\cdot b=a\cdot c$ 是推不出 $b=c$ 的. 对矢量积也是这样.

● 空间解析几何有两个基本问题：一是已知曲面和曲线，建立它们的方程；二是已知方程研究它所表示曲面与曲线的形状和特点.

曲面与曲线是空间解析几何中基本的几何图形. 它们的方程形式主要有一般式方程与参数式方程(曲面的参数式方程是双参数的，将在多元微积分中提到)，现列表如下.

	曲面	曲线
一般式方程	$F(x,y,z)=0$	$\begin{cases}F_1(x,y,z)=0\\F_2(x,y,z)=0\end{cases}$
参数式方程	$\begin{cases}x=x(u,v) & (u,v)\in D\\y=y(u,v) & (D\text{为平面}\\z=z(u,v) & \text{区域)}\end{cases}$	$\begin{cases}x=x(t)\\y=y(t) & (t\in I,\\z=z(t) & I\text{为区间)}\end{cases}$

● 平面与直线是最简单的曲面与曲线.平面方程与直线方程有多种不同的形式,我们可以根据问题的需要而选取不同的形式:如求直线与平面的交点时最好用直线的参数式方程;要求平面束方程最好用直线的一般式方程;要求点到平面的距离最好用平面的一般式方程.但重点是平面的点法式方程,直线的点向式方程.

在求平面与直线方程时,"定点"(确定所求平面与直线上一点)和"定向"(确定平面的法矢或直线的方向矢量)是确定平面与直线方程的关键.

另外要说明一点的是为了扩大知识面,我们写了矢量的混合积与关于平面与直线的几个问题,有些定理尽可能给出了证明供读者参考,这些内容(直线与平面的夹角除外)一般可不作为要求.

自测题

(共十题,每题10分)

一、已知点 $M_1(-1,2,1)$,$M_2(2,-2,1)$ 和矢量 $\boldsymbol{a}=\boldsymbol{i}-\boldsymbol{k}$ 求:

1. $\overrightarrow{M_1M_2}$ 的方向余弦;　　2. $\overrightarrow{M_1M_2}$ 在 $\boldsymbol{a}$ 上的投影.

二、设 $|\boldsymbol{a}|=2$,$|\boldsymbol{b}|=1$ 且 $(\widehat{\boldsymbol{a},\boldsymbol{b}})=\dfrac{\pi}{3}$,求 $(2\boldsymbol{a}+3\boldsymbol{b})\cdot(3\boldsymbol{a}-\boldsymbol{b})$.

三、求同时垂直于矢量 $\boldsymbol{a}=\{3,6,8\}$ 和横轴的单位矢量.

四、求曲线 $\begin{cases}4x^2-9y^2=36,\\z=0\end{cases}$ 分别绕 x 轴与 y 轴旋转所形成的旋转面的方程.

五、求平行于 y 轴,且过点 $(1,-5,1)$ 与 $(3,2,-3)$ 的平面方程.

六、将直线方程 $\begin{cases}x+z=0,\\2x+y=0\end{cases}$ 化成对称式.

七、求通过点 $(0,2,4)$ 且平行于两平面 $x+2z=1$,$y-3z=2$ 的直线方程.

八、试把曲线方程 $\begin{cases}2y^2+z^2+4x=4z,\\y^2+3z^2-8x=12z\end{cases}$ 换成平行于 x 轴和 z 轴的投影柱面的交线的方程.

九、求通过点 $(2,-1,3)$ 且与直线 l:$\dfrac{x-1}{-1}=\dfrac{y}{0}=\dfrac{z-2}{2}$ 垂直相交的直线方程.

十、求过点 $A_1(0,-1,0)$ 和 $B_1(0,0,1)$ 且与 xOy 平面成 $\pi/3$ 角的平面方程.

自测题解答

一、1. $\overrightarrow{M_1M_2}=\{2-(-1),-2-2,1-1\}=\{3,-4,0\}$，

故 $\overrightarrow{M_1M_2}$ 的方向余弦为

$$\cos\alpha=\frac{3}{\sqrt{3^2+(-4)^2}}=\frac{3}{5},\quad \cos\beta=-\frac{4}{5},\quad \cos\gamma=0.$$

2. $\text{prj}_a\overrightarrow{M_1M_2}=\overrightarrow{M_1M_2}\cdot\boldsymbol{a}^\circ=\{3,-4,0\}\cdot\frac{1}{\sqrt{2}}\{1,0,-1\}=\frac{3}{\sqrt{2}}.$

二、$(2\boldsymbol{a}+3\boldsymbol{b})\cdot(3\boldsymbol{a}-\boldsymbol{b})=6|\boldsymbol{a}|^2+9\boldsymbol{b}\cdot\boldsymbol{a}-2\boldsymbol{a}\cdot\boldsymbol{b}-3|\boldsymbol{b}|^2$

$$=6|\boldsymbol{a}|^2+7\boldsymbol{a}\cdot\boldsymbol{b}-3|\boldsymbol{b}|^2=6\times2^2+7\times2\times1\cos\frac{\pi}{3}-3=28.$$

三、$\boldsymbol{a}\times\boldsymbol{i}=(3\boldsymbol{i}+6\boldsymbol{j}+8\boldsymbol{k})\times\boldsymbol{i}=8\boldsymbol{j}-6\boldsymbol{k}.$

所求的单位矢量为

$$\pm\frac{\boldsymbol{a}\times\boldsymbol{i}}{|\boldsymbol{a}\times\boldsymbol{i}|}=\pm\frac{8\boldsymbol{j}-6\boldsymbol{k}}{10}=\pm\frac{1}{5}(4\boldsymbol{j}-3\boldsymbol{k}).$$

四、曲线绕 x 轴与 y 轴旋转所成的旋转面的方程分别为

$$4x^2-9(y^2+z^2)=36\text{ 与 }4(x^2+z^2)-9y^2=36.$$

五、由点 $(1,-5,1)$ 指向 $(3,2,-3)$ 的矢量为

$$\boldsymbol{a}=\{3-1,2-(-5),-3-1\}=\{2,7,-4\}.$$

依题意知所求平面的法矢 $\boldsymbol{n}$ 为

$$\boldsymbol{n}=\boldsymbol{j}\times\boldsymbol{a}=\begin{vmatrix}\boldsymbol{i}&\boldsymbol{j}&\boldsymbol{k}\\0&1&0\\2&7&-4\end{vmatrix}=-4\boldsymbol{i}-2\boldsymbol{k}.$$

所求的平面方程为
$$4(x-1)+0(y+5)+2(z-1)=0,$$
或
$$2x+z-3=0.$$

六、令 $x=0$，得到直线 l 上一点 $O(0,0,0)$. 设 $\boldsymbol{n}_1=\{1,0,1\}$，$\boldsymbol{n}_2=\{2,1,0\}$. l 的方向矢量为

$$\boldsymbol{n}_1\times\boldsymbol{n}_2=\begin{vmatrix}\boldsymbol{i}&\boldsymbol{j}&\boldsymbol{k}\\1&0&1\\2&1&0\end{vmatrix}=-\boldsymbol{i}+2\boldsymbol{j}+\boldsymbol{k}.$$

故 l 的对称式方程为

$$\frac{x}{-1}=\frac{y}{2}=\frac{z}{1}.$$

七、设 $\boldsymbol{n}_1=\{1,0,2\}$，$\boldsymbol{n}_2=\{0,1,-3\}$，所求直线 l 的方向矢量 $\boldsymbol{s}=\boldsymbol{n}_1\times\boldsymbol{n}_2=-2\boldsymbol{i}+3\boldsymbol{j}+\boldsymbol{k}$. 故 l 的方程为

$$\frac{x}{-2}=\frac{y-2}{3}=\frac{z-4}{1}.$$

八、在曲线 l 的方程
$$\begin{cases}2y^2+z^2+4x=4z,\\y^2+3z^2-8x=12z\end{cases}$$

中消去 x 得一平行于 x 轴的投影柱面： $5y^2+5z^2=20z$

消去 z 得一平行于 z 轴的投影柱面 $5y^2+20x=0.$

故 l 方程所求的形式为
$$\begin{cases} y^2+z^2-4z=0, \\ y^2+4x=0. \end{cases}$$

九、先求过 $A(2,-1,3)$ 与 l 垂直的平面 π 的方程为
$$-(x-2)+2(z-3)=0 \text{ 或 } x-2z+4=0.$$

再求 l 与 π 的交点：

l 的参数式方程为
$$\begin{cases} x=1-t, \\ y=0, \\ z=2+2t. \end{cases}$$

代入 π 的方程 $1-t-2(2+2t)+4=0,$

得 $t=1/5$.代入 l 的参数方程得 l 与 π 的交点
$$x=\frac{4}{5}, \quad y=0, \quad z=\frac{12}{5}.$$

所求的直线方程为
$$\frac{x-2}{2-\frac{4}{5}}=\frac{y+1}{-1-0}=\frac{z-3}{3-\frac{12}{5}}.$$

化简得
$$\frac{x-2}{6}=\frac{y+1}{-5}=\frac{z-3}{3}.$$

十、设所求平面 π 的方程为
$$Ax+By+Cz+D=0.$$

分别将 A_1、B_1 的坐标代入此方程：
$$A\times 0-B+C\times 0+D=0 \Rightarrow B=D,$$
$$A\times 0+B\times 0+C+D=0 \Rightarrow C=-D,$$

故 π 的方程为 $Ax+Dy-Dz+D=0.$

因为 π 与 xOy 面夹角为 $\pi/3$,所以
$$\frac{\{A,D,-D\}\cdot\{0,0,1\}}{\sqrt{A^2+2D^2}}=\frac{1}{2} \Rightarrow A=\pm\sqrt{2}D.$$

所以 π 的方程为 $\pm\sqrt{2}Dx+Dy-Dz+D=0 \Rightarrow \pm\sqrt{2}x+y-z+1=0.$

第九章　多元函数微分学

很多实际问题涉及多方面的因素，反映到数学上，就是一个变量依赖于多个变量的情形. 因此，从一元函数过渡到多元函数是很自然的. 本章中我们先描述多元函数以及多元函数的极限、连续等基本概念. 然后讨论多元函数微分法及其应用.

我们以研究二元函数为主，这是因为从一元函数到二元函数会产生新的问题，而从二元函数到二元以上的多元函数则可以类推. 所以在学习中要注意一元函数与多元函数的联系，更要注意它们之间的差别.

9.1　多元函数

9.1.1　区域

在讨论一元函数时，经常要用到邻域和区间概念，函数的性质往往与区间的构成有关，如闭区间上连续的函数具有有界性. 但开区间上连续的函数不一定再具有有界性. 同样多元函数也具有类似的情况，为此首先要把邻域和区间的概念加以推广.

以 $\mathbf{R}^2$ 记 xOy 平面，任给一点 $P_0 \in \mathbf{R}^2$，$\delta > 0$，令

$$N(P_0,\delta) = \{P \in \mathbf{R}^2 \,\big|\, |P_0P| < \delta\},\tag{1}$$

它是以 P_0 为中心、以 δ 为半径的开圆（"开"意味着不包括边界），也称为 P_0 的 **δ- 邻域**，简称为**邻域**.

设 D 是 $\mathbf{R}^2$ 中一点集集（见图 9.1）. 若 $P \in D$，且存在 P 的某个邻域 $N(P,\delta)$，使得 $N(P,\delta) \subset D$，则称 P 为 D 的**内点**. 通俗地说，D 的内点 P 是这样的点，它本身属于 D，并且它近旁的一切点都属于 D. 设 $Q \in \mathbf{R}^2$，如果点 Q 的任一邻域既有属于 D 的点，也有不属于 D 的点（点 Q 本身可以属于 D，也可以不属于 D）则称 Q 为 D 的**边界点**. D 的边界点的全体称为 D 的**边界**. 例如点集 $D_1 = \{(x,y) \mid 1 < x^2 + y^2 < 4\}$ 的每一个点都是内点，它的边界为圆周 $x^2 + y^2 = 1$ 和 $x^2 + y^2 = 4$.

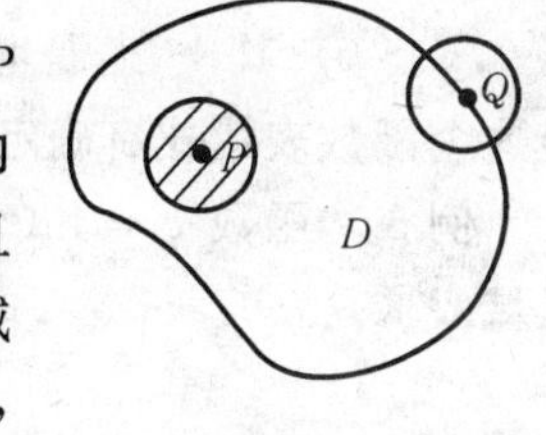

图 9.1

若 D 中每点都是内点，且 D 中任何两点可用全在 D 内的折线连接，则称 D 为**开区域**或**区域**. 如上面提到的 D_1 是区域. 开区域连同其边界一起构成**闭区域**，如 $\overline{D_1} = \{(x,y) \mid 1 \leqslant x^2 + y^2 \leqslant 4\}$ 就是闭区域.

如果区域 D 内任意两点之间的距离都不超过某一常数 M，则称 D 为**有界区域**，

否则称 D 是**无界区域**. 这一定义也适用于闭区域. 如 D_1 是有界区域,$\overline{D_1}$ 是有界闭区域,而$D_2 = \{(x,y) \mid x + y > 1\}$ 则为无界区域.

9.1.2 多元函数的概念

如同一元函数一样,多元函数的概念是从一个变量依赖于多个变量这一事实抽象出来的. 请看下面例子.

例 1 矩形面积 S 依赖于边长 x 和 y,它们之间有关系式:

$$S = xy.$$

对任给 $x > 0, y > 0$,S 的对应值随之确定.

例 2 一定质量的理想气体的体积 V、压强 p 和绝对温度 T 之间有下列关系式:

$$V = RT/p,$$

其中 R 是某个常数. 对任给 $T > 0, p > 0$,V 的对应值也随之确定.

类似上述的一个变量与另外两个变量的对应关系,在实际问题中广泛地存在着,抽去其实际意义,可给出如下的二元函数的定义.

定义 1 设平面点集 $D \subset \mathbf{R}^2$,若按照某对应法则 f,D 中每一点 $P(x,y)$ 都有唯一确定的实数 z 与之对应,则称 f 为定义在 D 上的**二元函数**,记作

$$f: D \to \mathbf{R}; P \to z, \tag{2}$$

且称 D 为 f 的**定义域**;$P \in D$ 所对应的 z 为 f 在点 P 的**函数值**,记作 $z = f(P)$ 或 $z = f(x,y)$;数集 $f(D) = \{f(P) \mid P \in D\}$ 称为 f 的**值域**. 称 x、y 为自变量,z 为因变量.

为了方便起见,二元函数也简单地说成"函数 $z = f(x,y)$".

对二元函数的定义域我们做一点说明. 首先在实际问题中,二元函数的定义域 D 是由问题的实际意义确定的. 如例 1 中 $s = f(x,y) = xy$,其定义域 $D = \{(x,y) \mid x > 0, y > 0\}$. 其次,若是考虑由某一公式表示的函数 $z = f(x,y)$,我们约定定义域是使这个函数表达式有确定 z 值的(x,y) 的全体.

例 3 函数 $z = \ln(x + y)$ 的定义域为$\{(x,y) \mid x + y > 0\}$,这是一个无界(开)区域.

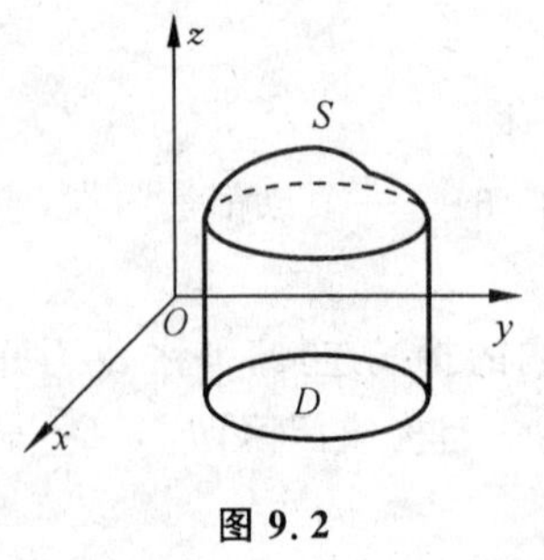

图 9.2

例 4 函数 $z = \sqrt{1 - (x^2 + y^2)}$ 的定义域是单位闭圆域$\{(x,y) \mid x^2 + y^2 \leqslant 1\}$,这是一个有界闭区域.

设 $z = f(x,y)$ 为定义于 D 上的函数,称空间中的点集$\{(x,y), f(x,y) \mid (x,y) \in D\}$ 为函数$z = f(x,y)$ 的图形,它一般是一个曲面 S(见图 9.2). 一般地就说"曲面 $z = f(x,y)$",如函数 $z = x^2 + y^2$ 的图形是椭圆抛物面.

对 $f(x,y)$ 值域 $f(D)$ 内任一取定的值 c. xOy 平面上点的集合

$$\{(x,y) \mid f(x,y)=c\},$$

叫做函数 f 的一个**等值线**. 如函数 $z=x^2+y^2$ 的等值线就是以原点为圆心一族互不相交的同心圆. 通过等值线可对曲面 $z=f(x,y)$ 有一个大致直观的了解,同时等值线的概念在场论中也是很重要的,如在本章讲梯度时就要用到此概念.

9.1.3　二元函数的极限与连续

函数的极限是研究自变量变化时,函数的变化趋势. 类似于一元函数的极限,我们考虑当点 $P(x,y)$ 趋向于点 $P_0(x_0,y_0)$ 时,函数 $z=f(x,y)$ 的变化趋势. 点 $P(x,y)\to P_0(x_0,y_0)$ 的过程可用 $x\to x_0,y\to y_0$ 来表示,或其他方式来表示. 例如,为了定量描述函数极限概念中点 P 接近于点 P_0 的程度,可用点 $P(x,y)$ 与点 $P_0(x_0,y_0)$ 的距离

$$\rho=\sqrt{(x-x_0)^2+(y-y_0)^2}$$

来衡量. 这样 $P(x,y)\to P_0(x_0,y_0)$ 也可用 $\rho\to 0$ 来表示.

与一元函数的情况一样,二元函数极限的直观描述为:当 $P(x,y)\to P_0(x_0,y_0)$ 时,对应的函数值 $f(x,y)$ 无限接近于一个确定的常数 A,就称 A 是函数 $f(x,y)$ 当 $P\to P_0$ 时的极限.

在正式介绍定义前先介绍 P_0 的"去心 δ- 邻域"的概念. 设 $N(P_0,\delta)$ 依式(1),以 $N^0(P_0,\delta)$ 记从 $N(P_0,\delta)$ 中去掉点 P_0 后所得的集合 $\{P\in\mathbf{R}^2 \mid 0<|PP_0|<\delta\}$, $N^0(P_0,\delta)$,称为 P_0 的**去心 $\boldsymbol{\delta}$- 邻域**,简称为**去心邻域**.

定义 2　设 $f(x,y)$ 在点 $P_0(x_0,y_0)$ 的某个去心邻域上有定义,A 是一常数,若 $\forall\varepsilon>0,\exists\delta>0$,使得 $\forall P\in N^0(P_0,\delta)$,

$$|f(P)-A|<\varepsilon, \tag{3}$$

则说当 $P\to P_0$ 时 $f(x,y)$ **收敛于(或趋于)$\boldsymbol{A}$**,称 A 为当 $P\to P_0$ 时 $f(x,y)$ 的**极限**,记作

$$\lim_{P\to P_0}f(P)=\lim_{\substack{x\to x_0\\ y\to y_0}}f(x,y)=A,$$

或

$$f(x,y)\to A\quad(P\to P_0).$$

二元函数极限 $\lim\limits_{P\to P_0}f(P)=A$ 的几何意义是:任给 $\varepsilon>0$,总存在 $N^0(P_0,\delta)$,在此邻域内曲面 $z=f(x,y)$ 总在平面 $z=A-\varepsilon$ 与 $z=A+\varepsilon$ 之间.

从形式上看,二元函数极限的定义与一元函数极限的定义没有什么区别,但实际上二元函数的极限要复杂得多. 因为点 $P\to P_0$ 的方式是任意的,因此,即使当点 $P(x,y)$ 沿着许多特殊的方式趋向于点 $P_0(x_0,y_0)$ 时,二元函数 $z=f(x,y)$ 的对应函数值趋近于同一个常数,我们还不能断定 $\lim\limits_{P\to P_0}f(P)$ 存在;但是如果当 $P(x,y)$ 沿任

何两条不同的曲线趋向于 $P_0(x_0,y_0)$ 时，函数 $z=f(x,y)$ 趋向于不同的值，则可以断定 $\lim\limits_{P\to P_0}f(P)$ 不存在. 举例说明如下.

例 5 讨论 $f(x,y)=\dfrac{xy}{x^2+y^2}$ 当 $(x,y)\to(0,0)$ 时是否存在极限.

首先考察两条特殊路径的极限：当点 $P(x,y)$ 沿 x 轴趋于点$(0,0)$ 时有

$$\lim_{x\to 0}f(x,0)=\lim_{x\to 0}0=0,$$

又当点 $P(x,y)$ 沿 y 轴趋于点$(0,0)$ 时有

$$\lim_{y\to 0}f(0,y)=\lim_{y\to 0}0=0.$$

然而我们还不能断定当 $P\to(0,0)$ 时函数存在极限. 事实上极限是不存在的.

解 当点 $P(x,y)$ 沿着直线 $y=kx$ 趋向于点 $O(0,0)$ 时，

$$\lim_{\substack{x\to 0\\ y=kx\to 0}}\frac{xy}{x^2+y^2}=\lim_{x\to 0}\frac{kx^2}{x^2+k^2x^2}=\frac{k}{1+k^2}.$$

当 k 取不同数值时，上式的值就不相等，即当点沿不同的直线 $y=kx$ 趋向于点 $O(0,0)$ 时，对应的函数值趋向于不同的常数，因此 $\lim\limits_{(x,y)\to(0,0)}\dfrac{xy}{x^2+y^2}$ 不存在.

另外，关于多元函数的极限运算，有与一元函数类似的运算法则，在此不一一列举.

下面来说明函数的连续性.

定义 3 如果

1° 函数 $z=f(x,y)$ 在点(x_0,y_0) 的某一邻域内有定义；

2° $\lim\limits_{\substack{x\to x_0\\ y\to y_0}}f(x,y)$ 存在；

3° $\lim\limits_{\substack{x\to x_0\\ y\to y_0}}f(x,y)=f(x_0,y_0)$，

则称函数 $z=f(x,y)$ 在点(x_0,y_0) 处**连续**，并称(x_0,y_0) 为函数 $f(x,y)$ 的一个**连续点**.

函数在一点处连续的定义，也可以用增量的形式表示. 若在点(x_0,y_0) 处，自变量 x、y 各取得增量 Δx、Δy，函数随之取得增量 Δz，则

$$\Delta z=f(x_0+\Delta x,y_0+\Delta y)-f(x_0,y_0)$$

称为函数 $z=f(x,y)$ 在点 $P_0(x_0,y_0)$ 处的**全增量**. 现在用全增量来表述函数在一点处连续的定义. 由于

$$\lim_{\substack{x\to x_0\\ y\to y_0}}f(x,y)=f(x_0,y_0) \tag{4}$$

相当于

$$\lim_{\substack{\Delta x\to 0\\ \Delta y\to 0}}[f(x_0+\Delta x,y_0+\Delta y)-f(x_0,y_0)]=0,$$

即是
$$\lim_{\substack{\Delta x \to 0 \\ \Delta y \to 0}} \Delta z = 0. \tag{5}$$

如果函数 $f(x,y)$ 在开(或闭)区域 D 内每一点连续，就称 $f(x,y)$ 在 **D 内(上)连续**，或者称 $f(x,y)$ 是 D 内(上)的连续函数.

如果函数 $z = f(x,y)$ 在点 $P_0(x_0,y_0)$ 处不连续，则称点 $P_0(x_0,y_0)$ 为函数 $f(x,y)$ 的**不连续点**或**间断点**. 二元函数与一元函数不同的是：二元函数除有时有间断点以外，有时还有间断线. 如 $z = \dfrac{1}{x-y}$ 有间断线 $y = x$. 同样三元函数 $u = \dfrac{1}{x+y+z-1}$ 有间断面 $x+y+z-1=0$.

二元初等函数是指可以用 x、y 的一个数学式子来表示的函数，这个式子分别由 x、y 的基本初等函数经过有限次四则运算与复合而成. 可以证明，二(多)元初等函数在它的定义域上是连续的，即当点 $P_0(x_0,y_0)$ 属于这函数的定义域时，有
$$\lim_{P \to P_0} f(P) = f(P_0).$$
这就提供了求二元函数极限的一种方法. 如例 5 的函数
$$f(x,y) = \frac{xy}{x^2+y^2}$$
在点(2,1)处连续，所以 $\lim\limits_{\substack{x\to 2\\ y\to 1}} f(x,y) = f(2,1) = \dfrac{2}{5}$，而且得到函数 $f(x,y)$ 在定义域 $D = \{(x,y) \mid x^2+y^2 \neq 0\}$ 内是连续的. 又由例 5 知当 $x \to 0, y \to 0$ 时函数的极限不存在，故(0,0)点是 $f(x,y)$ 唯一的一个间断点.

相应于一元连续函数的运算法则，多元函数也有类似的法则：连续函数的和、差、积、商(分母不为零)仍是连续函数，多元连续函数的复合函数也是连续函数.

与闭区间上一元连续函数的性质相类似，在有界闭区域上多元连续函数也有如下性质.

定理　设 $f(P)$ 在有界闭区域 D 上有定义且连续，则 $f(P)$ 有以下性质：

1° 最值性：$f(P)$ 在有界闭区域 D 上取得最大值与最小值，即存在 P_1、$P_2 \in D$，使得 $\forall P \in D$：$f(P_1) \leqslant f(P) \leqslant f(P_2)$；

2° 介值性：任给 P、$Q \in D$，若 $f(P) \leqslant k \leqslant f(Q)$，则存在 $M \in D$，使得 $f(M) = k$.

习题 9.1

1. 绘出下列平面区域：

(1) $\{(x,y) \mid |x| \leqslant 1, |y| \leqslant 1\}$；　(2) $\{(x,y) \mid |1-y| \leqslant 1, |x| < y^2\}$.

2. 求下列函数的定义域，并绘图表示：

(1) $f(x,y) = \ln(y-x) + \arcsin\dfrac{y}{x}$；　(2) $f(x,y) = \sqrt{x-\sqrt{y}}$；

(3) $f(x,y)=\ln(y-x)+\dfrac{\sqrt{x}}{\sqrt{1-x^2-y^2}}$;

(4) $f(x,y,z)=\sqrt{R^2-x^2-y^2-z^2}+\dfrac{1}{\sqrt{x^2+y^2+z^2-r^2}}(R>r>0)$.

3. 已知函数 $f(u,v)=u^v$ 求 $f(xy,x+y)$.

4. 求下列各极限:

(1) $\lim\limits_{\substack{x\to 0\\ y\to 1}}\dfrac{1-xy}{x^2+y^2}$;　(2) $\lim\limits_{\substack{x\to 1\\ y\to 0}}\dfrac{\ln(x+\mathrm{e}^y)}{\sqrt{x^2+y^2}}$;　(3) $\lim\limits_{\substack{x\to 0\\ y\to 0}}\dfrac{2-\sqrt{xy+4}}{xy}$.

5. 求下列函数的等值线:

(1) $z=x^2+2y^2$;　(2) $z=\sqrt{4-x^2-y^2}$.

6. 证明极限$\lim\limits_{\substack{x\to 0\\ y\to 0}}\dfrac{x+y}{x-y}$不存在.

7. 函数 $f(x,y)=\begin{cases}1, xy=0,\\ 0, xy\neq 0,\end{cases}$在点$(0,0)$处是否连续?

8. 画出下列函数的图形:

(1) $z=6-\sqrt{x^2+y^2}$;　(2) $z=1-x^2-y^2$.

9. 函数 $z=\dfrac{y^2+2x}{y^2-2x}$ 在何处是间断的?

9.2　偏导数与全微分

9.2.1　偏导数

在一元函数中,我们已经知道导数就是函数的变化率,它反映了函数在一点处的快慢程度,导数已成为研究一元函数的重要分析工具.对于二元函数,同样需要研究它的“变化率”.然而,由于自变量多了一个,情况就要复杂得多.在 xOy 平面内,当变点由(x_0,y_0)沿不同方向变化时,函数 $f(x,y)$ 的变化快慢一般说来是不相同的.本节只限于讨论(x,y)沿平行于x轴和平行于y轴两个特殊方位变化时$f(x,y)$的变化率.这一方面是由于它们比较简单而又应用广泛,下面将要看到它实际上化为一元函数的变化率;另一方面还因为它们是研究其他方向变化率的基础.这在后面讲方向导数一节将要提到.

1. 偏导数定义及几何意义

设 D 是 xOy 平面上一个区域.

定义 1　设函数 $z=f(x,y)$ 在 D 上有定义,$(x_0,y_0)\in D$.若关于 x 的函数 $f(x,y_0)$ 在 x_0 可导,则称其导数为 $f(x,y)$ 在点(x_0,y_0)对 x 的**偏导数**,记作 $f_x(x_0,$

y_0)，即

$$f_x(x_0,y_0)=\frac{\mathrm{d}}{\mathrm{d}x}f(x,y_0)\bigg|_{x=x_0}=\lim_{\Delta x\to 0}\frac{f(x_0+\Delta x,y_0)-f(x_0,y_0)}{\Delta x}.\tag{1}$$

对 y 的偏导数 $f_y(x_0,y_0)$ 可类似定义.

对于 $f_x(x_0,y_0)$，还可使用以下记号：

$$z_x(x_0,y_0),\quad \frac{\partial z}{\partial x}\bigg|_{(x_0,y_0)} \text{ 或 } \frac{\partial f}{\partial x}\bigg|_{(x_0,y_0)}.$$

这里我们用记号 ∂ 代替 d，以区别于一元函数的导数. 记号 $\frac{\partial f}{\partial x}$ 可念作“偏 f 偏 x”. 这里偏 x 的意思是指函数 $f(x,y)$ 当 y 为常数保持不变时对 x 求导数.

下面来看偏导数的几何意义.

我们知道二元函数 $z=f(x,y)$ 表示空间的一张曲面. 而函数 $z=f(x,y_0)$ 在平面 $y=y_0$ 上的图形就是此曲面与平面 $y=y_0$ 的交线 C_x（见图 9.3）. 根据一元函数导数的几何意义，可知 $f_x(x_0,y_0)$ 就是曲线 C_x 在点 $P(x_0,y_0,f(x_0,y_0))$ 处的切线 T_x 的斜率，即

$$f_x(x_0,y_0)=\tan\alpha.$$

同理可知：$f_y(x_0,y_0)$ 是曲面 $z=f(x,y)$ 与平面 $x=x_0$ 的交线 C_y 在点 P 处的切线 T_y 的斜率，即

$$f_y(x_0,y_0)=\tan\beta.$$

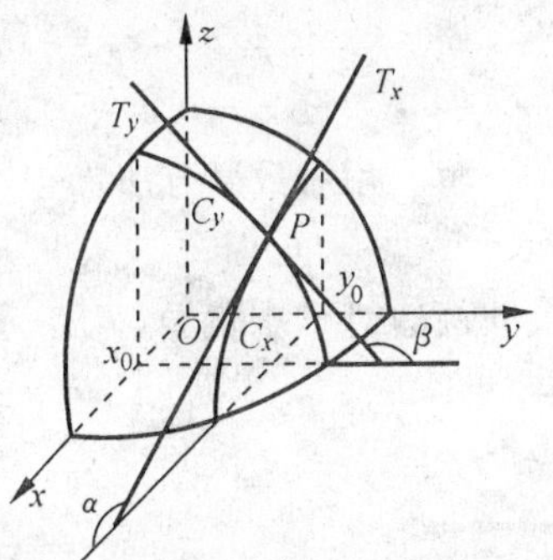

图 9.3

2. 偏导数的求法

如果函数 $z=f(x,y)$ 在区域 D 内每一点 (x,y) 处对 x 的偏导数都存在，那么这个偏导数就是 x、y 的函数，称为函数 $z=f(x,y)$ 对自变量 x 的**偏导函数**，记作

$$\frac{\partial z}{\partial x},\quad \frac{\partial f}{\partial x},\quad z_x \quad \text{或} \quad f_x(x,y).$$

类似地，可以定义函数 $z=f(x,y)$ 对自变量 y 的偏导函数，记作

$$\frac{\partial z}{\partial y},\quad \frac{\partial f}{\partial y},\quad z_y,\quad f_y(x,y).$$

由定义 1 可知，$f(x,y)$ 在点 (x_0,y_0) 处对 x 的偏导数 $f_x(x_0,y_0)$ 显然就是偏导函数 $f_x(x,y)$ 在点 (x_0,y_0) 处的函数值；$f_y(x_0,y_0)$ 就是 $f_y(x,y)$ 在点 (x_0,y_0) 处的函数值. 就像一元函数的导函数一样，以后在不至于混淆的地方也把偏导函数简称为偏导数.

由偏导数的定义还可以知道，函数 f 对某一个自变量求偏导数时，是先把其他自变量看作常数，从而变成一元函数的求导问题. 因此一元函数求导的一些基本法则，对多元函数求偏导数仍然适用.

例 1　求 $z=x^2+y^2-xy$ 在点 $(1,3)$ 处对 x 的偏导数.

解 **方法一**:首先将 $y=3$ 代入得 $z(x,3)=x^2+9-3x$,于是

$$z_x(1,3)=(x^2-3x+9)'\Big|_{x=1}=-1.$$

方法二:首先将 y 当成常数求得 $z_x(x,y)=2x-y$,然后以 $x=1,y=3$ 代入得

$$z_x(1,3)=(2x-y)\Big|_{\substack{x=1\\y=3}}=-1.$$

例 2 求 $z=x^2\sin 2y$ 的偏导数.

解 $\dfrac{\partial z}{\partial x}=2x\sin 2y,\dfrac{\partial z}{\partial y}=2x^2\cos 2y.$

例 3 求函数 $z=x^y(x>0)$ 的偏导数.

解 $z_x=yx^{y-1},z_y=x^y\ln x.$

例 4 设 $z=(x+y)^{xy}(x+y>0)$,求 z_x、z_y.

解 用对数微分法:

$$\ln z=xy\ln(x+y),$$

等式两边对 x 求偏导,得

$$\frac{z_x}{z}=y\ln(x+y)+\frac{xy}{x+y},$$

于是
$$z_x=(x+y)^{xy}\left[y\ln(x+y)+\frac{xy}{x+y}\right].$$

类似地可得
$$z_y=(x+y)^{xy}\left[x\ln(x+y)+\frac{xy}{x+y}\right].$$

例 5 求三元函数 $u=\sin(x+y^2-e^z)$ 的偏导数.

解 $u_x=\cos(x+y^2-e^z)$, $u_y=2y\cos(x+y^2-e^z)$, $u_z=-e^z\cos(x+y^2-e^z)$.

例 6 已知理想气体的状态方程 $PV=RT$(R 为常量),求证:

$$\frac{\partial P}{\partial V}\frac{\partial V}{\partial T}\frac{\partial T}{\partial P}=-1.$$

证明 因为

$$P=R\frac{T}{V},\quad \frac{\partial P}{\partial V}=-\frac{RT}{V^2};\quad V=\frac{RT}{P},\quad \frac{\partial V}{\partial T}=\frac{R}{P};$$

$$T=\frac{PV}{R},\quad \frac{\partial T}{\partial P}=\frac{V}{R},$$

所以

$$\frac{\partial P}{\partial V}\frac{\partial V}{\partial T}\frac{\partial T}{\partial P}=-\frac{RT}{V^2}\frac{R}{P}\frac{V}{R}=-\frac{RT}{PV}=-1.$$

上例表明,不能将偏导数 $\partial P/\partial V$ 看作"∂P 与 ∂V"的商,而是把它看成一个整体.

我们已经知道,可导的一元函数必定连续,但偏导数存在不足以保证多元函数的连续性.请看下例.

例 7　研究函数

$$f(x,y)=\begin{cases}\dfrac{xy}{x^2+y^2}, & x^2+y^2\neq 0,\\ 0, & x^2+y^2=0\end{cases}$$

在点(0,0) 的连续性与偏导数的存在性.

解　上节中已证明过点(0,0) 是 f 的间断点.

由于 f 是一个多元分段函数,故在(0,0) 点的偏导数要用定义来求:

$$f_x(0,0)=\lim_{\Delta x\to 0}\frac{f(0+\Delta x,0)-f(0,0)}{\Delta x}=\lim_{\Delta x\to 0}0=0.$$

同样有

$$f_y(0,0)=\lim_{\Delta y\to 0}\frac{f(0,0+\Delta y)-f(0,0)}{\Delta y}=\lim_{\Delta y\to 0}0=0.$$

例 7 说明存在"在一点有偏导数但不连续"的函数这是因为偏导数仅刻画了函数沿平行于坐标轴方向的变化率,不足以反映函数在一点邻近沿所有方向的动态,而后者恰好是与连续性有关的.

9.2.2　高阶偏导数

设函数 $z=f(x,y)$ 在 D 内存在偏导数 f_x、f_y,称它们为函数 f 的"一阶偏导数". 若 f_x 与 f_y 又存在偏导数,则称之为 $z=f(x,y)$ 的二阶偏导数,它们是:

$$\frac{\partial}{\partial x}\left(\frac{\partial f}{\partial x}\right)=\frac{\partial^2 f}{\partial x^2}=f_{xx}=z_{xx},$$

$$\frac{\partial}{\partial y}\left(\frac{\partial f}{\partial x}\right)=\frac{\partial^2 f}{\partial x\partial y}=f_{xy}=z_{xy},$$

$$\frac{\partial}{\partial x}\left(\frac{\partial f}{\partial y}\right)=\frac{\partial^2 f}{\partial y\partial x}=f_{yx}=z_{yx},$$

$$\frac{\partial}{\partial y}\left(\frac{\partial f}{\partial y}\right)=\frac{\partial^2 f}{\partial y^2}=f_{yy}=z_{yy},$$

其中 f_{xy} 与 f_{yx} 称为**混合偏导数**.

类似地可以定义三阶,四阶,……,n 阶偏导数. 二阶及二阶以上的偏导数都称为**高阶偏导数**.

例 8　设 $z=\arctan\dfrac{y}{x}$,求它的所有二阶偏导数.

解

$$\frac{\partial z}{\partial x}=\frac{\partial}{\partial x}\left(\arctan\frac{y}{x}\right)=\frac{1}{1+\left(\dfrac{y}{x}\right)^2}\frac{\partial}{\partial x}\left(\frac{y}{x}\right)=\frac{-y}{x^2+y^2},$$

$$\frac{\partial z}{\partial y}=\frac{\partial}{\partial y}\left(\arctan\frac{y}{x}\right)=\frac{1}{1+\left(\dfrac{y}{x}\right)^2}\frac{\partial}{\partial y}\left(\frac{y}{x}\right)=\frac{x}{x^2+y^2};$$

$$\frac{\partial^2 z}{\partial x^2}=\frac{\partial}{\partial x}\left(\frac{-y}{x^2+y^2}\right)=(-y)\left[\frac{-1}{(x^2+y^2)^2}\right](2x)=\frac{2xy}{(x^2+y^2)^2},$$

$$\frac{\partial^2 z}{\partial x\partial y}=\frac{\partial}{\partial y}\left(\frac{-y}{x^2+y^2}\right)=\frac{-(x^2+y^2)+y\cdot 2y}{(x^2+y^2)^2}=\frac{y^2-x^2}{(x^2+y^2)^2},$$

$$\frac{\partial^2 z}{\partial y\partial x}=\frac{\partial}{\partial x}\left(\frac{x}{x^2+y^2}\right)=\frac{(x^2+y^2)-x\cdot 2x}{(x^2+y^2)^2}=\frac{y^2-x^2}{(x^2+y^2)^2},$$

$$\frac{\partial^2 z}{\partial y^2}=\frac{\partial}{\partial y}\left(\frac{x}{x^2+y^2}\right)=x\left[-\frac{1}{(x^2+y^2)^2}\right]\cdot 2y=\frac{-2xy}{(x^2+y^2)^2}.$$

从上例可以看出 z_{xy} 与 z_{yx} 相等.但是 z_{xy} 与 z_{yx} 的含义不一样,因为它们求偏导的次序不同,并不是对任意的函数都有 z_{xy} 与 z_{yx} 相等.不过当两个二阶混合偏导数满足如下条件时,结论就成立.

定理 1 若 $z=f(x,y)$ 的两个二阶混合偏导函数在点 (x,y) 连续,则在该点有

$$z_{xy}=z_{yx}.$$

对于更高阶的混合偏导数,在偏导数连续的条件下也与求导的次序无关,证明从略.

例 9 设 $u=1/\sqrt{x^2+y^2+z^2}$,证明:

$$u_{xx}+u_{yy}+u_{zz}=0.$$

证 令 $r=\sqrt{x^2+y^2+z^2}$,则 $u=\dfrac{1}{r}$,$r_x=\dfrac{x}{r}$.于是

$$u_x=-\frac{r_x}{r^2}=-\frac{x}{r^3},\quad u_{xx}=-\frac{1}{r^3}+\frac{3x}{r^4}r_x=-\frac{1}{r^3}+\frac{3x^2}{r^5}.$$

由函数关于自变量的对称性,所以

$$u_{yy}=-\frac{1}{r^3}+\frac{3y^2}{r^5},\quad u_{zz}=-\frac{1}{r^3}+\frac{3z^2}{r^5}.$$

因此

$$u_{xx}+u_{yy}+u_{zz}=-\frac{3}{r^3}+\frac{3(x^2+y^2+z^2)}{r^5}=-\frac{3}{r^3}+\frac{3r^2}{r^5}=0.$$

本例中的方程称为拉普拉斯(Laplace)方程,它是工程中常用的一种方程.

9.2.3 全微分

1. 全微分的概念

先看一个简单的例子,从此例引出全微分的定义.

例 10 一矩形薄板边长为 x 和 y,受热膨胀,若各边分别增长 Δx 和 Δy,问此矩形面积增加了多少?

解 设矩形面积为 S,则

$$S=f(x,y)=xy.$$

问题在于求 S 在点(x,y) 的全增量 ΔS,而

$$\Delta S=(x+\Delta x)(y+\Delta y)-xy=y\Delta x+x\Delta y+\Delta x\Delta y.$$

下面来分析这个例子.可以看出 ΔS 的计算比较复杂.然而上式右端前两项 $y\Delta x+x\Delta y$ 是 Δx 与 Δy 的线性式,也是 ΔS 的线性近似式,即 $\Delta S\approx y\Delta x+x\Delta y$,其误差为 $\Delta x\Delta y$.下面说明

$$\Delta x\Delta y=o(\rho)\quad(\rho\to 0)$$

其中 $\rho=\sqrt{(\Delta x)^2+(\Delta y)^2}$.因 $\left|\dfrac{\Delta x}{\rho}\right|\leqslant 1$,当 $\rho\to 0$ 时有 $\Delta x\to 0,\Delta y\to 0$,故

$$\lim_{\rho\to 0}\frac{\Delta x\Delta y}{\rho}=0.$$

这样用 $y\Delta x+x\Delta y$ 代替 ΔS,计算较简单又有一定的精确度.这个全增量的线性逼近问题在理论和实践上都是很重要的.于是有

定义 2 如果函数 $z=f(x,y)$ 在点(x,y) 的全增量

$$\Delta z=f(x+\Delta x,y+\Delta y)-f(x,y)\tag{2}$$

可表示为

$$\Delta z=A\Delta x+B\Delta y+o(\rho),\tag{3}$$

其中 A、B 不依赖于 Δx、Δy 而仅与 x、y 有关,$\rho=\sqrt{(\Delta x)^2+(\Delta y)^2}$,则称函数 $z=f(x,y)$ 在点(x,y) **可微**(分),而 $A\Delta x+B\Delta y$ 称为函数 $z=f(x,y)$ 在点(x,y) 的**全微分**,记作 $\mathrm{d}z$,即

$$\mathrm{d}z=A\Delta x+B\Delta y.$$

如果函数在区域 D 内各点处都可微(分),就称这函数**在 D 内可微**.

由全微分的定义可知,它是增量 Δx 与 Δy 的线性函数,而且由于

$$\lim_{\rho\to 0}\frac{\Delta z-\mathrm{d}z}{\rho}=\lim_{\rho\to 0}\frac{o(\rho)}{\rho}=0,$$

所以全微分是全增量的线性主部(当 $A^2+B^2\neq 0$ 时).

与一元函数类比,二元函数 $z=f(x,y)$ 在点(x,y) 可微,则 $z=f(x,y)$ 在点(x,y) 处一定连续.

定理 2 若 $z=f(x,y)$ 在点(x,y) 处可微,则它在该点一定连续.

证明 因为 $z=f(x,y)$ 在点(x,y) 处可微,即

$$\Delta z=f(x+\Delta x,y+\Delta y)-f(x,y)=A\Delta x+B\Delta y+o(\rho),$$

故
$$\lim_{\substack{\Delta x\to 0\\ \Delta y\to 0}}\Delta z=0,$$

即 $z=f(x,y)$ 在该点连续.

我们知道,一元函数可微与可导是等价的.现在来研究二元函数 $z=f(x,y)$ 在点(x,y) 处可微与它在点(x,y) 处可(偏) 导的关系.

定理 3 若 $z=f(x,y)$ 在点(x,y) 处可微,则 $z=f(x,y)$ 在点(x,y) 处的两个

偏导数存在,且 $A=\frac{\partial z}{\partial x},B=\frac{\partial z}{\partial y}$.

证 因为 $z=f(x,y)$ 在点 (x,y) 处可微,则

$$\Delta z=f(x+\Delta x,y+\Delta y)-f(x,y)=A\Delta x+B\Delta y+o(\rho).$$

因上式应对任意 Δx、Δy 都成立,因此在上式中令 $\Delta y=0$,有

$$f(x+\Delta x,y)-f(x,y)=A\Delta x+o(|\Delta x|),$$

于是

$$\frac{f(x+\Delta x,y)-f(x,y)}{\Delta x}=A+\frac{o(|\Delta x|)}{\Delta x}.$$

注意到当 $\Delta x\to 0$ 时,有 $\frac{o(|\Delta x|)}{\Delta x}\longrightarrow 0$,则得

$$\frac{\partial z}{\partial x}=\lim_{\Delta x\to 0}\frac{f(x+\Delta x,y)-f(x,y)}{\Delta x}=A.$$

类似地可以证明

$$\frac{\partial z}{\partial y}=B.$$

习惯上,将自变量的增量 Δx、Δy 分别记作 $\mathrm{d}x$、$\mathrm{d}y$ 并分别称为自变量 x、y 的微分,这样,函数 $z=f(x,y)$ 的全微分可以写成

$$\mathrm{d}z=\frac{\partial z}{\partial x}\mathrm{d}x+\frac{\partial z}{\partial y}\mathrm{d}y. \tag{4}$$

定理 2 与定理 3 得出了函数 $z=f(x,y)$ 在一点可微的必要条件. 然而在二元函数中可微与可(偏)导并不是等价的. 如例 7 中的函数

$$z=f(x,y)=\begin{cases}\dfrac{xy}{x^2+y^2}, & x^2+y^2\neq 0,\\ 0, & x^2+y^2=0.\end{cases}$$

我们已经求出 $f_x(0,0)=f_y(0,0)=0$. 然而函数 f 在点 $(0,0)$ 不连续,由定理 2 知函数 f 在点 $(0,0)$ 不可微. 所以,二元函数的偏导数存在仅仅是可微的必要条件,而非充分条件. 这是一元函数与多元函数的又一个不同之处.

定理 4(可微的充分条件) 若 $z=f(x,y)$ 在点 (x,y) 处的两个偏导数连续,则 $z=f(x,y)$ 在该点一定可微(证略).

例 11 求函数 $z=x^2y^2$ 在点 $(2,-1)$ 处当 $\Delta x=0.02,\Delta y=-0.01$ 时的全增量与全微分.

解 由定义知全增量

$$\Delta z=(2+0.02)^2(-1-0.01)^2-2^2\cdot(-1)^2\approx 0.1624.$$

函数 $z=x^2y^2$ 的两个偏导数

$$\frac{\partial z}{\partial x}=2xy^2,\quad \frac{\partial z}{\partial y}=2x^2y$$

在 $\mathbf{R}^2$ 上都是连续的,所以由定理 4 知全微分是存在的,且

$$\left.\frac{\partial z}{\partial x}\right|_{(2,-1)} = 4, \quad \left.\frac{\partial z}{\partial y}\right|_{(2,-1)} = -8.$$

于是所求在点$(2, -1)$处的全微分为

$$dz = 4 \times 0.02 + (-8) \times (-0.01) = 0.16.$$

例 12　求函数 $z = x^2y + y^2$ 的全微分.

解　因为$\frac{\partial z}{\partial x} = 2xy, \frac{\partial z}{\partial y} = x^2 + 2y$,所以

$$dz = 2xy\,dx + (x^2 + 2y)dy.$$

全微分的概念也可以推广到三元或更多元的函数. 例如若三元函数 $u = f(x,y,z)$ 具有一阶连续偏导数,则其全微分的表达式为

$$du = \frac{\partial u}{\partial x}dx + \frac{\partial u}{\partial y}dy + \frac{\partial u}{\partial z}dz.$$

2. 全微分在近似计算中的应用

设函数 $z = f(x,y)$ 在点(x,y)处可微,则函数的全增量与全微分之差是一个比ρ更高阶的无穷小量. 因此,当$|\Delta x|$与$|\Delta y|$都较小时,全增量可以近似地用全微分来代替,即

$$\Delta z \approx dz = f_x(x,y)\Delta x + f_y(x,y)\Delta y. \tag{5}$$

又 $\Delta z = f(x + \Delta x, y + \Delta y) - f(x,y)$,所以上式又可改写为

$$f(x + \Delta x, y + \Delta y) \approx f(x,y) + f_x(x,y)\Delta x + f_y(x,y)\Delta y. \tag{6}$$

例 13　计算$(1.03)^{1.98}$的近似值.

解　在具体问题中,并没有给出函数 $f(x,y)$,点(x,y)及改变量Δx、Δy,需要我们根据问题的特点,自己看出函数 $f(x,y)$ 是什么,点(x,y)的改变量Δx、Δy是什么. 对这个问题来说,函数$f(x,y) = x^y$,点(x,y)与Δx、Δy应为$(1,2)$及$\Delta x = 0.03$, $\Delta y = -0.02$.

把它们代入公式(6):

$$(x + \Delta x)^{y+\Delta y} \approx x^y + yx^{y-1}\Delta x + x^y \ln x \Delta y,$$

得

$$(1.03)^{1.98} \approx 1^2 + 2 \times 0.03 + 0 \times (-0.02) = 1.06.$$

例 14　一圆柱形的铁罐,内半径为 5cm,内高为 12cm,壁厚均为 0.2cm,估计制作这个铁罐所需材料的体积大约为多少(包括上、下底)?

解　圆柱体体积 $V = \pi r^2 h$,这个铁罐所需材料的体积则是

$$\Delta V = \pi(r + \Delta r)^2(h + \Delta h) - \pi r^2 h.$$

因为 $\Delta r = 0.2$ cm, $\Delta h = 0.4$ cm 都比较小,所以可用公式(5):

$$\Delta V \approx dV = \frac{\partial V}{\partial r}dr + \frac{\partial V}{\partial h}dh = 2\pi rh\,dr + \pi r^2\,dh = \pi r(2h\,dr + r\,dh),$$

所以

$$\Delta V\Big|_{\substack{r=5,h=12\\ \Delta r=0.2,\Delta h=0.4}} \approx 5\pi(24\times 0.2+5\times 0.4)=34\pi\ \mathrm{cm}^3\approx 106.8\ \mathrm{cm}^3,$$

故所需材料的体积大约为 $106.8\ \mathrm{cm}^3$.

从上面的例子可以看到,对于一般的二元函数 $z=f(x,y)$,如果自变量 x,y 的绝对误差限分别为 δ_x、δ_y,即

$$|\Delta x|\leqslant\delta_x,\quad |\Delta y|\leqslant\delta_y,$$

则 z 的误差

$$\begin{aligned}|\Delta z|\approx|\mathrm{d}z|&=\left|\frac{\partial z}{\partial x}\Delta x+\frac{\partial z}{\partial y}\Delta y\right|\leqslant\left|\frac{\partial z}{\partial x}\right||\Delta x|+\left|\frac{\partial z}{\partial y}\right||\Delta y|\\&\leqslant\left|\frac{\partial z}{\partial x}\right|\delta_x+\left|\frac{\partial z}{\partial y}\right|\delta_y,\end{aligned}$$

从而得到 z 的绝对误差限约为

$$\delta_z=\left|\frac{\partial z}{\partial x}\right|\delta_x+\left|\frac{\partial z}{\partial y}\right|\delta_y.$$

从而 z 的相对误差限约为

$$\frac{\delta_z}{|z|}=\left|\frac{z_x}{z}\right|\delta_x+\left|\frac{z_y}{z}\right|\delta_y.$$

习题 9.2

1. 设 $f(x,y)=x+y-\sqrt{x^2+y^2}$,求 $f_x(3,4)$,$f_y(4,3)$.

2. 设 $f(x,y)=x+(y-1)\arcsin\sqrt{\frac{x}{y}}$,求 $f_x(x,1)$.

3. 求下列函数的偏导数:

(1) $z=xy+\frac{x}{y}$;　(2) $z=\frac{x}{\sqrt{x^2+y^2}}$;　(3) $z=\sqrt{\ln(xy)}$;

(4) $z=\sin(xy)+\cos^2(xy)$;　(5) $z=\int_y^x \mathrm{e}^{-t^2}\,\mathrm{d}t$;　(6) $z=(1+xy)^y$;

(7) $u=(xy)^z$;　(8) $u=\arctan(x-y)^z$.

4. 曲线 $\begin{cases}z=\frac{x^2+y^2}{4},\\ y=4,\end{cases}$ 在点(2,4,5)处的切线对于 x 轴的倾角是多少?

5. 设 $z=\ln(\sqrt{x}+\sqrt{y})$,证明 $x\frac{\partial z}{\partial x}+y\frac{\partial z}{\partial y}=\frac{1}{2}$.

6. 设 $u=x^y y^x$,求证 $xu_x+yu_y=(x+y+\ln u)u$.

7. 在由 R_1、R_2、R_3 组成的一个并联电路中,若 $R_1>R_2>R_3$,问改变哪一个电阻,才能使总电阻 R 的变化最大$\left(\text{即}\frac{\partial R}{\partial R_1},\frac{\partial R}{\partial R_2},\frac{\partial R}{\partial R_3}\text{中哪一个最大}\right)$?

8. 设某工厂生产甲、乙两种产品，当它们的产量分别为 x 和 y 时，这两种产品的总成本是

$$f(x,y)=\frac{50}{2+x}+\frac{125}{(3+y)^2}.$$

试求每种产品的边际成本(产品的边际成本就是总成本关于该产品产量的变化率).

9. 求下列函数的 z_{xx}, z_{yy}, z_{xy}：

(1) $z=x^4+y^4-4x^2y^2$；　(2) $z=\sin\dfrac{y}{x}$；　(3) $z=y^x$.

10. 验证：$r=\sqrt{x^2+y^2+z^2}$ 满足 $r_{xx}+r_{yy}+r_{zz}=\dfrac{2}{r}$.

11. 求函数 $z=\dfrac{y}{x}$ 当 $x=2, y=1, \Delta x=0.1, \Delta y=-0.2$ 时的全增量和全微分.

12. 求函数 $z=\ln(x^2+y^2)$ 在(0.1)与(1.1)的全微分.

13. 求下列各函数的全微分：

(1) $z=x^2+xy^2+\sin y$；　(2) $z=\dfrac{x}{y}$；

(3) $z=\sin(x^2+y^2)$；　(4) $u=\dfrac{z}{\sqrt{x^2+y^2}}$.

14. 计算 $(1.97)^{1.05}$ 的近似值($\ln 2=0.693$).

15. 利用单摆摆动测定重力加速度 g 的公式是

$$g=\frac{4\pi^2 L}{T^2}.$$

现测得单摆摆长 L 与振动周期 T 分别为 $L=(100\pm0.1)\text{cm}, T=(2\pm0.004)$，问由于测定 L 与 T 的误差而引起计算 g 的绝对误差和相对误差各为多少？

9.3　多元函数求导法

9.3.1　复合函数求导法

在一元函数中已经看到，求复合函数导数的"链规则"在求导法中起重要作用. 同样，对于多元函数来说，情况也是如此.

1. 复合函数的中间变量均为一元函数的情况

定理　设 $z=f(u,v)$ 在区域 D 内有连续的偏导数 f_u, f_v；$u=u(x)$ 与 $v=v(x)$ 在区间 I 上可微，且 $(u(x),v(x))\in D(x\in I)$，则 $z=f(u(x),v(x))$ 在 I 上可微，且

$$\frac{\mathrm{d}z}{\mathrm{d}x}=\frac{\partial f}{\partial u}\frac{\mathrm{d}u}{\mathrm{d}x}+\frac{\partial f}{\partial v}\frac{\mathrm{d}v}{\mathrm{d}x}. \tag{1}$$

式中$\dfrac{\partial f}{\partial u}$表示$f_u(u(x),v(x))$.

证明 思路是把多元函数的问题化为一元函数的问题.这只需将全增量进行恒等变形就可以了.

取定$x_0\in I$,设$\Delta x\neq 0$使得$x_0+\Delta x\in I$.令

$$u_0=u(x_0),\quad v_0=v(x_0),$$

$$\Delta u=u(x_0+\Delta x)-u(x_0),$$

$\Delta v=v(x_0+\Delta x)-v(x_0)$(见图9.4),$\varphi(x)=f(u(x),v(x))$,则

$$\begin{aligned}&\varphi(x_0+\Delta x)-\varphi(x_0)\\&=f(u_0+\Delta u,v_0+\Delta v)-f(u_0,v_0)\\&=[f(u_0+\Delta u,v_0+\Delta v)-f(u_0,v_0+\Delta v)]\\&\quad+[f(u_0,v_0+\Delta v)-f(u_0,v_0)].\end{aligned}$$

图 9.4

在第一个方括号内的表达式中,由于$v_0+\Delta v$不变,因而可以看做是u的一元函数$f(u,v_0+\Delta v)$在u_0处的增量,应用拉格朗日中值定理,有

$$f(u_0+\Delta u,v_0+\Delta v)-f(u_0,v_0+\Delta v)=f_u(u_0+\theta_1\Delta u,v_0+\Delta v)\Delta u\quad(0<\theta_1<1).$$

同理第二个方括号内的表达式可写为

$$f(u_0,v_0+\Delta v)-f(u_0,v_0)=f_v(u_0,v_0+\theta_2\Delta v)\Delta v\quad(0<\theta_2<1).$$

于是可以得到

$$\varphi(x_0+\Delta x)-\varphi(x_0)=f_u(u_0+\theta_1\Delta u,v_0+\Delta v)\Delta u+f_v(u_0,v_0+\theta_2\Delta v)\Delta v.$$

而当$\Delta x\to 0$时有$\Delta u\to 0,\Delta v\to 0$,而$f_u,f_v$连续,故有

$$\begin{aligned}\varphi'(x_0)&=\lim_{\Delta x\to 0}\frac{\varphi(x_0+\Delta x)-\varphi(x_0)}{\Delta x}\\&=\lim_{\Delta x\to 0}\left[f_u(u_0+\theta_1\Delta u,v_0+\Delta v)\frac{\Delta u}{\Delta x}+f_v(u_0,v_0+\theta_2\Delta v)\frac{\Delta v}{\Delta x}\right]\\&=f_u(u_0,v_0)u'(x_0)+f_v(u_0,v_0)v'(x_0).\end{aligned}$$

这表明在$x=x_0$时式(1)是成立的.由于x_0是任意取定的一点,故知定理的结论成立.

定理中的函数z通过变量u,v而与自变量x相关联,其复合关系可图示为

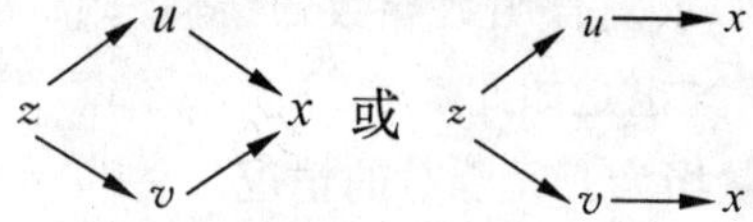

通常称u、v为中间变量.

式(1)中的导数$\dfrac{\mathrm{d}z}{\mathrm{d}x}$称为全导数.

例 1 设$z=u^2v,u=\cos x,v=\sin x$,求$\mathrm{d}z/\mathrm{d}x$.

解　由公式(1)，得

$$\frac{\mathrm{d}z}{\mathrm{d}x}=2uv(-\sin x)+u^2\cos x,$$

将 $u=\cos x, v=\sin x$ 代入上式，得

$$\frac{\mathrm{d}z}{\mathrm{d}x}=\cos^3 x-2\sin^2 x\cos x.$$

全导数实际上是一元函数的导数，只是求导的过程是借助于偏导数来完成罢了. 对于简单情况，如例 1，当然也可以把 $u=\cos x, v=\sin x$ 先代入函数 $z=u^2v$，直接对一元函数 $z=\cos^2 x\sin x$ 求导.

例 2　求 $\frac{\mathrm{d}}{\mathrm{d}x}[u(x)^{v(x)}](u(x)>0)$.

解　对这个一元函数的导数，当然可以用对数微分法去求，以下用复合函数求全导数的方法计算.

把 $z=u(x)^{v(x)}$ 看作二元函数

$$z=u^v\quad(u>0),$$

和两个一元函数

$$u=u(x),\quad v=v(x)$$

的复合. 利用公式(1)，得

$$\begin{aligned}\frac{\mathrm{d}z}{\mathrm{d}x}&=\frac{\partial z}{\partial u}\frac{\mathrm{d}u}{\mathrm{d}x}+\frac{\partial z}{\partial v}\frac{\mathrm{d}v}{\mathrm{d}x}=vu^{v-1}u'(x)+u^v\ln u\cdot v'(x)\\&=v(x)u(x)^{v(x)-1}\cdot u'(x)+u(x)^{v(x)}\ln u(x)\cdot v'(x).\end{aligned}$$

若　　$z=f(u,v,w),\quad u=u(t),\quad v=v(t),\quad w=w(t),$

画出变量关系的图示如下. 若 f 有连续偏导数 f_u、f_v、f_w，u、v、w 可微，则 $z=f(u(t),v(t),w(t))$ 对 t 的全导数为

$$\frac{\mathrm{d}z}{\mathrm{d}t}=\frac{\partial z}{\partial u}u'(t)+\frac{\partial z}{\partial v}v'(t)+\frac{\partial z}{\partial w}w'(t).\tag{2}$$

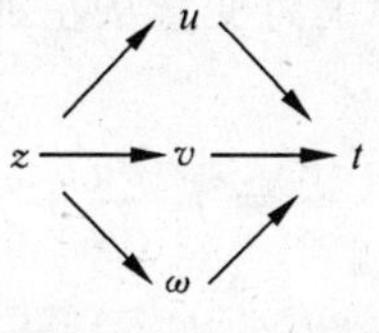

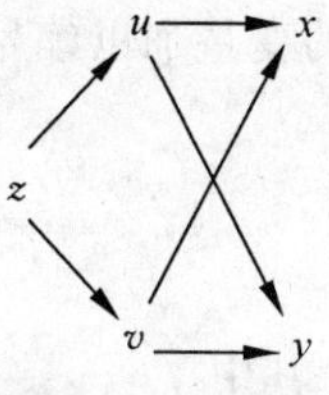

2. 复合函数的中间变量均为多元函数的情形

$$z=f(u,v),\quad u=u(x,y),\quad v=v(x,y)$$

变量间关系的图示如上，这里设 $z=f(u,v)$ 有一阶连续偏导数 f_u、f_v，u、v 都有对 x 与 y 的偏导数，$z=f(u(x,y),v(x,y))$，分别将 y 与 x 看作常数，应用公式(1)得

$$\begin{cases}\dfrac{\partial z}{\partial x}=\dfrac{\partial z}{\partial u}\dfrac{\partial u}{\partial x}+\dfrac{\partial z}{\partial v}\dfrac{\partial v}{\partial x},\\[2mm]\dfrac{\partial z}{\partial y}=\dfrac{\partial z}{\partial u}\dfrac{\partial u}{\partial y}+\dfrac{\partial z}{\partial v}\dfrac{\partial v}{\partial y}.\end{cases}\tag{3}$$

类似地,设 $z=f(u,v,w)$, $u=u(x,y)$, $v=v(x,y)$, $w=w(x,y)$,其中 f 有连续偏导数 f_u、f_v、f_w,u、v、w 都有对 x 与 y 的偏导数,则复合函数 $z=f(u(x,y),v(x,y),w(x,y))$ 在点 (x,y) 的两个偏导数都存在,且有

$$\begin{cases}\dfrac{\partial z}{\partial x}=\dfrac{\partial z}{\partial u}\dfrac{\partial u}{\partial x}+\dfrac{\partial z}{\partial v}\dfrac{\partial v}{\partial x}+\dfrac{\partial z}{\partial w}\dfrac{\partial w}{\partial x},\\ \dfrac{\partial z}{\partial y}=\dfrac{\partial z}{\partial u}\dfrac{\partial u}{\partial y}+\dfrac{\partial z}{\partial v}\dfrac{\partial v}{\partial y}+\dfrac{\partial z}{\partial w}\dfrac{\partial w}{\partial y}.\end{cases}\tag{4}$$

3. 复合函数的中间变量既有一元函数,又有多元函数的情形

如果 $z=f(u(x,y),x,y)$,这可以看成是 $z=f(u,v,w)$, $u=u(x,y)$, $v=x$, $w=y$ 的特殊情况,因此

$$\frac{\partial v}{\partial x}=1,\quad \frac{\partial w}{\partial x}=0,\quad \frac{\partial v}{\partial y}=0,\quad \frac{\partial w}{\partial y}=1.$$

于是由公式(4) 得到

$$\frac{\partial z}{\partial x}=\frac{\partial z}{\partial u}\frac{\partial u}{\partial x}+\left(\frac{\partial z}{\partial x}\right).\tag{5}$$

式(5) 两边都出现了$\dfrac{\partial z}{\partial x}$,然而在记号上略加了一点区别,即在式(5) 右端加了个括号. 式(5) 左边的$\dfrac{\partial z}{\partial x}$是表示在函数 $z=f(u(x,y),x,y)$ 中把 y 当常数对 x 求偏导数,而右端$\left(\dfrac{\partial z}{\partial x}\right)$是把 $f(u,x,y)$ 中 u 和 y 看作常数对 x 求偏导数,所以这两个记号的含义是不同的. 但记号$\dfrac{\partial z}{\partial x}$ 与记号$\left(\dfrac{\partial z}{\partial x}\right)$还是容易造成混淆,为此提出下面二种方案加以解决:一是把式(5) 写成

$$\frac{\partial z}{\partial x}=\frac{\partial f}{\partial u}\frac{\partial u}{\partial x}+\frac{\partial f}{\partial x},\ \text{这里}\frac{\partial f}{\partial x}=\left(\frac{\partial z}{\partial x}\right);\tag{6}$$

二是将函数 $f(u,x,y)$ 的变量加以编号,习惯上将变量从左到右按自然数顺序编号,于是

$$\frac{\partial z}{\partial x}=f_1\frac{\partial u}{\partial x}+f_2,\tag{7}$$

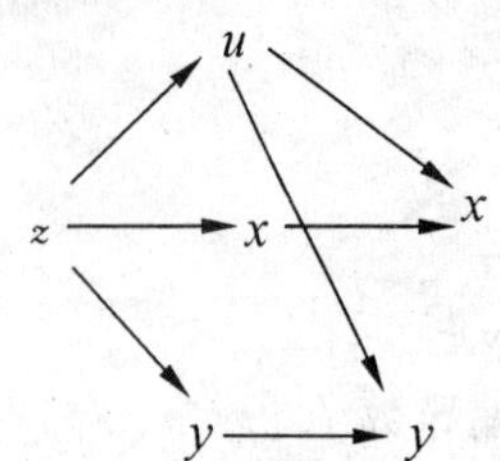

其中 $f_1=\dfrac{\partial f}{\partial u}$, $f_2=\dfrac{\partial f}{\partial x}=\left(\dfrac{\partial z}{\partial x}\right)$. 这种把变量编号的办法还有一个好处:可以把求导的式子简化.

为了帮助读者弄清函数关系,我们把 $z=f(u,x,y)$, $u=u(x,y)$ 的变量间关系图示如左.

例 3 设 $z=u^2\ln v$, $u=\dfrac{x}{y}$, $v=2x-y$,求$\dfrac{\partial z}{\partial x}$,$\dfrac{\partial z}{\partial y}$.

解 $\dfrac{\partial z}{\partial x}=\dfrac{\partial z}{\partial u}\dfrac{\partial u}{\partial x}+\dfrac{\partial z}{\partial v}\dfrac{\partial v}{\partial x}=2u\ln v\cdot\dfrac{1}{y}+\dfrac{u^2}{v}\cdot 2=\dfrac{2x}{y^2}\ln(2x-y)+\dfrac{2x^2}{y^2(2x-y)}$,

$$\frac{\partial z}{\partial y}=\frac{\partial z}{\partial u}\frac{\partial u}{\partial y}+\frac{\partial z}{\partial v}\frac{\partial v}{\partial y}=2u\ln v\cdot\frac{-x}{y^2}+\frac{u^2}{v}(-1)=-\frac{2x^2}{y^3}\ln(2x-y)-\frac{x^2}{y^2(2x-y)}.$$

例 4 设 $z=f(x^2-y^2,xy)$ 求 $\frac{\partial z}{\partial x},\frac{\partial z}{\partial y}$.

解 这是一个抽象函数的求导问题,解题时一定要先设中间变量.

令 $u=x^2-y^2,v=xy$,则 $z=f(u,v)$,由公式(3)有

$$\frac{\partial z}{\partial x}=\frac{\partial z}{\partial u}\frac{\partial u}{\partial x}+\frac{\partial z}{\partial v}\frac{\partial v}{\partial x}=2x\frac{\partial z}{\partial u}+y\frac{\partial z}{\partial v},$$

$$\frac{\partial z}{\partial y}=\frac{\partial z}{\partial u}\frac{\partial u}{\partial y}+\frac{\partial z}{\partial v}\frac{\partial v}{\partial y}=-2y\frac{\partial z}{\partial u}+x\frac{\partial z}{\partial v}.$$

注:若不设中间变量 $z_x=2xf_{x^2-y^2}+yf_{xy}$,这里 f_{xy} 容易与二阶混合偏导数相混,同时 $f_{x^2-y^2}$ 的表达式显得不够简洁.

例 5 设 $z=x^{xy}$,应用多元复合函数的求导法则,求 $\frac{\partial z}{\partial x}$.

解 所给函数是由 $z=f(u,x)=x^u,u=xy$ 复合而成,则有

$$\frac{\partial z}{\partial x}=\frac{\partial f}{\partial u}\frac{\partial u}{\partial x}+\frac{\partial f}{\partial x}=(x^u\ln x)y+ux^{u-1}$$

$$=yx^{xy}\ln x+(xy)x^{xy-1}=yx^{xy}(1+\ln x).$$

例 6 设 $u=f(x,y,z)=\mathrm{e}^{x^2+y^2+z^2}$,而 $z=x^2\sin y$,求 $\frac{\partial u}{\partial y}$.

解 按上述将自变量或中间变量编号的办法,将 $\frac{\partial u}{\partial y}$ 表示为

$$\frac{\partial u}{\partial y}=f_2+f_3\cdot\frac{\partial z}{\partial y}=2y\mathrm{e}^{x^2+y^2+z^2}+2z\mathrm{e}^{x^2+y^2+z^2}\cdot x^2\cos y$$

$$=2(y+x^4\sin y\cos y)\mathrm{e}^{x^2+y^2+x^4\sin^2 y}.$$

计算多元函数的偏导数时,有时需要同时运用函数的和、差、积、商的求导法则和多元复合函数的求导法则.

例 7 设 $z=xyf\left(\frac{x}{y},\frac{y}{x}\right)$,求 $\frac{\partial z}{\partial x}$.

解 $\frac{\partial z}{\partial x}=\frac{\partial}{\partial x}\left[xyf\left(\frac{x}{y},\frac{y}{x}\right)\right]\xlongequal{\text{提常数因子}}y\frac{\partial}{\partial x}\left[xf\left(\frac{x}{y},\frac{y}{x}\right)\right]$

$$\xlongequal{\text{乘积求导}}y\left[f\left(\frac{x}{y},\frac{y}{x}\right)+x\frac{\partial}{\partial x}f\left(\frac{x}{y},\frac{y}{x}\right)\right]$$

$$\xlongequal{\text{复合求导}}y\left\{f\left(\frac{x}{y},\frac{y}{x}\right)+x\left[f_1\left(\frac{x}{y},\frac{y}{x}\right)\frac{1}{y}+f_2\left(\frac{x}{y},\frac{y}{x}\right)\left(-\frac{y}{x^2}\right)\right]\right\}$$

$$=yf\left(\frac{x}{y},\frac{y}{x}\right)+xf_1\left(\frac{x}{y},\frac{y}{x}\right)-\frac{y^2}{x}f_2\left(\frac{x}{y},\frac{y}{x}\right).$$

下面举例说明如何求复合函数的高阶偏导数.

例 8 设 $z=\frac{u}{v}, u=xy, v=x^2+y^2$,求$\frac{\partial^2 z}{\partial x^2}$.

解 $\frac{\partial z}{\partial x}=\frac{\partial z}{\partial u}\frac{\partial u}{\partial x}+\frac{\partial z}{\partial v}\frac{\partial v}{\partial x}=\frac{1}{v}\cdot y-\frac{u}{v^2}\cdot 2x$,

$$\frac{\partial^2 z}{\partial x^2}=\frac{\partial}{\partial x}\left(\frac{y}{v}-2\frac{xu}{v^2}\right)=\frac{\partial}{\partial x}\left(\frac{y}{v}\right)-2\frac{\partial}{\partial x}\left(\frac{xu}{v^2}\right),$$

而

$$\frac{\partial}{\partial x}\left(\frac{y}{v}\right)=y\frac{\partial}{\partial x}\left(\frac{1}{v}\right)=y\frac{\partial}{\partial v}\left(\frac{1}{v}\right)\frac{\partial v}{\partial x}=-\frac{y}{v^2}\cdot 2x=-\frac{2xy}{v^2}.$$

函数$\frac{xu}{v^2}$一方面直接依赖于 x,另一方面又通过 u、v 依赖于 x,故

$$\begin{aligned}\frac{\partial}{\partial x}\left(\frac{xu}{v^2}\right)&=\frac{u}{v^2}+x\frac{\partial}{\partial x}\left(\frac{u}{v^2}\right)=\frac{u}{v^2}+x\left[\frac{\partial}{\partial u}\left(\frac{u}{v^2}\right)\frac{\partial u}{\partial x}+\frac{\partial}{\partial v}\left(\frac{u}{v^2}\right)\frac{\partial v}{\partial x}\right]\\&=\frac{u}{v^2}+x\left[\frac{1}{v^2}\cdot y-2\frac{u}{v^3}\cdot 2x\right].\end{aligned}$$

于是

$$\begin{aligned}\frac{\partial^2 z}{\partial x^2}&=-\frac{2xy}{v^2}-2\left[\frac{u}{v^2}+\frac{xy}{v^2}-\frac{4x^2u}{v^3}\right]=\frac{2}{v^2}\left[\frac{4x^2u}{v}-2xy-u\right]\\&=\frac{2}{v^2}\left[\frac{4x^2u}{v}-3xy\right],\end{aligned}$$

其中 $u=xy, v=x^2+y^2$.

例 9 在例 4 中求$\frac{\partial^2 z}{\partial x\partial y}$.

解 首先把例 4 的$\frac{\partial z}{\partial x}$改写成

$$\frac{\partial z}{\partial x}=2xf_1+yf_2,$$

注意到 f_1、f_2 仍是 u、v 的函数,u、v 是 x 与 y 的函数,故

$$\begin{aligned}\frac{\partial^2 z}{\partial x\partial y}&=\frac{\partial}{\partial y}\left(\frac{\partial z}{\partial x}\right)=\frac{\partial}{\partial y}(2xf_1+yf_2)=2x\frac{\partial}{\partial y}f_1+f_2+y\frac{\partial}{\partial y}f_2\\&=2x[f_{11}(-2y)+f_{12}x]+f_2+y[f_{21}(-2y)+f_{22}x]\\&=-4xyf_{11}+2x^2f_{12}-2y^2f_{21}+xyf_{22}+f_2,\end{aligned}$$

其中"f_{12}"表示在 $f(u,v)$ 中先关于第一个变量 u 求偏导数,然后再关于第二个变量 v 求偏导数. f_{11}、f_{21}、f_{22} 有类似的意义.

另外若 f_{12} 与 f_{21} 均连续,则有 $f_{12}=f_{21}$,于是

$$\frac{\partial^2 z}{\partial x\partial y}=-4xyf_{11}+2(x^2-y^2)f_{12}+xyf_{22}+f_2.$$

4. 一阶全微分形式不变性

一元函数的微分有一个重要性质就是一阶微分形式不变性,也就是对于 $y=$

$f(u)$,不论 u 是自变量还是中间变量,都有 $\mathrm{d}y = f'(u)\mathrm{d}u$. 对于多元函数也有类似的性质.

设 $z = f(u,v)$,$u = u(x,y)$,$v = v(x,y)$,这里 f_u、f_v 连续,u、v 对 x,y 的偏导数也连续,则复合函数 $z = f(u(x,y),v(x,y))$ 的全微分

$$\begin{aligned}\mathrm{d}z &= \left(z_u\frac{\partial u}{\partial x} + z_v\frac{\partial v}{\partial x}\right)\mathrm{d}x + \left(z_u\frac{\partial u}{\partial y} + z_v\frac{\partial v}{\partial y}\right)\mathrm{d}y \\ &= z_u\left(\frac{\partial u}{\partial x}\mathrm{d}x + \frac{\partial u}{\partial y}\mathrm{d}y\right) + z_v\left(\frac{\partial v}{\partial x}\mathrm{d}x + \frac{\partial v}{\partial y}\mathrm{d}y\right) \\ &= z_u\mathrm{d}u + z_v\mathrm{d}v\end{aligned}$$

与 u,v 作为自变量时求得的全微分

$$\mathrm{d}z = z_u\mathrm{d}u + z_v\mathrm{d}v$$

完全相同.

利用这一性质给计算导数与微分带来方便. 首先我们指出一批常用的公式:

$$\mathrm{d}(u \pm v) = \mathrm{d}u \pm \mathrm{d}v,$$

$$\mathrm{d}(uv) = v\mathrm{d}u + u\mathrm{d}v,$$

$$\mathrm{d}\left(\frac{u}{v}\right) = \frac{v\mathrm{d}u - u\mathrm{d}v}{v^2} \quad (v \neq 0).$$

其中 u、v 不论是自变量还是具有一阶连续偏导数的中间变量,上式都是成立的.

例 10　求 $z = \arctan\frac{y}{x}(x \neq 0)$ 的全微分和偏导数.

解

$$\mathrm{d}z = \frac{\mathrm{d}\left(\frac{y}{x}\right)}{1 + \left(\frac{y}{x}\right)^2} = \frac{-y\mathrm{d}x + x\mathrm{d}y}{x^2 + y^2},$$

从而由全微分表示式的唯一性,得

$$z_x = -\frac{y}{x^2 + y^2}, \quad z_y = \frac{x}{x^2 + y^2}.$$

9.3.2　隐函数求导法

假设方程

$$F(x,y) = 0 \tag{8}$$

确定了可导的隐函数 $y = f(x)$,函数 $F(x,y)$ 在点(x,y) 的某个邻域内有连续的偏导函数 F_x 及 F_y,且有 $F_y(x,y) \neq 0$,在这样的条件下,利用二元复合函数的求导法来导出隐函数的求导公式.

把 $y = f(x)$ 代入式(8),得恒等式

$$F[x,f(x)] \equiv 0,$$

将左端看成是 x 的一个复合函数,求它的全导数. 由于恒等式两端求导后仍然恒等,

即得

$$F_x + F_y \frac{\mathrm{d}y}{\mathrm{d}x} = 0. \tag{9}$$

由于 $F_y(x,y) \neq 0$,所以

$$\frac{\mathrm{d}y}{\mathrm{d}x} = -\frac{F_x}{F_y}. \tag{10}$$

如果 $F(x,y)$ 还有二阶连续偏导数,则将式(10)的两端看作 x 的复合函数,再求一次导数,即得

$$\begin{aligned}\frac{\mathrm{d}^2 y}{\mathrm{d}x^2} &= \frac{\partial}{\partial x}\left(-\frac{F_x}{F_y}\right) + \frac{\partial}{\partial y}\left(-\frac{F_x}{F_y}\right)\frac{\mathrm{d}y}{\mathrm{d}x} \\ &= -\frac{F_y F_{xx} - F_x F_{yx}}{F_y^2} - \frac{F_y F_{xy} - F_x F_{yy}}{F_y^2}\left(-\frac{F_x}{F_y}\right) \\ &= -\frac{F_{xx}F_y^2 - 2F_{xy}F_x F_y + F_{yy}F_x^2}{F_y^3}.\end{aligned}$$

求$\dfrac{\mathrm{d}^2 y}{\mathrm{d}x^2}$有时也可从式(9)出发来求偏导数.

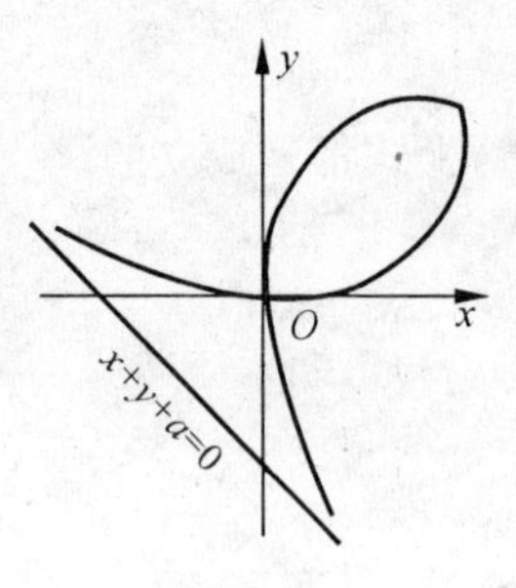

图 9.5

例 11 求笛卡儿叶形线(见图 9.5).

$$x^3 + y^3 - 3axy = 0 \tag{11}$$

所确定的隐函数 $y = f(x)$ 的一阶与二阶导数.

解 对式(11)求关于 x 的导数(其中 y 是 x 的函数),并以 3 除之,得

$$x^2 + y^2 y' - ay - axy' = 0,$$

或

$$(x^2 - ay) + (y^2 - ax)y' = 0. \tag{12}$$

于是

$$y' = \frac{ay - x^2}{y^2 - ax} \quad (y^2 - ax \neq 0). \tag{13}$$

把式(12)两端看成 x 的复合函数,再对 x 求导:

$$2x - ay' + (2yy' - a)y' + (y^2 - ax)y'' = 0,$$

$$y''(y^2 - ax) = 2ay' - 2yy'^2 - 2x, \tag{14}$$

把式(13)代入式(14)的右边,得

$$2ay' - 2yy'^2 - 2x = \frac{1}{(y^2 - ax)^2}[-2a^3 xy - 2xy(x^3 + y^3 - 3axy)].$$

再利用方程(11)就得到

$$y'' = -\frac{2a^3 xy}{(y^2 - ax)^3}.$$

类似一元隐函数,三元方程

$$F(x,y,z) = 0 \tag{15}$$

所确定的二元隐函数 $z=f(x,y)$ 在条件:"函数 $F(x,y,z)$ 在点 (x,y,z) 的某邻域内有连续偏导数 F_x、F_y、F_z,且 $F_z(x,y,z)\neq 0$" 下,有

$$\frac{\partial z}{\partial x}=-\frac{F_x}{F_z},\quad \frac{\partial z}{\partial y}=-\frac{F_y}{F_z}. \tag{16}$$

式(16) 的推导过程与式(10) 十分类似,这里就不再重复了.和一元隐函数一样,我们不必死记这个公式.

例 12　设 $x^2+y^2+z^2-4z=0$,求 $\dfrac{\partial^2 z}{\partial x^2}$.

解　设 $F(x,y,z)=x^2+y^2+z^2-4z$,则 $F_x=2x$,$F_z=2z-4$,应用公式(16),得

$$\frac{\partial z}{\partial x}=\frac{x}{2-z}.$$

再对 x 求偏导数,得

$$\frac{\partial^2 z}{\partial x^2}=\frac{(2-z)+x\dfrac{\partial z}{\partial x}}{(2-z)^2}=\frac{(2-z)+x\left(\dfrac{x}{2-z}\right)}{(2-z)^2}=\frac{(2-z)^2+x^2}{(2-z)^3}.$$

下面举例简单说明由方程组确定的隐函数的情况.约定隐函数是存在的.

例 13　设 $\begin{cases}xyz=a^2,\\ x^2+y^2-2az=0,\end{cases}$ 求 $\dfrac{\mathrm{d}y}{\mathrm{d}x}$,$\dfrac{\mathrm{d}z}{\mathrm{d}x}$.

解　此题已告诉我们由方程组确定了

$$y=y(x),\quad z=z(x).$$

分别在方程组两边求关于 x 的全导数,得

$$\begin{cases}yz+xz\dfrac{\mathrm{d}y}{\mathrm{d}x}+xy\dfrac{\mathrm{d}z}{\mathrm{d}x}=0,\\[2mm] 2x+2y\dfrac{\mathrm{d}y}{\mathrm{d}x}-2a\dfrac{\mathrm{d}z}{\mathrm{d}x}=0,\end{cases}$$

解得

$$\frac{\mathrm{d}y}{\mathrm{d}x}=-\frac{(az+x^2)y}{(y^2+az)x},$$

$$\frac{\mathrm{d}z}{\mathrm{d}x}=\frac{(x^2-y^2)z}{(y^2+az)x}\quad ((y^2+az)x\neq 0).$$

例 14　设 x、y 是自变量,隐函数 $u(x,y)$,$v(x,y)$ 由方程组 $\begin{cases}u^3+xv=y,\\ v^3+yu=x,\end{cases}$ 确定,求 $\dfrac{\partial u}{\partial x}$.

解　将所给方程组两边对 x 求偏导数,得

$$\begin{cases}3u^2u_x+xv_x+v=0,\\ 3v^2v_x+yu_x-1=0.\end{cases}$$

由此解得

$$u_x=-\frac{3v^3+x}{9u^2v^2-xy}.$$

习题 9.3

1. 求下列各函数的全导数：

(1) $u=x+4\sqrt{x}y-3y,x=t^2,y=\dfrac{1}{t}$；　(2) $u=\arctan(xy),y=\mathrm{e}^x$；

(3) $z=uv+\sin t,u=\mathrm{e}^t,v=\cos t$.

2. 设 $z=u^2+v^2$，而 $u=x+y,v=x-y$，求$\dfrac{\partial z}{\partial x},\dfrac{\partial z}{\partial y}$.

3. 用链导公式求函数 $z=(x^2+y^2)\mathrm{e}^{\frac{x^2+y^2}{xy}}$ 的一阶偏导数.

4. 求下列函数的一阶偏导数(其中 f 具有一阶连续偏导数)：

(1) $u=f(x^2-y^2,\mathrm{e}^{xy})$；　(2) $u=f\left(\dfrac{x}{y},\dfrac{y}{z}\right)$；　(3) $u=f(x,xy,xyz)$.

5. 证明 $z=f(xy)$ 满足 $x\dfrac{\partial z}{\partial x}-y\dfrac{\partial z}{\partial y}=0$.

6. 设 $z=\dfrac{y}{f(x^2-y^2)}$，其中 $f(u)$ 为可导函数，验证$\dfrac{1}{x}\dfrac{\partial z}{\partial x}+\dfrac{1}{y}\dfrac{\partial z}{\partial y}=\dfrac{z}{y^2}$.

7. 设 $z=f(x^2+y^2)$，其中 f 有二阶导数，求$\dfrac{\partial^2 z}{\partial x^2},\dfrac{\partial^2 z}{\partial x\partial y}$.

8. 求下列函数的$\dfrac{\partial^2 z}{\partial x^2},\dfrac{\partial^2 z}{\partial x\partial y},\dfrac{\partial^2 z}{\partial y^2}$(其中 f 具有二阶连续偏导数)：

(1) $z=f(xy,y)$；　(2) $z=f\left(x,\dfrac{x}{y}\right)$；　(3) $z=f(\sin x,\cos y,\mathrm{e}^{x+y})$.

9. 证明函数 $u=f(x+at)+\varphi(x-at)$(f,φ 均有二阶连续导数)满足

$$\frac{\partial^2 u}{\partial t^2}=a^2\frac{\partial^2 u}{\partial x^2}.$$

10. 求下列方程所确定的隐函数的导数或偏导数：

(1) $y=x^y$，求$\dfrac{\mathrm{d}y}{\mathrm{d}x}$；

(2) $\ln\sqrt{x^2+y^2}=\arctan\dfrac{y}{x}$，求$\dfrac{\mathrm{d}y}{\mathrm{d}x}$；

(3) 设 $b^2x^2+a^2y^2=a^2b^2$，求$\dfrac{\mathrm{d}^2 y}{\mathrm{d}x^2}$；

(4) 设 $\cos^2 x+\cos^2 y+\cos^2 z=1$，求$\dfrac{\partial z}{\partial x},\dfrac{\partial z}{\partial y}$；

(5) 设 $z^3-2xz+y=0$，求$\dfrac{\partial^2 z}{\partial x^2},\dfrac{\partial^2 z}{\partial y^2}$ 及$\dfrac{\partial^2 z}{\partial x\partial y}$.

11. 设 $x=x(y,z),y=y(x,z),z=z(x,y)$ 都是由方程 $F(x,y,z)=0$ 所确定的具有连续偏导数的函数，证明

$$\frac{\partial x}{\partial y}\cdot\frac{\partial y}{\partial z}\cdot\frac{\partial z}{\partial x}=-1.$$

12. 求由下列方程组所确定函数的导数或偏导数：

(1) 设 $\begin{cases}x+y+z=0,\\x^2+y^2+z^2=1,\end{cases}$ 求 $\frac{\mathrm{d}x}{\mathrm{d}z},\frac{\mathrm{d}y}{\mathrm{d}z}$；　(2) $\begin{cases}xu-yv=0,\\yu+xv=1.\end{cases}$ 求 $\frac{\partial u}{\partial x},\frac{\partial u}{\partial y}$.

9.4　微分学的几何应用

9.4.1　曲线的切线与法平面

设空间曲线 c 的方程为

$$x=x(t),\quad y=y(t),\quad z=z(t)\ (t\in I),\tag{1}$$

其中 I 是某个区间，$x(t)$、$y(t)$、$z(t)$ 的一阶导数都存在，且它们不同时为零.

设 $P_0(x_0,y_0,z_0)$ 是曲线 c 上对应于参数 $t=t_0$ 的点，而点 $P(x_0+\Delta x,y_0+\Delta y,z_0+\Delta z)$ 是 c 上对应于 $t=t_0+\Delta t$ 的点（见图 9.6），则割线 P_0P 的方程是

$$\frac{x-x_0}{\Delta x}=\frac{y-y_0}{\Delta y}=\frac{z-z_0}{\Delta z},$$

或

$$\frac{x-x_0}{\frac{\Delta x}{\Delta t}}=\frac{y-y_0}{\frac{\Delta y}{\Delta t}}=\frac{z-z_0}{\frac{\Delta z}{\Delta t}}.$$

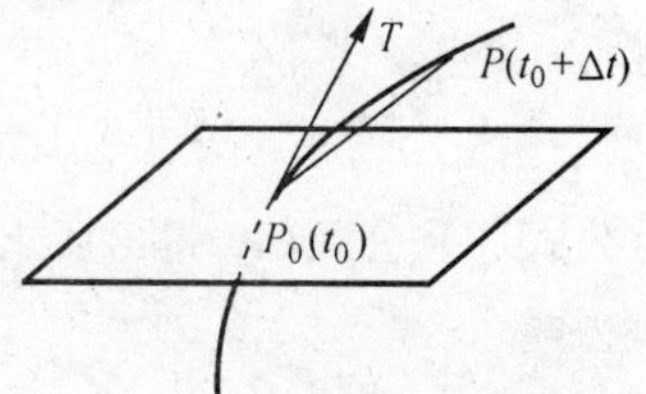

图 9.6

当 $\Delta t\to0$ 时，割线 P_0P 的极限位置 P_0T，称为曲线 c 在点 P_0 处的切线.

令 $\Delta t\to0$，得切线的方程为

$$\frac{x-x_0}{\left(\frac{\mathrm{d}x}{\mathrm{d}t}\right)_{t=t_0}}=\frac{y-y_0}{\left(\frac{\mathrm{d}y}{\mathrm{d}t}\right)_{t=t_0}}=\frac{z-z_0}{\left(\frac{\mathrm{d}z}{\mathrm{d}t}\right)_{t=t_0}},\tag{2}$$

其中

$$\boldsymbol{\tau}=\left(\frac{\mathrm{d}x}{\mathrm{d}t}\right)_{t=t_0}\boldsymbol{i}+\left(\frac{\mathrm{d}y}{\mathrm{d}t}\right)_{t=t_0}\boldsymbol{j}+\left(\frac{\mathrm{d}z}{\mathrm{d}t}\right)_{t=t_0}\boldsymbol{k}\tag{3}$$

是曲线 c 在点 P_0 处切矢量.过点 P_0 且垂直于曲线在该点的切线的平面，称为曲线在点 P_0 的法平面.

易知，法平面的方程为

$$x'(t_0)(x-x_0)+y'(t_0)(y-y_0)+z'(t_0)(z-z_0)=0.\tag{4}$$

注 1　若平面曲线由方程

$$x=x(t),\quad y=y(t)\quad (t\in I),$$

给出，$t_0\in I,x_0=x(t_0),y_0=y(t_0),x'(t_0)$ 与 $y'(t_0)$ 不同时为零，则曲线在点

(x_0,y_0) 的切线与法平面方程分别为

$$\frac{x-x_0}{x'(t_0)}=\frac{y-y_0}{y'(t_0)} \tag{5}$$

与

$$x'(t_0)(x-x_0)+y'(t_0)(y-y_0)=0. \tag{6}$$

注 2 若空间曲线 c 是以交面式给出：

$$c:\begin{cases}F(x,y,z)=0,\\G(x,y,z)=0,\end{cases}$$

怎样求 c 在点 $M_0(x_0,y_0,z_0)$ 处的切线方程?关于这一点我们在学完“曲面的切平面与法线”再给出.

例 1 求螺旋线 $x=a\cos t,y=a\sin t,z=bt(a,b>0)$ 在 $t=\frac{\pi}{2}$ 处的切线和法平面方程.

解 $t=\frac{\pi}{2}$ 对应曲线上的点 $(0,a,b\pi/2)$,求出

$$x'\left(\frac{\pi}{2}\right)=-a,\quad y'\left(\frac{\pi}{2}\right)=0,\quad z'\left(\frac{\pi}{2}\right)=b,$$

由公式(2)、公式(4) 得出所求的切线和法平面方程分别为

$$\frac{x}{-a}=\frac{y-a}{0}=\frac{z-(b\pi/2)}{b}$$

与

$$2ax-2bz+b^2\pi=0.$$

例 2 在曲线 $y=x^2,z=x^3$ 上求一点,使在该点的切线与平面 $x+2y+z=4$ 平行.

解 把 x 看作参数,则曲线的参数方程为

$$x=x,\quad y=x^2,\quad z=x^3.$$

切线矢量 $\boldsymbol{\tau}=\{x',y'(x),z'(x)\}=\{1,2x,3x^2\}$. 因为切线平行于平面 $x+2y+z=4$,所以 T 必须垂直于该平面的法矢量:$\boldsymbol{n}=\{1,2,1\}$,亦即

$$\boldsymbol{\tau}\cdot\boldsymbol{n}=1+4x+3x^2=0.$$

解之得 $x=-1$ 或 $x=-\frac{1}{3}$. 当 $x=-1$ 时,$y=1,z=-1$,当 $x=-\frac{1}{3}$ 时,$y=\frac{1}{9}$, $z=-\frac{1}{27}$,故所求点 $(-1,1,-1)$ 和 $\left(-\frac{1}{3},\frac{1}{9},-\frac{1}{27}\right)$.

9.4.2 曲面的切平面与法线

曲面在某点的切平面的定义是,设 M_0 为曲面上一定点,通过 M_0 作曲面上的任何曲线,如果这些曲线在 M_0 点处的切线都在同一平面上,则此平面就称为曲面在 M_0

处的**切平面**.那么曲面应该具备什么条件才有切平面呢?有下面的定理.

定理　设曲面 S 的方程为

$$F(x,y,z)=0, \tag{7}$$

$M_0(x_0,y_0,z_0)$ 是曲面上一定点,若 $F_x(M_0)$、$F_y(M_0)$、$F_z(M_0)$ 连续且不同时为零,则曲面在点 M_0 处的切平面存在,其方程为

$$F_x(M_0)(x-x_0)+F_y(M_0)(y-y_0)+F_z(M_0)(z-z_0)=0. \tag{8}$$

证　设曲线 L

$$x=x(t),\quad y=y(t),\quad z=z(t)$$

是曲面 S 上过 M_0 点的任意一条曲线(见图 9.7),且 $x'(t_0),y'(t_0),z'(t_0)$ 不同时为零,这里 t_0 对应于点 M_0.由式(2) 知曲线 L 在 M_0 处的切线方程为

$$\frac{x-x_0}{x'(t_0)}=\frac{y-y_0}{y'(t_0)}=\frac{z-z_0}{z'(t_0)}.$$

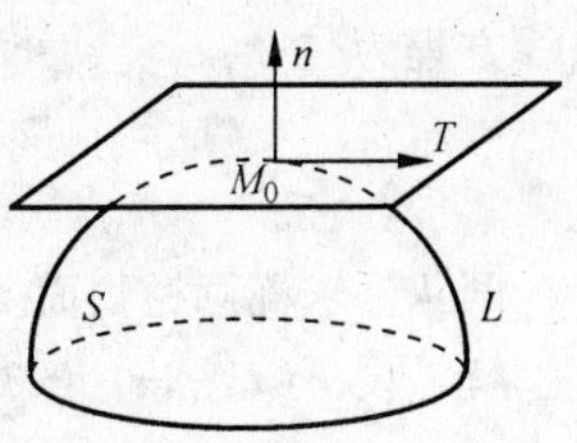

图 9.7

因为曲线 L 在曲面 S 上,所以有恒等式

$$F[x(t),y(t),z(t)]\equiv 0.$$

又因 $F(x,y,z)$ 在点 $M_0(x_0,y_0,z_0)$ 处有连续偏导数,且 $x'(t_0),y'(t_0),z'(t_0)$ 存在,所以这恒等式左边的复合函数在 $t=t_0$ 时有全导数,且这全导数等于零:

$$\frac{\mathrm{d}}{\mathrm{d}t}F[x(t),y(t),z(t)]\bigg|_{t=t_0}=0,$$

即有

$$F_x(M_0)x'(t_0)+F_y(M_0)y'(t_0)+F_z(M_0)z'(t_0)=0. \tag{9}$$

引入矢量

$$\boldsymbol{n}=\{F_x(M_0),F_y(M_0),F_z(M_0)\},$$

式(9) 表明曲线 L 在 M_0 点的切矢量

$$\boldsymbol{\tau}=\{x'(t_0),y'(t_0),z'(t_0)\}.$$

有 $\boldsymbol{\tau}\cdot\boldsymbol{n}=0$,于是有 $\boldsymbol{n}\perp\boldsymbol{\tau}$.

因曲线 L 是曲面上通过 M_0 的任意一条曲线,所以式(9) 表明曲面上通过 M_0 点的一切曲线的切线都垂直于 $\boldsymbol{n}$,因此这些切线都在同一平面上,根据定义,这个平面就是曲面在 M_0 处的切平面.

切平面过 M_0 且与 $\boldsymbol{n}$ 垂直,所以方程为

$$F_x(M_0)(x-x_0)+F_y(M_0)(y-y_0)+F_z(M_0)(z-z_0)=0.$$

过点 $M_0(x_0,y_0,z_0)$ 而垂直于切平面的直线称为曲面在该点的法线,其方程为

$$\frac{x-x_0}{F_x(M_0)}=\frac{y-y_0}{F_y(M_0)}=\frac{z-z_0}{F_z(M_0)}. \tag{10}$$

垂直于曲面切平面的矢量称为曲面的**法矢量**.矢量

$$\boldsymbol{n}=\{F_x(M_0),F_y(M_0),F_z(M_0)\},$$

就是曲面 S 在点 M_0 处的一个法矢量.

例 3 求曲面 $F(x,y,z)=x^2+y^2-2x=0$ 在 $M_0(1,1,\sqrt{2})$ 的切平面方程与法线方程.

解 曲面在 M_0 点的法矢

$$\boldsymbol{n}=\{F_x,F_y,F_z\}\Big|_{M_0}=\{0,2,0\},$$

故切平面方程为

$$y-1=0,$$

法线方程为

$$\frac{x-1}{0}=y-1=\frac{z-\sqrt{2}}{0}.$$

例 4 求椭圆抛物面 $z=3x^2+2y^2$ 在点 $M_0(1,2,11)$ 处的切平面与法线方程.

解 设 $F(x,y,z)=3x^2+2y^2-z$,则

$$F_x(x,y,z)=6x,\quad F_y(x,y,z)=4y,$$
$$F_z(x,y,z)=-1.$$

所以

$$F_x(1,2,11)=6,\quad F_y(1,2,11)=8,$$
$$F_z(1,2,11)=-1,$$

故所求的切平面方程为

$$6(x-1)+8(y-2)-(z-11)=0,$$

即

$$6x+8y-z-11=0.$$

法线方程为

$$\frac{x-1}{6}=\frac{y-2}{8}=\frac{z-11}{-1}.$$

从例 4 可以看到,若曲面由 $z=f(x,y)$ 表示,则它在点 $M_0(x_0,y_0,z_0)(z_0=f(x_0,y_0))$ 处的法矢量为

$$\boldsymbol{n}=\{f_x(x_0,y_0),f_y(x_0,y_0),-1\}. \tag{11}$$

切平面方程为

$$f_x(x_0,y_0)(x-x_0)+f_y(x_0,y_0)(y-y_0)-(z-z_0)=0.$$

于是有

$$z-z_0=f_x(x_0,y_0)(x-x_0)+f_y(x_0,y_0)(y-y_0). \tag{12}$$

设 α、β、γ 为曲面法矢的方向角,则由式(11)有方向余弦

$$\{\cos\alpha,\cos\beta,\cos\gamma\}=\frac{\pm 1}{\sqrt{1+f_x^2+f_y^2}}\{-f_x,-f_y,1\},$$

当法矢量方向朝上时取"+"号,方向朝下时取"−"号.

从式(12)可以说明全微分的几何意义:式(12)的右端恰好是函数 $z=f(x,y)$ 在点 (x_0,y_0) 的全微分,而左端是切平面上竖坐标的增量,因此,函数 $z=f(x,y)$ 在 (x_0,y_0) 的全微分,在几何上表示曲面 $z=f(x,y)$ 在点 (x_0,y_0,z_0) 处的切平面上点的竖坐标的增量(见图 9.8).

现在回答 9.4.1 节注 2 提出的问题:若空间曲线

$$c:\begin{cases}F(x,y,z)=0,\\G(x,y,z)=0,\end{cases}\tag{13}$$

如何求 c 在点 $M_0(x_0,y_0,z_0)$ 处的切线方程?

因为 c 的切线是两曲面的切平面的交线,所以 c 的切线与两曲面的法矢量垂直(见图 9.9).两曲面的法矢量依次为

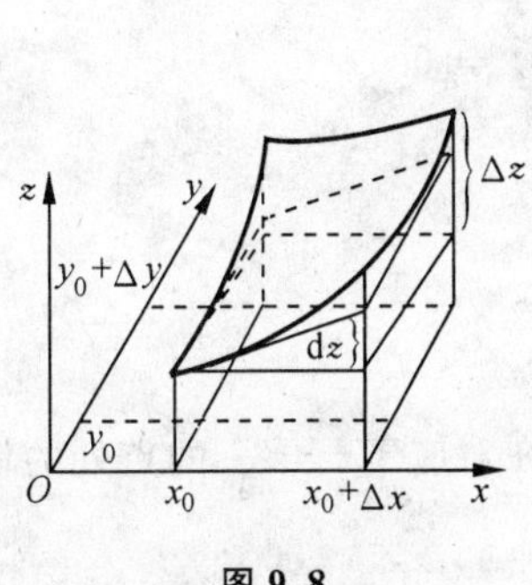

图 9.8

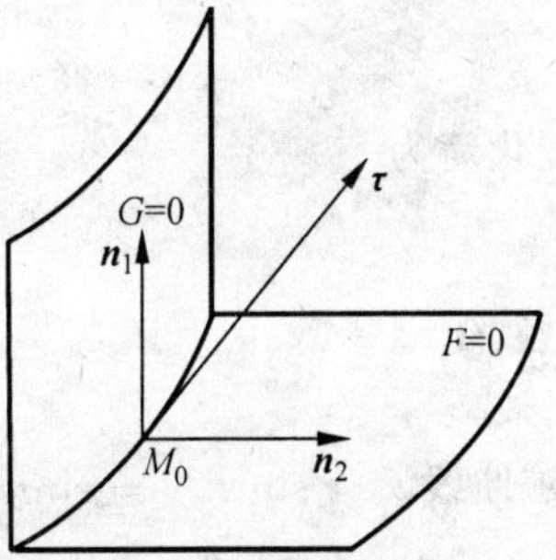

图 9.9

$$\boldsymbol{n}_1=\{F_x,F_y,F_z\},$$
$$\boldsymbol{n}_2=\{G_x,G_y,G_z\}.$$

于是交线 c 的切矢量 $\boldsymbol{\tau}$ 可为

$$\boldsymbol{\tau}=\boldsymbol{n}_1\times\boldsymbol{n}_2=\begin{vmatrix}\boldsymbol{i}&\boldsymbol{j}&\boldsymbol{k}\\F_x&F_y&F_z\\G_x&G_y&G_z\end{vmatrix}$$
$$=(F_yG_z-F_zG_y)\boldsymbol{i}+(F_zG_x-F_xG_z)\boldsymbol{j}+(F_xG_y-F_yG_x)\boldsymbol{k},$$

故切线的标准方程为

$$\frac{x-x_0}{(F_yG_z-F_zG_y)\big|_{M_0}}=\frac{y-y_0}{(F_zG_x-F_xG_z)\big|_{M_0}}=\frac{z-z_0}{(F_xG_y-F_yG_x)\big|_{M_0}}.\tag{14}$$

从而 c 在 $M_0(x_0,y_0,z_0)$ 的法平面方程为

$$(F_yG_z-F_zG_y)\big|_{M_0}(x-x_0)+(F_zG_x-F_xG_z)\big|_{M_0}(y-y_0)$$
$$+(F_xG_y-F_yG_x)\big|_{M_0}(z-z_0)=0.\tag{15}$$

当然做题时不要死记公式,可以按推导公式的方法来做.

例 5　求球面 $x^2+y^2+z^2=50$ 与锥面 $x^2+y^2=z^2$ 所截出的曲线上点

$M_0(3,4,5)$ 的切线与法平面方程.

解 设$F(x,y,z)=x^2+y^2+z^2-50$, $G(x,y,z)=x^2+y^2-z^2$,则法矢

$$\boldsymbol{n}_1=\{F_x,F_y,F_z\}\big|_{M_0}=\{2x,2y,2z\}\big|_{M_0}=\{6,8,10\},$$
$$\boldsymbol{n}_2=\{G_x,G_y,G_z\}\big|_{M_0}=\{2x,2y,-2z\}\big|_{M_0}=\{6,8,-10\},$$

则

$$\boldsymbol{\tau}=\boldsymbol{n}_1\times\boldsymbol{n}_2=\begin{vmatrix}\boldsymbol{i}&\boldsymbol{j}&\boldsymbol{k}\\6&8&10\\6&8&-10\end{vmatrix}=-160\boldsymbol{i}+120\boldsymbol{j},$$

故曲线在点 M_0 的切线与法平面方程分别为

$$\frac{x-3}{-4}=\frac{y-4}{3}=\frac{z-5}{0},$$
$$-4(x-3)+3(y-4)=0.$$

后一方程化简为

$$4x+3y=0.$$

习题 9.4

1. 求曲线 $x=\sin^2 t, y=\sin t\cos t, z=\cos^2 t$ 在对应于 $t=\dfrac{\pi}{4}$ 的点处的切线与法平面方程.

2. 证明螺旋线 $x=a\cos t, y=a\sin t, z=bt$ 的切线与 Oz 轴成定角.

3. 求曲线 $\begin{cases}x^2+y^2+z^2-3x=0,\\2x-3y+5z-4=0,\end{cases}$ 在点 $P(1,1,1)$ 处的切线与法平面方程.

4. 求曲面 $\mathrm{e}^z-z+xy=3$ 在点 $M(2,1,0)$ 处的切平面与法线方程.

5. 求椭球面 $x^2+2y^2+z^2=1$ 上平行于平面 $x-y+2z=0$ 的切平面方程.

6. 在曲面 $z=xy$ 上求一点,使该点的切平面平行于平面 $x+3y+z+9=0$.

7. 求旋转抛物面 $z=x^2+y^2-1$ 在点 $M_0(2,1,4)$ 处的法矢量的方向余弦(设法矢的方向朝上).

8. 试证曲面 $\sqrt{x}+\sqrt{y}+\sqrt{z}=\sqrt{a}\,(a>0)$ 上任何点处的切平面在各坐标轴上的截距之和等于 a.

9.5 方向导数与梯度

9.5.1 方向导数

我们知道,偏导数反映函数沿平行于坐标轴的方向上的变化率大小.很自然地要

考虑它在其他方向上的变化率.这不仅是理论上的需要,也是实际应用的需要.例如在气象学中要研究大气温度沿某一方向的变化率,或沿哪一个方向变化率最大;又如在水坝上,如果在 P_0 点温度沿某一方向变化来得大,那么裂缝就可能在这个方向上产生;再如,如果在某一点沿某一方向电位变化大,在这一方向,就可能引起放电现象.因此,需要研究函数在某一点沿某一方向上的变化率.

定义 1　如果函数 $u=f(x,y,z)$ 沿射线

$$L: x=x_0+\rho\cos\alpha,\quad y=y_0+\rho\cos\beta,\quad z=z_0+\rho\cos\gamma$$

的改变量($\rho>0$)

$$\Delta_L f=f(x_0+\rho\cos\alpha,y_0+\rho\cos\beta,z_0+\rho\cos\gamma)-f(x_0,y_0,z_0)$$

与 ρ 的比值,当 $\rho\to0^+$ 时的极限 $\lim\limits_{\rho\to0^+}\dfrac{\Delta_L f}{\rho}$ 存在,则称此极限为 $f(x,y,z)$ 在点 $M_0(x_0,y_0,z_0)$ 处沿方向 $\boldsymbol{l}$($\boldsymbol{l}$ 是与 L 同方向的矢量)的**方向导数**.记作

$$\left.\frac{\partial f}{\partial l}\right|_{M_0},\ f_l(M_0)\quad 或\quad f_l(x_0,y_0,z_0),$$

即
$$\left.\frac{\partial f}{\partial l}\right|_{M_0}=\lim_{\rho\to0^+}\frac{f(x_0+\rho\cos\alpha,y_0+\rho\cos\beta,z_0+\rho\cos\gamma)-f(x_0,y_0,z_0)}{\rho}.\tag{1}$$

注 1　设 $x=x_0+\rho\cos\alpha,y=y_0+\rho\cos\beta,z=z_0+\rho\cos\gamma$,可知 $\rho=\sqrt{(x-x_0)^2+(y-y_0)^2+(z-z_0)^2}$(因 $\cos^2\alpha+\cos^2\beta+\cos^2\gamma=1$).

注 2　设 $\boldsymbol{l}^\circ=\{\cos\alpha,\cos\beta,\cos\gamma\}$,则 $\boldsymbol{l}$ 与 $\boldsymbol{l}^\circ$ 同向.

注 3　方向导数的几何意义.以 $z=f(x,y)$ 的方向导数

$$\left.\frac{\partial f}{\partial l}\right|_{M_0}=\lim_{\rho\to0^+}\frac{f(x,y)-f(x_0,y_0)}{\rho}\quad\begin{pmatrix}x=x_0+\rho\cos\alpha\\ y=y_0+\rho\cos\beta\end{pmatrix}$$
$$=\lim_{\rho\to0}\frac{f(M)-f(M_0)}{\rho}\quad\begin{pmatrix}M=(x,y)\\ M_0=(x_0,y_0)\end{pmatrix}$$

为例说明方向导数的几何意义.

设 $z=f(x,y)$ 的图形如图 9.10 的曲面 S,当自变量沿射线 L(或沿方向 $\boldsymbol{l}$)变化时,对应的空间点 (x,y,z) 形成过 L 的铅垂平面与 s 的交线.这条交线在点 $P_0(x_0,y_0,z_0)(z_0=f(x_0,y_0))$ 有一条半切线 T,记此半切线与方向 $\boldsymbol{l}$ 的夹角为 θ,则由方向导数的定义可得

$$\frac{\partial f}{\partial l}=\tan\theta.$$

可知,当 $\dfrac{\partial f}{\partial l}>0$ 时,函数在点 M_0 沿方向 $\boldsymbol{l}$ 增大;当 $\dfrac{\partial f}{\partial l}<0$,函数在点 M_0 沿方向 $\boldsymbol{l}$ 减小.或者说,当 $\dfrac{\partial f}{\partial l}>0$ 时,则对充分小的 ρ 有函数值

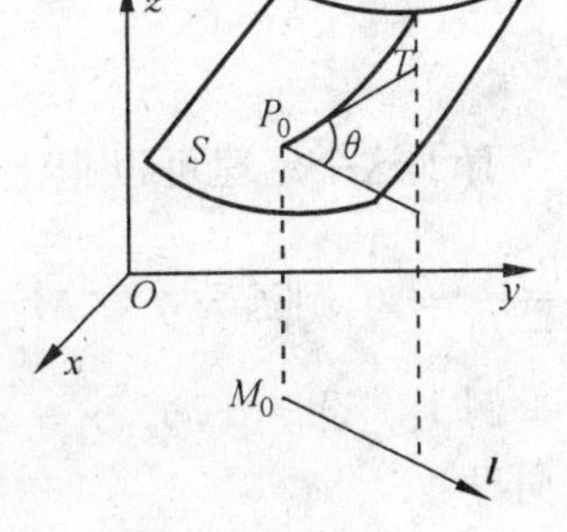

图 9.10

$$f(x_0+\rho\cos\alpha, y_0+\rho\cos\beta) > f(x_0, y_0);$$

当$\frac{\partial f}{\partial l}<0$时,则对充分小的$\rho$有

$$f(x_0+\rho\cos\alpha, y_0+\rho\cos\beta) < f(x_0, y_0);$$

当$\frac{\partial f}{\partial l}=0$时,则函数在$M_0$点沿$\boldsymbol{l}$方向的变化是稳定的.

注 4 $\left.\frac{\partial f}{\partial l}\right|_{M_0}$ 表示 $f(M)$ 沿 l 方向对距离的变化率.

注 5 若f在点M_0存在关于x的偏导数,则f在M_0点沿x轴正方向的方向导数等于$\frac{\partial f}{\partial x}\big|_{M_0}$,$f$在$M_0$点沿$x$轴负方向的方向导数等于$-\frac{\partial f}{\partial x}\big|_{M_0}$.

关于方向导数的计算,有下面的定理.

定理 设$f(x,y,z)$的三个偏导数在点$M_0(x_0,y_0,z_0)$处连续,则f在点M_0处沿任一方向l的方向导数都存在,且

$$f_l(M_0)=f_x(M_0)\cos\alpha+f_y(M_0)\cos\beta+f_z(M_0)\cos\gamma, \tag{2}$$

其中$\cos\alpha$、$\cos\beta$、$\cos\gamma$是l的方向余弦.

证 令

$$\Phi(\rho)=f(x_0+\rho\cos\alpha, y_0+\rho\cos\beta, z_0+\rho\cos\gamma).$$

由方向导数定义知

$$\begin{aligned}f_l(M_0)&=\lim_{\rho\to 0^+}\frac{f(x_0+\rho\cos\alpha, y_0+\rho\cos\beta, z_0+\rho\cos\gamma)-f(x_0,y_0,z_0)}{\rho}\\&=\lim_{\rho\to 0^+}\frac{\Phi(\rho)-\Phi(0)}{\rho}=\Phi'(0).\end{aligned}$$

由链导法则知

$$\Phi'(0)=f_x(M_0)\cos\alpha+f_y(M_0)\cos\beta+f_z(M_0)\cos\gamma.$$

从这个定理可以得出:

若$\boldsymbol{l}$的方向余弦为$\{\cos\alpha,\cos\beta,\cos\gamma\}$,则$-\boldsymbol{l}$的方向余弦为$\{\cos(\pi-\alpha),\cos(\pi-\beta),\cos(\pi-\gamma)\}$,即有

$$\left.\frac{\partial f}{\partial l}\right|_{M_0}=-\frac{\partial f}{\partial(-l)}.$$

有了这个定理可以把上面注 3 的结论再引申一步:若$\frac{\partial f}{\partial l}=0$,由上面说明知$\frac{\partial f}{\partial(-l)}=0$,则函数$f$在$M_0$沿$\boldsymbol{l}$和$-\boldsymbol{l}$方向上的变化都是稳定的.

例 1 设$f(x,y,z)=x+y^2+z^3$,求f在点$(1,1,1)$沿方向$\boldsymbol{l}=\{2,-2,1\}$的方向导数.

解 由于$f_x(1,1,1)=1$,$f_y(1,1,1)=2$,$f_z(1,1,1)=3$,方向l的方向余弦是

$$\cos\alpha = 2/\sqrt{2^2+(-2)^2+1^2} = \frac{2}{3},\quad \cos\beta = -\frac{2}{3},\quad \cos\gamma = \frac{1}{3}.$$

故
$$f_l(1,1,1) = 1\cdot\frac{2}{3} + 2\left(-\frac{2}{3}\right) + 3\cdot\frac{1}{3} = \frac{1}{3}.$$

9.5.2　梯度

我们知道,过空间一点 M_0 可以引无穷多条射线,即有无穷多个不同的方向.一般地说,函数沿不同方向的方向导数是不相同的,即在一点 M_0 可能有无穷多个不同的方向导数.我们要问,在这无穷多个方向导数中,有没有一个最大的?如果有,它是沿哪个方向?即函数沿哪个方向变化最快?为了回答这个问题,先给出与函数的方向导数密切相关的另一个概念——函数的梯度.

定义 2　若函数 $u=f(x,y,z)$ 在点 M_0 存在对各自变量的偏导数,则称矢量 $\{f_x(M_0),f_y(M_0),f_z(M_0)\}$ 为函数 f 在点 M_0 的**梯度**,记作 $\mathrm{grad}f(M_0)$ 或 $\mathrm{grad}u(M_0)$,即

$$\mathrm{grad}f(M_0) = \{f_x(M_0),f_y(M_0),f_z(M_0)\}. \tag{3}$$

若函数 $u=f(x,y,z)$ 在区域 D 上处处存在偏导数 f_x、f_y、f_z,则梯度 $\mathrm{grad}f(M)(M\in D)$ 是一个随 M 变动的矢量,简写成 $\mathrm{grad}f$ 或 $\mathrm{grad}u$,即

$$\mathrm{grad}f = \{f_x,f_y,f_z\}. \tag{4}$$

现在回答上面提出的问题.

设 $\boldsymbol{l}^\circ = \{\cos\alpha,\cos\beta,\cos\gamma\}$,则式(2)可以写成:

$$f_l(M_0) = \mathrm{grad}f(M_0)\cdot\boldsymbol{l}^\circ = |\mathrm{grad}f(M_0)|\cos\theta, \tag{5}$$

其中 θ 为 $\mathrm{grad}f(M_0)$ 与 $\boldsymbol{l}^\circ$ 的夹角.从式(5)分析,M_0 是给定的,故 $\mathrm{grad}f(M_0)$ 是一个固定矢量,当 $\boldsymbol{l}$(或 $\boldsymbol{l}^\circ$)与 $\mathrm{grad}f(M_0)$ 同向,即 $\theta=0$ 时,$f_l(M_0)$ 达到最大值 $|\mathrm{grad}f(M_0)|$;当 l 与 $\mathrm{grad}f(M_0)$ 反向,即 $\theta=\pi$ 时,$f_l(M_0)$ 达到最小值 $-|\mathrm{grad}f(M_0)|$.于是得出梯度的性质:

(1) u 在点 M_0 沿方向 $\boldsymbol{l}$ 的方向导数,等于梯度在方向 $\boldsymbol{l}$ 上的投影(见图 9.11);

(2) 梯度 $\mathrm{grad}u$ 的方向为方向导数 $\frac{\partial u}{\partial l}\left(或\frac{\partial f}{\partial l}\right)$ 取得最大值的方向,梯度的模为方向导数的最大值;

(3) 在 M_0 处的梯度垂直于过点 M_0 的等量面 $f(x,y,z)=c$(见图9.11),且从数值较低的等量面指向数值较高的等量面.

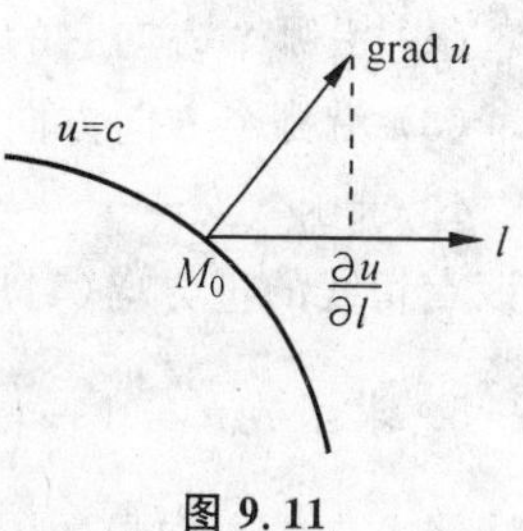

图 9.11

这是因为等量面 $f(x,y,z)=c$ 可写成 $f(x,y,z)-c=0$,令 $F(x,y,z)=f(x,y,z)$,则等量面的法矢 $\boldsymbol{N}$ 为

$$\boldsymbol{N} = \{F_x,F_y,F_z\} = \{f_x,f_y,f_z\}.$$

从形式上与梯度一样,故梯度垂直于等量面,再由于性质

(2),故(3)的后一部分结论是显然的.这里提到 $\boldsymbol{N}$ 与 $\mathrm{grad}f$ 在形式上一样,但须注意,法矢量是对曲面方程而言;而梯度这个矢量是对函数 $u=f(x,y,z)$ 而言,位于函数的定义域上的.

例 2 求函数 $z=x^4y^3$ 在点 $P_0(1,1)$(1)增长最快的方向及下降最快的方向,并求最大的增长率.(2)沿哪个方向函数值不变化.

解 (1) $\dfrac{\partial z}{\partial x}\Big|_{P_0}=4x^3y^3\Big|_{P_0}=4$, $\dfrac{\partial z}{\partial y}\Big|_{P_0}=3x^4y^2\Big|_{P_0}=3$.

在点 P_0 增长最快的方向是

$$\mathrm{grad}z\big|_{P_0}=4\boldsymbol{i}+3\boldsymbol{j},$$

在点 P_0 沿该方向的增长率最大,最大增长率是

$$\left|\mathrm{grad}z\big|_{P_0}\right|=\sqrt{4^2+3^2}=5.$$

而在 P_0 点下降最快的方向是

$$-\mathrm{grad}z\big|_{P_0}=-4\boldsymbol{i}-3\boldsymbol{j}.$$

(2) 设 $l=\{a,b\}$,z 在 P_0 沿 l 方向函数值不变化,

有
$$\frac{\partial z}{\partial l}=0\Rightarrow 4a+3b=0\Rightarrow a=-\frac{3}{4}b,$$

所以 z 在 P_0 点沿 $3\boldsymbol{i}-4\boldsymbol{j}$ 与 $-3\boldsymbol{i}+4\boldsymbol{j}$ 时函数值不变化.

例 3 求 $u=xy^2+yz^3$ 在点 $P_0(2,-1,1)$ 的梯度.

解 分别算出

$$u_x(P_0)=1,\quad u_y(P_0)=-3,\quad u_z(P_0)=-3,$$

故
$$\mathrm{grad}u(P_0)=\{1,-3,-3\}.$$

习题 9.5

1. 设平面矢量 $\boldsymbol{l}$ 与 x 轴正向夹角为 $60°$,求函数 $u=x^2-y^2$ 在点 $M(1,1)$ 处沿方向 $\boldsymbol{l}$ 的方向导数.

2. 给定点 $M(5,1,2)$,$N(9,4,14)$,求函数 $u=xyz$ 在点 M 处沿 $\overrightarrow{MN}$ 的方向导数.

3. 求 $u=x^2-xy+y^2$ 在点 $P(1,1)$ 处沿方向 $\boldsymbol{l}^\circ=\{\cos\alpha,\sin\alpha\}$ 的方向导数,并指出:

(1) 沿哪个方向它的方向导数最大? (2) 沿哪个方向它的方向导数最小?

(3) 沿哪个方向方向导数为零?

4. 求函数 $u=x^2+y^2+z^2$ 在曲线 $x=t,y=t^2,z=t^3$ 上点(1,1,1)处,沿曲线在该点切线的正方向(对应于 t 增大的方向)的方向导数.

5. 求函数 $u=1-\left(\dfrac{x^2}{a^2}+\dfrac{y^2}{b^2}\right)$ 在点 $M\left(\dfrac{a}{\sqrt{2}},\dfrac{b}{\sqrt{2}}\right)$ 处沿曲线 $x^2/a^2+y^2/b^2=1$ 在该点法线方向的方向导数.

6. 求函数 $u = \ln(x^2 + y^2)$ 在点 $M(x_0, y_0)$ 处沿它在此点的梯度方向的方向导数.

7. 求下列函数在指定点的梯度：

(1) $z = x^3 + y^3 - 3xy, M(2,1)$；　(2) $u = xyz, M(2,1,1)$；

(3) $u = 1/\sqrt{x^2 + y^2 + z^2}, M(x_0, y_0, z_0)$.

9.6　极　　值

9.6.1　极值与最值

多元函数的极值问题是多元函数微分学的重要应用. 与一元函数类似，多元函数的最大值、最小值与极大值、极小值有密切的关系. 下面以二元函数为例，讨论多元函数的极值问题.

定义　设函数 $z = f(x,y)$ 在点 $P_0(x_0, y_0)$ 的某个邻域内有定义，如果对于此邻域内任何异于 $P_0(x_0, y_0)$ 的点 $P(x,y)$，都有 $f(P) < f(P_0)$（或 $f(P) > f(P_0)$）成立，则称函数 $f(x,y)$ 在点 P_0 取得**极大值**（或**极小值**）$f(P_0)$. 极大值与极小值统称为**极值**，使函数取得极值的点 P_0 称为**极值点**.

例 1　函数 $z = f(x,y) = (x-1)^2 + (y-1)^2 + 2$ 在点 $P_0(1,1)$ 取得极小值 2. 这是因为当 $P(x,y) \neq P_0$ 时有 $(x-1)^2 + (y-1)^2 > 0$ 有 $f(P) > f(P_0) = 2$，这函数图形如图 9.12 所示的曲面. 在这曲面上，点 $(1,1,2)$ 低于四周围的点.

例 2　函数 $z = f(x,y) = 3 - \sqrt{x^2 + y^2}$ 在点 $P_0(0,0)$ 取得极大值 3，因为当 $x^2 + y^2 \neq 0$ 有

$$f(x,y) = 3 - \sqrt{x^2 + y^2} < 3 = f(P_0).$$

此函数的图形是如图 9.13 所示的锥面，可以看出在锥面上点 $(0,0,3)$ 高于四周围的点.

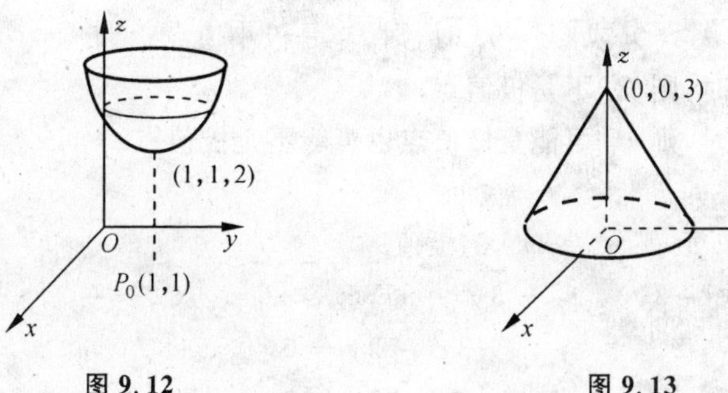

图 9.12　　　　图 9.13

有了直观的印象后,我们对极值概念说明一下.极值与最大、最小值不同,后者是一个整体性概念,前者是局部性概念.如点 P_0 是极大值点,是指存在一个邻域 $N(P_0,\delta)$,当点 $P\in N(P_0,\delta)$ 且 $P\neq P_0$ 时有 $f(P)<f(P_0)$,即 $f(P_0)$ 是局部(即在 $N(P_0,\delta)$ 内) 最大值,然而在整个函数定义域它可能不是最大.这好比群峰上的一个小山头的顶峰在这个小山头上是最高,然而在群峰中不一定最高.另外注意,这里所讨论的极值点都只限于定义域的内点.

下面讨论函数取得极值的必要条件.

定理 1(极值的必要条件) 设函数 $z=f(x,y)$ 在点(x_0,y_0) 的两个偏导数存在,若(x_0,y_0) 是函数 $f(x,y)$ 的极值点,则

$$f_x(x_0,y_0)=0,\quad f_y(x_0,y_0)=0. \tag{1}$$

证 因为点(x_0,y_0) 是函数 $f(x,y)$ 的极值点,若固定 $f(x,y)$ 中的变量 y,令 $y=y_0$,则 $z=f(x,y_0)$ 是一个一元函数,它在点 x_0 处有极值.由一元函数极值的必要条件知 $f_x(x_0,y_0)=0$.同理可证 $f_y(x_0,y_0)=0$.

使 $f_x(x,y)=0,f_y(x,y)=0$ 同时成立的点(x,y) 称为函数的**驻点**.

注 1 条件(1) 是函数取得极值的必要条件而非充分条件.例如函数 $z=x^2-y^2$ 的图形是一个鞍形曲面.令 $f_x=2x=0,f_y=-2y=0$,解出唯一的驻点(0,0).然而在(0,0) 的任一邻域内既有点如$(x,0)(x\neq 0)$ 使 $f(x,0)>0$,又有点如$(0,y)(y\neq 0)$ 使$f(0,y)<0$(而 $f(0,0)=0$)(参看图 8.48).

注 2 极值点也可能在偏导数不存在的点达到.如例 2 中锥面的顶点(0,0) 点的两个偏导数值不存在,然而(0,0) 是极大值点.这里驻点与偏导不存在的点统称为极值怀疑点.

由上可知驻点可能是极值点,也可能不是极值点.那么怎样判定二元函数的驻点是否是极值点?是极大值点还是极小值点?有下面的定理.

定理 2(极值的充分条件) 设函数 $z=f(x,y)$ 在点 $P_0(x_0,y_0)$ 的某个邻域内具有二阶连续偏导数,且 $P_0(x_0,y_0)$ 是函数的驻点.若记 $A=f_{xx}(P_0),B=f_{xy}(P_0)$,$C=f_{yy}(P_0),\Delta=B^2-AC$.

1° 若 $\Delta<0,A<0$(或 $C<0$),则 P_0 是极大值点;

2° 若 $\Delta<0,A>0$(或 $C>0$) 时,则 P_0 是极小值点;

3° 当 $\Delta>0$ 时,则 P_0 不是极值点;

4° 当 $\Delta=0$ 时,则 P_0 可能是极值点也可能不是极值点.

证 (略)

例 3 求 $z=x^3+y^3-3xy$ 的极值.

解 $z_x=3x^2-3y,\quad z_y=3y^2-3x,z_{xx}=6x,\quad z_{xy}=-3,\quad z_{yy}=6y.$

解方程组
$$\begin{cases}3x^2-3y=0,\\3y^2-3x=0,\end{cases}$$

得函数的驻点分别为 $P_1(0,0)$，$P_2(1,1)$.

对于驻点 P_1，因 $A = z_{xx}(P_1) = 0$，$B = -3$，$C = z_{yy}(P_1) = 0$，所以 $\Delta = B^2 - AC = 9 > 0$，于是点 P_1 不是极值点.

对于驻点 P_2，因为 $z_{xx}(P_2) = 6$，$B = -3$，$C = z_{yy}(P_2) = 6$，所以 $B^2 - AC = 9 - 36 = -27 < 0$，又 $A = 6 > 0$，于是点 P_2 是极小值点.

$z(1,1) = 2 - 3 = -1$ 是函数的极小值.

注　当 $\Delta = 0$ 时，此时为不定情况，如函数 $u = (x^2 + y^2)^2$ 与 $z = xy^2$ 在点 $(0,0)$ 都可验证 $\Delta = 0$，但 $(0,0)$ 显然是函数 u 的极小值点，却不是函数 z 的极值点.

下面来谈一下函数的最大值与最小值问题.

我们知道，在有界闭区域上连续的二元函数 $f(x,y)$，一定能在该区域上取得最大值 M 和最小值 m. 假定函数是可微的，如果函数的最大值(最小值)在区域内部取得，那么这个最大值(最小值)也是函数的极大值(极小值)，于是这个最大值(最小值)点必在函数的驻点之中；若函数的最大值(最小值)在区域的边界上取得，那么它也一定是函数在边界上的最大值(最小值). 于是求 M 与 m 的程序如下：

(1) 求出 $f(x,y)$ 在 D 内部的所有极值怀疑点 $P_i(1 \leqslant i \leqslant n)$；

(2) 求出 $f(x,y)$ 在 D 的边界上的最大值 M_1 与最小值 m_1，

则有

$$M = \max\{M_1, f(P_1), \cdots, f(P_n)\},$$
$$m = \min\{m_1, f(P_1), \cdots, f(P_n)\}.$$

而在实际问题中往往从问题本身就能断定它的最大值或最小值一定存在，且在定义域的内部取得. 这时，如果函数在定义域内有唯一的驻点，则该驻点的函数值就是函数的最大值或最小值.

例 4　求函数 $z = x^2y(5 - x - y)$ 在闭区域

$$D:\ x \geqslant 0, y \geqslant 0, x + y \leqslant 4$$

上的最大值与最小值.

解

$$z_x = 10xy - 3x^2y - 2xy^2 = xy(10 - 3x - 2y),$$
$$z_y = 5x^2 - x^3 - 2x^2y = x^2(5 - x - 2y).$$

令 $z_x = 0$，$z_y = 0$ 得函数在 D 内部的驻点 $\left(\frac{5}{2}, \frac{5}{4}\right)$.

再考虑函数在域 D(见图 9.14)边界上的情况，在边界 $x = 0$、$y = 0$ 上，函数 z 的值恒为零；在边界 $x + y = 4$ 上，函数 z 成为变量 x 的一元函数：

$$z = x^2(4 - x) \quad (0 \leqslant x \leqslant 4).$$

由于

$$\frac{\mathrm{d}z}{\mathrm{d}x} = x(8 - 3x),$$

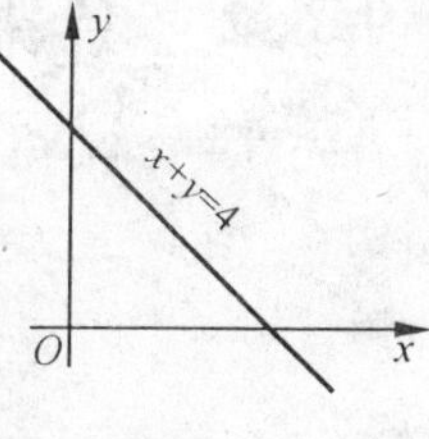

图 9.14

可知在(0,4)内的驻点为 $x=\frac{8}{3}$,这时 $y=\frac{4}{3}$.

在端点 $x=0$ 与 $x=4$ 时 $z=0$,故边界的最大值在 $\left(\frac{8}{3},\frac{4}{3}\right)$ 上达到,最小值可在(0,0)达到,列表如下:

点 P	$\left(\frac{5}{2},\frac{5}{4}\right)$	$\left(\frac{8}{3},\frac{4}{3}\right)$	(0,0)
$f(P)$	625/64	256/27	0

故最大值 $f(P)=f\left(\frac{5}{2},\frac{5}{4}\right)=\frac{625}{64}$,最小值 $f(P)=0$,P 在 D 的边界 $x=0$ 与 $y=0$ 上.

例 5 求下列两条空间曲线的最短距离.

$$L_1:\quad x=t,y=t,z=t-1;$$
$$L_2:\quad x=s,y=-s,z=s.$$

解 L_1 上任意点 $P(t,t,t-1)$ 与 L_2 上任意点 $Q(s,-s,s)$ 之间的距离为

$$d=\sqrt{(t-s)^2+(t+s)^2+(t-1-s)^2}.$$

为简便起见,改为求

$$z=d^2=2(t^2+s^2)+(t-s-1)^2$$

在 $\mathbf{R}^2$ 上的最小值.令

$$\begin{cases}\dfrac{\partial z}{\partial t}=4t+2(t-s-1)=0,\\[2mm]\dfrac{\partial z}{\partial s}=4s-2(t-s-1)=0,\end{cases}$$

解得驻点
$$P_0(t_0,s_0)=\left(\frac{1}{4},-\frac{1}{4}\right).$$

由于所求的最小值一定存在,且函数 z 在 $\mathbf{R}^2$ 内有唯一驻点,故当 $P=P_0$ 时,$z\left(\frac{1}{4},-\frac{1}{4}\right)=\frac{1}{2}$ 最小,从而 L_1 与 L_2 之间的最短距离 $d=\frac{1}{\sqrt{2}}$.

9.6.2 条件极值

首先看一个例子.

例 6 求 $x+y=10$ 时,$z=xy$ 的极大值.

解 由 $x+y=10$,得

$$y=10-x,$$

代入 $z=xy$,得
$$z=x(10-x).$$

令
$$\frac{\mathrm{d}z}{\mathrm{d}x}=-2x+10=0.$$
解得 $x=5$. 又 $\frac{\mathrm{d}^2z}{\mathrm{d}x^2}=-2<0$，故当 $x=5$ 时，z 有极大值 $z=25$.

这个例子与以前讲过的极值问题有些区别. 前面讨论的问题中，除了自变量在定义域内取值之外，并无其他条件的限制，所以称这类极值为**无条件极值或自由极值**. 而例 4 求极值时附加了条件："$x+y=10$". 像这种对自变量有附加条件的极值称为**条件极值**. 例 4 的解决是把条件极值化为无条件极值来解. 但条件极值化为无条件极值并不都很简单，有时甚至无法实现. 为此，下面介绍直接求条件极值的方法，这种方法叫做拉格朗日乘数法.

现在我们来寻求函数 $z=f(x,y)$ 在条件 $\varphi(x,y)=0$ 下取得极值的必要条件.

先来直观地看一个例子.

例 7　求函数 $z=\sqrt{9-(x^2+y^2)}+2$ 在条件 $y=1$ 下的极大值.

当 $y=1$ 时函数
$$z=\sqrt{9-(x^2+1)}+2.$$
显然上式在 $x=0$ 时有极大值 $z=2\sqrt{2}+2$.

令
$$z=f(x,y)=\sqrt{9-(x^2+y^2)}+2,$$
$$\varphi(x,y)=y-1=0,$$
于是条件极值点为(0,1)，条件极大值为 $2+2\sqrt{2}$. 而由图 9.15，显然 $z=f(x,y)$ 的无条件的极值(极大值) 为 P_0 的纵坐标 5. 这说明无条件极大值与条件极大值是有区别的.

在条件极值点 M_0 上画出两个梯度矢量(见图 9.16)，可以看出，$\mathrm{grad}f(M_0)\ /\!/\ \mathrm{grad}\varphi(M_0)$，于是存在实数 λ 使得
$$\mathrm{grad}f(M_0)=-\lambda\mathrm{grad}\varphi(M_0),$$

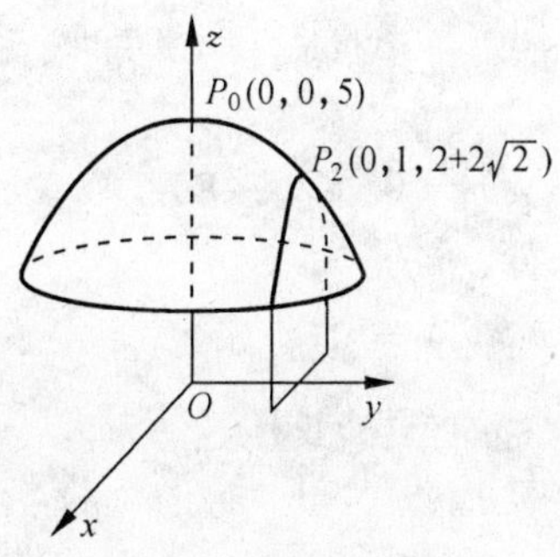

图 9.15

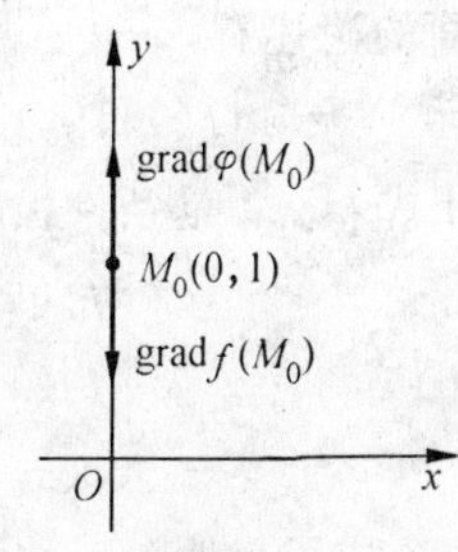

图 9.16

或者

$$\mathrm{grad} f(M_0) + \lambda \mathrm{grad} \varphi(M_0) = \mathbf{0}.$$

结合约束条件就得出 M_0 为条件极值点的条件：

$$\begin{cases} f_x(M_0) + \lambda\varphi_x(M_0) = 0, \\ f_y(M_0) + \lambda\varphi_y(M_0) = 0, \\ \varphi(M_0) = 0. \end{cases}$$

一般的我们有下面的定理.

定理 3 设函数 f 与 φ 在区域 D 内连续可导，曲线 $L:\varphi(x,y)=0$ 含于 D 内. 如果 $f(x_0,y_0)$ 是函数 $z=f(x,y)$ 在条件 $\varphi(x,y)=0$ 下的极值，且 $\mathrm{grad}\varphi(x_0,y_0)\neq\mathbf{0}$，则存在实数 λ 使得

$$\mathrm{grad} f(x_0,y_0) + \lambda \mathrm{grad}\varphi(x_0,y_0) = \mathbf{0}.$$

证 设曲线 $L:\varphi(x,y)=0$ 的参数方程为

$$\begin{cases} x = x(t), \\ y = y(t), \end{cases}$$

并设 $x_0=x(t_0)$，$y_0=y(t_0)$，$\{x'(t_0),y'(t_0)\}\neq\mathbf{0}$，则 t_0 是函数 $g(t)=f(x(t),y(t))$ 的极值点，从而 $g'(t_0)=0$.

由复合函数的求导公式得

$$g'(t_0) = f_x(x_0,y_0)x'(t_0) + f_y(x_0,y_0)y'(t_0) = 0,$$

即

$$\mathrm{grad} f(x_0,y_0)\cdot\{x'(t_0),y'(t_0)\} = 0. \tag{2}$$

另一方面，在 t_0 的邻域内有 $\varphi(x(t),y(t))=0$，同样可得

$$\mathrm{grad}\varphi(x_0,y_0)\cdot\{x'(t_0),y'(t_0)\} = 0. \tag{3}$$

由式(2)、式(3) 可知

$$\mathrm{grad} f(x_0,y_0) \perp \{x'(t_0),y'(t_0)\},$$
$$\mathrm{grad}\varphi(x_0,y_0) \perp \{x'(t_0),y'(t_0)\},$$

从而

$$\mathrm{grad} f(x_0,y_0) \mathbin{/\!/} \mathrm{grad}\varphi(x_0,y_0).$$

重复例 5 后面的论述有

$$\mathrm{grad} f(x_0,y_0) + \lambda\mathrm{grad}\varphi(x_0,y_0) = \mathbf{0} \quad (\lambda\in\mathbf{R}).$$

这样可以得出(x_0,y_0)是条件极值点的必要条件：

$$\begin{cases} f_x(x_0,y_0) + \lambda\varphi_x(x_0,y_0) = 0, \\ f_y(x_0,y_0) + \lambda\varphi_y(x_0,y_0) = 0, \\ \varphi(x_0,y_0) = 0. \end{cases} \tag{4}$$

式(4) 的前两个式子表明(x_0,y_0)必须是函数

$$L(x,y) = f(x,y) + \lambda\varphi(x,y)$$

的驻点. 通常称 $L(x,y)$ 为**拉格朗日函数**，λ 称为**拉格朗日乘数**，这种求条件极值点 (x_0,y_0) 的方法，称为**拉格朗日乘数法**.

综上所述，求函数 $z=f(x,y)$ 在 $\varphi(x,y)=0$ 条件下的可能极值点的步骤为：

(1) 作拉格朗日函数 $L(x,y)=f(x,y)+\lambda\varphi(x,y)$，其中 λ 为某一常数；

(2) 求 $L(x,y)$ 对 x 与 y 的一阶偏导数，并令其为零，然后与条件 $\varphi(x,y)=0$ 联立起来：

$$\begin{cases}\dfrac{\partial L}{\partial x}=f_x(x,y)+\lambda\varphi_x(x,y)=0,\\ \dfrac{\partial L}{\partial y}=f_y(x,y)+\lambda\varphi_y(x,y)=0,\\ \varphi(x,y)=0.\end{cases}$$

由此方程组解出 x、y，必要时解出 λ，所得的点 (x,y) 即是函数在所给条件下的可能极值点.

至于所求得的点是否为极值点，一般可由问题的实际意义判定.

对于多于两个自变量的函数或多于一个约束条件的情况，也有类似的结果.

例如，三元函数 $u=f(x,y,z)$ 在条件 $\varphi(x,y,z)=0$ 下的可能极值点，必须满足联立方程组

$$\begin{cases}\dfrac{\partial L}{\partial x}=0,\\ \dfrac{\partial L}{\partial y}=0,\\ \dfrac{\partial L}{\partial z}=0,\\ \varphi(x,y,z)=0,\end{cases}$$

其中 $L=f+\lambda\varphi$ 为拉格朗日函数.

又如四元函数 $u=f(x,y,z,t)$ 在 $\varphi(x,y,z,t)=0$ 和 $\psi(x,y,z,t)=0$ 条件下的可能极值点，必须满足联立方程组

$$\begin{cases}\dfrac{\partial L}{\partial x}=0,\\ \dfrac{\partial L}{\partial y}=0,\\ \dfrac{\partial L}{\partial z}=0,\\ \dfrac{\partial L}{\partial t}=0,\\ \varphi=0,\\ \psi=0,\end{cases}$$

其中$L(x,y,z,t)=f(x,y,z,t)+\lambda_1\varphi(x,y,z,t)+\lambda_2\psi(x,y,z,t)$，$\lambda_1$，$\lambda_2$为两个常数.

例 8 求内接于椭球面$\frac{x^2}{a^2}+\frac{y^2}{b^2}+\frac{z^2}{c^2}=1$的最大长方体的体积.

解 设长方体的体积为V，$P(x,y,z)(x>0,y>0,z>0)$是长方体的一个顶点，位于椭球面上. 由于对称性，显然有

$$V=8xyz.$$

而x、y、z应满足关系式
$$\frac{x^2}{a^2}+\frac{y^2}{b^2}+\frac{z^2}{c^2}=1.$$

令
$$L(x,y,z)=8xyz+\lambda\left(\frac{x^2}{a^2}+\frac{y^2}{b^2}+\frac{z^2}{c^2}-1\right).$$

解联立方程组：

$$\begin{cases} L_x=8yz+\dfrac{2\lambda x}{a^2}=0, \\ L_y=8xz+\dfrac{2\lambda y}{b^2}=0, \\ L_z=8xy+\dfrac{2\lambda z}{c^2}=0, \\ \dfrac{x^2}{a^2}+\dfrac{y^2}{b^2}+\dfrac{z^2}{c^2}-1=0. \end{cases}$$

把前三式分别乘以x、y、z，然后与第四式联立，得

$$\frac{x^2}{a^2}=\frac{y^2}{b^2}=\frac{z^2}{c^2}.$$

再把它分别与第四式联立，解得

$$x=\frac{a}{\sqrt{3}},\quad y=\frac{b}{\sqrt{3}},\quad z=\frac{c}{\sqrt{3}}.$$

依题意知，内接于椭球面体积最大的长方体是存在的，而点$\left(\frac{a}{\sqrt{3}},\frac{b}{\sqrt{3}},\frac{c}{\sqrt{3}}\right)$是唯一可能的极值点，故以点$\left(\frac{a}{\sqrt{3}},\frac{b}{\sqrt{3}},\frac{c}{\sqrt{3}}\right)$为一个顶点所作的对称于坐标面的长方体即为所求.

习题 9.6

1. 求函数$f(x,y)=x^3-y^3+3x^2+3y^2-9x$的极值.
2. 讨论$f(x,y)=x^2+xy$是否存在极值.
3. 求函数$f(x,y)=x^4+y^4+32x-4y+52$的极小值，它是否存在极大值.
4. 求函数$z=xy(4-x-y)$在$x=1$，$y=0$，$x+y=6$所围闭区域上的最大值与最小值.
5. 证明函数$z=(1+\mathrm{e}^y)\cos x-y\mathrm{e}^y$有无穷多个极大值，但无极小值.

6. 某厂要用铁板做成一个体积为 $2\mathrm{m}^3$ 的有盖长方体水箱. 问当长、宽、高各取怎样的尺寸时,才能使用料最省.

7. 有一宽为 24cm 的长方形铁板,把它两边折起来做成一断面为等腰梯形的水槽,问怎样折法才能使断面的面积最大?

8. 命 m、n 为给定正数,求 $f(x,y)=x^m y^n$ 的最大值,而 x、y 满足 $x>0,y>0$ 且 $x+y=a(a>0)$.

9. 在球面 $x^2+y^2+z^2=1$ 上寻找一点,使该点到平面 $x+y+z=2$ 的距离最短.

小 结

一、基本要求

- 理解多元函数的概念,了解二元函数的极限和连续性的概念. 知道有界闭区域上二元连续函数的性质.
- 理解偏导数与全微分的概念. 知道偏导数的几何意义及全微分存在的必要条件和充分条件. 会求多元初等函数的偏导数和全微分. 知道二元函数的混合偏导数与求导次序无关的条件.
- 掌握多元复合函数的求导法则. 会求复合函数的一阶及二阶偏导数(包括抽象函数).
- 会求隐函数的一阶及二阶偏导数.
- 会求空间曲线的切线与法平面及曲面的切平面与法线的方程.
- 理解二元函数极值的概念. 会求二元函数的极值. 了解条件极值的概念. 会用拉格朗日乘数法求条件极值. 会求解一些简单的最大值、最小值的应用问题.
- 了解方向导数和梯度的概念.

注:第 4、5、7 对专科的同学不作要求.

二、内容提要

Ⅰ. 基本概念

1. 二元函数的定义

设 D 为平面上的某个点集,若对 D 中每一点 (x,y),变量 z 都有唯一确定的实数值与之对应,则称 z 是 x,y 的函数. 记作

$$z=f(x,y) \quad \text{或} \quad z=z(x,y),$$

称 x,y 为自变量,z 为因变量,D 为定义域.

2. 二元函数的极限

$\lim\limits_{\substack{x\to x_0\\ y\to y_0}} f(x,y)=A \Leftrightarrow$ 任给 $\varepsilon>0$,存在 $\delta>0$,使当 $0<(x-x_0)^2+(y-y_0)^2<\delta^2$ 时,恒有 $|f(x,y)-A|<\varepsilon$.

3. 二元函数的连续性

设函数 $z=f(x,y)$ 在点 $P_0(x_0,y_0)$ 的某邻域内有定义,若

$$\lim_{\substack{x\to x_0\\ y\to y_0}} f(x,y)=f(x_0,y_0),$$

则称 $z=f(x,y)$ 在点 P_0 处连续.

4. 二元函数的偏导数

设 $z=f(x,y)$ 在点 $P_0(x_0,y_0)$ 的某邻域内有定义,若极限

$$\lim_{\Delta x\to 0}\frac{f(x_0+\Delta x,y_0)-f(x_0,y_0)}{\Delta x}$$

存在,则称此极限值为函数 $z=f(x,y)$ 在点 $P_0(x_0,y_0)$ 处对于自变量 x 的偏导数,记作

$$\left.\frac{\partial z}{\partial x}\right|_{\substack{x=x_0\\ y=y_0}},\quad \left.\frac{\partial f}{\partial x}\right|_{\substack{x=x_0\\ y=y_0}},\quad z_x\Big|_{\substack{x=x_0\\ y=y_0}} \text{ 或 } f_x(x_0,y_0).$$

同理可定义

$$\left.\frac{\partial z}{\partial y}\right|_{(x_0,y_0)}=\lim_{\Delta y\to 0}\frac{f(x_0,y_0+\Delta y)-f(x_0,y_0)}{\Delta y}.$$

5. 二元函数的全微分

若函数 $z=f(x,y)$ 在点 $P_0(x_0,y_0)$ 处的全增量

$$\Delta z=f(x_0+\Delta x,y_0+\Delta y)-f(x_0,y_0)$$

可表示为

$$\Delta z=A\Delta x+B\Delta y+o(\rho),$$

其中 A,B 是与 $\Delta x,\Delta y$ 无关的常数,$\rho=\sqrt{(\Delta x)^2+(\Delta y)^2}$,则称函数 $z=f(x,y)$ 在点 P_0 处可微,称 $A\Delta x+B\Delta y$ 为函数 $z=f(x,y)$ 在点 P_0 处的全微分,记作 $\mathrm{d}z$,即

$$\mathrm{d}z=A\Delta x+B\Delta y=A\mathrm{d}x+B\mathrm{d}y.$$

当 $z=f(x,y)$ 在 $P_0(x_0,y_0)$ 处可微时,有

$$\mathrm{d}z=f_x(x_0,y_0)\mathrm{d}x+f_y(x_0,y_0)\mathrm{d}y.$$

6. 二元函数的方向导数

设二元函数 $z=f(x,y)$ 在点 $P(x,y)$ 的某一邻域内有定义,则它在点 P 处沿方向 l(设 x 轴到方向 l 的转角为 α) 的方向导数定义为

$$\frac{\partial z}{\partial l}=\lim_{\rho\to 0}\frac{f(x+\Delta x,y+\Delta y)-f(x,y)}{\rho},$$

其中 $\rho=\sqrt{(\Delta x)^2+(\Delta y)^2}$，$\Delta x=\rho\cos\alpha$，$\Delta y=\rho\sin\alpha$.

当 $z=f(x,y)$ 在点 $P(x,y)$ 处可微时，有

$$\frac{\partial z}{\partial l}=\frac{\partial z}{\partial x}\cos\alpha+\frac{\partial z}{\partial y}\sin\alpha.$$

7. 多元函数的梯度

函数 $u=f(x,y,z)$ 在点 $P(x,y,z)$ 的梯度为

$$\mathrm{grad}u=\frac{\partial u}{\partial x}\boldsymbol{i}+\frac{\partial u}{\partial y}\boldsymbol{j}+\frac{\partial u}{\partial z}\boldsymbol{k}.$$

方向导数与梯度的关系为

$$\frac{\partial u}{\partial l}=\mathrm{grad}u\cdot\boldsymbol{l}^\circ,$$

其中 $\boldsymbol{l}^\circ$ 为 l 方向的单位矢量.

Ⅱ. 复合函数与隐函数微分法

1. 多元复合函数微分法

设 $u=u(x,y)$，$v=v(x,y)$ 都在点 (x,y) 处具有对 x 和 y 的偏导数，$z=f(u,v)$ 在其对应点 (u,v) 处可微，则复合函数 $z=f(u(x,y),v(x,y))$ 在点 (x,y) 处的两个偏导数均存在，且

$$\frac{\partial z}{\partial x}=\frac{\partial f}{\partial u}\frac{\partial u}{\partial x}+\frac{\partial f}{\partial v}\frac{\partial v}{\partial x},\quad \frac{\partial z}{\partial y}=\frac{\partial f}{\partial u}\frac{\partial u}{\partial y}+\frac{\partial f}{\partial v}\frac{\partial v}{\partial y}.$$

2. 隐函数微分法

(1) 由一个方程确定的隐函数

设 $F(x,y,z)$ 是可微函数，若由方程 $F(x,y,z)=0$ 确定了隐函数 $z=f(x,y)$，则当 $F_z(x,y,z)\neq 0$ 时，有

$$\frac{\partial z}{\partial x}=-\frac{F_x(x,y,z)}{F_z(x,y,z)},\quad \frac{\partial z}{\partial y}=-\frac{F_y(x,y,z)}{F_z(x,y,z)}.$$

(2) 由方程组确定的隐函数(略).

Ⅲ. 多元函数微分学的应用

1. 偏导数在几何上的应用

● 空间曲线的切线与法平面

1° 设空间曲线 L 的参量式方程为

$$\begin{cases}x=x(t),\\ y=y(t),\quad (t\in I).\\ z=z(t)\end{cases}$$

令 $t=t_0$，可得到 L 上一点 $M_0(x_0,y_0,z_0)$，则曲线在该点的切线与法平面方程分别为

$$\frac{x-x_0}{x'(t_0)}=\frac{y-y_0}{y'(t_0)}=\frac{z-z_0}{z'(t_0)},$$

$$x'(t_0)(x-x_0)+y'(t_0)(y-y_0)+z'(t_0)(z-z_0)=0.$$

2° 设空间曲线 L 的一般式方程为

$$\begin{cases}F(x,y,z)=0,\\G(x,y,z)=0.\end{cases}$$

记 $\boldsymbol{\tau}=\{F_x,F_y,F_z\}\times\{G_x,G_y,G_z\}\Big|_{M_0}=\{m,n,p\}$,则曲线在 $M_0(x_0,y_0,z_0)$ 处的切线与法平面方程分别为

$$\frac{x-x_0}{m}=\frac{y-y_0}{n}=\frac{z-z_0}{p},$$

$$m(x-x_0)+n(y-y_0)+p(z-z_0)=0.$$

- 曲面的切平面与法线

1° 设曲面 S 由显式方程

$$z=f(x,y)$$

给出,则曲面在 $M_0(x_0,y_0,z_0)$ 处的切平面和法线方程分别为

$$f_x(x_0,y_0)(x-x_0)+f_y(x_0,y_0)(y-y_0)-(z-z_0)=0,$$

$$\frac{x-x_0}{f_x(x_0,y_0)}=\frac{y-y_0}{f_y(x_0,y_0)}=\frac{z-z_0}{-1}.$$

2° 设曲面 S 由隐式方程

$$F(x,y,z)=0$$

给出,则曲面在 $M_0(x_0,y_0,z_0)$ 处的切平面和法线方程分别为

$$F_x(M_0)(x-x_0)+F_y(M_0)(y-y_0)+F_z(M_0)(z-z_0)=0,$$

$$\frac{x-x_0}{F_x(M_0)}=\frac{y-y_0}{F_y(M_0)}=\frac{z-z_0}{F_z(M_0)}.$$

2. 多元函数的极值

- 极值的定义

若对点 $P_0(x_0,y_0)$ 的某去心邻域内的任何点 $P(x,y)$ 恒有

$$f(x,y)<f(x_0,y_0)(\text{或 } f(x,y)>f(x_0,y_0)),$$

则称 $f(x_0,y_0)$ 为 $f(x,y)$ 的一个极大(或极小)值.

- 极值的必要条件

若 $z=f(x,y)$ 在点 $P_0(x_0,y_0)$ 偏导存在且达到极值,则必有

$$f_x(x_0,y_0)=0,\quad f_y(x_0,y_0)=0.$$

- 二元函数极值的充分条件

设函数 $z=f(x,y)$ 在点 $P_0(x_0,y_0)$ 的某邻域内具有二阶连续偏导数,且 $f_x(P_0)=f_y(P_0)=0$. 若记 $A=f_{xx}(P_0)$,$B=f_{xy}(P_0)$,$C=f_{yy}(P_0)$,$\Delta=B^2-AC$.

1° 若 $\Delta<0$,$A<0$(或 $C<0$),P_0 是极大值点;

2° 若 $\Delta<0$,$A>0$(或 $C>0$),P_0 是极小值点;

3° 当 $\Delta > 0$ 时，P_0 不是极值点.

● 条件极值

函数 $u = f(x,y,z)$ 在约束条件 $\varphi(x,y,z) = 0$ 下取极值的必要条件为

$$\begin{cases} F_x = f_x(x,y,z) + \lambda\varphi_x(x,y,z) = 0, \\ F_y = f_y(x,y,z) + \lambda\varphi_y(x,y,z) = 0, \\ F_z = f_z(x,y,z) + \lambda\varphi_z(x,y,z) = 0, \\ \varphi(x,y,z) = 0, \end{cases}$$

其中 $F = f(x,y,z) + \lambda\varphi(x,y,z)$ 为拉格朗日函数.

● 最大值与最小值的求法

设函数 $f(x,y)$ 在有界闭区域 D 上连续，将 D 内的极值与 D 边界上的最大、最小值比较即得.

对实际问题，若根据问题的性质，已知函数 $f(x,y)$ 在域 D 内能取到最值，而函数在 D 内驻点唯一，则该驻点处的函数值即为所求.

3. 全微分在近似计算中的应用

● 近似计算公式

当 $|\Delta x|$，$|\Delta y|$ 充分小时，可微函数 $z = f(x,y)$ 满足

$$\Delta z \approx \mathrm{d}z = f_x(x_0,y_0)\Delta x + f_y(x_0,y_0)\Delta y.$$

● 绝对误差与相对误差

绝对误差：$|\Delta z| \leqslant |f_x(x_0,y_0)||\Delta x| + |f_y(x_0,y_0)|\Delta y$,

相对误差：$\dfrac{|\Delta z|}{|f(x_0,y_0)|} \leqslant \left|\dfrac{f_x(x_0,y_0)}{f(x_0,y_0)}\right||\Delta x| + \left|\dfrac{f_y(x_0,y_0)}{f(x_0,y_0)}\right||\Delta y|$.

三、学习指导

● 研究二元函数有两个基本方法，一是类比法，即比照一元函数讨论二元函数；二是转化法，即将二元函数转化为一元函数进行讨论. 这两个基本方法将交织贯穿于多元函数微积分之中. 因二元函数是一元函数的推广，所以必然要保留一些与一元函数类似的性质，如一元函数极限、连续的运算性质可以类比的推广到二元函数. 但是注意用类比法得到的结论有的正确（这时需要证明），有的不一定正确，如 $\dfrac{\partial f}{\partial x}$ 就不是 ∂f 与 ∂x 的商，可导（指可偏导）也不一定连续. 又如一元连续函数 $f(x)$ 在区间 I 内只有一个极大（小）值点 x_0 时我们可以断言：

$$\max_I f(x) = f(x_0), \quad (\min_I f(x) = f(x_0)).$$

然而，二元连续函数 $f(x,y)$ 在区域 D 内只有一个极大（小）值点 (x_0,y_0) 时，却不能断言：

$$\max_D f(x,y) = f(x_0,y_0),$$

$$(\min_D f(x,y)=f(x_0,y_0)).$$

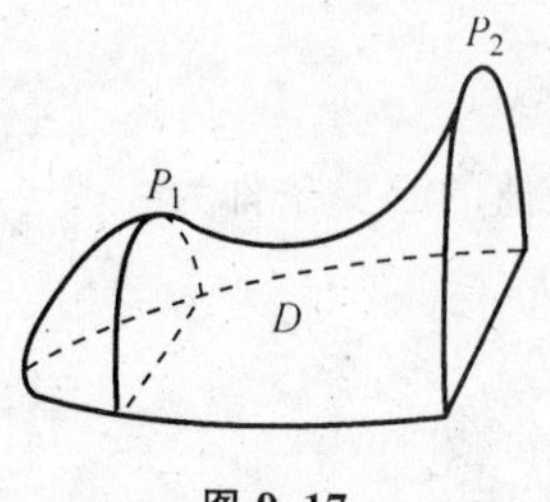

图 9.17

设 $z=f(x,y)$ 表示如图 9.17 所示的曲面,从图上看 f 在 D 内只有一个极大值点 P_1,然而 $f(P_1)$ 不是最大值,显然,$f(P_2)$ 大于 $f(P_1)$.

对于转化法,这也是一个常用的方法.如偏导数实际上就是一元函数的导数.又如在"9.3.1 节"中的定理 1 的证明就是用的转化法,在证明中就是把全增量化为两个单元函数的增量(称之为偏增量)的和,这样就可以用一元函数微分学的知识来求得定理的证明.

● 这一章概念多,要注意掌握相互间的联系与区别.为此我们下面将列关系图加以说明.在列关系图前我们对几个定理(结论)的条件说明一下,这里如多元复合函数的求导公式,隐函数求导公式以及方向导数的计算定理的"一阶偏导数连续"这一条件可以改成"多元函数在相应点可微"可以证明结论仍然成立.下面图中记号"↛"表示推出,"→"表示推不出.关系图:

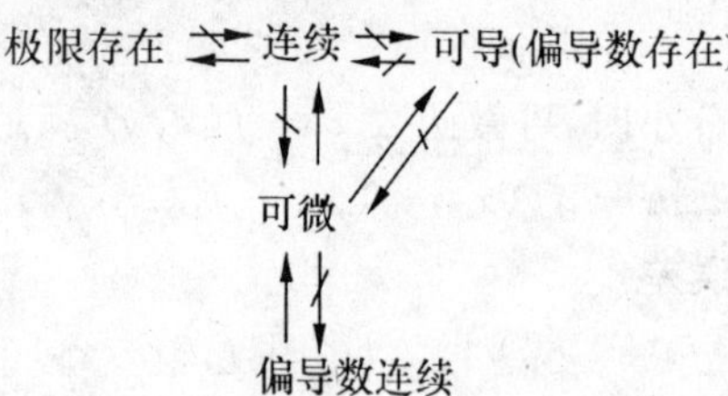

在上面这个关系图中,着重了解连续、可导、可微之间的关系,在这些关系中,只有连续↛可导与连续↛可微没有说明.而这两点是好理解的,因在一元函数都是如此,二元函数更是如此.我们举例说明一下,如函数 $z=\sqrt{x^2+y^2}$ 的图形是一个锥面,在顶点(0,0) 处是连续的,然而在(0,0) 点的两个偏导数均不存在,那就更谈不上在(0,0) 可微了.

● 上面谈了从概念之间的联系与区别来认识概念.在这里我们建议多从几何直观上认识它,这对于理解概念是很有好处的.如函数 $z=f(x,y)$ 的图形是一个曲面,偏导数、方向导数、全微分的几何意义在有关内容中已经指出了,不再重述.又如可微函数 $z=f(x,y)$ 在点 (x_0,y_0) 达到极值,则 $\mathrm{grad}f(x_0,y_0)=\mathbf{0}\Rightarrow$ 在点 (x_0,y_0) 的切平面方程为 $z-z_0=\mathrm{grad}f(x_0,y_0)\cdot\{x-x_0,y-y_0\}=0\Rightarrow z=z_0$,即在 (x_0,y_0) 点的切平面是水平的.

● 多元复合函数的求导法则是本章的重点,务必熟练掌握.

首先看求一阶偏导数的公式:设 $z=f(u,v)$ 可微,$u=u(x,y)$,$v=v(x,y)$ 可偏导,称 $z=f[u(x,y),v(x,y)]$ 是以 $z=f(u,v)$ 为外函数,$u=u(x,y)$,$v=v(x,y)$ 为内函数的复合函数则

$$\frac{\partial z}{\partial x}=\frac{\partial z}{\partial u}\frac{\partial u}{\partial x}+\frac{\partial z}{\partial v}\frac{\partial v}{\partial x}.$$

可以看出函数对自变量的偏导数的结构为：

▲　首先要明确公式符号的意思，$\frac{\partial z}{\partial x}$是复合函数求偏导，$\frac{\partial z}{\partial u}$是外函数求偏导，$\frac{\partial u}{\partial x}$是内函数求偏导.

▲　项数 = 中间变量的个数. 如上式有两个中间变量，故上式右边有两项.

▲　每一项 = 函数对中间变量的偏导数 × 该中间变量对指定自变量的偏导数.

▲　每一项均为(x,y)取值，如$\frac{\partial z}{\partial u}=\left.\frac{\partial f(u,v)}{\partial u}\right|_{\substack{u=u(x,y)\\ v=v(x,y)}}$

其次看看求高阶偏导数的情况. 若对上面所求得的$\frac{\partial z}{\partial x}$，继续对$x,y$求偏导数时，要注意$z$对中间变量的偏导数$z_u,z_v$一般是以$u$、$v$为中间变量，以$x,y$为自变量的复合函数. 如在隐函数求导公式中有

$$\frac{\mathrm{d}y}{\mathrm{d}x}=-\frac{F_x}{F_y}.$$

若在上式中再对x求导，有的同学得到

$$\frac{\mathrm{d}^2y}{\mathrm{d}x^2}=-\frac{F_{xx}F_y-F_{yx}F_x}{F_y^2},$$

这就错了，因原函数的结构图为

$$u=F(x,y)\begin{array}{c}\nearrow y\searrow\\ \searrow x\nearrow\end{array}x.$$

是以x,y为中间变量，以x为自变量的函数，故F_x,F_y也仍然是以x,y为中间变量，以x为自变量的函数. 因此对$\mathrm{d}y/\mathrm{d}x$的表达式用商的微分法，其正确解法如下：

$$\frac{\mathrm{d}^2y}{\mathrm{d}x^2}=-\frac{\frac{\mathrm{d}F_x}{\mathrm{d}x}F_y-F_x\frac{\mathrm{d}F_y}{\mathrm{d}x}}{F_y^2}=-\frac{\left(F_{xx}+F_{xy}\frac{\mathrm{d}y}{\mathrm{d}x}\right)F_y-F_x\left(F_{yx}+F_{yy}\frac{\mathrm{d}y}{\mathrm{d}x}\right)}{F_y^2}$$

$$=-\frac{F_{xx}F_y^2-2F_{xy}F_xF_y+F_{yy}F_x^2}{F_y^3}\quad(\text{当 }F_{xy}=F_{yx}).$$

再次，在方法上既要会用求导的方法，也要会用微分的方法. 利用微分形式的不变性来求导与微分时有些独特的好处. 特别是在函数关系不太清楚时用微分的方法更好，不会出错. 看一个例子.

例 1　由方程$xyz+\sqrt{x^2+y^2+z^2}=\sqrt{2}$所确定的函数$z=z(x,y)$在点$(1,0,-1)$处的全微分.

解　由一阶微分形式的不变性，有

$$\mathrm{d}(xyz)+\mathrm{d}(\sqrt{x^2+y^2+z^2})=0,$$

$$yz\mathrm{d}x + zx\mathrm{d}y + xy\mathrm{d}z + \frac{x\mathrm{d}x + y\mathrm{d}y + z\mathrm{d}z}{\sqrt{x^2+y^2+z^2}} = 0.$$

将 M_0 的坐标代入上式,得

$$-\mathrm{d}y + \frac{\mathrm{d}x - \mathrm{d}z}{\sqrt{2}} = 0,$$

故

$$\mathrm{d}z = \mathrm{d}x - \sqrt{2}\mathrm{d}y.$$

● 关于隐函数求导有三种方法.

例 2 设 $z^3 - 3xyz = a^3$,求 z_x.

解一 公式法:令 $F(x,y,z) = z^3 - 3xyz - a^3$,

$$z_x = -\frac{F_x}{F_z} = -\frac{-3yz}{3z^2 - 3xy} = \frac{yz}{z^2 - xy}.$$

解二 直接法:方程的两边对 x 求偏导,注意 z 是 x、y 的函数,x、y 彼此无关,得

$$3z^2 z_x - 3yz - 3xyz_x = 0,$$

解得

$$z_x = \frac{yz}{z^2 - xy}.$$

解三 全微分法:应用一阶全微分形式不变性,得

$$\mathrm{d}(z^3) - \mathrm{d}(3xyz) = \mathrm{d}(a^3),$$

$$3z^2\mathrm{d}z - 3(yz\mathrm{d}x + xz\mathrm{d}y + xy\mathrm{d}z) = 0,$$

解得

$$\mathrm{d}z = \frac{yz}{z^2 - xy}\mathrm{d}x + \frac{xz}{z^2 - xy}\mathrm{d}y.$$

由此得

$$z_x = \frac{yz}{z^2 - xy}, \quad z_y = \frac{xz}{z^2 - xy}.$$

注:公式法是把 x,y,z 看作独立变量求 F_x、F_y、F_z 再代入公式 $z_x = -\frac{F_x}{F_z}$,$z_y = -\frac{F_y}{F_z}$,直接法是一个基本的方法,公式法的公式是由直接法推出的,不过这时方程两边对 x 求导是把 z 看作 x、y 的函数. 同时求二阶及二阶以上偏导数,通常用直接法简便. 全微分法的好处是 x,y,z 地位平等不容易错,且一次可以求出两个或两个以上的偏导数.

● 求解最大、最小值问题是多元函数微分学的重要应用,应给予足够的重视. 在解题时需注意将所要求的函数(称之为目标函数)要尽量化简,方法要灵活运用.

例 3 求函数 $z = x^2 - xy + y^2$ 在条件

$$x^2 + y^2 = 1$$

之下的最值.

解　令 $x=\cos t, y=\sin t(0\leqslant t\leqslant 2\pi)$,于是

$$z=\cos^2 t-\sin t\cos t+\sin^2 t=1-\frac{1}{2}\sin 2t\quad(0\leqslant t\leqslant 2\pi).$$

由中学数学即知

$$\max z=z\left(\frac{3}{4}\pi\right)=z\left(\pi+\frac{3}{4}\pi\right)=\frac{3}{2},$$

$$\min z=z\left(\frac{\pi}{4}\right)=z\left(\pi+\frac{\pi}{4}\right)=\frac{1}{2}.$$

● 梯度与方向导数是不同的概念,函数 z 在点 P 处的梯度是一个矢量,而函数 z 在点 P 处的方向导数是一个数量,两者不能混淆与等同.但两者之间有关系,函数 z 在点 P 处的梯度的模是函数 z 在点 P 处的所有方向导数值中的最大值,而梯度的方向是最大的方向导数所对应的方向.不能错误认为函数 z 在 P 点的梯度就是函数 z 在 P 点的最大方向导数.

自　测　题

一、选择题(28 分)

1. 设函数 $f(x,y)$ 在 (x_0,y_0) 处的偏导数 f_x, f_y 都存在,则(　　).

A. $f(x,y)$ 在 (x_0,y_0) 处可微

B. $f(x,y)$ 在 (x_0,y_0) 处连续

C. $f(x,y)$ 在 (x_0,y_0) 处沿任意方向的方向导数存在

D. 以上三个结论都不正确

2. 函数 $f(x,y)=x^2-ay^2(a>0)$ 在 $(0,0)$ 处(　　).

A. 不取极值　　B. 取极小值

C. 取极大值　　D. 是否取极值依赖于 a

3. 在曲线 $\begin{cases}x=t,\\ y=t^2,\\ z=t^3,\end{cases}$ 的所有切线中,与平面 $x+2y+z=0$ 平行的切线(　　).

A. 只有 1 条　　B. 只有 2 条　　C. 至少有 3 条　　D. 不存在

4. 设 $z=f(u,v)$,其中 $u=\mathrm{e}^{-x}, v=x+y$,下面的运算中(　　).

Ⅰ. $\dfrac{\partial z}{\partial x}=-\mathrm{e}^{-x}\dfrac{\partial f}{\partial u}+\dfrac{\partial f}{\partial v}$;　Ⅱ. $\dfrac{\partial^2 z}{\partial x\partial y}=\dfrac{\partial^2 f}{\partial v^2}$.

A. Ⅰ、Ⅱ 都不正确　　B. Ⅰ 正确,Ⅱ 不正确

C. Ⅰ 不正确,Ⅱ 正确　　D. Ⅰ、Ⅱ 都正确

二、填空题(28 分)

1. 设 $z=\ln\sqrt{x^2+y^2}+\arctan\dfrac{x+y}{x-y}$,则 $\mathrm{d}z=$________.

2. 函数 $u=\sqrt[z]{\dfrac{x}{y}}$ 在点(1,1,1)处的梯度为________.

3. 已知 $\dfrac{x}{z}=\varphi\left(\dfrac{y}{z}\right)$,其中 φ 可微,则 $x\dfrac{\partial z}{\partial x}+y\dfrac{\partial z}{\partial y}=$________.

4. 已知曲面 $z=xy$ 上点 P 处的法线 L 平行于直线 L_1:

$$\frac{x-6}{2}=\frac{y-3}{-1}=\frac{2z-1}{2},$$

则法线 L 的方程为________.

三、(9 分) 设 $z=xf\left(\dfrac{y}{x}\right)+yg\left(x,\dfrac{x}{y}\right)$,其中 f,g 均为二次可微分函数,求 $\dfrac{\partial^2 z}{\partial x\partial y}$.

四、(9 分) 设 $\boldsymbol{n}$ 是曲面 $z=x^2+\dfrac{y^2}{2}$ 在 $P(1,2,3)$ 指向外侧的法矢量,求函数 $u=\dfrac{\sqrt{3x^2+3y^2+z^2}}{x}$ 在点 P 处沿方向 $\boldsymbol{n}$ 的方向导数.

五、(9 分) 求函数 $z=1-x^2+2y^2$ 在闭区域 $D:x^2+y^2\leqslant 1$ 上的最大值与最小值.

六、(9 分) 在球面 $x^2+y^2+z^2=5R^2$ 上的第一卦限部分求一点,使 $u=xyz^3$ 取最大值.

七、(8 分) 试证光滑曲面 $F(z-x,y-z)=0$ 的所有切平面恒可与一固定非零矢量平行.

自测题解答

一、1. D.　2. A.　3. B.　4. B.

二、1. $z=\dfrac{1}{2}\ln(x^2+y^2)+\arctan\dfrac{x+y}{x-y}$,

$$\mathrm{d}z=\frac{x\mathrm{d}x+y\mathrm{d}y}{x^2+y^2}+\frac{1}{1+\left(\dfrac{x+y}{x-y}\right)^2}\cdot\frac{(x-y)(\mathrm{d}x+\mathrm{d}y)-(x+y)(\mathrm{d}x-\mathrm{d}y)}{(x-y)^2}$$

$$=\frac{(x-y)\mathrm{d}x+(x+y)\mathrm{d}y}{x^2+y^2}.$$

2. $\dfrac{\partial u}{\partial x}=y^{-\frac{1}{z}}\cdot\dfrac{1}{z}x^{\frac{1}{z}-1}=\dfrac{1}{xz}\sqrt[z]{\dfrac{x}{y}}$,　$\dfrac{\partial u}{\partial y}=x^{\frac{1}{z}}\cdot\left(-\dfrac{1}{z}\right)y^{-\frac{1}{z}-1}=-\dfrac{1}{yz}\sqrt[z]{\dfrac{x}{y}}$,

$\dfrac{\partial u}{\partial z}=\sqrt[z]{\dfrac{x}{y}}\ln\dfrac{x}{y}\left(-\dfrac{1}{z^2}\right)=-\dfrac{1}{z^2}\sqrt[z]{\dfrac{x}{y}}\ln\dfrac{x}{y}$.

在点 $P(1,1,1)$ 处,有

$$\left.\frac{\partial u}{\partial x}\right|_P=1,\quad\left.\frac{\partial u}{\partial y}\right|_P=-1,\quad\left.\frac{\partial u}{\partial z}\right|_P=0.$$

于是
$$\left.\mathrm{grad}u\right|_P=\left.\frac{\partial u}{\partial x}\right|_P\boldsymbol{i}+\left.\frac{\partial u}{\partial y}\right|_P\boldsymbol{j}+\left.\frac{\partial u}{\partial z}\right|_P\boldsymbol{k}=\boldsymbol{i}-\boldsymbol{j}.$$

3. **解法一**:记 $F(x,y,z)=\dfrac{x}{z}-\varphi\left(\dfrac{y}{z}\right)$,则

$$\frac{\partial F}{\partial x}=\frac{1}{z},\frac{\partial F}{\partial y}=-\varphi'\left(\frac{y}{z}\right)\frac{1}{z},\quad\frac{\partial F}{\partial z}=-\frac{x}{z^2}+\frac{y}{z^2}\varphi'\left(\frac{y}{z}\right),$$

故

$$\frac{\partial z}{\partial x}=-\frac{F_x}{F_z}=\frac{z}{x-y\varphi'},\quad \frac{\partial z}{\partial y}=-\frac{F_y}{F_z}=\frac{z\varphi'}{y\varphi'-x}.$$

于是

$$x\frac{\partial z}{\partial x}+y\frac{\partial z}{\partial y}=z.$$

解法二:视 z 为 x,y 的函数,由方程 $\frac{x}{z}=\varphi\left(\frac{y}{z}\right)$ 两边分别对自变量 x,y 求导有

$$\begin{cases}\frac{1}{z}-\frac{x}{z^2}\frac{\partial z}{\partial x}=\varphi'\left(\frac{y}{z}\right)\left(-\frac{y}{z^2}\right)\frac{\partial z}{\partial x},\\ -\frac{x}{z^2}\frac{\partial z}{\partial y}=\varphi'\left(\frac{y}{z}\right)\left[\frac{1}{z}-\frac{y}{z^2}\frac{\partial z}{\partial y}\right].\end{cases}$$

解得

$$\frac{\partial z}{\partial x}=\frac{z}{x-y\varphi'},\quad \frac{\partial z}{\partial y}=\frac{z\varphi'}{y\varphi'-x},$$

故

$$x\frac{\partial z}{\partial x}+y\frac{\partial z}{\partial y}=z.$$

解法三:对方程 $\frac{x}{z}=\varphi\left(\frac{y}{z}\right)$ 两边求全微分得

$$\frac{z\mathrm{d}x-x\mathrm{d}z}{z^2}=\varphi'\left(\frac{y}{z}\right)\frac{z\mathrm{d}y-y\mathrm{d}z}{z^2},$$

故

$$(y\varphi'-x)\mathrm{d}z=\varphi' z\mathrm{d}y-z\mathrm{d}x,$$

即

$$\mathrm{d}z=\frac{z}{x-y\varphi'}\mathrm{d}x+\frac{z\varphi'}{y\varphi'-x}\mathrm{d}y.$$

从而

$$\frac{\partial z}{\partial x}=\frac{z}{x-y\varphi'},\quad \frac{\partial z}{\partial y}=\frac{z\varphi'}{y\varphi'-x},$$

所以

$$x\frac{\partial z}{\partial x}+y\frac{\partial z}{\partial y}=z.$$

4. $\frac{\partial z}{\partial x}\big|_P=y_0$, $\frac{\partial z}{\partial y}=x_0$, 故曲面 $z=xy$ 在点 $P(x_0,y_0,z_0)$ 处的法矢量为 $\boldsymbol{n}=\left\{\frac{\partial z}{\partial x}\bigg|_P,\frac{\partial z}{\partial y}\bigg|_P,-1\right\}=\{y_0,x_0,-1\}$. 由直线 L_1 的标准方程

$$L_1:\frac{x-6}{2}=\frac{y-3}{-1}=\frac{z-1/2}{1}$$

知 L_1 的方向矢量 $\boldsymbol{s}_1=\{2,-1,1\}$. 依题意 $\boldsymbol{n}\,/\!/\,\boldsymbol{s}_1$,所以 $y_0/2=x_0/-1=-1/1$,故 $x_0=1,y_0=-2$,于是 $z_0=-2$.

从而 P 点处的法线 L 的方程为

$$\frac{x-1}{-2}=\frac{y+2}{1}=\frac{z+2}{-1}.$$

三、令 $t=\frac{x}{y}$,则 $z=xf\left(\frac{y}{x}\right)+yg(x,t)$.

$$\frac{\partial z}{\partial x}=f\left(\frac{y}{x}\right)+xf'\left(\frac{y}{x}\right)\left(-\frac{y}{x^2}\right)+y\left(\frac{\partial g}{\partial x}+\frac{\partial g}{\partial t}\frac{1}{y}\right)$$
$$=f\left(\frac{y}{x}\right)-\frac{y}{x}f'\left(\frac{y}{x}\right)+y\frac{\partial g}{\partial x}+\frac{\partial g}{\partial t},$$
$$\frac{\partial^2 z}{\partial x\partial y}=f'\left(\frac{y}{x}\right)\frac{1}{x}-\frac{1}{x}f'\left(\frac{y}{x}\right)-\frac{y}{x}f''\left(\frac{y}{x}\right)\frac{1}{x}+\frac{\partial g}{\partial x}+y\frac{\partial^2 g}{\partial x\partial t}\left(-\frac{x}{y^2}\right)+\frac{\partial^2 g}{\partial t^2}\left(-\frac{x}{y^2}\right)$$
$$=-\frac{y}{x^2}f''\left(\frac{y}{x}\right)+\frac{\partial g}{\partial x}-\frac{x}{y}\frac{\partial^2 g}{\partial x\partial t}-\frac{x}{y^2}\frac{\partial^2 g}{\partial t^2}.$$

四、$\frac{\partial z}{\partial x}=2x,\frac{\partial z}{\partial y}=y$,故 $\boldsymbol{n}=\left\{\frac{\partial z}{\partial x}\Big|_P,\frac{\partial z}{\partial y}\Big|_P,-1\right\}=\{2,2,-1\}$. 于是 $\boldsymbol{n}$ 的方向余弦为 $\cos\alpha=\frac{2}{3},\cos\beta=\frac{2}{3},\cos\gamma=-\frac{1}{3}$.

又 $$\frac{\partial u}{\partial x}=-\frac{\sqrt{3x^2+3y^2+z^2}}{x^2}+\frac{3}{\sqrt{3x^2+3y^2+z^2}},\frac{\partial u}{\partial x}\Big|_P=-\frac{7\sqrt{6}}{4};$$

$$\frac{\partial u}{\partial y}=\frac{3y}{x\sqrt{3x^2+3y^2+z^2}},\quad \frac{\partial u}{\partial y}\Big|_P=\frac{\sqrt{6}}{2};\frac{\partial u}{\partial z}=\frac{z}{x\sqrt{3x^3+3y^2+z^2}},\quad \frac{\partial u}{\partial z}\Big|_P=\frac{\sqrt{6}}{4},$$

故 $$\frac{\partial u}{\partial n}\Big|_P=\frac{\partial u}{\partial x}\Big|_P\cos\alpha+\frac{\partial u}{\partial y}\Big|_P\cos\beta+\frac{\partial u}{\partial z}\Big|_P\cos\gamma=-\frac{11}{12}\sqrt{6}.$$

五、第一步:求函数 $z=f(x,y)$ 在区域 D 内的可能极值点,为此,令

$$\begin{cases}z_x=-2x=0,\\ z_y=4y=0,\end{cases}\quad 得\quad \begin{cases}x=0,\\ y=0,\end{cases}\quad 且\ f(0,0)=1.$$

第二步:求函数 $z=f(x,y)$ 在边界上的可能极值点. 在边界 $D:x^2+y^2=1$ 上,$z=3y^2,-1\leqslant y\leqslant 1$,令 $\mathrm{d}z/\mathrm{d}y=6y=0$,得 $y=0$.

函数 $z=f(x,y)$ 在边界上的可能极值点为$(-1,0),(1,0)$ 及$(0,-1),(0,1)$,且 $f(\pm 1,0)=0,f(0,\pm 1)=3$.

第三步:比较上面两步求得的各点的函数值,则得 $z=f(x,y)$ 在闭区域 D 上的最大值为 $z_{\max}=f(0,\pm 1)=3$,最小值为 $z_{\min}=f(\pm 1,0)=0$.

六、令 $L=\ln(xyz^3)+\lambda(x^2+y^2+z^2-5R^2)=\ln x+\ln y+3\ln z+\lambda(x^2+y^2+z^2-5R^2)$,

$$\begin{cases}\frac{\partial L}{\partial x}=\frac{1}{x}+2\lambda x=0,\\ \frac{\partial L}{\partial y}=\frac{1}{y}+2\lambda y=0,\\ \frac{\partial L}{\partial z}=\frac{3}{z}+2\lambda z=0,\\ \frac{\partial L}{\partial \lambda}=x^2+y^2+z^2-5R^2=0.\end{cases}$$

$\frac{1}{2\lambda}=x^2=y^2=\frac{z^2}{3}$ 代入最后一式得

$$\frac{5z^2}{3}=5R^2,\quad z^2=3R^2,\quad z=\sqrt{3}R,$$

$$x=y=R,$$

所以
$$\max u=3\sqrt{3}R^5.$$

七、记 $u=z-x,v=y-z$,则

$$\frac{\partial F}{\partial x}=\frac{\partial F}{\partial u}\frac{\partial u}{\partial x}=-\frac{\partial F}{\partial u},\quad \frac{\partial F}{\partial y}=\frac{\partial F}{\partial v}\frac{\partial v}{\partial y}=\frac{\partial F}{\partial v},\quad \frac{\partial F}{\partial z}=\frac{\partial F}{\partial u}\frac{\partial u}{\partial z}+\frac{\partial F}{\partial v}\frac{\partial v}{\partial z}=\frac{\partial F}{\partial u}-\frac{\partial F}{\partial v}.$$

于是曲面 $F(z-x,y-z)=0$ 在任意点 P 处的切平面的法矢量为

$$\boldsymbol{n}_P=\{-F_u,-F_v,F_u-F_v\}.$$

令 $\boldsymbol{a}=\boldsymbol{i}+\boldsymbol{j}+\boldsymbol{k}$,易知 $1\cdot(-F_u)+1\cdot F_v+1\cdot(F_u-F_v)=0$,所以 $\boldsymbol{n}_P\perp\boldsymbol{a}$.因此曲面 $F(z-x,y-z)=0$ 的所有切平面都与非零矢量 $\boldsymbol{a}$ 平行.

第十章 重积分

在第六章中我们已经讨论过定积分，它是定义在有限区间上的一元函数积分和的极限. 定积分的被积函数是一元函数，积分范围是数轴上的区间，因而只能用来计算一元函数及相应区间的有关量. 但在科技领域中，往往还需计算定义在平面区域(或空间区域)上的多元函数积分和的极限，这就需要将定积分的概念推广，进而讨论多元函数积分学. 当积分范围是平面区域时，二元函数积分和的极限就是二重积分；当积分范围是空间区域时，三元函数积分和的极限就是三重积分. 二重积分、三重积分统称为重积分.

本章将仿照定积分给出二重积分、三重积分的定义和性质，并着重研究二重积分、三重积分的算法与应用.

10.1 二重积分的概念与性质

以曲顶柱体的体积和平面薄片的质量为例，抽象出二重积分的定义，再给出它的性质.

10.1.1 两个典型问题

求曲顶柱体的体积和平面薄板的质量是二重积分的两个典型问题.

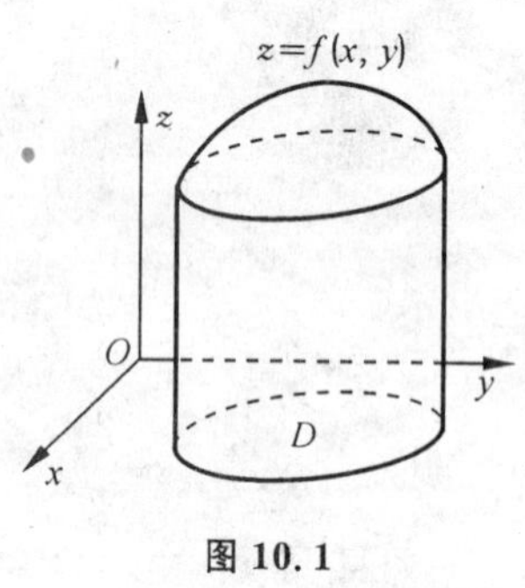

图 10.1

1. 曲顶柱体的体积

设有一柱体，它的底是 xOy 面上闭区域 D，它的侧面是以 D 的边界曲线为准线、母线平行于 z 轴的柱面，它的顶是曲面 $z=f(x,y)$（$f(x,y)$ 是 D 上的非负连续函数）. 这种柱体称为曲顶柱体(见图 10.1).

为了求曲顶柱体的体积，需先介绍闭区域的直径概念：闭区域中任意两点间距离的最大值，称为该闭区域的直径.

当顶是与底平行的平面时，此曲顶柱体是直柱体，由立体几何知其体积 V 为

$$V = 底面积 \times 高.$$

当顶是一般曲面 $z=f(x,y)$ 时，上述公式失效，于是可仿照求曲边梯形面积的方法来求此曲顶柱体的体积 V.

首先在 xOy 面上用曲线网将平面区域 D 分成 n 个小区域 $D_1, D_2, \cdots, D_n$. 用 $\Delta\sigma_k$

表示小区域 D_k 的面积($k=1,2,\cdots,n$). 现以每个小区域的边界为准线,作母线平行于 z 轴的柱面,把整个曲顶柱体分成 n 个小曲顶柱体,并将它们的体积分别记为 ΔV_k. 在每个小区域 D_k 上任取一点 $\{\xi_k,\eta_k\}$,由于 $f(x,y)$ 在 D 上连续,所以当 $\Delta\sigma_k$ 很小时则有

$$\Delta V_k \approx f(\xi_k,\eta_k)\Delta\sigma_k.$$

从而有

$$V=\sum_{k=1}^{n}\Delta V_k \approx \sum_{k=1}^{n} f(\xi_k,\eta_k)\Delta\sigma_k.$$

当每个小区域的直径 d_k 中的最大者 d 越小,则上式右边与柱体体积间的误差越小,这样当 $d\to 0$ 时就有

$$V=\lim_{d\to 0}\sum_{k=1}^{n} f(\xi_k,\eta_k)\Delta\sigma_k.$$

2. 平面薄片的质量

设有一平面薄片 D 放置在 xOy 面上,其上任意一点 (x,y) 处的面密度为 $\rho=f(x,y)$($f(x,y)$ 是定义在 D 上的非负连续函数). 现在来求这薄片的质量 M.

当平面薄片的质量分布均匀时,即 $f(x,y)$ 为常数,则显然有

$$M=面密度\times面积.$$

当平面薄片的质量不是均匀分布,即 $f(x,y)$ 不是常数,则可用类似上一问题的方法来求 M.

首先在 xOy 面上用曲线网将平面区域 D 分成 n 个小区域 $D_1,D_2,\cdots,D_n$,分别以 $\Delta\sigma_k$ 和 d_k 表示小区域 D_k 的面积和直径($k=1,2,\cdots,n$),记 $d=\max\limits_{1\leqslant k\leqslant n}\{d_k\}$.

在每个小区域 D_k 上任取一点 $\{\xi_k,\eta_k\}$(见图 10.2),则该小块薄片的质量 Δm_k 的近似值为

$$\Delta m_k \approx f(\xi_k,\eta_k)\Delta\sigma_k \quad (k=1,2,\cdots,n).$$

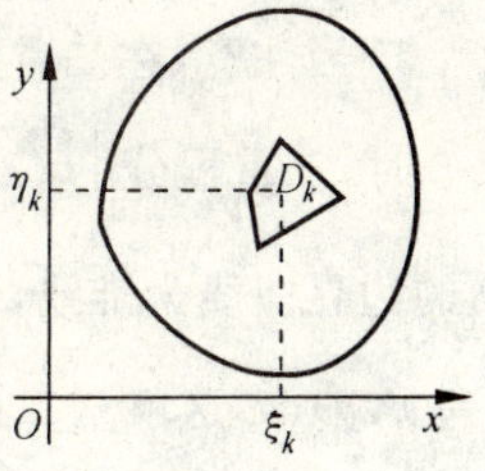

图 10.2

整个薄片的质量 M 的近似值为

$$M\approx\sum_{k=1}^{n} f(\xi_k,\eta_k)\Delta\sigma_k.$$

当 d 越小时,上式右端与薄片质量间的误差便越小. 这样当 $d\to 0$ 时就有

$$M=\lim_{d\to 0}\sum_{k=1}^{n} f(\xi_k,\eta_k)\Delta\sigma_k.$$

10.1.2 二重积分的定义

上述两个问题虽然实际意义不同,但所求的量都归结为同一形式和的极限. 在科技领域中,还有许多量都可以归结为这种形式和的极限,因此有必要对这种形式和的极限加以系统研究,为此引入二重积分的定义.

定义 设 $f(x,y)$ 是有界闭区域 D 上的有界函数,用曲线网将区域 D 分成 n 个小区域

$$D_1, D_2, \cdots, D_n.$$

分别用 $\Delta\sigma_k$ 和 $d_k(k=1,2,\cdots,n)$ 表示小区域 D_k 的面积和直径,在每个小区域 D_k 上任取一点 $\{\xi_k, \eta_k\}$,作积

$$f(\xi_k, \eta_k)\Delta\sigma_k,$$

把这些积加起来,得和式

$$\sum_{k=1}^{n} f(\xi_k, \eta_k)\Delta\sigma_k,$$

记 $d = \max\limits_{1\leqslant k\leqslant n}\{d_k\}$. 当 $d \to 0$ 时,和的极限

$$\lim_{d\to 0}\sum_{k=1}^{n} f(\xi_k, \eta_k)\Delta\sigma_k$$

如存在,且极限值与小区域的分法和点 (ξ_k, η_k) 的取法都无关,则称此极限为函数 $f(x,y)$ 在区域 D 上的**二重积分**,记作 $\iint\limits_D f(x,y)\cdot\mathrm{d}\sigma$,即

$$\iint\limits_D f(x,y)\mathrm{d}\sigma = \lim_{d\to 0}\sum_{k=1}^{n} f(\xi_k, \eta_k)\Delta\sigma_k.$$

其中 D 称为**积分区域**,$f(x,y)$ 称为**被积函数**,$f(x,y)\mathrm{d}\sigma$ 称为**被积式**,$\mathrm{d}\sigma$ 称为**面积元素**,x、y 称为**积分变量**.

应当注意,在二重积分的定义中,并没有规定必须 $f(x,y) \geqslant 0$. 只有当 $f(x,y) \geqslant 0$ 时,二重积分 $\iint\limits_D f(x,y)\mathrm{d}\sigma$ 在几何上才是以曲面 $z = f(x,y)$ 为顶,以 D 为底,且以 D 的边界曲线为准线,母线平行于 z 轴的柱面为侧面的曲顶柱体的体积 V,即 $V = \iint\limits_D f(x,y)\mathrm{d}\sigma$,这就是二重积分的几何意义.

但当 $f(x,y) < 0$ 时,$\iint\limits_D f(x,y)\mathrm{d}\sigma$ 就不是曲顶柱体的体积,而是曲面 $z = f(x,y)$、xOy 面上的区域 D 以及 D 的边界为准线、母线平行于 z 轴的柱面所围立体体积的相反数.

与定积分存在定理类似有二重积分存在定理.

定理 若函数 $f(x,y)$ 在有界闭区域 D 上连续,则二重积分 $\iint\limits_D f(x,y)\mathrm{d}\sigma$ 存在.

今后我们通常总是假定被积函数 $f(x,y)$ 在积分区域上是连续的.

10.1.3 二重积分的性质

将二重积分与定积分的定义相比较,可以看出它们是十分类似的概念. 在

$\iint\limits_D f(x,y)\mathrm{d}\sigma$ 和 $\iint\limits_D g(x,y)\mathrm{d}\sigma$ 都存在的条件下，可以用类似证明定积分性质的方法来证明二重积分有如下性质.

性质 1　设 k 为任意常数，则有

$$\iint\limits_D kf(x,y)\mathrm{d}\sigma = k\iint\limits_D f(x,y)\mathrm{d}\sigma.$$

性质 2　$\iint\limits_D [f(x,y) \pm g(x,y)]\mathrm{d}\sigma = \iint\limits_D f(x,y)\mathrm{d}\sigma \pm \iint\limits_D g(x,y)\mathrm{d}\sigma.$

性质 3　若闭区域 D 可用曲线分成两个小区域 D_1、D_2，则

$$\iint\limits_D f(x,y)\mathrm{d}\sigma = \iint\limits_{D_1} f(x,y)\mathrm{d}\sigma + \iint\limits_{D_2} f(x,y)\mathrm{d}\sigma.$$

性质 4　若在闭区域 D 上 $f(x,y) = 1$，σ 是 D 的面积，则

$$\iint\limits_D 1\mathrm{d}\sigma = \iint\limits_D \mathrm{d}\sigma = \sigma.$$

性质 5　若在闭区域 D 上有 $f(x,y) \leqslant g(x,y)$，则有不等式

$$\iint\limits_D f(x,y)\mathrm{d}\sigma \leqslant \iint\limits_D g(x,y)\mathrm{d}\sigma.$$

性质 6　$\left|\iint\limits_D f(x,y)\mathrm{d}\sigma\right| \leqslant \iint\limits_D |f(x,y)|\mathrm{d}\sigma.$

性质 7(估值定理)　设 M、m 分别是 $f(x,y)$ 在闭区域 D 上的最大值、最小值，σ 是 D 的面积，则有

$$m\sigma \leqslant \iint\limits_D f(x,y)\mathrm{d}\sigma \leqslant M\sigma.$$

性质 8(中值定理)　设 $f(x,y)$ 在闭区域 D 上连续，σ 是 D 的面积，则至少存在一点 $(\xi,\eta) \in D$，使

$$\iint\limits_D f(x,y)\mathrm{d}\sigma = f(\xi,\eta)\sigma.$$

通常把 $\frac{1}{\sigma}\iint\limits_D f(x,y)\mathrm{d}\sigma$ 称为函数 $f(x,y)$ 在闭区域 D 上的**积分平均值**.

例 1　比较 $\iint\limits_D (x+y)^2\mathrm{d}\sigma$ 与 $\iint\limits_D (x+y)^3\mathrm{d}\sigma$ 的大小，其中 D 由 x 轴、y 轴及直线 $x+y=1$ 围成.

解　因为区域 D 在直线 $x+y=1$ 的下方，故 D 上的点满足 $x+y \leqslant 1$，从而有

$$(x+y)^2 \geqslant (x+y)^3,$$

故

$$\iint\limits_D (x+y)^2\mathrm{d}\sigma \geqslant \iint\limits_D (x+y)^3\mathrm{d}\sigma.$$

例 2 估计二重积分 $I=\iint\limits_{D}(x^2+4y^2+9)\mathrm{d}\sigma$ 的值,其中 D 是圆形区域 $x^2+y^2\leqslant 4$.

解 设 $f(x,y)=x^2+4y^2+9$,则它在闭区域 D 上连续,故该函数在 D 上必达到最大值 M 和最小值 m.

由
$$\begin{cases}f_x(x,y)=2x=0,\\ f_y(x,y)=8y=0.\end{cases}$$
得驻点(0,0).记
$$F(x,y,\lambda)=x^2+4y^2+9+\lambda(x^2+y^2-4),$$
由
$$\begin{cases}F_x=2x+2x\lambda=0,\\ F_y=8y+2y\lambda=0,\\ F_\lambda=x^2+y^2-4=0,\end{cases}$$
得驻点$(0,\pm 2)$,$(\pm 2,0)$.列表比较

(x,y)	$(0,0)$	$(0,\pm 2)$	$(\pm 2,0)$
$f(x,y)$	9	25	13

故在 D 上 $f(x,y)$ 的最大值、最小值分别为 $M=25$,$m=9$.又 D 的面积为 $\sigma=4\pi$,所以
$$9\times 4\pi\leqslant I\leqslant 25\times 4\pi,\quad 36\pi\leqslant I\leqslant 100\pi.$$

习题 10.1

1. 用二重积分表示曲面 $z=g_1(x,y)$,$z=g_2(x,y)$(g_1、g_2 在全平面上连续且满足 $g_1(x,y)<g_2(x,y)$)与柱面 $x^2+y^2=1$ 所围立体的体积.

2. 设平面区域 D 由直线 $x=0$,$y=0$,$x+y=\frac{1}{2}$,$x+y=1$ 所围,$I_1=\iint\limits_{D}[\ln(x+y)]^3\mathrm{d}x\mathrm{d}y$,$I_2=\iint\limits_{D}[\sin(x+y)]^3\mathrm{d}x\mathrm{d}y$,试比较 I_1 与 I_2 的大小.

3. 设 $I_1=\iint\limits_{D}(x+y)^5\mathrm{d}\sigma$,$I_2=\iint\limits_{D}(x+y)^6\mathrm{d}\sigma$,其中 D 为圆周 $(x-2)^2+(y-1)^2=2$ 所围圆域,试比较 I_1 与 I_2 的大小.

4. 利用二重积分的性质,估计下列积分值所在区间:

(1) $I_1=\iint\limits_{D}(x+y+10)\mathrm{d}\sigma$,其中 D 是圆形区域 $x^2+y^2\leqslant 4$;

(2) $I_2=\iint\limits_{D}(3x^2+4y^2+5)\mathrm{d}\sigma$,其中 D 是椭圆形区域 $\frac{x^2}{4}+\frac{y^2}{3}\leqslant 1$.

10.2 二重积分的计算

除了一些极特殊的情形,一般是不可能用定义来求二重积分的值,而是将二重积分化成相继进行的两次定积分,即将重积分化为逐次积分(或累次积分)来计算.

10.2.1 利用直角坐标系计算二重积分

根据二重积分的几何意义,通过计算曲顶柱体的体积,可以导出将二重积分化为二次积分的计算公式.

(1) 设闭区域 D 由直线 $x=a, x=b(a<b)$ 与曲线 $y=\varphi_1(x)$ 和 $y=\varphi_2(x)$(当 $a\leqslant x\leqslant b$ 时,$\varphi_1(x)\leqslant\varphi_2(x)$)所围,这种区域称为 x- 型区域(见图 10.3),它可用下面不等式组表示:

$$D:\begin{cases}a\leqslant x\leqslant b,\\ \varphi_1(x)\leqslant y\leqslant\varphi_2(x).\end{cases}$$

现在来计算 $\iint\limits_D f(x,y)\mathrm{d}\sigma$.

1° 当 $f(x,y)\geqslant 0$ 时 $(x,y)\in D$,$\iint\limits_D f(x,y)\mathrm{d}\sigma=V$,显然 V 是以 D 为底、$z=f(x,y)$ 为顶的曲顶柱体的体积. 该体积可用定积分中已知平行截面面积求立体体积的方法来求.

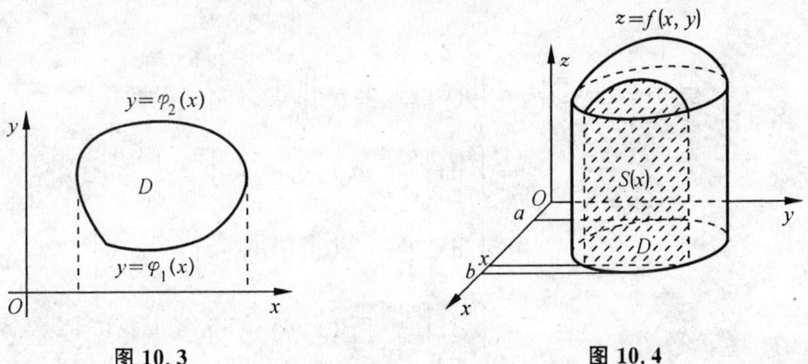

图 10.3　　图 10.4

过 x 轴上 $[a,b]$ 内任意一点 x 处作平行于 yOz 面的平面,它截此曲顶柱体所得截面为一曲边梯形(见图 10.4)

$$R_x:\begin{cases}\varphi_1(x)\leqslant y\leqslant\varphi_2(x),\\ 0\leqslant z\leqslant f(x,y).\end{cases}$$

用 $S(x)$ 表示截面 R_x 的面积,则有

$$S(x)=\int_{\varphi_1(x)}^{\varphi_2(x)} f(x,y)\mathrm{d}y \quad (a\leqslant x\leqslant b).$$

计算这个积分时,要把 x 看作常数.

再根据已知平行截面的面积求立体体积的定积分公式,便得此曲顶柱体的体积

$$V=\int_a^b S(x)\mathrm{d}x=\int_a^b\left[\int_{\varphi_1(x)}^{\varphi_2(x)} f(x,y)\mathrm{d}y\right]\mathrm{d}x,$$

于是有

$$\iint_D f(x,y)\mathrm{d}\sigma=\int_a^b\left[\int_{\varphi_1(x)}^{\varphi_2(x)} f(x,y)\mathrm{d}y\right]\mathrm{d}x.$$

上式右端的积分称为**先对 y 后对 x 的二次积分**,常记作

$$\int_a^b \mathrm{d}x\int_{\varphi_1(x)}^{\varphi_2(x)} f(x,y)\mathrm{d}y.$$

因此有
$$\iint_D f(x,y)\mathrm{d}\sigma=\int_a^b \mathrm{d}x\int_{\varphi_1(x)}^{\varphi_2(x)} f(x,y)\mathrm{d}y.$$

式中,$\mathrm{d}\sigma=\mathrm{d}x\mathrm{d}y$ 叫做直角坐标系下的**面积元素**,因此

$$\iint_D f(x,y)\mathrm{d}\sigma=\iint_D f(x,y)\mathrm{d}x\mathrm{d}y.$$

2° 当 $f(x,y)$ 在区域 D 上不是非负函数时,由于 $f(x,y)$ 在区域 D 上有界,故存在 $c>0$,使 $|f(x,y)|\leqslant c$,于是 $f(x,y)\geqslant -c$,即 $f(x,y)+c\geqslant 0$. 设 $g(x,y)=f(x,y)+c$,则按(i) 中方法可得

$$\iint_D g(x,y)\mathrm{d}\sigma=\int_a^b \mathrm{d}x\int_{\varphi_1(x)}^{\varphi_2(x)} g(x,y)\mathrm{d}y,$$

于是有

$$\begin{aligned}\iint_D [g(x,y)-c]\mathrm{d}\sigma&=\iint_D g(x,y)\mathrm{d}\sigma-\iint_D c\,\mathrm{d}\sigma\\&=\int_a^b \mathrm{d}x\int_{\varphi_1(x)}^{\varphi_2(x)} g(x,y)\mathrm{d}y-\int_a^b \mathrm{d}x\int_{\varphi_1(x)}^{\varphi_2(x)} c\mathrm{d}y\\&=\int_a^b \mathrm{d}x\left[\int_{\varphi_1(x)}^{\varphi_2(x)} g(x,y)\mathrm{d}y-\int_{\varphi_1(x)}^{\varphi_2(x)} c\mathrm{d}y\right]\\&=\int_a^b \mathrm{d}x\int_{\varphi_1(x)}^{\varphi_2(x)} [g(x,y)-c]\mathrm{d}y.\end{aligned}$$

由 $g(x,y)=f(x,y)+c$,可知 $f(x,y)=g(x,y)-c$,故上式即为

$$\iint_D f(x,y)\mathrm{d}\sigma=\int_a^b \mathrm{d}x\int_{\varphi_1(x)}^{\varphi_2(x)} f(x,y)\mathrm{d}y.$$

由 1°、2° 可知,对 x- 型区域

$$D:\begin{cases}a\leqslant x\leqslant b,\\ \varphi_1(x)\leqslant y\leqslant \varphi_2(x),\end{cases}$$

无论 $f(x,y)$ 是否为非负函数，总有公式

$$\iint_D f(x,y)\mathrm{d}\sigma=\int_a^b\mathrm{d}x\int_{\varphi_1(x)}^{\varphi_2(x)}f(x,y)\mathrm{d}y.$$

(2) 若区域 D 是由直线 $y=c,y=d(c<d)$ 与曲线 $x=\psi_1(y)$ 和 $x=\psi_2(y)$（当 $c\leqslant y\leqslant d$ 时，$\psi_1(y)\leqslant\psi_2(y)$）所围，这种区域称为 y- 型区域. 它可用下面不等式组表示：

$$D:\begin{cases}c\leqslant y\leqslant d,\\ \psi_1(y)\leqslant x\leqslant\psi_2(y).\end{cases}$$

用(1) 中类似的方法可得公式

$$\iint_D f(x,y)\mathrm{d}\sigma=\int_c^d\mathrm{d}y\int_{\psi_1(y)}^{\psi_2(y)}f(x,y)\mathrm{d}x.$$

上式右端的积分称为**先对 x 后对 y 的二次积分**.

在具体应用这两公式时需注意如下几点.

(1) 首先应当判定区域 D 是否为 x- 型区域或 y- 型区域.

x- 型区域的几何特征：任何穿过 D 的内部且平行于 y 轴的直线与 D 的边界恰交于两点.

y- 型区域的几何特征：任何穿过 D 的内部且平行于 x 轴的直线与 D 的边界恰交于两点.

(2) 若区域 D 既是 x- 型区域又是 y- 型区域，则有

$$\iint_D f(x,y)\mathrm{d}\sigma=\int_a^b\mathrm{d}x\int_{\varphi_1(x)}^{\varphi_2(x)}f(x,y)\mathrm{d}y=\int_c^d\mathrm{d}y\int_{\psi_1(y)}^{\psi_2(y)}f(x,y)\mathrm{d}x.$$

它表明累次积分可以交换积分次序，但在交换积分次序时，必须先绘出积分区域，然后重新确定积分上、下限.

(3) 若区域 D 既不是 x- 型区域又不是 y- 型区域时，则需用平行于 y 轴或 x 轴的直线将区域 D 划分成几块 x- 型区域或 y- 型区域（见图 10.5），图中的 D 分成了 D_1、D_2、D_3 三个子域，由二重积分的性质可知

$$\iint_D f(x,y)\mathrm{d}\sigma=\iint_{D_1}f(x,y)\mathrm{d}\sigma+\iint_{D_2}f(x,y)\mathrm{d}\sigma+\iint_{D_3}f(x,y)\mathrm{d}\sigma.$$

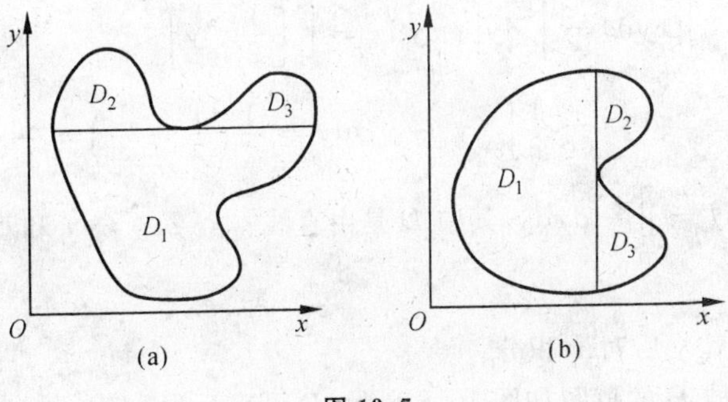

图 10.5

上式右端的三个二重积分都可以用(1)或(2)中的方法化为二次积分来计算.

例 1 计算$\iint\limits_D xy\,\mathrm{d}\sigma$,其中 D 由直线 $y=x$ 与抛物线 $y=x^2$ 围成.

解法一 首先画出积分区域 D(见图 10.6),D 是 x- 型区域,D 上的点的横坐标的变动范围是区间$[0,1]$,在$[0,1]$上任意取定一个值 x,过 x 作直线平行于 y 轴,则 D 上以这个 x 为横坐标的点在一线段上,该线段上点的纵坐标从 $y=x^2$ 变到 $y=x$,即

$$D:\begin{cases}0\leqslant x\leqslant 1,\\ x^2\leqslant y\leqslant x,\end{cases}$$

所以
$$\iint\limits_D xy\,\mathrm{d}\sigma=\int_0^1\mathrm{d}x\int_{x^2}^{x}xy\,\mathrm{d}y=\int_0^1\left[\frac{1}{2}xy^2\right]_{x^2}^{x}\mathrm{d}x=\int_0^1\frac{1}{2}(x^3-x^5)\,\mathrm{d}x$$
$$=\frac{1}{2}\left(\frac{1}{4}x^4-\frac{1}{6}x^6\right)\Bigg|_0^1=\frac{1}{2}\left(\frac{1}{4}-\frac{1}{6}\right)=\frac{1}{24}.$$

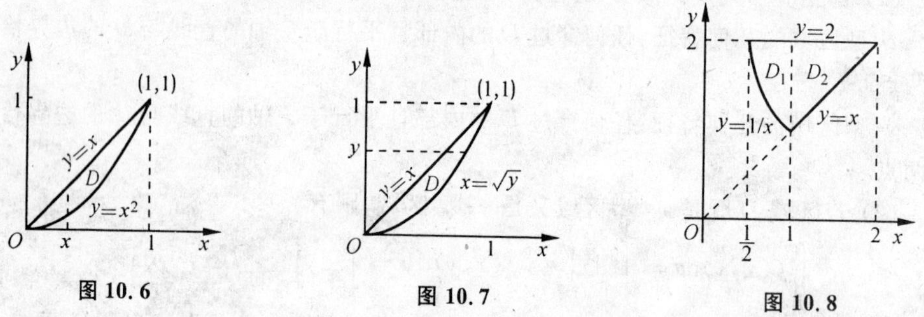

图 10.6　　图 10.7　　图 10.8

解法二 如图 10.7 所示,D 是 y- 型区域,D 上的点的纵坐标的变动范围是区间$[0,1]$,在$[0,1]$任意取定一个值 y,过 y 作直线平行于 x 轴,则 D 上以这个 y 为纵坐标的点在一线段上,该线段上点的横坐标从 $x=y$ 变到 $x=\sqrt{y}$,即

$$D:\begin{cases}0\leqslant y\leqslant 1,\\ y\leqslant x\leqslant \sqrt{y}.\end{cases}$$

所以

$$\iint\limits_D xy\,\mathrm{d}\sigma=\int_0^1\mathrm{d}y\int_{y}^{\sqrt{y}}xy\,\mathrm{d}x=\int_0^1\left[\frac{1}{2}x^2y\right]_{y}^{\sqrt{y}}\mathrm{d}y$$
$$=\frac{1}{2}\int_0^1(y^2-y^3)\,\mathrm{d}y=\frac{1}{2}\left(\frac{1}{3}-\frac{1}{4}\right)=\frac{1}{24}.$$

例 2 计算 $I=\iint\limits_D\frac{x^2}{y^2}\mathrm{d}x\mathrm{d}y$,其中 D 是由直线 $y=2$,$y=x$ 和双曲线 $xy=1$ 所围区域.

解法一 先对 y 后对 x 积分.

画出积分区域 D 的草图如图 10.8 所示,D 可表示为

$$D:\begin{cases}\dfrac{1}{2}\leqslant x\leqslant 2,\\ g(x)\leqslant y\leqslant 2.\end{cases}$$

其中
$$g(x)=\begin{cases}\dfrac{1}{x}, & \dfrac{1}{2}\leqslant x\leqslant 1,\\ x, & 1< x\leqslant 2.\end{cases}$$

需用直线 $x=1$ 把 D 分成 D_1 和 D_2 两部分,其中

$$D_1:\begin{cases}1/2\leqslant x\leqslant 1,\\ 1/x\leqslant y\leqslant 2,\end{cases}\quad D_2:\begin{cases}1\leqslant x\leqslant 2,\\ x\leqslant y\leqslant 2.\end{cases}$$

因此便得

$$I=\iint\limits_{D_1}\frac{x^2}{y^2}\mathrm{d}x\mathrm{d}y+\iint\limits_{D_2}\frac{x^2}{y^2}\mathrm{d}x\mathrm{d}y=\int_{\frac{1}{2}}^{1}\mathrm{d}x\int_{\frac{1}{x}}^{2}\frac{x^2}{y^2}\mathrm{d}y+\int_{1}^{2}\mathrm{d}x\int_{x}^{2}\frac{x^2}{y^2}\mathrm{d}y$$

$$=\int_{\frac{1}{2}}^{1}\left[-\frac{x^2}{y}\right]_{\frac{1}{x}}^{2}\mathrm{d}x+\int_{1}^{2}\left[-\frac{x^2}{y}\right]_{x}^{2}\mathrm{d}x=\int_{\frac{1}{2}}^{1}\left(x^3-\frac{x^2}{2}\right)\mathrm{d}x+\int_{1}^{2}\left(x-\frac{x^2}{2}\right)\mathrm{d}x=\frac{81}{192}.$$

解法二 先对 x 后对 y 积分.

积分区域 D 如图 10.9 所示,区域 D 可表示为

$$D:\begin{cases}1\leqslant y\leqslant 2,\\ \dfrac{1}{y}\leqslant x\leqslant y,\end{cases}$$

则
$$I=\int_{1}^{2}\mathrm{d}y\int_{\frac{1}{y}}^{y}\frac{x^2}{y^2}\mathrm{d}x=\int_{1}^{2}\left[\frac{1}{3}\cdot\frac{x^3}{y^2}\right]_{\frac{1}{y}}^{y}\mathrm{d}y=\frac{1}{3}\int_{1}^{2}\left(y-\frac{1}{y^5}\right)\mathrm{d}y=\frac{81}{192}.$$

例 3 计算 $I=\iint\limits_{D}|y-x^2|\mathrm{d}\sigma$,其中 D 为正方形域:$0\leqslant x\leqslant 1,0\leqslant y\leqslant 1$.

解 因为

$$|y-x^2|=\begin{cases}y-x^2, & y\geqslant x^2,\\ x^2-y, & y< x^2,\end{cases}$$

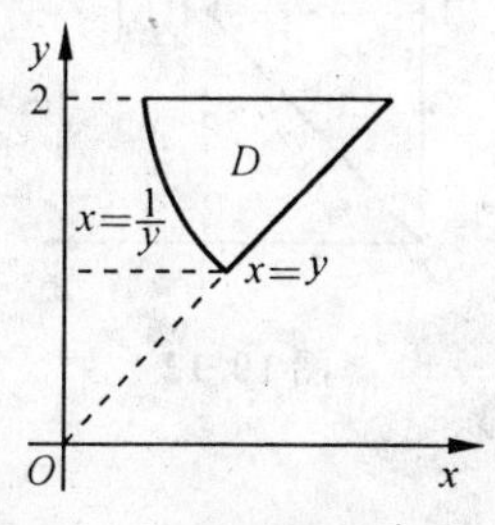

图 10.9

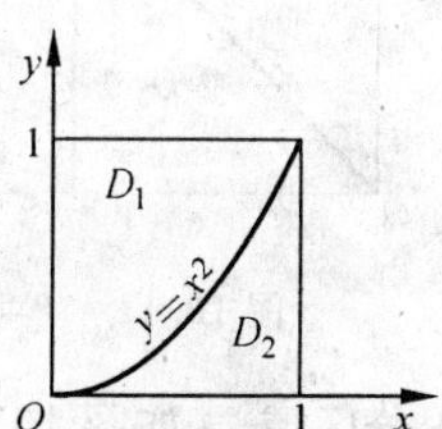

图 10.10

从而需用抛物线 $y=x^2$ 将 D 分成下面两部分(见图 10.10):

$$D_1:\begin{cases}0\leqslant x\leqslant 1,\\ x^2\leqslant y\leqslant 1,\end{cases}\quad 与\quad D_2:\begin{cases}0\leqslant x\leqslant 1,\\ 0\leqslant y\leqslant x^2.\end{cases}$$

于是有

$$I=\iint\limits_{D_1}(y-x^2)\mathrm{d}x\mathrm{d}y+\iint\limits_{D_2}(x^2-y)\mathrm{d}x\mathrm{d}y$$

$$=\int_0^1\mathrm{d}x\int_{x^2}^1(y-x^2)\mathrm{d}y+\int_0^1\mathrm{d}x\int_0^{x^2}(x^2-y)\mathrm{d}y$$

$$=\int_0^1\left(\frac{1}{2}y^2-x^2y\right)\Big|_{x^2}^1\mathrm{d}x+\int_0^1\left(x^2y-\frac{1}{2}y^2\right)\Big|_0^{x^2}\mathrm{d}x$$

$$=\int_0^1\left(\frac{1}{2}-x^2+\frac{1}{2}x^4\right)\mathrm{d}x+\int_0^1\frac{1}{2}x^4\mathrm{d}x=\frac{4}{15}+\frac{1}{10}=\frac{11}{30}.$$

例 4 改变下列积分次序：

(1) $\int_0^1\mathrm{d}x\int_0^x f(x,y)\mathrm{d}y$；　　(2) $\int_0^1\mathrm{d}x\int_x^{2-x} f(x,y)\mathrm{d}y$.

解 (1) 首先绘出积分区域 D 如图 10.11 所示，

$$D:\begin{cases}0\leqslant x\leqslant 1,\\0\leqslant y\leqslant x.\end{cases}$$

它是直线 $x=0$ 和 $x=1$ 之间的带形区域内直线 $y=0$ 之上和直线 $y=x$ 之下部分.

积分次序是先对 y 后对 x. 现需改变为先对 x 后对 y 积分，则 D 可视为直线 $y=0$ 与直线 $y=1$ 之间带形区域内，直线 $x=y$ 之右和 $x=1$ 之左，可记 D 为

$$D:\begin{cases}0\leqslant y\leqslant 1,\\y\leqslant x\leqslant 1,\end{cases}$$

故

$$\int_0^1\mathrm{d}x\int_0^x f(x,y)\mathrm{d}y=\int_0^1\mathrm{d}y\int_y^1 f(x,y)\mathrm{d}x.$$

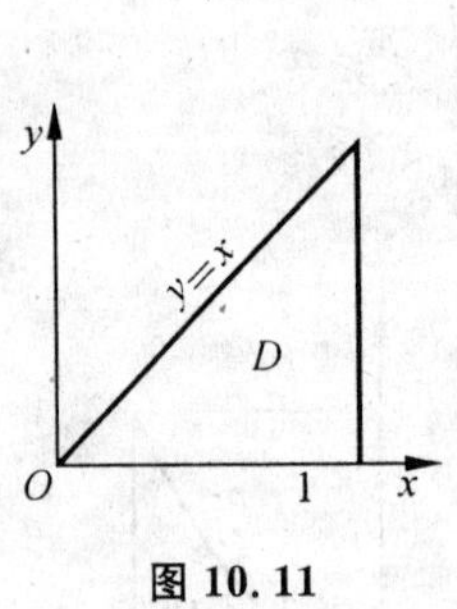

图 10.11

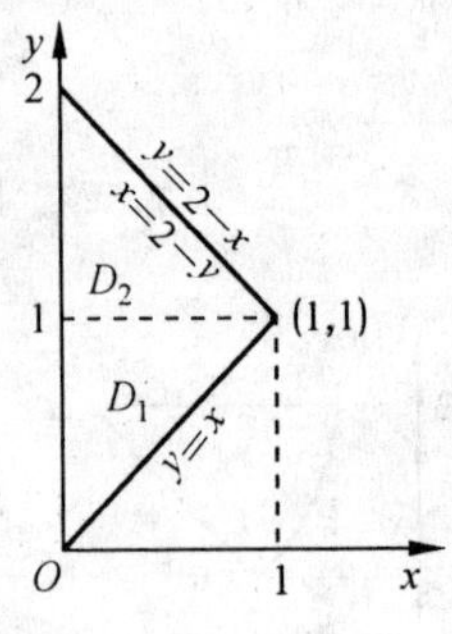

图 10.12

(2) 绘出积分区域 D 如图 10.12 所示，

$$D:\begin{cases}0\leqslant x\leqslant 1,\\x\leqslant y\leqslant 2-x.\end{cases}$$

现需将积分次序改变为先对 x 后对 y. 为此用直线 $y=1$ 将 D 分成 D_1 和 D_2 两部分(见图 10.12)：

$$D_1:\begin{cases}0\leqslant y\leqslant 1,\\0\leqslant x\leqslant y,\end{cases}\quad D_2:\begin{cases}1\leqslant y\leqslant 2,\\0\leqslant x\leqslant 2-y,\end{cases}$$

所以

$$\int_0^1 dx\int_x^{2-x} f(x,y)dy=\int_0^1 dy\int_0^y f(x,y)dx+\int_1^2 dy\int_0^{2-y} f(x,y)dx.$$

例 5 求积分$\int_0^1 dx\int_{x^2}^1 xe^{-y^2}dy$.

解 绘出积分区域 D(见图 10.13),

$$D:\begin{cases}0\leqslant x\leqslant 1,\\x^2\leqslant y\leqslant 1.\end{cases}$$

将 D 改记为

$$D:\begin{cases}0\leqslant y\leqslant 1,\\0\leqslant x\leqslant \sqrt{y},\end{cases}$$

所以

$$\int_0^1 dx\int_{x^2}^1 xe^{-y^2}dy=\int_0^1 dy\int_0^{\sqrt{y}} xe^{-y^2}dx=\int_0^1 \frac{1}{2}ye^{-y^2}dy$$
$$=\frac{1}{4}e^{-y^2}\Big|_0^1=\frac{1}{4}\left(1-\frac{1}{e}\right).$$

例 6 求二重积分 $I=\iint\limits_D 6x^2y\,dxdy$,其中 D 是由三条直线 $y=x+1$,$y=-x+1$ 和 $y=0$ 所围区域.

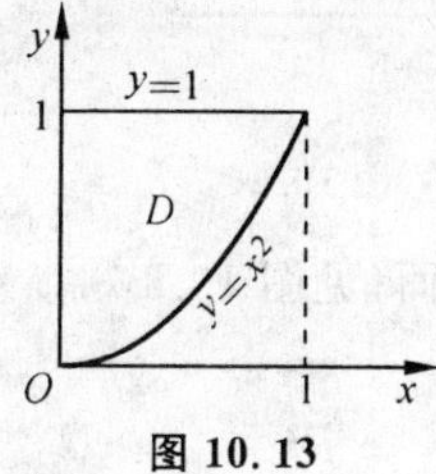

图 10.13

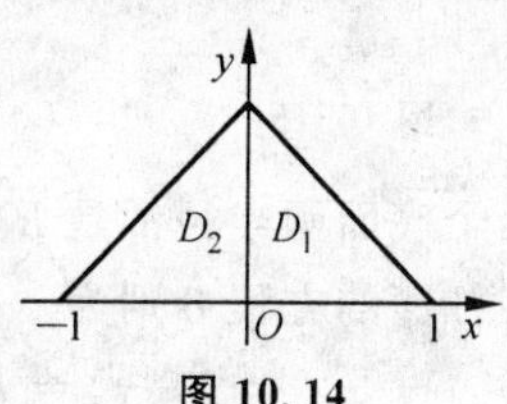

图 10.14

解 积分区域 D 如图 10.14 所示,D 可以分为关于 y 轴对称的两块子域 D_1 和 D_2. 而被积函数 $f(x,y)=6x^2y$ 在对称点的函数值具有

$$f(-x,y)=f(x,y),$$

即 $f(x,y)$ 关于 x 是偶函数. 利用这种对称性可简化二重积分的计算. 事实上,二重积分 I 表示以曲面 $z=6x^2y$ 为曲顶的曲顶柱体,其底面所在区域 D 和曲面都具有对称性,故曲顶柱体的体积 I 等于它的右边的二倍,即

$$I=2\iint\limits_{D_1} 6x^2y\,dxdy=2\int_0^1 x^2dx\int_0^{1-x} 6ydy=2\int_0^1 x^2\cdot 3(1-x)^2dx$$
$$=6\int_0^1 (x^2-2x^3+x^4)dx=\frac{1}{5}.$$

例 7 求二重积分 $I=\iint\limits_{D}6x^{2}y\mathrm{d}x\mathrm{d}y$,其中 D 是由三条直线 $y=1-x,y=x-1$ 和 $x=0$ 所围区域.

解 积分区域 D 如图 10.15 所示.

D 可以分为关于 x 轴对称的两块子域 D_1 和 D_2,被积函数 $f(x,y)=6x^{2}y$ 在对称点的函数值具有

$$f(x,-y)=-f(x,y),$$

即 $f(x,y)$ 关于 y 是奇函数.从而可知 $\iint\limits_{D_1}f(x,y)\mathrm{d}x\mathrm{d}y$ 与 $\iint\limits_{D_2}f(x,y)\mathrm{d}x\mathrm{d}y$ 互为相反数,故

$$I=0.$$

从上面两例可以看出,利用对称性计算二重积分时必须同时考虑积分区域的对称性及被积函数在对称点的函数值是否相等或反号(即被积函数关于相应某变量的奇偶性),进而确定如何简化计算.

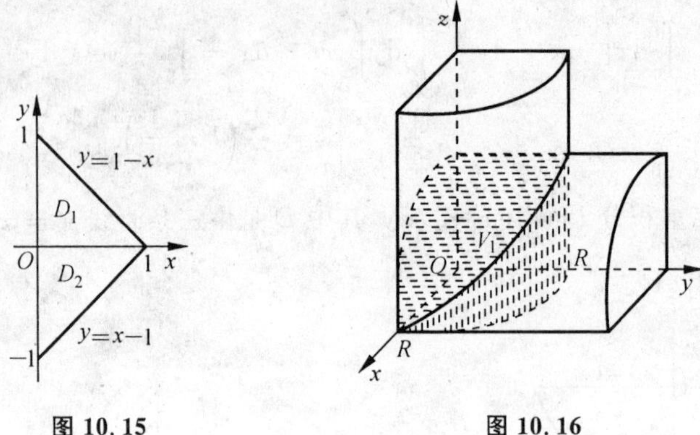

图 10.15 图 10.16

例 8 求两个底面圆半径都是 R 的直交圆柱面(见图 10.16)所围立体的体积.

解 两个圆柱面的方程分别为

$$x^{2}+y^{2}=R^{2},\quad x^{2}+z^{2}=R^{2}.$$

利用立体关于三坐标面的对称性,只需求出它在第一象限部分的体积 V_1,然后再乘以 8 倍即得.

V_1 是一个曲顶柱体,其底为

$$D:\begin{cases}0\leqslant x\leqslant R,\\0\leqslant y\leqslant\sqrt{R^{2}-x^{2}}.\end{cases}$$

曲顶为曲面 $z=\sqrt{R^{2}-x^{2}}$,故有

$$\begin{aligned}V_1&=\iint\limits_{D}\sqrt{R^{2}-x^{2}}\mathrm{d}x\mathrm{d}y=\int_0^R\mathrm{d}x\int_0^{\sqrt{R^{2}-x^{2}}}\sqrt{R^{2}-x^{2}}\mathrm{d}y\\&=\int_0^R\sqrt{R^{2}-x^{2}}[y]_0^{\sqrt{R^{2}-x^{2}}}\mathrm{d}x=\int_0^R(R^{2}-x^{2})\mathrm{d}x=\frac{2}{3}R^{3}.\end{aligned}$$

所以 $$V = 8V_1 = 8 \cdot \frac{2}{3}R^3 = \frac{16}{3}R^3.$$

10.2.2 利用极坐标系计算二重积分

除了可以利用直角坐标系将二重积分化为二次积分之外，通常还可以利用极坐标系将二重积分$\iint\limits_D f(x,y)\mathrm{d}\sigma$化为二次积分.

直角坐标与极坐标之间的变换公式为

$$\begin{cases} x = r\cos\theta, \\ y = r\sin\theta. \end{cases}$$

由此可将被积函数转化为

$$f(x,y) = f(r\cos\theta, r\sin\theta).$$

下面求极坐标系下的面积元素 $\mathrm{d}\sigma$.

设从极点出发的射线穿过区域 D 的内部时，与 D 的边界相交不多于两点.

用以极点为中心的同心圆族：$r=$ 常数和从极点出发的射线族：$\theta=$ 常数，将区域 D 分成 n 个小区域(见图 10.17).

设 $\Delta\sigma$ 是极角为 θ 和 $\theta+\mathrm{d}\theta$ 的两条射线及半径为 r 和 $r+\mathrm{d}r$ 的两条圆弧所围的小曲边矩形的面积，有

$$\Delta\sigma \approx r\mathrm{d}r\mathrm{d}\theta,$$

称 $\mathrm{d}\sigma = r\mathrm{d}r\mathrm{d}\theta$ 为极坐标系下的面积元素，因此二重积分在极坐标系下可记为

$$\iint\limits_D f(x,y)\mathrm{d}\sigma = \iint\limits_D f(r\cos\theta, r\sin\theta)r\mathrm{d}r\mathrm{d}\theta.$$

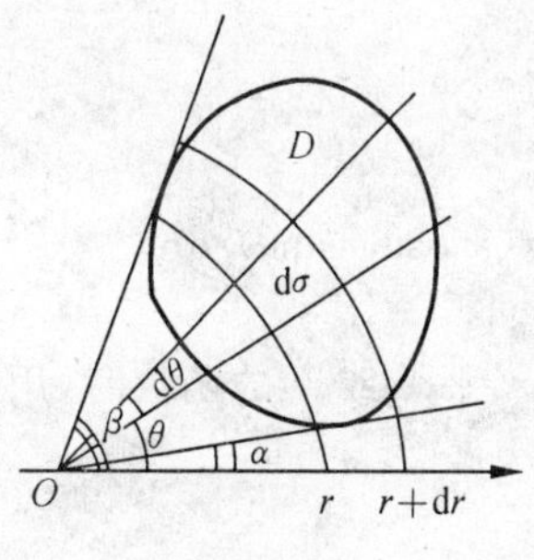

图 10.17

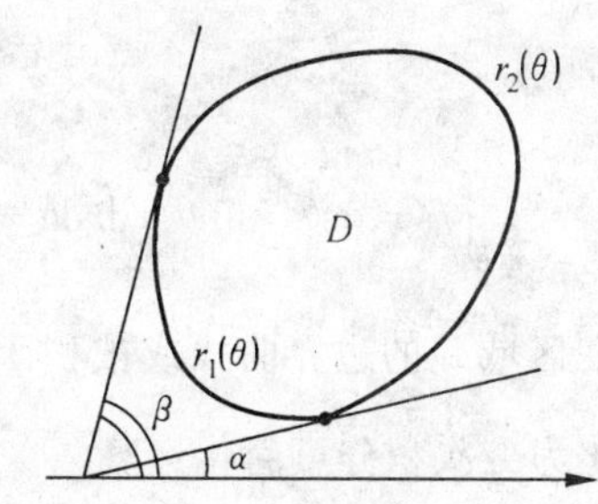

图 10.18

下面给出利用极坐标系将二重积分化为二次积分的计算公式.

1. 当极点 O 在区域 D 外时

设区域 D 由射线 $\theta=\alpha, \theta=\beta(\alpha<\beta)$ 及曲线 $r=r_1(\theta)$ 和 $r=r_2(\theta)$（当 $\alpha\leqslant\beta$ 时，$r_1(\theta)\leqslant r_2(\theta)$）所围，如图 10.18 所示. 此时可记

$$D:\begin{cases}\alpha \leqslant \theta \leqslant \beta, \\ r_1(\theta) \leqslant r \leqslant r_2(\theta),\end{cases}$$

则有

$$\iint_D f(r\cos\theta, r\sin\theta) r\mathrm{d}r\mathrm{d}\theta = \int_\alpha^\beta \mathrm{d}\theta \int_{r_1(\theta)}^{r_2(\theta)} f(r\cos\theta, r\sin\theta) r\mathrm{d}r.$$

2. 当极点 O 在区域 D 的内部

设 D 的边界曲线的方程为 $r = r(\theta)$(见图 10.19),此时可记 D

$$D:\begin{cases}0 \leqslant \theta \leqslant 2\pi, \\ 0 \leqslant r \leqslant r(\theta),\end{cases}$$

则有

$$\iint_D f(r\cos\theta, r\sin\theta) r\mathrm{d}r\mathrm{d}\theta = \int_0^{2\pi} \mathrm{d}\theta \int_0^{r(\theta)} f(r\cos\theta, r\sin\theta) r\mathrm{d}r.$$

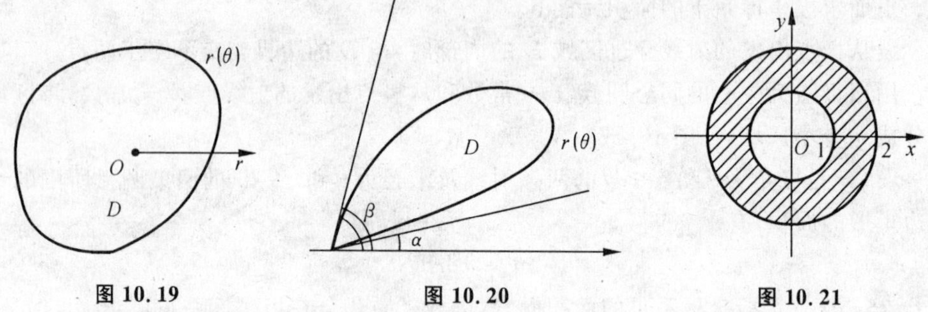

图 10.19　　图 10.20　　图 10.21

3. 当极点 O 在区域 D 的边界上

设 D 的边界曲线的方程为 $r = r(\theta)$ $(\alpha \leqslant \theta \leqslant \beta)$(见图 10.20),此时可记

$$D:\begin{cases}\alpha \leqslant \theta \leqslant \beta, \\ 0 \leqslant r \leqslant r(\theta),\end{cases}$$

则有

$$\iint_D f(r\cos\theta, r\sin\theta) r\mathrm{d}r\mathrm{d}\theta = \int_\alpha^\beta \mathrm{d}\theta \int_0^{r(\theta)} f(r\cos\theta, r\sin\theta) r\mathrm{d}r.$$

一般在区域 D 的边界曲线或被积函数可表为 $x^2 + y^2$ 或 $\dfrac{y}{x}$ 的函数时,用极坐标将二重积分化为二次积分可简化运算.

例 9　计算 $\iint\limits_D (x^2 + y^2)\mathrm{d}\sigma$,其中 D 为 $1 \leqslant x^2 + y^2 \leqslant 4$.

解　积分区域 D 的图形(见图 10.21)为一圆环,若利用直角坐标系计算,至少需将 D 分成四个部分,计算很麻烦,但若利用极坐标系计算,则十分简单.

设
$$\begin{cases}x = r\cos\theta, \\ y = r\sin\theta,\end{cases}$$

则 D 可表示为

$$D:\begin{cases}0\leqslant\theta\leqslant 2\pi,\\ 1\leqslant r\leqslant 2.\end{cases}$$

从而有

$$\begin{aligned}\iint_D(x^2+y^2)\mathrm{d}\sigma&=\iint_D r^2\cdot r\mathrm{d}r\mathrm{d}\theta=\int_0^{2\pi}\mathrm{d}\theta\int_1^2 r^3\mathrm{d}r\\&=\int_0^{2\pi}\frac{r^4}{4}\Big|_1^2\mathrm{d}\theta=\int_0^{2\pi}\frac{15}{4}\mathrm{d}\theta=\frac{15}{2}\pi.\end{aligned}$$

例 10 求球体 $x^2+y^2+z^2\leqslant 4a^2$ 被圆柱面 $x^2+y^2=2ax$ 截下且位于圆柱面内的那部分体积.

解 由对称性可知,所截体积为第一象限内部分的 4 倍,即

$$V=4\iint_D\sqrt{4a^2-x^2-y^2}\,\mathrm{d}\sigma,$$

其中 D 为半圆 $0\leqslant x\leqslant 2a,0\leqslant y\leqslant\sqrt{2ax-x^2}$(见图 10.22). D 改用极坐标表示,则

$$D:\begin{cases}0\leqslant\theta\leqslant\dfrac{\pi}{2},\\ 0\leqslant r\leqslant 2a\cos\theta,\end{cases}$$

故

$$\begin{aligned}V&=4\int_0^{\frac{\pi}{2}}\mathrm{d}\theta\int_0^{2a\cos\theta}\sqrt{4a^2-r^2}\;r\mathrm{d}r=4\int_0^{\frac{\pi}{2}}\left[-\frac{1}{3}(4a^2-r^2)^{\frac{3}{2}}\right]_0^{2a\cos\theta}\mathrm{d}\theta\\&=\frac{32}{3}a^3\int_0^{\frac{\pi}{2}}(1-\sin^3\theta)\mathrm{d}\theta=\frac{32}{3}a^3\left(\frac{\pi}{2}-\frac{2}{3}\right).\end{aligned}$$

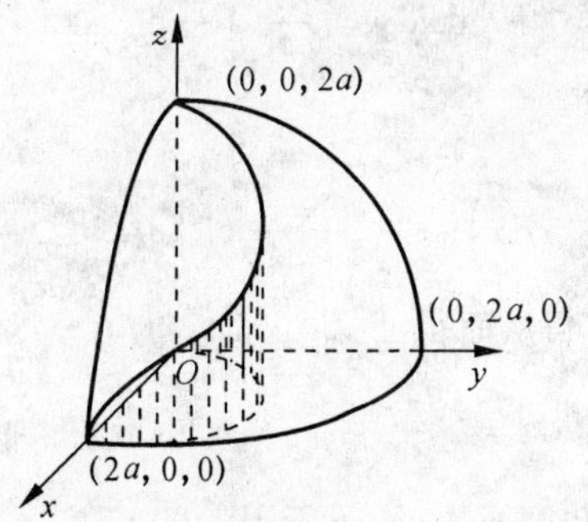

图 10.22

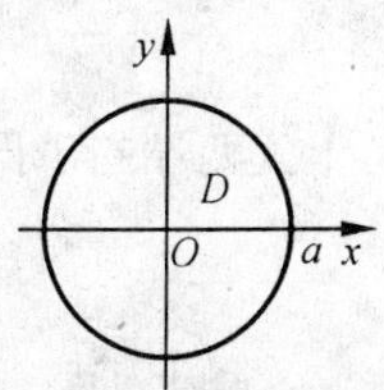

图 10.23

例 11 计算 $I=\iint_D\mathrm{e}^{-x^2-y^2}\mathrm{d}x\mathrm{d}y$,其中 D 为 $x^2+y^2\leqslant a^2$.

解 由于$\int\mathrm{e}^{-x^2}\mathrm{d}x$ 不能用初等函数表示,因此本题用直角坐标系难以计算. 现改用极坐标(见图 10.23),

$$D:\begin{cases}0\leqslant\theta\leqslant 2\pi,\\0\leqslant r\leqslant a,\end{cases}$$

故有

$$I=\iint\limits_D \mathrm{e}^{-x^2-y^2}\,\mathrm{d}x\mathrm{d}y=\iint\limits_D \mathrm{e}^{-r^2}\,r\mathrm{d}r\mathrm{d}\theta=\int_0^{2\pi}\mathrm{d}\theta\int_0^a \mathrm{e}^{-r^2}\,r\mathrm{d}r$$

$$=2\pi\left[-\frac{1}{2}\mathrm{e}^{-r^2}\right]_0^a=\pi(1-\mathrm{e}^{-a^2}).$$

现在我们利用上面的结果来计算工程上常用的广义积分$\int_0^{+\infty}\mathrm{e}^{-x^2}\,\mathrm{d}x$.设

$$D_1=\{(x,y)\mid x^2+y^2\leqslant R^2,x\geqslant 0,y\geqslant 0\},$$
$$D_2=\{(x,y)\mid x^2+y^2\leqslant 2R^2,x\geqslant 0,y\geqslant 0\},$$
$$S=\{(x,y)\mid 0\leqslant x\leqslant R,0\leqslant y\leqslant R\},$$

显然 $D_1\subset S\subset D_2$(见图 10.24).又 $\mathrm{e}^{-x^2-y^2}>0$,所以有不等式

$$\iint\limits_{D_1}\mathrm{e}^{-x^2-y^2}\,\mathrm{d}x\mathrm{d}y<\iint\limits_S\mathrm{e}^{-x^2-y^2}\,\mathrm{d}x\mathrm{d}y<\iint\limits_{D_2}\mathrm{e}^{-x^2-y^2}\,\mathrm{d}x\mathrm{d}y.$$

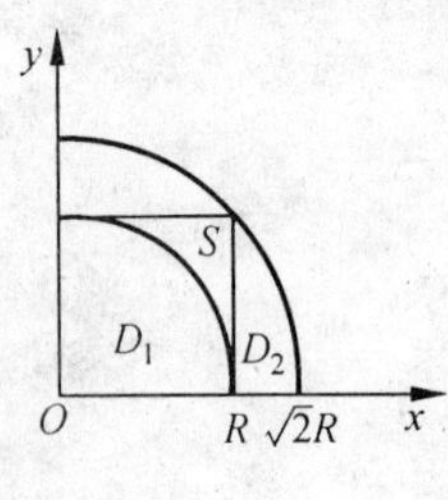

图 10.24

而

$$\iint\limits_S\mathrm{e}^{-x-y^2}\,\mathrm{d}x\mathrm{d}y=\int_0^R\mathrm{e}^{-x^2}\,\mathrm{d}x\cdot\int_0^R\mathrm{e}^{-y^2}\,\mathrm{d}y=\left(\int_0^R\mathrm{e}^{-x^2}\,\mathrm{d}x\right)^2,$$

再应用例 3 的结果,有

$$\iint\limits_{D_1}\mathrm{e}^{-x^2-y^2}\,\mathrm{d}x\mathrm{d}y=\frac{\pi}{4}(1-\mathrm{e}^{-R^2}),$$

$$\iint\limits_{D_2}\mathrm{e}^{-x^2-y^2}\,\mathrm{d}x\mathrm{d}y=\frac{\pi}{4}(1-\mathrm{e}^{-2R^2}).$$

于是上面不等式可写成

$$\frac{\pi}{4}(1-\mathrm{e}^{-R^2})\leqslant\left(\int_0^R\mathrm{e}^{-x^2}\,\mathrm{d}x\right)^2\leqslant\frac{\pi}{4}(1-\mathrm{e}^{-2R^2}).$$

令 $R\to+\infty$,上式两端趋于同一极限 $\pi/4$,从而得

$$\int_0^{+\infty}\mathrm{e}^{-x^2}\,\mathrm{d}x=\frac{\sqrt{\pi}}{2}.$$

例 12 求心脏线 $r=a(1+\cos\theta)$ 和圆 $r=a\cos\theta$ 所围区域的面积 σ.

解 绘出两曲线所围区域如图 10.25 所示.由对称性,只需求出上部 D 的面积乘以 2 倍即得所求面积.可记 D 为

$$D:\begin{cases}0\leqslant\theta\leqslant\pi,\\r_1(\theta)\leqslant r\leqslant a(1+\cos\theta),\end{cases}$$

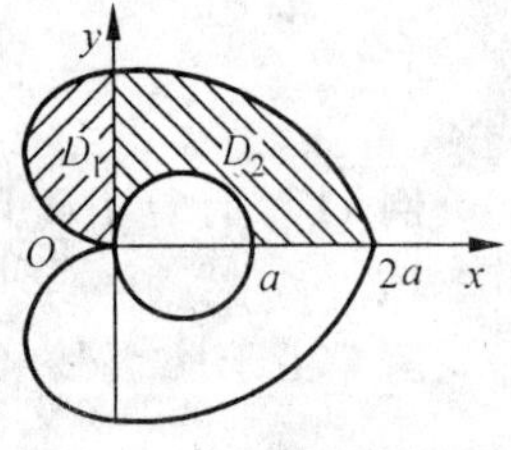

图 10.25

其中

$$r_1(\theta)=\begin{cases}a\cos\theta, & \left(0\leqslant\theta\leqslant\dfrac{\pi}{2}\right),\\ 0, & \left(\dfrac{\pi}{2}\leqslant\theta<\pi\right).\end{cases}$$

因而需将 D 分成两块 D_1 和 D_2，其中

$$D_1:\begin{cases}0\leqslant\theta\leqslant\dfrac{\pi}{2},\\ a\cos\theta\leqslant r\leqslant a(1+\cos\theta),\end{cases}\qquad D_2:\begin{cases}\dfrac{\pi}{2}\leqslant\theta\leqslant\pi,\\ 0\leqslant\theta\leqslant a(1+\cos\theta),\end{cases}$$

故所求面积为

$$\begin{aligned}\sigma&=2\left[\int_0^{\frac{\pi}{2}}\mathrm{d}\sigma\int_{a\cos\theta}^{a(1+\cos\theta)}r\mathrm{d}r+\int_{\frac{\pi}{2}}^{\pi}\mathrm{d}\theta\int_0^{a(1+\cos\theta)}r\mathrm{d}r\right]\\&=a^2\int_0^{\frac{\pi}{2}}(1+2\cos\theta)\mathrm{d}\theta+a^2\int_{\frac{\pi}{2}}^{\pi}(1+2\cos\theta+\cos^2\theta)\mathrm{d}\theta\\&=\frac{\pi}{2}a^2+\frac{3\pi}{4}a^2=\frac{5\pi}{4}a^2.\end{aligned}$$

当然此题也可直接用心脏线所围面积减去内部所包小圆的面积而得，即

$$\begin{aligned}\sigma&=2\int_0^{\pi}\mathrm{d}\theta\int_0^{a(1+\cos\theta)}r\mathrm{d}r-\pi\left(\frac{a}{2}\right)^2=\int_0^{\pi}a^2(1+\cos\theta)^2\mathrm{d}\theta-\frac{\pi}{4}a^2\\&=a^2\int_0^{\pi}(1+2\cos\theta+\cos^2\theta)\mathrm{d}\theta-\frac{\pi}{4}a^2=\frac{3\pi}{2}a^2-\frac{\pi}{4}a^2=\frac{5\pi}{4}a^2.\end{aligned}$$

习题 10.2

1. 计算下列二次积分：

(1) $\int_1^2\mathrm{d}x\int_1^x xy\mathrm{d}y$； (2) $\int_0^1\mathrm{d}x\int_{x^2}^{\sqrt{x}}xy\mathrm{d}y$； (3) $\int_0^1\mathrm{d}x\int_{x^2}^{x}xy^2\mathrm{d}y$.

2. 将下列二重积分 $\iint\limits_D f(x,y)\mathrm{d}x\mathrm{d}y$ 化为二次积分（两种次序都要），积分区域 D 给定如下：

(1) D：以 $O(0,0)$，$A(1,0)$，$B(1,1)$ 为顶点的三角形区域；

(2) D：直线 $x+y=1$，$x-y=1$，$x=0$ 所围区域；

(3) D：$y=x^2$，$y=1$ 所围区域；

(4) D：$y=x$，$y^2=4x$ 所围区域；

(5) D：$y=x$，$y=2$，及 $y=\dfrac{1}{x}(x>0)$ 所围区域.

3. 改变下列二次积分的积分次序：

(1) $\int_0^1\mathrm{d}x\int_0^{1-x}f(x,y)\mathrm{d}y$； (2) $\int_0^2\mathrm{d}x\int_x^{2x}f(x,y)\mathrm{d}y$； (3) $\int_0^1\mathrm{d}y\int_y^{\sqrt{y}}f(x,y)\mathrm{d}x$；

(4) $\int_0^1 \mathrm{d}x\int_0^x f(x,y)\mathrm{d}y+\int_1^2 \mathrm{d}x\int_0^{2-x} f(x,y)\mathrm{d}y$.

4. 计算下列二重积分：

(1) $\iint\limits_D (y-x^2)\mathrm{d}x\mathrm{d}y$,其中 D 由 $y=x,x=1,y=0$ 所围成；

(2) $\iint\limits_D \cos(x+y)\mathrm{d}x\mathrm{d}y$,其中 D 由 $x=0,y=\pi,y=x$ 所围成；

(3) $\iint\limits_D \frac{x^2}{y^2}\mathrm{d}x\mathrm{d}y$,其中 D 由 $x=2,y=x,xy=1$ 所围成；

(4) $\iint\limits_D \frac{x}{y+1}\mathrm{d}x\mathrm{d}y$,其中 D 由 $y=x^2+1,y=2x,x=0$ 所围成；

(5) $\iint\limits_D |x-y|\mathrm{d}x\mathrm{d}y$,其中 D 由 $y=0,x=0,y=1,x=1$ 所围成；

(6) $\iint\limits_D |\sin(x+y)|\mathrm{d}x\mathrm{d}y$,其中 D 为矩形区域:$0\leqslant x\leqslant \pi,0\leqslant y\leqslant \pi$.

5. 利用极坐标计算下列二重积分：

(1) $\iint\limits_D y\mathrm{d}x\mathrm{d}y,D:x^2+y^2\leqslant 1,x\geqslant 0,y\geqslant 0$；

(2) $\iint\limits_D \sin\sqrt{x^2+y^2}\mathrm{d}x\mathrm{d}y,D:\pi^2\leqslant x^2+y^2\leqslant 4\pi^2$；

(3) $\iint\limits_D \arctan\frac{y}{x}\mathrm{d}x\mathrm{d}y$,$D$ 为圆 $x^2+y^2=4,x^2+y^2=1$ 及直线 $y=x,y=0$ 所围的在第一象限内的区域；

(4) $\iint\limits_D (x+y)\mathrm{d}x\mathrm{d}y$,$D$ 为 $x^2+y^2=x+y$ 所围区域.

6. 利用二重积分计算下列曲线所围区域的面积：

(1) $y=x^2$ 与 $y=x+2$；　　(2) 心形线 $r=a(1+\cos\theta)$ 与圆 $r=2a\cos\theta$.

7. 利用二重积分计算下列曲面所围成立体的体积：

(1) $z=1-x^2-y^2,z=0$；　　(2) $z=x^2+y^2,x+y=1$ 及三坐标面.

8. 证明 $\int_0^a \mathrm{d}y\int_0^y f(x)\mathrm{d}x=\int_0^a (a-x)f(x)\mathrm{d}x$,其中 $a>0$,且 $f(x)$ 在 $(0,a]$ 上连续.

9. 设 $f(x)$ 是区间 (a,b) 上的正值连续函数,用二重积分证明

$$\int_a^b f(x)\mathrm{d}x\int_a^b \frac{\mathrm{d}x}{f(x)}\geqslant (b-a)^2.$$

10.3 三重积分

三重积分是二重积分的推广，三重积分的定义、性质以及对一些问题的处理方法都与二重积分类似.

10.3.1 三重积分的概念

求非均匀密度的立体的质量是三重积分的典型问题.

设有一立体 Ω，它的质量分布是非均匀的，其密度函数为 $\rho = \rho(x,y,z)$，用若干曲面把立体 Ω 分成 n 个小立体 $\Delta V_1, \Delta V_2, \cdots, \Delta V_n$（也用 ΔV_n 表示第 i 个小立体的体积），各小块的质量可以近似地用

$$\rho(\xi_i, \eta_i, \zeta_i)\Delta V_i, \quad (i = 1, 2, \cdots, n)$$

表示，这里 (ξ_i, η_i, ζ_i) 是 ΔV_i 中任意一点. 因此，整个立体的质量 M 就近似地等于

$$\sum_{i=1}^{n} \rho(\xi_i, \eta_i, \zeta_i)\Delta V_i,$$

用 d 表示所有小立体 ΔV_i 的直径 d_i 的最大值. 当 $d \to 0$ 时，上面和式的极限就是这个立体的质量，即

$$M = \lim_{d \to 0} \sum_{i=1}^{n} \rho(\xi_i, \eta_i, \zeta_i)\Delta V_i.$$

此外还有许多问题也可归结为上述类型的极限，撇去其实际意义，就得到如下三重积分的定义.

定义 设函数 $u = f(x,y,z)$ 在空间有界闭区域 Ω 上有界，用若干曲面将 Ω 分成 n 个小空间区域 $\Delta V_1, \Delta V_2, \cdots, \Delta V_n$，它们的体积也分别记为 $\Delta V_k (k = 1, 2, \cdots, n)$，在每个小区域 ΔV_k 上任取一点 (ξ_k, η_k, ζ_k)，作和式

$$\sum_{k=1}^{n} f(\xi_k, \eta_k, \zeta_k)\Delta V_k.$$

如果不论 ΔV_k 怎样划分，点 (ξ_k, η_k, ζ_k) 怎样选取，当 n 个小区域的直径最大值 $d \to 0$ 时，上面和式有相同的极限，则称此极限为函数 $f(x,y,z)$ 在空间区域 Ω 上的**三重积分**，记作

$$\iiint_{\Omega} f(x,y,z)\mathrm{d}V = \lim_{d \to 0} \sum_{k=1}^{n} f(\xi_k, \eta_k, \zeta_k)\Delta V_k,$$

其中 Ω 称为**积分区域**，$f(x,y,z)$ 称为**被积函数**，$\mathrm{d}V$ 称为**体积元素**.

若函数 $f(x,y,z)$ 在空间区域 Ω 上的三重积分存在，则称 $f(x,y,z)$ 在 Ω 上可积. 可以证明在 Ω 上连续的函数一定在 Ω 上可积.

当连续函数 $f(x,y,z)$ 表示物体在点 (x,y,z) 处的密度，Ω 是该物体所占有的空

间区域时,则该物体的质量为

$$M = \iiint_{\Omega} f(x,y,z)\mathrm{d}V.$$

特别地,当 $f(x,y,z) \equiv 1$ 时,则

$$\iiint_{\Omega} \mathrm{d}V = V.$$

V 为空间区域 Ω 的体积.

三重积分具有与二重积分完全类似的性质,不再重复.

10.3.2 三重积分的计算

与二重积分的计算类似,通常是将三重积分化成相继进行的三次定积分来计算,称为三次积分.具体求法有如下几种.

1. 在直角坐标系中计算三重积分

在直角坐标系中,用平行于坐标面的平面将 Ω 分成 n 个小区域 $\Delta V_k(k=1,2,\cdots,n)$,除含有边界点的小区域外,每个小区域都是长方体.

设 ΔV 是由横坐标为 x 和 $x+\mathrm{d}x$ 的平面及纵坐标为 y 和 $y+\mathrm{d}y$ 的平面,加上竖坐标为 z 和 $z+\mathrm{d}z$ 的平面,六个分别平行于相应坐标面的平面所围成的长方体,则其体积(见图 10.26)

$$\Delta V = \mathrm{d}x\mathrm{d}y\mathrm{d}z.$$

于是可以称 $\mathrm{d}V = \mathrm{d}x\mathrm{d}y\mathrm{d}z$ 为直角坐标系下的体积元素.因此三重积分在直角坐标系下也可记为

$$\iiint_{\Omega} f(x,y,z)\mathrm{d}V = \iiint_{\Omega} f(x,y,z)\mathrm{d}x\mathrm{d}y\mathrm{d}z.$$

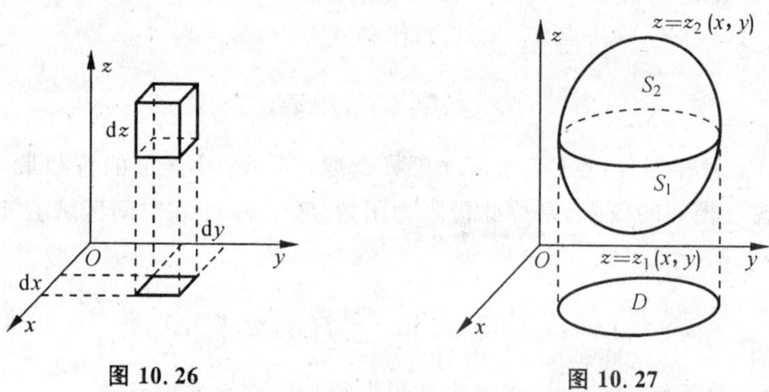

图 10.26　　图 10.27

设函数 $f(x,y,z)$ 在空间区域 Ω 上连续,平行于 z 轴的任何直线穿过区域 Ω 内部时,与 Ω 的边界曲面 S 的交点恰为两点.把空间区域 Ω 投影到 xOy 面上得一平面区域 D(见图 10.27),以 D 的边界曲线为准线作母线平行于 z 轴的柱面,此柱面与曲面 S

的交线把 S 分成两部分 S_1 和 S_2，其方程分别为

$$S_1: z = z_1(x,y);\quad S_2: z = z_2(x,y).$$

z_1、z_2 均为 D 上的连续函数，且

$$z_1(x,y) \leqslant z_2(x,y).$$

也可记 $\Omega = \{(x,y,z) \mid z_1(x,y) \leqslant z \leqslant z_2(x,y),(x,y) \in D\}$.

下面根据三重积分的物理意义，可以导出将三重积分 $\iiint\limits_{\Omega} f(x,y,z)\mathrm{d}V$ 化为三次积分的计算公式.

设在 Ω 上 $f(x,y,z)$ 为非负函数，则

$$\iiint\limits_{\Omega} f(x,y,z)\mathrm{d}V = M.$$

M 是密度为 $f(x,y,z)$ 的立体 Ω 的质量.

现暂时固定 x 和 y，将 $f(x,y,z)$ 看作 z 的函数，在区间$(z_1(x,y),z_2(x,y)]$上积分，则

$$\left[\int_{z_1(x,y)}^{z_2(x,y)} f(x,y,z)\mathrm{d}z\right]\mathrm{d}\sigma$$

可视为立体 Ω 中在 xOy 面上投影为 $\mathrm{d}\sigma$ 的"小细条"的质量，它是 x、y 的函数.

然后让 x、y 在 D 上变化，将无数"小细条"累积成区域 Ω，即得整个立体 Ω 的总质量

$$M = \iint\limits_{D}\left[\int_{z_1(x,y)}^{z_2(x,y)} f(x,y,z)\mathrm{d}z\right]\mathrm{d}\sigma,\text{即有}$$

$$\iiint\limits_{\Omega} f(x,y,z)\mathrm{d}V = \iint\limits_{D}\left[\int_{z_1(x,y)}^{z_2(x,y)} f(x,y,z)\mathrm{d}z\right]\mathrm{d}\sigma. \tag{1}$$

此时若 D 是 x- 型区域，

$$D:\begin{cases} a \leqslant x \leqslant b, \\ y_1(x) \leqslant y \leqslant y_2(x), \end{cases}$$

则由二重积分定限法则可得公式

$$\iiint\limits_{\Omega} f(x,y,z)\mathrm{d}V = \int_a^b \mathrm{d}x\int_{y_1(x)}^{y_2(x)}\mathrm{d}y\int_{z_1(x,y)}^{z_2(x,y)} f(x,y,z)\mathrm{d}z. \tag{2}$$

若 D 是 y- 型区域，

$$D:\begin{cases} c \leqslant y \leqslant d, \\ x_1(y) \leqslant x \leqslant x_2(y), \end{cases}$$

则有公式

$$\iiint\limits_{\Omega} f(x,y,z)\mathrm{d}V = \int_c^d \mathrm{d}y\int_{x_1(y)}^{x_2(y)}\mathrm{d}x\int_{z_1(x,y)}^{z_2(x,y)} f(x,y,z)\mathrm{d}z. \tag{3}$$

当 $f(x,y,z)$ 不是非负函数时，则可仿二重积分以 $f(x,y,z)+C$(C 为充分大的正数)代替被积函数，可证明对不是非负函数 $f(x,y,z)$，上面公式(1)、公式(2)、公

式(3) 仍成立.

有时为了计算方便,将 Ω 投影到 xOz 平面或 yOz 平面上,可分别得到相应的计算公式.此工作留给读者自行完成,不再一一列出.

例1 计算 $I=\iiint\limits_{\Omega}x\mathrm{d}V$,其中 Ω 是由三坐标面与平面 $x+2y+z=1$ 所围空间区域.

解 区域 Ω 如图 10.28 所示.

将 Ω 投影到 xOy 面上,所得投影区域 D 为三角形区域,由直线 $y=0,x=0$ 及 $x+2y=1$ 所围,即

$$D:\begin{cases}0\leqslant x\leqslant 1,\\ 0\leqslant y\leqslant \dfrac{1-x}{2}.\end{cases}$$

在 D 内任取一点 (x,y),过此点作平行于 z 轴的直线,该直线顺着 z 轴的方向看通过平面 $z=0$ 穿入 Ω,然后通过 $z=1-x-2y$ 穿出 Ω.

于是得

$$\begin{aligned}I&=\int_0^1\mathrm{d}x\int_0^{\frac{1-x}{2}}\mathrm{d}y\int_0^{1-x-2y}x\mathrm{d}z=\int_0^1 x\mathrm{d}x\int_0^{\frac{1-x}{2}}(1-x-2y)\mathrm{d}y\\&=\frac{1}{4}\int_0^1(x-2x^2+x^3)\mathrm{d}x=\frac{1}{48}.\end{aligned}$$

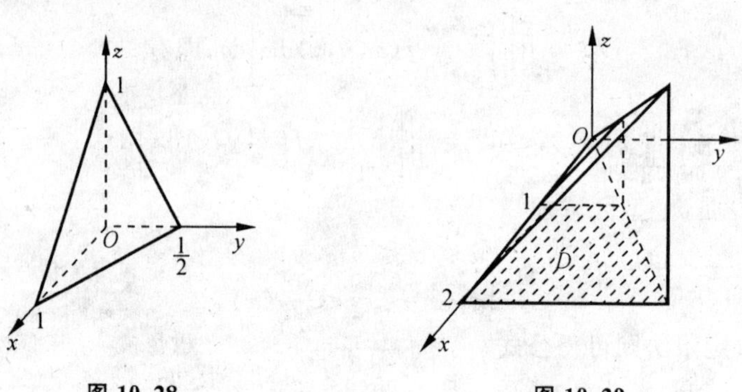

图 10.28　　图 10.29

例 2 计算 $\iiint\limits_{\Omega}\dfrac{\mathrm{d}x\mathrm{d}y\mathrm{d}z}{x^2+y^2}$,其中 Ω 是平面 $x=1,x=2,z=0,y=x$ 及 $z=y$ 所围区域.

解 积分区域 Ω 如图 10.29 所示,Ω 在 xOy 面的投影区域为

$$D:\begin{cases}1\leqslant x\leqslant 2,\\ 0\leqslant y\leqslant x.\end{cases}$$

在 D 内取一点 (x,y),作平行于 z 轴的直线,沿 z 轴方向看它通过平面 $z=0$ 穿入 Ω,再通过平面 $z=y$ 穿出 Ω,所以有

$$\iiint\limits_{\Omega}\frac{\mathrm{d}x\mathrm{d}y\mathrm{d}z}{x^2+y^2}=\int_1^2\mathrm{d}x\int_0^x\mathrm{d}y\int_0^y\frac{\mathrm{d}z}{x^2+y^2}=\int_1^2\mathrm{d}x\int_0^x\frac{y\mathrm{d}y}{x^2+y^2}$$

$$=\int_1^2\frac{1}{2}\ln(x^2+y^2)\Big|_0^x\mathrm{d}x=\int_1^2\frac{1}{2}\ln2\mathrm{d}x=\frac{1}{2}\ln2.$$

有时把三重积分化为先计算一个二重积分然后再求一个定积分，可使计算简化，此法称为“先二后一”法或截面法，具体做法如下.

先找出空间闭区域 Ω 的最低点和最高点的竖坐标 c_1 和 c_2，然后过点 $(0,0,z)$ $(c_1\leqslant z\leqslant c_2)$ 作平行于 xOy 面的平面与 Ω 相截，记截面为 P_z，则可记(见图10.30)

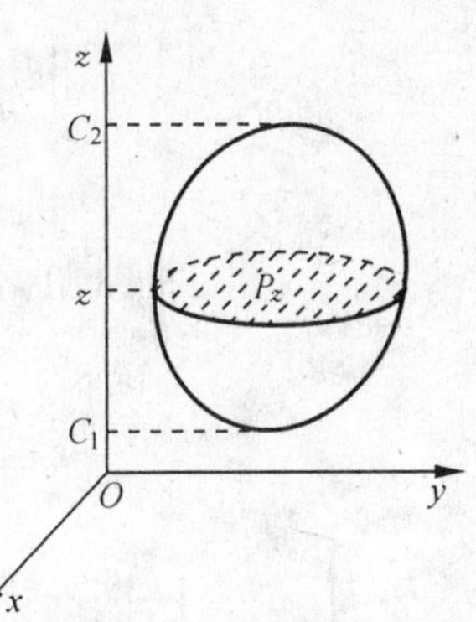

图 10.30

$$\Omega=\{(x,y,z)\mid(x,y)\in P_z,c_1\leqslant z\leqslant c_2\}.$$

于是有 $$\iiint\limits_{\Omega}f(x,y,z)\mathrm{d}V=\int_{c_1}^{c_2}\mathrm{d}z\iint\limits_{P_z}f(x,y,z)\mathrm{d}x\mathrm{d}y.$$

再在截面 P_z 上视 z 为常数对 x,y 按二重积分定限，便可将三重积分化为三次积分，再逐次积出.

如果将 $f(x,y,z)$ 视为物体 Ω 的密度，则上式右边便是将 Ω 划分成许多平行于 xOy 面的薄片. 先求出每个小薄片的质量，再将这无数个薄片累积起来就得 Ω 的质量，从而说明上面的等式是正确的.

例 3　计算三重积分

$$\iiint\limits_{\Omega}z\,\mathrm{d}x\mathrm{d}y\mathrm{d}z,$$

其中 Ω 为 $x\geqslant0,y\geqslant0,z\geqslant0,x^2+y^2+z^2\leqslant R^2$.

解　此题用“先二后一”法计算. 先绘出积分区域 Ω，如图10.31(a) 所示，Ω 中最低点的竖坐标为 $z=0$，最高点的竖坐标为 $z=R$. 在 z 轴上区间 $[0,R]$ 中取任意一点 z，过点 $(0,0,z)$ 作平行于 xOy 面的平面，该平面截 Ω 所得截面为一平面区域 P_z(见图10.31(b))

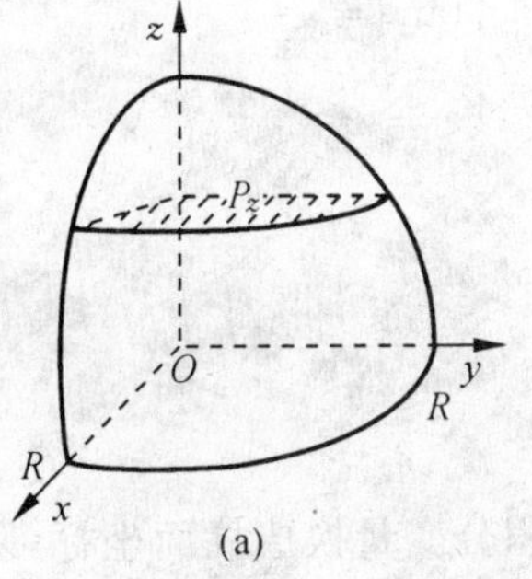

图 10.31

$$P_z:\begin{cases}x \geqslant 0,\\ y \geqslant 0,\\ x^2+y^2 \leqslant R^2-z^2.\end{cases}$$

由公式可得
$$\iiint\limits_{\Omega} z\,\mathrm{d}x\mathrm{d}y\mathrm{d}z=\int_0^R \mathrm{d}z\iint\limits_{P_z} z\,\mathrm{d}x\mathrm{d}y.$$

求内层积分时,注意把 z 看成常数以及 P_z 的面积为 $\pi(R^2-z^2)/4$,所以
$$\iint\limits_{P_z} z\,\mathrm{d}x\mathrm{d}y=z\iint\limits_{P_z}\mathrm{d}x\mathrm{d}y=z\cdot\frac{\pi(R^2-z^2)}{4},$$

即得
$$\iiint\limits_{\Omega} z\,\mathrm{d}x\mathrm{d}y\mathrm{d}z=\int_0^R \mathrm{d}z\iint\limits_{P_z} z\,\mathrm{d}x\mathrm{d}y=\int_0^R z\cdot\frac{\pi(R^2-z^2)}{4}\mathrm{d}z$$
$$=\frac{\pi}{4}\left(\frac{R^2z^2}{2}-\frac{z^4}{4}\right)\Big|_0^R=\frac{\pi R^4}{16}.$$

2. 在柱面坐标系中计算三重积分

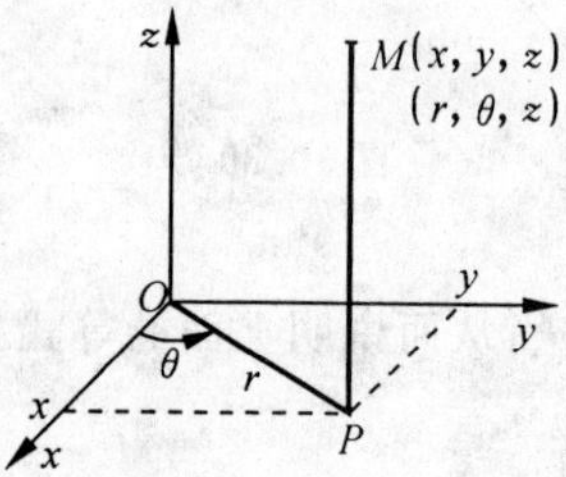

图 10.32

设空间一点 $M(x,y,z)$,它在 xOy 面上的投影为 $P(x,y)$,如果点 P 的极坐标为 (r,θ),则称 (r,θ,z) 为点 M 的**柱面坐标**(见图 10.32). 其中

r:表示点 M 到 z 轴的距离;

θ:表示过 z 轴和点 M 的半平面与过 z 轴和 x 正半轴的半平面的夹角;

z:点 M 在直角坐标系中的竖坐标. 这里规定它们的取值范围为

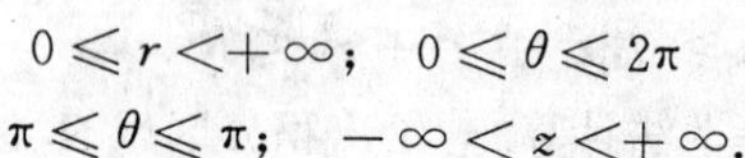

$$0\leqslant r<+\infty;\quad 0\leqslant\theta\leqslant 2\pi$$

或
$$-\pi\leqslant\theta\leqslant\pi;\quad -\infty<z<+\infty.$$

点 M 的直角坐标 (x,y,z) 与它的柱面坐标 (r,θ,z) 之间的关系是:
$$\begin{cases}x=r\cos\theta,\\ y=r\sin\theta,\\ z=z,\end{cases}\quad 或\quad \begin{cases}r=\sqrt{x^2+y^2},\\ \tan\theta=\dfrac{y}{x},\\ z=z.\end{cases}$$

三组坐标面分别为

$r=$ 常数:以 z 轴为轴的圆柱面.

$\theta=$ 常数:过 z 轴的半平面.

$z=$ 常数:与 xOy 面平行的平面.

为了将三重积分 $\iiint\limits_{\Omega} f(x,y,z)\mathrm{d}V$ 中的积分变量换成柱面坐标,除了将被积函数

$f(x,y,z)$ 中的 x、y、z 用 r、θ、z 表示外，还需求柱面坐标系中的体积元素 $\mathrm{d}V$.

用三组曲面 $r=$ 常数(圆柱面)，$\theta=$ 常数(半平面)，$z=$ 常数(平行平面)把 Ω 分成许多小闭区域，除了含 Ω 的边界点的一些不规则小闭区域外，这种小闭区域都是柱体. 考虑由两个半径为 r 和 $r+\mathrm{d}r$ 的圆柱面，两个高为 z 和 $z+\mathrm{d}z$ 的水平平面及两个通过 z 轴且与 xOz 面夹角为 θ 和 $\theta+\mathrm{d}\theta$ 的半平面所围的小柱体 ΔV，当 $\mathrm{d}r,\mathrm{d}\theta,\mathrm{d}z$ 充分小时，它可近似看作一个长方体(见图 10.33)，其三棱长各为 $\mathrm{d}r,r\mathrm{d}\theta,\mathrm{d}z$，故

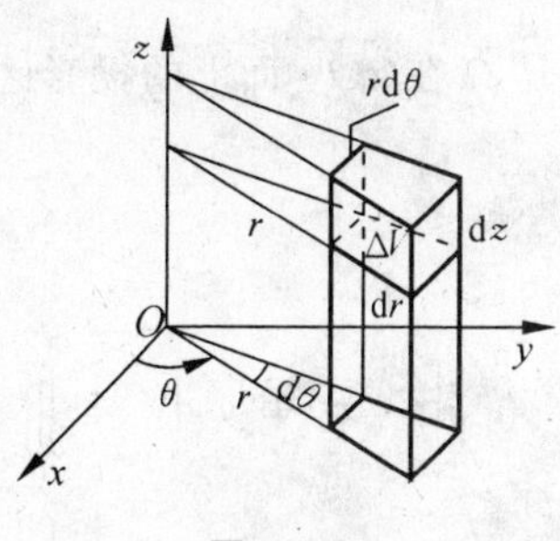

图 10.33

$$\Delta V\approx r\mathrm{d}r\mathrm{d}\theta\mathrm{d}z.$$

称 $\mathrm{d}V=r\mathrm{d}r\mathrm{d}\theta\mathrm{d}z$ 为柱面坐标中的**体积元素**，于是有

$$\iiint_{\Omega}f(x,y,z)\mathrm{d}V=\iiint_{\Omega}f(r\cos\theta,r\sin\theta,z)r\mathrm{d}r\mathrm{d}\theta\mathrm{d}z.$$

一般说来当积分区域 Ω 的边界曲面方程或被积函数含有“x^2+y^2”时，可考虑将三重积分在柱面坐标系中计算. 在柱面坐标系中计算三重积分，通常是将 Ω 投影到 xOy 面上，设投影区域为 D，若

$$\Omega=\{(x,y,z)\mid z_1(x,y)\leqslant z\leqslant z_2(x,y),(x,y)\in D\},$$

则可记

$$\Omega=\{(r,\theta,z)\mid z_1(r\cos\theta,r\sin\theta)\leqslant z\leqslant z_2(r\cos\theta,r\sin\theta),(r,\theta)\in D\}.$$

有
$$\iiint_{\Omega}f(x,y,z)\mathrm{d}V=\iint_{D}r\mathrm{d}r\mathrm{d}\theta\int_{z_1(r\cos\theta,r\sin\theta)}^{z_2(r\cos\theta,r\sin\theta)}f(r\cos\theta,r\sin\theta,z)\mathrm{d}z,$$

即先将 r、θ 看作常数，对 z 积分，然后再在平面区域 D 上用极坐标计算二重积分. 若 D 可表示为

$$D:\begin{cases}\alpha\leqslant\theta\leqslant\beta,\\ r_1(\theta)\leqslant r\leqslant r_2(\theta),\end{cases}$$

则
$$\iiint_{\Omega}f(x,y,z)\mathrm{d}V=\int_{\alpha}^{\beta}\mathrm{d}\theta\int_{r_1(\theta)}^{r_2(\theta)}r\mathrm{d}r\int_{z_1(r\cos\theta,r\sin\theta)}^{z_2(r\cos\theta,r\sin\theta)}f(r\cos\theta,r\sin\theta,z)\mathrm{d}z.$$

例 4 计算 $I=\iiint_{\Omega}z\sqrt{x^2+y^2}\mathrm{d}V$，其中 Ω 是由圆锥面 $x^2+y^2=z^2$ 和平面 $z=1$ 所围空间区域.

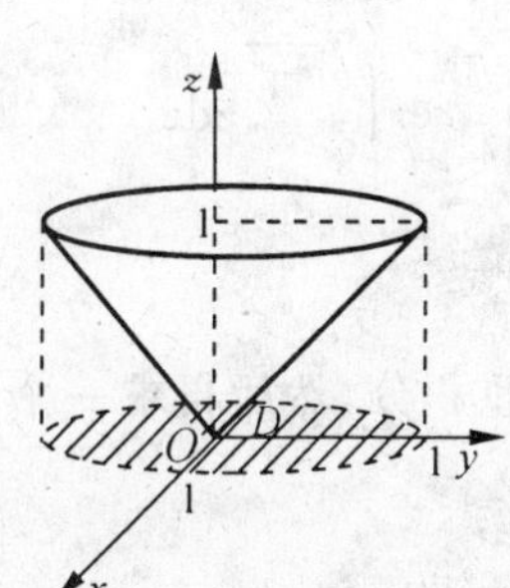

图 10.34

解 绘出积分区域 Ω 如图 10.34. 围成 Ω 的上、下两个边界曲面的方程分别是

$$z=1\quad 与\quad z=\sqrt{x^2+y^2},$$

其柱面坐标方程为

$$z=1\quad 与\quad z=r.$$

这两曲面的交线是

$$\begin{cases} z = 1, \\ x^2 + y^2 = 1. \end{cases}$$

于是 Ω 在 xOy 面上的投影区域 D 是圆域 $x^2 + y^2 \leqslant 1$，即 $r \leqslant 1$，故 D 表示为

$$D: \begin{cases} 0 \leqslant \theta \leqslant 2\pi, \\ 0 \leqslant r \leqslant 1. \end{cases}$$

所以

$$\begin{aligned} \iiint_{\Omega} z\sqrt{x^2+y^2}\,\mathrm{d}V &= \iiint_{\Omega} zr \cdot r\mathrm{d}r\mathrm{d}\theta\mathrm{d}z = \iint_{D} r^2\mathrm{d}r\mathrm{d}\theta\int_r^1 z\,\mathrm{d}z = \int_0^{2\pi}\mathrm{d}\theta\int_0^1 r^2\mathrm{d}r\int_r^1 z\,\mathrm{d}z \\ &= \int_0^{2\pi}\mathrm{d}\theta\int_0^1 \frac{1}{2}r^2(1-r^2)\mathrm{d}r = \frac{1}{2}\int_0^{2\pi}\left(\frac{r^3}{3}-\frac{r^5}{5}\right)\Big|_0^1\mathrm{d}\theta \\ &= \frac{1}{2}\int_0^{2\pi}\frac{2}{15}\mathrm{d}\theta = \frac{2\pi}{15}. \end{aligned}$$

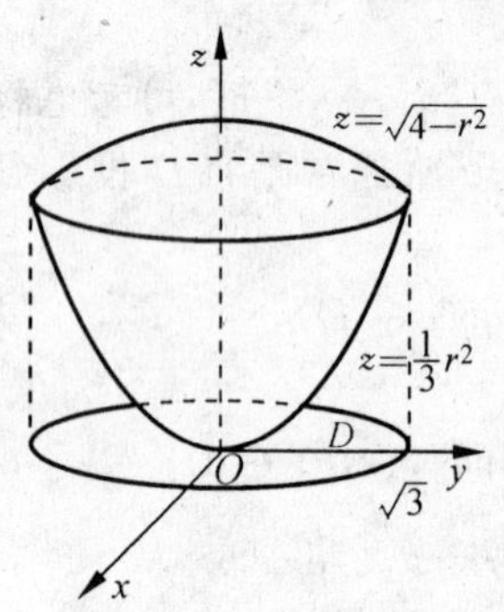

图 10.35

例 5 计算三重积分 $\iiint_{V} z\,\mathrm{d}x\mathrm{d}y\mathrm{d}z$，其中 V 是由上半球面 $x^2+y^2+z^2=4$ 和旋转抛物面 $x^2+y^2=3z$ 所围成的立体.

解 绘出积分区域 V 如图 10.35 所示. V 的上、下两个边界曲面的方程是

$$z = \sqrt{4-x^2-y^2} \quad 与 \quad z = \frac{1}{3}(x^2+y^2),$$

其柱面坐标方程为

$$z = \sqrt{4-r^2} \quad 与 \quad z = \frac{1}{3}r^2.$$

两方程消去 z 得它们交线在 xOy 面上的投影柱面方程和投影曲线方程分别为

$$x^2+y^2=3 \quad 和 \quad \begin{cases} x^2+y^2=3, \\ z=0. \end{cases}$$

因此 V 在 xOy 面上的投影区域 D 是圆域 $x^2+y^2 \leqslant 3$，即 $r \leqslant \sqrt{3}$. 所以

$$\begin{aligned} \iiint_{V} z\,\mathrm{d}x\mathrm{d}y\mathrm{d}z &= \iiint_{V} zr\,\mathrm{d}r\mathrm{d}\theta\mathrm{d}z = \iint_{D} r\mathrm{d}r\mathrm{d}\theta\int_{\frac{r^2}{3}}^{\sqrt{4-r^2}} z\mathrm{d}z = \int_0^{2\pi}\mathrm{d}\theta\int_0^{\sqrt{3}} r\mathrm{d}r\int_{\frac{r^2}{3}}^{\sqrt{4-r^2}} z\mathrm{d}z \\ &= 2\pi\int_0^{\sqrt{3}}\frac{1}{2}\left[4-r^2-\frac{r^4}{9}\right]r\mathrm{d}r = \frac{13}{4}\pi. \end{aligned}$$

在柱面坐标系中计算三重积分也可以化为先计算一个二重积分，然后再求一个定积分，即“先二后一”法.

若 $$\Omega = \{(x,y,z) \mid (x,y) \in P_z, c_1 \leqslant z \leqslant c_2\},$$

其中 c_1 与 c_2 是 Ω 中最低点和最高点的竖坐标，P_z 是过 $(0,0,z)$ 点 $(c_1 \leqslant z \leqslant c_2)$ 作平行于 xOy 面的平面与 Ω 相截的截面. 用柱面坐标则可记为

$$\Omega = \{(r,\theta,z) \mid (r,\theta) \in P_z, c_1 \leqslant z \leqslant c_2\}.$$

有 $\iiint\limits_{\Omega} f(x,y,z)\mathrm{d}V = \int_{c_1}^{c_2}\mathrm{d}z\iint\limits_{P_z} f(x,y,z)\mathrm{d}\sigma = \int_{c_1}^{c_2}\mathrm{d}z\iint\limits_{P_z} f(r\cos\theta, r\sin\theta, z)r\mathrm{d}r\mathrm{d}\theta.$

等式为先固定 z,在截面 P_z 上对 r、θ 求出二重积分,然后在区间 $[c_1,c_2]$ 上对 z 积分. 若

$$P_z: \begin{cases} \alpha(z) \leqslant \theta \leqslant \beta(z), \\ r_1(\theta,z) \leqslant r \leqslant r_2(\theta,z), \end{cases}$$

则 $\iiint\limits_{\Omega} f(x,y,z)\mathrm{d}V = \int_{c_1}^{c_2}\mathrm{d}z\int_{\alpha(z)}^{\beta(z)}\mathrm{d}\theta\int_{r_1(\theta,z)}^{r_2(\theta,z)} f(r\cos\theta, r\sin\theta, z)r\mathrm{d}r.$

例 6 计算三重积分 $\iiint\limits_{\Omega}(x^2+y^2)\mathrm{d}V$,其中 Ω 是曲面 $x^2+y^2=2z$ 及平面 $z=2$ 和 $z=8$ 所围区域.

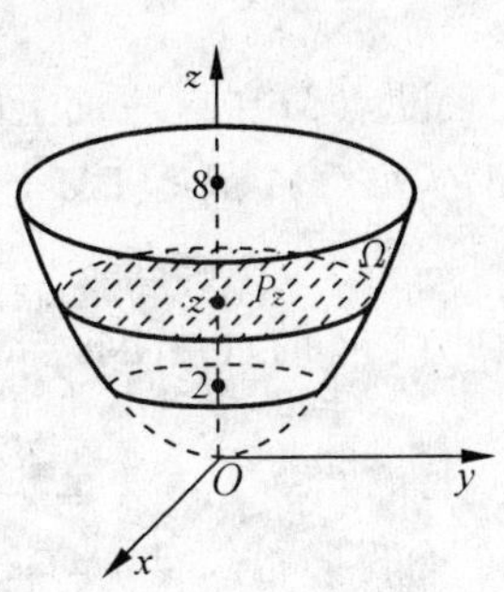

图 10.36

解 绘出积分区域 Ω 如图 10.36 所示.

Ω 的最低点的竖坐标为 $z=2$,最高点的竖坐标为 $z=8$. 在 z 轴上 $[2,8]$ 中任取一点 z,过点 $(0,0,z)$ 作平行于 xOy 面的平面,该平面截 Ω 所得截面 P_z 为一圆域 $x^2+y^2 \leqslant 2z$,即 $r \leqslant \sqrt{2z}$. 由公式可得

$$\iiint\limits_{\Omega}(x^2+y^2)\mathrm{d}V = \iiint\limits_{\Omega} r^2 r\mathrm{d}r\mathrm{d}\theta\mathrm{d}z = \int_2^8\mathrm{d}z\iint\limits_{P_z} r^3\mathrm{d}r\mathrm{d}\theta = \int_2^8\mathrm{d}z\int_0^{2\pi}\mathrm{d}\theta\int_0^{\sqrt{2z}} r^3\mathrm{d}r$$

$$= \int_2^8\mathrm{d}z\int_0^{2\pi}\left.\frac{r^4}{4}\right|_0^{\sqrt{2z}}\mathrm{d}\theta = \int_2^8\mathrm{d}z\int_0^{2\pi} z^2\mathrm{d}\theta = \int_2^8 2\pi z^2\mathrm{d}z = \left.\frac{2\pi}{3}z^3\right|_2^8 = 336\pi.$$

此题若不用“先二后一”法,而用“先一后二”法则计算会复杂得多.

事实上,由于围成 Ω 的上曲面为平面 $z=8$,下曲面则由平面 $z=2$ 和旋转抛物面 $x^2+y^2=2z$ 两部分组成,因而需将 Ω 分成 Ω_1 和 Ω_2 两部分,其中

$\Omega_1 = \{(x,y,z) \mid 2 \leqslant z \leqslant 8, (x,y) \in D_1\}$, D_1 为圆域 $x^2+y^2 \leqslant 4$.

$\Omega_2 = \left\{(x,y,z) \mid \frac{x^2+y^2}{2} \leqslant z \leqslant 8, (x,y) \in D_2\right\}$, D_2 为环域 $4 \leqslant x^2+y^2 \leqslant 16$.

用柱面坐标表示,则

$$\Omega_1 = \{(r,\theta,z) \mid 2 \leqslant z \leqslant 8, (r,\theta) \in D_1\},$$

其中 D_1 为 $0 \leqslant \theta \leqslant 2\pi, 0 \leqslant r \leqslant 2$.

$$\Omega_2 = \left\{(r,\theta,z) \,\middle|\, \frac{r^2}{2} \leqslant z \leqslant 8, (r,\theta) \in D_2\right\},$$

其中 D_2 为 $0 \leqslant \theta \leqslant 2\pi, 2 \leqslant r \leqslant 4$.

有
$$\iiint\limits_{\Omega}(x^2+y^2)\mathrm{d}V = \iiint\limits_{\Omega_1} r^2 \cdot r\mathrm{d}r\mathrm{d}\theta\mathrm{d}z + \iiint\limits_{\Omega_2} r^2 \cdot r\mathrm{d}r\mathrm{d}\theta\mathrm{d}z$$

$$= \iint\limits_{D_1} r^3\mathrm{d}r\mathrm{d}\theta\int_2^8\mathrm{d}z + \iint\limits_{D_2} r^3\mathrm{d}r\mathrm{d}\theta\int_{\frac{r^2}{2}}^8\mathrm{d}z.$$

以下计算由读者自行完成,最后结果仍为 336π.

3. 球面坐标系中三重积分的计算

设 $M(x,y,z)$ 为空间内一点,其位置也可用这样的三个有序数 r,θ,φ 来确定,其中 r 是点 M 与原点 O 的距离;φ 是矢量 $\overrightarrow{OM}$ 与 z 轴正向的夹角;θ 是点 M 在 xOy 面上投影的极角.(r,φ,θ) 称为点 M 的**球面坐标**(见图 10.37).

规定 r,φ,θ 的取值范围为

$$0\leqslant r<+\infty,\quad 0\leqslant\varphi\leqslant\pi,$$
$$0\leqslant\theta\leqslant 2\pi\quad \text{或}\quad -\pi\leqslant\theta\leqslant\pi.$$

设点 M 在 xOy 面上的投影为 P,点 P 在 x 轴上的投影为 A,则 $OA=x,AP=y$,$PM=z$(OA、AP、PM 均为有向线段).又

$$OP=r\sin\varphi,\quad z=r\cos\varphi,$$

因此点 M 的直角坐标与球面坐标的关系为

$$\begin{cases}x=r\sin\varphi\cos\theta,\\ y=r\sin\varphi\sin\theta,\\ z=r\cos\varphi,\end{cases}\quad \text{或}\quad \begin{cases}r=\sqrt{x^2+y^2+z^2},\\ \cos\varphi=\dfrac{z}{\sqrt{x^2+y^2+z^2}},\\ \tan\theta=\dfrac{y}{x}.\end{cases}$$

三组坐标面族分别为

$r=$ 常数:以原点为中心的球面.

$\varphi=$ 常数:以原点为顶点,z 轴为轴的圆锥面.

$\theta=$ 常数:过 z 轴的半平面.

球面坐标下的体积元素 $\mathrm{d}V$ 可由下法生成.

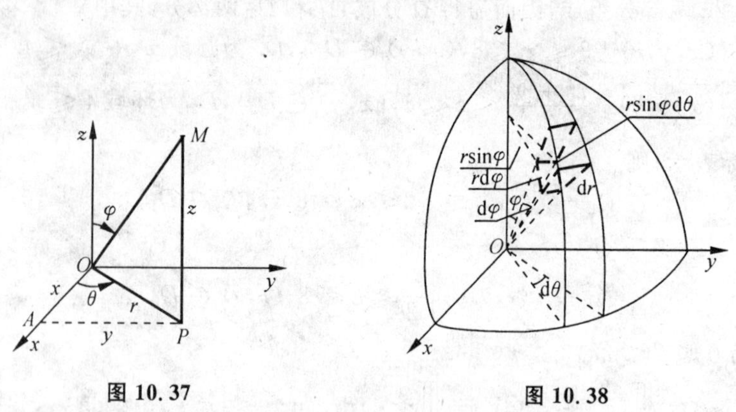

图 10.37　　图 10.38

用三组坐标面族:$r=$ 常数,$\varphi=$ 常数,$\theta=$ 常数,把积分区域 Ω 分成许多小空间闭区域,考虑在点 (r,φ,θ) 处,由 r、φ、θ 各取得微小增量 $\mathrm{d}r$、$\mathrm{d}\varphi$、$\mathrm{d}\theta$ 所围成的六面体(见图 10.38)的体积 ΔV,当 $\mathrm{d}r$、$\mathrm{d}\varphi$、$\mathrm{d}\theta$ 充分小时,可以把这个小六面体近似看作长方体,得

$$\Delta V \approx r^2 \sin\varphi \, \mathrm{d}r \, \mathrm{d}\varphi \, \mathrm{d}\theta.$$

称 $\mathrm{d}V = r^2 \sin\varphi \, \mathrm{d}r\mathrm{d}\varphi \, \mathrm{d}\theta$ 为球面坐标系中体积元素，有

$$\iiint_{\Omega} f(x,y,z)\mathrm{d}V = \iiint_{\Omega} f(r\sin\varphi \cos\theta, r\sin\varphi \sin\theta, r\cos\varphi) r^2 \sin\varphi \, \mathrm{d}r \, \mathrm{d}\varphi \, \mathrm{d}\theta.$$

下面给出在球面坐标系中将三重积分化为三次积分的常用公式.

◇ Ω 将原点包含在其内部(见图10.39)

设 Ω 的边界曲面的球面方程为 $r = r(\varphi,\theta)$，则有

$$\begin{aligned}
&\iiint_{\Omega} f(r\sin\varphi \cos\theta, r\sin\varphi \sin\theta, r\cos\varphi) \cdot r^2 \sin\varphi \, \mathrm{d}r\mathrm{d}\varphi \, \mathrm{d}\theta \\
&= \int_0^{2\pi} \mathrm{d}\theta \int_0^{\pi} \mathrm{d}\varphi \int_0^{r(\varphi,\theta)} f(r\sin\varphi \sin\theta, r\sin\varphi \sin\theta) r^2 \sin\varphi \, \mathrm{d}r.
\end{aligned}$$

◇ 原点不在 Ω 内部

可先确定 Ω 上点的 θ 变化范围 $[\alpha,\beta]$，然后在 $[\alpha,\beta]$ 中取任一数值 θ 作半平面 $\theta=\theta$ 去截 Ω，记所得截面为 P_θ，则 P_θ 上的点 $M(r,\varphi,\theta)$，r 表示 M 到原点的距离，φ 为 $\overrightarrow{OM}$ 与 z 轴正向的夹角. 于是可以在此半平面内，固定 θ，用极坐标定限的方法将 D_θ 表示为

$$D_\theta : \begin{cases} \varphi_1(\theta) \leqslant \varphi \leqslant \varphi_2(\theta), \\ r_1(\varphi,\theta) \leqslant r \leqslant r_2(\varphi,\theta). \end{cases}$$

从而有

$$\begin{aligned}
&\iiint_{\Omega} f(r\sin\varphi \cos\theta, r\sin\varphi \sin\theta, r\cos\varphi) r^2 \sin\varphi \, \mathrm{d}r\mathrm{d}\varphi \, \mathrm{d}\theta \\
&= \int_\alpha^\beta \mathrm{d}\theta \iint_{D_\theta} f(r\sin\varphi \cos\theta, r\sin\varphi \sin\theta, r\cos\varphi) r^2 \sin\varphi \, \mathrm{d}r\mathrm{d}\varphi \\
&= \int_\alpha^\beta \mathrm{d}\theta \int_{\varphi_1(\theta)}^{\varphi_2(\theta)} \mathrm{d}\varphi \int_{r_1(\varphi,\theta)}^{r_2(\varphi,\theta)} f(r\sin\varphi \cos\theta, r\sin\varphi \sin\theta, r\cos\varphi) r^2 \sin\varphi \, \mathrm{d}r.
\end{aligned}$$

通常，当 Ω 的边界曲面为球面、顶点为原点的锥面或被积函数含 $x^2+y^2+z^2$ 时，往往利用球面坐标将三重积分化为三次积分可简化运算.

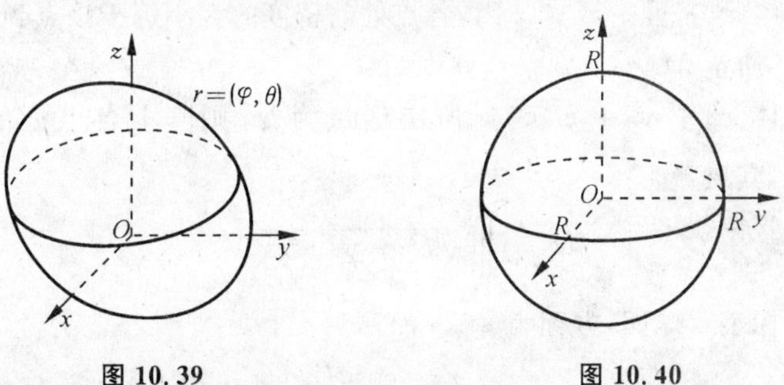

图 10.39　　　　图 10.40

例 7　计算三重积分 $\iiint_{\Omega} \sqrt{x^2+y^2+z^2}\,\mathrm{d}V$，其中 Ω 是球面 $x^2+y^2+z^2=R^2$ 所围的区域(见图 10.40).

解 用球面坐标将球面方程化为

$$r=R,$$

则 Ω 可表示为

$$\Omega:\begin{cases}0\leqslant\theta\leqslant 2\pi,\\ 0\leqslant\varphi\leqslant\pi,\\ 0\leqslant r\leqslant R,\end{cases}$$

得
$$\iiint\limits_{\Omega}\sqrt{x^2+y^2+z^2}\,\mathrm{d}V=\int_0^{2\pi}\mathrm{d}\theta\int_0^{\pi}\mathrm{d}\,\varphi\int_0^{R}r\cdot r^2\sin\varphi\,\mathrm{d}r$$
$$=\int_0^{2\pi}\mathrm{d}\theta\int_0^{\pi}\sin\varphi\mathrm{d}\varphi\int_0^{R}r^3\,\mathrm{d}r=2\pi\cdot 2\cdot\frac{R^4}{4}=\pi R^4.$$

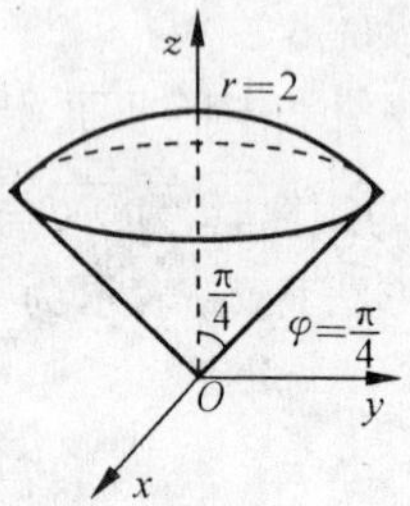

例 8 计算 $I=\iiint\limits_{\Omega}z^2\,\mathrm{d}x\mathrm{d}y\mathrm{d}z$,其中 Ω 是锥面 $x^2+y^2=z^2$ 与上半球面 $x^2+y^2+z^2=4(z\geqslant 0)$ 所围区域.

图 10.41

解 在球面坐标系中,锥面方程为 $\varphi=\frac{\pi}{4}$,球面方程为 $r=2$(见图 10.41),Ω 可表示为

$$\begin{cases}0\leqslant\theta\leqslant 2\pi,\\ 0\leqslant\varphi\leqslant\frac{\pi}{4},\\ 0\leqslant r\leqslant 2,\end{cases}$$

所以

$$\iiint\limits_{\Omega}z^2\,\mathrm{d}x\mathrm{d}y\mathrm{d}z=\int_0^{2\pi}\mathrm{d}\theta\int_0^{\frac{\pi}{4}}\mathrm{d}\varphi\int_0^{2}r^2\cos^2\varphi\,r^2\sin\varphi\,\mathrm{d}r=\int_0^{2\pi}\mathrm{d}\theta\int_0^{\frac{\pi}{4}}\cos^2\varphi\,\sin\varphi\,\mathrm{d}\varphi\int_0^{2}r^4\mathrm{d}r$$
$$=2\pi\left(-\frac{1}{3}\cos^3\varphi\right)\Bigg|_0^{\frac{\pi}{4}}\times\frac{r^5}{5}\Bigg|_0^{2}=2\pi\left(\frac{1}{3}-\frac{\sqrt{2}}{12}\right)\times\frac{32}{5}=\frac{16(4-\sqrt{2})\pi}{15}.$$

例 9 球体 $x^2+y^2+z^2\leqslant z$ 内,各点处的密度的大小等于该点到坐标原点的距离,求这球体的质量 M.

解 设球体 $x^2+y^2+z^2\leqslant z$ 所围区域为 Ω,则其上各点处的密度为 $\rho=\sqrt{x^2+y^2+z^2}$,其质量

$$M=\iiint\limits_{\Omega}\sqrt{x^2+y^2+z^2}\,\mathrm{d}V.$$

用球面坐标表示球面,方程为

$$r=\cos\varphi.$$

球体的质量

$$M=\iiint\limits_{\Omega}r\cdot r^2\sin\varphi\,\mathrm{d}r\mathrm{d}\varphi\,\mathrm{d}\theta=\iiint\limits_{\Omega}r^3\sin\varphi\,\mathrm{d}r\mathrm{d}\varphi\,\mathrm{d}\theta.$$

由于球体 Ω 可以看成半圆绕 z 轴旋转而成,故

$$M=\int_0^{2\pi}\mathrm{d}\theta\iint\limits_{P_\theta}r^3\sin\varphi\ \mathrm{d}r\mathrm{d}\varphi,$$

其中 P_θ 为 $\theta=\theta$ 的半平面截 Ω 所得截面区域,它是一个半圆(见图 10.42) 记为

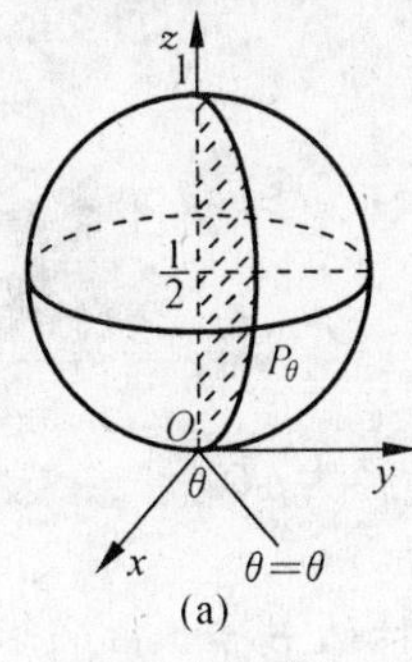

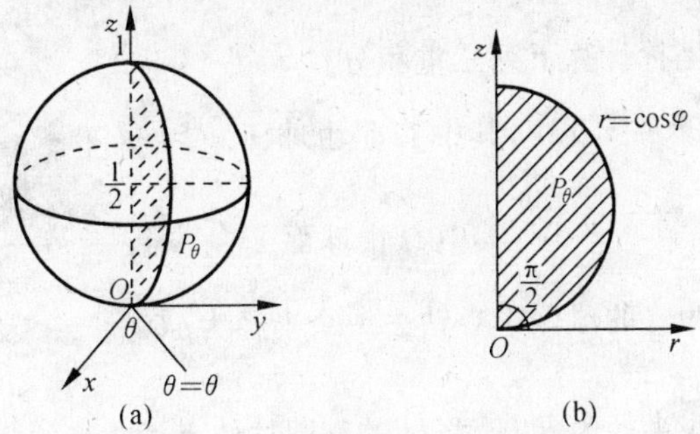

(a)

(b)

图 10.42

$$P_\theta:\begin{cases}0\leqslant\varphi\leqslant\dfrac{\pi}{2},\\ 0\leqslant r\leqslant\cos\varphi,\end{cases}$$

所以

$$M=\int_0^{2\pi}\mathrm{d}\theta\int_0^{\frac{\pi}{2}}\sin\varphi\ \mathrm{d}\varphi\int_0^{\cos\varphi}r^3\,\mathrm{d}r=2\pi\int_0^{\frac{\pi}{2}}\frac{1}{4}\cos^4\varphi\sin\varphi\ \mathrm{d}\varphi$$

$$=\frac{\pi}{2}\left(-\frac{1}{5}\cos^5\varphi\right)\Bigg|_0^{\frac{\pi}{2}}=\frac{\pi}{10}.$$

习题 10.3

1. 将三重积分 $\iiint\limits_{\Omega}f(x,y,z)\mathrm{d}V$ 化为直角坐标系下的三次积分,积分区域 Ω 给定如下:

(1) Ω 由 $z=x^2+y^2,z=4$ 所围成;

(2) Ω 由 $z=x^2+y^2,y=x^2,y=1,z=0$ 所围成;

(3) Ω 由 $z=3x^2+y^2,z=1-x^2$ 所围成;

(4) Ω 由 $z=0,z=1$ 和 $z^2=x^2+y^2$ 所围成.

2. 计算下列三重积分:

(1) $\iiint\limits_{\Omega}2y^2\mathrm{e}^{xy}\mathrm{d}V$,其中 Ω 由平面 $x=0,y=1,y=x,z=0,z=1$ 所围成;

(2) $\iiint\limits_{\Omega}xyz\,\mathrm{d}V$,其中 Ω 由平面 $x=1,y=x,z=y,z=0$ 所围成.

3. 利用柱面坐标计算下列三重积分:

(1) $\iiint\limits_{V}\sqrt{x^2+y^2}\,\mathrm{d}x\mathrm{d}y\mathrm{d}z$,其中 V 是由锥面 $z^2=x^2+y^2$ 及平面 $z=1$ 所围成的区域;

(2) $\iiint\limits_V (x^2+y^2)\mathrm{d}x\mathrm{d}y\mathrm{d}z$,其中 V 是由曲面 $x^2+y^2=2z$ 与平面 $z=2$ 所围成区域;

(3) $\iiint\limits_V z^2\mathrm{d}x\mathrm{d}y\mathrm{d}z$,其中 V 是由球面 $x^2+y^2+z^2=R^2$ 与 $x^2+y^2+z^2=2Rz$ 所围成区域($R>0$).

4. 利用球面坐标计算下列三重积分:

(1) $\iiint\limits_\Omega (x^2+y^2+z^2)\mathrm{d}V$,其中 Ω 是由球面 $x^2+y^2+z^2=4$ 所围成区域;

(2) $\iiint\limits_\Omega \sqrt{x^2+y^2+z^2}\mathrm{d}V$,其中 Ω 由球面 $x^2+y^2+z^2=z$ 所围成区域.

5. 一个半径为 a 的球体中心钻去一个半径为 $b(0<b<a)$ 的圆柱形孔,求球体剩下部分的体积.

6. 如果一个底半径为 R,高为 H 的直圆柱体上任一点的密度在数量上等于自圆柱底的中心到该点距离的平方,求该圆柱体的质量.

7. 证明 $\iiint\limits_\Omega f(z)\mathrm{d}x\mathrm{d}y\mathrm{d}z=\pi\int_{-1}^{1}f(z)(1-z^2)\mathrm{d}z$,其中 Ω:$x^2+y^2+z^2\leqslant 1$.

10.4 重积分的应用

重积分的应用极为广泛,除了前面讲过的:求平面图形的面积、空间立体的体积、平面薄片的质量及立体的质量之外,下面再给出几个在几何学和力学方面的应用.

10.4.1 曲面的面积

设曲面 S 的方程为 $z=f(x,y)$,它在 xOy 面上的投影区域为 D_{xy},函数 $f(x,y)$ 在 D_{xy} 上有连续偏导数 $f_x(x,y)$,$f_y(x,y)$,今需求此曲面的面积(亦记为 S).

用微元法:把平面区域 D_{xy} 分成许多小区域,考虑其中任一小块 $\mathrm{d}\sigma$,以 $\mathrm{d}\sigma$ 的边界曲线为准线作母线平行于 z 轴的柱面,这柱面把曲面 S 截出相应一小块 ΔS,在 $\mathrm{d}\sigma$ 内任取一点 (x,y),则曲面 S 上点 (x,y,z) 处的切平面被此柱面截出相应小片面积 $\mathrm{d}S$. 由于 $\mathrm{d}\sigma$ 是 $\mathrm{d}S$ 的投影(见图 10.43) 于是有

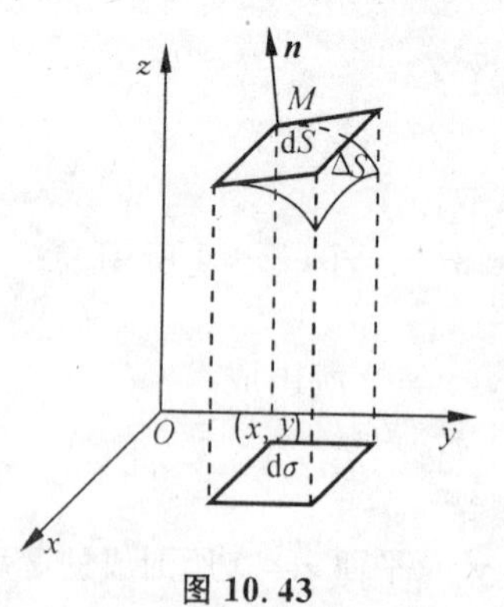

图 10.43

$$\mathrm{d}\sigma=\cos\gamma\mathrm{d}S,$$

其中 γ 是曲面 S 在点 $M(x,y,z)$ 处向上的法矢量 $\boldsymbol{n}$ 与 z 轴正向所成的锐角,而

$$\boldsymbol{n}=\{-z_x,-z_y,1\}.$$

所以
$$\cos\gamma=\frac{1}{\sqrt{1+z_x^2+z_y^2}},$$

故 $$dS = \frac{d\sigma}{\cos\gamma} = \sqrt{1 + z_x^2 + z_y^2}\,d\sigma.$$

当 $d\sigma$ 的最大直径 $d \to 0$ 时,可用 dS 代替 ΔS,称

$$dS = \sqrt{1 + z_x^2 + z_y^2}\,d\sigma = \sqrt{1 + z_x^2 + z_y^2}\,dxdy$$

为曲面 $z = f(x,y)$ 的**面积元素**.

将这些面积元素累加起来,就得到曲面 S 的面积 S 的计算公式:

$$S = \iint\limits_{D_{xy}} \sqrt{1 + z_x^2 + z_y^2}\,dxdy.$$

若曲面的方程为 $x = g(y,z)$ 或 $y = h(x,z)$,可分别把曲面投影到 yOz 面(投影区域记 D_{yz})或 zOx 面上(投影区域记 D_{zx}),类似地可得相应公式

$$S = \iint\limits_{D_{yz}} \sqrt{1 + x_y^2 + x_z^2}\,dydz,$$

或 $$S = \iint\limits_{D_{zx}} \sqrt{1 + y_x^2 + y_z^2}\,dzdx.$$

例 1 求旋转抛物面 $z = x^2 + y^2$ 含在圆柱面 $x^2 + y^2 = 2$ 内的那部分面积 S(见图 10.44).

解 S 的方程为 $z = x^2 + y^2$,$z_x = 2x$,$z_y = 2y$,

$$\sqrt{1 + z_x^2 + z_y^2} = \sqrt{1 + 4x^2 + 4y^2}.$$

S 在 xOy 面投影区域 D_{xy} 为圆域 $x^2 + y^2 \leqslant 2$,所以

$$S = \iint\limits_{D_{xy}} \sqrt{1 + z_x^2 + z_y^2}\,dxdy = \iint\limits_{D_{xy}} \sqrt{1 + 4x^2 + 4y^2}\,dxdy.$$

化为极坐标下计算,有

$$S = \int_0^{2\pi} d\theta \int_0^{\sqrt{2}} \sqrt{1 + 4r^2}\,r\,dr = 2\pi \cdot \frac{1}{8} \cdot \left[\frac{2}{3}(1 + 4r^2)^{\frac{3}{2}}\right]_0^{\sqrt{2}} = \frac{13\pi}{3}.$$

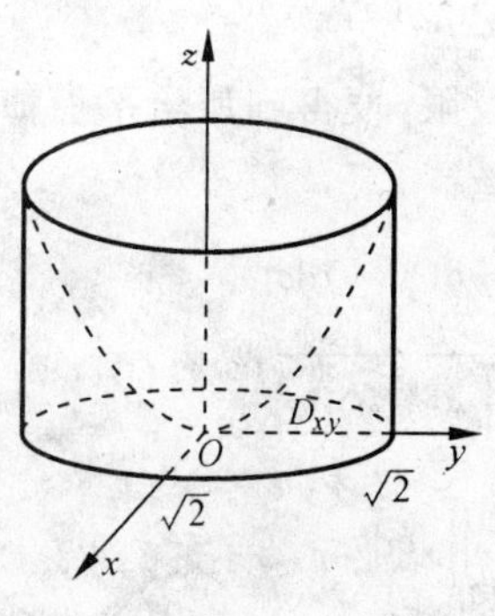

图 10.44

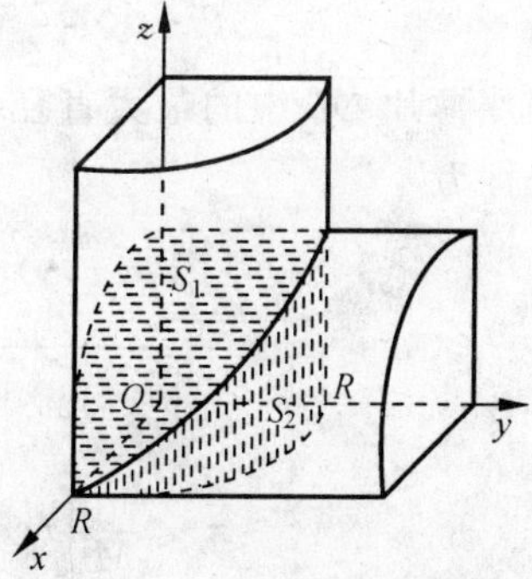

图 10.45

例 2 求半径相等的两个直交圆柱面所围立体的表面积 S(见图 10.45).

解 设两圆柱面方程分别为

$$x^2+y^2=R^2 \quad 和 \quad x^2+z^2=R^2.$$

由对称性可知,只要求出第一象限中的 S_1 和 S_2. 又由于 $S_1=S_2$,所以 $S=16S_1$. 曲面 S_1 的方程为 $z=\sqrt{R^2-x^2}$,

$$z_x=-\frac{x}{\sqrt{R^2-x^2}}, \quad z_y=0,$$

$$\sqrt{1+z_x^2+z_y^2}=\sqrt{1+\frac{x^2}{R^2-x^2}}=\frac{R}{\sqrt{R^2-x^2}}.$$

S_1 在 xOy 面上的投影区域 D_{xy} 为四分之一圆盘,即

$$0\leqslant x\leqslant R, \quad 0\leqslant y\leqslant\sqrt{R^2-x^2},$$

故

$$\begin{aligned} S&=16\iint_{D_{xy}}\sqrt{1+z'^2_x+z'^2_y}\,\mathrm{d}x\mathrm{d}y=16R\iint_D\frac{\mathrm{d}x\mathrm{d}y}{\sqrt{R^2-x^2}} \\ &=16R\int_0^R\frac{\mathrm{d}x}{\sqrt{R^2-x^2}}\int_0^{\sqrt{R^2-x^2}}\mathrm{d}y=16R\int_0^R\mathrm{d}x=16R^2. \end{aligned}$$

10.4.2 重心

1. 平面薄片的重心

设平面薄片 D 上,点 (x,y) 处的面密度为 $\rho=\rho(x,y)$. 把平面薄片分成 n 个直径很小的小片,在每一小片 $\Delta\sigma_i$ 上任取一点 $(x_i,y_i)(i=1,2,\cdots,n)$,如果把小片 $\Delta\sigma_i$ 的近似质量 $\rho(x_i,y_i)\Delta\sigma_i$ 看做是质点 (x_i,y_i) 所具有的质量,则整个薄片就可以看作由 n 个质点组成的质点组. 由物理学知道这个质点组的重心坐标是

$$\overline{x}=\frac{\sum\limits_{i=1}^n x_i\rho(x_i,y_i)\Delta\sigma_i}{\sum\limits_{i=1}^n\rho(x_i,y_i)\Delta\sigma_i}, \quad \overline{y}=\frac{\sum\limits_{i=1}^n y_i\rho(x_i,y_i)\Delta\sigma_i}{\sum\limits_{i=1}^n\rho_i(x_i,y_i)\Delta\sigma_i}.$$

令所有小薄片 $\Delta\sigma_i$ 中的最大直径 $d\to0$,取极限,便得到所给平面薄片的重心 $(\overline{x},\overline{y})$ 的坐标为

$$\overline{x}=\frac{\iint\limits_D x\rho(x,y)\,\mathrm{d}\sigma}{\iint\limits_D\rho(x,y)\,\mathrm{d}\sigma}, \quad \overline{y}=\frac{\iint\limits_D y\rho(x,y)\,\mathrm{d}\sigma}{\iint\limits_D\rho(x,y)\,\mathrm{d}\sigma},$$

或记

$$\overline{x}=\frac{1}{M}\iint_D x\rho\,\mathrm{d}x, \quad \overline{y}=\frac{1}{M}\iint_D y\rho\,\mathrm{d}\sigma.$$

其中 $M=\iint\limits_D\rho\,\mathrm{d}\sigma$ 为平面薄片 D 的质量.

特殊地，若平面薄片 D 的质量是均匀分布的，即 $\rho=$ 常数，则 $M=\rho S$（S 是平面薄片的面积），上面公式可简化为

$$\overline{x}=\frac{1}{S}\iint_D x\,\mathrm{d}\sigma,\quad \overline{y}=\frac{1}{S}\iint_D x\,\mathrm{d}\sigma.$$

对质量均匀分布的平面薄片 D，其重心又称为形心.

2. 空间立体的重心

设空间立体 Ω，其上每点 (x,y,z) 处的密度为 $\rho=\rho(x,y,z)$.

仿照上面的讨论，将 Ω 分成 n 个小立体，将每个小立体看成是质量集中在某一点的质点，由质点组的重心坐标公式，令小立体的最大直径 $d\to 0$，便得立体 Ω 的重心坐标为

$$\overline{x}=\frac{1}{M}\iiint_\Omega x\rho\,\mathrm{d}V,\quad \overline{y}=\frac{1}{M}\iiint_\Omega y\rho\,\mathrm{d}V,\quad \overline{z}=\frac{1}{M}\iiint_\Omega z\rho\,\mathrm{d}V,$$

其中 $M=\iiint\limits_\Omega \rho\,\mathrm{d}V$ 为主体 Ω 的质量.

特殊地，如果立体 Ω 的质量分布是均匀的（$\rho=$ 常数），则重心坐标公式可简化为

$$\overline{x}=\frac{1}{V}\iiint_\Omega x\,\mathrm{d}V,\quad \overline{y}=\frac{1}{V}\iiint_\Omega y\,\mathrm{d}V,\quad \overline{z}=\frac{1}{V}\iiint_\Omega z\,\mathrm{d}V,$$

其中 $V=\iiint\limits_\Omega \mathrm{d}V$ 是立体 Ω 的体积.

对质量均匀分布的立体 Ω，其重心又称为形心.

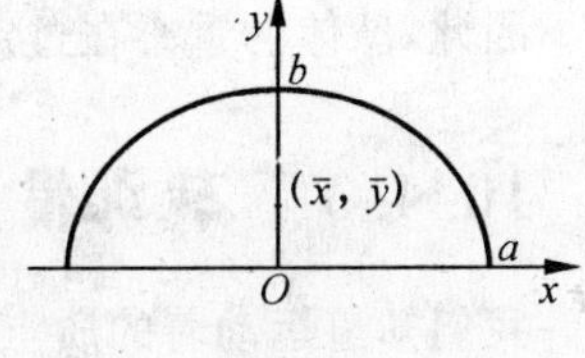

图 10.46

例 3 求密度均匀的半椭圆薄片 D 的重心.

解 可设 D 为

$$\frac{x^2}{a^2}+\frac{y^2}{b^2}\leqslant 1,\quad y\geqslant 0\text{（见图 10.46）}.$$

由于密度是均匀的，图形关于 y 轴对称，故 $\overline{x}=0$，而

$$\overline{y}=\frac{1}{S}\iint_D y\,\mathrm{d}\sigma=\frac{1}{S}\int_{-a}^{a}\mathrm{d}x\int_0^{b\sqrt{1-\frac{x^2}{a^2}}}y\,\mathrm{d}y=\frac{b^2}{2S}\int_{-a}^{a}\left(1-\frac{x^2}{a^2}\right)\mathrm{d}x$$

$$=\frac{b^2}{\pi ab}\left(2a-\frac{2a^3}{3a^2}\right)=\frac{4b}{3\pi}.$$

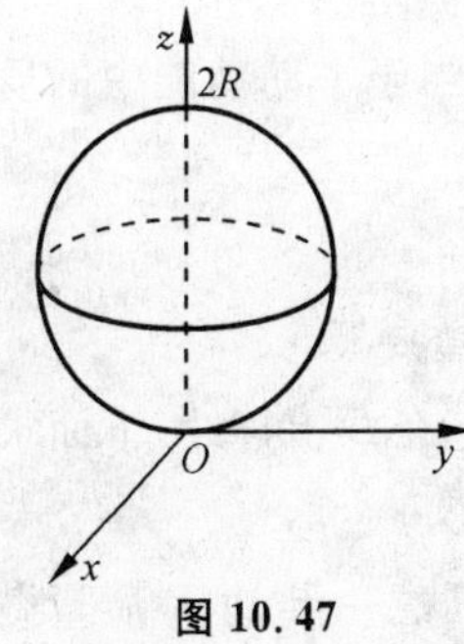

图 10.47

例 4 已知球体的半径为 R，在球体上任一点的体密度等于该点到球面上一定点的距离的平方，试求球体的重心.

解 建立直角坐标系，使球面上的定点为坐标原点，并且球心在 z 轴的上半轴上（见图 10.47），则球面方程为

$$x^2+y^2+z^2=2Rz,$$

用球面坐标表示为

$$r=2R\cos\varphi.$$

密度函数 $\rho=x^2+y^2+z^2$. 记球面所围立体为 Ω，设重心

坐标为$(\bar{x},\bar{y},\bar{z})$,则由对称性知

$$\bar{x}=0,\quad \bar{y}=0,\quad \bar{z}=\frac{\iiint\limits_{\Omega} z\rho \mathrm{d}V}{\iiint\limits_{\Omega}\rho \mathrm{d}V},$$

而

$$\iiint\limits_{\Omega} z\rho \mathrm{d}V=\iiint\limits_{\Omega} z(x^2+y^2+z^2)\mathrm{d}x\mathrm{d}y\mathrm{d}z=\int_0^{2\pi}\mathrm{d}\theta\int_0^{\frac{\pi}{2}}\mathrm{d}\varphi\int_0^{2R\cos\varphi} r\cos\varphi\cdot r^2\cdot r^2\sin\varphi\,\mathrm{d}r$$

$$=2\pi\int_0^{\frac{\pi}{2}}\frac{1}{6}(2R\cos\varphi)^6\cos\varphi\,\sin\varphi\mathrm{d}\varphi=\frac{64\pi R^6}{3}\left(-\frac{1}{8}\cos^8\varphi\right)\Big|_0^{\frac{\pi}{2}}=\frac{8}{3}\pi R^6,$$

$$\iiint\limits_{\Omega}\rho \mathrm{d}V=\iiint\limits_{\Omega}(x^2+y^2+z^2)\mathrm{d}x\mathrm{d}y\mathrm{d}z=\int_0^{2\pi}\mathrm{d}\theta\int_0^{\frac{\pi}{2}}\mathrm{d}\varphi\int_0^{2R\cos\varphi} r^2\cdot r^2\sin\varphi\,\mathrm{d}r$$

$$=2\pi\int_0^{\frac{\pi}{2}}\frac{1}{5}(2R\cos\varphi)^5\sin\varphi\,\mathrm{d}\varphi=\frac{64\pi R^5}{5}\left(-\frac{1}{6}\cos^6\varphi\right)\Big|_0^{\frac{\pi}{2}}=\frac{32}{15}\pi R^5,$$

故

$$\bar{z}=\frac{8}{3}\pi R^6\Big/\frac{32}{15}\pi R^5=\frac{5}{4}R.$$

因此,球体的重心在过定点的直径上且与定点的距离为$\frac{5}{4}R$.

10.4.3 转动惯量

我们知道运动着的质点具有动能.当质点平动时,其动能为

$$E=\frac{1}{2}mv^2,$$

其中 m 为质点的质量,v 为质点的运动速度.

当质点绕着与它距离为 r 的轴 L 转动时,设质点的质量为 m,转动的角速度为 ω,则该质点运动的线速度 $v=\omega r$,其转动的动能为

$$E=\frac{1}{2}m(r\omega)^2=\frac{1}{2}(mr^2)\omega^2.$$

与平动动能公式比较可知:(mr^2) 与运动的角速度无关,相当于平动动能中的质量 m,能表示转动中惯性的大小,故

$$I_L=mr^2$$

称为质点对轴 L 的**转动惯量**,它是力学中研究旋转运动的一个重要概念.

设 D 是 xOy 面上的有界闭区域,其面密度为 $\rho=\rho(x,y)$,它在 D 上连续.下面求此薄片 D 对 x 轴的转动惯量 I_x 和对 y 轴的转动惯量 I_y.

在 D 上任取一很小的闭区域 $\mathrm{d}\sigma$,(x,y) 是这片小闭区域上任意一点,小片质量微

元则为

$$dm = \rho(x,y)d\sigma,$$

故此小薄片对 x 轴和 y 轴的转动惯量分别为

$$dI_x = y^2\rho(x,y)d\sigma,\quad dI_y = x^2\rho(x,y)d\sigma,$$

分别称为对 x 轴和 y 轴的转动惯量微元. 将这两微元在区域 D 上积分，便得

$$I_x = \iint_D y^2\rho d\sigma,\quad I_y = \iint_D x^2\rho d\sigma.$$

设 Ω 是空间闭区域，其密度为 $\rho = \rho(x,y,z)$ 在 Ω 上连续，类似可求此立体分别对 x 轴、对 y 轴、对 z 轴的转动惯量.

在 Ω 上任取一很小立体 $d\Omega$，(x,y,z) 为其上任意一点，小立体的质量微元为

$$dm = \rho(x,y,z)dV,$$

它到 x 轴、y 轴、z 轴的距离分别为 $\sqrt{y^2+z^2}$，$\sqrt{x^2+z^2}$，$\sqrt{x^2+y^2}$，则此小立体对 x 轴、对 y 轴、对 z 轴的转动惯量微元分别为

$$dI_x = (y^2+z^2)\rho dV,\quad dI_y = (x^2+z^2)\rho dV,\quad dI_z = (x^2+y^2)\rho dV.$$

分别将它们在 Ω 上积分，便得

$$I_x = \iiint_\Omega (y^2+z^2)\rho dV,\quad I_y = \iiint_\Omega (x^2+z^2)\rho dV,\quad I_z = \iiint_\Omega (x^2+y^2)\rho dV.$$

例 5　求均匀圆盘 D 对其直径的转动惯量.

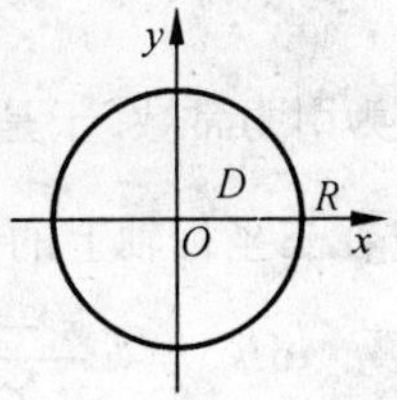

解　在 xOy 直角坐标系中，设圆盘 D 由 $x^2+y^2 \leqslant R^2$ 表示(见图10.48)，面密度为 ρ，在 y 轴上取圆的直径作转动轴. 由于 D 内任一点 (x,y) 与 y 轴的距离为 $|x|$，故

$$I_y = \iint_D \rho x^2 dxdy.$$

图 10.48

用极坐标计算，则

$$I_y = \int_0^{2\pi} d\theta \int_0^R \rho r^3 \cos^2\theta dr = \rho \int_0^{2\pi} \cos^2\theta d\theta \int_0^R r^3 dr = \frac{\rho\pi R^4}{4} = \frac{1}{4}mR^2,$$

其中 m 为圆盘的质量.

例 6　设球体 $x^2+y^2+z^2 \leqslant R^2$ 上各点的密度与该点到球心的距离成正比，求它对 z 轴的转动惯量 I_z.

解　设密度函数为 $\rho = k\sqrt{x^2+y^2+z^2}$ (k 为比例常数)，则

$$I_z = k\iiint_\Omega \sqrt{x^2+y^2+z^2}(x^2+y^2)dxdydz,$$

其中 Ω 为球体 $x^2+y^2+z^2 \leqslant R^2$. 利用球面坐标有

$$I_z = k\int_0^{2\pi} d\theta\int_0^{\pi} d\varphi\int_0^R rr^2\sin^2\varphi\, r^2\sin\varphi\, dr = k\int_0^{2\pi} d\theta\int_0^{\pi}\sin^3\varphi\, d\varphi\int_0^R r^5 dr = \frac{4k\pi}{9}R^6.$$

10.4.4 引力

由牛顿万有引力定律知：两个质量分别为 m_1、m_2 的质点相距为 r，它们间的引力大小为

$$|\boldsymbol{F}| = k\frac{m_1 m_2}{r^2},$$

其中 k 为引力常数.

设立体 Ω 的密度函数为 $\rho=\rho(x,y,z)$，Ω 外一点 $P_0(x_0,y_0,z_0)$ 处有质量为 m 的质点，现需求立体 Ω 对质点 P_0 的引力 $\boldsymbol{F}$.

采用微元法：在 Ω 中任取一小立体 dV，$P(x,y,z)$ 为 dV 上任意一点，其质量微元为

$$dM = \rho(x,y,z)dV.$$

这小立体对质点 P_0 的引力大小和方向分别为

$$|d\boldsymbol{F}| = k\frac{m\rho dV}{r^2},\quad (d\boldsymbol{F})^\circ = \frac{\boldsymbol{r}}{r}.$$

这里 $\boldsymbol{r} = \{x-x_0, y-y_0, z-z_0\}$,

$$r = |\boldsymbol{r}| = \sqrt{(x-x_0)^2+(y-y_0)^2+(z-z_0)^2},$$

k 为引力常数. 于是有 $\quad d\boldsymbol{F} = |d\boldsymbol{F}|(d\boldsymbol{F})^\circ = k\dfrac{m\rho dV}{r^3}\boldsymbol{r}.$

它在三坐标轴上的分量分别为

$$dF_x = k\frac{x-x_0}{r^3}m\rho dV,\quad dF_y = k\frac{y-y_0}{r^3}m\rho dV,\quad dF_z = k\frac{z-z_0}{r^3}m\rho dV.$$

于是引力 $\boldsymbol{F}$ 在三坐标轴上的分量分别为

$$F_x = km\iiint_\Omega \frac{x-x_0}{r^3}\rho dV,\quad F_y = km\iiint_\Omega \frac{y-y_0}{r^3}\rho dV,$$

$$F_z = km\iiint_\Omega \frac{z-z_0}{r^3}\rho dV.$$

从而得到引力：

$$\boldsymbol{F} = F_x\boldsymbol{i} + F_y\boldsymbol{j} + F_z\boldsymbol{k},$$

且引力大小为

$$|\boldsymbol{F}| = \sqrt{F_x^2+F_y^2+F_z^2}.$$

例 7 设有密度为 ρ 的均匀球顶锥体，球心在原点，球半径为 R，锥顶角为 $\dfrac{\pi}{3}$，锥顶点为原点，求该球顶锥体对顶点处质量为 m 的质点的引力(引力常数为 k).

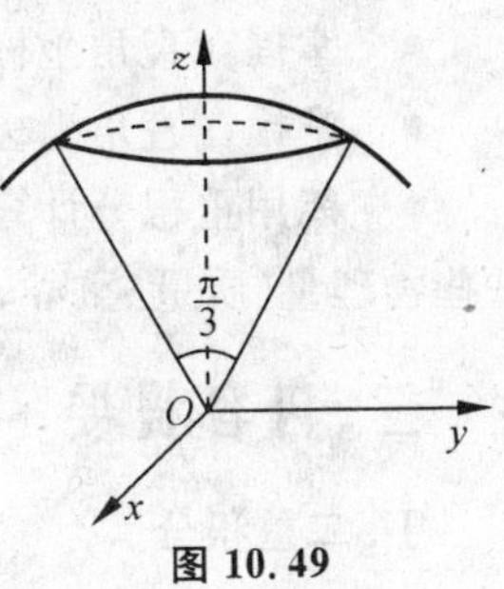

图 10.49

解 在直角坐标系中,记球顶锥体为 Ω,它由上半球面 $x^2+y^2+z^2=R^2(z\geqslant 0)$ 和 yOz 面上直线 $z=\tan\frac{\pi}{6}y$ 绕 z 旋转一周所成锥面所围(见图 10.49).两曲面在球面坐标中的方程分别为 $r=R$和 $\varphi=\pi/6$.

由对称性知 $F_x=0,F_y=0$,

$$F_z=\iiint_\Omega \frac{km\rho z\,\mathrm{d}V}{(x^2+y^2+z^2)^{\frac{3}{2}}}.$$

用球面坐标计算,则有

$$F_z=km\rho\int_0^{2\pi}\mathrm{d}\theta\int_0^{\frac{\pi}{6}}\mathrm{d}\varphi\int_0^R\frac{r\cos\varphi\cdot r^2\sin\varphi}{r^3}\mathrm{d}r=km\rho\int_0^{2\pi}\mathrm{d}\theta\int_0^{\frac{\pi}{6}}R\sin\varphi\cos\varphi\,\mathrm{d}\varphi$$

$$=km\rho R\cdot 2\pi\cdot\frac{\sin^2\varphi}{2}\bigg|_0^{\frac{\pi}{6}}=\frac{1}{4}\pi km\rho R.$$

所以引力为
$$\boldsymbol{F}=\frac{1}{4}\pi km\rho R\boldsymbol{k}.$$

习题 10.4

1. 求平面$\frac{x}{a}+\frac{y}{b}+\frac{z}{c}=1$被三坐标面所割出部分的面积.
2. 求球面 $x^2+y^2+z^2=a^2$,含在圆柱面 $x^2+y^2=a^2x(a>0)$ 内部的面积.
3. 求抛物面 $z=x^2+y^2$ 在平面 $z=1$ 下面的面积.
4. 求直线 $y=x$ 上从 $x=0$ 到 $x=4$ 的一段直线绕 y 轴旋转所得旋转曲面的面积.
5. 一匀质圆锥体由曲面 $z^2=x^2+y^2$ 与平面 $z=1$ 所围成,求其重心坐标.
6. 求均匀分布于两个圆 $r=2\sin\theta,r=4\sin\theta$ 之间的区域 D 上的薄片的重心坐标.
7. 求密度函数为 $\rho=x+y$ 的矩形 $0\leqslant x\leqslant 2,0\leqslant y\leqslant 1$ 的重心坐标.
8. 求直线$\frac{x}{a}+\frac{y}{b}=1(a>0,b>0)$与坐标轴围成的三角形对 x 轴的转动惯量(假定密度 ρ 为常数).
9. 计算半球体 $0\leqslant z\leqslant\sqrt{a^2-x^2-y^2}$ 对 y 轴的转动惯量(密度 $\rho=1$).
10. 求均匀的圆柱体 $x^2+y^2\leqslant a^2,0\leqslant z\leqslant h$ 对单位质点 $P(0,0,h)$ 的引力.

小 结

一、基本要求

- 理解二重积分的概念,知道重积分的性质.

- 掌握在直角坐标系和极坐标系中二重积分的计算方法.
- 掌握在直角坐标系、柱面坐标系和球面坐标系中三重积分的计算方法.
- 能用重积分计算一些几何量(平面区域的面积、曲面的面积、立体的体积) 和一些物理量(质量、重心、转动惯量、功等).

二、内容提要

Ⅰ.二重积分

1. 二重积分的定义

$$\iint_D f(x,y)\mathrm{d}\sigma = \lim_{d\to 0}\sum_{i=1}^{n} f(\xi_i,\eta_i)\Delta\sigma_i,$$

其中 $\Delta\sigma_1,\Delta\sigma_2,\cdots,\Delta\sigma_n$ 是将平面区域 D 任意划分成的 n 个小区域,(ξ_i,η_i) 是 $\Delta\sigma_i(i=1,2,\cdots,n)$ 上的任意一点,d 是 n 个小区域的直径的最大值.

2. 存在定理

若函数 $f(x,y)$ 在有界闭区域 D 上连续,则$\iint_D f(x,y)\mathrm{d}\sigma$存在,即 $f(x,y)$ 在 D 上可积.

3. 二重积分的性质

- 若 $f(x,y)=1$,则$\iint_D \mathrm{d}\sigma = S$,其中 S 为平面区域 D 的面积;
- $\iint_D kf(x,y)\mathrm{d}\sigma = k\iint_D f(x,y)\mathrm{d}\sigma$ (k 为常数);
- $\iint_D [f(x,y)\pm g(x,y)]\mathrm{d}\sigma = \iint_D f(x,y)\mathrm{d}\sigma \pm \iint_D g(x,y)\mathrm{d}\sigma$;
- 若平面区域 D 由 D_1,D_2 两部分组成,则
$$\iint_D f(x,y)\mathrm{d}\sigma = \iint_{D_1} f(x,y)\mathrm{d}\sigma + \iint_{D_2} f(x,y)\mathrm{d}\sigma;$$
- 若 $f(x,y)\leqslant g(x,y)$ $((x,y)\in D)$,则
$$\iint_D f(x,y)\mathrm{d}\sigma \leqslant \iint_D g(x,y)\mathrm{d}\sigma;$$
- $\left|\iint_D f(x,y)\mathrm{d}\sigma\right| \leqslant \iint_D |f(x,y)|\mathrm{d}\sigma$;
- 若 M 和 m 分别是 $f(x,y)$ 在区域 D 上的最大值和最小值,σ 为 D 的面积,则
$$m\sigma \leqslant \iint_D f(x,y)\mathrm{d}\sigma \leqslant M\sigma;$$
- 若 $f(x,y)$ 在闭区域 D 上连续,则必存在一点$(\xi,\eta)\in D$,使

$$\iint_D f(x,y)\mathrm{d}\sigma = f(\xi,\eta)\sigma \ (\sigma \text{为} D \text{的面积}).$$

通常把$\frac{1}{\sigma}\iint_D f(x,y)\mathrm{d}\sigma$称为$f(x,y)$在闭区域$D$上的积分平均值.

4. 二重积分的计算

● 在直角坐标系中的计算,面积元素 $\mathrm{d}\sigma = \mathrm{d}x\mathrm{d}y$.

▲ 若 D:$\begin{cases} a \leqslant x \leqslant b, \\ \varphi_1(x) \leqslant y \leqslant \varphi_2(x), \end{cases}$

则
$$\iint_D f(x,y)\mathrm{d}\sigma = \int_a^b \mathrm{d}x \int_{\varphi_1(x)}^{\varphi_2(x)} f(x,y)\mathrm{d}y;$$

▲ 若 D:$\begin{cases} c \leqslant y \leqslant d, \\ \psi_1(y) \leqslant x \leqslant \psi_2(y), \end{cases}$

则
$$\iint_D f(x,y)\mathrm{d}\sigma = \int_c^d \mathrm{d}y \int_{\psi_1(y)}^{\psi_2(y)} f(x,y)\mathrm{d}x.$$

● 在极坐标系中的计算,面积元素 $\mathrm{d}\sigma = r\mathrm{d}r\mathrm{d}\theta$.

▲ 当极点O在区域D外时,若区域D由射线$\theta=\alpha,\theta=\beta(\alpha\leqslant\beta)$及曲线$r=r_1(\theta)$和$r=r_2(\theta)(r_1(\theta)\leqslant r_2(\theta))$所围,即

$$D:\begin{cases} \alpha \leqslant \theta \leqslant \beta, \\ r_1(\theta) \leqslant r \leqslant r_2(\theta), \end{cases}$$

则
$$\iint_D f(x,y)\mathrm{d}\sigma = \int_\alpha^\beta \mathrm{d}\theta \int_{r_1(\theta)}^{r_2(\theta)} f(r\cos\theta, r\sin\theta) r\mathrm{d}r;$$

▲ 当极点O在区域D内部,若D的边界曲线为$r=r(\theta)$,即

$$D:\begin{cases} 0 \leqslant \theta \leqslant 2\pi, \\ 0 \leqslant r \leqslant r(\theta), \end{cases}$$

则
$$\iint_D f(x,y)\mathrm{d}\sigma = \int_0^{2\pi} \mathrm{d}\theta \int_0^{r(\theta)} f(r\cos\theta, r\sin\theta) r\mathrm{d}r;$$

▲ 当极点O在区域D的边界上,若D的边界曲线为$r=r(\theta)(\alpha\leqslant\theta\leqslant\beta)$,即

$$D\begin{cases} \alpha \leqslant \theta \leqslant \beta, \\ 0 \leqslant r \leqslant r(\theta), \end{cases}$$

则
$$\iint_D f(x,y)\mathrm{d}\sigma = \int_\alpha^\beta \mathrm{d}\theta \int_0^{r(\theta)} f(r\cos\theta, r\sin\theta) r\mathrm{d}r.$$

Ⅱ.三重积分

1. 三重积分的定义

$$\iiint_\Omega f(x,y,z)\mathrm{d}V = \lim_{d\to 0}\sum_{i=1}^n f(\xi_i,\eta_i,\zeta_i)\Delta V_i,$$

其中$\Delta V_1,\Delta V_2,\cdots,\Delta V_n$,是将空间闭区域$\Omega$任意划分成的$n$个小空间区域,$(\xi_i,\eta_i,\zeta_i)$

是 ΔV_i 上的任意一点,$(i=1,2,\cdots,n)$. d 是这 n 个小空间区域的直径的最大值.

2. 存在定理

若函数 $f(x,y,z)$ 在空间有界闭区域 Ω 上连续,则 $f(x,y,z)$ 在 Ω 上可积.

3. 三重积分的性质

三重积分有与二重积分类似的性质.

4. 三重积分的计算

● 在直角坐标系中计算,体积元素 $\mathrm{d}V=\mathrm{d}x\mathrm{d}y\mathrm{d}z$.

▲ 投影法("先一后二"法) 设空间区域 Ω 在 xOy 面上投影区域为 D,过 D 内任意一点 (x,y) 作与 z 轴同方向的有向直线,它穿入 Ω 时,交 Ω 的下边界曲面为 $S_1: z=z_1(x,y)$,它穿出 Ω 时,交 Ω 的上边界曲面为 $S_2: z=z_2(x,y)$,则

$$\iiint_{\Omega} f(x,y,z)\mathrm{d}V=\iint_{D}\mathrm{d}x\mathrm{d}y\int_{z_1(x,y)}^{z_2(x,y)} f(x,y,z)\mathrm{d}z=\int_a^b\mathrm{d}x\int_{\varphi_1(x)}^{\varphi_2(x)}\mathrm{d}y\int_{z_1(x,y)}^{z_2(x,y)} f(x,y,z)\mathrm{d}z$$

$$\left(D:\begin{cases}a\leqslant x\leqslant b\\ \varphi_1(x)\leqslant y\leqslant\varphi_2(x)\end{cases}\right).$$

▲ 截面法("先二后一"法) 设 Ω 在 z 轴上的投影为区间 $[c_1,c_2]$,在此区间内任取一点 z 作平行于 xOy 面的平面截 Ω 得截面

$$P_z:\begin{cases}x_1(z)\leqslant x\leqslant x_2(z),\\ y_1(x,z)\leqslant y\leqslant y_2(x,z),\end{cases}$$

则 $$\iiint_{\Omega} f(x,y,z)\mathrm{d}V=\int_{c_1}^{c_2}\mathrm{d}z\iint_{P_z} f(x,y,z)\mathrm{d}x\mathrm{d}y=\int_{c_1}^{c_2}\mathrm{d}z\int_{x_1(z)}^{x_2(z)}\mathrm{d}x\int_{y_1(x,z)}^{y_2(x,z)} f(x,y,z)\mathrm{d}y.$$

● 在柱面坐标系下计算,体积元素 $\mathrm{d}V=r\mathrm{d}r\mathrm{d}\theta\mathrm{d}z$.

▲ 投影法"先一后二"法 若 $\Omega=\{(r,\theta,z)\mid z_1(r\cos\theta,r\sin\theta)\leqslant z\leqslant z_2(r\cos\theta,r\sin\theta),(r,\theta)\in D\}$ 且 $D:\begin{cases}\alpha\leqslant\theta\leqslant\beta,\\ r_1(\theta)\leqslant r\leqslant r_2(\theta),\end{cases}$

则 $$\iiint_{\Omega} f(x,y,z)\mathrm{d}V=\iint_{D} r\mathrm{d}r\mathrm{d}\theta\int_{z_1(r\cos\theta,r\sin\theta)}^{z_2(r\cos\theta,r\sin\theta)} f(r\cos\theta,r\sin\theta,z)\mathrm{d}z$$

$$=\int_{\alpha}^{\beta}\mathrm{d}\theta\int_{r_1(\theta)}^{r_2(\theta)} r\mathrm{d}r\int_{z_1(r\cos\theta,r\sin\theta)}^{z_2(r\cos\theta,r\sin\theta)} f(r\cos\theta,r\sin\theta,z)\mathrm{d}z.$$

▲ 截面法("先二后一"法) 若 $\Omega=\{(r,\theta,z)\mid (r,\theta)\in P_z,c_1\leqslant z\leqslant c_2\}$ 且

$$P_z:\begin{cases}\alpha(z)\leqslant\theta\leqslant\beta(z),\\ r_1(\theta,z)\leqslant r\leqslant r_2(\theta,z),\end{cases}$$

则 $$\iiint_{\Omega} f(x,y,z)\mathrm{d}V=\int_{c_1}^{c_2}\mathrm{d}z\iint_{P_z} f(r\cos\theta,r\sin\theta,z)r\mathrm{d}r\mathrm{d}z$$

$$=\int_{c_1}^{c_2}\mathrm{d}z\int_{\alpha(z)}^{\beta(z)}\mathrm{d}\theta\int_{r_1(\theta,z)}^{r_2(\theta,z)} f(r\cos\theta,r\sin\theta,z)r\mathrm{d}r.$$

● 在球面坐标系下计算,体积元素 $\mathrm{d}V=r^2\sin\varphi\,\mathrm{d}r\,\mathrm{d}\varphi\,\mathrm{d}\theta$.

若 Ω 上点的 θ 变化范围为 $[\alpha,\beta]$，作半平面 $\theta=\theta(\alpha\leqslant\theta\leqslant\beta)$ 去截 Ω 得截面 P_θ，在 $\theta=\theta$ 平面上，固定 θ，以 O 为极点，z 轴为极轴，用极坐标方法表示为

$$P_\theta:\begin{cases}\varphi_1(\theta)\leqslant\varphi\leqslant\varphi_2(\theta),\\ r_1(\varphi,\theta)\leqslant r\leqslant r_2(\varphi,\theta),\end{cases}$$

则 $$\iiint\limits_{\Omega}f(x,y,z)\mathrm{d}V=\int_\alpha^\beta\mathrm{d}\theta\iint\limits_{P_z}f(r\sin\varphi\cos\theta,r\sin\varphi\sin\theta,r\cos\varphi)r^2\sin\varphi\mathrm{d}r\mathrm{d}\varphi$$
$$=\int_\alpha^\beta\mathrm{d}\theta\int_{\varphi_1(\theta)}^{\varphi_2(\theta)}\mathrm{d}\varphi\int_{r_1(\varphi,\theta)}^{r_2(\varphi,\theta)}f(r\sin\varphi\cos\theta,r\sin\varphi\sin\theta,r\cos\varphi)r^2\sin\varphi\,\mathrm{d}r.$$

三、重积分的应用

1. 平面图形的面积

设 D 为平面区域，则其面积

$$S=\iint\limits_D\mathrm{d}\sigma=\iint\limits_D\mathrm{d}x\mathrm{d}y.$$

2. 空间立体的体积

设 V 为空间区域，则其体积

$$V=\iiint\limits_V\mathrm{d}V=\iiint\limits_V\mathrm{d}x\mathrm{d}y\mathrm{d}z.$$

特别地，若 V 是连续曲面 $z=f(x,y)(f(x,y)\geqslant\sigma)$ 为顶，它在 xOy 面上投影 D 为底的曲顶柱体，则有

$$V=\iint\limits_D f(x,y)\mathrm{d}\sigma=\iint\limits_D f(x,y)\mathrm{d}x\mathrm{d}y.$$

3. 曲面的面积

设曲面 S 的方程为 $z=f(x,y)$，它在 xOy 面上的投影为 D，$f(x,y)$ 在 D 上有连续偏导数，则 S 的曲面面积元素为

$$\mathrm{d}S=\sqrt{1+z_x^2+z_y^2}\mathrm{d}x\mathrm{d}y,$$

曲面面积为 $$S=\iint\limits_D\sqrt{1+z_x^2+z_y^2}\mathrm{d}x\mathrm{d}y.$$

4. 物体的质量

- 平面薄板的质量. 设一平面薄板 D，其面密度为 $\rho=\rho(x,y)$，则薄板的质量

$$M=\iint\limits_D\rho(x,y)\mathrm{d}x\mathrm{d}y.$$

- 立体的质量. 设物体占有空间区域 Ω，密度为 $\rho=\rho(x,y,z)$，则立体的质量

$$M=\iiint\limits_\Omega\rho(x,y,z)\mathrm{d}V.$$

5. 物体的重心

● 平面薄片的重心. 设平面薄片占有平面区域 D,其面密度为 $\rho=\rho(x,y)$,则薄片的重心坐标 $(\bar{x},\bar{y})$ 为

$$\bar{x}=\frac{1}{M}\iint_D x\rho(x,y)\mathrm{d}\sigma,\ \bar{y}=\frac{1}{M}\iint_D y\rho(x,y)\mathrm{d}\sigma,$$

其中 $M=\iint_D \rho(x,y)\mathrm{d}\sigma$ 为薄片 D 的质量.

● 主体的重心. 设空间立体 Ω,密度为 $\rho=\rho(x,y,z)$,则立体的重心坐标 $(\bar{x},\bar{y},\bar{z})$ 为

$$\bar{x}=\frac{1}{M}\iiint_\Omega x\rho(x,y,z)\mathrm{d}V,\quad \bar{y}=\frac{1}{M}\iiint_\Omega y\rho(x,y,z)\mathrm{d}V,\quad \bar{z}=\frac{1}{M}\iiint_\Omega z\rho(x,y,z)\mathrm{d}V,$$

其中 $M=\iiint_\Omega \rho(x,y,z)\mathrm{d}V$ 为立体 Ω 的质量.

6. 物体的转动惯量

● 平面薄片 D,其面密度为 $\rho=\rho(x,y)$,薄片对 x 轴和 y 轴的转动惯量 I_x 和 I_y 分别为

$$I_x=\iint_D y^2\rho(x,y)\mathrm{d}\sigma,\quad I_y=\iint_D x^2\rho(x,y)\mathrm{d}\sigma.$$

● 设立体 Ω 的密度为 $\rho=\rho(x,y,z)$,立体 Ω 对 x 轴, y 轴和 z 轴的转动惯量 I_x、I_y 和 I_z 分别为

$$I_x=\iiint_\Omega (y^2+z^2)\rho(x,y,z)\mathrm{d}V,\quad I_y=\iiint_\Omega (x^2+z^2)\rho(x,y,z)\mathrm{d}V,$$

$$I_z=\iiint_\Omega (x^2+y^2)\rho(x,y,z)\mathrm{d}V.$$

7. 引力

设立体 Ω 的密度为 $\rho=\rho(x,y,z)$, Ω 外一点 $P_0(x_0,y_0,z_0)$ 处有质量为 m 的一质点,则立体 Ω 对质点 P_0 的引力为 $\boldsymbol{F}=F_x\boldsymbol{i}+F_y\boldsymbol{j}+F_z\boldsymbol{k}$,这里

$$F_x=km\iiint_\Omega \frac{x-x_0}{r^3}\rho(x,y,z)\mathrm{d}V,\quad F_y=km\iiint_\Omega \frac{y-y_0}{r^3}\rho(x,y,z)\mathrm{d}V,$$

$$F_z=km\iiint_\Omega \frac{z-z_0}{r^3}\rho(x,y,z)\mathrm{d}V,$$

其中 k 为引力常数, $r=\sqrt{(x-x_0)^2+(y-y_0)^2+(z-z_0)^2}$.

四、学习指导

● 重积分是定积分的推广,它们都是研究非均匀分布量的求和问题. 所不同之处在于:定积分是研究区间上非均匀分布的量,而二重(三重) 积分是研究平面(空

间）区域上非均匀分布的量，因而其定义是类似的，且定积分的所有性质均可推广到二重（三重）积分.

● 重积分计算方法的核心是将它化成累次积分，然后相继地从内到外计算那些定积分.其关键是确定累次积分的上、下限，通常首先绘出积分区域的草图，然后运用不等式组表示积分区域，把不等式组小的一端作为积分的下限，大的一端作为积分的上限.应注意：先积分的上、下限一般是后面积分的积分变量的函数，而且最后一次积分的上、下限应为常量.

● 在下面两种情况下，必须将一个重积分化成几个累次积分之和来计算.

▲ 被积函数在积分区域的不同部分表达式不相同，则需在不同部分上对不同的函数表达式求出累次积分，再相加.

▲ 当积分区域用不等式组表示时，其中有的函数是分段函数，则需将重积分分成几部分之和，例如

$$D:\begin{cases}a\leqslant x\leqslant b,\\ \varphi_1(x)\leqslant y\leqslant \varphi_2(x).\end{cases}\qquad 而\qquad \varphi_2(x)=\begin{cases}g(x),(a\leqslant x\leqslant c),\\ h(x),(c\leqslant x\leqslant b).\end{cases}$$

需记 $D=D_1+D_2$，其中

$$D_1:\begin{cases}a\leqslant x\leqslant c,\\ \varphi_1(x)\leqslant y\leqslant g(x).\end{cases}\qquad D_2:\begin{cases}c\leqslant x\leqslant b,\\ \varphi_1(x)\leqslant y\leqslant h(x).\end{cases}$$

于是

$$\begin{aligned}\iint_D f(x,y)\mathrm{d}\sigma&=\iint_{D_1} f(x,y)\mathrm{d}\sigma+\iint_{D_2} f(x,y)\mathrm{d}\sigma\\&=\int_a^c\mathrm{d}x\int_{\varphi_1(x)}^{g(x)}f(x,y)\mathrm{d}y+\int_c^b\mathrm{d}x\int_{\varphi_1(x)}^{h(x)}f(x,y)\mathrm{d}y.\end{aligned}$$

● 二重积分通常可在直角坐标系和极坐标系下进行计算.适当选择坐标系可使其计算得到简化.其原则之一是：易于积分.有的在直角坐标系下无法积分，换成极坐标系下则易积出，反之亦然.其原则之二是：当积分区域的边界方程或被积函数含 x^2+y^2 和 $\dfrac{y}{x}$ 时，可考虑在极坐标系下计算二重积分.

● 在直角坐标系下将二重积分化为二次积分，通常有两种不同的积分次序（先对 y 积分，后对 x 积分或先对 x 积分后对 y 积分）可供选择.其选择原则应以易积分或累次积分个数少为准，在需交换积分次序时，必须绘出积分区域，重新定限.（新积分次序的最后一次积分的上下限一定要是常数.）

● 在极坐标系下将二重积分化为二次积分时，要注意以下几点：

▲ 面积元素 $\mathrm{d}\sigma=r\mathrm{d}r\mathrm{d}\theta$，这里 r 不能丢.

▲ 通常是先对 r 积分，后对 θ 积分.

▲ 正确写出积分区域 D 的边界曲线的极坐标方程.

▲ 根据极点 O 在积分区域的外部、边界上、内部，正确选择不同公式.

● 在计算二重积分时，正确地利用对称性可以使计算简化. 但必须注意：只有当积分区域关于 x 轴(或 y 轴)对称且被积函数对积分变量 y(或 x)具有奇偶性，对称性才能运用，切不可只顾积分区域而忘了考虑被积函数.

● 若积分区域 $D = D_1 + D_2$，

▲ 当 D_1 与 D_2 关于 x 轴对称且 $f(x, -y) = f(x, y)$ 时，则

$$\iint_D f(x,y)\mathrm{d}\sigma = 2\iint_{D_1} f(x,y)\mathrm{d}\sigma;$$

▲ 当 D_1 与 D_2 关于 x 轴对称且 $f(x, -y) = -f(x, y)$ 时，则

$$\iint_D f(x,y)\mathrm{d}\sigma = 0.$$

当 D_1 与 D_2 关于 y 轴对称时，则需考虑被积函数 $f(x,y)$ 对 x 的奇偶性，有类似结论.

● 三重积分通常可在空间直角坐标系、柱面坐标系、球面坐标系下进行计算. 当积分区域的边界曲面方程或被积函数含 $x^2 + y^2$ 和 $\dfrac{y}{x}$ 时，可考虑在柱面坐标系下计算；当积分区域的边界曲面方程或被积函数含 $x^2 + y^2 + z^2$ 时，可考虑在球面坐标系下计算；其他情形则需在直角坐标系下计算.

● 在直角坐标系下将三重积分化为三次积分主要是用投影法(“先一后二”法)，有时也用截面法(“先二后一”法).

投影法(“先一后二”法)就是先对 z(或 x 或 y)求定积分，然后再在投影区域 D_{xy}(积分区域在 xOy 面上的投影)上求二重积分：

$$\iiint_\Omega f(x,y,z)\mathrm{d}V = \iint_{D_{xy}} \mathrm{d}x\mathrm{d}y \int_{z_1(x,y)}^{z_2(x,y)} f(x,y,z)\mathrm{d}z,$$

其中定积分 $\int_{z_1(x,y)}^{z_2(x,y)} f(x,y,z)\mathrm{d}z$ 计算结果一定是 x, y 的一个函数.

截面法(“先二后一”法)就是用平面 $z = z$(z 固定)截积分区域得截面 P_z，先在截面 P_z 上求二重积分，再对 z 求定积分.

$$\iiint_\Omega f(x,y,z)\mathrm{d}V = \int_a^b \mathrm{d}z \iint_{P_{zy}} f(x,y,z)\mathrm{d}x\mathrm{d}y,$$

其中二重积分 $\iint_{P_z} f(x,y,z)\mathrm{d}x\mathrm{d}y$ 计算结果一定是 z 的函数.

通常是用投影法，只有当被积函数只含 z 的表达式或被积函数易对 x, y 积分时才用截面法.

● 在柱面坐标系下将三重积分化为三次积分时要注意：

▲ 体积元素 $\mathrm{d}V = r\mathrm{d}r\mathrm{d}\theta\mathrm{d}z$，其中 r 不能丢.

▲ 也有类似直角坐标系下的两种计算方法。投影法(“先一后二”法)：先对 z 求

定积分,再在投影区域 D 对 r,θ 求二重积分,即

$$\iiint_{\Omega} f(x,y,z)\mathrm{d}V=\iint_{D} r\mathrm{d}r\mathrm{d}\theta\int_{z_1(r,\theta)}^{z_2(r,\theta)} f(r\cos\theta,r\sin\theta,z)\mathrm{d}z.$$

截面法("先二后一"法):先在截面 P_z 上对 r,θ 求二重积分,再对 z 求定积分

$$\iiint_{\Omega} f(x,y,z)\mathrm{d}V=\int_a^b\mathrm{d}z\iint_{P_z} f(r\cos\theta,r\sin\theta,z)r\mathrm{d}r\mathrm{d}\theta.$$

● 在球面坐标系下将三重积分化为三次积分应注意:

▲ 体积元素 $\mathrm{d}V=r^2\sin\varphi\,\mathrm{d}r\mathrm{d}\theta\mathrm{d}\varphi$,其中 $r^2\sin\varphi$ 不能丢.

▲ 三次积分的次序通常是先对 r 积分,再对 φ 积分,最后对 θ 积分,即

$$\begin{aligned}\iiint_{\Omega} f(x,y,z)\mathrm{d}V&=\int_{\alpha}^{\beta}\mathrm{d}\theta\iint_{P_\theta} f(r\cos\theta\sin\varphi,r\sin\theta\sin\varphi,r\cos\varphi)r^2\sin\varphi\,\mathrm{d}r\,\mathrm{d}\varphi\\&=\int_{\alpha}^{\beta}\mathrm{d}\theta\int_{\varphi_1(\theta)}^{\varphi_2(\theta)}\mathrm{d}\varphi\int_{r_1(\theta,\varphi)}^{r_2(\theta,\varphi)} f(r\cos\theta\sin\varphi,r\sin\theta\sin\varphi,r\cos\varphi)r^2\sin\varphi\,\mathrm{d}r,\end{aligned}$$

其中 P_θ 为平面 $\theta=\theta$(θ 固定)($\alpha\leqslant\theta\leqslant\beta$) 截 Ω 所得截面且在半平面 $\theta=\theta$ 上以 z 轴为极轴,φ 为极角,r 为极径按极坐标方法可将 P_θ 表示为

$$\begin{cases}\varphi_1(\theta)\leqslant\varphi\leqslant\varphi_2(\theta),\\ r_1(\theta,\varphi)\leqslant r\leqslant r_2(\theta,\varphi).\end{cases}$$

● 在计算三重积分时,正确利用对称性可使计算简化.

若积分区域 $\Omega=\Omega_1+\Omega_2$,

▲ 当 Ω_1 与 Ω_2 关于 xOy 面对称且 $f(x,y,-z)=f(x,y,z)$,则

$$\iiint_{\Omega} f(x,y,z)\mathrm{d}V=2\iiint_{\Omega_1} f(x,y,z)\mathrm{d}V;$$

▲ 当 Ω_1 与 Ω_2 关于 xOy 面对称且 $f(x,y,-z)=-f(x,y,z)$,则

$$\iiint_{\Omega} f(x,y,z)\mathrm{d}V=0.$$

关于其他坐标面的对称性,也有类似结论.

值得特别注意的是:只有当积分区域关于某坐标面对称且被积函数对相应某自变量具有奇偶性时,对称性才能运用,切不可只顾积分区域而忘了考虑被积函数.

● 重积分的应用,关键是要掌握微元法思想:将连续分布的量离散化.若需求的总量为 F,对给定的平面区域 D(或空间区域 Ω) 作任意分割,记 $\mathrm{d}\sigma$(或 $\mathrm{d}V$) 为其中任意一个小区域,在这个小区域上按几何意义或物理意义作出 $\mathrm{d}F=f(x,y)\mathrm{d}\sigma$(或 $\mathrm{d}F=f(x,y,z)\mathrm{d}V$),则

$$F=\iint_{D} f(x,y)\mathrm{d}\sigma\text{(或 }F=\iiint_{\Omega} f(x,y,z)\mathrm{d}V\text{)}.$$

按此方法书上的应用公式读者不难一一得出.

自 测 题

一、单项选择题(在每小题的四个备选答案中,选出一个正确的答案,并将其代号写在括号内.每小题 3 分,共 15 分.)

1. 设 $f(x,y)$ 在平面区域 $D=\{(x,y)\mid 0\leqslant x\leqslant a,0\leqslant y\leqslant x\}$ 上连续,则 $\int_0^a dx\int_0^x f(x,y)dy$ 等于(　　).

A. $\int_0^a dy\int_0^y f(x,y)dx$　B. $\int_0^a dy\int_a^y f(x,y)dx$　C. $\int_0^a dy\int_y^a f(x,y)dx$　D. A、B、C 均不对

2. 设平面区域 D 由四条直线 $x=0$、$y=0$、$x+y=\frac{1}{2}$,$x+y=1$ 围成,若

$$I_1=\iint_D(\ln(x+y))^5\,dxdy,\quad I_2=\iint_D(x+y)^5\,dxdy,$$

$$I_3=\iint_D[\sin(x+y)]^5\,dxdy,$$

则 I_1、I_2、I_3 之间的大小顺序为(　　).

A. $I_1<I_2<I_3$　B. $I_3<I_2<I_1$　C. $I_1<I_3<I_2$　D. $I_3<I_1<I_2$

3. 设 $I=\iint_D|xy|\,dxdy$,其中 D 是以原点为中心以 a 为半径的圆,则 I 之值为(　　).

A. $\frac{a^4}{4}$　B. $\frac{a^4}{3}$　C. $\frac{a^4}{2}$　D. a^4

4. 二重积分 $\iint_D(x^2+y^2)d\sigma$,D:$x^2+y^2\leqslant 2x$,可化为(　　).

A. $\int_0^{2\pi}d\theta\int_0^{2\cos\theta}\rho^3 d\rho$　B. $\int_{-\frac{\pi}{2}}^{\frac{\pi}{2}}d\theta\int_0^{2\cos\theta}\rho^3 d\rho$　C. $\int_0^{\pi}d\theta\int_0^{2\cos\theta}\rho^3 d\rho$　D. $\int_0^{2\pi}d\theta\int_0^1\rho^3 d\rho$

5. 三重积分 $I=\iiint_\Omega(x^2+y^2)z\,dV$,其中 Ω 是由曲面 $z=\sqrt{x^2+y^2}$ 与平面 $z=1$ 所围成的区域,则 I 可化为(　　).

A. $\int_0^{2\pi}d\theta\int_0^1 dr\int_0^r zr^3 dz$　B. $\int_0^{2\pi}d\theta\int_0^1 dr\int_0^1 r^3 z dz$　C. $\int_0^{2\pi}d\theta\int_0^1 dr\int_1^r r^3 z dz$　D. $\int_0^{2\pi}d\theta\int_0^1 dr\int_r^1 r^3 z dz$

二、填空题(每小题 3 分,共 15 分)

1. 设平面区域 D 是由曲线 $y=x^2$ 与直线 $y=x$ 所围成,将二重积分化为先对 x 后对 y 的累次积分有 $\iint_D f(x,y)d\sigma=$ ________________.

2. 将积分化为极坐标下累次积分

$\int_0^2 dx\int_x^{\sqrt{3}x}f(x^2+y^2)dy=$ ______.

3. 将下述累次积分化为柱面坐标系下的累次积分

$\int_{-3}^3 dx\int_{-\sqrt{9-x^2}}^{\sqrt{9-x^2}}dy\int_{\sqrt{x^2+y^2}}^3\sqrt{x^2+y^2}\,dz=$ ______.

4. 在球面坐标系下将三重积分化为三次积分

$$\iiint\limits_{x^2+y^2+\left(z-\frac{1}{2}\right)^2\leqslant\frac{1}{4}} f(x,y,z)\mathrm{d}x\mathrm{d}y\mathrm{d}z = \underline{\qquad}.$$

5. 设 Ω 上任一点 (x,y,z) 处的密度是 $f(x^2+y^2)$，其中 f 是连续函数，Ω 是由曲面 $z=\sqrt{6-x^2-y^2}$ 及 $z=\sqrt{2(x^2+y^2)}$ 所围成的空间区域，则 Ω 的重心的纵坐标 $\bar{z}$ 在柱面坐标系下可用累次积分表示为______.

三、计算下列重积分(每小题 3 分，共 15 分)：

1. $\iint\limits_D y\mathrm{e}^{xy}\mathrm{d}x\mathrm{d}y$，其中 D 是由双曲线 $y=\dfrac{1}{x}$，直线 $y=2, x=1, x=2$ 所围成的区域.

2. $\iint\limits_D |\cos(x+y)|\mathrm{d}x\mathrm{d}y$，其中 D 是矩形区域：$0\leqslant x\leqslant\dfrac{\pi}{2}, 0\leqslant y\leqslant\dfrac{\pi}{2}$.

3. $\iiint\limits_\Omega z\sqrt{x^2+y^2}\mathrm{d}x\mathrm{d}y\mathrm{d}z$，其中 Ω 是由曲面 $y=\sqrt{2x-x^2}$ 及平面 $z=0, z=a(a>0), y=0$ 所围的空间区域.

4. $\iiint\limits_\Omega \mathrm{d}x\mathrm{d}y\mathrm{d}z$，其中 Ω 是两球面 $x^2+y^2+z^2=R^2$ 与 $x^2+y^2+z^2=2Rz$ 所围成的空间区域 $(R>0)$(位于两球面内部).

四、(8 分) 若 $f(x)$ 为连续函数，证明

$$\int_0^a \mathrm{d}x\int_0^x f(y)\mathrm{d}y = \int_0^a (a-x)f(x)\mathrm{d}x.$$

五、(8 分) 求曲面 $z=\sqrt{x^2+y^2}$ 包含在柱面 $x^2+y^2=2x$ 内部的那部分面积.

六、(8 分) 求由曲线 $y^2=4x+4$、$y^2=-2x+4$ 所围成的一均匀薄板的重心坐标.

七、(8 分) 求由抛物线 $y=x^2$ 及直线 $y=1$ 所围成的薄片(面密度为常数 ρ)，对于直线 $y=-1$ 的转动惯量.

八、(8 分) 设有一内壁形状为抛物面 $z=x^2+y^2$ 的容器，原来盛有 $8\pi(\mathrm{cm}^3)$ 的水，后来又注入 $64\pi(\mathrm{cm}^3)$ 的水，问水面比原来升高了多少厘米.

九、(6 分) 利用二重积分证明：

$$\left[\int_a^b f(x)\mathrm{d}x\right]^2 \leqslant (b-a)\int_a^b f^2(x)\mathrm{d}x.$$

自测题解答

一、1. A.　2. C.　3. C.　4. B.　5. D.

二、1. $\int_0^1 \mathrm{d}y\int_y^{\sqrt{y}} f(x,y)\mathrm{d}x$.　2. $\int_{\frac{\pi}{4}}^{\frac{\pi}{3}} \mathrm{d}\theta\int_0^{\frac{2}{\cos\theta}} f(r^2)r\mathrm{d}r$.　3. $\int_0^{2\pi}\mathrm{d}\theta\int_0^3 r^2\mathrm{d}r\int_r^3 \mathrm{d}z$ 或 $\int_0^3\mathrm{d}z\int_0^{2\pi}\mathrm{d}\theta\int_0^z r^2\mathrm{d}r$.

4. $\int_0^{2\pi}\mathrm{d}\theta\int_0^{\frac{\pi}{2}}\mathrm{d}\varphi\int_0^{\cos\varphi} f(r\cos\theta\sin\varphi, r\sin\theta\sin\varphi, r\cos\varphi)r^2\sin\varphi\,\mathrm{d}r$.

5. $\left[\int_0^{2\pi}\mathrm{d}\theta\int_0^{\sqrt{2}} f(r^2)r\mathrm{d}r\int_{\sqrt{2}r}^{\sqrt{6-r^2}} z\mathrm{d}z\right]\Big/\left[\int_0^{2\pi}\mathrm{d}\theta\int_0^{\sqrt{2}} f(r^2)r\mathrm{d}r\int_{\sqrt{2}r}^{\sqrt{6-r^2}} \mathrm{d}z\right]$.

三、1. $\iint\limits_D y\mathrm{e}^{xy}\mathrm{d}x\mathrm{d}y=\int_1^2\mathrm{d}y\int_1^2 y\mathrm{e}^{xy}\mathrm{d}x+\int_{\frac{1}{2}}^1\mathrm{d}y\int_{\frac{1}{y}}^2 y\mathrm{e}^{xy}\mathrm{d}x=\frac{1}{2}\mathrm{e}^4-\mathrm{e}^2$.

2. 设 $A\left(0,\frac{\pi}{2}\right)$,$B\left(\frac{\pi}{2},0\right)$连 AB 将 D 分成 D_1 和 D_2 两部分,其中 D_1 为 $\triangle ABO$,于是

$$\iint\limits_D|\cos(x+y)|\mathrm{d}x\mathrm{d}y=\iint\limits_{D_1}\cos(x+y)\mathrm{d}x\mathrm{d}y-\iint\limits_{D_2}\cos(x+y)\mathrm{d}x\mathrm{d}y$$

$$=\int_0^{\frac{\pi}{2}}\mathrm{d}x\int_0^{\frac{\pi}{2}-x}\cos(x+y)\mathrm{d}y-\int_0^{\frac{\pi}{2}}\mathrm{d}x\int_{\frac{\pi}{2}-x}^{\frac{\pi}{2}}\cos(x+y)\mathrm{d}y=\pi-2.$$

3. $\iiint\limits_\Omega z\sqrt{x^2+y^2}\mathrm{d}x\mathrm{d}y\mathrm{d}z=\int_0^{\frac{\pi}{2}}\mathrm{d}\theta\int_0^{2\cos\theta}r^2\mathrm{d}r\int_0^a z\mathrm{d}z=\frac{8}{9}a^2$.

4. $\iiint\limits_\Omega\mathrm{d}x\mathrm{d}y\mathrm{d}z=\int_0^{2\pi}\mathrm{d}\theta\int_0^{\frac{\pi}{3}}\mathrm{d}\varphi\int_0^R r^2\sin\varphi\mathrm{d}r+\int_0^{2\pi}\mathrm{d}\theta\int_0^{\frac{\pi}{3}}\mathrm{d}\varphi\int_0^{2R\cos\varphi}r^2\sin\varphi\mathrm{d}r=\frac{5}{12}\pi R^3$.

四、交换积分次序便有

$$\int_0^a\mathrm{d}x\int_0^x f(y)\mathrm{d}y=\int_0^a\mathrm{d}y\int_y^a f(y)\mathrm{d}x=\int_0^a(a-y)f(y)\mathrm{d}y=\int_0^a(a-x)f(x)\mathrm{d}x.$$

五、由 $z=\sqrt{x^2+y^2}$ 得 $\frac{\partial z}{\partial x}=\frac{x}{\sqrt{x^2+y^2}},\frac{\partial z}{\partial y}=\frac{y}{\sqrt{x^2+y^2}}$,

从而有 $\sqrt{1+\left(\frac{\partial z}{\partial x}\right)^2+\left(\frac{\partial z}{\partial y}\right)^2}=\sqrt{2}$,即

$$S=\iint\limits_{x^2+y^2\leqslant 2x}\sqrt{2}\mathrm{d}x\mathrm{d}y=\sqrt{2}\int_{-\frac{\pi}{2}}^{\frac{\pi}{2}}\mathrm{d}\theta\int_0^{2\cos\theta}r\mathrm{d}r=\sqrt{2}\pi.$$

六、由图形的对称性,知 $\overline{y}=0$. 又

$$S=\iint\limits_D\mathrm{d}x\mathrm{d}y=2\int_0^2\mathrm{d}y\int_{\frac{y^2-4}{4}}^{\frac{4-y^2}{2}}\mathrm{d}x=8,$$

$$\overline{x}=\frac{1}{8}\iint\limits_D x\mathrm{d}x\mathrm{d}y=\frac{1}{4}\int_0^2\mathrm{d}y\int_{\frac{y^2-4}{4}}^{\frac{4-y^2}{2}}x\mathrm{d}x=\frac{2}{5},\text{所以重心坐标为}\left(\frac{2}{5},0\right).$$

七、所求转动惯量为

$$I=\rho\iint\limits_D(y+1)^2\mathrm{d}x\mathrm{d}y=\rho\int_{-1}^1\mathrm{d}x\int_{x^2}^1(y+1)^2\mathrm{d}y=\frac{368}{105}\rho.$$

八、设水面高为 h 时,容器内所盛水的体积为 V,则

$$V=\int_0^h\mathrm{d}z\int_0^{2\pi}\mathrm{d}\theta\int_0^{\sqrt{2}}r\mathrm{d}r=\frac{\pi}{2}h^2,$$

即 $h=\sqrt{\frac{2V}{\pi}}$. 当 $V_1=8\pi$ 时,$h_1=4$;当 $V_2=8\pi+64\pi=72\pi$ 时,$h_2=12$,故水面升高为 $H=h_2-h_1=8\mathrm{cm}$.

九、因为 $\left[\int_a^b f(x)\mathrm{d}x\right]^2=\int_a^b f(x)\mathrm{d}x\int_a^b f(y)\mathrm{d}y=\iint\limits_D f(x)f(y)\mathrm{d}x\mathrm{d}y$,其中 $D:a\leqslant x\leqslant b,a\leqslant y\leqslant b$,又 $2f(x)f(y)\leqslant f^2(x)+f^2(y)$,故

$$\iint_D f(x)f(y)\mathrm{d}x\mathrm{d}y \leqslant \frac{1}{2}\iint_D [f^2(x)+f^2(y)]\mathrm{d}x\mathrm{d}y = \frac{1}{2}\left[\iint_D f^2(x)\mathrm{d}x\mathrm{d}y + \iint_D f^2(y)\mathrm{d}x\mathrm{d}y\right]$$

$$= \frac{1}{2}(b-a)\left(\int_a^b f^2(x)\mathrm{d}x + \int_a^b f^2(y)\right)\mathrm{d}y = (b-a)\int_a^b f^2(x)\mathrm{d}x.$$

从而有

$$\left[\int_a^b f(x)\mathrm{d}x\right]^2 \leqslant (b-a)\int_a^b f^2(x)\mathrm{d}x.$$

第十一章　曲线积分与曲面积分

重积分是将定积分的积分范围从一个区间推广到平面区域或空间区域的积分.但在实际问题中,往往还需要讨论以曲线或曲面为积分范围的积分,这就是本章所要讨论的曲线积分和曲面积分.解决这些问题的基本思想和定积分、重积分是一致的,它们的计算都可以转化为定积分或重积分来计算.

11.1　第一型曲线积分

11.1.1　第一型曲线积分的概念

我们先用展布在曲线段上的质量问题引出第一型曲线积分的概念.

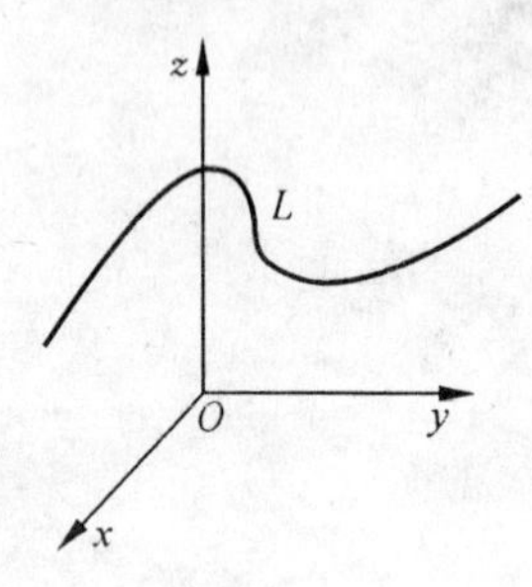

图 11.1

设有物质分布在光滑曲线 L 上,A、B 为 L 的两个端点,L 上任意一点 (x,y,z) 处的线密度为 $\rho=f(x,y,z)$,它在 L 上连续,求曲线 L 的质量 M(见图 11.1).

在 L 上任取 $n+1$ 个分点 $A=P_0,P_1,P_2,\cdots,P_n=B$,将 L 分成 n 个小段,第 i 小段的长度记为

$$\overparen{P_{i-1}P_i}=\Delta s_i\ (i=1,2,\cdots,n).$$

在第 i 小段上任取一点 (ξ_i,η_i,ζ_i),当 Δs_i 很小时,第 i 小段曲线弧的质量的近似值为

$$f(\xi_i,\eta_i,\zeta_i)\Delta s_i\ (i=1,2,\cdots,n),$$

于是曲线 L 的质量的近似值为

$$M\approx\sum_{i=1}^{n}f(\xi_i,\eta_i,\zeta_i)\Delta s_i.$$

用 λ 表示 n 个小弧段长度的最大值,当 λ 愈小时,上式的误差愈小,这样当 $\lambda\to 0$ 时就有

$$M=\lim_{\lambda\to 0}\sum_{i=1}^{n}f(\xi_i,\eta_i,\zeta_i)\Delta s_i.$$

这种和式的极限,在研究许多实际问题时都会遇到.现在撇开其物理意义便得到第一型曲线积分的定义.

定义　设 L 为空间一段光滑曲线 $\overparen{AB}$,函数 $f(x,y,z)$ 是 L 上的有界函数,在 L 上任取点 $A=P_0,P_1,P_2,\cdots,P_n=B$,将 L 分成 n 小段,记第 i 小段长度为 $\Delta s_i(i=1,2,\cdots,n)$,在第 i 小段上任取一点 (ξ_i,η_i,ζ_i) 作和式

$$\sum_{i=1}^{n} f(\xi_i,\eta_i,\zeta_i)\Delta s_i.$$

用 λ 表示 n 个小段中长度的最大值，若不论 L 如何划分，点 (ξ_i,η_i,ζ_i) 如何选取，当 $\lambda\to 0$ 时上述和式有同一极限，则称此极限值为函数 $f(x,y,z)$ 沿曲线 L 的**第一型曲线积分（或对弧长的曲线积分）**，记作 $\int_L f(x,y,z)\mathrm{d}s$，即

$$\int_L f(x,y,z)\mathrm{d}s=\lim_{\lambda\to 0}\sum_{i=1}^{n} f(\xi_i,\eta_i,\zeta_i)\Delta s_i,$$

其中 L 称为**积分路径**，$f(x,y,z)$ 称为**被积函数**.

据此定义，当 $f(x,y,z)$ 为曲线 L 的线密度时，曲线 L 的质量 M 为

$$M=\int_L f(x,y,z)\mathrm{d}s.$$

当 $f(x,y,z)\equiv 1$ 时，则有 $\qquad s=\int_L \mathrm{d}s,$

这里 s 为曲线 L 的弧长.

第一型曲线积分具有某些与定积分类似的性质，现将常用的几条列举如下.

- $\int_L kf(x,y,z)\mathrm{d}s=k\int_L f(x,y,z)\mathrm{d}s$（$k$ 为常数）.
- $\int_L [f(x,y,z)\pm g(x,y,z)]\mathrm{d}s=\int_L f(x,y,z)\mathrm{d}s\pm\int_L g(x,y,z)\mathrm{d}s.$
- 若积分路径 L 由 L_1 与 L_2 两段组成，即 $L=L_1+L_2$，则
$$\int_L f(x,y,z)\mathrm{d}s=\int_{L_1} f(x,y,z)\mathrm{d}s+\int_{L_2} f(x,y,z)\mathrm{d}s.$$
- 若 $f(x,y,z)$ 在曲线 L 上连续，s 为 L 的弧长，则存在 $(\xi,\eta,\zeta)\in L$ 使
$$\int_L f(x,y,z)\mathrm{d}s=f(\xi,\eta,\zeta)s.$$

注意由定义可知，第一型曲线积分不管取曲线哪一端作起点或终点，其结果都相同. 换言之，第一型曲线积分与积分路径的方向无关，即有性质

- $\int_{\overset{\frown}{AB}} f(x,y,z)\mathrm{d}s=\int_{\overset{\frown}{BA}} f(x,y,z)\mathrm{d}s.$

11.1.2　第一型曲线积分的计算

通常是将第一型曲线积分 $\int_L f(x,y,z)\mathrm{d}s$ 转化为定积分计算.

设曲线 L 的参数方程为

$$\begin{cases} x=x(t), \\ y=y(t), \quad (\alpha\leqslant t\leqslant\beta), \\ z=z(t), \end{cases}$$

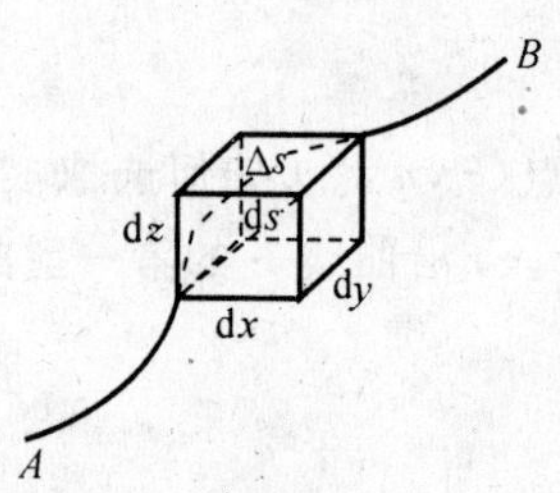

图 11.2

其中 $x(t)$、$y(t)$、$z(t)$ 在 $[\alpha,\beta]$ 上有连续导数，$t=\alpha$ 和 $t=\beta$ 分别对应于曲线 L 的两个端点 A、B(或 B、A).

在 L 上任取一微小弧段，它对应参数区间 $[t,t+\mathrm{d}t]$，其弧长记为 Δs.

设 $\mathrm{d}x=x(t+\mathrm{d}t)-x(t)$，$\mathrm{d}y=y(t+\mathrm{d}t)-y(t)$，$\mathrm{d}z=z(t+\mathrm{d}t)-z(t)$，在 $\mathrm{d}t$ 充分小时，Δs 近似等于以 $\mathrm{d}x$、$\mathrm{d}y$、$\mathrm{d}z$ 为棱长的长方体的对角线(见图 11.2)，即

$$\Delta s\approx\sqrt{(\mathrm{d}x)^2+(\mathrm{d}y)^2+(\mathrm{d}z)^2},$$

$$\mathrm{d}s=\sqrt{(\mathrm{d}x)^2+(\mathrm{d}y)^2+(\mathrm{d}z)^2}=\sqrt{[x'(t)]^2+[y'(t)]^2+[z'(t)]^2}\,\mathrm{d}t.$$

于是

$$f(x,y,z)\mathrm{d}s=f[x(t),y(t),z(t)]\cdot\sqrt{[x'(t)]^2+[y'(t)]^2+[z'(t)]^2}\,\mathrm{d}t.$$

左式沿 L 对小弧段的积累等于右式在 $[\alpha,\beta]$ 上对 t 的积累，即

$$\int_L f(x,y,z)\mathrm{d}s=\int_\alpha^\beta f[x(t),y(t),z(t)]\cdot\sqrt{[x'(t)]^2+[y'(t)]^2+[z'(t)]^2}\,\mathrm{d}t.$$

此等式右端定积分的下限 α 一定要小于上限 β，这是因为 $\mathrm{d}s>0$ 且 $\mathrm{d}t>0$ 所致.

若曲线 L 是 xOy 面上的平面曲线(即 $z(t)\equiv 0$)，其参数方程为

$$\begin{cases}x=x(t),\\ y=y(t)\end{cases}\quad(\alpha\leqslant t\leqslant\beta),$$

则
$$\mathrm{d}s=\sqrt{x'^2(t)+y'^2(t)}\,\mathrm{d}t,$$

于是有
$$\int_L f(x,y)\mathrm{d}s=\int_\alpha^\beta f[x(t),y(t)]\sqrt{x'^2(t)+y'^2(t)}\,\mathrm{d}t.$$

若平面曲线 L 由方程 $y=y(x)$ $(\alpha\leqslant x\leqslant\beta)$ 给出，则可视 x 为参数，其参数方程可写成

$$\begin{cases}x=x,\\ y=y(x)\end{cases}\quad(\alpha\leqslant x\leqslant\beta),$$

则
$$\mathrm{d}s=\sqrt{1+y'^2(x)}\,\mathrm{d}x,$$

于是有
$$\int_L f(x,y)\mathrm{d}s=\int_\alpha^\beta f(x,y(x))\sqrt{1+y'^2(x)}\,\mathrm{d}x.$$

当平面曲线 L 由极坐标方程 $r=r(\theta)$ $(\alpha\leqslant\theta\leqslant\beta)$ 给出，则其参数方程可写成

$$\begin{cases}x=r(\theta)\cos\theta,\\ y=r(\theta)\sin\theta\end{cases}\quad(\alpha\leqslant\theta\leqslant\beta),$$

则
$$\mathrm{d}s=\sqrt{x'^2(\theta)+y'^2(\theta)}\,\mathrm{d}\theta=\sqrt{r^2(\theta)+r'^2(\theta)}\,\mathrm{d}\theta,$$

于是有
$$\int_L f(x,y)\mathrm{d}s=\int_\alpha^\beta f[r(\theta)\cos\theta,r(\theta)\sin\theta]\sqrt{r^2(\theta)+r'^2(\theta)}\,\mathrm{d}\theta.$$

例 1 计算 $\int_L\dfrac{z^2}{x^2+y^2}\mathrm{d}s$，其中 L 是圆柱螺线：$x=a\cos\theta$，$y=a\sin\theta$，$z=a\theta$

$(0 \leqslant \theta \leqslant 2\pi)$.

解　因为 $x'(\theta) = -a\sin\theta, y'(\theta) = a\cos\theta, z'(\theta) = a$,所以

$$\mathrm{d}s = \sqrt{(-a\sin\theta)^2 + (a\cos\theta)^2 + a^2}\,\mathrm{d}\theta = \sqrt{2}a\,\mathrm{d}\theta,$$

故

$$\int_L \frac{z^2}{x^2+y^2}\mathrm{d}s = \int_0^{2\pi} \frac{a^2\theta^2}{a^2\cos^2\theta + a^2\sin^2\theta}\sqrt{2}a\mathrm{d}\theta = \sqrt{2}a\int_0^{2\pi}\theta^2\,\mathrm{d}\theta = \frac{8\sqrt{2}}{3}\pi^3 a.$$

例 2　计算 $\int_L xy\,\mathrm{d}s$,其中 L 是圆周 $x^2+y^2=a^2(a>0)$ 在第一象限内的部分.

解　L 的参数方程为

$$\begin{cases} x = a\cos t, \\ y = a\sin t \end{cases} \quad \left(0 \leqslant t \leqslant \frac{\pi}{2}\right),$$

有

$$\mathrm{d}s = \sqrt{x'^2(t) + y'^2(t)}\,\mathrm{d}t = \sqrt{(-a\sin t)^2 + (a\cos t)^2}\,\mathrm{d}t = a\mathrm{d}t,$$

故

$$\int_L xy\,\mathrm{d}s = \int_0^{\frac{\pi}{2}} a\cos t \cdot a\sin t \cdot a\mathrm{d}t = \frac{a^3}{2}.$$

例 3　计算 $\int_L \frac{\mathrm{d}s}{(x^2+y^2)^{\frac{3}{2}}}$,其中 L 是平面双曲螺线 $r\theta = 1$ 从 $\theta = \sqrt{3}$ 到 $\theta = 2\sqrt{2}$ 的一段.

解　因为 L 的极坐标方程为 $r = \frac{1}{\theta}$,所以 L 的参数方程可记为

$$\begin{cases} x = r(\theta)\cos\theta = \dfrac{1}{\theta}\cos\theta, \\ y = r(\theta)\sin\theta = \dfrac{1}{\theta}\sin\theta \end{cases} \quad (\sqrt{3} \leqslant \theta \leqslant 2\sqrt{2}).$$

$$\mathrm{d}s = \sqrt{r^2(\theta) + r'^2(\theta)}\,\mathrm{d}\theta = \sqrt{\frac{1}{\theta^2} + \left(-\frac{1}{\theta^2}\right)^2}\,\mathrm{d}\theta = \frac{\sqrt{1+\theta^2}}{\theta^2}\mathrm{d}\theta,$$

所以

$$\begin{aligned}\int_L \frac{\mathrm{d}s}{(x^2+y^2)^{\frac{3}{2}}} &= \int_{\sqrt{3}}^{2\sqrt{2}} \frac{1}{\left[\left(\dfrac{\cos\theta}{\theta}\right)^2 + \left(\dfrac{\sin\theta}{\theta}\right)^2\right]^{\frac{3}{2}}} \cdot \frac{\sqrt{1+\theta^2}}{\theta^2}\mathrm{d}\theta \\ &= \int_{\sqrt{3}}^{2\sqrt{2}} \theta\sqrt{1+\theta^2}\,\mathrm{d}\theta = \frac{1}{3}(1+\theta^2)^{\frac{3}{2}}\Big|_{\sqrt{3}}^{2\sqrt{2}} = \frac{19}{3}.\end{aligned}$$

设曲线 L 的线密度为 ρ,质量为 M,重心在点 $(\bar{x}, \bar{y}, \bar{z})$,则类似于主体的重心有公式

$$\bar{x} = \frac{1}{M}\int_L \rho x\,\mathrm{d}s,\quad \bar{y} = \frac{1}{M}\int_L \rho y\,\mathrm{d}s,\quad \bar{z} = \frac{1}{M}\int_L \rho z\,\mathrm{d}s.$$

例 4 曲线 L 为上半圆弧 $x^2+y^2=R^2(y\geqslant 0)$，求其重心$(\overline{x},\overline{y})$(见图 11.3).

解 此题是求图形的重心，可视其密度 $\rho=$ 常数. 于是

$$M=\rho\pi R.$$

又

$$L:\begin{cases}x=R\cos\theta,\\ y=R\sin\theta\end{cases}(0\leqslant\theta\leqslant\pi),$$

$$\mathrm{d}s=\sqrt{x'^2(\theta)+y'^2(\theta)}\,\mathrm{d}\theta=R\mathrm{d}\theta,$$

由对称性知 $\overline{x}=0$，

$$\overline{y}=\frac{1}{M}\int_L\rho y\,\mathrm{d}s=\frac{\rho}{\rho\pi R}\int_0^{\pi}R\sin\theta\cdot R\mathrm{d}\theta=\frac{2R}{\pi}.$$

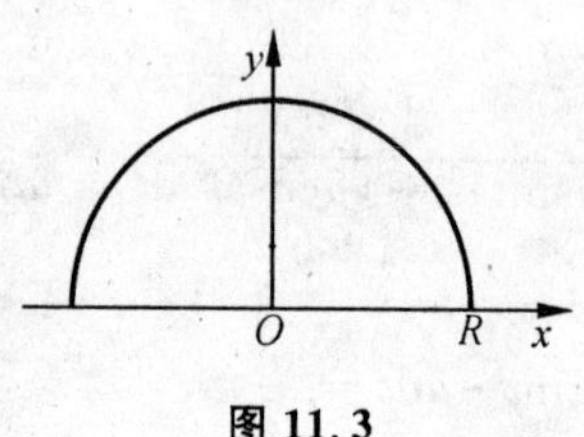

图 11.3

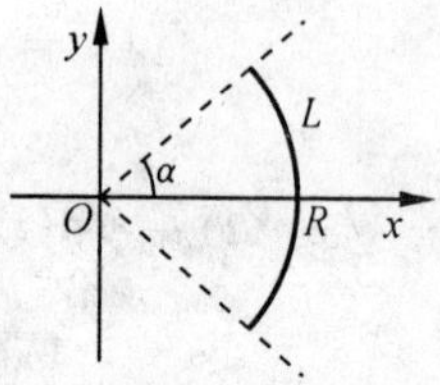

图 11.4

例 5 计算半径为 R，中心角为 2α 的圆弧对于它的对称轴的转动惯量(设线密度 $\rho=1$).

解 取坐标系如图 11.4 所示，则

$$I=\int_L\rho y^2\mathrm{d}s=\int_L y^2\mathrm{d}s.$$

而

$$L:\begin{cases}x=R\cos\theta,\\ y=R\sin\theta\end{cases}(-\alpha\leqslant\theta\leqslant\alpha),$$

$$\mathrm{d}s=\sqrt{x'^2(\theta)+y'^2(\theta)}\,\mathrm{d}\theta=R\mathrm{d}\theta,$$

故

$$I=\int_{-\alpha}^{\alpha}R^3\sin^2\theta\mathrm{d}\theta=\frac{R^3}{2}\left[\theta-\frac{\sin 2\theta}{2}\right]_{-\alpha}^{\alpha}=\frac{R^3}{2}(2\alpha-\sin 2\alpha)=R^3(\alpha-\sin\alpha\cos\alpha).$$

习题 11.1

1. 计算下列第一型曲线积分：

(1) $\oint_L(x+y)\mathrm{d}s$，其中 L 是以 $O(0,0)$，$A(1,0)$，$B(0,1)$ 为顶点的三角形围线；

(2) 计算$\int_L\mathrm{e}^{x+y}\mathrm{d}s$，其中 L 是抛物线 $y=2x$ 从点$(0,0)$ 到点$(1,2)$ 的一段弧；

(3) 计算$\int_L\sqrt{x^2+y^2}\,\mathrm{d}s$，其中 L 为圆周 $x^2+y^2=2x$；

(4) 计算$\int_L y^2\,\mathrm{d}s$,其中 L 为摆线:$x=a(t-\sin t)$,$y=a(1-\cos t)$ $(0\leqslant t\leqslant 2\pi)$ $(a>0)$.

2. 求曲线 $x=\sqrt{2}t$,$y=t^2$,$z=\frac{\sqrt{2}}{3}t^3$ $(0\leqslant t\leqslant 1)$ 弧段的质量,其线密度为 $\rho=\sqrt{y}$.

3. 计算金属丝的质量,其中金属丝上某点的线密度等于该点到 x 轴距离的平方,又金属丝所代表的曲线段为 $x=\sin x$,$y=-\cos t$,$z=t$,$\pi\leqslant t\leqslant 2\pi$.

11.2　第二型曲线积分

11.2.1　第二型曲线积分的概念

我们用变力沿曲线做功这一问题引出第二型曲线积分的定义.

设质点沿光滑曲线 L 由起点 A 运动到终点 B,在 L 上点 (x,y,z) 处所受外力为

$$\boldsymbol{F}(x,y,z)=M(x,y,z)\boldsymbol{i}+N(x,y,z)\boldsymbol{j}+P(x,y,z)\boldsymbol{k},$$

其中 M、N、P 在 L 上连续.

求质点在外力 $\boldsymbol{F}$ 的作用下沿曲线 L 由 A 运动到 B 所做的功 W.

在 L 上依次取点 $A=P_0,P_1,\cdots,P_n=B$,将 L 分成 n 个小段 $\overset{\frown}{P_{i-1}P_i}$ $(i=1,2,\cdots,n)$(见图 11.5),在第 i 个小段 $\overset{\frown}{P_{i-1}P_i}$ 上任取一点 (ξ_i,η_i,ζ_i). 当 $\overset{\frown}{P_{i-1}P_i}$ 很小时,可用点 (ξ_i,η_i,ζ_i) 处所受的力 $\boldsymbol{F}(\xi_i,\eta_i,\zeta_i)$ 近似地代替第 i 小段上各点的力,质点沿 $\overset{\frown}{P_{i-1}P_i}$ 从 P_{i-1} 运动到 P_i 可近似地看做沿直线从 P_{i-1} 运动到 P_i,记 $\Delta\boldsymbol{r}_i=\overrightarrow{P_{i-1}P_i}$,从而得到质点沿 L 从点 P_{i-1} 运动到 P_i 时变力 $\boldsymbol{F}$ 所做的功 ΔW_i 的近似值

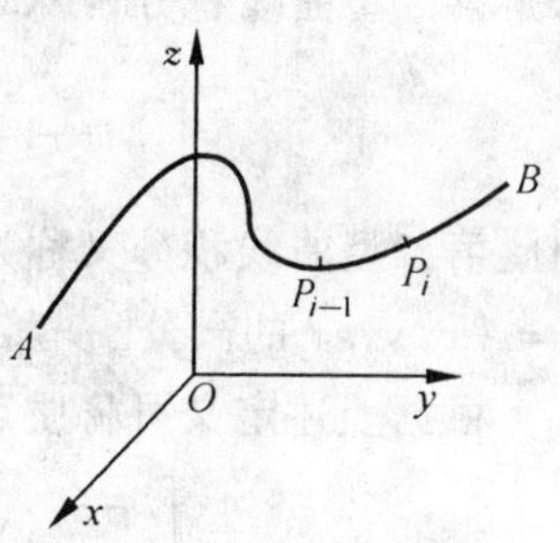

图 11.5

$$\Delta W_i\approx \boldsymbol{F}(\xi_i,\eta_i,\zeta_i)\cdot\Delta\boldsymbol{r}_i.$$

于是质点沿 L 从点 A 运动到点 B 时变力 $\boldsymbol{F}$ 所做的功的近似值为

$$W=\sum_{i=1}^{n}\Delta W_i\approx\sum_{i=1}^{n}\boldsymbol{F}(\xi_i,\eta_i,\zeta_i)\cdot\Delta\boldsymbol{r}_i.$$

用 λ 表示 n 个小弧段长度的最大值,当 $\lambda\to 0$ 时上面和式的极限就是质点在力 $\boldsymbol{F}$ 的作用下沿 L 从 A 运动到 B 时所做的功 W,即

$$W=\lim_{\lambda\to 0}\sum_{i=1}^{n}\boldsymbol{F}(\xi_i,\eta_i,\zeta_i)\cdot\Delta\boldsymbol{r}_i.$$

除了变力沿曲线做功之外,还有许多物理量的确定都归结为这类和式的极限. 因此撇开问题的物理意义,我们引入第二型曲线积分的定义.

定义　设 L 是空间一条以 A 为起点 B 为终点的有向光滑曲线,矢量函数

$$\boldsymbol{F}(x,y,z)=M(x,y,z)\boldsymbol{i}+N(x,y,z)\boldsymbol{j}+P(x,y,z)\boldsymbol{k}$$

在 L 上有定义. 用分点 $A=P_0,P_1,\cdots,P_{n-1},P_n=B$ 将 L 分成 n 个小的有向曲线弧 $\overset{\frown}{P_{i-1}P_i}\,(i=1,2,\cdots,n)$,在每段弧 $\overset{\frown}{P_{i-1}P_i}$ 上任取一点(ξ_i,η_i,ζ_i),做和式

$$\sum_{i=1}^{n}\boldsymbol{F}(\xi_i,\eta_i,\zeta_i)\cdot\Delta\boldsymbol{r}_i,$$

其中 $\Delta\boldsymbol{r}_i=\overrightarrow{P_{i-1}P_i}\,(i=1,2,\cdots,n)$. 用 λ 表示所有小弧段中长度的最大值,若当 $\lambda\to 0$ 时,不论 L 如何划分,点(ξ_i,η_i,ζ_i) 如何选取,上述和式有同一极限,则称此极限值为矢量函数 $\boldsymbol{F}(x,y,z)$ 沿有向曲线 L 的**第二型曲线积分**,记作$\int_L\boldsymbol{F}(x,y,z)\cdot\mathrm{d}\boldsymbol{r}$,即

$$\int_L\boldsymbol{F}(x,y,z)\cdot\mathrm{d}\boldsymbol{r}=\lim_{\lambda\to 0}\sum_{i=1}^{n}\boldsymbol{F}(\xi_i,\eta_i,\zeta_i)\cdot\Delta\boldsymbol{r}_i.$$

若记分点的坐标为 $P_i(x_i,y_i,z_i)$,则

$$\Delta\boldsymbol{r}_i=\overrightarrow{P_{i-1}P_i}=(x_i-x_{i-1})\boldsymbol{i}+(y_i-y_{i-1})\boldsymbol{j}+(z_i-z_{i-1})\boldsymbol{k}=\Delta x_i\boldsymbol{i}+\Delta y_i\boldsymbol{j}+\Delta z_i\boldsymbol{k}.$$

可见

$$\int_L\boldsymbol{F}(x,y,z)\cdot\mathrm{d}\boldsymbol{r}=\lim_{\lambda\to 0}\sum_{i=1}^{n}(M(\xi_i,\eta_i,\zeta_i)\Delta x_i+N(\xi_i,\eta_i,\zeta_i)\Delta y_i+P(\xi_i,\eta_i,\zeta_i)\Delta z_i).$$

于是第二型曲线积分$\int_L\boldsymbol{F}(x,y,z)\cdot\mathrm{d}\boldsymbol{r}$ 又可写成

$$\int_L M(x,y,z)\mathrm{d}x+N(x,y,z)\mathrm{d}y+P(x,y,z)\mathrm{d}z.$$

因此第二型曲线积分又称为**对坐标的曲线积分**,其中 $\mathrm{d}\boldsymbol{r}=\mathrm{d}x\boldsymbol{i}+\mathrm{d}y\boldsymbol{j}+\mathrm{d}z\boldsymbol{k}$ 为矢径 $\boldsymbol{r}=\{x,y,z\}$ 的微分.

根据上述定义可将质点在变力 $\boldsymbol{F}$ 的作用下沿有向曲线 L 所做的功 W 记为

$$W=\int_L\boldsymbol{F}(x,y,z)\cdot\mathrm{d}\boldsymbol{r}\quad\text{或}\quad W=\int_L M\mathrm{d}x+N\mathrm{d}y+P\mathrm{d}z.$$

应当注意在第二型曲线积分中 $\Delta x_i,\Delta y_i,\Delta z_i$ 的符号都依赖于曲线 L 的方向选取. 将 L 的起点与终点互调,则所有矢量 $\Delta\boldsymbol{r}_i=\overrightarrow{P_{i-1}P_i}$ 的指向都将反向,从而导致积分结果变号,即

$$\int_{\overset{\frown}{AB}}\boldsymbol{F}\cdot\mathrm{d}\boldsymbol{r}=-\int_{\overset{\frown}{BA}}\boldsymbol{F}\cdot\mathrm{d}\boldsymbol{r}.$$

这是第二型曲线积分的一个重要性质,也是它区别于第一型曲线积分的一个重要特征.

当积分路径是坐标轴上的一段有向线段时,第二型曲线积分就是定积分,由定义可知第二型曲线积分也具有与定积分类似的一些性质,如

$$\int_L(\alpha\boldsymbol{F}+\beta\boldsymbol{G})\cdot\mathrm{d}\boldsymbol{r}=\alpha\int_L\boldsymbol{F}\cdot\mathrm{d}\boldsymbol{r}+\beta\int_L\boldsymbol{G}\cdot\mathrm{d}\boldsymbol{r}(\alpha,\beta\text{ 为常数}),$$

$$\int_{L_1+L_2} \boldsymbol{F} \cdot \mathrm{d}\boldsymbol{r} = \int_{L_1} \boldsymbol{F} \cdot \mathrm{d}\boldsymbol{r} + \int_{L_2} \boldsymbol{F} \cdot \mathrm{d}\boldsymbol{r}.$$

11.2.2　第二型曲线积分的计算

计算$\int_L \boldsymbol{F} \cdot \mathrm{d}\boldsymbol{r}$即$\int_L M\mathrm{d}x + N\mathrm{d}y + P\mathrm{d}z$的方法通常是引进曲线$L$的参数方程，将其转化为定积分计算.

设曲线L的参数方程为

$$\begin{cases} x = x(t), \\ y = y(t), \\ z = z(t), \end{cases} \quad \text{即} \quad \boldsymbol{r} = x(t)\boldsymbol{i} + y(t)\boldsymbol{j} + z(t)\boldsymbol{k},$$

其中$x(t)$、$y(t)$、$z(t)$有连续导数，$t=\alpha$对应L的起点A，$t=\beta$对应于L的终点B，而(x,y,z)在曲线L上，则

$$\int_L M(x,y,z)\mathrm{d}x = \int_\alpha^\beta M(x(t),y(t),z(t))x'(t)\mathrm{d}t,$$

$$\int_L N(x,y,z)\mathrm{d}y = \int_\alpha^\beta N(x(t),y(t),z(t))y'(t)\mathrm{d}t,$$

$$\int_L P(x,y,z)\mathrm{d}z = \int_\alpha^\beta P(x(t),y(t),z(t))z'(t)\mathrm{d}t.$$

三式相加就得到计算公式

$$\int_L M\mathrm{d}x + N\mathrm{d}y + P\mathrm{d}z = \int_\alpha^\beta [M(x(t),y(t),z(t))x'(t) + N(x(t),y(t),z(t))y'(t) + P(x(t),y(t),z(t))z'(t)]\mathrm{d}t.$$

若记$\boldsymbol{F} = M(x,y,z)\boldsymbol{i} + N(x,y,z)\boldsymbol{j} + P(x,y,z)\boldsymbol{k}$，$\boldsymbol{r}'(t) = \{x'(t), y'(t), z'(t)\}$，则上式可简记为

$$\int_L \boldsymbol{F}(x,y,z) \cdot \mathrm{d}\boldsymbol{r} = \int_\alpha^\beta \boldsymbol{F}(x(t),y(t),z(t)) \cdot \boldsymbol{r}'(t)\mathrm{d}t.$$

这里下限α对应于L的起点，上限β对应于L的终点，β不一定比α大.

作为上面公式的特例，当L是平面曲线时，L：$\begin{cases} x = x(t), \\ y = y(t), \end{cases}$即$\boldsymbol{r}(t) = x(t)\boldsymbol{i} + y(t)\boldsymbol{j}$，在$L$起点处$t=\alpha$，终点处$t=\beta$. 矢量函数为$\boldsymbol{F}(x,y) = M(x,y)\boldsymbol{i} + N(x,y)\boldsymbol{j}$，则计算公式为

$$\begin{aligned} \int_L \boldsymbol{F}(x,y) \cdot \mathrm{d}\boldsymbol{r} &= \int_L M(x,y)\mathrm{d}x + N(x,y)\mathrm{d}y \\ &= \int_\alpha^\beta [M(x(t),y(t))x'(t) + N(x(t),y(t))y'(t)]\mathrm{d}t. \end{aligned}$$

例1　计算曲线积分$H = \int_L 2xy\mathrm{d}x + x^2\mathrm{d}y$，其中曲线$L$的起点是$O(0,0)$，终点

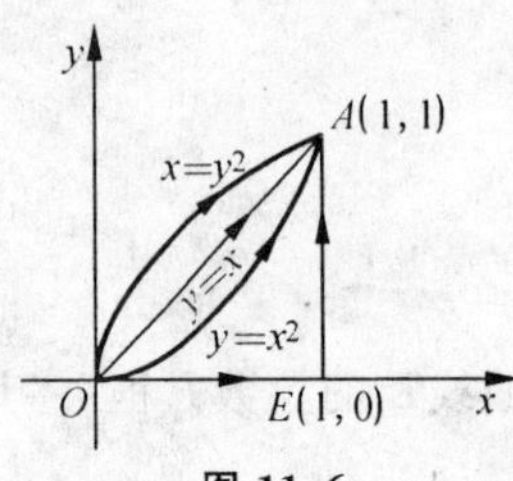

图 11.6

是 $A(1,1)$. 假定 L 是

(1) 直线 $y=x$;

(2) 抛物线 $y=x^2$;

(3) 抛物线 $x=y^2$;

(4) 折线 OEA. 由 $(0,0)$ 沿直线到 $E(1,0)$,再沿直线到 $A(1,1)$(见图 11.6).

解 (1) $H=\int_0^1 2x\cdot x\mathrm{d}x+x^2\mathrm{d}x=\int_0^1 3x^2\mathrm{d}x=1.$

(2) $H=\int_0^1 2x\cdot x^2\mathrm{d}x+x^2\mathrm{d}x^2=\int_0^1 4x^3\mathrm{d}x=1.$

(3) $H=\int_0^1 2y^2\cdot y\mathrm{d}y^2+(y^2)^2\mathrm{d}y=\int_0^1 5y^4\mathrm{d}y=1.$

(4) $$\begin{aligned}H&=\int_{\overline{OE}}2xy\mathrm{d}x+x^2\mathrm{d}y+\int_{\overline{EA}}2xy\mathrm{d}x+x^2\mathrm{d}y\\&=\int_0^1 2x\cdot 0\mathrm{d}x+0+\int_0^1(0+1)^2\mathrm{d}y=1.\end{aligned}$$

例 2 计算曲线积分 $G=\int_L xy\mathrm{d}x+(y-x)\mathrm{d}y$,其中积分路径 L 与例 1 相同.

解 (1) $G=\int_0^1 x\cdot x\mathrm{d}x+(x-x)\mathrm{d}x=\int_0^1 x^2\mathrm{d}x=\dfrac{1}{3}.$

(2) $G=\int_0^1 x\cdot x^2\mathrm{d}x+(x^2-x)\mathrm{d}x^2=\int_0^1(3x^2-2x^2)\mathrm{d}x=\dfrac{1}{12}.$

(3) $G=\int_0^1 y^2\cdot y\mathrm{d}y^2+(y-y^2)\mathrm{d}y=\int_0^1(2y^4+y-y^2)\mathrm{d}y=\dfrac{17}{30}.$

(4) $$\begin{aligned}G&=\int_{\overline{OE}}xy\mathrm{d}x+(y-x)\mathrm{d}y+\int_{\overline{EA}}xy\mathrm{d}x+(y-x)\mathrm{d}y\\&=\int_0^1 x\cdot 0\mathrm{d}x+0+\int_0^1 0+(y-1)\mathrm{d}y=-\frac{1}{2}.\end{aligned}$$

例 1 中线积分的值与连接起点和终点的各条路径选取无关,而例 2 中线积分的值随路径不同而异. 往后我们将专门讨论在怎样的条件下线积分是与路径无关的.

例 3 求$\oint_L y^2\mathrm{d}x-x^2\mathrm{d}y$,其中 L 是半径为 1,中心在点 $(1,1)$ 的圆周,且沿逆时针方向(见图 11.7)($\oint_L$ 表示曲线积分的路径为闭曲线,这时可以取闭曲线上任一点为起点,它同时又是终点).

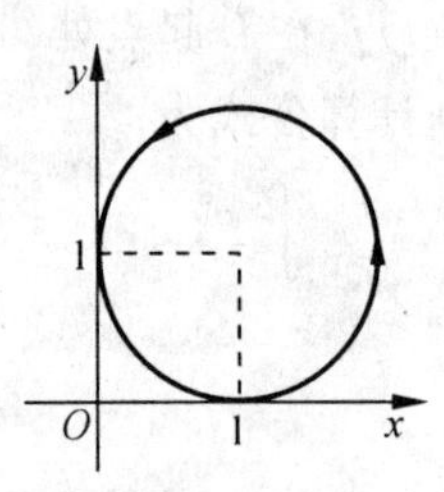

图 11.7

解 L 的参数方程为

$$x-1=\cos t,\quad y-1=\sin t,$$

即 $$x = 1 + \cos t, y = 1 + \sin t \ (0 \leqslant t \leqslant 2\pi),$$

故

$$\oint_L y^2 dx - x^2 dy = -\int_0^{2\pi} (2 + \sin t + \cos t + \sin^3 t + \cos^3 t) dt = -4\pi.$$

例 4　在力场 $\boldsymbol{F} = y\boldsymbol{i} - x\boldsymbol{j} + (x+y+z)\boldsymbol{k}$ 作用下，求质点沿圆柱螺线 $L: x = a\cos t, y = a\sin t, z = bt$ 从点 $A(a,0,0)$ 移动到点 $B\left(0,a,\dfrac{\pi}{2}b\right)$ 所做的功.

解　在 L 上，当 $t = 0$ 时，$x = a, y = 0, z = 0$；当 $t = \pi/2$ 时，$x = 0, y = a, z = \dfrac{\pi}{2}b$，故 A 对应 $t = 0$，B 对应 $t = \pi/2$. 所以

$$\begin{aligned} W &= \int_L \boldsymbol{F} \cdot d\boldsymbol{r} = \int_L y dx - x dy + (x + y + z) dz \\ &= \int_0^{\frac{\pi}{2}} (-a^2 \sin^2 t - a^2 \cos^2 t + ab \cos t + ab \sin t + b^2 t) dt \\ &= \left(-a^2 t + ab \sin t - ab \cos t + \frac{1}{2} b^2 t^2\right)\Bigg|_0^{\frac{\pi}{2}} \\ &= 2ab - \frac{1}{2}\pi a^2 + \frac{1}{8}(\pi b)^2. \end{aligned}$$

习题 11.2

1. 计算下列第二型曲线积分：

(1) $\displaystyle\int_L xy dy$，其中 L 是曲线 $x^2 = y$ 自 $A(-1,1)$ 到 $B(1,1)$ 的一段弧；

(2) $\displaystyle\int_L (x^2 - y) dx + (x^2 + y) dy$，其中 L 是曲线 $y = x^2$ 自 $O(0,0)$ 到 $A(2,4)$ 的一段弧；

(3) $\displaystyle\oint_L (x + y) dx + (x - y) dy$，其中 L 是取逆时针方向的椭圆曲线 $\dfrac{x^2}{a^2} + \dfrac{y^2}{b^2} = 1$；

(4) $\displaystyle\oint_L \frac{(x + y) dx - (x - y) dy}{x^2 + y^2}$，其中 L 是取逆时针方向的圆周 $x^2 + y^2 = R^2$；

(5) $\displaystyle\oint_L \frac{dx + dy}{|x| + |y|}$，其中 L 是取逆时针方向的正方形回路 $|x| + |y| = 1$；

(6) $\displaystyle\int_L y dx + x dy + (xz - y) dz$，其中 L 是从 $O(0,0,0)$ 到 $A(1,2,4)$ 的直线段.

2. 设 $\boldsymbol{F} = xy\boldsymbol{i} + yz\boldsymbol{j} + zx\boldsymbol{k}$，求力 $\boldsymbol{F}$ 使物体沿曲线 $x = t, y = t^2, z = t^4$ 从 $O(0,0,0)$ 移动 $A(1,1,1)$ 所做的功.

3. 设在 xOy 面上有一力场，其中力的方向为 y 轴负方向，力的大小等于作用点

处横坐标的平方,求质点沿抛物线 $1-x=y^2$ 从 $A(1,0)$ 到 $B(0,1)$ 时场力所做的功.

4. 计算$\int_L (x-y^2)\mathrm{d}x+2xy\mathrm{d}y$,其中 L 是从 $O(0,0)$ 到 $A(1,0)$ 再到$B(1,1)$ 的折线段.

5. 计算$\int_L y^2\mathrm{d}x+xy\mathrm{d}y+xz\mathrm{d}z$,其中 L 是从 $O(0,0,0)$ 到 $A(1,0,0)$ 再到$B(1,1,0)$ 最后到 $C(1,1,1)$ 的折线段.

11.3 格林公式

平面上的第二型曲线积分与平面区域上的二重积分是完全不同的两个概念. 但是下面我们将会看到,通过格林公式可以建立起平面区域 D 上的二重积分与沿 D 的边界曲线积分之间的联系.

11.3.1 格林(Green) 公式

首先需引进平面单连通域的概念.

设 D 是平面区域,如果 D 内任一闭曲线所围部分都属于D,则称 D 为平面单连通域. 否则称为复连通域. 通俗地说,平面单连通域是没有"洞"(包括点"洞") 的区域,复连通域是有"洞"(包括点"洞") 的区域. 图 11.8(a)、(b) 为单连通域,图 11.8(c)、(d) 为复连通域.

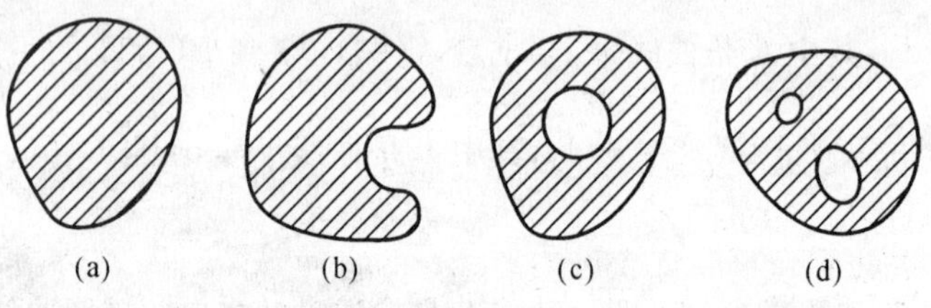

图 11.8

对平面区域 D 的边界曲线 L,我们规定 L 的正向为:当观察者沿 L 的这个方向前进时,L 所围区域 D 总在他的左边,称此前进方向为 L 的正方向. 例如 D 是单连通区域,则 L 的正向为逆时针方向;若 D 是复连通域,D 的边界曲线由 $L_{外}$ 及 $L_{内}$ 组成,则 $L_{外}$ 的正向为逆时针方向,$L_{内}$ 的正向为顺时针方向(见图11.9).

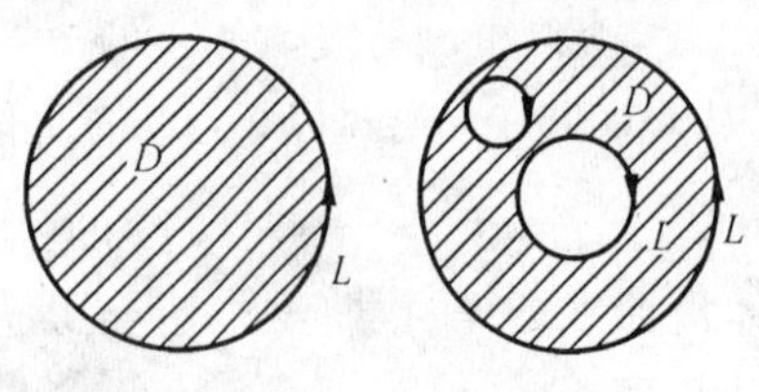

图 11.9

定理 1 设平面闭区域 D 的边界是分段光滑曲线 L,函数$M(x,y)$、$N(x,y)$ 在 D 上具有一

阶连续偏导数,则有

$$\oint_L M\mathrm{d}x+N\mathrm{d}y=\iint_D\left(\frac{\partial N}{\partial x}-\frac{\partial M}{\partial y}\right)\mathrm{d}x\mathrm{d}y,\tag{1}$$

其中 L 是 D 的取正向的边界曲线.

公式(1) 称为**格林公式**.

证　首先假定区域 D 的边界曲线 L 与穿过 D 的平行于坐标轴的直线的交点不多于两点(这样的区域 D 称为凸域),则 D 可表示为(见图 11.10)

$$D:\begin{cases}a\leqslant x\leqslant b,\\ y_1(x)\leqslant y\leqslant y_2(x),\end{cases}$$

有

$$\iint_D\frac{\partial M}{\partial y}\mathrm{d}x\mathrm{d}y=\int_a^b\mathrm{d}x\int_{y_1(x)}^{y_2(x)}\frac{\partial M}{\partial y}\mathrm{d}y=\int_a^b[M(x,y_2(x))-M(x,y_1(x))]\mathrm{d}x.$$

而

$$\begin{aligned}\oint_L M(x,y)\mathrm{d}x&=\int_{L_1}M(x,y)\mathrm{d}x+\int_{L_2}M(x,y)\mathrm{d}x\\&=\int_a^b M(x,y_1(x))\mathrm{d}x+\int_b^a M(x,y_2(x))\mathrm{d}x\\&=-\int_a^b[M(x,y_2(x))-M(x,y_1(x))]\mathrm{d}x,\end{aligned}$$

所以

$$\oint_L M\mathrm{d}x=-\iint_D\frac{\partial M}{\partial y}\mathrm{d}x\mathrm{d}y.$$

同理可证

$$\oint_L N\mathrm{d}y=\iint_D\frac{\partial N}{\partial x}\mathrm{d}x\mathrm{d}y.$$

两式相加即得

$$\oint_L M\mathrm{d}x+N\mathrm{d}y=\iint_D\left(\frac{\partial N}{\partial x}-\frac{\partial M}{\partial y}\right)\mathrm{d}x\mathrm{d}y.$$

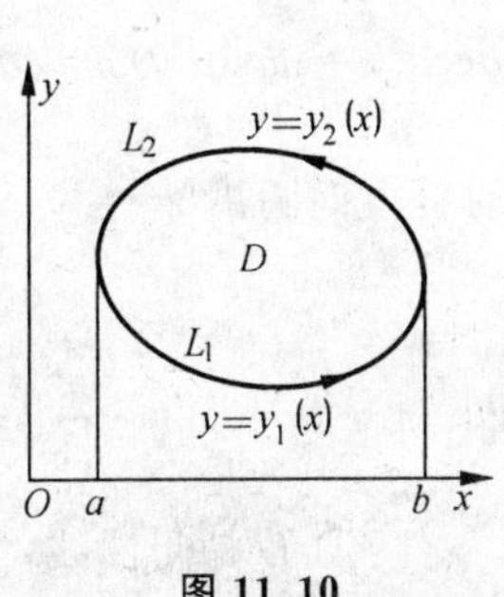

图 11.10

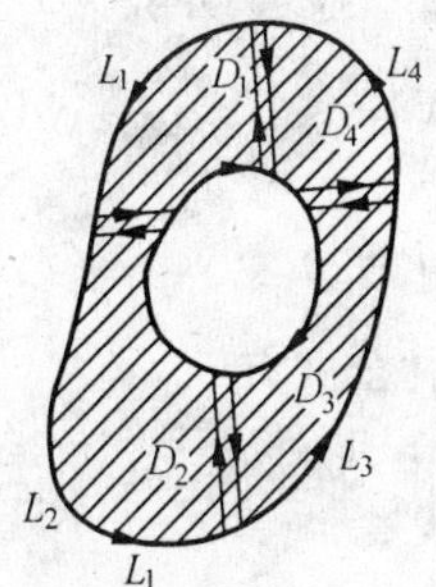

图 11.11

如果区域 D 不是凸域,我们可以在 D 内引进一条或 n 条辅助曲线,将区域 D 分成 n 个小凸域. 譬如图 11.11 所示区域 D,被分成四个小凸域,在每个小凸域上用格林公式,然后再相加,注意到曲线积分沿辅助线积分两次,但方向相反,从而在相加时互相

抵消,所以有

$$\iint_D\left(\frac{\partial N}{\partial y}-\frac{\partial M}{\partial x}\right)\mathrm{d}x\mathrm{d}y=\iint_{D_1}+\iint_{D_2}+\iint_{D_3}+\iint_{D_4}$$

$$=\oint_{L_1}M\mathrm{d}x+N\mathrm{d}y+\oint_{L_2}M\mathrm{d}x+N\mathrm{d}y+\oint_{L_3}M\mathrm{d}x+N\mathrm{d}y+\oint_{L_4}M\mathrm{d}x+N\mathrm{d}y$$

$$=\oint_L M\mathrm{d}x+N\mathrm{d}y,$$

故格林公式仍然成立.

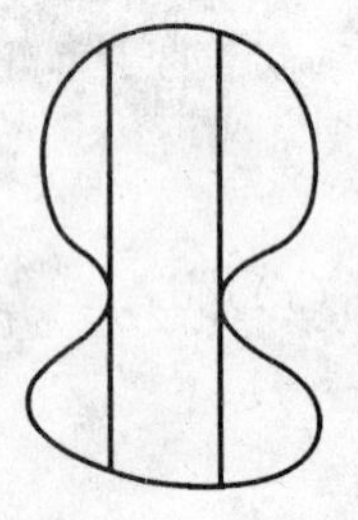

图 11.12

再如图 11.12 所示单连通域,可分成五个小凸域,用类似方法讨论可证格林公式仍成立.

注意,对于复连通区域 D,格林公式(1) 右端应包括沿区域 D 的内、外全部边界的曲线积分,且边界的方向对区域 D 来说都是正向.

利用格林公式,可以得到一个用曲线积分计算有界闭区域面积的公式.

在公式(1) 中取 $M=-y,N=x$,则$\dfrac{\partial N}{\partial x}-\dfrac{\partial M}{\partial y}=2$,

$$\oint_L x\mathrm{d}y-y\mathrm{d}x=2\iint_D\mathrm{d}x\mathrm{d}y=2A,$$

其中 A 为区域 D 的面积. 从而,有面积计算公式:

$$A=\frac{1}{2}\oint_L x\mathrm{d}y-y\mathrm{d}x. \tag{2}$$

例 1 计算椭圆$\dfrac{x^2}{a^2}+\dfrac{y^2}{b^2}=1$所围区域的面积 A.

解 椭圆 L 的参数方程为 $x=a\cos\theta,y=b\sin\theta(0\leqslant\theta\leqslant 2\pi)$,由公式(2) 有

$$A=\frac{1}{2}\oint_L x\mathrm{d}y-y\mathrm{d}x=\frac{1}{2}\int_0^{2\pi}(ab\cos^2\theta+ab\sin^2\theta)=\pi ab.$$

例 2 求 $I=\oint_L x^2y\mathrm{d}x-xy^2\mathrm{d}y$,$L$ 是逆时针方向圆周 $x^2+y^2=a^2(a>0)$.

解 由格林公式有

$$I=\iint\limits_{x^2+y^2\leqslant a^2}(-y^2-x^2)\mathrm{d}x\mathrm{d}y=-\int_0^{2\pi}\mathrm{d}\theta\int_0^a r^3\mathrm{d}r=-\left(2\pi\cdot\frac{a^4}{4}\right)=-\frac{\pi a^4}{2}.$$

应用格林公式时,必须注意满足两个基本条件:① L 是闭曲线,它与所围区域 D 是正向联系;② M、N 在 L 及 D 上有连续偏导数,否则不能直接应用格林公式.

不过在不能直接应用公式时,可考虑采用某些变通办法. 例如,若 L 是所围区域 D 的负向曲线时,可先将 L 反向同时积分反号后再用公式. 若 L 不是闭曲线,则可添加辅助曲线将 L 补成闭曲线,再用公式.

例 3　求 $I=\int_L (x+y)^2\mathrm{d}x-(x^2+y^2\sin y)\mathrm{d}y$,$L$ 是抛物线 $y=x^2$ 从点 $A(-1,1)$ 到点 $(1,1)$ 的一段(见图 11.13).

解　补充线段 $\overline{BA}$:$y=1$(从 $x=1$ 到 $x=-1$)与 L 围成平面区域

$$D:\begin{cases}-1\leqslant x\leqslant 1,\\ x^2\leqslant y\leqslant 1,\end{cases}$$

则

$$\begin{aligned}I&=\oint_{L+\overline{BA}}(x+y)^2\mathrm{d}x-(x^2+y^2\sin y)\mathrm{d}y-\int_{\overline{BA}}(x+y)^2\mathrm{d}x-(x^2+y^2\sin y)\mathrm{d}y\\&=\iint_D(-4x-2y)\mathrm{d}x\mathrm{d}y-\int_1^{-1}(x+1)^2\mathrm{d}x=-2\iint_D y\mathrm{d}x\mathrm{d}y+\int_{-1}^1(x+1)^2\mathrm{d}x\\&=-2\int_{-1}^1\mathrm{d}x\int_{x^2}^1 y\mathrm{d}y+\frac{8}{3}=-2\int_{-1}^1\frac{1}{2}(x^4-1)\mathrm{d}x+\frac{8}{3}=\frac{16}{15}.\end{aligned}$$

在大多数情况下,是用格林公式将不易计算的曲线积分转化为二重积分计算,在少数情况下,也可用格林公式将不易计算的二重积分转化为曲线积分计算.

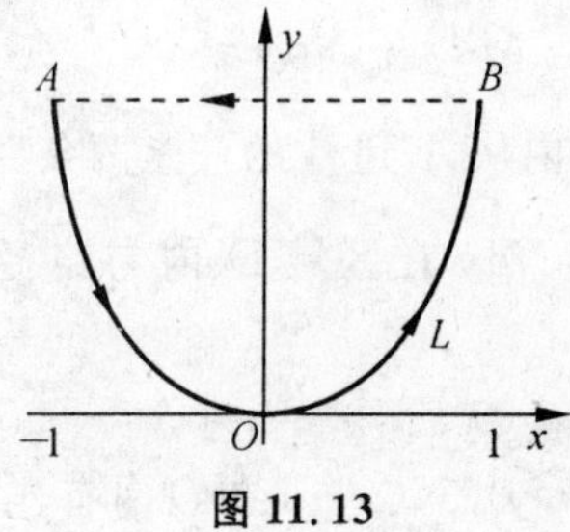

图 11.13

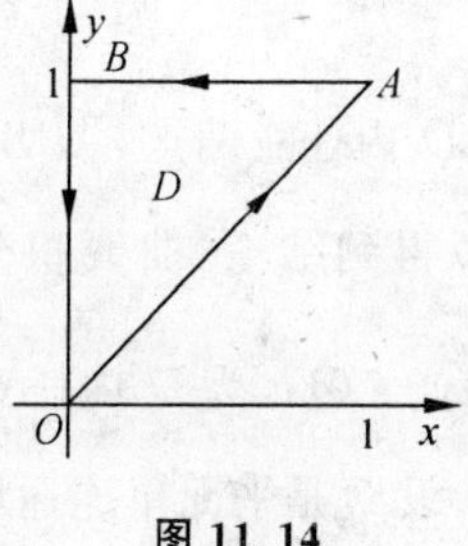

图 11.14

例 4　计算 $\iint_D \mathrm{e}^{-y^2}\mathrm{d}x\mathrm{d}y$,其中 D 是以 $O(0,0)$,$A(1,1)$,$B(0,1)$ 为顶点的三角形闭区域(见图 11.14).

解　记 $M=0$,$N=x\mathrm{e}^{-y^2}$,则

$$\frac{\partial N}{\partial x}-\frac{\partial M}{\partial y}=\mathrm{e}^{-y^2},$$

由格林公式有

$$\iint_D \mathrm{e}^{-y^2}\mathrm{d}x\mathrm{d}y=\oint_{\overline{OA}+\overline{AB}+\overline{BO}}x\mathrm{e}^{-y^2}\mathrm{d}y=\int_{\overline{OA}}x\mathrm{e}^{-y^2}\mathrm{d}y=\int_0^1 x\mathrm{e}^{-x^2}\mathrm{d}x=\frac{1}{2}\left(1-\frac{1}{\mathrm{e}}\right).$$

11.3.2　平面上曲线积分与路径无关的条件

从上面的例题可知,对起点为 A,终点为 B 的曲线积分 $\int_{\widehat{AB}}M\mathrm{d}x+N\mathrm{d}y$,有些路径不同,结果也不同;有些虽然路径不同,却有相同的积分结果.下面我们来讨论积分与

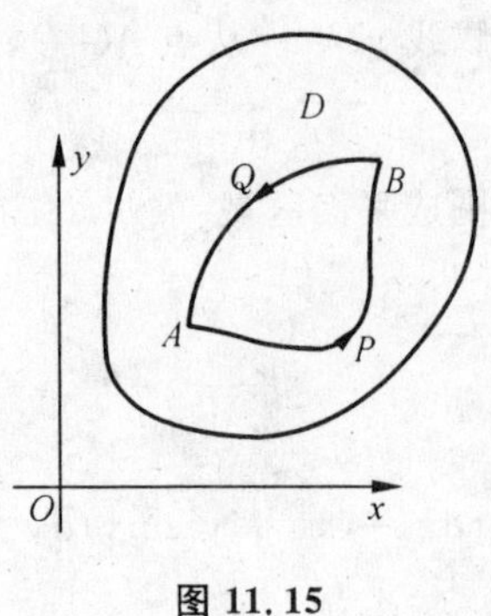

图 11.15

路径无关的条件.

设 D 是 xOy 面上的开区域，$M(x,y)$、$N(x,y)$ 在 D 内连续，如果 D 内任意指定两个点 $A(x_A,y_A)$、$B(x_B,y_B)$ 以及 D 内从点 A 到点 B 的任意两条曲线，恒有

$$\int_{\widehat{APB}} M\mathrm{d}x + N\mathrm{d}y = \int_{\widehat{AQB}} M\mathrm{d}x + N\mathrm{d}y,$$

则称曲线积分 $\int_{\widehat{AB}} M\mathrm{d}x + N\mathrm{d}y$ 在 D 内**与路径无关**(见图 11.15). 此积分可记为

$$\int_{(x_A,y_A)}^{(x_B,y_B)} M\mathrm{d}x + N\mathrm{d}y.$$

由于

$$\begin{aligned}\int_{\widehat{APB}} M\mathrm{d}x + N\mathrm{d}y = \int_{\widehat{AQB}} M\mathrm{d}x + N\mathrm{d}y &\Leftrightarrow \int_{\widehat{APB}} M\mathrm{d}x + N\mathrm{d}y - \int_{\widehat{AQB}} M\mathrm{d}x + N\mathrm{d}y = 0\\ &\Leftrightarrow \int_{\widehat{APB}} M\mathrm{d}x + N\mathrm{d}y + \int_{\widehat{BQA}} M\mathrm{d}x + N\mathrm{d}y = 0\\ &\Leftrightarrow \oint_{\widehat{APBQA}} M\mathrm{d}x + N\mathrm{d}y = 0,\end{aligned}$$

此处 A、B 为 D 内任意两点，$\widehat{APB}$、$\widehat{AQB}$ 是 D 内从 A 到 B 的任意两条路径.

据此可以得到结论：曲线积分 $\int_{\widehat{AB}} M\mathrm{d}x + N\mathrm{d}y$ 在区域 D 内与路径无关等价于 $\oint_L M\mathrm{d}x + N\mathrm{d}y = 0$($L$ 为 D 内任意闭曲线).

定理 2 设 D 是平面单连通域，函数 $M(x,y)$、$N(x,y)$ 在 D 内有连续偏导数，则 $\int_L M\mathrm{d}x + N\mathrm{d}y$ 在 D 内与路径无关(或在 D 内沿任意闭曲线积分为零)的充要条件是 $\dfrac{\partial N}{\partial x} = \dfrac{\partial M}{\partial y}$ 在 D 内恒成立.

证 先证这条件是充分的. 设在单连域 D 内有 $\dfrac{\partial N}{\partial x} = \dfrac{\partial M}{\partial y}$. 在 D 内任取一闭曲线 L_1，记 L_1 所围区域为 D_1 彼此正向联系，则 $D_1 \subset D$. 由格林公式有

$$\oint_L M\mathrm{d}x + N\mathrm{d}y = \iint_{D_1}\left(\frac{\partial N}{\partial x} - \frac{\partial M}{\partial y}\right)\mathrm{d}x\mathrm{d}y = 0.$$

它等价于 $\int_L M\mathrm{d}x + N\mathrm{d}y$ 在 D 内与路径无关.

再证这个条件是必要的. 只需证明：如果沿 D 内任意闭曲线的曲线积分为零，可推出恒有 $\dfrac{\partial N}{\partial x} = \dfrac{\partial M}{\partial y}$ 在 D 内成立. 现用反证法来证.

假定上面结论不成立，那么在 D 内至少有一点 Q，使 $\left(\dfrac{\partial N}{\partial x} - \dfrac{\partial M}{\partial y}\right)_Q \neq 0$，不妨设

$$\left(\frac{\partial N}{\partial x}-\frac{\partial M}{\partial y}\right)_Q=a>0.$$

由于$\frac{\partial N}{\partial x}$、$\frac{\partial M}{\partial y}$在$D$内连续，可以在$D$内作一个以$Q$为中心、半径$\delta$足够小的闭圆域$K$，其正向边界曲线为$L_1$，使在$K$上有

$$\frac{\partial N}{\partial x}-\frac{\partial M}{\partial y}\geqslant\frac{a}{2}.$$

由格林公式有

$$\oint_{L_1}M\mathrm{d}x+N\mathrm{d}y=\iint_K\left(\frac{\partial N}{\partial x}-\frac{\partial M}{\partial y}\right)\mathrm{d}x\mathrm{d}y\geqslant\frac{a^2}{2}\cdot\pi\delta^2>0.$$

这结果与沿D内任意闭曲线的曲线积分为零相矛盾，从而得证$\frac{\partial N}{\partial x}=\frac{\partial M}{\partial y}$在$D$内恒成立.

此定理中，条件区域D是单连通域且$M(x,y)$、$N(x,y)$在D内具有一阶连续偏导数是必不可少的，否则定理结论不能保证成立. 因为在充分性的证明中，D_1上不一定能用格林公式.

例 5 验证曲线积分$\int_L(\sin y-y\sin x)\mathrm{d}x+(\cos x+x\cos y)\mathrm{d}y$在$xOy$面上与路径无关，并计算

$$\int_{(0,\frac{\pi}{2})}^{(\frac{\pi}{2},0)}(\sin y-y\sin x)\mathrm{d}x+(\cos x+x\cos y)\mathrm{d}y.$$

解 记$M=\sin y-y\sin x$，$N=\cos x+x\cos y$，则有

$$\frac{\partial N}{\partial x}=\cos y-\sin x,\quad \frac{\partial M}{\partial y}=\cos y-\sin x,$$

故$\frac{\partial N}{\partial x}=\frac{\partial M}{\partial y}$在$xOy$面上处处成立，所以

$$\int_L(\sin y-y\sin x)\mathrm{d}x+(\cos x+x\cos y)\mathrm{d}y$$

在xOy面上与路径无关.

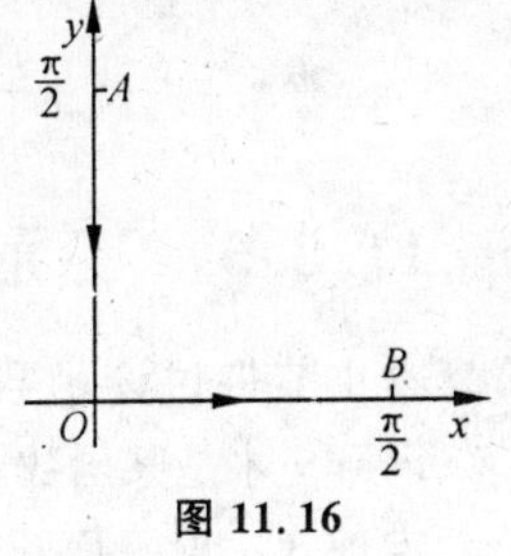

图 11.16

当L的起点为$A\left(0,\frac{\pi}{2}\right)$，终点为$B\left(\frac{\pi}{2},0\right)$时，我们可取折线路径$\overline{AO}+\overline{OB}$计算此积分(见图 11.16)，即

$$\int_{(0,\frac{\pi}{2})}^{(\frac{\pi}{2},0)}(\sin y-y\sin x)\mathrm{d}x+(\cos x+x\cos y)\mathrm{d}y$$

$$=\int_{\overline{AO}}+\int_{\overline{OB}}=\int_{\frac{\pi}{2}}^{0}(\cos 0+0)\mathrm{d}y+\int_0^{\frac{\pi}{2}}(\sin 0-0)\mathrm{d}x=-\frac{\pi}{2}.$$

例 6 若对平面上的任何闭曲线c恒有

$$\oint_c yf(x)\mathrm{d}x+[f(x)-x]x\mathrm{d}y=0,$$

其中$f(x)$可导且$f(0)=0$，求$f(x)$.

解 记 $M = yf(x), N = x[f(x) - x]$. 由于所给曲线积分沿任何闭曲线积分为零,故有

$$\frac{\partial N}{\partial x} = \frac{\partial M}{\partial y},$$

即
$$f'(x)x + f(x) - 2x = f(x).$$
得
$$f'(x) = 2,$$
可解出
$$f(x) = 2x + C.$$
又由 $f(0) = 0$,可定出 $C = 0$,故 $f(x) = 2x$.

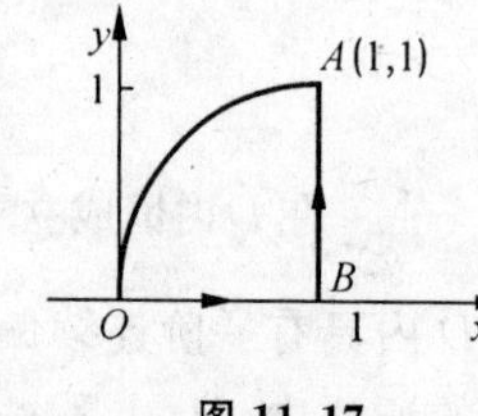

图 11.17

例 7 计算$\int_L (x^2 - y)\mathrm{d}x - (x + \sin^2 y)\mathrm{d}y$,其中 L 是上半圆周$(x-1)^2 + y^2 = 1(y \geqslant 0)$ 上从 $O(0,0)$ 到 $A(1,1)$ 的弧段(见图 11.17).

解 记 $M = x^2 - y, N = -(x + \sin^2 y)$,则有

$$\frac{\partial N}{\partial x} = \frac{\partial M}{\partial y} = -1,$$

故此曲线积分在 xOy 面上与路径无关. 可将积分路径换取为平行于坐标轴的折线路径$\overline{OB} + \overline{BA}$,其中点 B 为$(1,0)$,故

$$\begin{aligned}
&\int_L (x^2 - y)\mathrm{d}x - (x + \sin^2 y)\mathrm{d}y \\
&= \int_{\overline{OB}} (x^2 - y)\mathrm{d}x - (x + \sin^2 y)\mathrm{d}y + \int_{\overline{BA}} (x^2 - y)\mathrm{d}x - (x + \sin^2 y)\mathrm{d}y \\
&= \int_0^1 x^2\mathrm{d}x + \int_0^1 -(1 + \sin^2 y)\mathrm{d}y \\
&= \frac{1}{3}x^3\Big|_0^1 - \left(y + \frac{1}{2}y - \frac{1}{4}\sin 2y\right)\Big|_0^1 = \frac{\sin 2}{4} - \frac{7}{6}.
\end{aligned}$$

11.3.3 二元函数全微分式的判定与求积

本小节将讨论函数 $M(x,y)$、$N(x,y)$ 满足什么条件时,表达式 $M(x,y)\mathrm{d}x + N(x,y)\mathrm{d}y$ 才是某函数 $u(x,y)$ 的全微分,又如何把 $u(x,y)$ 求出来.

定理 3 设平面开区域 D 是单连通域,函数 $M(x,y)$、$N(x,y)$ 在 D 内有一阶连续偏导数,则 $M(x,y)\mathrm{d}x + N(x,y)\mathrm{d}y$ 在 D 内为某一函数 $u(x,y)$ 的全微分的充要条件是等式

$$\frac{\partial N}{\partial x} = \frac{\partial M}{\partial y}$$

在 D 内恒成立.

证 先证必要性. 假定存在某一函数 $u(x,y)$ 使

$$\mathrm{d}u = M(x,y)\mathrm{d}x + N(x,y)\mathrm{d}y,$$

则有
$$M=\frac{\partial u}{\partial x},\quad N=\frac{\partial u}{\partial y},$$
从而有
$$\frac{\partial M}{\partial y}=\frac{\partial^2 u}{\partial x\partial y},\quad \frac{\partial N}{\partial x}=\frac{\partial^2 u}{\partial y\partial x}.$$

因为$\frac{\partial M}{\partial y}$、$\frac{\partial N}{\partial x}$在$D$内连续，即$\frac{\partial^2 u}{\partial x\partial y}$和$\frac{\partial^2 u}{\partial y\partial x}$在$D$内连续，故$\frac{\partial^2 u}{\partial x\partial y}=\frac{\partial^2 u}{\partial y\partial x}$即$\frac{\partial M}{\partial y}=\frac{\partial N}{\partial x}$. 必要性得证.

再证充分性. 设$\frac{\partial N}{\partial x}=\frac{\partial M}{\partial y}$在$D$内恒成立，则$\left[\int_L M(x,y)\mathrm{d}x+N(x,y)\mathrm{d}y\right]$在$D$内与路径无关. 记
$$u(x,y)=\int_{(x_0,y_0)}^{(x,y)} M(x,y)\mathrm{d}x+N(x,y)\mathrm{d}y,$$
其中(x_0,y_0)为D内任意指定的一点，(x,y)为D内任意一点.

下面证明$u(x,y)$的全微分$\mathrm{d}u=M(x,y)\mathrm{d}x+N(x,y)\mathrm{d}y$.

由于$M(x,y)$，$N(x,y)$在D内连续，因此只需证明
$$\frac{\partial u}{\partial x}=M(x,y),\quad \frac{\partial u}{\partial y}=N(x,y).$$

先暂时固定y，有
$$u(x+\Delta x,y)=\int_{(x_0,y_0)}^{(x+\Delta x,y)} M\mathrm{d}x+N\mathrm{d}y.$$
因为积分与路径无关，可取先从(x_0,y_0)到(x,y)的曲线路径，再沿水平线段从(x,y)到$(x+\Delta x,y)$(见图 11.18)，有

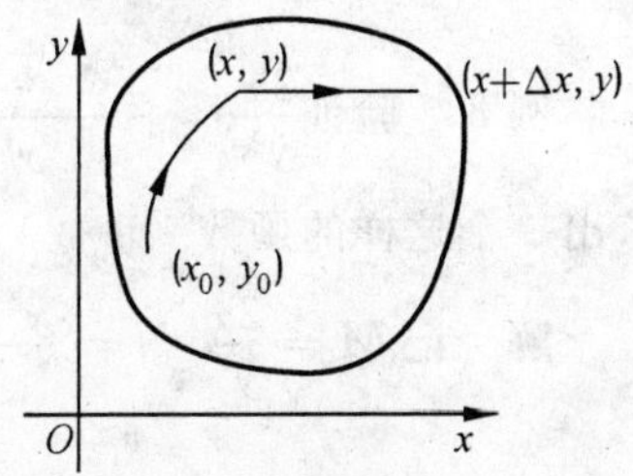

图 11.18

$$u(x+\Delta x,y)=\int_{(x_0,y_0)}^{(x,y)} M\mathrm{d}x+N\mathrm{d}y+\int_{(x,y)}^{(x+\Delta x,y)} M\mathrm{d}x+N\mathrm{d}y,$$
即
$$\begin{aligned}u(x+\Delta x,y)-u(x,y)&=\int_{(x,y)}^{(x+\Delta x,y)} M(x,y)\mathrm{d}x+N(x,y)\mathrm{d}y\\&=\int_x^{x+\Delta x} M(x,y)\mathrm{d}x=M(x+\theta\Delta x,y)\Delta x\ (0\leqslant\theta\leqslant 1).\end{aligned}$$
所以
$$\lim_{\Delta x\to 0}\frac{u(x+\Delta x,y)-u(x,y)}{\Delta x}=\lim_{\Delta x\to 0}M(x+\theta\Delta x,y)=M(x,y),$$
即
$$\frac{\partial u}{\partial x}=M(x,y).$$
同理可证
$$\frac{\partial u}{\partial y}=N(x,y).$$
因此有$\mathrm{d}u=M(x,y)\mathrm{d}x+N(x,y)\mathrm{d}y$. 充分性得证.

由此定理可知：当 $M(x,y)$、$N(x,y)$ 在单连通域 D 内有一阶连续偏导数，且 $\frac{\partial N}{\partial x} = \frac{\partial M}{\partial y}$ 时，则存在 $u(x,y)$ 使 $\mathrm{d}u = M(x,y)\mathrm{d}x + N(x,y)\mathrm{d}y$，且

$$u(x,y) = \int_{(x_0,y_0)}^{(x,y)} M(x,y)\mathrm{d}x + N(x,y)\mathrm{d}y. \tag{3}$$

称 $u(x,y)$ 为表达式 $M(x,y)\mathrm{d}x + N(x,y)\mathrm{d}y$ 的原函数，其中 (x_0,y_0) 为 D 内任意一定点.

若在公式(3) 中取积分路径为平行坐标轴的折线路径(见图 11.19)

$$(x_0,y_0) \to (x,y_0) \to (x,y)$$

或

$$(x_0,y_0) \to (x_0,y) \to (x,y),$$

则函数 $u(x,y)$ 又可表示为

$$u(x,y) = \int_{x_0}^{x} M(x,y_0)\mathrm{d}x + \int_{y_0}^{y} N(x,y)\mathrm{d}y,$$

或

$$u(x,y) = \int_{y_0}^{y} N(x_0,y)\mathrm{d}y + \int_{x_0}^{x} M(x,y)\mathrm{d}x.$$

例 8 验证 $\frac{2x}{y^3}\mathrm{d}x + \frac{y^2-3x^2}{y^4}\mathrm{d}y$，在上半平面($y>0$)内是某个函数的全微分，并求出一个这样的函数.

解 记 $M = \frac{2x}{y^3}, N = \frac{y^2-3x^2}{y^4}$，有

$$\frac{\partial N}{\partial x} = \frac{\partial M}{\partial y} = -\frac{6x}{y^4}$$

在上半平面内恒成立，因此在上半平面内 $\frac{2x}{y^3}\mathrm{d}x + \frac{y^2-3x^2}{y^4}\mathrm{d}y$ 是某函数 $u(x,y)$ 的全微分，且

$$u(x,y) = \int_{(0,1)}^{(x,y)} \frac{2x}{y^3}\mathrm{d}x + \frac{y^2-3x^2}{y^4}\mathrm{d}y.$$

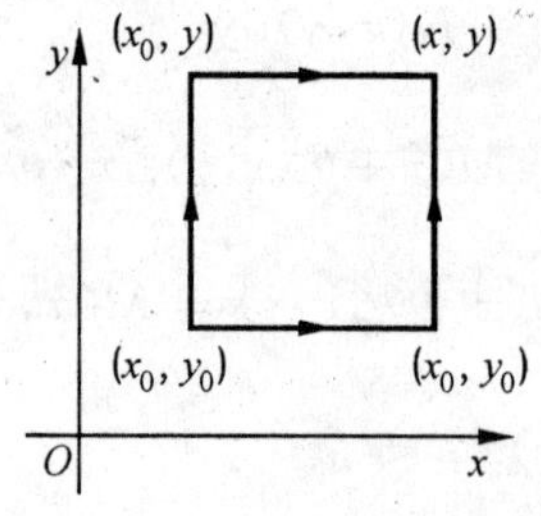

图 11.19

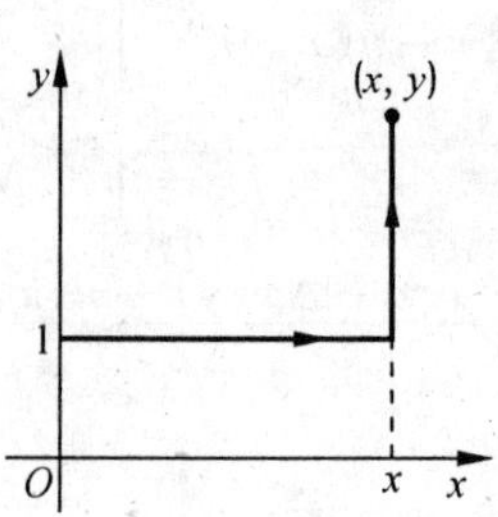

图 11.20

取积分路径如图 11.20 所示折线，则有

$$u(x,y)=\int_0^x \frac{2x}{1^3}\mathrm{d}x+\int_1^y \frac{y^2-3x^2}{y^4}\mathrm{d}y=x^2-\frac{1}{y}+\frac{x^2}{y^3}+1-x^2=\frac{x^2}{y^3}-\frac{1}{y}+1.$$

除了利用公式(3)之外，还可用下面方法来求 $u(x,y)$.

由 $\mathrm{d}u=\frac{2x}{y^3}\mathrm{d}x+\frac{y^2-3x^2}{y^4}$，有

$$\frac{\partial u}{\partial x}=\frac{2x}{y^3},$$

故
$$u=\int \frac{2x}{y^3}\mathrm{d}x=\frac{x^2}{y^3}+\varphi(y),$$

其中 $\varphi(y)$ 是 y 的待定函数. 由此得

$$\frac{\partial u}{\partial y}=-\frac{3x^2}{y^4}+\varphi'(y).$$

又 u 还满足
$$\frac{\partial u}{\partial y}=\frac{y^2-3x^2}{y^4},$$

故
$$-\frac{3x^2}{y^4}+\varphi'(y)=\frac{y^2-3x^2}{y^4},$$

得
$$\varphi'(y)=\frac{1}{y^2}.$$

从而有
$$\varphi(y)=\int \frac{1}{y^2}\mathrm{d}y=-\frac{1}{y}+C,$$

所以
$$u=\frac{x^2}{y^3}-\frac{1}{y}+C.$$

注意，若 $\mathrm{d}u=M\mathrm{d}x+N\mathrm{d}y$，则必有 $\mathrm{d}(u+C)=M\mathrm{d}x+N\mathrm{d}y$(其中 C 为任意常数)，即当 $u(x,y)$ 是 $M\mathrm{d}x+N\mathrm{d}y$ 的一个原函数时，$u(x,y)+C$ 都是 $M\mathrm{d}x+N\mathrm{d}y$ 的原函数且任意两个原函数之间仅仅相差一个常数.

若一阶微分方程

$$M(x,y)\mathrm{d}x+N(x,y)\mathrm{d}y=0$$

的左端恰好是某一函数 $u=u(x,y)$ 的全微分，即

$$\mathrm{d}u(x,y)=M(x,y)\mathrm{d}x+N(x,y)\mathrm{d}y, \tag{4}$$

那么方程(3)便称为**全微分方程**. 这时方程(3)可化为

$$\mathrm{d}u(x,y)=0,$$

故方程(3)的通解为 $u(x,y)=C$.

由 11.3 节可知，若 $M(x,y)$、$N(x,y)$ 在单连通域 G 内具有一阶连续偏导数时，方程(3)为全微分方程的充要条件是

$$\frac{\partial M}{\partial y}=\frac{\partial N}{\partial x}$$

在 G 内成立，且
$$u(x,y)=\int_{x_0}^x M(x,y_0)\mathrm{d}x+\int_{y_0}^y N(x,y)\mathrm{d}y,$$

或
$$u(x,y)=\int_{x_0}^{x}M(x,y)\mathrm{d}x+\int_{y_0}^{y}N(x_0,y)\mathrm{d}y,$$
其中(x_0,y_0)、(x_0,y)、(x,y_0)、$(x,y)\in G$.

例 9 解方程$(5x^4+3xy^2-y^3)\mathrm{d}x+(3x^2y-3xy^2+y^2)\mathrm{d}y=0$.

解 令
$$M=5x^4+3xy^2-y^3,$$
$$N=3x^2y-3xy^2+y^2,$$
因$\dfrac{\partial M}{\partial y}=6xy-3y^2=\dfrac{\partial N}{\partial x}$在全平面成立,所以原方程为全微分方程,且
$$u(x,y)=\int_0^x 5x^4\mathrm{d}x+\int_0^y(3x^2y-3xy^2+y^2)\mathrm{d}y=x^5+\frac{3}{2}x^2y^2-xy^3+\frac{1}{3}y^3.$$
所以原方程通解为
$$x^5+\frac{3}{2}x^2y^2-xy^3-\frac{1}{3}y^3=C.$$

例 10 解方程 $\mathrm{e}^y\mathrm{d}x+(x\mathrm{e}^y-2y)\mathrm{d}y=0$.

解 其$M=\mathrm{e}^y$,$N=x\mathrm{e}^y-2y$,因
$$\frac{\partial M}{\partial y}=\mathrm{e}^y=\frac{\partial N}{\partial x},$$
故原方程为全微分方程.现将原方程写为
$$(\mathrm{e}^y\mathrm{d}x+x\mathrm{e}^y\mathrm{d}y)-2y\mathrm{d}y=0,$$
则
$$\mathrm{d}(x\mathrm{e}^y)-\mathrm{d}y^2=0,$$
即
$$\mathrm{d}(x\mathrm{e}^y-y^2)=0,$$
于是
$$x\mathrm{e}^y-y^2=C$$
是原方程的通解.

习题 11.3

1. 应用格林公式计算下列曲线积分(积分沿围线的逆时针方向):

(1) $\oint_c xy^2\mathrm{d}y-x^2y\mathrm{d}x$, $c:x^2+y^2=a^2(a>0)$;

(2) $\oint_c(x^2+y^2)\mathrm{d}x+(y^2-x^2)\mathrm{d}y$,$c$由$y=0,x=1,y=x$围成;

(3) $\oint_c \mathrm{e}^x[(1-\cos y)\mathrm{d}x-(y-\sin y)\mathrm{d}y]$,$c$为区域$0\leqslant x\leqslant\pi,0\leqslant y\leqslant\sin x$的边界;

(4) $\oint_c(x+y)\mathrm{d}x-(x-y)\mathrm{d}y$,$c$:$\dfrac{x^2}{a^2}+\dfrac{y^2}{b^2}=1$.

2. 利用格林公式计算下列曲线积分:

(1) $\int_{\widehat{AB}}(y+2x)^2\mathrm{d}x+(3x^2-y^3\sin\sqrt{y})\mathrm{d}y$,其中$\widehat{AB}$为抛物线$y=x^2$上自点

$A(-1,1)$ 到点 $B(1,1)$ 一段弧；

(2) $\int_c (2xy+y)\mathrm{d}x+(x^2-y^2)\mathrm{d}y$,其中 c 为曲线 $y=1-|1-x|\ (0\leqslant x\leqslant 2)$ 从 $O(0,0)$ 经过点 $(1,1)$ 到点 $(2,0)$.

3. 验证下列曲线积分与所取路径无关,并计算曲线积分：

(1) $\int_c 3x^2y\mathrm{d}x+x^3\mathrm{d}y$,并计算 $\int_{(1,2)}^{(3,4)} 3x^2y\mathrm{d}x+x^3\mathrm{d}y$ 的值；

(2) $\int_c (2x\mathrm{e}^y+y)\mathrm{d}x+(x^2\mathrm{e}^y+x-2y)\mathrm{d}y$ 并计算；

(3) $\int_{(1,0)}^{(2,1)} (2x\mathrm{e}^y+y)\mathrm{d}x+(x^2\mathrm{e}^y+x-2y)\mathrm{d}y$ 的值.

4. 试求指数 λ,使曲线积分 $\int_{(x_0,y_0)}^{(x,y)} \frac{x}{y}r^\lambda\mathrm{d}x-\frac{x^2}{y^2}r^\lambda\mathrm{d}y\ (r=\sqrt{x^2+y^2})$ 在 $y\neq 0$ 的区域内与路径无关,并求出此曲线积分.

5. 下列各式是否为某函数的全微分?若是,求其原函数：

(1) $(\sin y-y\sin x+x)\mathrm{d}x+(\cos x+x\cos y+y)\mathrm{d}y$；　　(2) $\dfrac{y\mathrm{d}x-x\mathrm{d}y}{x^2+y^2}$；

(3) $[\mathrm{e}^{xy}(1+xy)+y\cos(xy)]\mathrm{d}x+[x\mathrm{e}^{xy}+x\cos(xy)]\mathrm{d}y$.

6. 当 n 为何值时,$\dfrac{(x-y)\mathrm{d}x+(x+y)\mathrm{d}y}{(x^2+y^2)^n}$ 是某个函数 $u(x,y)$ 的全微分,并求 $u(x,y)$.

7. 判断下列方程是否为全微分方程.并求全微分方程通解.

(1) $(x^2+y)\mathrm{d}x+(x-2y)\mathrm{d}y=0$ (通解 $x^3+3xy-3y^2=C$)

(2) $(x^2+y^2)\mathrm{d}x+xy\mathrm{d}y=0$ (不是全微分方程)

11.4 第一型曲面积分

11.4.1 第一型曲面积分的概念

我们先用分布在曲面上的质量问题引出第一型曲面积分的概念.

设有物质分布在光滑曲面 S 上,在 S 上点 (x,y,z) 处的面密度为 $\rho=f(x,y,z)$,它在 S 上连续,求曲面 S 的质量 M.

以任意的方式将 S 分为 n 个小块:$\Delta S_1,\Delta S_2,\cdots,\Delta S_n$. 同时用 ΔS_i 表示第 i 块的面积 $(i=1,2,\cdots,n)$. 在 ΔS_i 上任取一点 (ξ_i,η_i,ζ_i),当 ΔS_i 很小时,第 i 块的质量的近似值为

$$f(\xi_i,\eta_i,\zeta_i)\Delta S_i,$$

于是曲面 S 的质量的近似值为

$$\sum_{i=1}^{n} f(\xi_i,\eta_i,\zeta_i)\Delta S_i.$$

用 d 表示 n 个小块曲面的直径的最大值，则当 $d\to 0$ 时，上面和式的极限值就是曲面 S 的质量，即

$$m=\lim_{d\to 0}\sum_{i=1}^{n} f(\xi_i,\eta_i,\zeta_i)\Delta S_i.$$

这种和式的极限，在研究许多实际问题时都会遇到，撇开其物理意义便得到第一型曲面积分的定义.

定义 设 S 是空间一块光滑曲面，函数 $f(x,y,z)$ 是 S 上的有界函数，用任意方式将 S 分为 n 小块：$\Delta S_1,\Delta S_2,\cdots,\Delta S_n$，同时用 ΔS_i 表示第 i 块的面积 $(i=1,2,\cdots,n)$，在第 i 块上任取一点 (ξ_i,η_i,ζ_i)，作和式

$$\sum_{i=1}^{n} f(\xi_i,\eta_i,\zeta_i)\Delta S_i.$$

用 d 表示 n 个小块曲面的直径的最大值，若不论 S 如何划分，点 (ξ_i,η_i,ζ_i) 如何选取，当 $d\to 0$ 时，上述和式有同一极限，则称此极限值为函数 $f(x,y,z)$ 沿曲面 S 的**第一型曲面积分(或对面积的曲面积分)**，记作 $\iint_S f(x,y,z)\mathrm{d}S$，即

$$\iint_S f(x,y,z)\mathrm{d}S=\lim_{d\to 0}\sum_{i=1}^{n} f(\xi_i,\eta_i,\zeta_i)\Delta S_i,$$

其中 $f(x,y,z)$ 称为**被积函数**，S 称为**积分曲面**.

据此定义可知：当 $f(x,y,z)$ 为曲面 S 的面密度时，曲面 S 的质量 m 为

$$m=\iint_S f(x,y,z)\mathrm{d}S.$$

当 $f(x,y,z)\equiv 1$ 时，有

$$S=\iint_S \mathrm{d}S.$$

等式左边 S 是曲面 S 的面积.

若 S 是 xOy 面上的有界闭区域，则 $\iint_S f(x,y)\mathrm{d}S$ 就是一个二重积分. 可见二重积分是第一型曲面积分的特殊情况.

二重积分的全部性质，都可一一推广到第一型曲面积分.

11.4.2 第一型曲面积分的计算

通常是将第一型曲面积分 $\iint_S f(x,y,z)\mathrm{d}S$ 转化为二重积分计算.

若曲面 S 由方程 $z=z(x,y)$ 给出，S 在 xOy 面上的投影区域为 D_{xy}，$Z(x,y)$ 在 D_{xy} 上有连续偏导数，那么曲面的面积元素为

$$dS=\sqrt{1+z_x^2+z_y^2}\,dxdy.$$

当 $f(x,y,z)$ 在 S 上连续时，则第一型曲面积分可化为下面的二重积分

$$\iint_S f(x,y,z)ds=\iint_{D_{xy}} f(x,y,z(x,y))\sqrt{1+z_x^2+z_y^2}\,dxdy.$$

类似地，若曲面 S 可用方程 $x=x(y,z)$ 或 $y=y(x,z)$ 表示，则同样可得

$$\iint_S f(x,y,z)dS=\iint_{D_{yz}} f(x(y,z),y,z)\sqrt{1+x_y^2+x_z^2}\,dydz$$

或
$$\iint_S f(x,y,z)dS=\iint_{D_{zx}} f(x,y(x,z),z)\sqrt{1+y_x^2+y_z^2}\,dxdz,$$

这里 D_{yz} 和 D_{zx} 分别是 S 在 yOz 面和 xOz 面上的投影区域.

例 1　求 $I=\iint_S z^2dS$，S 是锥面 $z^2=x^2+y^2$ 介于平面 $z=1$ 与 $z=2$ 之间的部分.

解　S 在 xOy 面上的投影是圆环域 $D_{xy}:1\leqslant x^2+y^2\leqslant 4$，

$$S:z=\sqrt{x^2+y^2},\quad z_x=\frac{x}{\sqrt{x^2+y^2}},\quad z_y=\frac{y}{\sqrt{x^2+y^2}}.$$

于是
$$dS=\sqrt{1+z_x^2+z_y^2}\,dxdy=\sqrt{2}\,dxdy,$$

则
$$I=\iint_{D_{xy}}(x^2+y^2)\sqrt{2}\,dxdy.$$

用极坐标计算，有

$$I=\sqrt{2}\int_0^{2\pi}d\theta\int_1^2 r^3dr=\frac{15\sqrt{2}\pi}{2}.$$

例 2　设 S 是由曲面 $x=0,y=0$ 及 $x^2+y^2+z^2=a^2(x\geqslant 0,y\geqslant 0)$ 所围立体的表面（见图 11.21），S 上每点的面密度 $\rho=x^2+y^2+z^2$，求 S 的质量 m.

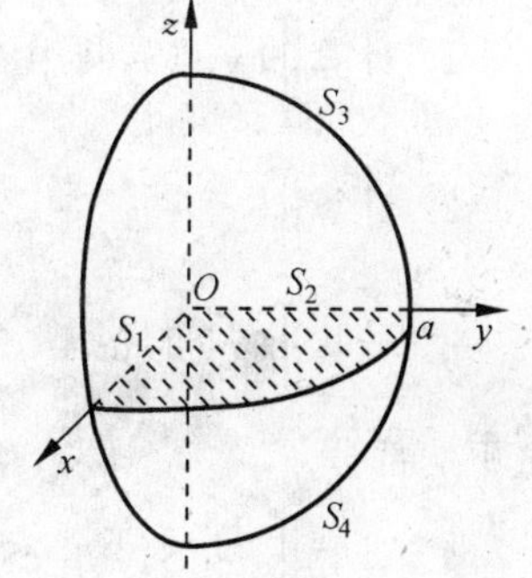

图 11.21

解　将立体的表面各部分分别记为 S_1,S_2,S_3,S_4，它们的方程分别是

$$S_1:y=0\quad(x^2+z^2\leqslant a^2,x\geqslant 0),$$
$$S_2:x=0\quad(y^2+z^2\leqslant a^2,y\geqslant 0),$$
$$S_3:z=\sqrt{a^2-x^2-y^2}\ (x^2+y^2\leqslant a^2,x\geqslant 0,y\geqslant 0),$$
$$S_4:z=-\sqrt{a^2-x^2-y^2}\ (x^2+y^2\leqslant a^2,x\geqslant 0,y\geqslant 0).$$

由公式有

$$m=\oiint_S(x^2+y^2+z^2)dS=\iint_{S_1}(x^2+y^2+z^2)dS+\iint_{S_2}(x^2+y^2+z^2)dS$$
$$+\iint_{S_3}(x^2+y^2+z^2)dS+\iint_{S_4}(x^2+y^2+z^2)dS.$$

而 $$\iint\limits_{S_1}(x^2+y^2+z^2)\mathrm{d}S=\iint\limits_{\substack{x^2+z^2\leqslant a^2\\ x\geqslant 0}}(x^2+0+z^2)\mathrm{d}x\mathrm{d}z=\int_0^{\pi}\mathrm{d}\theta\int_0^a r^3\mathrm{d}r=\frac{\pi a^4}{4}.$$

同理可得$\iint\limits_{S_2}(x^2+y^2+z^2)\mathrm{d}S=\dfrac{\pi a^4}{4}$,

$$\begin{aligned}\iint\limits_{S_3}(x^2+y^2+z^2)\mathrm{d}S&=\iint\limits_{\substack{x^2+y^2\leqslant a^2\\ x\geqslant 0;\,y\geqslant 0}}a^2\cdot\frac{a}{\sqrt{a^2-x^2-y^2}}\mathrm{d}x\mathrm{d}y\\&=\int_0^{\frac{\pi}{2}}\mathrm{d}\theta\int_0^a\frac{a^3r\mathrm{d}r}{\sqrt{a^2-r^2}}=\frac{\pi a^4}{2},\end{aligned}$$

同理可得 $$\iint\limits_{S_4}(x^2+y^2+z^2)\mathrm{d}S=\frac{\pi a^4}{2},$$

故 $$m=\frac{\pi a^4}{4}+\frac{\pi a^4}{4}+\frac{\pi a^4}{2}+\frac{\pi a^4}{2}=\frac{3}{2}\pi a^4.$$

习题 11.4

1. 计算$\iint\limits_S xyz\mathrm{d}S$,其中 S 是平面 $x+y+z=1$ 在第一象限的部分.

2. 计算$\iint\limits_S(x^2+y^2+z^2)\mathrm{d}S$,其中 S 是球面 $x^2+y^2+z^2=R^2$.

3. 计算$\iint\limits_S(xy+yz+zx)\mathrm{d}S$,其中 S 是锥面 $z=\sqrt{x^2+y^2}$ 被柱面 $x^2+y^2=2x$ 所截下的部分.

4. 计算$\iint\limits_S\dfrac{1}{z}\mathrm{d}S$,其中 S 为半球面 $z=\sqrt{a^2-x^2-y^2}$ 与平面 $z=h\ (0<h<a)$ 所围空间区域的边界曲面.

5. 设抛物面 $z=\dfrac{1}{2}(x^2+y^2)\ (0\leqslant z\leqslant 1)$ 的面密度为 $\rho=z$,求其质量.

11.5 第二型曲面积分

11.5.1 第二型曲面积分的概念

如同第二型曲线积分与曲线定向有关,本节所讨论的第二型曲面积分与曲面的定向也有关,因此首先必须介绍曲面的定向或"侧"的概念.

通常我们遇到的曲面都是双侧的,例如由方程 $z=z(x,y)$ 表示的曲面有上侧与下侧之分,又如一张包围某一空间区域的闭曲面有外侧与内侧之分. 以后我们总假定所讨论的曲面是双侧的.

我们可以用曲面上法矢量的指向来定出曲面的侧，例如光滑曲面 S 由方程 $z=z(x,y)$ 给出，若给定其单位矢量为

$$\boldsymbol{n}^{\circ}=\frac{1}{\sqrt{1+z_x^2+z_y^2}}\{-z_x,-z_y,1\},$$

其方向余弦为

$$\cos\alpha=\frac{-z_x}{\sqrt{1+z_x^2+z_y^2}},\quad \cos\beta=\frac{-z_y}{\sqrt{1+z_x^2+z_y^2}},\quad \cos\gamma=\frac{1}{\sqrt{1+z_x^2+z_y^2}}>0,$$

则有 $0<\gamma<\pi/2$，故 $\boldsymbol{n}^{\circ}$ 指向朝上，我们就认为 S 是取定曲面的上侧.

反之，若给定单位法矢量为

$$\boldsymbol{n}^{\circ}=\frac{1}{\sqrt{1+z_x^2+z_y^2}}\{z_x,z_y,-1\},$$

则有 $\cos\gamma=-\dfrac{1}{\sqrt{1+z_x^2+z_y^2}}<0,\dfrac{\pi}{2}<\gamma<\pi,\boldsymbol{n}^{\circ}$ 指向朝下，我们就认为 S 是取定曲面的下侧.

若 S 是包围空间区域 Ω 的闭曲面. 当其上每点的法矢量 $\boldsymbol{n}$ 指向 Ω 外部时，我们认定 S 取曲面的外侧；当其上每点的法矢量 $\boldsymbol{n}$ 指向 Ω 内部时，则认定 S 是取曲面的内侧.

这种取定了曲面法矢量亦即选定了侧的曲面称为有向曲面.

下面我们用求流体穿过有向曲面的流量作为例子，引入第二型曲面积分的概念.

设空间有某种稳定流动（与时间无关）的不可压缩的流体（假定密度为 1），在点 (x,y,z) 处的流速为

$$\boldsymbol{v}(x,y,z)=M(x,y,z)\boldsymbol{i}+N(x,y,z)\boldsymbol{j}+P(x,y,z)\boldsymbol{k},$$

其中 $M(x,y,z)$、$N(x,y,z)$、$P(x,y,z)$ 为连续函数，求此流体在单位时间内流过光滑的有向曲面 S 的质量，即流量.

如果 S 是一块平面区域，其面积仍记 S，设 $\boldsymbol{n}^{\circ}$ 为 S 的单位法矢量，流体在 S 上各点处的流速为常矢量 $\boldsymbol{v}$，则在单位时间内流过 S 的流体为以 S 为底，$|\boldsymbol{v}|$ 为斜高的斜柱体的体积（见图 11.22），即

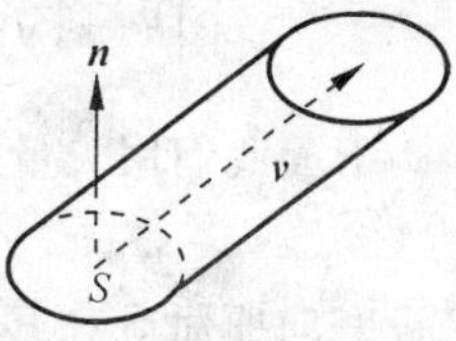

$$\Phi=S\,|\boldsymbol{v}|\cos(\widehat{\boldsymbol{n}^{\circ},\boldsymbol{v}})=\boldsymbol{v}\cdot\boldsymbol{n}^{\circ}S=\boldsymbol{v}\cdot\boldsymbol{S},$$

其中 $\boldsymbol{S}=\boldsymbol{n}^{\circ}S$.

图 11.22

下面再讨论一般的情况.

设 S 是空间的有向曲面，流体的流速 $\boldsymbol{v}$ 随点的不同而变化，求流体在单位时间内流过有向曲面 S 的流量 Φ.

把曲面 S 分成 n 个小块：$\Delta S_1,\Delta S_2,\cdots,\Delta S_n$（$\Delta S_i$ 同时表示第 i 小块的面积）. 因为 S 是光滑的，$\boldsymbol{v}$ 是连续的，所以只要 ΔS_i 的直径很小时，可用 ΔS_i 上任意一点 (ξ_i,η_i,ζ_i)

处的流速

$$\boldsymbol{v}_i = \boldsymbol{v}(\xi_i,\eta_i,\zeta_i) = M(\xi_i,\eta_i,\zeta_i)\boldsymbol{i} + N(\xi_i,\eta_i,\zeta_i)\boldsymbol{j} + P(\xi_i,\eta_i,\zeta_i)\boldsymbol{k}$$

近似代替 ΔS_i 上各点的流速，以点(ξ_i,η_i,ζ_i) 处曲面 S 的单位法矢量

$$\boldsymbol{n}^{\circ}{}_i = \cos\alpha_i\boldsymbol{i} + \cos\beta_i\boldsymbol{r} + \cos\gamma_i\boldsymbol{k}$$

近似代替 ΔS_i 上各点处的单位法矢量，从而可得流体在单位时间内通过有向曲面 ΔS_i 的流量 $\Delta\Phi_i$ 的近似值为

$$\Delta\Phi_i \approx \boldsymbol{v}_i \cdot \boldsymbol{n}^{\circ}{}_i\Delta S_i = \boldsymbol{v}\cdot\Delta\boldsymbol{S}_i \quad (i = 1,2,\cdots,n),$$

其中 $\Delta\boldsymbol{S}_i = \boldsymbol{n}^{\circ}\Delta S_i$，于是通过有向曲面 S 的流量 Φ 的近似值为

$$\Phi \approx \sum_{i=1}^{n}\boldsymbol{v}_i \cdot \boldsymbol{n}^{\circ}{}_i\Delta S_i = \sum_{i=1}^{n}\boldsymbol{v}_i\cdot\Delta\boldsymbol{S}_i.$$

记 d 为所有小块 ΔS_i 中直径的最大值，当 d 愈小时，上式的误差就愈小，令 $d\to 0$ 则有

$$\Phi = \lim_{d\to 0}\sum_{i=1}^{n}\boldsymbol{v}_i\cdot\boldsymbol{n}_i^0\Delta S_i = \lim_{d\to 0}\sum_{i=1}^{n}\boldsymbol{v}_i\cdot\Delta\boldsymbol{S}_i.$$

这样的极限在许多实际问题中都会遇到，撇开它的实际意义便得到第二型曲面积分的定义.

定义 设 S 为光滑的有向曲面，其单位法矢量为 $\boldsymbol{n}^{\circ}(x,y,z)$，矢量函数

$$\boldsymbol{F}(x,y,z) = M(x,y,z)\boldsymbol{i} + N(x,y,z)\boldsymbol{j} + P(x,y,z)\boldsymbol{k}$$

的各分量在 S 上有界. 把 S 任意分成 n 小片 $\Delta S_i(i=1,2,\cdots,n)$($\Delta S_i$ 同时表示该小片的面积)，在 ΔS_i 上任取一点(ξ_i,η_i,ζ_i)，记 d 为所有小片 ΔS_i 的最大直径，若

$$\lim_{d\to 0}\sum_{i=1}^{n}\boldsymbol{F}(\xi_i,\eta_i,\zeta_i)\cdot\boldsymbol{n}^{\circ}(\xi_i,\eta_i,\zeta_i)\Delta S_i$$

存在，则称此极限值为矢量函数 $\boldsymbol{F}(x,y,z)$ 沿有向曲面 S 的第二型曲面积分. 记作 $\iint\limits_S \boldsymbol{F}(x,y,z)\cdot\boldsymbol{n}^{\circ}\mathrm{d}S$，即

$$\iint\limits_S \boldsymbol{F}(x,y,z)\cdot\boldsymbol{n}^{\circ}\mathrm{d}S = \lim_{d\to 0}\sum_{i=1}^{n}\boldsymbol{F}(\xi_i,\eta_i,\zeta_i)\cdot\boldsymbol{n}^{\circ}(\xi_i,\eta_i,\zeta_i)\Delta S_i.$$

下面我们用矢量的坐标表达式写出第二型曲面积分的数量表达式. 设

$$\boldsymbol{F}(x,y,z) = M(x,y,z)\boldsymbol{i} + N(x,y,z)\boldsymbol{j} + P(x,y,z)\boldsymbol{k},$$

又设有向曲面 S 在其点(x,y,z) 处的单位法矢量为

$$\boldsymbol{n}^{\circ}(x,y,z) = \cos\alpha_i\boldsymbol{i} + \cos\beta_i\boldsymbol{j} + \cos\gamma_i\boldsymbol{k},$$

其中 α_i、β_i、γ_i 皆为 x、y、z 的函数. 于是曲面积分 $\iint\limits_S \boldsymbol{F}(x,y,z)\cdot\boldsymbol{n}^{\circ}\mathrm{d}S$ 又可以写成

$$\iint\limits_S [M(x,y,z)\cos\alpha + N(x,y,z)\cos\beta + P(x,y,z)\cos\gamma]\mathrm{d}S.$$

记 $\cos\alpha\mathrm{d}S = \mathrm{d}y\mathrm{d}z$，$\cos\beta\mathrm{d}S = \mathrm{d}z\mathrm{d}x$，$\cos\gamma\mathrm{d}S = \mathrm{d}x\mathrm{d}y$，其中 $\mathrm{d}x\mathrm{d}y$ 是有向曲面 $\mathrm{d}S$ 在 xOy 面上的有向投影，其绝对值为投影区域的面积. 当 $\cos\gamma > 0$ 时，它取正值，当 $\cos\gamma < 0$

时，它取负值，当 $\cos\gamma = 0$ 时，它取值为零. 同样 $\mathrm{d}y\mathrm{d}z$，$\mathrm{d}z\mathrm{d}x$ 在这里分别是有向曲面 $\mathrm{d}S$ 在 yOz 面和 zOx 面上的有向投影.

于是 $\iint\limits_S \boldsymbol{F}(x,y,z)\cdot\boldsymbol{n}^\circ \mathrm{d}S$ 又可以写成

$$\iint\limits_S M(x,y,z)\mathrm{d}y\mathrm{d}z + N(x,y,z)\mathrm{d}z\mathrm{d}x + P(x,y,z)\mathrm{d}x\mathrm{d}y,$$

或
$$\iint\limits_S M(x,y,z)\mathrm{d}y\mathrm{d}z + \iint\limits_S N(x,y,z)\mathrm{d}z\mathrm{d}x + \iint\limits_S P(x,y,z)\mathrm{d}x\mathrm{d}y.$$

因此第二型曲面积分又称为**对坐标的曲面积分**.

值得特别注意的是在二重积分中面积元素 $\mathrm{d}x\mathrm{d}y$，$\mathrm{d}y\mathrm{d}z$，$\mathrm{d}z\mathrm{d}x$ 是恒正的. 但在第二型曲面积分中 $\mathrm{d}y\mathrm{d}z$，$\mathrm{d}z\mathrm{d}x$，$\mathrm{d}x\mathrm{d}y$ 为有向曲面的有向投影却是可正、可负也可能为零，它们分别取决于曲面 S 的法矢量的方向余弦 $\cos\alpha$、$\cos\beta$、$\cos\gamma$ 的符号.

第二型曲面积分具有与第二型曲线积分相似的一些性质. 如

● 设 α、β 为常数，则

$$\iint\limits_S [\alpha\boldsymbol{F}(x,y,z) + \beta\boldsymbol{G}(x,y,z)]\cdot\boldsymbol{n}^\circ\mathrm{d}S = \alpha\iint\limits_S \boldsymbol{F}(x,y,z)\cdot\boldsymbol{n}^\circ\mathrm{d}S + \beta\iint\limits_S \boldsymbol{G}(x,y,z)\cdot\boldsymbol{n}^\circ\mathrm{d}S.$$

● 如果有向曲面 S 可以分成 S_1 和 S_2 两部分，则

$$\iint\limits_S \boldsymbol{F}\cdot\boldsymbol{n}^\circ\mathrm{d}S = \iint\limits_{S_1} \boldsymbol{F}\cdot\boldsymbol{n}^\circ\mathrm{d}S + \iint\limits_{S_2} \boldsymbol{F}\cdot\boldsymbol{n}^\circ\mathrm{d}S.$$

● 设 S 为有向曲面，$(-S)$ 为与 S 取相反一侧的有向曲面，则

$$\iint\limits_{-S} \boldsymbol{F}\cdot\boldsymbol{n}^\circ\mathrm{d}S = -\iint\limits_S \boldsymbol{F}\cdot\boldsymbol{n}^\circ\mathrm{d}S.$$

11.5.2　第二型曲面积分的计算

计算第二型曲面积分的最基本方法是化为二重积分.

$$\iint\limits_S M\mathrm{d}y\mathrm{d}z + N\mathrm{d}z\mathrm{d}x + P\mathrm{d}x\mathrm{d}y = \iint\limits_S M\mathrm{d}y\mathrm{d}z + \iint\limits_S N\mathrm{d}z\mathrm{d}x + \iint\limits_S P\mathrm{d}x\mathrm{d}y.$$

首先考虑曲面积分

$$\iint\limits_S P(x,y,z)\mathrm{d}x\mathrm{d}y.$$

设曲面 S 由方程 $z = z(x,y)$ 给出，它在 xOy 面上的投影为 D_{xy}（见图 11.23），函数 $z(x,y)$ 在 D_{xy} 上有一阶连续偏导数，$P(x,y,z)$ 在 S 上连续. 用 $S_{上}$ 和 $S_{下}$ 分别表示 S 的上侧和下侧，记 $\mathrm{d}\sigma$ 为曲面 S 上小块面积 $\mathrm{d}S$ 在 xOy 面上的投影面积，则有

$$|\cos\gamma|\mathrm{d}S = \mathrm{d}\sigma,$$

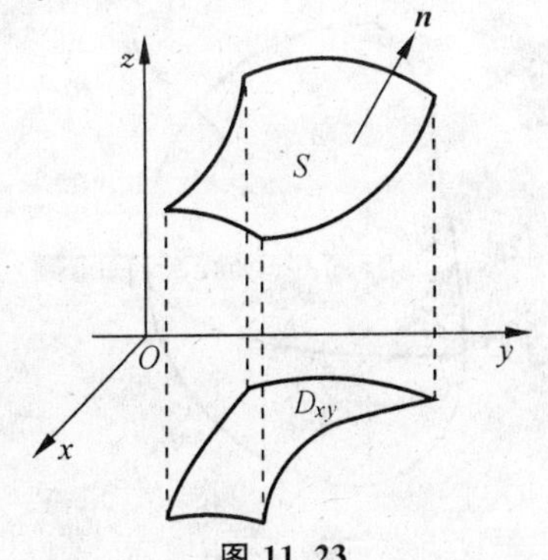

图 11.23

其中 γ 是 $\mathrm{d}S$ 在点 (x,y,z) 处的法矢量与 z 轴正向夹角.

对 $S_上$ 有 $0<\gamma<\dfrac{\pi}{2}$，$\cos\gamma>0$，则有

$$\cos\gamma\mathrm{d}S=\mathrm{d}\sigma,$$

于是有

$$\begin{aligned}\iint\limits_{S_上}P(x,y,z)\mathrm{d}x\mathrm{d}y&=\iint\limits_{S_上}P(x,y,z)\cos\gamma\mathrm{d}S=\iint\limits_{D_{xy}}P(x,y,z(x,y))\mathrm{d}\sigma\\&=\iint\limits_{D_{xy}}P(x,y,z)\mathrm{d}x\mathrm{d}y.\end{aligned}$$

对 $S_下$ 有 $\dfrac{\pi}{2}<\gamma<\pi$，$\cos\gamma<0$，则有

$$\cos\gamma\mathrm{d}S=-\mathrm{d}\sigma,$$

于是有

$$\begin{aligned}\iint\limits_{S_下}P(x,y,z)\mathrm{d}x\mathrm{d}y&=\iint\limits_{S_下}P(x,y,z)\cos\gamma\mathrm{d}S=-\iint\limits_{D_{xy}}P(x,y,z(x,y))\mathrm{d}\sigma\\&=-\iint\limits_{D_{xy}}P(x,y,z(x,y))\mathrm{d}x\mathrm{d}y.\end{aligned}$$

需特别注意的是，公式

$$\iint\limits_{S}P(x,y,z)\mathrm{d}x\mathrm{d}y=\pm\iint\limits_{D_{xy}}P(x,y,z(x,y))\mathrm{d}x\mathrm{d}y$$

中，当 S 取上侧时，等式右边一定要取“+”号；当 S 取下侧时，等式右边一定要取“−”号.

类似地，若 S 由方程 $x=x(y,z)$ 给出，它在 yOz 面上的投影区域为 D_{yz}，则有

$$\iint\limits_{S}M(x,y,z)\mathrm{d}y\mathrm{d}z=\pm\iint\limits_{D_{yz}}M(x(y,z),y,z)\mathrm{d}y\mathrm{d}z.$$

当 S 取右侧时，等式右边取“+”号；当 S 取左侧时，等式右边取“−”号.

若 S 由方程 $y=y(x,z)$ 给出，它在 xOz 面上的投影区域为 D_{xz}，则有

$$\iint\limits_{S}N(x,y,z)\mathrm{d}z\mathrm{d}x=\pm\iint\limits_{D_{xz}}N(x,y(x,z),z)\mathrm{d}z\mathrm{d}x.$$

当 S 取前侧时，等式右边取“+”号；当 S 取后侧时，等式右边取“−”号.

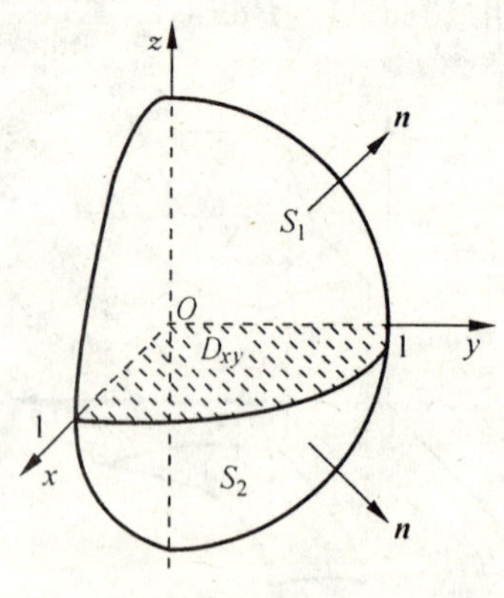

图 11.24

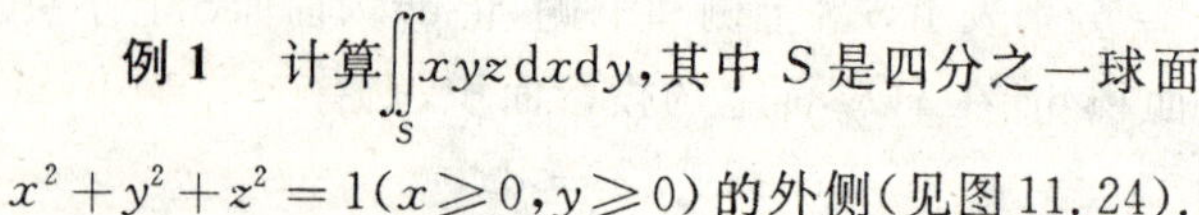

例 1 计算 $\iint\limits_{S}xyz\,\mathrm{d}x\mathrm{d}y$，其中 S 是四分之一球面 $x^2+y^2+z^2=1(x\geqslant0,y\geqslant0)$ 的外侧(见图 11.24).

解　把 S 分为两部分：

$$S_1: z=\sqrt{1-x^2-y^2},$$
$$(x\geqslant 0, y\geqslant 0)\text{ 上侧},$$
$$S_2: z=-\sqrt{1-x^2-y^2},$$
$$(x\geqslant 0, y\geqslant 0)\text{ 下侧},$$

它们在 xOy 面上的投影区域都是 $D_{xy}: x^2+y^2\leqslant 1\ (x\geqslant 0, y\geqslant 0)$，所以

$$\begin{aligned}\iint_S xyz\,\mathrm{d}x\mathrm{d}y &= \iint_{S_1} xyz\,\mathrm{d}x\mathrm{d}y+\iint_{S_2} xyz\,\mathrm{d}x\mathrm{d}y\\ &= \iint_{D_{xy}} xy\sqrt{1-x^2-y^2}\,\mathrm{d}x\mathrm{d}y-\iint_{D_{xy}} xy(-\sqrt{1-x^2-y^2})\,\mathrm{d}x\mathrm{d}y\\ &= 2\iint_{D_{xy}} xy\sqrt{1-x^2-y^2}\,\mathrm{d}x\mathrm{d}y.\end{aligned}$$

用极坐标求此二重积分，得

$$\iint_S xyz\,\mathrm{d}x\mathrm{d}y=2\int_0^{\frac{\pi}{2}}\mathrm{d}\theta\int_0^1 r^2\sin\theta\cos\theta\sqrt{1-r^2}\,r\mathrm{d}r=\int_0^{\frac{\pi}{2}}\sin 2\theta\mathrm{d}\theta\int_0^1 r^3\sqrt{1-r^2}\,\mathrm{d}r=\frac{2}{15}.$$

例 2　求 $\boldsymbol{r}=x\boldsymbol{i}+y\boldsymbol{j}+z\boldsymbol{k}$ 沿有向曲面 S 的积分：

$$\iint_S \boldsymbol{r}\cdot\boldsymbol{n}^{\circ}\mathrm{d}S,$$

其中 S 是柱面 $x^2+y^2=a^2$ 被平面 $z=0$ 和 $z=3$ 所截下部分的外侧(见图 11.25).

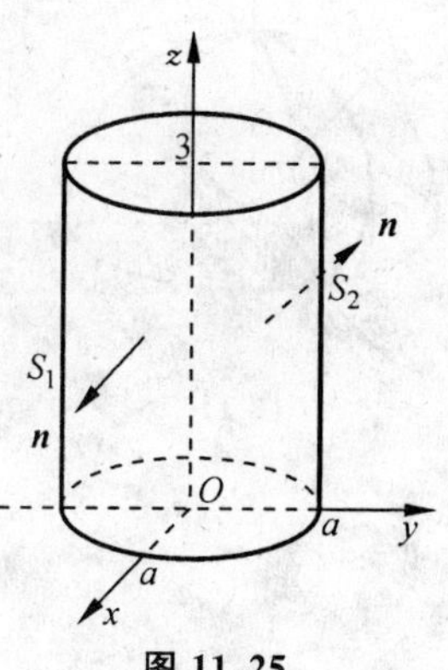

图 11.25

解　$\displaystyle\iint_S \boldsymbol{r}\cdot\boldsymbol{n}^{\circ}\mathrm{d}S=\iint_S x\mathrm{d}y\mathrm{d}z+y\mathrm{d}z\mathrm{d}x+z\mathrm{d}x\mathrm{d}y.$

由于 S 在 xOy 面上投影区域是曲线 $x^2+y^2=a^2$，就面积而言为零，故

$$\iint_S z\,\mathrm{d}x\mathrm{d}y=0.$$

再求 $\displaystyle\iint_S x\,\mathrm{d}y\mathrm{d}z$. 将 S 分为两部分，$S_1: x=\sqrt{a^2-y^2}$ 前侧；$S_2: x=-\sqrt{a^2-y^2}$ 后侧，它们在 yOz 面上的投影区域相同为矩形区域

$$D_{yz}:\begin{cases}-a\leqslant y\leqslant a,\\ 0\leqslant z\leqslant 3,\end{cases}$$

所以

$$\begin{aligned}\iint_S x\,\mathrm{d}y\mathrm{d}z &= \iint_{S_1} x\mathrm{d}y\mathrm{d}z+\iint_{S_2} x\mathrm{d}y\mathrm{d}z=\iint_{D_{yz}}\sqrt{a^2-y^2}\,\mathrm{d}y\mathrm{d}z-\iint_{D_{yz}}(-\sqrt{a^2-y^2})\,\mathrm{d}y\mathrm{d}z\\ &= 2\iint_{D_{yz}}\sqrt{a^2-y^2}\,\mathrm{d}y\mathrm{d}z=2\int_0^3\mathrm{d}z\int_{-a}^{a}\sqrt{a^2-y^2}\,\mathrm{d}y=3\pi a^2.\end{aligned}$$

对$\iint\limits_S y\mathrm{d}z\mathrm{d}x$,将 S 分成左、右两部分,仿上面的解法,同理可得

$$\iint\limits_S y\mathrm{d}z\mathrm{d}x = 3\pi a^2,\quad 故\quad \iint\limits_S \boldsymbol{r}\cdot\boldsymbol{n}^\circ\mathrm{d}S = 3\pi a^2 + 3\pi a^2 = 6\pi a^2.$$

11.5.3 两类曲面积分之间的联系

由定义可知两类曲面积分有如下关系

$$\iint\limits_S \boldsymbol{F}\cdot\boldsymbol{n}^\circ\mathrm{d}S = \iint\limits_S(\boldsymbol{F}\cdot\boldsymbol{n}^\circ)\mathrm{d}S,$$

即
$$\iint\limits_S M\mathrm{d}y\mathrm{d}z + N\mathrm{d}z\mathrm{d}x + P\mathrm{d}x\mathrm{d}y = \iint\limits_S[M\cos\alpha + N\cos\beta + P\cos\gamma]\mathrm{d}S,$$

其中 $\cos\alpha$、$\cos\beta$、$\cos\gamma$ 是有向曲面 S 上点 (x,y,z) 处的法矢量的方向余弦.

由此,对第二型曲面积分的计算,可以先求出 $\boldsymbol{n}^\circ = \{\cos\alpha,\cos\beta,\cos\gamma\}$ 与 $\boldsymbol{F}$ 的数量积,然后再按第一型曲面积分的计算方法,将其转化为 S 在某一坐标面上投影区域上的二重积分求解,这也是第二型曲面积分的一种计算方法.

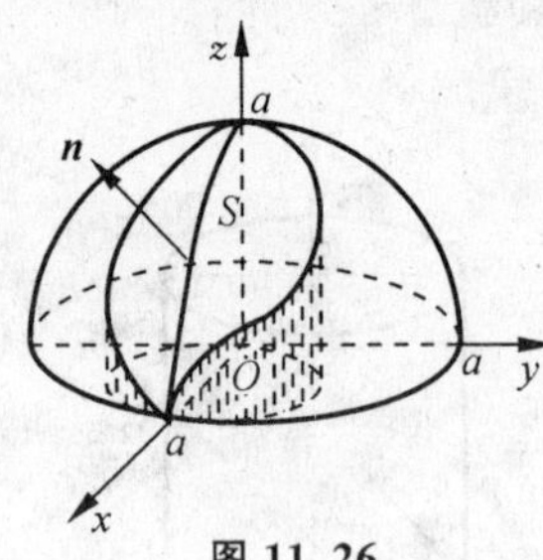

图 11.26

例 3 计算曲面积分$\iint\limits_S \boldsymbol{F}\cdot\boldsymbol{n}^\circ\mathrm{d}S$,其中 $\boldsymbol{F} = z\boldsymbol{i} + x\boldsymbol{j} + y\boldsymbol{k}$,$S$ 为上半球面 $z=\sqrt{a^2-x^2-y^2}$ 被柱面 $x^2+y^2=ax(a>0)$ 所截下部分的上侧(见图 11.26).

解 S:$z=\sqrt{a^2-x^2-y^2}$ 上侧,其单位法矢量

$$\boldsymbol{n}^\circ = \frac{-z_x\boldsymbol{i} - z_y\boldsymbol{j} + \boldsymbol{k}}{\sqrt{1+z_x^2+z_y^2}},$$

而
$$z_x = \frac{-x}{\sqrt{a^2-x^2-y^2}},\quad z_y = \frac{-y}{\sqrt{a^2-x^2-y^2}},$$

$$\sqrt{1+z_x^2+z_y^2} = \frac{a}{\sqrt{a^2-x^2-y^2}},$$

所以
$$\boldsymbol{n}^\circ = \frac{x}{a}\boldsymbol{i} + \frac{y}{a}\boldsymbol{j} + \frac{\sqrt{a^2-x^2-y^2}}{a}\boldsymbol{k}.$$

又 S 在 xOy 面上的投影区域 D_{xy} 为圆域 $x^2+y^2\leqslant ax$,可得

$$\begin{aligned}\iint\limits_S \boldsymbol{F}\cdot\boldsymbol{n}^\circ\mathrm{d}S &= \frac{1}{a}\iint\limits_S(xz+xy+y\sqrt{a^2-x^2-y^2})\mathrm{d}S\\ &= \frac{1}{a}\iint\limits_{D_{xy}}(x\sqrt{a^2-x^2-y^2}+xy+y\sqrt{a^2-x^2-y^2})\cdot\frac{a}{\sqrt{a^2-x^2-y^2}}\mathrm{d}x\mathrm{d}y\\ &= \iint\limits_{D_{xy}}\left(x+\frac{xy}{\sqrt{a^2-x^2-y^2}}+y\right)\mathrm{d}x\mathrm{d}y\end{aligned}$$

$$=\iint_{D_{xy}} x\mathrm{d}x\mathrm{d}y+\iint_{D_{xy}}\frac{xy\mathrm{d}x\mathrm{d}y}{\sqrt{a^2-x^2-y^2}}+\iint_{D_{xy}} y\mathrm{d}x\mathrm{d}y.$$

由于区域 D_{xy} 关于 x 轴对称，又函数 y 及 $\frac{xy}{\sqrt{a^2-x^2-y^2}}$ 对 y 而言都是奇函数，知

$$\iint_{D_{xy}} y\mathrm{d}x\mathrm{d}y=0,\iint_{D_{xy}}\frac{xy\mathrm{d}x\mathrm{d}y}{\sqrt{a^2-x^2-y^2}}=0,$$

而 $$\iint_{D_{xy}} x\mathrm{d}x\mathrm{d}y=\int_{-\frac{\pi}{2}}^{\frac{\pi}{2}}\mathrm{d}\theta\int_0^{a\cos\theta} r^2\cos\theta\mathrm{d}r=\frac{\pi a^3}{8},\text{故}\iint_S \boldsymbol{F}\cdot\boldsymbol{n}^\circ\mathrm{d}S=\frac{\pi a^3}{8}.$$

11.5.4　高斯(Gauss)公式

格林公式建立了沿平面闭曲线的曲线积分与该闭曲线所围平面区域上的二重积分之间的关系.在空间沿封闭曲面的曲面积分与该封闭曲面所围空间区域上的三重积分也有类似关系，这个关系就是下面所要讲的高斯公式.

定理　设空间凸区域 Ω 由分片光滑曲面 S 所围，函数 $M(x,y,z)$，$N(x,y,z)$，$P(x,y,z)$，在 Ω 上具有一阶连续偏导数，则有

$$\oiint_S M\mathrm{d}y\mathrm{d}z+N\mathrm{d}z\mathrm{d}x+P\mathrm{d}x\mathrm{d}y=\iiint_\Omega\left(\frac{\partial M}{\partial x}+\frac{\partial N}{\partial y}+\frac{\partial P}{\partial z}\right)\mathrm{d}x\mathrm{d}y\mathrm{d}z.\tag{1}$$

或 $$\oiint_S (M\cos\alpha+N\cos\beta+P\cos\gamma)\mathrm{d}S=\iiint_\Omega\left(\frac{\partial M}{\partial x}+\frac{\partial N}{\partial y}+\frac{\partial P}{\partial z}\right)\mathrm{d}x\mathrm{d}y\mathrm{d}z.\tag{2}$$

这里 S 是 Ω 的整个边界曲面的外侧. $\cos\alpha,\cos\beta,\cos\gamma$ 是 S 上点 (x,y,z) 处法矢量的方向余弦. 公式(1)或(2)称为高斯公式.

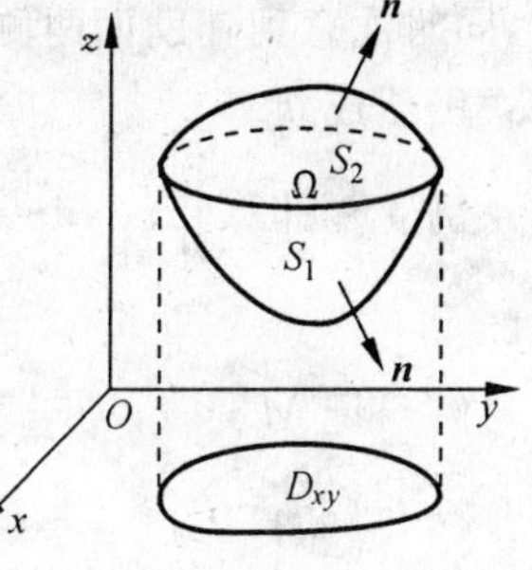

图 11.27

证　首先考虑如下简单情形. 设空间区域 Ω 在 xOy 面上的投影区域为 D_{xy}，平行于 z 轴的直线与 Ω 的边界曲面 S 相交点不多于两点(见图 11.27).

将 S 分成 S_1 和 S_2 两部分，使平行于 z 轴的直线与 S_1 和 S_2 的交点都不多于一点，设它们的方程分别是

$S_1: z=z_1(x,y)$ 下侧，　$(x,y)\in D_{xy}$；

$S_2: z=z_2(x,y)$ 上侧，　$(x,y)\in D_{xy}$.

有

$$\iiint_\Omega\frac{\partial P}{\partial z}\mathrm{d}x\mathrm{d}y=\iint_{D_{xy}}\mathrm{d}x\mathrm{d}y\int_{z_1(x,y)}^{z_2(x,y)}\frac{\partial P}{\partial z}\mathrm{d}z$$
$$=\iint_{D_{xy}}[P(x,y,z_2(x,y))-P(x,y,z_1(x,y))]\mathrm{d}x\mathrm{d}y.$$

又

$$\iint\limits_{S_1} P(x,y,z)\mathrm{d}x\mathrm{d}y = -\iint\limits_{D_{xy}} P(x,y,z_1(x,y))\mathrm{d}x\mathrm{d}y,$$

$$\iint\limits_{S_2} P(x,y,z)\mathrm{d}x\mathrm{d}y = \iint\limits_{D_{xy}} P(x,y,z_2(x,y))\mathrm{d}x\mathrm{d}y,$$

上面两式合起来便得

$$\oiint\limits_{S} P(x,y,z)\mathrm{d}x\mathrm{d}y = \iint\limits_{D_{xy}} [P(x,y,z_2(x,y)) - P(x,y,z_1(x,y))]\mathrm{d}x\mathrm{d}y.$$

比较上面结果,有
$$\iiint\limits_{\Omega} \frac{\partial P}{\partial z}\mathrm{d}x\mathrm{d}y\mathrm{d}z = \oiint\limits_{S} P(x,y,z)\mathrm{d}x\mathrm{d}y.$$

同理可证
$$\iiint\limits_{\Omega} \frac{\partial M}{\partial x}\mathrm{d}x\mathrm{d}y\mathrm{d}z = \oiint\limits_{S} M(x,y,z)\mathrm{d}y\mathrm{d}z.$$

$$\iiint\limits_{\Omega} \frac{\partial N}{\partial y}\mathrm{d}x\mathrm{d}y\mathrm{d}z = \oiint\limits_{S} N(x,y,z)\mathrm{d}z\mathrm{d}x.$$

把三式两边相加,就得到高斯公式

$$\iiint\limits_{\Omega} \left(\frac{\partial M}{\partial x} + \frac{\partial N}{\partial y} + \frac{\partial P}{\partial z}\right)\mathrm{d}x\mathrm{d}y\mathrm{d}z = \oiint\limits_{S} M\mathrm{d}y\mathrm{d}z + N\mathrm{d}z\mathrm{d}x + P\mathrm{d}x\mathrm{d}y.$$

在上述证明中我们限制了空间闭区域Ω必须满足平行于坐标轴的直线与Ω的边界曲面S的交点不多于两点,其实对不满足这一限制的Ω公式仍是成立的.

事实上,若Ω不满足这一限制,则可以用几个辅助面将Ω分成若干个小空间区域,使每个小空间区域满足这一限制,再在这些小区域上使用高斯公式,并将结果相加,同时注意到辅助面两侧各计算了一次曲面积分,从而彼此抵消,最终便得到高斯公式仍然成立.

例 4 计算$\oiint\limits_{S} x\mathrm{d}y\mathrm{d}z + y\mathrm{d}z\mathrm{d}x + z\mathrm{d}x\mathrm{d}y$,其中$S$是球面$x^2+y^2+z^2=R^2$的外表面.

解 记$M=x, N=y, P=z$,Ω为S所围球体,则

$$\frac{\partial M}{\partial x} + \frac{\partial N}{\partial y} + \frac{\partial P}{\partial z} = 3.$$

所以
$$\oiint\limits_{S} x\mathrm{d}y\mathrm{d}z + y\mathrm{d}z\mathrm{d}x + z\mathrm{d}x\mathrm{d}y = 3\iiint\limits_{\Omega}\mathrm{d}x\mathrm{d}y\mathrm{d}z = 4\pi R^3.$$

若S不是闭曲面的外侧面是内侧,则需先将曲面积分转化为沿闭曲面外侧的积分,然后再用高斯公式.

例 5 求$I = \oiint\limits_{S} (1-x^3)\mathrm{d}y\mathrm{d}z + 8xy\mathrm{d}z\mathrm{d}x - 4xz\mathrm{d}x\mathrm{d}y$,其中$S$是曲面$z=x^2+y^2$与平面$z=1$所围立体表面内侧(见图 11.28).

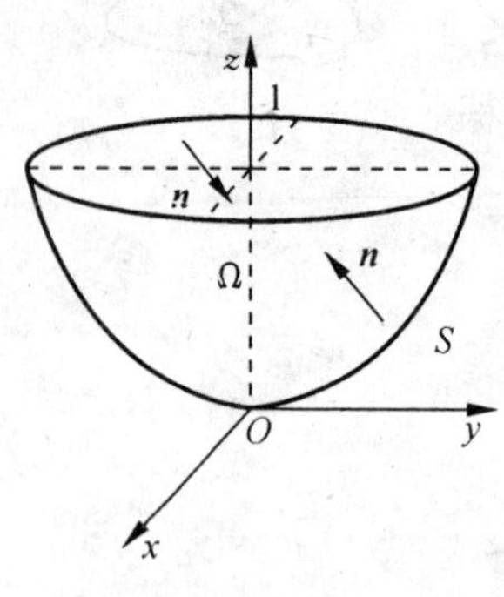

图 11.28

解　设 S 所围立体为 Ω，记 $(-S)$ 为 Ω 表面外侧，则

$$I = -\oiint_{(-S)} (1-x^3)\mathrm{d}y\mathrm{d}z + 8xy\mathrm{d}z\mathrm{d}x - 4xz\mathrm{d}x\mathrm{d}y$$
$$= \oiint_{(-S)} (x^3-1)\mathrm{d}y\mathrm{d}z - 8xy\mathrm{d}z\mathrm{d}x + 4xz\mathrm{d}x\mathrm{d}y.$$

记 $M = x^3 - 1, N = -8xy, P = 4xz$，则

$$\frac{\partial M}{\partial x} + \frac{\partial N}{\partial y} + \frac{\partial P}{\partial z} = 3x^2 - 8x + 4x = 3x^2 - 4x,$$

故
$$I = \iiint_{\Omega} (3x^2 - 4x)\mathrm{d}x\mathrm{d}y\mathrm{d}z.$$

由 Ω 关于 yOz 面对称，$4x$ 对 x 是奇函数，所以

$$\iiint_{\Omega} 4x\mathrm{d}x\mathrm{d}y\mathrm{d}z = 0.$$

用柱面坐标计算有

$$I = \iiint_{\Omega} 3x^2\mathrm{d}x\mathrm{d}y\mathrm{d}z = 3\int_0^{2\pi}\cos^2\theta\mathrm{d}\theta\int_0^1 r^3\mathrm{d}r\int_{r^2}^1\mathrm{d}z = 3\pi\int_0^1 r^3(1-r^2)\mathrm{d}r = \frac{\pi}{4}.$$

若 S 不是闭曲面，则需适当添加辅助面. 将 S 补成闭曲面的外(或内)侧，再用高斯公式.

例 6　计算 $I = \iint_S x\mathrm{d}y\mathrm{d}z + y\mathrm{d}z\mathrm{d}x + (z^2 - 2z)\mathrm{d}x\mathrm{d}y$，其中 S 为圆锥面 $z = \sqrt{x^2 + y^2}$ 被平面 $z = 0$ 和 $z = 1$ 所截部分的下侧(见图 11.29).

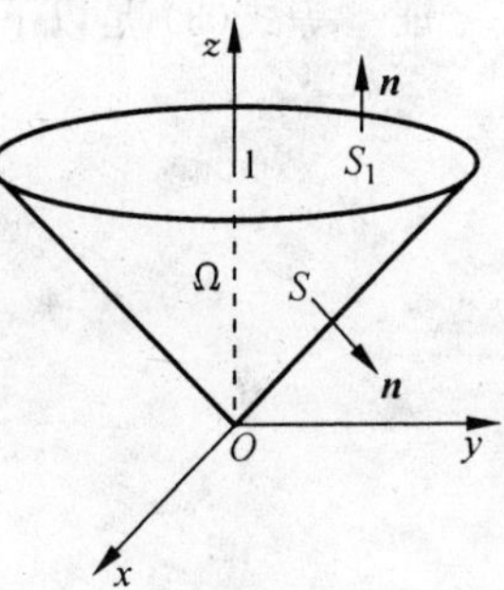

图 11.29

解　设 S_1 为平面 $z = 1$ 被锥面 $z = \sqrt{x^2 + y^2}$ 所截部分上侧，S 与 S_1 所围区域为 Ω，则

$$I = \oiint_{S+S_1} x\mathrm{d}y\mathrm{d}z + y\mathrm{d}z\mathrm{d}x + (z^2-2z)\mathrm{d}x\mathrm{d}y - \iint_{S_1} x\mathrm{d}y\mathrm{d}z + y\mathrm{d}z\mathrm{d}x + (z^2-2z)\mathrm{d}x\mathrm{d}y$$
$$= \iiint_{\Omega}(1+1+2z-2)\mathrm{d}x\mathrm{d}y\mathrm{d}z - \iint_{D_{xy}}(1^2 - 2\times 1)\mathrm{d}x\mathrm{d}y$$
$$= 2\iiint_{\Omega} z\mathrm{d}x\mathrm{d}y\mathrm{d}z + \iint_{D_{xy}}\mathrm{d}x\mathrm{d}y = 2\int_0^{2\pi}\mathrm{d}\theta\int_0^1 r\mathrm{d}r\int_r^1 z\mathrm{d}z + \pi = \frac{\pi}{2} + \pi = \frac{3\pi}{2}.$$

其中 D_{xy} 为 S_1 在 xOy 面上投影区域 $x^2 + y^2 \leqslant 1$.

*11.5.5　Stokes 公式

本小节对积分 $\oint_L M\mathrm{d}x + N\mathrm{d}y + P\mathrm{d}z$ 给出类似于 Green 公式的结果，此处 L 是某曲面 S 的边界. 如同在建立 Green 公式之前所要作的一样，首先应描述 S 与 L 的某些

几何特性.若 S 内任一闭曲线可不越过边界而连续地缩为一点,则说 S 是单连通的.若一人立于 S 的指定一侧沿 L 行进时,S 的指定一侧总在左边(见图 11.30),则说 L 与 S 的定向一致.以下总设 S 为分片光滑的定向曲面,$\boldsymbol{n}$ 是 S 的单位法矢量,它指向 S 的指定一侧,其方向余弦为 $\cos\alpha,\cos\beta,\cos\gamma$.

定理(Stokes 公式) 设分片光滑的定向曲面 S 以分段光滑的有向闭曲线 L 为边界,L 与 S 的定向一致;函数 M,N,P 在 S 上(包括边界)有连续的一阶偏导数,$\boldsymbol{F}=\{M,N,P\}$,则成立如下的“Stokes 公式”:

$$\oint_L M\mathrm{d}x+N\mathrm{d}y+P\mathrm{d}z=\iint_S\begin{vmatrix}\cos\alpha & \cos\beta & \cos\gamma\\ \dfrac{\partial}{\partial x} & \dfrac{\partial}{\partial y} & \dfrac{\partial}{\partial z}\\ M & N & P\end{vmatrix}\mathrm{d}S$$

$$=\iint_S\begin{vmatrix}\mathrm{d}y\mathrm{d}z & \mathrm{d}z\mathrm{d}x & \mathrm{d}x\mathrm{d}y\\ \dfrac{\partial}{\partial x} & \dfrac{\partial}{\partial y} & \dfrac{\partial}{\partial z}\\ M & N & P\end{vmatrix}. \tag{3}$$

证 等式(3)是以下三等式相加的结果:

$$\oint_L M\mathrm{d}x=\iint_S M_z\mathrm{d}z\mathrm{d}x-M_y\mathrm{d}x\mathrm{d}y;$$

$$\oint_L N\mathrm{d}y=\iint_S N_x\mathrm{d}x\mathrm{d}y-N_z\mathrm{d}y\mathrm{d}z;$$

$$\oint_L P\mathrm{d}z=\iint_S P_y\mathrm{d}y\mathrm{d}z-P_x\mathrm{d}z\mathrm{d}x.$$

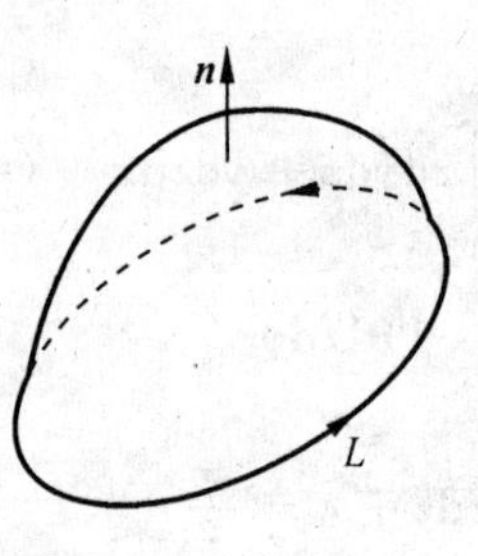

图 11.30

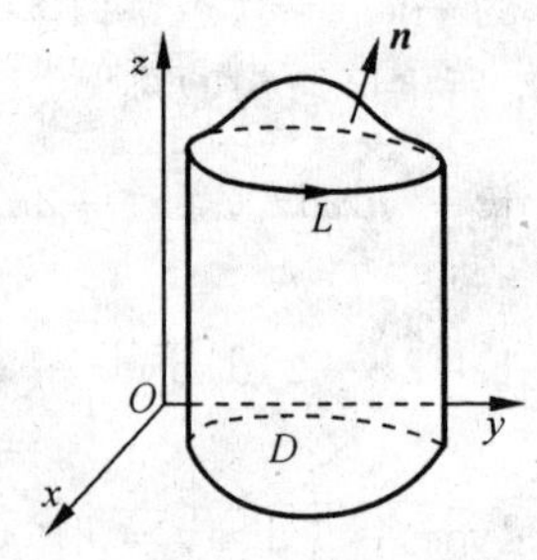

图 11.31

今证其中第一式(其余两式可类似证明).不妨设 S 可表示为方程 $z=z(x,y)$,$z(x,y)$ 在 D 上有连续偏导数,D 是 S 在 xOy 平面上的投影,D 的边界 l 是 L 的投影.设 S,L,l 的定向如图 11.31 所示,则

$$\boldsymbol{n}\mathrm{d}S=\frac{\{-z_x,-z_y,1\}}{\sqrt{1+z_x^2+z_y^2}}\mathrm{d}S=\{-z_x,-z_y,1\}\mathrm{d}x\mathrm{d}y,$$

从而 $\cos\beta \mathrm{d}S = -z_y \mathrm{d}x\mathrm{d}y, \cos\gamma \mathrm{d}S = \mathrm{d}x\mathrm{d}y$. 于是

$$\begin{aligned}\oint_L M\mathrm{d}x &= \int_l M(x,y,z(x,y))\mathrm{d}x \\ &= \iint_D (-M_y - M_z z_y)\mathrm{d}x\mathrm{d}y \text{（依 Green 公式）} \\ &= \iint_S (M_z\cos\beta - M_y\cos\gamma)\mathrm{d}S \text{（二重积分化为第一型曲面积分）} \\ &= \iint_S M_z\mathrm{d}z\mathrm{d}x - M_y\mathrm{d}x\mathrm{d}y. \text{（第一型曲面积分化为第二型曲面积分）}\end{aligned}$$

□

例 7　求 $I = \oint_L y\mathrm{d}x + z\mathrm{d}y + x\mathrm{d}z$, L 是球面 $x^2+y^2+z^2=a^2$ 与平面 $x+y+z=0$ 之交线，从 z 轴正向看，L 为反时针方向.

解　L 围住平面 $x+y+z=0$ 上一半径为 a 的圆盘 S, S 的单位法矢 $\boldsymbol{n} = \frac{1}{\sqrt{3}}\{1,1,1\}$, 故 $\cos\alpha = \cos\beta = \cos\gamma = 1/\sqrt{3}$. 依斯托克司公式，有

$$I = \iint_S \begin{vmatrix} \cos\alpha & \cos\beta & \cos\gamma \\ \frac{\partial}{\partial x} & \frac{\partial}{\partial y} & \frac{\partial}{\partial z} \\ y & z & x \end{vmatrix} \mathrm{d}S = -\iint_S \sqrt{3}\mathrm{d}S = -\sqrt{3}\pi a^2.$$

习题 11.5

1. 计算 $\iint_S (x^2+y^2)\mathrm{d}x\mathrm{d}y$, 其中 S 是上半球面 $z=\sqrt{R^2-x^2-y^2}$ 的下侧.

2. 计算 $\iint_S xz^2\mathrm{d}y\mathrm{d}z$, 其中 S 是上半球面 $z=\sqrt{R^2-x^2-y^2}$ 的上侧.

3. 计算 $\iint_S x\mathrm{d}y\mathrm{d}z + y\mathrm{d}z\mathrm{d}x + z\mathrm{d}x\mathrm{d}y$, 其中 S 是上半球面 $z=\sqrt{R^2-x^2-y^2}$ 的下侧.

4. 计算 $\iint_S (y-z)\mathrm{d}y\mathrm{d}z + (z-x)\mathrm{d}z\mathrm{d}x + (x-y)\mathrm{d}x\mathrm{d}y$, 其中 S 是锥面 $z=\sqrt{x^2+y^2}$ $(0\leqslant z\leqslant h)$ 的上侧.

5. 计算 $\iint_S \frac{\mathrm{e}^z}{\sqrt{x^2+y^2}}\mathrm{d}x\mathrm{d}y$, 其中 S 是锥面 $z=\sqrt{x^2+y^2}$ 和平面 $z=1$ 及 $z=2$ 所围立体的表面外侧.

6. 求矢量 $\boldsymbol{A} = xy\boldsymbol{i} + yz\boldsymbol{j} + zx\boldsymbol{k}$ 沿上侧穿过球面 $x^2+y^2+z^2=1$ 在第一卦限部分的通量.

7. 计算$\iint\limits_S \boldsymbol{F}\cdot\boldsymbol{n}^\circ \mathrm{d}S$,其中$\boldsymbol{F}=y\boldsymbol{i}-x\boldsymbol{j}+z^2\boldsymbol{k}$,$S$是以$(0,0,0)$,$(1,0,0)$,$(1,1,0)$和$(0,1,0)$为顶点的正方形上方锥面$z=\sqrt{x^2+y^2}$部分的上侧,$\boldsymbol{n}^\circ$为曲面$S$的单位法矢量.(提示:先化成第一型曲面积分,再化成二重积分计算.)

8. 利用高斯公式计算下列曲面积分:

(1) $\oiint\limits_S x^2\mathrm{d}y\mathrm{d}z+y^2\mathrm{d}z\mathrm{d}x+z^2\mathrm{d}x\mathrm{d}y$,其中$S$是平面$x=a$,$y=a$,$z=a\,(a>0)$与三坐标面所围立体的表面外侧.

(2) $\oiint\limits_S (x-y)\mathrm{d}x\mathrm{d}y+(y-z)x\mathrm{d}y\mathrm{d}z$,其中$S$是柱面$x^2+y^2=1$与平面$z=0$,$z=3$所围立体的外表面.

(3) $\oiint\limits_S x^3\mathrm{d}y\mathrm{d}z+y^3\mathrm{d}z\mathrm{d}x+z^3\mathrm{d}x\mathrm{d}y$,其中$S$是球面$x^2+y^2+z^2=a^2\,(a>0)$的外侧.

9. 计算$\iint\limits_S y^2z\mathrm{d}x\mathrm{d}y+xz\mathrm{d}y\mathrm{d}z+x^2y\mathrm{d}z\mathrm{d}x$,其中$S$是旋转抛物面$z=x^2+y^2(0\leqslant z\leqslant 1)$的下侧.

10. 计算$\iint\limits_S (x^2\cos\alpha+y^2\cos\beta+z^2\cos\gamma)\mathrm{d}S$,这里$S$是锥面$z=\sqrt{x^2+y^2}$在$0\leqslant z\leqslant h$的部分的外侧,$\{\cos\alpha,\cos\beta,\cos\gamma\}$是$S$的外法线方向.

11. 计算$\iint\limits_S (1-x^2)\mathrm{d}y\mathrm{d}z+4xy\mathrm{d}z\mathrm{d}x-2xz\mathrm{d}x\mathrm{d}y$,其中$S$为曲线$\begin{cases}x=\mathrm{e}^y,\\ z=0\end{cases}(0\leqslant y\leqslant a)$绕$x$轴旋转一周所成旋转曲面,其法矢量与$x$轴正向夹角为钝角.

12. 计算$\oint_L y\mathrm{d}x+z\mathrm{d}y+x\mathrm{d}z$,其中$L$为圆周$\begin{cases}x^2+y^2+z^2=4,\\ x+y=2,\end{cases}$方向为从$x$轴正向看去为逆时针方向.

小　　结

一、基本要求

- 了解两类曲线积分的概念和它们的性质,会计算两类曲线积分.
- 掌握格林(Green)公式,会用平面曲线积分与路径无关的条件计算曲线积分.
- 了解两类曲面积分的概念,会计算两类曲面积分,知道高斯(Gauss)公式.
- 能用曲线积分和曲面积分求弧的质量和曲面的质量,以及功、流量.

二、内容提要

1. 第一型曲线积分

● 定义：

$$\int_L f(x,y,z)\mathrm{d}s = \lim_{\lambda\to 0}\sum_{i=1}^{n} f(\xi_i,\eta_i,\zeta_i)\Delta s_i,$$

其中 $\Delta s_1,\Delta s_2,\cdots,\Delta s_n$ 是将曲线 L 任意划分成的 n 个小弧段，(ξ_i,η_i,ζ_i) 为 Δs_i 上任意一点$(i=1,2,\cdots,n)$，λ 为最大小弧段的长度.

● 性质：

▲ $\int_{\widehat{AB}} f(x,y,z)\mathrm{d}s = \int_{\widehat{BA}} f(x,y,z)\mathrm{d}s.$

▲ $\int_L [f(x,y,z)\pm g(x,y,z)]\mathrm{d}s = \int_L f(x,y,z)\mathrm{d}s \pm \int_L g(x,y,z)\mathrm{d}s.$

▲ $\int_L kf(x,y,z)\mathrm{d}s = k\int_L f(x,y,z)\mathrm{d}s.$

▲ 若曲线 L 由 L_1 和 L_2 两部分组成，则

$$\int_L f(x,y,z)\mathrm{d}s = \int_{L_1} f(x,y,z)\mathrm{d}s + \int_{L_2} f(x,y,z)\mathrm{d}s.$$

▲ 若 $f(x,y,z)$ 在曲线 L 上连续，则 $\exists(\xi,\eta,\zeta)\in L$

使 $$\int_L f(x,y,z)\mathrm{d}s = f(\xi,\eta,\zeta)s\ (s\text{ 为曲线 }L\text{ 的弧长}).$$

● 计算法则：

设空间曲线 L 的参数方程为

$$x=x(t),y=y(t),z=z(t),\alpha\leqslant t\leqslant\beta,$$

其中 $x(t)$、$y(t)$、$z(t)$ 在(α,β) 上有连续导数，则

$$\int_L f(x,y,z)\mathrm{d}s = \int_\alpha^\beta f(x(t),y(t),z(t))\sqrt{[x'(t)]^2+[y'(t)]^2+[z'(t)]^2}\,\mathrm{d}t,$$

其中 $\mathrm{d}s=\sqrt{[x'(t)]^2+[y'(t)]^2+[z'(t)]^2}\,\mathrm{d}t$ 为曲线 L 的弧长的微分.

若曲线 L 是平面曲线，其参数方程为 $x=x(t),y=y(t),\alpha\leqslant t\leqslant\beta$，则

$$\mathrm{d}s=\sqrt{[x'(t)]^2+[y'(t)]^2}\,\mathrm{d}t,$$

$$\int_L f(x,y)\mathrm{d}s = \int_\alpha^\beta f[x(t),y(t)]\sqrt{[x'(t)]^2+[y'(t)]^2}\,\mathrm{d}t.$$

若平面曲线 L 的方程为 $y=y(x)\ (\alpha\leqslant x\leqslant\beta)$，则

$$\mathrm{d}s=\sqrt{1+[y'(x)]^2}\,\mathrm{d}x,$$

$$\int_L f(x,y)\mathrm{d}s = \int_\alpha^\beta f[x,y(x)]\sqrt{1+[y'(x)]^2}\,\mathrm{d}x.$$

若平面曲线 L 的极坐标方程为 $r=r(\theta)(\alpha\leqslant\theta\leqslant\beta)$,则

$$\mathrm{d}s=\sqrt{[r(\theta)]^2+[r'(\theta)]^2}\mathrm{d}\theta,$$

$$\int_L f(x,y)\mathrm{d}s=\int_\alpha^\beta f[r(\theta)\cos\theta,r(\theta)\sin\theta]\sqrt{[r(\theta)]^2+[r'(\theta)]^2}\mathrm{d}\theta.$$

● 应用:

▲ $\int_L \mathrm{d}s=s$,s 为曲线 L 的弧长.

▲ $\int_L \rho\mathrm{d}s=m$,其中 $\rho=\rho(x,y,z)$ 为曲线 L 在点 (x,y,z) 处的线密度,m 为曲线 L 的质量.

▲ 类似重积分还可写出求曲线 L 的重心及转动惯量公式.

2. 第二型曲线积分

● 定义

$$\int_{\widehat{AB}} M(x,y,z)\mathrm{d}x+N(x,y,z)\mathrm{d}y+P(x,y,z)\mathrm{d}z$$

$$=\lim_{\lambda\to0}\sum_{i=1}^n M(\xi_i,\eta_i,\zeta_i)\Delta x_i+N(\xi_i,\eta_i,\zeta_i)\Delta y_i+P(\xi_i,\eta_i,\zeta_i)\Delta z_i,$$

其中 $\Delta x_i=x_i-x_{i-1}$,$\Delta y_i=y_i-y_{i-1}$,$\Delta z_i=z_i-z_{i-1}(i=1,2,\cdots,n)$,$(x_i,y_i,z_i)$ 为将 $\widehat{AB}$ 分成 n 个有向小弧段 $\widehat{A_{i-1}A_i}(i=1,2,\cdots,n)$. 分点 A_i 的坐标,(ξ_i,η_i,ζ_i) 为 $\widehat{A_{i-1}A_i}$ 上任意一点,λ 为最大弧段长.

若令 $\boldsymbol{F}(x,y,z)=M(x,y,z)\boldsymbol{i}+N(x,y,z)\boldsymbol{j}+P(x,y,z)\boldsymbol{k}$,$(x,y,z)\in\widehat{AB}$,

$$\mathrm{d}\boldsymbol{r}=\mathrm{d}x\boldsymbol{i}+\mathrm{d}y\boldsymbol{j}+\mathrm{d}z\boldsymbol{k},$$

则可记

$$\int_{\widehat{AB}}\boldsymbol{F}\cdot\mathrm{d}\boldsymbol{r}=\int_{\widehat{AB}}M\mathrm{d}x+N\mathrm{d}y+P\mathrm{d}z.$$

上式左端为第二型曲线积分的矢量形式

● 性质

$$\int_{\widehat{AB}}\boldsymbol{F}\cdot\mathrm{d}\boldsymbol{r}=-\int_{\widehat{BA}}\boldsymbol{F}\cdot\mathrm{d}\boldsymbol{r}.$$

其余性质与第一型曲线积分中的 2°,3°,4° 相同.

● 计算法则

设空间光滑曲线 $\widehat{AB}$ 的参数方程为 $x=x(t)$,$y=y(t)$,$z=z(t)$,$t=\alpha$ 对应于 A,$t=\beta$ 对应于 B,则

$$\begin{aligned}&\int_{\widehat{AB}} M(x,y,z)\mathrm{d}x+N(x,y,z)\mathrm{d}y+P(x,y,z)\mathrm{d}z\\&=\int_\alpha^\beta\{M[x(t),y(t),z(t)]x'(t)+N[x(t),y(t),z(t)]y'(t)\\&\quad+P[x(t),y(t),z(t)]z'(t)\}\mathrm{d}t.\end{aligned}$$

● 应用

质点沿曲线$\widehat{AB}$从A运动到B时，变力

$$\boldsymbol{F}=M(x,y,z)\boldsymbol{i}+N(x,y,z)\boldsymbol{j}+P(x,y,z)\boldsymbol{k}$$

所做的功W为
$$W=\int_{\widehat{AB}}\boldsymbol{F}\cdot\mathrm{d}\boldsymbol{r}.$$

或
$$W=\int_{\widehat{AB}}M(x,y,z)\mathrm{d}x+N(x,y,z)\mathrm{d}y+P(x,y,z)\mathrm{d}z.$$

● 格林(Green)公式

设$M(x,y)$，$N(x,y)$在逐段光滑的闭曲线L所围成的闭区域D上有一阶连续偏导数，则有格林公式

$$\oint_L M\mathrm{d}x+N\mathrm{d}y=\iint_D\left(\frac{\partial N}{\partial x}-\frac{\partial M}{\partial y}\right)\mathrm{d}x\mathrm{d}y,$$

其中L是区域D的正向边界曲线.

● 平面曲线积分与路径无关的条件

在单连通域D内

$\int_L M\mathrm{d}x+N\mathrm{d}y$与路径无关$\left(\text{或}\oint_L M\mathrm{d}x+N\mathrm{d}y=0\right)\Leftrightarrow$在$D$内有$\dfrac{\partial N}{\partial x}=\dfrac{\partial M}{\partial y}$.

● 在平面单连通域D内$\exists u(x,y)$，使$\mathrm{d}u=M\mathrm{d}x+N\mathrm{d}y$，且

$$u(x,y)=\int_{(x_0,y_0)}^{(x,y)}M\mathrm{d}x+N\mathrm{d}y+L\Leftrightarrow\frac{\partial N}{\partial x}=\frac{\partial M}{\partial y}$$

在D内恒成立.

3. 第一型曲面积分

● 定义

$$\iint_S f(x,y,z)\mathrm{d}S=\lim_{d\to 0}\sum_{i=1}^{n}f(\xi_i,\eta_i,\zeta_i)\Delta S_i,$$

其中$\Delta S_1,\Delta S_2,\cdots,\Delta S_n$是将曲面$S$任意划分成的$n$个小曲面；$(\xi_i,\eta_i,\zeta_i)$是$\Delta S_i$上任意一点$(i=1,2,\cdots,n)$，$d$为小曲面中直径的最大值.

● 性质

第一型曲面积分具有类似于第一型曲线积分的性质.

● 计算法则

设曲面S：$z=z(x,y)$，它在xOy面投影为D_{xy}，则

$$\iint_S f(x,y,z)\mathrm{d}S=\iint_{D_{xy}}f(x,y,z(x,y))\sqrt{1+z_x{}^2+z_y{}^2}\,\mathrm{d}x\mathrm{d}y.$$

● 应用

▲ $\iint_S\mathrm{d}S=S$(这里S为曲面S的面积).

▲ 当$\rho=f(x,y,z)$为曲面S的面密度时曲面S的质量m为$m=\iint_S\rho(x,y,z)\mathrm{d}S$.

4. 第二型曲面积分

● 定义

$$\iint\limits_S \boldsymbol{F}(x,y,z)\cdot\boldsymbol{n}^\circ \mathrm{d}S=\lim_{d\to 0}\sum_{i=1}^{n}\boldsymbol{F}(\xi_i,\eta_i,\zeta_i)\cdot\boldsymbol{n}^\circ(\xi_i,\eta_i,\zeta_i)\Delta S_i,$$

其中 $\Delta S_1,\Delta S_2,\cdots,\Delta S_n$ 是将有向曲面 S 任意分成的 n 个小片，(ξ_i,η_i,ζ_i) 为 ΔS_i 上任意一点$(i=1,2,\cdots,n)$，$\boldsymbol{n}^\circ$ 为有向曲面 S 的单位法矢量，d 为所有小片的最大直径.

若令 $\boldsymbol{F}(x,y,z)=M(x,y,z)\boldsymbol{i}+N(x,y,z)\boldsymbol{j}+P(x,y,z)\boldsymbol{k}$,

$$\boldsymbol{n}^\circ=\cos\alpha\boldsymbol{i}+\cos\beta\boldsymbol{j}+\cos\gamma\boldsymbol{k}.$$

记 $\cos\alpha\mathrm{d}S=\mathrm{d}y\mathrm{d}z,\cos\beta\mathrm{d}S=\mathrm{d}z\mathrm{d}x,\cos\gamma\mathrm{d}S=\mathrm{d}x\mathrm{d}y$ 分别表示有向曲面 $\mathrm{d}S$ 在 yOz 面，zOx 面，xOy 面上的有向投影，则可记

$$\begin{aligned}\iint\limits_S \boldsymbol{F}(x,y,z)\cdot\boldsymbol{n}^\circ \mathrm{d}S&=\iint\limits_S[M(x,y,z)\cos\alpha+N(x,y,z)\cos\beta+P(x,y,z)\cos\gamma]\mathrm{d}S\\&=\iint\limits_S M(x,y,z)\mathrm{d}y\mathrm{d}z+N(x,y,z)\mathrm{d}z\mathrm{d}x+P(x,y,z)\mathrm{d}x\mathrm{d}y.\end{aligned}$$

● 性质

▲ 若有向曲面 S 可分成 S_1 与 S_2 两部分，则

$$\begin{aligned}&\iint\limits_S M\mathrm{d}y\mathrm{d}z+N\mathrm{d}z\mathrm{d}x+P\mathrm{d}x\mathrm{d}y\\&=\iint\limits_{S_1}M\mathrm{d}y\mathrm{d}z+N\mathrm{d}z\mathrm{d}x+P\mathrm{d}x\mathrm{d}y+\iint\limits_{S_2}M\mathrm{d}y\mathrm{d}z+N\mathrm{d}z\mathrm{d}x+P\mathrm{d}x\mathrm{d}y.\end{aligned}$$

▲ $\iint\limits_{-S}M\mathrm{d}y\mathrm{d}z+N\mathrm{d}z\mathrm{d}x+P\mathrm{d}x\mathrm{d}y=-\iint\limits_S M\mathrm{d}y\mathrm{d}z+N\mathrm{d}z\mathrm{d}x+P\mathrm{d}x\mathrm{d}y$，其中$(-S)$为与 S 取相反一侧的有向曲面.

● 计算法则

▲ 设 S 是由方程 $z=z(x,y)$ 给出，S 在 xOy 面上的投影区域为 D_{xy}，则有

$$\iint\limits_S P(x,y,z)\mathrm{d}x\mathrm{d}y=\pm\iint\limits_{D_{xy}}P(x,y,z(x,y))\mathrm{d}x\mathrm{d}y.$$

若 S 取上侧，应取“+”号；S 取下侧，应取“−”号.

▲ 若 S 是由方程 $x=x(y,z)$ 给出，S 在 yOz 面上的投影区域为 D_{yz}，则有

$$\iint\limits_S M(x,y,z)\mathrm{d}y\mathrm{d}z=\pm\iint\limits_{D_{yz}}M[x(y,z),y,z]\mathrm{d}y\mathrm{d}z.$$

若 S 取前侧，应取“+”号；S 取后侧，应取“−”号.

▲ 若 S 是由方程 $y=y(x,z)$ 给出，S 在 xOz 面上的投影区域为 D_{zx}，则有

$$\iint\limits_S N(x,y,z)\mathrm{d}z\mathrm{d}x=\pm\iint\limits_{D_{zx}}N[x,y(x,z),z]\mathrm{d}z\mathrm{d}x.$$

若 S 取右侧，应取"+"号；S 取左侧，应取"−"号.

● 两类曲面积分的联系

$$\iint_S M\mathrm{d}y\mathrm{d}z+N\mathrm{d}z\mathrm{d}x+P\mathrm{d}x\mathrm{d}y=\iint_S(M\cos\alpha+N\cos\beta+P\cos\gamma)\mathrm{d}S,$$

其中 $\boldsymbol{n}^{\circ}=\{\cos\alpha,\cos\beta,\cos\gamma\}$ 为 S 的单位法矢量.

● 高斯(Gauss) 公式

$$\oiint_S M\mathrm{d}y\mathrm{d}z+N\mathrm{d}z\mathrm{d}x+P\mathrm{d}x\mathrm{d}y=\iiint_\Omega\left(\frac{\partial M}{\partial x}+\frac{\partial N}{\partial y}+\frac{\partial P}{\partial z}\right)\mathrm{d}x\mathrm{d}y\mathrm{d}z,$$

其中 S 为立体 Ω 的表面外侧.

● 斯托克司(Stokes) 公式

$$\oint_L M\mathrm{d}x+N\mathrm{d}y+P\mathrm{d}z=\iint_S\begin{vmatrix}\cos\alpha & \cos\beta & \cos\gamma\\ \dfrac{\partial}{\partial x} & \dfrac{\partial}{\partial y} & \dfrac{\partial}{\partial z}\\ M & N & P\end{vmatrix}\mathrm{d}S=\iint_S\begin{vmatrix}\mathrm{d}y\mathrm{d}z & \mathrm{d}z\mathrm{d}x & \mathrm{d}x\mathrm{d}y\\ \dfrac{\partial}{\partial x} & \dfrac{\partial}{\partial y} & \dfrac{\partial}{\partial z}\\ M & N & P\end{vmatrix}.$$

● 应用

矢量场 $\boldsymbol{F}(x,y,z)$ 向正侧穿过曲面 S 的通量 Φ 为

$$\Phi=\iint_S\boldsymbol{F}\cdot\boldsymbol{n}^{\circ}\mathrm{d}S,$$

其中 $\boldsymbol{n}^{\circ}=\{\cos\alpha,\cos\beta,\cos\gamma\}$ 为曲面 S 在点 (x,y,z) 处的外法线单位矢量.

当矢量场为流速场时，Φ 为流量.

三、学习指导

● 第一型曲线积分的计算是化为对某个参数的定积分来求. 首先要写出积分路径的参数式，再将其同时代入被积函数和 $\mathrm{d}S$，且无论是起点对应参数大还是终点对应参数大，必须将这两点对应的参数值较大的作上限，较小的作下限. 这是因为 $\mathrm{d}S>0$，故要保持参数微分 $\mathrm{d}t$(或 $\mathrm{d}x$，或 $\mathrm{d}y$) >0，所以上限 $>$ 下限.

● 第二型曲线积分通常容易算的就直接化为定积分求，难算的则利用格林公式来求.

▲ 化为定积分：将积分路径的参数式代入被积表达式，且以起点的参数值作为积分下限，终点参数值作为积分上限(此时上限就不一定比下限大).

▲ 利用格林公式$\left(\text{适用于}\dfrac{\partial N}{\partial x}-\dfrac{\partial M}{\partial y}\text{较简单情形}\right)$必须注意：① 当积分路径 c 为闭曲线正向且 M、N 在 c 所围闭区域 D 上有连续偏导数，方可直接运用格林公式将曲线积分化为二重积分来求. ② 当积分路径 c 为非闭曲线时，一定不能直接运用格林公式. 只有适当添加辅助线使其构成闭曲线，然后再用格林公式，最后还要减去辅助线

上的线积分(要求辅助线上的线积分易求). 特别在单连通域 D 内有 $\dfrac{\partial N}{\partial x}=\dfrac{\partial M}{\partial y}$ 时,可选择以 A 为起点,以 B 为终点的特殊路径(通常取平行于坐标轴的折线路径)计算 $\int_{\widehat{AB}} M\mathrm{d}x+N\mathrm{d}y$.

● 第一型曲面积分都是化成曲面在某坐标面上投影区域的二重积分计算. 如要化成 D_{xy} 上的二重积分,就要将曲面方程写成 $z=z(x,y)$ 代入被积表达式中,且曲面面积元素 $\mathrm{d}S$ 用 $\sqrt{1+(z_x)^2+(z_y)^2}\,\mathrm{d}x\mathrm{d}y$ 代替.

● 第二型曲面积分与曲面的侧有关,若改变曲面的侧,则积分变号.

第二型曲面积分的计算有如下三种方法.

▲ 将曲面方程化成显式代入被积表达式化为二重积分. 此时必须注意按曲面的法矢量方向来确定"正号"或"负号".

▲ 利用高斯公式$\left(\text{适用于}\dfrac{\partial M}{\partial x}+\dfrac{\partial N}{\partial y}+\dfrac{\partial P}{\partial z}\text{较简单情形}\right)$.

若 S 为闭曲面外侧且在 S 所围立体 Ω 内 M,N,P 有连续偏导数,可直接用高斯公式将曲面积分化为三重积分来求.

若 S 为非闭曲面,可适当补上一、二个平面(或曲面)构成闭曲面,再考虑用高斯公式.

▲ 先化成第一型曲面积分,再化成曲面在某一坐标面上投影区域上的二重积分(适用于曲面在有的坐标面上的投影区域不易表示的情形),关键是要按曲面方程求出其单位法矢量 $\boldsymbol{n}^{\circ}$.

若曲面积为 $\varphi(x,y,z)=0$,则

$$\boldsymbol{n}^{\circ}=\pm\frac{\{\varphi_x,\varphi_y,\varphi_z\}}{\sqrt{(\varphi'_x)^2+(\varphi'_y)^2+(\varphi'_z)^2}},$$

正、负号由 S 的侧决定.

自 测 题

一、单项选择(在每小题的四个备选答案中选出一个正确答案,将其代号写在括号内. 每小题 3 分,共 15 分.)

1. 设 $I=\int_s \dfrac{1}{\sqrt{x^2+y^2}}\mathrm{d}s$,其中 s 为下半圆周 $y=-\sqrt{R^2-x^2}$,则 I 的值为(　　).

A. -2π　　B. π　　C. 0　　D. (A)(B)(C) 都不对

2. 已知曲线积分 $\int_{\widehat{AB}} F(x,y)(y\mathrm{d}x+x\mathrm{d}y)$ 与积分路径无关,则 $F(x,y)$ 必须满足条件(　　).

A. $xF_y=yF_x$　　B. $xF_y+yF_x=0$　C. $xF_x=yF_y$　　D. $xF_x+yF_y=0$

3. 已知函数 $f(x,y,z)$ 在光滑曲面 $\sum:z=\varphi(x,y)$ 上连续,D_{xy} 为 $\sum$ 在 xOy 面上的投影,若

取$\sum$的下侧，则曲面积分

$$I_1 = \iint_{\Sigma} f(x,y,z)\mathrm{d}x\mathrm{d}y$$

与二重积分

$$I_2 = \iint_{D_{xy}} f[x,y,\varphi(x,y)]\mathrm{d}x\mathrm{d}y$$

的关系为(　　).

A. $I_1 = I_2$　　B. $I_1 = -I_2$　　C. $I_1 = \pm I_2$　　D. A,B,C 均不对

4. 设$I = \iint_{\Sigma} z^2\mathrm{d}x\mathrm{d}y$，其中$\sum$为球面$x^2+y^2+z^2=1$的外侧，则$I$的值为(　　).

A. 0　　B. $\frac{3}{4}\pi$　　C. $\frac{1}{2}\pi$　　D. $\frac{1}{4}\pi$

5. 设$\mathrm{d}u = (2x\cos y - y^2\sin x)\mathrm{d}x + (2y\cos x - x^2\sin y)\mathrm{d}y$，则二元函数$u(x,y)$的表达式为(　　).

A. $(x^2+y^2)(\cos x+\cos y)+C$　　B. $(x^2+y^2)+C$

C. $x^2\cos y + y^2\cos x + C$　　D. $(\cos x+\cos y)\mathrm{e}^x + C$

二、填空题(每小题 3 分，共 15 分)

1. 设c是由圆周$x^2+y^2=a^2(a>0)$，直线$y=x$及x轴在第一象限所围图形的边界，则曲线积分$\int_c \mathrm{e}^{\sqrt{x^2+y^2}}\mathrm{d}s =$ ______.

2. 设c为曲线$y=1-|1-x|\ (0\leqslant x\leqslant 2)$沿$x$增大的方向，则曲线积分$\int_c (x^2+y^2)\mathrm{d}x+(x^2-y^2)\mathrm{d}y =$ ______.

3. 设S为球面$x^2+y^2+z^2=R^2(R>0)$，则曲面积分$\iint_S z^2\mathrm{d}S =$ ______.

4. 设$\sum$是下半球面$z=-\sqrt{1-(x^2+y^2)}$的下侧，则曲面积分$\iint_{\Sigma}(x^2+y^2)z\mathrm{d}x\mathrm{d}y =$ ______.

5. 设$\sum$是球面$x^2+y^2+z^2=a^2(a>0)$的外侧，则曲面积分$\iint_{\Sigma} xz^2\mathrm{d}y\mathrm{d}z + yx^2\mathrm{d}z\mathrm{d}x + zy^2\mathrm{d}x\mathrm{d}y =$ ______.

三、计算下列各题(每小题 5 分，共 30 分)

1. 求$\int_c y\mathrm{d}s$，其中c是抛物线$y^2=4x$，从点$(0,0)$到点$(1,2)$的一段弧.

2. 计算$\int_c (2-y)\mathrm{d}x + x\mathrm{d}y$，其中$c$是曲线$x=(t-\sin t)$，$y=1-\cos t(0\leqslant t\leqslant 2\pi)$的一段弧.

3. 计算$\iint_S (x^2+y^2)\mathrm{d}S$，其中$S$是锥面$x^2+y^2=z^2$，$0\leqslant z\leqslant 1$.

4. 计算$\oiint_S x^2\mathrm{d}y\mathrm{d}z + y^2\mathrm{d}z\mathrm{d}x$，其中$S$是三坐标平面与平面$x=a$，$y=b$，$z=c$($a,b,c$均为正常数)所围成立方体表面外侧.

5. 设曲线积分$I=\oint_c x^2\mathrm{d}x + x\mathrm{e}^{y^2}\mathrm{d}y$，其中$c$是由直线$y=x-1$，$y=1$及$x=1$所围成的区

域的正向边界曲线,求 I 的值.

6. 设 S 为光滑的封闭曲面,V 为 S 所包围的立体体积,$\cos\alpha,\cos\beta,\cos\gamma$ 为 S 的外法线的方向余弦,求$\iint\limits_S(x\cos\alpha+y\cos\beta+z\cos\gamma)\mathrm{d}S$.

四、(7 分) 计算曲线积分$\oint_c\sqrt{x^2+y^2}\mathrm{d}S$,$c$ 是圆周 $x^2+y^2=ax(a>0)$.

五、(7 分) 证明$(1-2xy-y^2)\mathrm{d}x-(x+y)^2\mathrm{d}y$是某个二元函数的全微分,并求出一个这样的二元函数 $u(x,y)$.

六、(7 分) 弹性力的方向朝着坐标原点,力的大小与质点距坐标原点的距离成正比.设此质点依逆时针方向描出$\dfrac{x^2}{a^2}+\dfrac{y^2}{b^2}=1$第一象限部分,求此弹性力所做的功.

七、(7 分) 求 $I=\int_{\widehat{AO}}(\mathrm{e}^x\sin y-my)\mathrm{d}x+(\mathrm{e}^x\cos y-m)\mathrm{d}y$,其中$\widehat{AO}$为由点 $A(a,0)$ 到点$O(0,0)$上半圆周 $x^2+y^2=ax,(y\geqslant0,a\geqslant0)$.

八、(7 分) 计算曲面积分

$$I=\iint\limits_{\Sigma}(8y+1)x\mathrm{d}y\mathrm{d}z+2(1-y^2)\mathrm{d}z\mathrm{d}x-4yz\mathrm{d}x\mathrm{d}y,$$

其中$\sum$是由曲线$\begin{cases}z=\sqrt{y-1},\\x=0\end{cases}$$(1\leqslant y\leqslant3)$ 绕 y 轴旋转一周所成的曲面,它的法矢量与 y 轴正向的夹角大于$\dfrac{\pi}{2}$.

九、(5 分) 计算 $I=\oint_c x^2\mathrm{d}s$,其中 c 是球面 $x^2+y^2+z^2=R^2$ 与平面 $x+y+z=0$ 的圆周.

自测题解答

一、1. B. 2. C. 3. B. 4. A. 5. C.

二、1. $2(\mathrm{e}^a-1)+\dfrac{\pi}{4}a\mathrm{e}^a$. 2. $\dfrac{4}{3}$. 3. $\dfrac{4}{3}\pi a^4$. 4. $\dfrac{4\pi}{15}$. 5. $\dfrac{4}{5}\pi a^5$.

三、1. $y=2\sqrt{x},\dfrac{\mathrm{d}y}{\mathrm{d}x}=\dfrac{1}{\sqrt{x}},\mathrm{d}s=\sqrt{1+\left(\dfrac{\mathrm{d}y}{\mathrm{d}x}\right)^2}\mathrm{d}x=\sqrt{1+\dfrac{1}{x}}\mathrm{d}x$.

故

$$\int_c y\mathrm{d}s=\int_0^1 2\sqrt{x}\sqrt{1+\frac{1}{x}}\mathrm{d}x=\int_0^1 2\sqrt{x+1}\mathrm{d}x=\frac{4}{3}(2\sqrt{2}-1).$$

2. $\int_c(2-y)\mathrm{d}x+x\mathrm{d}y=\int_0^{2\pi}[(1+\cos t)(1-\cos t)+(t-\sin t)\sin t]\mathrm{d}t=\int_0^{2\pi}t\sin t\mathrm{d}t=-2\pi$.

3. $z^2=x^2+y^2,\dfrac{\partial z}{\partial x}=\dfrac{x}{z},\dfrac{\partial z}{\partial y}=\dfrac{y}{z}$,

$$\mathrm{d}s=\sqrt{1+\left(\frac{\partial z}{\partial x}\right)^2\left(\frac{\mathrm{d}z}{\mathrm{d}y}\right)^2}\mathrm{d}x\mathrm{d}y=\sqrt{2}\mathrm{d}x\mathrm{d}y.$$

所以

$$\iint\limits_S(x^2+y^2)\mathrm{d}s=\iint\limits_{x^2+y^2\leqslant1}\sqrt{2}(x^2+y^2)\mathrm{d}x\mathrm{d}y=\sqrt{2}\int_0^{2\pi}\mathrm{d}\theta\int_0^1 r^3\mathrm{d}r=\frac{\sqrt{2}}{2}\pi.$$

4. 设六平面所围立体为 Ω,则

$$\oiint_S x^2\mathrm{d}y\mathrm{d}z + y^2\mathrm{d}z\mathrm{d}x = \iiint_\Omega (2x+2y)\mathrm{d}x\mathrm{d}y\mathrm{d}z$$

$$= \int_0^a 2x\mathrm{d}x\int_0^b \mathrm{d}y\int_0^c \mathrm{d}z + \int_0^a \mathrm{d}x\int_0^b 2y\mathrm{d}y\int \mathrm{d}z = abc(a+b).$$

5. 设 D 为封闭曲线 c 围成的平面区域,则有

$$\oint_c x^2\mathrm{d}x + x\mathrm{e}^{y^2}\mathrm{d}y = \iint_D \mathrm{e}^{y^2}\mathrm{d}x\mathrm{d}y = \int_0^1\mathrm{d}y\int_1^{y+1}\mathrm{e}^{y^2}\mathrm{d}x = \frac{1}{2}(\mathrm{e}-1).$$

6. 设 Ω 为 S 所包围的空间区域,则

$$\iint_s (x\cos\alpha + y\cos\beta + z\cos\gamma)\mathrm{d}s = \iiint_\Omega 3\mathrm{d}x\mathrm{d}y\mathrm{d}z = 3V.$$

四、c 的极坐标方程为 $r(\theta)=a\cos\theta$, $\sqrt{x^2+y^2}=r(\theta)=a\cos\theta$, $\mathrm{d}s=\sqrt{r^2+r'^2}\mathrm{d}\theta=a\mathrm{d}\theta$,于是

$$\oint_c \sqrt{x^2+y^2}\mathrm{d}s = \int_{-\frac{\pi}{2}}^{\frac{\pi}{2}} a^2\cos\theta\mathrm{d}\theta = 2a^2.$$

五、记 $M(x,y)=1-2xy-y^2$, $N(x,y)=-(x+y)^2$,有 $\dfrac{\partial N}{\partial x}=\dfrac{\partial M}{\partial y}=-2(x+y)$. 所以,$(1-2xy-y^2)\mathrm{d}x-(x+y)^2\mathrm{d}y$ 是某个二元函数的全微分,且 $u(x,y)=\int_{(0,0)}^{(x,y)}(1-2xy-y^2)\mathrm{d}x-(x+y)^2\mathrm{d}y$. 取积分路径为折线 $(0,0)\to(x,0)\to(x,y)$,则

$$u(x,y)=\int_0^x \mathrm{d}x-\int_0^y (x+y)^2\mathrm{d}y = x-x^2y-xy^2-\frac{1}{3}y^3.$$

六、记弹性力为 $\boldsymbol{F}$,则

$$|\boldsymbol{F}| = k\sqrt{x^2+y^2},\quad \boldsymbol{F}^\circ = -\frac{x\boldsymbol{i}+y\boldsymbol{j}}{\sqrt{x^2+y^2}},$$

故
$$\boldsymbol{F}=|\boldsymbol{F}|\boldsymbol{F}^\circ = -k(x\boldsymbol{i}+y\boldsymbol{j}).$$

所做的功为
$$W=\int_c \boldsymbol{F}\cdot\mathrm{d}\boldsymbol{r} = -k\int_c x\mathrm{d}x+y\mathrm{d}y,$$

其中 c 为 $\begin{cases}x=a\cos\theta,\\ y=b\sin\theta\end{cases}\left(0\leqslant\theta\leqslant\dfrac{\pi}{2}\right)$,故

$$W=-k\int_0^{\frac{\pi}{2}}[-a^2\cos\theta\sin\theta+b^2\sin\theta\cos\theta]\mathrm{d}\theta = k(a^2-b^2).$$

七、设 $\widehat{AO}$ 与 $\overline{OA}$ 所围平面区域为 D,则

$$I+\int_{\overline{OA}}(\mathrm{e}^x\sin y-my)\mathrm{d}x+(\mathrm{e}^x\cos y-m)\mathrm{d}y$$

$$=\iint_D[\mathrm{e}^x\cos y-(\mathrm{e}^x\cos y-m)]\mathrm{d}x\mathrm{d}y$$

$$=m\iint_D\mathrm{d}x\mathrm{d}y = m\cdot\frac{1}{2}\pi\left(\frac{a}{2}\right)^2 = \frac{m\pi a^2}{8}.$$

而 $\int_{\overline{OA}}=0$,所以 $I=\dfrac{m\pi a^2}{8}$.

八、Σ 的方程为 $y=x^2+z^2+1(1\leqslant y\leqslant 3)$. 记 Σ_1 为 $y=3(x^2+z^2\leqslant 2)$ 法矢量与 y 轴正向一致. 记 Ω 为 Σ 与 Σ_1 所围空间区域,则由高斯公式有

$$I+\iint\limits_{\Sigma_1}(8y+1)x\mathrm{d}y\mathrm{d}z+2(1-y^2)\mathrm{d}z\mathrm{d}x-4yz\mathrm{d}x\mathrm{d}y=\iiint\limits_{\Omega}\mathrm{d}x\mathrm{d}y\mathrm{d}z=\int_0^{2\pi}\mathrm{d}\theta\int_0^{\sqrt{2}}r\mathrm{d}r\int_{r^2+1}^{3}\mathrm{d}y$$

$$=\int_0^{2\pi}\mathrm{d}\theta\int_0^{\sqrt{2}}(2-r^2)r\mathrm{d}r=2\pi\left[r^2-\frac{r^4}{4}\right]\Bigg|_0^{\sqrt{2}}=2\pi.$$

而
$$\iint\limits_{\Sigma_1}=\iint\limits_{x^2+z^2\leqslant 2}2(1-3^2)\mathrm{d}z\mathrm{d}x=-16\cdot 2\pi=-32\pi,$$

所以
$$I=2\pi-\iint\limits_{\Sigma_1}=2\pi-(-32\pi)=34\pi.$$

九、因为 c 的方程关于 x、y、z 对称，故

$$I=\frac{1}{3}\oint_c(x^2+y^2+z^2)\mathrm{d}s=\frac{R^2}{3}\oint_c\mathrm{d}s.$$

又 c 是过球心的平面与球面的交线，故

$$\oint_c\mathrm{d}s=2\pi R.$$

所以
$$I=\frac{2\pi R^3}{3}.$$

第十二章　无穷级数

级数是高等数学的重要组成部分，它不仅为研究函数的表示与性质提供了新的方法，而且是数值计算的重要工具，因此在理论上与实际中有着广泛的应用.本章主要介绍无穷级数的概念、数项级数、幂级数和傅里叶级数.

12.1　数项级数

我们都熟悉

$$\sqrt{2} = 1.4142\cdots = 1 + 0.4 + 0.01 + 0.004 + 0.0002 + \cdots$$

这里$\sqrt{2}$被表示成了无穷多个有理数相加的形式，而其近似值1.4142，仅仅是它的前5项之和.显然，当项数n无限增加时，其前n项之和便无限地接近无理数$\sqrt{2}$.因此，用无穷多个数相加可扩大数的表示形式，它也为近似计算提供了方便.但是，任意的无穷多个数相加是否一定有意义？它们的和是否存在？为讨论这个问题，我们先引入一个新的数学概念——级数.

12.1.1　级数的收敛与发散

给定一个数列：$a_1, a_2, \cdots, a_n, \cdots$，作和式

$$a_1 + a_2 + \cdots + a_n + \cdots$$

称它为**数项无穷级数**，简称为**数项级数**或**级数**，记作$\sum_{n=1}^{\infty} a_n$，级数中的第n项a_n称为级数的**通项**.

当然，上述定义的和式仅仅是形式上相加，因为目前还不清楚这种加法是否有意义，级数的和是否一定存在.为了深入地研究这个问题，我们回顾一下在中学数学中讲过的无穷递缩等比数列各项之和，当$|r| < 1$时，几何级数

$$1 + r + r^2 + \cdots + r^n + \cdots$$

的和为$\frac{1}{1-r}$.而该和数是通过几何级数前n项之和（部分和）的极限求得.显然这是求级数和的正确途径.因此，对于级数首先引进“部分和”的概念.

设S_n是数列$\{a_n\}$前n项之和，即$S_n = a_1 + a_2 + \cdots + a_n = \sum_{k=1}^{n} a_k$，称$S_n$为级数$\sum_{n=1}^{\infty} a_n$的**部分和**.依次取$n = 1, 2, \cdots$便得到一数列

$$S_1, S_2, \cdots, S_n, \cdots$$

称为部分和数列,记作$\{S_n\}$.

对于一个给定的无穷级数$\sum_{n=1}^{\infty}a_n$,可以根据上述定义作出其部分和数列$\{S_n\}$;反之,给定一个级数的部分和数列,也可以由关系式 $a_n = s_n - s_{n-1}$ 写出其相应的级数 $\sum_{n=1}^{\infty}a_n$. 在本章,级数与其部分和数列的这种对应关系是极其重要的. 因为,级数的许多重要性质都是由部分和数列的性质取得.

定义 1 若级数 $\sum_{n=1}^{\infty}a_n$ 的部分和数列$\{S_n\}$ 收敛于有限数 S,即

$$\lim_{n\to\infty}S_n = S,$$

则称级数 $\sum_{n=1}^{\infty}a_n$ **收敛**,数 S 称为收敛级数 $\sum_{n=1}^{\infty}a_n$ 的和,即 $S=\sum_{n=1}^{\infty}a_n$. 若部分和数列$\{S_n\}$ **发散**,则称级数 $\sum_{n=1}^{\infty}a_n$ 发散. 发散级数不存在和数. 级数的收敛性(又称敛散性)是研究级数的首要问题.

当级数收敛时,其部分和 S_n 应是其和 S 的近似值,二者的差值

$$R_n = S - S_n = a_{n+1} + a_{n+2} + \cdots$$

称为级数的**余项**. 估计 $|R_n|$ 的值便得到 S_n 与 S 之间的误差.

例 1 求证几何级数 $\sum_{n=0}^{\infty}r^n$ 在 $|r|<1$ 时收敛,在 $|r|\geqslant 1$ 时发散,

证 由于

$$S_n = 1 + r + r^2 + \cdots + r^{n-1} = \frac{1-r^n}{1-r} = \frac{1}{1-r} - \frac{r^n}{1-r},$$

所以,当 $|r|<1$ 时,$r^n \to 0(n\to\infty)$,这时

$$S_n \to \frac{1}{1-r}(n\to\infty),$$

故该几何级数收敛,其和为$\frac{1}{1-r}$. 而 $|r|>1$ 时,$r^n\to\infty(n\to\infty)$,这时,$S_n\to\infty(n\to\infty)$,故该几何级数发散. 当 $r=-1$ 时,$\lim\limits_{n\to\infty}S_n$ 不存在,而当 $r=1$ 时 $\lim\limits_{n\to\infty}S_n=+\infty$,故级数发散.

例 2 判定级数 $\sum_{n=1}^{\infty}\frac{1}{n(n+1)}$ 的敛散性.

解 因

$$\begin{aligned} S_n &= \frac{1}{1\cdot 2} + \frac{1}{2\cdot 3} + \cdots + \frac{1}{n(n+1)} \\ &= 1 - \frac{1}{2} + \frac{1}{2} - \frac{1}{3} + \cdots + \frac{1}{n} - \frac{1}{n+1} = 1 - \frac{1}{n+1} \end{aligned}$$

所以$\lim\limits_{n\to\infty}S_n = 1$，从而级数收敛.

例 3　判定级数$\sum\limits_{n=1}^{\infty}\ln(1+\frac{1}{n})$的敛散性.

解　因

$$\begin{aligned}S_n &= \ln(1+1)+\ln(1+\frac{1}{2})+\cdots+\ln(1+\frac{1}{n}) \\ &= \ln2+\ln\frac{3}{2}+\ln\frac{4}{3}+\cdots+\ln\frac{n+1}{n} \\ &= \ln2+\ln3-\ln2+\ln4-\ln3+\cdots+\ln(n+1)-\ln n \\ &= \ln(1+n),\end{aligned}$$

所以$\lim\limits_{n\to\infty}S_n = \infty$，故级数发散.

12.1.2　无穷级数的基本性质

众所周知，有限个数相加时，其运算满足交换律、结合律及分配律.但对于无穷多个数相加的级数，其运算又有哪些性质呢？它与有限个数相加是否有相同的性质呢？为此需要研究无穷级数的基本性质.

性质 1　若级数$\sum\limits_{n=1}^{\infty}a_n$与$\sum\limits_{n=1}^{\infty}b_n$都收敛，其和分别为$S$与$\sigma$，则对于任意常数$k_1$和$k_2$，级数$\sum\limits_{n=1}^{\infty}(k_1a_n+k_2b_n)$也收敛，其和为$k_1S+k_2\sigma$.

证　设A_n与B_n分别表示级数$\sum\limits_{n=1}^{\infty}a_n$与$\sum\limits_{n=1}^{\infty}b_n$的部分和，由假设知

$$\lim_{n\to\infty}A_n = S,\quad \lim_{n\to\infty}B_n = \sigma.$$

因为级数$\sum\limits_{n=1}^{\infty}(k_1a_n+k_2b_n)$的部分和

$$\sum_{i=1}^{n}(k_1a_i+k_2b_i) = k_1\sum_{i=1}^{n}a_i+k_2\sum_{i=1}^{n}b_i = k_1A_n+k_2B_n,$$

故

$$\lim_{n\to\infty}(k_1A_n+K_2B_n) = k_1S+k_2\sigma,$$

即　级数$\sum\limits_{n=1}^{\infty}(k_1a_n+k_2b_n)$收敛，其和数为$k_1S+k_2\sigma$.

性质 2　若级数$\sum\limits_{n=1}^{\infty}a_n$收敛于$S$，则将其项任意添加括号(不改变各项的次序)后，所得到的新级数

$$(a_1+\cdots+a_{n_1})+(a_{n_1+1}+\cdots+a_{n_2})+\cdots+(a_{n_{k-1}+1}+\cdots+a_{n_k})+\cdots$$

收剑且和仍为S.

证 设级数 $\sum_{n=1}^{\infty} a_n$ 的部分和为 S_n,则 $\lim_{n\to\infty} S_n = S$. 再设

$$\begin{aligned} A_1 &= a_1 + \cdots + a_{n_1}, \\ A_2 &= a_{n_1+1} + \cdots + a_{n_2}, \\ &\vdots \\ A_k &= a_{n_{k-1}} + 1 + \cdots + a_{n_k}, \\ &\vdots \end{aligned}$$

则添括号后新级数可表示为

$$A_1 + A_2 + \cdots + A_k + \cdots$$

其部分和为 $A_1 + A_2 + \cdots + A_k = a_1 + \cdots + a_{n_k} = S_{n_k}$. 由于数列 $\{S_{n_k}\}$ 是数列 $\{S_n\}$ 的子列,于是

$$\lim_{k\to\infty}(A_1 + A_2 + \cdots + A_k) = \lim_{k\to\infty} S_{n_k} = \lim_{n\to\infty} S_n = S.$$

这个性质说明了收敛的级数满足结合律. 在实际应用中常用它的逆否命题:

若对级数 $\sum_{n=1}^{\infty} a_n$ 加括号后所得到的新级数是发散的,则原级数发散.

例 4 求证调和级数 $\sum_{n=1}^{\infty} \frac{1}{n}$ 发散.

证 现对调和级数 $\sum_{n=1}^{\infty} \frac{1}{n}$ 添加括号,得到的新级数为

$$(1+\frac{1}{2}) + (\frac{1}{3}+\frac{1}{4}) + (\frac{1}{5}+\frac{1}{6}+\frac{1}{7}+\frac{1}{8}) + \cdots + (\frac{1}{2^n+1} + \cdots + \frac{1}{2^{n+1}}) + \cdots \tag{1}$$

其通项

$$\frac{1}{2^n+1} + \cdots + \frac{1}{2^{n+1}} > \frac{2^{n+1}-2^n}{2^{n+1}} = \frac{1}{2},$$

故其部分和

$$1 + \frac{1}{2} + (\frac{1}{3}+\frac{1}{4}) + \cdots + (\frac{1}{2^n+1} + \cdots + \frac{1}{2^{n+1}}) > \frac{1}{2}(n+1).$$

显然上式发散于 ∞,故级数(1) 发散,从而原级数发散.

性质 3 (级数收敛的必要条件) 若数项级数 $\sum_{n=1}^{\infty} a_n$ 收敛,则 $\lim_{n\to\infty} a_n = 0$.

证 设 S_n 与 S 分别为级数 $\sum_{n=1}^{\infty} a_n$ 的部分和与和,即 $\lim_{n\to\infty} S_n = S$. 由于 $a_n = S_n - S_{n-1}$,所以

$$\lim_{n\to\infty} a_n = \lim_{n\to\infty} S_n - \lim_{n\to\infty} S_{n-1} = S - S = 0.$$

这个性质告诉我们考察级数收敛性时，应先考察该级数的通项是否收敛于零．若 $\lim\limits_{n\to\infty} a_n \neq 0$，则立即可断定该级数发散．

例 5　级数 $\sum\limits_{n=1}^{\infty} \sin n$ 是发散的．这是因为 $\lim\limits_{n\to\infty} \sin n$ 不存在，所以 $\lim\limits_{n\to\infty} \sin n \neq 0$，于是原级数发散．

这里应该强调指出，性质 3 仅是级数收敛的必要条件，不是充分条件．虽有 $\lim\limits_{n\to\infty} a_n = 0$，但级数 $\sum\limits_{n=1}^{\infty} a_n$ 未必收敛．如例 4 中调和级数 $\sum\limits_{n=1}^{\infty} \frac{1}{n}$ 的通项 $\frac{1}{n}$ 收敛于零，但该级数发散．

性质 4　改变（或去掉或添加）级数的有限多项，不会影响它的敛散性（即改变前后的两级数或同时收敛，或同时发散）．

证　设将级数 $\sum\limits_{n=1}^{\infty} a_n$ 改变其前 l 项（l 为任意的固定正整数），所得到的新级数为

$$\sum_{n=1}^{\infty} b_n = c_1 + c_2 + \cdots + c_l + a_{l+1} + \cdots + a_n + \cdots$$

其部分和

$$B_n = (c_1 + c_2 + \cdots + c_l) + a_{l+1} + \cdots + a_n = (c_1 + \cdots + c_l) + S_n - s_l,$$

其中 S_n 为级数 $\sum\limits_{n=1}^{\infty} a_n$ 的部分和．由于 $(c_1 + c_2 + \cdots + c_l)$ 与 S_l 为常数，因此 $\lim\limits_{n\to\infty} B_n$ 与 $\lim\limits_{n\to\infty} S_n$ 收敛性相同，从而级数 $\sum\limits_{n=1}^{\infty} a_n$ 与 $\sum\limits_{n=1}^{\infty} b_n$ 具有相同的敛散性．

12.1.3　正项级数

根据级数收敛的定义来判定级数的收敛性是很困难的，因为大部分级数的部分和难以求出．因此，需要有些简单易行的判定级数收敛或发散的方法．这里先考虑一类较简单，而且很有用的级数，即正项级数．

若级数 $\sum\limits_{n=1}^{\infty} a_n$ 的通项 $a_n \geqslant 0 (n = 1,2,\cdots)$，则称该级数为**正项级数**．对于正项级数 $\sum\limits_{n=1}^{\infty} a_n$，其部分和序列

$$S_n = a_1 + a_2 + \cdots + a_n, \quad n = 1,2,\cdots$$

显然是单调增的．根据数列的单调有界收敛定理可知数列 $\{S_n\}$ 收敛的充分必要条件是 $\{S_n\}$ 有上界：即存在一正常数 $M > 0$，使得 $S_n \leqslant M, n = 1,2,\cdots$ 故由此得到．

定理 1（正项级数收敛的准则）　正项级数收敛的充要条件是它的部分和数列 $\{S_n\}$ 有上界．

显然，若 $\{S_n\}$ 无上界时，则级数发散．反之亦然．

例 6 判定 p- 级数 $\sum\limits_{n=1}^{\infty}\dfrac{1}{n^p}$ 的收敛性.

解 记 S_n 为 p- 级数的部分和.

当 $p\leqslant 1$ 时,由于$\dfrac{1}{n^p}\geqslant\dfrac{1}{n}$,因此 $S_n\geqslant 1+\dfrac{1}{2}+\cdots+\dfrac{1}{n}\quad(n=1,2\cdots)$.

上式的右端是调和级数 $\sum\limits_{n=1}^{\infty}\dfrac{1}{n}$ 的部分和,由例 4 知该级数发散,故其部分和无上界,于是数列$\{S_n\}$ 无上界,因此 p- 级数发散.

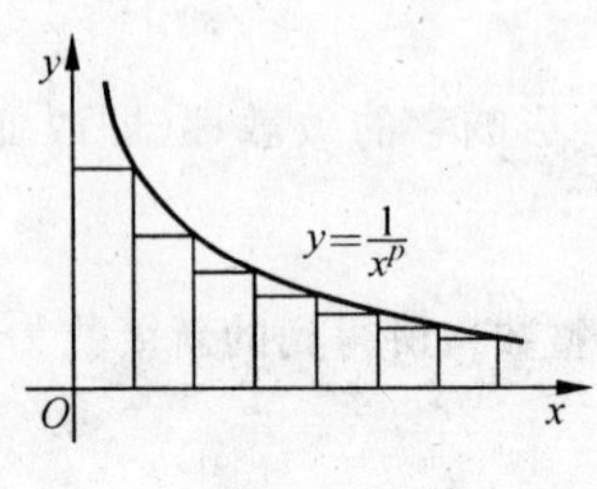

图 12.1

当 $p>1$ 时,由函数$\dfrac{1}{x^p}$ 的严格单调减的性质知(见图 12.1)

$$S_n\leqslant\int_1^n\frac{\mathrm{d}x}{x^p}+1<\int_1^{+\infty}\frac{\mathrm{d}x}{x^p}+1$$

$$=\frac{1}{p-1}+1\ (n=1,2,\cdots),$$

故数列$\{S_n\}$ 有上界,于是 p- 级数收敛. 总之 $p>1$ 时 p- 级数收敛,$p\leqslant 1$ 时 p- 级数发散.

定理 2(正项级数的比较判别法) 设 $\sum\limits_{n=1}^{\infty}a_n$ 与 $\sum\limits_{n=1}^{\infty}b_n$ 是两个正项级数,若存在常数 $c>0$,当 $n>N$(N 为某确定的自然数) 时有 $a_n\leqslant cb_n$,则

(1) 当 $\sum\limits_{n=1}^{\infty}b_n$ 收敛时,$\sum\limits_{n=1}^{\infty}a_n$ 也收敛; (2) 当 $\sum\limits_{n=1}^{\infty}a_n$ 发散时,$\sum\limits_{n=1}^{\infty}b_n$ 也发散.

证 不妨设 $N=1$(不然,去掉级数前 N 项,级数收敛性不变),$S_n=\sum\limits_{k=1}^{n}a_k$,$\sigma_n=\sum\limits_{k=1}^{n}b_k$. 由假设得知 $0\leqslant S_n\leqslant\sigma_n$,当级数 $\sum\limits_{n=1}^{\infty}b_n$ 收敛时,其部分和数列 σ_n 有上界,于是数列$\{S_n\}$ 有上界,从而级数 $\sum\limits_{n=1}^{\infty}a_n$ 收敛. 而当级数 $\sum\limits_{n=1}^{\infty}a_n$ 发散时,数列$\{S_n\}$ 无上界,从而数列$\{\sigma_n\}$ 也无上界,故级数 $\sum\limits_{n=1}^{\infty}b_n$ 发散. □

定理 2 告诉我们:只需与已知收敛性的正项级数作比较,便可判定正项级数的收敛性. 通常选用几何级数与 p- 级数作为判定正项级数收敛性的比较对象.

例 7 判定级数 $\sum\limits_{n=1}^{\infty}\dfrac{3+\sin^3(n+1)}{2^n+n}$ 的收敛性.

解 因为
$$0<\frac{3+\sin^3(n+1)}{2^n+n}<\frac{4}{2^n},$$

而级数 $\sum\limits_{n=1}^{\infty}\dfrac{4}{2^n}=4\sum\limits_{n=1}^{\infty}\dfrac{1}{2^n}$ 是收敛的等比级数,故原级数收敛.

例 8　判定级数 $\sum_{n=1}^{\infty}\frac{1}{\sqrt{n(n+1)}}$ 的收敛性.

解　因为
$$\frac{1}{\sqrt{n(n+1)}}>\frac{1}{n+1}\geqslant\frac{1}{2n},$$
而级数 $\sum_{n=1}^{\infty}\frac{1}{2n}=\frac{1}{2}\sum_{n=1}^{\infty}\frac{1}{n}$ 发散,故原级数发散.

比较判别法是判定正项级数收敛的一个重要的常用方法.为了使用方便,在比较两级数通项大小时,还可以采用极限形式.

定理 3　若 a_n、$b_n>0$,$\lim\limits_{n\to\infty}\frac{a_n}{b_n}=l$,则

(1) $l<+\infty$ 且 $\sum_{n=1}^{\infty}b_n$ 收敛时,级数 $\sum_{n=1}^{\infty}a_n$ 也收敛;

(2) $l>0$ 且 $\sum_{n=1}^{\infty}b_n$ 发散时,级数 $\sum_{n=1}^{\infty}a_n$ 也发散.

证　(1) 因 $\lim\limits_{n\to\infty}\frac{a_n}{b_n}=l$,故存在 $N>0$,当 $n>N$ 时有 $\frac{a_n}{b_n}<\frac{3}{2}l=c$,即 $a_n<\frac{3}{2}lb_n$.又因级数 $\sum_{n=1}^{\infty}b_n$ 收敛,由定理 2 得知级数 $\sum_{n=1}^{\infty}a_n$ 也收敛.

(2) 因 $\lim\limits_{n\to\infty}\frac{a_n}{b_n}=l$,故存在 $N>0$,当 $n>N$ 时有 $\frac{a_n}{b_n}>\frac{1}{2}l=c$(若 $l=+\infty$,取 $c=1$),即 $a_n>cb_n$.又因级数 $\sum_{n=1}^{\infty}b_n$ 发散,由定理 2 得知级数 $\sum_{n=1}^{\infty}a_n$ 也发散.　□

通常我们使用定理 3 时,常取 $b_n=\frac{1}{n^p}$,于是定理结论可改为

(1) 当 $p>1$ 且 $l<+\infty$ 时,级数 $\sum_{n=1}^{\infty}a_n$ 收敛;

(2) 当 $p\leqslant1$ 且 $l>0$ 时,级数 $\sum_{n=1}^{\infty}a_n$ 发散.

例 9　判定级数 $\sum_{n=1}^{\infty}\sin\frac{1}{n}$ 的收敛性.

解　因 $0<\frac{1}{n}<\frac{\pi}{2}$,故 $\sin\frac{1}{n}>0$.由于 $\sin\frac{1}{n}\sim\frac{1}{n}(n\to\infty)$,故
$$\lim_{n\to\infty}\frac{\sin\frac{1}{n}}{\frac{1}{n}}=1>0.$$
因此原级数发散.

例 10 判定级数$\sum\limits_{n=1}^{\infty}\frac{1}{\sqrt{n^3+1}}$的敛散性.

解 因$\frac{1}{\sqrt{n^3+1}}=\frac{1}{n^{\frac{3}{2}}\sqrt{1+1/n^3}}\sim\frac{1}{n^{\frac{3}{2}}}(n\to\infty)$,故

$$\lim_{n\to\infty}\frac{1}{\sqrt{n^3+1}}\Big/\frac{1}{n^{\frac{3}{2}}}=1,$$

从而级数收敛.

例 11 判定级数$\sum\limits_{n=1}^{\infty}(a^{\frac{1}{n^2}}-1)$的收敛性$(a>1)$.

解 利用函数 e^x 在 $x=0$ 处的泰勒公式:

$$e^x=1+x+o(x)\ (x\to 0),$$

有
$$a^{\frac{1}{n^2}}-1=e^{\ln a/n^2}-1=\frac{1}{n^2}\ln a+o(\frac{1}{n^2}\ln a)\ (n\to\infty).$$

于是$\lim\limits_{n\to\infty}\frac{a^{\frac{1}{n^2}}-1}{\frac{1}{n^2}}=\ln a$,故级数收敛.

定理 4 (比值判别法) 设$\sum\limits_{n=1}^{\infty}a_n$是正项级数,且 $a_n>0,n=1,2,\cdots$ 若$\lim\limits_{n\to\infty}\frac{a_{n+1}}{a_n}=l$,则

(1) $l<1$ 时,级数$\sum\limits_{n=1}^{\infty}a_n$ 收敛; (2) $l>1$ 时,级数$\sum\limits_{n=1}^{\infty}a_n$ 发散.

证 (1) 当 $l<1$ 时,令 $r=\frac{l+1}{2}$,显然 $r<1$,由极限保号性质知 $\exists N,\forall n\geqslant N$ 有$\frac{a_n+1}{a_n}<r$,从而有

$$a_{N+1}<a_Nr,\ a_{N+2}<a_{N+1}r<a_Nr^2,\cdots$$
$$a_{n+N}<a_{n+N-1}r<\cdots<a_Nr^n,\cdots$$

因为等比级数$\sum\limits_{n=1}^{\infty}a_Nr^n$ 收敛,所以级数$\sum\limits_{n=N}^{\infty}a_n$ 收敛,于是原级数收敛.

(2) 当 $l>1$ 时,令 $r_0=\frac{l+1}{2}$(若 $l=+\infty$,则取 $r_0=2$),显然$r_0>1$. 由极限不等式性质知 $\exists N,\forall n\geqslant N$,有$\frac{a_{n+1}}{a_n}>r_0$,从而有

$$a_{n+1}>r_0a_n>a_n,n=N,N+1,\cdots$$

于是 $\forall n$,当 $n>N$,有 $a_n>a_N>0$,从而 a_n 不可能收敛于 0,级数发散. □

注 $l=1$ 时,比值判别法失效. 如级数$\sum\limits_{n=1}^{\infty}\frac{1}{n}$ 发散,但有$\frac{1}{n+1}\Big/\frac{1}{n}\to 1\ (n\to\infty)$,

而级数$\sum\limits_{n=1}^{\infty}\frac{1}{n^2}$收敛,亦有$\frac{1}{(n+1)^2}\Big/\frac{1}{n^2}\to 1\ (n\to\infty)$.

例 12　研究级数$\sum\limits_{n=1}^{\infty}\frac{1}{n!}$的收敛性.

解　令$a_n=\frac{1}{n!}$,则有

$$\frac{a_{n+1}}{a_n}=\frac{1}{(n+1)!}\Big/\frac{1}{n!}=\frac{1}{n+1},$$

故$\lim\limits_{n\to\infty}\frac{a_{n+1}}{a_n}=0<1$,从而级数收敛.

例 13　判定级数$\sum\limits_{n=0}^{\infty}\frac{n!}{10^n}$的收敛性.

解　因

$$\frac{a_{n+1}}{a_n}=\frac{(n+1)!}{10^{n+1}}\Big/\frac{n!}{10^n}=\frac{n+1}{10},$$

故$\lim\limits_{n\to\infty}\frac{a_{n+1}}{a_n}=\infty$,从而级数发散.

定理 5(根值判别法)　设$\sum\limits_{n=1}^{\infty}a_n$是正项级数,且$\lim\limits_{n\to\infty}\sqrt[n]{a_n}=l\ (0\leqslant l\leqslant+\infty)$,则

(1) $l<1$时,级数收敛;　　　(2) $l>1$时,级数发散.

证　(1) 令$r=\frac{l+1}{2}$,则$l<r<1$,根据极限不等式性质知$\exists N,\forall n\geqslant N$时有$\sqrt[n]{a_n}<r$,即

$$a_n<r^n.$$

由于等比级数$\sum\limits_{n=1}^{\infty}r^n$收敛,故级数收敛.

(2) 令$r=\frac{1+l}{2}$,则$l>r>1$,与上面类似可得

$$a_n>r^n.$$

由于等比级数$\sum\limits_{n=1}^{\infty}r^n$发散,因此原级数发散. □

注:　$l=1$时,根值判别法失效.请读者用根值判别法考察级数$\sum\limits_{n=1}^{\infty}\frac{1}{n}$与$\sum\limits_{n=1}^{\infty}\frac{1}{n^2}$.

例 14　判定级数$\sum\limits_{n=1}^{\infty}\frac{1}{n^n}$收敛性.

解　令$a_n=\frac{1}{n^n}$,因

$$\lim_{n\to\infty}\sqrt[n]{a_n}=\lim_{n\to\infty}\frac{1}{n}=0<1,$$

故级数收敛.

例 15 判定级数 $\sum_{n=1}^{\infty} \frac{n}{e^n - 1}$ 的收敛性.

解 令 $a_n = \frac{n}{e^n - 1}$,因

$$\lim_{n\to\infty} \sqrt[n]{a_n} = \lim_{n\to\infty} \sqrt[n]{\frac{n}{e^n - 1}} = \frac{1}{e} < 1,$$

故级数收敛.

12.1.4 任意项级数

现在讨论一般的数项级数,即级数中有无穷多个项取正号,也有无穷多个项取负号. 这类级数中较为简单的是交错级数.

设 $a_n > 0 (n = 1,2,\cdots)$,则称级数

$$\sum_{n=1}^{\infty} (-1)^{n-1} a_n = a_1 - a_2 + a_3 - a_4 + \cdots$$

为**交错级数**. 它的各项的值是正负交错的. 对于交错级数收敛性有一个重要的判别法:

定理 6(莱布尼兹判别法) 设交错级数 $\sum_{n=1}^{\infty}(-1)^{n-1} a_n (a_n > 0, n = 1,2,\cdots)$ 满足以下条件:

(1) $a_n \geqslant a_{n+1}, n = 1,2,\cdots$

(2) $\lim\limits_{n\to\infty} a_n = 0$,

则该级数 $\sum_{n=1}^{\infty}(-1)^n a_n$ 收敛,且其余项

$$|r_n| = \left|\sum_{k=n+1}^{\infty} (-1)^{k-1} a_k\right| \leqslant a_{n+1}.$$

证 设 $S_n = \sum_{k=1}^{n} (-1)^{k-1} a_k$,则

$$S_{2n} = (a_1 - a_2) + (a_3 - a_4) + \cdots + (a_{2n-1} - a_{2n}),$$

或
$$S_{2n} = a_1 - (a_2 - a_3) - (a_4 - a_5) - \cdots - (a_{2n-2} - a_{2n-1}) - a_{2n}.$$

由于 $a_{n+1} \leqslant a_n$,故由上面两式知 $S_{2n} > 0, S_{2n} \leqslant a_1$,因此 $\{S_{2n}\}$ 是单调增且有上界的数列. 由单调有界收敛定理知存在 S,使 $\lim\limits_{n\to\infty} S_{2n} = S$. 又由于

$$S_{2n+1} = S_{2n} + a_{2n+1},$$

所以

$$\lim_{n\to\infty} S_{2n} = \lim_{n\to\infty} S_{2n} + \lim_{n\to\infty} a_{2n+1} = S + 0 = S,$$

于是$\lim\limits_{n\to\infty}S_n = S$,原级数收敛,且 $S \leqslant a_1$.

由于级数的余项

$$r_n = (-1)^n(a_{n+1} - a_{n+2} + \cdots)$$

仍是收敛的交错级数,因此

$$|r_n| \leqslant |(-1)^n a_{n+1}| = a_{n+1}. \qquad \square$$

例 16 求证级数$\sum\limits_{n=1}^{\infty}(-1)^{n-1}\dfrac{1}{n}$收敛,并估计其余项.

证 由于$\sum\limits_{n=1}^{\infty}(-1)^{n-1}\dfrac{1}{n}$是交错级数且$\dfrac{1}{n+1} < \dfrac{1}{n}$,$\lim\limits_{n\to\infty}\dfrac{1}{n} = 0$,所以由莱布尼兹判别法知该级数收敛,且

$$|r_n| < a_{n+1} = \frac{1}{n+1}. \qquad \square$$

例 17 判定级数$\sum\limits_{n=2}^{\infty}\dfrac{(-1)^n}{n-\ln n}$的收敛性.

解 由于 $n > \ln n$,故所给级数为交错级数,且

$$\lim_{n\to\infty}\frac{1}{n-\ln n} = 0.$$

为了应用莱布尼兹判别法,还需判定数列$\left\{\dfrac{1}{n-\ln n}\right\}$的单调性. 设 $y = \dfrac{1}{x-\ln x}$,由于

$$y' = \left(\frac{1}{x-\ln x}\right)' = \frac{-1+\dfrac{1}{x}}{(x-\ln x)^2} < 0 \quad (x \geqslant 2),$$

因此数列$\left\{\dfrac{1}{n-\ln n}\right\}$是单调减的,即

$$\frac{1}{(n+1)-\ln(n+1)} < \frac{1}{n-\ln n} \quad n = 2,3,\cdots$$

于是根据莱布尼兹判别法,级数收敛.

对于更一般的任意项级数$\sum\limits_{n=1}^{\infty}a_n$的收敛性,就不再介绍其他特殊的判别法,但为了研究其收敛性,不妨借助于正项级的判别法,即考虑级数$\sum\limits_{n=1}^{\infty}|a_n|$的收敛性. 于是便引进了绝对收敛与条件收敛的概念.

定义 2 如果级数$\sum\limits_{n=1}^{\infty}|a_n|$收敛,则称级数$\sum\limits_{n=1}^{\infty}a_n$**绝对收敛**;如果级数$\sum\limits_{n=1}^{\infty}|a_n|$发散,但$\sum\limits_{n=1}^{\infty}a_n$收敛,则称级数$\sum\limits_{n=1}^{\infty}a_n$**条件收敛**.

例如级数$\sum\limits_{n=1}^{\infty}\dfrac{(-1)^{n-1}}{n}$是条件收敛的,而级数$\sum\limits_{n=1}^{\infty}\dfrac{(-1)^{n}}{n^2}$是绝对收敛的.级数的绝对收敛与收敛间有着以下重要关系:

定理 7 绝对收敛的级数必收敛.

证 设$\sum\limits_{n=1}^{\infty}|a_n|$收敛,现令

$$b_n=\frac{1}{2}(a_n+|a_n|),\quad n=1,2,\cdots$$

即
$$b_n=\begin{cases}|a_n|, & a_n\geqslant 0,\\ 0, & a_n<0,\end{cases}$$

于是 $b_n\geqslant 0$,且$b_n\leqslant|a_n|\quad(n=1,2,\cdots)$.由于$\sum\limits_{n=1}^{\infty}|a_n|$收敛,从而正项级数$\sum\limits_{n=1}^{\infty}b_n$也收敛.又由于

$$a_n=2b_n-|a_n|,$$

而$\sum\limits_{n=1}^{\infty}b_n$与$\sum\limits_{n=1}^{\infty}|a_n|$均收敛,因此由收敛级数的性质知级数$\sum\limits_{n=1}^{\infty}a_n$收敛. □

对于任意项级数的收敛性一定要严格区分绝对收敛与条件收敛这两种情形.因为这两种级数性质上相差很远,对于绝对收敛的级数不仅具有结合律的性质,而且还具有交换律及级数相乘等特殊性质.

例 18 判定级数$\sum\limits_{n=1}^{\infty}\dfrac{\cos n}{n^2}$的收敛性.

解 因$\left|\dfrac{\cos n}{n^2}\right|\leqslant\dfrac{1}{n^2}$,故$\sum\limits_{n=1}^{\infty}\left|\dfrac{\cos n}{n^2}\right|$收敛,从而原级数绝对收敛.

例 19 判定级数$\sum\limits_{n=1}^{\infty}(-1)^{n-1}\dfrac{a^n n!}{n^n}$的收敛性($a>0$且$a\neq \mathrm{e}$).

解 令$a_n=(-1)^{n-1}\dfrac{a^n n!}{n^n}$.由于

$$\lim_{n\to\infty}\left|\frac{a_{n+1}}{a_n}\right|=\lim_{n\to\infty}\frac{a}{(1+\frac{1}{n})^n}=\frac{a}{\mathrm{e}},$$

所以$a<\mathrm{e}$时,原级数绝对收敛.而$a>\mathrm{e}$时,级数$\sum\limits_{n=1}^{\infty}|a_n|$发散.注意到用比值判别法是将级数与一几何级数作比较的,而发散的几何级数的通项是不趋于零的,因此这时$|a_n|\nrightarrow 0\quad(n\to\infty)$,故原级数发散.

例 20 判断级数$\sum\limits_{n=1}^{\infty}\dfrac{x^n}{n}$的收敛性.

解 令 $a_n=\frac{x^n}{n}$. 由于

$$\lim_{n\to\infty}\left|\frac{a_{n+1}}{a_n}\right|=\lim_{n\to\infty}\left|\frac{x^{n+1}}{n+1}\right|\bigg/\left|\frac{x^n}{n}\right|=\lim_{n\to\infty}\frac{n}{n+1}|x|=|x|,$$

所以 $|x|<1$ 时,原级数绝对收敛; $|x|>1$ 时,原级数发散;而 $x=1$ 时,原级数为调和级数 $\sum\limits_{n=1}^{\infty}\frac{1}{n}$,是发散的; $x=-1$ 时,原级数为 $\sum\limits_{n=1}^{\infty}\frac{(-1)^{n-1}}{n}$,是条件收敛的.

习题 12.1

1. 写出下列级数的通项:

(1) $\frac{2}{1}-\frac{3}{2}+\frac{4}{3}-\frac{5}{4}+\frac{6}{5}-\cdots$ (2) $\frac{\sqrt{x}}{2}+\frac{x}{2\cdot 4}+\frac{x\sqrt{x}}{2\cdot 4\cdot 6}+\frac{x^2}{2\cdot 4\cdot 6\cdot 8}+\cdots$

2. 写出下列级数的部分和 S_n,并说明其敛散性:

(1) $\sum\limits_{n=1}^{\infty}(\sqrt{n+1}-\sqrt{n})$; (2) $\frac{1}{1\cdot 3}+\frac{1}{3\cdot 5}+\frac{1}{5\cdot 7}+\cdots+\frac{1}{(2n-1)(2n+1)}+\cdots$

3. 利用无穷级数的基本性质,判定下列级数的敛散性:

(1) $\sum\limits_{n=1}^{\infty}n\sin\frac{\pi}{n}$; (2) $\sum\limits_{n=1}^{\infty}(\frac{1}{2^n}+\frac{1}{3^n})$; (3) $\sum\limits_{n=1}^{\infty}(\frac{1}{n}-\frac{1}{2^n})$; (4) $\sum\limits_{n=1}^{\infty}\frac{1}{3n}$.

4. 用比较判别法或其极限形式判别下列级数的敛散性:

(1) $\sum\limits_{n=1}^{\infty}\frac{1}{n^2+3}$; (2) $\sum\limits_{n=1}^{\infty}\frac{\sin^2 n}{n^2}$; (3) $\sum\limits_{n=1}^{\infty}\frac{n+2}{(n+1)\sqrt{n}}$; (4) $\sum\limits_{n=1}^{\infty}\frac{1}{n2^n}$;

(5) $\sum\limits_{n=1}^{\infty}\frac{1}{n^{\ln n}}$; (6) $\sum\limits_{n=1}^{\infty}\sin\frac{\pi}{2^n}$; (7) $\sum\limits_{n=1}^{\infty}\frac{(1+\frac{1}{n})^n}{n^2}$; (8) $\sum\limits_{n=1}^{\infty}\frac{3^n+n}{2^n}$.

5. 用比值判别法判别下列级数的敛散性:

(1) $\sum\limits_{n=1}^{\infty}\frac{n^2}{3^n}$; (2) $\sum\limits_{n=1}^{\infty}\frac{3^n}{n\cdot 2^n}$; (3) $\sum\limits_{n=1}^{\infty}\frac{2^n\cdot n!}{n^n}$; (4) $\sum\limits_{n=1}^{\infty}\frac{1}{(2n+1)!}$.

*6. 用根值判别法判别下列级数的敛散性:

(1) $\sum\limits_{n=1}^{\infty}\frac{1}{n^n}$; (2) $\sum\limits_{n=1}^{\infty}\frac{1}{[\ln(1+n)]^n}$; (3) $\sum\limits_{n=1}^{\infty}\frac{5^n}{n\cdot n^n}$; (4) $\sum\limits_{n=1}^{\infty}(\frac{n}{3n-1})^{2n-1}$.

7. 判别下列级数的敛散性:

(1) $\frac{3}{4}+2(\frac{3}{4})^2+3(\frac{3}{4})^3+4(\frac{3}{4})^4+\cdots$ (2) $\sum\limits_{n=1}^{\infty}\sqrt{n}(1-\cos\frac{1}{n})$;

(3) $\sum\limits_{n=1}^{\infty}2^n\sin\frac{\pi}{3^n}$; (4) $\sum\limits_{n=1}^{\infty}\frac{(n!)^2}{2n^2}$; (5) $\sqrt{2}+\sqrt{\frac{3}{2}}+\cdots+\sqrt{\frac{n+1}{n}}+\cdots$

(6) $\sum\limits_{n=1}^{\infty}\frac{n\cos^2\frac{n\pi}{3}}{2^n}$.

8. 判别下列级数的敛散性,如果收敛,指出是绝对收敛,还是条件收敛.

(1) $\sum\limits_{n=1}^{\infty}(-1)^{n-1}\frac{1}{\sqrt{n}}$; (2) $\sum\limits_{n=1}^{\infty}(-1)^{n-1}\frac{1}{3^n}$; (3) $\sum\limits_{n=2}^{\infty}(-1)^n\frac{1}{\ln n}$;

(4) $\sum\limits_{n=1}^{\infty}\frac{(-1)^n\cdot 3^n}{n!}$; (5) $\frac{1}{\pi^2}\sin\frac{\pi}{2}-\frac{1}{\pi^3}\sin\frac{\pi}{3}+\frac{1}{\pi^4}\sin\frac{\pi}{4}-\cdots$

(6) $\sum\limits_{n=1}^{\infty}(-1)^{n-1}\frac{\ln n}{n}$.

9. 若正项级数 $\sum\limits_{n=1}^{\infty}a_n$ 收敛,证明正项级数 $\sum\limits_{n=1}^{\infty}\frac{\sqrt{a_n}}{n}$ 也收敛.

10. 证明:若级数 $\sum\limits_{n=1}^{\infty}a_n$ 及 $\sum\limits_{n=1}^{\infty}b_n$ 皆收敛,且 $a_n\leqslant c_n\leqslant b_n(n=1,2,\cdots)$,则级数 $\sum\limits_{n=1}^{\infty}c_n$ 也收敛.

12.2 幂 级 数

如果级数的每项都是定义在某个区域上的函数,那么这样的级数便是函数项级数.函数项级数体现了用比较简单的函数来逼近或表示较复杂函数的愿望,它在理论上以及数值计算上都有十分重大的意义.本节所述的幂级数正是其中一类重要的函数项级数.

12.2.1 函数项级数

已知 $u_n(x)$ $(n=1,2,\cdots)$ 是定义在某区间 I 上的函数,和式

$$u_1(x)+u_2(x)+\cdots+u_n(x)+\cdots$$

称为**函数项级数**,简记为 $\sum\limits_{n=1}^{\infty}u_n(x)$.

对于每个固定的 $x_0\in I$,函数项级数相应地变为数项级数 $\sum\limits_{n=1}^{\infty}u_n(x_0)$:

$$u_1(x_0)+u_2(x_0)+\cdots+u_n(x_0)+\cdots$$

若级数 $\sum\limits_{n=1}^{\infty}u_n(x_0)$ 收敛,则称 x_0 为函数项级数 $\sum\limits_{n=1}^{\infty}u_n(x)$ 的**收敛点**;若级数 $\sum\limits_{n=1}^{\infty}u_n(x_0)$ 发散,则称 x_0 为函数项级数 $\sum\limits_{n=1}^{\infty}u_n(x)$ 的**发散点**.函数项级数 $\sum\limits_{n=1}^{\infty}u_n(x)$ 的全体收敛点的集合称为它的**收敛域**,全体发散点的集合称为它的**发散域**.对于收敛域上每个点 x,函数项级数都有一个确定的和数

$$S(x)=u_1(x)+u_2(x)+\cdots+u_n(x)+\cdots=\sum_{n=1}^{\infty}u_n(x).$$

因此 $S(x)$ 是定义在函数项级数 $\sum_{n=1}^{\infty}u_n(x)$ 的收敛域上的函数,称为**和函数**.

把函数项级数 $\sum_{n=1}^{\infty}u_n(x)$ 的前 n 项的部分和记为 $S_n(x)$,则在收敛域上有

$$\lim_{n\to\infty}S_n(x)=S(x).$$

下面先讨论一种简单而又重要的函数项级数 —— 幂级数.

12.2.2 幂级数的收敛区间与收敛半径

形为

$$a_0+a_1(x-x_0)+\cdots+a_n(x-x_0)^n+\cdots$$

的级数,称为$(x-x_0)$的幂级数,简称为**幂级数**,记作 $\sum_{n=0}^{\infty}a_n(x-x_0)^n$. 其中 x_0 为任意固定的实数,$a_n(n=0,1,2,\cdots)$ 称为**幂级数的系数**. 今后经常取 $x_0=0$ 来研究幂级数的性质,这时幂级数也称为 x 的幂级数:

$$\sum_{n=0}^{\infty}a_nx^n=a_0+a_1x+\cdots+a_nx^n+\cdots$$

首先研究幂级数的收敛性.

定理 1 (阿贝尔定理) 如果 $\xi(\neq 0)$ 是幂级数 $\sum_{n=0}^{\infty}a_nx^n$ 的收敛点,则对一切 $|x|<|\xi|$ 的点 x,幂级数 $\sum_{n=0}^{\infty}a_nx^n$ 绝对收敛;如果 $\eta(\neq 0)$ 是幂级数的发散点,则对一切 $|x|>|\eta|$ 的点 x,幂级数 $\sum_{n=0}^{\infty}a_nx^n$ 发散.

证 (1) 由于幂级数 $\sum_{n=0}^{\infty}a_n\xi^n$ 收敛,所以 $\lim_{n\to\infty}a_n\xi^n=0$. 根据数列极限的有界性得知:存在 $M>0$,对一切 n 有

$$|a_n\xi^n|\leqslant M,$$

从而

$$\left|a_nx^n\right|=\left|a_n\xi^n\right|\left|\frac{x}{\xi}\right|^n\leqslant M\left|\frac{x}{\xi}\right|^n.$$

当 $|x|<|\xi|$ 时,$\left|\frac{x}{\xi}\right|<1$,故几何级数 $\sum_{n=0}^{\infty}\left|\frac{x}{\xi}\right|^n$ 收敛,所以级数 $\sum_{n=0}^{\infty}|a_nx^n|$ 收敛,即级数 $\sum_{n=0}^{\infty}a_nx^n$ 绝对收敛.

(2) 用反证法证明第二部分的结论. 若存在 x_0,$|x_0|>|\eta|$ 使得幂级数 $\sum_{n=0}^{\infty}a_nx_0^n$

收敛. 那么由于 $|\eta|<|x_0|$,根据刚证明的结论知幂级数 $\sum_{n=0}^{\infty}a_n\eta^n$ 绝对收敛,这与已知矛盾. □

设幂级数 $\sum_{n=0}^{\infty}a_nx^n$ 在数轴上既有收敛点(不仅是原点)也有发散点. 现在从原点出发沿数轴向右走,由阿贝尔定理知最初只遇到收敛点,然后就只遇到发散点. 这两部分的界点可能是收敛点也可能是发散点. 从原点向左走情形也是如此. 两个界点 P 与 P' 在原点两侧,由阿贝尔定理知它们关于原点对称. 设 P 点与原点的距离为 R,则 $|x|>R$ 时幂级数发散,$|x|<R$ 时幂级数收敛,而 $x=\pm R$ 时幂级数可能收敛也可能发散.

若所给幂级数 $\sum_{n=0}^{\infty}a_nx^n$ 只有一个收敛点 $x=0$,则规定 $R=0$;若所给幂级数没有发散点,则规定 $R=+\infty$. 因此对任一幂级数都存在唯一的 $R(0\leqslant R\leqslant+\infty)$,使得幂级数在 $|x|<R$ 时绝对收敛,在 $|x|>R$ 时发散. 我们称 R 为幂级数的**收敛半径**,称开区间 $(-R,R)$ 为该幂级数的**收敛区间**. 在收敛区间的端点(存在的话),该幂级数可能收敛也可能发散. 因此幂级数的收敛域可能是 $(-R,R)$、$[-R,R)$、$(-R,R]$ 或 $[-R,R]$ 中的一个.

那么如何求出一幂级数的收敛半径 R 呢?

定理 2 对于幂级数 $\sum_{n=0}^{\infty}a_nx^n(a_n\neq 0)$,若有

$$\lim_{n\to\infty}\left|\frac{a_{n+1}}{a_n}\right|=l,$$

则该幂级数的收敛半径

$$R=\begin{cases}1/l, & 0<l<+\infty,\\ +\infty, & l=0,\\ 0, & l=+\infty.\end{cases}$$

证 当 $x=0$ 时,$\sum_{n=0}^{\infty}a_nx^n$ 显然收敛,故只考虑 $x\neq 0$ 的情形.

(1) 若 $0<l<1$,则对任何 $x\neq 0$,有

$$\lim_{n\to\infty}\left|\frac{a_{n+1}x^{n+1}}{a_nx^n}\right|=|x|\cdot\lim_{n\to\infty}\left|\frac{a_{n+1}}{a_n}\right|=|x|l.$$

因此 $|x|l<1$,即 $|x|<\frac{1}{l}$ 时幂级数 $\sum_{n=0}^{\infty}a_nx^n$ 绝对收敛;而当 $|x|l>1$,即 $|x|>\frac{1}{l}$ 时幂级数 $\sum_{n=0}^{\infty}a_nx^n$ 发散,于是 $R=\frac{1}{l}$.

(2) 若 $l=0$,则因

$$\lim_{n\to\infty}\left|\frac{a_{n+1}x^{n+1}}{a_nx^n}\right|=|x|\cdot\lim_{n\to\infty}\left|\frac{a_{n+1}}{a_n}\right|=0,$$

故对一切 x,幂级数 $\sum_{n=0}^{\infty}a_nx^n$ 收敛,故 $R=+\infty$.

(3) 若 $l=+\infty$,则因 $x\neq 0$ 时

$$\lim_{n\to\infty}\left|\frac{a_{n+1}x^{n+1}}{a_nx^n}\right|=|x|\lim_{n\to\infty}\left|\frac{a_{n+1}}{a_n}\right|=+\infty.$$

对一切 $x\neq 0$,幂级数 $\sum_{n=0}^{\infty}a_nx^n$ 发散,故 $R=0$. □

例 1　求幂级数 $\sum_{n=0}^{\infty}\frac{x^n}{n!}$ 的收敛半径与收敛区间.

解　因　$$l=\lim_{n\to\infty}\left|\frac{1}{(n+1)!}\bigg/\frac{1}{n!}\right|=0,$$
故该幂级数收敛半径 $R=+\infty$,收敛区间为 $(-\infty,+\infty)$.

例 2　求幂级数 $\sum_{n=1}^{\infty}\frac{x^n}{n\cdot 2^n}$ 的收敛半径和收敛区间.

解　因　$$l=\lim_{n\to\infty}\left|\frac{1}{(n+1)2^{n+1}}\bigg/\frac{1}{n\cdot 2^n}\right|=\frac{1}{2},$$
故该幂级数收敛半径 $R=2$,收敛区间为 $(-2,2)$.

注　当 $x=2$ 时该幂级数为 $\sum_{n=1}^{\infty}\frac{1}{n}$ 是发散的,而在 $x=-2$ 时级数为 $\sum_{n=1}^{\infty}\frac{(-1)^n}{n}$ 是收敛的,因此它的收敛域为 $[-2,2)$.

***定理 3**　对于幂级数 $\sum_{n=0}^{\infty}a_nx^n$,若有 $\lim_{n\to\infty}\sqrt[n]{|a_n|}=l$,则该幂级数收敛半径

$$R=\begin{cases}1/l, & 0<l<+\infty,\\ +\infty, & l=0,\\ 0, & l=+\infty.\end{cases}$$

请读者自行予以证明.

例 3　求幂级数 $\sum_{n=1}^{\infty}n^nx^n$ 的收敛半径.

解一　因 $\lim_{n\to\infty}|(n+1)^{n+1}/n^n|=+\infty$,故 $R=0$.

***解二**　因 $\lim_{n\to\infty}\sqrt[n]{|n^n|}=\lim_{n\to\infty}n=+\infty$,故 $R=0$.

注　该级数的收敛域为单点集 $\{x=0\}$.

例 4　求幂级数 $\sum_{n=0}^{\infty}\frac{(2n)!}{(n!)^2}x^{2n}$ 的收敛半径与收敛区间.

解一　所给级数缺奇次幂的项(即 $a_{2n+1}=0$),故不能用定理 2 来求其收敛半径.

现令 $t=x^2$,则幂级数变为 $\sum\limits_{n=0}^{\infty}\frac{(2n)!}{(n!)^2}t^n$. 由于

$$l=\lim_{n\to\infty}\frac{(2n+2)!}{[(n+1)!]^2}\bigg/\frac{(2n)!}{(n!)^2}=4,$$

所以 $\sum\limits_{n=0}^{\infty}\frac{(2n)!}{(n!)^2}t^n$ 的收敛半径 $R_1=1/4$,由 $t=x^2$,得原级数的收敛半径 $R=1/2$,收敛区间为 $(-1/2,1/2)$.

解二 因级数仅含偶次幂项,故将级数视为数项级数. 记 $u_n(x)=\frac{(2n)!}{(n!)^2}x^{2n}$,由于

$$\lim_{n\to\infty}\left|\frac{u_{n+1}(x)}{u_n(x)}\right|=\lim_{n\to\infty}\frac{(2n+2)(2n+1)}{(n+1)^2}x^2=4x^2,$$

根据比值判别法知:$|x|<1/2$ 时级数绝对收敛;当 $|x|>2$ 时级数发散. 因此所给幂级数收敛半径 $R=1/2$,收敛区间为 $(-1/2,1/2)$.

例 5 求 $\sum\limits_{n=0}^{\infty}\frac{(-1)^n}{2^n+n}(x+1)^{2n}$ 的收敛半径与收敛区间.

解一 令 $t=(x+1)^2$,则原级数化为 $\sum\limits_{n=0}^{\infty}\frac{(-1)^n}{2^n+n}t^n$. 因

$$l=\lim_{n\to\infty}\left|\frac{(-1)^{n+1}}{2^{n+1}+(n+1)}\bigg/\frac{(-1)^n}{2^n+n}\right|=\frac{1}{2},$$

故原级数收敛半径 $R=\sqrt{2}$,即 $-\sqrt{2}<x+1<\sqrt{2}$,因此收敛区间为 $(-1-\sqrt{2},-1+\sqrt{2})$.

解二 因

$$\lim_{n\to\infty}\left|\frac{(-1)^{n+1}}{2^{n+1}+(n+1)}(x+1)^{2n+2}\bigg/\frac{(-1)^n}{2^n+n}\right|=\frac{1}{2}(x+1)^2,$$

故 $\frac{1}{2}(x+1)^2<1$,即 $|x+1|<\sqrt{2}$ 时级数收敛;$\frac{1}{2}(x+1)^2>1$,即 $|x+1|>\sqrt{2}$ 时级数发散. 原级数收敛半径 $R=\sqrt{2}$,收敛区间为 $(-1-\sqrt{2},-1+\sqrt{2})$.

***解三** 因 $a_{2n}=\frac{(-1)^n}{2^n+n}$,

$$l=\lim_{n\to\infty}\sqrt[2n]{|a_{2n}|}=\sqrt{\frac{1}{2}},$$

故收敛半径 $R=1/l=\sqrt{2}$,收敛区间为 $(-1-\sqrt{2},-1+\sqrt{2})$.

12.2.3 幂级数的性质

下面给出幂级数的一些重要性质,证明从略.

定理 4 若 $\sum_{n=0}^{\infty}a_nx^n$ 的收敛半径为 R_1，$\sum_{n=1}^{\infty}b_nx^n$ 的收敛半径为 R_2，则 $\sum_{n=0}^{\infty}(a_n+b_n)x^n$ 的收敛半径为 $R=\min(R_1,R_2)$.

例 6 求 $\sum_{n=1}^{\infty}(\frac{a^n}{n}+\frac{b^n}{n^2})x^n(a\geqslant b\geqslant 0)$ 的收敛半径.

解 因幂级数 $\sum_{n=1}^{\infty}\frac{a^n}{n}x^n$ 的收敛半径为

$$R_1=1/\lim_{n\to\infty}\left|\frac{a^{n+1}}{n+1}\bigg/\frac{a^n}{n}\right|=\frac{1}{a},$$

幂级数 $\sum_{n=1}^{\infty}\frac{b^n}{n^2}x^n$ 的收敛半径为

$$R_2=1/\lim_{n\to\infty}\left|\frac{b^{n+1}}{(n+1)^2}\bigg/\frac{b^n}{n^2}\right|=\frac{1}{b},$$

于是原级数的收敛半径为 $R=\min(\frac{1}{a},\frac{1}{b})=\frac{1}{a}$.

定理 5(幂级数的分析性质) 若幂级数 $\sum_{n=0}^{\infty}a_nx^n$ 的收敛半径为 R，则

(1) 其和函数 $S(x)$ 在 $(-R,R)$ 内连续. 又若幂级数在 $x=-R$(或 $x=R$) 处收敛，则 $S(x)$ 在 $x=-R$(或 $x=R$) 右(或左) 连续.

(2) 其和函数 $S(x)$ 在 $(-R,R)$ 内可以逐项微分和逐项积分，即 $\forall x\in(-R,R)$，有

$$S'(x)=(\sum_{n=0}^{\infty}a_nx^n)'=\sum_{n=0}^{\infty}(a_nx^n)'=\sum_{n=0}^{\infty}na_nx^{n-1},$$

$$\int_0^x S(t)\mathrm{d}t=\int_0^x(\sum_{n=0}^{\infty}a_nt^n)\mathrm{d}t=\sum_{n=0}^{\infty}\int_0^x a_nt^n\mathrm{d}t=\sum_{n=0}^{\infty}\frac{a_n}{n+1}x^{n+1}.$$

且逐项求导或逐项积分后得到新的幂级数，其收敛半径不变，仍为 R.

例 7 求幂级数 $\sum_{n=1}^{\infty}\frac{x^n}{n}$ 的和函数.

解 令 $S(x)=\sum_{n=1}^{\infty}\frac{x^n}{n}$，则其收敛半径为

$$R=\lim_{n\to\infty}1\bigg/\left(\frac{1}{n+1}\bigg/\frac{1}{n}\right)=1,$$

收敛区间为 $(-1,1)$. 由于

$$S'(x)=\sum_{n=1}^{\infty}x^{n-1}=\frac{1}{1-x}\ (|x|<1),$$

所以
$$\int_0^x S'(t)\mathrm{d}t = \int_0^x \frac{\mathrm{d}t}{1-t},$$
积分得 $S(x) - S(0) = -\ln(1-x)$,从而
$$S(x) = -\ln(1-x), \quad |x| < 1.$$

注 若注意到该级数在 $x = -1$ 点收敛,由定理 5 知 $S(x) = -\ln(1-x)$, $x \in [-1,1)$.

例 8 求幂级数 $\sum\limits_{n=0}^{\infty}(n+1)x^n$ 的和函数.

解 令 $S(x) = \sum\limits_{n=0}^{\infty}(n+1)x^n$,则其收敛半径 $R = 1$. 当 $x \in (-1,1)$ 时
$$\int_0^x S(t)\mathrm{d}t = \sum_{n=0}^{\infty}\int_0^x (n+1)t^n\mathrm{d}t = \sum_{n=0}^{\infty}x^{n+1} = \frac{x}{1-x},$$
两边求导得
$$S(x) = \frac{1}{(1-x)^2}, \quad x \in (-1,1).$$

12.2.4 泰勒级数

幂级数是函数的一种新的表达形式. 用它来表示的函数(即 x 幂级数的和函数)具有许多良好的性质. 现在要问:常见的一些函数能否用幂级数来表示,或者说它们能否展成幂级数?

由函数的泰勒公式知,若 $f(x)$ 在 x_0 的某邻域内有直到 $(n+1)$ 阶导数,则在该邻域内有 $f(x)$ 的 n 阶泰勒公式
$$f(x) = f(x_0) + f'(x_0)(x-x_0) + \cdots + \frac{f^{(n)}(x_0)}{n!}(x-x_0)^n + R_n(x),$$
其中
$$R_n(x) = \frac{f^{(n+1)}(\xi)}{(n+1)!}(x-x_0)^{n+1},$$
ξ 介于 x 与 x_0 之间. 记 $f(x)$ 的 n 阶泰勒多项式为 $P_n(x)$,即
$$P_n(x) = \sum_{k=0}^{n}\frac{f^{(k)}(x_0)}{k!}(x-x_0)^k,$$
其中 $f^{(0)}(x_0) = f(x_0)$. 于是泰勒公式可表为
$$f(x) = P_n(x) + R_n(x).$$

如果 $f(x)$ 在 x_0 的某邻域内无限可微,则当 $P_n(x)$ 的项数 $n \to \infty$ 时,泰勒多项式便变成了
$$f(x_0) + f'(x_0)(x-x_0) + \cdots + \frac{f^{(n)}(x_0)}{n!}(x-x_0)^n + \cdots$$
显然这是一个幂级数,由于其系数均为泰勒系数
$$a_n = \frac{f^{(n)}(x_0)}{n!},$$

故该幂级数称为 $f(x)$ 的**泰勒级数**. 对于 $x_0=0$ 的泰勒级数,又称为**麦克劳林级数**. 可以证明一个函数若能用幂级数表示时,则该幂级数必是它的泰勒级数(这便是幂级数的唯一性).

定理 6　若 $f(x)$ 在 x_0 的某邻域内具有任意阶导数,则 $f(x)$ 在该邻域内能展成泰勒级数,即

$$f(x)=\sum_{n=0}^{\infty}\frac{f^{(n)}(x_0)}{n!}(x-x_0)^n$$

的充要条件是 $f(x)$ 的泰勒公式中的余项 $R_n(x)$ 当 $n\to\infty$ 时趋于零.

证　先证充分性. 因 $\lim\limits_{n\to\infty}R_n(x)=0$,故由泰勒公式

$$f(x)=P_n(x)+R_n(x)$$

知, $\lim\limits_{n\to\infty}P_n(x)=f(x)$,即

$$\sum_{n=0}^{\infty}\frac{f^{(n)}(x_0)}{n!}(x-x_0)^n=f(x).$$

再证必要性. 因

$$\sum_{n=0}^{\infty}\frac{f^{(n)}(x_0)}{n!}(x-x_0)^n=f(x),$$

即 $\lim\limits_{n\to\infty}P_n(x)=f(x)$,于是 $\lim\limits_{n\to\infty}R_n(x)=\lim\limits_{n\to\infty}(f(x)-P_n(x))=0$. □

定理 6 告诉我们,欲将 $f(x)$ 在 $x=a$ 的某邻域展成泰勒级数(即 $(x-a)$ 的幂级数),只需先形式地写出 $f(x)$ 的泰勒级数,然后再证明对该邻域内的每个确定的 x,泰勒公式余项在 $n\to\infty$ 时收敛于零. 下面我们研究几个基本初等函数的麦克劳林级数.

例 9　将 e^x 展成 x 的幂级数.

解　令 $f(x)=e^x$,因 $f^{(n)}(x)=e^x(n=1,2,\cdots)$,故 $f^{(n)}(0)=1$. 又 $f^{(0)}(0)=f(0)=1$,从而 e^x 的麦克劳林级数为

$$1+x+\frac{x^2}{2!}+\cdots+\frac{x^n}{n!}+\cdots$$

其收敛半径 $R=1\Big/\lim\limits_{n\to\infty}\left(\dfrac{1}{(n+1)!}\Big/\dfrac{1}{n!}\right)=+\infty$.

现考察 e^x 的泰勒余项,

$$|R_n(x)|=\left|e^{\xi}\frac{x^{n+1}}{(n+1)!}\right|<e^{|x|}\frac{|x|^{n+1}}{(n+1)!},$$

其中 ξ 介于 0 与 x 之间. 任取定 $x\in(-\infty,+\infty)$,则 $e^{|x|}$ 为一定数,而正项级数 $\sum\limits_{n=0}^{\infty}\dfrac{|x|^{n+1}}{(n+1)!}$ 收敛(请读者自证),故级数的通项 $\dfrac{|x|^{n+1}}{(n+1)!}\to 0\ (n\to\infty)$,从而 $\lim\limits_{n\to\infty}e^{|x|}\dfrac{|x|^{n+1}}{(n+1)!}=0$. 于是由极限的夹挤定理得知 $\lim\limits_{n\to\infty}R_n(x)=0,x\in(-\infty,+\infty)$.

因此

$$e^x=\sum_{n=0}^{\infty}\frac{x^n}{n!}=1+x+\frac{x^2}{2!}+\cdots+\frac{x^n}{n!}+\cdots\quad x\in(-\infty,+\infty).$$

例 10 求 $f(x)=\sin x$ 的麦克劳林级数.

解 因 $f^{(n)}(x)=\sin(x+n\frac{\pi}{2})$,所以

$$f(0)=0,\quad f'(0)=1,\quad f''(0)=0,\quad f'''(0)=-1,\cdots$$
$$f^{(2n)}(0)=0,\quad f^{(2n+1)}(0)=(-1)^n,\quad n=0,1,2,\cdots$$

于是 $\sin x$ 的泰勒公式为

$$\sin x=\sum_{k=1}^{\infty}\frac{(-1)^{k-1}}{(2k-1)!}\cdot x^{2k-1}+R_{2n+1}(x),$$

其中 $$\left|R_{2n+1}(x)\right|=\left|\sin(\frac{2n+1}{2}\pi+\theta x)\frac{x^{2n+1}}{(2n+1)!}\right|\leqslant\frac{|x|^{2n+1}}{(2n+1)!}.$$

与上例类似可证 $\lim\limits_{n\to\infty}\frac{|x|^{2n+1}}{(2n+1)!}=0$,$x\in(-\infty,+\infty)$,故 $\lim\limits_{n\to\infty}R_{2n+1}(x)=0$,于是

$$\sin x=\sum_{n=0}^{\infty}\frac{(-1)^n}{(2n+1)!}x^{2n+1}=x-\frac{x^3}{3!}+\frac{x^5}{5!}-\cdots+\frac{(-1)^n}{(2n+1)!}x^{2n-1}+\cdots$$
$$x\in(-\infty,+\infty).$$

例 11 将 $f(x)=\cos x$ 在 $x=0$ 展成泰勒级数.

解 由于 $(\sin x)'=\cos x$,所以由幂级数的逐项求导性知

$$\cos x=\sum_{n=0}^{\infty}\left(\frac{(-1)^n}{(2n+1)!}x^{2n+1}\right)'=\sum_{n=0}^{\infty}\frac{(-1)^n}{(2n)!}x^{2n},\quad x\in(-\infty,+\infty).$$

例 12 展开 $f(x)=\ln(1+x)$ 为 x 的幂级数.

解 因 $$f'(x)=\frac{1}{1+x}=\sum_{n=0}^{\infty}(-1)^n x^n\quad(|x|<1),$$

故由幂级数的逐项积分性质得

$$\int_0^x f'(t)\mathrm{d}t=\sum_{n=0}^{\infty}\int_0^x(-1)^n t^n\mathrm{d}t,$$

于是

$$\ln(1+x)=\sum_{n=0}^{\infty}\frac{(-1)^n}{n+1}x^{n+1}=x-\frac{x^2}{2}+\frac{x^3}{3}-\cdots+\frac{(-1)^n}{n+1}x^{n+1}+\cdots$$
$$x\in(-1,1].$$

这里应该注意,当 $x=1$ 时,幂级数收敛,从而级数的收敛域为 $(-1,1]$. 特别当 $x=1$ 时

$$\ln 2=1-\frac{1}{2}+\frac{1}{3}-\frac{1}{4}+\cdots+(-1)^n\frac{1}{n+1}+\cdots$$

综上,我们求出了 $e^x,\sin x,\cos x,\ln(1+x)$ 的麦克劳林级数. 另外还有一个二项式函

数的幂级数(二项式级数)

$$(1+x)^{\alpha}=\sum_{n=0}^{\infty}\frac{\alpha(\alpha-1)\cdots(\alpha-n+1)}{n!}x^{n},\quad x\in(-1,1),$$

其中 α 为任意实数.特别当 $\alpha=-1$ 时,

$$\frac{1}{1+x}=\sum_{n=0}^{\infty}(-1)^{n}x^{n},\quad x\in(-1,1).$$

它就是熟知的几何级数之和.

今后经常要用到以上五个基本函数的麦克劳林级数来求其他函数的幂级数展开式.这种方法叫做函数的间接展开法.

例 13 将 $f(x)=\dfrac{3}{(1-x)(1+2x)}$ 展成 x 的幂级数.

解 用间接法.由于 $f(x)=\dfrac{1}{1-x}+\dfrac{2}{1+2x}$,又

$$\frac{1}{1-x}=\sum_{n=0}^{\infty}x^{n},\quad x\in(-1,1),$$

$$\frac{2}{1+2x}=2\sum_{n=0}^{\infty}(-2x)^{n}=\sum_{n=0}^{\infty}(-1)^{n}2^{n+1}x^{n},\quad x\in(-\frac{1}{2},\frac{1}{2}),$$

所以

$$f(x)=\sum_{n=0}^{\infty}[1+(-1)^{n}2^{n+1}]x^{n},\quad x\in\left(-\frac{1}{2},\frac{1}{2}\right).$$

例 14 将 $\ln x$ 展成 $(x-2)$ 的幂级数.

解 用间接法.因

$$\ln x=\ln[2+(x-2)]=\ln 2+\ln\left(1+\frac{x-2}{2}\right),$$

现令 $y=\dfrac{x-2}{2}$,由 $\ln(1+y)$ 的麦克劳林展式

$$\ln(1+y)=\sum_{n=1}^{\infty}(-1)^{n-1}\frac{y^{n}}{n},\quad y\in(-1,1],$$

得

$$\ln\left(1+\frac{x-2}{2}\right)=\sum_{n=1}^{\infty}(-1)^{n-1}\frac{\left(\frac{x-2}{2}\right)^{n}}{n},\quad \frac{x-2}{2}\in(-1,1].$$

于是
$$\ln x=\ln 2+\sum_{n=1}^{\infty}\frac{(-1)^{n-1}}{n}\cdot\frac{(x-2)^{n}}{2^{n}},\quad x\in(0,4).$$

利用函数的泰勒展式可容易地求出函数的近似值.请看下面例题.

例 15 计算 $\sqrt[3]{1002}$ 的近似值,使其误差不超过 10^{-5}.

解 因 $\sqrt[3]{1002}=\sqrt[3]{10^{3}+2}=10(1+\dfrac{2}{10^{3}})^{\frac{1}{3}}$,由二项式级数得

$$\sqrt[3]{1002} = 10[1 + \frac{1}{3} \cdot \frac{2}{10^3} - \frac{1}{3^2} \cdot (\frac{2}{10^3})^2 + \frac{5}{3^4} \cdot (\frac{2}{10^3})^3 - \cdots].$$

这是一交错级数，符合莱布尼兹判别法定理条件，因此其误差

$$r_2 < 10 \times \frac{1}{3^2} \times (\frac{2}{10^3})^2 = \frac{4}{9} \times 10^{-5} < 10^{-5}.$$

于是
$$\sqrt[3]{1002} \approx 10(1 + \frac{1}{3} \cdot \frac{2}{10^3}) = 10.00666.$$

例 16 计算定积分 $\int_0^1 \frac{\sin x}{x} dx$ 的近似值，使其误差不超过 10^{-4}.

解 由于所给的积分不是广义积分，所以可以用幂级数的逐项积分的办法求解.因

$$\frac{\sin x}{x} = 1 - \frac{x^2}{3!} + \frac{x^4}{5!} - \frac{x^6}{7!} + \cdots \quad x \in (-\infty, +\infty),$$

故

$$\int_0^1 \frac{\sin x}{x} dx = \int_0^1 1 \cdot dx - \int_0^1 \frac{x^2}{3!} dx + \int_0^1 \frac{x^4}{5!} dx - \int_0^1 \frac{x^6}{7!} dx + \cdots$$
$$= 1 - \frac{1}{3 \cdot 3!} + \frac{1}{5 \cdot 5!} - \frac{1}{7 \cdot 7!} + \cdots$$

这是交错级数，若取前三项为近似值，根据莱布尼兹定理，其误差小于第四项的绝对值，即

$$r_3 < \frac{1}{7 \cdot 7!} = \frac{1}{35280} < 10^{-4},$$

因此
$$\int_0^1 \frac{\sin x}{x} dx \approx 1 - \frac{1}{3 \cdot 3!} + \frac{1}{5 \cdot 5!} = 0.9461.$$

习题 12.2

1. 回答下列问题：

(1) 如果幂级数 $\sum_{n=1}^{\infty} a_n x^n$ 在 $x = 3$ 处发散，那么它在何处必然发散.

(2) 如果幂级数 $\sum_{n=1}^{\infty} a_n (x-3)^n$ 在 $x = 7$ 处收敛，那么它在 x 的什么值处必然收敛.

2. 求下列幂级数的收敛半径与收敛区间：

(1) $\frac{x}{2} + \frac{x^2}{2 \cdot 4} + \frac{x^3}{2 \cdot 4 \cdot 6} + \cdots$　(2) $1 - x + \frac{x^2}{2^2} - \frac{x^3}{3^2} + \cdots$

(3) $\sum_{n=1}^{\infty} \frac{(-1)^{n-1}(x-1)^n}{5 \cdot n}$；(4) $\sum_{n=1}^{\infty} \frac{x^{2n-1}}{2n-1}$；(5) $\sum_{n=1}^{\infty} \frac{(n+1)^5}{2n+1} x^{2n}$；

(6) $\sum_{n=1}^{\infty}\frac{n}{n+1}(\frac{x}{2})^n$.

3. 求下列幂级数的和函数：

(1) $\sum_{n=1}^{\infty}(-1)^{n-1}\frac{x^n}{n}$； (2) $\sum_{n=0}^{\infty}\frac{x^{4n+1}}{4n+1}$； (3) $\sum_{n=0}^{\infty}(-1)^n(2n+1)x^{2n}$；

(4) $\sum_{n=1}^{\infty}nx^{2n}$.

4. 求幂级数 $x+\frac{x^3}{3}+\frac{x^5}{5}+\cdots(|x|<1)$ 的和函数，并求级数 $\sum_{n=1}^{\infty}\frac{1}{(2n-1)4^n}$ 的和.

5. 求幂级数 $\sum_{n=1}^{\infty}\frac{(-1)^{n-1}}{2n-1}x^{2n-1}(|x|<1)$ 的和函数，并求级数 $\sum_{n=1}^{\infty}\frac{(-1)^{n-1}}{2n-1}(\frac{1}{3})^{n-1}$ 的和.

6. 将下列函数展成 x 的幂级数：

(1) $\sin\frac{x}{2}$； (2) $\cos^2 x$； (3) $1+x\mathrm{e}^{-x}$； (4) $\ln(2+x)$.

7. 将 $\cos x$ 展开成 $(x+\frac{\pi}{3})$ 的幂级数.

8. 将 e^x 在 $x=-2$ 展成幂级数.

9. 将 $\frac{\mathrm{d}}{\mathrm{d}x}(\frac{\mathrm{e}^x-1}{x})$ 展成 x 的幂级数，并证明

$$\sum_{n=1}^{\infty}\frac{n}{(n+1)!}=1.$$

10. 将 $\frac{1}{x^2+3x+2}$ 展成 $(x+4)$ 的幂级数.

12.3 傅里叶级数

工程技术中另一个重要的函数项级数是傅里叶级数，这是具有如下形式的三角级数：

$$\frac{a_0}{2}+\sum_{n=1}^{\infty}(a_n\cos n\omega x+b_n\sin n\omega x),$$

其中 a_0、a_n、$b_n(n=1,2,\cdots)$ 是常数，称为**三角级数的系数**，ω 也是常数，称为**圆频率**. 级数中每项均是以 $\frac{2\pi}{\omega}$ 为周期的周期函数，因此可以用它来作为描述自然界中普遍的周期问题中的周期函数.

本节将研究在什么条件下，周期函数能够展成傅里叶级数，以及如何将它展成傅

里叶级数. 这里先研究周期为 2π 的周期函数的傅里叶级数.

12.3.1 基本三角函数系及其正交性

函数集合 $\{1,\cos x,\sin x,\cos 2x,\sin 2x,\cdots,\cos nx,\sin nx,\cdots\}$ 称为**基本三角函数系**. 函数系中每个函数都是以 2π 为周期的周期函数. 基本三角函数系具有如下重要的特性:

定理 1(基本三角函数系的正交性) 基本三角函数系中任意两个不同函数的乘积在 $[-\pi,\pi]$ 上积分为零;任意的一个函数与自身乘积在 $[-\pi,\pi]$ 上积分为常数 π.

证 通过直接计算可验证对一切正整数 m、n 有

$$\int_{-\pi}^{\pi} 1\cdot\cos nx\,\mathrm{d}x = 0;\quad \int_{-\pi}^{\pi} 1\cdot\sin nx\,\mathrm{d}x = 0;\quad \int_{-\pi}^{\pi}\cos mx\sin nx\,\mathrm{d}x = 0;$$

$$\int_{-\pi}^{\pi} 1^2\,\mathrm{d}x = 2\pi;\quad \int_{-\pi}^{\pi}\sin nx\cdot\sin mx\,\mathrm{d}x = \begin{cases}0, & m\neq n,\\ \pi, & m=n;\end{cases}$$

$$\int_{-\pi}^{\pi}\cos nx\cdot\cos mx\,\mathrm{d}x = \begin{cases}0, & m\neq n,\\ \pi, & m=n.\end{cases}$$

12.3.2 傅里叶系数与傅里叶级数

设函数 $f(x)$ 的周期为 2π,在 $[-\pi,\pi]$ 上可积,且 $f(x)$ 可以展成三角级数,即

$$f(x) = \frac{a_0}{2} + \sum_{n=1}^{\infty}(a_n\cos nx + b_n\sin nx),$$

现在要确定级数中的系数. 为此,我们考察上式两边与基本三角函数系中各函数乘积的积分(假设该三角级数可以逐项积分). 注意到三角函数系的正交性,有

$$\int_{-\pi}^{\pi} f(x)\cdot 1\,\mathrm{d}x = \int_{-\pi}^{\pi}\frac{a_0}{2}\cdot 1\,\mathrm{d}x + \sum_{n=1}^{\infty}\int_{-\pi}^{\pi}(a_n\cos nx + b_n\sin nx)\cdot 1\,\mathrm{d}x = \pi a_0.$$

$$\begin{aligned}\int_{-\pi}^{\pi} f(x)\cos nx\,\mathrm{d}x &= \int_{-\pi}^{\pi}\frac{a_0}{2}\cos nx\,\mathrm{d}x + \sum_{k=1}^{\infty}\int_{-\pi}^{\pi}(a_k\cos kx + b_k\sin kx)\cos nx\,\mathrm{d}x\\ &= \pi a_n\quad (n=1,2,\cdots).\end{aligned}$$

$$\begin{aligned}\int_{-\pi}^{\pi} f(x)\sin nx\,\mathrm{d}x &= \int_{-\pi}^{\pi}\frac{a_0}{2}\sin nx\,\mathrm{d}x + \sum_{k=1}^{\infty}\int_{-\pi}^{\pi}(a_k\cos kx + b_k\sin kx)\sin nx\,\mathrm{d}x\\ &= \pi b_n\quad (n=1,2,\cdots).\end{aligned}$$

因此求得系数:$a_0 = \dfrac{1}{\pi}\displaystyle\int_{-\pi}^{\pi} f(x)\,\mathrm{d}x$,

$$a_n = \frac{1}{\pi}\int_{-\pi}^{\pi} f(x)\cos nx\,\mathrm{d}x,\quad n=1,2,\cdots$$

$$b_n = \frac{1}{\pi}\int_{-\pi}^{\pi} f(x)\sin nx\,\mathrm{d}x,\quad n=1,2,\cdots$$

于是,对于一个周期为 2π 的函数 $f(x)$,只要上面各式积分存在,就可以对应一个由

上述系数构成的三角级数,即

$$f(x) \sim \frac{a_0}{2} + \sum_{n=1}^{\infty}(a_n\cos nx + b_n\sin nx).$$

称这三角级数为 $f(x)$ 的**傅里叶级数**,系数 $a_0, a_n, b_n (n = 1,2,\cdots)$ 称为 $f(x)$ 的**傅里叶系数**. 记号"$\sim$"仅表示 $f(x)$ 与它的傅里叶级数之间的对应关系. 这里不用等号"$=$"的原因有二:一是 $f(x)$ 的傅里叶级数未必收敛;二是如果 $f(x)$ 的傅里叶级数收敛,但它的和函数未必是 $f(x)$ 本身. 因此,我们需要给出 $f(x)$ 的傅里叶级数收敛于$f(x)$ 的充分条件.

12.3.3　收敛定理

下面不加证明给出傅里叶级数的收敛定理.

定理 2(迪里赫来充分条件)　设 $f(x)$ 是以 2π 为周期的周期函数,如果它满足条件:

1° 在同一周期内连续或只有有限个第一类间断点;

2° 在同一周期内至多只有有限个极值点,则 $f(x)$ 的傅里叶级数收敛,且

(i) 当 x 是 $f(x)$ 的连续点时,级数收敛于 $f(x)$;

(ii) 当 x 是 $f(x)$ 的间断点时,级数收敛于$\frac{1}{2}(f(x+0)+f(x-0))$.

显然,从定理 2 看到,将一个函数展成傅里叶级数的条件要比函数展成幂级数的条件低得多,于是它在实际问题中得到了广泛的应用.

下面通过具体例子说明如何将周期为 2π 的周期函数展成傅里叶级数.

例 1　设 $f(x)$ 是周期为 2π 的周期函数,它在$[-\pi,\pi]$上表达式为 $f(x) = x$. 将 $f(x)$ 展成傅里叶级数.

解　先求傅里叶系数.

$$a_0 = \frac{1}{\pi}\int_{-\pi}^{\pi} x\,\mathrm{d}x = 0;$$

$$a_n = \frac{1}{\pi}\int_{-\pi}^{\pi} x\cos nx\,\mathrm{d}x = 0 \quad (n = 1,2,\cdots);$$

$$\begin{aligned} b_n &= \frac{1}{\pi}\int_{-\pi}^{\pi} x\sin nx\,\mathrm{d}x = \frac{1}{\pi}\left(-\frac{x}{n}\cos nx\Big|_{-\pi}^{\pi} + \frac{1}{n}\int_{-\pi}^{\pi}\cos nx\,\mathrm{d}x\right) \\ &= -\frac{1}{n\pi}[\pi\cos n\pi - (-\pi\cos(-n\pi))] \\ &= -\frac{2}{n}\cos n\pi = (-1)^{n+1}\frac{2}{n} \quad (n = 1,2,\cdots). \end{aligned}$$

因 $f(x)$ 在点 $x = (2k+1)\pi (k = 0, \pm 1, \pm 2, \cdots)$ 间断,在其他点连续,故 $f(x)$ 的傅里叶展式为

$$f(x)=2\sum_{n=1}^{\infty}(-1)^{n+1}\frac{\sin nx}{n}\quad (x\neq(2k+1)\pi,k=0,\pm 1,\pm 2,\cdots).$$

级数的和函数图形如图12.2 所示.

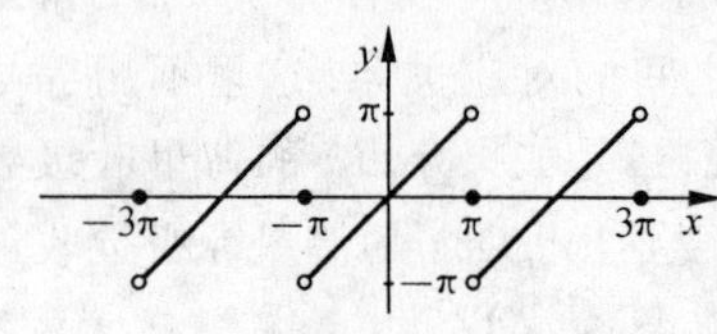

图 12.2

例 2 将 $f(x)=\begin{cases}-1, & -\pi\leqslant x<0,\\ x, & 0\leqslant x<\pi\end{cases}$ 展成傅里叶级数.

解 $f(x)$ 的定义域为$[-\pi,\pi)$,今将 $f(x)$ 延拓成周期为 2π 的函数,它在 $x\neq k\pi(k=0,\pm 1,\pm 2,\cdots)$ 时连续,满足迪里赫来定理条件.因

$$a_0=\frac{1}{\pi}\int_{-\pi}^{\pi}f(x)\mathrm{d}x=\frac{1}{\pi}\left[\int_{-\pi}^{0}(-1)\mathrm{d}x+\int_{0}^{\pi}x\mathrm{d}x\right]=-1+\frac{\pi}{2};$$

$$\begin{aligned}a_n&=\frac{1}{\pi}\int_{-\pi}^{\pi}f(x)\cos nx\,\mathrm{d}x=\frac{1}{\pi}\int_{-\pi}^{0}(-\cos nx)\mathrm{d}x+\frac{1}{\pi}\int_{0}^{\pi}x\cos nx\,\mathrm{d}x\\&=\frac{1}{n\pi}\left[-\sin nx\Big|_{-\pi}^{0}+x\sin nx\Big|_{0}^{\pi}-\int_{0}^{\pi}\sin nx\,\mathrm{d}x\right]\\&=\frac{1}{n^2\pi}\cos nx\Big|_{0}^{\pi}=\frac{1}{n^2\pi}(\cos n\pi-1)\\&=\frac{1}{n^2\pi}[(-1)^n-1]\quad(n=1,2,\cdots);\end{aligned}$$

$$\begin{aligned}b_n&=\int_{-\pi}^{\pi}f(x)\sin nx\,\mathrm{d}x=\frac{1}{\pi}\left[\int_{-\pi}^{0}-\sin nx\,\mathrm{d}x+\int_{0}^{\pi}x\sin nx\,\mathrm{d}x\right]\\&=\frac{1}{n\pi}\left[\cos nx\Big|_{-\pi}^{0}-x\cos nx\Big|_{0}^{\pi}+\int_{0}^{\pi}\cos nx\,\mathrm{d}x\right]\\&=\frac{1}{n\pi}\left[1-(-1)^n-\pi(-1)^n+\frac{1}{n}\sin nx\Big|_{0}^{\pi}\right]\\&=\frac{1}{n\pi}[1-(-1)^n]+\frac{(-1)^{n+1}}{n}\quad(n=1,2,\cdots).\end{aligned}$$

于是 $f(x)$ 的傅里叶展式为

$$\begin{aligned}f(x)=&\frac{1}{2}+\frac{\pi}{4}+\sum_{n=1}^{\infty}\left(\frac{(-1)^n-1}{n^2\pi}\cos nx\right.\\&\left.+\frac{1+(-1)^n+(-1)^{n+1}\pi}{n\pi}\sin nx\right),\quad x\in(-\pi,0)\cup(0,\pi).\end{aligned}$$

级数的和函数图形如图 12.3.

例 3 将周期为 2π、振幅为 1 的方波展成傅里叶级数.

解 图 12.4 所示波形在$[-\pi,\pi)$上的表达式为

$$y=\begin{cases}-1, & -\pi\leqslant x<0,\\ 1, & 0\leqslant x<\pi.\end{cases}$$

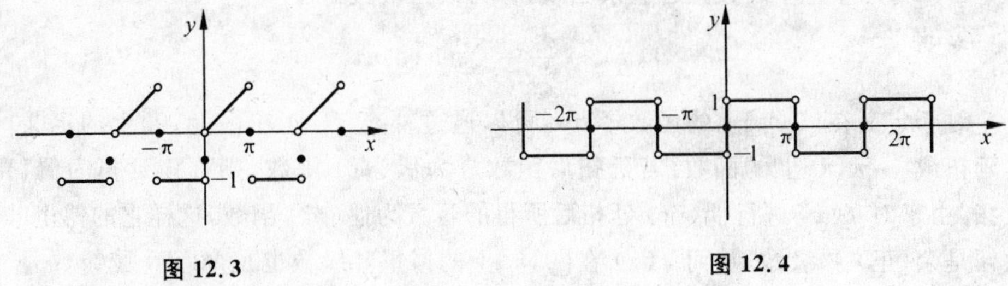

图 12.3　　　　　　　　　　　　图 12.4

由于 y 是奇函数,故

$$a_0 = \frac{1}{\pi}\int_{-\pi}^{\pi} y\mathrm{d}x = 0;$$

$$a_n = \frac{1}{\pi}\int_{-\pi}^{\pi} y\cos nx\,\mathrm{d}x = 0 \quad (n = 1,2,\cdots);$$

$$b_n = \frac{1}{\pi}\int_{-\pi}^{\pi} y\sin nx\,\mathrm{d}x = \frac{2}{\pi}\int_{0}^{\pi} y\sin nx\,\mathrm{d}x = \frac{2}{n\pi}[1-(-1)^n]$$

$$= \begin{cases} \dfrac{4}{n\pi}, & n\text{ 为奇数}, \\ 0, & n\text{ 为偶数}. \end{cases}$$

于是方波 y 的傅里叶展式为

$$y = \frac{4}{\pi}\sum_{n=1}^{\infty}\frac{1}{2n-1}\sin(2n-1)x \quad (x \neq k\pi, k = 0, \pm 1, \pm 2, \cdots).$$

级数的和函数图形如图 12.4 所示.

12.3.4　[0,π] 上的函数展开为正弦级数或余弦级数

设 $f(x)$ 是以 2π 为周期的函数. 如果 $f(x)$ 为奇函数,则 $f(x)\cos nx$ 为奇函数, $f(x)\sin nx$ 为偶函数,从而

$$a_n = \frac{1}{\pi}\int_{-\pi}^{\pi} f(x)\cos nx\,\mathrm{d}x = 0 \quad (n = 0,1,2,\cdots);$$

$$b_n = \frac{2}{\pi}\int_{0}^{\pi} f(x)\sin nx\,\mathrm{d}x \quad (n = 1,2,\cdots).$$

于是 $f(x)$ 的傅里叶级数只含有正弦项,称为**正弦级数**:

$$f(x) \sim \sum_{n=1}^{\infty} b_n \sin nx.$$

如果 $f(x)$ 是偶函数,则 $f(x)\cos nx$ 为偶函数, $f(x)\sin nx$ 为奇函数,从而

$$a_n = \frac{2}{\pi}\int_{0}^{\pi} f(x)\cos nx\,\mathrm{d}x \quad (n = 0,1,2,\cdots);$$

$$b_n = \frac{2}{\pi}\int_{0}^{\pi} f(x)\sin nx\,\mathrm{d}x = 0 \quad (n = 1,2,\cdots).$$

于是 $f(x)$ 的傅里叶级数只含有余弦项,称为**余弦级数**:

$$f(x)\sim\frac{a_0}{2}+\sum_{n=1}^{\infty}a_n\cos nx.$$

对于定义在$[0,\pi]$上的函数 $f(x)$,可以通过补充 $f(x)$ 在$[-\pi,0)$上的定义,使之延拓成$[-\pi,\pi]$上的函数.若延拓后函数成为偶(奇)函数,则称该延拓为**偶(奇)延拓**.由于对 $f(x)$ 进行偶(奇)延拓后所得的函数为偶(奇)函数,这样它的傅里叶级数便是余(正)弦级数,从而 $f(x)$ 在$[0,\pi]$上的傅里叶级数也是余(正)弦级数.

例 4 将函数 $f(x)=\frac{x^2}{4}-\frac{\pi x}{2}$ 在$[0,\pi]$上分别展成余弦级数和正弦级数.

解 (1) 将 $f(x)$ 偶延拓成以 2π 为周期的周期函数,于是

$$b_n=0\quad(n=1,2,\cdots),$$

$$a_0=\frac{2}{\pi}\int_0^{\pi}\left(\frac{x^2}{4}-\frac{\pi x}{2}\right)\mathrm{d}x=-\frac{\pi^2}{3},$$

$$\begin{aligned}a_n&=\frac{2}{\pi}\int_0^{\pi}\left(\frac{x^2}{4}-\frac{\pi x}{2}\right)\cos nx\,\mathrm{d}x\\&=\frac{2}{\pi}\left(\frac{x^2}{4}-\frac{\pi x}{2}\right)\frac{\sin nx}{n}\Bigg|_0^{\pi}+\frac{2}{\pi}\cdot\frac{1}{n}\left(\frac{x}{2}-\frac{\pi}{2}\right)\cdot\frac{\cos nx}{n}\Bigg|_0^{\pi}=\frac{1}{n^2}.\end{aligned}$$

由收敛定理得

$$\frac{x^2}{4}-\frac{\pi x}{2}=-\frac{\pi^2}{6}+\sum_{n=1}^{\infty}\frac{\cos nx}{n^2},\quad x\in[0,\pi].$$

(2) 将 $f(x)$ 奇延拓成以 2π 为周期的周期函数,于是

$$a_n=0\ (n=0,1,2,\cdots),$$

$$\begin{aligned}b_n&=\frac{2}{\pi}\int_0^{\pi}\left(\frac{x^2}{4}-\frac{\pi x}{2}\right)\sin nx\,\mathrm{d}x=\frac{2}{\pi}\left(\frac{x^2}{4}-\frac{\pi x}{2}\right)\frac{(-\cos nx)}{n}\Bigg|_0^{\pi}+\frac{1}{n\pi}\int_0^{\pi}(x-\pi)\cos nx\,\mathrm{d}x\\&=\frac{(-1)^n\pi}{2n}+\frac{1}{n^2\pi}(x-\pi)\sin nx\Bigg|_0^{\pi}-\frac{1}{n^2\pi}\int_0^{\pi}\sin nx\,\mathrm{d}x=\frac{(-1)^n\pi}{2n}+\frac{1}{n^3\pi}\cos nx\Bigg|_0^{\pi}\\&=\frac{(-1)^n\pi}{2n}+\frac{1}{n^3\pi}[(-1)^n-1]\quad(n=1,2,\cdots).\end{aligned}$$

由收敛定理得

$$\frac{x^2}{4}-\frac{\pi x}{2}=\sum_{n=1}^{\infty}\left[\frac{(-1)^n\pi}{2n}+\frac{(-1)^n-1}{n^3\pi}\right]\sin nx,\ x\in[0,\pi].$$

12.3.5 周期为 $2l$ 的周期函数的傅里叶级数

前面我们对周期为 2π 的函数的傅里叶级数作了讨论.但是周期函数的周期未必均是 2π,因此,应考虑周期为 $2l$(l 为任一正数)的函数的傅里叶级数.

定理 3 设以 $2l$ 为周期的周期函数 $f(x)$ 在$[-l,l]$上可积,则 $f(x)$ 的傅里叶级

数为

$$f(x)\sim\frac{a_0}{2}+\sum_{n=1}^{\infty}\left(a_n\cos\frac{n\pi x}{l}+bn\sin\frac{n\pi x}{l}\right),$$

其中

$$a_n=\frac{1}{l}\int_{-l}^{l}f(x)\cos\frac{n\pi x}{l}\mathrm{d}x\quad(n=0,1,2,\cdots);$$

$$b_n=\frac{1}{l}\int_{-l}^{l}f(x)\sin\frac{n\pi x}{l}\mathrm{d}x\quad(n=1,2,\cdots).$$

若 $f(x)$ 满足收敛定理条件，那么该傅里叶级数在 $f(x)$ 的连续点收敛于 $f(x)$ 本身，在 $f(x)$ 的第一类间断点收敛于 $\frac{1}{2}[f(x+0)+f(x-0)]$.

证 令 $y=\frac{\pi x}{l}$，则

$$f(x)=f(\frac{ly}{\pi})\triangleq F(y).$$

因 $$F(y+2\pi)=f\left[\frac{l(y+2\pi)}{\pi}\right]=f\left(\frac{ly}{\pi}+2l\right)=f\left(\frac{ly}{\pi}\right)=F(y),$$

故 $F(y)$ 是以 2π 为周期的周期函数，它在 $[-\pi,\pi]$ 上可积，且

$$F(y)\sim\frac{a_0}{2}+\sum_{n=1}^{\infty}(a_n\cos ny+b_n\sin ny),$$

即 $$f(x)\sim\frac{a_0}{2}+\sum_{n=1}^{\infty}(a_n\cos ny+b_n\sin ny),$$

其中 $$a_n=\frac{1}{\pi}\int_{-\pi}^{\pi}F(y)\cos ny\mathrm{d}y\quad(n=0,1,2,\cdots).$$

$$b_n=\frac{1}{\pi}\int_{-\pi}^{\pi}F(y)\sin ny\mathrm{d}y\quad(n=1,2,\cdots).$$

现对 a_n、b_n 的积分表达式作变量代换，令 $y=\frac{\pi x}{l}$，则

$$\begin{aligned}a_n&=\frac{1}{\pi}\int_{-l}^{l}f\left(\frac{l}{\pi}\cdot\frac{\pi}{l}x\right)\cos\frac{n\pi x}{l}\cdot\frac{\pi}{l}\mathrm{d}x\\&=\frac{1}{l}\int_{-l}^{l}f(x)\cos\frac{n\pi x}{l}\mathrm{d}x\quad(n=0,1,2,\cdots).\end{aligned}$$

同理 $$b_n=\frac{1}{l}\int_{-l}^{l}f(x)\sin\frac{n\pi x}{l}\mathrm{d}x,\quad(n=1,2,\cdots).$$

于是 $$f(x)\sim\frac{a_0}{2}+\sum_{n=1}^{\infty}(a_n\cos\frac{n\pi x}{l}+b_n\sin\frac{n\pi x}{l}).$$

若 $f(x)$ 满足收敛定理条件，则 $F(y)$ 也满足收敛定理条件，故由 $F(y)$ 的傅里叶级数的收敛性，即得到 $f(x)$ 傅里叶级数的收敛性.

例 5 将 $f(x)=\begin{cases}0 & -2\leqslant x<0,\\ 1 & 0\leqslant x<2\end{cases}$ 在$[-2,2)$上展成傅里叶级数.

解 将 $f(x)$ 延拓成以 4 为周期的周期函数.

因
$$a_0=\frac{1}{2}\int_{-2}^{2}f(x)\mathrm{d}x=\frac{1}{2}\left[\int_{-2}^{0}0\cdot\mathrm{d}x+\int_{0}^{2}1\cdot\mathrm{d}x\right]=1,$$
$$a_n=\frac{1}{2}\int_{-2}^{2}f(x)\cos\frac{n\pi x}{2}\mathrm{d}x=\frac{1}{2}\int_{0}^{2}\cos\frac{n\pi x}{2}\mathrm{d}x=0,$$
$$b_n=\frac{1}{2}\int_{-2}^{2}f(x)\sin\frac{n\pi x}{l}\mathrm{d}x=\frac{1}{2}\int_{0}^{2}\sin\frac{n\pi x}{2}\mathrm{d}x$$
$$=\frac{1}{n\pi}[1-(-1)^n]=\begin{cases}\dfrac{2}{n\pi}, & n\text{为奇数},\\ 0, & n\text{为偶数},\end{cases}$$

故由收敛定理知
$$f(x)=\frac{1}{2}+\frac{2}{\pi}\sum_{n=1}^{\infty}\frac{1}{2n-1}\sin\frac{(2n-1)\pi x}{2},\quad x\in(-2,0)\cup(0,2).$$

其和函数图像为图 12.5 所示.

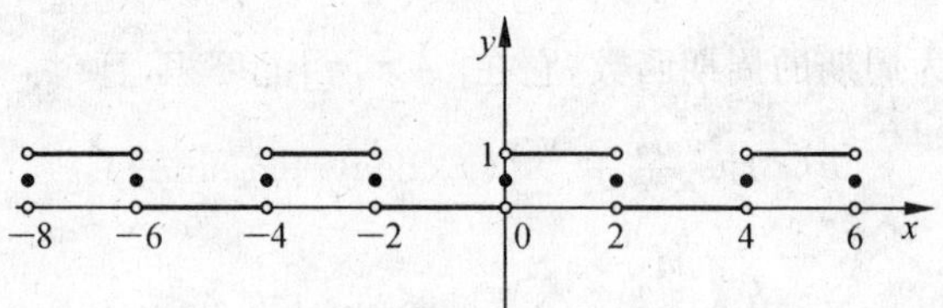

图 12.5

例 6 将 $f(x)=x^2(0\leqslant x\leqslant 2)$ 展成正弦级数.

解 将 $f(x)$ 奇延拓成以周期为 4 的周期函数,于是
$$a_n=0\ (n=0,1,2,\cdots),$$
$$b_n=\frac{2}{2}\int_0^2 x^2\sin\frac{n\pi x}{2}\mathrm{d}x=-\frac{2}{n\pi}\left[x^2\cos\frac{n\pi x}{2}\Big|_0^2-\int_0^2\cos\frac{n\pi x}{2}\cdot 2x\mathrm{d}x\right]$$
$$=\frac{8}{n\pi}\left[(-1)^{n+1}+\frac{1}{n\pi}\left(x\sin\frac{n\pi x}{2}\right)\Big|_0^2-\int_0^2\sin\frac{n\pi x}{2}\mathrm{d}x\right]$$
$$=\frac{8}{n\pi}\left[(-1)^{n+1}+\frac{2}{n^2\pi^2}((-1)^n-1)\right].$$

根据收敛定理
$$x^2=\frac{8}{\pi}\sum_{n=1}^{\infty}\left\{\frac{(-1)^{n+1}}{n}+\frac{2}{n^2\pi^2}[(-1)^n-1]\right\}\sin\frac{n\pi x}{2},\quad x\in[0,2).$$

其和函数图像如图 12.6 所示.

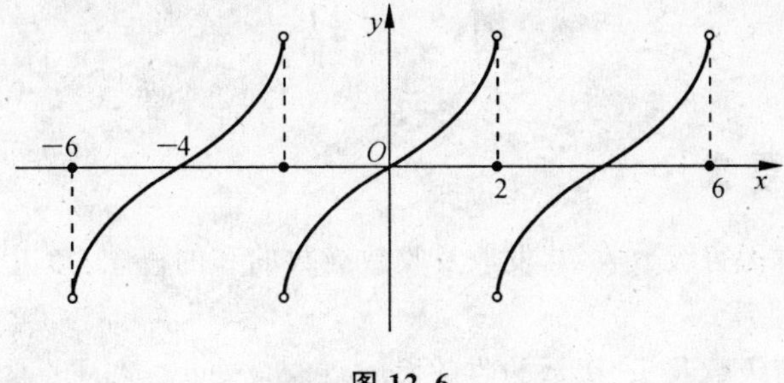

图 12.6

习题 12.3

1. 试将下列以 2π 为周期的函数 $f(x)$ 展成傅里叶级数,并画出傅里叶级数的和函数图像:

(1) $f(x)=|\sin x|$;　(2) $f(x)=\begin{cases}x, & -\pi<x<0,\\ 0, & 0\leqslant x<\pi;\end{cases}$

(3) $f(x)=\dfrac{\pi}{4}-\dfrac{x}{2},-\pi<x\leqslant\pi$;　(4) $f(x)=x^2$,　$0<x<2\pi$.

2. 在区间 $[-\pi,\pi]$ 上将 $f(x)=2\sin\dfrac{x}{3}$ 展成傅里叶级数,并写出该级数的和函数.

3. 将 $f(x)=\dfrac{\pi-x}{2}(0\leqslant x\leqslant\pi)$ 展成正弦级数,并画出该级数和函数图像.

4. 将函数 $f(x)=\begin{cases}\sin x, & 0\leqslant x\leqslant\dfrac{\pi}{2},\\ 0, & \dfrac{\pi}{2}<x\leqslant\pi\end{cases}$

展成余弦级数.

5. 设 $f(x)$ 是以 2π 为周期的函数,证明

(1) 若 $f(x-\pi)=f(x)$,则 $f(x)$ 的傅里叶系数满足 $a_{2k+1}=0,b_{2k+1}=0(k=0,1,2,\cdots)$;

(2) 若 $f(x-\pi)=-f(x)$,则 $f(x)$ 的傅里叶系数满足 $a_0=0,a_{2k}=0,b_{2k}=0,(k=1,2,\cdots)$.

6. 将下列周期函数展成傅里叶级数,函数在一个周期内的表达式为:

(1) $f(x)=\begin{cases}0, & -2\leqslant x<0,\\ 1, & 0\leqslant x<2;\end{cases}$　(2) $f(x)=x\cos x,-\dfrac{\pi}{2}\leqslant x\leqslant\dfrac{\pi}{2}$;

(3) $f(x)=|x|,-l<x<l$.

7. 将 $f(x)=x-1(0\leqslant x\leqslant 2)$ 展成余弦级数.

小　结

一、基本要求

- 正确理解无穷级数收敛、发散及收敛级数的和的概念. 知道无穷级数收敛的必要条件及基本性质.
- 知道几何级数及 p- 级数的收敛性.
- 会用正项级数的比较判别法,掌握正项级数的比值判别法.
- 掌握交错级数收敛的莱布尼兹判别法.
- 了解级数绝对收敛与条件收敛的概念及绝对收敛与收敛的关系.
- 了解幂级数的收敛域及和函数的概念.
- 掌握较简单的幂级数的收敛区间的求法(端点的收敛性可不作要求).
- 知道幂级数在其收敛区间内的一些基本性质.
- 知道函数展开成泰勒级数的充分必要条件. 会利用$1/(1-x)$、e^x、$\sin x$、$\cos x$和 $\ln(1+x)$ 的麦克劳林(Maclaurin) 级数展开式及幂级数的基本性质等将一些简单的函数展开成幂级数.
- 会利用幂级数的基本性质和一些已知幂级数的和函数求一些简单幂级数在收敛区间内的和函数.
- 会用幂级数进行一些近似计算.
- 知道函数展开成傅里叶(Fourier) 级数的充分条件. 能将定义在$(-\pi,\pi)$ 和$(-l,l)$ 上的函数展开成傅里叶级数. 能将定义在$(0,\pi)$ 和$(0,l)$ 上的函数展开成正弦级数或余弦级数.

二、内容提要

1. 级数的概念

设有无穷数列$\{a_n\}$,则称 $\sum\limits_{n=1}^{\infty}a_n$ 为无穷级数,简称级数. 级数的前 n 项的和 $s_n=\sum\limits_{k=1}^{n}a_k$ 称为部分和,若$\lim\limits_{n\to\infty}s_n=S$存在且有限,则称级数 $\sum\limits_{n=1}^{\infty}a_n$ 收敛,且称 S 为该收敛级数的和. 若$\lim\limits_{n\to\infty}s_n$ 不存在或无限,则称级数 $\sum\limits_{n=1}^{\infty}a_n$ 发散.

2. 收敛级数的性质

- 若级数 $\sum\limits_{n=1}^{\infty}a_n$、$\sum\limits_{n=1}^{\infty}b_n$ 收敛,则对任意常数 α、β 有

$$\sum_{n=1}^{\infty}(\alpha a_n+\beta b_n)=\alpha\sum_{n=1}^{\infty}a_n+\beta\sum_{n=1}^{\infty}b_n.$$

- 改变级数有限多项值，不影响它的收敛性.
- 收敛级数可任意添加括号且和不变.
- 收敛级数的通项 $a_n\to 0(n\to\infty)$.

数项级数区分为正项级数($a_n\geqslant 0$)、交错级数($a_n=(-1)^{n-1}b_n,b_n>0$)及任意项级数.不同级数的收敛判别法不同.

3. 正项级数的判敛法

在容易发现$\lim\limits_{n\to\infty}a_n\neq 0$而判定正项级数发散外，常用以下方法判别正项级数的收敛性：

- 比较判敛法：当 n 充分大时，若有 $0\leqslant a_n\leqslant b_n$，则当$\sum\limits_{n=1}^{\infty}b_n$ 收敛时，$\sum\limits_{n=1}^{\infty}a_n$ 也收敛；当$\sum\limits_{n=1}^{\infty}a_n$ 发散时，$\sum\limits_{n=1}^{\infty}b_n$ 也发散.

- 比较判敛法的极限形式：若 $a_n,b_n>0,\lim\limits_{n\to\infty}\dfrac{a_n}{b_n}=l$，则当$l<+\infty$，且$\sum\limits_{n=1}^{\infty}b_n$ 收敛时，$\sum\limits_{n=1}^{\infty}a_n$ 也收敛；当 $l>0$，$\sum\limits_{n=1}^{\infty}b_n$ 发散时，$\sum\limits_{n=1}^{\infty}a_n$ 也发散.

- 比值判敛法：若$\lim\limits_{n\to\infty}\dfrac{a_{n+1}}{a_n}=l$，则 $l<1$ 时级数收敛；$l>1$ 时级数发散；$l=1$ 时级数可能收敛也可能发散.

- 根值判敛法：若$\lim\limits_{n\to\infty}\sqrt[n]{a_n}=l$，则 $l<1$ 时级数收敛；$l>1$ 时级数发散；$l=1$ 时级数可能收敛也可能发散.

注意使用比较判敛法或比较判敛法极限形式时经常采用与已知收敛性的正项级数比较的方法，这些正项级数是：

等比级数(几何级数)——$\sum\limits_{n=0}^{\infty}ar^n$，当 $|r|<1$ 时级数收敛，当 $|r|\geqslant 1$ 时级数发散.

p 级数 ——$\sum\limits_{n=1}^{\infty}\dfrac{1}{n^p}$，当 $p>1$ 时级数收敛，当 $p\leqslant 1$ 时级数发散.

4. 交错级数的莱布尼兹判敛法

若 $a_n\geqslant a_{n+1}>0(n=1,2,\cdots)$，$\lim\limits_{n\to\infty}a_n=0$，则交错级数$\sum\limits_{n=1}^{\infty}(-1)^{n-1}a_n(a_n>0)$ 收敛.

5. 任意项级数的判敛

任意项级数(含交错级数及其他级数) 的收敛性区分为绝对收敛与条件收敛两

种. 若$\sum\limits_{n=1}^{\infty}|a_n|$收敛,则称$\sum\limits_{n=1}^{\infty}a_n$绝对收敛;若$\sum\limits_{n=1}^{\infty}|a_n|$发散,但$\sum\limits_{n=1}^{\infty}a_n$收敛,则称$\sum\limits_{n=1}^{\infty}a_n$条件收敛. 注意:绝对收敛的级数必定收敛. 收敛的交错级数,可能是绝对收敛,也可能是条件收敛.

6. 幂级数的概念

形如$\sum\limits_{n=0}^{\infty}a_n(x-x_0)^n$的级数称为$(x-x_0)$的幂级数,其中$a_i(i=0,1,\cdots)$为常数,并称为幂级数的系数,使级数收敛的所有$x$的集合称为收敛域. 对于收敛域上任一点$x$,级数$\sum\limits_{n=0}^{\infty}a_n(x-x_0)^n$的和$S(x)$唯一确定,故$S(x)$是幂级数收敛域上的和函数,记作$S(x)=\sum\limits_{n=0}^{\infty}a_n(x-x_0)^n$.

7. 幂级数的收敛域

幂级数收敛域是以x_0为中心,以R为半径的区间,其中非负常数R(包括$+\infty$)称为幂级数的收敛半径,它可由公式$R=\lim\limits_{n\to\infty}\left|\frac{a_n}{a_{n+1}}\right|$决定. 我们称区间$(x_0-R,x_0+R)$为收敛区间,而幂级数的收敛域除含有收敛区间外还可能含有区间端点或某个端点. 根据教学要求,本书不讨论幂级数在收敛区间端点的收敛性.

8. 幂级数的性质

- 幂级数在其收敛区间内绝对收敛,在$|x-x_0|>R$(R为收敛半径)发散,在收敛区间端点$x=x_0\pm R$,可能收敛也可能发散.
- 幂级数的和函数$S(x)$在其收敛域上连续.
- 幂级数在其收敛区间内可逐项微分或逐项积分,而且所得到的新的幂级数收敛半径不变.
- 若幂级数$\sum\limits_{n=0}^{\infty}a_n(x-x_0)^n$与$\sum\limits_{n=0}^{\infty}b_n(x-x_0)^n$的收敛半径分别为$R_1,R_2$. 令$R=\min(R_1,R_2)$,则$|x-x_0|<R$时,

$$\sum_{n=0}^{\infty}a_n(x-x_0)^n\pm\sum_{n=0}^{\infty}b_n(x-x_0)^n=\sum_{n=0}^{\infty}(a_n\pm b_n)(x-x_0)^n;$$

$$\sum_{n=0}^{\infty}a_n(x-x_0)^n\cdot\sum_{n=0}^{\infty}b_n(x-x_0)^n=\sum_{n=0}^{\infty}(a_0b_n+a_1b_{n-1}+\cdots+a_nb_0)(x-x_0)^n.$$

- 若$f(x)$在x_0点可以展成幂级数,则该幂级数必是$f(x)$在x_0点的泰勒级数,即若$f(x)=\sum\limits_{n=0}^{\infty}a_n(x-x_0)^n(|x-x_0|<R)$,则$a_n=\frac{f^{(n)}(x_0)}{n!}$. 在$x_0=0$点的泰勒级数又称为麦克劳林级数,它可表为$\sum\limits_{n=0}^{\infty}\frac{f^{(n)}(0)}{n!}x^n$.

9. 五个重要的幂级数展开式

- $\mathrm{e}^x = \sum_{n=0}^{\infty} \frac{x^n}{n!} \quad (-\infty < x < +\infty)$;
- $\sin x = \sum_{n=1}^{\infty} (-1)^{n-1} \frac{x^{2n-1}}{(2n-1)!} \quad (-\infty < x < +\infty)$;
- $\cos x = \sum_{n=0}^{\infty} (-1)^n \frac{x^{2n}}{(2n)!} \quad (-\infty < x < +\infty)$;
- $\ln(1+x) = \sum_{n=1}^{\infty} (-1)^{n-1} \frac{x^n}{n} \quad (-1 < x \leqslant 1)$;
- $(1+x)^\alpha = \sum_{n=0}^{\infty} \frac{\alpha(\alpha-1)\cdots(\alpha-n+1)}{n!} x^n \quad (-1 < x < 1)$.

特别地，$\frac{1}{1+x} = \sum_{n=0}^{\infty} (-1)^n x^n \quad (-1 < x < 1)$.

10. 函数展成幂级数

将一个函数展成幂级数(即将 $f(x)$ 表示成 $f(x) = \sum_{n=0}^{\infty} a_n (x-x_0)^n, x \in D$) 有两种方法:直接法与间接法.直接法就是先求出 $a_n = \frac{f^{(n)}(x_0)}{n!}$，再形式地得到 $f(x)$ 的泰勒级数(即幂级数)，然后求出泰勒公式中的余项收敛于零的区域 D，从而得到 $f(x)$ 的幂级数展开式.间接法就是利用五个重要函数的幂级数展开式，通过适当的变量代换、四则运算、复合以及微分、积分等方法将一个函数展成幂级数，并指出其收敛区域.

11. 和函数的求法

幂级数的和函数可用以下方法求得:

- 根据和函数定义，先求出级数的部分和，再取极限得到.
- 通过级数加、减法运算将一级数化为易求和的若干级数的和或差.
- 通过逐项积分或微分的方法将幂级数化为常见函数的幂级数而得到新级数的和函数，然后再对它作相反的分析运算得到原幂级数的和函数.

对于幂级数求和应先求该幂级数的收敛区间.若幂级数在收敛区间端点收敛，且和函数在该端点连续，则和函数在该端点也成立.

12. 傅里叶级数

设 $f(x)$ 是以 $2l$ 为周期的周期函数，在 $[-l,l]$ 上可积，则 $f(x)$ 的傅里叶系数为

$$a_n = \frac{1}{l}\int_{-l}^{l} f(x)\cos\frac{n\pi}{l}x\,\mathrm{d}x, \quad n = 0,1,2,\cdots$$

$$b_n = \frac{1}{l}\int_{-l}^{l} f(x)\sin\frac{n\pi}{l}x\,\mathrm{d}x, \quad n = 1,2,\cdots$$

以傅里叶系数为系数的三角级数

$$\frac{a_0}{2}+\sum_{n=1}^{\infty}(a_n\cos\frac{n\pi}{l}x+b_n\sin\frac{n\pi}{l}x)$$

称为 $f(x)$ 的傅里叶级数,记作

$$f(x)\sim\frac{a_0}{2}+\sum_{n=1}^{\infty}\left(a_n\cos\frac{n\pi}{l}x+b_n\sin\frac{n\pi}{l}x\right).$$

若 $f(x)$ 是以 $2l$ 为周期的奇函数时,其傅里叶系数为 $a_n=0\ (n=0,1,2,\cdots)$, $b_n=\frac{2}{l}\int_0^l f(x)\sin\frac{n\pi}{l}x\mathrm{d}x\ (n=1,2,\cdots)$,这时 $f(x)\sim\sum\limits_{n=1}^{\infty}b_n\sin\frac{n\pi}{l}x$,并称之为正弦级数.

当 $f(x)$ 是以 $2l$ 为周期的偶函数时,其傅里叶系数为 $b_n=0(n=1,2,\cdots)$, $a_n=\frac{2}{l}\int_0^l f(x)\cos\frac{n\pi}{l}x\mathrm{d}x\ (n=0,1,2,\cdots)$,这时 $f(x)\sim\frac{a_0}{2}+\sum\limits_{n=1}^{\infty}a_n\cos\frac{n\pi}{l}x$,并称之为余弦级数.

对于只定义在 $(0,l)$ 上的函数,可以进行奇(偶)延拓,使之成为以 $2l$ 为周期的奇(偶)函数,从而可展成该函数的正(余)弦级数.

13. 傅里叶级数收敛定理

若 $f(x)$ 在 $[-l.l]$ 上满足狄利克雷条件:① $f(x)$ 只有有限个极值点;② $f(x)$ 除去有限多个第一类间断点外都是连续的,则 $f(x)$ 的傅里叶级数在 $[-l,l]$ 上收敛,且有

$$\frac{a_0}{2}+\sum_{n=1}^{\infty}(a_n\cos\frac{n\pi}{l}x+b_n\sin\frac{n\pi}{l}x)$$
$$=\begin{cases}f(x), & x\text{ 为 }f(x)\text{ 的连续点;}\\ \dfrac{f(x+0)+f(x-0)}{2}, & x\text{ 为 }f(x)\text{ 的第一类间断点;}\\ \dfrac{f(-l+0)+f(l-0)}{2}, & x=\pm l.\end{cases}$$

14. 将周期函数 $f(x)$ 展成傅里叶级数的步骤

- 确定 $f(x)$ 的周期,并画出 $f(x)$ 在 $[-l,l]$ 上的图形,验证它是否满足狄利克雷条件.
- 求出傅里叶系数.
- 写出傅里叶级数,并根据收敛定理写出其收敛于 $f(x)$ 的区间.

三、学习指导

- 无穷级数从形式上看是有无穷多个数或函数相加.这就存在着这种加法是否有意义的问题.级数收敛与发散正是对该问题的答复,因此判断级数的收敛性是研

究级数的首要问题.

● 在自然科学和工程技术中常用的一些函数是用级数来表示的. 作为函数定义的要求,对于自变量每个确定的值,级数应有一个唯一确定的值与之对应,而该值便是级数中自变量取确定值时(此时函数项级数已变为数项级数)级数之和. 因此,数项级数的概念构成了本章的基础.

● 级数的收敛与发散等价于其部分和数列的收敛与发散,这是很自然的. 由于级数的部分和只是由级数的有限多项相加而成,它可以用加法计算出来. 然而级数的无穷多项之和靠加法是无法完成的. 注意到级数的部分和是级数和(如果存在)的一种近似值,当部分和项数无限增大时,二者便无限接近,因此,无穷级数之和应通过对部分和数列取极限求得. 但在具体判定一个级数的收敛性时,仅靠上述定义是很困难的,因此本章便根据不同级数的特性来建立不同的判敛法.

● 正项级数是数项级数中收敛性最容易判定的一种级数. 由于它的部分和数列是单调增的,因此该部分和数列是否有上界便决定了该数列是否收敛,即级数是否收敛. 由此我们得到了正项级数的收敛准则. 由收敛准则便给出了正项级数判敛的比较判敛法及其极限形式,比值判敛法和根值判敛法,如何使用这些判别法是有讲究的. 一般先考虑级数的通项是否趋于零(通项不收敛于零的级数必发散);然后考虑比值判敛法或根值判敛法;第三考虑比较判别法的极限形式,看能否利用泰勒公式确定出通项关于 $1/n$ 的阶;第四考虑比较判敛法;最后考虑用级数收敛定义判敛. 必须熟悉和掌握上述各种判敛法.

● 对于任意项级数的收敛性,最突出的特点是它细分为绝对收敛与条件收敛两种. 对于绝对收敛的级数,它具有加法的结合律、交换律以及乘法对加法的分配律等性质,因此可把绝对收敛的级数当作多项式那样使用;而条件收敛级数仅具有结合律,二者差别很大.

● 在任意项级数中主要介绍了交错级数与莱布尼兹判敛法. 莱布尼兹判敛法给出判定交错级数收敛的一个充分条件和误差估计. 用莱布尼兹判敛法判定出收敛的交错级数,有时也得根据题目要求将它细分为绝对收敛与条件收敛两种.

● 幂级数是一种应用广泛且具有良好分析性质的函数项级数. 我们着重讨论三个问题:① 幂级数的收敛域(本书主要讨论收敛区间),② 幂级数求和,③ 将一些简单函数展成幂级数.

幂级数的收敛域是由区间构成,该区间由级数的展开点以及收敛半径来确定,至于区间端点的收敛性则应另行讨论(本书不作要求).

求幂级数的和函数时应该充分利用幂级数的性质来求. 对于求得的和函数必须指明它的定义域(即幂级数的收敛域).

将一函数展成幂级数的理论根据是该幂级数就是所给函数的泰勒级数,因此展开方法有直接法与间接法两种. 熟悉五个基本函数的泰勒展式对幂级数的展开是十分有用的.由于幂级数的唯一性,因此无论采用什么方法,其得到的展式是相同的.对于函数的幂级数展式必须指出其收敛区域.

● 傅里叶级数是用来描述周期现象的一种三角级数.我们主要讨论周期函数的傅里叶展式.对于一个可积的周期函数,我们总可以根据其周期找到相应的傅里叶系数公式,从而形式地写出傅里叶级数.为了得到函数的傅里叶展式,还需验证所给函数是否满足收敛定理条件,然后根据收敛定理写出函数傅里叶展式及其成立的区间.如果需将定义在$[0,l]$上的函数展成正弦级数或者余弦级数,则需对所给的函数进行奇延拓或者偶延拓,使之成为周期函数,而后再展成正弦级数或余弦级数.

自 测 题

一、是非题(每小题 2 分,共 8 分)

1. 若$\sum\limits_{n=1}^{\infty}u_n$收敛,$\sum\limits_{n=1}^{\infty}v_n$发散,则$\sum\limits_{n=1}^{\infty}(u_n+v_n)$发散.

2. 因$\cos\dfrac{n\pi}{3}/n^2\leqslant 1/n^2$,故$\sum\limits_{n=1}^{\infty}\cos\dfrac{n\pi}{3}/n^2$收敛.

3. 若$u_n>0$且$\sum\limits_{n=1}^{\infty}u_n$收敛,则$\lim\limits_{n\to\infty}\dfrac{u_{n+1}}{u_n}=l<1$.

4. 若$f(x)$满足迪里赫来收敛定理条件,则$f(x)$的傅里叶级数收敛于$f(x)$本身.

二、多项选择题(每小题 2 分,共 10 分)

1. 若级数$\sum\limits_{n=1}^{\infty}a_n$收敛,则(　　).

A. 数列$\{a_n\}$收敛　　B. 数列$\{a_n\}$发散

C. 部分和数列$\{s_n\}$收敛　　D. 部分和数列$\{s_n\}$发散

2. 若$\sum\limits_{n=1}^{\infty}(a_{2n-1}+a_{2n})$发散,则(　　).

A. $\sum\limits_{n=1}^{\infty}a_n$收敛　　B. $\sum\limits_{n=1}^{\infty}a_n$发散

C. $\sum\limits_{n=1}^{\infty}a_n$收敛性不定　　D. $\sum\limits_{n=1}^{\infty}a_{2n-1}$,$\sum\limits_{n=1}^{\infty}a_{2n}$均发散

3. 设α为常数,则级数$\sum\limits_{n=1}^{\infty}(-1)^{n-1}\left(\dfrac{\sin n\alpha}{n^2}-\dfrac{1}{\sqrt{n}}\right)$(　　).

A. 绝对收敛　　B. 条件收敛　　C. 发散　　D. 收敛性不定

4. 若$\sum\limits_{n=1}^{\infty}a_n(x-1)^n$在$x=-1$处收敛,则此级数在$x=2$处(　　).

A. 绝对收敛　　B. 条件收敛　　C. 发散　　D. 连续且可微

5. 已知幂级数$\sum\limits_{n=1}^{\infty}a_nx^n$的收敛半径为$R_1(>0)$,幂级数$\sum\limits_{n=0}^{\infty}\int_0^x a_nt^n\mathrm{d}t$的收敛半径为$R_2$,则(　　).

A. $R_1 = R_2$　　B. $R_1 > R_2$　　C. $R_1 < R_2$　　D. R_1, R_2 无法比较大小

三、填空题(每小题 6 分,共 24 分)

1. 级数 $\sum_{n=1}^{\infty} \frac{(-1)^{n-1}}{n^{2p}}$ 的收敛性为:当 $p > \frac{1}{2}$ 时,级数______,当 $0 < p \leqslant \frac{1}{2}$ 时级数______,当 $p < 0$ 时级数______.

2. 幂级数 $\sum_{n=0}^{\infty} \frac{2n-1}{2^n} x^{3n}$ 的收敛半径 $R =$ ______,收敛区间为______.

3. 若 $f(x) = \sum_{n=0}^{\infty} \frac{(-1)^n}{2n+1} x^{2n+1}$,则 $f(0) =$ ______,$f^{(2n)}(0) =$ ______,$f^{(2n+1)}(0) =$ ______,$n = 0,1,2,\cdots$.

4. 若 $\cos^2 x$ 的傅里叶级数为 $\frac{a_0}{2} + \sum_{n=1}^{\infty} (a_n \cos nx + b_n \sin nx)$,则 $a_0 =$ ______,$b_1 =$ ______,$a_2 =$ ______.

四、判定下列级数的敛散性,如果收敛,请指出是绝对收敛还是条件收敛(每小题 6 分,共 24 分)

1. $\sum_{n=1}^{\infty} n \tan \frac{\pi}{2^{n+1}}$;　2. $\sum_{n=2}^{\infty} \frac{1}{\ln n}$;　3. $\sum_{n=1}^{\infty} (-1)^n \sin \frac{\pi}{n}$;　4. $\sum_{n=1}^{\infty} (-1)^{n-1} \frac{1}{n(n+1)}$.

五、求幂级数 $\sum_{n=1}^{\infty} n x^{n-1}$ 的和函数,并指出其收敛区间(本题 10 分).

六、将 $f(x) = 2^x$ 展成 x 的幂级数,并指出其收敛区间(本题 10 分).

七、将 $f(x) = \cos x, x \in [0,\pi]$,展成正弦级数(本题 10 分).

八、若 $a_n > 0$,$\sum_{n=1}^{\infty} a_n$ 收敛,求证 $\sum_{n=1}^{\infty} a_n^2$ 收敛(本题 4 分).

自测题解答

一、1. 是; 2. 非; 3. 非; 4. 非.

二、1. A、C; 2. B; 3. B; 4. A、D; 5. A.

三、1. 绝对收敛;条件收敛;发散. 2. $\sqrt[3]{2}$;$(-\sqrt[3]{2}, \sqrt[3]{2})$. 3. 0; 0; $(-1)^n(2n)!$.

4. 1; 0; $\frac{1}{2}$.

四、1. 绝对收敛.因 $\lim_{n\to\infty} \left| (n+1)\tan \frac{\pi}{2^{n+2}} \middle/ n\tan \frac{\pi}{2^n} \right| = \frac{1}{2} < 1$,故级数绝对收敛.

2. 发散.因 $0 < \frac{1}{\ln n} < \frac{1}{n}$,级数 $\sum \frac{1}{n}$ 发散,故原级数发散.

3. 条件收敛.因 $\sin \frac{\pi}{n} > 0$,数列 $\left\{ \sin \frac{\pi}{n} \right\}$ 单调减,$\lim_{n\to\infty} \sin \frac{\pi}{n} = 0$,故由莱布尼兹判敛法知级数收敛.但 $\lim_{n\to\infty} \left| (-1)^n \sin \frac{\pi}{n} \right| \Big/ \frac{1}{n} = \pi$,故 $\sum_{n=1}^{\infty} \left| (-1)^n \sin \frac{\pi}{n} \right|$ 发散,因此原级数条件收敛.

4. 绝对收敛.因 $\left| (-1)^n \frac{1}{n(n+1)} \right| \Big/ \frac{1}{n^2} \to 1 (n \to \infty)$,级数 $\sum_{n=1}^{\infty} \frac{1}{n^2}$ 收敛,故原级数绝对收敛.

五、设 $S(x)=\sum\limits_{n=1}^{\infty}nx^{n-1}$,因$\int_0^x S(t)\mathrm{d}t=\sum\limits_{n=1}^{\infty}\int_0^x nt^{n-1}\mathrm{d}t=\sum\limits_{n=1}^{\infty}x^n=\dfrac{x}{1-x}(|x|<1)$,故 $S(x)=\left(\dfrac{x}{1-x}\right)'=\dfrac{1}{(1-x)^2},x\in(-1,1)$.

六、$2^x=\mathrm{e}^{x\ln 2}=\sum\limits_{n=0}^{\infty}\dfrac{(x\ln 2)^n}{n!}=\sum\limits_{n=0}^{\infty}\dfrac{(\ln 2)^n}{n!}x^n,x\in(-\infty,+\infty)$.

七、将 $f(x)=\cos x$ 延拓成以 2π 为周期的奇函数,因此 $a_0=a_n=0,b_n=\dfrac{2}{\pi}\int_0^{\pi}\cos x\cdot\sin nx\,\mathrm{d}x=\dfrac{2n}{\pi(n^2-1)}[(-1)^n+1]$,于是 $\cos x=\sum\limits_{n=1}^{\infty}\dfrac{8n}{\pi(4n^2-1)}\cdot\sin 2nx,x\in(0,\pi]$.

八、因$\lim\limits_{n\to\infty}a_n=0,\lim\limits_{n\to\infty}\dfrac{a_n^2}{a_n}=0$,故$\sum\limits_{n=1}^{\infty}a_n^2$ 收敛.

试 题 一

一、单项选择题(在每小题的四个备选答案中,选出一个正确的答案,并将其代号写在后面横线上)

(一)(每小题 1 分,共 20 分)

1. 设 $f(x)=\begin{cases}1, & x<0,\\ \cos x+1, & x>0,\end{cases}$ 则 $f(x)$ 在 $x=0$ 处______.

A. 等于 1;　　B. 等于 2;　　C. 没定义;　　D. 等于 $\frac{\pi}{2}+1$.

2. $\lim\limits_{x\to1}\frac{\sqrt{x}-1}{x-1}=$ ______.

A. 0;　　B. $\frac{1}{2}$;　　C. ∞;　　D. 1.

3. 设 $y=x^3-\sqrt{x}$,则 $y'=$ ______.

A. $3x^2-\frac{1}{\sqrt{x}}$;　　B. $3x^2+\frac{1}{2\sqrt{x}}$;　　C. $3x-\frac{1}{2\sqrt{x}}$;　　D. $3x^2-\frac{1}{2\sqrt{x}}$.

4. 设 $y=xe^{x^2}$,则 $y'=$ ______.

A. $2xe^{x^2}$;　　B. $2x^2e^x$;　　C. $e^{x^2}(1+x^2)$;　　D. $e^{x^2}(1+2x^2)$.

5. 函数 $y=\ln\sin x$ 在闭区间$[\frac{\pi}{6},\frac{5}{6}\pi]$上满足罗尔定理全部条件,则使定理结论成立的 $C=$ ______.

A. $\frac{\pi}{2}$;　　B. $\frac{2}{3}\pi$;　　C. $\frac{5\pi}{6}$;　　D. $\frac{\pi}{6}$.

6. 函数 $y=\left(\frac{1}{2}\right)^x$,则 y______.

A. 在$(-\infty,+\infty)$内单调增;

B. 在$(-\infty,+\infty)$内单调减;

C. 在$(-\infty,0)$内单调增,在$(0,+\infty)$内单调减;

D. 在$(-\infty,0)$内单调减,在$(0,+\infty)$内单调增.

7. $\int 2e^x\mathrm{d}x=$ ______.

A. $2e^{x+C}$;　　B. $2+e^x$;　　C. $e^{x^2}+C$;　　D. $2e^x+C$.

8. $\int\frac{\cos x}{\sin x}\mathrm{d}x=$ ______.

A. $\ln|\cos x|+C$;　　B. $-\ln|\cos x|+C$;

C. $\ln|\sin x|+C$；　　D. $-\ln|\sin x|+C$.

9. $\int_0^1 \frac{2x\mathrm{d}x}{1+x^4}=$ ______.

A. $\frac{\pi}{2}$；　　B. $\frac{\pi}{4}$；　　C. $\tan 1$；　　D. $\tan 1-\frac{\pi}{2}$.

10. 设 $f(x)$ 在 $[a,b]$ 上连续，则等式 $\int_a^b kf(x)\mathrm{d}x=k\int_a^b f(x)\mathrm{d}x$ 中的 k ______.

A. 不能为零；　　B. 不能为负数；

C. 可为任何常数；　　D. 不能为任何常数.

11. 空间点 $A(1,2,3)$ 和点 $(4,5,6)$ 的距离为______.

A. 3；　　B. $\sqrt{3}$；　　C. $3\sqrt{3}$；　　D. 9.

12. 若 (x_0,y_0) 为 $f(x,y)$ 的驻点，$f(x,y)$ 在 (x_0,y_0) 的某邻域内有连续二阶偏导数，且 $\Delta=[f_{xy}(x_0,y_0)]^2-f_{xx}(x_0,y_0)f_{yy}(x_0,y_0)<0$，则 (x_0,y_0) 必为 $f(x,y)$ 的______.

A. 极值点；　　B. 非极值点；　　C. 零点；　　D. 非零点.

13. 设 D 是以原点为中心，以 2 为半径的圆形区域，则 $\iint_D \mathrm{d}\sigma=$ ______.

A. π；　　B. 2π；　　C. 3π；　　D. 4π.

14. 微分方程 $y'+2xy=x+3$ 是______.

A. 齐次方程；　　B. 可分离变量方程；

C. 一阶线性方程；　　D. 二阶微分方程.

15. 对收敛的常数项级数 $\sum_{n=1}^{\infty}a_n$，不改变各项顺序而插入括号后所成的级数______.

A. 仍收敛于原来级数的和；　　B. 仍收敛，但不收敛于原来级数的和；

C. 不一定收敛；　　D. 发散.

16. 已知幂级数 $\sum_{n=1}^{\infty}a_nx^n$ 在 $x=x_0$ 处发散，且 $\lim_{n\to\infty}\left|\frac{a_n}{a_{n+1}}\right|=R\ (R>0)$，则必有______.

A. $0\leqslant x_0<R$；　　B. $x_0\geqslant R$；

C. $|x_0|\geqslant R$；　　D. $|x_0|<R$.

17. 设 L 为连接 $(1,0)$ 与 $(0,1)$ 两点的直线段，则 $\int_L (x+y)\mathrm{d}s$ 的值为______.

A. 1；　　B. 2；　　C. $\sqrt{2}$；　　D. $2\sqrt{2}$.

18. 设 C 为圆周 $x^2+y^2=R^2(R>0)$ 沿逆时针方向，则 $\oint_C y\mathrm{d}x$ 的值为______.

A. πR^2；　　B. $-\pi R^2$；　　C. $2\pi R^2$；　　D. 0.

19. 设 S 为球面 $x^2+y^2+z^2=a^2(a>0)$，则 $\oiint\limits_S \frac{1}{x^2+y^2+z^2}\mathrm{d}S$ 的值为______.

A. 2π；　　B. 3π；　　C. 4π；　　D. $\frac{4\pi}{3}a$.

20. 设 $\sum$ 为立方体 $0\leqslant x\leqslant 1,0\leqslant y\leqslant 1,0\leqslant z\leqslant 1$ 的外表面，则曲面积分 $\oiint\limits_\Sigma x\mathrm{d}y\mathrm{d}z+y\mathrm{d}z\mathrm{d}x+z\mathrm{d}x\mathrm{d}y$ 的值为______.

A. 1；　　B. 2；　　C. 3；　　D. 4.

（二）（每小题 2 分，共 20 分）

1. 当 $x\to 0$ 时，下列各函数都是无穷小量，其中为 x 的高阶无穷小的是

A. $\sin 2x$；　　B. $\sin^2 x$；　　C. $x+\sin x$；　　D. $2x$.

2. 设 $f(x)=3\ln x+x^2$，则 $f''(1)=$______.

A. 3；　　B. 2；　　C. 1；　　D. -1；

3. $\lim\limits_{x\to 0}\frac{\mathrm{e}^x-\mathrm{e}^{-x}-2x}{x-\sin x}=$______.

A. $\frac{1}{2}$；　　B. $-\frac{1}{2}$；　　C. 2；　　D. -2.

4. $\int x(1+x^2)^3\mathrm{d}x=$______.

A. $\frac{1}{2}(1+x^2)^4+C$；　　B. $\frac{1}{4}(1+x^2)^4+C$；

C. $\frac{1}{8}(1+x^2)^4+C$；　　D. $\frac{1}{16}(1+x^2)^4+C$.

5. 设 $f(x)$ 在$[0,4]$上连续，则 $\int_0^2 xf(x^2)\mathrm{d}x=$______.

A. $\int_0^4 xf(x)\mathrm{d}x$；　　B. $\int_0^2 xf(x)\mathrm{d}x$；

C. $\frac{1}{2}\int_0^2 xf(x)\mathrm{d}x$；　　D. $\frac{1}{2}\int_0^4 f(x)\mathrm{d}x$.

6. 若 $f(x,y)=f(-x,y)$，且 $\lim\limits_{(x,y)\to(1,1)} f(x,y)=1$，则 $\lim\limits_{(x,y)\to(1,1)} f(-x,y)=$______.

A. 1；　　B. -1；　　C. 0；　　D. 不能确定.

7. 设 Ω 为：$0\leqslant x\leqslant 1,0\leqslant y\leqslant 1,0\leqslant z\leqslant 1$，则 $\iiint\limits_\Omega xy\mathrm{d}V=$______.

A. $\frac{1}{2}$；　　B. $\frac{1}{4}$；　　C. $\frac{1}{6}$；　　D. $\frac{1}{8}$.

8. 微分方程 $y' - \frac{1}{x}y = x$ 的通解是______.

A. $y = Cx + x^2$；　　B. $y = x^2 + C$；

C. $y = Ce^x + x^2$；　　D. $y = e^x + C$.

9. 若幂级数 $\sum_{n=0}^{\infty} a_n x^n$ 在 $x = 3$ 收敛，则在 $|x| < 3$ 内，此幂级数必然______.

A. 绝对收敛；　　B. 条件收敛；

C. 发散；　　D. 可能收敛，也可能发散.

10. 函数 $f(x) = \int_0^x e^{-t^2} dt$ 是 $(-\infty, +\infty)$ 上的______.

A. 单调增函数；　　B. 单调减函数；

C. 非单调函数；　　D. 单调性无法确定.

二、计算题(共 60 分)

1. (4 分) 求 $\lim_{n\to\infty}\left(\frac{n}{n+1}\right)^n$.

2. (4 分) 设 $f(u,v)$ 处处可微，求 $\frac{\partial}{\partial x} f(xy, x^2 - y^2)$.

3. (4 分) 求 $\lim_{x\to 0}\frac{\tan x - x}{x^3}$.

4. (6 分) 设 $f'(\sin^2 x) = \cos^2 x$，求 $f(x)$.

5. (6 分) 试将和式的极限 $\lim_{n\to\infty}\left(\frac{1}{n+1} + \frac{1}{n+2} + \cdots + \frac{1}{n+n}\right)$ 用一个定积分表示，并算出它的值.

6. (6 分) 化直线方程 $\begin{cases} 2x - y + 2z - 5 = 0, \\ 3x + 2y + z - 4 = 0, \end{cases}$ 为对称式方程.

7. (6 分) 计算 $\iint_D \sin\sqrt{x^2 + y^2}\, dxdy, D: \pi^2 \leqslant x^2 + y^2 \leqslant 4\pi^2$.

8. (6 分) 求幂级数 $\sum_{n=0}^{\infty}\frac{n+1}{n!}x^n$ 的收敛域及其和函数.

9. (6 分) 求微分方程 $\frac{d^2 y}{dx^2} - 2\frac{dy}{dx} + ay = 0$ 的通解. 其中 a 为常数.

10. (6 分) 计算 $\oiint_S x dydz + y dzdx + z dxdy$ 其中 S 抛物面 $z = x^2 + y^2$ 与平面 $z = 1$ 所围立体的外表面.

11. (6 分) 计算曲线积分

$$\int_c [\cos(x + y^2) + 2y]dx + [2y\cos(x + y^2) + 3x]dy,$$

其中 c 为正弦曲线 $y = \sin x$ 上自 $(\pi, 0)$ 到 $(0, 0)$ 的弧段.

试题一解答

一、(一) 1. C 2. B 3. D 4. D 5. A 6. B 7. D 8. C 9. B 10. C 11. C 12. A 13. D 14. C 15. A 16. C 17. C 18. B 19. C 20. C

(二) 1. B 2. D 3. C 4. C 5. D 6. A 7. B 8. A 9. A 10. A

二、1. $\lim\limits_{n\to\infty}\left(\dfrac{n}{n+1}\right)^n=\lim\limits_{n\to\infty}\dfrac{1}{\left(1+\dfrac{1}{n}\right)^n}=\dfrac{1}{\mathrm{e}}$.

2. $\dfrac{\partial}{\partial x}f(xy,x^2-y^2)=yf_1(xy,x^2-y^2)+2xf_2(xy,x^2-y^2)$.

3. $\lim\limits_{x\to 0}\dfrac{\tan x-x}{x^3}=\lim\limits_{x\to 0}\dfrac{\sec^2x-1}{3x^2}=\lim\limits_{x\to 0}\dfrac{\tan^2x}{3x^2}=\dfrac{1}{3}$.

4. 因为 $f'(\sin^2x)=\cos^2x=1-\sin^2x$,所以

$$f'(x)=1-x,\quad f(x)=\int(1-x)\mathrm{d}x=x-\frac{x^2}{2}+C.$$

5. $$\lim_{n\to\infty}\left(\frac{1}{n+1}+\frac{1}{n+2}+\cdots+\frac{1}{n+n}\right)=\lim_{n\to\infty}\frac{1}{n}\left(\frac{1}{1+\frac{1}{n}}+\frac{1}{1+\frac{2}{n}}+\cdots+\frac{1}{1+\frac{n}{n}}\right)$$

$$=\lim_{n\to\infty}\sum_{i=1}^{n}\frac{1}{1+\frac{i}{n}}\cdot\frac{1}{n}=\int_0^1\frac{1}{1+x}\mathrm{d}x=\ln(1+x)\Big|_0^1=\ln 2.$$

6. 在方程中令 $z=0$,解得 $x=2,y=-1$,得直线上的一点 $(2,-1,0)$.

设直线的方向数为 l、m、n,则

$$\begin{cases}2l-m+2n=0,\\3l+2m+n=0,\end{cases}$$

由此解得一组值 $l=-5,m=4,n=7$,故此直线的对称式为

$$\frac{x-2}{-5}=\frac{y+1}{4}=\frac{z}{7}.$$

7. $$\iint\limits_D\sin\sqrt{x^2+y^2}\,\mathrm{d}x\mathrm{d}y=\int_0^{2\pi}\mathrm{d}\theta\int_{\pi}^{2\pi}\sin r\cdot r\mathrm{d}r=\int_0^{2\pi}[-r\cos r+\sin r]_{\pi}^{2\pi}\mathrm{d}\theta=-6\pi^2.$$

8. 记 $a_n=\dfrac{n+1}{n!}$,则 $\lim\limits_{n\to\infty}\left|\dfrac{a_n}{a_n+1}\right|=+\infty$,所以幂级数的收敛域为 $(-\infty,+\infty)$. 设和函数为 $S(x)=\sum\limits_{n=0}^{\infty}\dfrac{n+1}{n!}x^n$,则

$$\int_0^x S(x)\mathrm{d}x=\sum_{n=0}^{\infty}\int_0^x\frac{n+1}{n!}x^n\mathrm{d}x=\sum_{n=0}^{\infty}\frac{x^{n+1}}{n!}=x\mathrm{e}^x,$$

故和函数为 $S(x)=[x\mathrm{e}^x]'=(x+1)\mathrm{e}^x$.

9. 特征方程 $r^2-2r+a=0$,$\Delta=2\sqrt{1-a}$.

(i) 当 $a<1$ 时,$r_1=1+\sqrt{1-a}$,$r_2=1-\sqrt{1-a}$,通解为 $y=C_1\mathrm{e}^{(1+\sqrt{1-a})x}+C_2\mathrm{e}^{(1-\sqrt{1-a})x}$.

(ii) 当 $a=1$ 时,$r_1=r_2=1$,通解为 $y=(C_1+C_2x)\mathrm{e}^x$.

(iii) 当 $a>1$ 时，$r_1=1+\sqrt{a-1}\mathrm{i}, r_2=1-\sqrt{a-1}\mathrm{i}$，
通解为 $y=\mathrm{e}^x(c_1\cos\sqrt{a-1}x+c_2\sin\sqrt{a-1}x)$.

10. $\displaystyle\oiint\limits_S x\mathrm{d}y\mathrm{d}z+y\mathrm{d}z\mathrm{d}x+z\mathrm{d}x\mathrm{d}y=3\iiint\limits_\Omega\mathrm{d}x\mathrm{d}y\mathrm{d}z=3\int_0^{2\pi}\mathrm{d}\theta\int_0^1 r\mathrm{d}r\int_{r^2}^1\mathrm{d}z=3\int_0^{2\pi}\mathrm{d}\theta\int_0^1(r-r^3)\mathrm{d}r$

$$=3\int_0^{2\pi}\frac{1}{4}\mathrm{d}\theta=\frac{3}{2}\pi.$$（Ω 为 S 所围空间区域.）

11. 设 c 与线段 $OA(A(\pi,0))$ 所围区域为 D，则

$$原式=\iint\limits_D\left[\frac{\partial(2y\cos(x+y^2)+3x)}{\partial x}-\frac{\partial(\cos(x+y^2)+2y)}{\partial y}\right]\mathrm{d}x\mathrm{d}y$$

$$-\int_{\overline{OA}}[\cos(x+y^2)+2y]\mathrm{d}x+[2y\cos(x+y^2)+3x]\mathrm{d}y$$

$$=\int_0^\pi\mathrm{d}x\int_0^{\sin x}\mathrm{d}y-\int_0^\pi\cos x\mathrm{d}x=\int_0^\pi\sin x\mathrm{d}x-0=2.$$

试　题　二

一、单项选择题(每小题 2 分,共 30 分)

1. 设 $f(x)=x^2, g(x)=3^x$,则 $f[g(x)]=($　　$)$.

A. 3^{x^2};　　B. 3^{2x};　　C. x^{3^2};　　D. x^{2^3}.

2. 设 $f'(a)=b$,则 $\lim\limits_{\Delta x\to 0}\dfrac{f(a-2\Delta x)-f(a)}{\Delta x}=($　　$)$.

A. b;　　B. $2b$;　　C. $-2b$;　　D. $-1/2b$.

3. 若 $f(x)$ 是 $g(x)$ 的一个原函数,则有(　　).

A. $\int f(x)\mathrm{d}x=g(x)+C$;　　B. $\int g(x)\mathrm{d}x=f(x)+C$;

C. $\int f'(x)\mathrm{d}x=g(x)+C$;　　D. $\int g'(x)\mathrm{d}x=f(x)+C$.

4. $\lim\limits_{x\to 0}\dfrac{|x|}{x}$ 的极限值是(　　).

A. 1;　　B. -1;　　C. 不存在;　　D. 0.

5. 函数 $y=\int_0^x \cos x\mathrm{d}x$ 的一阶导数是(　　).

A. $\cos x$;　　B. $-\sin x$;　　C. $\cos x-1$;　　D. $\sin x$.

6. 与直线 $y=4x-1$ 平行的曲线 $y=x^3+x-2$ 的切线方程是(　　).

A. $4x-y=0$;　　B. $4x-y-4=0$;

C. $2x-y-2=0$;　　D. $4x-y=0$ 或 $4x-y-4=0$.

7. 函数 $f(x)=\begin{cases} x\sin\dfrac{1}{x}, & x\neq 0, \\ 0, & x=0, \end{cases}$ 在 $x=0$ 处是(　　).

A. 连续且可导;　　B. 不连续且不可导;

C. 不连续但可导;　　D. 连续但不可导.

8. 已知 $y=x\ln y$,则 $\dfrac{\mathrm{d}y}{\mathrm{d}x}=($　　$)$.

A. $\dfrac{x}{y}$;　　B. $\ln y$;　　C. $\dfrac{y\ln y}{y-x}$;　　D. $\dfrac{x}{y}+\ln y$.

9. 函数 $y=2\sin x+\cos 2x$ 在区间 $0\leqslant x\leqslant\dfrac{\pi}{2}$ 上的最大值是(　　).

A. $\dfrac{3}{2}$;　　B. $\dfrac{5}{2}$;　　C. 3;　　D. 2.

10. 曲线 $y=x^2-x^3$ 的拐点是(　　).

A. (0,0)；　B. $\left(\frac{2}{3},\frac{4}{27}\right)$；　C. $\left(\frac{1}{3},\frac{2}{27}\right)$；　D. (1,0).

11. 设向量 $\boldsymbol{a}$ 与各坐标轴的尖角分别为 α、β、γ，已知 $\alpha=135°$，$\beta=60°$，γ 为锐角，则 γ 为(　　).

A. 45°；　B. 30°；　C. 60°；　D. 75°.

12. 直线 $\frac{x-2}{3}=\frac{y+2}{1}=\frac{z-3}{-4}$ 和平面 $x+y+z=3$ 的位置关系是(　　).

A. 平行；　B. 相交但不垂直；

C. 垂直；　D. 直线在平面上.

13. 曲线 $\begin{cases}x^2-2y^2=1,\\ z=0\end{cases}$ 绕 x 轴旋转一周所得旋转曲面的方程是(　　).

A. $x^2-2y^2+z^2=1$；　B. $x^2-2y^2-2z^2=1$；

C. $x^2-2y^2-z^2=1$；　D. $x^2-2y^2+2z^2=1$.

14. 已知幂级数 $\sum_{n=1}^{\infty}a_nx^n$ 在 $x=1$ 处发散，则在 $x=-2$ 处此级数(　　).

A. 收敛；　B. 不一定收敛；

C. 发散；　D. 不一定发散.

15. 广义积分 $\int_1^{+\infty}\frac{1}{x^3}\mathrm{d}x=$(　　).

A. 0；　B. $+\infty$；　C. $\frac{1}{2}$；　D. $-\frac{1}{2}$.

二、填空题(每小题 2 分，共 20 分).

1. $\lim_{n\to\infty}\left(1+\frac{1}{n}\right)^{2n}=$ ________.

2. 设 $f(x)=(1-x)^3$，则 $f''(-3)=$ ________.

3. 曲线 $y=\ln(1+x)$ 的铅直渐近线是________.

4. $\int\left(\frac{1}{x}-2^x\right)\mathrm{d}x=$ ________.

5. $\int_{\frac{\pi}{4}}^{\pi}\sqrt{1-\sin^2x}\,\mathrm{d}x=$ ________.

6. 经过点 $A(3,-2,1)$ 且与矢量 $\{1,2,3\}$ 垂直的平面方程是________.

7. 在判定正项级数 $\sum_{n=1}^{\infty}a_n$ 的敛散性时，若 $\lim_{n\to\infty}a_n=\frac{1}{2}$，则结论是 $\sum_{n=1}^{\infty}a_n=$ ________.

8. 设 $u=f(x,\frac{x}{y})$ 且 $f(s,t)$ 可微，则 $\mathrm{d}u=$ ________.

9. 曲面 $z=x^2+2y^2$ 在点(1,1,3) 处的法线方程是________.

10. 改变二次积分的积分顺序$\int_0^{\pi}\mathrm{d}x\int_x^{2\pi-x}f(x,y)\mathrm{d}y=$ ______.

三、计算下列各题(每小题 5 分,共 50 分)

1. 求$\lim\limits_{x\to+\infty}(\cos\dfrac{1}{x})^x$.

2. 设 $y=(\sin x)^{\cos x}$,求$\dfrac{\mathrm{d}y}{\mathrm{d}x}$.

3. 设$\begin{cases}x=\ln(t^2+1),\\ y=t-\arctan t,\end{cases}$求$\dfrac{\mathrm{d}y}{\mathrm{d}x},\dfrac{\mathrm{d}^2y}{\mathrm{d}x^2}$.

4. 求$\int x\arctan x\mathrm{d}x$.

5. 求曲线 $xy=1$ 与直线 $y=x$ 及 $y=2$ 所围平面图形的面积 A.

6. 求函数 $u=x+2y+3$ 在平面闭区域 $x^2+y^2\leqslant1$ 上的最大值与最小值.

7. 求函数 $u=x+y+z$ 在球面 $x^2+y^2+z^2=1$ 上 $P(a,b,c)$ 上沿球面在 P 点的外法线方向的方向导数.

8. 设有一质量为 m 的质点,以初速度 v_0 被竖直向上抛,假定空气阻力与速度成正比,求质点向上运动时速度 v 与时间 t 的函数关系.

9. 计算曲线积分 $I=\oint_c(x^3y+\dfrac{1}{\sqrt{1+x^4}})\mathrm{d}x+(xy^3+\sin y)\mathrm{d}y$,其中 c 是以 $A(1,0)$,$P(0,1)$,$B(-1,0)$ 为顶点的三角形周界的正向.

10. 计算曲面积分

$$I=\iint\limits_S(xz^2+y^2z)\mathrm{d}y\mathrm{d}z+(x^2y-z^3)\mathrm{d}z\mathrm{d}x+(y^2z-1)\mathrm{d}x\mathrm{d}y,$$

其中 S 是上半球面 $z=\sqrt{a^2-x^2-y^2}$ 的上侧.

试题二解答

一、1. B. 2. C. 3. B. 4. C. 5. A. 6. D. 7. D. 8. C. 9. D. 10. C. 11. C. 12. C. 13. B. 14. C. 15. C.

二、1. e^2. 2. 24. 3. $x=-1$. 4. $\ln|x|-\dfrac{2^x}{\ln2}+C$. 5. $2-\dfrac{\sqrt2}{2}$.

6. $x+2y+3z-2=0$. 7. 发散. 8. $(f'_1+\dfrac{1}{y}f'_2)\mathrm{d}x-\dfrac{x}{y^2}f'_2\mathrm{d}y$.

9. $\dfrac{x-1}{2}=\dfrac{y-1}{4}=\dfrac{z-3}{-1}$. 10. $\int_0^{\pi}\mathrm{d}y\int_0^{y}f(x,y)\mathrm{d}x+\int_{\pi}^{2\pi}\mathrm{d}y\int_0^{2\pi-y}f(x,y)\mathrm{d}x$.

三、1. 令 $t=\dfrac{1}{x}$,则当 $x\to+\infty$ 时 $t\to0^+$.

$$\lim_{x\to+\infty}(\cos\frac{1}{x})^x=\lim_{t\to0^+}(\cos t)^{\frac{1}{t}}=\exp\left(\lim_{t\to0}\frac{\cos t}{t}\right)=\exp\left(\lim_{t\to0^+}\frac{-\sin t}{\cos t}\right)=\mathrm{e}^0=1.$$

2. $\ln y=\cos x\ln\sin x$,等式两边对 x 求导得

$$\tan\frac{\mathrm{d}y}{\mathrm{d}x}=-\sin x\ln\sin x+\frac{\cos^2 x}{\sin x}$$

$$\frac{\mathrm{d}y}{\mathrm{d}x}=(\sin x)^{\cos x}\left(\frac{\cos^2 x}{\sin x}-\sin x\ln\sin x\right).$$

3. $\dfrac{\mathrm{d}y}{\mathrm{d}x}=\dfrac{\mathrm{d}y}{\mathrm{d}t}\Big/\dfrac{\mathrm{d}x}{\mathrm{d}t}=\left(1-\dfrac{1}{1+t^2}\right)\Big/\left(\dfrac{2t}{1+t^2}\right)=\dfrac{t}{2}$,

$$\frac{\mathrm{d}^2y}{\mathrm{d}x^2}=\frac{\mathrm{d}}{\mathrm{d}t}\left(\frac{\mathrm{d}y}{\mathrm{d}x}\right)\Big/\frac{\mathrm{d}x}{\mathrm{d}t}=\frac{1}{2}\Big/\frac{2t}{1+t^2}=\frac{1+t^2}{4t}.$$

4. $$\begin{aligned}\int x\arctan x\mathrm{d}x&=\int\arctan x\mathrm{d}\left(\frac{x^2}{2}\right)=\frac{x^2}{2}\arctan x-\int\frac{x^2}{2}\cdot\frac{1}{1+x^2}\mathrm{d}x\\&=\frac{x^2}{2}\arctan x-\frac{1}{2}\int\left(1-\frac{1}{1+x^2}\right)\mathrm{d}x\\&=\frac{x^2}{2}\arctan x-\frac{1}{2}x+\frac{1}{2}\arctan x+C.\end{aligned}$$

5. $A=\displaystyle\int_1^2\mathrm{d}y\int_{\frac{1}{y}}^{y}\mathrm{d}x=\int_1^2\left(y-\frac{1}{y}\right)\mathrm{d}y=\frac{3}{2}-\ln 2.$

6. 因为$\dfrac{\partial u}{\partial x}=1,\dfrac{\partial u}{\partial y}=2$,所以 $u=x+2y+3$ 在开圆 $x^2+y^2<1$ 内无驻点. 在 $x^2+y^2=1$ 上作$F(x,y,\lambda)=x+2y+3+\lambda(x^2+y^2-1)$,由

$$\begin{cases}F_x=1+2x\lambda=0,\\F_y=2+2y\lambda=0,\\F_\lambda=x^2+y^2-1=0,\end{cases}\quad 得驻点\ P_1\left(\frac{1}{\sqrt5},\frac{2}{\sqrt5}\right),P_2\left(-\frac{1}{\sqrt5},-\frac{2}{\sqrt5}\right).$$

$u(P_1)=3+\sqrt5,u(P_2)=3-\sqrt5$,所以 $u_{最大值}=3+\sqrt5,u_{最小值}=3-\sqrt5$.

7. 单位球面上 $P(a,b,c)$ 处外法线单位矢量为 $\boldsymbol{n}=\{a,b,c\}$,其方向余弦为 $\cos\alpha=a,\cos\beta=b,\cos\gamma=c$,又 $u_x(P)=u_y(P)=u_z(P)=1$,故

$$\left.\frac{\partial u}{\partial n}\right|_P=u_x(P)\cos\alpha+u_y(P)\cos\beta+u_z(P)\cos\gamma=a+b+c.$$

8. 设质点运动加速度为 $a=\dfrac{\mathrm{d}v}{\mathrm{d}t}$,空气阻力为 $R=kv(k>0$ 为比例系数) 得

$$m\frac{\mathrm{d}v}{\mathrm{d}t}=-mg-kv\ 即\frac{\mathrm{d}v}{\mathrm{d}t}+\frac{k}{m}v=-g,$$

通解为

$$v=\mathrm{e}^{-\frac{k}{m}t}\left[-\int g\mathrm{e}^{\frac{k}{m}t}\mathrm{d}t+C\right]=C\mathrm{e}^{-\frac{k}{m}t}-\frac{m}{k}g.$$

由 $v(0)=v_0$ 得 $C=v_0+\dfrac{m}{k}g$,故

$$v=\left(v_0+\frac{m}{k}g\right)\mathrm{e}^{-\frac{k}{m}t}-\frac{m}{k}g\ 为所求.$$

9. 设曲线 c 所围平面区域为 D,由格林公式得

$$I=\iint_D(y^3-x^3)\mathrm{d}x\mathrm{d}y=\iint_D y^3\mathrm{d}x\mathrm{d}y-\iint_D x^3\mathrm{d}x\mathrm{d}y.$$

由区域 D 是关于 y 轴对称的，故 $\iint\limits_D x^3\mathrm{d}x\mathrm{d}y=0$，得

$$I=\iint\limits_D y^3\mathrm{d}x\mathrm{d}y=2\int_0^1 y^3\mathrm{d}y\int_0^{1-y}\mathrm{d}x=2\int_0^1(y^3-y^4)\mathrm{d}y=\frac{1}{10}.$$

10. 设曲面 S_1 是 $z=0(x^2+y^2\leqslant a^2)$ 下侧，记 S 与 S_1 所围空间区域为 V，则

$$\begin{aligned}I&=\oiint\limits_{S+S_1}-\iint\limits_{S_1}=\iiint\limits_V(x^2+y^2+z^2)\mathrm{d}V-\iint\limits_{x^2+y^2\leqslant a^2}\mathrm{d}x\mathrm{d}y\\&=\int_0^{2\pi}\mathrm{d}\theta\int_0^{\frac{\pi}{2}}\sin\varphi\,\mathrm{d}\varphi\int_0^a r^4\mathrm{d}\gamma-\pi a^2=\frac{2\pi}{5}a^5-\pi a^2.\end{aligned}$$

附录　简单积分表

说明：公式中的 $\alpha, a, b, \cdots$ 均为实数，n 为正整数.

（一）含有 $a+bx$ 的积分

1. $\int (a+bx)^{\alpha}\mathrm{d}x = \dfrac{(a+bx)^{\alpha+1}}{b(\alpha+1)}+C$，当 $\alpha \neq -1$；

$= \dfrac{1}{b}\ln|a+bx|+C$，当 $\alpha = -1$；

2. $\int \dfrac{x\mathrm{d}x}{a+bx} = \dfrac{x}{b}-\dfrac{a}{b^2}\ln|a+bx|+C$；

3. $\int \dfrac{x^2\mathrm{d}x}{a+bx} = \dfrac{1}{b^3}\left[\dfrac{1}{2}(a+bx)^2-2a(a+bx)+a^2\ln|a+bx|\right]+C$；

4. $\int \dfrac{x\mathrm{d}x}{(a+bx)^2} = \dfrac{1}{b^2}\left(\dfrac{a}{a+bx}+\ln|a+bx|\right)+C$；

5. $\int \dfrac{x^2\mathrm{d}x}{(a+bx)^2} = \dfrac{x}{b^2}-\dfrac{a^2}{b^3(a+bx)}-\dfrac{2a}{b^3}\ln|a+bx|+C$；

6. $\int \dfrac{\mathrm{d}x}{x(a+bx)} = \dfrac{1}{a}\ln\left|\dfrac{x}{a+bx}\right|+C$；

7. $\int \dfrac{\mathrm{d}x}{x^2(a+bx)} = -\dfrac{1}{ax}+\dfrac{b}{a^2}\ln\left|\dfrac{a+bx}{x}\right|+C$；

8. $\int \dfrac{\mathrm{d}x}{x(a+bx)^2} = \dfrac{1}{a(a+bx)}-\dfrac{1}{a^2}\ln\left|\dfrac{a+bx}{x}\right|+C$.

（二）含有 $\sqrt{a+bx}$ 的积分

9. $\int x\sqrt{a+bx}\,\mathrm{d}x = \dfrac{2(3bx-2a)(a+bx)^{3/2}}{15b^2}+C$；

10. $\int x^2\sqrt{a+bx}\,\mathrm{d}x = \dfrac{2(15b^2x^2-12abx+8a^2)(a+bx)^{3/2}}{105b^3}+C$；

11. $\int \dfrac{x\mathrm{d}x}{\sqrt{a+bx}} = \dfrac{2(bx-2a)\sqrt{a+bx}}{3b^2}+C$；

12. $\int \dfrac{x^2\mathrm{d}x}{\sqrt{a+bx}} = \dfrac{2(3b^2x^2-4abx+8a^2)(\sqrt{a+bx})}{15b^3}+C$；

13. $\int \dfrac{\mathrm{d}x}{x\sqrt{a+bx}} = \dfrac{1}{\sqrt{a}}\ln\dfrac{|\sqrt{a+bx}-\sqrt{a}|}{\sqrt{a+bx}+\sqrt{a}}+C$，当 $a>0$；

$$= \frac{2}{\sqrt{-a}}\arctan\sqrt{\frac{a+bx}{-a}} + C, \text{当 } a < 0;$$

14. $\int \frac{\mathrm{d}x}{x^2\sqrt{a+bx}} = -\frac{\sqrt{a+bx}}{ax} - \frac{b}{2a}\int \frac{\mathrm{d}x}{x\sqrt{a+bx}};$

15. $\int \frac{\sqrt{a+bx}}{x}\mathrm{d}x = 2\sqrt{a+bx} + a\int \frac{\mathrm{d}x}{x\sqrt{a+bx}};$

16. $\int \frac{\sqrt{a+bx}}{x^2}\mathrm{d}x = -\frac{\sqrt{a+bx}}{x} + \frac{b}{2}\int \frac{\mathrm{d}x}{x\sqrt{a+bx}}.$

（三）含有 $a^2 \pm x^2$ 的积分

17. $\int \frac{\mathrm{d}x}{(a^2+x^2)^n} = \frac{1}{a}\arctan\frac{x}{a} + C,\quad \text{当 } n = 1;$

$$= \frac{x}{2(n-1)a^2(a^2+x^2)^{n-1}} + \frac{2n-3}{2(n-1)a^2}\int \frac{\mathrm{d}x}{(a^2+x^2)^{n-1}},\quad \text{当 } n > 1;$$

18. $\int \frac{x\mathrm{d}x}{(a^2+x^2)^n} = \frac{1}{2}\ln(a^2+x^2) + C,\quad \text{当 } n = 1;$

$$= -\frac{1}{2(n-1)(a^2+x^2)^{n-1}} + C,\quad \text{当 } n > 1;$$

19. $\int \frac{\mathrm{d}x}{a^2-x^2} = \frac{1}{2a}\ln\left|\frac{a+x}{a-x}\right| + C.$

（四）含有 $\sqrt{a^2-x^2}$ 的积分 $(a > 0)$

20. $\int \sqrt{a^2-x^2}\,\mathrm{d}x = \frac{x}{2}\sqrt{a^2-x^2} + \frac{a^2}{2}\arcsin\frac{x}{a} + C;$

21. $\int x\sqrt{a^2-x^2}\,\mathrm{d}x = -\frac{1}{3}(a^2-x^2)^{3/2} + C;$

22. $\int x^2\sqrt{a^2-x^2}\,\mathrm{d}x = \frac{x}{8}(2x^2-a^2)\sqrt{a^2-x^2} + \frac{a^4}{8}\arcsin\frac{x}{a} + C;$

23. $\int \frac{\mathrm{d}x}{\sqrt{a^2-x^2}} = \arcsin\frac{x}{a} + C;$

24. $\int \frac{x\mathrm{d}x}{\sqrt{a^2-x^2}} = -\sqrt{a^2-x^2} + C;$

25. $\int \frac{x^2\mathrm{d}x}{\sqrt{a^2-x^2}} = -\frac{x}{2}\sqrt{a^2-x^2} + \frac{a^2}{2}\arcsin\frac{x}{a} + C;$

26. $\int (a^2-x^2)^{3/2}\mathrm{d}x = \frac{x}{8}(5a^2-2x^2)\sqrt{a^2-x^2} + \frac{3a^4}{8}\arcsin\frac{x}{a} + C;$

27. $\int \frac{\mathrm{d}x}{(a^2-x^2)^{3/2}} = \frac{x}{a^2\sqrt{a^2-x^2}} + C;$

28. $\int \frac{x\mathrm{d}x}{(a^2-x^2)^{3/2}}=\frac{1}{\sqrt{a^2-x^2}}+C$;

29. $\int \frac{x^2\mathrm{d}x}{(a^2-x^2)^{3/2}}=\frac{x}{\sqrt{a^2-x^2}}-\arcsin\frac{x}{a}+C$;

30. $\int \frac{\mathrm{d}x}{x\sqrt{a^2-x^2}}=\frac{1}{a}\ln\left|\frac{a-\sqrt{a^2-x^2}}{x}\right|+C$;

31. $\int \frac{\mathrm{d}x}{x^2\sqrt{a^2-x^2}}=-\frac{\sqrt{a^2-x^2}}{a^2x}+C$;

32. $\int \frac{\mathrm{d}x}{x^3\sqrt{a^2-x^2}}=-\frac{\sqrt{a^2-x^2}}{2a^2x^2}-\frac{1}{2a^3}\ln\left|\frac{a+\sqrt{a^2-x^2}}{x}\right|+C$;

33. $\int \frac{\sqrt{a^2-x^2}}{x}\mathrm{d}x=\sqrt{a^2-x^2}-a\ln\left|\frac{a+\sqrt{a^2-x^2}}{x}\right|+C$;

34. $\int \frac{\sqrt{a^2-x^2}}{x^2}\mathrm{d}x=-\frac{\sqrt{a^2-x^2}}{x}-\arcsin\frac{x}{a}+C$.

(五) 含有$\sqrt{x^2\pm a^2}$的积分$(a>0)$

35. $\int \sqrt{x^2\pm a^2}\,\mathrm{d}x=\frac{x}{2}\sqrt{x^2\pm a^2}\pm\frac{a^2}{2}\ln|x+\sqrt{x^2\pm a^2}|+C$;

36. $\int x\sqrt{x^2\pm a^2}\,\mathrm{d}x=\frac{1}{3}(x^2\pm a^2)^{3/2}+C$;

37. $\int x^2\sqrt{x^2\pm a^2}\,\mathrm{d}x=\frac{x}{8}(2x^2\pm a^2)\sqrt{x^2\pm a^2}-\frac{a^4}{8}\ln|x+\sqrt{x^2\pm a^2}|+C$;

38. $\int \frac{\mathrm{d}x}{\sqrt{x^2\pm a^2}}=\ln|x+\sqrt{x^2\pm a^2}|+C$;

39. $\int \frac{x\mathrm{d}x}{\sqrt{x^2\pm a^2}}=\sqrt{x^2\pm a^2}+C$;

40. $\int \frac{x^2\mathrm{d}x}{\sqrt{x^2\pm a^2}}=\frac{x}{2}\sqrt{x^2\pm a^2}\mp\frac{a^2}{2}\ln|x+\sqrt{x^2\pm a^2}|+C$;

41. $\int (x^2\pm a^2)^{\frac{3}{2}}\mathrm{d}x=\frac{x}{8}(2x^2\pm 5a^2)\sqrt{x^2\pm a^2}+\frac{3a^4}{8}\ln|x+\sqrt{x^2\pm a^2}|+C$;

42. $\int \frac{\mathrm{d}x}{(x^2\pm a^2)^{3/2}}=\pm\frac{x}{a^2\sqrt{x^2\pm a^2}}+C$;

43. $\int \frac{x\mathrm{d}x}{(x^2\pm a^2)^{3/2}}=-\frac{1}{\sqrt{x^2\pm a^2}}+C$;

44. $\int \frac{x^2\mathrm{d}x}{(x^2\pm a^2)^{3/2}}=-\frac{x}{\sqrt{x^2\pm a^2}}+\ln|x+\sqrt{x^2\pm a^2}|+C$;

45. $\int \frac{\mathrm{d}x}{x^2\sqrt{x^2 \pm a^2}} = \mp \frac{\sqrt{x^2 \pm a^2}}{a^2 x} + C;$

46. $\int \frac{\mathrm{d}x}{x^3\sqrt{x^2 + a^2}} = -\frac{\sqrt{x^2 + a^2}}{2a^2 x^2} + \frac{1}{2a^3}\ln\frac{a+\sqrt{x^2+a^2}}{|x|} + C;$

47. $\int \frac{\mathrm{d}x}{x^3\sqrt{x^2 - a^2}} = \frac{\sqrt{x^2 - a^2}}{2a^2 x^2} + \frac{1}{2a^3}\arccos\frac{a}{x} + C;$

48. $\int \frac{\sqrt{x^2 + a^2}}{x}\mathrm{d}x = \sqrt{x^2 + a^2} - a\ln\frac{a+\sqrt{x^2+a^2}}{|x|} + C;$

49. $\int \frac{\sqrt{x^2 - a^2}}{x}\mathrm{d}x = \sqrt{x^2 - a^2} - a\arccos\frac{a}{x} + C;$

50. $\int \frac{\sqrt{x^2 + a^2}}{x^2}\mathrm{d}x = -\frac{\sqrt{x^2 \pm a^2}}{x} + \ln|x+\sqrt{x^2 \pm a^2}| + C;$

51. $\int \frac{\mathrm{d}x}{x\sqrt{x^2 + a^2}} = \frac{1}{a}\ln\frac{|x|}{a+\sqrt{x^2+a^2}} + C;$

52. $\int \frac{\mathrm{d}x}{x\sqrt{x^2 - a^2}} = \frac{1}{a}\arccos\frac{a}{x} + C, x > a;$

$$= -\frac{1}{a}\arccos\frac{a}{x} + C, x < -a.$$

(六) 含有 $a+bx+cx^2$ 的积分 $(c>0)$

53. $\int \frac{\mathrm{d}x}{a+bx+cx^2} = \frac{2}{\sqrt{4ac-b^2}}\arctan\frac{2cx+b}{\sqrt{4ac-b^2}} + C,\quad$ 当 $b^2 < 4ac$;

$$= \frac{1}{\sqrt{b^2-4ac}}\ln\left|\frac{\sqrt{b^2-4ac}-b-2cx}{\sqrt{b^2-4ac}+b+2cx}\right| + C,\quad \text{当 } b^2 > 4ac.$$

(七) 含有 $\sqrt{a+bx+cx^2}$ 的积分

54. $\int \frac{\mathrm{d}x}{\sqrt{a+bx+cx^2}} = \frac{1}{\sqrt{c}}\ln|2cx+b+2\sqrt{c(a+bx+cx^2)}| + C,\quad$ 当 $c > 0$;

$$= -\frac{1}{\sqrt{-c}}\arcsin\frac{2cx+b}{\sqrt{b^2-4ac}} + C,\quad \text{当 } b^2 > 4ac, c < 0;$$

55. $\int \sqrt{a+bx+cx^2}\,\mathrm{d}x = \frac{2cx+b}{4c}\sqrt{a+bx+cx^2} + \frac{4ac-b^2}{8c}\int\frac{\mathrm{d}x}{\sqrt{a+bx+cx^2}};$

56. $\int \frac{x\mathrm{d}x}{\sqrt{a+bx+cx^2}} = \frac{1}{c}\sqrt{a+bx+cx^2} - \frac{b}{2c}\int\frac{\mathrm{d}x}{\sqrt{a+bx+cx^2}}.$

(八) 含有三角函数的积分

57. $\int \sin ax\,dx = -\frac{1}{a}\cos ax + C$;

58. $\int \cos ax\,dx = \frac{1}{a}\sin ax + C$;

59. $\int \tan ax\,dx = -\frac{1}{a}\ln|\cos ax| + C$;

60. $\int \cot ax\,dx = \frac{1}{a}\ln|\sin ax| + C$;

61. $\int \sin^2 ax\,dx = \frac{1}{2a}(ax - \sin ax\cos ax) + C$;

62. $\int \cos^2 ax\,dx = \frac{1}{2a}(ax + \sin ax\cos ax) + C$;

63. $\int \sec ax\,dx = \frac{1}{a}\ln|\sec ax + \tan ax| + C$;

64. $\int \csc ax\,dx = -\frac{1}{a}\ln|\csc ax + \cot ax| + C$;

65. $\int \sec x\tan x\,dx = \sec x + C$;

66. $\int \csc x\cot x\,dx = -\csc x + C$;

67. $\int \sin ax\sin bx\,dx = -\frac{\sin(a+b)x}{2(a+b)} + \frac{\sin(a-b)x}{2(a-b)} + C$, 当 $a \neq b$;

68. $\int \sin ax\cos bx\,dx = -\frac{\cos(a+b)x}{2(a+b)} - \frac{\cos(a-b)x}{2(a-b)} + C$, 当 $a \neq b$;

69. $\int \cos ax\cos bx\,dx = \frac{\sin(a+b)x}{2(a+b)} + \frac{\sin(a-b)x}{2(a-b)} + C$, 当 $a \neq b$;

70. $\int \sin^n x\,dx = -\frac{1}{n}\sin^{n-1}x\cos x + \frac{n-1}{n}\int \sin^{n-2}x\,dx$;

71. $\int \cos^n x\,dx = \frac{1}{n}\cos^{n-1}x\sin x + \frac{n-1}{n}\int \cos^{n-2}x\,dx$;

72. $\int \tan^n x\,dx = \frac{1}{n-1}\tan^{n-1}x - \int \tan^{n-2}x\,dx$, $n > 1$;

73. $\int \cot^n x\,dx = -\frac{1}{n-1}\cot^{n-1}x - \int \cot^{n-2}x\,dx$, $n > 1$;

74. $\int \sec^n x\,dx = \frac{1}{n-1}\tan x\sec^{n-2}x + \frac{n-2}{n-1}\int \sec^{n-2}x\,dx$, $n > 1$;

75. $\int \csc^n x\,dx = -\frac{1}{n-1}\cot x\csc^{n-2}x + \frac{n-2}{n-1}\int \csc^{n-2}x\,dx, n > 1$;

76. $\int \sin^m x\cos^n x\,dx = \frac{\sin^{m+1}x\cos^{n-1}x}{m+n} + \frac{n-1}{m+n}\int \sin^m x\cos^{n-2}x\,dx$

$= -\frac{\sin^{m-1}x\cos^{n+1}x}{m+n} + \frac{m-1}{m+n}\int \sin^{m-2}x\cos^n x\,dx$;

77. $\int \frac{dx}{a+b\cos x} = \frac{2}{\sqrt{a^2-b^2}}\arctan\left(\sqrt{\frac{a-b}{a+b}}\tan\frac{x}{2}\right)+C$，　当 $a^2 > b^2$；

$= \frac{1}{\sqrt{b^2-a^2}}\ln\left|\frac{b+a\cos x+\sqrt{b^2-a^2}\sin x}{a+b\cos x}\right|+C$，　当 $a^2 < b^2$.

(九) 其他形式的积分

78. $\int x^n e^{ax}\,dx = \frac{1}{a}x^n e^{ax} - \frac{n}{a}\int x^{n-1}e^{ax}\,dx$；

79. $\int x^\alpha \ln x\,dx = \frac{x^{\alpha+1}}{(\alpha+1)^2}[(\alpha+1)\ln x - 1] + C$，当 $\alpha \neq -1$；

80. $\int x^n \sin x\,dx = -x^n\cos x + n\int x^{n-1}\cos x\,dx$；

81. $\int x^n \cos x\,dx = x^n\sin x - n\int x^{n-1}\sin x\,dx$；

82. $\int e^{ax}\sin bx\,dx = \frac{e^{ax}(a\sin bx - b\cos bx)}{a^2+b^2}+C$；

83. $\int e^{ax}\cos bx\,dx = \frac{e^{ax}(a\cos bx + b\sin bx)}{a^2+b^2}+C$；

84. $\int \arcsin\frac{x}{a}\,dx = x\arcsin\frac{x}{a} + \sqrt{a^2-x^2}+C, a>0$；

85. $\int \arccos\frac{x}{a}\,dx = x\arccos\frac{x}{a} - \sqrt{a^2-x^2}+C, a>0$；

86. $\int \arctan\frac{x}{a}\,dx = x\arctan\frac{x}{a} - \frac{a}{2}\ln(a^2+x^2)+C$；

87. $\int x^n \arcsin x\,dx = \frac{1}{n+1}\left(x^{n+1}\arcsin x - \int\frac{x^{n+1}}{\sqrt{1-x^2}}dx\right)$；

88. $\int x^n \arctan x\,dx = \frac{1}{n+1}\left(x^{n+1}\arctan x - \int\frac{x^{n+1}}{1+x^2}dx\right)$.

(十) 几个常用的定积分

89. $\int_{-\pi}^{\pi}\cos nx\,dx = \int_{-\pi}^{\pi}\sin nx\,dx = 0$；

90. $\int_{-\pi}^{\pi}\cos mx\sin nx\,dx = 0$；

91. $\int_{-\pi}^{\pi}\cos mx\cos nx\,\mathrm{d}x=\begin{cases}0, & m\neq n;\\ \pi, & m=n;\end{cases}$

92. $\int_{-\pi}^{\pi}\sin mx\sin nx\,\mathrm{d}x=\begin{cases}0, & m\neq n;\\ \pi, & m=n;\end{cases}$

93. $\int_{0}^{\pi}\sin mx\sin nx\,\mathrm{d}x=\int_{0}^{\pi}\cos mx\cos nx\,\mathrm{d}x=\begin{cases}0, & m\neq n;\\ \dfrac{\pi}{2}, & m=n;\end{cases}$

94. $\int_{0}^{\frac{\pi}{2}}\sin^n x\,\mathrm{d}x=\int_{0}^{\frac{\pi}{2}}\cos^n x\,\mathrm{d}x=\begin{cases}\dfrac{n-1}{n}\cdot\dfrac{n-3}{n-2}\cdots\dfrac{4}{5}\cdot\dfrac{2}{3}, & (n\text{ 为奇数});\\ \dfrac{n-1}{n}\cdot\dfrac{n-3}{n-2}\cdots\dfrac{3}{4}\cdot\dfrac{1}{2}\cdot\dfrac{\pi}{2}, & (n\text{ 为偶数});\end{cases}$

95. $\int_{0}^{\frac{\pi}{2}}\sin^{2m+1}x\cos^n x\,\mathrm{d}x=\dfrac{2\cdot 4\cdot 6\cdots 2m}{(n+1)(n+3)\cdots(n+2m+1)};$

96. $\int_{0}^{\frac{\pi}{2}}\sin^{2m}x\cos^{2n}x\,\mathrm{d}x=\dfrac{1\cdot 3\cdot 5\cdots(2n-1)\cdot 1\cdot 3\cdot 5\cdots(2m-1)}{2\cdot 4\cdot 6\cdots(2m+2n)}\cdot\dfrac{\pi}{2}.$

习 题 答 案

习题 1.1

1. (1) $(-3,3)$　(2) $(-2,2)\cup(2,6)$　(3) $(-\infty,-3]\cup[1,+\infty)$　(4) $(-1,0)\cup(2,3)$

2. (1) $D=(-\infty,1)\cup(1,+\infty),W=(-\infty,0)\cup(0,+\infty)$

(2) $D=(-\infty,-1)\cup(-1,1)\cup(1,+\infty)$, $W=(-\infty,0)\cup(0,+\infty)$

(3) $D=(-\infty,1),W=(0,+\infty)$　(4) $D=\left[-\dfrac{1}{3},1\right],W=[0,\pi]$

(5) $D=[1,100],W=\left[-\dfrac{\pi}{2},\dfrac{\pi}{2}\right]$　(6) $D=\{1\}=W$

(7) $D=\{x\mid x\neq 0\},W=[-1,1]$　(8) $D=(-\infty,+\infty),W=[-1,1]$

3. (1)、(2) 为偶函数,(3)、(5)、(6) 为奇函数　(4) 非奇非偶函数

4. 奇函数　　5. (1)、(2)、(5) 不相等,(3)、(4) 相等

6. (1) 周期函数,$T=\pi$　(2) 非周期函数　(3) 周期函数 $T=\pi$　(4) 周期函数 $T=2\pi$

(5) 周期函数 $T=2\pi$　(6) 周期函数 $T=4\pi$

7. (3) 无界,其余均有界

习题 1.2

2. (1) $y=3^u,u=2v,v=\sin x$　(2) $y=3^u,u=\sin v,v=2x$

(3) $y=\tan u,u=\lg v,v=2x$　(4) $y=u^2,u=\arccos v,v=2^x$　　3. $x(x\neq 0,1)$

4. $f(x)=x^2-2,f(\sin x)=\sin^2 x-2$　　5. $f(e^x-1)=x(e^x-1)^2,f(1)=\ln 2$

6. $f(g(x))=2^{2x},g(f(x))=2^{x^2}$　7. (1) 不可逆　(2) 可逆,$x=\sqrt{y}$　(3) 可逆,$x=-\sqrt{y}$

(4) 可逆,$x=\pi-\arcsin y$　(5) 可逆,$x=\dfrac{1}{y}(y>0)$　(6) 不可逆

习题 2.1

2. (1) $\dfrac{1}{5},\dfrac{3}{8},\dfrac{5}{11},\dfrac{7}{14},\dfrac{9}{17}$　(2) $2,0,\dfrac{2}{9},0,\dfrac{2}{25}$　(3) $1,4,\dfrac{1}{27},256,\dfrac{1}{3125}$

(4) $\sqrt{2},\sqrt{2+\sqrt{2}},\sqrt{2+\sqrt{2+\sqrt{2}}}$

3.选(1)　4. (1) 2/5　(2) 2　(3) 1　(4) 0　(5) 3　(6) 1　(7) 2　5. (1)0　(2) 0　(3) 0

8. $0(0\leqslant a<1),\dfrac{1}{2}(a=1),1(a>1)$

习题 2.2

1. (1) 1　(2) 2/3　(3) 1/2　　2. (1) -1　(2) 1　(3) 1/4　(4) 0

3. 左右极限不等,不存在

4. (1) 2/3 (2) 1 (3) 1 (4) 2/3 (5) e^{-2} (6) e^{-6} (7) e^{2a} (8) e^3

习题 2.3

1. (1) x (2) $2x$ (3) $-\frac{1}{6}x^2$ (4) $\frac{1}{3}x^{\frac{4}{3}}$

2. (1) 2 (2) 1/2 (3) 1 (4) 1 (5) 0 (6) $\cos a$

3. (1) 对任给 $M>0$,有 $\delta>0$,使 $f(x)<-M(x\in(x_0,x_0+\delta))$ (2) 对任给 $M>0$,有 X,使 $|f(x)|>M(x\in(-\infty,X))$ (3) 对任给 $M>0$,有 $\delta>0$,使 $|f(x)|>M(x\in N^0(x_0,\delta))$ (4) 对任给 $M>0$,有 N,使 $|x_n|>M(n>N)$

习题 2.4

1. (1) $x=-1$ 第二类 (2) $x=0$ 跳跃 (3) $x=0$ 跳跃,$x=1$ 可去,$x=-1$ 第二类 (4) $x=1$ 跳跃 (5) $x=1$ 跳跃 (6) $x=0$ 第二类

2. (1) $a=3/4$ (2) $a=1$ 3. (1) $\ln 2$ (2) $\frac{1}{2}\sin 1$ (3) $\frac{1}{2}$ (4) $\frac{\ln 2}{\ln 3}$ (5) $\frac{1}{4}$ (6) $2e$

习题 3.1

1. (1) 不可导 (2) 不可导 (3) $f'(0)=1$ 2. $a=2,b=-2$

3. $V(2)=12$ 4. $(-1,-1)$ 或 $(1,1)$ 处切线斜率等于 3

5. (1) $A=f'(x_0)$ (2) $A=-f'(x_0)$ (3) $A=f'(x_0)$ (4) $A=2f'(x_0)$ (5) $A=f'(0)$

6. $\lim\limits_{x\to 0}f(x)=f(0)=0$,但 $f'_-(0)$ 不存在,故 f 在 $x=0$ 处连续但不可导

7. $f'(0)=0$ 8. 切线 $x+4y-4=0$,法线 $8x-2y-15=0$

10. 切线 $y-\frac{1}{2}=-\frac{\sqrt{3}}{2}(x-\frac{\pi}{3})$ 法线 $y-\frac{1}{2}=\frac{2}{\sqrt{3}}(x-\frac{\pi}{3})$

11. (1) 点(2,4)处 (2) 点 $\left(-\frac{3}{2},\frac{9}{4}\right)$ 处 12. 所求直线为 $y-1=-3(x+1)$

习题 3.2

1. (1) $\frac{6x(x^2+1)^2(1-x)}{(x^3+1)^3}$ (2) $3\sin x\cos x(\sin x-\cos x)$ (3) $\frac{-x^2+1}{(x^2+1)^2}$

(4) $2x-\frac{5}{2}x^{-\frac{3}{2}}-6x^{-4}$ (5) $\tan x+x\sec^2 x-\csc^2 x$ (6) $-\frac{3x^2}{\sqrt{\pi}}$ (7) $\frac{-6x^2}{(x^3-1)^2}$

(8) $\ln x+1$ (9) $1+\frac{2x}{(x^2+1)^2}$ (10) $\frac{5}{2}\pi x^{\frac{3}{2}}-\frac{x\sin x+\cos x}{x^2}$ (11) $\frac{1}{1+\cos t}$

(12) $e^x(2x\sin x+x^2\sin x+x^2\cos x)$ (13) $-\frac{2e^x}{(1+e^x)^2}$ (14) $a^x\ln$

(15) $e^x\sec x(1+\tan x)$ (16) $\frac{1-x\ln 4}{4^x}$

3. (1) $y'=\frac{x}{(1-x^2)^{3/2}}$ (2) $\frac{x^2(3-x)}{(1-x)^3}$ (3) $9\sin 2(3x+5)$ (4) $\frac{\ln x}{x\sqrt{1+\ln^2 x}}$

(5) $-4(1+\cos^2 x)^3\sin 2x$ (6) $\frac{\sec^2\frac{x}{2}}{4\sqrt{\tan\frac{x}{2}}}$ (7) $\frac{e^{\sqrt{x+1}}}{2\sqrt{x+1}}$ (8) $\frac{e^x}{2\sqrt{1+e^x}}$ (9) $\cos 2^x\cdot$

$2^x\ln 2$

(10) $\frac{1}{\sin x\cos x}$ (11) $\frac{2a}{a^2-x^2}$ (12) $e^{\tan\frac{1}{x}}\sec^2\frac{1}{x}\cdot\left(-\frac{1}{x^2}\right)$ (13) $\frac{1}{2\sqrt{x}}\arctan x^2+\frac{2x^{\frac{3}{2}}}{1+x^4}$

(14) $\frac{-1}{x^2+1}$ (15) $\sqrt{\frac{4}{x}-1}$ (16) $(\ln x)^x\left[\ln(\ln x)+\frac{1}{\ln x}\right]$

(17) $x^x(\ln x+1)$ (18) $\sin 2x\sin x^2+2x\cos x^2\sin^2 x$ (19) $\frac{1}{e^x-1}$

习题 3.3

1. (1) $y''=\frac{15}{4}\pi\sqrt{x}+x^{-3}[2\cos x+2x\sin x-x^2\cos x]$ (2) $\frac{6x^2-3}{\sqrt{1-x^2}}$ (3) $-\frac{\sqrt{1+\sin x}}{4}$

(4) $30(10+x)^4$ (5) $6x\ln x+5x$ (6) $2e^{x^2}(3x+2x^3)$ (7) $-\csc^2 x$ (8) $y''|_{x=1}=3$

2. (1) $\frac{(-1)^n 2n!}{(1+x)^{n+1}}$ $(n=1,2,\cdots)$ (2) $2^{n-1}\sin\left[2x+(n-1)\frac{\pi}{2}\right](n\geqslant 1)$

(3) $(n+x)e^x(n\geqslant 1)$ (4) $n!$

3. $-\frac{f''(x)}{[f'(x)]^3}$ 4. $a=\frac{1}{2},b=1,c=1$ 5. $\frac{f''(x)f(x)-[f'(x)]^2}{f^2(x)}$

6. $2x\varphi'(x^2)+4x\varphi'(x^2)+4x^3\varphi''(x^2)$ 7. $b^n(\ln a)^n a^{bx}$

习题 3.4

1. (1) $\frac{-e^y}{1+xe^y}$ (2) $\frac{ay-x^2}{y^2-ax}$ (3) $\frac{2a}{3(1-y^2)}$ (4) $\frac{y}{y-x}$ (5) $\frac{xy\ln y-y^2}{xy\ln x-x^2}$

(6) $\frac{y^2\sin x+a^2\cos x}{2y\cos x}$

2. (1) $-\frac{b}{a}\cot t$ (2) $\left.\frac{dx}{dy}\right|_{t=\frac{1}{4}\pi}=1$ (3) $\frac{dy}{dx}=-\frac{1}{2t}+\frac{3}{2}t;\frac{d^2y}{dx^2}=-\frac{1}{4t^3}-\frac{3}{4t}$

(4) $x+2y-4=0$ (5) 法线 $y-2=-\frac{2}{5}(x-2)$

3. $\frac{dr}{dt}=\frac{1}{4\pi}(\text{cm/s})$

习题 3.5

1. (1) 0.49125 (2) 0.8862 (3) 2.998

2. (1) $2\tan x\sec^2 x dx$ (2) $5^{\ln\tan x}\ln 5\frac{1}{\sin x\cos x}dx$ (3) $-\ln 2\cdot 2^{\frac{-1}{\cos x}}\frac{\sin x}{\cos^2 x dx}$

(4) $-2x\sin(x^2)\mathrm{d}x$　(5) $5x^{5x}(\ln x+1)\mathrm{d}x$　(6) $\dfrac{\mathrm{e}^x}{1+\mathrm{e}^{2x}}\mathrm{d}x$

3. (1) 0.7954　(2) 1.007　(3) −0.8747　(4) 0.4848

4. 43.04

5. (1) $-\dfrac{1}{\omega}\cos\omega t$　(2) $\ln(1+x)$　(3) $-\dfrac{1}{2}\mathrm{e}^{-2x}$　(4) $\dfrac{1}{\tan\frac{x}{2}}\cdot\dfrac{\sec^2\frac{x}{2}}{2}$

习题 4.2

1. (1) $\dfrac{4}{9}$　(2) 1　(3) 1　(4) 1　(5) −2　(6) $\cos a$　(7) $\dfrac{2}{\pi}$　(8) 1　(9) $\dfrac{1}{2}$　(10) 1

2. 1　　4. 1

习题 4.3

1. $P(x)=8-5(x+1)+(x+1)^3$

2. $y=-[1+(x+1)+(x+1)^2+\cdots+(x+1)^n]+(-1)^{n+1}\dfrac{(x+1)^{n+1}}{[-1+\theta(x+1)]^{n+2}}(0<\theta<1)$

3. $P_n(x)=1-2x+2^2x^2+\cdots+(-1)^n2^nx^n$

4. $x\mathrm{e}^x=x+x^2+\dfrac{x^3}{2!}+\cdots+\dfrac{x^n}{(n-1)!}+\dfrac{\mathrm{e}^{\theta x}[(n+1)+\theta x]}{(n+1)!}x^{n+1}$，$0<\theta<1$

习题 4.4

3. (1) $\left(-\infty,\dfrac{1}{2}\right)$为单调增区间，$\left(\dfrac{1}{2},+\infty\right)$为单调减区间

(2) $(-\infty,-1)$，$(0,1)$ 为单调减区间　$(-1,0)$，$(1,+\infty)$ 为单调增区间

(3) $\left(0,\dfrac{1}{2}\right)$为单调减区间，$\left(\dfrac{1}{2},+\infty\right)$为单调增区间

4. 分别设 $F(x)=\dfrac{\ln x}{x}$ 与 $G(x)=x\ln x$ 来证明

6. $a=-\dfrac{3}{2}$，$b=\dfrac{9}{2}$

7. (1) $\left(\dfrac{5}{3},\dfrac{-250}{27}\right)$为拐点，$\left(-\infty,\dfrac{5}{3}\right)$曲线为凹，$\left(\dfrac{5}{3},+\infty\right)$曲线为凸　(2) 无拐点，曲线处处为凹　(3) (b,a) 为拐点

习题 4.5

1. (1) $y_{(0)}=0$ 为极大值，$y_{(1)}=-1$ 为极小值　(2) $y_{(-1)}=17$ 为极大值，$y_{(3)}=-47$ 为极小值

(3) $y_{(0)}=0$ 为极小值　(4) $y_{(0)}=0$ 为极小值，$y_{(2)}=4\mathrm{e}^{-2}$ 为极大值

2. $a=-\dfrac{9}{2}$，$b=6$　　3. $M(n)=\left(\dfrac{n}{n+1}\right)^{n+1}$，$\lim\limits_{n\to\infty}M(n)=\dfrac{1}{\mathrm{e}}$

4. $h=\frac{4R}{3}$　5. $r=h$　6. $\sqrt{2}r$

7. 底边为 $L/2$,腰长为 $3L/4$　8. 长为$\sqrt{2}R$,宽为 $R/\sqrt{2}$

9. 一年内分 10 批生产才能使生产准备费与库存费之和最少.

习题 4.6

1. (1) 水平渐近线 $y=0$

(2) $x=-1$ 为垂直渐近线,$y=x-1$ 为斜渐近线

(3) 垂直渐近线 $x=\pm\sqrt{3}$,水平渐近线 $y=0$

(4) $x=0,y=0$　3. $y''_{-(0)}=2,y''_{+(0)}=6.\ y''_{(0)}$ 不存在

4. (1) $\frac{3\sqrt{10}}{50}$　(2)1　5. $\frac{13\sqrt{3}}{8}$　6. $\left(\frac{\sqrt{2}}{2},-\frac{\ln 2}{2}\right),\frac{3\sqrt{3}}{2}$

习题 5.1

1. $\arcsin x+\pi$　2. (1) × (2) √ (3) ×

3. (1) $\frac{3}{4}x^{\frac{4}{3}}+C$ (2) $-\frac{1}{2x^2}+C$ (3) $\frac{2}{5}x^{\frac{5}{2}}+C$ (4) $\frac{1}{4}x^2+\frac{2}{x}+C$

(5) $\frac{3}{2}x^{\frac{2}{3}}-\frac{6}{5}x^{\frac{5}{3}}+\frac{3}{8}x^{\frac{8}{3}}+C$ (6) $\frac{1}{4}x^4-10x+5\ln|x|+C$ (7) $e^x-2\sqrt{x}+C$

(8) $e^{x+5}+C$ (9) $\frac{3^x e^x}{1+\ln 3}+C$ (10) $-2\cos x-3\sin x+C$ (11) $2\tan x+x+C$

(12) $2\arcsin x+3\arctan x+C$ (13) $-\operatorname{ctan}x-x+C$ (14) $\frac{1}{2}(x+\sin x)+C$

(15) $\frac{1}{2}\tan x+C$ (16) $\tan x-\sec x+C$ (17) $-\frac{1}{x}+\arctan x+C$

(18) $2x-\frac{5(2/3)^x}{\ln 2-\ln 3}+C$ (19) $\operatorname{ctan}x-\tan x+C$ (20) $\sin x-\cos x+C$

4. $y=\ln x+1$　5. (1) 27m (2) $\sqrt[3]{300}\,\mathrm{s}\approx 7.11\mathrm{s}$

习题 5.2

1. (1) × (2) × (3) × (4) ×

2. (1) $-\frac{x^{\mu+1}}{\mu+1}+C(\mu\neq-1),-\ln|1-x|+C(\mu=-1)$ (2) $\frac{2}{9}(2+3x)^{\frac{3}{2}}+C$

(3) $\frac{1}{12}(1+2x^2)^3+C$ (4) $\frac{1}{2}\ln|2x-1|+C$ (5) $-\sqrt{1-x^2}+C$ (6) $\ln(1+e^x)+C$

(7) $-\frac{1}{3}\cos(3x+1)+C$ (8) $\frac{1}{2(1+\cos x)^2}+C$ (9) $-e^{x^2}+C$ (10) $-\frac{3^{-x}}{\ln 3}+C$

(11) $\cos\frac{1}{x}+C$ (12) $\frac{1}{6}\arctan\frac{2}{3}x+C$ (13) $\frac{-1}{\ln|x|}+C$ (14) $-\sqrt{a^2-x^2}+C$

(15) $\frac{1}{2}\arcsin x^2+C$ (16) $x-\ln(x+1)+C$ (17) $\frac{1}{4}\sin 2x-\frac{1}{8}\sin 4x+C$

(18) $\frac{1}{12}\sin6x+\frac{1}{8}\sin4x+C$ (19) $\sin x-\cos x+C$ (20) $\frac{1}{5}\sec^5 x+C$

(21) $\sqrt{2x}-\ln(1+\sqrt{2x})+C$ (22) $\frac{2}{3}e^{3\sqrt{x}}+C$ (23) $\frac{1}{4}\arcsin2x+\frac{x}{2}\sqrt{1-4x^2}+C$

(24) $-\frac{\sqrt{1-x^2}}{x}+C$ (25) $\frac{x}{\sqrt{1+x^2}}+C$ (26) $\sqrt{x^2-4}-2\arccos\frac{2}{x}+C$

(27) $\arctan e^x+C$ (28) $\frac{1}{2}\arctan(\sin^2 x)+C$ (29) $-\arcsin\frac{1}{x}+C$

(30) $-2\sqrt{1-x^2}-\arcsin x+C$ (31) $\frac{x^2}{2}-\frac{9}{2}\ln(x^2+9)+C$ (32) $\frac{1}{3}\ln\frac{x-2}{x+1}+C$

(33) $\frac{a^2}{2}(\arcsin\frac{x}{a}-\frac{x}{a^2}\sqrt{a^2-x^2})+C$ (34) $\frac{3}{2}\sqrt[3]{(1+x)^2}-3\sqrt[3]{x+1}+3\ln(1+\sqrt[3]{1+x})+C$

(35) $2\sqrt{x}-4\sqrt[4]{x}+4\ln(\sqrt[4]{x}+1)+C$

习题 5.3

1. (1) $-x\cos x+\sin x+C$ (2) $x\arcsin x+\sqrt{1-x^2}+C$ (3) $-e^{-x}(x+1)+C$

(4) $\frac{1}{3}x^3\ln x-\frac{1}{9}x^3+C$ (5) $-\frac{2}{17}e^{-2x}(\cos\frac{x}{2}+4\sin\frac{x}{2})+C$ (6) $2x\sin\frac{x}{2}+4\cos\frac{x}{2}+C$

(7) $\frac{1}{3}x^3\arctan x-\frac{1}{6}x^2+\frac{1}{6}\ln(1+x^2)+C$ (8) $-\frac{x^2}{2}+x\tan x+\ln|\cos x|+C$

(9) $x^2\sin x+2x\cos x-2\sin x+C$ (10) $-\frac{e^{-2t}}{2}(t+\frac{1}{2})+C$ (11) $x(\ln x)^2-2x\ln x+2x+C$

(12) $-\frac{1}{4}x\cos2x+\frac{1}{8}\sin2x+C$ (13) $\frac{1}{2}(x^2-1)\ln(x-1)-\frac{1}{4}x^2-\frac{1}{2}x+C$

(14) $-\frac{1}{x}(\ln^3 x+3\ln^2 x+6\ln x+6)+C$ (15) $2(\sqrt{x}-1)e^{\sqrt{x}}$ (16) $\frac{x}{2}(\cos\ln x+\sin\ln x)+C$

2. $\cos x-\frac{2}{x}\sin x+C$ 3. $I_n=\frac{1}{n-1}\tan^{n-1}x-I_{n-2}(n\geqslant 2)$

习题 5.4

1. (1) $\frac{1}{3}x^3-\frac{3}{2}x^2+9x-27\ln(x+3)+C$ (2) $\ln(x-2)+\ln(x+5)+C$

(3) $\ln\frac{x+1}{\sqrt{x^2-x+1}}+\sqrt{3}\arctan\frac{2x-1}{\sqrt{3}}+C$

(4) $\frac{1}{3}x^3+\frac{1}{2}x^2+x+8\ln x-4\ln(x+1)-3\ln(x-1)+C$

(5) $\frac{1}{x+1}+\frac{1}{2}\ln(x^2-1)+C$ (6) $\ln\frac{x}{\sqrt{1+x^2}}+C$

2. (1) $-\frac{\cos^5 x}{5}+\frac{\cos^7 x}{7}+C$ (2) $-\frac{\sin4x}{8}+\frac{\sin2x}{4}+C$ (3) $x-\tan\frac{x}{2}+C$

(4) $\frac{1}{3}\ln\left|\frac{\tan\frac{x}{2}-2}{2\tan\frac{x}{2}-1}\right|+C$ (5) $\frac{2}{3}\tan^3 x+\tan x+C$

3. (1) $2\sqrt{x-2}+\sqrt{2}\arctan\sqrt{\frac{x-2}{2}}+C$ (2) $\ln\frac{|x|}{1+\sqrt{1-x^2}}+2\arctan\sqrt{\frac{1+x}{1-x}}+C$

(3) $\frac{3}{8}\left(\frac{2+x}{2-x}\right)^{\frac{2}{3}}+C$ (4) $\frac{2}{(1+\sqrt[4]{x})^2}-\frac{4}{1+\sqrt[4]{x}}+C$

(5) $\frac{x^2}{2}+\frac{x}{2}\sqrt{x^2-1}-\frac{1}{2}\ln\left|x+\sqrt{x^2-1}\right|+C$ (6) $-\frac{1}{\sqrt{2x+x^2}}+C$

4. (1) $x\arctan x-\frac{(\arctan x)^2}{2}-\ln\sqrt{1+x^2}+C$ (2) $\frac{4(3e^x-4)}{21}\sqrt[4]{(1+e^x)^3}+C$

(3) $-\frac{1}{4}\ln\left|\tan\frac{x}{2}\right|+\frac{1}{8}\cot^2\frac{x}{2}+C$

习题 5.5

1. $\frac{1}{2}\arctan\frac{x+1}{2}+C$ 2. $\frac{x}{2}\sqrt{2x^2+9}+\frac{9\sqrt{2}}{4}\ln(\sqrt{2}x+\sqrt{2x^2+9})+C$

3. $\frac{e^{2x}}{5}(\sin x+2\cos x)+C$ 4. $\frac{x}{18(9+x^2)}+\frac{1}{54}\arctan\frac{1}{3}+C$

5. $-\frac{e^{-2x}}{13}(2\sin 2x+3\cos 3x)+C$ 6. $2\sqrt{x-1}-2\arctan\sqrt{x-1}+C$

7. $\frac{x(x^2-1)\sqrt{x^2-2}}{4}-\frac{1}{2}\ln\left|x+\sqrt{x^2-2}\right|+C$

8. $\sqrt{(1-x)(1+x)}+2\arcsin\sqrt{\frac{x+1}{2}}+C$

9. $\frac{1}{2}\ln|x^2-2x-1|+\frac{3}{\sqrt{2}}\ln\left|\frac{x-(\sqrt{2}+1)}{x+(\sqrt{x}-1)}\right|+C$

10. $-\sqrt{1+x-x^2}+\frac{1}{2}\arcsin\frac{2x-1}{\sqrt{5}}+C$

习题 6.1

1. (1) $\frac{27}{4}$ (2) $-\frac{13}{12}$ (3) $\frac{\pi}{4}(1+\sqrt{2})$ 3. -16

习题 6.2

1. (1) $\frac{3}{2}$ (2) $10-\frac{8}{3}\sqrt{2}$ 2. (1) $>$ (2) $>$ (3) $<$ (4) $>$

习题 6.3

1. (1) $\frac{17}{3}$ (2) $\frac{1}{2}$ (3) 2 2. 242m 3. $\int_0^1 x\mathrm{d}x=\frac{1}{2}$

4. (1) $-\frac{2}{3}$ (2) 26 (3) $\frac{1}{\pi}$ (4) $\frac{94}{135}$ (5) $\frac{4}{3}$ (6) $-\frac{\pi^2}{4}$ (7) $\frac{\pi^2}{4}$ (8) $1+\ln 2-\ln(1+e)$

6. (1) $\frac{\pi^2}{8}+1$　(2) $2-\frac{2}{e}$　(3) $(96^3\ln^2 b-6b^3\ln b+2b^3-2)$　(4) $\frac{\pi-2}{4}$

8. (1) $\frac{1}{(1+x^3)^{10}}$　(2) $-t\sin t$　(3) $\cos y\cdot\sin y\cdot\sin^2(\sin y)-4y\sin^2 2y$

9. 极小值 $F(0)=0$

习题 6.4

2. (1) 收敛于$\frac{\pi}{2}$　(2) 收敛于 $2\frac{2}{3}$　(3) 收敛于$\frac{\pi}{4}+\frac{1}{2}\ln 2$　(4) 收敛于 π　(5) 收敛于 π　(6) 收敛于$\frac{a}{a^2+b^2}$　(7) 发散　(8) 收敛于 -1

习题 6.5(一)

1. (1) 2　(2) $\frac{3}{2}-\ln 2$　(3) 约 6.38　2. (1) πa^2　(2) $\frac{3}{8}\pi a^2$　(3) $18\pi a^2$

3. (1) $\frac{5}{4}\pi$　(2) $\frac{\pi}{6}+\frac{1-\sqrt{3}}{2}$　4. $\frac{8}{3}a^2$　5. $V_x=7.5\pi$　$V_y=24.8\pi$

6. $V_x=V_y=\frac{3}{10}\pi$　7. $\frac{\pi}{2}R^2h$　8. $\ln(2+\sqrt{3})$　9. $\frac{1}{4}(e^2+1)$　10. $4+\frac{1}{2}\ln\frac{3}{2}$

习题 6.5(二)

1. 0.294J　2. 800πln2J　3. $G\frac{mgRh}{R+h}$　4. $\sqrt{2}-1$　5. 57697.5kJ

6. 14373kg　7. $\frac{1}{6}a^2b,\frac{1}{3}a^2b$　8. 0.637Im

习题 6.6

1. $1+\sqrt{2}<$原积分$<3+\sqrt{2}$　2. 约 3.1318　3. 约 3.1416

习题 7.1

1. (1) 一阶非线性方程;(2) 二阶线性非齐次方程;(3) 二阶非线性方程;(4) 二阶非线性方程;(5) 二阶线性齐次方程;(6) 二阶线性非齐次方程.

2. (1) 通解;(2) 通解;(3) 通解;(4) 特解.

3. (1) $C=-25$;(2) $C_1=0,C_2=1$;(3) $C_1=0,C_2=2$;(4) $C_1=-1,C_2=0$.

4. $xyy''+xy'^2-yy'=0$.

习题 7.2

1. (1) $y=e^{Cx}$;(2) $e^{-y}=1+Ce^x$;(3) $e^y=\frac{1}{2}(e^{2x}+1)$;(4) $u=5e^{t+\frac{t^3}{3}}$;(5) $(1+e^x)\sec y=2\sqrt{2}$.

2. (1) $y = xe^{1+Cx}$；(2) $Cy = e^{\frac{y}{x}}$；(3) $y = Cx(x-y)$；(4) $y^2 = x^2(\ln x^2 + 4)$.

3. (1) $y = (x+C)e^{-x}$；(2) $y = (x+C)e^{-\sin x}$；(3) $x = \frac{y^2}{2} + Cy^3$；(4) $y = \frac{1}{x}(\pi - 1 - \cos x)$；

(5) $2y = x^3 - x^3 e^{\frac{1}{x^2}-1}$.

4. (1) $\frac{1}{y} = 2(1+\ln x + Cx)$；(2) $\frac{1}{y^2} = Ce^{x^2} + x^2 + 1$.

5. (1) $x^3 + 3xy - 3y^2 = C$；(2) 不是全微分方程；(3) $xe^y - xy = C$；

(4) $x\sin y + y\cos x = C$；(5) $\frac{x^2}{y^3} - \frac{1}{y} = C$.

6. $f(x) = \frac{2}{3}x + \frac{1}{3\sqrt{x}}$.

习题 7.3

1. (1) $y = \frac{x^3}{6} - \cos x + C_1 x + C_2$；(2) $y = x\operatorname{arctg} x - \frac{1}{2}\ln(1+x^2) + C_1 x + C_2$；

(3) $y = C_1 e^x - \frac{x^2}{2} - x + C_2$；　(4) $y = \ln|x + C_1| + C_2$；　(5) $\frac{1}{2}y^2 = C_1 x + C_2$；

(6) $y = \arcsin(C_1 e^x) + C_2$.

2. (1) $y = \sqrt{2x - x^2}$；(2) $y = \frac{1}{8}e^{2x} - \frac{e^2}{4}x^2 + \frac{e^2}{4}x - \frac{e^2}{8}$；(3) $x = \pm\ln(e^y + \sqrt{e^{2y} - 1})$；

(4) $y = x^4 + 4x + 1$.

习题 7.4

1. (1) 线性无关；(2) 线性无关；(3) 线性相关；(4) 线性无关；(5) 线性相关；(6) 线性无关.

2. $y = C_1 e^{x^2} + C_2 x e^{x^2}$.　3. $y'' + y = 0$.　4. $y = C_1 e^x + C_2 x^2 + 3$.

习题 7.5

1. (1) $y = C_1 e^x + C_2 e^{-2x}$；(2) $y = C_1 + C_2 e^{4x}$；(3) $y = C_1\cos x + C_2 \sin x$；

(4) $y = e^{-3x}(C_1\cos 2x + C_2\sin 2x)$；(5) $y = (C_1 + C_2 x)e^{2x}$；

(6) $y = C_1 e^x + C_2 e^{-x} + C_3\cos x + C_4 \sin x$.

2. (1) $y = 3e^{-2x}\sin 5x$；(2) $y = e^{-\frac{x}{2}}(2+x)$；(3) $y = 4e^x + 2e^{3x}$；(4) $y = 2\cos 5x + \sin 5x$.

3. (1) $y = C_1 e^{\frac{x}{2}} + C_2 e^{-x} + e^x$；(2) $y = C_1 + C_2 e^{-\frac{5}{2}x} + \frac{1}{3}x^3 - \frac{3}{5}x^2 + \frac{7}{25}x$；

(3) $y = C_1 e^{-x} + C_2 e^{-2x} + (\frac{3}{2}x^2 - 3x)e^{-x}$；(4) $y = e^x(C_1\cos 2x + C_2\sin 2x) - \frac{1}{4}xe^x\cos 2x$；

(5) $y = C_1\cos x + C_2 \sin x + \frac{1}{2}e^x + \frac{1}{2}x\sin x$；(6) $y = C_1 e^x + C_2 e^{-x} + \frac{1}{10}\cos 2x - \frac{1}{2}$.

4. (1) $y = -\cos x - \frac{1}{3}\sin x + \frac{1}{3}\sin 2x$；(2) $y = -5e^x + \frac{7}{2}e^{2x} + \frac{5}{2}$；

(3) $y = (x^2 - x + 1)e^x - e^{-x}$；(4) $y = \frac{11}{16} + \frac{5}{16}e^{4x} - \frac{5}{4}x$.

习题 7.6

1. $y=\frac{1}{6}x^3+\frac{1}{2}x+1$.　　2. $y=\begin{cases}x(1-4\ln x), & 0<x\leqslant 1;\\ 0, & x=0.\end{cases}$

3. $x^2+(y-C)^2=C^2$.　　4. $R=R_0e^{-kt}$.

5. $Q=0.01(100+t)+\frac{9\cdot 10^4}{(100+t)^2}$.　　6. $V=\frac{mg}{k}(1-e^{-\frac{k}{m}t})$.

7. $T=\frac{3}{\sqrt{g}}\ln(9+4\sqrt{5})\mathrm{s}\approx 2.8\mathrm{s}$.　　8. $x=A\cos\sqrt{\frac{g}{a}}t$.

习题 8.1

1. 关于 xOy 面:(3,−4,−5);关于 yOz 平面:(−3,−4,5);关于 zOx 平面:(3,4,5).
2. 关于 x 轴:(3,4,−5);关于 y 轴:(−3,−4,−5);关于 z 轴:(−3,4,5).
3. (−3,4,−5);　5. $(0,0,\frac{14}{9})$.

习题 8.2

1. $5\boldsymbol{a}-11\boldsymbol{b}+7\boldsymbol{c}$.

3. $\overrightarrow{MA}=-\frac{1}{2}(\boldsymbol{a}+\boldsymbol{b}),\overrightarrow{MC}=\frac{1}{2}(\boldsymbol{a}+\boldsymbol{b}),\overrightarrow{MD}=\frac{1}{2}(\boldsymbol{b}-\boldsymbol{a}),\overrightarrow{MB}=\frac{1}{2}(\boldsymbol{a}-\boldsymbol{b})$.

习题 8.3

1. $\{1,-2,-2\},\{-2,4,4\}$.

2. 模:2;方向余弦:$-\frac{1}{2},-\frac{\sqrt{2}}{2},\frac{1}{2}$;方向角:$\frac{2\pi}{3},\frac{3\pi}{4},\frac{\pi}{3}$.

3. (1) 垂直于 x 轴,平行于 yOz 平面;(2) 指向与 y 轴正向一致,垂直于 zOx 平面;(3) 平行于 x 轴,垂直于 xOy 平面.

4. $\pm\frac{1}{11}(6\boldsymbol{i}+7\boldsymbol{j}-6\boldsymbol{k})$.　　5. $m=15,n=-\frac{1}{5}$.　　6. (12,10,0).

7. $\boldsymbol{a}=\frac{3}{2}(\boldsymbol{i}+\boldsymbol{j}\pm\sqrt{2}\boldsymbol{k})$;$\left(\frac{7}{2},\frac{3}{2},-1\pm\frac{3\sqrt{2}}{2}\right)$.

8. $|\boldsymbol{v}|=10$(m/min). $\boldsymbol{v}$ 与 x 轴正向(向东)夹角约为 53°7′38″.

习题 8.4

1. (1) $3,5\boldsymbol{i}+\boldsymbol{j}+7\boldsymbol{k}$;(2) $\frac{3}{2\sqrt{21}}$;(3) $-18,10\boldsymbol{i}+2\boldsymbol{j}+14\boldsymbol{k}$.　　2. $-\frac{3}{2}$.

3. $\pm\frac{1}{\sqrt{17}}(3\boldsymbol{i}-2\boldsymbol{j}-2\boldsymbol{k})$.　4. 5880J　　5. 2.　　6. $\frac{1}{2}\sqrt{19}$.

9. $\boldsymbol{w}=-\boldsymbol{u}+\frac{3}{2}\boldsymbol{v}$.　　10. 2.　　11. $\frac{68}{3}$.　　12. $\{-4,2,-4\}$.

习题 8.5

1. (1) 球心:$(-2,1,-\frac{1}{2})$,$R=2$; (2) 球心:$(0,0,\frac{1}{4})$,$R=\frac{1}{4}$.

2. $8(x^2+y^2+z^2)-68x+108y-114z+779=0$.

5. (1) $y^2+z^2=5x$; (2) $\frac{x^2+y^2}{4}+\frac{z^2}{9}=1$;

(3) $4(x^2+z^2)-9y^2=36$; $4x^2-9(y^2+z^2)=36$.

7. 母线平行于 x 轴的柱面方程:$3y^2-z^2=16$,
母线平行于 y 轴的柱面方程:$3x^2+2z^2=16$.

8. $\begin{cases}x^2+y^2+(x-1)^2=9,\\ z=0.\end{cases}$

9. (1) $\begin{cases}x=\frac{3}{\sqrt{2}}\cos t,\\ y=\frac{3}{\sqrt{2}}\sin t,\\ z=3\sin t\end{cases}$ $(0\leqslant t\leqslant 2\pi)$; (2) $\begin{cases}x=1+\sqrt{3}\cos\theta,\\ y=\sqrt{3}\sin\theta,\\ z=0\end{cases}$ $(0\leqslant\theta\leqslant 2\pi)$.

10. $\begin{cases}x^2+y^2=a^2,\\ z=0;\end{cases}$ $\begin{cases}y=a\sin\frac{z}{b},\\ x=0;\end{cases}$ $\begin{cases}x=a\cos\frac{z}{b},\\ y=0.\end{cases}$

习题 8.6

1. $x+7y+3z-59=0$. 2. $3x-7y+5z-4=0$. 3. $4x-3y+z-6=0$.

4. $x+3y=0$. 5. $\frac{x}{4}+\frac{y}{2}+\frac{z}{4}=1$. 6. $x+z-1=0$.

7. $14x+15y+z=0$. 8. $y+5=0$. 9. $\frac{1}{3},\frac{2}{3},\frac{2}{3}$.

10. 1. 11. $x-1=0,y-2=0$. 12. $\frac{x-2}{3}=\frac{2-y}{1}=\frac{z+1}{2}$.

13. $\frac{x+1}{3}=2-y=z-1$. 14. $\cos\varphi=+\frac{2\sqrt{2}}{27}$.

15. $\frac{x+8}{5}=1-y=-\frac{z-7}{5}$ (参数式略).

16. $\frac{x}{2}=\frac{y}{-3}=\frac{z-4}{0}$. 17. (1) 平行. (2) 垂直. (3) 直线在平面上.

18. $\frac{3\sqrt{2}}{2}$. 19. $\begin{cases}17x+31y-37z-117=0,\\ 4x-y+z-1=0.\end{cases}$ 20. $(36,-28,13)$;$5^\circ6'40''$.

习题 8.7

1. (1) 椭球面;(2) 椭圆抛物面;(3) 单叶双曲面;(4) 双叶双曲面;(5) 圆锥面;(6) 双曲抛物面.

习题 9.1

2. (1) $\{(x,y)\mid x<y\leqslant -x, x<0\}$;　(2) $\{(x,y)\mid x\geqslant 0, y\geqslant 0, x^2\geqslant y\}$;
(3) $\{(x,y)\mid y-x>0, x\geqslant 0, x^2+y^2<1\}$;　(4) $\{(x,y)\mid r^2<x^2+y^2+z^2\leqslant R^2\}$.

3. $(xy)^{x+y}$.　4. (1) 1.　(2) ln2.　(3) $-\dfrac{1}{4}$.　7. 不连续.

9. $\{(x,y)\mid y^2-2x=0\}$.

习题 9.2

1. $\dfrac{2}{5},\dfrac{2}{5}$.　2. 1.

3. (1) $z_x=y+\dfrac{1}{y}, z_y=x-\dfrac{x}{y^2}$;　(2) $z_x=\dfrac{y^2}{(x^2+y^2)^{\frac{3}{2}}}, z_y=\dfrac{-xy}{(x^2+y^2)^{\frac{3}{2}}}$;

(3) $z_x=1/2x\sqrt{\ln(xy)}, z_y=1/2y\sqrt{\ln(xy)}$;

(4) $z_x=y[\cos(xy)-\sin(2xy)], z_y=x[\cos(xy)-\sin(2xy)]$;

(5) $z_x=\mathrm{e}^{-x^2}, z_y=-\mathrm{e}^{-y^2}$;

(6) $z_x=y^2(1+xy)^{y-1}, z_y=xy(1+xy)^{y-1}+(1+xy)^y\ln(1+xy)$;

(7) $u_x=y^z z x^{z-1}, u_y=x^z z y^{z-1}, u_z=(xy)^z\ln(xy)$;

(8) $u_x=\dfrac{z(x-y)^{z-1}}{1+(x-y)^{2z}}, u_y=\dfrac{-z(x-y)^{z-1}}{1+(x-y)^{2z}}, u_z=\dfrac{(x-y)^z\ln(x-y)}{1+(x-y)^{2z}}$.

4. $\dfrac{\pi}{4}$.　7. $\dfrac{\partial R}{\partial R_1}<\dfrac{\partial R}{\partial R_2}<\dfrac{\partial R}{\partial R_3}$,故改变 R_3 使总电阻 R 变化最大.

8. $f_x=-50/(2+x)^2, f_y=-250/(3+y)^3$.

9. (1) $z_{xx}=12x^2-8y^2, z_{yy}=12y^2-8x^2, z_{xy}=-16xy$.

(2) $z_{xx}=\dfrac{-y}{x^4}\sin\dfrac{y}{x}+\dfrac{2y}{x^3}\cos\dfrac{y}{x}, z_{yy}=-\dfrac{1}{x^2}\sin\dfrac{y}{x}, z_{xy}=\dfrac{y}{x^3}\sin\dfrac{y}{x}-\dfrac{1}{x^2}\cos\dfrac{y}{x}$.

(3) $z_{xx}=y^x\ln^2 y, z_{yy}=x(x-1)y^{x-2}, z_{xy}=y^{x-1}(1+x\ln y)$.

11. $\Delta z=-0.119, \mathrm{d}z=-0.125$.　12. $2\mathrm{d}y, \mathrm{d}x+\mathrm{d}y$.

13. (1) $(2x+y^2)\mathrm{d}x+(2xy+\cos y)\mathrm{d}y$;　(2) $y^{-2}(y\mathrm{d}x-x\mathrm{d}y)$;

(3) $2\cos(x^2+y^2)(x\mathrm{d}x+y\mathrm{d}y)$;　(4) $\dfrac{-xz\mathrm{d}x-yz\mathrm{d}y+(x^2+y^2)\mathrm{d}z}{(x^2+y^2)^{\frac{3}{2}}}$.

14. 2.039.　15. 绝对误差　4.93cm/s^2,相对误差 0.5%.

习题 9.3

1. (1) $\dfrac{\mathrm{d}u}{\mathrm{d}t}=\dfrac{1}{t^2}(2t^3+3)$;　(2) $\dfrac{\mathrm{d}u}{\mathrm{d}x}=\dfrac{\mathrm{e}^x}{1+x^2\mathrm{e}^{2x}}(1+x)$;　(3) $\dfrac{\mathrm{d}z}{\mathrm{d}t}=\mathrm{e}^t(\cos t-\sin t)+\cos t$.

2. $z_x=4x, z_y=4y$.

3. $z_x=\dfrac{1}{x^2y}\mathrm{e}^{\frac{x^2+y^2}{xy}}(x^4-y^4+2x^3y), z_y=\dfrac{1}{xy^2}\mathrm{e}^{\frac{x^2+y^2}{xy}}(-x^4+y^4+2xy^3)$.

4. (1) $u_x = 2xf_1 + ye^{xy}f_2, u_y = -2yf_1 + xe^{xy}f_2$;

(2) $u_x = \frac{1}{y}f_1, u_y = -\frac{x}{y^2}f_1 + \frac{1}{z}f_2, u_z = -\frac{y}{z^2}f_2$;

(3) $u_x = f_1 + yf_2 + yzf_3, u_y = xf_2 + xzf_3, u_z = xyf_3$.

7. $z_{xx} = 2f' + 4x^2 f'', z_{xy} = 4xyf''$.

8. (1) $z_{xx} = y^2 f_{11}, z_{xy} = f_1 + y(xf_{11} + f_{12}), z_{yy} = x^2 f_{11} + 2xf_{12} + f_{22}$;

(2) $z_{xx} = f_{11} + \frac{2}{y}f_{12} + \frac{1}{y^2}f_{22}, z_{xy} = -\frac{x}{y^2}(f_{12} + \frac{1}{y}f_{22}) - \frac{1}{y^2}f_2, z_{yy} = \frac{2x}{y^3}f_2 + \frac{x^2}{y^4}f_{22}$;

(3) $z_{xx} = e^{x+y}f_3 - \sin x f_1 + \cos^2 x f_{11} + 2e^{x+y}\cos x f_{13} + e^{2(x+y)}f_{33}$,

$z_{xy} = e^{x+y}f_3 - \cos x \sin y f_{12} + e^{x+y}\cos x f_{13} - e^{x+y}\sin y f_{32} + e^{2(x+y)}f_{33}$,

$z_{yy} = e^{x+y}f_3 - \cos y f_2 + \sin^2 y f_{22} - 2e^{x+y}\sin y f_{23} + e^{2(x+y)}f_{33}$.

10. (1) $yx^{y-1}/1 - x^y \ln x$; (2) $\frac{x+y}{x-y}$; (3) $-\frac{b^4}{a^2 y^3}$; (4) $z_x = -\frac{\sin 2x}{\sin 2z}$, $z_y = -\frac{\sin 2y}{\sin 2z}$;

(5) $z_{xx} = \frac{-16xz}{(3z^2 - 2x)^3}, z_{xy} = \frac{6z^2 + 4x}{(3z^2 - 2x)^3}, z_{yy} = \frac{-6z}{(3z^2 - 2x)^3}$.

12. (1) $\frac{dx}{dz} = \frac{y-z}{x-y}, \frac{dy}{dz} = \frac{z-x}{x-y}$, (2) $\frac{\partial u}{\partial x} = -\frac{xu + yv}{x^2 + y^2}, \frac{\partial u}{\partial y} = \frac{xv - yu}{x^2 + y^2}$.

习题 9.4

1. $\begin{cases} x + z = 1, \\ y = \frac{1}{2}; \end{cases}$ $x = z$. 3. $\frac{x-1}{16} = \frac{y-1}{9} = \frac{z-1}{-1}$; $16x + 9y - z - 24 = 0$.

4. $x + 2y - 4 = 0$; $\begin{cases} \frac{x-2}{1} = \frac{y-1}{2}, \\ z = 0. \end{cases}$ 5. $x - y + 2z = \pm\sqrt{\frac{11}{2}}$.

6. $(-3, -1, 3)$. 7. $\cos\alpha = \frac{-4}{\sqrt{21}}, \cos\beta = \frac{-2}{\sqrt{21}}, \cos\gamma = \frac{1}{\sqrt{21}}$.

习题 9.5

1. $1 - \sqrt{3}$. 2. 98/13. 3. $\sqrt{2}\sin(\alpha + \frac{\pi}{4})$; (1) $\alpha = \frac{\pi}{4}$ (2) $\alpha = \frac{5}{4}\pi$; (3) $\alpha = \frac{3}{4}\pi$.

4. $\frac{6}{7}\sqrt{14}$. 5. $\pm\sqrt{2(a^2 + b^2)}/ab$. 6. $2/\sqrt{x_0^2 + y_0^2}$.

7. (1) $9\boldsymbol{i} - 3\boldsymbol{j}$; (2) $\boldsymbol{i} + 2\boldsymbol{j} + 2\boldsymbol{k}$; (3) $-(x_0^2 + y_0^2 + z_0^2)^{-\frac{3}{2}}(x_0\boldsymbol{i} + y_0\boldsymbol{j} + z_0\boldsymbol{k})$.

习题 9.6

1. 极小值 $f(1,0) = -5$,极大值 $f(-3,2) = 31$. 2. 不存在极值.

3. 极小值为 $f(-2,1) = 1$,极大值不存在. 4. 最大值为$\frac{64}{27}$,最小值为 -18.

6. 水箱长、宽、高均为$\sqrt[3]{2}$m 时,水箱所用的材料最省.

7. 折起来的边长为 8cm，倾角为 60° 时才能使断面面积最大.

8. 最大值为 $f\left(\dfrac{ma}{m+n},\dfrac{na}{m+n}\right)=\left(\dfrac{a}{m+n}\right)^{m+n}m^m n^n$.　9. $\left(\dfrac{1}{\sqrt{3}},\dfrac{1}{\sqrt{3}},\dfrac{1}{\sqrt{3}}\right)$.

习题 10.1

1. (1) $V=\iint\limits_{x^2+y^2\leqslant 1}[g_2(x,y)-g_1(x,y)]\mathrm{d}\sigma$.　2. $I_1<I_2$.　3. $I_1<I_2$.

4. (1) $8\pi(5-\sqrt{2})\leqslant I_1\leqslant(5+\sqrt{2})8\pi$,　(2) $10\sqrt{3}\pi\leqslant I_2\leqslant 34\sqrt{3}\pi$.

习题 10.2

1. (1) $\dfrac{9}{8}$;　(2) $\dfrac{1}{12}$;　(3) $\dfrac{1}{40}$.

2. (1) $\int_0^1\mathrm{d}x\int_0^x f(x,y)\mathrm{d}y=\int_0^1\mathrm{d}y\int_y^1 f(x,y)\mathrm{d}x$;

(2) $\int_0^1\mathrm{d}x\int_{x-1}^{1-x} f(x,y)\mathrm{d}y=\int_{-1}^0\mathrm{d}y\int_0^{1+y} f(x,y)\mathrm{d}x+\int_0^1\mathrm{d}y\int_0^{1-y} f(x,y)\mathrm{d}x$;

(3) $\int_{-1}^1\mathrm{d}x\int_{x^2}^1 f(x,y)\mathrm{d}y=\int_0^1\mathrm{d}y\int_{-\sqrt{x}}^{\sqrt{x}} f(x,y)\mathrm{d}x$;

(4) $\int_0^4\mathrm{d}x\int_x^{2\sqrt{x}} f(x,y)\mathrm{d}y=\int_0^4\mathrm{d}y\int_{\frac{y^2}{4}}^y f(x,y)\mathrm{d}x$;

(5) $\int_{\frac{1}{2}}^1\mathrm{d}x\int_{\frac{1}{x}}^2 f(x,y)\mathrm{d}y+\int_1^2\mathrm{d}x\int_x^2 f(x,y)\mathrm{d}y=\int_1^2\mathrm{d}y\int_{\frac{1}{y}}^y f(x,y)\mathrm{d}x$.

3. (1) $\int_0^1\mathrm{d}y\int_0^{1-y} f(x,y)\mathrm{d}x$;　(2) $\int_0^2\mathrm{d}y\int_{\frac{y}{2}}^y f(x,y)\mathrm{d}x+\int_2^4\mathrm{d}y\int_{\frac{y}{2}}^2 f(x,y)\mathrm{d}x$;

(3) $\int_0^1\mathrm{d}x\int_{x^2}^x f(x,y)\mathrm{d}y$;　(4) $\int_0^1\mathrm{d}y\int_y^{2-y} f(x,y)\mathrm{d}x$.

4. (1) $-\dfrac{1}{12}$;　(2) -1;　(3) $2\dfrac{1}{4}$;　(4) $\dfrac{9}{8}\ln 3-\ln 2-\dfrac{1}{2}$;　(5) $\dfrac{1}{3}$;　(6) 2π.

5. (1) $\dfrac{1}{3}$;　(2) $-6\pi^2$;　(3) $\dfrac{3}{64}\pi^2$;　(4) $\dfrac{\pi}{2}$.

6. (1) $\dfrac{9}{2}$;　(2) $\dfrac{\pi a^2}{2}$.　7. (1) $\dfrac{\pi}{2}$;　(2) $\dfrac{1}{6}$.

习题 10.3

1. (1) $\int_{-2}^2\mathrm{d}x\int_{-\sqrt{4-x^2}}^{\sqrt{4-x^2}}\mathrm{d}y\int_{x^2+y^2}^4 f(x,y,z)\mathrm{d}z$;　(2) $\int_{-1}^1\mathrm{d}x\int_{x^2}^1\mathrm{d}y\int_0^{x^2+y^2} f(x,y,z)\mathrm{d}z$;

(3) $\int_{-\frac{1}{2}}^{\frac{1}{2}}\mathrm{d}x\int_{-\sqrt{1-4x^2}}^{\sqrt{1-4x^2}}\mathrm{d}y\int_{3x^2+y^2}^{1-x^2} f(x,y,z)\mathrm{d}z$;　(4) $\int_{-1}^1\mathrm{d}x\int_{-\sqrt{1-x^2}}^{\sqrt{1-x^2}}\mathrm{d}y\int_{\sqrt{x^2+y^2}}^1 f(x,y,z)\mathrm{d}z$.

2. (1) $\mathrm{e}-2$;(2) $\dfrac{1}{48}$.　3. (1) $\dfrac{\pi}{6}$;(2) $\dfrac{16}{3}\pi$;(3) $\dfrac{59}{480}\pi R^5$.

4. (1) $\dfrac{128}{5}\pi$;(2) $\dfrac{\pi}{10}$.　5. $\dfrac{4\pi}{3}(a^2-b^2)^{\frac{3}{2}}$.

6. $\frac{\pi R^2 H}{6}(3R^2+2H^2)$.

习题 10.4

1. $\frac{1}{2}\sqrt{a^2b^2+b^2c^2+c^2a^2}$.　2. $4a^2(\frac{\pi}{2}-1)$.　3. $\frac{\pi}{6}(5\sqrt{5}-1)$.

4. $16\sqrt{2}\pi$.　5. $(0,0,\frac{2}{3})$.　6. $(0,\frac{7}{3})$.　7. $(\frac{11}{9},\frac{5}{9})$.

8. $\frac{ab^3}{12}$.　9. $\frac{4}{15}\pi a^5$.　10. $-2\pi k\rho(a-\sqrt{a^2+h^2}+h)$.

习题 11.1

1. (1) $1+\sqrt{2}$;(2) $\frac{\sqrt{5}}{3}(e^3-1)$;(3) 8;(4) $\frac{256}{15}a^3$.

2. $\frac{3\sqrt{2}}{4}$.　3. $\sqrt{2}\pi(\frac{1}{2}+\frac{7}{3}\pi^2)$.

习题 11.2

1. (1) $\frac{4}{5}$;(2) 16;(3) 0;(4) -2π;(5) 0;(6) 10/3.

2. $\frac{17}{18}$.　3. $-\frac{8}{15}$.　4. $\frac{3}{2}$.　5. 1.

习题 11.3

1. (1) $\frac{\pi}{2}a$;　(2) -1;　(3) $-\frac{1}{5}(e^{\pi}-1)$;　(4) $-2\pi ab$.

2. (1) $\frac{46}{15}$;　(2) -1.　3. (1) 106;　(2) 4e.

4. $\lambda=-1$, $\frac{\sqrt{x^2+y^2}}{y}-\frac{\sqrt{x_0^2+y_0^2}}{y_0}$.

5. (1) 是,$u=x\sin y+y\cos x+\frac{1}{2}(x^2+y^2)+C$;　(2) 是,$u=-\arctan\frac{y}{x}$;　(3) 不是.

6. 当 $n=1$ 时,$u=\frac{1}{2}\ln(x^2+y^2)-\arctan\frac{x}{y}$.

习题 11.4

1. $\frac{\sqrt{3}}{120}$.　2. $4\pi R^4$.　3. $\frac{64\sqrt{2}}{15}$.　4. $2\pi a\ln\frac{a}{h}+\frac{\pi}{h}(a^2-h^2)$.　5. $\frac{2\pi}{15}(6\sqrt{3}-1)$.

习题 11.5

1. $\frac{R^4\pi}{2}$.　2. $\frac{2}{15}\pi R^5$.　3. $-2\pi R^3$.　4. 0.　5. $2\pi e^2$.　6. $\frac{3\pi}{16}$.　7. $\frac{2}{3}$.

8. (1) $3a^4$;(2) $-\frac{9}{2}\pi$;(3) $\frac{12}{5}\pi a^5$.　　9. $\frac{\pi}{4}$.　　10. $-\frac{\pi}{2}h^4$.　11. $(e^{2a}-1)a^2\pi$.

习题 12.1

1. (1) $a_n=(-1)^{n-1}\frac{n+1}{n}$;(2) $a_n=\frac{x^{\frac{n}{2}}}{(2n)!!}$.

2. (1) $S_n=\sqrt{n+1}-1$,发散;(2) $S_n=\frac{1}{2}(1-\frac{1}{2n+1})$,收敛.

3. (1) 发散;(2) 收敛;(3) 发散;(4) 发散.

4. (1) 收敛;(2) 收敛;(3) 发散;(4) 收敛;(5) 收敛;(6) 收敛;(7) 收敛;(8) 发散.

5. (1) 收敛;(2) 发散;(3) 收敛;(4) 收敛.

*6. (1) 收敛;(2) 收敛;(3) 收敛;(4) 收敛.

7. (1) 收敛;(2) 收敛;(3) 收敛;(4) 发散;(5) 发散;(6) 收敛.

8. (1) 条件收敛;(2) 绝对收敛;(3) 条件收敛;(4) 绝对收敛;(5) 绝对收敛;(6) 条件收敛.

习题 12.2

1. (1) $\{x<-3\}\cup\{x\geqslant 3\}$,(2) $-1<x\leqslant 7$.

2. (1) $R=+\infty,(-\infty,+\infty)$;(2) $R=1,(-1,1)$;(3) $R=1,(0,2)$;

(4) $R=1,(-1,1)$;(5) $R=1,(-1,1)$;(6) $R=2(-2,2)$.

3. (1) $\ln(1+x),x\in(-1,1]$;(2) $\frac{1}{4}\ln\frac{1+x}{1-x}+\frac{1}{2}\arctan x,x\in(-1,1)$;

(3) $\frac{1-x^2}{(1+x^2)^2},x\in(-1,1)$;(4) $\frac{x^2}{(1-x^2)^2},x\in(-1,1)$.

4. $\frac{1}{2}\ln\frac{1+x}{1-x},\frac{1}{4}\ln 3$.　　5. $\arctan x,\frac{\sqrt{3}}{6}\pi$.

6. (1) $\sum\limits_{n=1}^{\infty}\frac{(-1)^{n-1}}{(2n-1)!}(\frac{x}{2})^{2n-1},(-\infty,+\infty)$;　(2) $1+\sum\limits_{n=1}^{\infty}\frac{(-1)^n 2^{2n-1}}{(2n)!}x^{2n},(-\infty,+\infty)$;

(3) $1+\sum\limits_{n=0}^{\infty}\frac{(-1)^n x^{n+1}}{n!},(-\infty,+\infty)$;　(4) $\ln 2+\sum\limits_{n=1}^{\infty}\frac{(-1)^{n-1}}{n}(\frac{x}{2})^n,(-2,2]$.

7. $\frac{1}{2}\sum\limits_{n=0}^{\infty}(-1)^n\left[\frac{(x+\frac{\pi}{3})^{2n}}{(2n)!}+\sqrt{3}\frac{(x+\frac{\pi}{3})^{2n+1}}{(2n+1)!}\right],(-\infty,+\infty)$.

8. $e^{-2}\left[1+\sum\limits_{n=1}^{\infty}\frac{(x+2)^n}{n!}\right],(-\infty,+\infty)$.　　9. $\sum\limits_{n=1}^{\infty}\frac{n}{(n+1)!}x^{n-1},(-\infty,+\infty)$.

10. $\sum\limits_{n=0}^{\infty}\left(\frac{1}{2^{n+1}}-\frac{1}{3^{n+1}}\right)(x+4)^n,(-6,-2)$.

习题 12.3

1. (1) $f(x)=\frac{2}{\pi}-\frac{4}{\pi}\sum\limits_{n=1}^{\infty}\frac{1}{4n^2-1}\cos 2nx(-\infty<x<+\infty)$;

(2) $f(x)=-\frac{\pi}{4}+(\frac{2}{\pi}\cos x+\sin x)-\frac{1}{2}\sin 2x+(\frac{2}{3^2\pi}\cos 3x+\frac{1}{3}\sin 3x)-\frac{1}{4}\sin 4x+\cdots+\left(\frac{2}{(2n-1)^2\pi}\cos(2n-1)x+\frac{1}{2n-1}\sin(2n-1)x\right)-\frac{1}{2n}\sin 2nx+\cdots$ $x\in(-\infty,+\infty)$ 且 $x\neq\pm\pi,\pm 3\pi,\pm 5\pi,\cdots$

(3) $f(x)=\frac{\pi}{4}+\sum\limits_{n=1}^{\infty}\frac{(-1)^n}{n}\sin nx, x\in(-\infty,+\infty)$ 且 $x\neq\pm\pi,\pm 3\pi,\pm 5\pi,\cdots$

(4) $f(x)=\frac{4\pi^2}{3}+\sum\limits_{n=1}^{\infty}\left(\frac{4}{n^2}\cos nx-\frac{4\pi}{n}\sin nx\right), x\in(-\infty,+\infty)$ 且 $x\neq 0,\pm 2,\pm 4,\cdots$

2. $2\sin\frac{x}{3}=\frac{18\sqrt{3}}{\pi}\sum\limits_{n=1}^{\infty}(-1)^{n+1}\frac{n}{9n^2-1}\sin nx, -\pi<x<\pi.$

3. $f(x)=\sum\limits_{n=1}^{\infty}\frac{\sin nx}{n}, 0<x\leqslant\pi.$

4. $f(x)=\frac{1}{\pi}+\frac{1}{\pi}\cos x-\frac{4}{\pi}\sum\limits_{n=1}^{\infty}\frac{1}{4n^2-1}\cos 2nx, 0\leqslant x<\pi.$

6. (1) $f(x)=\frac{1}{2}+\frac{2}{\pi}\sum\limits_{n=0}^{\infty}\frac{1}{2n+1}\sin\left(\frac{2n+1}{2}\pi x\right), x\in(-\infty,+\infty)$ 且 $x\neq 0,\pm 2,\pm 4,\cdots$

(2) $f(x)=\frac{16}{\pi}\sum\limits_{n=1}^{\infty}\frac{(-1)^{n+1}}{(4n^2-1)^2}n\sin 2nx, -\infty<x<+\infty;$

(3) $f(x)=\frac{l}{2}-\frac{4l}{\pi^2}\sum\limits_{n=1}^{\infty}\frac{1}{(2n-1)^2}\cos\left(\frac{2n-1}{l}\pi x\right), -\infty\leqslant x\leqslant+\infty.$

7. $f(x)=1-\frac{2}{\pi^2}\sum\limits_{n=0}^{\infty}\frac{1}{(2n+1)^2}\cos\left(\frac{2n+1}{2}\pi x\right), 0\leqslant x\leqslant 2.$

图书在版编目(CIP)数据

微积分(第二版)/华中科技大学高等数学课题组. —武汉：华中科技大学出版社，2009.8
ISBN 978-7-5609-5510-0

Ⅰ.微… Ⅱ.华… Ⅲ.微积分-高等学校-教材 Ⅳ.O172

中国版本图书馆 CIP 数据核字(2009)第 111105 号

微积分(第二版) 华中科技大学高等数学课题组

策划编辑：李 德
责任编辑：李 德
封面设计：潘 群
责任校对：张 琳
责任监印：张正林
出版发行：华中科技大学出版社(中国·武汉)
武昌喻家山 邮编：430074 电话：(027) 81321915
录 排：武汉众心图文激光照排中心
印 刷：武汉鑫昶文化有限公司
开 本：710mm×1000mm 1/16
印 张：35
字 数：692 千字
版 次：2016 年 7 月第 2 版第 20 次印刷
定 价：48.80 元

本书若有印装质量问题，请向出版社营销中心调换
全国免费服务热线：400-6679-118 竭诚为您服务